Portable Spectroscopy and
Spectrometry 1:
Technologies and Instrumentation

便携式光谱仪器及其应用

技术与仪器卷

（美）理查德·A. 克罗科姆（Richard A. Crocombe）

（美）宝琳·E. 利瑞（Pauline E. Leary） 主编

（美）布鲁克·W. 卡姆拉特（Brooke W. Kammrath）

褚小立　肖雪　刘玮　主译

兰树明　陈瀑　张吉雄　杨一　副主译

化学工业出版社

·北京·

内容简介

《便携式光谱仪及其应用：技术与仪器卷》系统阐述了便携式光谱仪的设计考量、工作原理、核心器件、制作技术和产品规范，是推动现场分析技术发展的权威指南。

本书以工程化视角深入解析便携光谱仪的设计挑战与技术路径：从尺寸/重量/功耗优化、电池管理、热控制、防震密封（IP等级）、人机交互等工程化考量，到滤光片、光栅、传感器、探测器等核心器件的设计与配置，再到傅里叶变换红外光谱、近红外光谱、拉曼光谱、紫外可见光谱、微等离子体发射光谱、激光诱导击穿光谱、质谱、离子迁移谱、X射线荧光光谱、核磁共振等光谱技术的便携化、小型化实现方案和技术进展；同时讨论了MEMS/MOEMS、智能手机光谱、远距离检测等技术专题以及便携式DNA分析仪和生物光谱仪等专用分析仪器；最后拓展至制药工业过程分析、食品安全、安全监测（爆炸物/毒品/生物威胁检测）、环境污染物追踪及法庭科学等实战场景，提供从硬件设计到数据分析的完整链条。

本书由国际权威专家撰写，融合工程细节与创新案例，内容兼具理论深度与实际应用价值，可供光谱仪器研发工程师、分析检测领域技术人员、高校分析化学/仪器科学专业师生以及制药、安检、环保等行业的现场应用决策者阅读参考。

Portable Spectroscopy and Spectrometry 1: Technologies and Instrumentation, First edition
by Richard A. Crocombe, Pauline E. Leary and Brooke W. Kammrath.
ISBN 9781119636366

Copyright © 2021 by John Wiley & Sons Ltd. All rights reserved.

Authorized translation from the English language edition published by John Wiley & Sons Ltd.
本书中文简体字版由John Wiley & Sons Ltd授权化学工业出版社独家出版发行。

北京市版权局著作权合同登记号：01-2025-2677

图书在版编目（CIP）数据

便携式光谱仪器及其应用．技术与仪器卷 ／（美）理查德·A. 克罗科姆（Richard A. Crocombe），（美）宝琳·E. 利瑞（Pauline E. Leary），（美）布鲁克·W. 卡姆拉特（Brooke W. Kammrath）主编；褚小立，肖雪，刘玮主译. -- 北京：化学工业出版社，2025.10. -- ISBN 978-7-122-48497-0

Ⅰ. TH744.1

中国国家版本馆CIP数据核字第2025FV5980号

责任编辑：傅聪智
责任校对：王　静
装帧设计：王晓宇

出版发行：化学工业出版社
　　　　　（北京市东城区青年湖南街13号　邮政编码100011）
印　　装：北京建宏印刷有限公司
787mm×1092mm　1/16　印张32½　字数813千字
2025年10月北京第1版第1次印刷

购书咨询：010-64518888　　　　　售后服务：010-64518899
网　　址：http://www.cip.com.cn
凡购买本书，如有缺损质量问题，本社销售中心负责调换。

定　　价：350.00元　　　　　　　　　版权所有　违者必究

陈江海　桂林电子科技大学

陈　瀑　中石化石油化工科学研究院有限公司

褚小立　中石化石油化工科学研究院有限公司

房光普　天津中医药大学

傅鹏有　桂林电子科技大学

郭　拓　陕西科技大学

黄晋卿　香港科技大学

霍学松　中石化石油化工科学研究院有限公司

兰树明　无锡迅杰光远科技有限公司

李敬岩　中石化石油化工科学研究院有限公司

李　连　山东大学

李灵巧　桂林电子科技大学

李　伟　无锡迅杰光远科技有限公司

李文龙　天津中医药大学

李欣怡　广东药科大学

刘　丹　中石化石油化工科学研究院有限公司

刘　玮　香港大学/深圳市威视佰科科技有限公司

刘　杨　无锡迅杰光远科技有限公司

卢　丰　桂林电子科技大学

邱　迅　深圳市威视佰科科技有限公司

王　龙　天津中医药大学

王甜甜　无锡迅杰光远科技有限公司

王　玺　天津中医药大学

王卓健　桂林电子科技大学

吴思俊　天津中医药大学

向超群　广东药科大学

肖　雪　广东药科大学

许育鹏　中石化石油化工科学研究院有限公司

杨辉华　北京邮电大学

杨　一　北京工商大学

张吉雄　新疆维吾尔自治区农业科学院

周国铭　天津中医药大学

翻译成员名单（按姓氏汉语拼音为序）

近20年来，新原理、新材料和新加工制作技术的发展，尤其是微机电系统（micro electro mechanical system, MEMS）和微光机电系统（micro opto electro mechanical system, MOEMS）技术的快速发展，为分析仪器特别是光谱仪器的小型化和微型化带来了极大的便利，光谱仪从台式（benchtop）、便携式（portable）、手持式（hand-held）、袖珍式（pocket-sized）发展到芯片式（chip-sized）用了不到10年的时间。另一方面，物联网技术在智能农业、智能工厂、智能医疗和智慧城市等众多领域的兴起，成为推动分析仪器向着微小型化方向发展的主要力量。小型微型便携现场分析和工业在线分析是现代光谱技术腾飞的两大引擎，尤其是小型微型便携仪器即将或正在改变着人们的研究、生产和生活方式。

与实验室台式仪器相比，小型微型便携式仪器的现场快速分析是一种更经济、更高效、更灵活的方法，具有小体积、低功耗、低成本、便于二次开发等优点，在农业、食品、医学、地质、安全、文化遗产和考古等众多领域获得了广泛的研究与应用。但小型微型仪器研制与应用有其独特的特点，例如使用者大部分不是分析学家，而是各行各业的普通工作者，因此现场微小仪器的研制与应用具有极强的挑战性。

《便携式光谱仪器及其应用：技术与仪器卷》系统介绍了便携式光谱仪原理、研制的工程化方案、制作技术和产品规范等内容，涉及中红外光谱仪、近红外光谱仪、拉曼光谱仪、紫外-可见光谱仪、X射线荧光光谱仪、激光诱导击穿光谱仪等光谱仪器，光学滤光片、MOMES和MEMS、智能手机光谱仪和远距离遥测等技术专题，以及核磁共振谱仪、质谱仪、色谱-质谱联用仪和离子迁移谱仪等便携式分析仪器，还包括关于DNA仪器和生物分析仪的章节。该书体系完整，原理深入浅出，案例丰富新颖，点面结合，实用性极强，是一本不可多得的优秀著作。期望该书能有效推进我国便携式仪器的研制、产业化和推广应用，并在工、农、商、学、兵等领域发挥应有的作用。

本书由褚小立和肖雪策划翻译，前言和第1、6、18章由褚小立、霍学松等翻译，杨辉华负责一校，兰树明负责二校；第2、3、5章由兰树明等翻译，褚小立负责校对；第4、14~17章由肖雪等翻译，李文龙负责一校，杨一负责二校；第7、8、11~13章由刘玮等翻译，张吉雄负责校对；第9、10章由杨辉华、李灵巧等翻译，刘玮负责一校，褚小立负责二校；第19~22章由李文龙等翻译，肖雪负责一校，李连负责二校。本书内容宽泛，涉及光、机、电、算、控、用等多个学科，因译者学科背景所限，译文中可能会存在欠妥之处，恳请同行专家和读者批评指正。

译　者

2024年8月

　　当我第一次得知Richard Crocombe、Pauline Leary和Brooke Kammrath正在编辑一部两卷的系列书，内容涉及现场便携式分析技术的发展和这些技术的众多应用时，我感到非常兴奋，因为我知道这些科学家有着足够的经验、知识和热情来支撑他们创作一部伟大的作品，我已经迫不及待地想将这部著作添加到我的藏书库中。

　　那么，我是以什么身份对这部两卷的系列书做出如此大胆的评价呢？我的名字是John A. Reffner，目前是纽约城市大学约翰·杰伊刑事司法学院法医学终身教授。我获得过一些杰出的奖项，其中一些奖项是借助便携式光谱仪器的发展才获得的。1956年从阿克伦大学毕业后，我加入了B. F.古德里奇轮胎和橡胶公司（B. F. Goodrich Tire and Rubber Company）的"工程技术分析实验室"。这段经历给了我一个宝贵的体会，即化学对于一家大公司的成功来说至关重要，这一体会在我近65年的职业生涯中不断强化。我曾有幸与许多著名科学家和商界领袖共事，见证了科学和化学如何改变世界，也目睹了消费者的需求如何推动技术和创新，引领我们走到今天，使我们沉浸于能够改变世界的便携式技术中。

　　下面，我举一个例子来展示我对便携式仪器领域的热爱。我们团队在1998年的匹兹堡会议上介绍了DuraScope，随后开发了TravelIR便携式红外光谱仪。我们的技术团队名为SensIR，成员有Don Sting、Jim Fitzpatrick、Don Wilks和Bob Burch，并为FTIR（Fourier transform infrared，傅里叶变换红外）光谱仪引入了这种新型的微型ATR（attenuated total reflection，衰减全反射）附件。虽然这样的配件看起来并不能使仪器便携，但一位来自大型化学品供应商的科学家对该产品感到非常兴奋。在他的工作计划中，他需要前往造纸公司解决客户的投诉。虽然他不需要ATR配件，但他需要一个小型的FTIR，也可以是一个基于ATR的红外系统，他需要将它放在商用飞机的头顶行李舱中。由于这些交流，TravelIR诞生了。TravelIR是第一款交付市场的便携式红外光谱仪，能够在样品现场识别无限数量的样品。

　　TravelIR的新颖性引起了很多人的兴趣，但大多数终端用户对便携性的需求很低，直到2001年9月11日。"9·11"恐怖袭击发生1周后，几封带有炭疽孢子的信件被寄送给新闻媒体成员以及美国参议员Tom Daschle和Patrick Leahy。共有5人因接触这些孢子死亡，另有17人感染。这些恐怖主义事件的发生对现场便携式分析仪器的发展产生了重大影响。现在迫切需要一些能够在采样现场快速可靠地识别包括白色粉末在内的危险化学品的分析仪器。这一需求推动了便携式光谱仪市场的发展。

像TravelIR这样的红外光谱仪，非常适合作为化学识别器使用，可以满足现场用户的分析需求。但很明显，仅仅能为训练有素的科学家提供可靠答案的小型仪器是不够的。用于部署的系统需要承受有效的现场便携式分析设备所需的粗糙处理和环境条件。此外，可以由只经过最低限度培训的非科学家操作员通过仪器收集光谱数据，并将这些数据实时转化为可操作的结果，也是不可或缺的。SensIR团队针对TravelIR的后续改进是一种名为HazMatID的产品。他们对该仪器进行了强化，以满足严格的军事规范标准，包括耐久性和完全浸没在去污溶液中的标准。"精灵从瓶子里出来了"，现场便携式仪器需求激增。

当你阅读这本书的全部章节时，你会看到多功能性的仪器和技术，以及这些仪器对我们社会产生的巨大影响。无论是考虑到便携式光谱仪如何用于危险品和军事行动中以评估安全和防御问题，如何帮助考古学家和其他文化历史学家理解艺术品和古代文明，还是考虑到这些系统为法医、制药和地质科学从业者提供的价值，读者将能认识到它们的发展所面临的挑战、它们的适用范围以及它们为最终用户提供的不可替代的价值。

John A. Reffner

纽约城市大学约翰·杰伊刑事司法学院

法医学教授

2020年11月

在过去几十年中，便携式光谱学和光谱仪器有了巨大的发展，这也促成了它们在各种领域中的应用。然而，与同一时代的高性能实验室光谱仪相比，便携式光谱仪器在科学界的知名度并不高。这可归因于许多因素，比如它们的实用性（与研究相反）导致它们的使用者大部分不是科学家，同时，缺乏相关的参考出版物。今天这些仪器的部署数量可能会令人惊讶。例如，早在20世纪90年代，全球就部署了6万多台离子迁移谱仪（ion mobility spectrometer, IMS）；在2019年，一个单一型号的国际监测系统探测器在过去14年中已经部署了超过9万个；而如今，手持式X射线荧光（X-ray fluorescence, XRF）仪累计出货量超过了10万台，便携式拉曼仪器出货量也有数万之多。对于这些以及其他便携式光谱仪器来说，现场仪器的部署要多于实验室仪器。

我们中的一位（Richard A. Crocombe）在2018年末发表了一篇关于便携式光谱技术的综述文章，涵盖了光学和元素分析仪器［XRF和激光诱导击穿光谱（laser-induced breakdown spectroscopy, LIBS）］及其应用，仅包含这些领域的知识就需要50页的篇幅。而我们中的两位（Richard A. Crocombe和Pauline E. Leary）也曾教授过关于这一主题的全天短期课程，并意识到我们也只是刚刚触及这一领域的表面。因此，显而易见的是这本书的全面介绍会使这一领域受益匪浅。主编们涉及了许多领域：仪器和应用开发（Richard A. Crocombe）、安全和安保、军事和制药仪器与应用培训（Pauline E. Leary），以及仪器和法医应用教学（Brooke W. Kammrath）。因此，我们最初的想法只是写一本书，现在已扩展到两卷。这里，在技术与仪器卷，我们将重点放在仪器本身与使能技术上，应用卷则重点介绍便携式仪器的众多应用。

技术与仪器卷首先介绍了便携式光谱仪器的工程概况，然后介绍了XRF、紫外（ultraviolet, UV）–可见光、近红外、中红外和拉曼光谱等电磁光谱，并介绍了微等离子体和LIBS、核磁共振（nuclear magnetic resonance, NMR）以及其他便携式质谱仪类型。其中的一些专题包括智能手机光谱、光学滤波器技术和MEMS/MOEMS系统（许多非常小的光谱仪和高光谱成像仪的关键）以及远距离探测。在我们写本书的时候，处于新型冠状病毒疫情封锁中，因此这本书还包括关于DNA仪器和生物分析仪的章节。

我们希望技术与仪器卷和应用卷的撰写能够全面覆盖整个领域。其中的章节是由具有实际经验的技术专家撰写的。这些作者经历丰富，有在仪器公司、大学和研究机构工作的，也有来自北美、欧洲、亚洲、澳大利亚的与军事和危险材料密切相关的人员。截至2020年初，这些作者已努力编写了涵盖该领域的章节，我们感谢所有作者的贡献。此外，为确保质量和完整性，大多数章节由第三方专家进行了评审，我们感谢评审专家提出的有益建议。

Richard A. Crocombe

Crocombe光谱咨询公司

温切斯特，马萨诸塞州，美国

Pauline E. Leary

联邦资源部

史蒂文斯维尔，马里兰州，美国

Brooke W. Kammrath

纽黑文大学李昌钰刑事司法与法医学学院法医学系、李昌钰法医学研究所

西哈文，康涅狄格州，美国

2020年6月

CONTENTS

目录

6 便携式拉曼光谱学：仪器与技术 ------------------------------------ 099

16　手持式和台式分析仪器用高压质谱的发展 ------------------ 346

17　便携式离子迁移谱仪系统的关键仪器发展 -------------------- 367

1

便携光谱学概论

Pauline E. Leary[1]，Richard A. Crocombe[2]，Brooke W. Kammrath[3,4]

[1] Federal Resources, Stevensville, MD, USA

[2] Crocombe Spectroscopic Consulting, Winchester, MA, USA

[3] Department of Forensic Science, Henry C. Lee College of Criminal Justice and Forensic Sciences, University of New Haven, West Haven, CT, USA

[4] Henry C. Lee Institute of Forensic Science, West Haven, CT, USA

1.1 概述

在本书中，我们将便携式光谱仪看作一种分析仪器，当它被携带至样品处，即把光谱仪送到样品处而不是把样品送到光谱仪处，就能为操作员提供明确的分析结果。在理想情况下，该仪器将以"即点即测"（point-and-shoot）模式运行，或至少最大限度地减少样品前处理，其主要输出并非光谱图，而是直接的分析结果。在某些情况下，分析结果可能是样本识别信息；而在其他情况下，也可能是触发/不触发视觉或听觉警报（绿灯/红灯）。这些仪器的操作员很少是科学家，大多数是危险物质处理技术人员、军事人员，甚至是废金属经销商。便携式光谱仪须符合监管标准，如美国联邦法规第21篇第11部分（Title 21 CFR Part 11），该部分对美国制药行业内的电子记录和电子签名进行了规定，或者要求符合科学证据采信法律标准，如Daubert标准和Frye标准[1,2]，这些标准对美国所有法院科学证据的可采性进行了规定。这些仪器的使用环境可能会危及生命，例如在处理简易爆炸装置（improvised explosive devices, IEDs）、分析可疑白色粉末、在动态军事行动中或遇到化学品泄漏时。在这些情况下进行分析测试时，确保操作员获得可靠、快速且易于解读、理解并据此采取行动的结果至关重要。

1.2 便携式光谱仪的定义和分类

便携式光谱仪的定义并没有统一的答案。在某些情况下，"便携式"仅指仪器可移动至样品所在位置，即便仪器又大又笨重；某些情况下，甚至将固定于移动实验室的常规实验室分析系统也归类为便携式仪器。而在其他情况下（更符合当今用户的普遍期待），便携式光谱仪应该是体积小、重量轻，并且能够在电池供电下持续运行合理时长的仪器。这些仪器需要在现场使用，因此，它们必须能够在实验室恒温恒湿环境以外的情况下良好运行。它们必须能够在较为宽泛的温度和湿度范围内运行并保持校准精度。它们通常是防尘防水的，当然也有不防水的，但必须能够承受物理冲击（例如从离地面几英尺的地方跌落到坚硬的表面上），即抗摔。如果用于检测和识别危险物质时，它们必须能够经得住去污处理流程，因为分析过程中可能会用漂白剂溶液擦洗仪器。

通常来说，从尺寸、重量和功耗（size, weight, and power, SWaP）的角度来看，第一代便携式光谱仪产品不能算是真正的便携式仪器，但其之所以被认为是便携式仪器，仅是因为它们可移动至样品检测现场。然而，随着时间的推移、技术的发展，便携式光谱仪的SWaP性能逐渐优化。例如，图1.1展示了最早（也可能不是最早）的"便携式"红外（infrared, IR）光谱仪之一，该光谱仪基于长程红外（long-path IR, LOPAIR）技术，此外也展示了现代便携式红外衰减全反射（ATR）光谱仪。1954年，美国军方开始开发用于探测化学战剂（chemical warfare agents, CWAs）的LOPAIR仪器，该设备基于G系列神经毒剂在红外光谱特定波段的吸收特性，持续监测部队行进区域的大气成分，并在检测到G系列神经毒剂时发出警报。原始型号被命名为E33区域扫描G毒剂（G-Agent）警报器，其有效探测距离为300 yd❶（约274 m），但重量超过了250 lb❷（约113 kg），并且耗电严重[3]。相比之下，今天的便携式红外仪器中有很大一部分是傅里叶变换红外（FTIR）仪器，其重量仅为几磅，而且仅用内部电池便能运行数小时，无需外部计算机或采样附件。需要注意的是，使用ATR样本接口的现代便携式FTIR仪器通常用于执行单次测量分析任务，而不是像最初的E33 LOPAIR仪器那样需连续扫描环境。虽说有一些现代便携式FTIR仪器也是通过连续扫描来监测环境（见本卷第12章），但这些仪器通常采用透射采样，而

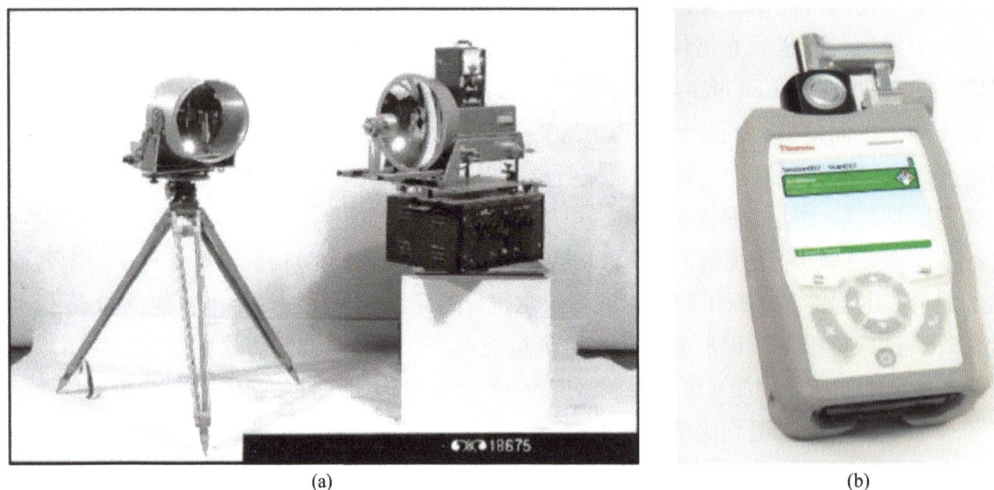

(a)　　　　　　　　　　　　　　(b)

图1.1　最早的"便携式"LOPAIR光谱仪之一（a）（来源：图片由美国陆军提供）以及现代便携式ATR FTIR（b）（来源：Thermo Fisher Scientific）

---

❶ 1 yd=1码=0.9144 m，全书同。

❷ 1 lb=1磅=0.4536 kg，全书同。

不是ATR，并且往往比便携式FTIR ATR光谱仪更大、更重。它们对计算机处理能力有更高的需求，因为它们需要连续扫描并提供结果，在几秒钟内完成识别，并且要全年无间断运行。例如，用于监测烟囱排放的Gasmet Technologies Oy DX4000，最多可同时监测50种气体[4,5]，以及用于监测CWAs和有毒工业化学品（toxic industrial chemicals, TICs）环境[6,7]的MKS Instruments Inc. AIRGARD®。尽管本书各章可能使用了略有不同的定义，但本章作者根据SWaP的期望值在表1.1中提供了便携式光谱仪的一般分类方案。

表1.1　便携式光谱仪的一般分类

级　别	尺　寸	重　量	能　源	实　例
需车辆安装和运输				军事应用（见本书应用卷第7章）
可用车辆运输	远大于40 cm × 35 cm × 35 cm（16 in × 14 in × 14 in❶）	>20 kg（>44 lb）	可能需要岸电供电，无电池选项，且需外接计算设备附件	第一代便携式电脑；安装在固定移动实验室
人员便携式（人员可运送）	<约40 cm × 35 cm × 35 cm（<约16 in × 14 in × 14 in）	约3～20 kg（约7～44 lb）	可在具有热插拔电池更换选项的电池上运行有限的时间	便携式GC-MS系统；用于航空安检的IMS系统
掌上型，手持型	<约30 cm × 15 cm × 7 cm（<约12 in × 6 in × 3 in）	约0.5～3 kg（约1～7 lb）	自带电池供电，嵌入式数据系统	便携式XRF、FTIR、拉曼光谱和LIBS
可穿戴型	<约10 cm × 20 cm × 5 cm（<约5 in × 10 in × 2 in）	<约0.5 kg（<约1 lb）	一些可见区域仪器	基于IMS的CWAs监测设备；一些可见区域仪器
嵌于智能手机内的	<约4 cm × 4 cm × 4 cm（<约1.5 in × 1.5 in × 1.5 in）	<约0.5 kg（<约1 lb）	仅可见区域，使用智能手机摄像头作为传感器	本卷第9章和本书应用卷第10章

注：尺寸和重量都是近似的，每个级别的一些仪器可能更小更轻。

1.3　性能

当与实验室仪器进行比较时，若严格按照典型实验室分析性能规范进行评估，便携式光谱仪通常表现不佳。实验室仪器致力于在分辨率、信号通量和信噪比（signal-to-noise ratio, SNR）等关键指标上实现最佳性能，其数据采集参数、样本引入或采样附件通常具有高度灵活性，甚至可调节的光谱范围也更为广泛。以这些性能标准进行评估，会发现便携式仪器往往性能较差。这是因为便携式仪器的光谱范围和分辨率通常是固定的，或是由制造商的硬件设计和工程方案预先设定的，在许多情况下，为确保光谱对于分析对象具有足够的信噪比，在收集光谱数据时便自动确定了测量时间，但不一定选择了最佳的信噪比。此外，便携式仪器通常只提供一种特定的采样方法，设计重点偏向"即点即测"的便捷性，而非采样方式的多样性。

虽然所有这些关于仪器性能的讨论都暗示了便携式仪器要比实验室的同类仪器性能差，但是，原始光谱性能只是使用便携式光谱仪的部分原因，因此也只是便携式光谱仪性能评估标准的一部分。对于现场仪器而言，适用性操作要求（包括部署潜力）是至关重要的因素，需要重点考虑。而仪器的部署潜力受以下因素影响，比如所需附件、SWaP、软件界面、培训要求、操

---

❶ 1 in=1英寸=2.54 cm，全书同。

作员在穿戴必要个人防护设备（personal protective equipment, PPE）时的使用便捷性以及操作员在现场获取结果（而非原始数据）的能力。若这些因素无法满足目标环境需求，则该系统在现场将毫无价值。

在部署潜力方面，便携式光谱仪通常需满足极端环境条件下的存储和使用要求。便携式光谱仪通常会根据严格的标准进行评级，例如美国国防部制定的有关环境工程注意事项和实验室试验的方法标准 MIL-STD-810。该标准涵盖了装备采办项目规划和工程指导[8]，旨在评估环境应力在装备整个服役期各阶段对其产生的影响，同时对系统在可变环境条件（如温度、湿度和海拔）下运行的能力以及在经过跌落和振动后的功能保持性进行评估。即使便携式仪器不用于军方，有时也会与此标准进行比较和参考，以便快速评估仪器的整体耐用性和部署潜力。只有同时考虑到分析性能和操作要求，才能对特定应用的便携式光谱仪的真实价值进行有效评估。图 1.2 总结了便携式光谱平台设计和开发过程中需要考虑的主要组件。

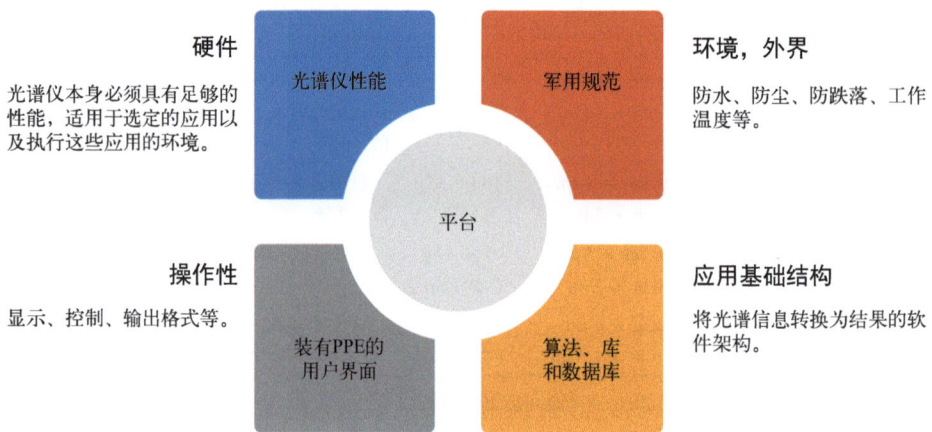

硬件
光谱仪本身必须具有足够的性能，适用于选定的应用以及执行这些应用的环境。

光谱仪性能

军用规范

环境，外界
防水、防尘、防跌落、工作温度等。

平台

操作性
显示、控制、输出格式等。

装有PPE的用户界面

算法、库和数据库

应用基础结构
将光谱信息转换为结果的软件架构。

图1.2   成功的便携式光谱平台的主要组件

便携式仪器用在分析性能和操作性能之间的平衡能力因技术类型而异。例如，便携式红外和拉曼仪器通常能较好地实现这一平衡，在过去的 15 年中，许多供应商提供了这种类型的仪器，它们具有良好的分析性能，并且易于部署。相比之下，便携式气相色谱-质谱（gas chromatography-mass spectrometry, GC-MS）仪器虽然在分析性能上表现良好，但由于 SWaP、需要在真空下进行、使用压缩气体以及生成的数据的复杂性（不总是容易转换为结果）等因素，其部署面临挑战。由于这些操作需求增加了部署难度，导致目前市面上最小的便携式 GC-MS 也要比便携式红外/拉曼组合系统更大、更重。

1.4   发展历史和应用现状

对于许多光谱技术来说，安全、安保、恐怖主义和军事需求推动了便携式光谱仪实用性的发展。然而，手持式 XRF、LIBS 和近红外（near-infrared, NIR）光谱仪器是例外，其现场仪器的发展几乎完全由商业需求驱动。图 1.3 显示了过去一个世纪中发生的关键事件的时间线，这些事件对便携式光谱仪的需求和随后的发展起到了关键或间接的推动作用。图 1.4 详细说明了基于相关技术的便携式仪器的首次部署情况，这些仪器可手持携带至现场并使用电池供电在样本现场进行操作。

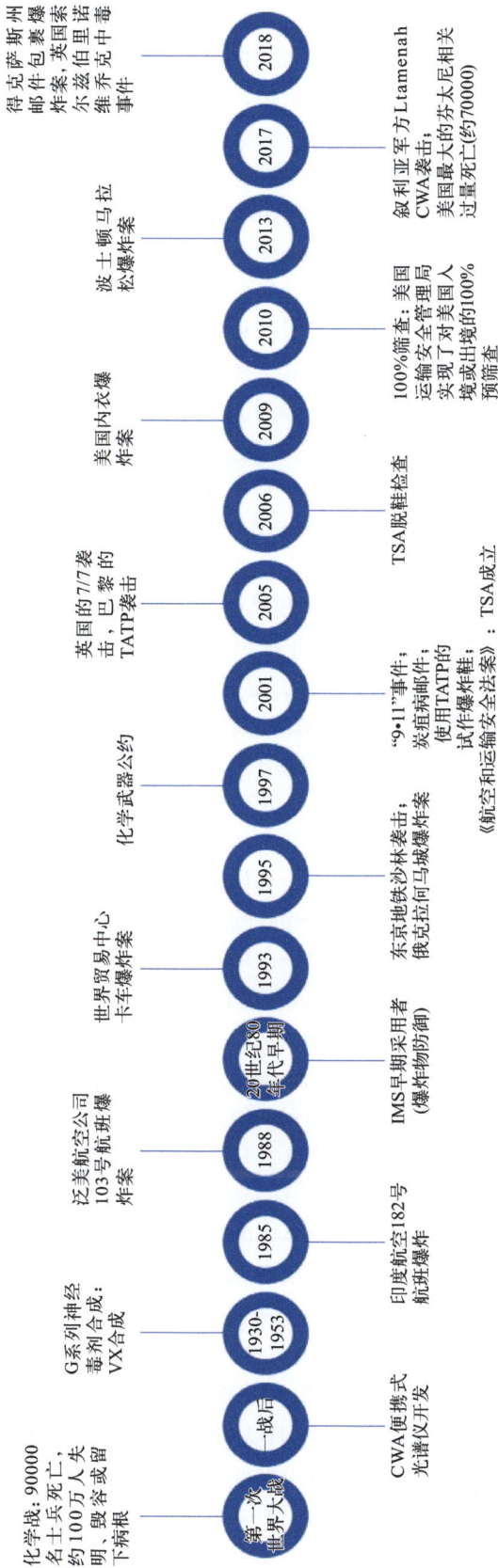

图1.3 对便携式光谱仪发展具有重要意义事件的时间节点

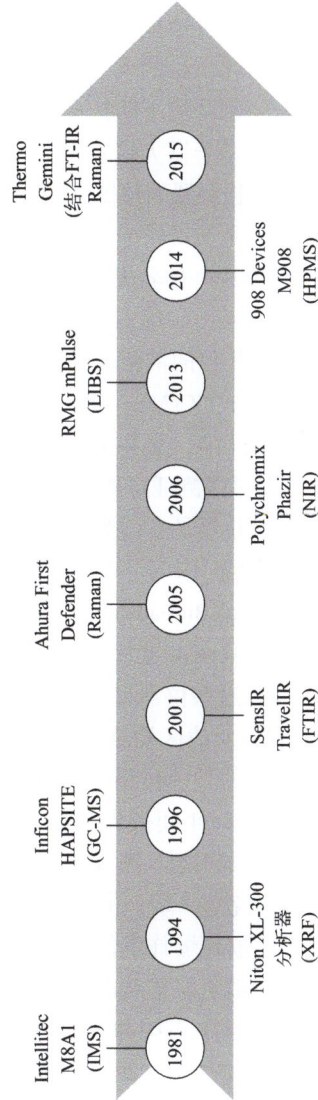

图1.4 可携带至现场并依靠电池运行的便携式光谱仪的首次技术部署情况

尽管"9·11"事件的影响无疑是技术创新的重要动力，并对包括红外光谱、拉曼光谱和高压质谱（high-pressure mass spectrometry, HPMS）系统在内的许多现代便携式平台的发展起到了重要作用，但在样品现场使用便携式仪器以及这种分析所带来的价值，在历史上可追溯到更早的时期。阿伯丁试验场的记录人员 Jeffery Smart 在其题为"化学和生物探测器、警报和警报系统的历史"的总结中回顾了20世纪使用的与军事相关的化学探测器[3]。他描述的最早的探测器是气体探测器，用于取代第一次世界大战期间探测和识别危险化学品的"嗅觉测试"。在一战期间，部队反映德国的芥子气确实闻起来像芥末，而盟军的芥子气则闻起来像大蒜。这些观察结果被训练有素的气体侦察员使用，他们定位了气体进入的主战线并提供预警，但那些持续暴露于低浓度危险化学品的人会承受严重的负面后果，而当浓度升高时会承受更严重的后果。气体探测器不需要部队摘下防护面罩来识别这些危险物质。作为嗅觉测试替代品的气体检测器有很多类型，包括基于铜火焰测试灯、亚硒酸现场检测器、五氧化二碘测试、碘酸测试现场检测器和硫化氢现场检测器的仪器[3]。

军方并不是便携式光谱仪的唯一早期用户。Kammrath 等在本书应用卷第6章中讨论了在20世纪30年代使用一种名为"醉酒测定仪"（drunkometer）的便携式光谱仪来测量呼气中酒精含量的情况。该仪器由印第安纳大学开发，工作原理为乙醇比色还原高锰酸钾。该章作者报道了呼气酒精含量分析仪的最新进展，新仪器将电化学传感器和红外光谱仪结合在一个平台上。

关于便携式GC-MS，第一台真正便携的GC-MS仪器于1996年推出，用于在采样现场分析有害空气污染物[9]。更早的将GC-MS仪器带到样品所在地的尝试，是1976年GC-MS被应用于"维京号"火星探测任务并取得了成功[10]。但当时所使用的GC-MS与其说是便携的，不如说是可运输的；该仪器是专门为该任务设计，本质上还是固定移动实验室的一部分[11]。

20世纪80年代初，一些最早期的离子迁移谱仪（IMS）被军方用于检测CWAs[3]。美国联邦调查局（Federal Bureau of Investigation, FBI）自1991年起就开始部署IMS仪器，不仅用于各种缉毒任务，而且在世界贸易中心、俄克拉何马城和亚特兰大奥运会事件的爆炸后取证分析中发挥了作用[12]。这些仪器最终被广泛部署于航空安全市场中，用于爆炸物检测（详见本书应用卷第8章）。军方对战区检测CWAs能力的兴趣由来已久，但航空安全市场对检测爆炸物的兴趣则是较晚才出现的。1986年，美国烟酒火器管理局（Alcohol, Tobacco and Firearms, ATF）报告称，在1977年至1986年间报告的近12000起爆炸事件中，只有大约100起将军事基地或机场视为主要目标[13]。从那时起，航空安全市场对爆炸物检测产生了极大的兴趣，正如本书关于IMS应用的章节（应用卷第8章）中所描述的，1982年印度航空公司182号航班爆炸事件、1988年泛美航空公司103号航班爆炸事件、2001年9月11日美国航空公司11号和77号航班以及联合航空公司175号和73号航班恐怖袭击事件，都对这一领域产生了重大影响。这3天发生的这些恐怖主义行为分别是加拿大、英国和美国历史上最致命的恐怖袭击，对使用IMS的颗粒爆炸物检测系统的发展起到了关键作用。20世纪80年代末，加拿大政府资助开发了一种基于IMS的高速爆炸物颗粒检测系统，该系统构成了 Barringer Instruments 公司（现为 Smiths Detection）IONSCAN 150 和后续的 Barringer IMS 平台的基础。在此之前，IMS的检测爆炸物能力的重点是检测挥发性爆炸物，如气相中的硝酸甘油（NG）、二硝基甲苯（DNT）和乙二醇二硝酸酯（EGDN）。这种气相方法无法检测低挥发性炸药，如三硝基甲苯（TNT）、季戊四醇四硝酸酯（PETN）和研究部门炸药（RDX）[14]。1996年，美国交通部联邦航空管理局（Federal Aviation Administration, FAA）制定了安检点的资格认证程序[15]。2001年11月，《航空和运输安全法》在美国成为法律，并成立了运输安全管理局（Transportation Security Administration, TSA），以监督所有运输方式的安全[16]。自20世纪90年代初首次引入 IMS 以来，IMS 一直是航空安全市场用来检测爆炸物颗粒残留物不可或缺的组成部分。

如前所述，手持式 XRF 和 LIBS 的发展主要由商业驱动，特别是金属市场，涵盖从野外地质勘测和采矿，到制造和检验，再到回收利用等领域。2012 年的一次研讨会总结了便携式 XRF 分析仪的发展历史[17]，于 20 世纪 90 年代早期开始使用同位素铅涂料分析仪，随后于 90 年代中期使用合金分析仪，后来几乎完全转换为使用微型 X 射线管源的仪器。XRF 特有的关键使能技术包括热电冷却硅 PIN 型（p-type–intrinsic–n-type，p 型 - 本征 -n 型）二极管探测器[18]和微型 X 射线管[19, 20]的开发。手持式 LIBS 仪器是近年来新开发的，已应用于与手持式 XRF 基本相同的领域，各有其优点和局限性（例如，LIBS 能够进行较轻元素的分析，但具有微破坏性）。

尽管近红外光谱广泛应用于食品、饲料、农业以及制药业，但与拉曼仪器相比，便携式近红外仪器的普及速度要慢得多。这可能是因为还没有一个"杀手级应用"（"killer app"），即 NIR 技术有众多独立的应用场景，每个场景都需要自己的验证数据库或校正模型。这是因为 NIR 光谱的非特异性，特别是在较短的波长区域，单个化合物不存在高度特征的谱带。

1.5 仪器设计与使能技术

便携式系统的设计和制造并非易事。当外行初次接触便携式光谱仪时，他们常常认为这是实验室系统的简化版本。然而，这种印象是错误的，因为从理论设计到最终产品的制造，这些仪器在硬件和软件方面都与基于实验室的同类仪器有着根本的不同。纵观历史，甚至在今天的实验室中，光谱学家的关注点几乎都是优化分析性能：怎样才能以最少的噪声获得最多的信号，提高分辨率，并提供最通用的采样选项。然而，在开发便携式技术时必须放弃这种想法，需要回答的问题不是"什么样的产品能以合理的价格提供最好的性能？"，而是"什么样的产品或技术能够在满足手头任务的操作需求（特别是部署潜力）的同时，成功地集成足够可靠的结果？"这个问题的不同角度的答案往往是相互矛盾的，但当便携式平台在它们之间取得适当的平衡时，就能蓬勃发展。因此，对仪器开发人员至关重要的是，他不仅要了解技术，还要了解应用场景、最终用户和部署环境。

系统的设计从根本上受限于使能组件和技术的可用性。所有便携式光谱仪受益于计算能力和消费电子产品的发展，此外，也受益于其他不可或缺部件的发展，其中包括低功耗处理器、低成本/高容量存储器、紧凑型显示器、移动用户界面、电源管理、电池容量、Wi-Fi、蓝牙和摄像头。表 1.2 列出了一些对便携式平台开发非常重要的使能技术。

表1.2 便携式光谱的使能技术

所有的技术	光 学	XRF	MS 和 GC-MS
移动计算能力：处理器、内存	光通信	微型 X 射线源	微型离子阱
消费电子产品：用户界面	二极管激光	X 射线探测器［PIN，硅漂移探测器（SDD）]	泵技术
通信：Wi-Fi，蓝牙	光纤	脉冲计数电子设备	窄孔 GC 柱
MEMS 和 MOEMS 技术	摄像头、传感器和阵列探测器	基本参数理论和计算	MS 采样和进样
电池电源和电源管理	小型光谱仪		电离方法
化学计量学和算法	全息滤波器（拉曼）		
"云计算"	ATR 技术（红外）		

1.6 结果生成

虽然有一些便携式光谱仪用于采集光谱以供进一步分析（例如本书应用卷第21章和第22章），但大多数便携式光谱仪的设计目的是在分析时能生成可直接操作的结果。为了得到可行的结果，仪器开发人员投入大量资源用于开发可靠的识别算法、光谱库或数据库以及定性和定量校正模型。现实生活中的样本通常是混合物，这能够通过组合校正、光谱库和算法开发解决。这些问题在本书应用卷第2章和第3章中进行论述。这些工作由很早便成立的大型仪器公司完成，但也有一些新公司会直接向公众销售可见区光至1000 nm波段的设备，并广泛宣称其分析能力，但其数据可能依赖众包数据。这是科学界关注的一个问题，在本书应用卷第23章中对此进行了探讨。图1.5给出了促成便携式光谱产品成功的主要因素。

应用需求对于便携式光谱仪的成功至关重要。本书应用卷的"前言"中概述了应用开发在便携式仪器开发和部署中的作用。

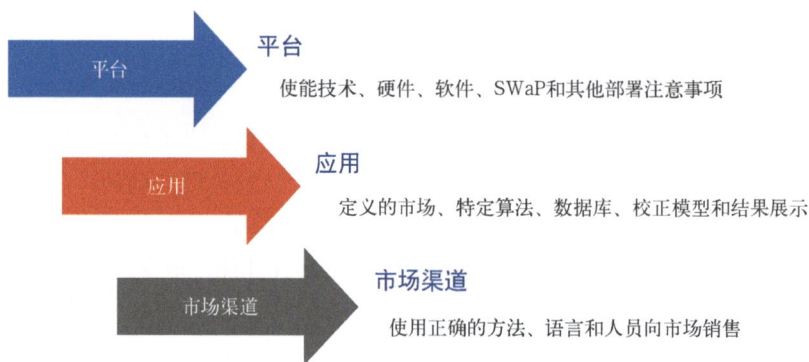

平台
使能技术、硬件、软件、SWaP和其他部署注意事项

应用
定义的市场、特定算法、数据库、校正模型和结果展示

市场渠道
使用正确的方法、语言和人员向市场销售

图1.5 便携式光谱产品成功的标准

1.7 本书各卷概述

本书分为两卷——技术和仪器卷以及应用卷，旨在涵盖当今的便携式光谱仪器和市场。我们还撰写了关于生物分析仪和DNA仪器的章节，尽管这些仪器本质上并非严格意义的光谱仪器，但它们与其他技术相辅相成。并且在2020年本书编纂之际，正值新冠肺炎大流行期间，这些内容尤其引人关注。由于本书篇幅所限，有少数便携式光谱仪未被涵盖，其中之一是便携式辐射探测器。

在这两卷书中，开篇最好的方式似乎是讨论工程学在便携式系统开发中所起的作用。光谱仪实际上是一个系统，包含由机械工程师、电气工程师、光学工程师和软件工程师设计的各种部件。要将所有这些部件整合到一台小巧、轻便、坚固且易于操作的仪器中，需要系统工程方面的精心设计。正如本卷第2章中所讨论的，在一个优化的设计中，这些部件中的每一个都会对其他部件产生影响。例如，若将集成手持仪器与实验室仪器相比，噪声拾取、电源管理和散热等问题便显得尤为突出。此外，个人防护装备（PPE）的使用限制了触摸屏和小型物理控件的使用。此章详细描述了这些问题，并探讨了应对这些挑战的各种方法。在这一讨论之后，本书对已有的和新兴的便携式技术，以及一些持续推动这些技术发展的关键部件进行了深入的综述。无论是在"9·11"事件后经历了变革的红外（IR）和拉曼（Raman）等光学方法，还是离子迁移谱（IMS）、质谱（MS）、气相色谱-质谱联用仪（GC-MS）和高压质谱（HPMS）等能够在危险环境中检测并快速识别隐形威胁的方法，相关章节都对这些系统、部件以及推动它们取得成功的关键应用进行了深入阐述。技术和仪器卷以对DNA和生物分析仪的讨论结尾，探讨了这些分析仪及其在国防、医学、食品和农业以及环境和法医科学等行业中的应用。

应用卷阐述了便携式光谱仪取得成功的原因。由于在样品现场对可靠检测和识别存在内在需求，该卷开篇首先讨论了应用对便携式光谱仪发展的影响。随后的各章介绍了便携式系统的算法和数据库开发；这两者对于便携式平台的成功以及推动其发展的应用来说都至关重要。便携式系统必须能够提供答案，而无需操作人员进行复杂的数据解读或评估。因此，为达到不需要用户输入即可成功识别样本成分的目的，需要花费大量精力来开发专有搜索算法，即使在低浓度下也是如此。用于识别混合物样品中单个组分的算法设计已经越来越常见，在本讨论中可看到对其的描述。用于光谱匹配的电子数据库也至关重要。仪器供应商常常会提及他们仪器内置数据库的规模，但显然，拥有正确参考数据的数据库比拥有大量的数据库条目更为重要。此外，针对特定应用的目标数据库也非常重要，有助于提高自动识别的准确性。

然后，从终端用户的角度对一些严重依赖便携式光谱技术的主要应用进行了回顾。这些章节由专业用户撰写，他们不仅了解这些技术，还清楚这些技术在实际应用中的优点和局限性。这些应用的多样性令人印象深刻。根据应用的广泛程度，有些章节涵盖了特定技术的各种应用；其他章节则从行业或应用领域的角度出发，展示了不同的便携式技术在特定行业中的应用方式。读者不仅能够了解这些便携式系统在这些行业中的重要性，还能明白它们是如何成功部署的。我们以展望未来作为结尾，探讨随着我们在一个需求不断变化的世界中前行，事情可能会如何继续发展。值得注意的是，便携式光谱仪销售额的增长引发了该行业的收购和整合浪潮（图1.6）。1997年至2010年的第一轮收购浪潮似乎是由进入安全、安保和军事市场的愿望所驱动的，

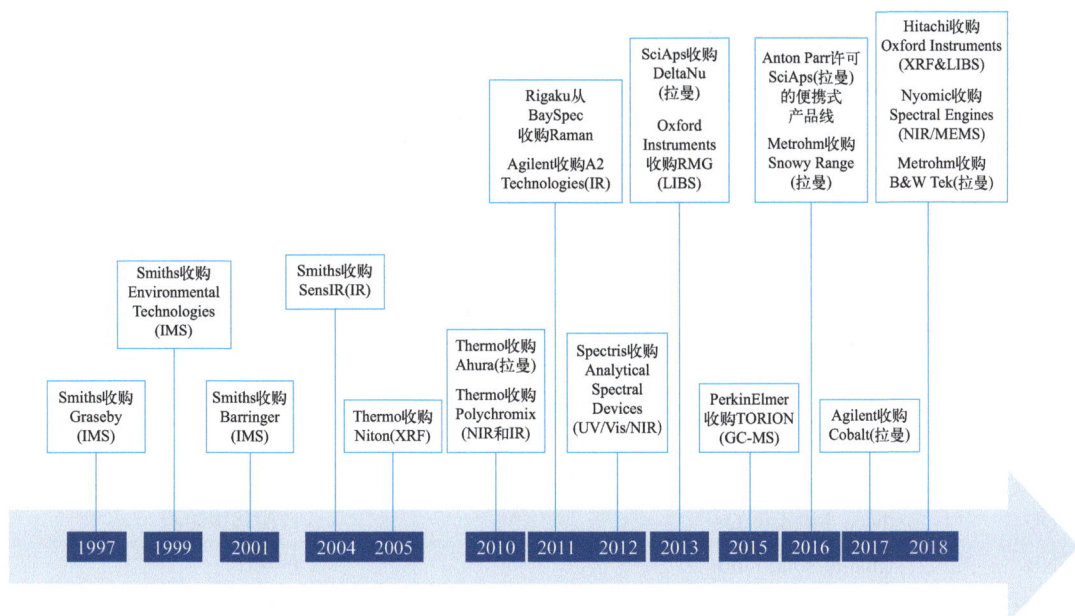

图1.6 便携式光谱行业的收购/整合

而从2010年至今的第二轮收购浪潮则是为了进入日益增长的商业/民用市场。思考一下它们在未来几年里将如何演变，你会感觉很有趣。

缩略语

ATF	Bureau of Alcohol, Tobacco and Firearms	（美国）烟酒火器管理局
ATR	attenuated total reflection	衰减全反射
CFR	code of federal regulation	（美国）联邦法规
CWA	chemical warfare agent	化学战剂
DNA	deoxyribonucleic acid	脱氧核糖核酸
DNT	dinitrotoluene	二硝基甲苯
EGDN	ethylene glycol dinitrate	乙二醇二硝酸酯
FAA	Federal Aviation Administration	（美国）联邦航空管理局
FBI	Federal Bureau of Investigation	（美国）联邦调查局
FTIR	Fourier transform infrared	傅里叶变换红外
GC-MS	gas chromatography–mass spectrometry	气相色谱-质谱
HPMS	high-pressure mass spectrometry	高压质谱
IED	improvised explosive device	简易爆炸装置
IMS	ion mobility spectrometry	离子迁移谱
LIBS	laser-induced breakdown spectroscopy	激光诱导击穿光谱
LOPAIR	long-path infrared	长程红外
MEMS	microelectromechanical systems	微机电系统
MIL-STD-810	Test Method Standard for Environmental Engineering Considerations and Laboratory Tests of the United States Department of Defense	美国国防部环境工程考量和实验室测试方法标准
MOEMS	micro-opto-electromechanical systems	微光机电系统
MS	mass spectrometry	质谱
NG	nitroglycerin	硝酸甘油
NIR	near infrared	近红外
PETN	pentaerythritol tetranitrate	季戊四醇四硝酸酯
PIN	p-type–intrinsic–n-type	p型-本征-n型
PPE	personal protective equipment	个人防护设备
TIC	toxic industrial chemical	有毒工业化学品
TNT	trinitrotoluene	三硝基甲苯
TSA	Transportation Security Administration	美国运输安全管理局
SDD	silicon drift detector	硅漂移探测器
SNR	signal-to-noise ratio	信噪比
SWaP	size, weight, and power	尺寸、重量和功耗
XRF	X-ray fluorescence	X射线荧光

参考文献

[1] D.C. Circuit Court (1923). *Frye v. United States*. 293 F. 1013.

[2] United States Supreme Court (1993). *Daubertv. Merrell Dow Pharmaceuticals, Inc.* 509 U.S. 579.

[3] Smart, J. (2009). *History of U.S. Army Research & Development, Chemical and Biological Detectors, Alarms, and Warning Systems*. Aberdeen Proving Ground: U.S. Army Research, Development and Engineering Command.

[4] Gasmet Technologies Oy. *Gasmet Portable Gas Analyzers, DX4000*. Gasmet [Online]. https://www.gasmet.com/products/category/portable-gas-analyzers/dx4000 (accessed 24 May 2020).

[5] Gasmet Technologies Oy. *Gasmet Portable FTIR Gas Analyzer, DX4000*. Gasmet [Online]. https://www.gasmet.com/wp-content/uploads/2018/01/Product-Prochure-DX4000-2020-web.pdf (accessed 24 May 2020).

[6] MKS Instrumnents, Inc (2010). *Application Note, CWA/TIC Detection (App Note 1/10-8/13)*. MKS Instruments[Online]. https://www.mksinst.com/mam/celum/celum_assets/resources/AIRGARD-CWA-TICDetection-AppNote.pdf?1 (accessed 16 September 2020).

[7] MKS Instruments, Inc *Ambient FTIR Air Analyzer AIRGARD*. MKS Instruments [Online]. https://www.mksinst.com/p/AIRGARD-CWA (accessed 16 September 2020).

[8] United States Department of Defense (2019). *Department of Defense Test Method Standard Environmental Engineering Considerations and Laboratory Tests*. United States Department of Defense.

[9] Crume, C. (2009). *History of Inficon HAPSITE: Maintenance Management, Support, and Repair*. KDA anlytical[Online]. http://www.kdanalytical.com/instruments/inficon-hapsite-history.aspx (accessed 16 September 2020).

[10] Biemann, K., Oro, J., Toulmin, P. III, et al. (1977). The search for organic substances and inorganic volatile compounds in the surface of Mars. *Journal of Geophysical Research* 82: 4641-4658.

[11] Leary, P.E., Kammrath, B.A., and Reffner, J.A. (2018). *Field-Portable Gas Chromatography-Mass Spectrometry*. Wiley Encyclopedia of Analytical Chemistry.

[12] Wood, K. (1998). Statement Submitted to the House Committee on Transportation Subcommittee on Public Buildings and Economic Development Relative to Technological Solutions to Federal Building Security, June 4.

[13] Nyden, M.R. (1990). *A Technical Assessment of Portable Explosives Vapor Detection Devices*. United States Department of Justice NIJ Report 300-89.

[14] DeBono, R. (2020). Personal Communication, May 25.

[15] Kraus, T.L. (2008). *The Federal Aviation Administration: A Historical Perspective, 1903-2008*. Washington, DC: United States Department of Transportation.

[16] United States Transportation Security Administration. *Transportation Security Timeline*. Transportation Security Administration [Online]. https://www.tsa.gov/timeline (accessed 30 March 2020).

[17] Bosco, G.L. (2013). Development and application of portable, hand-held X-ray fluorescence spectrometers. *TrAC Trends in Analytical Chemsitry* 45: 121-134.

[18] Pantazis, T., Pantazis, J., Huber, A., and Redus, R. (2010). The historical development of the thermoelectrically cooled X-ray detector and its impact on the portable and hand-held XRF industries. *X-Ray Spectrometry* 39: 90-97.

[19] Cornaby, S. and Kozaczek, K. (2016). X-ray sources for handheld X-ray fluorescence instruments. In: *Encyclopedia of Analytical Chemistry*. Wiley.

[20] Crocombe, R.A. (2018). Portable spectroscopy. *Applied Spectroscopy* 72: 1701-1751.

2

便携式仪器的工程化

Terry Sauer

Presco Engineering, Woodbridge, CT, USA

在过去的20年中，光谱仪已经从实验室走向了各种便携式应用。设计便携式光谱仪需要产品经理和工程师们改变思维方式。传统的光谱仪系统通常是基于性能和灵活性来评判的。它们旨在支持广泛的应用，通常没有专门的用途。这使得很难指定多少性能是足够的或"足够好"，因此设计人员的任务是在预算和尺寸的限制范围内使性能尽可能好。相比之下，便携式设备通常是为固定任务设计的，或者至多是为一组有限的目的而设计，例如识别未知材料或质量控制。仪器质量的衡量标准可能会随着信噪比和稳定性的变化变得完全不一样。使用者可能不是光谱行业的从业者，他们只关心光谱仪器是否可以正常工作，并给出正确的答案。用户可能不关心便携式傅里叶变换红外（FTIR）系统是否支持4种不同的切趾（apodization）方法；他们更想要一个简单的用户界面和始终如一的性能。

虽然用户希望系统易于使用，但要使这样的系统成功，需要进行大量的思考和设计工作。显而易见，需要关注的方面包括尺寸、重量和功耗。我们将深入探讨对于便携式光谱系统诸多至关重要的考虑因素。本章将聚焦于傅里叶变换红外（FTIR）和拉曼（Raman）系统的工程方面，讨论设计和制造成功的光谱仪所必需的一系列方面。光谱仪实际上是一个系统，包括由机械、电气、光学和软件等工程师设计的各种元素。要把它们整合在一起制作出一个小巧、轻便、耐用、易于操作的仪器，需要进行精心的系统工程设计。在最佳的设计方案中，各个元素都会相互影响。

2.1 尺寸/重量

要使一个系统方便携带，它必须相对小巧轻便。就像许多电子设备一样，系统逐渐变得越来越小、越来越快。在 2001 年，SensIR Technologies 公司凭借 TravelIR 荣获了 R&D 100 强奖项（The Free Library 2019）。这个"便携式"系统是一台 FTIR 仪器，单机重量 26 lb。该仪器需要单独的电源和笔记本电脑。如果要在远离墙壁插座的情况下使用它，就需要一个 Portawattz 便携式电池和逆变器。整个系统包含电脑和 Portawattz 在内，重量超过 50 lb。相比之下，新型的手持式 FTIR 仪器［Smith 公司的 HazMatID Elite 和 ThermoFischer Scientific（赛默飞世尔科技）公司的 TruDefender FTX］重量仅在 3～5 lb 之间，内置计算机和锂离子可充电电池。手持式 Raman 系统可以更小，Metrohm（万通）公司的 Raman Mira DS 重量只有 1.5 lb。

2.2　接口示例

实验室光谱仪配备了各种配件，以支持对液体、固体和粉末等不同样品的采样。典型的光谱仪有一个带有确定光束路径的样品室。这些配件安装在样品室中，可用于进行各种测量，包括透射、漫反射或镜面反射、掠角或 ATR（衰减全反射）。样品可能需要以特定方式制备才能进行测量。

便携式仪器很可能在实验室之外使用，无法使用样品制备设备。因此，分析原样或提供简单的样品制备能力是保证仪器在现场使用的关键。

许多便携式光谱仪提供单一、永久固定的采样接口。对于 FTIR 系统，金刚石 ATR 附件是一种常见的选择，因为它非常耐用且用途广泛。Raman 系统通常具有单个固定的焦距镜头。但是也有例外，如 Agilent（安捷伦）4300 便携式 FTIR 仪器具有夹式前端，可提供漫反射、微斜角、外部反射选项以及金刚石和锗 ATR 附件。Metrohm（万通）Raman Mira 系统具有多个不同的焦距镜头、校准标准和专业取样附件，可连接在系统的出光口上。

外部取样附件可减小仪器的整体尺寸，无需一个足够大以容纳所有附件的样品室。手持式仪器更倾向于安装后无需对准的配件。

2.3　嵌入式计算机与外部个人计算机的比较

传统上，实验室光谱仪通常与外部计算机相连接。在 20 世纪 80 年代初，这些计算机是由仪器制造商制造的专有设备。Nicolet Instruments（尼高力仪器）公司开发了一款专用的 20 位计算机——Nicolet 1080，它比当时普及的 16 位计算机拥有更高的运算精度。该计算机占据了 19 in 机架，并配备了一个小型单色示波器类型的显示屏。

在 20 世纪 80 年代中期，IBM 个人电脑（PC）及其克隆机开始在实验室中普及。仪器通过专有接口卡连接到 PC。随着时间的推移，PC 支持更多标准化软件，并从 Microsoft 磁盘操作系统（MS-DOS）迁移到 Microsoft Windows，提供越来越复杂的显示和分析功能。

TravelIR 延续了这一发展道路，使用第三方数据采集公司提供的并行接口连接到标准的 Windows 笔记本电脑上。

尽管 TravelIR 取得了成功，但独立的个人电脑并不是便携式仪器的理想选择，设计师们开始将计算机集成到仪器本身中。HazMatID 采用了 PC-on-a-card，它是一个工业计算机，采用 PC-

104规格，大约4 in×4 in。这个便携式设备采用Windows XP嵌入式操作系统，并且包括一个6.4 in的触摸屏作为用户界面。

即使是这种嵌入式计算机，对于真正的手持仪器来说也还是太大，因此该仪器的后续版开始使用个人数字助理（PDA）作为控制和接口设备。这些设备通常使用消费者操作系统的版本，如微软的Windows CE。

为了进一步减小仪器尺寸，需要设计专门的嵌入式控制电路板。这些系统中的嵌入式处理器专为低功耗设计，并支持高级电源管理以延长电池寿命。一些仪器采用了信用卡大小或更小的模块化系统（SOM）。这些SOM是计算引擎，包括计算机操作所需的紧密耦合的元素。主要的中央处理器（CPU）、随机访问存储器（RAM）、永久存储器和显示驱动器都得到了有效的布局。这些高速信号可能需要低电容、受控阻抗和并行信号的路径长度匹配，因此正确排列这些信号可能有些棘手。仪器设计者可以购买预先设计好的模块，省去了设计模块的时间和成本，有助于更快地进入市场。

SOM在创建仪器操作软件方面有另外一个优势。SOM制造商通常会提供BSP（board support package，板级支持包），这是一个预先构建的软件映像，支持SOM上的处理器和一组外设。BSP可以支持多种操作系统，包括Linux和嵌入式Windows。典型的BSP包括以下功能：例如为集成视频电子设备提供显示驱动程序、支持触摸屏或键盘、用于在开机时启动电路板的引导加载程序以及管理易失性和非易失性存储器的工具。

SOM通常被设计用于方便地连接到定制的印刷电路板上，该电路板具有操作光谱仪所需的专用组件。这种连接可能采用夹层连接器，允许电路板层层堆叠。SOM通常使用单列直插式内存模块（SIMM）插槽连接，这种连接器与用于安装个人电脑内存的插槽相似。

为了实现尺寸的极限缩小，设计师将处理器和支持芯片直接放在驱动仪器的PC板上。这种方法可以最大程度地控制电路板的形状，同时消除了SOM和载板之间的连接器需求。去除这些连接器可以减少系统体积并提高系统的可靠性。

这些方法之间的权衡使得设计人员可以针对仪器尺寸、开发成本、现有软件的重复利用和仪器物料清单成本进行优化。

2.4　精简的功能

实验室仪器就像瑞士军刀一样，其拥有者期望它们具有广泛的用途。作为应用实验室的资本设备，它们必须能够处理一系列分析问题，从而证明其成本是合理的。实验室的台面空间通常很有限，因此每台仪器必须具有灵活的适应性。这可以通过采用支持许多附件的样本室、用于较大附件的外部端口以及具有多种选择的灵活软件的形式来优化每个所需分析的性能。

相比之下，便携式仪器通常针对单个问题或一小部分问题。许多销售给紧急救援人员的仪器仅设计用于识别未知材料。这些识别仪器的操作者可能因为要找出可疑材料是否对生命或健康构成威胁而承受巨大的压力。对于这些操作员来说，仪器简单易用非常关键，不应有不必要的设置，否则可能会让操作员感到困惑，或者意外地将仪器设置在错误的位置，从而对结果产生影响。

实验室仪器通常基于其广泛的功能集进行销售，人们认为每个额外的特性或设置都可能是导致潜在客户选择该仪器而不是竞争对手的因素之一。便携式仪器设计师必须调整新的思维方式，重视简单性和可靠性，而不是复杂性和适应性。

2.5　非光谱专家的目标

台式仪器的使用者通常是光谱学家。在例行分析中，技术人员可能每天操作系统，但分析方法通常是由了解光谱学的主管开发和维护。相比之下，许多手持式系统是由非科学家操作的。这进一步强调了软件必须满足简单易用、直观易懂的要求，包括所有维护和管理功能以及样品测量和分析的执行。在可能的情况下，软件工程师应该考虑预设值或将它们分组。例如，不要要求方法开发人员输入要收集的扫描次数的数值，而是提供"低""中""高"的"灵敏度"选项，系统会自动将其转换为适合特定光谱仪的适当数值。

2.6　功率预算

便携式仪器通常需要使用可充电电池进行供电。虽然电池技术不断发展，但它几乎总是光谱仪操作的限制因素之一。与交流电源相比，电池供电存在几个问题。用户最关心的是操作时限，通常以小时计算。设计师还必须考虑电流受限、电池电量耗尽时的安全关闭以及在电池充电周期内在一定电压范围内能够保持稳定运行的能力。

在选择电池之前，建立系统的功率预算非常重要。每个电子元件都会消耗功率。功率预算的第一步是将每个电子元件所消耗的电流相加。这可能比从数据手册中读取数值更加复杂，特别是对于微处理器，它们的电流需求可能会根据其所执行的任务而显著变化。例如，NXP i.MX6ULL (NXP 2019) 芯片列出的电流范围从 500 μA 到 750 mA 不等。该处理器具有 4 种不同的电源模式，以允许系统尽可能地节约能量。几家微处理器制造商提供了工具，可以根据配置和动作来估算其 CPU 的功率消耗。例如，Silicon Labs 的 Precision32™ 开发套件中的 AppBuilder 提供了一个功率估算器功能（Silicon Labs, 2019）。

因为设备可能有各种电压的组件运行，所以计算功率预算以瓦特为单位可能更简单，而不是以安培为单位。每个组件的功率要求是电压和电流的乘积。

$$P = IV$$

式中，P 为功率，W；I 为电流，A；V 为电压，V。

从电池中提取的电流是根据电池电压计算的，这可能与组件所需的电压不同。每次电压转换效率都不会达到 100%。电压转换损失可能很大。因此，对它们进行分类也很重要。

有了关于终端耗电设备的电流要求以及电池和设备的电压的信息，可以通过对每个部件的功率和每个电压转换的损耗求和计算设备的总功率。

在某些情况下，预先选定的电池电量不足以支持设备所需的功率预算。增加电池容量可能会对仪器的整体尺寸和重量产生负面影响。为了缓解这种情况，可以平衡各组件的使用，并避免同时打开多个耗电部件。例如，Raman 光谱仪中的激光器在开启时需要消耗数百毫瓦的功率，搜索处理器也需要数百毫瓦的功率。通过在激光打开时关闭处理器，系统可以避免对有限容量电池的过度消耗。

2.7　电压转换

光谱仪中的集成电路可能需要一组不同电压的电源，称为电源轨。使用单个电池作为电源时，设计师必须提供电压转换以生成所需的电源轨。逻辑电路通常使用相对于系统地线为正的电压运作。然而，模拟电路的第一级，例如光学检测器的前置放大器，通常需要正负对称的地线电压。Raman 光谱仪中使用的 CCD（电荷耦合器件）探测器可能需要多个电源轨。滨松的 S11850-1106（Hamamatsu, 2019）是一款 CCD 阵列探测器，具有 2060×70 个像素。它需要 +24 V DC、+12 V DC、+5 V DC 和 −8 V DC 的电压供应。

这些电压通常是通过在仪器内使用 DC/DC 转换器（也称为开关电源）从电池电压中产生的。DC/DC 转换电路的详细设计超出了本文的范围。但是，在实现电压转换时，有一些值得考虑的关键属性。

尽管 DC/DC 转换器名称中包含"DC"（代表直流），但 DC/DC 转换器电路在内部以高开关频率运行。这些频率可能是电子噪声的来源，可能会导致仪器内部信号电路中的噪声问题，并可能导致在测试仪器的合规性时出现辐射电场发射问题。开关频率可以从几百千赫到几兆赫不等。DC/DC 转换器的工作频率的选择会对仪器的大小和性能产生重大影响。

DC/DC 转换器有芯片封装可用，通常需要一些外部元件，如电容器、电阻器和电感器。随着开关频率的增加，外部元件的尺寸变小。EE Times 杂志进行了一系列测试，发现将开关频率从 350 kHz 增加到 1.6 MHz 可将 DC/DC 转换器的板面积减小 35%（Nowakowski and King, 2006）。

高频率转换的一个不利影响是效率下降。同样在 EE Times 的实验中发现，在 350 kHz 时转换器的效率为 91%，而在 1.6 MHz 时仅略低于 87%。

DC/DC 转换器是恒定功率输出设备。当输入电压降低时，为了提供所需的输出功率，它们将在电源电压下拉取越来越多的电流。对于电池供电的设备，考虑到这一点非常重要。随着电池放电，电源将会拉取更多电流以满足其电力需求。这将成为一个恶性循环。通过电池内阻的高电流将会进一步降低有效输出电压。该设计应该包括一种监测电池电压的方式，并在系统进入由低电压和逐渐增加的电流引起的"螺旋式"故障前提供合适的关闭功能。

2.8　入侵防护等级（IP）

便携式系统很可能在恶劣天气下使用。此外，系统可能会暴露于有害材料中，包括有毒的工业化学品、生物威胁、化学武器或它们的前体。系统必须能够经受住样品材料以及所需的清洁溶液的冲击。

2.8.1　防护等级

需要进行净化处理的系统需要具备一定的液密性。通常情况下，使用 IP（防护等级）指标规定该要求。IP 指标由 IEC（国际电工委员会）标准 60529（IEC 1989）定义。IP 指标是由两个数字组成的代码，第一位数字指的是机械进入度（如物体或尘埃），第二位数字指的是液体进入度。字母"X"通常用作通配符，以允许一个数字覆盖一系列指标。例如，IP6X包括IP67和IP68等级的产品，这不是IEC 60529标准的官方指定。便携式仪器的典型IP等级列于表2.1。

表2.1　IP等级

等级	固体颗粒	液 体
40	尺寸大于1 mm的颗粒或金属丝不得进入外壳	没有液体保护
50	防尘——尘埃的进入并不能完全消除，但是尘埃的量不足以阻止系统运行	没有液体保护
51	防尘——尘埃的进入并不能完全消除，但是尘埃的量不足以阻止系统运行	防滴水——在10 min内以1 mm/min的流量垂直滴水
52	防尘——尘埃的进入并不能完全消除，但是尘埃的量不足以阻止系统运行	在倾斜的状态下防水设备倾斜15°，在水滴流速为3 mm/min的条件下滴水10 min
67	密封防尘——无尘埃进入	在水中浸泡，深度可达1 m，时间为30 min
68	密封防尘——无尘埃进入	在制造商指定的时间内，可在1 m或更深的水中浸泡

2.8.2　密封外壳

要达到IP67和IP68的标准是具有挑战性的。必须尽量减少接缝的数量。X7和X8的密封通常使用O形圈实现。O形圈的压缩应遵循制造商的建议。在大型面板开口处压缩O形圈可能需要大量的紧固件来确保均匀的压缩。使用中空O形圈绳可以大大减小实现良好密封所需的力。固定外壳部件的螺丝必须位于密封外侧，并且螺纹必须螺入盲孔或必须在头部下方有垫片以防止沿螺纹泄漏。APM Hexseal Seelscrew™公司的螺钉（APM Hexseal, APMhexseal.com）在头部下方的凹槽中具有集成的O形圈。

2.9　测试密封

密封测试可以采用几种方法进行。在进行新仪器设计时，可能需要多次迭代才能获得可靠的密封。最简单的起点是一个（空）仪器外壳。将仪器在规定距离下浸泡一定时间。从水槽中取出仪器后，在打开仪器进行检查之前必须清除所有外部水分。

在生产过程中，这种浸泡、取出、检查的测试方法不实用。我们如何知道在检查后重新密封仪器时没有引入新的泄漏呢？更可靠的测试水密性的方法是使用精确的天平在浸泡前后称量仪器。仪器外部必须彻底干燥。天平必须既支持仪器的重量，又具有检测由几滴水引起的质量变化的精度。

更好的方法是使用压力或真空测试仪器的密封性能，这样就不会因为组装技术人员没有正确拧紧单个螺丝而使有价值的仪器充满水。设计工程师必须在外壳中包含一个连接端口，这可以是一个在测试完成后安装的密封螺钉，非常简单。连接到该端口的商业测试仪器可产生内壳与外界空气之间的压力差。测试装置在一个定义的时间段内监测压力差的衰减来识别任何泄漏。

压力和真空衰减测试仪的制造商包括Cincinnati Test和Uson。

2.10　手套式操作/手动操作

　　危险品小组使用的仪器需要满足特殊的用户界面要求。小组人员戴多层手套，图2.1显示了一个外部手套的示例，并与标准丁腈橡胶手套进行了比较。这些手套显然会影响操作者的灵活性。这种情况下的系统需要大型控制器，按钮之间的距离足够远，以减少同时按下多个按钮的可能性。键盘上凸起的模制按钮有助于确保操作者可以轻松地通过手套找到按钮。

　　电容触摸屏在消费类手持设备上很受欢迎，但与许多手套不兼容。医疗领域使用的薄丁腈橡胶手套通常可以与电容屏幕配合使用。电阻触摸屏可与任何手套材料配合使用。电阻屏的缺点是它们通常不支持多点触控，并且需要在外表面上使用柔性膜。这些膜比电容屏所用的玻璃更容易受到物理或化学损坏。

图2.1　危化品手套

　　戴着厚手套时，可能会很难触摸小图标。潜在解决方案包括确保图标和所有软件控件尽可能大。使用触控笔也可以帮助解决问题。电子设备通常使用的触控笔太小，难以在这些手套中抓握。HazMatID使用了一个特别设计的大直径触控笔，带有系绳以防止丢失。该触控笔由实心的乙酸乙酯材料制成，并带有一个圆头来激活屏幕。

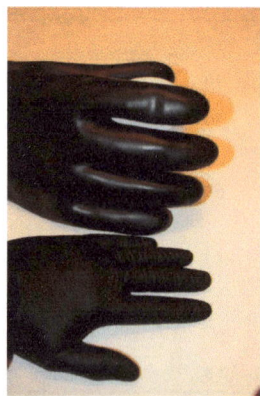

2.11　显示

　　用户界面的另一个重要组成部分是显示器。手持仪器的显示器有许多方面需要特别考虑。

2.11.1　内容

　　传统的光谱仪主要关注光谱。用户希望能够看到和操作光谱，并进行基线校正、平滑等分析。对于大多数较小的便携式光谱仪而言，这些功能过于强大。通过受限的用户界面实现光谱显示和操作是具有挑战性的。用户通常想要回答的问题是"这个样品是什么？"或"这个混合物的成分是什么？"，设计师应考虑将显示限制为对目标用户有用的信息。方法开发和详细的光谱分析可以迁移到基于PC的应用程序中。

2.11.2　亮度

　　太阳光下的可读性非常重要且难以实现。液晶显示屏（LCD）通常用于便携式显示器，并提供一系列亮度范围，以尼特（nit）为单位进行测量（1 nit = 1 cd/m²）。针对原始设备制造商

（OEM）使用的LCD面板调查显示，亮度范围从300 nit到850 nit不等（Sharp Electronics, 2019），高亮度LCD面板的亮度甚至可以达到几千尼特。一些LCD面板制造商建议在阳光下可读取的显示屏亮度最低应该规定为700 nit。

有机发光二极管（OLED）显示器是一种替代方案，具有日光可读性，由于像素本身发光，因此不需要单独的背光源。但OLED面板的尺寸范围受到限制，难以符合便携式设备的要求。

2.11.3　可读性

在进行个人防护时，危险物品处理人员可能会佩戴多种类型的面罩操作设备。由于面罩的曲率或者水汽会造成畸变，小屏幕上的详细文本或图形难以阅读。因此，在设计用户显示界面时应考虑这一点，使用大的、高对比度的文本和控件。

2.11.4　指南

这种设备的操作人员可能没有接受过光谱学培训，也可能不是每天都使用该设备。提供插图或视频来说明分析过程的下一步，可以帮助操作人员获得更好的结果。

2.11.5　显示功率

LCD面板的背光灯通常是较大的功耗消耗部件之一。例如，Sharp LQ035Q3DG05显示屏最高功耗可达238 mW（Sharp Electronics, 2009）。背光灯的功耗通常与显示器的表面积成比例。一个6.4 in显示屏的背光灯功耗大约是同种技术的一个3.1 in显示屏的4倍。透反式显示器能够从面板背面反射环境光，减少背光灯所需的光量。

2.11.6　温度范围

LCD面板的运行可能受限于便携设备的工作环境。在低温下，液晶的响应时间会变慢，低于阈值时显示器将停止工作。显示屏制造商正在不断扩展这些范围。Sharp LQ035Q3DG05是一款3.5 in的显示屏，可在−30℃至+80℃的温度范围内工作。在极端情况下，可以为显示屏添加加热器，以提高其低温性能。

2.11.7　坚固性

与手机类似，手持便携式设备容易掉落，如果显示屏着地或者设备外壳的一角着地，可能会使显示屏瞬间承受很大的应力。可以定制层压显示器，以大大提高LCD面板的耐用性。使用折射率匹配的黏合剂将防护窗光学地黏合到显示器前部，以提高显示器的表观亮度及其机械强度（General Digital, 2019）。这个过程必须在开发周期的早期开始，因为这些定制组装的显示器的交付周期可能很长。

2.12 热管理问题

温度控制对光谱仪的操作和性能至关重要。温度的变化会通过支撑材料的膨胀或收缩而影响光学对准。探测器的性能曲线随温度变化而变化，如果温度过高，可能会完全停止工作。DTGS（氘代硫酸三苷肽）热释电探测器就是这种情况，它们在居里点以上会去极化并停止工作。新型热电体在DTGS基础上掺杂L-丙氨酸，形成氘代L-丙氨酸掺杂硫酸三苷肽（DLATGS）。这种晶体具有自极化的特性，并在温度降至居里点以下时恢复工作。

几乎所有光谱仪器都含有热源。最明显的热源是光源，特别是对于白炽灯丝或灯泡这类光源。在一些实验室仪器中，光源产生的热量需要液体冷却。不太明显的热源包括各种电子元件，例如电源、电池和用于控制系统内部运动部件的电机或驱动电子元件。一些光学仪器工作台上会配置加热器，用于控制光学组件或者如气体池等部件的温度，以保证稳定性。这些加热器本身以及驱动它们的控制电子元件会为仪器增加额外的热负荷。

在实验室系统中，通常会在设备外壳上提供通风口，并安装风扇，以确保系统内部空气流通。在某些系统中，风扇的转速采用电子控制，以帮助控制整个系统的温度。当内部温度升高时，风扇的速度会增加，以提供额外的冷却。

2.12.1 通风系统的冷却性能

系统通过通风口和风扇将内部组件的热量传递给空气，然后由风扇或鼓风机将其排出机箱。随着热空气被排出机壳，新鲜的周围空气将被吸入机壳内。通过足够的空气流动，设备内部的元件可以保持在与环境温度相差几度之内。这种冷却效率取决于可用于将元件热量传递到流动空气的表面积。例如，像功率晶体管这样的高温元件可以通过与散热片相耦合来散热，该散热片的翅片平行于空气运动方向。

2.12.2 密封系统

便携式系统在保持冷却方面面临着更大的挑战。这些系统通常被设计用在条件较差的环境中工作。尘土、潮湿甚至雨水的潜在存在意味着外壳应该密封，以防止环境影响。这就排除了通过外壳吹送空气的选项。同时，该仪器很可能会移动到温度不受控制的环境中，面临从低于冰点到高达50℃的温度变化。此外，便携式仪器可能会被装在塑料外壳中。模制外壳在成本、重量和人体工程学方面比金属外壳具有优势。然而，总体上，与铝等金属相比，塑料的热导率要差得多。

2.12.3 探测器制冷

Raman和FTIR仪器中的探测器通常对温度敏感：
- Raman系统中使用的CCD阵列探测器中的暗电流会随温度每增加2～5℃而翻倍（Hamamatsu, 2015）。

- DLATGS探测器对温度的敏感度并非单调的。Leonardo公司Series 99探测器的D值（一种光学探测器性能的度量指标）在35～40 ℃之间达到最大值。当温度达到50 ℃时，D值仅为最大值的80%（Leonardo, 2017）。同一探测器的响应度随温度升高而下降，导致所需的工作点位于D^*峰值的较低侧。
- 碲镉汞（MCT）探测器在液氮温度下运行效果最佳，但也可以使用多级热电制冷器进行操作。红外联合公司网站上的一些示例展示了1 mm × 1 mm正方形探测器的相对性能值（Infrared Associates n.d.）（表2.2）。

表2.2 不同温度下探测器性能

制　冷	工作温度/℃	D^*
二级TEC	-40	≥4.0×10^{10}
三级TEC	-65	≥6.0×10^{10}
四级TEC	-75	≥6.0×10^{10}
LN$_2$（液氮）	-196	≥1.0×10^{11}

任何稳定或降低温度的热电方法都需要散热器。热电制冷器（thermoelectric cooler, TEC）将热量从探测器转移到其对面。这个TEC的热端必须冷却，通常使用周围环境空气进行冷却。

2.12.4　转移热量至环境空气

在密封系统中，强制对热点进行通风散热不是可行的选择，例如用于控制探测器温度的TEC的高温一侧。对于半导体而言，设计者通常可以将热组件放置在外壳的一面，从而直接通过外壳上的散热片进行环境对流冷却。探测器的位置是由光学设计决定的，而TEC可能不能方便地放置在外壳的外壁上。导热通常是在封闭系统内散热的最有效方式，有几种导热方式可供选择。一旦热量到达外壁，就需要考虑如何以不会对仪器设计造成负面影响的方式散热。添加外部散热片可能不符合仪器的美学要求，可能会将机械冲击和/或电干扰直接作用于敏感的探测器，在极端情况下还可能会因高温导致操作人员的不适或受伤风险。在下一节中，我们将使用一系列热传导方案计算一个假设的TEC的热端温升情况。我们假设使用4级TEC冷却一个TO66封装的MCT探测器。这样的TEC的大约功耗是0.6 A，8.25 V DC，功率约为5 W。（请注意，实际上从探测器本身移除的功率要少得多。）

我们将探索以下3种情况。

2.12.4.1　直接连接散热器的对流冷却

对于所有场景，我们使用Wakefield-Vette 396-1AB散热器。这是一个由10个散热片组成的挤压铝型材。其底部尺寸为127 mm × 76.2 mm，散热片高度为35.1 mm。Wakefield-Vette的数据表列出，在自然对流下，其热阻为1.85 ℃/W，在500 LFM（线性英尺/分钟）的强制空气流动条件下的热阻为1.07 ℃/W。

对于第一种情况，我们直接把TEC的热端与散热器耦合。（对于所有情况，我们假设组件之间的接口完全耦合。实际上，这些接口处将会有额外的温升。这种温升可以通过使用导热垫和导热胶最小化。）我们向散热器注入5 W的热量，其热阻为1.85 ℃/W。

散热器相对于环境温度的温升可以简单地计算为：

$$\Delta T_{hs} = QR_{tc} = 5 \times 1.85 = 9.25 \ (℃)$$

式中，Q 为热流，R_{tc} 为对流条件下散热器的热阻。

如果我们的环境温度 T_a 为 25℃，那么 TEC 热端的温度 T_c 为

$$T_c = T_a + \Delta T = 25.0 + 9.25 = 34.25 \ (℃)$$

2.12.4.2　直接耦合到散热器－强制空气冷却

如果环境温度高于 25 ℃，为了提供更有效的散热，我们可以考虑增加风扇。这个风扇可以将空气强制吹过散热器，也可以安装在我们封闭设备的外面。我们只需用强制空气散热电阻 R_{tf} 替换自然对流散热电阻 R_{tc} 即可。

$$\Delta T_{hs} = QR_{tf} = 5 \times 1.07 = 5.35 \ (℃)$$

这一变化使得温升从 9.25 ℃ 降低到了 5.35 ℃。

2.12.4.3　通过铝棒实现远程散热

如上所述，有时我们无法将 TEC 直接安装在外壳壁上。如果 TEC 位于仪器的中心位置，我们可以通过铝棒将其连接到外部散热器上。假设铝棒是一个长方形棱柱体，横截面为 2 cm × 2 cm，长度为 10 cm。

傅里叶的稳态传导定律告诉我们：

$$q = KA\Delta T / L$$

式中，q 为热流，K 为材料导电性，A 为导线表面积，ΔT 为外壳内外温差，L 为导线长度。

因此，ΔT 的计算公式为

$$\Delta T = qL / KA$$

铝的代表性热导率值为 236 W/(m·K)。将其代入上述公式，可以计算出通过铝棒的长度所引起的温升 ΔT_{ab}。

$$\Delta T_{ab} = \frac{qL}{KA} = \frac{5 \times 0.1}{236 \times 0.02 \times 0.02} = 5.3 \ (℃)$$

这个温升几乎与强制空气冷却下的散热器与环境之间的温升相同。

我们可以将这个温升加到散热器的温升中，得到 T_c：

$$T_c = T_a + \Delta T_{ab} + \Delta T_{hc} = 25.0 + 5.3 + 9.25 = 39.5 \ (℃)$$

2.12.4.4　通过热管实现远程散热

在散热器-空气界面和铝棒电阻之间，TEC 的热端温度升高了近 15 ℃。为了将热量高效地从一个位置传输到另一个位置，我们可以用热管替换铝棒。如图 2.2 所示，热管是部分抽真空的中控管，其中包含传热流体和热导材料，当管子的一端受热时流体发生相变，蒸气移动到管子的另一端进行冷凝，然后液体再回流到热端，重复这个循环。这种流动导致等效

图2.2　热管

热导率达到30000～40000 W/(m·K)的范围内，比铝的热导率高出数百倍。

如果我们将6 mm直径热管的热导率设为30000 W/(m·K)，代入上面的方程，则新温升为

$$\Delta T_{hp} = \frac{qL}{KA} = \frac{5 \times 0.1}{30000 \times \pi \times 0.003^2} = 0.59 \, (\text{℃})$$

现在TEC的热端温度为

$$T_c = T_a + \Delta T_{hp} + \Delta T_{hc} = 25.0 + 0.59 + 9.25 = 34.8 \, (\text{℃})$$

因此，可以看出，直径为5 mm的热管可以替代一个2 cm的方形铝棒，并将温升降低至1/10。相比铝棒，热管占用的空间更少，重量也更轻。

热管可以在制造商的建议下进行弯曲。Advanced Thermal Solutions（ATS）建议弯曲半径至少为热管直径的3倍。

2.13　光学元件

实验室仪器可以利用设施内的基础设备。除了交流电源外，还可以包括用于净化光学系统的干燥气源，这种持续的干燥气供应可以保护光学元件免受潮气侵害。允许使用亲水性材料，如溴化钾（KBr），一种用于中红外的分光器和光学窗口的标准材料。这些材料很容易被大气中的水分破坏，如果暴露在过多的水蒸气中，则可能很快变得模糊或完全破坏。KBr经常用于通用仪器，因为它有一个较宽的传输窗口，可以在48800～345 cm^{-1}波数范围内进行光谱分析（Spectral Systems n.d.）。

在便携式仪器中，KBr并不是一个合适的选择。其他材料更为合适，尽管它们可能会限制可用的光谱窗口。由于便携式仪器通常用途更加有限，通常可以选择能够足够覆盖应用光谱范围的透明材料。硒化锌（ZnSe）是便携式FTIR系统的常见选择，其传输范围为18000～461 cm^{-1}。

ZnSe是一种常见的窗口材料，具有两个平行表面。在适当的情况下，它也可以被金刚石车削成相对复杂的形状，用作聚焦元件。

2.14　干涉仪光学设计

便携式FTIR光谱仪相对于实验室仪器面临着一些限制。这些限制在选择干涉仪光学布局时应予以考虑。本节将回顾3种干涉仪拓扑结构，并针对便携性的权衡提供意见。

2.14.1　传统迈克尔逊干涉仪

标准的迈克尔逊干涉仪由两个平面反射表面和一个分光镜组成，如图2.3所示。两束光线之间的夹角可以为90°，但也经常使用其他角度。一个镜子固定，第二个镜子沿着光束平行方向移动。这些镜子必须对其各自的光束垂直对齐。特别地，可移动镜子必须在其整个运动范围内保持在波长的一小部分内对准。允许的垂直度偏差取决于仪器所需的波长分辨率。由于角度

失调引起的光程偏移与光束的直径成正比。当光束出射并返回时，光程误差是镜面误差的2倍。小的光束比大的光束更容易容忍角度失调。通常用于对齐这些装置的机构会倾斜固定的镜子或是分光器本身。HazMatID 和 GasID 是使用迈克尔逊干涉仪中的平面镜的便携式 FTIR 系统的例子。

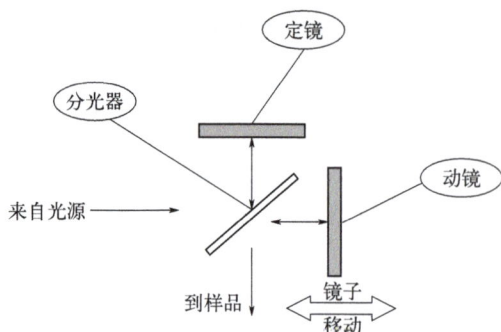

图2.3　迈克尔逊干涉仪

2.14.2　带角隅棱镜的迈克尔逊干涉仪

角隅棱镜是具有3个正交反射面的光学结构。这些结构常见于自行车上的"猫眼"反光镜。任何进入角隅棱镜接受角度范围内的光束都会沿着与入射轴平行的方向反射回去。光束会产生平移，平移距离取决于到立体角光学中心的距离。角隅棱镜在干涉仪中的主要优点是它们对角度失调不敏感。调整角隅棱镜干涉仪不需要倾斜任何光学组件，而是在 X 和 Y 轴上平移固定的角隅棱镜，直到其返回的光束与动镜返回的光束可靠地对齐重叠。TravelIR 使用的是角隅棱镜迈克尔逊干涉仪。

2.14.3　双摆干涉仪

双摆干涉仪使用两个角隅棱镜安装在一个双臂旋转的十字架上，如图2.4所示。这种干涉仪最初由 Rippel 和 Jaacks（1988）提出。整个十字架组件围绕一个轴旋转一个小角度。两个反射器相对于分束器朝相反方向移动，当一个靠近时，另一个则远离。这具有使相对路径长度变化加倍的效果，从而实现给定分辨率下更小的位移。旋转由磁铁和线圈组件实现，类似于磁盘驱动器的磁头移动。便携式干涉仪的一个主要优点是：整个旋转装配（包括镜子、臂和驱动组件）可以平衡，其重心与枢轴点对齐。这种平衡减少了干涉仪对震动或振动的敏感性，因为轴向施加在移动组件上的任何力都不会使该组件产生任何旋转力矩。ABB-Bomem 系列的过程仪器采用了双摆设计。它还应用在 Smiths Detection HazMatID Elite 手持 FTIR 系统中。

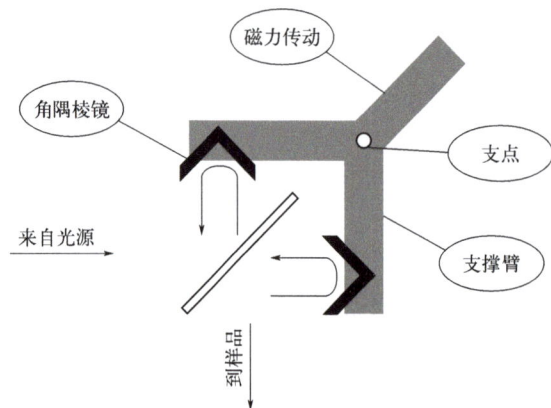

图2.4　双摆干涉仪

2.15　干涉仪轴承

动镜和其支撑结构必须在仪器使用寿命内准确可靠地移动。正如我们所看到的，这种运动的公差以波长的分数衡量。在许多仪器中，只要仪器通电，镜子就会运动。这会导致镜子运动数万次或数十万次。镜子的运动必须由轴承进行约束，但机械设备中常用轴承不足以满足我们的要求。铰链机构中销和叶的公差通常不够紧，无法在提供旋转的同时防止侧向运动。

许多干涉仪都依赖弯曲的钢构件作为连接点。Nicolet 的 5 系列干涉仪使用了一个"门廊秋千"机构，包括 4 个刚性臂，每个臂的两端都有一个枢轴，如图 2.5 所示。每个枢轴点都是一小块弹簧钢，可以允许摆臂像经典的门廊秋千一样移动。该组件保持了支架的对准度，从而在整个行程中以恒定的方向支撑动镜。这些柔性元件被称为枢轴轴承，可以购买圆柱形式的。该组件包括两个弹簧钢片，连接两个铝制气缸，一个气缸被压入固定结构中，第二个气缸被按压入移动臂中。只要运动被限制在枢轴的设计极限内，它的寿命基本上是无限的。典型的角度限制范围为 ±3.7° 至 ±15°，具体取决于轴承的尺寸、结构材料和载荷限制（C-Flex bearing Co, 2015）。

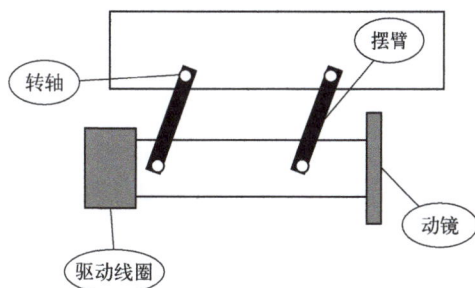

图 2.5　门廊秋千轴承

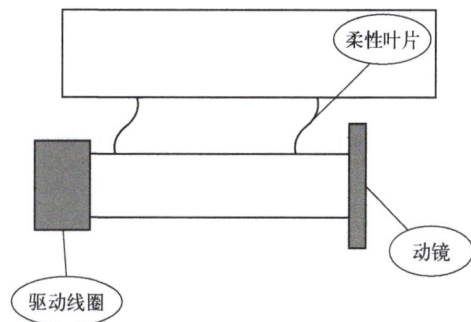

图 2.6　柔性叶轴承

随着仪器尺寸变小，门廊秋千中组件的大小和数量就会成为问题。SensIR Technologies 的设计团队将门廊秋千设计中的弹性枢轴和刚性臂组合成两个扁平的弹簧钢叶片，分别位于动镜的两端，如图 2.6 所示。这些钢片作为一堆材料被切割，以确保所有钢片的形状相同。弹簧片的长度必须与动镜所需的行程相匹配，以确保钢材不会超过疲劳极限而发生弯曲。该设计本质上是自动居中的。在未施加电源的情况下，移动组件停留在行程的中心位置。SensIR 的设计包括机械行程末端限制，以防止在运输过程中仪器受到振动或冲击而使弹簧钢片过度弯曲。

采用角隅棱镜的仪器在扫描时对角度移动的容忍度更高。TravelIR 仪器利用这一点，使用高精度滚珠轴承线性滑块为动镜提供运动。该滑轨摩擦力低，易于组装到干涉仪中。由于该滑轨不具备自定中心的特性，TravelIR 在系统停电时采用电磁制动装置锁定滑动机构。TravelIR 易受干涉仪掉落引起的灰尘或滑轨粗糙等影响，在行程中这些小的卡滞点会导致动镜的非恒定运动，从而导致光谱扭曲。

如上文所述的双摆干涉仪这类旋转扫描干涉仪可以利用柔性枢轴部件提供运动和自定中心设计。在同一条直线上放置两个弹性支点可保证关于轴的稳定性，并提供足够的旋转空间。

2.16　振动

振动是台式和便携式设备都需要考虑的问题。台式设备通常安装在减振脚上，以减少振动从工作台传递到设备中。FTIR 系统特别容易受到干扰，因为它们收集的数据频率在可听频谱范围内，因此对噪声非常敏感。此外，系统还包括一个动镜，其运动可能会受到冲击或系统振动干扰。对于手持设备，这个问题更加严重，因为用户在采样时无法保持完全静止。

许多仪器设计者已经将 FTIR 计量激光器与迈克尔逊干涉仪中动镜的伺服驱动器中的反馈环

路相结合。Smiths Detection HazMatID Elite 仪器使用相位锁定环（PLL）将计量激光的干涉图案的频率与晶体振荡器相结合。PLL 的误差信号反馈到伺服驱动器的驱动电压中，这确保了镜子以恒定的速度运动。2012 年 5 月的美国光学仪器工程师学会（SPIE）会议上发表的一篇论文描述了一项实验，其中由于干扰抑制的作用，仪器在以大约 10 Hz 的频率摇晃时，咖啡因光谱中存在的噪声显著减少了（Arno et al., 2012）。

2.17   震动冲击

便携式仪器比台式仪器更容易受到粗暴处理或摔落的影响。除了在震动期间会影响数据采集外，仪器还可能被损坏。通过在仪器的边角处或整个仪器周围安装弹性缓冲器，可以将冲击影响降至最低。Arno 等人报道了一种设计"智能缓冲垫"的方法，该方法通过优化硬度和形状最大限度地减少仪器掉落时所受的冲击力。Smiths Detection ACE-ID Raman 光谱仪可以安装在模制橡胶套内，以缓冲仪器的所有角，同时留出暴露的金属表面以便组件散热。参见图 2.7。

图 2.7   Smiths Detection ACE‐ID

2.18   电池

便携式仪器大多数是电池供电的。随着电池技术的不断进步，电池的功率密度和使用寿命不断提高。选择和维护电池及其相关系统是一项复杂的任务。除了工程问题外，电池还可能在运输或装运方面受到监管限制。在仪器设计周期的早期了解这些影响非常重要。某些容量较大的锂离子电池需要特殊的文件手续才能运输。

2.18.1   一次性电池与可充电电池的比较

一般来说，系统都是专门为使用可充电的专用电池设计的。但是，一些较小的手持系统需要使用通用的一次电池（不可充电电池），通常是因为获取方便。在野外作业时，在当地商店购买一包三节的一次电池，往往比找到锂离子电池包或者给它充电要容易得多。

2.18.2   电池管理

用户通常期望能够了解仪器电池的剩余电量。随着使用者通过使用智能手机等设备获得的经验，他们的期望也越来越高，希望能够随时查看电池电量百分比。根据电池配置，有很多方法计算电池的剩余电量。最显而易见的方法是测量电池提供的电压。随着电池放电，其输出电压会沿着一条曲线下降，这条曲线因电池的化学组成不同而有所差异。但使用电池电压计算剩余电量会存在一些问题，比如电压随仪器电流变化而有波动，而且对于一些电池化学体系，其电压变化曲线并不规则。锂离子电池在很大程度上维持着一个几乎恒定的电压，直到接近放电结束时电压才会急剧下降。这使得很容易判断电池何时放电90%，但很难确定何时放电达到50%或75%。

2.18.3 用户可更换电池

可更换电池提供了使用的灵活性。用户可以准备备用电池以减少仪器电量耗尽时的停机时间。可更换电池常用于无线工具中。然而，允许用户更换电池可能会给仪器设计师增加很大的复杂度。从机械角度来看，仪器需要一个电池仓或其他插拔电池的机制。这需要坚固而易于操作的连接，并且电池本身必须以一种能在仪器外存放的方式进行包装。这会增加电池壳体的体积和重量。这是手机和平板电脑等消费电子产品制造商开始放弃可更换电池的原因之一。电气设计师也有理由避免使用可更换电池。用户可更换电池会增加电池电量的计量复杂性，因为每次电池从仪器中取出时系统都会失去所有已知的历史记录。如果从电气设计的积极方面来看，如果电池只能在仪器外部充电，那么仪器就不需要提供充电电路的支持，从而减少了组件数量和最坏情况下的热负荷。

2.18.4 智能电池

一种用于电池充电状态计算的方法是使用"智能电池"。这些电池包含一个或多个专门管理电池状态的集成电路。大多数智能电池组符合系统管理总线或SMBus协议。SMBus基于I2C硬件定义，是一种双线双向串行总线。该协议最初由英特尔公司于1995年定义。该规范由智能电池系统实施者论坛（System Management Interface Forum, 2013）维护。

智能电池包含非易失性存储器。内置的电池电路使用此存储器记录重要参数。仪器可以查询电池，以了解其当前电压、电荷状态、当前放电速率下的剩余时间以及电池经历的充放电周期数量。仪器的内部充电电路可以与智能电池一起工作，以实现对充电速率的最佳控制。为支持智能电池管理，已开发出专用的充电器芯片，如德州仪器（TI）的BQ25000系列，列出了超过250种不同的专门用于管理可充电电池的部件（TI, 2019）。市面上也有外部智能充电器出售，用于在仪器外部为智能电池充电。

2.19 静电放电（ESD）

电子设备容易受到静电放电（electrostatic discharge, ESD）的干扰。几乎所有在欧盟销售的设备都必须获得符合CE要求的认证。CE认证要求设备能够承受EN 61000标准中规定的静电放电。ESD合规性测试使用的是ESD模拟器，这是一种将电火花注入设备关键部位的测试设备。在测试前，将被测试设备（equipment under test, EUT）放置在绝缘板上，绝缘板放置在接地参考面上。ESD模拟器具有尖头，可以放置在EUT上或其附近。然后将尖端脉冲到高电压，通常在2～15 kV范围内。尖端移动到EUT外表面的多个位置进行测试。

对于传统的有线供电设备，防御ESD的标准做法是通过设备的电源线提供低电阻路径，将任何外部表面与地面相连。手持和便携式设备通常没有电源线，或者只在充电时使用电源线，这给便携式设备的设计师带来了不同的挑战。由于没有大地这个"无限泄放"通道可将ESD产生的电荷引入地面，我们该如何减轻ESD所造成的问题呢？

电路中的ESD损伤不是由整个电路上升的电压引起的，而是由于放电产生的数千伏级别电势差穿过电路或单个元件造成的。这种近乎瞬时的电荷注入可以导致短时间内产生极高的电流。在电池供电的设备中，我们无法将这些电流分流到地面。最终，电荷会在仪器中达到平衡，将整个设备带到一个新的电势差上。我们所能做的是提供路径，以使平衡电流不流经我们脆弱的电子电路。

TI公司的Bill Jackson在2008年发表了一篇白皮书，其中描述了在电池组本身中减轻ESD和射频（RF）问题的方法。这些技术也适用于减少ESD对手持设备造成的影响。

减轻ESD的建议包括：

- 尽量减少静电通过绝缘外壳进入设备。ESD测试仪在其尖端产生15 kV的电压。该电压将寻找最容易到达地面的路径。足够厚度的塑料外壳可以防止电压"击穿"进入仪器内部的导体。所需的厚度可以从外壳材料的击穿电压（也称介电强度）计算得出。尼龙6的击穿电压在10～25 kV/mm之间，具体取决于温度和湿度（Unitika，2019）。2 mm的外壳厚度提供的最小击穿电压为20 kV，超过了ESD所需的15 kV。不同的塑料具有不同的击穿电压。该值通常在塑料供应商的材料数据表上列出。此策略可以保护大部分设备，但某些电源和通信连接器、螺丝等部件仍然容易受到影响。

- 为通信线路提供电压钳位器。通用串行总线（USB）连接器经常被用户操作，因此是ESD事件的易发区域。标准做法是在尽可能靠近连接器的位置上包含基于二极管的电压限制器元件。这些是简单的六或十引脚器件，连接在USB D+和D-引脚和地之间。在使用中，将数据线锁定在接近地面的电位上。

- 了解电涌路径。为了最小化ESD干扰，理解电压浪涌的路径是至关重要的。在带有线路供电的仪器中，显而易见的策略是创建Jackson所称的高电流接地路径，将所有暴露的导电表面接地。这个高电流接地路径有意被分离成两个部分：一个用于信号和更敏感的内部元件的低电流接地路径，另一个用于连接所有暴露的导电表面的高电流接地路径。这两个独立的接地路径应该在一个单一点连接，以防止高电流路径上的电压梯度传递到低电流路径上。物理分离也很重要，因为由ESD事件引起的瞬时电流浪涌会产生磁场，可以将浪涌传输到相邻的线路上。ESD电流源，例如USB瞬变抑制器中的接地点，应连接到高电流接地路径。使用接地层和印刷电路板层内的ESD火花间隙可以帮助最小化ESD事件对敏感电路的影响。

2.20　人体工程学

便携式设备本质上是手持的，或者至少是便于携带的。便携式设备必须有明确定义的提握点，并且重量要在用户能够移动和搬运的限度之内。手持式设备有更严格的要求。一台需要整天携带和使用的仪器必须适合各种体型和体力的用户舒适地操作。

手持式设备的设计关键在于提供适合各种手型舒适握持和控制的设备。各种机构对手型大小范围进行了广泛的研究，其中美国国立卫生研究院（NIH）发表了一篇研究消防员手型大小的论文（Hsiao, 2015），该文献列出了几个关键尺寸及其范围。

通常，创建拟设计的手持设备的三维模型，或至少是某些关键部分的三维模型，是非常有用的。这些模型可以由黏土或泡沫制作。现在，可以使用计算机辅助设计（CAD）设计模型，并通过3D打印制作出各种形状的模型。这些模型可以由不同手型大小的用户评估，以确定最佳形状和大小，确保舒适、易握和方便操作关键控件。

图2.8显示了一个用于用户评估的3D打印手柄示例。

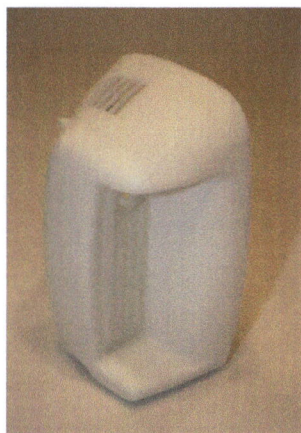

图2.8　3D打印手柄

2.21　激光安全

许多光谱仪都包含激光器。在Raman光谱系统中，激光器是用于测量的激发源。FTIR系统几乎总会配备一个激光器，用作测量动镜行程的参考。

在美国，激光安全由美国食品和药品监督管理局（FDA）下属的设备和放射健康中心（CDRH）负责监管。在欧洲，激光产品需要根据EN-60825标准进行认证。激光器设备制造商需要向CDRH提交报告，证明他们生产的激光器的等级和安全性方面的合规性（US FDA, 2018）。

激光被分为不同的安全等级，CDRH和EN-60825标准中对安全等级的命名即便不完全相同，也十分相似。大多数手持式光谱仪所配备的激光装置的安全等级在1级到3R级或3B级之间。1级激光被认为对眼睛是安全的，无需特殊处理或防护措施。不过，如果使用放大镜或望远镜等光学辅助工具来观察，1级激光仍然可能有危险。3R级或3B级激光根据暴露时间的不同，被认为对眼睛和/或皮肤有危害。激光的分类取决于几个因素，包括其波长、功率和发散角度（21 CFR 1000.40, 2019年）。

设备的激光安全等级是基于用户可以接触到的激光能量大小来确定的，因此，一个设备可能含有3级激光，但如果能量被限制在设备内部，它仍然可以被归为1级设备。配备氦氖激光器的台式FTIR系统通常设有光束阻挡装置，以防止激光能量逸出，因此，即使它内部含有3级激光，仪器也可以被列为1级设备。便携式FTIR系统更有可能使用二极管激光器作为参考。通过合理设计来限制功率输出，这些二极管激光器可以作为1级模块进行构建。这确保了在打开仪器外壳时激光安全不会受到影响。

Raman系统使用的激光存在更多问题。激发样品所需的功率通常足以使其不属于1级激光。典型的手持式Raman系统在785 nm或1064 nm波长下提供大约100 mW的激光功率。手持式Raman系统的激光器通常被评为3B级。

台式Raman光谱仪通常需要用户将样品放入一个光密室，该光密室带有激光联锁开关，以防止激光光线逸出并对用户造成伤害。

一些便携式Raman系统具有小瓶支架仓，允许对玻璃瓶中的液态样品进行采样。这些仓室带有传感器，以确定它们是否关闭，从而提供了安全联锁，使该系统可以作为1级激光器运行。

然而，手持式Raman系统的一个关键优点是允许用户在不取出样品的情况下对其分析。这个容器可能是在涉嫌地下制毒实验室中发现的大型未知液体储罐，打开容器可能会给操作者带来不同的风险。通过容器壁测量光谱更安全、更容易。这就要求激光器能够在仪器外部使用。

判断激光对眼睛是否安全的一个重要指标是名义眼危害距离（nominal ocular hazard distance, NOHD）。NOHD是激光发射后光束不再超过最大允许照射强度（maximum permissible exposure, MPE）的距离。计算NOHD超出了我们的讨论范围。MPE用辐照度或功率密度表达，单位是 W/m²。激光光束发散得越快，其功率密度就会下降得越快，NOHD就越短。在Raman系统的出口使用快速光学元件，可以在激光出口附近创建一个聚焦点，之后光束会迅速发散。Thermo Scientific的TruScan RM的合规声明指出，在距离大于14 cm时，该设备是安全的，不会对眼睛造成伤害（Thermo Scientific, 2016）。

2.22   稳定性

许多光谱技术都是基于比值测量的。它们通过计算有无样品时测量值之比来测量样品的光谱，这两个独立的测量通常称为"单光束"测量。没有样品存在时的测量称为"背景"或"参考"测量，用于表征光谱仪系统当前的谱线形状（线形），包括光源、光路校准和光学通路中的所有光学元件。有样品存在时的测量包含所有仪器信息以及样品本身提供的新信息。将样品测量值除以背景测量值可消除仪器的线形影响，只留下光谱中的样品信息。

前面的陈述假定在测量背景单光束和样品单光束之间，仪器线形没有发生显著变化。如果有显著变化，则该变化将出现在比值光谱中。

FTIR仪器的稳定性通常是通过收集两个背景单光束来测量和规定的，这两个单光束之间有一定的时间间隔，通常以小时为单位。这两个单光束被取比值，得到一个"100%线"。在没有噪声和不稳定性的完美仪器中，结果将是一个值为1.00或100%的直线。但在现实中并不完美的仪器中，随着时间推移，由于噪声而使得这条线变模糊，而由于不稳定性，这条线还会出现倾斜或弯曲。仪器制造商将稳定性规定为在特定波长或多个波长下，在一定时间内的最大偏差量。Agilent的Cary 630 FTIR光谱仪预防性维护清单（Agilent Technologies, 2016）规定，要在30 min内比较 1000 cm⁻¹ 和 3000 cm⁻¹ 处的值。

线形变化主要由4个原因导致：

- 热膨胀引起光学元件相对移动。如果这些移动发生在干涉仪内部，则它们将与波长相关，引起光谱从一端到另一端倾斜。
- 机械错位。光学元件由于冲击或振动发生移动。
- 光路中的干扰物。包括湿度或CO_2含量的变化。
- 热敏元件受温度变化影响。

对于台式仪器，设计师使用多种技术确保仪器线形随时间的变化最小。遗憾的是，这些技术中很多在便携式仪器设计中难以实现。

以下是一些常见的方法及其在便携式仪器中的适用性。

2.22.1   质量

高分辨率、高性能的台式仪器通常使用厚重的金属基板，这些基板通常是由铝铸造而成。

这种大质量的基板有助于在热力学和力学方面稳定光路。由于质量很大，它们对温度变化的响应速度很慢。基板的大尺寸还可以提高刚性，减少由于冲击或振动引起的运动干扰。但对于便携式仪器，增加质量是一个问题，因为通常的要求之一是尽可能保持轻量化。

2.22.2　主动式热控制

实验室仪器通常会在光谱仪本体上安装电加热元件，用以保持仪器或子系统的温度略高于环境温度。通过最小化温度随时间的变化，仪器可以最小化热运动及其对光学对准的影响。然而，在便携式仪器中实现这种策略较为困难，因为加热器的使用增加了功率消耗，这会显著降低电池寿命。

2.22.3　较长的预热时间

当一台仪器从冷启动状态开始运行时，会发生显著的热变化。每个耗电元件都会产生热量，但是热量并不是均匀地分布在整个仪器中。因此，一些部件的温度会比其他部件更快地升高。温度变化会导致光学结构内部的热应力和移动。对于台式仪器，操作员可以"等待稳定"，在进行测量前让仪器开机几个小时以达到稳定状态。但对于便携式仪器，由于电池寿命有限，用户不希望浪费大量电池电量只是为了让仪器达到热平衡状态。更重要的是，便携式仪器可能被用于获取有时效性的信息，例如识别潜在危险物质。便携式光谱仪的操作员几乎总是匆忙的，无法等待系统在进行测量前达到热稳定。

2.22.4　干气吹扫

如上所述，干气净化可以延长亲水性光学元件的寿命，同时减少或消除光束路径中吸收光线的水分和CO_2。干燥气体通常以压缩氮气、液氮露点的汽化或使用空气干燥器脱湿的压缩空气形式提供。但是，所有这些选项都需要一定的体积、重量或电力，这在便携式系统中往往难以实现。

由于上述技术在便携式光谱仪中难以实现，我们需要寻找一些新的方法。一些成功的技术如下。

2.22.5　最小化光路长度

由于光路中的水分或CO_2引起的光谱成分可以根据比尔定律进行预测。信号量与以下3个因素成正比：

① 材料的光谱吸收率。
② 物质的浓度。
③ 物质与光束相互作用的路径长度。

虽然我们无法控制材料的吸收率，但我们可以尽量减小其浓度和光路长度。设计一个光路较短的系统符合我们尽可能将仪器做小做轻的目标。由于材料的尺寸会随温度变化而产生变化，小组件相对于大组件，其绝对运动量会更小。

2.22.6　密封和干燥

比尔定律中的另一个可控因素是干扰物的浓度。最常见的问题是来自大气中水分和CO_2的干扰，它们的浓度因操作人员呼气中的水蒸气和CO_2而快速变化。

防止气体或蒸汽干扰物浓度变化的明显方法是封闭系统，或者封闭尽可能多的光路。在封闭之前，重要的是提供一种使用干燥气体清洗系统的方法。干燥剂将吸收任何穿透密封的水分。通常可以更换干燥剂，如果有更换需求，则设计者应提供更换干燥剂的方法。分子筛是一种除湿剂，可以吸附除水外的其他分子，包括CO_2。

由于FTIR是一种基于比值测量的技术，故只要干扰物是恒定的，我们可以容忍一定程度的干扰。密封设计以及干燥剂或分子筛的存在将使CO_2和水蒸气的浓度稳定，使它们在样品光谱中自动抵消。

2.22.7　频繁采集背景

光谱仪会随着时间发生变化，特别是在启动时，系统温度会迅速变化。我们收集背景单光束和样品单光束的时间上越接近，这两次测量之间仪器线形的变化就会越小。便携式仪器中的软件通常会强制用户在收集样品单光束之前立即收集背景单光束。这个背景单光束可以自动扫描异常光谱特征，从而用于确定系统清洁度，然后再允许用户放置样品。

2.23　服务

便携式仪器经常会遭受粗暴的对待，例如意外地撞到家具、操作员将仪器随手扔进皮卡车后前往现场等。尽管我们会竭尽所能在系统设计中考虑耐用性，但最终它还是需要进行维护。传统的实验室仪器通常由上门服务的技术人员现场维修。

2.24　通信/无线连接

如上所述，便携式光谱仪通常缺少大尺寸的显示屏、键盘和鼠标。这会给在设备本体上进行数据分析带来挑战。将数据移动到PC上进行分析或传输到网络上进行存档通常是可行的。几乎每个现代便携式设备都包括用于此目的的USB端口。在生产环境或危险环境中，采用无线通信可以显著减少从便携式设备传输数据到固定计算机所需的时间和精力。在办公室或实验室环境中，这可能只需要向系统添加蓝牙或Wi-Fi模块即可实现。对于需要接触危险物质的团队而言，这些技术的传输范围可能无法达到从操作员到指挥车的距离，指挥车通常位于危险区域之外。针对此类通信，可使用一系列专有的无线电调制解调器。使用获得美国联邦通信委员会（FCC）批准的商业模块，可以减轻相对于使用零部件设计解决方案而言的认证负担。

参考文献

21 CFR 1000.40 (April 2019). Title 21-Food and Drugs. *21 CFR 1000.40*.

Agilent Technologies (2016). *Cary 630 FTIR Spectrometer Preventive Maintenance Checklist-Standard*. Agilent Technologies.

Arno, J., Cardillo, L., Judge, K. et al. (2012). Advances in hand-held FT-IR instrumentation. In: *Proceedings of the SPIE 8374, Next-Generation Spectroscopic Technologies V, 837406* (17 May 2012). Baltimore, MD: SPIE.

C-Flex Bearing Co (2015). https://c-flex.com/pivot-bearings/life-projections (accessed 17 September 2019).

General Digital (2019). *Optical Bonding of Flat Panel Displays*. General Digital. https://www.generaldigital.com/optical-bonding-of-flat-panel-displays (accessed 17 September 2019).

Hamamatsu (2015). *Back-thinned TDI-CCD Technical Information*. Hamamatsu. https://www.hamamatsu.com/resources/pdf/ssd/tdi-ccd_kmpd9004e.pdf (accessed 20 September 2019).

Hamamatsu (2019). *Line Sensors for Spectrophotometry*. Hamamatsu. https://www.hamamatsu.com/resources/pdf/ssd/s11850-1106_kmpd1132e.pdf (accessed 20 September 2019).

Hsiao, H. (2015). Firefighter hand anthropometry and structural glove sizing: a new perspective. *Hum. Factors*: 1359-1377.

IEC (1989). *ANSI Web Store*. ansi.org. https://webstore.ansi.org/Standards/IEC/IEC60529Ed1989 (accessed 19 September 2019).

Infrared Associates (n.d.). *Infrared Associates HgCdTe (MCT) Detectors*. Infrared Associates. http://irassociates.com/index.php?page=hgcdte (accessed 20 September 2019).

Jackson, B. (2008). *ESD and RF Mitigation in Handheld Battery Pack Electronics*. TI.

Leonardo (2017). *Leonardo DLATGS IR Detector*. Leonardo. https://www.leonardocompany.com/documents/20142/3151790/DLATGS_IR_Detectors_for_Instrumentation_LQ_mm08096_b.pdf?t=1538987888860 (accessed 20 September 2019).

Nowakowski, R. and King, B. (2006). Choosing the optimum switching frequency of your DC/DC converter. *EE|Times*. https://www.eetimes.com/document.asp?doc_id=1272335# (accessed 17 September 2019).

NXP (2019). *NXP Processors and Microcontrollers*. NXP. https://www.nxp.com/docs/en/data-sheet/IMX6ULLIEC.pdf (accessed 15 September 2019).

Rippel, H. and Jaacks, R. (1988). Performance data of the double pendulum interferometer. *Mikrochim. Acta [Wien]* II: 303-306.

Sharp Electronics (2009). Device Specification for TFT-LCD Module Model No. LQ35Q3DG03 (30 October).

Sharp Electronics Corporation (2019). *Sharp Electonics Corporation Device Division*. Sharp Electronics Corporation. https://www.sharpsma.com/products?sharpCategory=Industrial%20LCD&p_p_parallel=0 (accessed 17 September 2019).

Silicon Labs (2019). *Precision32 32-bit Microcontroller Development Suite*. Silicon Labs. http://www.ti.com/tool/TIDA-00285?keyMatch=POWER%20TOOL&tisearch=Search-EN-everything&usecase=part-number (accessed 15 September 2019).

Spectral Systems (n.d.). *Properties of Materials for Spectroscopy*. Spectral Systems. https://www.spectral-systems.com/wp-content/uploads/2014/04/Properties-Chart_L.pdf (accessed 30 September 2019).

System Management Interface Forum (2013). *SMBus*. System Management Interface Forum. http://www.smbus.org (accessed 15 September 2019).

The Free Library (2019). 39th Annual R&D 100 Awards (October 2019). *The Free Library*. https://www.thefreelibrary.com/39th+Annual+R%26D+100+Awards.-a079197011 (accessed 15 September 2019).

Thermo Scientific (2016). *Thermo Scientific TruScan RMUnited States Pharmacopeia (USP)Chapter <1120> — Raman Spectroscopy Statement of Compliance*. Tewksbury, MA: Thermo Scientific.

TI (2019). *Battery Charger ICs*. TI. http://www.ti.com/power-management/battery-management/charger-ics/products. html (accessed 15 September 2019).

Unitika (2019). *Nylon Resin (Nylon 6) General Properties*. Unitika. https://www.unitika.co.jp/plastics/e/nylon/nylon6/03.html (accessed 15 September 2019).

US FDA (2018). *Radiation Safety Report*. US Food and Drug Administration. https://www.fda.gov/media/72606/download (accessed 13 September 2019).

3

用于风险物质现场识别的便携式傅里叶变换中红外光谱仪的设计考量

David W. Schiering[1], John T. Stein[2]

[1]RedWave Technology, Danbury, CT, USA
[2]JTS Consultancy, Ashburn, VA, USA

3.1　概述

2001年9月11日的世界贸易中心恐怖袭击、通过美国邮政服务邮寄的炭疽信件以及由于使用简易爆炸装置（IED）而对军事设施和平民造成的威胁，显著地改变了负责保障安全和应对化学、生物、放射性、核和爆炸物（CBRNE）威胁的团队的能力。最精锐的应对团队，例如打击大规模杀伤性武器民事支援分队（WMD-CST）、纽约市消防局（FDNY）危险品处理团队、化学生物事件应急反应部队（CBIRF）或美国陆军第20CBRNE指挥部，都配备了移动平台，上面装有用于检测各种CBRNE威胁的最先进的现场分析技术。威胁的性质由于恐怖主义敌人的想象力和盲动而不断变化。不断变化的威胁为科学、技术开发和工程领域创造了一个创新环境，这些领域致力于为这些侦察和应急响应人员提升应对能力。

在现场使用仪器识别威胁、保障人民安全的应急或侦察人员需要什么？应急人员需要的是解决方案，而不仅仅是技术。仪器必须易于使用，并可在威胁所在的危险区域使用。操作员需要可据此采取行动的情报，而不仅仅是一个化学物质或产品的名称。仪器应该轻巧、坚固、耐用且可靠。它应该能够识别多种威胁，具有易于扩展的光谱数据库，并能够分析复杂样本（脏样本）。仪器应该安全易用，可以由身穿个人防护装备的操作员使用。仪器最好不需要消耗品，并且应该使用常见的、现成的商用电池。在保持可接受的分析性能的同时管理好尺寸、重量和功耗（SWaP），可能是便携式设备的主要设计驱动因素，而上一代实验室、台式仪器的设计权衡中并不存在这一因素。

红外（IR）光谱法是材料鉴定和表征的基本分析方法。红外光谱中的吸收带是由分子的振动跃迁引起的，因此整个光谱对分子结构的变化非常敏感。Coblentz[1]最早认识到IR光谱中的吸收带与分子键和原子基团以及分子的结构特性有关。大多数与基本振动模式相关的IR吸收带都出现在中红外区域，波数从4000 cm⁻¹到400 cm⁻¹。与分子官能团有关的IR吸收带的特征频率为解释IR光谱和分类物质提供了基础[2,3]。由于绝大多数共价键合分子都会产生IR吸收，因此IR光谱可以应用于许多行业和学科，包括刑事科学和法庭科学。缉毒分析科学工作组（SWGDRUG）[4]将IR光谱法归类为"A类技术"，具有"最大潜在鉴别能力"。IR吸收谱与复折射率有关，其是分子的物理常数。IR谱本质上是分子的"指纹"，当许多可能的候选物质都存在时，可以用于识别未知物质。通过与已知物质的光谱数据库进行数字比对可以实现物质的鉴定。图3.1是一个威胁分析的屏幕截图，显示了便携式光谱仪对物质进行鉴定的例子。硝酸铵是恐怖分子在自制炸药（HMEs）中常用的氧化剂。在这个软件应用中，危险品的光谱可以与光谱库数据叠加显示。还可以显示相关系数，指示危险品的光谱和库光谱之间的适配度，同时也会显示危险品的化学和安全数据。不同的便携式光谱仪具有不同的软件应用方式，但一个共同的特点是都依赖光谱匹配。光谱匹配在处理混合物或库中没有的物质时会有挑战。大多数商业化的便携式FTIR仪器也采用某种自动混合物分析方法。

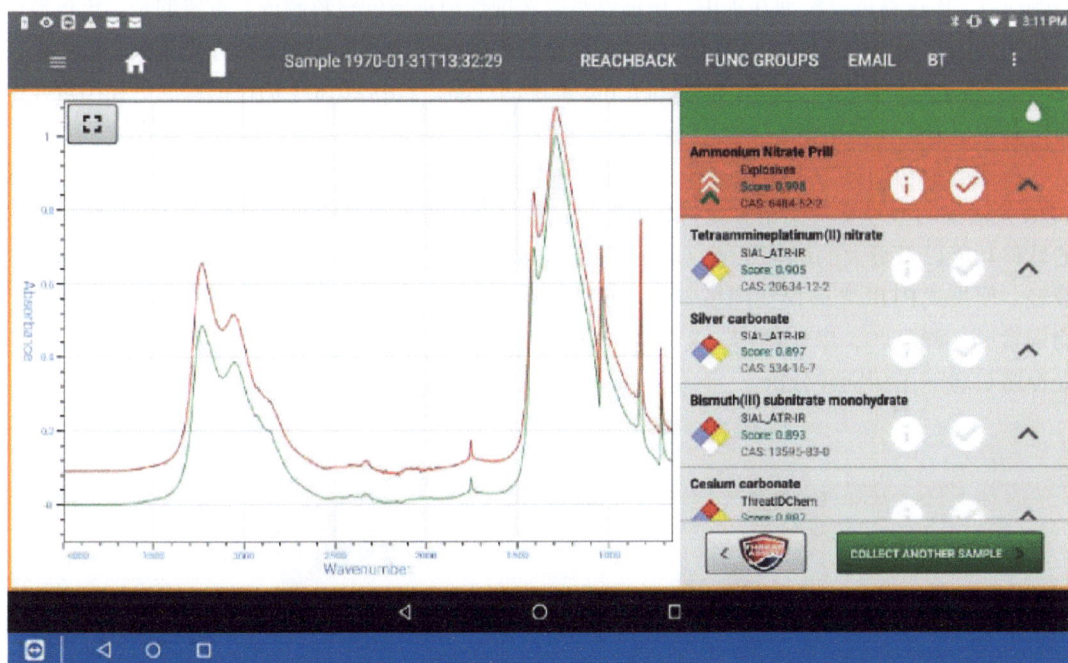

图3.1 分析软件屏幕，用于鉴定一种自制炸药（HME）成分——硝酸铵。来源：红波科技公司

便携式红外光谱仪的发展促进了光谱系统的使用和应用的显著增长，包括红外和拉曼光谱。小型、耐用和定制的仪器走进了许多以前没有接触过复杂科学仪器的专业人士手中。本章将关注用于凝聚相样品分析的便携式傅里叶变换红外光谱仪的仪器方面，特别是那些给便携性和在现场使用带来挑战的方面。我们将讨论范围限制在中红外傅里叶变换红外光谱仪和当前用于商业仪器的制造方法上。一些小组已报告了基于微机电系统（MEMS）制造方法的FTIR仪器开发[5-7]；请参见本卷第5章，以获得有关MEMS技术的讨论。商用MEMS FTIR光谱仪产品可在近红外光谱区域内运行。虽然MEMS方法为减小FTIR平台的光学和机械元件的尺寸与功耗需求提供了无与伦比的潜力，但当前IR源、探测器和样品接口的技术水平限制了通过整合MEMS技术实现的

整体仪器尺寸的微小化。此外，当前的MEMS结构非常小，以至于中红外信号的降低使得目前可用的非制冷探测器无法提供足够的信噪比（SNR）以供实际使用。

　　第一款商用便携式傅里叶变换红外光谱仪是TravelIR™（SensIR Technologies, LLC，丹伯里，康涅狄格州），于2000年推出。该光谱仪最初的一个应用是在打击地下毒品实验室方面，收集现场证据和化学危险数据以确保现场安全和处理。其客户是美国联邦缉毒机构。在2001年发生的事件，尤其是炭疽信件事件之后，现场应急人员开始寻找更好的工具以应对化学事件，以便能立即提供现场情报和处理化学、生物与爆炸威胁的能力。到2002年，TravelIR已经被部署到许多应急响应队伍中[8]。不久之后，TravelIR的局限性变得明显。其体积和重量太大了。仪器既不防水，也不能进行消毒，因此无法用于可能暴露于生物或化学战剂的情况。虽然使用电池操作是可能的，但因为电池非常笨重，所以仪器几乎总是使用交流电源。为了解决这些问题，SensIR团队立即开始开发一款便携式傅里叶变换红外光谱仪。2003年7月，HazMatID™（SensIR Technologies, LLC，丹伯里，康涅狄格州）首次发货——超过80台供国防部门使用以保护基地。HazMatID是一款小型的便携式傅里叶变换红外光谱仪，它减小了体积并加固，专门用于现场应急响应[9]。该仪器可以浸泡在水中，由能够承受腐蚀性消毒液的材料制成。重要的是，该仪器可以使用集成电池连续工作2小时以上。这些新出现的特性对于傅里叶变换红外光谱仪来说都是开创性的。HazMatID是由Smiths Detection Inc.推出的产品，直到2018年仍在销售。已经出货几千台，其中很多仍在使用中。

　　在这些最初的努力之后，一些公司开发了便携式FTIR系统[10-12]。图3.2展示了目前便携式FTIR光谱仪的型号及一些相关规格。手提箱式的仪器提供了更高水平的光学和计算性能、更多的软件功能以及更大的屏幕尺寸，而手持式仪器则提供了极致的便携性，实现了尺寸和重量的减轻。便携式FTIR光谱仪在现场应用方面已经有了许多报道，包括化学战剂（CWA）[13,14]，生物毒素[15]、毒品[16]、爆炸物[17]、文化遗产材料[18,19]、地质材料[20]、假药[21]以及聚合物产品中的受控增塑剂[22]的识别或分析。

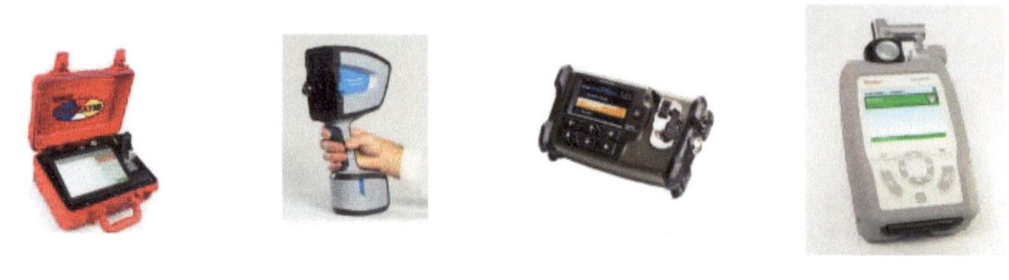

生产时间	2019年	2014年	2012年	2010年
公司	红波科技	安捷伦科技	史密斯检测	赛默飞世尔科技
尺寸/in	$14.0 \times 10.6 \times 6.12$	$4.0 \times 7.5 \times 13.6$	$10.6 \times 5.6 \times 3.1$	$7.8 \times 4.4 \times 2.1$
质量/lb	15.0	4.4	5.0	3.0
光谱范围/cm^{-1}	4000～650	4000～650	4000～650	4000～650
分辨率/cm^{-1}	4	4	4	4
续航时间/h	>4	3	>5	>2
工作温度/℃	−10～50	0～50	−20～50	−25～40

图3.2　当前的便携式傅里叶变换红外光谱仪型号。来源：红波科技有限公司、安捷伦科技、史密斯检测、赛默飞世尔科技

3.2　FTIR系统组件

3.2.1　干涉仪概述

FTIR光谱仪的核心是干涉仪。在FTIR光谱仪中，吸收光谱并没有直接记录下来，记录的信号是一种光学干涉信号，称为干涉图。利用傅里叶变换算法，通过计算将基于时间的干涉图转换为基于频率的光谱，可以得到IR光谱。这个过程的许多细节在本章中不赘述，读者可以参考几篇优秀的文献[23-26]。我们主要关注影响FTIR系统小型化和现场使用的仪器方面的内容，并且在讨论干涉图和光谱时，不会将它们之间的联系展开论述。

迈克尔逊干涉仪如图3.3所示[27,28]。红外光源发出的光线射向分束器，并被分束器分为反射光束和透射光束。反射光束和透射光束发射到定镜和动镜上，在这个例子中镜子都是平面镜。理想情况下，分束器应该是50%的反射和50%的透射。分束器是通过在一块非常平整的红外透明的基板上涂层制成的，基板平整度通常小于所关注的最高波长的1/20。分束器涂层可以采用多层结构和不同的材料，但在中红外区域，锗（Ge）是分束器组成中的重要成分。为了补偿分束器基板的折射和光束偏移，一个具有相等厚度和平整度的红外补偿板被放置在分束器上面。分束器基板、分束器涂层和补偿板组成了分束器装置。

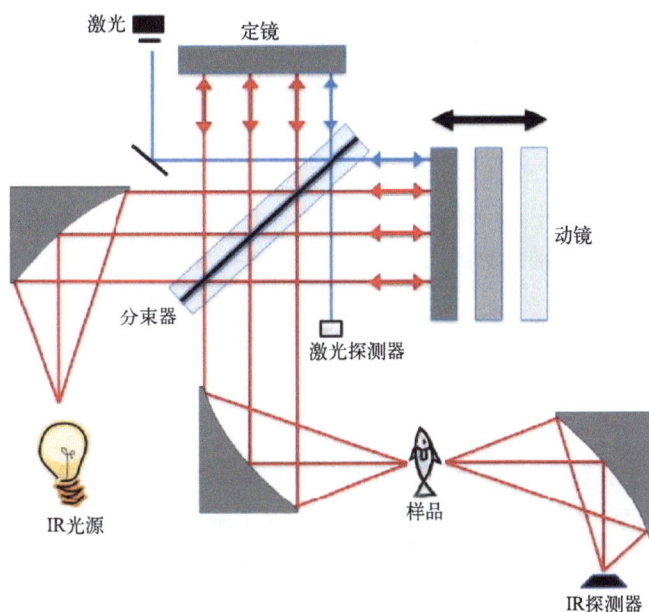

图3.3　用于FTIR光谱测量的迈克尔逊干涉仪配置

一个光学干涉信号是通过改变迈克尔逊干涉仪的固定臂和移动臂之间的光程差（OPD）生成的。干涉图表示此信号强度作为OPD的函数。为了可视化这个过程，最简单的方法是首先考虑单色光源。

在FTIR光谱仪中，使用激光参考系统确保所测量的IR光谱点的采样精度。激光基本上是单色输出。激光被引导到与红外辐射相同的光学部件，但使用不同的分束器涂层和探测器。动镜是连续扫描的，但考虑激光干涉图的构建时，以激光波长的特定增量来考虑会很有帮助。当定镜、动镜和分束器之间的距离相同时，分束器处的激光光束波前是同相的，两个光束发生相长干涉，导致探测器上的信号强度最大。在动镜位置为激光波长的1/4时，两个光束相位差为1/2个波长，产生相消干涉，检测器测得零信号。在这种情况下，所有激光强度都被反射回激光头。由于光束在定镜、动镜和分束器之间传播了2倍的距离（一来一回），光程差是定镜和动镜与分束器（前后）之间的距离差的2倍（2×）。在动镜位于激光波长的1/2位置时，分束器处的波前再次同相，发生相长干涉，探测器测得最大信号。在光程差为激光波长的整数倍（$n \times \lambda$）时，会测量到信号最大值；在光程差为激光波长的$n/2$倍（$n/2 \times \lambda$）时，探测器上没有信号。单色信号的强度在$n/2 \times \lambda$和$n \times \lambda$之间从零到最大值变化。因此，单色光源的强度呈正弦变化；它是一个余弦波。干涉仪以频率$f = 2V\lambda$（其中V是镜子速度，单位为cm/s；λ是波数，单位为cm^{-1}；频率的单位为Hz）调制光束。当考虑宽带红外光源的输出时，情况会更复杂。当OPD为零时，所有的红外波长相位一致，发生相长干涉，红外干涉图的信号强度最大。这就是干涉图的中心峰，在零光程差（ZPD）处观察到。随着动镜的扫描，重新组合在分束器处的红外波长会经历不同程度的相长干涉和相消干涉。这导致了一个多色光源在ZPD处有高信号，在干涉图远离ZPD的两端信号要低得多。红外光谱中的每个频率都按照$2V\lambda$的关系在音频频率范围内被干涉仪编码。傅里叶变换过程将这个基于时间的频率信息解码成光谱。

在FTIR光谱仪中，使用激光参考系统来测量与IR干涉图每个采样点相对应的光程差（OPD）。激光与红外辐射共用光学元件，但使用不同的分束器涂层和适合激光波长的探测器，见图3.3。由于激光输出基本上是单色的，激光探测器产生的输出是一个如上所述的余弦波。通常在激光干涉图的零交叉处进行红外干涉图的采样。

FTIR光谱仪的好处是其光谱分辨率在整个光谱范围内是恒定的，由最大光程差（OPD_{max}）决定。在理论情况下，如果通过干涉仪的红外光束是完全平行的（即光束发散角为零），可实现的光谱分辨率为$1/OPD_{max}$，例如4 cm^{-1}光谱分辨率时其OPD为0.25 cm。在本章中，我们主要关注固态应用，在这种应用中，中等的光谱分辨率（4～8 cm^{-1}）即可满足要求。这对开发人员有好处，因为动镜不需要移动到更远的距离，也不需要控制，这在一定程度上缩小了干涉仪的尺寸。

3.2.2　光学元件

在此简要提及光谱仪中的光学元件。下面会对光源、探测器、计量激光和样品接口进行更详细的描述。便携式FTIR光谱仪的预期现场应用限制了系统中透射光学元件的选择。大多数在中红外波段操作的实验室FTIR仪器使用溴化钾（KBr）光学元件作为分束器衬底、补偿板、探测器窗口和样品室窗口。KBr提供了良好的光谱范围覆盖，但材料具有吸湿性，必须通过用干燥空气或氮气吹扫仪器或密封和干燥光谱仪外壳来保护光学元件。由于在户外可能遇到高湿度环境，KBr光学元件不适用于用于化学防御或现场法医学的便携式FTIR系统。硒化锌（ZnSe）是一种不吸湿的材料，用于分束器组件和红外探测器窗口。ZnSe存在高反射损耗，因此其表面涂有宽带抗反射涂层以提高效率。ZnSe光学元件可获得4000～650 cm^{-1}的中红外光谱范围。系统中的非球面反射聚焦光学元件，如椭球面和抛物面，通常由铝（Al）通过金刚石车削加工制成，具有非常精确的光学形状，然后在反射表面上再涂覆金（Au）或铝（Al）。样品接口光学元件将在下面讨论。

大多数便携式FTIR干涉仪使用迈克尔逊干涉仪配置，如图3.3所示。HazMatID和ThreatID™

（红波技术，丹伯里，康涅狄格州）采用了60°的分束器角度设置，可提供更大的光通量。保持光学对准是一个重要因素，特别是对于可能经历严重随机振动和冲击环境的现场设备。手提箱式仪器可以通过软件驱动实现精密对准。用于对准定镜的电机需要一些空间来集成并占用电源预算，但可以确保干涉仪始终对准。当需要对准时，操作员会收到警报，可能需要进行干预操作。

手持仪器的光学元件通常是通过粘接或机械固定方式实现永久对准，因此不需要在现场对其进行校准。这样做简化了光学系统，有助于仪器的小型化，但会牺牲光谱仪性能，因为仪器必须在一定程度的未对准情况下运行。HazMatID Elite™（Smiths Detection Inc.，埃奇伍德，马里兰州）采用了带角隅棱镜的双摆臂干涉仪[29,30]。双摆臂干涉仪是一种对称的旋转机构，在扫描过程中提供一些光学补偿，以解决误对准问题[23,24,31]。

3.2.3　干涉仪扫描系统

干涉仪动镜的精确控制和干涉图采样点的采集是获得高质量分析数据的重要因素。干涉仪扫描控制和信号数字化需要大量的工程设计、开发专业知识和努力，以实现光学、电子和软件的无缝集成。FTIR光谱仪普遍使用音圈电机驱动动镜。图3.2中的大多数系统都采用了连接到动镜组件的柔性元件，然后连接到执行器。这些柔性连接件在现场非常耐用可靠。HazMatID Elite旋转干涉仪使用交叉的柔性连接，即柔性枢轴，在提供所需的单旋转自由度的同时限制了平移运动。另一种干涉仪动镜组件是管状的"注射器"型[32]。在注射器型组件中，圆形动镜连接到音圈电机，并在外管内移动，该外管可以由玻璃制成。这种设计可以防止扫描期间动镜的倾斜。为减少摩擦，动镜连接到一个在管内滑动的石墨活塞上。显然，Thermo Scientific（以前是Ahura Scientific）在其手持光谱仪中使用了这种类型的干涉仪，甚至开发出了类似硅油的液体材料来减少摩擦[33]。

如上所述，单色光源——激光的干涉图是一个正弦信号，即余弦波。与其实验室型号相似，便携式FTIR光谱仪也使用激光条纹参考方法来控制红外干涉图的扫描和数字化。参考图3.4可以

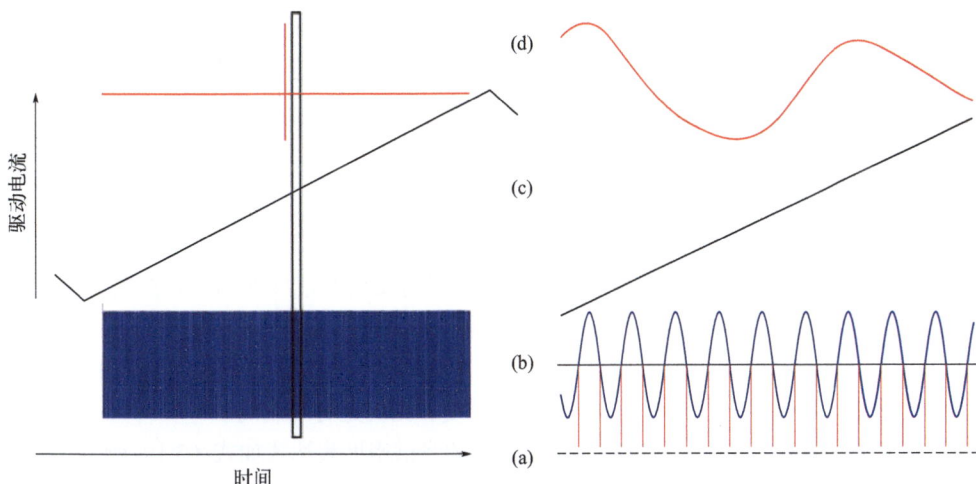

图3.4　干涉仪控制和干涉图数字化：（a）Delta sigma 数字化时钟；（b）带有零交叉点的激光干涉图；（c）音圈驱动电流；（d）IR干涉图追踪

了解该过程。在图的左侧是激光干涉图、音圈驱动电流和动镜组件单次扫描的双面红外干涉图的示意。斜坡上升的音圈驱动电流是在具有恢复力（例如弹簧柔性元件或柔性枢轴）的驱动下所观察到的形状。图3.4的右侧是扫描的一部分区域的放大视图，可以看到激光条纹间距、激光条纹的零点交叉和红外干涉图。在此示例中标出了每个激光条纹的零点交叉。对干涉图进行采样的一种方法是使用激光零点交叉来触发模数转换器（ADC）的采样保持电路，以使红外干涉图数据数字化。在这种方法中，激光干涉图是一个连续的模拟信号，只有IR信号点会被数字化。在便携式光谱仪中，1310 nm激光器的波长如果在干涉图的每个条纹处采样，则产生的奈奎斯特频率为7633 cm^{-1}。HazMatID和HazMatID Elite仪器通过使用电路产生激光零点交叉的倍数，并使用ADC触发模式在零点交叉的分数处对红外干涉图采样。正如Minami和Kawata所建议的[34]，由RedWave Technology和Agilent Technologies（前身为A2 Technologies）开发的便携式FTIR光谱仪使用Delta-Sigma ADC和高精度数字方法对IR干涉图进行采样。

Delta-sigma ADC是为数字音频应用而开发的，由于其被用于消费产品，所以成本相对较低。此外，它们具有24位精度和多个信号输入。然而，它们不包含采样保持电路，所以无法触发ADC，因此需要一种不同的干涉参考方法。使用Delta-sigma ADC输入之一对激光干涉图进行数字化。这些转换器采用速度>100 kHz的时钟。当使用1310 nm的近红外激光和0.5 cm/s的光程差（OPD）速度运行时，便携式FTIR光谱仪的带宽为3.8 kHz（奈奎斯特频率）。Delta-sigma ADC以时钟提供的相等时间增量对激光干涉图进行大量的过采样[35,36]，通过对干涉图的时钟采样点进行插值，可以非常精确地定位激光零点交叉点。Delta-sigma ADC具有几个优点：高动态范围；由于对干涉图的采样次数远高于奈奎斯特极限，所以对硬件带限滤波器的要求较低；因为通过干涉图进行插值和处理可以准确定位激光零点交叉点，所以对速度误差更具宽容度；并且可以通过软件进行更改和改进，而不需要进行硬件更改[37]。

另一个激光干涉参考的重要功能是动镜速度控制。FTIR光谱仪的控制电子包括一个比例-积分-微分（PID）伺服控制器，实时调整音圈驱动电流，使激光条纹在OPD和时间上都保持恒定间距（恒定频率）。这样一来，仪器对机械振动（如在移动车辆中可能出现的振动）的抵抗力增强，并且可以在不产生相位误差的情况下将信号调节放大器的带宽最小化，在早期的便携式仪器中，PID伺服是以仿真电路的形式实现的。在后来的仪器中，PID伺服被编码在现场可编程门阵列（FPGA）集成电路的固件中。当前的便携式仪器尽可能多地将电子功能集成到FPGA中，以通过省去硬件电路来减小体积，并且由于更改和改进更容易进行，实际上只需要更改软件，而不需要更改硬件。

3.2.4   红外辐射源

FTIR光谱仪的辐射源在通过电流加热电阻性材料时发出宽带红外辐射。根据定义，它们是白炽光源。这些宽带红外辐射源近似于理想黑体辐射源的输出，按照普朗克定律，其输出亮度的光谱分布由辐射源温度和辐射源发射率决定。为了实现高亮度，进而获得更高的信噪比，尽可能提高光源温度是必要的。实际上，提高光源温度和亮度是有限制的。

普朗克定律以波数（cm^{-1}）和温度为函数表达的光谱密度表达式如式（3.1）所示：

$$U_\nu(\nu,T) = \frac{2hc^2\nu^3}{\exp(hc\nu/kT)-1} \tag{3.1}$$

红外光源组件的种类繁多。表3.1给出了已被用于或经研究可用于便携式FTIR光谱仪的IR光源示例及其标称工作温度和工作功率要求。前3种光源在商业仪器中使用，第4种光源至少被研究过是否可用。这4种光源的计算黑体光谱亮度如图3.5所示。

表3.1 便携式FTIR光谱仪的红外光源选型

光源类型	标称工作温度/℃	标称工作功率/W
碳化硅陶瓷（空气冷却）	1035	10.2
Kanthal® 线材	950	4.2
专有线材	900	2.1
2-D MEMS 发射器	650	0.18

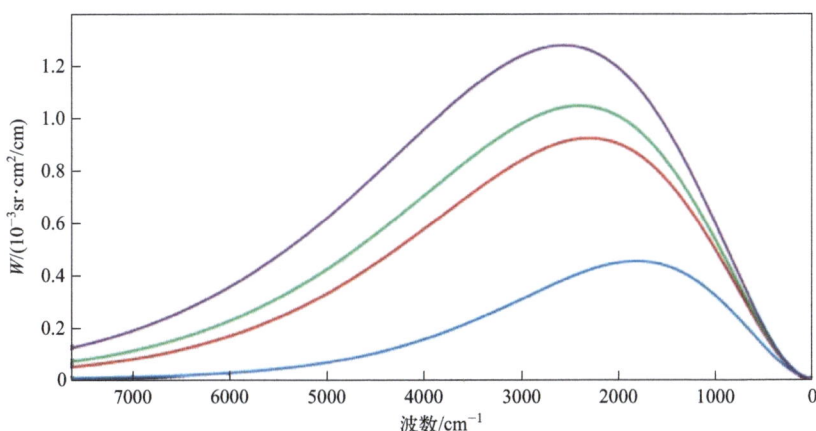

图3.5 根据普朗克定律［式(3.1)］为表3.1中的光源计算的红外光源亮度
蓝色—2D膜光源；红色—专有线材；绿色—Kanthal® 线材；紫色—碳化硅陶瓷

实验室级FTIR光谱仪中最常见的IR光源是空气冷却的碳化硅（SiC）陶瓷，有时也被称为Globar。当按推荐电压操作时，光源温度为1035℃（1308 K）。需要强调的是，表3.1中的值是标称值。这些光源可以在一定的电压范围内操作。更高的电压将导致更高的色温和更高的光谱密度，但会缩短光源寿命。在推荐电压下，表3.1中的光源的运行时间超过20000 h，很少需要更换。TravelIR是第一款用于凝聚相威胁评估的便携式FTIR光谱仪[8]，配置了表3.1中的SiC光源，以10 V DC操作。该仪器主要使用交流电源或相当笨重的直流电池电源供电。

在便携式FTIR光谱仪中，IR光源是功率预算中最重要的部分，随后的仪器设计重点放在了这个组件上，以降低能耗，减少尺寸、重量和功率（SWaP）方面的负担，并延长电池续航时间，尽管这会伴随着降低信噪比的权衡。对于使用固定电源的实验室仪器，降低电池运行的功率预算和减少SWaP并不是最主要的关注点。

HazMatID和后来的商用便携式FTIR仪器采用了由Kanthal® 线材或其他专有材料制成的低功率线光源。根据图3.5所示，与Globar相比，使用Kanthal® 线材或其他专有材料制成的低功率线光源的峰值信号降低了多达30%。然而，线光源提供的功率降低使得进一步实现手持式FTIR光谱仪的小型化和开发成为可能。

通过使用MEMS制造方法生产的厚膜光源，可以进一步降低光源的运行功率[38,39]。通过使用这种自动化生产方法，可以大规模、低成本地生产这些元件。有几家生产商都提供这类光源，它们主要应用于低成本、单用途的非分散红外（NDIR）分析仪。虽然有许多不同的设计方案，但一个共同的特点是在平面衬底上形成一个电阻元件。该电阻元件是通过厚膜沉积技术形成的。这些源具有低热质量，允许元件快速加热和冷却，从而实现脉冲操作，并随之降低功率消耗。这样做的好处是多方面的，因为功耗的降低减轻了将热量散发到环境中所需的热管理结构的负担，同时也减小了电池的体积和重量。代价则是会影响信噪比，因为它们在较低的温度下操作，2D红外光源产生的亮度较低，因此产生的信号也较少。

3.2.5 红外探测器

红外辐射探测器将光子能量转换为与红外能量通量成比例的电压或电流。FTIR光谱仪的探测器可分为两类：热探测器和光子探测器。表3.2列出了用于中红外光谱的典型探测器及其性能指标。

表3.2 典型的中红外光谱仪探测器及其性能指标

检测元件	检测方式	光谱范围[1][2]/cm^{-1}	工作温度/℃	D^*/(cm·Hz$^{1/2}$/W)
DLATGS	热释电	约15000～650	−20～+55	5.2×10^8
PbZrO$_3$-PbTiO$_3$ (PZT)	热释电	约15000～650	−20～+70	1×10^7
LiTaO$_3$	热释电	约15000～650	−20～+70	2×10^8
NB HgCdTe	光电导	约15000～650	−78	$\geqslant 4.0 \times 10^8$
NB HgCdTe	光电导	约15000～650	77 K	4×10^{10}

① 热释电光谱响应受ZnSe光学元件限制。
② 光电导探测器高频光谱响应应受ZnSe光学元件限制。

比探测率D^*是衡量红外探测器本征灵敏度的一个指标，可以用式（3.2）表示：

$$D^* = \frac{A_d^{1/2}}{\text{NEP}} \tag{3.2}$$

式中，D^*是噪声等效功率（NEP）的倒数，该值被归一化为探测器面积的平方根$A_d^{1/2}$；NEP是一个测量值，它是噪声频谱密度（V/Hz$^{1/2}$）与探测器响应度（V/W）之比，是衡量探测器元件信噪比的一个指标。

碲镉汞（MCT）探测器是一种通常以光电导模式工作的光子探测器。这些探测器利用了MCT半导体的固有电光学特性。该材料的带隙使得中红外光子可以将半导体中的电子从价带激发到导带，从而增加电导率并降低电阻。在探测器中加入一个电流偏置，电导率的变化会引起探测器两端电压的变化，该电压变化与红外辐射通量成正比。MCT探测器具有高响应度和低噪声，是用于中红外应用的FTIR中最敏感的探测器（信噪比最高）。然而，这些探测器必须进行冷却，而且在低温环境下才能发挥出最佳性能。MCT探测器可以通过使用液氮、斯特林制冷机或四级热电制冷器（TEC）进行冷却。虽然MCT探测器的信噪比性能是热探测器无法相比的，但低温冷却带来的实际限制，包括液氮和机械制冷或多级TEC的高功率需求和体积等问题，使得MCT探测器不适用于便携式仪器。

据本章作者所知，所有商用便携式和手持FTIR光谱仪都采用氘代L-丙氨酸掺杂的硫酸三甘肽（DLATGS）热探测器。DLATGS是一种具热释电特性的铁电材料，在低于其居里点的温度下，热释电晶体会自发地电极化。在红外辐射照射下，晶体电极化程度会因热效应而发生改变。当电极连接到热释电晶体的两个面时，可以将电极化状态的改变可以作为电信号被测量出来。选择DLATGS是由于它比其他热释电探测器［如钽酸锂（LiTaO$_3$）或锆钛酸铅（PZT）］具有更高的D^*和相应的更高的SNR性能，详见表3.2。但是，DLATGS对开发人员提出了挑战。DLATGS的居里点为59℃；在高于该温度下，晶体会"去极化"，探测器将不会再对红外辐射产生响应。对于现场便携式FTIR仪器，操作温度要求可能高达50℃，并且在太阳辐射的作用下，再加上来自内部光源和电子器件产生的额外热量，仪器内部温度可能高达60℃。因此，使用集成的单级热电制冷器（TEC）稳定DLATGS温度是必要的。在考虑仪器散热、电池大小和重量时，必须将TEC的功率消耗纳入考量。在采用热电制冷探测器的仪器设计中，TEC的功率需求通常仅次于IR光源。TEC的温度设定点可以进行编程，在HazMatID Elite仪器中该温度保持在32℃左右[30]。为了减少功耗、电池尺寸和质量，热管理（散热）及其对光谱仪外壳和散热器设计的影响已经通过有限元分析进行了考虑和建模[30]。

由于TEC靠近IR探测器元件，TEC组件内产生的机械噪声可能会耦合到IR探测器中。这会导致IR探测器接收到的信号质量下降。由于热释电材料通常也具有压电特性，会加剧这种效应。以与干涉仪扫描同步的方式对TEC的工作进行选通控制，或采用其他策略，可能会有效减轻这种影响。

FTIR检测器以交流耦合模式运行，处理电信号的模拟电子装置只红外信号的调制分量做出响应。如上所述，干涉仪在音频频率范围内调制红外辐射。理想情况下，调制频率范围应与探测器的最佳响应带相匹配。但完全匹配最佳探测器频率响应存在限制。一般来说，热释电探测器的响应度随频率降低而提高，低于100 Hz时的D^*更高。为了产生如此低的调制频率，动镜必须扫描得非常缓慢，这会导致扫描时间过长，这是不希望出现的情况。慢的光学扫描速度导致变换后的光谱基线稳定性变差，并且干涉图中心脉冲处可能会超出ADC的动态范围。对DLATGS检测器的工作来说，需要在最佳响应度方面做出妥协，干涉仪扫描机制通常以约0.5 cm/s的OPD速度运行。这导致感兴趣的光谱范围内的调制频率带宽为325～2000 Hz。

3.2.6　计量激光

在实际的FTIR光谱仪中，一项关键的使能技术是参考激光计量系统和动镜驱动电压的伺服控制，以保持扫描期间的匀速和稳定的条纹间距。在FTIR光谱仪中，通常配备了一个独立但光路重合的激光干涉仪。如前所述，激光干涉图由一个精确已知周期的余弦波组成。通过在该波形的零点交叉处对IR干涉图采样，可以将这种高精度转移到从红外干涉图谱导出的光谱的波数轴上。

在便携式FTIR光谱仪问世之前，氦氖（HeNe）气体激光器被广泛用作参考激光器。TravelIR就使用了HeNe激光器，但是正如上面提到的，它不能在电池供电下正常运行。气体激光器具有窄的输出线宽和较好的波长稳定性，这些特性对于FTIR光谱仪的激光计量系统非常有益。然而，HeNe激光器需要高电压电源来驱动放电管，因此，在FTIR光谱仪中使用的HeNe激光器型号的运行功率大于10 W。与红外光源一样，HeNe参考激光器也是较大的功率消耗源，并且不利于减小SWaP。此外，HeNe激光器及其相关电源相当笨重，重量大，对尺寸和重量产生不利影响。在开发集成电池的便携式FTIR光谱仪时，需要更低功率的参考激光器。

通信行业对于光子学系统的发展起到了推动作用，其中包括低功耗、坚固耐用、小型化的固态通信激光器。HazMatID是第一个将HeNe参考激光器替换为固态激光器的商用FTIR光谱仪。大多数商用的便携式FTIR光谱仪使用分布式反馈（DFB）通信激光器，该激光器在近红外（NIR）范围内工作。这种类型的激光器通常采用量子阱结构的InGaAsP/InP二极管制造。驱动此二极管激光器所需的功率为0.024 W，比HeNe激光器所需的功率显著降低。此外，与HeNe激光器及其电源相比，二极管组件的大小和重量微不足道。与HeNe激光器相比，二极管激光器在性能上做出了一些妥协，二极管激光器的输出带宽显著大于HeNe激光器。NIR二极管激光器的指定输出带宽> 5 cm⁻¹，远远大于HeNe激光器的0.05 cm⁻¹。在实践中，NIR二极管激光器的输出带宽比指定的窄得多，产生的IR光谱带宽为2 cm⁻¹，但是它们仅用于需要中等光谱分辨率（8～4 cm⁻¹）的应用，例如在凝聚相未知物质鉴定中。二极管激光器的输出波长会随温度漂移，导致记录的光谱存在偏移。制造商已经在二极管装配中采用温度稳定硬件或使用光谱校准方法来校正这些由温度引起的波长漂移。

3.2.7　内反射样品接口

在便携式FTIR系统中，未知威胁样品的放置和移除是重要的用户接口属性。事实上，第一台便携式FTIR仪器在很大程度上是围绕其样品接口设计的，而这个样品接口比光谱仪早出现了几年。便携式FTIR仪器用于凝聚相未知物分析时需要一个坚固、耐化学腐蚀和光学透明的接口。传统的液体和固体的红外分析是通过透射光谱法完成的，需要一定程度的样品制备和使用碱金属卤化物晶体材料，如NaCl、KBr或KCl。这些材料不适合现场使用，因为它们易碎、潮解并高度溶于水。衰减全反射（ATR）红外光谱法自20世纪60年代以来就已用于红外光谱分析。ATR光谱法依赖内部反射现象。ATR光谱学的理论和实验方面由Harrick[40,41]和Fahrenfort[42]开发。本章不会详细介绍ATR光谱学的理论，读者可以查阅参考文献。ATR光谱学需要使用一个内反射元件（IRE），即一种光学密度高、透明的红外透射晶体棱镜（其折射率高于分析样品的折射率）。传统ATR光学中使用的IRE最常见的是Ge、ZnSe和KRS-5(ThI: ThBr)。入射的红外辐射通过晶体以入射角θ_i从法线照射样品，从棱镜内表面反射的辐射以相等的反射角θ_r出射。如果θ_i、$\theta_r \geq \theta_c$［即式（3.3）中定义的临界角］，则在IRE/样品界面处发生完全内部反射。

$$\theta = \sin^{-1}(n_2/n_1) \tag{3.3}$$

式中，n_2是样品的折射率，n_1是IRE的折射率。

对于n_2为1.5（这是遇到的许多样品的良好估计值）和n_1为2.4的样品，临界角θ_c为39°。为满足这个条件，大多数ATR接口被设计为入射角度θ_i为45°或略大于45°。

在IRE和样品的反射界面处，入射的红外辐射电场会延伸一定距离进入样品材料。这个延伸进入样品材料的电场振幅被称为"倏逝波"，正是这个倏逝波与组成样品的分子相互作用，导致了观察到的红外吸收光谱。

下面的式（3.4）描述了一个与IRE接触且辐射发生全内反射的样品中倏逝波的穿透深度，其中折射率的定义如上所述。

$$d_p = \frac{\lambda}{2\pi n_1 \sqrt{\sin^2\theta - (n_2/n_1)^2}} \tag{3.4}$$

式中，θ是相对于IRE表面法线的入射角，λ是入射红外辐射的波长。

对于中红外区域（4000～650 cm⁻¹或2.5～15.4 μm）的红外辐射，穿透深度d_p在整个光谱范围内变化为0.5～3.0 μm。在这些光程长度下，所有IR吸收波段的吸光度都在1个吸光度单位（AU）内，处于线性区域。由于样品的总采样量约为2.3 μg，只需要少量的样品即可获得高质量的光谱，因此这些仪器可以被视为微量采样工具。

ATR光谱法相对于透射光谱学具有以下实用优势：①几乎不需要样品制备，样品是通过接触IRE进行测量的；②对于给定的样品，光程长度是可重复且可控的，并由与IRE良好接触的样品的折射率和IRE的折射率之比两个常数来决定。

传统的IRE晶体不溶于水，但通常在恶劣的野外环境中使用时不够耐用。Wilks[43]首次报道了使用金刚石棱镜作为IRE的方法。这些早期的金刚石是天然的ⅡA型金刚石，价格昂贵，由于成本高，通常不实用或商业不可行。20世纪90年代中期首次生产出光学级别的合成金刚石[44]，为在户外进行凝聚相样品分析的仪器提供了最佳的样品接口。高纯度、单晶型ⅡA合成金刚石的出现已经改变了定性红外光谱分析方法。现在，大多数定性IR分析使用配备金刚石IRE的ATR方法进行。目前所有可用的便携式FTIR仪器都使用了某种类型的金刚石ATR样品接口。

金刚石材料，特别是ⅡA型金刚石，为何会成为红外光谱分析，尤其是现场红外光谱分析的最佳选择？ⅡA型金刚石不含氮和其他会限制光透过的杂质。ⅡA型金刚石在紫外到远红外光谱范围内是光学透明的。金刚石是已知最硬的物质，其Knoop硬度指数为9000 kg/mm²。这种硬度特性使得金刚石不会被划伤并降低光学性能，从而提供了一种适用于硬质、磨蚀性样品的坚固表面，并且易于清洁。金刚石具有化学稳定性，不会与所遇到的化学物质包括腐蚀性材料发生反应，能承受包括次氯酸盐溶液在内的常见去污液的去污作用。最后，金刚石的折射率相对较高，约为2.4，使其成为红外光谱分析中IRE的理想选择。

有两种常见的ATR光学设计用于便携式FTIR光谱仪，如图3.6所示。所有用于威胁识别的仪器都使用单反射ATR光学元件。早期的仪器，包括TravelIR和HazMatID，采用了图3.6（a）所示的配置。这种配置被称为DuraDisk™（SensIR Technologies, LLC，丹伯里，康涅狄格州），使用具有非球面表面的ZnSe聚焦晶体与用作样品接口的合成金刚石盘进行光学接触[45, 46]。ZnSe-金刚石组件被机械固定在不锈钢（在某些情况下为Hastelloy®）盘中，并集成到仪器顶板中。由于ZnSe和金刚石的折射率几乎相同，通常为2.4，在ZnSe-金刚石界面上没有反射损失，光学效率非常高。当时（1995～2002年），这种配置比现在更具成本效益。更多便宜的单晶合成金刚石的出现让设计师们转向了图3.6（c）所示的棱镜IRE设计。如今，所有便携式ATR FTIR光谱仪都采用了这种设计的某种变体。金刚石IRE是一个倒置的"屋顶"形，由一个截短的圆柱体加工

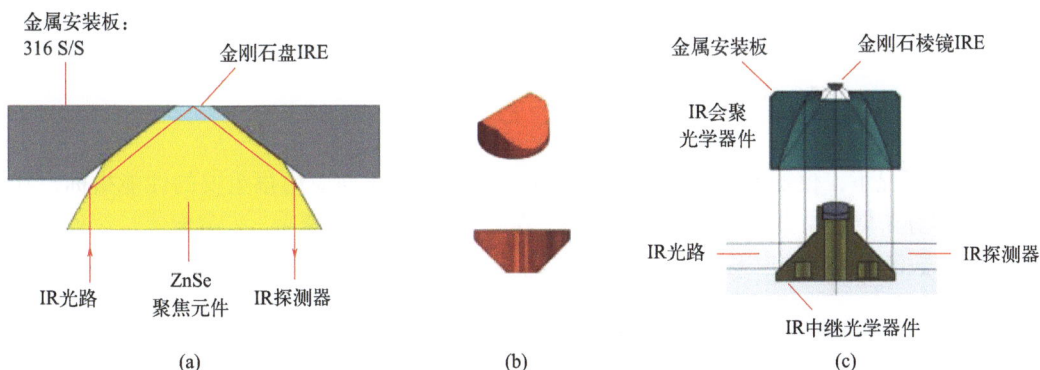

图3.6　用于便携式FTIR系统的单反射钻石ATR光学元件：（a）与硒化锌光学接触的金刚石盘IRE；（b）典型的棱镜配置"屋顶"金刚石IRE；（c）与光学相关元件的金刚石棱镜IRE

制成，如图3.6（b）所示。金刚石是一个单晶体，其圆形样品接触面直径为2～2.5 mm。调制的红外辐射源辐射通过一个非球面聚焦反射器（铝或金涂层）引入晶体面。检测器返回光的聚焦光学器件也是一个非球面反射器。在这两种结构中［图3.6（a）或（c）］，少量样品与金刚石接触，通过ATR模式记录红外光谱。对于固体样品，一个集成的压力设备施加15～50 lb的力以确保与金刚石表面良好接触，并获得具有最大吸光度的光谱。

3.3　FTIR光谱仪的性能特点

　　FTIR光谱仪相对于其他红外仪器（例如扫描单色仪或光谱仪）具有固有优势。在便携式或手持应用中，这些优势通常能够直接体现。

　　首先，FTIR光谱仪具有多路复用优势，即Fellgett优势。在FTIR光谱仪中，所有波长都同时测量。与扫描单色仪相比，这带来了SNR优势或时间优势。在其他所有参数相同的情况下，对于相同的扫描时间，FTIR仪器得到的光谱SNR要高$M^{1/2}$倍；或者对于相同的SNR，采集速度要快$M^{1/2}$倍（其中M是分辨率元素的数量，即光谱范围除以光谱分辨率$\Delta \nu$）。光谱仪单色仪也是多路复用光谱仪。但是，光谱仪中不可能用单个光栅覆盖中红外范围而不会严重降低分辨率。光谱仪目前不适用于基于光谱比较方法对广泛的威胁进行现场识别。

　　其次，FTIR光谱仪具有光通量优势，即Jacquinot优势。光通量（或发散角）Θ是辐射光学系统的一个常数，它表征了几何聚光能力，等于在任何聚焦点的面积和立体角的乘积即$A \times \Omega$。由于FTIR光谱仪不像扫描或光谱仪单色仪系统那样使用狭缝，因此在相同分辨率下，FTIR光谱仪光通量更高，信号更强。正如我们将在下面讨论的那样，光通量对于便携式仪器是一个重要的权衡因素。更高的光通量意味着更大的光学器件和更大的仪器。

　　最后，FTIR光谱仪具有波长精度优势，即Conne优势。FTIR仪器的波长精度和重复性比分光式光谱仪好得多，这是由于采用了激光参考干涉仪控制，并且通过激光干涉图条纹精确跟踪动镜位置。这对于基于光谱比较方法的现场威胁识别非常重要。样品光谱和库光谱之间的波长偏移动会降低比较指标的精度，进而降低识别的准确性。尽管便携式FTIR光谱仪的波长精度和重复性不如以HeNe激光为参考的仪器高，但是已足够好，不同型号的FTIR光谱仪（包括实验室系统）记录的光谱库参考光谱可以在便携式系统上成功地用于现场威胁识别。

3.3.1　FTIR光谱的权衡规则

　　在理想情况下，仪器的开发者希望最大化所有对仪器预期应用很重要的性能指标，其中SNR和光谱分辨率常常是最重要的应用指标。在一个辐射计量仪器中，信号幅度是红外光源功率和光学参数的函数，噪声来自探测器、相关电子元件和干涉仪采样时的OPD不确定性。

$$\frac{信号}{噪声} = \frac{U_\nu(T)\Delta \nu t^{1/2} \varepsilon}{\text{NEP}} = \frac{U_\nu(T)\Theta \Delta \nu t^{1/2} D^* \varepsilon}{A_d^{1/2}} \tag{3.5}$$

　　FTIR光谱仪的SNR可以由式（3.5）估算。这个公式将我们讨论过的许多物理属性联系在一起。对于现场威胁识别，SNR和波长精度是分析性能中最重要的两个特征。最大化SNR能够实现更精确的光谱比较以及对混合物中微量成分的识别，这是一个重要的要求，因为许多现场样品是不纯的。

式（3.5）反映了FTIR光谱分析的所谓"权衡规则"。这些物理参数需要在便携式光谱仪的设计决策中权衡考虑，这可能比在实验室系统中更为重要，因为SWaP的管理对于实验室系统而言并非要考虑的因素。采集时间t是数据收集期间的总积分时间，包括对扫描结果的信号进行平均处理。采集时间是一个可由操作员选择的参数，对设计的影响很小。OPD速度决定了每次扫描的时间，并通常选择能产生与探测器频率响应相匹配的干涉图调制频率的速度。根据收集干涉图的方式，每次扫描的采集时间通常在1～4 s之间。默认的总采集时间（对多次单独扫描的信号进行平均）通常为30 s，用于记录未知威胁物质的光谱。

设计参数中最容易权衡的可能是最佳光谱分辨率$\Delta \nu$，以cm⁻¹表示。大多数便携式和手持FTIR光谱仪针对的是凝聚相未知物质的识别，而不是气相分子的定量分析，因为在气相分子的定量分析中，更高的光谱分辨率可以得到更准确的浓度测定。对于凝聚相样品，红外光谱线宽由分子间相互作用决定，通常超过了中等的仪器光谱分辨率。现场便携光谱仪的仪器光谱分辨率不超过4 cm⁻¹。将分辨率降低到8 cm⁻¹会提高信噪比，而不会降低识别精度。将4 cm⁻¹定义为最佳光谱分辨率设计指标，会简化干涉仪要求、光学设计和仪器尺寸。

$U_\nu(T)$是红外辐射源的亮度，可由普朗克定律估算，表达式如式（3.1）所示。提高红外源亮度（增加信号）在设计上的权衡是需要更高的操作功率，因此需要更大的SWaP。光学通量Θ应在光学系统中从源元件到探测器中保持不变。DLATGS探测器元件为边长1 mm的正方形。金刚石ATR元件在样品接触处约为2 mm。手提箱式仪器和手持仪器的分束器直径（孔径）分别为25 mm和12.5 mm。手提箱式便携式仪器（如HazMatID和ThreatID）中更大的分束器比手持仪器在SNR方面具有显著优势，尽管以增加SWaP为代价。最后一个与信号相关的参数ε是光学效率。光学系统中的损失会降低探测到的红外信号幅度。50%的红外辐射被分束器反射回光源，只有50%的辐射会传到样品。光学系统中的大多数镜子涂有1000 cm⁻¹处反射率为98.7%的铝膜，这意味着每次反射会导致1.3%的信号损失。金刚石ATR元件既有反射损失也有吸收损失。金刚石的折射率相对较高，为2.4，因此棱镜表面的反射损失为每面17%，导致效率为69%。然而，在棱镜表面上涂覆宽带抗反射涂层可将金刚石棱镜的透射率提高多达30%[47]。金刚石存在双声子吸收现象，可在2000 cm⁻¹附近观察到[48]，导致光谱的这个区域存在明显的吸收损失（和信号降低）。幸运的是，很少有化学物质在此频率范围内存在特征的红外吸收带，其中的例外是叁键化合物如腈、氰化物和炔烃，或累积双键化合物如异氰酸酯和硫代异氰酸酯。分束器基板、补偿板和探测器窗口由ZnSe组成，共包含6个光学表面。由于ZnSe的折射率也为2.4，预计通过这些光学元件的透射效率为$(1-0.17)^6$，即33%。同样，在ZnSe表面上涂覆宽带抗反射涂层可显著提高透射效率。

式（3.5）提供了假设仪器受检测器噪声限制的SNR估算值。NEP和相应的D^*值是给定探测器可测量的量。实际上，有些噪声源并不是来自探测器，可能在信号传输中表现出来，并导致实际的SNR性能低于检测器噪声限制（测量噪声大于检测器噪声）。潜在的噪声源包括前置放大器和滤波电路上的模拟电子元件接收到的辐射能量、源强度的变化以及DLATGS探测器上的TEC。良好的工程设计和测试实践可以尽可能地将这些噪声源最小化。另一个噪声源是由于速度抖动引起的采样误差，这可能是在不受控制的环境中使用便携式或手持场地仪器时的一个特别棘手的问题。通过现代FTIR技术，当数字化的激光干涉图在IR干涉图上进行后期处理时，这些扫描误差可以通过信号处理方法进行补偿[30]。

3.4　建模与仿真指南：便携式仪器设计和开发

在本节中，我们讨论在新型便携式FTIR光谱仪开发的技术开发和产品定义阶段中可以使用仿真模型的方法。

在设计新仪器的过程中，第一步是产品定义，其目的是以最符合所感知的需求的方式来指定仪器的功能。用于指定这些功能的指标大致可分为两类："性能"指标，例如SNR和光谱分辨率，通常是设计师努力将这些指标最大化；"成本"指标，这些指标应该尽量降低。成本指标是指有限供应的参数；对便携式仪器而言，其中最昂贵的通常是SWaP。

仪器的性能指标通常通过倒数函数相互关联，因此设计者可以接受仪器在某一方面性能的降低来提升另一方面的性能，例如光谱分辨率和信噪比之间的关系。性能指标和成本指标之间的关系通常是直接的，即性能的提高意味着更高的成本。

过去，"FTIR"这个词意味着一个大型仪器在实验室的受控环境中运行，并与电网相连，产品定义阶段设计师的任务是对性能指标进行最佳平衡。成本指标，尤其是SWaP，在市场上并没有得到很高的重视，因此设计师可以不必在乎这些成本指标的最小化。为了帮助平衡性能指标，人们使用了"权衡规则"，其中每条规则都定义了一对性能指标之间的互逆关系。

交易规则的吸引力在于它为设计者提供了洞察力，帮助平衡仪器性能的各个方面。这些关系很容易在二维空间中用曲线表示，而且重要的特征（如最大值或拐点）也很容易识别出来。

3.4.1　对新工具的需求

随着FTIR光谱仪从台式缩小到机箱式便携式装置和手持设备，并且操作场所从实验室转移到户外，SWaP成为一个重要的成本指标。市场对可携带性的需求要求更小更轻的产品，而电池技术的能量存储容量有限，降低功耗成为一个至关重要的因素。

随着新一代便携式仪器的出现，新的性能指标也随之出现，例如运行时间、对热和振动环境的稳健性、与杀毒程序的兼容性和用户界面人体工程学。其中许多新的指标与SWaP密切相关。

指标数量的增加意味着更加复杂的权衡规则，这些结果不再能够以易于可视化的二维或三维空间形式呈现。无法以直观的格式显示结果降低了权衡规则对设计师的实用性。

3.4.2　作为多维权衡规则的系统仿真

一个系统级数学模型可以看作是权衡规则的一般情况。该模型代表了完整的指标集，当一个或多个模型参数变化时生成的结果集表示存在于指标之间的完整函数关系。模型在产品定义阶段的实用性在于它提供了一种能够提取适合以易于理解的形式展示的结果子集的能力。

这样的模型可以扩展，以容纳任意数量的成本指标或性能指标。可以定义品质因数（figure of merit, FOM），例如运行时间/瓦时，然后像处理与直接可观察特征（例如光谱范围）对应的指标一样，对其进行展示和权衡。

3.4.3　仿真模型架构

因为它提供了物理仪器元件和仿真模型元件之间易于观察的联系，所以一个按照清晰定义的接口和与实际仪器相似的方式进行功能划分的模型有助于开发、故障排除和验证。图3.7展示了一个与物理可实现系统密切相似的模型架构。内部节点的存在对应于实际仪器中的可观测点，例如在IR前置放大器输出处观察到的干涉图，这有助于根据实际硬件对模型进行验证。这种可见性水平还使得该模型成为一种有用的工具，用于识别发生在实际仪器中的故障。

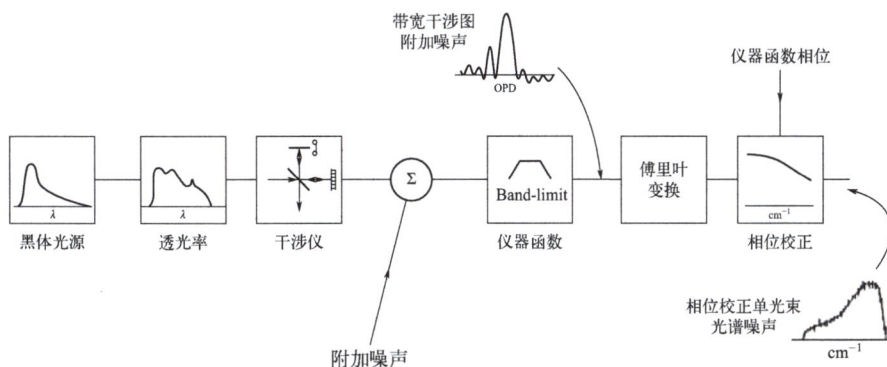

图3.7　建模模拟器的功能划分。该系统提供了良好的系统可见性，通过观察中间结果（例如干涉图或干涉仪的功率谱密度输入）进行操作

仿真模型的复杂性和其结果的准确性取决于其预期的应用场景。如果模型在需求定义或异常调查阶段使用，它必须提供精确、准确的结果，并提供对内部节点的良好可见性，这意味着需要一个详细、复杂的模型。如果模型仅用作产品定义阶段的指导，那么对其性能要求较低，需要的输入更少，一个简单的模型可能就足够了。

幸运的是，FTIR背后的物理原理已经得到了广泛理解，并且在文献中有充分的记录，而其数学模型具有普适性和鲁棒性，这些因素减轻了开发合适模型的负担。表3.3更详细地总结了可以用该模拟器建模的FTIR光谱仪系统的组成部分及相关输入。模型非常详细，遵循式（3.5）的参数，包括信号元素、来自探测器和电子器件的噪声贡献以及相位贡献。

表3.3　仿真模型元素及其对应的实际仪器元素

模型元素	物理要素	领　域	用户指定的参数
前光路	IR光源	物理光学器件	色温，物理维度
	准直器	地理光学器件	物理维度，光束发散
	光学镀膜	物理光学器件	镜面透射比
样品	样品	物理光学器件	镜面透射比
	ATR	物理光学器件	镜面透射比、色散
干涉仪	OPL调制器	物理光学器件	行程、间距、抖动、镜像品质、色散
探测器	探测器和FET	复频	比响应度，频率响应，Johnson & $1/f$噪声
信号通道电子	前置放大器，频率，均衡，模数转换器	复频	增益，频率响应，Johnson和量化噪声
信号处理	傅里叶变换，相位校正	数值处理	相位校正策略

注：表格的最右边一列列出了在仿真期间由用户指定的一些参数。

用户界面的设计是模型易用性的重要决定因素。采用"仪表盘"的界面设计可以高效地显示所有用户可定义的参数、显著结果和其他"系统状态"变量。加入某种形式的进度指示器，以确保用户仿真运行时没有"卡住"也非常有用，特别是当仿真运行所需时间超过几秒钟时，这种情况往往会发生。

通用的脚本式软件工具（如MATLAB®）非常适合执行所需的数学运算。但是，需要生成文本脚本，并且缺乏方便的方法来融入大段的解释性文本和注释，这是该工具的重要缺点。

解释性编程语言，比如Python，也能够执行这些计算，但是它们也存在同样的缺点。另外，由于大多数这类语言的图形处理能力比MATLAB®要差，用户很可能需要将仿真结果导出到另一个软件包进行格式化和显示。

数值文本处理软件，如MathCAD®和SMath Studio，可以生成包含文本和数学符号的"实时"笔记。文档处理软件范例使得加入文本注释很容易，而且笔记表格格式在输入时就可执行，无需编写脚本。MathCAD的数学和图形能力足以完成这项任务，尽管不如MATLAB发达。

3.4.4　示例——光学和光源权衡研究

图3.8展示了使用仿真模型确定哪种仪器配置能够满足指定的单次扫描峰值信噪比要求为400∶1，同时最小化设备尺寸和功耗需求的过程。

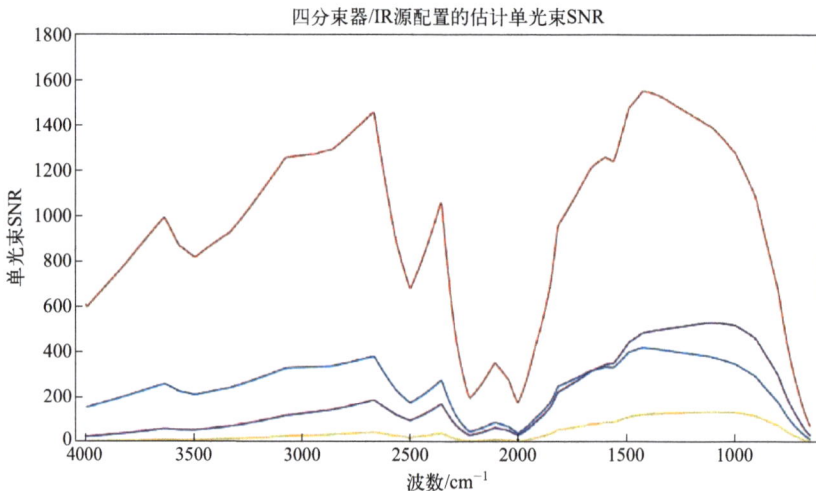

图3.8　具有不同光路分束器直径（通量）和光源色温的假设小型化FTIR光谱仪的单光束信噪比、单次扫描仿真结果。橙色：12.5 mm直径的光路分束器和1176 K的光源色温；蓝色：6.25 mm直径的光路分束器和1176 K的光源色温；紫色：12.5 mm直径的光路分束器和730 K的光源色温；黄色：6.25 mm直径的光路分束器和730 K的光源色温

该仿真模型将单次扫描、单个光束的信噪比作为性能指标。光束（分光器）的直径和红外源的温度被定义为代表仪器尺寸和功耗的成本指标。每个成本指标有2个选项被评估，因此形成了如图所示的4个仿真案例。

其中3种情况都满足了SNR的要求。在高功率/大光束的示例中，性能和要求之间较大的差距表明该设计显著超出了所述目标，并且所需性能很可能以较低的"成本"实现。

这一结论得到了使用更大的分束器和更低的功率源模型以及使用更小的分束器和更高的功率源模型的支持，如图3.8中部所示。这表明可以使用成本指标的任何一种较小的值来满足要求。有两个符合要求的配置而不仅仅是一个，这为设计者在后续的权衡过程中提供了更多的选择余地。

3.4.5　功率预算仿真

如前所述，仪器的尺寸、重量和功率是推动电池供电便携式FT仪器设计的重要"成本"因素。仪器所需的功率直接影响电池的尺寸和重量，因为电池的体积功率密度（W·h/in³）和重量功率密度（W·h/kg）受到所采用化学物质的限制。由于电池通常是仪器中最大、最重的单个组件，其大小和质量将显著影响仪器的大小和质量。

增加功率需求也会间接影响仪器的体积和重量，因为需要增加用于散热的复杂结构以排出产生的更多热量。因此，预期仪器设计的功率需求可以作为SWaP中3个元素的代表性替代指标。

通过仿真可以很容易地估算预期仪器设计所需的功耗。由于仪器执行一系列定义好的操作并记录光谱，可以将仪器建模为一组离散状态，每个状态代表一个特定的功能，例如增量扫描镜位置和谱图匹配。在运行过程中，仪器按照一定路径通过所有状态，有时会反复回到某个状态。这些状态由一组共同的状态变量表示，每个变量指示给定硬件元件所假定的条件和其功率需求，或在该状态下执行软件程序所需的功率。

将状态变量的功率值求和并乘以在该状态下停留的时间，可以估计仪器在该状态下消耗的总能量。将整个过程中所经过的路径上的能量值求和，可以估算执行该过程所需的总能量。

由于红外辐射源通常是仪器中最大的功耗部件，选择用于这一部件的技术将极大地影响电池电量消耗的速度，进而影响在更换电池或充电之间可以采集的光谱数量。

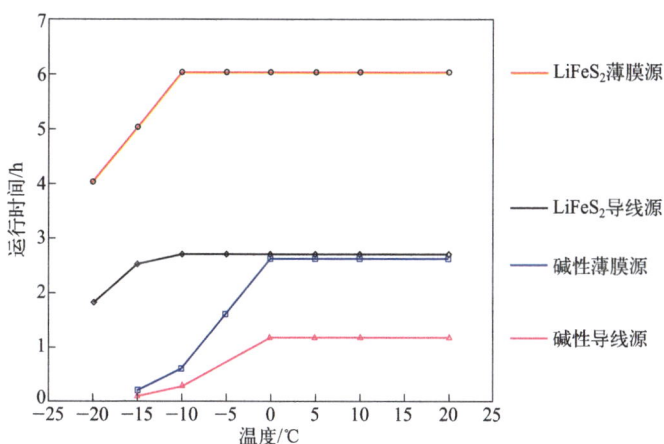

图3.9　针对两种红外光源和两种化学电池，仿真器估算出的某假设的FTIR光谱仪配置的电池续航时间与工作温度的关系

图3.9展示了4个假设的光谱仪硬件配置的电池续航时间估计，其中包括两种红外源类型和两种电池技术。随着温度的降低，电池容量的减少导致续航时间缩短，这是大多数化学电池都具有的特点。如红色曲线所示，采用功率闪烁厚膜红外光源的低功率需求和高容量锂电池，在

"温暖"的环境中估计有6 h的续航时间。随着假设FTIR仪器设计的成熟和电源指标的更新以更好地反映实际仪器设计，预测结果的精度也会提高。

需要注意的是，电池化学体系的选择不能仅仅基于电池续航时间。除了设备价格之外，允许的热环境、充电期间所需的"维护"程度、自燃可能性以及某些电池化学体系所受到的运输限制等因素都会影响电池化学体系的选择。

3.5　便携式FTIR性能基准

便携式FTIR光谱仪的信噪比（SNR）是识别未知物质的能力相关的重要分析性能指标。正如我们所讨论的那样，应该最大化SNR，但实现高SNR与小型化是相互矛盾的。图3.10展示了便携手提箱式和手持式FTIR系统的典型实测吸光度噪声。这些数据是使用DLATGS探测器，在中红外区域4000～650 cm⁻¹范围内，以4 cm⁻¹的光谱分辨率采集1 min得到的。为了清楚可见，这些光谱使用相同的比例尺绘制，同时将手持式设备的数据进行了偏移处理。在两种情况下，吸光度噪声在整个中红外范围内均小于0.001 AU（便携手提箱式型号明显更小），除了在接近2000 cm⁻¹的金刚石吸收区域以及光源发射和光学效率下降的低频区域。单反射金刚石ATR测量的最大样品吸光度范围为0.15～0.5 AU，因此峰间吸光度与噪声之比超过150:1。便携手提箱式装置的噪声大约是手持式装置的1/4，并且在高频区域性能更好。其中最主要的影响因素是光学通量。此外，与手持设备相比，便携手提箱式仪器的光源温度更高，导致其在光谱高频区域的信号更强。需要注意的是，这些观察结果与模拟产生的信噪比图形（见图3.8）是一致的。

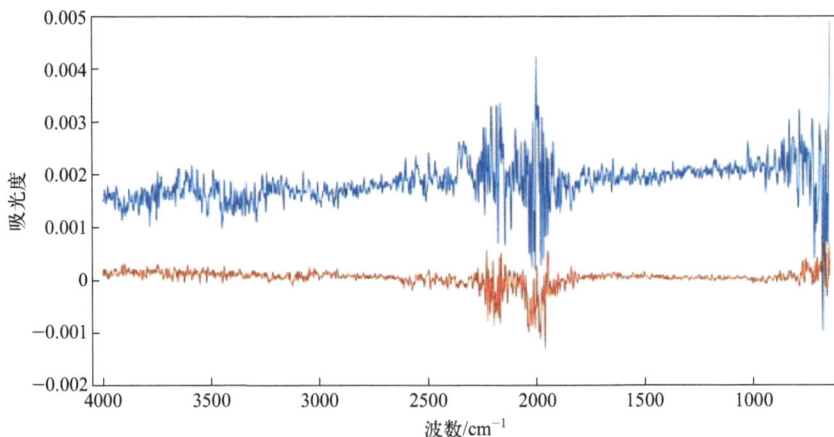

图3.10　手持式（蓝色）和便携手提箱式（橙色）光谱仪记录的代表性吸收噪声。测量条件：1 min采集时间，4 cm⁻¹光谱分辨率，单反射金刚石ATR，DLATGS探测器

对于ATR光谱系统来说，吸光度和波数重现性也是重要的指标。虽然提供了方便的采样和坚固的样品接口，但与透射光谱相比，ATR光谱仪器之间的差异性更大。由于库光谱并不总是在与未知样品相同的仪器上记录的，因此这种仪器之间的差异性可能很重要，特别是在分析混合物中的微量成分时。库光谱可能是使用与分析所用仪器完全不同的ATR光学元件记录的。如式（3.4）所示，ATR光谱的穿透深度和吸光度取决于入射角以及样品和IRE的折射率比。观察

到的ATR光谱对入射角的变化特别敏感，特别是当接近临界角时。在接近临界角时，由于折射率实部中的色散现象，光谱中观察到了谱带的偏移。不同仪器上的ATR光学元件的校准并不完全一致，这导致小的实际入射角的变化。这些角度变化可能会导致吸光度强度的差异以及所示波数的偏移。

图3.11展示了不同仪器间的典型差异，其中使用金刚石ATR光学器件单反射模式在70台不同的仪器上记录了2-丙醇光谱，并进行了叠加。需要注意的是，这些数据可能也存在一些样品放置差异；金刚石表面可能在某些情况下没有完全覆盖。图中还显示了在4000～650 cm⁻¹波数范围内的标准偏差。在这种情况下，差异主要表现为强度差异。平均红外光谱标准偏差与所有样品标准偏差之比为29∶1。ATR样品接口引起的仪器间差异超过了仪器噪声的贡献。这种差异不会影响主要成分的识别，但可能会限制混合物中次要成分的识别极限（LOI）。目前，使用自动化软件方法可以在浓度约为10%或更高的情况下识别混合物中的微量成分，如果借助专业操作人员指导的光谱解析技能，可以实现浓度更低的微量成分识别。

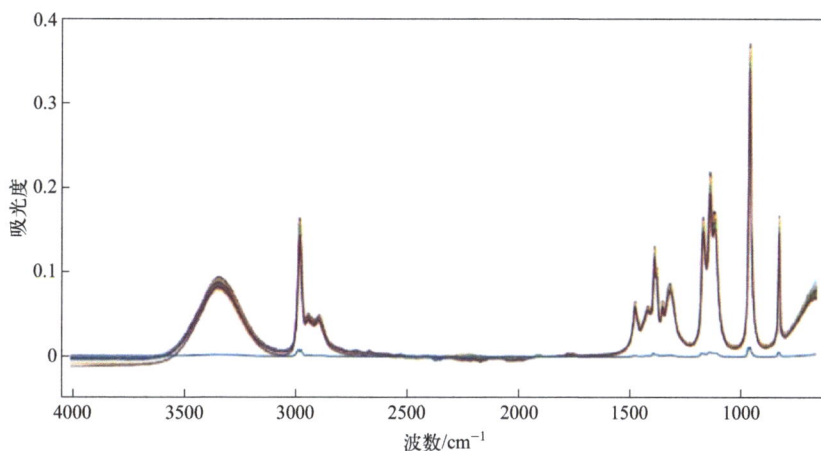

图3.11　在70个不同的手持FTIR仪器上记录的2-丙醇（液体）的光谱及在每个光谱频率下的标准偏差（蓝色），采用单反射钻石ATR光学元件。测量条件：30 s采集时间，4 cm⁻¹光谱分辨率，DLATGS探测器

3.6　结论

应对化学威胁（如化学战剂、有毒工业化学品、爆炸物和毒品等物质）的应急人员的需求，推动了便携式FTIR光谱仪技术的发展。这引发了振动光谱仪器小型化和加固方面的变革。由于便携式光谱仪器性能上的优势和商业上的成功，实验室系统的占地面积也减小了。在本章，我们讨论了促进便携式FTIR光谱仪发展的技术以及在开发这些仪器时所面临的性能权衡。便携式FTIR光谱仪的尺寸缩小和性能提高依赖于许多领域的技术进步。集成电路设计和计算机小型化的持续发展提供了更小的平台，同时提高了计算速度和固态存储容量。主要用于磨料的材料开发使得人造单晶体合成金刚石光学组件价格降低。嵌入式系统［例如现场可编程门阵列（FPGAs）、数字信号处理器（DSPs）］的应用减少了零部件数量，并减小了电子硬件组件的体积。用于便携式计算机的锂离子电池技术的发展提供了更高的能量密度，以实现便携式FTIR光谱仪的可接受运行时间。电信领域的技术进步提供了小型、低功耗的固态激光器、光学涂层和

制造方法。数字电子、多媒体行业提供了低成本、高精度的模数转换器（ADC）。电子制造方法的改进，包括多层印刷电路板（PCB）制造和柔性电路，也最大限度地减小了电子元件的尺寸。

缩略语

2D	two-dimensional	二维
ADC	analog-to-digital converter	模数转换器
ATR	attenuated total reflection	衰减全反射
AU	absorbance unit	吸光度单位
CBIRF	Chemical Biological Incident Response Force	化学生物事件应急反应部队
CBRNE	chemical, biological, radiological, nuclear, and explosive	化学、生物、放射性、核和爆炸物
CWA	chemical warfare agent	化学战剂
DFB	distributed feedback	分布式反馈
DLATGS	deuterated l-alanine-doped triglycine sulfate	氘代 L- 丙氨酸掺杂硫酸三甘肽
DSP	digital signal processor	数字信号处理器
FDNY	Fire Department of New York	纽约市消防局
FOM	figure of merit	品质因数
FTIR	Fourier transform infrared	傅里叶变换红外
FPGA	field-programmable gate array	现场可编程门阵列
HME	home-made explosive	自制炸药
IED	improvised explosive device	自制爆炸装置
IR	infrared	红外
IRE	internal reflection element	内反射元件
LOI	limit of identification	识别极限
MCT	mercury cadmium telluride	碲镉汞
MEMS	micro-electromechanical system	微机电系统
NDIR	non-dispersive infrared	非分散红外
NIR	near infrared	近红外
OPD	optical path difference	光程差
PCB	printed circuit board	印刷电路板
PID	proportional-integral-derivative	比例 - 积分 - 微分
PZT	lead zirconate titanate	锆钛酸铅
SNR	signal-to-noise ratio	信噪比
SWaP	size, weight, and power	尺寸、重量和功耗
SWGDRUG	Seized Drugs Analysis Scientific Working Group	缉毒品分析科学工作组
TEC	thermoelectric cooler	热电冷却器
WMD-CST	Weapons of Mass Destruction - Civil Support Team	大规模杀伤性武器民事支援分队（美国）
ZPD	zero optical path difference	零光程差

参考文献

[1] Coblentz, W.W. (1905). *Investigations of Infra-red Spectra, Publication No. 35*. Washington, DC: Carnegie Institution of Washington.

[2] Colthup, N.B., Daly, L.H., and Wiberley, S.E. (1990). *Introduction to Infrared and Raman Spectroscopy*, 3e. St Louis, MO: Academic Press.

[3] Bellamy, L.J. (1975). *The Infra-red Spectra of Complex Molecules*. Dordrecht: Springer.

[4] Scientific Working Group for the Analysis of Seized Drugs (2019). *Scientific Working Group for the Analysis of Seized Drugs (SWGDRUG) Recommendations, Version 8*. http://www.swgdrug.org/Documents/SWGDRUG %20Recommendations%20 Version%208_FINAL_ForPosting_092919.pdf (accessed 3 March 2020).

[5] Khalil, D., Omran, H., Medhat, M., and Saadany, B. (2010). Miniaturized tunable integrated Mach-Zehnder MEMS interferometer for spectrometer applications. *Proc. SPIE* 7594: 75940T-1-75940T-13. https://doi.org/10 .1117/12.843658.

[6] Deutsch, E.R., Reyes, D., Schildkraut, E.R., and Kim, J. (2009). High resolution miniature FTIR spectrometer enabled by a large linear travel MEMS pop-up mirror. *Proc. SPIE* 7319: 73190J-1-73190J-8. https://doi.org/10 .1117/12.818862.

[7] Tortschanoff, A., Kenda, A., Kraft, M. et al. (2009). Improved MOEMS-based ultra-rapid Fourier transform infrared spectrometer. *Proc. SPIE* 7319: 73190I-1. https://doi.org/10.1117/12.818646.

[8] Schiering, D.W. (2003). The TravelIR Haz-Mat Chemical Identifier. *Fire Eng.* 98: 98-99.

[9] Norman, M.L., Gagnon, A.M., Reffner, J.A. et al. (2004). An FT-IR sensor for identifying chemical WMD and hazardous materials. *Proc. SPIE* 5269: 143-149.

[10] Mukhopadhyay, R. (2004). Portable FTIR spectrometers get moving. *Anal. Chem.* 76: 369-372A.

[11] Sorak, D., Herberholz, L., Iwascek, S. et al. (2012). New developments and applications of handheld Raman, mid-infrared, and near-infrared spectrometers. *Appl. Spectrosc. Rev.* 47 (2): 83-115. https://doi.org/10.1080/05704928.2011.625748.

[12] Crocombe, R.A. (2018). Portable spectroscopy. *Appl. Spectrosc.* 72 (12): 1701-1751. https://doi.org/10.1177/ 0003702818809719.

[13] Bryant, C.K., LaPuma, P.T., Hook, G.L., and Houser, E.J. (2007). Chemical agent identification by field-based attenuated total reflectance infrared detection and solid-phase microextraction. *Anal. Chem.* 79: 2334-2340.

[14] Ong, K.Y., Baldauf, F.C., Carey, L.F., and St. Amant, D.C. (2003). Domestic preparedness program: evaluation of the TravelIR HCI™ HazMat chemical identifier. *ECBC-TR-355*. DIR, ECBC, ATTN: AMSSB-RRT-AT, APG, MD 21010-5424. https://apps.dtic.mil/dtic/tr/fulltext/u2/a421836.pdf (accessed 3 March 2020).

[15] Schiering, D.W., Walton, R.B., Brown, C.W. et al. (2004). Towards the characterization of biological toxins using field-based FT-IR spectroscopic instrumentation. *Proc. SPIE* 5585: 21-32.

[16] Manali, D. and Seelenbinder, J. (2016). Automated fast screening method for cocaine identification in seized drug samples using a portable fourier transform infrared (FT-IR) instrument. *Appl. Spectrosc.* 70 (5): 916-922.

[17] Arnó, J., Frunzi, M., Weber, C., and Levy, D. (2013). Advanced sampling techniques for hand-held FT-IR instrumentation. *SPIE Proc. Vol. 8726, Next-Gen. Spectrosc. Technol.* VI: 87260U-1-87260U-8. https://doi.org/10 .1117/12.2016148.

[18] Vagnini, M., Gabrieli, F., Daveri, A., and Sali, D. (2017). Handheld new technology Raman and portable FT-IR spectrometers as complementary tools for the in situ identification of organic materials in modern art. *Spectrochim. Acta A* 176: 174-182.

[19] Bell, J., Nel, P., and Stuart, B. (2019). Non-invasive identification of polymers in cultural heritage collections: evaluation, optimisation and application of portable FTIR (ATR and external refectance) spectroscopy to three-dimensional polymer-based objects. *Herit. Sci.* 7 (95): 1-18. https://doi.org/10.1186/s40494-019-0336-0.

[20] Tang, P.L., Alqassim, M., Daé, N.N. et al. (2016). Nondestructive handheld Fourier Transform Infrared (FT-IR) analysis of spectroscopic changes and multivariate modeling of thermally degraded plain portland cement concrete and its slag and fly ash-based analogs. *Appl. Spectrosc.* 70 (5): 923-931.

[21] Bansal, D., Malla, S., Gudala, K., and Tiwari, P. (2013). Anti-counterfeit technologies: a pharmaceutical industry perspective. *Sci. Pharm.* 81 (1): 1-14. https://doi.org/10.3797/scipharm.1202-03.

[22] Higgins, F. (2013). *Rapid and reliable phthalate screening in plastics by portable FTIR spectroscopy - application note.*

Agilent Technologies Publication number: 5991-3649EN, 1-8. Agilent Technologies.

[23] Griffiths, P.R. and DeHaseth, J.A. (2007). *Fourier Transform Infrared Spectrometry, 2e*. New York: Wiley-Interscience.

[24] Jackson, R.S. (2002). Continuous scanning interferometers for mid infrared spectrometry. In: *Handbook of Vibrational Spectroscopy*, vol. *I* (eds. J.M. Chalmers and P.R. Griffiths), 264-282. New York: Wiley.

[25] Sumner, P.D., Abrams, M.C., and Brault, J.W. (2001). *Fourier Transform Spectrometry*. San Diego, CA: Academic Press.

[26] Griffiths, P.R., Foskett, C.T., and Curbelo, R. (1972). Rapid-scan infrared Fourier transform spectroscopy. *Appl. Spectrosc. Rev.* 6 (1): 31-78.

[27] Michelson, A.A. (1891). Visibility of interference-fringes in the focus of a telescope. *Philos. Mag., Ser.* 5 31: 256-259.

[28] Michelson, A.A. (1903). *Light Waves and their Uses*. Chicago: University of Chicago Press.

[29] Schiering, D.W., Arnó, J., Messerschmidt, R.G., and Zou, P. (2010). Performance trade-off modeling for a hand-held FTIR spectrometric vapor identifier. *Proc. SPIE* 7680: 76800R1-10.

[30] Arnó, J., Cardillo, L., Judge, K. et al. (2012). Advances in handheld FT-IR instrumentation. *Proc. SPIE* 8374: 837406-837414. https://doi.org/10.1117/12.921052.

[31] Rippel, H. and Jaacks, R. (1988). Performance data of the double pendulum interferometer. *Mikrochem. Acta (Wein)* II: 303-306.

[32] Coffin, J. (1999). *Interferometer Having Glass Graphite Bearing*, US Patent No. 5,896,197. Washington, DC: US Patent and Trademark Office.

[33] Azimi, M., Bibby, A., Brown, C.D. et al. (2011). *Handheld Infrared and Raman Measurement Devices and Methods*, US Patent No. 7,928,391 B2. Washington, DC: US Patent and Trademark Office.

[34] Minami, K. and Kawata, S. (1993). Dynamic range enhancement of Fourier transform infrared spectrum measurement using delta sigma modulation. *Appl. Optics* 32 (25): 4822-4827.

[35] Brault, J.W. (1996). New approach to high precision Fourier transform spectrometer design. *Appl. Optics* 35: 2891-2896.

[36] Turner, A., Hoult, R.A., and Forster, M.D. (1999). *Digitisation of Interferograms in Fourier Transform Spectrometry*, US Patent No. 5,914,780. Washington, DC: US Patent and Trademark Office.

[37] Brault, J.W. (1997). New developments in FT-IR spectrometer design. *Mikrochem. Acta (Suppl.)* 14: 121-124.

[38] Hildenbrand, J., Kürzinger, A., Peter, C., et al. (2008). Micromachined mid-infrared emitter for fast transient temperature operation for optical gas sensing systems. *IEEE SENSORS 2008 Conference Proceedings*, Lecce, Italy (26-29 October 2008), pp. 297-300.

[39] Sebastian Weise, S., Bastian Steinbach, B., and Steffen Biermann, S. (2016). MEMS-based IR sources. *Proc. SPIE* 9752: 97521E-1-97521E-7. https://doi.org/10.1117/12.2208410.

[40] Harrick, N.J. (1960). Surface chemistry from spectral analysis of totally internally reflected radiation. *J. Phys. Chem.* 64 (9): 1110-1114.

[41] Harrick, N.J. (1967). *Internal Reflection Spectroscopy*. New York: Wiley.

[42] Fahrenfort, J. (1961). Attenuated total reflection - a new principle for the production infra-red reflection spectra of organic compounds. *Spectrochim. Acta A* 17: 698-709.

[43] Wilks, P.A. Jr., (September, 1977). Use of diamonds in internal reflection spectroscopy. *Am. Lab*: 79-83.

[44] Harris, D.C. (1994). Development of chemical-vapour-deposited diamond for infrared optical applications - status report and summary. *Office of Naval Research: NAWCWPNS TP 8210*. https://apps.dtic.mil/sti/pdfs/ADA282999.pdf (accessed 3 March 2020).

[45] Sting, D.W. and Milosevic, M. (1997). *Optical Sensing with Crystal Assembly Sensing Tip*, US Patent No. 5,703,366. Washington, DC: US Patent and Trademark Office.

[46] Milosevic, M., Sting, D., and Rein, A. (1995). Diamond composite sensor for ATR spectroscopy. *Spectroscopy* 10: 44-49.

[47] Spectral-Systems. *Application Note: Diamond Anti-Reflection Coating*. Hopewell Junction, NY: Spectral-Systems. www.spectral-systems.com (accessed 3 March 2020).

[48] Wehner, R., Honk, H., and Kress, W. (1967). Lattice dynamics and infra-red absorption of diamond. *Solid State Commun.* 5: 307-309.

4

基于近红外光谱技术的过程分析技术在制药工业中的应用

Pierre-Yves Sacré, Charlotte De Bleye, Philippe Hubert, Eric Ziemons

Department of Pharmacy, University of Liege, Liege, Belgium

4.1　概述

本章介绍小型、微型和便携式近红外（NIR）光谱仪在制药过程分析技术（PAT）中的应用。制药中的许多单元操作都采用可移动的、移动和（或）高振动加工设备，此外，可供分析仪使用的空间通常很小。这些因素决定了微型和便携式光谱仪器的使用，有时其通过电池供电并进行无线通信。

这些光谱仪中使用的技术在本卷的其他章节进行了描述，例如关于滤光片技术的第7章，以及关于微机电系统（MEMS）和微光机电系统（MOEMS）光谱仪的第5章。在本书应用卷的第12～15章，介绍了便携式近红外光谱仪在材料、食品及农业领域的应用。

4.2　连续制造和实时放行测试

4.2.1　连续制造

15年前，在美国食品药品监督管理局（FDA）发起了PAT倡议，要求制药行业持续提高所生产药品的质量[1]。制药行业主要是以批次放行的方式生产，换言之，最终的药物产品是几个独立生产步骤的结果。这些生产步骤也可能在不同的地理区域进行，这就需要将不同的中间体用容器储存和运输到下一个制造单元。随着时间的推移，或由于环境条件（光、湿度等）的影响，药物变质的风险也随之增加。因此，提高药品生产质量将提高患者的使用安全性，并降低制造商销毁不合格批次的相关成本。

解决这个问题的一种方法是从批次放行模式转变为连续放行模式，并在FDA新兴技术计划的支持下转向制药行业的连续生产模式[2]。新兴技术被定义为具有创新性或新颖性的技术：①产品制造技术；②制造过程；③测试和监控技术[3]。连续制造并不是一个新概念，其他行业已有应用案例，但在制药行业中应用很少[1]。部分原因是实施连续制造所需的成本较高，并且制药行业对连续制造过程的实际知识水平相对较低。在一个连续的过程中，材料不断地进入系统，最终产品则不断地产出[4]。与批次放行相反，连续制造意味着生产单元的完全连接，将PAT系统和过程控制系统相结合来监测和控制整个生产厂（见图4.1）。相比传统工艺单元，连续工艺单元具有许多优点，如效率更高、反应性更强、体积更小、产量更高、损耗更少。因此，这些类型的生产单元可能会对药品短缺或药品需求的突然变化（如疫情暴发）做出更快的反应。此外，连续制造系统装置体积小，使其可更加便利地直接运送到需要药物生产的地方[5]。

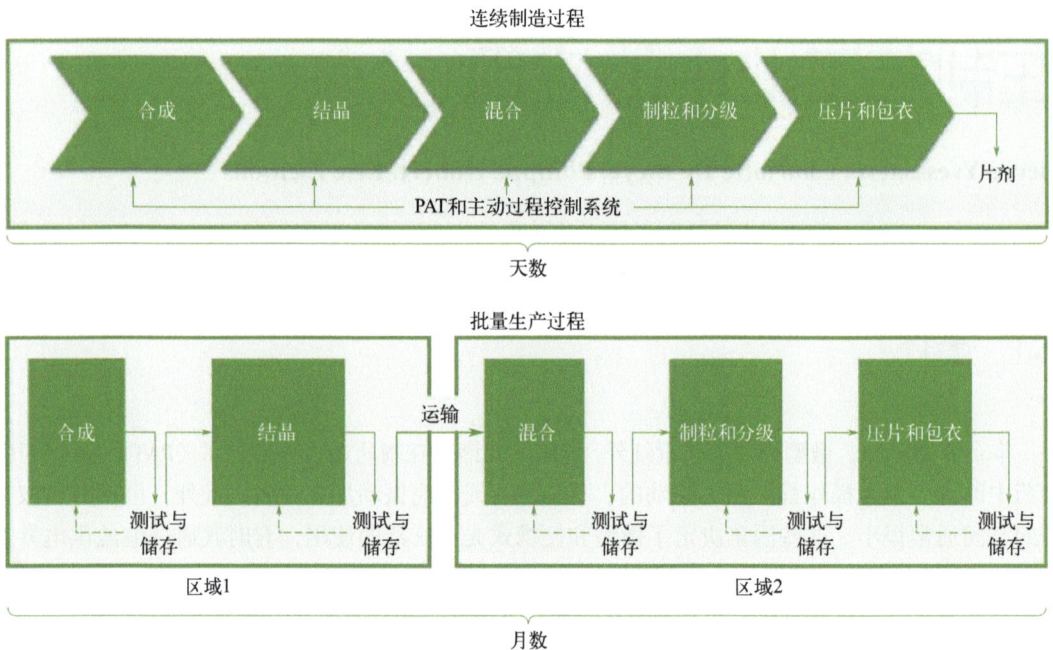

图4.1   连续制造与批次制造的比较

然而，连续制造需要将工艺过程设计和构思为一个单一系统，因此有必要对其过程有一个透彻的了解，包括它们的过程单元之间的不同连接方式。这种理解建立在质量源于设计（QbD）的理念上[6,7]。QbD的概念引申出目标产品质量概况（QTPP）一词，其确定了药品的关键质量属性（CQA），例如活性药物成分（API）含量、pH值、水分、流动性或粒径。这些CQA一旦明确，关键工艺参数（CPP，如螺杆转速、固体进料速率和液体进料速率）和关键材料属性（CMA，如粒度、颗粒形状、内聚/黏合特性和静电特性）也随之确定，之后再通过实验设计（DoE）阐明CMA和CPP与CQA之间的联系（见图4.2）。连续制造过程形成固定的策略，CMA和CPP处于设计空间（DS）的适当（且预先定义的）范围内，确保最终产品质量[8-11]。过程的实时监控与过程自身的设计相结合来确保最终产品的质量，这有利于最终产品的实时放行测试（RTRT）。另一个关于DS的重要监管方面是，在DS的限制范围内修改操作条件不是一种变更，并且也不需要变更后监管的批准[12]。近期Roggo等报道，在药品生产质量管理规范（GMP）条件下，基于QbD的连续制造效果甚佳[13]。

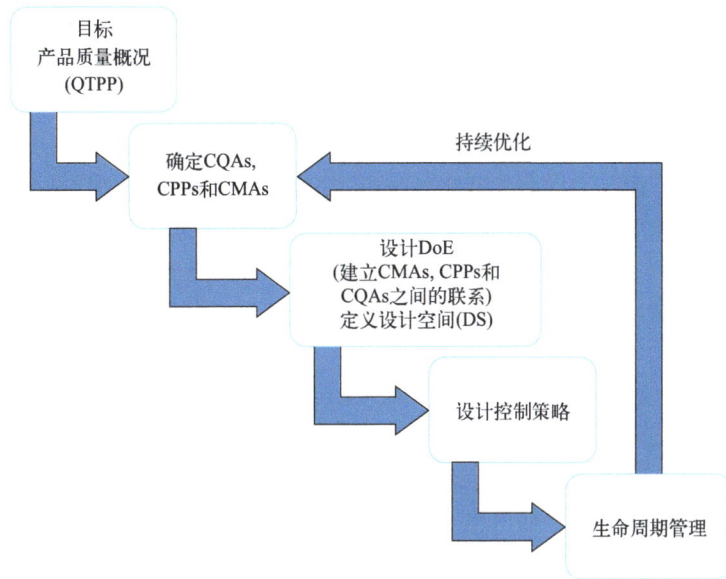

图4.2 QBD典型流程图

这些概念已通过人用药品技术要求国际协调理事会（ICH）中的质量指导文件ICH Q8/Q9/Q10/Q11/Q13得到了实施[14]。然而，真正有效的连续制造工艺少之又少。事实上，只有5家药品制造企业以这种方式生产药品：Orkambi®和Symdeko®（维特司）；Prezista®（强生）；Verzenio®（礼来）；Daurismo®（辉瑞）[14]。原因之一就是主动过程控制从开发到制造的转移过程并不容易。事实上，大多数生产单位仍然一次控制一个过程。因为调整CPP变量需要很长时间，所以一旦检测到干扰就会导致不合格产品的长期生产。因此质量控制（QbC）一词强调"一个基于对产品和过程的高度定量和预测性理解的主动过程控制系统"，以实现CPP的实时操作和自动调整[14]。这种自动调整是"智能工厂"概念的一部分。"智能工厂"一词将前文的描述具体化，并结合人工智能技术搭建虚拟制造工厂，从而预测流程的每次调整及其结果。制造工厂虚拟化是PAT战略的未来，我们称之为网络物理版的PAT[15]。此外"批次"的定义以及监管机构要求的原材料溯源也存在问题。这些问题可以通过使用停留时间分布（RTD）来解决，即描述材料如何在连续过程系统的单元操作内运动。RTD还可以用于设置传感器的测量频率，以确保任何不可接受的异常变化都能被检测出来[16-18]。

上述所有概念和方案都是基于过程建模计算和预测得出的。然而，为了实现过程的精确建模和控制，建模所输入的数据必须是由检测器测得的高质量数据，这样才能获得高质量的药品产品。这些检测器的性质因监测的CPP（温度、速度等）或副产品的CQA（含量、湿度、粒径等）而异[19]。NIR光谱是连续制造中经常使用的软传感器系列的一部分，它能够在一次检测中同时实现物理信息（颗粒大小、抗拉强度和粉末密度）和化学信息（原料药含量、混合物均匀度和水分含量）的分析[20-23]。然而，高效的检测设备应同时实现材料、过程与分析物的检测[24-26]。

4.2.2 分析传感器及其定位

分析人员应当选择合适的探头位置以及适当的设备属性，以确保所得结果具有代表性。不同过程决定传感器放置的位置。文献中报道的两个压片过程主要位置是物料排放期间的过渡滑槽[27,28]和模具前的压片机进料架[29-31]。滑槽空间巨大，最容易放置探针，若混合物不符合规格，混合过程可以立刻终止。探针很难放在另一侧的进料架，但更能代表最终产品的药物浓度。Sierra-Vega等的研究表明，进料架中其实存在额外的混合效应[32]。为此，他们使用微型MicroNIR™光谱仪对比滑槽和进料架的药物浓度。结果表明，与从进料架中获得的光谱结果相反，滑槽中的药物浓度并不代表片剂的最终药物浓度。此外，进料架中的相对标准偏差比滑槽中的相对标准偏差低60%。因此，将探针放在进料架中得到的最终产品中的药物浓度更加准确，同时当混合物不符合规格时终止和再加工可以立刻执行。Sierra-Vega的实验利用了色散微型设备，对比傅里叶变换（FT）、透射与反射、单点与多点测量等设备的测量结果，差异并不明显。

Shi等[33]对比了连续压片过程中色散设备与FT设备的性能。与色散比FT更好地监测混合物均匀性的先入为主的观点相反，因为干涉仪中反射镜的移动会导致在混合过程中检测到不同的流动粉末部分，所以它们显示了更具对比度的图像。他们用FT设备测试了几种光谱分辨率，并对两种设备进行了不同的联合叠加使用。当测量不进行光谱累加（co-adds）运算时色散光谱仪的性能优于FT，当执行co-adds运算时FT的灵敏度和选择性优于色散装置，而其他测试参数方面是相同的。FT系统适用于过程分析和时间测量。

大多数近红外测量PAT都是漫反射模式，这是因为该模式可操作性强且有多种可用接口：大扫描区域探头（如Bruker公司的Matrix探头）、用于混合监测的特定清洁系统（如GEA公司的Lighthouse探头）或小尺寸探头（如Sentronic公司的SentroPAT）。反射型NIR测量使用多光纤探头，可实时、快速完成高光谱成像的测量。其中一种称为空间分辨光谱（SRS）的系统已成功用于检测和剔除API含量异常或压片后API分布不均匀的片剂。该系统在1 ms的积分时间内可同时采集26张NIR光谱[34]。

尽管如此，近红外漫透射测量也非常值得关注。近红外透射模式可测量更大和更具代表性的样本量。Sánchez-Paternina等[35]测量了厚度为5.6 mm的样品，该样品厚度远远超过Iyer等报告的NIR漫反射模式下测量厚度为1.7~2.9 mm的样品[36]。在透射模式下获得的预测均方根误差（RMSEP）值是反射模式下获得的RMSEP值的2.35~5.61分之一。然而，透射模式的测量方式也有局限性。Alam等[37]研究了近红外透射模式测量溜槽中的粉末，流动粉末中API的定量受流速变化和粉末流厚度影响。流动粉末中API定量的最佳厚度为1~2 mm。由于粉末流速会根据生产需要而变化，连续制造过程中利用近红外透射模式进行测量具有一定的挑战性。

4.2.3　数据的化学计量学建模

粉末流速改变以及研究的样品较高流速的特性是NIR数据建模的主要挑战。事实上，校正集和验证集样品（粉剂、颗粒剂、片剂等）可避免原材料的过度消耗并将NIR光谱与样品一一对应，故样品是在不同浓度水平下脱机制备的[38]。然而，这种校正近红外定量模型的方法往往由于实验室光谱和过程光谱之间缺乏对应而导致偏差和结果不佳[39,40]。为了解决这一问题，Blanco等试图计算过程光谱（S_p），然后将实验室光谱乘以一个确定的因子以增加它们的对应性[41]。这种策略的主要优点是它不需要参考方法。图4.3为工业生产线上片剂的主成分得分图，用于建立回归模型的实验室混合粉末。如左图所示，两种混合物的光谱不同，但一旦将实验室混合物乘以过程光谱，两组光谱就会重叠，表明光谱更具相似性。相似度越高，回归模型预测片剂生产量越准确。

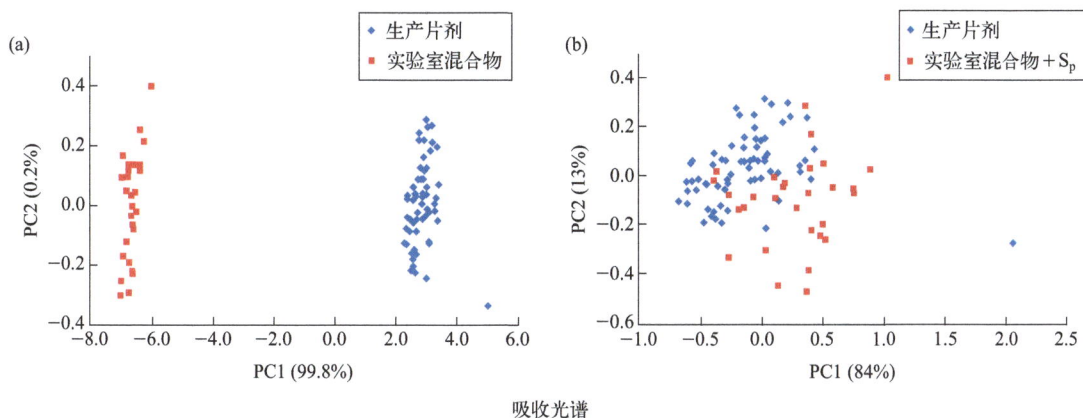

图4.3　在1100~2300 nm波长范围内的吸收光谱的PCA评分散点图:（a）实验室混合物和生产片剂;（b）实验室混合物 + S_p 和生产片剂。来源: Blanco等[40]。版权（2011）归Elsevier所有

其他团队研究了使用化学计量学工具去除样品对NIR光谱的物理影响。Pauli等[42]使用独立成分分析（ICA）将信息从连续制造过程中的浓度和粉末流的速度中分离出来。首先，他们缩小了光谱范围以避免高噪声光谱区域，选用导数的预处理方式以降低速度的影响，从而利用ICA对API含量进行准确的定性监测。然而，由于片剂粉末流速度的不同，需要定量值来建立定量回归模型，但是建模存在一定的难度。他们建议在日常生产中只为生产过程开发定量模型，在开发过程中由于工作量巨大而不建议开发定量模型。这种考虑是多变量统计过程控制（MSPC）策略的常见局限性。事实上，MSPC策略基于测量数据（例如近红外光谱）投影到少量新维度（例如主成分），以及它们低于统计控制阈值的评估（例如霍特林的 T^2 或 Q 残差）[43]。但这些阈值的设置是必须的，并且通常通过有限的校正集完成，这些校正集可能无法捕获过程所有变化的可能性，因此可能会导致在开发阶段做出有偏差的决策并无法实现最佳的过程控制。

Colón等[44]研究了近红外光谱在连续制造过程中的应用。他们使用近红外传感器时存在两个问题: 其一是由于环境中的溶剂与水交换导致近红外光谱（但不是最终产品质量）发生变化; 其二是由于片剂的松弛引起的。为了处理这些差异，他们更新了校准模型，使用实验室片剂（对于完整的浓度水平集），100%标签声明的中试规模片剂，以及来自连续制造过程的90%、100%和110%标签声明的片剂。校正数据集的补充让结果可接受范围更宽，提高过程模型的鲁棒性，并且还删除了受湿度变化影响最大的光谱范围。

相比于CPP测量，光谱传感器监测CQA时由于其固有的不确定性差异也会影响过程的控制。事实上，光谱传感器与样品接触不良以及需要测量的统计模型使得光谱测量发生改变，而CPP通常由机械或电子传感器测量。因此，使用有噪声的CQA测量值调整CPP可能会放大变异，影响最终产品质量。在此背景下，Su等提出数据协调的概念[45]。数据协调通过将测量数据与过程模型相结合，明确地利用了过程知识。数据协调确保协调后的测量结果与过程变量之间关系的一致性，并对测量数据进行最少的调整。在旋转压片过程中，数据协调方法明显优于传统的MSPC方法。开发新NIR光谱学方法监测过程时，需要注意维护化学计量学模型[46,47]。虽然有些为具体生产建立的定性模型是免维护的，但大多数定量模型需要实时维护，以确保每次生产的准确性[48]。目前已经提出了几种维护策略来解决这个问题[49,50]。

4.3　近红外光谱PAT的实现

NIR光谱作为最常用的PAT技术之一，存在许多挑战和限制[51,52]。下文将对NIR作为PAT传感器在固体药物剂型生产中的应用进行简单介绍。虽然分开叙述，但不同的工艺操作意图在一条连续的制造生产线中相互关联[53]。生物过程的监测不在本章的讨论范围之内，感兴趣的读者可以在文献[54,55]中找到相关信息。

4.3.1　原材料鉴定

原材料鉴定（RMID）是制药行业的一项常规工作。原材料鉴定是在材料加工前进行的，这样能尽量避免错误，从而节省时间和金钱。该技术既适用于鉴定所采购材料的真伪（例如辅料），也可监测某些材料的地点转移。例如在另一家工厂生产的原料药，如果在装卸地点能进行RMID，材料在仓库中就能核对鉴定，而不需要在实验室环境中采集和分析样品。

最初，这些实验室测试是有损检测，例如高效液相色谱。如今，得益于手持和便携式光谱设备的发展，这些鉴定测试甚至可以直接透过包装在仓库中进行[56,57]。拉曼光谱和近红外光谱都可以鉴定活性成分和辅料[58-60]。尽管拉曼光谱的功能与应用不断扩展，但近红外光谱技术在监测荧光材料方面仍具有一定的优势，而且许多小分子药物活性成分是共轭分子（芳香族），通常具有更强的荧光性质。近红外光谱在表征药物粉末的物理参数（例如颗粒大小、水分等）方面也具有很大的优势[61]（见图4.4）。在其他地方可以找到NIR光谱在药物颗粒技术中应用的详细综述[62]。这些物理参数可能是后续工艺的关键质量属性，对其进行监测非常有必要。因此，快速且无损鉴定原材料的来源可以确保它们日后的加工，甚至可以根据已定义的QbD策略调整工艺参数。

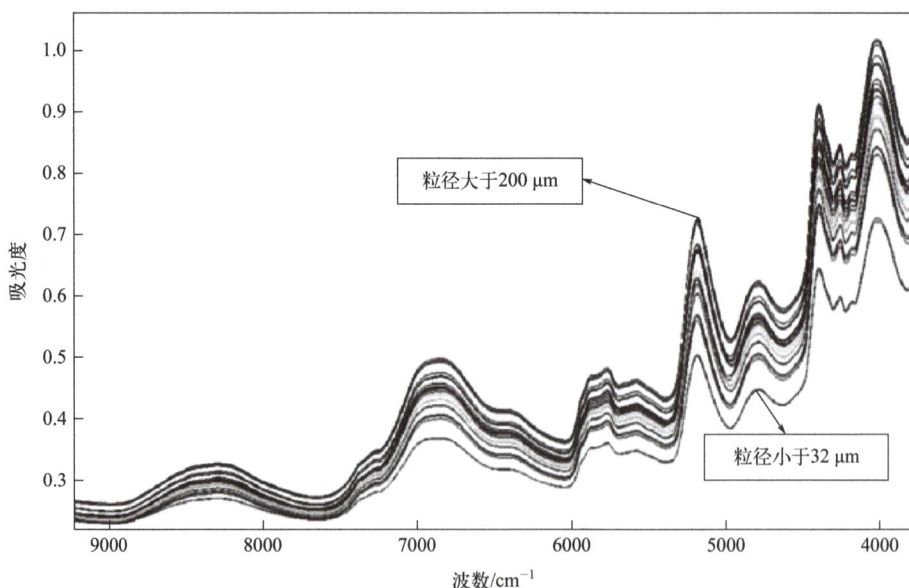

图4.4　不同粒度等级的HPMC的原始NIR光谱。来源：Devjak Novak等[61]。版权（2012）归Elsevier所有

4.3.2 混合

原材料经鉴定无误并称重后，下一步则需要混合原材料并确保不同粉末能均匀混合。这是固体药物制剂制造的关键步骤，因为它直接影响最终产品的质量和均匀性。混合过程既受粉末的多种物理特性（如粒径、形状和密度）影响，又受工艺参数（如混合器尺寸和形状、填充水平、混合时间）影响[63-65]。如果没有合适的检测方式监测这些参数或特性，则最后得到的制剂可能会混合不均匀。在实际生产中评估混合物均匀性大多是基于厂家的经验判别和物理采样，这存在明显的缺点[66]。事实上，物理采样干扰粉末流动，并且颗粒形状不同其流动性也是不均匀的，这样的采样往往不具代表性。因此PAT技术需要通过无创检测混合过程实现。其中，NIR由于同时受物理和化学信息影响，应用最为广泛[20, 67-69]。用于监测原料混合过程的传感器多为基于MEMS的无线器件（例如Sentronic公司的SentroPAT™ BU或Viavi公司的MicroNIR™）。然而在实际应用中可能会出现一些问题，如粉末沉积造成的测量窗口污垢等。为了规避这些问题，厂家研发了较为复杂的测量系统（例如GEA的Lighthouse Probe™），配合探头的一体化清洗系统。其他类型的传感器（如化学成像设备）也已成功用于监测和评估混合操作，以提高采样代表性[64,70,71]。

检测原料混合过程得到的光谱数据既可以定性分析，也可以定量分析。混合过程的定量监控可检测含量的变化，并假设终点为恒定含量。这可能是最准确的方法[72-74]，尽管由粉末流动、校准和常规测量之间可能会出现差异[75]。El-Hagrasy 和 Drennen[76]发现，相比主成分回归（PCR）或偏最小二乘（PLS）方法，多元线性回归（MLR）考虑了较小的光谱范围，在监测混合过程时会更加有效，过程变化的鲁棒性也更优。同样，Nakagawa等的研究表明，局部加权的偏最小二乘法（LW-PLS）预测均方根误差比传统的偏最小二乘法校正提高了38.6%[77,78]。定量校正模型不适用于新工艺的开发阶段，因为它耗费更多时间和资源。此外，模型的鲁棒性、可转移性和可扩充性也是评判模型好坏的重要原则。

另一方面，定性分析考虑方差，一旦达到稳定或所需的光谱轮廓，则说明混合结果是最优的。其中，移动块标准差（MBSD）[67]、主成分得分距离分析（PC-SDA）[63]、软独立建模类比推理（SIMCA）[79]、移动 F 检验[48,80]等统计方法已成功应用。在新工艺的开发过程中可以使用这些统计方法，同时提供有关配料特性、工艺设置和环境条件的演变信息，但无法深入了解混合物的最终定量组成。然而，所获得的信息可用于调整后续操作，例如制粒。当有成分特性、工艺设置和环境条件变化等参数时，在开发新的工艺过程中就可以使用这些统计方法，然而对最终得到的混合物仍然难以定量。尽管如此，获得的信息也可以用于后续制粒操作等。

4.3.3 制粒和过筛

有时由于药物的物理性质和药物制剂的成分不同，混合效果不佳，并会在混合操作中发生分离。因此，粉末状成分宜进行压片、干法造粒或湿法制粒，即使用液体作为黏合剂进行制粒。制粒可保证混合物的均匀性和材料的可加工性（如改善粉末流动性和可压性）。使用湿法制粒、混合和压缩，最终将制粒材料干燥。

本章不阐述不同的制粒方法，大多数光谱研究集中在测定湿法制粒或制粒后干燥过程中水分的检测。虽然检测技术主要为近红外光谱，但也可以考虑其他类型的检测器。例如，微波检测器的穿透深度为2～5 cm，而近红外反射的穿透深度为0.5～2.5 mm，因此利用微波检测器测定水分也能大大减少建立定量回归模型的工作量[81]。

Gavan等[82]为两种原料药的流化床制粒过程开发了QbD策略，并使用便携式近红外检测器通过正交偏最小二乘法模型监测过程中的水分含量，保证过程参数变化的鲁棒性。Fonteyne等[83,84]使用近红外和拉曼光谱持续监测茶碱在连续干燥过程中的多晶型形式及水分含量。尽管结果正确与否有待考证，但他们注意到在评估颗粒总负荷的平均含水量和固态值时应小心求证，因为观察到不同筛分的颗粒之间存在显著差异。

最近，Pauli等[85]使用NIR光谱在线监测GMP连续制粒过程中颗粒的粒径分布。他们使用3种PLS模型分别预测的筛网尺寸为20～234 μm（X10）、98～1017 μm（X50）、748～2297μm（X90），获得的PSD X10、X50、X90的RMSEP值分别为17 μm、97 μm、174 μm，这些值足以准确地监测变化并采取适当的措施来调整过程，但这种应用具有一定的挑战性，因为粒径相关信息与NIR光谱中的方差的相关性主要基于光谱斜率和基线偏移的变化，但含水量和其他样品变化由于连续的处理环境干扰了这些因素。

4.3.4　挤出

除了制粒外，还可以采用其他技术使原料均匀混合，同时增加难溶性药物的生物利用度。其中一种技术是热熔挤出技术（HME）。挤出是借助外力迫使材料通过孔口（模具）来成型材料（挤出物）的过程。这一过程可以描述为活性成分与熔融水溶性聚合物形成混合物的过程。它使得API的分子分散在基质中，增加其在胃肠液中的溶解。NIR光谱在HME实验中得到了广泛应用，主要用于监测API含量、挤出物的固体状态和阐明成分之间的相互作用[86-89]。

Baronsky-Probst等[90]使用近红外光谱监测来料的均匀性，以及冷却后的线料以评估最终产品的API含量和固体状态。为了避免压力和温度对样品的影响，他们将这些位置优选到模具中更常规的位置，从而获得鲁棒性更好的模型。Wahl等[91]在采样理论（TOS）方案中特别关注NIR探头的位置，并决定将NIR探头放置在混合螺钉后靠近模具处。他们对模具的连接器进行了改进，使熔体在具有高剪切速率模具中环形流动，从而使取样具有代表性。建立的PLS模型能够对API进行量化，当螺杆转速变化范围为150～250 r/min时，对其预测结果并没有太大的影响。Saerens等[92]利用近红外光谱技术检测HME过程，深入分析原料药和聚合物之间的相互作用类型以及对API含量的影响。他们阐明了聚乙烯吡咯烷酮® SR与酒石酸美托洛尔分子之间的相互作用表现为氢键。利用ATR-FTIR、拉曼光谱和差示扫描量热法（DSC）离线检测也验证了这些发现。然而，近红外光谱用于阐明相互作用机制时的解释仍然很复杂，此时常采用拉曼光谱替代。

4.3.5　压片

一旦得知成分的混合达到均匀（通过直接混合、制粒或HME），下一步就是压片。鉴于粉末的均匀性已经在前面步骤得到了保证，这一步骤可能显得不那么重要[93]。然而，该工艺步骤是最接近成品的一步。因此，如果素片之后还需要包衣，那么就可以直接在压片机上监测产品质量。

Dalvi等[94]比较了便携式近红外光谱仪（Viavi MicroNIR™）、直接放置在进料架上在线测量片剂的光谱仪（Visiotec VisioNIR™）以及台式光谱仪（Bruker MPA™）的定量性能。这3种测量方法具有很好的一致性。然而，在近红外测量和紫外（UV）分析之间观察到差异，可能是由于API的非代表性表面分布以及样品的动态性导致的光谱变化。Dalvi团队还将近红外光谱和近红外化学成像（NIR-CI）的结果结合在一起[95]。NIR-CI方法的主要优点是其采样体积是单独的近红外探头的5倍，并且可以获得供料机架中成分分布的图像。在开发新流程时这些优势或许会很有价值。

Durão等[96]使用近红外光谱，光诱导荧光光谱（LIF）和红、绿、蓝（RGB）彩色成像技术联合监测复合维生素制剂（31种成分）压片过程中的5种成分。他们使用多模块偏最小二乘法（mb-PLS），将每个模块（每个PAT传感器一个模块）的不同偏最小二乘模型得到的分数合并到一个模型中。因此，他们能够使用来自不同检测器的信息，相比单独使用近红外检测器这种方法的预测能力更好。图4.5显示了单独使用近红外［图4.5（a）］或联合所有检测器［图4.5（b）］对富马酸亚铁在混合物中的浓度进行预测的结果。与单独使用近红外相比，联合使用所有检测器得到的预测结果更好。

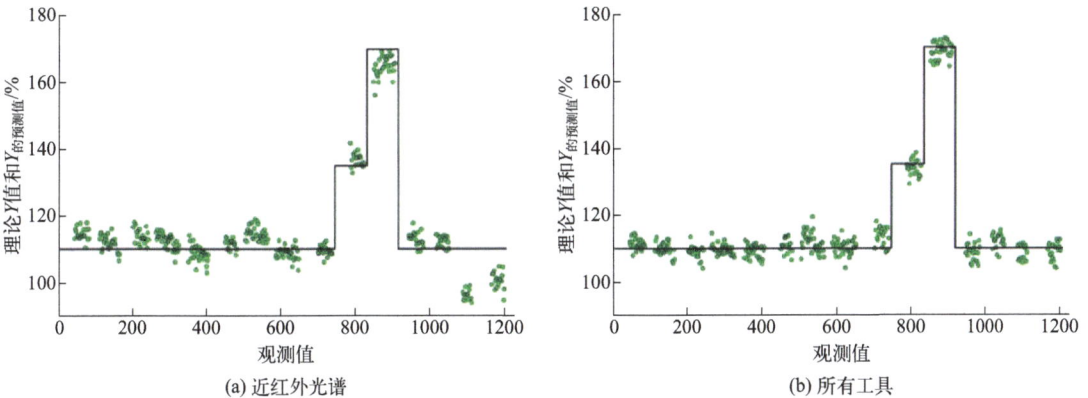

图4.5　使用近红外光谱和所有工具的数据，用偏最小二乘模型预测富马酸亚铁结果（黑线表示理论上的Y值）。来源：Durão等[96]。版权（2017）归Elsevier所有

Pauli等[42]在连续压片过程将NIR探头分别放在进料框架中和片剂弹出前的压片机中。尽管他们能够保证以每小时7000片的速度对片剂进行监测分析，但光谱受工艺参数影响很大。因此，使用离线光谱开发的PLS模型不适用于在线分析测量。他们还观察到两个探测器的预测之间存在时间的偏移。这反映了在进料框架内部的混合阶段过量颗粒会进行回收循环，该过程预计时间为1 min。因此，他们建议尽量在不同的位置分别安装传感器，以更好地了解这一过程和不同的停留时间。事实上，偏移时间或许会对放在不同位置的探头提供的工艺调整的信息产生直接影响。

近红外光谱也适用于粉末压片过程。He等[97]利用近红外定量模型解释了有关压片机内粉末分离的现象。利用光谱检测技术可以实现过程控制的几个关键位置的快速、无损分析。

4.3.6　包衣

包衣是口服固体制剂生产的关键步骤。事实上，包衣有物理屏蔽的作用，避免氧化、湿度

和光照条件的影响，保证中间体工艺的稳定性，从而提高最终产品的质量，还可以避免工人接触到中间产品产生的有毒粉尘。包衣还可保护胃肠黏膜，并且控制药物释放的速率。包衣的均匀性和厚度是控制药物释放时间的重要因素。现有许多离线技术监测包衣厚度，如在工艺过程中观察包衣的小丸或片芯的重量、高度或直径的变化[98]。同时有其他更先进的技术，如太赫兹3D成像技术[99]。但这些技术需要在过程中取样并测量几个具有代表性的样品，既不能快速准确地调整过程，也不能准确地判断检测终点，还很费时间。因此，在线传感器相比离线技术更具优势，其中近红外检测器特别适合检测水基涂料[100-103]。图4.6为使用近红外光谱（蓝线）和称重离线参考法（红色加号）监测包衣沉积的示例。与称量相比，近红外光谱允许以更高的采样率对该过程进行非侵入性（且无干扰）跟踪。Bogomolov等[104]对比了利用近红外光谱、拉曼光谱以及它们的组合观察包衣过程。这两种技术可能会对根据后续辅料配比观察包衣过程提供一定思路。Wahl等人[105]决定将光学相干层析成像（OCT）和近红外光谱分析技术作为包衣的在线PAT的工具。他们在使用近红外接触探头时，重点关注样品到探头的距离。因此，他们应用了基于$I_{1634\,nm}/I_{2030\,nm}$处吸光度比的滤光片，以确保最终用偏最小二乘模型分析的是有效的药片光谱。他们比较了离线和在线的近红外测量结果，离线测量和在线测量的RMSEP值分别为7.80 μm和7.2 μm，最终涂层厚度为70 μm，结果令人满意。NIR和OCT结果是一致的，并且彼此之间有很好的相关性。然而，OCT方法可直接测量厚度，开发工作量要小得多，而近红外光谱需要借助化学计量学方法。

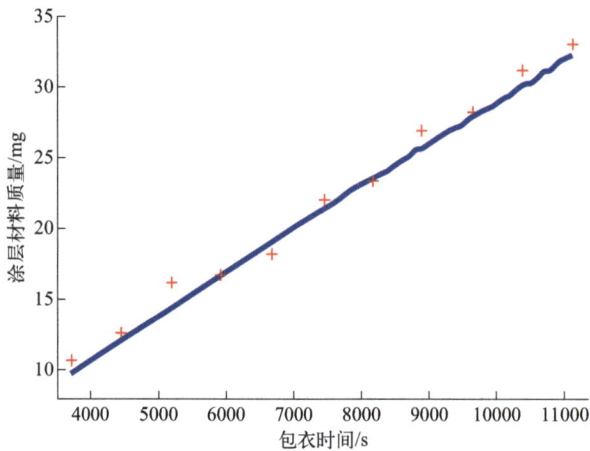

图4.6 涂层沉积质量的实时监测：在PAN涂层操作过程中的实时近红外预测（蓝线）和称重（+）获得的实验结果。来源：Gendre等[100]。版权（2017）归Elsevier所有

　　Igne等[106]研究了采样频率对包衣过程的影响。他们比较了几种组合：有无co-adds（1～64个co-adds），以及随着时间的推移进行光谱采样（1～15个平移旋转）。他们发现采样频率对光谱数据质量和后续定量分析影响很大。单个co-add比64个co-adds得到的频谱噪声更大（信噪比更小）；然而，由于过程的动态性，它对平均干扰不那么敏感。总之，他们认为单个co-add提供了床高变化过程和片剂之间变化的信息，而基于64个co-adds的预测更侧重于药片之间的变异性；这种时间依赖的平均提高到4个点，随后趋于稳定。他们认为，如果所寻找的信息是药片之间的变异性，平均可能仅限于一个谱，并且co-adds的数量适应过程的可变性。另一个重要的发现是测量光谱与参考数据之间的相关性并不明显。事实上，包衣是一个缓慢的过程，物理样本采集和光谱采集的匹配并不是最佳的建模方法。在他们的案例中，最多60 s的时间偏移偏差较小且具

有可比的 RMSEP，这再次表明将动态过程的光谱数据与参考值相关联以建立稳健的定量模型的复杂性。

与包衣工艺相关的另一个重要方面是固化阶段，即涂层后干燥，过程中聚合物暴露在高温下。这一步骤改变了膜的结构，从而影响膜的机械性能、膜 - 片的附着力以及涂层基质的溶解曲线[107]。

Gendre 等[108,109]使用 X 射线显微衍射（XμCT）、近红外光谱和拉曼光谱对薄膜涂层的固化过程和结构进行了深入研究。通过比较动态固化条件和静态固化条件，并确定过程的终点，得出药物的类似溶出度曲线，接着他们证明 24 h 的静态固化过程与 4 h 的动态固化过程产生的结果相同。Korasa 等[110]使用近红外光谱监测颗粒的固化过程。他们对包衣厚度的预测结果是可靠的，但在水分含量较高时，由于药丸的水分含量对偏最小二乘模型的干扰，预测药物释放速率时出现偏差。

4.3.7 最终产品测试

药品完成所有加工步骤后，最后一步验证可以确保只有"优质"或合格的产品才能包装和销售。本章不对 NIR 光谱在药物制剂质量控制中的应用进行广泛综述，详细应用可参见有关综述[111-113]。

下文将叙述一些药物制剂质量控制的应用，例如溶解曲线的预测。Pomerantsev 等[114]使用 NIR 光谱，结合 PLS 和动态建模，预测 pH 敏感包衣药丸的溶出曲线。Pawar 等[115]还使用透射 NIR 在线预测工厂中连续制造速释片的溶出度（见图 4.7），预测内容包括 API 浓度、搅拌机速率、进料架速度和压实力等变量，使用主成分得分构建多元线性回归模型。

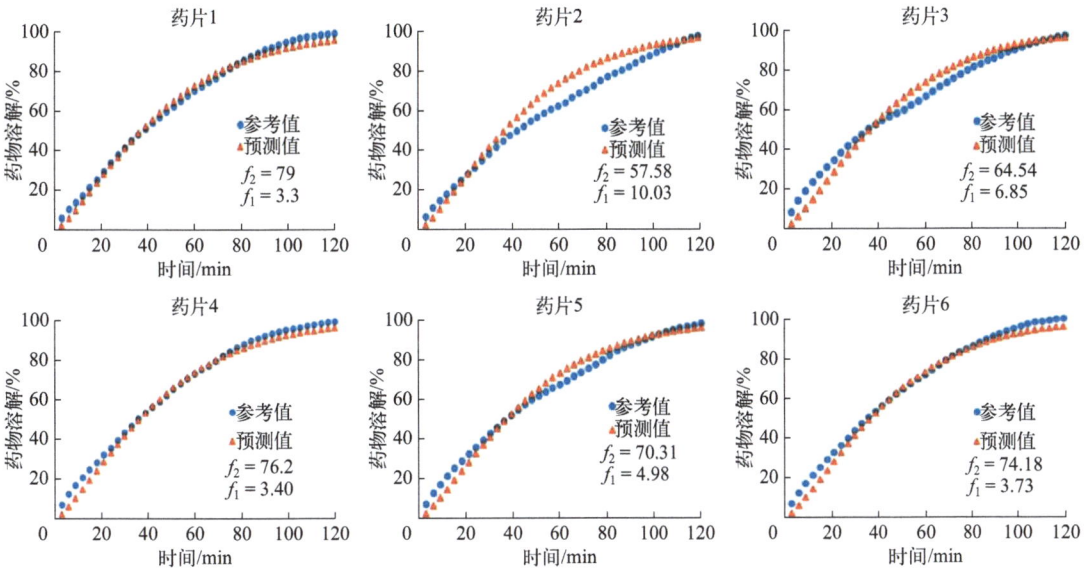

图 4.7 用依赖模型的方法预测个体溶出度分布。相似系数大于 50，表明观测结果与预测结果吻合较好。来源：Pawar 等[115]。版权（2016）归 Elsevier 所有

其他更具体的实例与制药领域的新研究方向有关，例如片剂或口腔膜剂喷印。这些药物可以按需喷印成个性化材料[116,117]。然而，这种与高压液相色谱（HPLC）等破坏性技术相结合的条

件在药店甚至患者家中使用是不切实际的。因此，无损便携式系统（例如NIR光谱仪或NIR化学成像仪）用于执行此类药物的质量控制实用性更强[118,119]。

终端产品质量控制的另一个重要部分是辨析不合格产品和假药[120]。近红外光谱技术在辨析不合格产品和假药方面的实用性非常强[121-124]，低成本手持设备的发展进一步证明了其适用性[57,125-128]。更多细节请参阅本书应用卷第5章。

4.4　结论

近红外光谱是一种可远程、无损分析样品的光谱技术，可以得到样品的物理和化学信息。这使得近红外光谱成为监管机构推荐的用于连续监测制药过程的新兴技术之一。然而，近红外光谱的某些特点也是一把双刃剑。事实上，近红外光谱解析困难，必须经由机器学习工具处理才能获得有用信息。建立稳定的定量模型并不容易，需要耗费大量的时间和精力。其主要问题在于动态环境中获得的光谱与用参考方法离线获得的参考值之间的一致性。因此，本章前面的内容阐述了如何建立稳定定量模型的方法。

大量有关制药领域的研究和应用论文再次印证，近红外光谱分析技术未来可期。

术语

连续制造（CM）：医药产品的连续制造是制药行业内的一种新方法，它基于其提高制造灵活性和效率的潜力，与传统的批量制造工艺相对立。在CM中，所有过程单元都直接相互连接。起始材料在生产线开始时连续装入第一个处理单元，最终产品在结束时同时卸料[13]。

关键过程参数（CPP）：当关键质量属性在正常运行范围内变化时，CPP是对关键质量属性有直接和显著影响的过程输入[6]。

关键质量属性（CQA）：CQA是必须直接或间接控制以确保产品质量的物理、化学、生物或微生物属性或特征[6]。

实验设计（DoE）：DoE是一组结构化的、有组织的实验，用于确定、建模和量化影响过程的因素与该过程的输出之间的关系。

设计空间（DS）：DS是输入变量（例如材料属性）和工艺参数的多维组合与交互作用，这些参数已被证明可提供质量保证。在DS内工作不被视为一种改变（另见ICH Q8 R2[12]）。

溶出度曲线：在适当选择的溶出介质中，有效药物成分从剂型中释放的浓度与时间关系的图形表示。它用于验证药物在患者体内正确释放，确保其安全性和生物活性。

高效液相色谱（HPLC）：HPLC法用于分离、鉴定和定量混合物中的每种物质。它由固体固定相和液体流动相组成。分离的发生是因为混合物的各组分对固定相和流动相的亲和力不同。物质在物理分离后，可使用几种类型的检测器进行分析，如紫外光谱、质谱分析和荧光光谱。

偏最小二乘法（PLS）：PLS是一种变量降维技术，它通过对原始变量进行线性组合减少变量个数。这些组合称为PLS因子。PLS因子的定义方式是使其与响应变量的协方差最大化。这样一来，潜变量与响应变量的关系比主成分分析得到的更直接。PLS可以作为回归或分类算法。

多晶型：多晶型是指在晶体中一种物质以不同的分子排列和/或不同的分子构象存在的能力。药物活性物质的多晶型行为会影响其治疗效果和安全性。

主成分分析（PCA）：PCA是一种变量约简技术，它通过对原始变量进行线性组合减少变量的数量。这些组合被称为主成分，它们的定义方式是解释数据中最高的（剩余）变异性，并且按照定义是正交的。主成分定义中原始变量的重要性由其载荷表示，对象在主成分上的投影称为对象的得分。

过程分析技术（PAT）：美国FDA将PAT定义为"通过及时测量（即在加工过程中）原材料和过程的关键质量和性能属性来设计、分析和控制制造的系统，目的是确保最终产品质量"。值得注意的是，PAT中的术语分析被广泛地视为包括以综合方式进行的化学、物理、微生物、数学和风险分析。PAT的目标是增进对制造过程的理解和控制。

质量源于设计（QbD）：QbD概念意味着最终的产品质量建立在过程本身的概念（设计）中。它需要对过程和产品有深刻的理解，并对影响产品CQA的CPP进行定义。

检验控制质量（QbT）：QbT是制药行业通过遵循一系列测试步骤确保最终产品质量的实际系统。包括但不限于来料测试、过程控制和最终产品测试。QbT方法本质上不是动态的。

停留时间分布（RTD）：RTD是一个源于化工领域的术语，它被定义为"固体或液体材料在连续系统中的一个或多个单元操作中停留的时间的概率"[17]。它是更好地理解过程中的物质流动并对其进行建模的关键信息。它还用于定义CM中的"批处理"概念。

均方根误差（RMSE）：这一指标经常用于多变量数据分析，以评估回归模型的拟合优度。它可以应用于校准样本（RMSEC）、交叉验证样本（RMSECV）或外部验证集合的预测（RMSEP）。RMSE的计算方法如下：

$$RMSE = \sqrt{\sum_{i=1}^{n} \frac{(\widehat{y_1} - y_i)^2}{n}}$$

式中，$\widehat{y_1}$是模型预测的样本值，y_i是样本值，n是样本数。

目标产品质量概况（TPQP）：它包括药物产品应具备的特征，以重复性地提供承诺的治疗益处。TPQP指导配方科学家制定配方策略，并保持配方工作的重点和效率。TPQP与标签中的标识、含量测定、剂型、纯度和稳定性有关[6]。

抽样理论（TOS）：TOS是抽样过程的理论化，使代表性抽样成为可能。它只关注抽样过程，而不是样本本身[129]。

缩略语

API	active pharmaceutical ingredient	活性药物成分
CPP	critical process parameter	关键工艺参数
CMA	critical material attribute	关键材料属性
CQA	critical quality attribute	关键质量属性
DoE	design of experiments	实验设计
DSC	differential scanning calorimetry	差示扫描量热法
FDA	Food and Drug Administration	（美国）食品药品监督管理局
GMP	good manufacturing practice	药品生产质量管理规范
HME	hot melt extrusion	热熔挤出技术

HPLC	high performance liquid chromatography	高效液相色谱
ICA	independent component analysis	独立成分分析
ICH	International Council for Harmonisation of Technical Requirements for Pharmaceuticals for Human Use	人用药品技术要求国际协调理事会
LIF	light-induced fluorescence	光诱导荧光光谱
LW-PLS	locally weighted pls	局部加权的偏最小二乘法
MBSD	moving block standard deviation	移动块标准差
mb-PLS	multiblock pls	多模块偏最小二乘法
MEMS	micro-electromechanical system	微机电系统
MOEMS	micro-opto-electromechanical system	微光机电系统
MSPC	multivariate statistical process control	多变量统计过程控制
NIR	near-infrared	近红外
NIR-CI	NIR chemical imaging	近红外化学成像
PAT	process analytical technology	过程分析技术
PCR	principal component regression	主成分回归
PC-SDA	principal component score distance analysis	主成分得分距离分析
PLS	partial least squares	偏最小二乘法
QbC	quality by control	质量控制
QbD	quality by design	质量源于设计
QTPP	quality target product profile	目标产品质量概况
RGB	red, green and blue	红、绿、蓝
RMID	raw material identification	原材料鉴定
RTD	residence time distribution	停留时间分布
RTRT	real-time release testing	实时放行测试
SIMCA	soft independent modeling of class analogy	软独立建模类比推理

参考文献

[1] Yu, L.X. and Kopcha, M. (2017). The future of pharmaceutical quality and the path to get there. *Int. J. Pharm.* 528 (1-2): 354-359.

[2] FDA and CDER (2017). Advancement of emerging technology applications for pharmaceutical innovation and modernization guidance for industry. *FDA-2015-D-4644*.

[3] O'Connor, T. and Lee, S. (2017). Emerging technology for modernizing pharmaceutical production. In: *Devel-oping Solid Oral Dosage Forms*, 2ee (eds. Y. Qiu, Y. Chen, G. Zhang, et al.), 1031-1046. Elsevier.

[4] Lee, S.L., O'Connor, T.F., Yang, X. et al. (2015). Modernizing pharmaceutical manufacturing: from batch to continuous production. *J. Pharm. Innov.* 10 (3): 191-199.

[5] Adamo, A., Beingessner, R.L., Behnam, M. et al. (2016). On-demand continuous-flow production of pharmaceuticals in a compact, reconfigurable system. *Science* 352 (6281): 61-67.

[6] Yu, L.X. (2008). Pharmaceutical quality by design: product and process development, understanding, and control. *Pharm. Res.* 25 (4): 781-791.

[7] Zhang, L. and Mao, S. (2017). Application of quality by design in the current drug development. *Asian J. Pharm. Sci.* 12 (1): 1-8.

[8] Lebrun, P., Krier, F., Mantanus, J. et al. (2012). Design space approach in the optimization of the spray-drying process. *Eur. J.*

Pharm. Biopharm. 80 (1): 226-234.

[9] Singh, B.N. (2019). Product development, manufacturing, and packaging of solid dosage forms under QbD and PAT paradigm: DOE case studies for industrial applications. *AAPS PharmSciTech* 20 (8): 313.

[10] Ziemons, E., Hubert, C., and Hubert, P. (2019). Process analysis - overview. In: *Encyclopedia of Analytical Science*, 3e, vol. 8, 396-402. Oxford, UK: Academic Press.

[11] Yu, L.X., Amidon, G., Khan, M.A. et al. (2014). Understanding pharmaceutical quality by design. *AAPS J.* 16 (4): 771-783.

[12] International Conference on Harmonization (2009). *ICH Q8(R2) Pharmaceutical Development.* https://database.ich.org/sites/default/files/Q8(R2) Guideline.pdf.

[13] Roggo, Y., Pauli, V., Jelsch, M. et al. (2020). Continuous manufacturing process monitoring of pharmaceutical solid dosage form: a case study. *J. Pharm. Biomed. Anal.* 179: 112971.

[14] Su, Q., Ganesh, S., Moreno, M. et al. (2019). A perspective on quality-by-control (QbC) in pharmaceutical continuous manufacturing. *Comput. Chem. Eng.* 125: 216-231.

[15] Barenji, R.V., Akdag, Y., Yet, B., and Oner, L. (2019). Cyber-physical-based PAT (CPbPAT) framework for Pharma 4.0. *Int. J. Pharm.* 567: 118445.

[16] Engisch, W. and Muzzio, F. (2016). Using residence time distributions (RTDs) to address the traceability of raw materials in continuous pharmaceutical manufacturing. *J. Pharm. Innov.* 11 (1): 64-81.

[17] Gao, Y., Muzzio, F.J., and Ierapetritou, M.G. (2012). A review of the residence time distribution (RTD) applications in solid unit operations. *Powder Technol.* 228: 416-423.

[18] Bhaskar, A. and Singh, R. (2019). Residence time distribution (RTD)-based control system for continuous pharmaceutical manufacturing process. *J. Pharm. Innov.* 14 (4): 316-331.

[19] Ierapetritou, M., Muzzio, F., and Reklaitis, G. (2016). Perspectives on the continuous manufacturing of powder-based pharmaceutical processes. *AIChE J.* 62 (6): 1846-1862.

[20] Nagy, B., Farkas, A., Magyar, K. et al. (2018). Spectroscopic characterization of tablet properties in a continuous powder blending and tableting process. *Eur. J. Pharm. Sci.* 123: 10-19.

[21] Pestieau, A., Krier, F., Thoorens, G. et al. (2014). Towards a real time release approach for manufacturing tablets using NIR spectroscopy. *J. Pharm. Biomed. Anal.* 98: 60-67.

[22] Rehrl, J., Karttunen, A.-P.P., Nicolaï, N. et al. (2018). Control of three different continuous pharmaceutical manufacturing processes: use of soft sensors. *Int. J. Pharm.* 543 (1-2): 60-72.

[23] Rehrl, J., Kruisz, J., Sacher, S. et al. (2016). Optimized continuous pharmaceutical manufacturing via model-predictive control. *Int. J. Pharm.* 510 (1): 100-115.

[24] Petersen, L., Minkkinen, P., and Esbensen, K.H. (2005). Representative sampling for reliable data analysis: theory of sampling. *Chemom. Intel. Lab. Syst.* 77 (1-2): 261-277.

[25] Sánchez-Paternina, A., Sierra-Vega, N.O., Cárdenas, V. et al. (2019). Variographic analysis: a new methodology for quality assurance of pharmaceutical blending processes. *Comput. Chem. Eng.* 124: 109-123.

[26] Esbensen, K.H., Friis-Petersen, H.H., Petersen, L. et al. (2007). Representative process sampling - in practice: variographic analysis and estimation of total sampling errors (TSE). *Chemom. Intel. Lab. Syst.* 88 (1): 41-59.

[27] Vargas, J.M., Nielsen, S., Cárdenas, V. et al. (2018). Process analytical technology in continuous manufacturing of a commercial pharmaceutical product. *Int. J. Pharm.* 538 (1-2): 167-178.

[28] Vargas, J.M., Roman-Ospino, A.D., Sanchez, E., and Romañach, R.J. (2017). Evaluation of analytical and sampling errors in the prediction of the active pharmaceutical ingredient concentration in blends from a continuous manufacturing process. *J. Pharm. Innov.* 12 (2): 155-167.

[29] Li, Y., Anderson, C.A., Drennen, J.K. et al. (2019). Development of an in-line near-infrared method for blend content uniformity assessment in a tablet feed frame. *Appl. Spectrosc.* 73 (9): 1028-1040.

[30] Harms, Z.D., Shi, Z., Kulkarni, R.A., and Myers, D.P. (2019). Characterization of near-infrared and raman spectroscopy for in-line monitoring of a low-drug load formulation in a continuous manufacturing process. *Anal. Chem.* 91 (13): 8045-8053.

[31] Gosselin, R., Durão, P., Abatzoglou, N., and Guay, J.-M. (2017). Monitoring the concentration of flowing pharmaceutical

powders in a tableting feed frame. *Pharm. Dev. Technol.* 22 (6): 699-705.

[32] Sierra-Vega, N.O., Román-Ospino, A., Scicolone, J. et al. (2019). Assessment of blend uniformity in a continuous tablet manufacturing process. *Int. J. Pharm.* 560: 322-333.

[33] Shi, Z., McGhehey, K.C., Leavesley, I.M., and Manley, L.F. (2016). On-line monitoring of blend uniformity in continuous drug product manufacturing process - the impact of powder flow rate and the choice of spectrometer: dispersive vs. FT. *J. Pharm. Biomed. Anal.* 118: 259-266.

[34] Boiret, M. and Chauchard, F. (2017). Use of near-infrared spectroscopy and multipoint measurements for quality control of pharmaceutical drug products. *Anal. Bioanal. Chem.* 409 (3): 683-691.

[35] Sánchez-Paternina, A., Román-Ospino, A.D., Martínez, M. et al. (2016). Near infrared spectroscopic transmittance measurements for pharmaceutical powder mixtures. *J. Pharm. Biomed. Anal.* 123: 120-127.

[36] Iyer, M., Morris, H.R., and Drennen, J.K. (2002). Solid dosage form analysis by near infrared spectroscopy: comparison of reflectance and transmittance measurements including the determination of effective sample mass. *J. Near Infrared Spectrosc.* 10 (4): 233-245.

[37] Alam, M.A., Shi, Z., Drennen, J.K., and Anderson, C.A. (2017). In-line monitoring and optimization of powder flow in a simulated continuous process using transmission near infrared spectroscopy. *Int. J. Pharm.* 526 (1-2): 199-208.

[38] Dal Curtivo, C.P., Funghi, N.B., Tavares, G.D. et al. (2015). The critical role of NIR spectroscopy and statistical process control (SPC) strategy towards captopril tablets (25 mg) manufacturing process understanding: a case study. *Pharm. Dev. Technol.* 20 (3): 345-351.

[39] Blanco, M. and Peguero, A. (2010). Influence of physical factors on the accuracy of calibration models for NIR spectroscopy. *J. Pharm. Biomed. Anal.* 52 (1): 59-65.

[40] Blanco, M., Cueva-Mestanza, R., and Peguero, A. (2011). NIR analysis of pharmaceutical samples without reference data: improving the calibration. *Talanta* 85 (4): 2218-2225.

[41] Blanco, M. and Peguero, A. (2010). Analysis of pharmaceuticals by NIR spectroscopy without a reference method. *TrAC - Trends Anal. Chem.* 29 (10): 1127-1136.

[42] Pauli, V., Roggo, Y., Pellegatti, L. et al. (2019). Process analytical technology for continuous manufacturing tableting processing: a case study. *J. Pharm. Biomed. Anal.* 162: 101-111.

[43] Bro, R. and Smilde, A.K. (2014). Principal component analysis. *Anal. Methods* 6 (9): 2812-2831.

[44] Colón, Y.M., Vargas, J., Sánchez, E. et al. (2017). Assessment of robustness for a near-infrared concentration model for real-time release testing in a continuous manufacturing process. *J. Pharm. Innov.* 12 (1): 14-25.

[45] Su, Q., Bommireddy, Y., Shah, Y. et al. (2019). Data reconciliation in the Quality-by-Design (QbD) implementation of pharmaceutical continuous tablet manufacturing. *Int. J. Pharm.* 563: 259-272.

[46] European Medicines Agency (2014). Guideline on the use of Near Infrared Spectroscopy (NIRS) by the pharmaceutical industry and the data requirements for new submissions and variations. *Guideline-EMEA/CHMP/CVMP/QWP/17760/2009* 44: 1-28.

[47] Food and Drug Administration (2015). *Development and Submission of Near Infrared Analytical Procedures Guidance for Industry*. Food and Drug Administration.

[48] Fonteyne, M., Vercruysse, J., De Leersnyder, F. et al. (2016). Blend uniformity evaluation during continuous mixing in a twin screw granulator by in-line NIR using a moving F-test. *Anal. Chim. Acta* 935: 213-223.

[49] Miyano, T., Nakagawa, H., Watanabe, T. et al. (2015). Operationalizing maintenance of calibration models based on near-infrared spectroscopy by knowledge integration. *J. Pharm. Innov.* 10 (4): 287-301.

[50] Wise, B.M. and Roginski, R.T. (2015). Model maintenance: the unrecognized cost in PAT and QbD. *Chim. Oggi-Chem. Today* 33 (2): 38-43.

[51] Jamrógiewicz, M. (2012). Application of the near-infrared spectroscopy in the pharmaceutical technology. *J. Pharm. Biomed. Anal.* 66: 1-10.

[52] De Beer, T., Burggraeve, A., Fonteyne, M. et al. (2011). Near infrared and Raman spectroscopy for the in-process monitoring of pharmaceutical production processes. *Int. J. Pharm.* 417 (1-2): 32-47.

[53] Singh, R., Velazquez, C., Sahay, A. et al. (2016). Advanced control of continuous pharmaceutical tablet manufacturing processes. In: *Process Simulation and Data Modeling in Solid Oral Drug Development and Manufacture. Methods in Pharmacology and Toxicology* (eds. M. Ierapetritou and R. Ramachandran), 191-224. New York, NY: Humana Press.

[54] Classen, J., Aupert, F., Reardon, K.F. et al. (2017). Spectroscopic sensors for in-line bioprocess monitoring in research and pharmaceutical industrial application. *Anal. Bioanal. Chem.* 409: 651-666.

[55] Rathore, A.S., Bhambure, R., and Ghare, V. (2010). Process analytical technology (PAT) for biopharmaceutical products. *Anal. Bioanal. Chem.* 398 (1): 137-154.

[56] Mansouri, M.A., Sacré, P.-Y., Coïc, L. et al. (2020). Quantitation of active pharmaceutical ingredient through the packaging using Raman handheld spectrophotometers: a comparison study. *Talanta* 207: 120306.

[57] Deidda, R., Sacre, P.-Y., Clavaud, M. et al. (2019). Vibrational spectroscopy in analysis of pharmaceuticals: critical review of innovative portable and handheld NIR and Raman spectrophotometers. *TrAC Trends Anal. Chem.* 114: 251-259.

[58] Sun, L., Hsiung, C., Pederson, C.G. et al. (2016). Pharmaceutical raw material identification using miniature near-infrared (MicroNIR) spectroscopy and supervised pattern recognition using support vector machine. *Appl. Spectrosc.* 70 (5): 816-825.

[59] Calvo, N.L., Alvarez, V.A., Lamas, M.C., and Leonardi, D. (2019). New approaches to identification and characterization of tioconazole in raw material and in pharmaceutical dosage forms. *J. Pharm. Anal.* 9 (1): 40-48.

[60] Diehl, B., Chen, C., Grout, B. et al. (2012). Non-destructive material identification. *Eur. Pharm. Rev.* 17 (5): 3-8.

[61] Devjak Novak, S., Šporar, E., Baumgartner, S., and Vrečer, F. (2012). Characterization of physicochemical properties of hydroxypropyl methylcellulose (HPMC) type 2208 and their influence on prolonged drug release from matrix tablets. *J. Pharm. Biomed. Anal.* 66: 136-143.

[62] Razuc, M., Grafia, A., Gallo, L. et al. (2019). Near-infrared spectroscopic applications in pharmaceutical particle technology. *Drug Dev. Ind. Pharm.* 45 (10): 1565-1589.

[63] Puchert, T., Holzhauer, C.-V., Menezes, J.C. et al. (2011). A new PAT/QbD approach for the determination of blend homogeneity: combination of on-line NIRS analysis with PC Scores Distance Analysis (PC-SDA). *Eur. J. Pharm. Biopharm.* 78 (1): 173-182.

[64] Bakri, B., Weimer, M., Hauck, G., and Reich, G. (2015). Assessment of powder blend uniformity: comparison of real-time NIR blend monitoring with stratified sampling in combination with HPLC and at-line NIR Chemical Imaging. *Eur. J. Pharm. Biopharm.* 97: 78-89.

[65] Anderson, C.A. and Velez, N.L. (2018). Blending and characterization of pharmaceutical powders. In: *Particles and Nanoparticles in Pharmaceutical Products. AAPS Advances in the Pharmaceutical Sciences Series*, vol. 29 (eds. H.G. Merkus, G.M.H. Meesters and W. Oostra), 233-275. Cham: Springer.

[66] Muzzio, F.J., Robinson, P., Wightman, C., and Brone, D. (1997). Sampling practices in powder blending. *Int. J. Pharm.* 155 (2): 153-178.

[67] Sekulic, S.S., Ward, H.W., Brannegan, D.R. et al. (1996). On-line monitoring of powder blend homogeneity by near-infrared spectroscopy. *Anal. Chem.* 68 (3): 509-513.

[68] Ma, H. and Anderson, C.A. (2008). Characterization of pharmaceutical powder blends by NIR chemical imaging. *J. Pharm. Sci.* 97 (8): 3305-3320.

[69] Chavez, P., Lebrun, P., Sacré, P.-Y. et al. (2015). Optimization of a pharmaceutical tablet formulation based on a design space approach and using vibrational spectroscopy as PAT tool. *Int. J. Pharm.* 486 (1-2): 13-20.

[70] Wu, Z., Tao, O., Dai, X. et al. (2012). Monitoring of a pharmaceutical blending process using near infrared chemical imaging. *Vib. Spectrosc.* 63: 371-379.

[71] Li, W., Woldu, A., Kelly, R. et al. (2008). Measurement of drug agglomerates in powder blending simulation samples by near infrared chemical imaging. *Int. J. Pharm.* 350 (1-2): 369-373.

[72] Blanco, M., Cueva-Mestanza, R., and Cruz, J. (2012). Critical evaluation of methods for end point determination in pharmaceutical blending process. *Anal. Methods* 4 (9): 2694-2703.

[73] Palmer, J., O'Malley, C.J., Wade, M.J. et al. (2018). Opportunities for process control and quality assurance using online NIR analysis to a continuous wet granulation tableting line. *J. Pharm. Innov.* 1-15.

[74] Corredor, C.C., Lozano, R., Bu, X. et al. (2014). Analytical method quality by design for an on-line near-infrared method to monitor blend potency and uniformity. *J. Pharm. Innov.* 10 (1): 47-55.

[75] Momose, W., Katz, J.M., Drennen, J.K., and Anderson, C.A. (2015). Development of NIR methods for blend analysis using small quantities of materials. *J. Pharm. Innov.* 10 (1): 36-46.

[76] El-Hagrasy, A.S. and Drennen, J.K. (2006). A process analytical technology approach to near-infrared process control of pharmaceutical powder blending. Part III: quantitative near-infrared calibration for prediction of blend homogeneity and characterization of powder mixing kinetics. *J. Pharm. Sci.* 95 (2): 422-434.

[77] Kim, S., Kano, M., Nakagawa, H., and Hasebe, S. (2011). Estimation of active pharmaceutical ingredients content using locally weighted partial least squares and statistical wavelength selection. *Int. J. Pharm.* 421 (2): 269-274.

[78] Nakagawa, H., Kano, M., Hasebe, S. et al. (2014). Verification of model development technique for NIR-based real-time monitoring of ingredient concentration during blending. *Int. J. Pharm.* 471 (1-2): 264-275.

[79] El-Hagrasy, A.S., Delgado-Lopez, M., and Drennen, J.K. (2006). A process analytical technology approach to near-infrared process control of pharmaceutical powder blending: part II: qualitative near-infrared models for prediction of blend homogeneity. *J. Pharm. Sci.* 95 (2): 407-421.

[80] Besseling, R., Damen, M., Tran, T. et al. (2015). An efficient, maintenance free and approved method for spectroscopic control and monitoring of blend uniformity: the moving F-test. *J. Pharm. Biomed. Anal.* 114: 471-481.

[81] Corredor, C.C., Bu, D., and Both, D. (2011). Comparison of near infrared and microwave resonance sensors for at-line moisture determination in powders and tablets. *Anal. Chim. Acta* 696 (1-2): 84-93.

[82] Gavan, A., Iurian, S., Casian, T. et al. (2020). Fluidised bed granulation of two APIs: QbD approach and development of a NIR in-line monitoring method. *Asian J. Pharm. Sci.* 15 (4): 506-517.

[83] Fonteyne, M., Vercruysse, J., Díaz, D.C. et al. (2013). Real-time assessment of critical quality attributes of a continuous granulation process. *Pharm. Dev. Technol.* 18 (1): 85-97.

[84] Fonteyne, M., Gildemyn, D., Peeters, E. et al. (2014). Moisture and drug solid-state monitoring during a continuous drying process using empirical and mass balance models. *Eur. J. Pharm. Biopharm.* 87 (3): 616-628.

[85] Pauli, V., Roggo, Y., Kleinebudde, P., and Krumme, M. (2019). Real-time monitoring of particle size distribution in a continuous granulation and drying process by near infrared spectroscopy. *Eur. J. Pharm. Biopharm.* 141: 90-99.

[86] Vo, A.Q., He, H., Zhang, J. et al. (2018). Application of FT-NIR analysis for in-line and real-time monitoring of pharmaceutical hot melt extrusion: a technical note. *AAPS PharmSciTech* 19 (8): 3425-3429.

[87] Kelly, A.L., Halsey, S.A., Bottom, R.A. et al. (2015). A novel transflectance near infrared spectroscopy technique for monitoring hot melt extrusion. *Int. J. Pharm.* 496 (1): 117-123.

[88] Kelly, A.L., Gough, T., Dhumal, R.S. et al. (2012). Monitoring ibuprofen-nicotinamide cocrystal formation during solvent free continuous cocrystallization (SFCC) using near infrared spectroscopy as a PAT tool. *Int. J. Pharm.* 426 (1-2): 15-20.

[89] Islam, M.T., Scoutaris, N., Maniruzzaman, M. et al. (2015). Implementation of transmission NIR as a PAT tool for monitoring drug transformation during HME processing. *Eur. J. Pharm. Biopharm.* 96: 106-116.

[90] Baronsky-Probst, J., Möltgen, C.-V., Kessler, W., and Kessler, R.W. (2016). Process design and control of a twin screw hot melt extrusion for continuous pharmaceutical tamper-resistant tablet production. *Eur. J. Pharm. Sci.* 87: 14-21.

[91] Wahl, P.R., Treffer, D., Mohr, S. et al. (2013). Inline monitoring and a PAT strategy for pharmaceutical hot melt extrusion. *Int. J. Pharm.* 455 (1-2): 159-168.

[92] Saerens, L., Dierickx, L., Quinten, T. et al. (2012). In-line NIR spectroscopy for the understanding of polymer-drug interaction during pharmaceutical hot-melt extrusion. *Eur. J. Pharm. Biopharm.* 81 (1): 230-237.

[93] Järvinen, K., Hoehe, W., Järvinen, M. et al. (2013). In-line monitoring of the drug content of powder mixtures and tablets by near-infrared spectroscopy during the continuous direct compression tableting process. *Eur. J. Pharm. Sci.* 48 (4-5): 680-688.

[94] Dalvi, H., Langlet, A., Colbert, M.-J. et al. (2019). In-line monitoring of Ibuprofen during and after tablet compression using near-infrared spectroscopy. *Talanta* 195: 87-96.

[95] Dalvi, H., Fauteux-Lefebvre, C., Guay, J.-M. et al. (2018). Concentration monitoring with near infrared chemical imaging in a tableting press. *J. Spectr. Imaging* 7 (1): a5.

[96] Durão, P., Fauteux-Lefebvre, C., Guay, J.-M. et al. (2017). Using multiple process analytical technology probes to monitor multivitamin blends in a tableting feed frame. *Talanta* 164: 7-15.

[97] He, X., Han, X., Ladyzhynsky, N., and Deanne, R. (2013). Assessing powder segregation potential by near infrared (NIR) spectroscopy and correlating segregation tendency to tabletting performance. *Powder Technol.* 236: 85-99.

[98] Knop, K. and Kleinebudde, P. (2013). PAT-tools for process control in pharmaceutical film coating applications. *Int. J. Pharm.* 457 (2): 527-536.

[99] Brock, D., Zeitler, J.A., Funke, A. et al. (2012). A comparison of quality control methods for active coating processes. *Int. J. Pharm.* 439 (1-2): 289-295.

[100] Gendre, C., Genty, M., Boiret, M. et al. (2011). Development of a Process Analytical Technology (PAT) for in-line monitoring of film thickness and mass of coating materials during a pan coating operation. *Eur. J. Pharm. Sci.* 43 (4): 244-250.

[101] Moltgen, C.V., Puchert, T., Menezes, J.C.C. et al. (2012). A novel in-line NIR spectroscopy application for the monitoring of tablet film coating in an industrial scale process. *Talanta* 92: 26-37.

[102] Liu, R., Li, L., Yin, W. et al. (2017). Near-infrared spectroscopy monitoring and control of the fluidized bed granulation and coating processes - a review. *Int. J. Pharm.* 530 (1-2): 308-315.

[103] Korasa,K.and Vrečer, F. (2018). Overview of PAT process analysers applicable in monitoring of film coating unit operations for manufacturing of solid oral dosage forms. *Eur. J. Pharm. Sci.* 111: 278-292.

[104] Bogomolov, A., Engler, M., Melichar, M., and Wigmore, A. (2010). In-line analysis of a fluid bed pellet coating process using a combination of near infrared and Raman spectroscopy. *J. Chemometr.* 24 (7-8): 544-557.

[105] Wahl, P.R., Peter, A., Wolfgang, M., and Khinast, J.G. (2019). How to measure coating thickness of tablets: method comparison of optical coherence tomography, near-infrared spectroscopy and weight-, height- and diameter gain. *Eur. J. Pharm. Biopharm.* 142: 344-352.

[106] Igne, B., Arai, H., Drennen, J.K., and Anderson, C.A. (2016). Effect of sampling frequency for real-time tablet coating monitoring using near infrared spectroscopy. *Appl. Spectrosc.* 70 (9): 1476-1488.

[107] Felton, L.A. (2013). Mechanisms of polymeric film formation. *Int. J. Pharm.* 457 (2): 423-427.

[108] Gendre, C., Genty, M., da Silva, J.C. et al. (2012). Comprehensive study of dynamic curing effect on tablet coating structure. *Eur. J. Pharm. Biopharm.* 81 (3): 657-665.

[109] Gendre, C., Genty, M., Fayard, B. et al. (2013). Comparative static curing versus dynamic curing on tablet coating structures. *Int. J. Pharm.* 453 (2): 448-453.

[110] Korasa, K., Hudovornik, G., and Vrečer, F. (2016). Applicability of near-infrared spectroscopy in the monitoring of film coating and curing process of the prolonged release coated pellets. *Eur. J. Pharm. Sci.* 93: 484-492.

[111] Görög, S. and Szántay, C. (2017). Spectroscopic methods in drug quality control and development. In: *Encyclopedia of Spectroscopy and Spectrometry*, *3e* (eds. J.C. Lindon, G.E. Tranter and D.W. Koppenaal), 178-187. Academic Press.

[112] Singh, R. (2018). Implementation of control system into continuous pharmaceutical manufacturing pilot plant (powder to tablet). In: *Computer Aided Chemical Engineering*, vol. 41, 447-469.

[113] Román-Ospino, A.D., Cárdenas, V., Ortega-Zuñiga, C., and Singh, R. (2018). PAT for pharmaceutical manufacturing process involving solid dosages forms. In: *Computer Aided Chemical Engineerin.*, vol. 41, 293-315. Else-vier.

[114] Pomerantsev, A.L., Rodionova, O.Y., Melichar, M. et al. (2011). In-line prediction of drug release profiles for pH-sensitive coated pellets. *Analyst* 136 (22): 4830.

[115] Pawar, P., Wang, Y., Keyvan, G. et al. (2016). Enabling real time release testing by NIR prediction of dissolution of tablets made by continuous direct compression (CDC). *Int. J. Pharm.* 512 (1): 96-107.

[116] Rantanen, J. and Khinast, J. (2015). The future of pharmaceutical manufacturing sciences. *J. Pharm. Sci.* 104 (11): 3612-3638.

[117] Awad, A., Trenfield, S.J., Gaisford, S., and Basit, A.W. (2018). 3D printed medicines: a new branch of digital healthcare. *Int. J. Pharm.* 548 (1): 586-596.

[118] Trenfield, S.J., Goyanes, A., Telford, R. et al. (2018). 3D printed drug products: non-destructive dose verification using a

rapid point-and-shoot approach. *Int. J. Pharm.* 549 (1-2): 283-292.

[119] Khorasani, M., Edinger, M., Raijada, D. et al. (2016). Near-infrared chemical imaging (NIR-CI) of 3D printed pharmaceuticals. *Int. J. Pharm.* 515 (1-2): 324-330.

[120] WHO (2018). *Substandard and Falsified Medical Products - Fact Sheet.*WHO.

[121] Rebiere, H., Guinot, P., Chauvey, D., and Brenier, C. (2017). Fighting falsified medicines: the analytical approach. *J. Pharm. Biomed. Anal.* 142: 286-306.

[122] Been, F., Roggo, Y., Degardin, K. et al. (2011). Profiling of counterfeit medicines by vibrational spectroscopy. *Forensic Sci. Int.* 211 (1-3): 83-100.

[123] Zontov, Y.V., Balyklova, K.S., Titova, A.V. et al. (2016). Chemometric aided NIR portable instrument for rapid assessment of medicine quality. *J. Pharm. Biomed. Anal.* 131: 87-93.

[124] Mbinze, J.K., Sacré, P.-Y., Yemoa, A. et al. (2015). Development, validation and comparison of NIR and Raman methods for the identification and assay of poor-quality oral quinine drops. *J. Pharm. Biomed. Anal.* 111: 21-27.

[125] Crocombe, R.A. (2018). Portable spectroscopy. *Appl. Spectrosc.* 72 (12): 1701-1751.

[126] Ciza, P.H., Sacre, P.-Y., Waffo, C. et al. (2019). Comparing the qualitative performances of handheld NIR and Raman spectrophotometers for the detection of falsified pharmaceutical products. *Talanta* 202: 469-478.

[127] Vickers, S., Bernier, M., Zambrzycki, S. et al. (2018). Field detection devices for screening the quality of medicines: a systematic review. *BMJ Glob. Health* 3 (4): e000725.

[128] Roth, L., Biggs, K.B., and Bempong, D.K. (2019). Substandard and falsified medicine screening technologies. *AAPS Open* 5(1):2.

[129] Esbensen, K.H. and Wagner, C. (2015). Theory of sampling (TOS) - fundamental definitions and concepts. *Spectrosc. Eur.* 27 (1): 1-4.

5

MOEMS和MEMS——技术、效益和使用

Heinrich Grüger

Fraunhofer Institute for Photonic Microsystems, Dresden, Germany

5.1 概述

5.1.1 定义

"微机电系统"（micro-electromechanical system, MEMS）这一术语在过去几十年中其含义已经发生了变化。如今，相关特征被认为是具有"电气功能"和"运动部件"的"微小尺寸的装置"[1]。该定义包括将运动或位移转换为电信号的传感器[2]、使用电驱动原理启动可偏转部件的运动或旋转的致动器[3]以及两者的组合，例如超声波换能器[4]、加速度计[5]和陀螺仪[6]。

大多数商业MEMS是在硅晶圆上生产的，但也使用了其他材料，例如"金刚石MEMS"[7]。机械运动是通过电驱动原理实现的，电驱动原理可以是静电驱动、磁驱动或压电驱动。为了正常运行，MEMS需要配合驱动电子设备，通常以闭环模式运行[8]。通过将MEMS和互补金属氧化物半导体（complementary metal-oxide-semiconductor, CMOS）在芯片尺寸组装中相结合，或在某些情况下在CMOS上方放置MEMS，可以实现超紧凑结构[9]。

电学功能和机械功能的组合使得设备（例如麦克风[10,11]、扬声器[12,13]、超声波换能器[4,14]、压力传感器[2]、加速度传感器[5,15-17]、陀螺仪[6,18,19]等）具有了许多特点。MEMS设备可以在消费电子设备（如移动电话、平板电脑、数码或视频相机、玩具、娱乐设备、无人机）中找到，也可以在更为关键的应用中发现，例如，在汽车中，越来越多的MEMS设备用于保障安全和提升舒适性方面；轮胎压力传感器是最明显的例子。

光学MEMS是一类特定的执行器，其特点是MEMS的驱动和光的相互作用，例如，旋转式❶[20-24]或活塞式[25,26]配置的扫描镜、空间光调制器[27,28]、可倾斜光栅[29]、更复杂的器件[30]和

---

❶ https://www.hamamatsu.com/eu/en/product/type/S12237-03P/index.html。

芯片中的光学 MEMS 系统[31]。体硅微机械加工扫描镜已应用于激光偏转、条形码扫描、投影、显微镜和光谱学等领域[32]。未来的系统，如激光雷达（LIDAR，即光探测和测距），正在开发中[33]。数字光处理器中的表面微机械加工反射镜阵列[34]用于数字电影投影仪和类似应用中。

光学 MEMS 对便携式光谱仪系统的发展做出了重大贡献。"微光机电系统"（micro-opto-electromechanical system, MOEMS）（见文献[35]前言）是 MEMS 和微光学的组合术语，但它并未定义一类特殊的 MEMS。以下内容中，所有器件均简称 MEMS。

使用典型 MEMS 技术制造的某些器件，虽然缺少 MEMS 定义的某些特定功能，但也被称为"MEMS"或"基于 MEMS 技术"的器件。像"无运动部件"之类的表述与 MEMS 的基本定义相矛盾。尽管如此，基于这些技术的器件已成功用于光谱仪系统，并将在本章中讨论。

5.1.2　MEMS 简史

自 Ferdinand Braun 在 1874 年发现整流效应以来，采用 CMOS 技术制造的微电子设备已经改变了世界。今天，数十亿个晶体管可以集成在一个芯片中，结构的特征尺寸可达 7 nm。

大尺寸晶圆基板的可用性和可靠的加工技术催生了一些器件的发明，这些器件不仅仅是电子器件，而是具有电动微机械结构的器件。术语"MEMS"最初是在 1986 年 7 月向美国国防高级研究计划局（DARPA）的提案中使用的。发明和历史的细节已在文献[35]中总结。这里简要提及一些相关的里程碑事件。一种特殊的硅晶圆基板提供了硅和氧化硅的侧向结构。SOI（氧化硅晶片上的硅）在 1~2 μm 氧化硅上有一个从 0.25 μm 到 150 μm 的活性硅顶层和数百微米的硅作为衬底层。这种结构的优点是可以应用深度蚀刻工艺[36]，这种工艺在硅和氧化硅之间具有极高的选择性。因此，氧化物层可以从顶部和底部用作蚀刻停止层。在 MEMS 的生产中，各向异性深度蚀刻，包括湿法和气相法，如等离子蚀刻或反应离子蚀刻（RIE），成为关键技术。许多工作已经致力于优化各向异性蚀刻步骤。其中最重要的是 20 世纪 90 年代发明的深反应离子蚀刻（DRIE），通常因发明公司而被称为"博世工艺"（Bosch process）[37]。博世过程已成为 MEMS 生产的标准工艺。通过它可以实现高纵横比，用于实现具有深而陡峭的沟槽或复杂三维结构的 MEMS 结构。

在微电子学领域，向更大尺寸基板转移是一个持续的趋势，但对于 MEMS 来说，这一趋势来得比较晚，不过早在很久以前就已经建立了高产量生产线（图 5.1）❶。

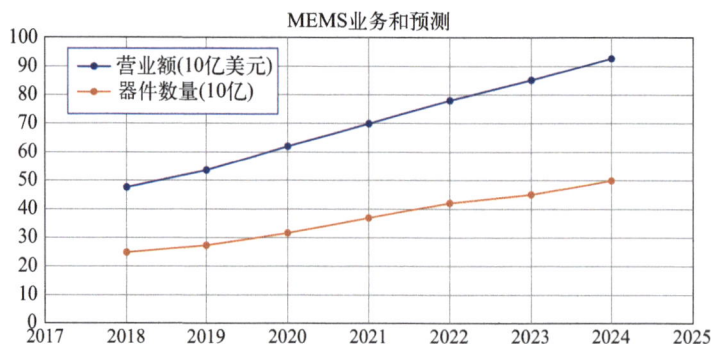

图 5.1　MEMS 生产年产量的发展情况。来源：基于 MEMS 和传感器的新市场前景

---

❶ http://www.yole.fr/iso_upload/News/2017/PR_STATUSMEMSINDUSTRY_NewMarketPerspectives_YOLE_June2017.pdf.

随着MEMS技术的发展，光学MEMS设备的发明紧随其后。在移动部件上集成了光学表面（如反射镜）。复杂性的增加主要是在光学MEMS组装领域。光学区域必须可接近。因此，组装技术必须适应开口或窗口等光学要求。

光学MEMS系统的一个显著例子是商业用途和后来私人用途的投影仪。从电影院到会议室和私人娱乐，使用数字光处理器这种具有大量可单独操控的反射镜的MEMS器件[27]，相对于早期基于液晶显示器（LCD）的传输面板，提供了显著的图像质量提升。这种MEMS器件最初是由德州仪器在1987年发明的，基于数字光处理（DLP）的投影仪于1997年进入市场。

自20世纪90年代以来，单片式MEMS扫描镜已经被开发用于条形码扫描和激光投影等应用。近年来，汽车应用领域对LIDAR系统的需求可能会导致来自汽车行业对扫描镜的需求增加。

5.1.3　MEMS技术基础

晶圆上MEMS器件的图形生成使用的是与CMOS组件相同的光刻技术。首先将光刻胶施加在晶圆上，然后通过携带结构信息的掩模（例如在玻璃上的铬，使用10倍放大率）对光刻胶进行紫外（UV）曝光，之后将掩模上的结构信息转移到晶圆上的光刻胶中，在接下来的沉积或蚀刻步骤中进行。这些步骤将重复多次，直到完成器件的制作[38]。

通常，MEMS器件的结构特征尺寸比CMOS器件大得多。这是因为机械交互（例如加速度计或陀螺仪中的力传感）以及光学应用需要足够的质量或光学有效面积才能正常运行。

MEMS技术的特征包括高纵深比的深刻步骤。为了实现MEMS结构，需要从正面蚀刻出深而窄的沟槽。例如，体硅微扫描镜的反射镜板可能有150 μm厚，但沟槽应只有2 μm宽。因此，深度蚀刻优化可以达到1∶1000的横纵比。

在正面的沟槽中形成的独立结构先通过背面空腔蚀刻释放，蚀刻在掩埋的氧化物处停止，最后的去除掩埋氧化物。主要问题是如何在硅中实现深沟槽并在硅氧化物上停止（图5.2）。

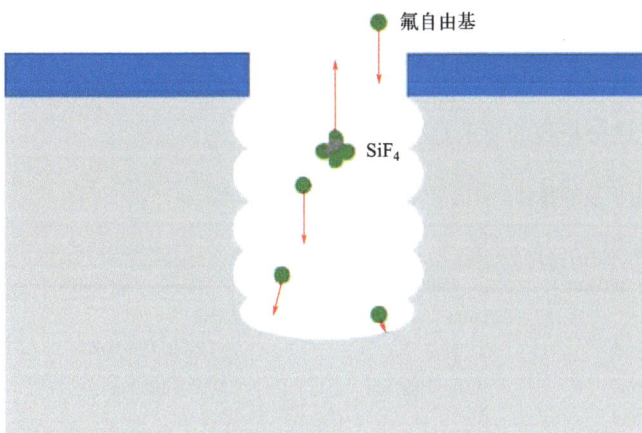

氟自由基

SiF$_4$

图5.2　利用光刻胶的各向异性气相硅蚀刻

对于利用蚀刻结构或沟槽的垂直区域的三维光学微机电系统（3D optical MEMS），考虑由博世工艺的重复蚀刻和沉积步骤产生的所谓"扇贝壳状起伏"是很重要的。有一些可选的工艺选项可减少这些"扇贝壳状起伏"的形成。

表面微加工微机电系统（surface micro-machined MEMS）在蚀刻过程中与其他类型的MEMS有所不同。这里首先沉积并平整一个牺牲层[39]，然后在表面微机电材料（通常是金属或合金）沉积前对牺牲层进行蚀刻以实现铰链，应用另一光刻工艺步骤产生横向MEMS结构和蚀刻孔，之后通过气相蚀刻去除牺牲层，并释放表面MEMS结构（图5.3）。

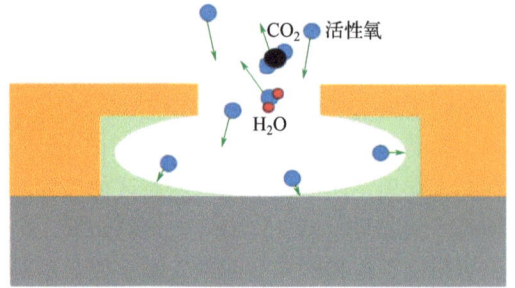

图5.3　通过等离子体蚀刻去除牺牲层

MEMS设备非常可靠和稳健：其小尺寸意味着它们非常"坚硬"，共振频率比环境振动高得多。特别是对于体硅微加工器件，单晶材料的特性赋予了系统良好的性能，而可重复性确保了基于MEMS设备的系统达到高标准。

一旦设计完成，MEMS的生产可以轻松地扩展到大规模生产。最初的开发需要进行初始设置、芯片设计、光刻掩模制造和工艺实现。这个由数百个单独步骤组成的过程可能需要多达几周或1个月的时间。最后，使用今天的200 mm或300 mm晶圆进行生产可以提供低成本的单个芯片，这为基于MEMS的系统提供了市场机会。

5.1.4　近红外分析

基于MEMS的系统大多适用于小型、大批量和低成本的应用。对于便携式光谱仪来说，这将把MEMS系统的关注点转向近红外（NIR）分析领域，其中光谱仪和光源将是主要组成部分，例如小型卤素灯泡等光源可以具有成本效益。与拉曼光谱仪相比，无需复杂的激光系统。大规模生产的潜力适用于移动设备用户。近红外光谱因为可以分析有机和无机物质，所以在日常生活中的应用很广泛，例如在食品和医学等领域。此外，在地质学中也可以进行无机物质的分析，例如矿物分析。

对于固态有机物，近红外辐射的穿透深度可以达到数毫米，因此可以分析比表面层更深的物质。有机分子的组合和倍频峰可以使用基于化学计量学的数学模型进行定性和定量分析，这些模型基于参考数据。

不同光谱仪或光谱分析仪的要求总结在表5.1中。

表5.1　多用途光谱分析仪的要求

项目	便携台式	手持	手机附件	手机集成
尺寸	＜100 mm × 100 mm × 100 mm ＜4″ × 4″ × 4″	＜75mm × 50mm × 25 mm ＜3″ × 2″ × 1″	＜50 mm × 25 mm × 15 mm ＜2″ × 1″ × 0.6″	＜10 mm × 10 mm × 4.5 mm
范围	950～1900 nm/ 1250～2500 nm	950～1900 nm	1000～1850 nm	1000～1850 nm
分辨率	＜10 nm	10 nm	12 nm	15～18 nm
稳定性	0.1～0.5 nm	0.5 nm	0.5 nm	0.5～1.0 nm
信噪比	1:4096	1:1024	1:1024	1:256（512）

注：1. 具有特定用途的设备主要在其光谱范围上有所不同。

　　2. "″" 表示英寸（in），1″=1 in=2.54 cm。

5.2 光栅型光谱仪

历史上，由Joseph von Fraunhofer在1814年发明的基于棱镜的光谱仪是最早用于科学应用的光谱分析仪，用于评估太阳光谱。色散光栅则由David Rittenhouse于1785年发明[40,41]。与基于棱镜的系统相比，色散光栅具有更高的色散能力，并且在反射模式下使用时，没有材料吸收。1862年，Otto von Littrow提出了重要的光谱仪设计，1889年，H. Ebert[42]也提出了相关的方案，之后Monk和Gillieson[43,44]、Czerny和Turner[45,46]以及Ebert-Fastie[47,48]也进行了相关研究。还有其他不太知名的配置也有报道[49]。

一旦有质量足够好的光栅问世，基于光栅的光谱仪就成为近红外领域的主导技术。从单个母版器件复制出大量光栅的复制技术是其商业成功的关键。光栅的衍射图案基于几何光学路径差（图5.4）。

图5.4 反射光栅

光栅方程［式（5.1）］描述了建立相干干涉的数学条件。对于给定波长，当路径差 d_n 与波长的整数倍（包括更高的正整数 $n>1$ 和负整数 $n \leqslant -1$ 的衍射级数）相等时，就会出现强度最大值。

$$d_n = n\lambda = g(\sin\alpha - \sin\beta) \tag{5.1}$$

光栅的分辨能力 $\lambda/\Delta\lambda$ 取决于栅元数 N 和衍射级数 n［式（5.2）］。

$$\lambda/\Delta\lambda = nN \tag{5.2}$$

图5.5展示了一台Czerny-Turner型光栅光谱仪的特征配置。该光谱仪的5个主要组成部分包括：①入射口孔径，通常是一个狭缝，但也可以是针孔或光纤的末端；②准直镜；③光栅；④重新聚焦镜；⑤出射口孔径，狭缝和屏幕或位于其后面的探测器。

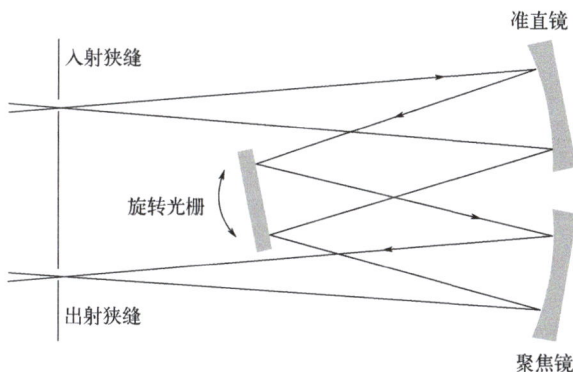

图5.5 Czerny-Turner型NIR光谱仪的装置

如今，科学仪器可以采用经典设计，配备旋转光栅和可选探测器的柔性支架，也可以使用固定光栅和探测器阵列的小型系统。在过去几十年中，人们在这些光谱仪的微型化和高效生产方面付出了重大努力。与数码摄影类似，这可能会使光谱仪在许多领域得到应用，其中许多领域还有待开发。其主要原因是光谱分析是一种非常有效的有机物分析技术；其功能在越来越多

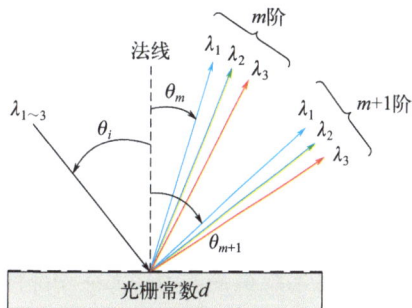

的应用领域中具有优势。

只有当光栅的晶面间距d大于波长的一半时，光才会在光栅上发生衍射，这限制了基于光栅的光谱仪的分辨率。有机分子在凝聚相中的近红外带通通常比较宽，因此所需的分辨率并不高。所以，近红外分析市场正在不断增长。

5.2.1　固定光栅光谱仪

第一台微型光谱仪于1992年由Ocean Optics（海洋光学）公司推出，该公司成立于1989年，现已更名为Ocean Insight。该光谱仪基于探测器阵列，采用交叉的Czerny-Turner结构，开启了光谱仪微型化的趋势。硅探测器使得系统成本低廉，但其截止波长约为1100 nm。为了进行近红外应用，人们开发了类似的系统，采用InGaAs探测器阵列，但其成本仍然相当高昂。这些系统被描述为"无活动部件"，因此它们并不完全符合MEMS的定义。

采用MEMS技术，即对狭缝进行反应性硅深度刻蚀，并将探测器阵列放置在同一芯片中，实现了固定光栅光谱仪的制造。滨松（Hamamatsu）公司推出了一款"拇指大小"的光谱仪❶，该光谱仪采用了组装在石英基底上的凹面光栅芯片（图5.6）。

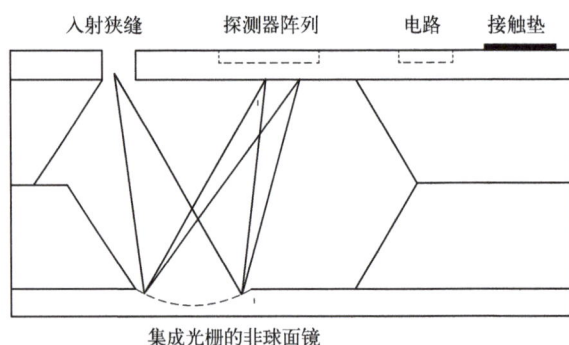

图5.6　微型光谱仪的芯片，带有狭缝和探测器阵列

第一代设计的尺寸为27.6 mm × 16.8 mm × 13 mm。提供了两种选择：光谱范围为340～750 nm，分辨率为14 nm；或者光谱范围为640～1050 nm，分辨率为20 nm。第二代设计的尺寸减小为20.1 mm× 12.5 mm× 10.1 mm，采用256个宽度为12.5 μm的探测器元件，覆盖340～780 nm的光谱范围，分辨率为15 nm。

2019年推出的新款超紧凑型设计❷，针对移动手机进行了优化，外形尺寸为11.5 mm×4.0 mm× 3.5 mm，宣称是世界上最小的NIR光谱仪（覆盖640～1050 nm光谱范围，分辨率为17～20 nm）。

归根结底，基于探测器阵列的光谱仪的微型化面临着一些局限。探测器元件的数量不能减少，否则就会影响测量范围或分辨率。在近红外区域，元件大小与探测器噪声密切相关。超紧凑的系统，即尺寸小于10 mm的系统，需要将阵列轮廓缩小到能容纳256个元件，则每个元件宽度可能只有25 μm。反过来，为了覆盖1000 nm的光谱范围，每个元件必须覆盖4 nm。这已经影响了分辨率的理论极限和波长尺度的稳定性。

❶ https://www.hamamatsu.com/us/en/product/type/C12666 MA/index.html。
❷ https://www.hamamatsu.com/us/en/product/type/C14384MA-01/index.html。

5.2.2 MEMS扫描光栅

标准扫描单色仪使用机械驱动旋转光栅，从而控制落在出口狭缝上的波长。考虑到这一点，人们意识到可偏转MEMS扫描器设备上的光栅结构（图5.7）可用于实现类似的单色仪设置[29, 50]。

夫琅禾费微系统技术研究所（Fraunhofer IPMS）的研究人员基于现有的带共振驱动的1D扫描镜器件，启动了MEMS扫描光栅器件的工作。该镜子基于体硅微加工技术制造，典型的硅器件厚度在30~90 μm之间。光栅通过湿法异向刻蚀在振动的硅板的前侧上，使用额外的掩模制造光栅结构，并沿着硅的（111）晶面生成凹槽。因此，光栅表面是原子级光滑的，但其角度由所使用晶圆的晶向决定。常规的＜100＞晶向的晶圆会形成54.7°角的（111）方向的光栅面。利用具有倾斜晶向的BSOI晶圆制备特定的光栅形态也是可能的，但是这需要巨大的工作量，而结果并不足以证明其价值。对于近红外（NIR）应用而言，在广泛波段内具有足够的效率比在单一窄波段上具有最高效率更为重要。

研究人员对不同的光栅结构进行了研究（图5.8），其中包括通过填充工艺形成的正弦结构。

图5.7 超小型轮廓光谱仪（Hamamatsu）。来源：Hamamatsu Photonics K.K

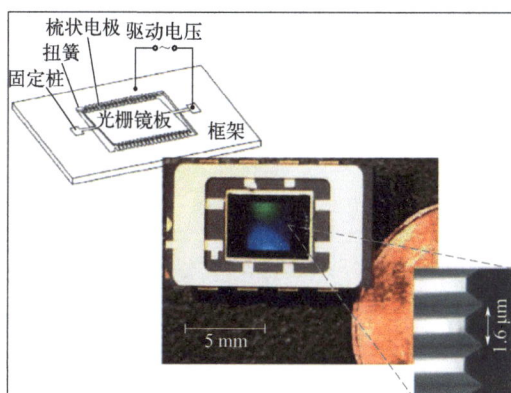

图5.8 带光栅的1D MEMS 扫描仪设备。来源：Fraunhofer IPMS

每种结构都有其特定的优缺点，但最终选择了V形槽结构进行系统实施[51]。

基于这种MEMS扫描光栅器件开发了一款用于NIR的光谱仪（图5.9）。它采用Czerny-Turner结构，使用SubMiniature version A（SMA）耦合器以连接标准光纤。系统中可以添加入口狭缝，然后使用超精密离轴镜进行准直。光栅安装在可调节的平台上，该平台包括位置读数传感器。被衍射的光由第二个聚焦镜收集，然后由出射狭缝后的标准单元InGaAs光电二极管探测器接收。信号通过三级差分放大器放大。数字控制单元根据采集到的光强度和光栅位置信息计算出光谱。利用正弦运动或改进的运动模型，可获得高精度的波长信息和稳定性。共振MEMS器件打开了长期MEMS运动检测的选项，甚至可以在闭环配置中进行主动控制，从而实现极高的波长稳定性（图5.10）。

这个设备可能适合于最初的便携应用，但对于真正的移动使用，更微型化的设计将更具优势。这一点以及对高容量功能的需求是进一步研究的动力。尺寸缩小受到元件对齐的限制，但一个有前景的选择是将更多的功能集成到MEMS芯片中。除了光栅外，两个缝隙都可以集成到MEMS芯片设计中，对齐是由MEMS过程的光刻精度决定的。在经典的Czerny-Turner设计中，光栅必须倾斜出光栅和缝隙的平面。然而，在MEMS芯片中这很困难，并需要更复杂的设计[52]。解决方案是使用第一个负衍射级。入射狭缝和出射狭缝放置在光栅的同一侧，并且所谓的W型

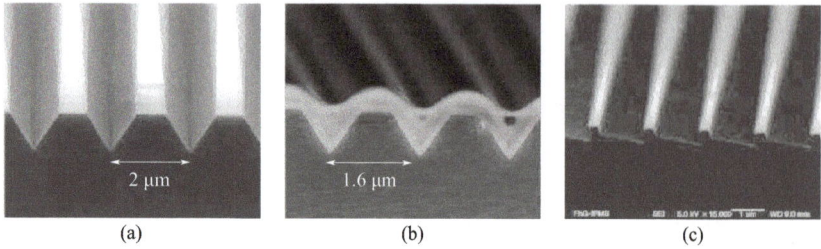

(a)　　　　　　　　　　(b)　　　　　　　　　　(c)

图5.9　硅片上蚀刻出的不同光栅结构的扫描电子显微镜（SEM）图像。（a）硅片上蚀刻的V形槽。（b）玻璃填充导致的正弦表面结构。（c）使用111晶向具有4°⋯11°角度误差的晶片制作的光栅结构。资料来源：Fraunhofer IPMS

图5.10　SGS 1900基于MEMS的扫描光栅光谱仪。来源：Fraunhofer IPMS

配置转变为折叠的双V型。为实现这一目标，制作了一种新的MEMS芯片。这种设计的缺点是需要复杂的偏振镜，两个镜子都是在一块铝基板上通过超精密微加工（UPM）制造的。光谱仪的尺寸仅为一个糖块大小（图5.11），由堆叠镜子基板、抑制杂散光结构的间隔层以及带有条形探测器芯片的MEMS电路板集成而成，探测器芯片安装在MEMS芯片的凹槽中[53]。

图5.11　方糖大小的MEMS扫描光栅光谱仪。来源：Fraunhofer IPMS

这款方糖大小的光谱仪的性能接近现有的SGS 1900系统。但同时也存在一些主要缺点：镜子很复杂，而且没有可靠的技术可以在大型基板上批量生产。从几个大基板堆叠大量光谱仪，然后再切割，也被证明很复杂，因为找不到可靠的技术切割这种堆叠。因此，更小型化的基于MEMS的光谱仪的进一步开发必须采用不同的方法。关键在于可用的高通量装配工具，可以将光学元件精确放置在复杂三维物体的选定位置。这种新的交叉Czerny-Turner设计进一步实现了小型化。如果光学设计可以控制像散和像差，具有旋转对称表面的球面镜就足够了。最终，事实证明使用更长的缝隙和更大的探测器更有优势。

根据光学设计，通过3D打印制造了光谱仪主体。将两个反射镜和入射狭缝组装到主体上，然后将主体放在包含MEMS扫描光栅器件、出射狭缝和探测器的MEMS电路板上（图5.12）。

5.2.3　基于DLP的光谱仪

使用表面微加工技术可以实现不同类型的可偏转镜装置。通常，一种薄材料（大多数情况下是金属合金）被沉积在一个牺牲层上，之后移除牺牲层以生成自由支撑结构。由于牺牲层的厚度限制，这些类型的MEMS反射镜的尺寸必须很小，通常在数十微米范围内。可以在一个器件上制作大量独立的反射镜。这些自由支撑结构可以通过电静态驱动实现偏转（图5.13和图5.14）。

图5.12　超紧凑型MEMS扫描光栅光谱仪。来源：Fraunhofer IPMS

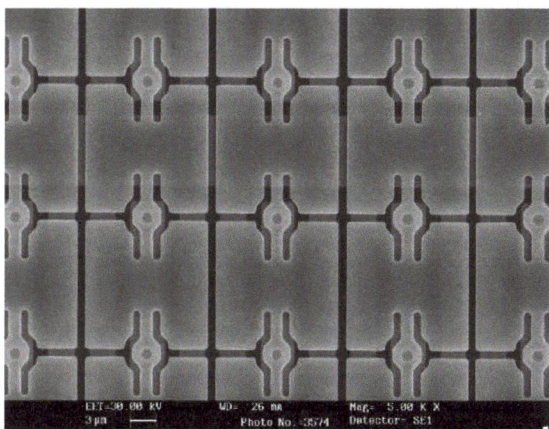

图5.13　表面微加工空间光调制器的SEM图像。来源：Fraunhofer IPMS

图5.14　固定光栅和DLP光谱仪的设计（InnoSpectra）。来源：InnoSpectra Corporation

数字光处理器（DLP）可以实现不同的光谱仪概念和设计[1] [54]。最相关的类型包括使用DLP选择特定波长传输至单个探测器元件的固定光栅光谱仪和Hadamard光谱仪。

在固定光栅光谱仪中，图像平面上使用的探测器阵列可以简单地被一个倾斜元件光处理器取代，它将选定波长的光偏转到单个探测器装置上，而将其余波长的光转向光阑。如果探测器

[1] http://www.ti.com/lit/wp/dlpa048a/dlpa048a.pdf。

阵列的成本比DLP和单元探测器高，这将具有优势❶。

之前讨论的光栅光谱仪的弱点是信号水平非常低，电子读出系统的噪声影响非常强。在这种情况下，Hadamard分光系统提供了一种替代方案，其装置中的组件与传统光谱仪相似。Hadamard变换分光仪的基本思想是将一半波长的光投射到单个探测器上，然后扫描该半波长内每个单独波长的变化，而不是扫描小波长间隔，然后计算出光谱[55,56]。优点是探测器上的光通量更高，因此探测器噪声的影响更小。与传统的阵列读出方式相比，需要更高分辨率的模数转换。基于这个基本思想已经实现了更复杂的方法，这些方法也可用于更复杂的光谱成像系统。

一种早期便携式光谱仪系统是由Polychromix开发的"PHAZIR"，该公司后来并入Thermo Fisher Scientific。一款采用表面微加工技术的MEMS芯片由波士顿微机械公司制造，它在Hadamard型配置中用作可编程掩模。一种手持式系统（图5.15）应用于手持场景，如地毯回收，需要区分地毯纤维材料，通常为羊毛、尼龙、聚对苯二甲酸乙二醇酯等。数据库和匹配算法存储在系统的内存中。

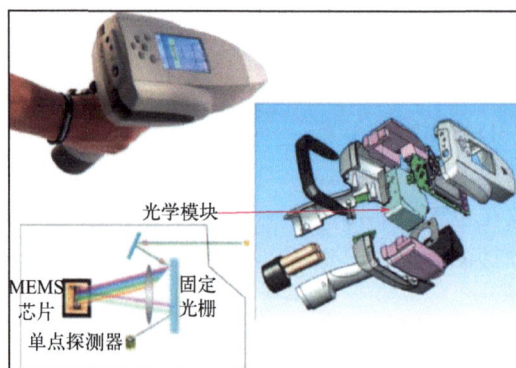

图5.15   PHAZIR。来源：John Wiley & Sons 2013年出版的*Encyclopedia of Analytical Chemistry*。DOI: 10.1002/9780470027318.a9376

5.2.4   基于扫描镜的微型光谱仪

从技术上讲，在构建单色仪或光谱仪时，不需要在MEMS扫描器设备上实现光栅结构。通过应用简单的扫描镜设备，并将光栅以适当的方向安装，也可以实现单色光学设置（图5.16）。扫描器实质上改变了准直光束入射到光栅上的入射角度。这种设计需要将光栅作为附加组件，但也具有优势。扫描器的技术更为简化，所需的偏转仅为扫描光栅设备的一半，而其覆盖的光谱范围相同。这有助于在电子驱动方面降低成本，同时对MEMS本身的要求也可能更低。

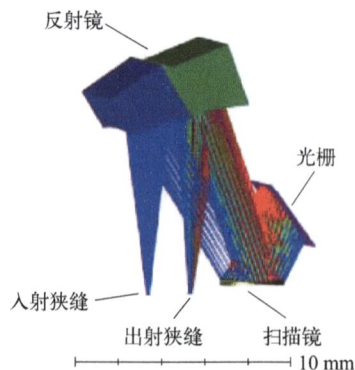

图5.16   扫描镜微型光谱仪的光学设计。来源：Grüger等[57]。版权（2019）归光学仪器工程师协会所有

_____

❶ http://www.inno-spectra.com/index_en。

这种概念还有一些其他优点。光栅可以很容易地更换，这为不同的光栅间距和刻槽提供了灵活性，并可采用模块化方法。此外，在硅中没有湿法蚀刻的限制。因此，相同的基本系统概念可以修改，以适应不同应用的要求。

夫琅禾费电子纳米系统研究所（Fraunhofer ENAS）展示了这种光谱仪的早期版本。他们实现了一个在1100～2100 nm范围内具有12 nm分辨率的系统[58]。

2019年推出了一种基于谐振1D扫描镜的高度集成光谱仪[57]。该系统适用于950～1900 nm波长范围，可通过未冷却的扩展InGaAs探测器进行探测。超紧凑的设计尺寸为25 mm × 15 mm × 15 mm，在一块印刷电路板上集成了光学平台、MEMS、狭缝和探测器，相比之前的扫描光栅方法所使用的 ± 9.6°的偏转范围，MEMS的偏转可以减小到 ± 5°，而不降低光谱范围。分辨率仍略低于10 nm。

5.3 傅里叶变换光谱仪

傅里叶变换（Fourier transform, FT）或傅里叶变换红外（FTIR）光谱仪在干涉仪中利用干涉原理而非在色散元件上进行衍射。在扫描干涉仪时，信号通过图像平面中的探测器捕获，然后通过傅里叶变换转换成光谱。

FTIR光谱仪是红外光谱分析中最精确的通用设备[59]。除了在实验室中的应用外，现在还有非常微型化的系统可供移动设备市场使用。

FTIR光谱仪之所以成功，在于其所具有的众所周知的优势：

"Fellgett优势"：多路复用操作，即所有波长同时被捕获；

"Jacquinot优势"：高光学通量，因为没有缝孔限制光圈大小，从而获得良好的信噪比（SNR）；

"Connes优势"：波长尺度的线性度易于校准，例如使用参考激光。

FTIR光谱仪可以覆盖很宽的光谱范围，其范围仅受探测器灵敏度的限制，它们不会出现更高的衍射阶数或相关的复杂问题。为了正确运行，基于FTIR光谱仪的系统需要高度稳定的光源，因为光源的波动会在所有波长上产生噪声。傅里叶变换本身需要足够的计算能力，但今天这已不再是一个真正的问题。

实现FT光谱仪最常见的选择是使用迈克尔逊干涉仪。其核心部分是光束分束器，它将入射辐射分成两束。参考光束被定镜反射，第二束光被动镜反射（图5.17）。在两束光重新合并后，干涉现象可以在图像平面上观察到。

为了获取光谱信息，通过平移动镜扫描干涉仪。图像平面上的检测器捕获信号。动镜移动距离 L 是唯一限制光谱分辨率的参数［式（5.3）］[59]。

$$\Delta \nu = \frac{1}{L} \qquad (5.3)$$

然而，在实际的FTIR光谱仪中，光束角度无法被限制到无穷大。因此，光源和探测器的直径以及

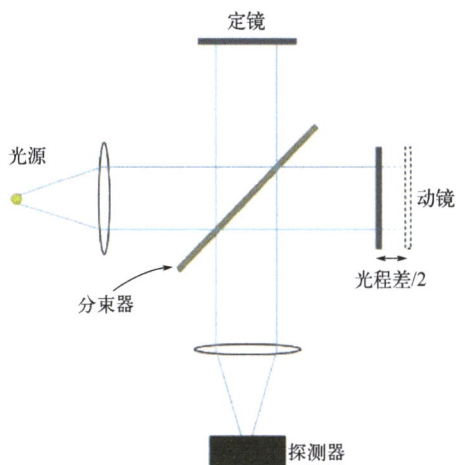

图5.17 迈克尔逊干涉仪用于FT光谱仪设置

聚焦光学系统将会使分辨率降低到理论极限以下[59]。

干涉图案随着镜子位置的变化而被捕获，并以规则的光程差间隔进行数字化，然后通过傅里叶变换［式（5.4）］将其转换为频谱（频率呈线性，通常以波数为单位）。

$$F(w) = \frac{1}{\sqrt{2\pi}} \int_{-\infty}^{\infty} f(t) e^{iwt} \, dt \tag{5.4}$$

快速傅里叶变换（FFT）算法可以从时域信息中计算频域信息。在历史上，Carl Friedrich Gauss 早在 1805 年就使用过这个基本算法。对于在数字计算机上的实现，最重要的贡献之一是由 James Cooley 和 John W. Tukey 在 1965 年提出的[60]。

5.3.1　基于MEMS活塞镜的FTIR光谱仪

已经制造出了不同种类的基于活塞式 MEMS 扫描镜的器件。其主要差异在于镜面的偏转方向，可以是芯片平面内的偏转，也可以是垂直于芯片平面的偏转。

在早期阶段，Neuchatel 大学的研究团队[61, 62]制造了在平面内驱动的镜子。镜板的尺寸为 75 μm × 500 μm，并基于此装置实现了迈克尔逊干涉仪。通过施加 ± 10 V 的驱动电压，位移达到了 80 μm。这表明 MEMS FTIR 光谱仪概念已经得到了实现。但是，对于商业用途而言，这种 MEMS 成本过高，且镜面太小，无法获得足够的性能。

Fraunhofer IPMS 开发并制造了垂直于芯片平面移动的活塞式 MEMS 扫描镜。在开发摇臂轴承（图 5.18）[26]之前，首先使用弯曲弹簧进行了第一轮试验[25]。这种器件的扫描镜直径可达 5 mm。

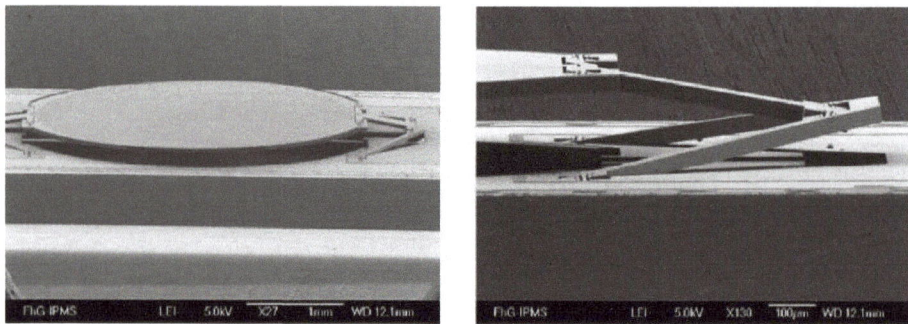

图5.18　活塞式MEMS扫描镜，采用曲柄连杆轴承。来源：Fraunhofer IPMS

这些设备的一个严重问题是空气阻尼（即镜子运动时受到的空气阻力）。在降低气压（10 Pa）的情况下，驱动电压可以低至 10 V，而在正常的大气压下，驱动电压则需要 100 V 以上。镜面的偏转量可以达到 ± 600 μm。

采用曲柄连杆设计的镜子，人们已经开发出了 FTIR 光谱仪[63-66]。这些系统的光谱范围在 2.5～16 μm 之间，分辨率达到了 8 cm^{-1}。然而，围绕这种 MEMS 器件构建的 FTIR 光谱仪的商业化面临着一些障碍，目前还没有产品上市。

最近，滨松公司展示了一些很有前景的新成果❶❷。该系统采用共振活塞式 MEMS 扫描镜，镜片直径为 3 mm，振动频率在 275 Hz ± 50 Hz 范围内，振幅为 160～180 μm，实现了一个小型

---

❶ https://www.hamamatsu.com/resources/pdf/ssd/ftir_engine_kacc9012e.pdf。

❷ https://www.hamamatsu.com/resources/pdf/ssd/c15511-01_kacc1294e.pdf。

化的傅里叶变换红外光谱仪（图5.19）。通过
施加高达80 V的驱动电压，使用扩展范围的
InGaAs探测器覆盖了1100～2500 nm的光谱范
围；光谱分辨率达到了5.7 nm；SNR良好，介
于7500～55000之间。该系统提供了一个SMA
光纤耦合器，入射焦距为6.24 mm，数值孔径
（NA）为0.4。

图5.19　滨松FTIR光谱仪。来源：滨松公司

5.3.2　单片集成干涉仪

整个系统单片集成时可以实现极小的外
形尺寸。基于迈克尔逊干涉仪，已经实现了
MEMS芯片集成的FTIR光谱仪[67]。芯片平面
内的光学路径要求将反射镜垂直蚀刻到MEMS
基板的有源硅层中。表面反射质量是一个限制
因素，长期以来，蚀刻产生的锯齿状表面影响
了反射面的平整度。随着改进的蚀刻工艺的出
现，埃及Si-Ware公司成功开发了单片集成的
MEMS干涉仪（图5.20）。

分束器、定镜和动镜都制造在同一芯片

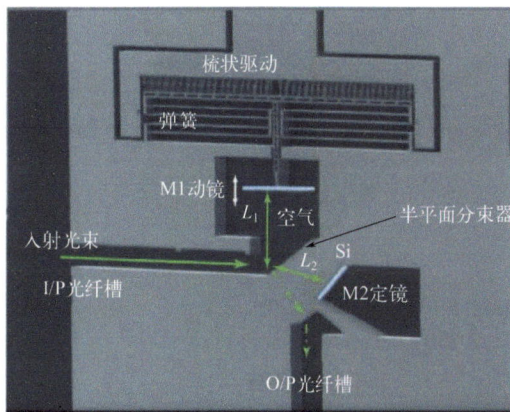

图5.20　单片集成的迈克尔逊干涉仪

上。可以采用简单的外部反射镜或反射棱镜将光耦合到腔内和检测器上。

基于这个芯片的系统被称为NeoSpectra Micro❶。其尺寸为32 mm × 32 mm × 22 mm，重量
为17 g。它覆盖了1350～2500 nm的波长范围，提供16 nm的分辨率；波长精度为 ± 1.9 nm，重
复性为 ± 0.35 nm。信噪比在1∶（1500～2000）范围内。除了超小型干涉仪芯片外，探测器需要
热电冷却，这影响了检测器的尺寸。最终，该系统可制成手持设备，重量约为1 kg。它由电池供
电，每次充电可进行1000次测量[68]。

5.4　可调谐法布里−珀罗干涉仪

法布里-珀罗干涉仪（FPI）最早由Charles Fabry和Alfred Pérot于1897年实现，是一种使两
个反射表面之间形成一个谐振腔而制成的光学带通滤波器[69, 70]。在干涉仪内部，光学波可以传
播，与共振条件匹配的光学波将被增强，而其他光学波则会发生相消干涉并消失。在技术上，
两个部分透明的反射镜之间的气隙是经过精确调整的。如果可以改变气隙的宽度，则可以实现
可调谐滤波器。可以使用可偏转的MEMS反射镜，这是构建光谱设备的一个非常有前景的选项。
FPI方法的一个优点是不需要光学分束器或参考系统即可进行操作，这使得装置简单、成本效益
高且紧凑。

图5.21显示入射辐射在两个反射镜之间反射多次。为简化问题，假设两个反射镜的反射率

---

❶ https://www.neospectra.com/our-offerings/neospectra-micro/neospectra-micro-development-kit。

相同，这在大多数情况下是合理的。

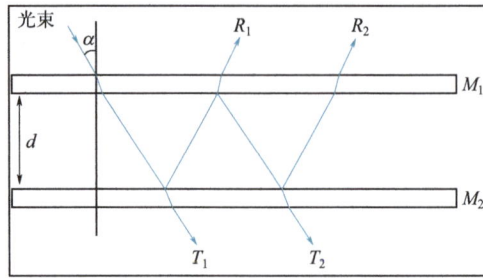

图5.21 两个反射镜之间的多次反射

根据几何形状（l，α），将产生光程差 δ ［式（5.5）］。

$$\delta = (2\pi / \lambda) 2nl \cos \alpha \tag{5.5}$$

如果已知反射率 R，可以计算透过率 T_e。

$$T_e = \frac{(1-R)^2}{1-2R\cos\delta + R^2} = \frac{1}{1 + F \sin^2(\delta / 2)} \tag{5.6}$$

其中

$$F = \frac{4R}{(1-R)^2}$$

T_e 如图5.22所示，$2nl \cos \alpha = m\lambda = 1$。

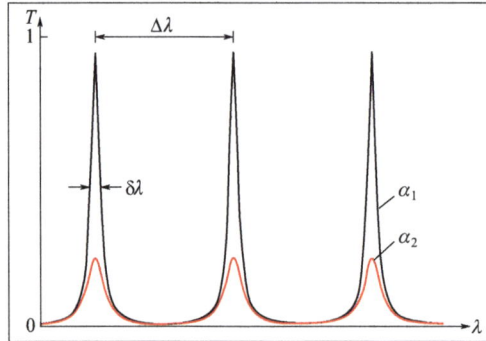

图5.22 FPI的透过率 T_e

分辨率在很大程度上取决于干涉仪内部的光程数。当光程数接近于无穷大时，滤波器函数会变得非常尖锐。根据镜子的反射率，实际FPI中的反射次数非常高，高达约10^5，透射峰变得非常窄。自由光谱范围（$\Delta\lambda$）与分辨率（$\delta\lambda$）之间存在一个简单的关系，用精细度（finesse，$\mathcal{F}$）表示，在$R > 0.5$时可以成立。

$$\mathcal{F} = \frac{\Delta\lambda}{\delta\lambda} = \frac{\pi}{2\arcsin(1/\sqrt{F})} \approx \frac{\pi\sqrt{F}}{2} = \frac{\pi\sqrt{R}}{1-R} \tag{5.7}$$

基于MEMS技术的系统设计对于可调谐FPI非常有前途。该设计简单，不需要像FTIR或光栅光谱仪那样进行复杂的光学对准。尽管如此，还是存在一些普遍的局限性。自由光谱范围受原理限制，需要额外的带通滤波器。

为了确保正常运行，必须满足一些要求，其中动镜面板在运动过程中的稳定性是最为关键的一点的。动镜面板的任何倾斜都是不能容忍的：面板必须保持平面度，其平整度要求为 $\lambda/50 \sim \lambda/100$。同时，两个镜面的对准也必须在这个精度范围内做到准确无误。

这里描述的3个示例展示了不同类型的FPI实现：体微加工硅、表面微加工硅和基于压电驱动的系统。

类似活塞式扫描镜的体硅微加工设备可以用于设计FPI。特别地，Fraunhofer ENAS[71]提出了一种在体硅微加工上的具体设计，具有双轴承以提高稳定性。MEMS芯片的尺寸为 5 mm × 5 mm，光学孔径为 1.8 mm × 1.8 mm。该FPI光谱仪在 TO 39 外形封装中实现。通过在 15 ~ 60 V 之间施加驱动电压，可实现 50 ~ 200 nm 的带宽。在 3 ~ 11 μm 的光谱范围内，可以选择 3 ~ 5 μm、5 ~ 8 μm 或 8 ~ 11 μm 的波长范围。滤波器本身的透过率高于70%。InfraTec 和 Jenoptic Optical Systems 的联合体已将这项技术商业化。

滨松公司制造了一种采用牺牲层技术制作的表面微加工MEMS器件●，该器件安装在 TO 5 载体上，整个系统重量仅为 1 g。该器件采用直径为 0.3 mm 的 InGaAs 探测器，并集成带通滤波器。驱动电压在 10 ~ 50 V 之间。该器件的FPI透过率约为60%。该系统可覆盖短波红外（SWIR）范围，其中波长在 1350 ~ 1650 nm 之间的分辨率为 18 nm，波长在 1550 ~ 1850 nm 之间的分辨率为 20 nm，波长在 1750 ~ 2150 nm 之间的分辨率为 22 nm。

芬兰国家技术研究中心（VTT）推出了由压电驱动的FPI系统，适用于短波红外（SWIR）系统和成像仪[72, 73]。InGaAs探测器使得光谱范围达到 1100 ~ 1600 nm。压电驱动的FPI使用3个驱动器，两个反射镜都使用介电层增强反射率。一个成像仪的例子：具有 256 × 320 个像素，视场为30°，焦距为 12 mm，开口为 $F = 3.2$，光谱分辨率为 15 nm。

VTT还开发了一种光谱传感器产品NIRONE，通过VTT的衍生公司Spectral Engines（现属于Nynomic公司）推出。该系统的外形尺寸为 25 mm × 25 mm × 17.5 mm，重量为 15 g。使用单点InGaAs探测器，可以实现 1500 ~ 15000 的信噪比。可以使用不同的光谱范围，分辨率略有变化：1.1 ~ 1.35 μm@12 ~ 16 nm / 1.35 ~ 1.65 μm@13 ~ 17 nm / 1.55 ~ 1.95 μm@15 ~ 21 nm / 1.75 ~ 2.15 μm@16 ~ 22 nm / 2.0 ~ 2.45 μm@18 ~ 28 nm。

5.5　基于MEMS/MOEMS的光谱仪集成策略

任何光谱设备对精度都有很高的要求。在生产过程中必须调整光学组件的对准精度，并且在其整个使用寿命期间都必须保持恒定。偏差会影响光谱范围、色散、分辨率或光通量。可能会发生两种不同类型的偏差：有些偏差可以通过校准补偿，例如，如果波长范围发生变化，这是可以解决的问题，但需要付出不必要的努力；其他偏差会影响系统性能，必须通过以下方法控制装配过程的精度。

过去，台式光谱仪通常使用千分螺丝和细长孔等对准结构，尽管这是一个耗时的过程，但可使单个部件的对准精度达到亚微米级。对准精度达到与宏观系统在仅几开尔文温度变化下的热膨胀相同的范围。

微型化减少了手动对准的选择，从而增加了程序的复杂性。基于MEMS的系统具有特定的要求：MEMS器件必须组装到载体或直接组装到印刷电路板上，并且必须连接电气接触点。目

● https://www.hamamatsu.com/eu/en/product/optical-sensors/spectrometers/mems-fpi-spectrum-sensor/index.html。

标始终是实现超紧凑的系统。对于这种光学系统的集成，有一些可选方案。设计选择取决于将要生产的系统数量。大批量集成通常需要单独设计组件，这可能导致初始投入较高，但单件成本较低。

5.5.1 基于MEMS系统的经典系统组装

光谱设备的基本集成流程也可以应用于MEMS系统。其核心元件是底盘或基板，安装在落地框架或外壳中，轴承或装配结构设计在合适的位置。所有相关的组件可以手动安装，并在6个自由度上进行系统调整。这种手动过程可能非常精确，但是耗时长，微型化选项受到限制。此外，生产量也可能受到集成过程效率的限制，即所需要手动对准时间的限制。

这种集成方法的一个例子是扫描光栅光谱仪SGS 1900。MEMS组件和探测器被组装在载体中。封装的MEMS使光栅从正面成为光学有效区域，并且从背面进行光学位置读出。线缆连接到芯片正面的焊盘上，实现通电。两个反射镜安装在可调节的支架上。狭缝放置在光纤入口处和探测器前面。

很明显，这里尺寸减小存在限制。即使将光学元件直接集成到外壳中，例如通过LIGA（光刻、电镀和成型）技术制造镜子和光栅，由于组装复杂，对准也是至关重要的，并且在光学限制出现之前限制了尺寸的任何减小。

5.5.2 堆叠

堆叠组件是一种非常高效和成熟的集成轴向光学系统的方法。相机镜头是一个突出的例子，甚至可以高精度地集成多个元件。基于MEMS的法布里-珀罗干涉仪是用于光谱应用的轴向光学系统。在这里，堆叠组件效果很好。

对于实现复杂的离轴系统（如光谱仪或迈克尔逊干涉仪），堆叠变得非常复杂。原则上，组件可以堆叠，但是在三维空间中对准会使情况变得复杂且难以对准。

一种高效集成微型系统的想法是使用大型基板，将多个系统的元件集成在上面，然后将其堆叠起来，最后切割成单个系统。因此，单个对准步骤就可以实现多个设备的对准。

如果每个基板中可以集成许多功能，那么这种方法特别有效。对于基于MEMS的扫描光栅光谱仪，利用光刻技术的精度，可以将两个狭缝集成到同一芯片中。由于光栅在静止位置下不会偏转，必须应用正常的Czerny-Turner改变。与将光栅倾斜以调整波长[53]的W型光谱仪不同，这里使用第一个负衍射级将配置移向折叠的双V型。可以设计一种适当的构型，而无需预偏转光栅。一个小缺点是反射镜的结构复杂，必须是离轴的，并且应具有双圆锥面区域。这些镜子可以通过超精密表面微加工实现，并且可以在单个基板中实现。因此，对准任务仅减少到两个元件。

光栅分光仪需要一个合适的焦距才能正常工作。因此，在MEMS和镜子基板之间必须留出一定的空间。这个空间的厚度在6～8 mm范围内，因为更短的焦距会导致近红外的分辨率大大降低，无法通过增加线密度补偿，这是$d < \lambda/2$的限制导致的。因此，使用晶圆键合工艺直接进行晶圆堆叠是不可行的。基于MEMS的光路在平面内集成也不可能实现，因为目前还没有一种技术可以在硅中实现合适的反射镜或光栅结构的垂直集成。

5.5.3 放置和弯折

最近发明了一种新的集成概念[74]。如果将光谱仪集成到移动手机中，则需要大量生产复杂的离轴光学元件，现有的集成技术无法高效地满足需求。要么必须设计用于高产量3D集成的新工具，要么就需要开发新的概念，使其能够与现有设备集成，即需要高效准确的2D装配工具。

这个概念基于日本的折纸艺术，即从一个平面的"基板"（一张简单的纸）折叠出复杂的3D结构。这个"放置和弯折"组装理念采用一种具有弯曲结构的基板，这些结构沿指定的线进行弯曲。基板可以通过增材制造（3D打印）、铸造、注塑或其他技术由塑料材料制成。电子和光学组件在2D装配技术中"放置"，然后将侧壁折叠成3D结构（"弯折"），如果精度足够高，则具有光路的主体就会自动形成。该概念已经得到证明[75]，并且已经使用这种"放置和弯折"组装制造了第一批光谱仪（图5.23）[57]。未来计划进一步研究材料[76]、工艺技术优化和系统设计。利用该方法可能也可以制造FTIR光谱仪，并且已经有了关于如何高效设计干涉仪的思路。

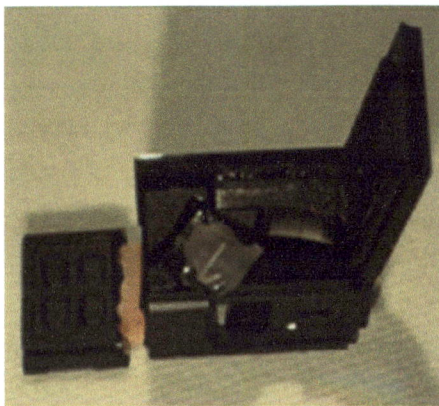

图5.23 通过"放置和弯折"组装实现的NIR光谱仪。来源：Fraunhofer IPMS

5.5.4 芯片级集成

将整个光学设计直接置于MEMS芯片中可以达到最高级别的MEMS集成。虽然需要面对很多限制，但如果成功，微型化将达到最高水平，并且生产可扩展到任何数量。到目前为止，Si-Ware Systems的科学家们已经成功地在基于迈克尔逊干涉仪的FTIR光谱仪中展示了这一点[67,68,76]。

5.6 基于MEMS的近红外光谱仪的使用

人们对小型光谱仪，特别是对用于近红外应用的光谱仪的实际兴趣，源于其在材料分析方面的潜力。结合移动互联网服务提供的数据访问能力，实时现场评估测量结果成为可能。原则上，作为手机附件或集成在这种设备中，每个人都能够对固体物质，特别是有机物，如食品、衣物和皮肤，进行成分分析。如果容器足够透明，容器中的流体可以用类似的方式处理。液体分析需要不同的样品制备方法，例如比色皿，并且测量方式是透射测量，而不是漫反射测量。

移动光谱分析的潜力已经引起了远超光谱系统供应商的关注。手机制造商、服务提供商和用户群体都在寻求适用于现场使用的解决方案。

近红外光谱提供了测量工作量和结果质量之间的良好平衡。如上所述，穿透深度可以揭示物体的整体组成，而不仅仅是表面成分。近红外光谱中部分重叠的泛频和组合带的宽带结构需要使用数学方法（化学计量学）进行评估，并访问包含使用标准实验室方法获得的参考数据的数据库服务。如今，移动设备提供了足够的计算能力，可以访问在线数据（"云"）或存储在设备本身的数据。

移动光谱分析仪的一般配置包括光源和照明光学元件、信号获取光学元件、分光装置、处理单元和数据存储器以及可选的在线数据访问组件（图5.24），还需要用户界面（屏幕、指示灯、键盘等）。此外，反射测量需要不时测量白色标准参考值。测量结果还可以通过数据接口进行通信。

评估基于化学计量学，该方法利用已知样本的先前测量结果或已经通过参考方法分析过的样品的参考数据。未来，通过使用人工智能方法和包括现场多个测量的反馈和统计数据的可能性，这一过程可能变得更加简化。如果每个人都使用单独的移动光谱分析仪分析所有物品，那么将会有大量的可用信息，这可能会为参考数据的未来发展开辟新的可能性。

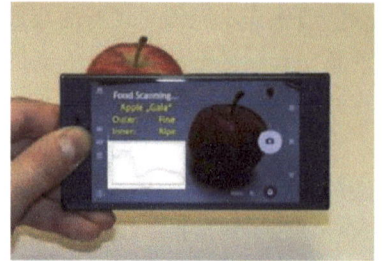

图5.24　光谱分析仪示意图。来源：Fraunhofer IPMS

将来会设计出用于特定单一目的或多用途测量的系统。这些系统在光谱设置方面可能有所不同，特别是在光谱范围和分辨率方面。用户可能是专业人士或专家，但也可能是非专业科研人员。在后一种情况下，必须提供指导以获得有价值的结果。软件"应用程序"将引导用户完成测量过程。将光谱分析仪和相机集成在一个设备中，沿着同一光学轴向外观察，这种组合开辟了使用显示屏进行指导的可能性，显示十字线和距离的颜色指示器，帮助用户在正确的位置和距离处启动测量[77]。此外，图像评估可以提供有关待测物体的附加信息，例如指定种类（如"苹果"）或品种（如"Elstar苹果"），并选择优化的参考数据库。

最终，对固体和液体（特别是有机物）的分析结果可以进行评估并提取相关信息。用户会对这些成分信息或与成分相关的数据感兴趣，并且显示的结果可能只是一个信息，例如"通过"和"不通过"或"购买"和"不购买"。

缩略语

CMOS	complementary metal-oxide-semiconductor	互补金属氧化物半导体
BSOI	bonded silicon on insulator	绝缘体上键合硅
DARPA	Defense Advanced Research Projects Agency	（美国）国防高级研究计划局
DLP	digital light processing	数字光处理
DRIE	deep reactive-ion etching	深度反应离子蚀刻
FPI	Fabry–Pérot interferometer	法布里 - 珀罗干涉仪
FT	Fourier transform	傅里叶变换
FTIR	Fourier transform infrared	傅里叶变换红外
InGaAs	indium gallium arsenide	铟镓砷
LCD	liquid crystal display	液晶显示器
LIGA	german acronym for "lithographie, galvanoformung, abformung" (lithography, electroplating and molding)	光刻、电镀和成型（德文缩写）
MEMS	micro-electromechanical system	微机电系统

MOEMS	micro-opto-electromechanical system	微光机电系统
NIR	near infrared	近红外
RIE	reactive ion etching	反应离子蚀刻
SMA	subminiature version a	超迷你型号 A
SNR	signal-to-noise ratio	信噪比
SOI	silicon on insulator	绝缘体上硅
TO	transistor outline	晶体管外壳
UPM	ultraprecision machining/ultraprecision micromachining	超精密加工/超精密微加工
UV	ultraviolet	紫外线

参考文献

[1] Rai-Choudhury, P. (ed.) (2000). *MEMS and MOEMS Technology and Applications*, SPIE Press Monograph, vol. PM85, preface, IX, ISBN 9780819437167. SPIE.

[2] Clark, S.K. and Wise, K.D. (1979). Pressure sensitivity in anisotropically etched thin-diaphragm pressure sensors. *IEEE Transactions on Electron Devices* 26 (12): 1887-1896.

[3] Schenk, H., Wolter, A., Dauderstädt, U. et al. (2005). Micro-opto-electro-mechanical systems technology and its impact on photonic applications. *Journal of Microlithography, Microfabrication and Microsystems* 4(4): 041501-041511.

[4] Ladabaum, I., Jin, X.C., Soh, H.T. et al. (1998). Surface micromachined capacitive ultrasonic transducers. *IEEE Transactions on Ultrasonics, Ferroelectrics and Frequency Control* 45 (3): 678-690.

[5] Roylance, L. and Angell, J. (1979). A batch-fabricated silicon accelerometer. *IEEE Transactions on Electron Devices* 26: 1911-1917. https://doi.org/10.1109/T-ED.1979.19795.

[6] Bernstein, J., Cho, S., King, A. et al. (1993). A micromachined comb-drive tuning fork rate gyroscope. *Proceedings of IEEE Micro Electro Mechanical Systems Workshop (MEMS'93)*, Fort Lauderdale, FL, pp. 143-148.

[7] Kohn, E., Gluche, P., and Adamschik, M. (1999). Diamond MEMS-anew emerging technology. *ELSEVIER Diamond and Related Materials* 8 (2-5): 934-940, ISSN 0925-9635, https://doi.org/10.1016/S0925-9635(98)00294-5.

[8] Tortschanoff, A., Holzmann, D., Lenzhofer, M., and Sandner, T. (2013). Closed-loop control for quasistatic MOEMS mirrors. *Proceedings of SPIE, vol. 8252, MOEMS and Miniaturized Systems XI, 82520T*. https://doi.org/ 10.1117/12.907825.

[9] Fischer, A.C., Forsberg, F., Lapisa, M. et al. (2015). Integrating MEMS and ICs. *Microsystems & Nanoengineering* 1: 15005. https://doi.org/10.1038/micronano.2015.5.

[10] Scheeper, P.R., van der Donk, A.G.H., Olthuis, W., and Bergveld, P. (1994). A review of silicon microphones. *Sensors and Actuators A: Physical* 44 (1): 1-11. https://doi.org/10.1016/0924-4247(94)00790-X.

[11] Lee, S.S. and Lee, W.S. (2008). Piezoelectric microphone built on circular diaphragm. *Sensors and Actuators A* 144 (2): 367-373. https://doi.org/10.1016/j.sna.2008.02.001.

[12] Cheng, M.C., Huang, W.S., and Huang, S.R.S. (2004). A silicon microspeaker for hearing. *Journal of Microme-chanics and Microengineering* 14: 859-866. https://doi.org/10.1088/0960-1317/14/7/004.

[13] Kaiser, B., Langa, S., Ehrig, L. et al. (2019). Concept and proof for an all-silicon MEMS micro speaker utilizing air chambers. *Microsystems & Nanoengineering* 5: 43. https://doi.org/10.1038/s41378-019-0095-9.

[14] Amelung, J., Klemm, M., Elsäßer, L. et al. (2016). Back end of line integration technology of capacitive micro-machined ultrasonic transducers (CMUT). *Proceeding of the Smart Systems Integration 2016*, Munich (9-10 March 2016).

[15] Drabe, C., Schenk, H., Roscher, K. U. et al. (2004). Accelerometer by means of a resonant micro actuator. *Proceedings of SPIE, vol. 5344, MEMS/MOEMS Components and their Applications*. doi: https://doi.org/10.1117/ 12.524130.

[16] Lee, I., Yoon, G.H., Park, J. et al. (2005). Development and analysis of the vertical capacitive accelerometer. *Sensors and Actuators A* 119: 8-18. https://10.1016/j.sna.2004.06.033.

[17] Amarasinghe, R., Dao, D.V., Toriyama, T., and Sugiyama, S. (2007). Development of miniaturized 6-axis accelerometer utilizing piezoresistive sensing elements. *Sensors and Actuators A*: *Physical* 134: 310-320. https://doi.org/10.1016/j.sna.2006.05.044.

[18] Palaniapan, M., Howe, R.T., and Yasaitis, J. (2002). Integrated surface-micromachined z-axis frame microgy-roscope. In: *International Electron Devices Meeting 2002*, 203-206. IEEE https://doi.org/10.1109/IEDM.2002 .1175813.

[19] Park, S., Horowitz, R., and Tan, C.W. (2008). Dynamics and control of a MEMS angle measuring gyroscope. *Sensors and Actuators A*: *Physical* 144 (1): 56-63. https://10.1016/j.sna.2007.12.033.

[20] Schenk, H., Sandner, T., Drabe, C. et al. (2009). Single crystal silicon micro mirrors. *Physica Status Solidi C* 6 (3): 728-735. https://doi.org/10.1002/pssc.200880714.

[21] Schenk, H., Wagner, M., Grahmann, J., and Merten, A. (2018). Advances in MOEMS technologies for high quality imaging systems. *Proceedings of SPIE 10587, Optical Microlithography XXXI*, 1058703. doi: https://doi.org/10.1117/12.2297399.

[22] Kurth, S., Kaufmann, C., Hahn, R. et al. (2005). A novel 24-kHz resonant scanner for high-resolution laser display. *Proceedings of SPIE* 5721: 23-33.

[23] Senger, F., Hofmann, U., Wantoch, T. et al. (2015). Centimeter-scale MEMS scanning mirrors for high power laser application. *Proceedings of SPIE* 9375: 9375_7. https://doi.org/10.1117/12.2079600.

[24] Kasturi, A., Milanovic, V., Hu, F. et al. (2019). MEMS mirror module for programmable light system. *Proceed-ings of SPIE 10931, MOEMS and Miniaturized Systems XVIII*, 109310L. https://doi.org/10.1117/12.2511074.

[25] Kenda, A., Drabe, C., Schenk, H. et al. (2006). Application of a micromachined translatory actuator to an optical FTIR spectrometer. *Proceediongs of SPIE 6186, MEMS, MOEMS, and Micromachining II*, 618609, pp. 1-11.

[26] Sandner, T., Grasshoff, T., Schenk, H., and Kenda, A. (2011). Out-of-plane translatory MEMS actuator with extraordinary large stroke for optical path length modulation. *Proceeding sof SPIE 7930, MOEMS and Miniaturized Systems X*, 79300I-1-9. doi: https://doi.org/10.1117/12.879069.

[27] Oden, P.I. (2008). Texas instruments' DLP products massively paralleled MOEMS arrays for display applications: a distant second to mother nature. *Proceedings of the SPIE 6959, Micro (MEMS) and Nanotechnologies for Space, Defense, and Security II*, 69590D. doi: https://doi.org/10.1117/12.778499.

[28] Gehner, A., Durr, P., Kunze, D. et al. (2018). Novel 512 × 320 Tip-Tilt Micro Mirror Array in a CMOS-Integrated, Scalable Process Technology. *IEEE Proceedings of the International Conference on Optical MEMS and Nanophotonics*, Lausanne Switzerland (29 July-2 August 2018). doi: https://doi.org/10.1109/OMN .2018.8454624.

[29] Schenk, H. and Grüger, H. (2003). Spektrometer. Patent WO 002003069289.

[30] Wang, Y., Kanamori, Y., Sasaki, T., and Hane, K. (2009). Design and fabrication of freestanding pitch-variable blazed gratings on a silicon-on-insulator wafer. *Journal of Micromechanics and Microengineering* 19: 025019. https://doi.org/10.1088/0960-1317/19/2/025019.

[31] Saadany, B., Omran, H., Medhat, M. et al. (2009). MEMS tunable Michelson interferometer with robust beam splitting architecture. *IEEE Proceedings of the International Conference on Optical MEMS and Nanophotonics*, Cleanwater, FL, USA (17-20 August 2009). doi: https://doi.org/10.1109/OMEMS.2009.5338601.

[32] Zimmer, F., Grüger, H., Heberer, A. et al. (2005). Scanning Micro-Mirrors: From bar-code-scanning to spectroscopy. *Proceedings of SPIE, vol. 5873, Optical Scanning*, 5873, pp. 84-94. doi: https://doi.org/10.1117/12.614895.

[33] Sandner, T., Grasshoff, T., Wildenhain, M., and Schenk, H. (2010). Synchronized microscanner array for large aperture receiver optics of LIDAR systems. *Proceedings of the SPIE, vol. 7594, MOEMS and Miniaturized Systems IX*, 75940C. doi: https://doi.org/10.1117/12.844923.

[34] Hornbeck, L. J. (1996). Digital light processing and MEMS: reflecting the digital display needs of the networked society. *Proceedings of SPIE, vol. 2783, Micro-Optical Technologies for Measurement, Sensors, and Microsystems*. doi: https://doi.org/10.1117/12.248477.

[35] Motamedi, M.E. (2005). *MOEMS Micro-Opto-Electro-Mechanical Systems*. Bellingham Washington, USA: SPIE Press.

[36] Liebermann, M.A. and Lichtenberg, A.J. (2003). *Principles of Plasma Discharges and Material Processing*, chapter 5, 2ee. Wiley-VCH https://doi.org/10.1002/0471724254. ISBN: 0-471-72001-1.

[37] Inventors Franz Laermer and Andrea Schlip (1996). Method of anisotropically etching silicon. US Patent 5,501,893, filed 5 August 1994, published 26 March 1996.

[38] Hilleringmann, U. (2014). *Silizium-Halbleitertechnologie*, 6ee. Wiesbaden: Springer Vieweg Verlag. ISBN: 978-3-8348-1335-0.

[39] Krishnan, M., Nalaskowsk, J.W., and Cook, L.M. (2010). Chemical mechanical planarization: slurry chemistry, materials, and mechanisms. *Chemical Review* 110: 178-204. https://doi.org/10.1021/cr900170z.

[40] Loewen, E.G. and Popov, E. (1997). *Diffraction Gratings and Applications*. New York: Marcel Dekker.

[41] Palmer, C. (2014). *Diffraction Grating Handbook*, 7ee. Rochester, NY: Richardson Gratings.

[42] Ebert, H. (1889). Zwei Formen von Spectrographen. *Annalen der Physik* 274: 489-493.

[43] Monk, G.S. (1928). A mounting for the plane grating. *Journal of the Optical Society of America* 17: 358-362.

[44] Gillieson, A.H.C.P. (1949). A new spectrographic diffraction grating monochromator. *Journal of Scientific Instruments* 26: 334-339.

[45] Czerny, M. and Turner, A.F. (1930). Über den Astigmatimus bei Spiegelspektrometern. *Zeitschrift für Physik* 61: 792-797.

[46] Czerny, M. and Pletti, V. (1930). Über den Astigmatimus bei Spiegelspektrometern II. *Zeitschrift für Physik* 63: 590-595.

[47] Fastie, W.G. (1952). A small plane grating monochromator. *Journal of the Optical Society of America A* 42: 641-647.

[48] Fastie, W.G. (1952). Image forming properties of the Ebert monochromator. *Journal of the Optical Society of America* A 42: 647-650.

[49] Neumann, W. (2014). *Fundamentals of Dispersive Optical Spectroscopy Systems*. SPIE Press Book. ISBN: 9780819498243.

[50] Grüger, H., Wolter, A., Schuster, T. et al. (2003). Realization of a spectrometer with micromachined scanning grating. *Proceeding of Photonics West 2003*, San Francisco CA, USA.

[51] Zimmer, F., Grüger, H., Heberer, A. et al. (2006). Development of high-efficient NIR-scanning gratings for spectroscopic applications. *Proceedings of SPIE, vol. 6114, MOEMS Display, Imaging, and Miniaturized Microsystems IV*, 611407. doi: https://doi.org/10.1117/12.644481.

[52] Grüger, H., Knobbe, J., and Pügner, T. (2019). Optical arrangement for a spectral analysis system, method for its production and spectral analysis system. US Patent 10,247,607 granted 2 April.

[53] Pügner, T., Knobbe, J., and Grüger, H. (2016). Near-infrared grating spectrometer for Mobile phone applications. *Applied Spectroscopy* 70 (5): 734-745.

[54] Pruett, E.. (2015). Latest developments in Texas Instruments DLP near-infrared spectrometers enable the next generation of embedded compact, portable systems. *Proceedings of SPIE Vol. 9482, Next-Generation Spectroscopic Technologies VIII*, 94820C. doi: https://doi.org/10.1117/12.2177430A.

[55] Harwit, M. and Sloane, N.J.A. (1979). *Hadamard Transform Optics*. New York: Academic Press.

[56] Treado, P.J. and Morris, M.D. (1989). A thousand points of light: the Hadamard transform in chemical analysis and instrumentation. *Analytical Chemistry* 61: 723A-734A.

[57] Grüger, H., Knobbe, J., and Pügner, T. (2019). MEMS based NIR spectrometer with extended spectral range. *Proceeding of Photonics West*, San Francisco, CA, USA.

[58] Otto, T., Saupe, R., Weiss, A. et al. (2006). Principle and applications of a new MOEMS Spectrometer. *Proceedings of SPIE, vol. 6114, MOEMS Display, Imaging, and Miniaturized Microsystems IV*.

[59] Griffiths, P.R. and De Haseth, J.A. (2007). *Fourier Transform Infrared Spectrometry*, 2ee. Hoboken, NJ: Wiley.

[60] Cooley, J. and Tukey, J. (1965). An algorithm for the machine calculation of complex Fourier series. *Mathematics of Computation* 19: 297-301.

[61] Manzardo, O., Herzig, H.P., Marxer, C.R., and de Roonij, N.F. (1999). Miniaturized time-scanning Fourier transform spectrometer based on silicon technology. *Optics Letters* 24 (23): 1705-1707. https://doi.org/10.1364/OL.24.001705.

[62] Montgomery, P.C., Montaner, D., Manzardo, O. et al. (2004). The metrology of a miniature FT spectrometer MOEMS device using white light scanning interference microscopy. *Thin Solid Films* 450: 79-83. https://doi .org/10.1016/j.tsf.2003.10.055.

[63] Sandner, T., Kenda, A., Drabe, C. et al. (2007). Miniaturized FTIR-spectrometer based on optical MEMS translatory actuator. *Proceedings of SPIE, vol. 6466, MOEMS and Miniaturized Systems VI*, 646602.

[64] Sandner, T., Kenda, A., Scherf, W. et al. (2008). Translatory MEMS actuators for optical path length modulation in miniaturized Fourier-transform infrared spectrometers. *Journal of Micro/Nanolithography MEMS and MOEMS* 7(2).

[65] Kenda, A., Kraft, M., Tortschanoff, A. et al. (2014). Development, characterization and application of compact spectrometers based on MEMS with in-plane capacitive drives. *Proceedings of SPIE, vol. 9101 Next-Generation Spectroscopic Technologies VII*, 910102. doi: https://doi.org/10.1117/12.2053347.

[66] Sandner, T., Gaumont, E., Grasshoff, T. et al. (2018). Translatory MEMS actuator with wafer level vacuum package for miniaturized NIR Fourier transform spectrometers. *Proceedings of SPIE 10545, MOEMS and Miniaturized Systems XVII*, 105450W. doi: https://doi.org/10.1117/12.2290588.

[67] Ghoname, A. O., Sabry, Y. M., Anwar, M. et al. (2019). Ultra wide band MIR MEMS FTIR spectrometer. *Proceedings of SPIE 10931, MOEMS and Miniaturized Systems XVIII*, 109310Z. doi: https://doi.org/10.1117/12.2509378.

[68] Fathy, A., Sabry, Y. M., Amr, M. et al. (2019). MEMS FTIR optical spectrometer enables detection of volatile organic compounds (VOCs) in part-per-billion (ppb) range for air quality monitoring. *Proceedings of SPIE 10931, MOEMS and Miniaturized Systems XVIII*, 1093109. doi: https://doi.org/10.1117/12.2508239.

[69] Hernandez, G. (1986). *Fabry-Perot Interferometers.*Cambridge,UK: Cambridge University Press.

[70] Vaughn, J.M. (1989). *The Fabry-Perot Interferometer: History, Theory Practice and Applications.* Bristol,UK: Adam Hilger.

[71] Ebermann, M., Neumann, N., Hiller, K. et al. (2016). Tunable MEMS Fabry-Pérot filters for infrared microspec-trometers: a review. *Proceedings of SPIE 9760, MOEMS and Miniaturized Systems XV*, 97600H.

[72] Mannila, R., Holmlund, C., Ojanen, H. J. et al. (2014). Short-wave infrared (SWIR) spectral imager based on Fabry-Perot interferometer for remote sensing. *Proceedings of SPIE 9241, Sensors, Systems, and Next-Generation Satellites XVIII.* doi: https://doi.org/10.1117/12.2067206.

[73] Rissanen, A., Guo, B., Saari, H. et al. (2014). VTT's Fabry-Perot interferometer technologies for hyperspectral imaging and mobile sensing applications. *Proceedings of SPIE 10116, MOEMS and Miniaturized Systems XVI*, 101160I, doi: https://doi.org/10.1117/12.2255950.

[74] Grüger, H. Knobbe, J., and Pügner, T. Bendable substrate with a device. Patent application US 2019/0250032.

[75] Grüger, H., Knobbe, J., Pügner, T. et al. (2017). Concept for a new approach to realize complex optical systems in high volume. *Proceeding of Photonics West*, San Francisco, CA, USA.

[76] Grüger, H., Knobbe, J., and Sabiha, M. (2019). Investigation of mechanical and optical properties of 3D printed ma-terials serving as substrate for place and bend as-sembly. *Proceeding of Photonics West*, San Francisco, CA, USA.

[77] Grüger, H. Knobbe, J., and Pügner, T. System und entsprechendes Verfahren zur Vermessung eines Objekts. Patent DE102017204740.2.

6

便携式拉曼光谱学：仪器与技术

Cicely Rathmell, Dieter Bingemann, Mark Zieg, David Creasey

Wasatch Photonics, Inc., Logan, UT, USA

6.1 概述

在近一个世纪以前，C. V. Raman发现，在分子散射出来的光中存在一束"微弱的荧光"，这种荧光携带了有关分子振动状态的信息[1]。经过进一步研究发现，该光是一种新的非弹性散射形式，含有丰富的化学信息。于是拉曼光谱诞生了。

拉曼和俄罗斯的一个相关团队进行了初步实验，实验要求晶体的暴露时间约为数小时，气体的暴露时间最长可达180 h[2]。经过几十年的技术进步，如今使用手持设备可在几秒内收集多种固体和液体的拉曼光谱。本章探讨该技术的现状以及设计应用型便携式拉曼仪器时必须考虑的多种制约因素及如何权衡这些因素。首先，我们将探讨拉曼光谱作为分析技术的优势，并阐述拉曼效应背后的理论，以便更好地理解所需仪器的需求，然后深入探讨便携式仪器设计的相关方面。

6.2 拉曼光谱的优势与应用范围

拉曼光谱的最大优势是能够快速获得代表材料化学结构的指纹信息。该指纹可用于识别具有高化学特异性的信息，亦可应用于固体、液体和气体样品。现代便携式拉曼仪器是非接触式的，易于使用，不需要特殊的样品制备，并且通常采用直接的点射操作。它们具有灵活的样品接口，当需要检测袋子、小瓶甚至有色或不透明瓶子中的物质时，可将配置变为通过屏障测量。

与红外光谱法相比，拉曼光谱法对水的含量不敏感，这便消除了主要干扰源。并且，拉曼光谱法允许直接分析，不需要制备样品。当配置了强大的分析软件和适当的采样附件时，便携式拉曼光谱仪便不需要专家操作，这大大扩宽了这种技术的应用范围。简单地说，便携式拉曼光谱仪能够在使用时提供答案。

这些优势推动了便携式拉曼光谱仪器在质量、安全和健康等多个领域的应用。在制药行业，从进货检验到出厂质量控制，该技术在现场识别材料方面非常方便。比如，当遇到样品不便或不能移动的情况时，用户可携带便携式拉曼光谱仪器到样品前，仪器可在不干扰库存和生产流程的情况下提供即时检测结果。而在安全和取证方面，便携式拉曼光谱仪器可在现场快速识别物质，为急救人员和安保人员即时提供所需的可操作信息。

在医疗领域，便携式拉曼光谱仪器适合在护理点使用。比如，为了改善临床效果，拉曼光谱仪可在整个治疗过程中对患者进行即时诊断和监测。它将诊断的范围扩展到了偏远和资源不足的地区，以及为需要频繁医疗监测的家庭提供了方便。

需要注意的是，拉曼光谱的样品不仅限于块状材料或者拉曼活性化合物。在认证或过程监控的应用中，拉曼活性标记或标签扩展了识别或验证技术的使用范围。同时，可功能化拉曼标签，并将其与特定的化学物质或生物化合物和试剂结合用于分析，该方法提高了拉曼光谱在护理点配置中的潜力。Hargreaves 在本书应用卷第 16 章中讨论了具体的应用。

虽然拉曼光谱有着很多优势，但该技术也存在局限性。拉曼光谱很难测量低浓度、易发射荧光的样品（特别是复杂的有机分子和含有痕量过渡金属离子的地质样品），以及深色、易燃或易碎的材料。该技术依赖激光激发，因此需要通过采样附件或防护装置来保护眼睛的安全。而为了缓解这些情况，现今已开发出了特殊的技术以及操作条件，本章结尾处的"特殊情况"部分会对此进行讨论。

如果没有支柱技术的重大发展，这些能力或应用都不可能脱离实验室。在拉曼光谱仪作为一种分析技术得到更广泛的应用之前，它需要变得更小、更轻、更容易使用。在过去的 25 年间，由于硬件技术取得了进步，使用更小的体积获得更高灵敏度的目标得以实现，因此拉曼技术能够离开实验室。而在如何使用拉曼光谱解决关键问题的探究方面，也取得了科学上的进步。作为这一进展的体现，涌现了许多新的可应用便携式拉曼仪器的应用领域和使用场景。

6.3　拉曼光谱理论

拉曼光谱是一种基于拉曼效应的分析技术，其中光从分子中以非弹性散射方式产生关于其振动状态的信息。由于其他人已经对该理论进行了详尽的阐述[3-5]，因此我们对该理论仅做简短的概括，本节的重点是关注与实际应用最相关的那些方面。

在经典术语中，当光与分子相互作用时，电子云会与入射光发生共振。通常情况下，这束光会以不变的情况散射。但存在着百万分之一的可能性，光子会因为与分子极化率强烈耦合的振动而失去能量（而更罕见的情况是光子会从中获得能量）。这就导致会发射出不同波长的光，这种效应被称为拉曼散射。

拉曼光谱与红外光谱是互补的。在红外光谱中，光与分子偶极矩耦合（在拉曼光谱中，光与分子的极化率耦合）。这两种技术都提供了关于振动状态的信息，但它们对特定分子振动的敏感性不同。例如，具有强偶极矩和低极化率的水具有很强的红外吸收率，但它的拉曼共振很小。

理论上，只要具有足够的强度，任何波长的光都可以实现拉曼散射。如前所述，绝大多数入射光子都将被弹性散射——这一现象被称为瑞利散射。如图 6.1 所示，在非弹性散射的光子中，许多光子将失去能量，产生更长波长的光子（斯托克斯辐射），而一小部分光子将增加能量，产生更短波长的光子（反斯托克斯辐射）。

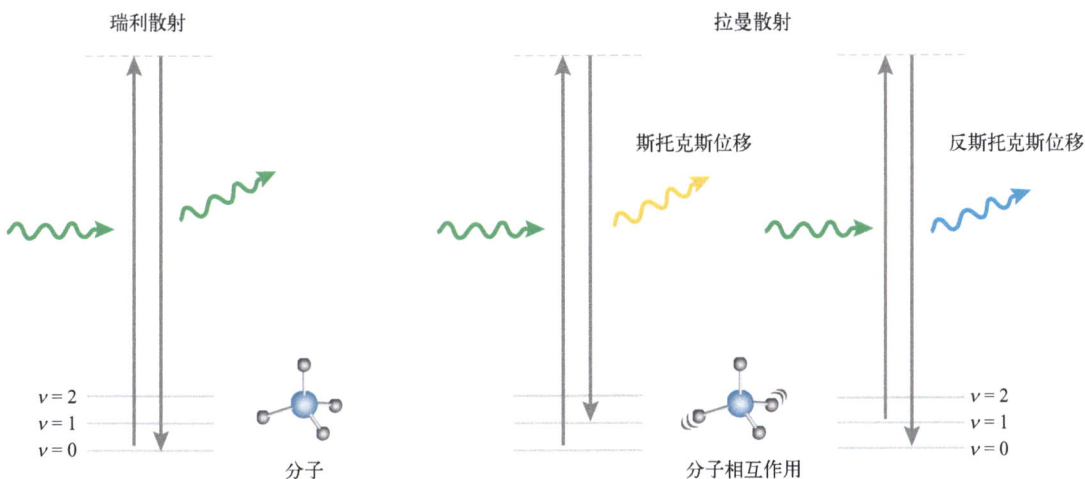

图6.1 在瑞利散射中，分子返回到相同的状态，导致散射光子的能量没有变化。在拉曼散射中，分子返回到不同的状态，要么失去能量（导致斯托克斯位移，波长变长），要么获得能量（导致反斯托克斯位移，波长变短）。来源：Wasatch Photonics

信息包含在发射光相较于输入光的频移中，观察到的每个频移或峰值都表示分子的振动频率。典型的拉曼光谱由几个到多个峰组成。对于简单分子（如乙腈），拉曼光谱可能由狭窄且分离良好的峰组成；而对于复杂有机物（如对乙酰氨基酚），拉曼峰通常会以更频繁、间隔更近或者重叠的形式出现。如图6.2所示。

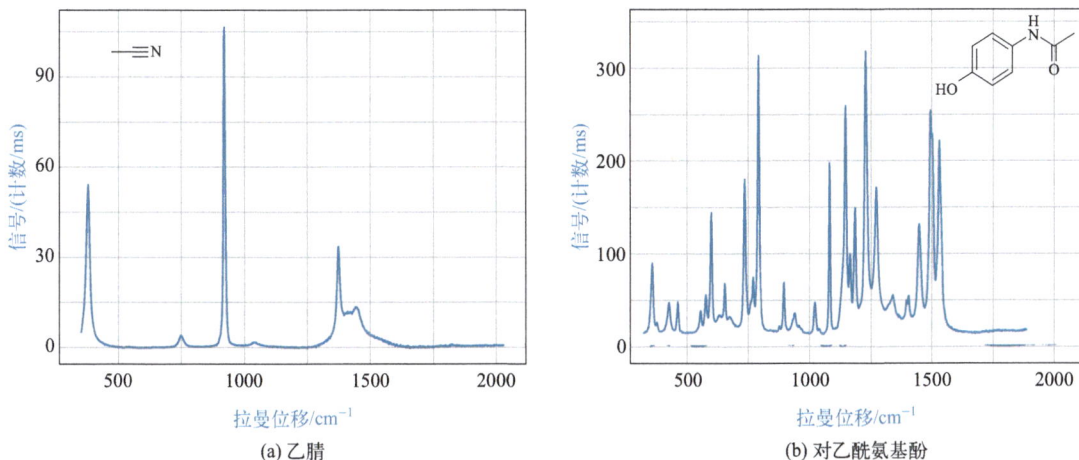

(a) 乙腈

(b) 对乙酰氨基酚

图6.2 乙腈和对乙酰氨基酚使用785 nm激光测量的拉曼光谱。来源：Wasatch Photonics

对于被识别的材料来说，构成拉曼光谱峰的图案非常特殊，该图案能够提供一个可识别的独特指纹。通常来说，在最高1500 cm^{-1}拉曼位移的较低频率范围内的信息就足够确认物质的身份，因此该区域被称为"指纹区"。如表6.1所示，在3600 cm^{-1}拉曼位移的"官能区"内也发现了有价值的信息。而且从区域命名可以看出，这个扩展范围内的频率主要表明分子中特定官能团的存在；它们表示的是局部分子信息，而不是关于分子的整体结构的信息。

表6.1 常见化学官能团的拉曼频率

官能团	位移/cm⁻¹	附 注
S—S	500～550	
C—C	约1060和1127	聚乙烯
C—C	700～1260	复杂分子中高度混合
芳香环	约1000	单基取代
芳香环	约1000	1,3-二取代
芳香环	约1000	1,3,5-三取代
芳香环	约860	1,4-二取代
CH₃伞模式	约1375	
CH₃和CH₂变形	1410～1460	
C=C	约1650	
C=C	约1623	乙烯
C=O与NH变形混合	1620～1690	酰胺Ⅰ
C=O	1710～1745	酮、醛和酯的变化
C≡C	2100～2300	
SH	2540～2600	
CH₂	2896和2954	乙烷
CH₂	2845和2880	聚乙烯
CH₃	2870和2905	聚丙烯
R¹R²R³CH	2880～2890	次甲基CH
CH	约2900	纤维素
CH	约3015	烯烃CH
CH	约3065	芳香CH
CH	3280～3340	乙炔CH
NH	3150～3340	氢键的展宽和位移
OH	3000～3600	氢键的展宽和位移

资料来源：文献[6]。版权（2016）归UBM所有。

拉曼光谱显示的是拉曼发射的强度，即与入射光的频率相比频率偏移的函数。拉曼光谱是根据"拉曼位移"（相对于激发源的频率差）获取信息的，以波数（cm⁻¹）的形式表达，同时这也是红外光谱中使用的频率空间惯例。因此这两种互补技术（红外光谱和拉曼光谱）可以使用共同的语言识别和研究分子。

拉曼位移可使用以下公式计算，其中 v_{Raman} 表示拉曼位移；$\lambda_{excitation}$ 表示激发激光的波长；λ_{Raman} 表示拉曼发射的波长，如下标所示：

$$v_{Raman} = \frac{1}{\lambda_{excitation}} - \frac{1}{\lambda_{Raman}}$$

通过在频率空间中的工作，我们可以直接比较用不同激发源测量的拉曼光谱。发现光谱的每个峰值表示的是分子振动的频率，与激发波长无关。

6.4 拉曼系统基础知识

便携式拉曼系统由3个主要功能单元组成：激光器、样品接口和光谱仪。本节对这3个主要单元仅做简要的描述，用来概述整个系统，而在接下来的章节中会对每个部分进行更详细的讨论。

激光器作为激发源，可提供高强度的光，提高拉曼散射的概率，使其能够产生足够的拉曼信号用于检测。对于进入光谱仪的拉曼发射来说，将激光束聚焦到样品上，可达成更好的成像效果。

样品接口负责提供激光到样品的传输以及拉曼发射的收集。在便携式拉曼仪器中，如图6.3所示，最常被检测到的发

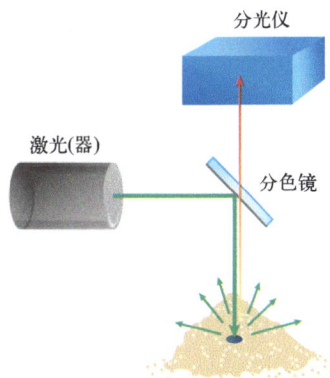

图6.3 便携式拉曼系统中典型的垂直照明光学配置。来源：Wasatch Photonics

射光为"垂直照射"配置（也称为180°收集）中的反向散射光，而且该仪器添加了采样光学器件，用来聚焦激光和收集拉曼发射。长通分色镜通常会将较短波长的激光反射到主光束路径上，然后将拉曼散射光传输到光谱仪（注意：某些便携式系统可能会使用不同的光学配置）。在采样光学器件或光谱仪中集成的附加长通滤波器可以进一步抑制激光信号，并使拉曼信号通过。此外，为增加灵活性，可将样品光学器件嵌入光纤耦合探头的主体内，但它通常是与激光器和光谱仪集成为一个单元。

光谱仪负责检测拉曼信号的工作；阵列检测器可同时捕获所有波长。但由于只有 $1/10^6$ 的入射光子能够作为拉曼散射返回，因此需要极其灵敏的光谱仪；强制性的高穿透率。光谱仪会显示光谱，该光谱可在软件中转换为相对于激光频率的拉曼位移。

这3个组件可以根据系统尺寸、操作限制、性能要求、应用、采样光学需求进行不同的设计和集成。即使是紧凑型拉曼仪器，也存在多种构成方案。

6.5 "便携式"、"手持式"与"微型"的区别

每当想到"便携式"拉曼系统时，首先出现的便是手持式系统，早期设计如Ahura First Defender（后被 ThermoFisher Scientific 收购）[7]和Snowy Range CBEx[8]（后被 Metrohm Raman 公司[9]收购）便是其中的缩影。手持式拉曼仪器的尺寸与数字万用表大致相当，具有集成处理器、用户界面和显示屏，如图6.4所示。它们依靠电池供电，以"即点即测"的模式运行，并借助机载或基于云数据库的匹配软件在几分钟或更短时间内给出分析结果。市场上有十几家供应商以这种方式解决制药、危险品和认证中的材料识别问题[7-26]。

如图6.5所示，尺寸稍大的是"便携式"拉曼系统——以手持操作需求来说，它的体积有点太大了，但实际上，它的体积仍然较小、重量轻，而且足够坚固，可以很容易地从一个位置移动到另一个位置。这些系统的占用面积可从半张到整张信笺或到A4纸大小不等，可以装在包含专用样品室的坚硬防水箱中运输，部分系统具有光纤耦合样品接口。它们可以作为现场分析仪使用，或部署在诊所或工厂中使用。其能源可由电池、市电（即有线）或两者的组合提供。笔记本电脑或平板电脑可用来处理和分析数据，或者可以通过用户界面和显示屏集成和访问所有

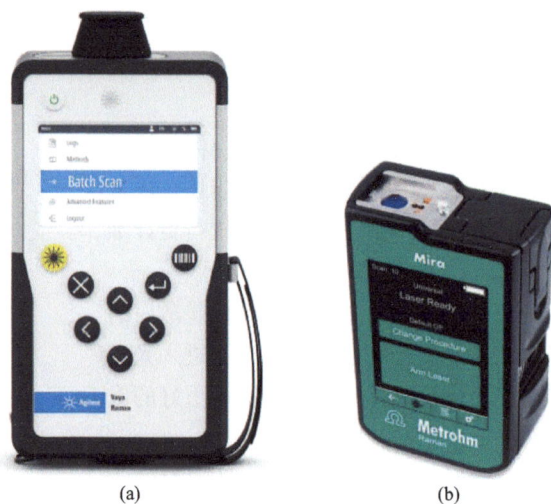

(a)　　　　　　　　　　　(b)

图6.4　手持式拉曼系统：（a）Vaya拉曼原材料身份验证系统。来源：版权归Agilent Technologies, Inc.所有，经Agilent Technologies, Inc.许可复制。（b）Mira DS Flex。来源：Metrohm AG。经Metrohm AG许可复制

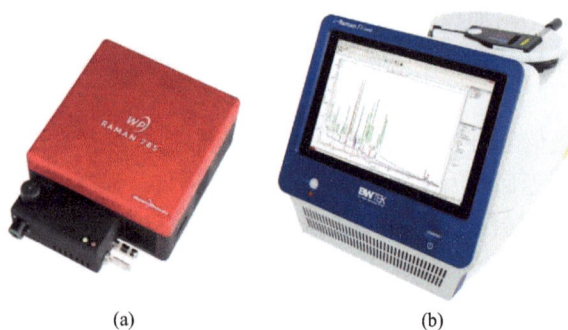

(a)　　　　　　　　　　　(b)

图6.5　便携式拉曼系统：（a）WP 785L，一种采用外部数据处理的拉曼集成系统。来源：Wasatch Photonics提供。（b）i-Raman Prime 785 H，一个集成的拉曼系统，包括机载用户界面屏幕。来源：Metrohm AG。经Metrohm AG许可复制

功能。许多手持式拉曼系统的供应商会提供这种形式的系统，而许多针对特定应用的供应商和紧凑型光谱仪供应商也有相关产品[27-33]。

　　另一个极端方向是"微型"或口袋大小的拉曼系统，小到可以放在手掌中。虽然有几家公司可提供微型光谱仪[34-36]，但该领域的工作尚未发展到能够设计出完全集成的"微型"拉曼系统，因此无法取代当前这一代手持式拉曼仪器。此外，如今业界关注的重点是应用的优化、样品接口、软件图形用户界面（graphical user interface, GUI）以及库匹配/分析方面，但在不久的将来关注重点肯定会回到微型化方面。

6.6　便携式拉曼光谱仪器的性能需求

　　在对便携式拉曼仪器相关的理论、基本系统设计和可能的形状因素有了大致了解之后，

我们现在可以尝试满足其性能需求。一些需求是由技术本身决定的，而另一些需求则是由所需的形状因素、使用情况或操作环境决定的。在设计便携式拉曼仪器时，所有这些因素都相互影响、相互制约，因此，我们必须严格遵循"足够好"的通用设计原则。在便携式拉曼系统中，系统的设计目标是以最小的体积、最少的测量时间以及最低的成本和功耗在所需的置信水平下获取准确的结果。在设计时，我们还必须考虑结果是用于定性（识别）还是定量（多少），因为便携式拉曼仪器虽多用于识别，但也能够检测混合物中的成分并评估其相对浓度。

作为一种技术，拉曼光谱需要极高的灵敏度，并且依赖高阻挡滤波器来抑制激发激光产生的瑞利散射。但即便如此，荧光也有可能受到干扰——来自样品本身和系统中的光学组件。我们可通过选择激发波长或其他特殊配置来最小化干扰，这一点将在本章结束时讨论。

为获取分析所需的峰值，同时为整个光谱提供良好的信号强度，系统必须能提供足够的光谱范围和光学分辨率。大多数便携式拉曼仪器的光谱范围为200~2400 cm⁻¹，光学分辨率为6~15 cm⁻¹ FWHM［full width half maximum，半高（峰）宽］，具体数值取决于应用空间。为方便与通用库的光谱物质匹配，生成的光谱必须不随时间和温度的变化而变化，当进行定量分析时更需如此。为了方便与主库进行匹配，仪器与仪器之间的差异应尽可能地小，而且校正越少越好。

便携式系统的操作在增加和减小SWaP方面都有自己的要求。由于操作环境可能会横跨室内和室外，机械设计必须具有足够的抗冲击和振动的能力。为验证操作和减少停机时间，一定程度的自我校准能力是必需的。而为了能够立即得到结果，必须集成光谱处理和分析功能。

手持操作在这些方面的需求更高，因为仪器必须尺寸更小、重量更轻、功耗更低（方便电池运行）。为便于非专业人员的现场操作，仪器必须更加坚固，有时需要具有防水性，对温度不敏感。仪器有时会需要特定的IP（ingress protection，入口保护）等级，以防止污垢、灰尘、其他异物和水分的侵入[37]。当用户手持仪器对样品进行测量时，测量时间必须在几秒内或者更短，这既是为了操作方便，也是为了能够最大限度地减少功率消耗。低功率激光具有吸引力，不仅可以延长电池寿命，还可以避免高价值、易碎或爆炸性样品的燃烧；但较低的激光功率产生的信号较弱，这就增大了对高灵敏度探测器的需求。而手机大小的微型化屏幕通常需要简化的软件界面，可用最少的步骤提供确凿的结果。

了解这些一般性能需求后，我们现在可以单独查看系统中的每个组件，了解它们的作用，考虑相关的设计因素和选项，并探究便携式拉曼仪器设计的当前技术水平。

6.7　激光器

虽然在理论上任何激光都可以用来产生拉曼光谱，但波长的选择是决定光谱强度和质量的最大因素。拉曼信号的强度与激发光的强度成正比，与波长的4次方成反比：

$$I_{Raman} \propto \frac{I_{laser}}{\lambda^4}$$

因此，更短波长的激光会产生更多的拉曼信号。但由于电子跃迁的激发，也会在有机和生物样品中产生更多的自发荧光背景。如图6.6所示，这种自发荧光表现为宽背景，但通过在更长的激发波长下工作，特别是在近红外（near infrared, NIR）下，其可以显著降低。然而，在NIR

中工作是以牺牲拉曼信号为代价的，并且由于需要制冷的铟镓砷（InGaAs）探测器，会导致仪器成本更高，灵敏度更低，尺寸、重量和功耗更高。

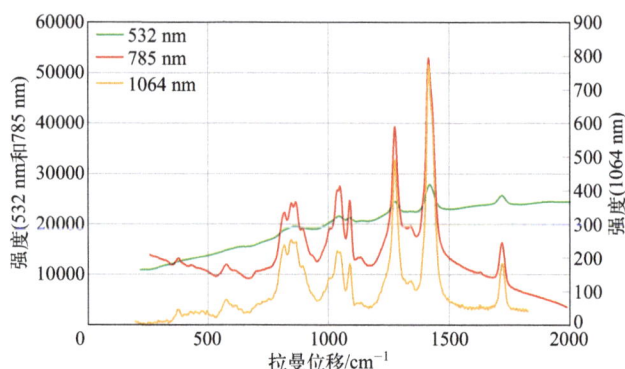

图6.6　当使用532 nm、785 nm和1064 nm激发波长比较椰子油的拉曼光谱时，发现激发波长的选择有助于减轻荧光背景。来源：Wasatch Photonics

在荧光开始之前，紫外也有一个窗口，但在硅探测器的灵敏度范围内，如图6.7所示。这是可利用的，但有一些限制：紫外激光源提供的功率较低，寿命有限，从尺寸和功率消耗的角度来看是不划算的。为了实现等效的光学分辨率和起始波数，紫外拉曼光谱对长通滤波器性能和光谱仪（包括光栅）提出了更严格的要求。此外，由于玻璃在紫外光范围内透过率降低，便携式紫外拉曼仪器专门用于特殊应用，如遥测光谱。

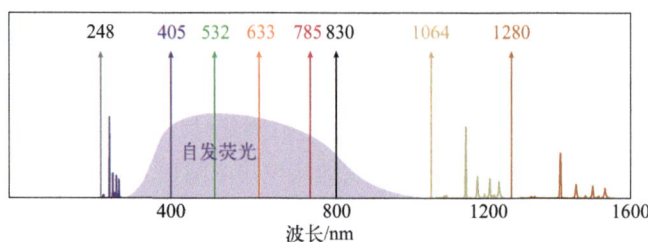

图6.7　一些典型的拉曼激发波长以及强激发光产生的自发荧光带，说明在紫外和红外波长下工作对拉曼光谱的好处。来源：Wasatch Photonics

对非光谱应用而言，稳定、紧凑的激光源的开发是便携式拉曼仪器发展过程中的一项关键使能技术[38, 39]，这决定了使用商用现货（commercial off-the-shelf, COTS）组件就可容易地获得整个光谱的特定波长激光器。蓝光光盘播放机为我们提供了405 nm波长的二极管激光器，而用于材料加工的固态钇铝石榴石（yttrium aluminum garnet, YAG）激光器可产生1064 nm波长，相较于532 nm波长增加了1倍，现如今633 nm波长的二极管激光器已经取代了在研究和工业中普遍使用的氦氖（He-Ne）激光器。而光存储应用推动了785 nm波长激光器的发展，830 nm是常见的二极管泵浦激光波长。

其中，手持式拉曼仪器最常用的波长是785 nm，因为它在拉曼信号强度和荧光背景之间产生了最佳的权衡效果，适用于最宽范围的样品，而且样品的温升最小。它可以使用硅探测器测量拉曼位移为3500 cm⁻¹的拉曼活性材料，不仅能降低成本和功耗，而且可以产生良好的信号强度。

由于拉曼位移的计算是基于对激发波长的准确了解，对于激光波长来说，纯度、稳定性和重复性是关键的要求。为避免拉曼峰的线展宽，激光线宽通常小于3 cm⁻¹；为确保一致的中心波长和边带抑制，可将波长选择元件集成到激光器中或输出端内；可以使用体积布拉格光栅和/或二向色激光线滤波器。最小的热漂移、优异的机械强度和短的预热时间有助于在便携式拉曼仪器中生成一致的光谱。对便携式拉曼仪器来说，可能会遇到各种各样的操作环境，这要求每次测量都可以打开和关闭激光器。

便携式拉曼仪器通常会提供10～499 mW的输出激光功率（3B级），聚焦出直径为50～200 μm的光斑。在仪器设计中必须考虑到激光安全性，尤其是在会产生较长的工作焦距的情况下，在样品接口处无论是采用机械联锁的方法还是采用物理屏蔽的方法，都要确保安全性。手持式拉曼系统通常具有固定的激光功率，但便携式系统能够提供可调节的输出激光功率，以方便更好地控制样品损坏或炸药点燃。为将任何一个单个位置的加热最小化，可将激光以线性模式或轨道模式在样品上光栅化。这种方式可提供更具代表性的样品视图，特别是对于结晶或非均匀样品和混合物来说。

激光输出强度的稳定性对于定量测量非常重要。在比较多个设备的结果后，需对仪器进行校准。而为了确保在期望的操作距离处聚焦在样品上的激光质量，良好的光束轮廓或空间模式质量（通过M^2因子或光束质量因子测量）也是非常重要的。

拉曼仪器使用单模（single-mode, SM）或多模（multimode, MM）激光器，其中"模式"表示空间模式或光束轮廓，如图6.8所示。SM激光器的输出功率较低，通常在785 nm波长时能达到100 mW，在1064 nm时功率小于300 mW；然而，由于它们的高斯光束轮廓，它们可将激光光斑聚焦成更紧的光斑。对于典型SM激光器，$M^2 < 1.1$，光谱带宽< 100 kHz。

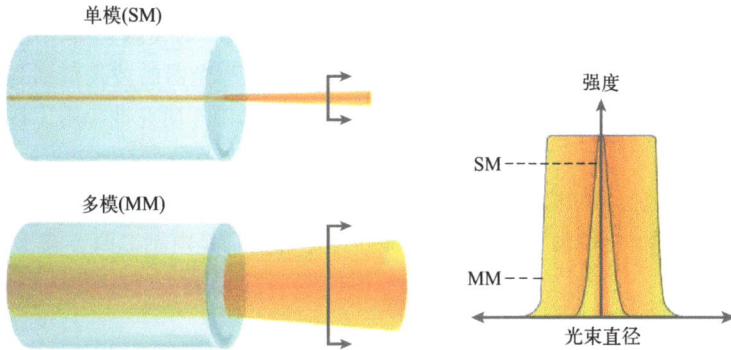

图6.8 单模和多模激光器在光束尺寸和空间强度的分布轮廓方面有所不同。高斯光束的径向分布可以更紧密地聚焦，以方便在样本处产生更大的功率密度。来源：Wasatch Photonics

MM激光器能够为用户提供更大的输出功率，通常在785 nm波长处功率会大于或等于500 mW，在1064 nm波长处功率高达800 mW，并且不易受到模式跳变影响。然而，由于较低的自然光束质量，MM激光器不能像SM激光器那样紧密聚焦。此外，由于法规遵从性、操作员安全性和样品保存等方面的因素，便携式拉曼系统中MM最高激光功率水平的使用可能会受到限制。

6.7.1 激光器封装

基于SM激光器的拉曼系统传统上使用小型单片TO-56封装，采用开放式光束格式，或使用

图6.9所示的较大的14引脚蝶形封装，采用光纤耦合或开放式光束配置。TO-56封装产品可在非常紧凑的封装中提供准直输出光束，非常适合集成到轻量级仪器中。SM激光器14引脚蝶形封装可在405～1064 nm波长范围内用于拉曼光谱。在这种形式下，激光器波长稳定，并提供具有超窄光谱带宽和衍射受限输出光束的输出功率。TO-56 SM激光器的热稳定性不如同等的蝶形封装，但可以承受更大的强度波动。

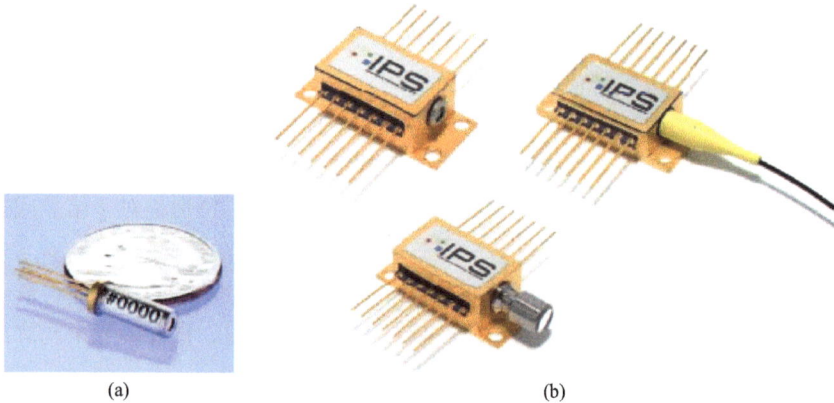

(a)　　　　　　　　　　　　　　(b)

图6.9　用于拉曼光谱的激光封装：（a）TO-56罐和（b）具有不同耦合选项（顺时针、光纤耦合、光束整形和均匀化STUB输出以及开放光束输出）的14-pin蝶形封装。来源：Innovative Photonic Solutions。经Innovative Photonic Solutions许可复制

使用MM激光器的拉曼仪器可使用14引脚蝶形封装（开放光束或光纤耦合）。这些多模光谱稳定激光器可提供随时间、温度和振动变化的稳定性高波长。为使激光器稳定中心的峰值波长保持"锁定"且不受外壳温度变化影响（15～45℃），MM激光器的波长范围为532～1064 nm，并采用功能模式抑制技术。其他电信行业的二极管激光器已用于研究性应用，特别是在1280 nm和1550 nm波长处。

通常来说，MM激光器具有更高的平均故障前时间（mean time before failure, MTBF）和超过10000 h的典型寿命的额外优势。其具体的寿命和操作参数则是由制造商、波长、型号和输出功率决定的。

6.8　光学滤波器和采样光学器件

便携式拉曼仪器光路中的下一个元件是滤光器和采样光学器件，有时它们被统称为"探头"。对于一些较大的便携式系统，这些探针元件可以通过光纤耦合单独封装，但其往往都是完全集成在手持式拉曼光谱仪的单元中。它们一起将干净的激光传送到样品，并将拉曼信号与瑞利散射分离，然后将信号传送到光谱仪（图6.10）。

这些元件中的第一个是激光线清理滤波器。它可以达到两个目的，而且两个目的都是为了获得尽可能干净的激光线，这样便没有多余的发射波长遮蔽拉曼光谱。激光线清理滤波器是一种窄带通滤波器，带有1.5～4.0 nm 的FWHM，在较短和较长的波长处具有OD5～OD6（OD为光密度）的阻挡能力。它可用于多模二极管激光器的输出端，阻挡侧模，清理激光输出，消除宽带放大自发辐射（amplified spontaneous emission, ASE）。当用在光纤耦合拉曼系统时，它将来

分光仪

长通滤波器

激光(器)

分色镜

聚焦光学器件

激光线滤波器

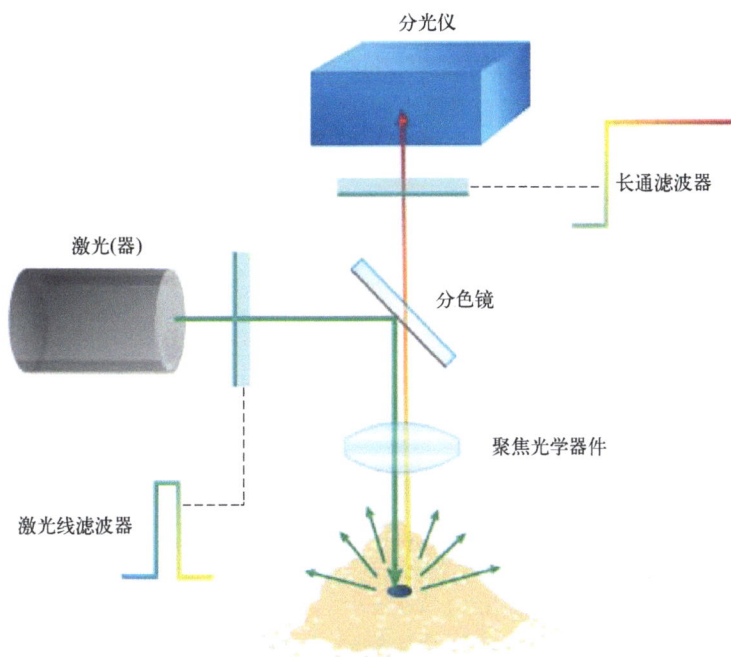

图6.10　便携式拉曼系统中典型的落射照明光学配置示意图，其中显示了所有滤光器。来源：Wasatch Photonics

自传输光纤本身的拉曼散射——由于强激光传播而产生的背景信号——作为目标。通过将激光线滤波器应用于探头内部激光路由的光纤的输出，可以清除这种背景[40]。

第二个元件是用于激光和拉曼信号传输的二向色镜。它通常与激光成45°角，反射激光并将其传送到样品，之后将较长波长的斯托克斯发射（拉曼信号）传送到光谱仪。虽然也有可能以短通方式传输激光并反射拉曼信号，但制造长通二向色镜比制造短通二向色镜要容易得多，特别是当需要宽带宽时。

第三个元件是聚焦光学器件，它将激光聚焦到样品上并收集产生的拉曼发射。关于为其设计中的所有考虑奠定基础一事，稍后在讨论样品接口时将对此进行讨论。在这一点上，可以说这些光学元件应该由低荧光玻璃制成，从而避免添加背景。

滤波和采样光学器件中的最后一个元件是长通或"边缘"滤波器，用于抑制压倒性的瑞利散射。在激光波长上需要至少OD6的绝对阻挡（在更宽的频带上具有OD5的平均阻挡，以解决任何其他背景）。大于此值的光密度很难制造，甚至更难精确测量，而且在便携式拉曼"足够好"的理念中毫无益处。

长通边缘滤波器有多种等级，与边缘陡度相称，也称为"过渡宽度"或"截止宽度"。这可以用相对于激光波长的百分比来量化，或者用cm^{-1}来表示，以更直接地比较波长。边缘陡度是由应用程序决定的，尽管在典型的便携式应用中很少有关键拉曼峰会靠近激光波长。

在较短的激发波长下，实现给定的边缘陡度（单位为cm^{-1}）更为困难，并且可能导致NIR中过厚的滤光片涂层。这些考虑对短波红外长通滤波器的使用有利，因为最常见的250~400 cm^{-1}边缘跃迁可以很容易地实现匹配785 nm或830 nm波长激光器，并且足以满足手持拉曼的需要。

同样重要的是，可以让使用中的3个滤波器一起工作，以实现所需的OD和通带。如图6.11

所示，现成的拉曼滤波器通常在边缘位置、陡度以及对激光和自发荧光的阻断方面通常可以相互匹配。这三者通常是为原始设备制造商（original equipment manufacturer, OEM）的应用设计的，用来实现最高性能，特别是如果在系统中的任何地方使用未准直的光时。

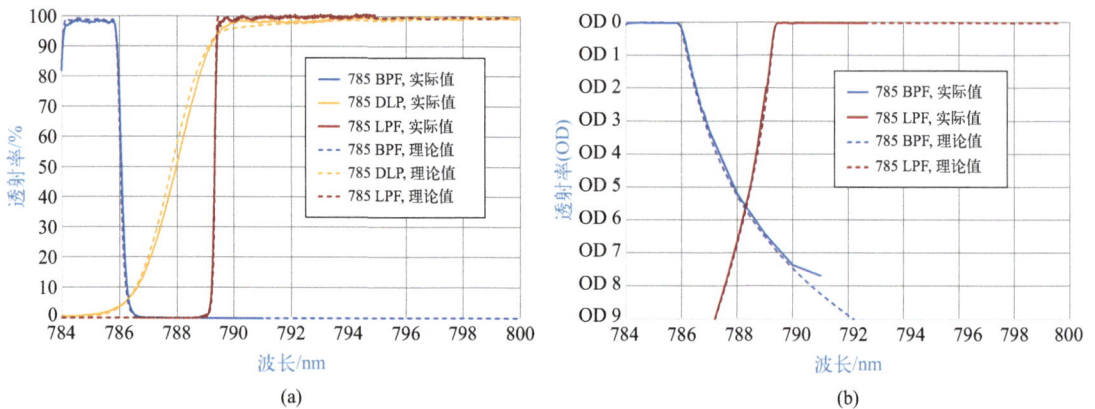

(a)   (b)

图6.11 匹配的785 nm波长拉曼滤波器由用于清理激光线的带通滤波器（bandpass filter, BPF）、二向色长通镜（dichroic longpass, DLP）和长通滤波器（longpass filter, LPF）组成，显示了理论和测量曲线。（a）以百分比绘制的透射率曲线，显示了用于隔离785 nm波长激光线和拉曼信号的陡峭边缘；（b）以OD尺度绘制的透射率图，显示了获得良好信噪比所需的深度阻挡。来源：785 Raman filter。版权（2020）归Iridian Spectral Technologies公司所有

二向色滤光器随着入射角的增加会呈现出蓝移，这会与大于约10°的角度的偏振分裂相结合，因此设计用于准直光线的陡峭边缘在不同的输入角范围内使用时，会很快失效。这是最常见的激光泄漏源之一，在拉曼光谱起始至200 cm⁻¹中表现为拖尾背景信号。

6.9 光谱仪设计

在此之前描述的所有光学元件都致力于产生和收集干净、稳定的拉曼散射光。然后通过光谱仪以足够的范围、光学分辨率、信号强度和一致性捕获光谱，用来进行分析并生成可靠的答案。我们专门称之为拉曼光谱仪，因为在距离、光学分辨率和光通量之间进行权衡的方案是该技术独有的。当为满足便携式拉曼仪器的需要进行设计时，仅重新利用现成的宽带光谱仪是不够的。首先，我们需从整体上看拉曼光谱仪的性能要求，然后看工作台设计和内部光学元件的选项以及每个选项是如何影响性能的。

虽然具体应用会提出对于范围、光学分辨率和光通量的要求，但手持式拉曼光谱仪通常测量指纹区域以及超过2400 cm⁻¹的拉曼位移，具有<15 cm⁻¹ FWHM的光学分辨率；它们的设计目标是在5 s内获取数据。根据要识别的材料，可能需要更好的光学分辨率或更宽的范围以捕获官能团信息。光谱带宽、光学分辨率和通量是由光谱仪的焦距、色散、狭缝宽度和数值孔径（numerical aperture, NA）以及阵列探测器的像素数和间距决定的。这些都是需要调整的因素，在设计"足够好"的性能时，必须处理好它们的相互依赖性，才能实现稳定可靠的库匹配和/或量化分析[41]。

如前所述，还可以通过激光波长的选择对光谱仪的设计施加额外的限制。大于约850 nm的

激发激光波长需要使用InGaAs探测器，而较短的激发波长需要更好的光学分辨率（在纳米空间内），以 cm^{-1} 为单位实现相同的光学分辨率。例如，当使用830 nm激发波长时，10 cm^{-1} 的分辨率相当于0.74 nm的光谱仪分辨率；而使用532 nm激发波长时，需要0.29 nm的光谱仪分辨率才能保持相同的10 cm^{-1} 分辨率（例如峰值位于距激发激光400 cm^{-1} 处）。由于在频率空间中工作，仪器的光学分辨率在拉曼光谱中也会发生变化，向长波端提高。一些制造商指定了平均分辨率，而另一些制造商则在整个操作带宽上提供了保证的分辨率。

在制造便携式拉曼系统时，最好尽量减少仪器间的可变性，不过在库匹配之前仍必须校正每台仪器的光谱响应函数。光谱响应函数是整个系统中每个单独光学组件效率的乘积，并且严重依赖光谱仪的光谱响应。

最后，光谱仪的热稳定性和机械稳定性对于便携式或手持式拉曼仪器来说至关重要，无论是波长校准（识别应用的关键）还是光谱灵敏度（定量工作的关键）。

当我们考虑拉曼光谱仪光学设计的各个方面时，需要参考上述要求，以告知我们对可用设计选项和限制的讨论。

6.9.1 光学工作台设计

任意拉曼光学工作台的一般设计包括入射狭缝、准直光学元件、色散元件和用于成像到检测器上的聚焦光学元件。光学工作台设计的基本问题是使用反射式光学元件还是透射式光学元件，如图6.12所示。这一选择有许多影响，这种影响通过在每种情况下使用的光学元件体现出来（并由此产生）。

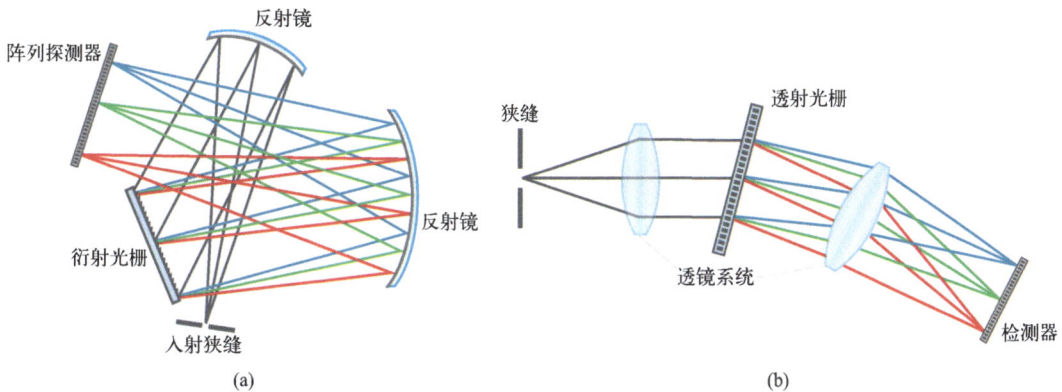

图6.12 便携式拉曼光谱仪中使用的两种典型的光学工作台设计：（a）交叉 Czerny-Turner 配置的反射光栅和光学器件；（b）Littrow 配置的透射光栅和光学器件。来源：Wasatch Photonics

反射设计通常采用 Czerny-Turner 光学工作台几何结构、反射光栅和凹聚焦镜组成 W 型光路。如果光束路径被折叠 [图6.12（a）]，就可以创建一个紧凑的光学工作台，该工作台可以使用现成的低成本光学器件制造。这种方法体现了"足够好"的理念，以低成本在紧凑的空间中产生足够的信号。然而，这是有代价的。折叠设计会增加了散光，并且由于光学元件未对准，导致光学中的任何角度偏移都会引起波长偏移，影响校准。

透射设计通常采用 Littrow 结构，透镜组用于准直和聚焦，透射光栅提供色散。这种同轴方法最大限度地减少散光和其他像差，通过光学设计可以平衡这些像差。透射式设计的角度敏感度远低于反射式设计，因此对振动或温度变化的抵抗力更强。同样的性质使它们更容易对准，并且光谱响应函数在仪器与仪器之间更一致。边缘滤波器也可以直接集成到第一个透镜组和光栅之间的准直空间的设计中（在反射式设计中实现这一设计选项更具挑战性）。

虽然这些因素都很重要，但便携式拉曼光谱仪的主要设计标准是灵敏度。总的光收集功率由 NA 决定，NA 是系统可以接受光的角度范围。简单地说，光谱仪收集的光越多，就能检测到越多的光，从而缩短测量时间。光谱仪的通量（或 étendue, G）与狭缝面积（A_{slit}）和 NA² 成正比：

$$G = A_{slit} \times NA^2 \quad (mm^2 \times sr)$$

光谱仪的光收集功率也可以用 f-number（$f/\#$）表示。高 NA 表示低 f-number，因此通量更高。

$$f/\# \approx \frac{1}{2NA}$$

回到前面的两个几何图形，透镜允许比相同尺寸的反射镜更高的 NA，当需要更高的收集效率时可采用透射设计。它们还在光学工作台内的保存光线方面取得了优势，因为带有抗反射（antireflection, AR）涂层的透镜提供的效率比金属镜更高。虽然这会增加成本，但考虑到整体性能与价格比，这是值得的。

6.9.2 衍射光栅

衍射光栅利用周期结构的干涉为光谱仪提供所需的色散。衍射光栅可以在反射或透射中工作，如图 6.13 所示，因此光栅的选择可由首选的光学工作台的几何形状决定。然而，了解它们各自的性能可以影响几何形状的选择。

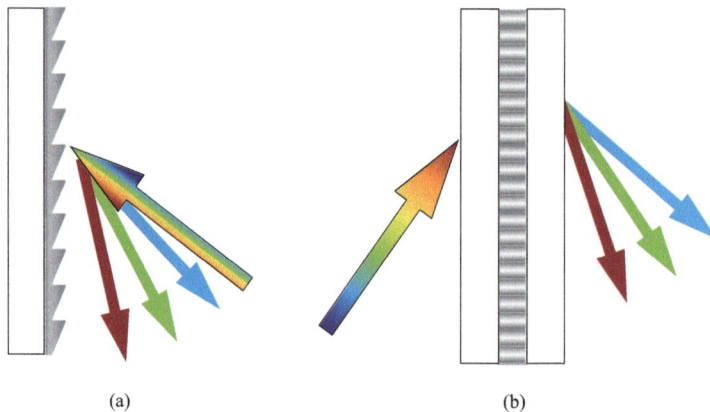

(a)   (b)

图6.13 （a）反射时来自表面起伏光栅的衍射；（b）透射时来自体相全息光栅的衍射。来源:Wasatch Photonics

反射光栅可以通过在金属涂层上划出平行凹槽制造，也可以从母版上复制（压制），这使得它们能够以低成本大规模生产。但使用机械工艺会引起再现性降低以及母版劣化，这会影响仪器间的可变性。如果必须更换主设备，则会进一步增加光谱响应一致性的风险。

规则反射光栅的效率在闪耀波长处达到峰值，然后向两侧下降，并且在工作带宽范围内变化很大。衍射光也被分成多个阶，一阶衍射光的典型效率曲线在带宽上的范围为 25%～60%[42]。灰尘、指纹或光栅表面的损坏可能会进一步降低；虽然反射光栅是可操作的，但它不能被清洁，并且效率永久性地降低。重影图像和散射光的存在会给光谱增加噪声，这在拉曼光谱中是不可取的，特别是考虑到测量的是低水平信号。

透射光栅可以通过在透射衬底上刻蚀周期性结构制造，其效率曲线面临的挑战与规则反射光栅相似。然而，如果通过全息方式制造，光栅可以被设计成将大部分透射光转换成一阶衍射光，以获得更高的效率。全息光栅都是原始光栅，因此具有很高的再现性，但比规则光栅昂贵。

表面起伏全息光栅是刻蚀的，而体相全息（volume phase holographic, VPH）光栅是通过将折射率变化成像到有玻璃覆盖的明胶薄膜上创建的。VPH 光栅提供了易于处理和清洁的额外优点，并采用了 AR 涂层以进一步减少损失。一般而言，全息透射光栅在图 6.14 所示的宽范围内提供良好的效率（通常 > 70%～80%），并且显示出远低于规则反射光栅的偏振依赖性。当其应用于拉曼仪器时，这些优势分别提高了灵敏度并减少了信号对样品晶体取向的依赖。

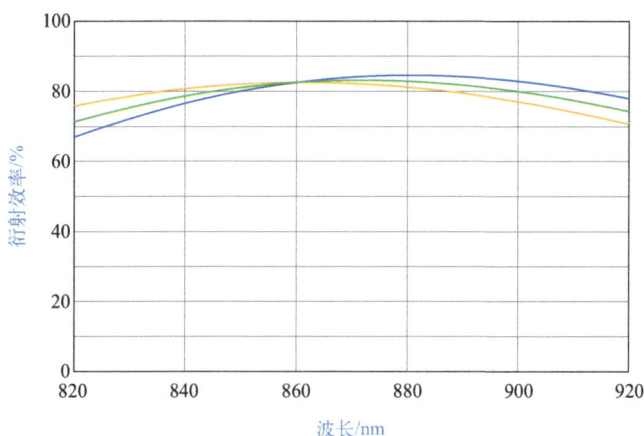

图 6.14　用于拉曼光谱的体相全息（VPH）传输光栅，HD 1624 基线/mm@871 nm。来源：Wasatch Photonics

6.9.3　杂散光

杂散光是指探测器上用于感知其他波长区域中某一波长的过量光。它的产生是由于光谱仪内光学元件或表面的散射、聚焦的局限性以及光栅中更高阶的衍射。这通常采取溢出到附近波长的方式，但有些光会以更大的角度散射，从而导致更大的波长差异。在拉曼仪器中，杂散光可以导致峰的轻微扩大，在峰上形成一个基底或基线升高。使用低散射光学器件时，需仔细校正聚焦中的像差，并在光学设计中使用适当的、放置良好的挡板，可帮助减少杂散光。

6.9.4　探测器

便携式拉曼光谱仪中的探测器可在一段时间内（"集成时间"）将光子转换为电子。便携式拉曼光谱仪使用线性阵列探测器，以 512～4096 像素同时读取整个光谱。每个像素会产生一个模拟电压输出，该输出被数字化，用来产生"计数"与像素的原始强度谱。然后，可以使用仪器的波长校准系数和前面描述的拉曼位移方程将这些数据转换为拉曼光谱。

用于便携式拉曼光谱的探测器必须灵敏并具有低的固有暗噪声，以产生所需的信噪比（SNR）。在实际应用中，它还需满足相对低成本、比大型仪器中使用的探测器消耗更少的功率并适合于小型化的工作台的条件。在20世纪90年代光谱技术采用低成本商业阵列探测器之前，这种属性的组合是无法想象的[43-45]。这些基于硅技术的商用电荷耦合器件（charge coupled device, CCD）探测器阵列可用于复印机等设备，在可见光和短波红外（short-wave infrared, SWIR）上能提供合理的灵敏度和信噪比，而且价格远低于传统科学级探测器——这是"足够好"技术的代表。这反过来又激励探测器制造商为应用光谱扩大低成本阵列探测器的选择，优化诸如光谱响应曲线、暗噪声、速度、功耗、尺寸、冷却和像素数量等因素，以适应不同的应用和价位需求[46]。

拉曼光谱仪通常使用CCD或互补金属氧化物半导体（complementary metal oxide semiconductor, CMOS）线性阵列探测器收集和读取光谱，类似图6.15所示的示例。一些探测器由二维像素阵列组成，被设计成垂直求和（称为"装仓"），以产生比其他可能的灵敏度更高的最终一维阵列。大多数部署在便携式拉曼仪器中的传感器是基于硅技术；InGaAs技术可用于处理>1064 nm波长的拉曼信号。准确的传感器选择由激发波长、期望的光学分辨率、仪器灵敏度、应用或使用情况以及成本决定[47]。

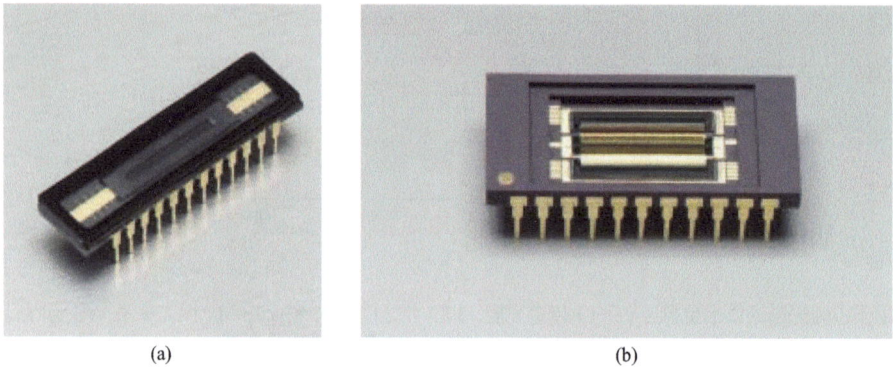

(a)　　　　　　　　(b)

图6.15　便携式拉曼线性阵探测器实例：（a）滨松S10420系列背薄型CCD面积图像传感器；（b）滨松G9214系列InGaAs线性图像传感器。来源：Hamamatsu Corporation。经Hamamatsu Corporation许可转载

探测器的灵敏度由它的量子效率（quantum efficiency, QE）衡量，QE是指产生的电子与入射光子的比率。为帮助设计人员为每个特定应用选择正确的检测器，大多数传感器制造商会提供相对灵敏度与波长的关系图，这是因为使用不同的制造方法可优化特定波长范围的QE。背面减薄的探测器更进一步，减薄硅片并改变其相对于电极的方向，以增加与光的相互作用。这种方法极大地提高了量子效率，但可能产生标准具效应，即探测器响应中的正弦调制，这可能对低信号应用（如拉曼光谱）有害，尤其是在检测高荧光样品时。

用于633 nm、785 nm和830 nm波长激发的最常见CCD是滨松公司的背面减薄NIR增强S1151×系列，提供1024像素和2048像素格式。在这种特殊的背面减薄传感器的制造中使用的后处理方法不仅可以将固有QE提高到750 nm波长以上，而且可以减少传感器的边缘或标准具特性，这是633～830 nm波长拉曼光谱的理想组合。然而，由于最近的诉讼[48]，这些传感器不再应用于商业领域，因此仪器供应商正在评估新的替代传感器，以最大限度地减少对拉曼光谱性能的影响。较短波长的激发拉曼光谱，例如532 nm波长，通常使用非近红外增强传感器或正面照

明的CCD探测器。

大多数基于1064 nm波长激励的仪器使用512像素或1024像素线性光电二极管InGaAs阵列[49, 50]。这些传感器通常会被冷却到−10℃以下，以提供最佳的信噪比。由于用于降低探测器温度的热电冷却器（thermoelectric cooler, TEC）的高要求，InGaAs传感器具有更高的功耗，并且比硅传感器要贵得多，因此它们对便携式拉曼仪器的设计和性能施加了额外的限制。InGaAs线性探测器也有独特的增益/偏置校正要求，因为每个像素都可以被认为是独立的光电二极管。由于交错阵列设计通常用于控制交替像素，可能需要多次校准才能产生平滑的光谱。

探测器技术的不断发展，可以支持下一代便携式拉曼仪器。由于夜视和安全等其他领域的技术进步，非制冷InGaAs传感器的可用性正在上升。这为1064 nm波长拉曼的开发提供了一些有趣的途径，特别是当与高通量光学工作台一起使用时。在光谱的硅区域，主要是通过消费电子产品等市场，新型传感器也越来越流行。在这方面，来自滨松（S11639）和Sony（IMX系列）的基于CMOS的传感器显示出了在未来几年实现更紧凑和更具成本效益的拉曼仪器的前景。

6.9.5 电子设计

虽然近年来科学级探测器和数码相机传感器有了很大的改进，但它们仍然需要大量的定制电子器件来优化拉曼光谱。此外，便携式拉曼光谱仪包含各种需要电力和控制的其他组件，所有这些组件必须集成在一组低功耗、小型化的电路板和接口卡中。

通常，电气设计将从一个"子卡"开始（或结束，具体取决于您的视角），该子卡固定着探测器本身。这种子卡通常有严格的尺寸和机械要求，因为探测器需要在光学收集路径的末端安装并以极高的精度对准。这个终端的环境光泄漏会对数据采集产生严重影响，因此可能需要引入各种垫片和光学挡板。探测器本身可能会被热冷却，这意味着TEC、热敏电阻和散热器将尽可能直接接触探测器表面。由其他电气元件产生的任何热量或电气噪声都可能降低传感器产生的原始信号，因此，高功耗的元件应尽可能远离探测器。

所有这些都是探测器子卡尽可能小甚至最小的原因。一般来说，只包含基本的模拟前端（analog front end, AFE），通过一个可获得和滤波的模数转换器（analog-to-digital converter, ADC）将像素电压数字化为数字强度计数。ADC的位分辨率将决定系统的可检测动态范围（计数的垂直范围）。例如，不管探测器灵敏度如何，12位ADC只能获得4096个不同的强度级别（2^{12}），而16位ADC支持更丰富的65536个强度级别（2^{16}）。然后，子卡将积分强度传递回"主板"进行处理和通信。

子卡还负责驱动探测器采集的各种时钟和控制信号。对于确定性的高速定时，这些时钟通常由现场可编程门阵列（field-programmable gate array, FPGA）生成，FPGA通常会从ADC中读取数字化的强度值。虽然FPGA提供了强大可靠的定时器，但它们的设计和维护可能很复杂，因此一旦从子卡读取了强度值的谱图，它就可以直接传递到标准微控制器或微处理器进行处理。

便携式拉曼光谱仪可使用多种类型的微控制器和微处理器，但大多数都集中在ARM系列处理器上[51]，以利用支持该平台的广泛的商业和开源工具链。处理器的选择将在很大程度上取决于（或驱动）可应用的确定的光谱处理类型以及这些处理将在哪里发生。低功耗微控制器可以主要作为通信网关，尽可能方便地卸载原始数据（实际上，这可以由FPGA单独提供），或者更强大的微处理器可以选择在内部提供显著的后处理甚至拉曼匹配。

除了基本的光谱数据收集和传输之外，光谱仪的电气设计还需要支持许多其他功能。它将负责在各种"轨道"上分配和调平清洁电力，通常包括单个系统中的12 V、5 V、3.3 V和其他电压。它还必须为探测器和/或激光器上的TEC供电并加以控制。它将控制激光器本身，包括安全联锁和状态LED。在测量操作期间，电池子系统可能会需要充电设备，而且需要提供"气表"状态指示器来监控充电状态。根据所支持的通信总线和协议的种类，通信子系统可以是广泛的，从低级的I²C或串行外围设备接口（serial peripheral interface, SPI）连接到高能耗的USB 3.0、Wi-Fi和以太网端口。

医用拉曼系统可包括用于激光功率监测的集成光电二极管，并且先进的仪器可以包括铰接电机，以光栅化激光束或偏移测量之间的光路。全手持设备需要对用户键盘和显示屏进行电气控制。如果需要固件或库更新、工厂维护或者用于触发或隔离操作的电缆，则必须考虑外部连接器。必须通过电可擦除可编程只读存储器（electrically erasable programmable read-only memory, EEPROM）或类似物提供非易失性存储，以存储设备的特定配置和校准数据。

所有上述电气功能都需要集成到尽可能少的电路板中，占用尽可能少的空间。因此，很明显，有必要仔细考虑给定应用的特定需求，以确保在任何特定设计中实现足够完整但最少的一组功能，从而优化特定用例的性能和运行时间。鉴于上述情况，便携式拉曼系统的电气设计将从对以下领域的关注中受益。

为了获得最高的SNR，需要低噪声电子器件，以产生最佳的分析灵敏度。在大多数情况下，电子噪声显著低于其他噪声贡献，因此，仅当在非常低的暗电流背景下观察非常小的信号时才应该注意到。

便携式拉曼系统电子设计的主要驱动因素是需要用低功耗来最大化电池寿命。这也使得能够使用更小的电池，从而使整体外形尺寸更小。为了减少电池在仪器中占用空间的比例，并延长充电间隔时间，可以对微处理器固件进行编程，设置睡眠选项以节省电量。测量周期也可以设计为在不使用时通过关闭激光二极管和TEC来保持功率，因为这些代表了仪器内的主要功率消耗。

通信选项包括无线协议，如蓝牙、Wi-Fi或类似于与手机应用或云进行通信[26]。低功耗蓝牙（bluetooth low energy, BLE）在功耗方面很有吸引力，但在光谱采集方面较慢。如果使用笔记本电脑进行分析，通常是使用USB或以太网连接。

6.9.6　机械设计

如今，对拉曼仪器的机械要求前所未有地高，环境操作要求也比以往任何时候都更广泛。粗略浏览一下制造商的数据表，就可以看出根据国际和军事标准测试的冲击、跌落和振动规范以及IP等级的重要性。如IP67[37]，其描述了对于灰尘和水的防护。尺寸和重量需最小化，因为尺寸和重量越小，对用户越友好，在某些操作环境中更容易接受。该规范还给出了拉曼仪器预期的广泛的温度和湿度条件。

所有这些都意味着拉曼仪器的设计需要从一开始就考虑到机械和热稳定性，选择关键组件，如激发激光器、光学工作台设计、样本接口、电源管理和显示器，以单独承受这些需求以及系统级的需求。达到这种机械稳定性水平意味着最大限度地提高仪器间的再现性，并且由于同一产品系列中所有平台上光谱数据完整性的提高，通过库匹配进行材料识别的难度也降低了。

在便携式拉曼仪器中有各种特殊用途的机械特性和附件，但每种设备的便利性和价值必须与所有关键成本和SWaP目标相权衡，才能纳入特定系统。集成的机械快门允许在任何点进行"暗场"或"激光关闭"测量（并通过软件实现自动化），帮助标准化光谱并改进库匹配。然而，将快门臂保持在固定位置（与方向和重力无关）代表了一个较小但恒定的功率消耗，而结合很少铰接的部件代表了在应力下断裂的可能。

有着高可用性的应用可能需要配备可更换电池，在电量不足时进行更换以将停机时间降至最低，这增加了对外壳门或可拆卸盖的要求，以适应电池的热插拔。各种外部连接器可能需要IP等级，这通常会导致端口更大、更昂贵。即使是名义上的手持设备也可能包含安装在三脚架或无人平台上的装置。现场校准标准可以内置在透镜盖中。而支架辅助装置，如可拆卸的鼻锥导轨，可以简化针对不同样品的测量均匀性。包括系索环在内的小型设施可用来方便操作员工作流程。

可能需要使用计算流体动力学（computational fluid dynamics, CFD）的系统综合热模型平衡外壳内的各种热源（例如处理器和TEC），并确保它们产生的热量一致且可预测地远离热敏光电元件（探测器和激光器）。系统热设计将考虑在各种电池状态和环境条件下，电气部件在负载下的热设计功率（thermal design power, TDP），并可能涉及蒙特卡罗模拟，以涵盖所有场景。模拟结果可以为风扇、通风口和散热器的放置提供参考，以引导散热量并最大限度地减少整个系统的热噪声。

6.10　样品接口和附件

之前对激发激光器、采样光学器件和光谱仪的讨论，将我们带到了将激光传送到样品和将拉曼信号传送到光谱仪的二向色镜方面，但只是简单提到了将光聚焦到样品上并收集产生的拉曼发射的光学器件。这是便携式拉曼设计的一个极其重要的方面，因为样品接口和附件必须针对特定应用和/或样品类型进行定制，才能产生高质量的样品信号，而容器或环境光产生的背景信号水平最低。对于定量工作，重要的是实现光学器件与样品的高度可重复对准。

对于便携式应用，强烈建议在其原生容器中测量样品，而不将其转移到样品瓶中。非接触性的例子包括塑料袋中的白色粉末、聚乙烯容器或琥珀色玻璃瓶（通过屏障）中的化学品，或者泡罩包装中的药物标识。对于散装液体或粉末样品，可使用直接接触的浸入式探针。在任何一种情况下，都应尽量减少环境光——样品接口和耦合光学器件应设计有屏蔽装置，并以在相同环境条件下记录环境光信号的常见做法为支持，以考虑暗电流和环境光水平。

在采样光学下讨论的典型外延照明设置中，使用透镜可将准直激光束聚焦到样品上，并将拉曼发射收集到准直光束中。光束通过第二个透镜聚焦到光谱仪狭缝（在完全集成的系统配置中）或光纤（在外部探头的情况下）上。第二个透镜需要在NA中与光谱仪的输入（或使用外部探头时的光谱仪耦合光纤）匹配。在透明液体的情况下，较高的NA样品透镜是理想的，可以用来收集较大的拉曼发射立体角，但会有较短的聚焦深度。对于固体样品，由于散射的原因，成像的焦体积缩短，但可通过反向散射的方式增加成像面积。这些抵消效应大部分被消除了，这就为在不损失信号的情况下调整仪器到样品的工作距离提供了一定的灵活性。

当在光纤耦合探头和通过"集成探头"（自由空间光学）的直接耦合之间做选择时，通常选择直接耦合方法。它更集成，更紧凑，通过使用更少的光学器件提供更高的效率，并且可以将样品的更高的发射区域成像到整个狭缝上。如图6.16所示，光纤耦合样品光学器件为不能紧贴样品的仪器提供了灵活性。这种灵活的样品接口的缺点是存在光纤断裂的可能性以及光纤耦合的额外损耗、圆形光纤成像到矩形狭缝上时信号的损失。

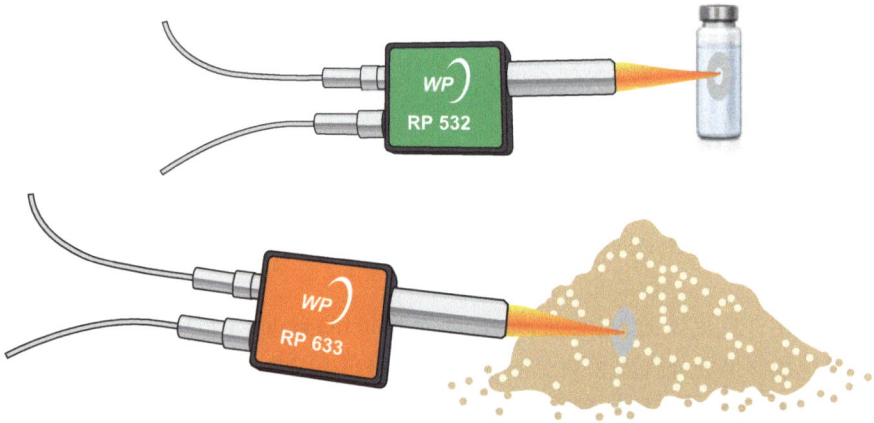

图6.16   基于探头的便携式拉曼系统可通过屏障直接探测容器中的材料或样品粉末。来源：Wasatch Photonics

如上所述，通过视窗进行粉末或液体样品的分析是可能的，因为大多数视窗允许激光进入容器并将拉曼信号传输到系统，特别是在超出我们视野范围的NIR波长下。此外，由于容器和样品的工作距离不同，可以制作用于聚焦到容器内部深处的长工作距离透镜，以增加来自目标材料的拉曼信号相对于容器发射的比例。参见下文关于空间偏移拉曼光谱（Spatially Offset Raman Spectroscopy, SORS）的讨论以及本书应用卷第16章。

为方便不同样品类型的测量，手持式拉曼仪器通常配有不同的附件，如图6.17所示。这些可能包括不同焦距的透镜、小瓶支架或用于表面增强拉曼散射（surface-enhanced Raman scattering, SERS）的载玻片的读取器，稍后将进行讨论。便携式拉曼仪器可配置各种探头选项，

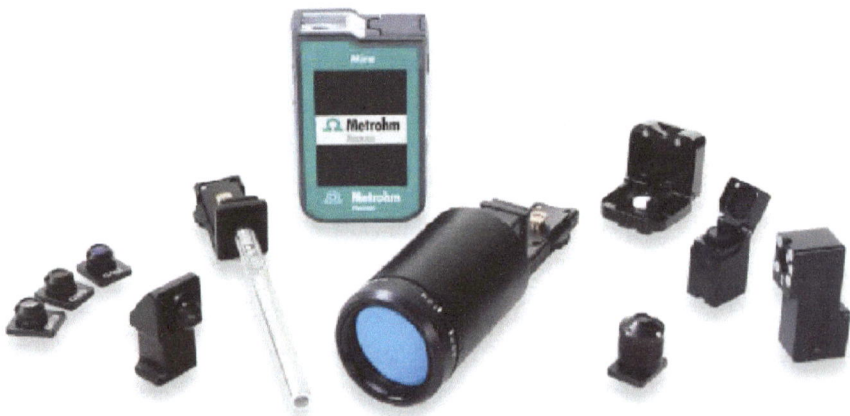

图6.17   一些手持式拉曼系统（如Mira DS）配有各种附件，用于测量粉末、液体、固体和SERS基底。来源：Metrohm AG。经Metrohm AG许可复制

包括用于工艺应用的浸入式探头。这些可以包括不同焦距的透镜、小瓶支架或用于 SERS 的载玻片的读取器，稍后将讨论。

取样附件对于确保符合药典标准也很重要。波长校准通常使用 ASTM E1840 方法，该方法使用在整个光谱范围内具有拉曼信号的标准化合物，例如乙腈和甲苯的混合物[52]。然后，可根据美国药典（United States Pharmacopeia, USP）第 <1120> 章或欧洲药典（European Pharmacopeia, EP）第 <2.2.48> 章[53, 54]，通过推荐的参考标准（如聚苯乙烯）验证拉曼位移精度。

在讨论样品接口时，最后需要考虑的一点是如何将激光安全性集成到样品接口中，因为大多数便携式拉曼系统使用 3B 级激光器。只有当工作距离较长，激光器处于封闭光束路径时，才可能发射激光。短焦距透镜也可被认为足以确保激光安全运行。在任何情况下，激光安全警告标签必须在仪器上清晰可见，并在手册中包括安全操作和使用指南。

6.11 光谱处理和分析

除了在便携式拉曼仪器中获取拉曼光谱之外，还需要计算机硬件、软件、光谱处理和从数据中生成答案所需的库。在本节中，我们将逐一讨论与便携式拉曼光谱最相关的方面。

6.11.1 处理硬件

将拉曼光谱的许多峰值转换为可操作的答案需要比封装在小型光学台内的更强大的硬件。因此，商用拉曼系统已集中在两种基本配置上：将嵌入式计算机与光谱仪集成在一个共享的外壳内，或者在物理上独立的手机或笔记本电脑上执行处理和用户界面，通过有线或无线协议与光谱仪通信。在无处不在的"物联网"（internet of things, IoT）中，如果通信选项允许，任何一种选项都可以得到基于云的服务支持。

将计算机硬件完全集成到仪器上会增加尺寸、重量、功耗，当然还会增加成本。而匹配的库必须存储或至少缓存在仪器上，还需要额外的存储和定期更新，这会对某些应用造成安全问题。然而，将所有元件集成到一个具有按钮控制的紧凑封装中的好处远远超过了这些；这是现场部署的许多手持式拉曼仪器的标准。

在手机、平板电脑或笔记本电脑上可使用 COTS 硬件进行单独的处理，其更容易更新，并且相较于按钮或触摸屏，其在用户界面提供了额外的灵活性和选择。仪器和远程处理器之间的通信可以利用各种消费品和工业标准，如 USB、蓝牙或 Wi-Fi；数据可以在云中远程存储（或甚至是处理）。然而，这种多设备方法使测量操作复杂化，并使系统容易受到因夜间更新、操作系统升级等带来的所有信息技术（information technology, IT）漏洞的影响。在设备之间传输频谱数据的必要性也会对某些应用带来安全问题。

6.11.2 光谱处理

对采集到的光谱进行分析的一个关键步骤是对数据进行后处理，从而消除仪器的可变性。库匹配和定量分析都对现场使用的便携式仪器和用于建立样本库（或确定校准）的台式设备之间的光谱响应不匹配十分敏感。第三方或传统拉曼库可能是在不同的激光波长、不同的光谱分辨率和范围或使用不同的光学器件收集的，这会影响光谱形状和匹配精度。因此，在野外采集样本测量值后，在通过库匹配比较光谱前有必要尽可能多地校正这些差异[55]。

大多数光谱测量中的一个重要步骤是减去环境信号（激光关闭）测量，该测量必须在与样品测量相同的积分时间和环境条件下进行。此外，随着时间的推移，许多光谱可以平均在一起，以提高SNR并减少杂散噪声峰值。当像素接近饱和时，可能需要线性校正以解释检测器灵敏度的变化。如果光谱仪内没有自动化，则在后处理中也可能需要进行增益和偏移校正。

随着时间的推移，检测器可能会产生"坏像素"（类似于LCD屏幕），软件可能需要对输入数据的间隙进行平均或插值。高频噪声可以通过简单的卷积去除，例如对相邻像素进行"矩形窗（boxcar）平均"。这些步骤的顺序很重要，值得仔细考虑，但这也取决于光谱仪硬件中集成的功能以及软件中有待完成的功能。

除了标准光谱处理之外，还有可根据应用的具体情况进行的其他操作，用来改进特定库或样本类型的匹配结果。样本或库光谱可能需要针对共同的x轴进行插值或强度标准化。强度校正可以根据拉曼强度标准生成的校准应用，说明现场仪器的整体系统光谱响应（根据ASTM E2911-13[56]）。

基线校正可用于消除任何剩余的样品荧光，为此已开发了许多方法[57, 58]。最后，根据拉曼标准样品（例如参见ASTM E1840-96[52]）对现场仪器进行拉曼位移校准来解释环境影响，并确保在波数（cm^{-1}）空间内进行适当校准[55, 59]。

由于激光晕染、探测器响应衰减、滤波器截止边缘和光学器件的一般渐晕，拉曼信号质量可能在拉曼位移检测范围的任一端降低。因此，通过仔细修整光谱获得最佳探测器的感兴趣区域（region of interest, ROI），可使匹配结果进一步改善。

完成所有校正后，拉曼光谱可以提交到源库进行匹配。内部库的开发是拉曼光谱仪供应商的一项重大投资，特别是因为谱库必须全面且有针对性，才能满足特定行业的需求。提供拉曼谱库的专业公司正在增加，这有助于为原始设备制造商和研究人员搭建光谱和答案之间的桥梁[60, 61]。下面描述了库的两种可能用例。

6.11.3　分析：使用谱库进行识别

许多手持式拉曼仪器的主要目标是确定未知物质的特性和/或验证其特性。这是通过将光谱与已知物质库进行匹配实现的。这需要访问现有的、经过验证的库，或者用户能够创建自己的库。如今，创建专用用户定义库的选项很流行，因为测试中的样本可能非常特殊，这确保了可对特定用例中已知物质与未知物质直接进行比较。这也允许用户确保在与现场使用的条件和设备类似的条件下收集库光谱；这种灵活性需要与生成这些测量数据所需的时间和材料成本相权衡。

可以使用多种可能的方法执行库匹配（关于算法的讨论参见应用卷第2章，由Zhang、Lee与Schreyer撰写；关于库的讨论参见应用卷第3章，由Schreyer撰写）。一种简单的方法是相关性分析，其中在共同（通常是内插）尺度上比较两个光谱的波数，确定两个光谱之间的相关性程度。另一种方法使用峰值识别，通过查看位置和相对强度来生成和比较未知与库的峰值列表。

混合物分析稍微复杂一些，但它是一种有价值的工具，因为它可以识别掺假或制备不当的材料，以及通过去除容器信号帮助识别容器中的样品或故意隐藏的材料[62]。混合分析是一个迭代过程，简单地说，是从谱中减去最接近的第一个匹配，使用剩余的差异谱搜索库中的第二个匹配，然后将频谱重建为前两个匹配的最佳线性组合，使用专有算法重复该例程以进行其他匹配[63]。

6.11.4　分析：使用化学计量学进行定量分析

一些手持式拉曼仪器和许多特定应用的便携式仪器试图回答纯度评估、过程分析或诊断评估中的"多少？"问题。这增加了对仪器光谱响应校准参数的需求，用于产生强度校正的光谱。由于拉曼峰强度与分析物的浓度成比例，可以基于对感兴趣浓度范围内的一系列标样的评估开发浓度预测模型。

对此的一种方法是查看一个或多个特征拉曼峰的积分峰值强度。由于信号和浓度之间的关系是已知的，用户可以依赖有限的校样集，在校准点之间进行插值。这种方法的缺点是它对具有重叠拉曼光谱峰的物质的串扰很敏感。但这种风险可以通过分析多个特征峰来降低。

另一种方法使用多变量分析（化学计量学），将光谱视为一个整体[64]。由于使用的是整个光谱而不仅仅是单个的峰值，它可以自动考虑交叉灵敏度和重叠峰值。然而，由于模型的开发和执行透明度较低，需要更广泛的校正工作来防止干扰。

6.11.5　用户软件

在光谱处理和识别或定量分析算法之上是用户界面——用来给出用户答案的软件。便携式拉曼仪器中的用户软件几乎总是用于特定应用的，可减少对用户培训、知识和支持的需求。在最简单的层面上，它必须涵盖自动设置，如积分时间调整、背景扣减和根据标准进行校准的提示。它还必须具有内置的保护措施，用于识别何时采集了质量较差的数据或何时仪器需要维修。

对于便携式设备，用户软件必须使操作尽可能简单，从频谱到定性分析或定量分析，只需按下一个按钮即可。结果以尽可能清晰的方式显示：是/否、通过/失败、性质和置信水平、物质和浓度等。操作软件可以连接到云分析程序或输入到全局数据库进行记录保存。由于库可能会随着时间的推移而发展，无论是添加复合物还是改进算法，最终用户都应该可以很容易地更新移动软件。

支持身份识别或身份认证的应用通常包括有关隐私或安全方面的内容，在软件设计中必须仔细考虑这些方面，尤其是在数据存储和传输方面。作为支持特定应用的一部分，为符合美国食品药品监督管理局（Food and Drug Administration, FDA）电子记录保存法规（FDA 21 CFR part 11）[65]，可对数据采集和存储提出要求。这对于医疗和制药应用来说是很常见的，用于确保数据完整性。

考虑到任何基于激光系统固有的潜在伤害，拉曼系统软件的设计必须尽量减少意外暴露于激光辐射的机会（FDA CFR 21.I.J.1040.10-11）[66]。虽然全面的激光安全协议无法在软件中完全实现，但精心设计的用户界面和严格使用监控、超时和保守的默认值将减少激光意外照射的机会。

手持和便携式拉曼仪器对用户软件的需求可能因应用和操作环境的不同而有很大差异，但都有一个共同的需求基准：易于使用、清晰的通信和可靠的答案。

6.12　特殊情况

6.12.1　荧光抑制

虽然荧光背景可以通过使用比自发荧光区域短（＜250 nm）或长（1064 nm）的波长的激发来减少，但这并不总是可行的。因此，已经开发了替代技术对数据进行后处理，减少宽带荧光信号，并允许观察离散拉曼线[67, 68]。Cooper等在Old Dominion大学的工作中演示了如何使用多种激发波长实现这一效果[69]。Bruker在Bravo仪器中也采用了这种方法[21]。最近，IPS/Metrohm提出了一种双波长激励，并提出了他们自己的数学算法来实现这一效果[70]。其他拉曼仪器供应商正在进行进一步的开发，预计在不久的将来该领域将有更多的研究成果。

6.12.2　透过屏障检测

样品制备是耗时的，有时甚至可能是危险的（如在危险品中）或昂贵的（如制药中），因此能够透过屏障提供可靠的材料识别是非常有利的，可有效避免与从容器中取出样品相关的时间或风险。Matousek等首先开发了SORS方法[71]，随后由Cobalt Light Systems实施[72]，并被Agilent收购，Agilent已在其多种仪器中采用了该技术[73]。如图6.18所示，通过将830 nm波长的单激发激光在空间上偏移的测量值与无偏移的测量结果进行比较，可以将所研究材料的拉曼信号与近场中的一个或多个屏障区分开来。其他供应商采用了类似的方法，包括手动或动态调整激光光斑尺寸及相对于屏障和样品的焦距。

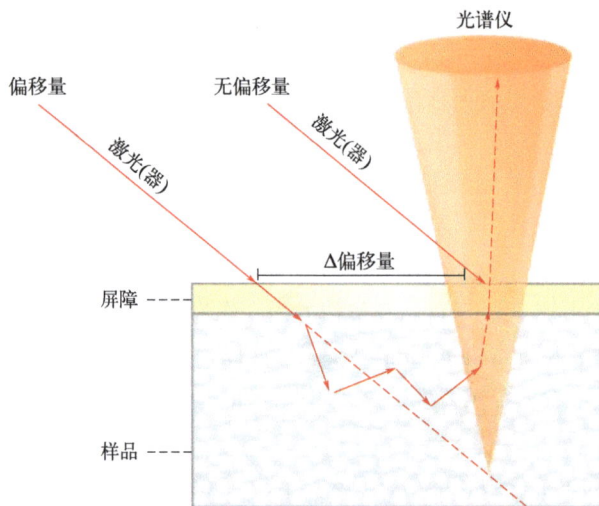

图6.18　SORS几何图形表示，显示相对于探测器的"零偏移"与"偏移"激光激发，间隔距离 ΔS

在医学领域，透过皮肤或组织的拉曼测量越来越普遍，成像几何结构和激发波长会根据应用进行调整。在这方面的一个例子是RSP系统公司的GlucoBeam技术，通过该技术，他们能够再现并准确地测定不同肤色下的葡萄糖浓度[74]。

6.12.3　遥测

传统的拉曼仪器是点探测器。然而，出于安全考虑，可能需要在更长、更安全的工作距离下进行取样。考虑到这一点，Pendar公司开发了一种手持式拉曼仪器，可提供远达1 m的传感距离[75]，与许多其他市售仪器相比，该仪器具有较少的荧光干扰和较低的激光能量。Metrohm公司还为Mira DS仪器提供了一个专为远程拉曼识别设计的附件，长度可达1.5 m[9]。随着无人机（unmanned aerial vehicle, UAV）技术的发展和微型拉曼仪器有效载荷的潜在减少，远距离拉曼技术方面未来有望取得进展。

6.12.4　表面增强拉曼光谱

拉曼散射的强度对于许多理想的应用来说是非常低的，包括检测液体中的低浓度物质和表面上的痕量物质。使用表面增强拉曼光谱（SERS）可以克服这一限制，该技术使用贵金属纳米结构将拉曼信号增强了$10^6 \sim 10^8$倍甚至更高倍数[76]。它要求分子吸附在金属表面或在溶液中的凝聚纳米颗粒之间"捕获"，这有助于最小化采集时间并减少所需样本量[77]。大多数便携式拉曼仪器提供基底附件，或者可以非常容易地适用于基于SERS材料的测量。

商业应用SERS的挑战之一是再现性，因为SERS信号的强度强烈依赖纳米结构的几何特征。这就需要对制造和由此产生的结果进行严格的控制，确保定量测量的一致答案和可靠的校准曲线[78]。为保持较低的分析成本，SERS材料必须具备成本效益且易于制造，或至少可重复使用。商业SERS材料还必须在时间、温度和湿度上高度稳定，才能成为医疗和国防领域关键任务应用的可行解决方案。

SERS可以使用固体基质或溶液中的胶体纳米粒子（nanoparticles, NP）进行。固体衬底使用光刻、化学蚀刻或等离子沉积制造，也可能由非常明确的几何结构或沉积的纳米颗粒组成[79-83]。这些基质可普遍增强信号（增强幅度可能有所不同），但通常不是为了寻找特定的分析物而制造的。

胶体纳米粒子具有可重复性、通过颗粒形状和大小可调节光学性质以及可选表面功能化的优点，允许在不同环境中以及特定蛋白质、核酸、细菌和其他生物标记物中使用。结合特定于生物靶标的纳米粒子的能力也有助于多路复用，正如使用便携式拉曼系统对细菌病原体所证明的那样[84]。它们的制造具有成本效益和高重复性，并显示出在生物医学、环境和食品质量应用中的前景。然而，目前，胶体SERS传感器的商业供应商还很少，不过我们预计在未来几年该领域会有显著增长[85]。

6.13　结论

自C.V. Raman的早期实验揭示了拉曼光谱的存在以来，这项技术已经取得了长足的进步。

当我们看到这项技术已经走了多远以及它现在能够完成什么之后，便会觉得拉曼能够看到这种"微弱的荧光"是多么令人难以置信。

一步一步地，科技的发展打破了该技术广泛应用的障碍，因此便携式拉曼技术的发展很像一本应用光子学历史的选集。从为蓝光播放器开发的激光器到为电信完善的离子束溅射（ion beam sputtering, IBS）滤波器技术，从全息制造的光栅到从复印机发展而来的探测器，每一项借用的技术都帮助拉曼仪器变得更小、更强大、更容易使用。

目前，拉曼光谱能够在安全、制药和健康的关键方面提供关于身份甚至浓度的明确答案，而且可能的应用还在不断增加。在尺寸、成本、灵敏度和功耗之间总会有权衡，但每一次新的技术提高和设计优化都会进一步削弱这些障碍，从而使拉曼能够进入新的应用场景以及新的领域。

这一点很重要，因为拉曼光谱方法的最大潜力在于非专业人员在即时需要时可更多地使用它。为了充分利用这项技术的潜力，我们必须继续克服目前在灵敏度、荧光抑制和功率水平方面的限制，同时驱动更小的"即点即测"式设备，满足每个新应用和用户群的特定需求。

未来会是什么样子呢？它可能是一个集成了拉曼光谱功能的智能手机，也可能是一个与云计算相连的卡片大小的设备。但有一点是肯定的——它将利用最新技术，以前所未有的适配性、形状和功能，提供"足够好"的性能。

缩略语

ADC	analog-to-digital converter	模数转换器
AFE	analog front end	模拟前端
ASE	amplified spontaneous emission	放大自发发射
BLE	bluetooth low energy	低功耗蓝牙
CCD	charge coupled device	电荷耦合器件
CFD	computational fluid dynamics	计算流体动力学
CMOS	complementary metal oxide semiconductor	互补金属氧化物半导体
COTS	commercial off-the-shelf	商用现货
EEPROM	electrically erasable programmable read-only memory	电可擦可编程只读存储器
FDA	Food and Drug Administration	（美国）食品药品监督管理局
FPGA	field programmable gate array	现场可编程门阵列
FWHM	full width half maximum	半高（峰）宽
GUI	graphical user interface	图形用户界面
IBS	ion beam sputtering	离子束溅射
I^2C	inter-integrated circuit protocol for microprocessors	微处理器集成电路间协议
IoT	internet of things	物联网
IP	ingress protection	入口保护
LCD	liquid crystal display	液晶显示器
LED	light emitting diode	发光二极管
M^2 factor	beam quality factor	光束质量因子

MM	multimode (fiber)	多模（光纤）
MTBF	mean time between failure	平均故障间隔时间
NA	numerical aperture	数值孔径
NP	nanoparticles	纳米粒子
OD	optical density	光密度
OEM	original equipment manufacturer	原始设备制造商
QE	quantum efficiency	量子效率
SERS	surface-enhanced raman scattering	表面增强拉曼散射
SM	single-mode (fiber)	单模（光纤）
SNR	signal-to-noise ratio	信噪比
SORS	spatially offset Raman spectroscopy	空间偏移拉曼光谱
SPI	serial peripheral interface	串行外围设备接口
SWaP	size, weight and power	尺寸、重量和功耗
TDP	thermal design power	热设计功率
TEC	thermoelectric cooler	热电冷却器
USB	universal serial bus	通用串行总线

参考文献

[1] Raman, C.V. (1927). A new radiation. *Journal of Physics* 2: 387.

[2] Singh, R. (2002). CV Raman and the discovery of the Raman effect. *Physics in Perspective* 4 (4): 399-420.

[3] Koningstein, J.A. (2012). *Introduction to the Theory of the Raman Effect*. Dordrecht: Springer Science & Busi-ness Media.

[4] Long, D.A. (2002). *The Raman Effect: A Unified Treatment of the Theory of Raman Scattering by Molecules*. Chichester: Wiley.

[5] Ferraro, J.R., Nakamoto, K., and Brown, C.W. (2003). *Introductory Raman Spectroscopy*. USA: Elsevier Science.

[6] Adar, F. (2016). Introduction to interpretation of Raman spectra using database searching and functional group detection and identification. *Spectroscopy* 31: 16-23.

[7] ThermoFisher Scientific. *FirstDefender™ RMX Handheld Chemical Identification* [online]. https://www.thermofisher.com/order/catalog/product/FIRSTDEFENDERRMX#/FIRSTDEFENDERRMX (accessed 13 March 2020).

[8] CBEx. *Snowy Range Instruments* [online]. http://www.wysri.com/cbex (accessed 13 March 2020).

[9] Metrohm AG. *Mira Handheld Raman Analyzers* [online]. https://www.metrohm.com/en-us/products-overview/spectroscopy/mira-handheld-raman-spectrometers (accessed 13 March 2020)

[10] ThermoFisher Scientific. *TruScan™ RM Handheld Raman Analyzer* [online]. https://www.thermofisher.com/order/catalog/product/TSRMTRUTOOLS#/TSRMTRUTOOLS (accessed 13 March 2020).

[11] Chemring Group PLC. *PGR-1064® Handheld Raman Spectrometer* [online]. http://www.chemringds.com/what-we-do/sensors-and-information/chemical-and-biological-detection/chemical-detection (accessed 13 March 2020).

[12] Field Forensics. *HandyRam II™ Handheld Raman Spectrometer* [online]. https://www.fieldforensics.com/introducing-handyram-ii (accessed 13 March 2020).

[13] Smiths Detection. *ACE-ID Hand-Held Non-contact Chemical Identifier* [online]. https://www.smithsdetection.com/products/ace-id (accessed 13 March 2020).

[14] Serstech AB. *Serstech 100 Indicator* [online]. https://serstech.com/our-offer/serstech-100-indicator (accessed 13 March 2020).

[15] Coda Devices. *CDI 2 Handheld Raman Analyzer* [online]. https://codadevices.com/cdi2 (accessed 13 March 2020).

[16] All Safe Industries Inc *ChemPro 100 Indicator Handheld Raman Spectrometer* [online]. https://www.allsafeindustries.com/chempro-100i-handheld-chemical-detector.aspx (accessed 13 March 2020).

[17] Rigaku. *Advanced 1064 nm Handheld Raman Spectrometer for Raw Material Identification* [online]. https://www.rigaku.com/products/raman/progeny (accessed 13 March 2020).

[18] B&W Tek. *Handheld Raman Spectrometers* [online]. https://bwtek.com/technology/handheld-raman (accessed 13 March 2020).

[19] Agiltron. *PinPointer™ Handheld Raman Spectrometer* [online]. https://agiltron.com/product/handheld-raman-spectrometer (accessed 13 March 2020).

[20] Anton Paar. *Handheld Raman Spectrometer: Cora 100* [online]. https://www.anton-paar.com/us-en/products/details/handheld-raman-spectrometer-cora-100 (accessed 13 March 2020).

[21] Bruker. *BRAVO Handheld Raman Spectrometer* [online].https://www.bruker.com/products/infrared-near-infrared-and-raman-spectroscopy/raman/bravo.html (accessed 13 March 2020).

[22] Agilent. *Resolve Handheld Through-Barrier Identification System* [online]. https://www.agilent.com/en/products/raman-spectroscopy/raman-spectroscopy-systems/handheld-chemical-identification/resolve (accessed 13 March 2020).

[23] Agilent. *RapID Raw Material ID Verification System* [online]. https://www.agilent.com/en/products/raman-spectroscopy/raman-spectroscopy-systems/pharmaceutical-analysis/rapid (accessed 13 March 2020).

[24] SciAps. *CHEM-200 Raman Analyzer* [online]. https://www.sciaps.com/raman-spectrometers/chem-200(accessed 13 March 2020).

[25] Optosky. *What is Handheld Raman?* [online]. https://optosky.com/handheld-raman.html (accessed 13 March 2020).

[26] CloudMinds. *Smart Raman XI* [online]. http://airaman.com (accessed 13 March 2020).

[27] Wasatch Photonics. *High Performance Raman* [online]. https://wasatchphotonics.com/product-category/spectrometers/raman (accessed 13 March 2020).

[28] B&W Tek. *Portable Raman Spectrometers* [online]. https://bwtek.com/raman-technology/portable (accessed 13 March 2020).

[29] Horiba Scientific. *AnywhereRaman* [online]. https://www.horiba.com/us/en/scientific/products/raman-spectroscopy/raman-spectrometers/benchtop-and-portable-raman/details/anywhereraman-tm-33805 (accessed 13 March 2020).

[30] Agiltron. *Benchtop Raman Spectrometers* [online]. https://agiltron.com/category/raman-chemical-detection-spectrometers/benchtop (accessed 13 March 2020).

[31] StellarNet Inc. *Raman Spectrometers Lasers and Probes* [online]. https://www.stellarnet.us/systems/raman-spectrometers-lasers-and-probes (accessed 13 March 2020).

[32] Tornado Spectral Systems. *HyperFlux™ PRO Plus Raman Spectroscopy System* [online]. https://tornado-spectral.com/solutions/hyperflux/https-tornado-spectral-com-solutions-hyperflux-hyperflux-pro-plus (accessed 13 March 2020).

[33] Ocean Insight. *QE Pro Raman Series* [online]. https://www.oceaninsight.com/products/spectrometers/raman/qepro-raman-series (accessed 13 March 2020).

[34] Hamamatsu. *Mini-spectrometers* [online]. https://www.hamamatsu.com/us/en/product/photometry-systems/mini-spectrometer/index.html (accessed 13 March 2020).

[35] Ibsen Photonics. *FREEDOM Raman* [online]. https://ibsen.com/products/oem-spectrometers/freedom-spectrometers/freedom-raman (accessed 13 March 2020).

[36] Imec. *Handheld Raman Spectrometer Technology* [online]. https://www.imec-int.com/en/imaging-vision-systems/handheld-raman-spectrometer-technology (accessed 13 March 2020).

[37] IECEE (1989). *Degrees of Protection Provided by Enclosures (IP Code)*. https://www.iecee.org/certification/overview/ (accessed 22 September 2020).

[38] Angel, S.M., Carrabba, M., and Cooney, T.F. (1995). The utilization of diode lasers for Raman spectroscopy. *Spectrochimica Acta Part A: Molecular and Biomolecular Spectroscopy* 51 (11): 1779-1799.

[39] Pan, M.-W., Benner, R.E., and Smith, L.M. (2006). Continuous lasers for Raman spectrometry. In: *Handbook of Vibrational Spectroscopy*. Chichester: Wiley.

[40] Carrabba, M.M. and Rauh, R.D. (1992). Apparatus for measuring Raman spectra over optical fibers. United States Patent 5,112,127, 12 May.

[41] Scheeline, A. (2017). How to design a spectrometer. *Applied Spectroscopy* 71 (10): 2237-2252.

[42] Newport Corporation. *Richardson Gratings™: Plane Ruled Reflection Gratings* [online]. https://www.gratinglab.com/Products/Product_Tables/T2.aspx (accessed 13 March 2020).

[43] Kruschwitz, J.D. (2006). From small fish to oceans of opportunity: the story of Ocean Optics Inc. *Optics & Photonics News* 17 (2): 10-11.

[44] Williamson, J.M., Bowling, R.J., and McCreery, R.L. (1989). Near-infrared Raman spectroscopy with a 783-nm diode laser and CCD array detector. *Applied Spectroscopy* 43 (3): 372-375.

[45] Wang, Y. and McCreery, R.L. (1989). Evaluation of a diode laser/charge coupled device spectrometer for near-infrared Raman spectroscopy. *Analytical Chemistry* 61 (23): 2467-2651.

[46] Pommier, C.J., Walton, L.K., Ridder, T.D. et al. (2006). *Array Detectors for Raman Spectroscopy*. Chichester: Wiley.

[47] Heintz, R. (2019). *Back Illuminated vs. Front Illuminated CCD-Based Imaging Sensors and How it Impacts Raman Spectra, White Paper WP53197*. ThermoFisher Scientific.

[48] Saylor, J. (2019). *SiOnyx, LLC v. Hamamatsu Photonics K.K.*, No. CV 15-13488-FDS (D. Mass. 25 July 2019). https://www.jdsupra.com/legalnews/massachusetts-patent-litigation-wrap-up-48739.

[49] Hamamatsu. *InGaAs Linear Image Sensors* [online]. https://www.hamamatsu.com/us/en/product/optical-sensors/image-sensor/ingaas-image-sensor/ingaas-linear-image-sensor/index.html (accessed 13 March 2020).

[50] Sensors Unlimited. *Linear Photodiode Arrays* [online]. http://www.sensorsinc.com/products/focal-plane-arrays (accessed 13 March 2020).

[51] Arm Limited. *Arm Processors for the Widest Range of Devices - from Sensors to Servers* [online]. https://www.arm.com/products/silicon-ip-cpu (accessed 2 April 2020).

[52] ASTM E1840-96 (2014). *Standard Guide for Raman Shift Standards for Spectrometer Calibration*.West Con-shohocken, PA: ASTM International.

[53] The United States Pharmacopeia Convention (2020). *USP 43-NF 38 General Chapter <1120>*.

[54] European Directorate for the Quality of Medicines & Healthcare (2016). *European Pharmacopeia 8.7 Edition* 2016, *Chapter 2.2.48*.

[55] Rodriguez, J.D., Westenberger, B.J., Buhse, L.F. et al. (2011). Standardization of Raman spectra for transfer of spectral libraries across different instruments. *Analyst* 136 (20): 4232-4240.

[56] ASTM E2911-13 (2013). *Standard Guide for Relative Intensity Correction of Raman Spectrometers*.West Conshohocken, PA: ASTM International.

[57] Cadusch, P.J., Hlaing, M.M., Wade, S.A. et al. (2013). Improved methods for fluorescence background subtraction from Raman spectra. *Journal of Raman Spectroscopy* 44: 1587-1595.

[58] Chi, M., Han, X., Xu, Y. et al. (2019). An improved background-correction algorithm for Raman spectroscopy based on the wavelet transform. *Applied Spectroscopy* 73 (1): 78-87.

[59] McCreery, R.L. (2006). Photometric standards for Raman spectroscopy. In: *Handbook of Vibrational Spectroscopy*. Chichester: Wiley Online Library. https://onlinelibrary.wiley.com/doi/abs/10.1002/0470027320.s0706.

[60] S.T. Japan USA LLC. *Spectra Databases* [online]. http://www.stjapan-usa.com/spectradb.html (accessed 13 March 2020).

[61] Wiley Science Solutions. Know It All Spectroscopy Edition Software [online]. https://sciencesolutions.wiley.com/knowitall-spectroscopy-software/ (accessed December 2020).

[62] Wilcox, P.G. and Guicheteau, J.A. (2018). Comparison of handheld Raman sensors through opaque containers. *Proceedings of SPIE 10629 Chemical Biological Radiological Nuclear and Explosives (CBRNE) Sensing XIX*, Orlando, FL (16 May 2018).

[63] Yaghoobi, M., Wu, D., Clewes, R.J. et al. (2016). Fast sparse Raman spectral unmixing for chemical finger-printing and quantification. *Optics and Photonics for Counterterrorism, Crime Fighting, and Defence XII, International Society for Optics and Photonics*, vol. 9995.

[64] Varmuza, K. and Filzmoser, P. (2016). *Introduction to Multivariate Statistical Analysis in Chemometrics*.Boca Raton, FL: CRC press.

[65] U.S. FDA (2003). CFR part 11: electronic records. *Electronic Signatures* 21: 1-12.

[66] U.S. FDA (2019). 21CFR1040.10, performance standards for light emitting products. *Code of Federal Regulations* 8.

[67] Wei, D., Chen, S., and Liu, Q. (2015). Review of fluorescence suppression techniques in Raman spectroscopy. *Applied Spectroscopy Reviews* 50 (5): 387-406.

[68] Winfield, G. (2019). *Over the Spectral Rainbow: Christina Baxter, CEO at Emergency Response TIPS, Talks to Gwyn Winfield about the Road to Raman Riches*. CBRNe World. https://cbrneworld.com/index.php?option=com_content&view=article&id=1335%3Aover-the-spectral-rainbow&catid=22%3Ajuly-2019 (accessed 13 March 2020).

[69] Cooper, J.B., Abdelkader, M., and Wise, K.L. (2013). Sequentially shifted excitation Raman spectroscopy: novel algorithm and instrumentation for fluorescence-free Raman spectroscopy in spectral space. *Applied Spectroscopy* 67 (8): 973-984.

[70] Chimenti, R. (2017). *Dual Wavelength Applications in Portable Raman Spectroscopy*.Reno,NV:SciX.

[71] Matousek, P., Clark, I.P., Draper, E.R. et al. (2005). Subsurface probing in diffusely scattering media using spatially offset Raman spectroscopy. *Applied Spectroscopy* 59 (4): 393-400.

[72] Parker, W. (2018). Scanner for spatially offset Raman spectroscopy. US Patent 9,880,099.

[73] Agilent. *Spatially Offset Raman Spectroscopy* (*SORS*) [online]. https://www.agilent.com/en/technology/spatially-offset-raman-spectroscopy (accessed 13 March 2020).

[74] Lundsgaard-Nielsen, S.M., Pors, S.M., and Banke, S.O. (2018). Critical-depth Raman spectroscopy enables home-use non-invasive glucose monitoring. *PLoS One* 13 (5): 1-11.

[75] Pendar Technologies. *Pendar X10* [online]. https://www.pendar.com/products/pendar-x10 (accessed 13 March 2020).

[76] Haynes, C.L., McFarland, A.D., and Van Duyne, R.P. (2005). Surface-enhanced Raman spectroscopy. *Analytical Chemistry* 77 (17): 338A-346A.

[77] Langer, J., Jimenez de Aberasturi, D., Aizpurua, J. et al. (2020). Present and future of surface-enhanced Raman scattering. *ACS Nano* 14 (1): 28-117.

[78] Fan, M., Andrade, G.F., and Brolo, A.G. (2019). A review on recent advances in the applications of surface-enhanced Raman scattering in analytical chemistry. *Analytica Chimica Acta* 1097: 1-29.

[79] Silmeco. *SERS Substrates - SERStrate* [online]. https://www.silmeco.com/products/sers-substrate-serstrate (accessed 13 March 2020).

[80] Hamamatsu. *SERS Substrate J12853* [online]. https://www.hamamatsu.com/us/en/product/type/J12853/index .html (accessed 13 March 2020).

[81] Integrated Optics UAB. *SERS Substrates* [online]. https://integratedoptics.com/products/sers-substrates (accessed 13 March 2020).

[82] SERSitive *SERSitive Substrates* [online]. https://www.sersitive.eu (accessed 13 March 2020).

[83] Ocean Insight. *SERS Substrates* [online]. https://www.oceaninsight.com/products/sampling-accessories/raman/sers (accessed 13 March 2020).

[84] Kearns, H., Jamieson, L., Graham, D. et al. (2019). Rapid portable pathogen detection with multiplexed SERS-based nanosensors. *Spectroscopy Raman Technology* 34: 20-31.

[85] Real-Time Analyzers. *SERS Products* [online]. http://www.rta.biz/products/sers-products (accessed 13 March 2020).

7

滤光片的技术原理与应用

Oliver Pust

Delta Optical Thin Film A/S, Hørsholm, Denmark

7.1　光谱学中滤光片的使用概述

　　正如本章标题，本章我们将研究和讨论滤光片在光谱学中的应用。滤光片主要运用在从紫外线（UV）到中红外（MIR）波长范围的光谱仪器中，不会运用在伽马射线光谱仪、X射线光谱仪、微波光谱仪和质谱仪中。通常情况下，"光"（light）被定义为人眼可见光（380～780 nm波长）的同义词❶。但是，这个定义似乎太窄了，因此我们要考虑更广义电磁波光谱的范围。本章不会涉及偏振光谱法的运用。尽管此类光谱仪器也可能包含滤光片，但滤光片并不是该方法的基本必备器件。

7.1.1　光谱仪器类型

　　光谱仪器可以通过不同的参数进行分类。其中一个重要的参数是体积尺寸和便携性。在大型或小型光谱仪中滤光片的使用可能非常不同。为此，我们将光谱仪器大致分为三类：台式光谱仪、便携式光谱仪和手持式光谱仪。由于本书聚焦于便携式光谱仪器，滤光片在台式光谱仪中的使用将仅作简要讨论。便携式光谱仪本质上也包括手持式光谱仪。然而，滤光片的类型和用途在这两种类型的光谱仪器中通常有着极大的不同。为此，它们将在下文不同的部分展开，分别讨论。

7.1.1.1　台式光谱仪

　　台式光谱仪一般特指体积较大、结构较为复杂的仪器，专为高性能和高灵活性设计。通常，它们可以执行激发扫描和发射扫描。对于发射扫描，激发或照明波长保持固定，然后在特征区域的光谱范围内通过旋转光栅或其他分光器件实现样品发射光谱的接收和记录。对于激发扫描，

---

❶ 有很多物种可以看到人类不可见的紫外线，如鸟类、蜂类和螳螂虾。

此过程则是通过重复扫描许多不同的激发波长，这些激发波长要么来自许多离散激光器线或发光二极管（LED），要么通过过滤宽带光源（如卤素灯、氙灯，或最近的超连续谱激光器或激光激发等离子体源）。

7.1.1.2　便携式光谱仪

便携式或微型光谱仪无疑是最为常见和常用的光谱仪类型，并且实现了工业化量产。全球每年有数万件（Tematsys报告2016年售出了40000台，预计到2021年销量可达170000台[16]）。便携式光谱仪通常是光纤耦合的，使用光栅作为色散元件和电荷耦合设备（CCD）或互补金属氧化物半导体（CMOS）线扫描阵列作为探测器。微型光谱仪可用作连接到个人计算机（PC）或笔记本电脑的独立系统，或作为部件集成为一个更大的光谱分析系统。这两种情况的关键是没有移动部件，而且整条光谱是一次即时测量获得，无需通过扫描过程。

7.1.1.3　手持式光谱仪

手持式或微型光谱仪是光谱仪器在小型化上的最新进展。它们的体积一般只有几立方厘米甚至更小。近年来，这类微型化仪器找到了进入智能手机和消费者可穿戴设备的应用场景。其中包括检查水果的成熟度、肉类的新鲜度和血氧浓度等。

7.1.2　滤光片的种类

滤光片经常被忽视，但却是每个光学仪器中重要甚至核心的关键部件——尤其是在光谱仪器中。基于在滤光片公司工作的个人经验，作者发现，越来越多公司在新的光学仪器的开发过程中，直到后期阶段才发现符合预期要求的滤光片不能或只能以难以承受的高昂的成本设计或生产。

优异可靠的光学测量分析几乎总是从高性能滤光片开始❶。因此，相关从业者有必要充分了解滤光片器件，并从设计过程的一开始就考虑它们。尽早让所选滤光片制造商参与研发过程也尤为重要，因为他们可能有宝贵的见解和技巧来减少开发过程中的问题和不必要的成本。

滤光片种类繁多，每种类型都有自己的特点、优点和缺点。在下文中，我们将考虑有色玻璃或吸收滤光片、液晶可调谐滤光片（LCTF）、声光可调谐滤光片（AOTF）以及薄膜或干涉滤光片。我们的重点将放在薄膜滤光片上，因为它们是迄今为止最常用的滤光片。

7.1.2.1　有色玻璃滤光片

最古老的滤光片类型是有色玻璃滤光片。这些有色玻璃滤光片由特意掺杂特殊金属盐的玻璃制成。玻璃中的金属盐可以吸收某些特定波长，从而使得玻璃在太阳光等白光光源通过时呈现互补色透过。有色玻璃滤光片的发明者已不可考，但众所周知，包括着色在内的玻璃生产最早起源于古埃及和腓尼基时代。有证据表明，这类有色玻璃早在公元前14世纪就已经投入使用[6]。

有色玻璃滤光片的主要优点是它们对入射光的入射角（AOI）不敏感，光谱特性不随AOI

---

❶ 只考虑光和辐射在仪器中走过路径的光程。

或张角（OA）变化，这使它们非常适合具有大角度或大视场（FOV）的应用。另一个优点是不需要的波长是被过滤器吸收而不是在仪器内反射，否则它们可以不受控制地传播并影响测量信号的质量。同时，不需要的光被吸收这一事实限制了有色玻璃滤光器在低光照强度下的应用。同时它不能用作超强光源的滤光片，因为大量能量的吸收可能会导致滤光片快速升温并迅速损坏。

另一个缺点是它们对温度和湿度高度敏感。有色玻璃滤光片会随着时间的推移而退化，从而影响仪器的性能，即使是保护涂层也不能完全阻止这一过程。由于退化是一个缓慢且漫长的过程，通常只有在不利影响变得强烈时才会被发现。与配备现代硬涂层薄膜干涉滤光片的仪器不同，配备有色玻璃滤光片的仪器需要定期检查和定期更换过滤器，这会增加使用的成本，并可能带来负面的用户体验。

虽然有色玻璃滤光片可以通过调节厚度改变滤光效率，但无法自由选择设计它们的光谱性能。更高效率的滤光性能与穿过率密切相关。他们的滤光边界或中心波长由金属盐决定，选择范围有限。最后但同样重要的一点是，一些有色玻璃滤光片的材料受RoHS[1]（有害物质限制）法规约束，尽管当下有豁免政策，但将来可能会被禁止使用。许多光学仪器制造商已经抢先开始用薄膜滤光片替换有色玻璃滤光片。这个改造往往需要调整部分仪器的设计，因为这两种滤光片在特性上有着显著不同。

7.1.2.2 液晶可调滤光片

液晶可调滤光片（liquid crystal tunable filter, LCTF）使用电控液晶元件选择允许通过的特定波长，同时通过基于双折射晶体中产生的具备波长选择性的偏振排除其他波长。这种类型的滤光片非常适合与成像设备一起使用，因为它具有大通光孔径、出色的成像质量和简单的线性光路等优点。一般的LCTF由一堆固定滤光片构成交换双折射晶体/液晶组合和线性偏振器。LCTF的波长选择性取决于偏光片、光学镀膜和液晶特性的选择。

7.1.2.3 声光可调滤光片

声光可调滤光片（acousto-optic tunable filter, AOTF）包含由二氧化碲的光学各向异性晶体组成的声光晶体，该声光晶体通常由耦合到充当声学换能器的压电晶体的铌酸锂或石英组成。当调谐器将150~300 MHz范围内的频率（RF）信号施加到压电晶体时，内部产生超声波，在穿过光学晶体的同时改变其对光的折射率，折射率的变化改变不同波长光线衍射的角度，从而可以在晶体的不同的出射角度选择不同的波长。

7.1.2.4 基于MEMS和压电驱动的法布里-珀罗可调谐滤光片

VTT开发了基于法布里-珀罗（Fabry-Perot）干涉仪原理的可调谐滤光片[2]。两个反射镜之间的空腔长度（此处空腔中的物质为空气）决定了基于法布里-珀罗干涉仪原理的可以通过反射镜传输的波长。当腔长改变时，透射波长也随之改变，实现了可调谐滤光片。基于微机电系统（MEMS）的法布里-珀罗可调谐滤光片可以量产并适用于智能手机中的点检测器或图像传感器等小型传感器，而压电驱动的法布里-珀罗可调谐滤光片可以生产具有更大的通光孔径。法布里-珀罗方法的局限性在于滤波器的调谐范围比较小。在第一种情况（MEMS驱动）下，它

---

[1] 限制在电气和电子设备中使用某些有害物质（RoHS指令2011/65/EU）。

的自由可调谐波长范围比较小；在后一种情况（压电驱动）下，可调谐波长范围约为中心波长周围的 ±10%。

7.1.2.5 薄膜滤光片

尽管光波在薄膜表面的相长干涉和相消干涉现象已经被发现几个世纪，直到1939年Walter H. Geffcken才发明了第一个使用介电涂层的基于干涉原理的滤光片[8]。

7.1.2.5.1 薄膜干涉原理

当光波从不同材料的薄膜之间的不同边界反射时，就会发生光波之间的互相干涉（图7.1）。在这个过程中，产生的强度光波可以增强（相长干涉）或减弱（相消干涉）。

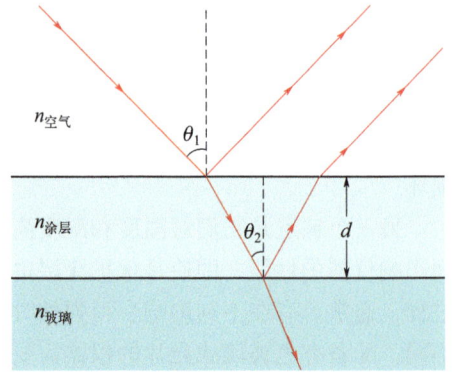

图7.1 通过带有抗反射涂层玻璃上下反射界面的一束光的光路图。经过上下界面的多束光波会互相发生干涉现象

当薄膜厚度是光波1/4波长的奇数倍时，来自两个界面的反射光波发生相消干涉（图7.2右）。光波由于不能再被反射，将会完全透过薄膜。当薄膜厚度是光的1/2波长的倍数时，两个反射波会发生相长干涉，从而增强反射并减少透过率（图7.2左）。

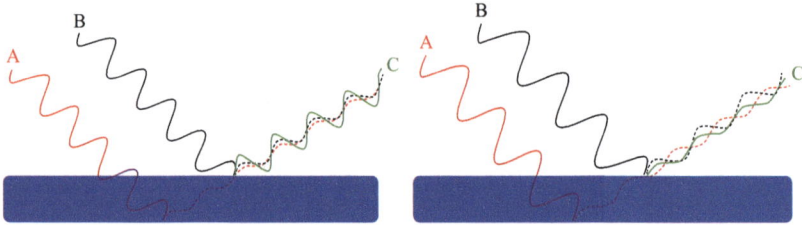

图7.2 在薄膜涂层上下界面反射的两个光波的相长干涉和相消干涉现象。来源：Jhbdel

具有交替高折射率和低折射率的1/4波长厚度的奇数层序列称为1/4波堆栈，是任何薄膜滤光片常用的基本构建结构。该结构选择性地对涂层4倍的波长附近的光波产生强反射，通常称为参考波长。通过组合具有不同参考波长的1/4波长堆栈并通过现代方法例如针尖加工优化技术对其进行修改[17]，可以设计具有几乎任何所需波长的滤光片性能——而这种滤光片产品的可制造性，尤其是经济性，是一个单独的话题，而且是需要持续不断研究和技术开发的课题。有关薄膜滤光片技术的深入讨论请参阅参考文献[12]。

7.1.2.5.2 薄膜滤光片的角度灵敏度

薄膜滤光片的一个众所周知但经常被忽视的固有特性是它们的角度灵敏度。发生相长干涉和破坏性干涉的波长取决于由多层薄膜中的介质和相位厚度决定的光程长度。

很明显，相位厚度 Φ 随AOI变化：

$$\Phi = \frac{2\pi}{\lambda} n(\lambda) d \cos\theta \tag{7.1}$$

式中，λ 为通过光波的波长，$n(\lambda)$ 为该层介质的折射率，d 为该层介质的厚度，θ 为光波在介质中传播的角度。

光波在介质层中的角度和AOI在空气中的角度 γ 可以由Snell定律描述：

$$n\sin\theta = \sin\gamma \tag{7.2}$$

因而有

$$\cos\theta = \sqrt{1-\left(\frac{\sin\gamma}{n}\right)^2} \tag{7.3}$$

薄膜镀层通常由非常多层材料组成，并一般由两种分别为高折射率n_H和低折射率n_L的材料交互堆叠而成。通常情况下，可以以一个总有效折射率描述整个多层薄膜结构：

$$n_{eff} \approx \sqrt{n_H n_L} \tag{7.4}$$

图7.3中展示的镀层由Ta_2O_5和SiO_2组成。在720 nm波长下，这两种材料的折射率分别为2.1085和1.4771，从而计算得到总有效折射率为1.7648。

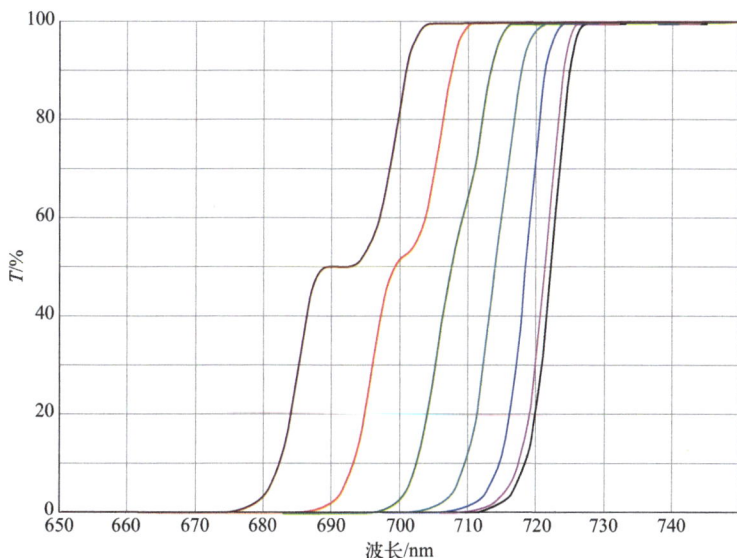

图7.3 入射角度对长波通滤光片效率的影响，从AOI=0°（黑色）到AOI=30°（灰色）每条曲线以5°递增。来源：Delta Optical Thin Film A/S

假设一束波长为721.5 nm的光波由法线方向入射（黑色曲线在T=50%处），我们可以基于公式（7.5）计算出下列其他角度的数值：

$$\lambda_\theta = \lambda_0 \frac{\sqrt{n^2 - \sin^2\theta}}{n} \tag{7.5}$$

$$\lambda(\theta=5°) = 720.6 \text{ nm}, \lambda(\theta=10°) = 718.0 \text{ nm}$$
$$\lambda(\theta=15°) = 713.7 \text{ nm}, \lambda(\theta=20°) = 707.8 \text{ nm}$$
$$\lambda(\theta=25°) = 700.5 \text{ nm}, \lambda(\theta=30°) = 691.9 \text{ nm}$$

这些计算出来的数值与曲线符合度非常好。但是，偏振可能会对入射角度大于20°的光波产生巨大的畸变和影响，因此通常推荐在使用中将入射角控制在15°以内。从图7.3中的曲线可以明显看到这个影响。

锥形半角（CHA）或OA也会产生类似的效应，其中OA = 2CHA。非准直光束通过干涉滤光片的影响可以被认为是平均整个范围内的入射角分布。图7.4显示了光波通过指标为17 nm宽（FWHM，半峰宽）的带通滤波片。随着OA的增加，中心波长向较短的波长移动，边缘的通带变得不那么陡峭，因此峰值传输下降，原因是光波会更早通过带通的边缘。值得注意的是，FWHM仅从17 nm略微增加到20 nm。在大多数情况下，不推荐使用大于±16°的OA，因为随着OA的增加这种影响偏差会逐渐增加。同理，AOI的影响也应该同步纳入考量的范围。

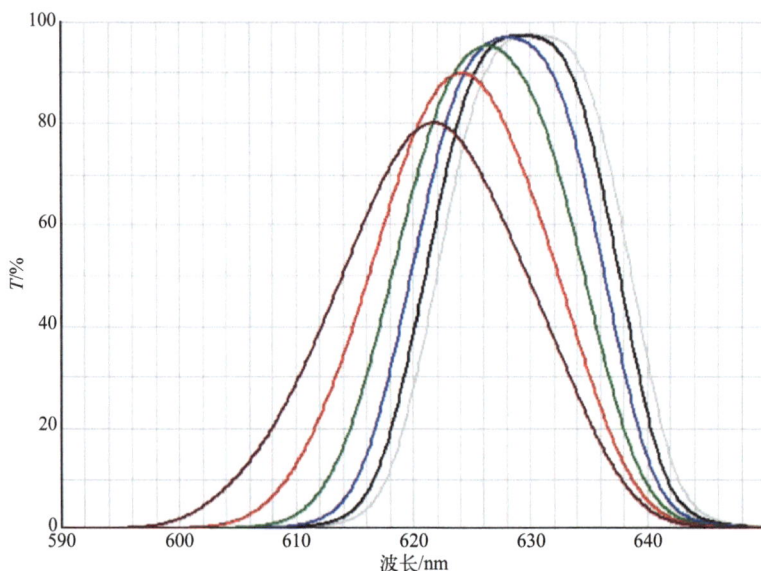

图7.4　预测波形在不同张角（OA）下的变化：±0°（浅灰色）；±8°（黑色）；±12°（蓝色）；±16°（绿色）；±20°（红色）；±24°（棕色）。随着OA的增加，波段的中心波长向较短的波长偏移，并且波形变得不那么呈箱形。来源：Delta Optical Thin Film A/S

随着AOI的增加产生的蓝移可用于在光学系统中实现波长可调性。通过在光束路径中倾斜滤光片，带通滤光片可以调谐到不同的中心波长❶。然而，如图中所示，在不利影响变得太大之前，调谐范围应当被限制在几十纳米的范围内。

下面几段内容将进一步介绍实现可调谐滤波片的一种优雅而可靠的方法。

7.1.2.5.3　连续可调谐滤光片

很多年来，绝大多数干涉滤光片都只能生产固定波长功能即空间均匀滤光片。无论滤光片的具体类型如何（短波通、长波通或带通滤光片），在过去和现在生产的滤光片在其通光孔径上具有均匀的光谱特性，并且一批中相同滤光指标的占比很高。

带通滤光片的中心波长取决于涂层堆叠内的各个薄膜层的光学厚度。因此，通过在滤光片的一个空间维度上连续堆叠从而改变总厚度来创建可变滤光片是一个显而易见的想法（图7.5）。

厚度和波长梯度可以沿圆段（圆形可变滤光片）或直线（通常称为线性变量滤光片）。在这两种情况下，光谱特性沿滤波器的一个空间维度连续变化。这些滤光片不是分段的（分段化滤光片），而是真正连续的。线性可变滤光片中的线性一词不能与波长色散特性混淆。这波长和滤光片位置之间的相关性不一定是线性的，也可以是指数级相关的（图7.6）。

与具有固定波长特性的传统滤光片一样，可以生产连续可变滤光片（CVF）作为边缘或带通滤光片以及二向色分束器。尽管CVF已为人所知并且经过几十年的制造经验积累，在最近几年

---

❶ 此效应还用于补偿一批极窄带通或拉曼的生产公差长波通滤波器。

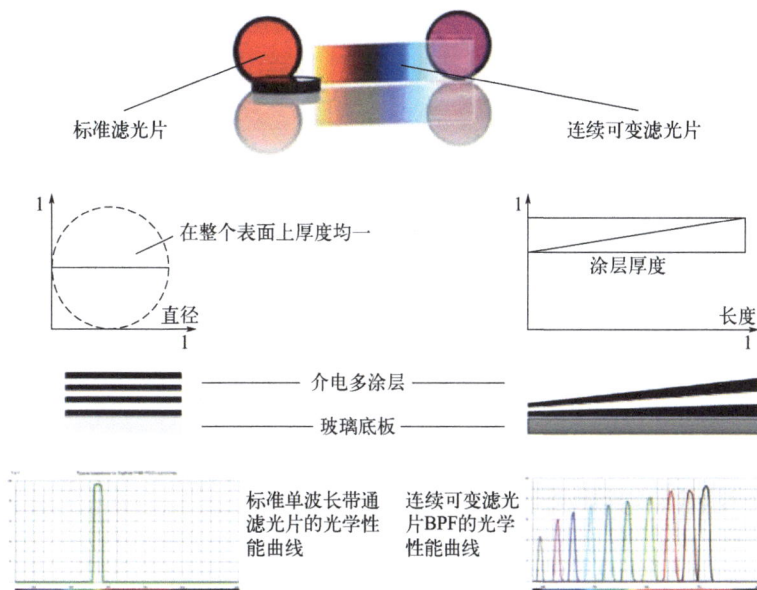

图7.5 固定和连续可变滤光片的构造原理

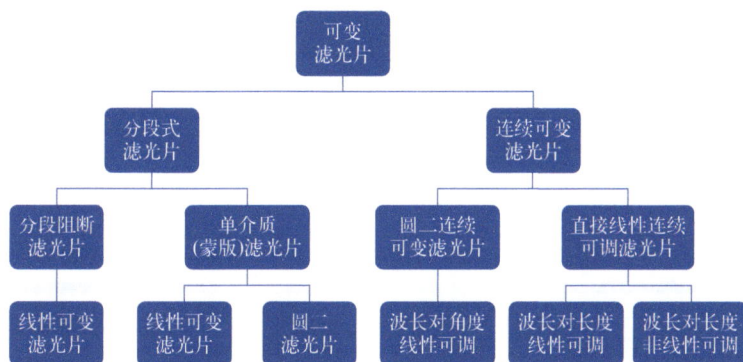

图7.6 不同种类滤光片的分类和名称（作者建议）

其光谱性能才达到了光谱学所需的能兼容与强光源一起使用的可靠性。早期的CVF通常用有色玻璃或包含薄金属层（感应传输滤光片）制作，以实现带外过滤。这种工艺限制了穿透率、寿命和激光诱导损伤阈值（LIDT）等关键核心技术指标。

设计和生产技术的进步使得CVF达到传统的固定波长滤光片水平成为可能。现代CVF达到的穿透率和过滤效率水平已经足以满足荧光测量的边缘陡度的要求。图7.7和图7.8显示了性能连续可变长波通滤光片（CVLWP）和性能连续可变短波通滤光片（CVSWP）的性能曲线图。每个滤光片都可以单独独立使用。结合CVLWP和CVSWP可以构建在数百纳米的中心波长范围内连续调谐的带通滤波器。作为CVF单色仪，这些滤光片可用于荧光酶标仪或激光扫描显微镜。这些滤光片在数百纳米的完整反射范围内提供比OD4❶更好的阻挡，通过串联放置两个相同的CVF可以将过滤增加到OD6以上。滤光片在单一的熔融石英基板上可实现最小的自发荧光和高

---

❶ OD 代表光密度，是一种定量测量，表示为穿过材料的辐射 I_1 与落在材料上的辐射 I_0 的对数比，更具体地说 OD = $-\lg(I_1/I_0)$。

LIDT，这使得它们可以用作用于高功率宽带光源（例如超连续谱激光器）的波长选择器。更多CVF的使用示例将在第7.2.3、7.3、7.4.3、7.4.4节中具体描述。

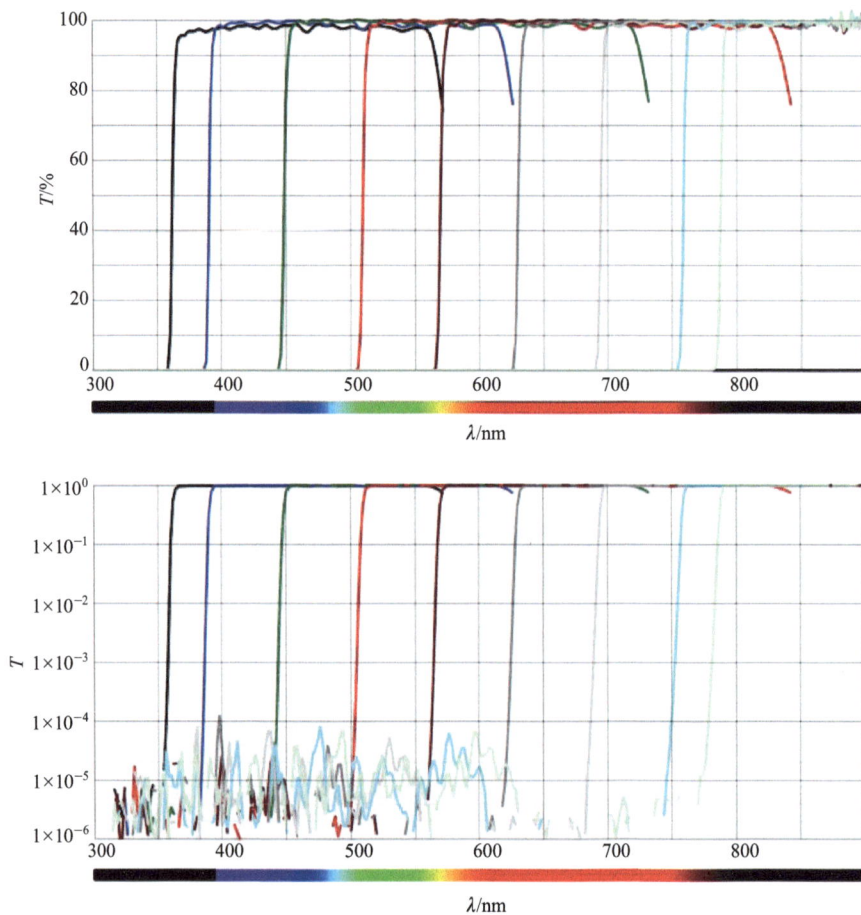

图7.7　测量得出的现代连续不同长通滤光片的性能曲线。光谱由配备200 μm狭缝的PerkinElmer 900光谱仪在9个不同位置测量得出。基于滤光片的连续可调谐性，任何通光波长可以通过位置的调整得到。来源：Delta Optical Thin Film A/S

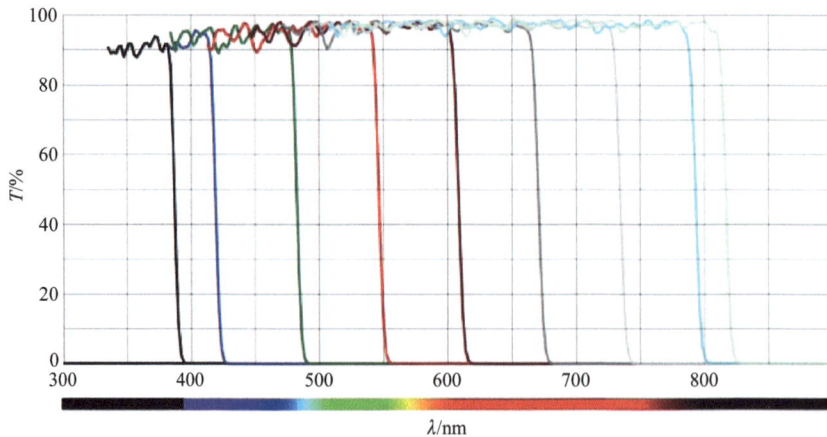

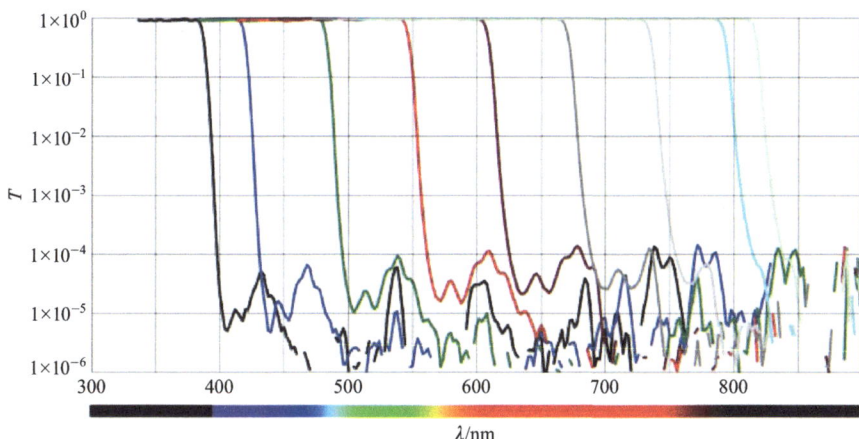

图7.8   测量得出的现代连续不同短通滤光片的性能曲线。光谱由配备200 μm狭缝的PerkinElmer 900光谱仪在9个不同位置测量得出。基于滤光片的连续可调谐性，任何通光波长可以通过位置的调整得到。来源：Delta Optical Thin Film A/S

7.2   滤光片作为辅助滤波器的应用

滤光片在光谱学中有两个主要用途：可以是主要的波长选择器件，或作为不同用途的辅助过滤器。在用作辅助过滤器时，它们不会取代光栅，但仍然执行光谱仪中的某些重要附加功能。

7.2.1   中灰滤光片

中灰（ND）滤光片用于在光到达检测器之前控制光的强度。在某些特定情况下，过高强度的光会使传感器饱和。为了防止饱和，可以在光路中插入ND滤光片将光强度降低到较低于饱和的强度水平。这是通过选择不同参数的ND滤光片实现的，从一系列不同的滤光片中选择具有最佳消光比的滤光片，或使用可变ND滤光片。ND滤光片中的中性是指ND滤光片的理想特性，可在特定波长范围内提供恒定的消光比范围，从而不对光谱信号产生畸变影响。然而，在实践中，消光比也有可能会随着波长发生一些变化，因此也应该将这些特例考虑在内。

7.2.2   作为CCD/CMOS均衡器滤波器的滤光片

硅基光电探测器的最大探测范围为200～1200 nm，其中最大灵敏度在500～600 nm之间。理论上可以针对深紫外或近红外（NIR）区域优化硅基光电探测器的光谱灵敏度曲线，这是以牺牲整体灵敏度或其他波长范围内的灵敏度作为代价的。对于很多应用来说，希望使用光谱上尽可能平坦的光谱灵敏度曲线。这可以通过均衡器调制的滤光片实现，也称为增益平坦滤光片。

图7.9显示了此类滤光片的典型曲线。在检测器具有低灵敏度的波长区域（UV和NIR），滤

光片具有高透射率。随着检测器的灵敏度从UV和NIR增加到其最大值，滤光片的通过率逐渐降低，从而使传感器灵敏度和滤光片的整体通过率变得平坦。

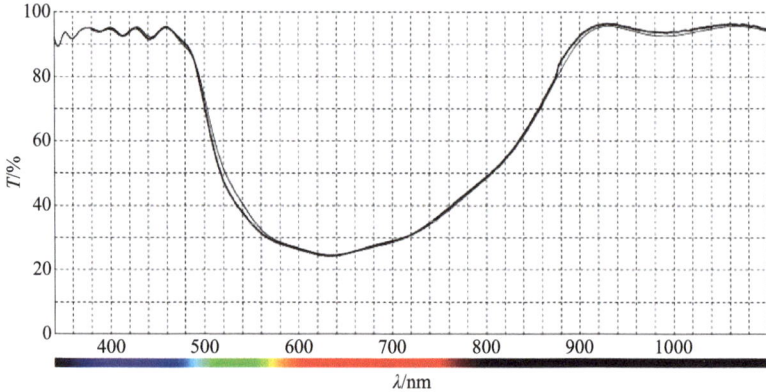

图7.9　一个经典均衡器滤波器的通过性光谱曲线。来源：Delta Optical Thin Film A/S

理想情况下，滤光片的通过曲线将遵循传感器灵敏度曲线的倒数（图7.10中橙色曲线），结果将是在整个指定波长范围内平坦的组合响应曲线（图7.10中绿色曲线）。为了补偿UV和NIR区域的低灵敏度，其他区域的穿透率下调一般会尽量控制在10%以上的水平，以避免过低的通过率影响整体灵敏度。

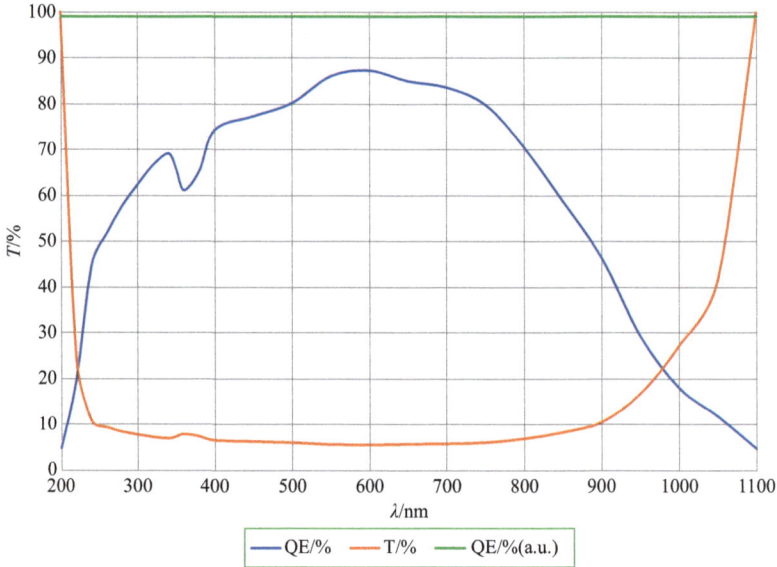

图7.10　理想情况下的均衡器滤波器：量子效率曲线（蓝色）、滤波器曲线（橙色）和组合响应曲线（绿色）

实际上，设计者需要在整体平坦度和组合响应水平之间做出折中（图7.11），这保证了在传感器灵敏度具有最高梯度的地方滤光片穿过率仍然很高。在此处显示的示例中，滤光片穿透率允许下降到30%，这反过来又使组合响应保持在240 nm和950 nm波长。不同的滤光片设计可能会产生其他折中。需要注意的是，这种方法需要设计和生产任意穿透率和光学特性的滤光片。通过多年的多种滤光片性能的新设计技术研究以及非常精确地控制各个涂层厚度的方式，这两者都可以得到较好的控制和保障。

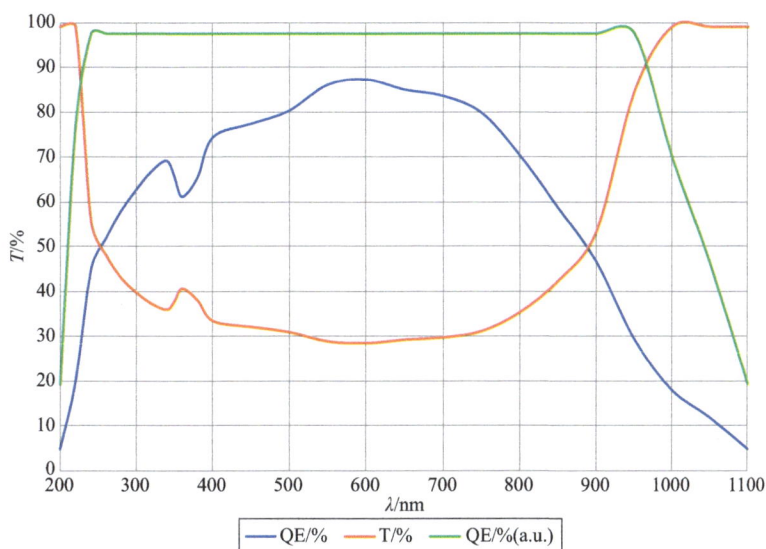

图7.11 真实情况下的均衡器滤波器：量子效率曲线（蓝色）、滤波器曲线（橙色）和组合响应曲线（绿色）

7.2.3 滤光片作为排序滤波器

大多数微型光谱仪中的波长色散元件都是光栅。除了主要波长（λ_0）之外，光栅也会产生更高阶n的波长。这些非线性过程产生的高阶波长是主波长的分数（$\lambda_n = \lambda_0/n$，其中$n = 2, 3, 4, \cdots$）。如果光谱仪覆盖不到一个完整倍频区间（$\lambda_2/\lambda_1 < 2$），这些高阶在空间上是按角度分离开的。如果λ_2/λ_1超过因子2，这些高阶波长就会开始重叠（图7.12），需要在它们到达检测器之前将其移除或分类以减少干扰。对于光谱仪覆盖不到一个倍频程，可以很容易地通过一个简单的长波通滤光片来完成截止波长。在这种情况下，截止波长必须略小于光谱仪的下限波长。

对于覆盖超过一个倍频程的光谱仪，需要一种更高级的排序滤波器。传统上，使用了分段顺序排序过滤器。这些可以是具有长波通的不同玻璃段胶合在一起的不同截止波长的滤光片，或涂有具有不同截止波长的长波通滤光片区域的单个基板（图7.13中红色曲线）。在任何一种情况下，都需要用到玻璃片段或滤

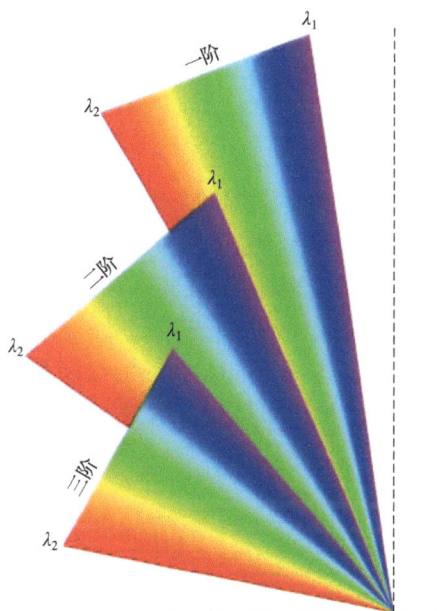

图7.12 通过光栅散射后基频和高阶色散的重叠示意图

光片涂层相遇的不连续性。这些不连续性也可以在测量的光谱中看到，通常为畸变的倾角。对于使用敏感波长范围的标准UV-NIR光谱仪硅基探测器（200～1100 nm波长），则需要配备3个部分滤波器组件以减除高阶干扰。

一种更先进和优雅的技术路径是连续可变顺序排序过滤器（continuously variable order-sorting filters, CVOSF），因为它们的涂层是连续的，长波通截止波长沿滤光片连续变化（图

7.13中蓝色曲线）。此外，CVOSF抑制了更多的杂散光，因为截止波长可以随着光栅的色散一起移动，而对于分段滤波器，从截止波长到一阶想要透射的波长的逐渐增加会带来更多的杂散光通过滤光片。

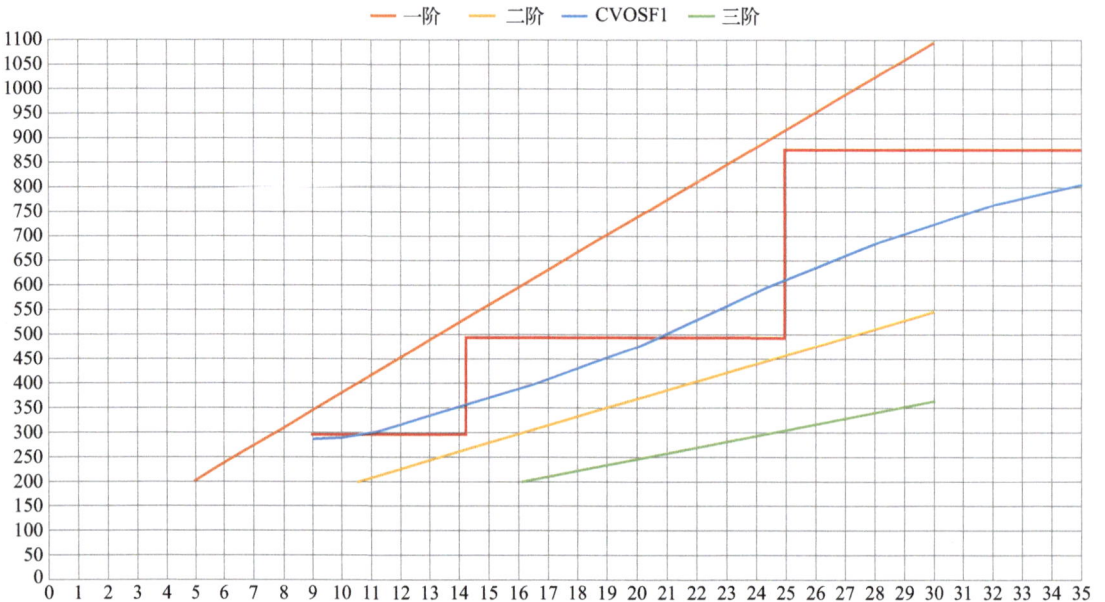

图7.13　分段和连续可变排序滤波器的比较

横轴：检测器长度，单位为mm；纵轴：一阶（橙色曲线）、二阶（黄色曲线）、三阶（绿色曲线）、切入分段排序滤波器的波长（红色曲线），连续可变排序滤波器的截止波长（蓝色曲线），单位为nm

　　CVOSF的另一个优点是它们对于其预定光路位置的错位不太敏感。在图7.13中，未对齐可以看作是滤波器曲线的水平偏移。明显地，红色曲线将快速与一阶曲线或二阶曲线相交。分段的对错位不太敏感的排序过滤器最终需要增加第四个段。CVOSF在曲线相交之前可以允许几毫米的错位。然而，对于这两种过滤器类型，由于滤波器边缘的有限陡度，需要保持额外的安全余量。如果标称$\lambda_{50\%}$波长❶的位置太靠近一阶，而滤波器通过率尚未达到最大值，就会造成信号的丢失。如果标称$\lambda_{50\%}$波长的位置太靠近二阶，则过滤性能尚未达到其最大值，高阶的噪声将可以顺利到达检测器，产生信号干扰。

7.3　滤光片作为互补滤波器

　　光栅是当今光谱仪中最为常见的标准光学组件，用于在空间上色散分离不同波长。它们可以用于微型光谱仪中线性阵列的固定配置（如上一节所述）或作为准直光源（激发单色仪）和点检测器（发射单色器）。

　　原则上，光谱测量的质量受两个因素影响：来自光栅的二次和更高阶反射以及到达检测器的散射光。在没有适当校准和抑制杂散辐射的情况下，1%～10%之间的杂散测量值都是常见的。

---

❶ 50%有两种定义：（a）$\lambda_{50\%}$是透射率达到50%时的波长；（b）滤光片达到的波长最大透射率的50%。对于CVOSF的讨论，这种区别并不重要，因为CVOSF大约有95%的传输率，而且CVOSF的安全裕度很大。

散射光可能来自任何光学表面、漏光和不充分的挡板，但其主要来源还是衍射光栅本身。

以选定的激发或发射光栅波长为中心的光学带通滤光片可以帮助抑制大部分散射光。在波长扫描期间，需要移动一系列带通滤光片依次进入光路——无论是在滑块上还是在滤光片轮上。散射光越需要抑制，需要的滤光片越窄，覆盖给定波长范围所需的滤光片就越多。在实践中，设计者通常需要平衡选择折中方案，以保持光谱仪的可用性和可行性。

减少散射光的另一种方法是引入第二个单色器。对于性能要求极高的应用场景，会不计成本地使用双光栅，来自第一个光栅的光通过第二个光栅，以减少散射并提供更高的分辨率。然而，通过每个光栅的光线反射都会导致能量损失，因此需要重点考虑波长分辨率和发射光强度的平衡。此外，第二个光栅使光谱仪体积庞大、价格昂贵、容易错位，并且二次散射的信号强度的损失导致更低的灵敏度。

Edinburgh Biosciences 开发了一种替代方法，使用一对连续可变的边缘过滤片形成一个完全可调的带通滤波器——不管是在中心波长上还是在带宽上。虽然所描述的解决方案不应用于便携式仪器，这里提到它是为了证明CVF在光谱仪器设计中的重要性。

图7.14显示了一个单单色器光谱仪的典型设置，它补充了额外的可调带通滤波器。可调谐带通滤波器由一对CVLWP滤光片和相应具有光谱特性的CVSWP滤光片组成，如图7.7和图7.8所示。过滤器安装在计算机控制的线性驱动器上，并串联放置在光谱仪光路中。边缘滤波器的

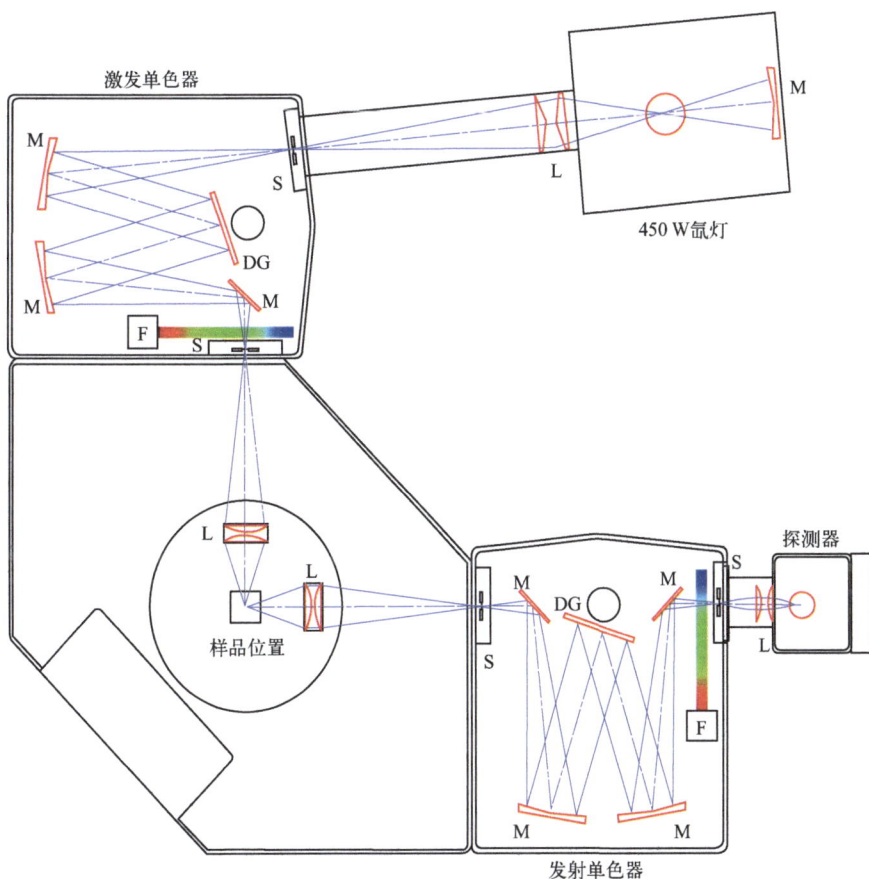

图7.14　具有单激发和发射单色器的光谱仪的典型光路设置，辅以额外的可调谐带通滤波器。M：反射镜；
　　　　L：透镜；S：狭缝；DG：衍射光栅；F：新型连续可变滤光片。来源：Edinburgh Biosciences

上升沿和下降沿形成一个带通滤波器，其中心波长和带宽可以通过向相同方向或相反方向移动滤波器连续和独立地调谐。中心波长可在数百纳米范围内调整，带宽可窄至几纳米或宽达几十纳米。全波长扫描可以自动执行，自动将中心波长调谐到光栅的中心波长并选择合适的测量带宽，可以抑制散射光，同时使信号最大化。

这种方法相对于单单色器和双单色器的优势可以从通过 EI FLS920 单色仪测量的环己烷拉曼光谱示例中完美体现（图 7.15）。高分辨率拉曼散射的测量需要非常高的灵敏度和干净的背景水平，因为拉曼散射发生的概率仅为 10^{-6}。在 500 nm 波长激发时，环己烷在 509.8～586.1 nm 波长之间显示出几个锐利的拉曼峰（拉曼位移在 384.1 cm^{-1} 和 2938.3 cm^{-1}）。

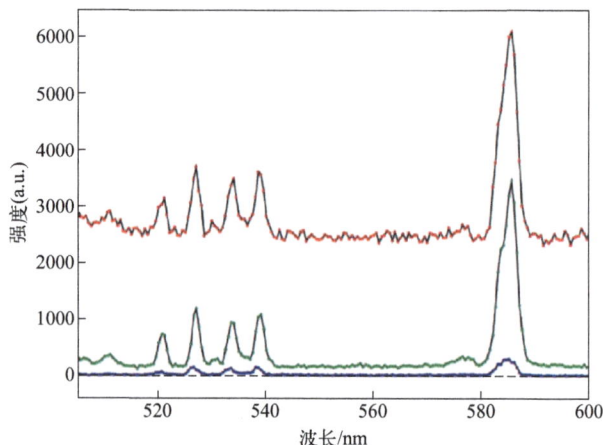

图 7.15　在 500 nm 激发波长下测得的环己烷拉曼光谱。红色曲线（上）表示在不使用可变滤光片的情况下以 1 nm 光谱分辨率获取的光谱。绿色曲线（中）是用变量滤波器获得的光谱。为了进行比较，在双单色仪上重复了相同的测量光谱仪（蓝色曲线，下）。可以看到二次散射导致的信号严重减弱。来源：Edinburgh Biosciences

在没有滤波器测量的光谱中可以观察到高水平的背景（图 7.15，红色/上部曲线），噪声使弱峰几乎不可观察。引入同步调谐可变带通滤波器显示背景噪声显著降低了（图 7.15，绿色/中间曲线）1 个数量级（因为 CVF 的深度宽带过滤）而不影响信号强度（因为 CVF 通带中的高透射率），由此导致的噪声减少使弱峰变得可见（参见例如 576.8 nm 波长处的弱峰）。信噪比（SNR）将最强峰值提高了 3.4 倍。显然，较弱的信号峰可以获得更好的信噪比。为了进行比较，在双单色仪系统上重复了相同的实验（图 7.15，蓝色/下部曲线）。在光束路径中使用两个额外的衍射光栅会严重降低信号强度，尽管背景水平降低，但使得较弱的峰无法观察到（更多详情参见文献[14]）（图 7.15）。

7.4　作为波长选择元件的滤光片

滤光片经常出现在台式光谱仪中，例如微孔板读取器中的波长选择器件。它们安装在滑块或滤光轮上，以实现波长选择激发或发射通道。尽管滤光片比光栅有优势，因为它们拥有更高的光可抓取性（定义和细节见文献[12]第659页），但是只有有限数量的固定过滤器可以一次安装在同一台仪器中。这限制了仪器的灵活性，并使信号优化非常困难且耗时。BMG Labtech 开发了新一代多模式微孔板阅读器，使用CVF以提供高光抓取能力，从而提供基于滤光片的微孔板的灵敏度阅读器，同时具有基于光栅的仪器的完全可调性，并同时具有窄、宽通带，允许收集更强的信号。除了在上一节中描述的可调谐带通滤波器外，该读取器还包括一个连续可变的二向色（CVD）镜，该镜用于控制原位荧光装置中发射激发光的选择和控制（图7.16）。

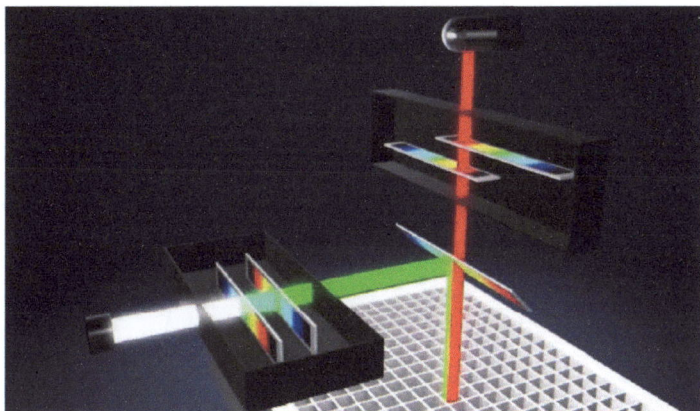

图7.16　基于CVF的多模式酶标仪的光学模块。在左边，来自氙气闪光灯的光被CVF单色器过滤到微孔板孔中对应荧光团的最佳激发波长范围。过滤后的光束被CVD反射到样品井中。红移的荧光发射通过CVD，并被第二个CVF单色器过滤到荧光团的最佳发射波长范围，然后到达图像顶部的检测器。来源：BMG Labtech GmbH

　　另一方面，在手持式光谱仪中，没有足够的空间容纳带有移动部件的过滤器解决方案。出于这个原因，手持式光谱仪直到最近也高度依赖光栅器件。连续可变带通滤波器（CVBPF）领域的最新发展使全新的光谱仪设计成为可能。以前的CVBPF——例如SCHOTT的Veril滤波器❶——不是为通用光谱用途设计的，其体积对于手持仪器来说太大了而无法使用。另一个限制因素是过滤范围通常不覆盖硅基探测器对辐射敏感的完整波长范围（通常包括200～1200 nm的全波长范围）。

　　而新一代CVBPF则克服了这些限制。图7.17和图7.21显示了NIR的两个CVBPF，分别为可见/近红外（VIS/NIR）波长范围。这些和类似滤波器的共同点是它们提供在硅基检测器（CCD或CMOS）的整个敏感波长范围内的更好的调频，并有着OD4滤波效果❷。这一特性可以提供高信噪比，而无需任何额外的滤波器，并允许在阳光下或其他不受控制的环境光情况下使用检测器。

　　除了光波过滤功能外，现代CVBPF还具有足够窄的陡峭的通带和高透射率水平，从而使许多光谱应用变得更为简易（例如荧光或颜色测量）。它们的尺寸已经缩小到现在可以与典型的线传感器或阵列传感器结合使用。组合使用线传感器可以进行点测量，下一节将对此进行介绍。将CVBPF与阵列传感器相结合，可为多光谱或高光谱相机的设计开辟新道路，并在7.4.4小节中进行了描述。

　　任何光谱仪的一个重要参数是其波长分辨率。在衍射光谱仪的情况下，它主要由狭缝的大小定义，可以实现亚纳米分辨率，以换取光通量。对于基于CVBPF的光谱仪，光谱分辨率是几

---

❶ https://www.schott.com/advanced_optics/english/products/optical-components/optical-filters/interference-filters/bandpassfilter.html。

❷ 值得注意的是，窄带通滤波器设计通常表现出所有边带均被抑制。

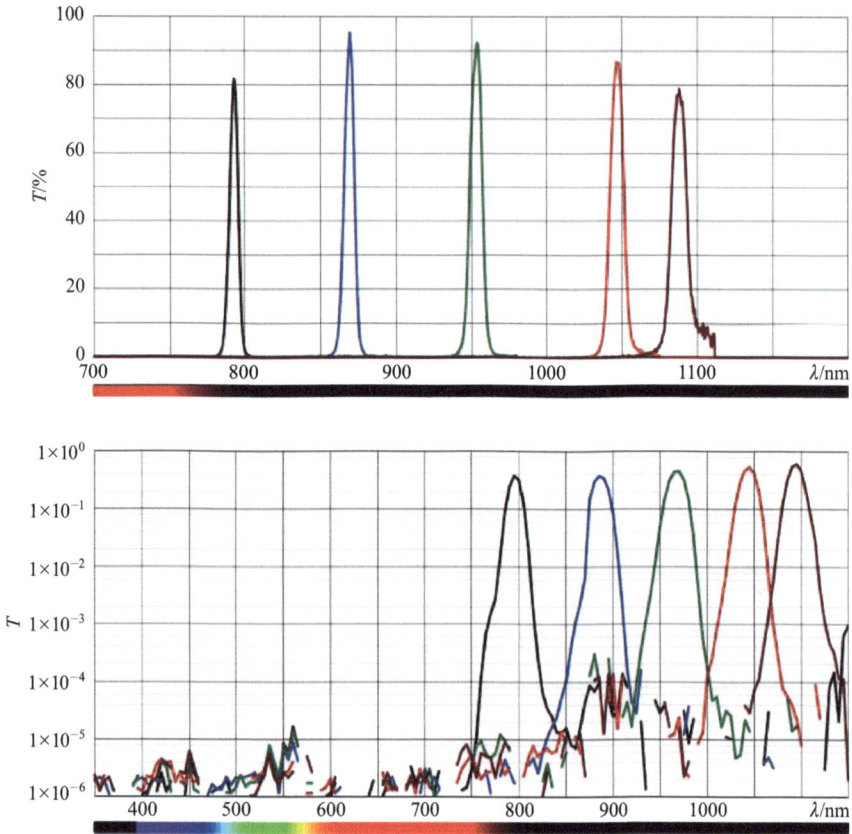

图7.17　在800～1100 nm波长范围内的连续可变NIR带通滤光片的穿透性和过滤性能实测。光谱是用 PerkinElmer 900分光光度计测量的，使用200 μm的狭缝测量光谱5个离散位置，以展示光学带宽。鉴于滤波器的连续性，任何其他的峰值波长可以在中间位置找到。来源：Delta Optical Thin Film A/S

个因素的组合。主导因素是CVBPF的光学设计带宽，它是在滤波器上定义的光点尺寸无限小的准直光的理论值，这是滤波器带通层结构的结果。通常，使用多腔设计自然地呈现出具有陡峭边缘的窄带。在一阶近似中，带宽与中心波长成正比（参见图7.21；显示的测量曲线非常接近设计性能）。

当CVBPF耦合到基于像素的传感器时，光谱性能不再由狭缝定义，但取决于传感器的像素尺寸，通常为几微米。对于所有实用的目的，这意味着单个像素接收到与设计带宽相对应的光谱宽度的CVBPF的宽度通常为几纳米。那么光谱分辨率是以下的组合：滤波器的带宽、滤波器的波长梯度和传感器的像素间距。作为一个例子，让我们再来看图7.21中的滤波器：其带宽约为其中心波长的2%，例如700 nm波长处带宽为14 nm。它的波长梯度为（880 nm－450 nm）/35 mm = 12.3 nm/mm。假设像素间距为10 μm，峰值的变化相邻像素之间的波长变为12.3 nm/mm × 10 μm = 0.123 nm。

很明显，在这个例子中，光谱被过采样了100倍。这允许像素合并，以在增强信号的同时降低噪声。它还使经典光谱学中的多种应用后处理方法成为可能：例如光谱反卷积——以提高表观光谱分辨率，甚至可以超出滤波器的光带宽。但是，通常无法达到狭缝的光谱仪的亚纳米级光谱分辨率水平。另一方面，光通量或光捕获可以相当高，而且光谱分辨率仍然足够高，尤其应用于荧光或颜色测量的应用中时。因此，这两种方法可以认为是互补的，只有针对实际应用需求才可以选择最优的技术方案。在实际的光学仪器中，更多的因素如AOI、OA（7.1.2.5小节）和滤波器到传感器表面的距离也需要纳入考虑，以评估最终的光谱分辨率。

7.4.1 即时检测仪器

即时检测（point-of-care, PoC）仪器是全球研究和开发的一个重要方向。其目标是让医疗诊断和治疗方法从大型中央实验室和手术室进化到可以在当地医生和患者的病床甚至家庭环境中进行。如今，血液或其他体液样本都在医生办公室采集并送往中央实验室。这会导致几天的时间延迟，有时候这个时间会带来生与死的差别，至少这种等待会给患者带来了心理压力。PoC还有望为偏远地区或发展中国家的患者提供先进的诊断技术。

PoC医疗技术需要便携式、小型和稳定可靠的仪器。PoC技术的大多数潜在应用都要求至少与现有方法相当的检测灵敏度。这意味着该系统中的光学器件需要至少与大型设备中的光学器件一样好。挑战是在不影响光输出的情况下减小所有光学器件的尺寸。仪器尺寸减小的同时，通过增加张角（OA）收集足够的信号。正如7.1.2.5小节中讨论的内容，通光量的增加可能会对滤光片的性能产生潜在的不利影响。这些都需要通过现代精细设计和生产技术全面优化。此外，基于荧光检测的小型PoC仪器通常没有足够的尺寸空间容纳二向色分束器（有助于抑制发射通道中的激发光）以将激发通道与发射通道分开。这对仪器中使用的带通滤波器（通常由多个滤光片组成）提出了更高的过滤性能要求。

以前只能在大型桌面上使用的诊断方法成功小型化的一个很好的例子是Cepheid的GeneXpert Omni仪器。它通过使用墨盒技术提供便携式临床分子诊断聚合酶链反应（PCR）测试。墨盒的微流体调节测试的各个方面，包括样品制备、核酸提取、扩增和基于荧光的检测过程。该仪器本身包含大量定制设计的带通滤波器，可以进行一系列基于PCR-荧光技术的测试，例如进行人类免疫缺陷病毒（HIV）病毒载量测试❶。

7.4.2 白内障的诊断和治疗应用

随着全球人口老龄化，白内障是一个日益严重的问题。白内障手术的需求给全球医疗服务带来巨大压力（每年2000万例手术）。预计到2030年，每年将进行4400万次手术。白内障晶状体的浑浊限制了对白内障范围的视觉诊断决策。Edinburgh Biosciences公司表明眼睛发出的荧光可以定量地解决这个问题[7]。健康晶状体的荧光光谱在白内障形成过程中会发生显著变化，这允许通过荧光光谱法对白内障进行早期诊断并对白内障病症的发展进行更定量的测量。

目前，更换人造塑料植入物晶状体是一项大手术。这项手术技术已经比较成熟，但需要完整的手术室资源和训练有素的外科医生。为了植入塑料晶状体，必须打开包裹人眼晶状体的囊膜。这种处理可能会导致囊膜浑浊，3年后浑浊率达到30%左右，5年后达到50%左右。通常使用高功率激光进行囊切开术来治疗晶状体浑浊。但有些患者的眼部组织较为敏感，从而不能使用该项手术。

Edinburgh Biosciences公司开发了一种白内障光漂白治疗方法，保留了患者原生的晶状体组

---

❶ https://www.cepheid.com/en/component/phocadownload/category/6-press-releases?download=132:2016-september-8-pressrelease。

织而无需植入人造物体。这也允许保留人类晶状体的适应性。光漂白过程需要密切监测。该过程通过光漂白技术将晶状体光谱恢复到健康晶状体的光谱。因此，PoC开发的仪器包含基于色氨酸荧光的检测和监测以及光漂白处理模块（图7.18）。

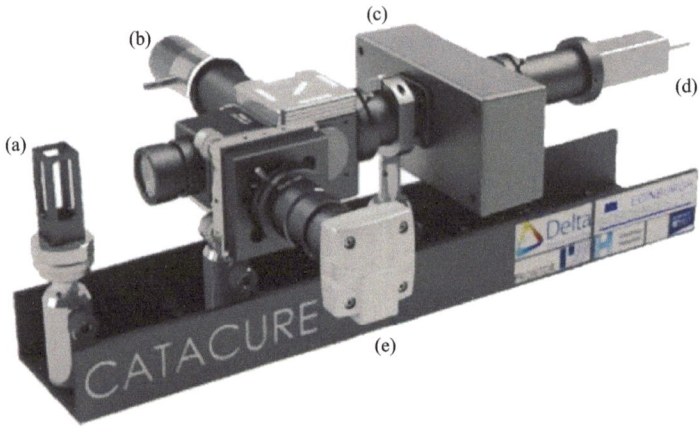

图7.18　结合白内障诊断、监测和治疗的PoC仪器的功能原型：（a）样品（眼睛）位置；（b）用于激发荧光和光漂白的LED；（c）基于连续可变带通滤波器；（d）单光子计数光电倍增管；（e）样本（眼睛）成像系统。来源：Edinburgh Biosciences公司

该监控模块的核心是线性驱动器上的CVBPF。光谱是用一个单光子计数光电倍增管扫描完成的。这个紧凑型光学系统包括LED激发、处理器、光电倍增管和相敏电子器件，但整体体积比主流的仪器小95%，同时它还具备了在环境照明条件下保持较高的光抓取率的优点。

7.4.3　点测量——用于谷物质量控制的手持式NIR光谱仪

图7.19中所示的设备是一个带有集成积分球的便携式NIR光谱仪，可以分析蛋白质、水分、碳水化合物和含油量——这些都是谷物和其他作物价值的核心成分指标。只需要扫描几个样品，

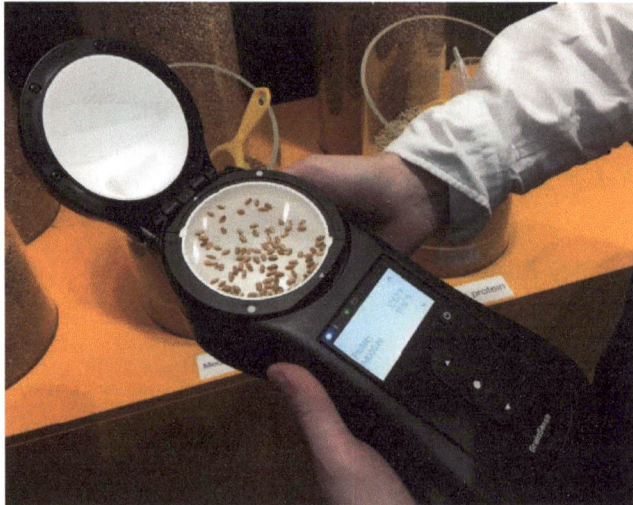

图7.19　用于谷物质量控制的手持式NIR光谱仪。来源：GrainSense Oy公司

几秒钟就可以得到结果。该设备采用了一种新设计的NIR光谱仪。如上所述，波长色散不是通过光栅实现的，而是通过专门为此应用设计的CVBPF实现的（图7.17）。该滤波器的有效长度为18.5 mm（在波长方向），高度为3 mm。它与64个矩形像素的定制光电二极管阵列齐平安装，该阵列将800~1100 nm波长离散为64个光谱通道。

样品被放置在一个小积分球的中间横截面中，因此它们的方向无关紧要。这种设计的另一个优点是信号强度和信噪比（SNR）都得到了改善。在传统的NIR光谱仪中，光仅通过样品一次。通过照亮积分球中的样品，光在到达检测器之前来回反射并穿过谷粒数次。这也减少了每次测量的时间。

这种新设备首次允许农民、谷物种子生产者和植物育种者对他们的产品在收获前和收获期间在田间进行快速质量测试和控制，而无需依赖大型实验室和来自买家单方面的价格评估，因为这种新的光谱仪坚固可靠且易于使用。该设备还有助于肉类生产商在牲畜生长过程中实时监控和调整饲料中的蛋白质含量，这对肉类生产的盈利能力可以产生积极的影响。

7.4.4　成像应用——用于高光谱成像的连续可变带通滤波器

高光谱成像（hyper spectral imaging, HSI）已在卫星成像、空中侦察和其他对成本价格不敏感的市场中使用了几十年。尽管如此，高光谱成像一词还没有明确的技术定义。有时，产生具有多于典型的3种RGB颜色的2D图像的技术（或光谱通道）——例如通过包含NIR通道——也被称为高光谱成像。不过绝大多数情况下这被认为是不够的。通常，即使是10个光谱通道，仍被称为多光谱（multi spectral），而不是高光谱（hyper spectral）。

在下文中，我们要求满足某些标准才能被严格定义为高光谱成像技术：

- 对于图像中的每个像素，我们测量入射光或辐射的光谱；
- 测量的频谱是连续的，不会离散到有限数量的通道或频段；
- 光谱涵盖多个亚波长范围，例如UVA、可见光和近红外（NIR），或近红外和短波红外（SWIR）。

新的低成本替代技术方法的出现使HSI对批量市场甚至消费产品端的应用具有巨大的吸引力，例如癌症检测、使用无人机（UAV）或直接在工厂进行精准农业、在超市进行食品测试等。新的替代方法包括在晶圆级进行涂层的传感器、带固定波长的带通滤波器（例如PIXELTEQ或imec），玻璃上的薄膜涂层也很常见。可以在沉积过程中（原位）或在涂层上使用光刻工艺图案化的基板，以阻止添加或减少沉积在基板表面的材料（例如Materion）。这些微图案技术允许滤光片在一个方向上具有不同中心波长的阶梯（也称为阶梯滤波器，适用于推扫技术）或2D马赛克（适用于快照技术）。

然而，根据上述标准，严格来说这些解决方案不提供高光谱能力，但由于其中心波长的离散变化，它们本质上是多光谱的。通常可以提供10~100个不同的波长或通道。真正的高光谱传感器提供中心波长的连续变化，因此可以实现几乎无限数量的通道。

CVBPF可以提供一种完全不同的HSI技术方法。它们是用中型和全画幅CCD或CMOS传感器制造的（例如25 mm × 25 mm或24 mm × 36 mm）。这些滤波片提供非常高的传输水平，并且在硅基探测器的光敏波长范围（200~1150 nm或更高）内被完全过滤。CVBPF与硅检测器的组合设计可以实现非常紧凑、坚固可靠且经济实惠的HSI检测器（图7.20）。

这种技术方法与传统方法相比具有多种优点和好处：

- 与光栅和棱镜相比有着更大的通光口径；
- 比光栅和棱镜有更高的透射率；
- 更短的测量时间；
- 高度抑制杂散光；
- 出色的信号背景比。

这些薄膜滤波器在单个熔融石英基板上涂有二氧化硅和金属氧化物，没有使用胶水、有色玻璃或薄金属层。由此产生的过滤器对环境非常稳健，适用于各种温度和湿度条件，并带来了更好的光谱和机械稳定性。该过滤器非常适合在机载或太空应用中长期使用，而不会发生任何退化。

图7.20　基于连续可变滤波器的高光谱成像检测器

这些在涂层室中生产的过滤器基板经过专门修改，以沿一个方向创建沉积涂层材料的厚度梯度。由于带通滤光片的中心波长取决于干涉层的光学厚度，厚度梯度形成了一个滤波器，其中心波长可以沿过滤器长度实现连续变化。

图7.21展示了中心波长范围为450～880 nm的CVBPF的传输特性，带宽约为其中心波长的2%。在很宽的波长范围内，穿透率都高于90%。550 nm波长以下的穿透率由于分光光度计对窄带的分辨能力有限而被低估了。但比峰值穿透率更重要的是，所有不需要的200～1150 nm波长的噪声光都比OD4有更好的过滤性能。

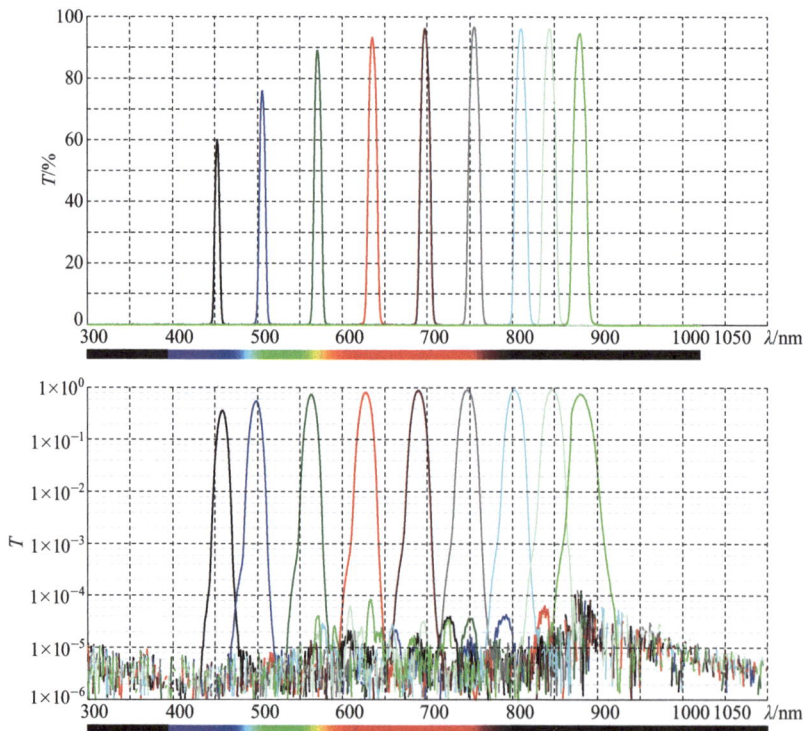

图7.21　覆盖连续可变带通滤波器的测量传输和过滤特性。在450～880 nm波长范围内沿35 mm步进。光谱由PerkinElmer 900分光光度测量得到，使用200 μm狭缝，在9个离散位置，以演示光学带宽。鉴于滤波器的连续性，任何其他峰可以在中间位置找到对应的合适波长。来源：Delta Optical Thin Film A/S

7.4.4.1 与基于光栅和棱镜的系统的比较

由于光栅和棱镜的衍射特性，它们的使用需要传感器和衍射元件之间留出比较大的距离。这会导致大型仪器由于机械影响而容易发生错位。此外，还需要一个狭缝，以获得高光谱分辨率（图7.22）。狭缝限制了光通量，从而导致信噪比（SNR）级别通常不优于200 : 1[3]。

图 7.22　经典光栅高光谱成像相机的设计。来源：Headwall Photonics 公司

与之不同的是，CVBPF可以直接安装在传感器顶部或附近。选项包括黏合到传感器表面、用过滤器或机械支架更换盖玻片。由此得到的检测器同时具备了紧凑和坚固的优点。因为光学设计不需要使用狭缝，光是通过透镜的全光圈收集起来的，再加上滤光片的高透射率和光带宽，HSI相机变得非常轻便。滤波器的深度宽带过滤确保了高信噪比和最大限度地减少光谱串扰。

在没有狭缝的情况下，每张获取的图像都会显示完整的场景。这也被称为开窗（windowing）技术。它允许从不同位置任意成像场景而不需要精确横向运动和图像采集的同步，如推扫技术。随着窗口技术的不断发展和成熟，可以使用图像模式识别技术构建高光谱数据立方体（图7.23）。另一个优点是，通过标准的立体重建技术很容易获得三维高度信息，因为空间中的物体始终从不同角度成像来形成图像序列堆栈（参见7.4.4.3小节）。

7.4.4.2 与晶圆级涂层探测器的比较

晶圆级涂层检测器（也称为片上滤波器）最具吸引力的优点是可以在小型成像传感器上填涂任意滤波片。在某些应用中，超小的尺寸可能是一个关键因素。对于快照功能（获取只有一张图像的高光谱数据立方体）也是如此。在这种情况下，传感器涂有带通滤波器的2D图案，具有不同但恒定的中心波长。当然，这种能力是以降低空间分辨率为代价的。晶圆涂层的另一个缺点是只能兼容有限光谱复杂度的滤波器。例如Imec提供的法布里-珀罗滤波器，无法获得尖锐的频带，也无法覆盖整个自由光谱范围，还牺牲了一定的信噪比。

相比之下，CVBPF更适用于较大的传感器，以保持其高性能和大波长范围。以目前的生产技术，过滤器在可变方向上至少需要20 mm的空间。一个使用CVBPF启用快照HSI的方法由

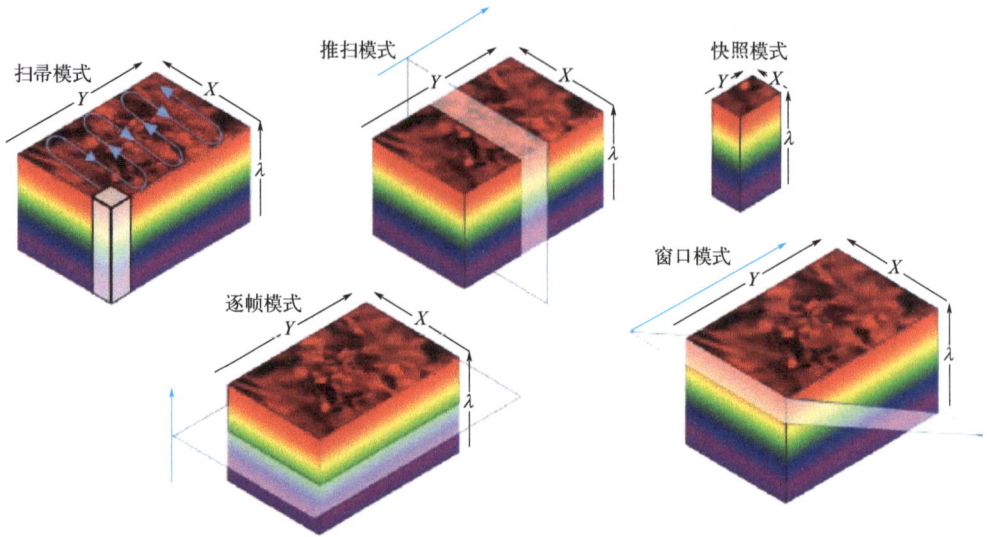

图7.23   获取高光谱数据三维立方体的不同模式。来源：Matt Gunn, Aberystwyth大学

Fraunhofer IOF推出，最近由Cubert GmbH实现了商业化。它利用2D透镜阵列（全光相机）技术，可以用于光场相机应用[18]。更详细的讨论在下面的7.4.4.4小节中进行。

7.4.4.3   3D高光谱成像

对于某些应用，例如精准农业或制造部件的质量控制，将高光谱数据与3D表面信息相结合是至关重要的[1]。在精准农业中，这提供了关于作物的营养和健康及其对高度和生长的影响。但是，使用狭缝的传统高光谱相机无法提取高度信息，因此只能拍摄物体切片的狭窄的图像，特别是在相机和物体之间存在相对运动，不能像无人机那样实现精确控制的成像条件下。即使使用快照相机，这也很困难，因为它们有限的空间分辨率通常不足以进行3D重建。另一方面，使用CVBPF的高光谱相机具有出色的空间分辨率，允许通过标准的立体图像处理[1]对成像场景进行三维重建。这利用了场景中的每个物体在经过时都可以从不同的角度观看的事实。

7.4.4.4   快照高光谱成像

经典的推扫式或取景式高光谱相机无法通过一次瞬时采集或测量获取整个高光谱数据立方体。HSI快照的一种实现方式是通过之前已经介绍和讨论过的直接在晶圆级以马赛克图案涂覆的滤光片实现的。其他启用快照HSI的方法将2D透镜阵列与CVBPF相结合。几个研究团队已经展示了原型产品[9,13,15]。下面，我们讨论最近由Fraunhofer IOF提供的技术方案[9]和由CubertGmbH[11]商业化的解决方案。

为了克服使用扫描技术或晶圆级涂层探测器的限制，Fraunhofer IOF Jena提出了一种基于多光圈系统方法的多光谱成像概念，使用定制的微透镜阵列（MLA），结合CVBPF和硅基图像传感器（图7.24）。此外，一个特制的挡板阵列用于防止相邻光通道之间的光串扰。这套方案还包括一个定制的具有高级对象分类功能的多光谱分析工具。

选择结合CVBPF的微光学成像系统的主要优点是，运用不同的光谱编码通道，在单次拍摄中同时捕获光谱和空间信息。这多孔径原理允许根据CVBPF的约束和图像传感器的尺寸在光谱

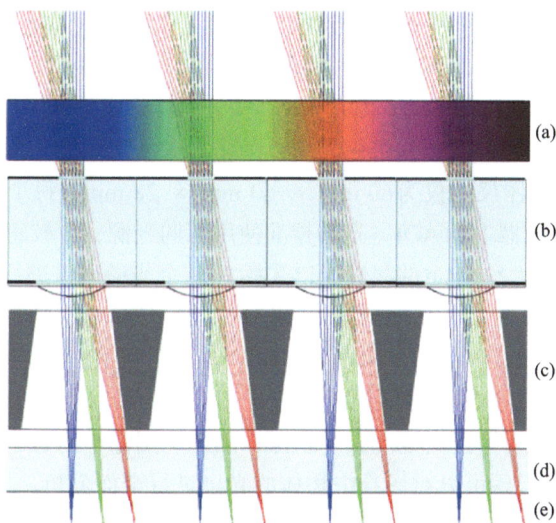

图7.24　Fraunhofer IOF相机的横截面。主要元件是连续可变带通滤波器（a）、微透镜阵列（MLA）（b）、挡板阵列（c）、盖玻片（d）和图像传感器（e）。光线角度用颜色编码，颜色不代表波长。来源：Fraunhofer IOF公司

和空间采样之间提供一个自由度，因此光谱通道的数量和微透镜的数量是相等的。作为概念验证，MLA的光学设计采用单个微透镜表面。优化产生的系统参数见表7.1。通过CVBPF相对于MLA的光轴轻微旋转，可以在扩展的光谱范围内实现线性光谱采样（图7.25）。如果滤镜没有倾斜，一个特定列中的所有镜头都会暴露在相同的波长下。

表7.1　快照式多光谱相机的具体技术参数

参数名称	数　值
通道数	11×6
光程长度	7.2 mm
有效光圈	#7
有效可视角度	68°对角线角度
图像分辨率	400像素×400像素（每个通道）
光谱波长范围	450～850 nm
光谱分辨率	6 nm（线性扫描）

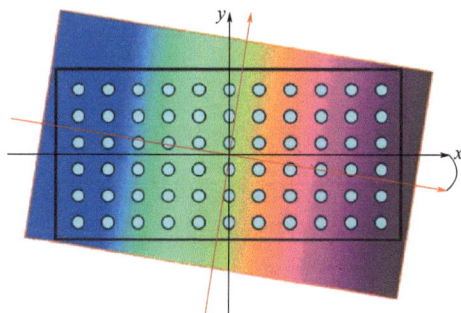

图7.25　通过相对于透镜阵列轴倾斜滤波器轴，可以同时采集66个等距光谱通道

超紧凑型微光学系统由阵列中的微透镜组成，其直径和弧垂高度在数百微米范围。因此，MLA的制造是由最先进的晶圆级光学技术完成的。通过紫外光刻和光刻胶回流技术制造球形微透镜母版，以用于创建复制工具，并将其用于最终镜片元件的成型。

CVBPF、MLA、挡板阵列安装在机械支架上，主动对准图像传感器，并固定在基座上。快照多光谱相机演示器的整体尺寸仅为60 mm × 60 mm × 28 mm。每个单独像素的光谱响应取决于CVBPF的带宽和过滤器上的AOI。光谱校准使用可调光源，以校正这些影响。多光谱相机能够在一个波长范围内以大约6 nm的线性光谱采样对66个光谱通道进行快照采集，覆盖范围为450~850 nm，光谱分辨率在10~16 nm之间。此外，物距依赖通道的空间校准提供了数据立方体中各个子图像的准确叠加。

图7.26展示了实验室中扩展场景的原始图像（右）和使用标准RGB相机捕获的图像（左）。由于微透镜的焦距较短，成像模块呈现大的景深，因此子图像中的每个对象都在焦点上（红色方块）。定制开发的软件工具可以对场景中物体的光谱进行全面分析，如图7.27所示。4个经过处理和校正的光谱提供了详细的对象信息，这些信息构成了高级对象分类。

图7.26　实验室中扩展场景的原始图像（右，红色方块显示放大的子图像）和使用标准RGB相机拍摄的图像（左）比较。来源：Fraunhofer IOF公司

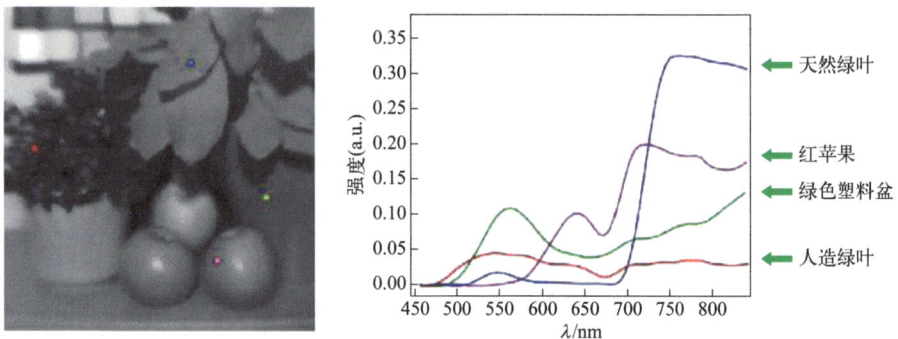

图7.27　实验室中的测试场景（左）和从4个标记对象中提取的光谱（右）。来源：Fraunhofer IOF公司

这款相机结合了最先进的微光学制造方法和多孔径商业CVBPF的成像原理。它可以实现高度紧凑和具有成本效益的设备，能够以高分辨率在单次拍摄中捕获光谱解析的扩展场。

此外，所提出的系统概念通过调整空间和光谱通道的数量在空间和光谱分辨率方面提供了很高的灵活性，开发出许多新的应用领域，包括环境和农业监测、工业监测和分类以及生物医学成像等。

7.4.4.5 不同方法的光谱质量对比

Cubert GmbH在相同的设置中并排比较了他们的3代高光谱摄像机。

FireflEYE Q285在推出时是第一台可以通过一次图像拍摄获得完整的高光谱数据立方体（x, y, λ）的高光谱相机。基于棱镜的传感器技术提供了高达70%的通光效率。具有125个光谱通道（450～950 nm）和50像素 × 50像素的图像尺寸，2500个光谱被同时记录。但图像分辨率只有50 像素 × 50像素，很难分辨图像中的空间结构。所以，只有一个波段（全色）的第二个图像传感器被集成到相机中，对相同的视图进行1000像素 × 1000像素的普通成像。有了这些附加信息，用户可以对光谱数据进行全色锐化，最终三维数据立方体转换为最大尺寸1000 × 1000 × 125。

多光谱ButterflEYE相机是基于片上滤波技术制成的。光谱通道数根据传感器类型减少到16或25。组合模型ButterflEYE X2提供分辨率为512 像素 × 272 像素的图像。

Ultris相机是基于上述光场技术开发的。相机达到400像素 × 400像素的原生图像分辨率，有100个光谱通道，连续覆盖波长范围为450～850 nm。这意味着可同时采集以前闻所未闻的160000张光谱。该相机的12位传感器可以检测光谱内容中的微小强度差异，同时保持很低的噪声水平。双GigE相机接口保证了高达6 Hz的图像帧速率。

观察3个相机光谱通道在各自波长范围内的分布，其改进显而易见。由于其基于棱镜的光学特性，Q285具有非线性[1]但稳定的波长通道分布。基于片上滤波器传感器的相机还受到以下事实的影响：光谱通道的距离和位置由于复杂而无法在生产过程中准确确定。此外，Ultris的通道与半高宽（FWHM）仅为中心波长的2%。

这3台多光谱相机（ButterflEYE X2、FireflEYE Q285和Ultris Q20）被安装在完全相同的设置中，以便于比较。借助白色参考优化曝光时间以获得最大动态。照明光源使用稳定的钨光源（50 W），曝光时间为10 ms（Q285）、16 ms（Ultris）和120 ms（X2）。测试样品的反射特性是通过减去来自测量图像的当前图像的暗色计算的，然后将其除以校准的95%白色参考图像（zenith lite）。暗电流测量和白色参考被平均20次，以达到很好的降噪效果。

然而，测量是在没有任何平均和后处理的情况下获得的，以便真实地反映相机的固有噪声。数据以原始形式呈现，没有平均、锐化或平滑，以显示每个传感器的真实光谱质量。图7.28右侧显示了从高光谱导出的三维数据图像立方体堆栈。第一行为典型的RGB表示（真彩色），下面两行显示用于植被分析的典型指标。不同图像的每个像素代表一个来自各个传感器的光谱曲线。

在FireflEYE Q285的情况下，低空间分辨率是显而易见的。同时颜色标示非常清晰，植被指数的无噪声图像也证实了这一点。片上滤波器camera X2 具有更高的空间分辨率，但表现出此类传感器典型的高噪声水平。尤其需要留意的是，植被指数只有经过密集的后处理后才能使用。新的Ultris结合了高空间具有低噪声水平的分辨率，图像质量和光谱质量都非常出色，图像噪声则与FireflEYE Q285相当。

图7.28左侧显示了使用3种不同颜色纸样的传感器的光谱特征。对具有均匀颜色的预定义区域中的所有像素的光谱进行平均。因为标准偏差表示传感器的噪声等效值，所以它用作每个通道的误差条。结果显示新的Ultris可以轻松地与FireflEYE的光谱质量保持一致，即使Ultris的空间分辨率得到了大大的提高。

---

[1] 棱镜材料的折射率随着波长的减小而增加。

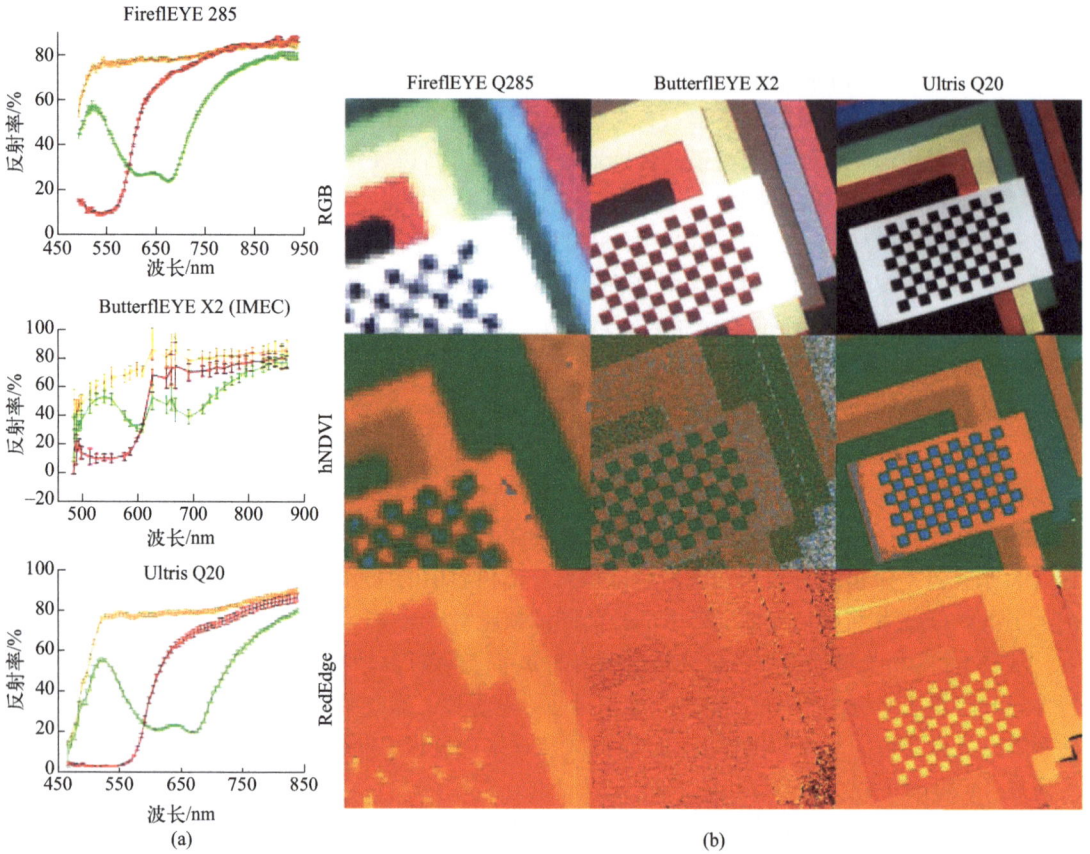

图 7.28 （a）3款高光谱摄像机的光谱质量比较。对于每个相机，光谱显示了红色、绿色和黄色样本以及表示标准偏差的相应噪声（左）。（b）3款高光谱摄像机 FireflEYE Q285、ButteflEYE X2 和 Ultris Q20 的图像比较。对于每个相机，显示一个 RGB 图像（真彩色）和两个植被指数（hNDVI 和 RedEdge）。来源：Cubert GmbH 公司

7.5 结论与展望

　　这3种方法都有其特定的优势。带光栅和棱镜的经典高光谱相机可以达到最高的光谱分辨率，非常适合要求苛刻的研究应用。在像素级上进行涂层的传感器可以使用在最紧凑的相机中，提供了相对于滤波器模式的完全灵活性，并且很适合使用在快照成像中。基于CVBPF的相机结合了高光效、高信噪比、高光谱分辨率、紧凑性和鲁棒性。对这几项技术，Renhorn 提供了深入的讨论[4]。

　　尽管上面讨论的一些滤波器通常被称为线性可变滤波器，但它们对于中心波长与滤光器上的位置不是完全线性的。这很容易通过校准曲线或组装检测器的一次性校准进行校正补偿。然而，有时候针对产品可以刻意设计使用非线性的滤波器。

　　从图7.21的透射曲线可以看出，带宽与中心波长成正比，这是用于滤波器的多腔设计的一个自然属性。因此——例如，如果我们将450 nm波长和900 nm波长的光进行比较——传感器上看到900 nm波长光的相邻像素是450 nm波长光像素的2倍。这可以用中心波长与其在滤波器上

的相对空间位置之间的指数关系补偿。其他设计目标也是可能的。理想的是覆盖更大波长范围的滤波器。最近，滤波器的设计实现了例如在35 mm以上覆盖450～950 nm波长的指数色散函数（图7.29）。

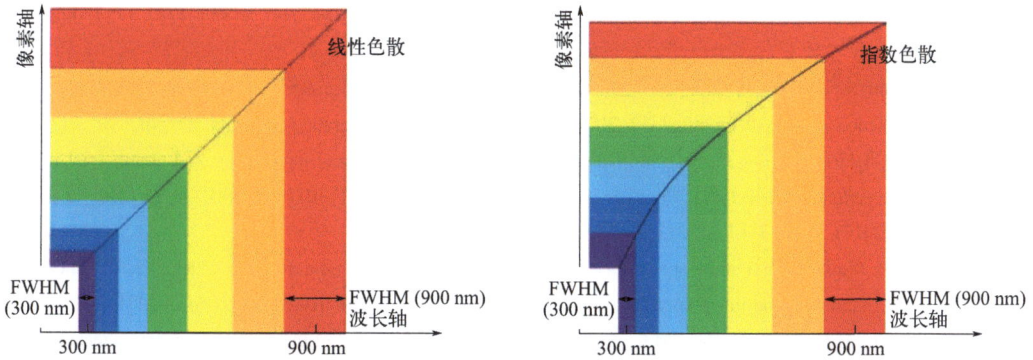

图7.29 CVBPF与线性和指数色散的比较

虽然本节的重点在于HSI，但应该提到的是，同样的技术可以用于替换紧凑型光谱仪中的光栅——使它们更加紧凑。通过基板涂层技术，过滤器可以切成非常窄的条纹，可以安装在一个线扫描探测器的前面以实现色散。例如，这个概念被用于可穿戴设备以测量血氧含量。其他有潜力的应用包括荧光显微镜和HSI的融合作为高光谱荧光显微镜。该技术同时适用于生物医学中使用的激光扫描显微镜和广角显微镜[5,10]。

参考文献

[1] Ahlberg, J., Renhorn, I.G., Chevalier, T.R., Rydell, J., and Bergström, D. (2017). Three-dimensional hyperspectral imaging technique. *SPIE Proceedings Volume 10198, Algorithms and Technologies for Multispectral, Hyperspectral, and Ultraspectral Imagery XXIII*, San Francisco (5 May 2017), Bd. 1019805. doi:10.1117/12.2262456.

[2] Antila, J., Miranto, A., Mäkynen, J. et al. (2010). MEMS and piezo actuator based Fabry–Perot interferometer technologies and applications at VTT. *Proceedings of the SPIE Defense, Security, and Sensing, 2010*, Orlando, FL, USA (27 April 2010). 7680, 04, S. 76800U. doi:10.1117/12.850164.

[3] Bachmann, C.M., Eon, R.S., Lapszynski, C.S. et al. (2019). Foote: a low-rate video approach to hyperspectral imaging of dynamic scenes. *J. Imag.* 5 (6): 119. doi:10.3390/jimaging5010006.

[4] Renhorn, E.I., Bergström, D., Hedborg, J., Letalick, D., and Möller, S. (2016). High spatial resolution hyperspetral camera based on a linear variable filter. *Opt. Eng.* 55 (11). doi:10.1117/1.OE.55.11.114105.

[5] Favreau, P.F.U.A. (2014). Excitation-scanning hyperspectral imaging microscope. *J. Biomed. Opt.* 19(4). doi:10.1117/1.JBO.19.4.046010.

[6] Fleming, S.J. (1999). *Roman Glass: Reflections on Cultural Change*. Philadelphia, PA: University of Pennsylvania Museum. ISBN 9780924171727.

[7] Gakamsky, D.M., Dhillon, B., Babraj, J., Shelton, M., and Smith, S.D. (2011). Exploring the possibility of early cataract diagnostics based on tryptophan fluorescence. *J. R. Soc. Interf.* 8. doi:10.1098/rsif.2010.0608.

[8] Geffcken, W. (1942). *Interferenzlichtfilter*. German Patent 742 463, filed 15 July 1942.

[9] Hubold, M., Berlich, R., Gassner, C., Brüning, R., and Brunner, R. (2018). Ultra-compact micro-optical system for multispectral imaging. In: *MOEMS and Miniaturized Systems XVII* Bd. 10545 (ed. P., Wibool, P., Yong-Hwa, and Z., Hans), 206–213. International Society for Optics and Photonics, SPIE, Hrsg.

[10] Gao, L. and Smith, R.T. (2015). Optical hyperspectral imaging in microscopy and spectroscopy – a review of data acquisition.

J. Biophoton. 8 (6): 441–456. doi:10.1002/jbio.201400051.

[11] Locherer, M. (2019). Lichtfeld für HSI. https://www.invision-news.de/download/ausgabe-3-2019-september/.

[12] Macleod, H.A. (2010). *Thin-Film Optical Filters.* Boca Raton: CRC Press. ISBN 978–1–4200–73027.

[13] Mu, T., Han, F., Bao, D., Zhang, C., and Liang, R. (2019). Compact snapshot optically replicating and remapping imaging spectrometer (ORRIS) using a focal plane continuous variable filter. *Opt. Lett.* 44 (5): 1281–1284. doi:10.1364/OL.44.001281.

[14] Smith, S.D., Kerr, A., Shelton, M., and Fenske, R. (2012). Upgrade of diffraction grating spectrometers for multiple purposes. edinburghbiosciences.com/wp-content/uploads/2013/04/Upgrade-of-diffraction-grating-spectrometers.pdf.

[15] Stanley, R.P., Chebira, A., Ghasemi, A., and Dunbar, A.L. (2017). Hyperspectral imaging using a commercial light-field camera. In: *Proceedings Volume 10110, Photonic Instrumentation Engineering IV*; 1011013, SPIE OPTO, San Francisco, CA, USA (28 April 2017). doi:10.1117/12.2253599.

[16] Tematys (2016). Miniature and micro spectrometers: end-user needs, markets and trends. https://tematys.fr/Publications/en/spectroscopy/42-miniature-and-micro-spectrometers-end-user-needs-markets-and-trends-.html. Version: 2016.

[17] Tikhonravov, Alexander V., Trubetskov, M.K., DeBell, G.W. (1996). Application of the needle optimization technique to the design of optical coatings. *Appl. Opt.* 35 (28): 5493–5508. doi:10.1364/AO.35.005493.

[18] Zhou, Z., Yuan, Y., and Xiangli, B. (2010). Light filed imaging spectrometer: conceptual design and simulated performance. *Frontiers in Optics 2010/Laser Science XXVI OSA Technical Digest.* Rochester, NY, USA (2428 October 2010). doi:10.1364/FIO.2010. FThM3.

8

便携式紫外可见光谱仪——仪器设计、技术路径及应用

Anshuman Das

Labby Inc., Cambridge, MA, USA

8.1　概述

随着先进制造技术的不断发展，光谱仪器技术也随着集成电路（IC）和光学元件的发展不断革新（Crocombe, 2013, 2018）。通过更先进的光刻方法，例如纳米压印光刻（Chou et al., 2014; Mohamed, 2019）和极紫外光刻（Ogletree, 2016; Radamson et al., 2018），我们现在可以在单个芯片中封装数百万个电子元件，甚至同时嵌入光学功能。这使得在智能手机等设备中制造更快、更强大的计算芯片变为现实。对这些计算设备的高需求降低了成本，并为适用于几乎每个行业的现场级应用铺平了道路。不论是采用分布式传感网络形式还是基于物联网（IoT）（Karanassios and Fitzgerald, 2018）的建网技术（Gubbi et al., 2013; Zanella et al., 2014），便携式现场级仪器在过去 10 年中都取得了巨大的改进。

尽管如今光谱仪已广泛运用于材料分析，但它们更适合于严格管理的实验室环境（Nelson, 2019）。导致这一情况的主要原因包括仪器的高昂价格、需要专家对光谱数据进行分析解读、需要复杂的样品预处理、环境光源带来的噪声以及对环境条件（温度、湿度等）的敏感性等。在光谱仪的所有不同光谱范围中，从紫外‐可见（UV-Vis）、近红外（NIR）、短波红外（SWIR）、中红外（MIR）到远红外（FIR），最成功的便携化和现场化仪器是 UV-Vis 紫外‐可见光谱仪。到目前为止，仪器成本是最主要的限制其他光谱仪在现场使用的关键原因。硅（Si）基传感器和设备成本比较低，基于锗（Ge）和铟镓砷（InGaAs）的材料由于工业化量产数量不大（相比硅基材料较少）而价格昂贵。基于这些非硅基制程检测器的线性或图像（2D）传感器的过高成本无法实现便携化和现场化的广泛运用。因此，创新的单检测器方法一直是近期发展的重点（Gelabert et al., 2016），尽管这些技术背后的原理（例如 Hadamard 变换）已经被提出和研究很多年。由于这些限制，紫外‐可见光谱仪是多个光谱仪范围内被运用

在便携式配置中最成功的一个。但受限于波长范围，这类仪器只能运用在有限的应用范围内，其中比较典型的一个应用便是水质分析（Langergraber et al., 2004）。

在本章中，将介绍便携式紫外 - 可见光谱仪的基本仪器配置。随后将深入回顾实现数字光谱采集的各种方法，从微镜设备（DMD）到自己动手（DIY）的教学方法，乃至智能手机集成的光谱仪。

最后，我们将讨论便携式紫外 - 可见光谱仪的一些潜在应用和面临的挑战，然后是需要解决的问题和对未来前景的展望。

8.2   便携式紫外 - 可见光谱仪的典型构造

虽然从严格定义上讲 UV-Vis 光谱范围为 190～800 nm，但大多数光谱仪可提供更高的波长覆盖范围，最高可达 1100 nm。这是因为 Si 对短波 NIR 区域具有明显的响应度（Pavesi et al., 2013）。然而，最常见的光谱仪配置不会覆盖整个波长的覆盖范围，因为光谱带宽和波长分辨率之间存在权衡关系。因此，制造商一般都会提供光谱范围为 190～1100 nm 的设备。此外，也没有一种光源具有如此宽的发射光谱，通常需要两个或多个光源的组合才能实现 190～1100 nm 的完整覆盖。最后，大多数应用功能通常不同时需要整个波长范围和高分辨率。由于这些因素，光谱仪在整个 UV-Vis-NIR 范围通常是以有限的光谱带宽工作。

8.2.1   紫外 - 可见光谱仪的基本配置

与大多数其他光谱仪技术（James, 2007）一样，紫外 - 可见光谱仪包含宽带光源、色散元件（如棱镜或光栅）、狭缝和检测器（Ball, 2006；Milton et al., 2009），这些器件在仪器设计中的原理如图 8.1 所示。根据排列方式的不同，检测器可以是点检测器或线性阵列检测器。入射光一般通过窄缝聚焦或引导到色散元素上，色散元素在空间上分离光谱的不同波长成分。这些成分要么直接在检测器中收集，要么在检测之前通过测试样品被检测器接收。根据仪器的不同，可以通过旋转色散元件或使用线性检测器阵列实现整个光谱数据的读出。

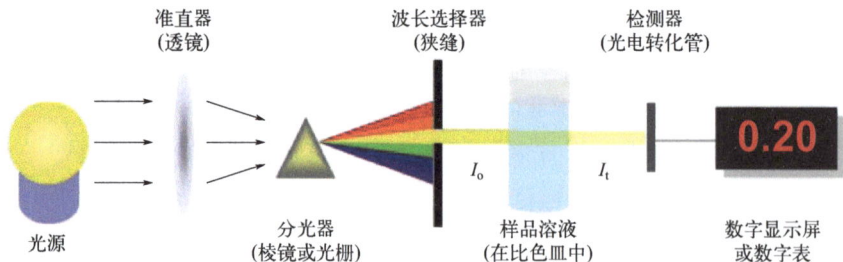

图8.1   光谱仪的经典设计构造

8.2.2   光源

氘灯是 UV 光谱仪器中比较常见的激发光源，其发射范围为 190～400 nm 波长。氙（Xe）灯也经常在200~1000 nm波长范围内使用，还可以兼容频闪模式和连续模式，同时它们在NIR区域有强烈的峰。最近，一系列紫外发光二极管（LED）也已应用到光谱仪制造中，但LED的发射带宽一般较窄。钨丝灯是迄今为止最常见的发射波长为350~2500 nm的Vis-NIR光源。同样，宽带可见光LED也可配合各种磷光材料荧光粉，以扩展发射带宽。尽管钨灯和氙灯需要冷却才能处理多余热量带来的影响，它们可以做得非常紧凑，并设计用于便携式光谱仪。各种不同光源的发射光谱可在图8.2中体现和比较。

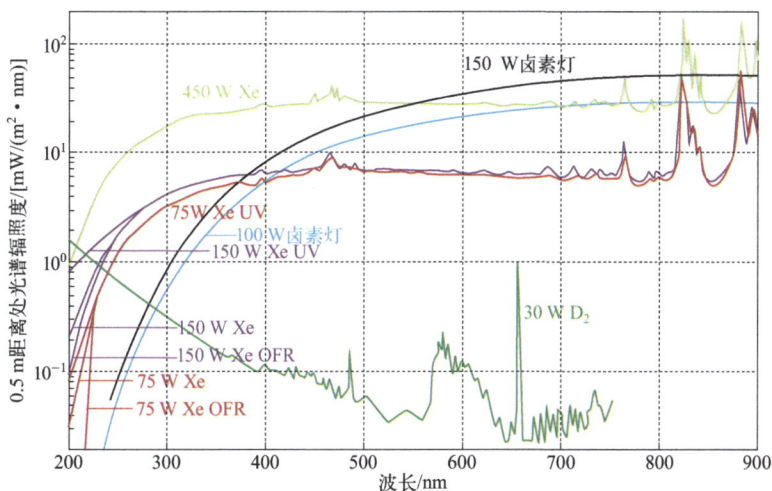

图8.2 常见紫外–可见光源的发射光谱比较。来源:Spectroscopy Instruments Catalog, Zolix。版权归Zolix Instruments Co., Ltd.所有

8.2.3 色散元件

光谱仪的早期设计主要依赖棱镜，大多数现代配置使用光栅作为色散元件（James, 2007; Loewen and Popov, 2018）。与棱镜相比，光栅更轻、更紧凑，并且提供了更高的分辨率和灵活性、更多样化的尺寸大小、更优秀的带宽。通常，刻划光栅可以定制涂层、多种色散角度和高衍射效率，因此常用于需要极高性能的精密光谱仪中。典型的衍射光栅如图8.3所示。

最近，没有传统色散元件的光谱仪也已研发推出。这种光谱仪使用微型2D传感器，并在每个像素上配备合适的滤光片以实现分光读出的目的，但其光谱分辨率较低的缺点大大限制了其应用（Oliver et al., 2013）。尽管缺陷明显，但这一路径提供了一种更简单的实现波长分离的方法，或许能在特定领域找到应用机会。

在许多台式仪器配置中，这些光栅安装在用于波长选择的精密旋转台上。虽然这种方法提供了非常高的光谱分辨率，但它实施起来很复杂，并且对振动非常敏感，因此它们通常不适用于便携式光谱仪。

最常见的有两种光栅安装配置。一种是Czerny-Turner配置，其中包括一个平面光栅和两个凹面镜，光从入射狭缝入

图8.3 作为色散元件的光栅。来源：Newport Corporation

射到使光束准直的凹面镜后打在光栅上，来自光栅的衍射光被第二个凹面镜聚焦到检测器上。另一种是像差补偿帕琛（Paschen）安装配置，其中光栅蚀刻在凹面，充当分散和聚焦元素的表面，如图 8.15 所示。帕琛配置有更少的光学元件，可以单片集成在一个芯片上。然而，这种光栅的制造具有挑战性，而且具有设计不太灵活的缺点。

8.2.4 探测器

几乎所有包含 UV-Vis 波长范围的光谱仪都配备有硅（Si）基探测器（Acree, 2006）。Si 在整个 UV-Vis-NIR 范围内都有不错的响应度。更重要的是，它很容易获得，并可定制为常规光电探测器、雪崩探测器或光电倍增管，具体取决于所需的灵敏度。目前大多数便携式 UV-Vis 光谱仪使用互补金属氧化物半导体（CMOS）或电荷耦合二极管阵列设备（CCD）作为探测元件，可以提供几千像素的高分辨率数据输出，如图 8.4 所示。这些阵列结构紧凑，读出时间快，并且可以内置高分辨率模数（A/D）转换器。

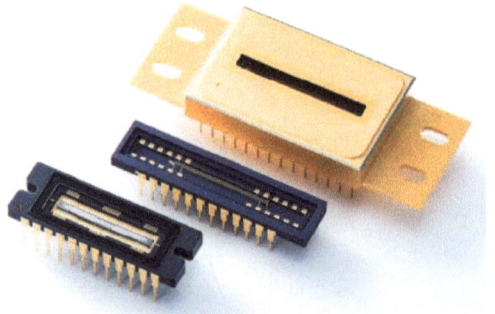

图8.4 便携式 UV-Vis 光谱仪中使用的光电转化阵列。来源：Hamamatsu Photonics

8.2.5 接口、显示和数据存储

根据不同的应用场景，台式光谱仪和便携光谱仪可以带有内置的显示屏。虽然一般的通用光谱仪需要连接台式电脑以实现通用目的，在很多情况下计算需要在光谱仪本身上完成，得出结果显示在内置显示屏上。有一些便携式光谱仪需要通过通用串行总线（USB）接口与笔记本电脑或台式电脑配合使用，而另一些则具有无线功能，可以将数据传输到支持蓝牙或 Wi-Fi 的设备。因此，仪器的便携性并不直接意味着现场使用兼容性。

图 8.5 展示了几种流行的光谱仪，其体积确实提供了便携性，但它们的接口是基于 USB 的，

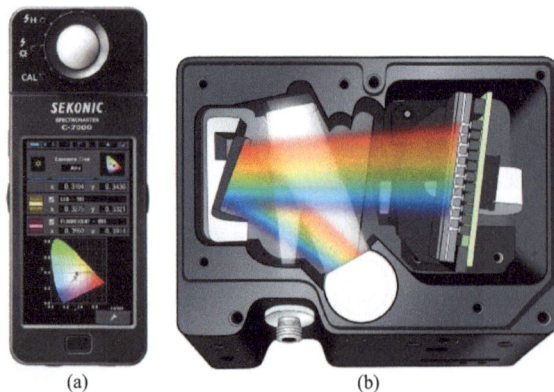

图8.5 （a）带有内置显示屏的独立光谱仪。来源：Sekonic。（b）经典的基于 USB 连接的光谱仪。来源：USB4000 Fiber Optic Spectrometer, Ocean Optics。版权（2006）归 Ocean Optics, Inc. 所有

这意味着它们需要一台外部的笔记本电脑或台式电脑来可视化和处理数据。因此这类设备不支持单机运行，通常适用于基于实验室的研究。具有内置显示器的独立便携式光谱仪具有本地数据存储，并且可以使用安全数字（SD）卡或USB存储功能，以实现数据移植。

8.2.6 其他仪器

除了基本光学仪器的光路和器件之外，便携式光谱仪还通常具有将入射模拟信号转换成数字信号进行存储和后处理的电路。A/D转换器通常位于光谱仪板上，与集成微控制器、缓冲器和其他控制电路集成在一起。如需要本地化计算，还可能存在涉及现场可编程门阵列（FPGA）的附加电路。最后，USB、局域网（LAN）或Bayonet Neill-Concelman形式的数据传输电路（BNC）端口也可以在便携式光谱仪上找到。在无线设备中，还需要加入发射天线和接收天线。

8.3 测量配置

光谱仪的设计和配置需要考虑样品状态（固体、液体或气体）、材料相互作用和分析类型等因素。例如，通常检查液体样本使用透射或吸收装置，其中照明光源和检测器位于样品的两侧。

本节介绍一些常见光路的设计和配置。

8.3.1 反射型

在反射型布置中，光源和检测器位于被检查样品的同一侧。在光源照射时，样本反射特定波长，这些波长被探测器收集。根据样品表面的不同，可能存在漫反射分量和/或镜面反射分量。在某些特殊情况下，可能需要一个积分球来同时捕获漫反射分量和镜面反射分量。图8.6显示了一个典型的使用光纤的反射型排列。使用一个带有6个光源和1个中央放置的收集光纤的光

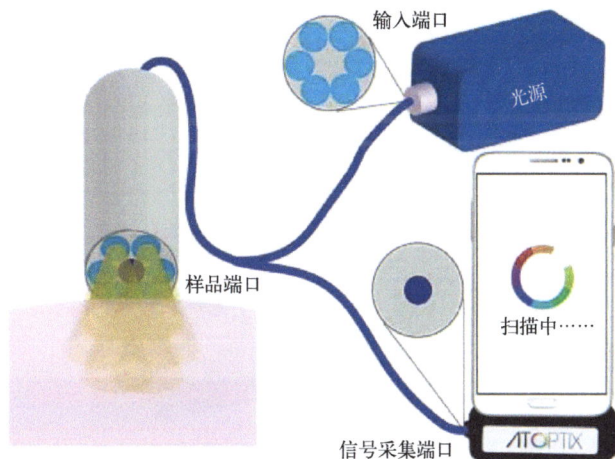

图8.6 基于光纤的反射型光谱仪的测试设置。来源：Edwards et al., 2017

纤束作为探针。样品由外围的6根纤维照射，反射的光通过分配器装置引导到光谱仪。这是便携式中常见的反射型配置。光谱仪和光纤的使用最大限度地减少了任何对准问题。类似的设置也可以布置在没有光纤的自由空间里。这种配置最常用于颜色传感应用，样品的发射光谱可以用于颜色的准确分析和测量。油漆、颜料和显示器等多个行业需要使用颜色测量来表征和标准化。8.5节将讨论颜色传感中的具体示例。

8.3.2   吸收型

在吸收测量设置中，光源和探测器位于样品的两侧，如图8.7所示。光首先通过参比物，参比物通常是蒸馏水等非吸收性材料。参比传输光谱被读出并保存。接下来引入样品，从而样品的吸收光谱被记录下来。假设没有其他如散射或反射等相互作用的情况，吸收光谱可以通过应用Beer-Lambert定律从透射光谱推导出来。台式光谱仪通常具有用于测量吸收的双光束配置，其中参比测量和样品测量可以同时进行。然而，在便携式光谱仪中，这些是不可行的，并且参比测量和样品测量需要按顺序进行。在这种情况下，光的波动源限制了检测的灵敏度。图8.7（b）显示了便携式吸收型光谱仪的示例。

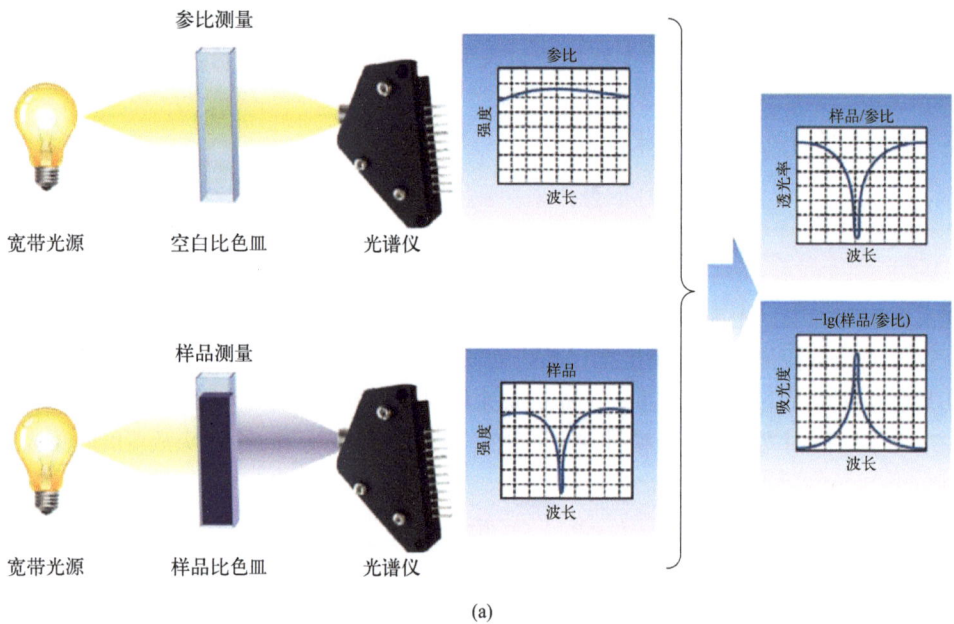

(a)

(b)

图8.7 （a）吸收型光谱仪。来源：Ibsen Photonics。（b）一台典型的便携式吸收型光谱仪。来源：PASCO

8.3.3 荧光型

在生物医学应用中特别常见的另一种常见配置涉及检测荧光（Lakowicz，2006）。根据应用用例和样品状态，有多种光路设计用于检测薄膜、溶液、液滴、粉末的荧光等。通常情况下，需要选用窄带光源用于激发荧光基团，并需要匹配选择光源波长，使其与荧光基团的最大吸收重合。在大多数情况下，激光光源用于获得最理想的信号强度，但最近的使用实例中也可以选用高亮度的LED。在检测器端，长通滤波器通常用于排除激发波长，只传输包含较长波长的荧光信号。荧光型光谱仪的光路设计可以较为灵活，其中光源和检测器可以采用吸收型或反射型的光路排列。

在荧光基团荧光弱或浓度低的应用中，需要额外聚焦光学器件，用于增加光谱仪收集的信号强度。这通常用于共聚焦显微镜中，其中光谱仪耦合到显微镜物镜中，在执行光栅扫描时在每个点捕获对应的荧光光谱。然而，在便携式荧光测量配置中，光纤通常用于最小化对准误差。在某些情况下，可以设计定制样品架，用来容纳滤波器和其他光学元件，如图8.8所示。Yu等展示了一套基于智能手机的光谱仪设置，样品荧光信号入射到放置在相机上的光栅上，以允许智能手机扮演探测器的角色（Yu et al., 2014）。相机拍摄的图像可能使用已知来源进行校准，并基于此提取标准光谱。

虽然可以使用图8.8中所示的几何结构获得光谱，但这只相当于向可用的仪器迈出了第一步。关于波长校准的稳定性、响应的线性度、背景噪声的影响以及相邻像素的总和，还需要解

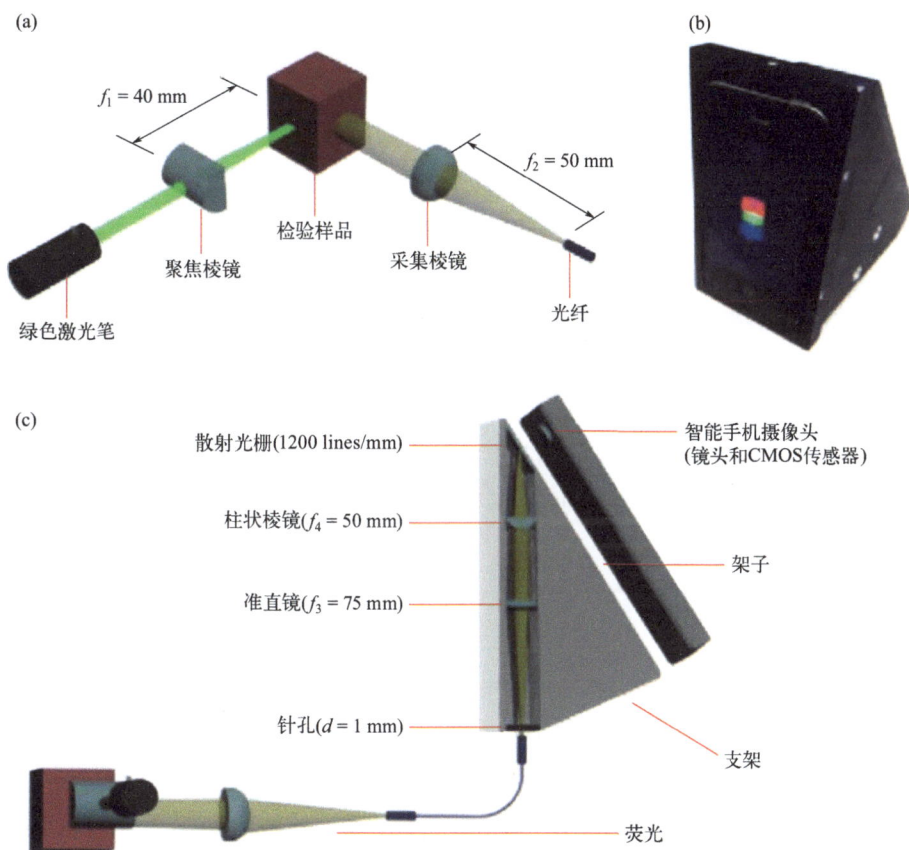

图8.8

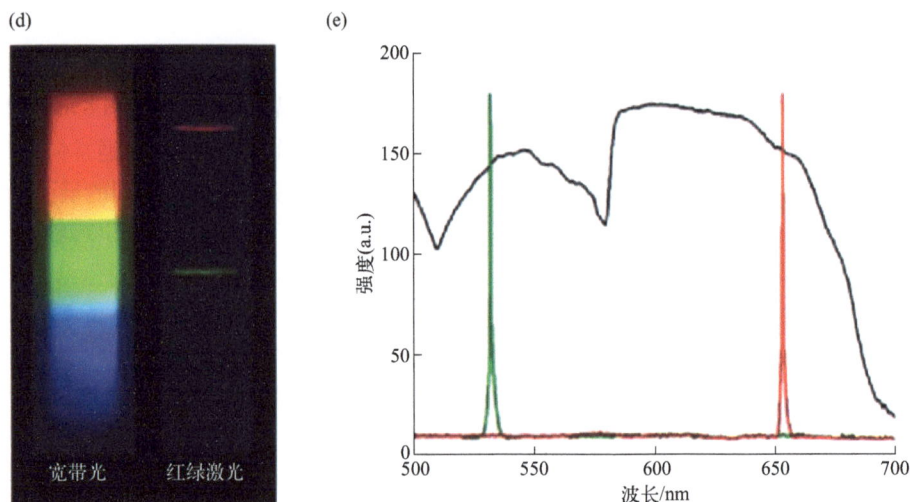

图8.8　基于智能手机的便携式荧光型光谱仪。来源：Yu et al., 2014，美国化学会

决一系列问题。在没有完全了解这些关于设备性能和局限性技术指标的情况下开发应用程序，特别是在生物医学领域，会导致测试的低灵敏度和特异性。8.6节讨论了一些在开发基于此类光谱仪配置的应用程序时需要特别留意的参数。

8.4　紫外－可见光谱中使用的仪器类型

已经有一些便携式紫外-可见光谱仪通过创新设计方法制造，从而得以满足稳健简单的现场操作和满足较低的成本限制。其中一些是便携式光谱仪所独有的，与传统的光谱仪器有明显的不同。一般来说，大部分仪器创新集中在如何准确地将入射光信号转换为其光谱分量。光源、导向光学器件、A/D转换和其他外围电子元件很容易进一步集成，以完成整个光谱仪。通过可靠的过程分散入射光信号以低噪声并捕获它，然后将其转换为校准光学信号光谱，是光谱仪器设计中最具挑战性的方面。这个过程的准确性决定了最终可能的应用。例如，一个可靠稳定的设计允许在高度敏感的生物医学中应用，而基本的低质量版本可能就只适用于教学应用中。

本节将重点介绍如何实现光色散和随后转换为光谱的各种技术方法。

8.4.1　光栅－线性探测器阵列

这种方法可以被视为传统台式光谱仪的压缩版本。除了减少了组件尺寸和所涉及的距离外，几乎所有的器件和设计都是相同的。衍射光栅用于入射光信号的空间分散，适当放置的线性探测器阵列同时捕获其组成的光谱成分，如图8.9（a）所示。通常，线性阵列由2^n（$n =8,9,10,\cdots$）个CCD或CMOS像素构成。光栅密度、尺寸和像素数决定了光谱仪的波长分辨率。此外，输入孔径直径、光学放大倍率和像差也会影响最终的光谱分辨率。这些光谱仪也称为阵列光谱仪或光栅光谱仪。

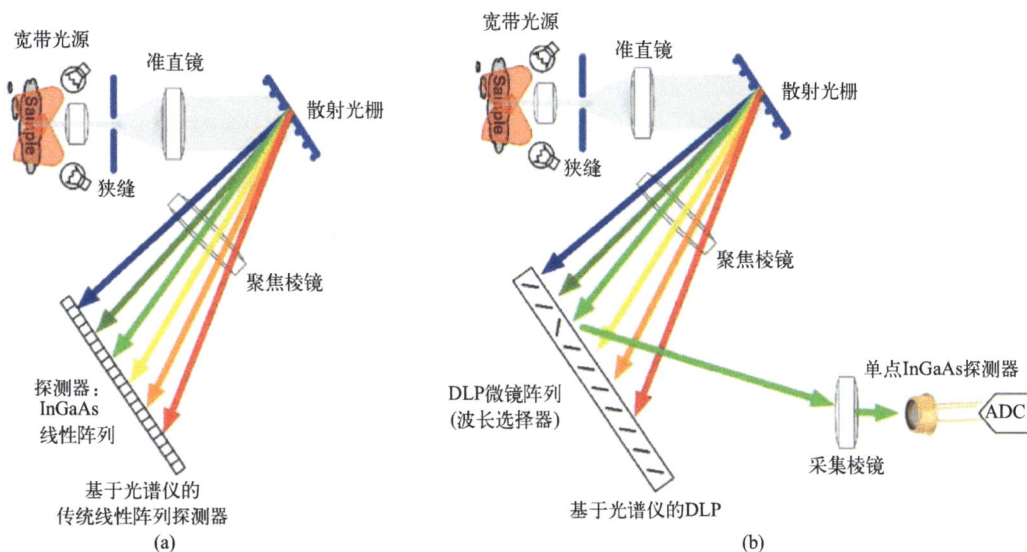

图8.9 （a）传统光栅-光电阵列型光谱仪；（b）基于微型动镜阵列的光谱仪。来源：美国德州仪器公司

8.4.2　数字微镜阵列

　　基于线性阵列的光谱仪的一个主要缺点是需要一个具有多个像素或探测器的传感器。通常，要实现大约 1 nm 或更低的波长分辨率，可能需要 4096 个像素。对于硅基探测器来说这并不是问题，因为消费类相机中的图像传感器通常具有相当数量的像素。

　　但是，如果探测器由其他材料制成，例如 NIR 光谱仪中的 InGaAs 或 Ge，则设备的成本会呈几何级显著增加。在这种情况下，单个探测器的安排是可取的。另一种方法是使用基于傅里叶变换（FT）的技术。虽然 FT 光谱仪很受欢迎，但它们有一些缺点。例如，它们不直接测量光谱，而是获得干涉图，需要通过后处理转化为光谱。这对计算能力提出了更高的要求。

　　2003 年，Spudich 等提出了一种创新的方法，可以消除线性阵列并解决基于 FT 系统的缺点（Spudich et al., 2003）。他们介绍了一种数字微镜阵列，其中每个镜子的角度可以通过数字化精准地分别控制。在光栅将入射光分成光谱分量后，每个微镜依次将光反射到一个探测器上，几乎就像一个旋转的光栅。光谱可以在所有微镜都反射了各自的光谱分量后生成。这些反射镜的尺寸为 10 μm，间距约为 5.4 μm，它们可以以微秒级切换速度运行。

　　这允许基于 Hadamard 变换以最少的后处理要求快速采集光谱。最近，德州仪器（TI）将用于微镜的投影仪（DLP）技术运用于微型光谱仪制造并实现了商业化（Gelabert et al., 2016），如图8.9（b）所示。图 8.10 显示了基于微镜的使用 DLP2010NIR 模块的光谱仪，可在 700～2000 nm 范围内工作。

8.4.3　基于二维滤波器阵列的设备

　　为了使光栅型光谱仪有效，必须在光栅和线性探测器阵列之间引入间隙。较大的间隙允许更好的波长空间分离，从而产生更高的分辨率。由于这种固有的要求，传统的光栅型光谱仪不

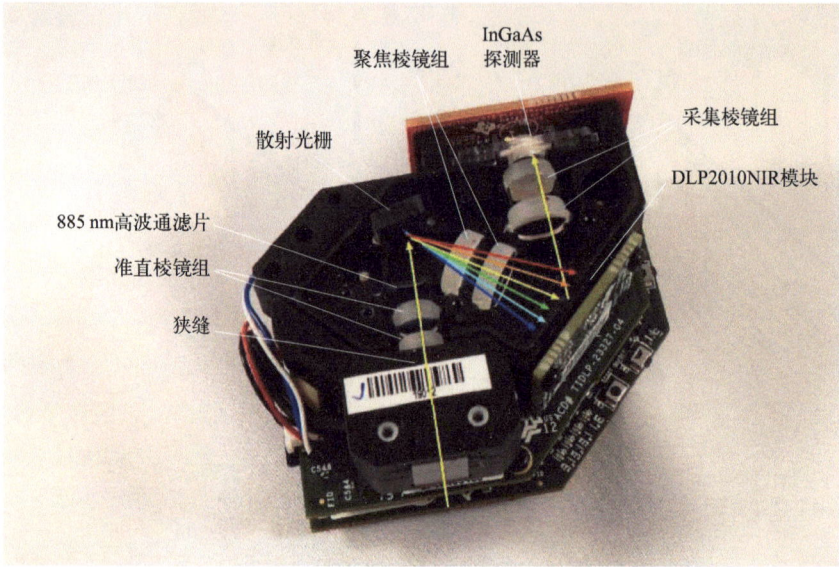

图8.10　德州仪器（TI）生产的基于数字微镜阵列的近红外光谱仪。来源：美国德州仪器公司

能做成微型芯片类设备。因此，这些便携式基于光栅的光谱仪通常有几十厘米的尺寸。有些应用需要超紧凑型光谱仪，可以牺牲一定的分辨率以换取尺寸的缩小。例如，在空间应用中，需要轻量化和紧凑型传感器。在这种情况下，使用无光栅元件（例如滤波器阵列）制造的光谱仪更合适（Oliver et al., 2013）。这是通过放置了一个具有不同透射光谱的滤波器阵列在CCD图像传感器上实现的，如图8.11（a）所示。

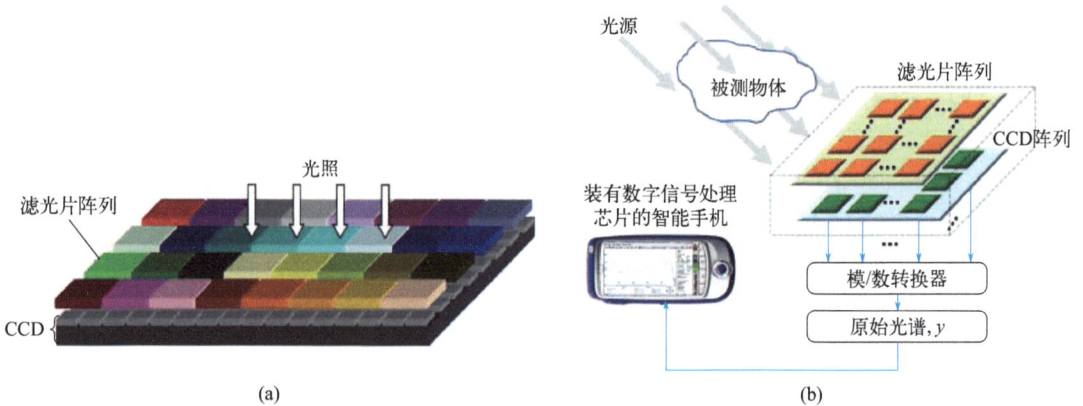

图8.11　（a）基于滤镜阵列的光谱仪。来源：Wang et al., 2007。版权归Optical Society所有。（b）拥有不同差分通过率的滤镜阵列。来源：Oliver et al., 2013。版权归Optical Society所有

在这种布置中，滤光片具有选择性透射光谱，专门允许窄波长通过。设计覆盖给定光谱区域的多个滤波器，可以通过分析CCD的各个像素处获得的强度重建光谱。

Wang等报告了一个基于128通道滤波器阵列的光谱仪，尺寸为12 mm×12 mm×5 mm，体积为1 cm³（Wang et al., 2007）。虽然这种技术可以制造极其紧凑的光谱仪，但制造128个每个具有不同传输模式的通道的滤波器阵列非常复杂和麻烦。

类似地，由于相对易于制造，量子点（QD）也被用作波长过滤器。调整化学合成方法可用

于改变QD的传输特性并创建所需的滤波器阵列。Bao 和 Bawendi 展示了一个基于QD的小型光谱仪（Bao and Bawendi, 2015），包括一个具有195个独特QD的滤波器，如图8.12所示。

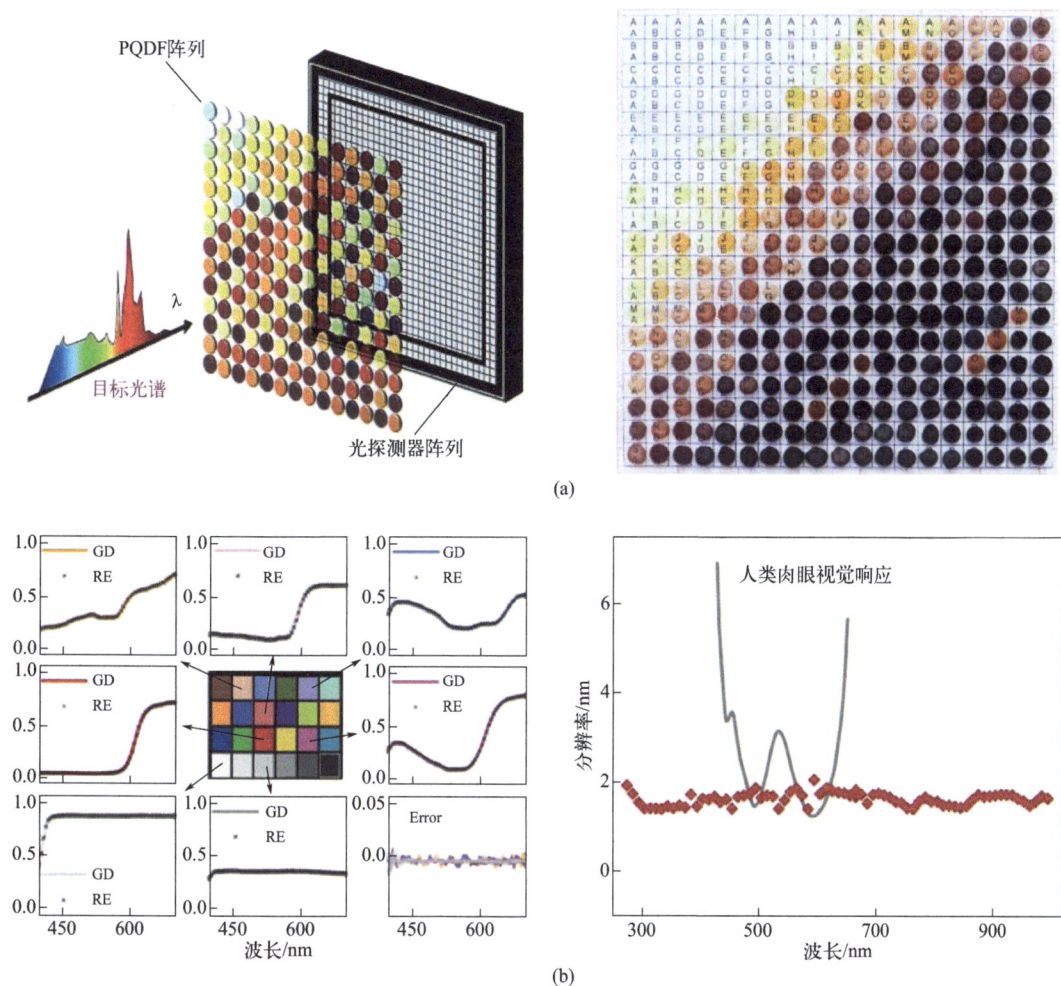

(a)

(b)

图8.12 基于量子点的光谱仪：（a）原理图示；（b）实际构造图示。来源：Bao and Bawendi, 2015。版权（2015）归Springer Nature所有

尽管这种方法有望实现超紧凑型光谱仪，但大多数演示仅可以在实验室中实现而未能达到商业化量产。有一个基于这种方法的光谱仪的商业实例，称为SCiO（SCiO n.d.）。该产品在阵列中使用12个滤光片，工作波长为700～1100 nm。有限的研究显示使用这种方法测量脂肪和水分指标可以实现一定的预测准确性。

8.4.4 基于智能手机摄像头的方法

近年来，由于智能手机的易用性、高计算能力和拥有集成的高分辨率相机，多个科研小组利用智能手机作为中央检测和计算模块实现光谱分析测量。这种方法消除了对显示器、A/D转换器和其他外围通信电路等组件的需求（Long et al., 2014；McGonigle et al., 2018）。外部电池供电的光源可以与光栅一起使用，然后直接对准手机摄像头，如图8.13所示。在光路中引

入测试样品，其光谱吸收便可以被智能手机相机捕获（de Oliveira et al., 2017）。通过分析原始光学数据，可以抑制拜耳滤色器的影响。最后，使用已知的光源波长，可以对实际波长进行校准。

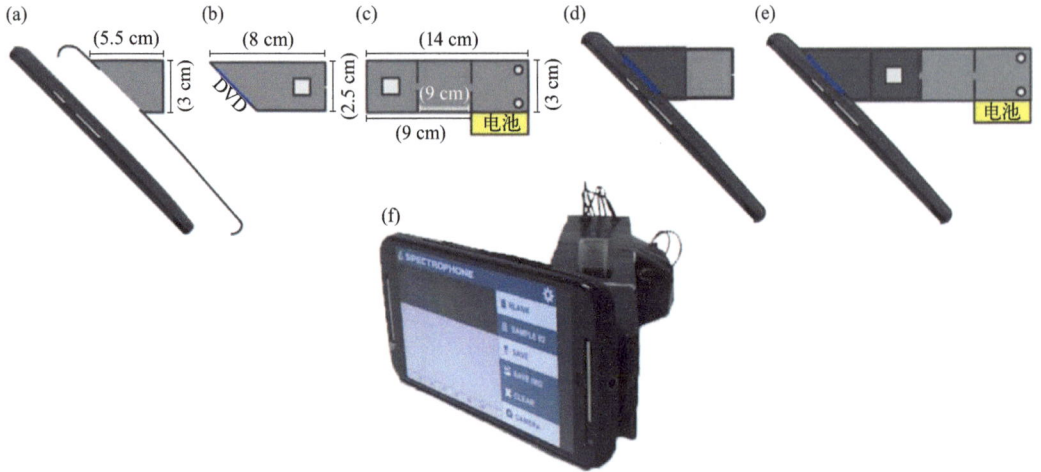

图8.13　利用手机摄像头作为探测器的光谱仪。来源：Oliveira et al, 2017。版权（2017）归 Elsevier 所有

　　这种方法提供了一种经济高效的方式实现光谱仪应用，而无需设计显示器和其他电子元件。然而，除了将在下一小节中介绍的一些自己动手（DIY）套件之外，市场上并没有多少基于这种方法的商用光谱仪，基于智能手机的光谱仪的技术细节将在 Scheeline 负责的本卷章节中进行描述，而用于临床测试的应用将在本书应用卷第10章中详细讨论。

8.4.5　"DIY"方法

　　使用3D打印机、激光切割机和计算机数控（CNC）机器的快速原型制作技术的出现使得利用现成且廉价的材料 DIY 方法构建光谱仪变得可能（Hopkins, 2014；Scheeline and Kelley, 2013）。例如，Public Lab 推出了仅售10美元的光谱仪套件。套件中包括一个激光切割纸板附件，其中装有用作光栅的 DVD 薄片，如图8.14所示。该附件可以与智能手机的摄像头对齐，以使用任何相

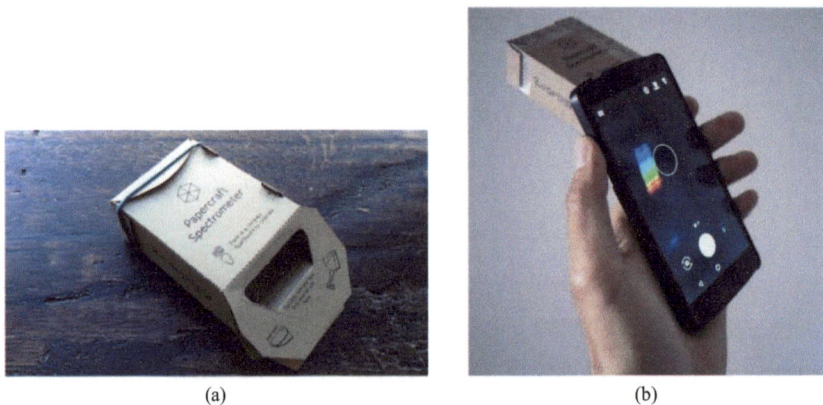

图8.14　DIY 光谱仪设备：（a）智能手机附件；（b）完整组合。来源：Jeffery Yoo Warren and Public Lab

机应用程序观察光谱。这种方法提供了一种将光谱学引入教学课程的好方法，而无需昂贵的光谱仪。由于这些设备适用于教育和业余爱好活动，它们在需要高灵敏度和稳健操作的场景中的适用性有限。另外，基于网络摄像头利用光纤电缆进行修改以执行 n 通道光谱仪的操作也有报道（Sumriddetchkajorn and Intaravanne, 2012）。

8.4.6 紧凑型芯片光谱仪

随着用于制造纳米结构的先进光刻技术的出现，在芯片水平上集成光学组件慢慢成为可能。例如，Hamamatsu Photonics（Shibayama and Suzuki, 2008）推出了一种微型光谱仪芯片，该芯片集成了闪耀光栅和CMOS线性传感器，如图8.15（a）所示。光谱仪芯片采用用于微机电系统（MEMS）制造的工艺技术制造。这些芯片仅重约5 g，波长分辨率在10～15 nm，可在340～840 nm范围内工作。最近，新的SMD光谱仪芯片也已推出［图8.15（b）］，设计用于在640～1050 nm范围内工作，重量仅为0.3 g，从而使其适用于需要紧凑超轻型传感器的应用。

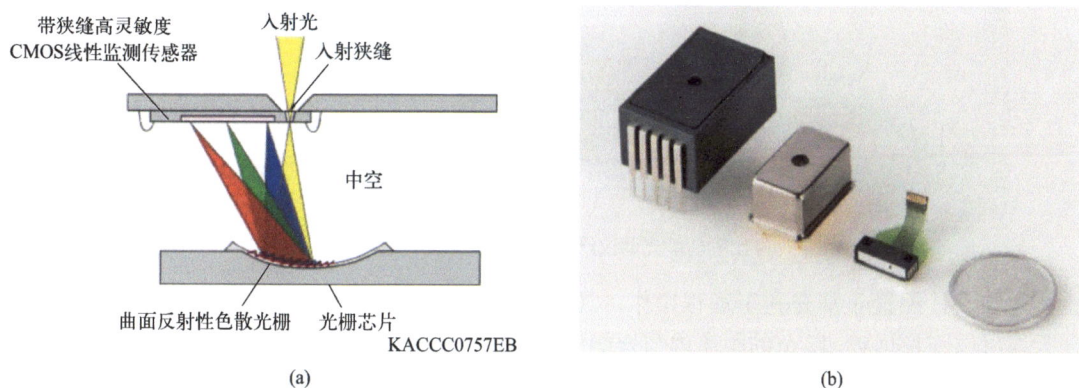

图8.15 （a）基于MEMS工艺的光谱芯片构造图；（b）Hamamatsu公司的系列微型光谱芯片产品。来源：Hamamatsu公司

8.4.7 独立智能手机光谱仪

基于智能手机的光谱仪可以定义为在智能手机中进行一个重要的光谱转换和后处理过程的设备。这可以是使用手机的摄像头作为图像传感器或捕获无线光谱数据，然后通过应用程序在手机上进行后处理。前面大多数示例介绍的方法使用智能手机的摄像头和后处理获取光谱。本小节我们将介绍一些独立的智能手机光谱仪的例子。在这里，光谱仪不需使用智能手机的摄像头，而拥有内置探测器以及分散元件和其他电路，实现信号的分光和信号读取（Das et al., 2016）。最常见的是从传感器捕获的数据通过无线通信传输的框架。

大多数此类设备使用了蓝牙天线和传输/接收（Tx/Rx）协议。智能手机上的相应应用程序能够控制光谱仪的操作、触发数据捕获和Rx/Tx操作。Das等（2016）展示了使用Hamamatsu的高性能显微光谱仪芯片设计的智能手机光谱仪，如图8.16所示。他们设计并制造了所有的无线和控制电路以及定制的智能手机应用程序，该应用程序可以校准和处理手机本身的数据。

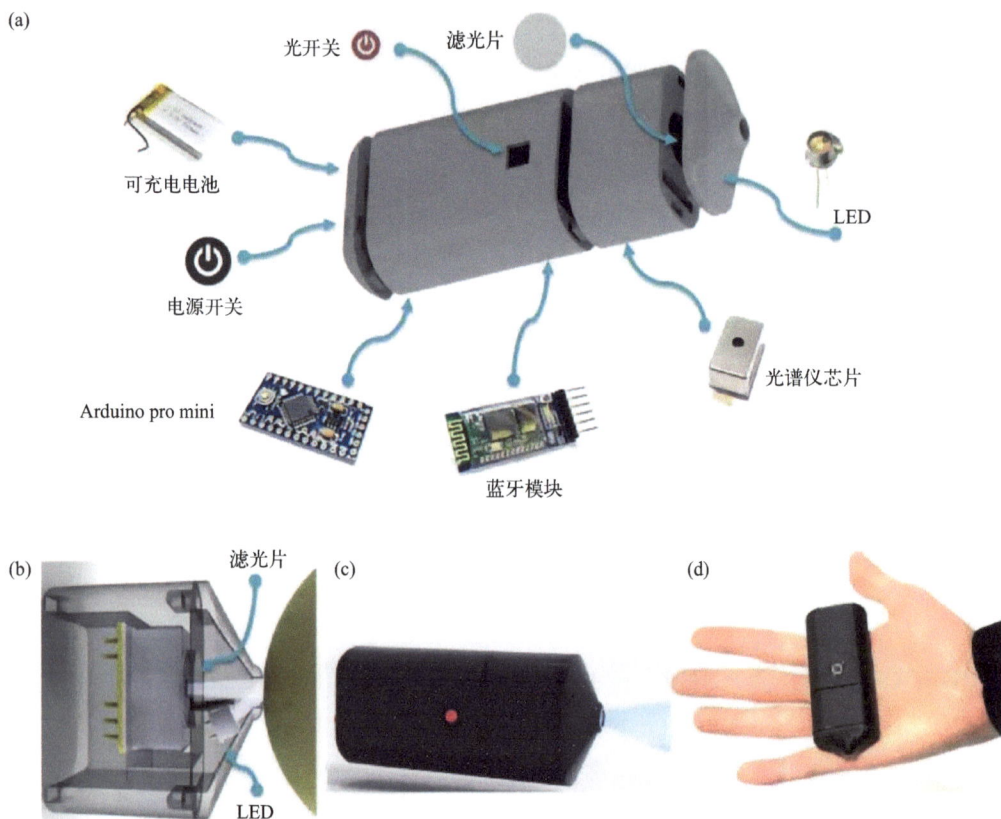

图8.16 Labby公司推出的智能光谱仪产品的元件组成和构造示意图。来源：Labby公司

这种设计配置非常有利于远程操作，其中智能手机需要与光谱仪设备保持一定距离。蓝牙天线可以在最远9～12 m的距离内与智能手机通信，当使用低能耗芯片时通信距离可以超过100 m。此外，它可以与任何装有该应用程序的智能手机一起使用，无需处理特定的相机配置。但由于核心芯片的原因，它们还是会有更高的成本和价格。

8.5 便携式光谱仪的应用

本节将讨论便携式紫外-可见光谱仪的各种应用。

8.5.1 颜色分析

到目前为止，便携式紫外-可见光谱仪最常见的用途是颜色检测（Giusti and Wrolstad, 2001）。这种根据RGB、Lab、XYZ、ΔE（色差）和其他指标量化颜色特征的能力是多个行业品控技术的核心。颜色匹配是几乎在任何应用中选择涂料的重要过程。便携式颜色传感器通常用于牙科中的颜色选择和匹配（Brewer et al., 2004；Sproull, 1973）以及汽车（Streitberger and Dössel, 2008）、显示器（Streitberger and Dössel, 2008）、食品和饮料（Giusti and Wrolstad, 2001）、花青素（Giusti and Wrolstad, 2001）、纺织品（Berns, 1992；Zhang and Li, 2008）等行业。光谱仪用于获得校准的反射光谱，该光谱是颜色测量的第一步。按照光源和国际照明委员会的（CIE）颜色空间，反射光谱可以转换为RGB、Lab、CMYK和其他标准色域空间。便携式颜色传感器的著名示例有X-Rite、HunterLab、Nix和Hach（图8.17）。一些基于离散过滤传感器的颜色传感器只有口红的大小，成本可以低至59美元。

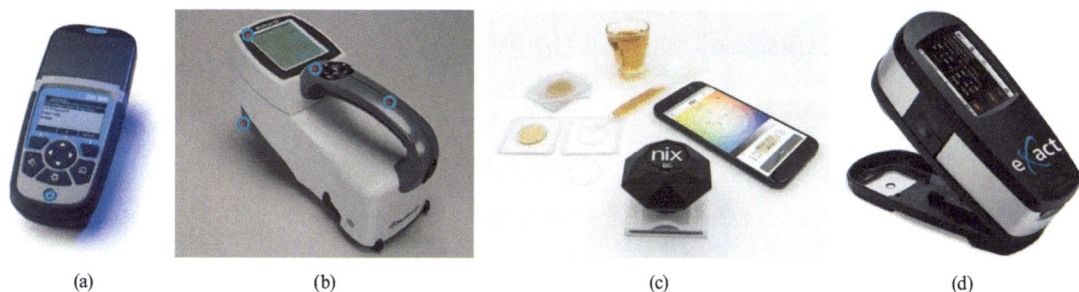

图8.17　一些常见的用于颜色分析的便携式光谱仪：（a）Hach DR900；（b）HunterLab Miniscan EZ 4500L；（c）Nix QC；（d）X-Rite eXact

除了RGB和Lab等颜色系统外，工业应用也有自己相应的质量标准用于汽油、食用油、润滑油、啤酒、葡萄酒等产品的品质控制。例如，ASTM D1500D和ASTM D6045是基于颜色的方法量化油品质量，ASBC 10（标准参考方法，SRM）是一种测量啤酒颜色的标准，而OIV-MA-AS2-07B是一种使用分光光度法测量红酒质量的标准（Streitberger and Dössel, 2008）。

8.5.2　生命科学检测

便携式紫外-可见分光光度计在基于即时检验（POC）的检测中显示出巨大潜力，尤其是在结合酶联免疫吸附测定（ELISA）的生命科学检测中（Thiha and Ibrahim, 2015）。ELISA的大多数应用实例使用UV-Vis光谱中的荧光或吸收光谱，这使得UV-Vis光谱仪成为对于此类应用的理想选择（Schmid, 2001）。Long及其团队展示了基于智能手机光谱仪的ELISA方法，用于检测花生过敏原（Long et al., 2014）。他们使用智能手机的摄像头作为探测器，如前面8.4.4小节所述。图8.18展示了他们的设置示意图［图8.18（a）］以及对应的样品吸收光谱［图8.18（b）］。脱氧

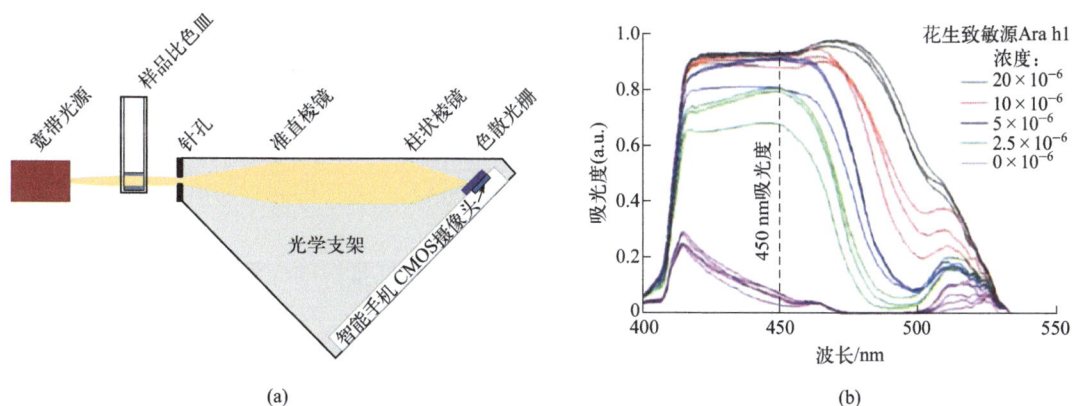

图8.18　（a）基于智能手机的ELISA光谱仪设计图例；（b）关联花生致敏源的吸收光谱梯度曲线。来源：Long et al., 2014。版权（2014）归Optical Society of America所有

核糖核酸（DNA）和核糖核酸（RNA）等核酸在峰值260 nm左右具有特征吸收，可用于检测和量化它们的浓度（Desjardins and Conklin, 2010）。此外，蛋白质的吸收集中在280 nm左右。便携式紫外光谱仪非常适合这类关于核酸和蛋白质的应用。例如，NanoDrop™便是一种便携式分光光度计，它只摄入1～2 μL样品，可以分析吸收光谱或荧光光谱以检测核酸和蛋白质的浓度。图8.19（a）显示了Thermo Fisher制造的NanoDrop One/OneC分光光度计。另一种常见的小体积光谱仪是Mettler Toledo的UV5Nano，如图8.19（b）所示。

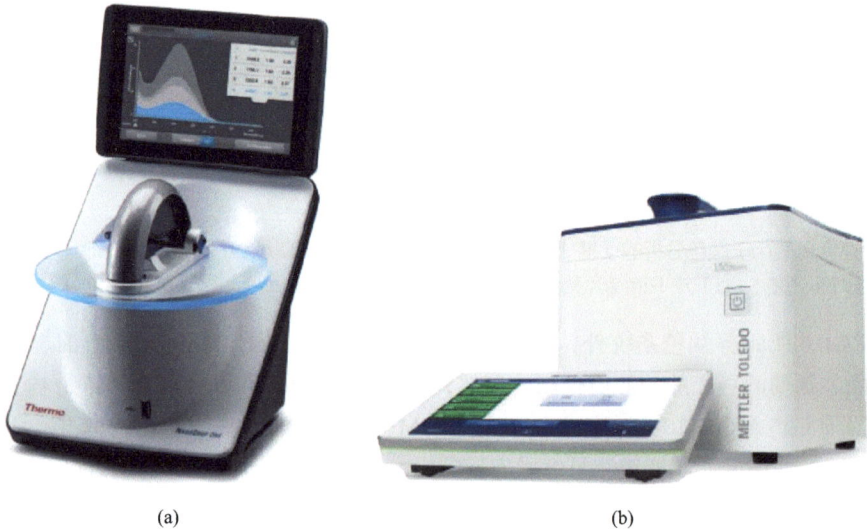

(a)   (b)

图8.19 （a）NanoDrop One/OneC光谱仪。来源：Thermo Fisher。（b）UV5Nano微体积光谱仪。来源：Mettler Toledo

8.5.3 生物医学应用

构成血液、尿液和皮肤的几种分子在紫外-可见光谱中都具有吸收或荧光。因此，在该光谱区运行的光谱仪不仅可用于检测发色团，如血红蛋白（Edwards et al., 2017），还可以筛查POC环境中的任何疾病或异常（Das et al., 2015）。Wahi及其研究团队（2018）展示了一种基于智能手机光谱仪激发皮肤中的荧光基团实现诊断分析的应用。该应用使用385 nm的UV-A光与胶原蛋白和NADH[烟酰胺腺嘌呤二核苷酸（NAD）加氢（H）]作用，以实现分析诊断的目的。Poojary及其研究团队（2019）使用便携式智能手机光谱仪筛查皮肤，通过观察紫外荧光识别白斑等疾病，如图8.20所示。他们的设备可以有效地检测皮肤色素沉着过度和色素沉着不足，具有跟踪随时间变化的优势。这可用于监测接受不同药物治疗的患者的治疗并确定药物的功效（图8.21）。

Edwards及其研究团队（2017）展示了一种可以测量血红蛋白的光栅-菲涅耳（G-Fresnel）光谱仪设计，从而实现测量来自组织模型的漫反射光谱的浓度。该设计得到的血红蛋白浓度的测试误差率低于10%，这证明了这类设备在POC应用中可以起到的功效。在另一项研究中，Maity及其研究团队开发了一种便携式光谱仪，用于检测血液样本中的疟疾（Maity et al., 2019）。尽管这些设备中仅有少数已成功投放市场，但这些研究结果已经足以表明便携式光谱仪在生物医学应用中的潜力。

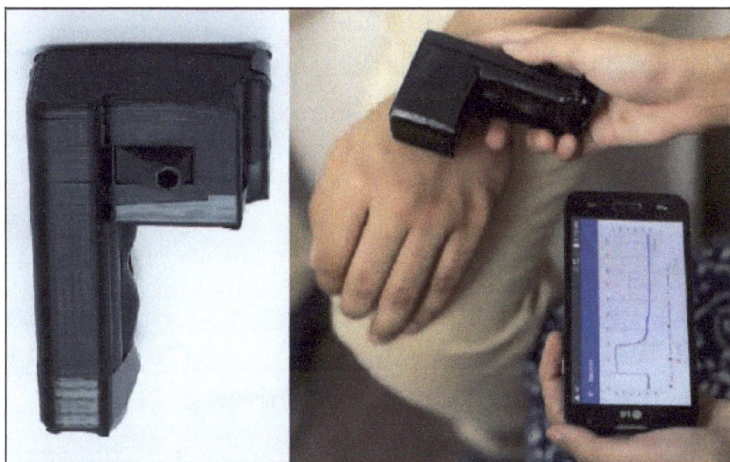

图8.20   基于智能手机的用于皮肤病分析诊断的荧光光谱仪

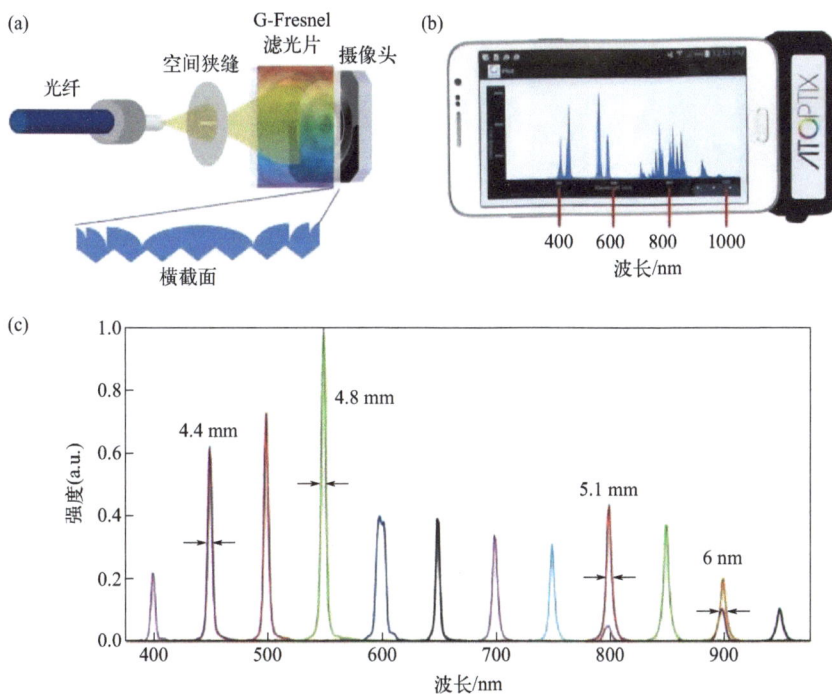

图8.21   基于G-Fresnel过滤的用于血红蛋白检测的智能手机集成光谱仪。来源：Edwards et al., 2017

8.5.4   水质测试

便携式紫外-可见分光光度计的一个既定应用是水质检测，已经有一系列市场上常见的产品。水质分析在个人和社区层面的健康中起着重要作用。始终存在来自各种来源的水污染威胁，例如工业废物、污水（Langergraber et al., 2004）、农业污染等。在这种情况下，事实证明便携式设备对于测试水库和其他来源的水质至关重要。例如，测量水的吸收光谱可以检测多种有色物质，例如染料（Antonov et al., 1999；Özdemir et al., 2017）。此外，试剂可用于产生某种对

比，以提高痕量或非吸收污染物的可检测性。Hach
DR3900 是便携式水质测试仪的典范，已经用于检
测大量污染物，例如铬、铵和磷等其他水质指标
（图 8.22）。

在最近的一项研究中，Özdemir 及其研究团队
（2017）展示了一种用于检测亚甲基蓝等染料的智
能手机光谱仪，通过在聚丙烯腈（PAN）/沸石纳
米纤维上吸附染料分子生成蓝色进行光谱检测，如
图 8.23 所示。2016 年，Wang 及其研究团队（2016）

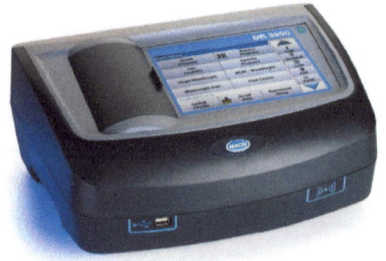

图 8.22　Hach DR3900 水质指标分析光谱仪。
来源：美国哈希公司

使用基于 DVD 光栅的智能手机光谱仪成功检测了水中的神经毒素。

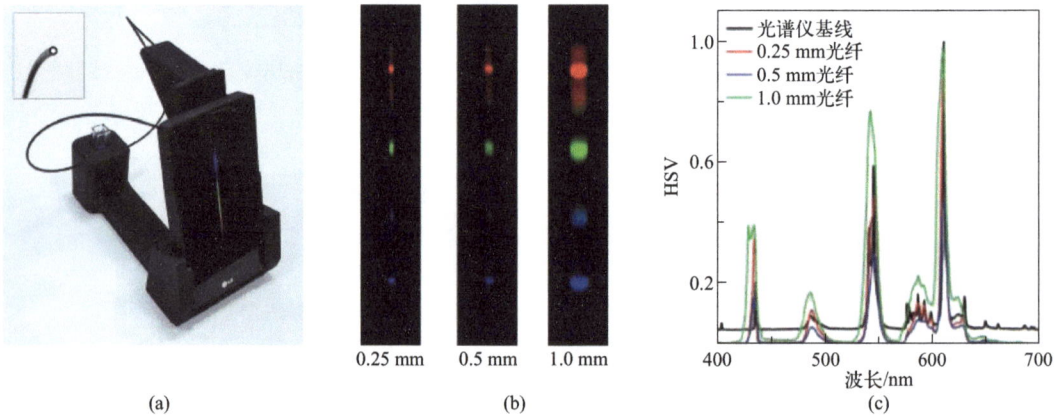

图 8.23　用于检测水中亚甲基蓝的智能手机光谱仪：（a）智能手机光谱仪原型通过光纤耦合到相机闪光灯；
（b）光纤的光输出图像；（c）手机获得的光谱对应于光纤与标准光谱仪相比。来源：Özdemir et al.，
2017。版权（2017）归英国皇家化学会所有

8.5.5　食品和饮料应用

迄今为止，便携式光谱仪研究最多的应用是在食品和饮料质量分析领域。它们已经用于一
系列应用，例如检测成熟度（Das et al.，2016）、成分、叶绿素含量（Maxwell and Johnson，2000；
Porra et al.，1989）、花青素（Boulton，2001；Giusti and Wrolstad，2001；Gupta et al.，2018）、酚
类（Acevedo et al.，2007；Martelo Vidal and Vázquez，2014）以及肉类新鲜度（Boulton，2001；
Giusti and Wrolstad，2001；Gupta et al.，2018）等。这归因于水果、蔬菜、奶酪、肉类和海鲜都
含有在紫外-可见光下吸收、反射或发出荧光的成分，这些成分中的许多物质也会随着食物的
老化而变化，因此可以很好地指示其成熟度或新鲜度。例如，Das 及其研究团队（2016）开发
了一种便携式智能手机光谱仪，利用叶绿素荧光的纵向变化确定各种苹果的成熟度，如图 8.24
所示。

在这个应用领域，市场上有一些消费级便携式可见分光光度计。例如 Linksquare，它在食
品分类和检测新鲜度方面取得了一些成功，如图 8.25 所示。You 及其研究团队（2017）使用
Linksquare 光谱仪对外观相同的食物粉末，如糖、盐、米饭等，利用反射光谱测试法进行分类。
他们使用机器学习算法对 8 种不同类型的食品粉末进行分类，准确率接近 100%。

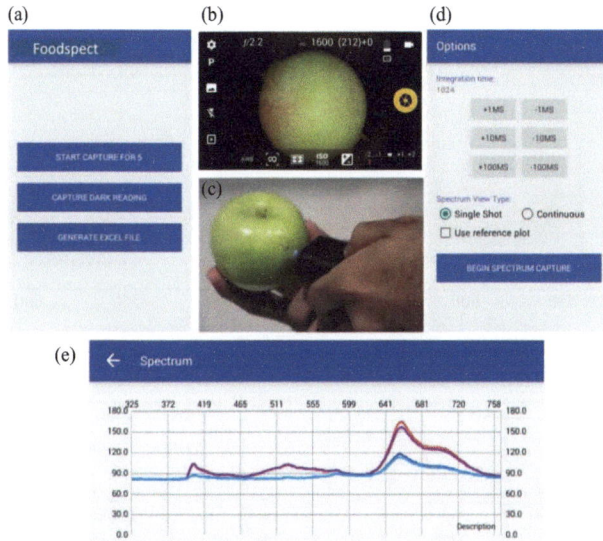

图8.24　使用叶绿素荧光检测苹果成熟度的智能手机光谱仪（Das et al., 2016）

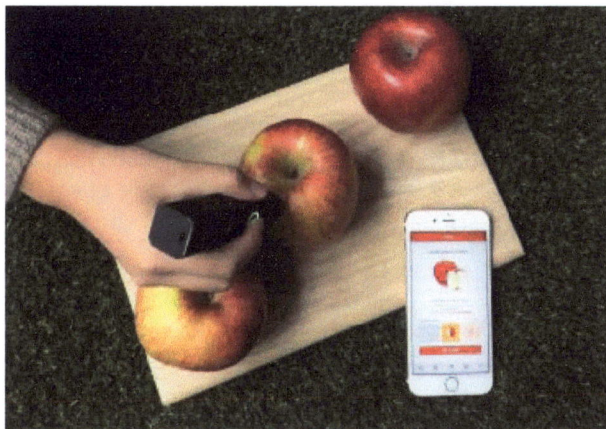

图8.25　消费级Linksquare智能手机光谱仪用于水果新鲜度的测量。来源：Linksquare公司

　　在另一份报告中，Cai及其研究团队（2017）演示了使用棱镜光栅配置带有图像传感器的铅笔状光谱仪，如图8.26（A）所示。光谱仪在400～675 nm区域工作，分辨率为17 nm。该光谱仪已经用于多种应用测试，包括检测香蕉的成熟度和猪肉的新鲜度，如图8.26（B）所示。

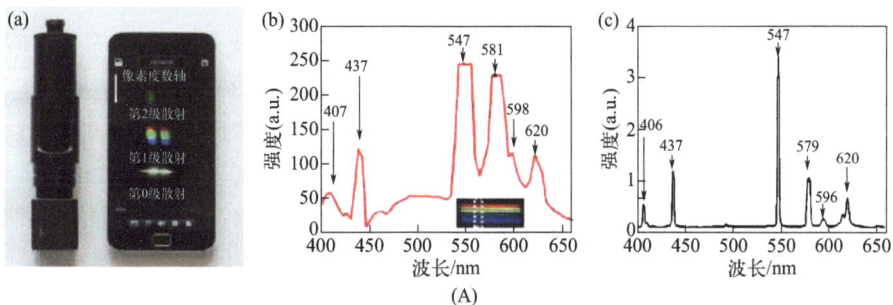

图8.26

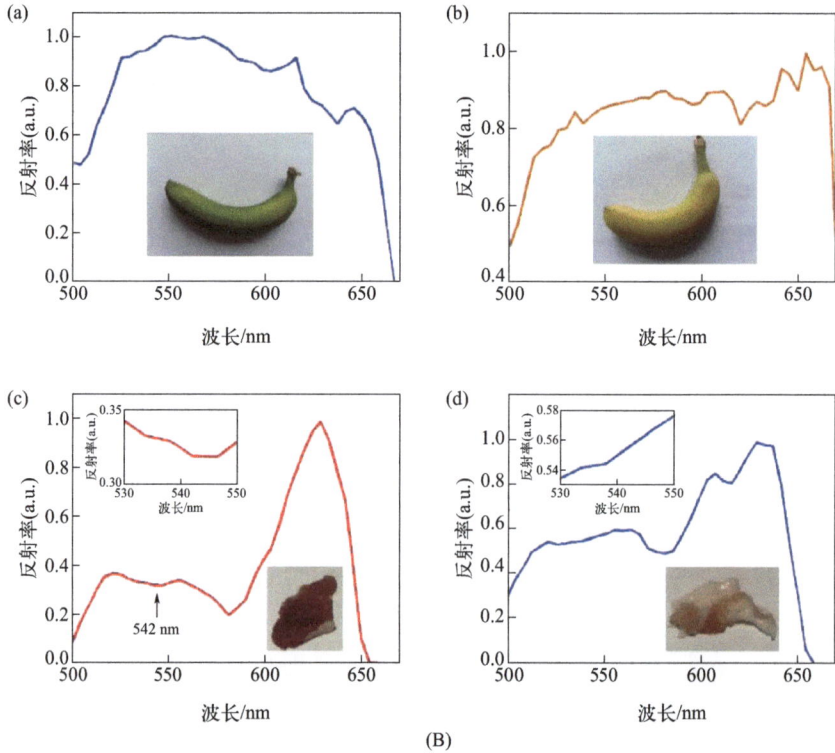

图8.26 （A）:（a）类似铅笔的智能手机光谱仪；（b）铅笔光谱仪捕获的汞灯光谱；（c）使用标准光谱仪获得的汞灯光谱。（B）:（a）未成熟香蕉的反射光谱；（b）成熟香蕉的反射光谱；（c）猪肉肌肉的反射光谱；（d）猪肉脂肪的反射光谱。来源: Cai et al., 2017

8.5.6　地理传感应用

　　光谱学一直是大气和环境遥感中广泛应用的强大技术手段。最近几年，便携式光谱仪越来越多地用于火山学、气溶胶传感和大气气体（如SO_2）检测等应用中。例如，Snik及其研究团队（Snik et al., 2014）展示了智能手机分光偏振仪对于气溶胶绘图（测量线性偏振度作为波长的函数）的应用，如图8.27所示。他们设计了一个低成本的附加组件，包括偏振器和透射光栅，可连接到智能手机的相机。使用这种微型装置，可以进行多次（超过3000次）测量并可以由"公民光谱学爱好者"方便地参与制作和测试。该设备获得的数据与实验室光谱仪的数据有较好的相关性，这确立了便携式光谱仪在气溶胶传感应用中的潜力。

　　Galle及其研究团队（Galle et al., 2003）开发了一种便携式紫外光谱仪，用于检测火山中SO_2排放监视的应用。光谱仪采用Czerny-Turner配置，在245～380 nm光谱范围内运行，实现差分光吸收的监控。望远镜被用来捕捉散射的紫外线气溶胶，然后使用光纤电缆耦合到光谱仪，如图8.28（a）所示。这套望远镜-光谱仪装置可以安装在汽车、直升机或三脚架上，这样就可以在靠近火山喷发点的地方进行测量，如图8.28（b）所示。与现有的SO_2探测器相比，这种方法很有吸引力，因为光谱仪可以捕获整个紫外光谱，从而可以更灵活地识别错误并应用更好的统计方法。此外，通过与标准相关光谱仪观察数据的比对确定了他们这套原型系统的准确性。

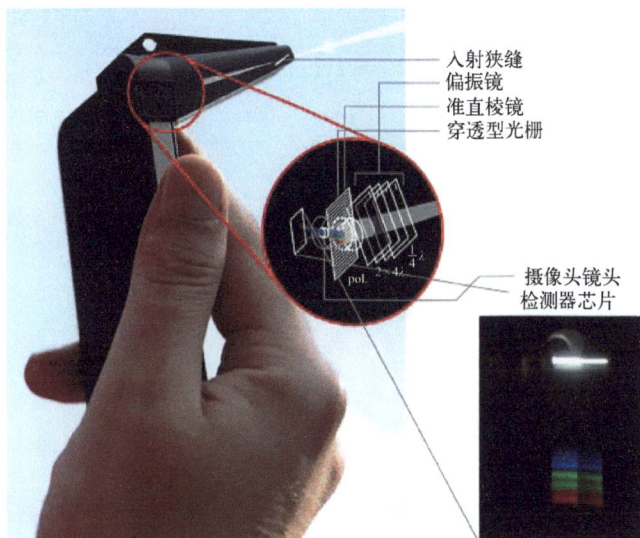

图8.27 智能手机分光偏振仪用于大气中气溶胶的测试应用。来源: Snik et al., 2014

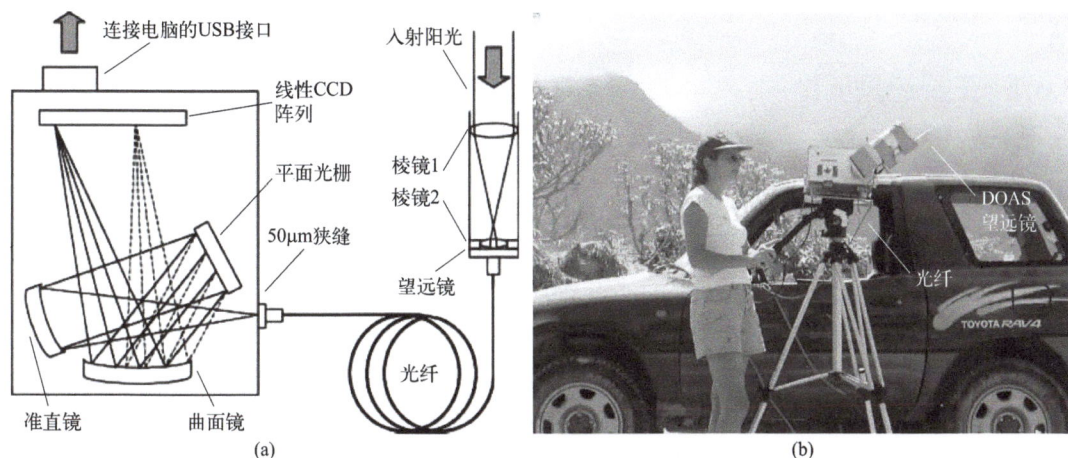

图8.28 一台用于火山喷发时监控SO_2气体的便携式紫外光谱仪:(a)光谱仪设计示意图;(b)实际测试实例照片。来源: Galle et al, 2003

8.5.7 无人机和空中平台上的光谱仪

由于最近流行起来的紧凑型微控制器,如Raspberry Pi和Arduino,并且易于连接大量各种外围组件,越来越有可能将光谱仪集成到无人驾驶飞行器(UAV)或无人机和其他空中平台(Dwight et al., 2018; Hakala et al., 2018)。这种集成方案允许大规模监测植被、作物、森林和其他自然资源。例如,海洋光学开发了专为无人机应用设计的光谱仪套件,如图8.29所示。该光谱仪在3个光谱范围内运行——紫外(190～650 nm)、可见(350～800 nm)和近红外(650～1100 nm)。它有一个2.4 GHz的Wi-Fi链路,工作范围可达150 m。此外,该套件适用于Raspberry Pi微控制器,这使得控制和捕获数据变得简单。由于此功能,它可以与大多数成像和导航系统无缝集成。研究小组已经使用无人机光谱仪进行农场的杀虫剂和化肥监测。

图8.29　搭载了海洋光学STS光谱仪的无人机。来源：海洋光学公司和VOXearch公司

8.6　便携式光谱仪的挑战

8.6.1　工具还是玩具

便携式紫外-可见分光光度计已经投放市场数十年，并在一系列领域显示出针对各种需求的应用前景。随着滤波器阵列、基于芯片的传感器、微镜和基于图像的光谱仪等新方法的出现，研究人员通过采用这些新技术做出的应用潜力爆发迎来了井喷式发展。虽然这为众多实际应用开辟了新的机会，但很多情况下没有非常注重具体表征性能的参数测试。这些报告仅仅汇报了技术方案能够检测到光谱，而并不是一个可以套用于实际应用的严谨产品方案。

光谱测量不仅仅是光谱采集，它同时涉及样品信息/制备、暗信号和参比采集、样品采集、光谱数据预处理、后处理以及解释分析等多个环环相扣的步骤。未经仔细评估的技术方案在每个阶段都有可能引入错误和误差，都会传播并导致测量效率降低。其中的差异会直接决定某个光谱仪产品是一个"玩具"还是一个"工具"。玩具版本非常适合教育和业余爱好使用，而工具版本将具有严格的性能要求。应用工具中涉及的问题，包括数据库的建立和校准，在本书应用卷第2、3章中进行了详细描述，在此不再赘述。

尽管有多种新光谱仪设计的方法和报告，但其中只有少数实现了商业化和市场化。其中一小部分在商业上取得成功的产品必须考虑一系列的限制，例如易于制造、可扩展性、鲁棒性等，这将决定新的便携式光谱仪技术的成功部署。

本节将重点介绍有助于开发稳健光谱仪的几个重点参数。

8.6.2　需要可靠严谨的操作方法

建立标准操作方案对于获得有效的测试结果至关重要。可靠严谨的操作方法应该从被测试样品的考量出发。是否需要样品制备？样品是否被污染？样品是否均匀？被测区域有相关的光谱变化吗？这些是进行实际测试之前要问的几个问题。不幸的是，有一些商业演示的例子，其中一个便携式光谱仪被证明可以使用随机样本无视几何形状进行操作，并且声称结果准确。但是被测材料如动物饲料和干草非常不均匀，草料测试实验室会将它们制成颗粒以确保测试的准确性。然而，我们可以看到一些便携式光谱仪在田间测试成堆的干草并声称达到了一定的准确性。本书应用卷的第 12 章和第 13 章中深入探讨这个问题。

此外，如果同一光谱仪用于分析多种材料，如农产品、奶酪或肉类，基本上会需要执行不同的操作方法，因为来自这些样品的原始信号是非常不同的。信号会有不同的噪声特性，各种材质的纹理也可以有不同的镜面特征和漫反射特征，并且同质性可能不同。在这种情况下，需要定制适合每种水果、蔬菜、肉类等的操作方案。一般来说，如果没有一个可靠严谨的操作方法，就不可能获得有意义的测试结果信息。

8.6.3 噪声抑制

由于便携式光谱仪经常在现场操作，噪声有可能来源于千奇百怪的环境中。与在受控实验室环境中进行的测试不同，噪声控制在不可控的环境中变得极为重要。具体来说，对于紫外-可见光谱仪，环境光可能是噪声源。因此，必须注意将样品与环境噪声隔离，即消除杂散光。在反射模式下，样品和光谱仪之间的距离会增加杂散光的机会并降低可重复性。

设计标准测试方法时需要确保距离保持固定。最后，噪声也可能来自周边其他的电子产品。在测试样品前必须定期执行暗噪声扣除。此外，应该仔细研究光源的波动，需要量化它们对测试准确性的影响。

8.6.4 校准

波长校准是所有光谱学研究中的关键过程，在保障测量准确度方面起着重要作用。所有可能影响校准的因素都需要考虑，这样它们的影响就可以被量化和最小化（Burggraaff et al., 2019）。例如，在基于相机的光谱仪中，内部拜耳图像传感器中的过滤器会干扰校准。RAW 格式图像的使用可最大限度地减少这些过滤器的影响。光栅的定位必须牢固且不能改变，因为这会影响校准。对于基于滤波器阵列的光谱仪，则需要考虑滤波器的光谱重叠。

8.6.5 设备之间的可重复性

随着制造方法变得越来越复杂，器件之间的性能可重复性可能成为最大的一个挑战。例如，基于滤波器阵列的光谱仪需要数百个光学滤波器才能实现波长分离。这些滤光片光谱特性的微小变化都会改变校准。对于基于芯片的光谱仪，制造过程中的微小公差都会引发性能改变。标准测试方法应当校准每个单元，以便提高设备间的可重复性。

8.7 展望

由于新传感器技术的进步、智能手机计算能力的增强以及云功能的出现，"实验室"的概念有了新的含义。一方面，当今的智能手机拥有 6 GB 乃至更大的随机存取存储器（RAM）、2 GHz 处理器和一系列无线通信方法可编程开源组件。另一方面，由于先进制造方法的进步，小型化乃至芯片化光谱仪的制造已经变得可以实现。这些技术的合并使得光谱分析可以扩展到许多以前不可行的应用范围。如今，便携式光谱仪可以通过应用程序无缝集成进入到智能手机中，并通过云计算和机器学习变得更加有效。这将可以为一系列食品、饮料和农产品生成大型光谱数据集，这些数据集将随着时间的推移不断"学习"优化，并为未来防伪、品质快检、预测收获时间、并改善农产品物流等"智慧农业"新应用的智能传感技术发展落地铺平道路。

参考文献

Acevedo, F.J., Jiménez, J., Maldonado, S. et al. (2007). Classification of wines produced in specific regions by UV-visible spectroscopy combined with support vector machines. *Journal of Agricultural and Food Chemistry* 55 (17): 6842-6849. https://doi.org/10.1021/jf070634q.

Acree, W.E. (2006). Detectors, absorption and luminescence. In: *Encyclopedia of Analytical Chemistry*. John Wiley & Sons, Ltd https://doi.org/10.1002/9780470027318.a5405.

Antonov, L., Gergov, G., Petrov, V. et al. (1999). UV-Vis spectroscopic and chemometric study on the aggregation of ionic dyes in water. *Talanta* 49 (1): 99-106. https://doi.org/10.1016/S0039-9140(98)00348-8.

Ball, D.W, Society of Photo-optical Instrumentation Engineers (2006). *Field guide to Spectroscopy*.SPIE.

Bao, J. and Bawendi, M.G. (2015). A colloidal quantum dot spectrometer. *Nature* 523 (7558): 67-70. https://doi.org/10 .1038/nature14576.

Berns, R.S. (1992). Instrumental colour measurements and computer aided colour matching for textiles, by H. S. Shah and R. S. Gandhi, Forwand, by Fred W. Billmeyer, Jr., Mahajan book distributors, Ahmedabad, India, 1990, 370 pp., 12 color plates, hardbound, $60.00. *Color Research & Application* 17 (1): 62-62. https://doi.org/10.1002/col .5080170111.

Boulton, R. (2001). The copigmentation of Anthocyanins and its role in the color of red wine: a critical review. *American Journal of Enology and Viticulture* 52 (2): 67-87.

Brewer, J. D., Wee, A., & Seghi, R. (2004). Advances in color matching. *Dental Clinics of North America*, 48(2), v, 341-358. https://doi.org/10.1016/j.cden.2004.01.004

Burggraaff, O., Schmidt, N., Zamorano, J. et al. (2019). Standardized spectral and radiometric calibration of consumer cameras. *Optics Express* 27 (14): 19075. https://doi.org/10.1364/oe.27.019075.

Cai, F., Wang, D., Zhu, M., and He, S. (2017). Pencil-like imaging spectrometer for bio-samples sensing. *Biomedical Optics Express* 8 (12): 5427. https://doi.org/10.1364/boe.8.005427.

Chou, S.Y., Krauss, P.R., Renstrom, P.J. et al. (2014). Nanoimprint lithography. *Nanoimprint Lithography* 4129 (1996): 9-14. https://doi.org/10.1116/1.588605.

Crocombe, R.A. (2013). *Handheld Spectrometers*: *The State of the Art* (eds. M.A. Druy and R.A. Crocombe). SPIE https://doi.org/10.1117/12.2017892.

Crocombe, R.A. (2018). Portable spectroscopy. *Applied Spectroscopy* 72 (12): 1701-1751. https://doi.org/10.1177/0003702818809719.

Das, A., Swedish, T., Wahi, A. et al. (2015). *Mobile Phone Based Mini-Spectrometer for Rapid Screening of Skin Cancer* (eds. M.A. Druy, R.A. Crocombe and D.P. Bannon). SPIE https://doi.org/10.1117/12.2182191.

Das, A.J., Wahi, A., Kothari, I., and Raskar, R. (2016). Ultra-portable, wireless smartphone spectrometer for rapid, non-destructive testing of fruit ripeness. *Scientific Reports* 6 https://doi.org/10.1038/srep32504.

Desjardins, P. and Conklin, D. (2010). NanoDrop microvolume quantitation of nucleic acids. *Journal of Visualized Experiments* 45 https://doi.org/10.3791/2565.

Dwight, J.G., Tkaczyk, T.S., Alexander, D. et al. (2018). Compact snapshot image mapping spectrometer for unmanned aerial vehicle hyperspectral imaging. *Journal of Applied Remote Sensing* 12 (04): 1. https://doi.org/10.1117/1.JRS.12.044004.

Edwards, P., Zhang, C., Zhang, B. et al. (2017). Smartphone based optical spectrometer for diffusive reflectance spectroscopic measurement of hemoglobin. *Scientific Reports* 7 (1): 12224. https://doi.org/10.1038/s41598-017-12482-5.

Galle, B., Oppenheimer., C. et al. (2003). A miniaturised ultraviolet spectrometer for remote sensing of SO$_2$ fluxes: A new tool for volcano surveillance. *Journal of Volcanology and Geothermal Research* 119, 1-4, 1.

Gelabert, P., Pruett, E., Perrella, G. et al. (2016). *DLP NIRscan Nano*: *An Ultra-Mobile DLP-Based near-Infrared Bluetooth Spectrometer* (eds. M.R. Douglass, P.S. King and B.L. Lee). SPIE https://doi.org/10.1117/12.2231054.

Giusti, M.M. and Wrolstad, R.E. (2001). Characterization and measurement of Anthocyanins by UV-visible spectroscopy. *Current Protocols in Food Analytical Chemistry* 00 (1): F1.2.1-F1.2.13. https://doi.org/10.1002/0471142913.faf0102s00.

Gubbi, J., Buyya, R., Marusic, S., and Palaniswami, M. (2013). Internet of things (IoT): a vision, architectural elements, and future directions. *Future Generation Computer Systems* 29 (7): 1645-1660. https://doi.org/10.1016/j.future.2013 .01.010.

Gupta, O., Das, A.J., Hellerstein, J., and Raskar, R. (2018). Machine learning approaches for large scale classification of produce. *Scientific Reports* 8 (1) https://doi.org/10.1038/s41598-018-23394-3.

Hakala, T., Markelin, L., Honkavaara, E. et al. (2018). Direct reflectance measurements from drones: sensor absolute radiometric calibration and system tests for forest reflectance characterization. *Sensors (Switzerland)* 18 (5) https://doi.org/10.3390/s18051417.

Hopkins, J.L. (2014). DIY Spectroscopy, Chapter 4. In: *Using Commercial Amateur Astronomical Spectrographs*, 101-123. Springer https://doi.org/10.1007/978-3-319-01442-5_4.

James, J.F. (2007). Spectrograph design fundamentals. In: *Spectrograph Design Fundamentals*, vol. 9780521864. Cambridge University Press https://doi.org/10.1017/CBO9780511534799.

Karanassios, V. and Fitzgerald, R. (2018). The Internet of Things (IoT) for a smartphone-enabled optical spectrometer and their use on-site and (potentially) for Industry 4.0. In: *Next-Generation Spectroscopic Technologies XI* (eds. M.A. Druy, R.A. Crocombe, S.M. Barnett, et al.), 4. https://doi.org/10.1117/12.2305466.

Lakowicz, J.R. (2006). Principles of fluorescence spectroscopy. In: *Principles of Fluorescence Spectroscopy*. Springer https://doi.org/10.1007/978-0-387-46312-4.

Langergraber, G., Fleischmann, N., Hofstaedter, F., and Weingartner, A. (2004). Monitoring of a paper mill wastewater treatment plant using UV/VIS spectroscopy. *Water Science and Technology* 49 (1): 9-14. https://doi.org/10.2166/wst.2004.0004.

Loewen, E.G. and Popov, E. (2018). Diffraction gratings and applications. In: *Diffraction Gratings and Applications*. Taylor and Francis https://doi.org/10.1201/9781315214849.

Long, K.D., Yu, H., and Cunningham, B.T. (2014). Smartphone instrument for portable enzyme- linked immunosorbent assays. *Biomedical Optics Express* 5 (11): 3792. https://doi.org/10.1364/BOE.5.003792.

Maity, M., Gantait, K., Mukherjee, A., & Chatterjee, J. (2019). Visible Spectrum-based Classification of Malaria Blood Samples on Handheld Spectrometer. *2019 IEEE International Instrumentation and Measurement Technology Conference (I2MTC)*, pp. 1-5. https://doi.org/10.1109/I2MTC.2019.8826860.

Martelo-Vidal, M.J. and Vázquez, M. (2014). Determination of polyphenolic compounds of red wines by UV-VIS-NIR spectroscopy and chemometrics tools. *Food Chemistry* 158: 28-34. https://doi.org/10.1016/j.foodchem.2014.02.080.

Maxwell, K. and Johnson, G.N. (2000). Chlorophyll fluorescence - a practical guide. *Journal of Experimental Botany* 51 (345): 659-668. https://doi.org/10.1093/jexbot/51.345.659.

McGonigle, A., Wilkes, T., Pering, T. et al. (2018). Smartphone spectrometers. *Sensors* 18 (2): 223. https://doi.org/10 .3390/s18010223.

Milton, E.J., Anderson, K., Kneubühler, M., and Fox, N. (2009). Progress in field spectroscopy. *Remote Sensing of Environment* 113: S92-S109. https://doi.org/10.1016/J.RSE.2007.08.001.

Mohamed, K. (2019). Nanoimprint lithography for Nanomanufacturing. In: *Comprehensive Nanoscience and Nanotechnology*, 357-386. Elsevier https://doi.org/10.1016/b978-0-12-803581-8.10508-9.

Nelson, D.L. (2019). Introduction to spectroscopy. In: *Spectroscopic Methods in Food Analysis*, 3-34. Taylor and Francis https://doi.org/10.1201/9781315152769-1.

Ogletree, D. F. (2016). Molecular excitation and relaxation of extreme ultraviolet lithography photoresists. In *Frontiers of Nanoscience* (vol. 11, pp. 91-113). Elsevier. https://doi.org/10.1016/B978-0-08-100354-1.00002-8

de Oliveira, H.J.S., de Almeida, P.L., Sampaio, B.A. et al. (2017). A handheld smartphone-controlled spectrophotometer based on hue to wavelength conversion for molecular absorption and emission measurements. *Sensors and Actuators B: Chemical* 238: 1084-1091. https://doi.org/10.1016/J.SNB.2016.07.149.

Oliver, J., Lee, W.-B., and Lee, H.-N. (2013). Filters with random transmittance for improving resolution in filter-array-based spectrometers. *Optics Express* 21 (4): 3969-3989. https://doi.org/10.1364/OE.21.003969.

Özdemir, G.K., Bayram, A., Kılıç, V. et al. (2017). Smartphone-based detection of dyes in water for environmental sustainability. *Analytical Methods* 9 (4): 579-585. https://doi.org/10.1039/C6AY03073D.

Pavesi, L.V., Lorenzo, L., Vivien, L. et al. (2013). *Handbook of Silicon Photonics*. Taylor and Francis http://books.google.com/books?id=IypGfgJqSM8C&pgis=1.

Poojary, S., Jaiswal, S., Wahi, A. et al. (2019). A portable fluorescence spectrometer as a noninvasive diagnostic tool in dermatology: a cross-sectional observational study. *Indian Journal of Dermatology, Venereology and Leprology* 85 (6): 641. https://doi.org/10.4103/ijdvl.IJDVL_440_18.

Porra, R.J., Thompson, W.A., and Kriedemann, P.E. (1989). Determination of accurate extinction coefficients and simultaneous equations for assaying chlorophylls a and b extracted with four different solvents: verification of the concentration of chlorophyll standards by atomic absorption spectroscopy. *BBA - Bioenergetics* 975 (3): 384-394. https://doi.org/10.1016/S0005-2728(89)80347-0.

Radamson, H.H., Simeon, E., Luo, J., and Wang, G. (2018). Scaling and evolution of device architecture. In: *CMOS Past, Present and Future*, 19-40. Elsevier https://doi.org/10.1016/b978-0-08-102139-2.00002-1.

Scheeline, A., & Kelley, K. (2013). *Cell Phone Spectrometer*. http://www.asdlib.org/onlineArticles/elabware/Scheeline_Kelly_Spectrophotometer/index.html.

Schmid, F.-X. (2001). Biological macromolecules: UV-visible spectrophotometry. In: *Encyclopedia of Life Sciences*.John Wiley and Sons https://doi.org/10.1038/npg.els.0003142.

SCIO (n.d.). SCiO - The World's First Pocket Sized Molecular Sensor. https://www.consumerphysics.com (accessed 2 December 2019).

Shibayama, K. and Suzuki, T. (2008). Patent No. US8027034B2. https://patents.google.com/patent/US8027034.

Snik, F., Rietjens, J.H.H., Apituley, A. et al. (2014). Mapping atmospheric aerosols with a citizen science network of smartphone spectropolarimeters. *Geophysical Research Letters* 41 (20): 7351-7358. https://doi.org/10.1002/ 2014GL061462.

Sproull, R.C. (1973). Color matching in dentistry. Part II. Practical applications of the organization of color. *The Journal of Prosthetic Dentistry* 29 (5): 556-566. https://doi.org/10.1016/0022-3913(73)90036-X.

Spudich, T.M., Utz, C.K., Kuntz, J.M. et al. (2003). Potential for using a digital micromirror device as a signal multiplexer in visible spectroscopy. *Applied Spectroscopy* 57 (7): 733-736. https://doi.org/10.1366/ 000370203322102799.

Streitberger, H.J. and Dössel, K.F. (2008). Automotive paints and coatings. In: *Automotive Paints and Coatings*,2e. John Wiley and Sons https://doi.org/10.1002/9783527622375.

Sumriddetchkajorn, S. and Intaravanne, Y. (2012). Home-made N-channel fiber-optic spectrometer from a web camera. *Applied Spectroscopy* 66 (10): 1156-1162. https://doi.org/10.1366/11-06522.

Thiha, A. and Ibrahim, F. (2015). A colorimetric enzyme-linked Immunosorbent assay (ELISA) detection platform for a point-of-care dengue detection system on a lab-on-compact-disc. *Sensors* 15 (5): 11431-11441. https://doi.org/10.3390/s150511431.

Wahi, A., Jaiswal, S., Sahoo, A. et al. (2018). Smartphone-based fluorescence spectroscopy device aiding in preliminary skin screening (erratum). In: *Optics and Biophotonics in Low-Resource Settings IV*, vol. 10485 (eds. D. Levitz, A. Ozcan and D. Erickson), 21. SPIE https://doi.org/10.1117/12.2289857.

Wang, S.-W., Xia, C., Chen, X. et al. (2007). Concept of a high-resolution miniature spectrometer using an integrated filter array. *Opt. Lett.* 32: 632-634.

Wang, L.-J., Chang, Y.-C., Ge, X. et al. (2016). Smartphone optosensing platform using a DVD grating to detect neurotoxins. *ACS Sensors* 1 (4): 366-373. https://doi.org/10.1021/acssensors.5b00204.

You, H., Kim, Y., Lee, J.H. et al. (2017). Food powder classification using a portable visible-near-infrared spectrometer. *Journal of Electromagnetic Engineering and Science* 17 (4): 186-190. https://doi.org/10.26866/jees.2017.17.4.186.

Yu, H., Tan, Y., and Cunningham, B.T. (2014). Smartphone fluorescence spectroscopy. *Analytical Chemistry* 86 (17): 8805-8813. https://doi.org/10.1021/ac502080t.

Zanella, A., Bui, N., Castellani, A. et al. (2014). Internet of things for smart cities. *IEEE Internet of Things Journal* 1(1): 22-32. https://doi.org/10.1109/JIOT.2014.2306328.

Zhang, B., & Li, H. (2008). Research on application for color matching in textile dyeing based on numerical analysis. *Proceedings - International Conference on Computer Science and Software Engineering, CSSE 2008*, 1, pp. 357-360. https://doi.org/10.1109/CSSE.2008.609.

9

智能手机技术——测量仪器及应用

Alexander Scheeline[1,2]

[1]Department of Chemistry, University of Illinois at Urbana-Champaign, Urbana, IL, USA

[2]SpectroClick Inc., Savoy, IL, USA

9.1　概述

阵列探测器是近半个世纪以来的一种光谱测量工具。1988年，作者获得了其所拥有的第一台CCD阵列探测器，它是一款由Thomson CSF生产的液氮冷却的586像素×384像素、每个像素大小为26 μm²的设备，带有一个与PC-AT大小相当的控制器，连接到一台可以通过一个1200波特的调制解调器与全球其他地方通讯[1,2]的PC-XT。相较于被替代的照相底片技术，这种CCD可以在1 h内进行更多的测量，具有更大的便捷性、线性度和动态范围。当CCD温度低于−110℃时，暗电流可以被忽略不计。当时，紫外（UV）和可见光区域的线性二极管阵列光谱仪已经很常见了。光谱学家还需要什么改进呢？

随着时间的推移，答案变得明显了：便携性、更低的成本和更少的专业操作需求愈发重要。各种高度便携的仪器已经问世，有些甚至小到了一副扑克牌的体积。尽管如此，光谱测量通常仍由专业人员进行。但是，在一般情况下，普通大众有很多测量需求——医学检测、水质检测、食品、服装、表面污染的特征化等，这些测量如果在需要时可以在现场进行而不是在实验室进行，将更为及时和有用。

因此，当手机出现时，很容易可以预见到手机光谱分析法将很快普及。1988年阵列光谱仪的所有部件——探测器、控制器、计算机、存储以及通信设备——都是一个多合一的包装。2013年，在荷兰，一款廉价的iPhone光谱偏振计附件被用于测量大规模公民科学活动中的空气质量[3,4]。虽然许多文献表明这样的仪器是可行的，但截至2019年秋季，在美国还没有普及的手机光谱仪。据作者了解，只有两种商用手机光谱仪，一种是在中国推出的华为手机[5]，另一种是法国的AlphaNov[6]。有人认为它们在美国不可用的原因有两个：①对于华为的设备，网络搜索显示它只在缅甸出售，这表明其设计者的期望未被制造出来的产品满足；②这两种设备侵犯了美国的一项基础专利[7]。三星已经申请了一项将反射光谱仪集成到手机中的专利[8-10]，不过它与SCIO设备[11]和华为的产品存在相似之处。除了可见光测量外，他们还建议使用Si-Ware NeoSpectra红外光谱模组获取振动光谱[9]。

在描述手机光谱法时，人们有两种选择：一种是报告到目前为止非商业系统的研究，推测是否有专门设计的系统能够做到光谱测量，并且小到足以容纳到与其他常规部件一起放入手机中；另一种是讨论在追求输出内容的科学价值的同时使用专为拍摄自拍和风景设计的设备面临的挑战。本章将重点讨论后者。数据处理在手机上进行，这与Whitesides和他的同事早期所使用的方法不同，他们使用相机传输JPG文件（Joint Photographic Experts Group，一种图像文件格式）到中央处理站进行图像纠正和解释[12]。这种传输避免了现场计算的需要，并且完全依赖于网络接入。虽然5G通信可能会有一天使网络无处不在，但仍有许多地方的移动网络或Wi-Fi的接收速度缓慢，甚至无法进行网络连接。

近期也有一些其他的综述[13-16]；对智能手机（或等效的手机）光谱法相对其他便携式仪器能发挥的作用在文献[17]中进行了评述。一些研究者专注于开发能稳健地适用于非专业分析人员的化学技术，但却假定高质量的光谱测量可以轻松实现[18-20]，本文作者并不认同这个观点。在此，不讨论将手机作为滤光光度计或高光谱成像相机（使用一系列滤光片）的方法。

此外，本章并不关注将智能手机用作连接到外部便携式仪器的计算机的情况。除了软件本身存在的缺陷外，手持式分光仪不论是连接到笔记本电脑还是连接到智能手机，都将给出相同的结果。便携式独立仪器的设计虽然与智能手机分光仪有许多共同点，但拥有额外的设计自由度，可以使用为测量而优化的探测器，可以拥有独立的电源，并且不需要与为拍摄快照而优化的相机共享探测任务。

除此之外，使用智能手机进行光谱分析的重点是对样本微量组分到次要组分的定量测量。通常近红外光谱法最容易鉴定主要组分。微量或次要组分，要么没有足够大的光谱幅度检测波动的背景（照明和主要成分之间的差异），要么需要放大其光学性质以便进行检测（比色反应、荧光激发）。在某些情况下，外部反应包允许使用单色相机进行半定量测试，而无需除颜色相机常用的红、绿、蓝（RGB）像素组合以外的附加波长分辨率。例如，可以使用"刷卡"和图片测试定性检测精神活性药物[21]。定性测试可以被认为是一个二进制测试，即被寻找物质（或干扰物）的浓度是否超过阈值。这对探测器的线性要求极小。定量工作需要线性响应，或者需要具有足够重复且平滑的非线性响应，以允许线性化。此外，由于大多数小型便携式系统的分辨率为1 nm或更宽，原子光谱无需纳入考量范围。

智能手机光谱分析只是智能手机化学分析的一个子集。在未来，分离、电化学甚至质谱分析可能会被包含在移动设备中，但这已经超出了当前技术和本章的范围。

9.2 智能手机光谱分析的挑战

任何光谱仪都必须产生可验证的结果，这需要精度和准确性。校准通常在受控条件下进行，但便携式的公众科学仪器必须在温度、湿度、灰尘、振动、电池或电源状态以及人为操作等不利条件下操作，这往往不利于稳定性、重复性和质量控制。让我们比较一下实验室仪器和一种可能的手机光谱仪的设计、制造、标准、维护和使用。参见表9.1。

| 表9.1 | 实验室仪器与手机光谱仪的特征比对 |

特　征	实验室仪器	手机光谱仪
电力消耗	很少考虑	为避免电池负载尽可能最小化
温度稳定性	实验室温度大致恒定；选择的材料应使性能随温度变化最小	广泛而不可预测的温度范围需要很好的稳定性措施或温度监测和实时变化补偿
湿度	空调场景中的20%～80%	0%～过饱和
光学系统	性能优异	既简单又重量轻
样品/仪器校准	严格	严格到标准随机变化
探测器的选择	性能优异	内置摄像头或专用微型光谱引擎
波长范围	根据实际问题调整	受限于低功率光源和内置探测器
强度动态范围	受探测器和杂散光限制	受探测器、杂散光和对原始探测器数据的访问限制
校准：波长	在工厂；定期重新校准	必须在使用时确认；对齐高度可变化
校准：线性	探测器和电子设备能确保十分优异	必须具备特征；通常是非线性的
校准：斜率响应	在工厂；消除固件或软件中的图案噪声	必须由终端用户进行表征
适用人群	训练有素的专业人士	未知
误差来源	特殊样本	不确定

　　为了了解手机光谱仪的工程挑战，让我们扩展表9.1中的信息。电源是一个明显的问题。如果有壁式电源可用，仪器需要的功率是几毫瓦还是数百瓦就无关紧要了。当设备使用电池运行时，功耗限制了仪器和控制器的寿命。如果手机电池存储了100 Ah的电量并且可以运行24 h，则3 A的仪器耗电量［使用微型连接器的通用串行总线（USB）2.0的上限[22]］可能会将电池寿命缩短至一半（USB 3.0支持更高电流，因此对电池的压力可能更大）。由于USB电源名义上为5 V，最大持续功率限制为15 W，较低的功率更为理想。这种功率水平排除了许多（即便不是大多数）弧灯和黑体辐射源的使用。发光二极管（LED）光源很常见，包括使用内置于许多（即便不是大多数）手机中的LED闪光灯，也可作为光源。请注意：这种功率限制独立于探测器特性，因此限制了荧光和吸收测量的波长范围。即使已经尝试过使用太阳光，但云层的变化和地球的旋转会带来明显的挑战[23]。一篇文献[23]的作者混淆了色散和分辨率，虽然他们获得了线性工作曲线，但由于本章所讨论的原因，其斜率和精度并不总是与实验室仪器的表现相匹配。

　　任何便携式仪器都必须处理温度变化。即使在实验室中，保持仪器的稳定性也是具有挑战性的，因为随着温度的变化，材料的体积会发生变化，半导体的电导率会发生变化，光源的稳态和噪声特性会发生变化，探测器的暗电流和射电噪声水平也会发生变化。处理温度的影响有两种方法：一种是仔细地设计元件的热膨胀性和温度响应，以最小化随温度漂移的影响；另一种是允许系统漂移，但要校准其在温度、位置和工作时间的行为。这两种方法都很具有挑战性，尽管后一种方法通常可以设计出更轻的仪器。同样，湿度不仅可能导致光学元件模糊（高湿度）和电子静电损坏（低湿度），而且会改变空气的折射率，微妙地影响波长校准。任何材料的多孔性都会增加对湿度变化的响应的滞后性，进一步复杂化了仪器的稳定化。

　　实验室仪器可以采用各种几何形状的反射镜、棱镜、光栅、透镜和纤维光学器件。便携式仪器通常使用薄的聚合物光学器件（菲涅尔透镜、透射光栅、薄膜偏振器）以减少质量。这样的光学器件可能会限制图像质量，从而限制光通量、分辨率和通道串扰。

光谱仪可以有内置的样品架，也可以用光纤或其他中继光学器件与样品连接。其中任何一种都比手持式手机更稳定，后者通常没有配备样品架或光纤连接器[24]。常见的做法是把手机放在一个框架里[25-28]，或者在手机的摄像头前安装一个样品架和光栅[6, 29-31]。虽然这种设置在短期演示中能提供足够的精度，但据作者所知，目前还没有对其长期稳定性的表征，也没有关于不同用户间或仪器间测量结果可转移性的研究。

最具挑战性的是探测器的选择。实验室仪器可以使用任何一种探测器，这种探测器针对特定的测量优化波长范围、分辨率、动态范围、噪声等。在手机中，最常见的探测器是内置摄像头之一，工程师们为了优化成本、视野、色彩平衡和"自拍"吸引力，将其选择强加给光谱学家和用户。通常情况下，默认设置会对图像进行白平衡、亮度和色调的预处理，从而破坏了关于强度信息。波长范围是通过插入一个近红外滤光片进行限制的，该滤光片用以阻挡硅最敏感的波长区域（750～950 nm）的光（硅的波长响应根据掺杂和厚度变化。例如，见文献[32]第6页图1-11，了解一系列反应的例子。由于没有校准，人们很少知道智能手机中传感器的波长响应细节，因此很难概括出"可见光区"以外的响应）。幸运的是，安卓和iOS操作系统都有允许控制曝光和增益的系统调用，并允许访问原始探测器信号。人们永远不应该使用JPG图像做定量光谱分析，因为JPG是一种有损失的压缩方案，该格式一定会导致工作曲线失真[33]。商业上，在手机探测器上添加专用光谱引擎的成本/性能优势是否可行尚不清楚。

手机摄像头在原始的算法中对波长在400～700 nm之间的光的检测进行了优化，尽管过滤器经常减少超过650 nm波长的光通量以防止图像过度发红（硅的响应在近红外区域增加，而人眼对近红外光的响应较弱）。塑料透镜和其他部件切断了315 nm波长以下的紫外线，而硅对400 nm波长以下的光响应很差。尼康D50单反相机通过衍射光栅观察高压钠蒸气灯时，很容易看到可见的钠发射谱线和吸收谱线（见9.3.1.6小节）以及420～685 nm之间的连续光谱。用豪威科技（OmniVision）OV5640相机（常见的500万像素手机相机）观察汞蒸气灯时，只显示了可见的多重谱线（404 nm，435 nm，546 nm，579 nm波长），而不是256 nm的谱线。经过涂覆的能实现紫外探测的硅探测器的广泛使用与手机相机的波长范围限制形成了鲜明对比。

前面提到的OV5640芯片有10位片上数字化，但通常向观察者报告8位数据。因此，数字化噪声将单像素精度限制在1/256或1/1024[34,35]。实际上，由于像素的满阱曝光附近的线性度会受到影响，人们不能使用探测器的整个动态范围[36]。由于大多数CCD阵列具有深阱（容纳超过10^5个电子）和14位或16位精度的数字化器以及一些线性二极管阵列具有20位的动态范围，手机仪器上的可用范围将是一个挑战。一些已报道的仪器似乎使用了大量的像素，再加上对曝光时间的精心选择，使动态范围接近3个数量级[26-28,33,37,38]。作者曾倡导使用产生大量不同光通量的光栅扩大仪器的动态范围，使其超过探测器的动态范围[30,39-41]。有一种观点认为：在手机上使用带窄带滤波器覆盖阵列的CCD或CMOS阵列作为独立的光谱分析仪时，动态范围会更大[5,42]。

波长的校准需要一个标准。如果有汞灯或其他线光源，这种校准很直接，并且可以使用沿用已久的算法[43,44]。不幸的是，汞灯需要高电压，会伴随着紫外线的产生和易碎的特性；而且在许多情况下其体积很大，这会使校准复杂化。另外，校准也可以采用氖虹灯或荧光灯，这将在9.3.1.6小节中进一步讨论。白光LED有望作为具有已知峰值发射波长的连续光源。然而，峰值波长会随着温度变化[45]，即使是标称相同的LED也有一系列峰值波长，这些峰值波长会随着

LED老化而变化[46-48]。

由于中心极限定理[49]，大规模并行测量在测量平均信号时比单个探测器测量具有更高的精度。当使用蜂窝式相机作为探测器时，一些像素的子集将会被采用，因此精度取决于相机大小、像素大小、像素间变化、光通量、温度（影响暗电流）以及光学系统在照射像素方面的均匀性。最近发表了一项优秀的研究，探讨全局响应和个别像素响应的相对重要性，并提出了用于校准单个手机摄像头和多种手机摄像头光谱辐射响应的算法[33]。

不容忽视的是，普通的手机用户并非受过光谱学培训的专业人士。无论基于手机的微型光谱仪的精度和准确性如何，普通用户必须以一种允许仪器发挥最佳功能的方式制备样品。如果用户的表现未知和不可预知的，如何确保使用微型分光仪进行的测定具有有效性？有多少用户有兴趣接受任何级别的培训？如果该操作仅在用户技能最低的情况下可行（就像目前家庭妊娠试验或使用pH值、血糖试纸等的情况一样），那么在手机摄像头上添加光谱测量功能又能带来什么样的好处呢？

最后，为了使测量结果有用，信号方差的主要来源必须是用户试图研究的属性。如果一个仪器除了分析物之外的所有因素的方差比分析物的方差低1个数量级，那么这个仪器对于半定量工作已经足够好了。如果仪器产生的方差与分析物的方差一样大，那么就不能基于统计学的合理性获得有用的信息。表9.1中的每个因素都必须被理解、量化和验证，以使手机光谱测量有商业前景。

因此，制造一个可行的手机光谱仪是一项艰巨的任务。人们希望拥有的许多工程选择都是不可用的。基本上地球上每个人都拥有手机或认识拥有智能手机的人[50]。虽然没有统计数据，但个人经验强烈表明，接受化学分析培训的人口比例要低得多。因此，在制作手机光谱仪时，没有在操作软件中添加培训和质量控制组件可能会产生危险。没有充分的指导，即使使用最佳的工程设备，未经训练的用户很容易生成无意义的数据，但成本效益高的设备必定会有性能折中，这将要求用户在样品准备的特定领域谨慎操作。

9.3　目前的研究进展

本章强调设备工程而非应用，应用方面将在本书应用卷第10章中描述。相反，我们讨论影响分析性能的仪器工程方面，但这些方面在一些之前的工作中并没有得到强调。

9.3.1　色散和分辨率

9.3.1.1　传统透射光栅

未经色散的零级光线会无偏转地穿过透射光栅，无论光栅如何旋转。如果想要在探测器上显示400～700 nm的波长范围且零级光线不可见，则分辨率将提高2倍以上，因此观察到的波长范围为300 nm，而不是700 nm（或更多）。图9.1显示了这个问题和一个常见的解决方案。

在图9.1（a）中，光栅插在相机镜头正前方的入射光前。当对焦时，零级大致位于场景的中心，+1级、−1级则分散在相机的视野中。选择光栅的槽距，使所需波长范围出现在可见场的

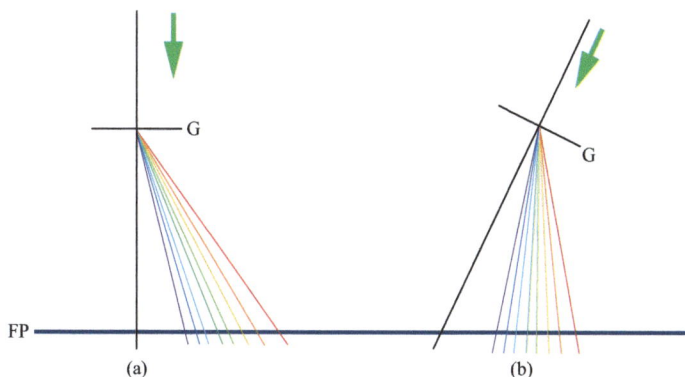

图9.1   透射光栅的衍射。FP为聚焦平面，G为衍射光栅，箭头表示入射光的方向。（a）光栅垂直于入射光束，并平行于焦平面；（b）在某个选中的波长处，聚焦平面垂直于衍射光束

边缘和相机中心之间，并且相应的负级在光栅法线的另一侧（未显示）[51]。图9.1（a）的几何形状易于对准，但分辨率通常很差。在0～400 nm之间的波长范围通常没有信息。举例说明：假设红光截止波长为700 nm，色散是线性的。如果衍射光涵盖了2100个像素，则−1级有450个像素被照亮，+1级有450个像素被照亮，其余的1200个像素被零级和原始硅无法响应的紫外区域照亮（低功率光源提供可忽略的照明）。色散是0.66 nm/像素，但光学像差（像散、球差、色差、场曲率）通常会限制分辨率到更加差的值，特别是在入射光不能完全聚焦且仪器入口孔径大于1个像素的情况下。图9.1（b）的几何形状仅将光线分散在单个级别上。虽然零级不可见致使波长校准更加困难，但色散可以在相同的2100个像素上放置一个300 nm的范围，从而给出0.143 nm/像素的色散，因此将色散和潜在的分辨率提高了大约4倍。一个微妙的额外限制因素是：一级衍射可能实现的最大相对分辨率限制为$\lambda/\Delta\lambda = N$（$N$为照亮的光栅槽数）。手机摄像头的入口孔径通常为2～3 mm，适用于低分辨率光谱仪的粗糙光栅具有200～600线/mm。因此，将200线/mm的光栅耦合到2 mm的入口孔径上会将分辨率限制在约400（或400 nm处的1 nm），而3 mm孔径和600线/mm的光栅耦合则可能具有约1800的分辨率。Bayer模式（在偶数行中为红/绿像素，在奇数行中为绿/蓝像素）[52]的施加会进一步降低分辨率并影响数据恢复（也请参见9.3.3小节）。在审阅稿件时，作者发现许多人将色散等同于分辨率，忽略有限的像素大小、像差等。参考文献[27]的图1展示了图9.1（b）的几何形状的示例，参考文献[13]的图2中有更多的示例。

9.3.1.2   堆叠且相互旋转的光栅

在理论上，对多个衍射级数的数据进行平均处理，可以克服将线性光栅与面探测器耦合带来的一些问题。如果将这些衍射级数投影到多间隙像素阵列的非重叠区域，则每个级数可以被独立地检测到，整个仪器的动态范围是相机动态范围和多个级数可变通量的乘积。这是作者在便携式光谱仪方面的研究基础（参见文献[30, 40, 53]）。具体来说，两个或更多的光栅平行于焦平面放置，沿着光传播方向略微分离，以相机为中心进行准直照明，如图9.1（a）所示。其中一个光栅的色散方向绕光轴旋转，使得多个级数在多个半径和角度上分散。特别是在使用双轴光栅[54]时，可以得到非常有用的图案，如图9.2所示［普通平面光栅是由等间距的平行凹槽组成的，而双轴光栅则是由一组正方形（或长方形）凸起的网格组成的，这样可以在x和y的笛卡尔方向上均匀分布色散[54]。］

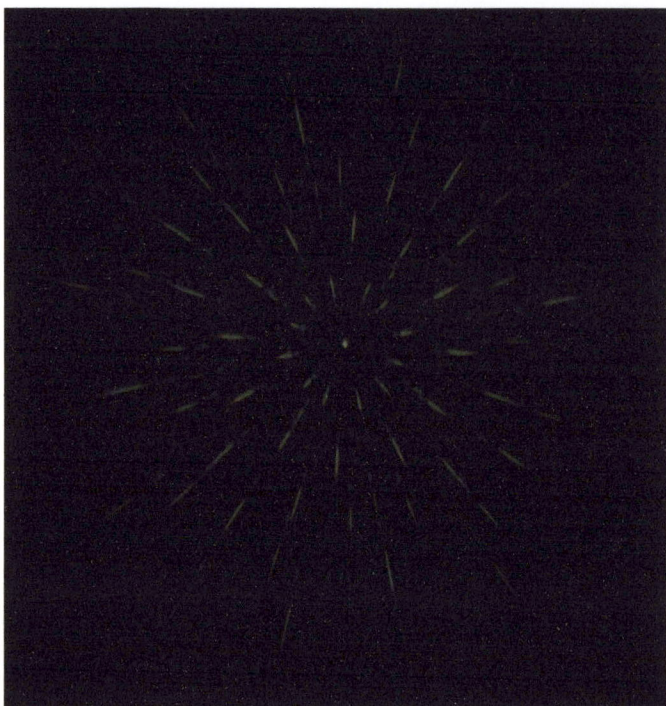

图9.2   通过白光LED照射的叠加双轴衍射光栅时出现的多个衍射级别的示例。零级衍射近似位于图像中心

这种光栅排列方式有以下主要的理论优点：①LED的峰值发射波长已知（受器件温度和LED制造精度的略微影响[45]），可进行实时波长校准。相机的峰值波长响应可能与LED的峰值发射输出不同，因此必须将LED视为次要标准，并使用一个不容易受相机灵敏度和波长差异影响的源进行初始校准。原子发射线非常适合实现这个目的，但在安全便携的装置中很难集成应用。广泛应用的发射汞中性原子线荧光灯可以用来进行初始校准，详见9.3.1.6小节。②不同衍射级别具有显著且不同的通量，因此一旦校准，可以用来扩展仪器的动态范围，而且可以超出相机的动态范围。作者曾经使用8位相机获得了12位动态范围，因为各级别的通量差异高达20倍。在实验中，使用功率为2 mW、波长为633 nm的激光通过双轴光栅投射，再用光电二极管测量通量，观察到的功率范围从869 μW（零级）到200 μW（一级）再到300 nW（三级），这意味着单个光栅本质上具有近3个数量级的动态范围。由于两个光栅衍射出的光束的通量大致相等于每个光栅的效率的乘积，与单轴光栅相比，堆叠和相互旋转的光栅的动态范围的限制取决于杂散光而不是相机性能。③当可用于测量的光的量减少时，分辨率会逐渐下降。在100%透射率下，可以轻松观察到二级谱线，而一级谱线则饱和（图9.2）。在更低的通量下，弱的级别会消失在背景中，而强的级别则会脱离饱和状态。较低级别具有更高的通量和较低的色散率，因此通量/分辨率权衡是很容易看到的。④光栅排列方式能够在单个探测器上同时实现信号平均，以克服射线噪声和数字化粒度，并提高分辨率。相比使用单轴光栅只能得到单一波长范围和分辨率的情况，光栅排列方式能够提供更广泛的波长范围和更高的分辨率。然而，目前还不清楚是否能够从成百上千个有用照射像素的数据中提取足够的精度，因为与使用整个视场（带有单轴光栅）相比，这种情况下视场曲率会使波长分辨率和校准变得更加复杂。

每个衍射级次的位置取决于光栅绕其共同法线的旋转、相对于光栅刻痕的相机旋转、每个光栅中x和y的衍射级次以及任何非轴向入射角度。如果是垂直入射，则相关方程式如下：

$$n_{eff}\lambda = d_0\sin\beta \tag{9.1}$$

$$n_{eff} = \left\{ n_{x1}^2 + n_{y1}^2 + n_{x0}^2 + n_{y0}^2 + 2\left[(n_{x1}n_{x0} + n_{y1}n_{y0})\cos\theta_g + (n_{y0}n_{x1} - n_{x0}n_{y1})\sin\theta_g \right] \right\}^{1/2} \tag{9.2}$$

$$\theta_{n_{eff}} = \arctan\frac{n_{y1}\cos\theta_g + n_{x1}\sin\theta_g + n_{y0}}{n_{x1}\cos\theta_g - n_{y1}\sin\theta_g + n_{x0}} \tag{9.3}$$

式中，λ为目标波长，nm。d_0为光栅间距，nm。如果x和y的间距不同（例如，如果双轴光栅上的衍射区域是矩形而不是正方形），则可以很容易地修改公式（9.2）和公式（9.3）以适应不同的情况。n_{eff}为有效阶数。有时n_{eff}不一定是整数，例如，当$n_{x0} = n_{y0} = 1$、$n_{x1} = n_{y1} = 0$时，$n_{eff} = \sqrt{2}$。n_{wm}为相对于光栅平面上的基准轴的衍射阶数，w为x或y笛卡尔方向，m是指定笛卡尔方向中的整数阶。θ_g为两个双轴光栅的x轴之间的角度。β为相对于光栅法线的衍射角度（无论从参考方向x旋转多少）。$\theta_{n_{eff}}$为来自x轴的阶次的旋转，作为阶次（1,0,0,0）的方向。

这种设计的商业应用尚未广泛推行，部分原因是编写实现所有所需校准的软件被证明是很困难的。如果这样的校准变得容易，那么它与典型手机相机（300万～1500万像素，每像素8～10位数字化精度）的适配性将非常好。

9.3.1.3 偏振分选

由于光散射与偏振有关，天空光和来自气溶胶的散射也是偏振的。将衍射光栅、四分之一波片、"$2\times4\lambda$"相位延迟器和一层薄膜偏振器结合在一起，可以使用手机相机在一张图像中进行光谱偏振测量[4]。这个大规模生产的仪器如图9.3所示。

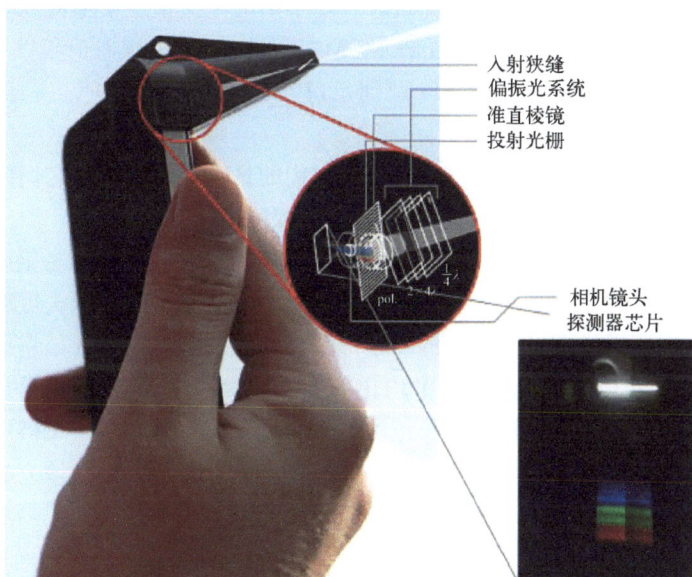

图9.3　手机光谱偏振仪。来源：Sink等人[4]

如文献[55]所述，x和y偏振光的相对强度可以通过使用与波长无关的波片获得。使用全内反射的菲涅尔棱镜可以接近这个理想状态，但不便于携带使用。薄膜偏振器和波片几乎没有消色差，但温度变化对延迟有显著的影响。然而，对于普通人们的科学实验来说，该精度已经足够了，非理想性可以通过建模进行补偿，或者通过中心极限定理进行平均。因此，在图9.3中，强度调制在波长或波数方面均无显著的周期性，但是可以在整个可见光范围内提取相对的p偏振光和s偏振光。基于对偏振光的理解，图9.3似乎略有不准确：图中所示的两个"4λ"波片，实际更可能是两个$\frac{1}{4}$λ波片，总共产生了1/2波相移。这些波片只遮挡了入射光束的一半。因此，仅穿过正确标记的四分之一波片的光束部分在一个平面中显示线性偏振，而穿过3个四分之一波片的光束部分在垂直于单独遮挡光束的平面中生成数据。线性偏振器确保光栅仅由一种偏振光照射，避免了衍射光栅常见的正交偏振光的光通量差异。由于手机相对于参考方向的对齐不精确，可以预期偏振误差约为$cos\theta$，其中θ是手机相对于某个参考方向的倾斜度。通常，我们必须假定手机摄像头相对于外界具有随机方向，因此校准算法必须允许任意倾斜。

9.3.1.4　Fabry-Perot、楔形滤波和纳米阵列光学传感器

早期的手机摄像头可感应到约1000 nm的辐射。近红外光使强近红外发射器在彩色图像中看起来呈紫色。大多数当前的彩色相机都包含一个近红外线阻挡滤光片，因此，除了940 nm以外，视频遥控器等设备使用的红外线进行通信时，智能手机不再对红外线做出响应。在近红外过滤器出现之前，微型相机允许测量臭氧或水蒸气等大气成分[56]。

当忽略那些可以与任何配备USB接口的设备（包括手机）通信的仪器时，我们可以预见到手机干涉仪器的数量非常有限。一种基于楔形干涉仪（线性可变滤波器）的可见仪器，如Ocean Optics（现为Ocean Solutions）停产的微型光谱仪Spark line[57,58]，是其中一种可行性。Consumer Physics[11]在近红外领域追求的另一个目标是制造一个薄膜[59]阵列颜色选择阵列传感器，其尺寸小到足以装入手机中。具有8～16个光谱带的传感器也可以从知名度较低的供应商处获得[60-62]。在未来，平面阵列可能会提供更多的光谱带。一篇早期的论文描述了如何以优于1.5 nm的分辨率提取100多个通带[63]。Si-Ware NeoSpectra MEMS干涉仪看起来很有前景[9]。一种可调谐的用于测量CO_2的Fabry-Perot干涉仪[64-66]可以做到足够小以夹在手机上[67]，精度为$\pm 100 \times 10^{-6}$，适用于CO_2浓度在$(100\sim1000) \times 10^{-6}$之间的测量。

所有干涉测量方法在技术上都是可行的，但它们的日常使用取决于它们能达到一个可接受的单位成本规模。大多数要求使用手机摄像头以外的探测器。

Ding等描述了一种巧妙的吸光度测量方法[68]。宽带光被偏振，由微透镜阵列分隔，并通过楔形干涉仪（或者线性可变滤光片）传输，其输出通过智能手机相机镜头重新聚焦并投射到探测器上。由于每个透镜通过楔形干涉仪的一小部分发送光，每个空间区域将提供一小段光谱强度信息。通过对许多像素的光通量进行平均化处理，像素到像素响应变化的影响将被最小化。分辨率由楔形的每个照明区域传输的波长范围的大小设置。偏振对于避免楔形双折射引起的色差以及不同偏振在每个xy位置处波长传输的不同产生的差异是必要的。该方法的长期可行性取决于制造楔形滤波器的经济性，适当安装滤波器作为温度、湿度和老化检测功能的稳定性以及该方法的波长分辨率是否足够。

最近的另一个进展是制造了沿阵列具有不同波长响应的半导体传感器阵列[69]。由于传感器的大小与相机像素相当，人们期望噪声特性可以与当前的相机相媲美。然而，与2019年9月报道的相比，多像素信号平均需要更复杂的几何形状。波长响应的可再现性，以及作为温度函数的可再现变化，也将至关重要。如果可以足够重复地进行微加工，那么制造比前面段落中描述的干涉仪成本更低的光谱传感器可能是可行的，这时可能就没有必要使用相机进行

光谱解析了。

9.3.1.5 为什么不使用棱镜或传统仪器?

棱镜光谱仪虽然比光栅仪器少见,但实际上并不罕见[70]。由于折射率随波长变化而产生的非线性色散会导致波长校准的复杂性及红色区域的光谱压缩,但我们可以通过拟合适当的样条或多项式函数轻松处理这个问题。然而,棱镜的重量比透射光栅重,而且更难以对准。不过,最近报道了一种多组分胶黏立方体棱镜,其中棱镜和相机是共线的,而且参数是专门设计的,以尽量减少不同设备间的响应差值[71]。理想情况下,探测器的体积应大于棱镜,这意味着许多手机相机不适合使用此方法。使用单独的、大型的嵌入式CCD将会更理想。

由于大多数手机都有USB端口,若仪器也与USB兼容,则几乎任何传统仪器都可以与手机通过接口进行连接。通常我们不会将这种配置称为手机光谱仪,因为手机仅充当计算机和通信设备,而不是数据收集器。只有在使用手机相机或其他传感器将光转换为数字时,该仪器才是手机光谱仪。这与定义该领域专利的使用方法一致[7]。

简单地缩小传统的Czerny-Turner或Rowland circle仪器是可行的,并且已经申请专利[72]。目前不清楚市面上是否已经有制造或销售这样的设备,或者它们实现了什么分辨率或光通量。手机比色计的适用性较窄,但构造更简单[37,73,74]。在这里,LED提供了波长选择,红、绿、蓝响应像素之间的颜色选择定义了光谱范围。由于波长范围通常比被监测的吸收特征范围更宽,可以预料到非线性工作曲线的产生。

9.3.1.6 波长校准源

方便的校准源必须稳定、可封装、安全且随时可用。虽然有许多适用于实验室的原子发射源,但并不是通用的商业产品。便携、廉价的波长校准标准可能包括选定的LED,但不应该是常见的普通的LED,因为峰值发射波长的精确值可能会有所不同。氖灯是简单的线发射源[75],在黄色和红色光谱部分发出密集的谱线,但在蓝色光谱部分中的谱线比较少。如果可以相信校准一次在数天内是稳定的,汞蒸气街灯和钠蒸气灯(高压或低压)在夜间广泛可见(尽管出于环境原因,LED灯正在逐渐替代这些蒸气灯)。室内荧光灯也很常见,但存在额外的困难。激光笔有两个可能无法克服的问题:它们强度太大,不能直接使用;如果是基于二极管激光器的激光笔,其波长精度很差。

图9.4和图9.5显示了可能的校准源示例(荧光灯),图9.6显示了高压钠蒸气灯示例,图9.7显示了氖灯的模拟示例。虽然选择示例是为了强调特定问题,但事实上必须评估所有可能的校准源以了解其局限性。

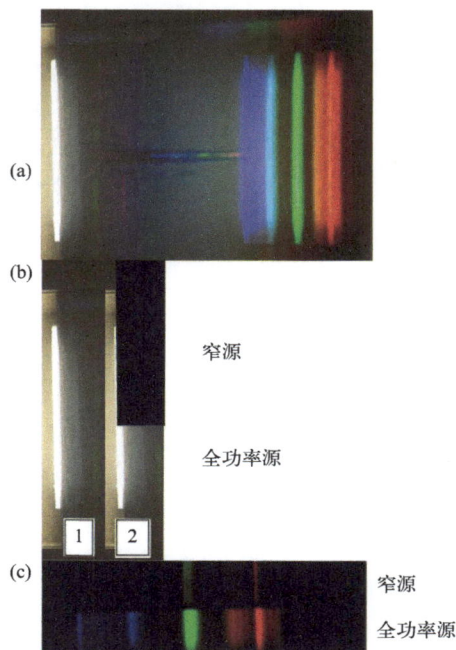

图9.4 用作参考的线性荧光灯泡:(a)未掩蔽的荧光灯槽和全场光谱;(b)灯的掩蔽:插图1未屏蔽,插图2严重屏蔽;(c)掩蔽灯和未掩蔽灯的光谱比较

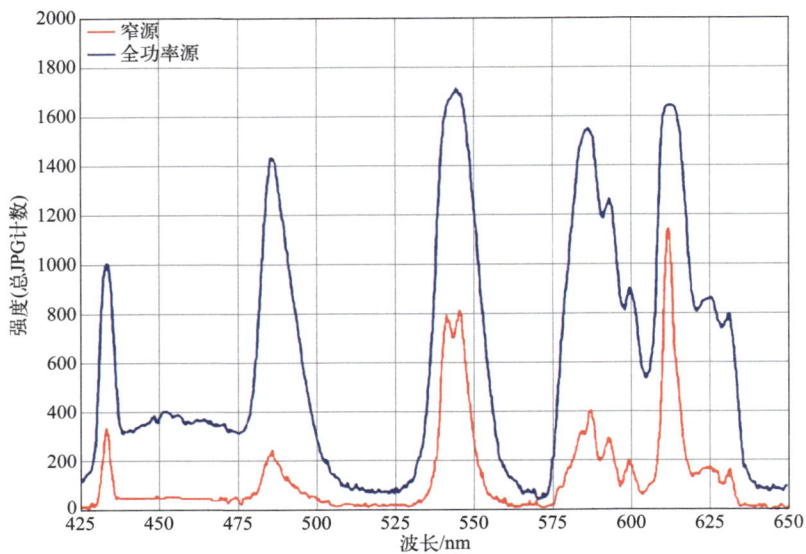

图9.5　全高暗灯光谱与掩蔽灯光谱的比较。对于谱线和波段识别请参见文献[76]。来源：Alexander Scheeline

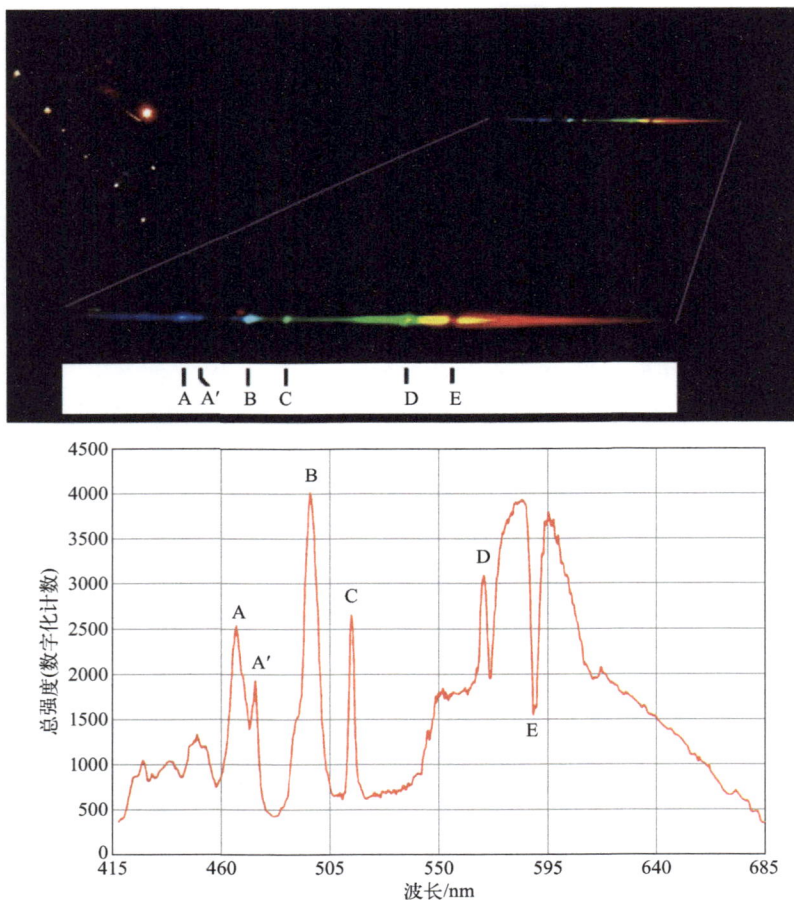

图9.6　高压钠蒸气灯光谱

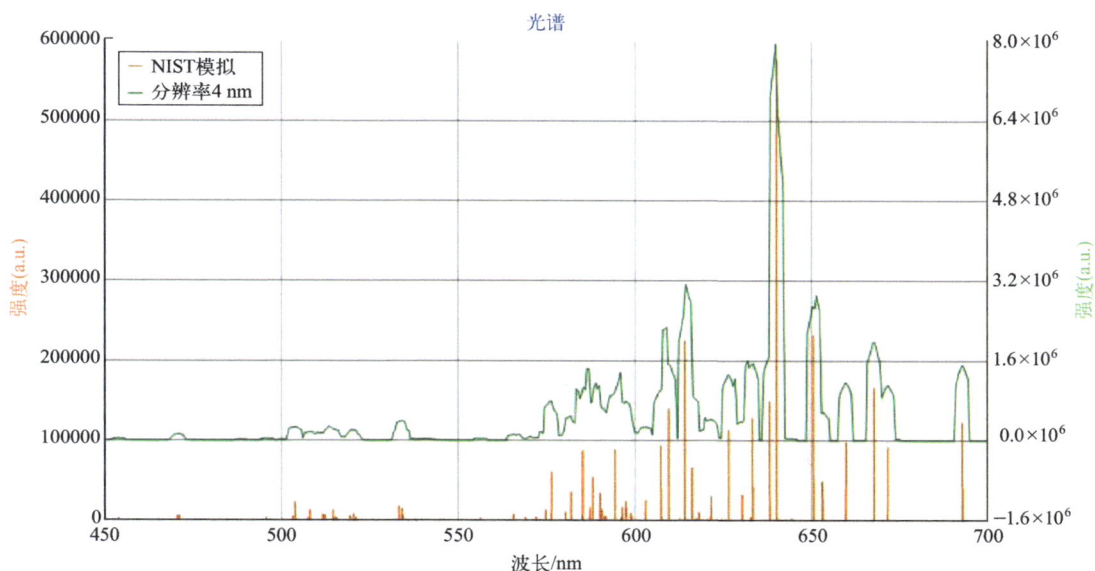

图9.7　模拟氢原子发射和低分辨率对观测的影响

　　由于荧光灯很常见，汞原子发射几乎总是存在的，并且磷光体的成分通常包括铈掺杂的氧化钇和铕掺杂的氧化钇，因此这些源可以被视为通用传输标准。如果使用光纤从灯收集光并将其发送到光谱仪的入口孔，这种方法是可行的（尽管灯的老化可能会改变不同波长处的相对强度）。然而，鉴于结合图9.1讨论的通常采用的光栅/手机相机几何形状，人们很想通过衍射光栅将手机指向荧光灯，并使用生成的图像进行校准。

　　在图9.4（a）中，使用LG 4S手机中的5 MPix相机，通过一个600线/mm的透射光栅观察在一个紧凑的Troffer（矩形的、嵌入的灯具）中的一个小的荧光灯。最初的印象是：荧光灯可以提供参考波长数据。图9.4（b）草绘了图9.4中剩余图像如何遮蔽暗灯槽，图9.4（b）中1显示未遮蔽的暗灯槽［实际上与图9.4（a）中的图像相同］，图9.4（b）中2显示暗灯槽是如何用黑纸遮盖的（为清楚起见，使用了遮盖图，而不是照片）。图9.4（c）中拍摄了部分遮蔽暗灯槽的光谱并绘制在图9.5中，后者使用在线软件提取[77,78]。提取的光谱将图9.4（c）中的JPG图像中选择区域的8位信号在高度为9个像素的范围内相加。线和带在文献[76]中被识别。由于零级（Troffer图像的白带）中照亮像素的中心在未遮挡区域为29像素宽、在遮挡区域为13像素宽，相较于红色跟踪线，为了生成图9.5中的蓝色跟踪线，需要将波长移动8个像素以对齐。由于源的大小是光谱仪的一般特征，无论仪器是便携式的还是固定式的，这种源的大小导致的移位限制了波长校准精度。此外，相机的桶形或枕形畸变以及任何相机焦平面上角度和距离之间的非线性关系都会使波长与相机位置的拟合变得复杂。图像曲率在任何离轴照明的光谱仪中都很常见，可能会进一步损害校准的高度均匀性。在图9.4（a）中，绿色带的顶部和底部结束点在图像高度980像素中心带的右侧8个像素。色散约为0.71 nm/像素，这对应于沿着5.6 nm图像的单列的表观波长范围。当然，数据处理可以补偿这种曲率，前提是其应被注意到、表征和使用它。

　　图9.5还显示了光源大小如何使光谱结构变得模糊，从而误导人们对特定谱线或波段波长的认识。当查看完整的暗灯槽高度时，550 nm附近的波段似乎是一个单一实体，这很可能是由于546 nm Hg Ⅰ线的存在。当暗灯槽被掩蔽时，很明显存在两个跃迁，一个是因为Hg Ⅰ的发射，

另一个是因为 Te^{3+} 磷光或在 579 nm 附近发射的 Hg I 线簇。

图 9.6 展示了使用与荧光灯谱图相同的 600 线/mm 光栅拍摄的高压钠蒸气街灯的发射光谱，并且在设备上使用的是同样用于图 9.4（c）校准图像的尼康 D50 相机。图像的顶部显示了灯泡和向右延伸的分散光谱。下面放大了光谱图，紫色的指南线叠加在图像上。约 589 nm 的钠 D 线的原子吸收明显表现为特征 E（$2p^2S_{1/2}-2p^2P^0_{1/2,3/2}$）。特征 D 很容易被误认为是 Hg I 546 nm 线（可能来自 NaHg 齐），但实际上是位于 568 nm 的钠线（$3p^2P^0_{1/2,3/2}-4d^2D_{3/2}$）。其他特征包括特征 A（$3p^2P^0_{1/2,3/2}-6d^2D_{3/2,5/2}$）（466 nm）、特征 A′（$3p^2P^0_{1/2,3/2}-7s^2S_{1/2}$）（475 nm）、特征 B（$3p^2P^0_{1/2,3/2}-5d^2D_{3/2}$）（498 nm）和特征 C（$3p^2P^0_{1/2,3/2}-6s^2S_{1/2}$）[79-81]。

最后，在图 9.7 中，我们展示了一个氖气灯预期的光谱。数据是使用美国国家标准与技术研究所（NIST）的原子光谱数据库进行模拟的，假设温度为 2 eV，具有多普勒展宽和 10^{14} cm^{-3} 的电子密度[81]。橙色曲线展示了高分辨率光谱仪可能观察到的光谱——红色和黄色线密集，但蓝色和绿色较弱，从而迫使使用频繁的线性波长色散的假设不准确。绿色曲线模拟了具有 4 nm 分辨率的光谱仪的外观，使用每 0.5 nm 间隔的像素。我们可以很容易地看到与预期的明线波长的偏差和相邻线的模糊化。

总之，使用任何便携式光源或手持仪器进行校准都很困难，精度有限，可能会产生测量误差。

9.3.2　对焦

大多数智能手机相机的镜头都是对焦于远距离的物体。视野范围从变焦或长焦模式下的几度到群体自拍中相当宽的角度（作者见过高达 60° 的角度）。准确的波长校准需要恒定的变焦设置，而最佳分辨率需要紧密、一致的对焦。幸运的是，iOS 和 Android 操作系统都包括设置焦距和变焦的命令。然而，在这两种情况下，都不能确定变焦和对焦功能的稳定性或可重复性。在作者的经验中，自动对焦是手机常见相机模块中最难控制的参数之一。

自 2012 年以来，由 OmniVision 推出，一种常见的相机是 OV5640，2592×1944 像素，焦距约为 4 mm，x（宽）方向视场角为 ±22.5°。对于理想的平面探测器，场景中心距离 r 和所观察对象的离轴角 β 之间存在以下关系：

$$r = r_0 \tan \beta \tag{9.4}$$

式中，r_0 是一个缩放常数。

对于这个特定的探测器，当 r = 1296 像素（探测器宽度的一半）且 β = 22.5° 时，r_0 = 3129 像素。如果使用小角度近似，每个像素将对应 22.5°/3129 = 0.0072° = 26″。但实际上，对公式（9.4）进行微分后发现：

$$\frac{\mathrm{d}r}{\mathrm{d}\beta} = r_0 \sec^2 \beta \tag{9.5}$$

由于像素大小是恒定的（dr = 1），每个像素所夹角度量随着距离 r 的增加而减小，如以下公式所示：

$$\mathrm{d}\beta = \frac{\cos^2 \beta}{r_0} \tag{9.6}$$

因此，在像素尺寸远大于仪器分辨率的情况下，每个像素所对应的波长范围似乎随$\cos^2\beta$改善，或者在22.5°处提高了0.85倍。在现实世界中，像素限制分辨率的情况并不常见。几乎在所有情况下，像素尺寸相对于光学模糊的尺度来说是很小的[82]。在这些情况下，一个固定的$d\beta$被拉伸到一个按$\sec\beta$缩放的区域。鉴于光谱仪的常见色散：

$$\frac{d\lambda}{dx} = \frac{d\cos\beta}{nf} \tag{9.7}$$

式中，n是光栅衍射级数，f是光谱仪相机反射镜或镜头焦距，d（此处不表示微分算子）是光栅间距，探测器中心宽度为w的图像模糊到宽度$w\sec\beta$。

离轴模糊恰好补偿了色散随角度的增加，因此分辨率$\lambda/\Delta\lambda$的比例为

$$\frac{\lambda}{\Delta\lambda} = \frac{\dfrac{d\cos\beta}{n}}{\dfrac{\Delta x_{\text{eff}}\,d}{nf}} = \frac{f\sin\beta}{\Delta x_{\text{eff}}} = k\lambda \tag{9.8}$$

与衍射级无关，分辨率随波长增加，比例常数取决于相机焦距和零级入射孔径图像的有效尺寸。由于焦点调整会改变f和Δx_{eff}，图像模糊会影响分辨率和光通量，但这种依赖性对临时用户而言是未知的。

9.3.3　像素间的一致性

即使是最均匀的探测器也会因像素而异。由于几乎所有手机摄像头都是彩色摄像头，彩色滤光片透射率的变化以及像素与像素之间的阻挡成倍地增加了像素响应方差。由于人眼会补偿图像质量的微小变化，一个好的自拍相机可能会显示出明显的、却不会对人类造成困扰的不均匀性，但对于光谱测量来说完全不够。量子效率和斜率响应（每单位光通量的信号变化）在整个探测器上的变化不仅是因为半导体中掺杂剂水平的变化，而且因为透镜的渐晕（光传输效率在整个场景中的变化）。最近针对两种常见的手机表征了这种变化[33]，如图9.8所示。

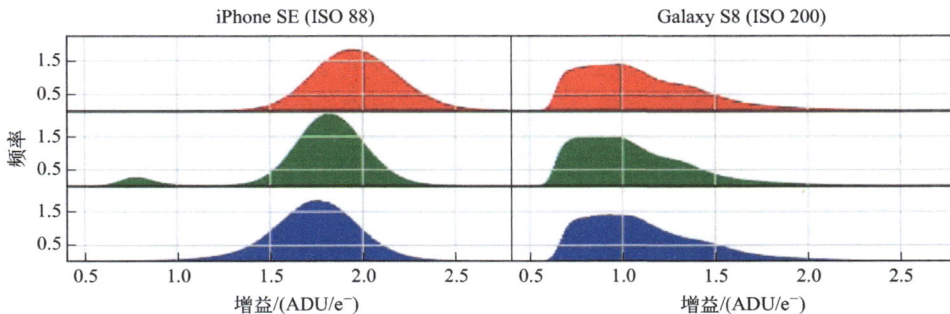

图9.8　Burggraaff 的原始标题："iPhone SE（左；ISO感光度88）和Galaxy S8（右；ISO感光度200）中R（上）、G和G 2（中）、B像素（下）的增益值直方图传感器。垂直轴被归一化以解释不同数量的像素。"
来源：Burggraaff 等[33]。许可：CC BY 4.0

有两个特征很明显。首先，两个相机的探测器响应分布不同；iPhone 相机的响应分布接近高斯分布，每个电子增益约为1.75 ± 0.25数字化单位（绿色通道具有轻微的双峰性），而三星Galaxy 相机的响应分布是非高斯分布，平均每个电子1个计数。人类视觉对光强度的响应大致呈

对数关系，因此相机的变化与其预期用途无关。然而，对于光谱法，错误可能是灾难性的。如果比尔定律中的 I_0 由与 I 不同的像素测量，透射率是没有意义的，除非像素响应已被校准。在专注于研究手机光谱测定可能性的论文中很少注意到这个问题，因为对数千个像素进行平均化后这个问题已经被忽略。考虑到相机响应的变化，将一种方法从一部手机转移到另一部手机的问题是显而易见的。虽然标准化 Bayer 模式彩色相机之间的色彩校正受到了极大的关注（例如文献[83]），并且这种标准化对于优化人类对图片的感知最有用，但是这不是用于标准化波长相关的斜率响应，因为在平衡感知颜色时没有解决特定颜色范围（例如红色、绿色或蓝色）内的相对灵敏度响应问题。

手机摄像头的使用进一步复杂化是非线性的像素响应，例如在文献[84]中所示的，或者在文献[85]中，在浊度测量中未被识别。在一定程度的曝光下（通常高于像素全阱容量的 2/3），电荷积累是次线性的，这会导致饱和（增加曝光时信号没有增加）。引用的参考文献中显示了如何线性化数据。以及，过度曝光会导致泛光，相邻像素记录来自未入射到该像素上的光的信号，这种模糊对于许多阵列探测器来说很常见；对于低动态范围的相机，这个问题更加严重。在某种程度上，非线性响应可以通过使用适当的化学计量学补偿，例如使用 RGB 信号的分类和聚类分析，而不是完全分散的光谱[74]。

现在，Bayer 模式传感的替代品已经开发出来。Foveon 公司的芯片可以直接检测单个像素中的红色、绿色和蓝色[86]，并后期处理为 JPG、位图（BMP）或标记图像文件格式（TIFF）的图像，乍一看，人们可能看不出这与使用 Bayer 模式拍摄的照片有何不同。大多数相机中的固件会将图像去像素化，从而实现在提高感知快照质量的同时破坏强度数据。光谱学家最不想要的是任何对绝对强度信息的破坏或来自不同波长响应的相邻像素信息的模糊处理。在存在模式噪声、散粒噪声和变化的响应度的情况下，获得有用的信息已经够难的了。通过模糊数据"有帮助"地合成复合颜色会增加校准难度，并增加产生与分析物相关伪影的可能性。

像素化问题的本质如图 9.9 所示。我们放置了一条原子发射线和光谱仪，使得该线以 Bayer 模式分布在 3 个像素上。这可能是 546.1 nm 的水银线被感测到，其中蓝色的相对响应为

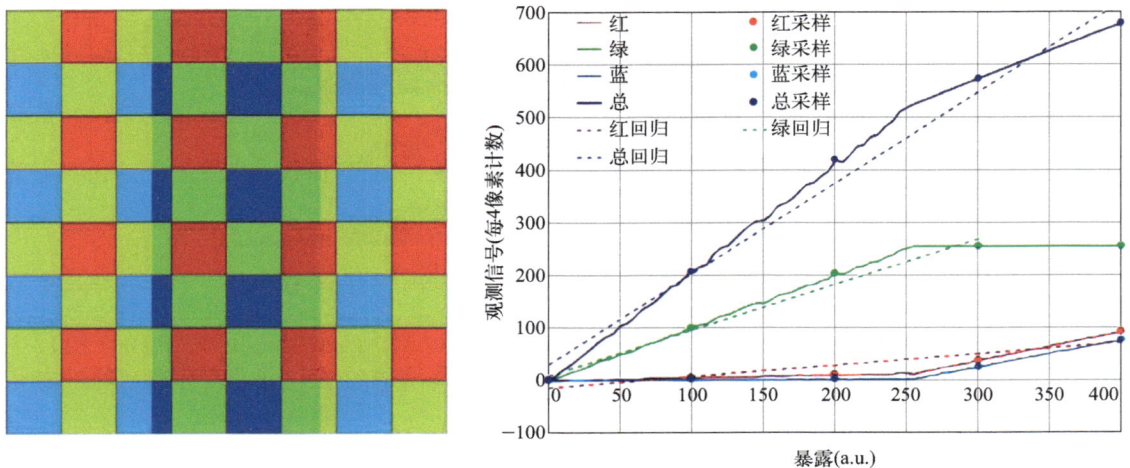

图9.9　Bayer模式，显示由跨越三列的绿色原子发射线照明。相关的增长曲线作为图中显示的暴露函数。请参阅正文以获取解释

0.01，绿色为1，红色为0.05（这不是作者在某个特定相机上进行的测量中看到的值，但是相似）。该图显示了图像相对于像素的位置（忽略结合图9.4讨论的曲率），并假设任何超过255计数的电荷溢出到相邻像素中。该模型忽略了饱和度之外的非线性，因此相对于真实相机，饱和发生的位置显示得更精确。其中精度受散粒噪声限制，噪声刚好低于 ±8计数（±3σ）的饱和度。

尽管有如此简单的几何和光谱学，该图却充满了测量伪影。当绿色像素变得饱和时，相邻像素开始显示溢出信号。图中的实线展示了每个任意曝光时间单位进行一次曝光时获得的数据。然而，大多数校准方案仅对几个曝光时间进行采样，然后将数据拟合到回归线。虚线是回归拟合的示例（没有执行蓝色数据回归，以避免图中混乱）。"显然"，绿色数据的饱和度会被任何称职的测量科学家识别，因此回归会在观察到饱和度时停止。也许有人会将红色（或蓝色）数据解释为具有小斜率，该斜率仅在高曝光时高于基线，而他没有意识到这是因为绿色像素溢出。简单地对所有像素颜色求和，忽略 Bayer 图案的遮盖效果，会产生其他问题。除非人们认识到噪声水平远低于拟合精度，否则没有理由不接受回归校准线。即使知道与拟合误差相比噪声很小，也不清楚如何解释求和数据；再加上像素到像素的变化、焦点限制以及无法在相机外部测量 Bayer 滤光片的传输曲线。显然，使用消费级相机进行科学测量会带来严重的问题。

9.3.4　将蜂窝相机耦合到样品架

前文已经提到了可以观察环境光的手机光谱仪。任何具有入口孔的仪器都可以与光纤耦合，其远端可以像台式仪器或便携式仪器一样观察任何样品。因此在本小节中我们着重讨论样品架而不是光纤耦合器，它将样品和手机光谱仪靠近或接触，使设计针对这些仪器的便携性、尺寸、成本和重复性进行约束。

最常见的样品架是1 cm 比色皿和96孔板。此外，比色测试条也经常被使用。在下文中，我们依次讨论每种样品架。

9.3.4.1　1 cm比色皿

为了使光通过比色皿的光程长度均匀，必须照射到准直光。准直光也是光栅照明的最佳选择。台式仪器可以分别校准比色皿和光栅光，避免了光在比色皿中的折射和散射/光扩散引起的失真。散射不仅会抵消吸光度基线，还会降低对光栅性能至关重要的波前平面度。因此，使用单准直有光谱模糊和背景急剧增加的风险，但在散射很小时简化了光学系统。这种方法已用于作者使用的手持式仪器，其中相机是前面提到的 OmniVision。光线用离轴抛物面镜准直，并穿过比色皿和光栅堆，然后用相机模块观察。比色皿壁的轻微楔形（拔模斜度）是为了将比色皿从成型模具中取出，这意味着通过比色皿看到的光谱与从空气路径光谱仪看到的光谱在摄像头上的位置会有所平移。之前关于像素间差异的讨论表明了为什么这是有问题的：不同的像素测量的是 I 和 I_0[30,39-41,53]。

最近报道了一种可以夹在手机上的3D打印双光束样品和光栅支架[31]。两个原始光谱在手机相机的焦平面上被分散。虽然这样的几何形状可以补偿光源输出的差异，但会加剧波长校准、场曲率和像素响应方差等问题。文献作者没有讨论这种几何形状的精度或准确度问题。

参考文献[23]中的日光源光谱仪使用了1 cm比色皿。光线部分被聚焦和折射，使用双凸透镜重新聚焦。尽管通过比色皿的光线接近平行，球面像差使得其平行度并不完美。相比之下，一种适用于手机的适配器使用手机的闪光LED作为光源，并使用不平行的光照射比色皿[87]。在这种情况下，工作曲线的斜率小于多孔板读取器的斜率，工作曲线的非线性性明显。一种适用于课堂教学的光谱仪使用一个DVD片段将光分散，并使预分散的不平行光线通过比色皿进入手机相机，在狭窄的浓度范围内显示线性工作曲线，但至少在蓝色波长下其也显示出背景吸收[88]。如果使用LED作为光源，可以获得更好的1 cm比色皿性能，并且能缩小光谱范围，简化光学、波长选择，实现信号平均处理[73]。

9.3.4.2　96孔板

并行运行样品可以提高通量，但会使仪器设计复杂化。是否应该使单个波长通过孔，然后通过对观察特定孔的那些像素的信号进行平均来执行测定？每个孔是否都应该有白光通过，然后将信号分散？或者应该用分散的光谱照亮每个孔，之后图像中每个孔的分散照明提供了光谱，从而实现每个孔图像内的空间分辨率？后分散是这些选项中唯一没有出现在文献中的选项，并且可能有充分的理由。获得足够的精确度将会很困难。

之前引用的化学计量学数据还可以应用于多孔板。唯一的波长分辨率在于相机像素的RGB色彩分离[74]。因此，波长精度由相机制造商和单个像素带通的温度敏感性决定。

Ozcan的团队开发了一种成熟的多孔板使用方法[89]。与其尝试成像整个板子，不如使用光纤捆绑从每个孔中引导光线，然后在头部进行紧凑拍摄。一排LED照明所有96个孔板，照射相同的波长。可以想象使用可互换LED排来允许使用不同的波长，或者使用适当的二极管打开多色LED进行每个测定。他们报道了使用白色LED进行三通道的测量。这种比色计仅允许分辨率不超过LED的带宽，并且不能通过仅允许信号平均来解决有限数字化精度问题。LED波长精度对于筛选是足够的。

使用固定化辣根过氧化物酶（HRP）和96孔板的比色反应剂，可实现与电化学血糖仪相当准确度的葡萄糖监测[90]。光源是一台平板电脑，具有照明均匀的显示屏，探测器是一种细胞相机。软件选择视野中未被视线遮挡的部分。文中没有讨论离轴视野的影响或参考光强度的表征。研究者使用$I_0 = 255$，不考虑实际背光水平。只要背光强度恒定，并且每次实验都有参考样品，就不会构成问题。以及，与其使用$A = -\lg(I/I_0)$，不如设定$A = k - \lg I$，其中k的值隐含在工作曲线的截距中。看起来研究者更关注于葡萄糖选择性反应的化学过程，而不是光谱测量的质量和复杂性。

9.3.4.3　测试条

测试条是最早与手机相机配合使用的分析方法之一。Whitesides使用含蜡纸和比色反应开发了一个复杂而低成本的测试系统，用于第三世界化学和生物医学测试[12,91-94]。由于校准非常具有挑战性，图像被发送到中央计算机进行处理、诊断和返回给用户。10年后，如果该工作被重现，很可能的情况是：所有处理都将在智能手机上进行。成像已经得到了电化学测量的增强[95,96]。现在有一种完全光学的pH计，只使用嵌入染料的测试条图像[97]。Whitesides认为（作者也赞同）最限制廉价化学和生物医学测试发展的是最需要这些检测能力的贫困地区却最无力承担其费用，所以，阻碍自主手机/测试条技术广泛传播的是资金问题，而非科学或技术问题。人们可以设想制造出每个成本仅几美分的测试条，但商业投资者对利润率更高的测试更感兴趣。这些测试的开发将需要非政府组织（NGO）、政府和基金会的支持。

Suslick倡导使用比色阵列进行"气味视觉化"检测，通过量化卟啉和其他有机金属在接触后颜色变化的模式来检测空气中的物种[98,99]。他的团队使用平板扫描仪、细胞相机、数字单反相机和专用光谱仪量化这些模式。专用光谱仪最容易实现信号平均和数字化位深度最大，因此精度最高。虽然"颜色深度"为12位，但这相当于每个红色、绿色和蓝色各4位。如文献[100]的图3所示，该文献作者区分了在彩色斑点内多个像素上的平均效应和单个像素的精度，但没有表征任何单个像素的光度学精度。对于8像素直径的图像，iPhone 5S的精度为4095的18计数，而具有优化测试条几何形状的光学的线性CCD的精度为2计数。虽然这些实际对比比特定设备或测量条件有用，但需要更基本的精度视角，以充分设计和改进手机光谱仪。

9.3.5 精度和误差传播

如果没有足够的精度、线性和准确性，手机光谱仪不仅毫无用处，甚至可能会产生误导。用于阐述分光光度法精度的形式体系已经在实验室仪器中得到发展。在文献[34,35,101-108]中可以找到一些概述，对此类思考有重要贡献的研究者包括Winefordner、Crouch、Ingle和Tellinghuisen。在这里，我们不会推导定量表达式，而是将重点放在一些非常关注的领域上，与普通实验室仪器相比，手机仪器在这些领域通常具有更高的方差。一些噪声源可能与确定性误差和随机误差有关，而一些误差是交叉相关的。

① 数字化量化噪声　在进行任何信号处理之前，存储在每个相机中的像素电荷均被转换为整数。对于N位转换器，每个数字化的最小相对不确定性为2^N或2^{-N}。

② 信号和暗电流中的散粒噪声　虽然在一些情况下可以抑制散粒噪声，但典型的非相干光具有泊松噪声，因此对于探测到的M个光子，其不确定度为M的平方根，信噪比为M的平方根。更大的像素可以存储更高的电荷，因此显示出更小的散粒噪声。对于一个具有约$1.4\ \mu m^2$像素的典型手机相机，满电荷容量为约2×10^4电子。因此，满电荷时的最大精度约为140，这就解释了为什么在JPG文件中常用的8位精度与相机性能相匹配。一些相机具有10位数字化器，因此在满量程时每20个电子生成1个计数。然而，由于散粒噪声，最后的2位会波动。图9.8中的示例表明，1个计数大约等于1个电子。在这样的相机中，需要15位数字化才能量化满电荷。或者，对于11位数字化，满电荷只能容纳2000个电子，最大信噪比为45。作者尚未弄清楚这些计算之间的差异如何解决，尽管人们怀疑数字化比率（计数/电子）是图9.8中所示比率的某个倍数。

③ 闪烁噪声　即使对于光源的电源或电流进行精确控制，其输出也通常会在低频下波动（因此噪声功率谱约为$1/f^{\alpha}$，f为以赫兹为单位的频率，$0<\alpha<2$）。使用双光束测量通常可以最小化闪烁噪声。很少有手机仪器能够进行瞬时双光束测量，因此这种系统的闪烁噪声很高。闪光LED被用作某些光谱仪的光源，但这种LED仅被控制为提供令人愉悦的快照，而非高精度光度计。电子闪光灯，无论是白色LED还是氙气闪光灯，也是可能的。如果没有进行仔细的特性表征，它们的精度是可疑的，因此需要进行双光束操作。

④ 样品池定位噪声　这可能是松散连接到手机的便携式仪器中最难控制的噪声源。样品架的位置或角度的任何变化都会改变来自光源到样品和样品到相机/传感器的光线的通量和路径长度。如果在手机中使用闪光LED作为光源，则样品架的移动不仅会改变样品/相机的对准，还会

改变光源/样品的对准。比色皿和多孔板具有应变、灰尘和其他不完美的因素，即使在实验室中也会挑战精度测量。在便携式环境中，没有办法识别，更不用说稳定它们的影响。为了进行有意义的测量，样品池定位误差必须小于由分析物引起的方差。当使用刚性、精确对准的架子改善这些问题时，可携带性通常会受到影响。任何检测限制或定量限制的声明都应指出在现场仪器中不精确的对准导致的降解有多少来自实验室的限制。

⑤ 热噪声（电子学）　电阻器（包括导线）中电子的随机运动称为约翰逊噪声。均方根噪声电压 v_N 随温度 T、电阻 R 和带宽 Δf 增加：

$$v_N = \sqrt{4kTR\Delta f} \tag{9.9}$$

因此，噪声取决于环境和各个组件的温度。如果相机没有正确散热，那么重度使用会逐渐增加噪声幅度。如果 Wi-Fi 覆盖范围不好，以至于需要高发射幅度，或者电池负载重，释放废热，手机温度会增加。如果没有监测组件温度，噪声幅度就成为一个重要的、未量化的、漂移的参数。在 300 K 温度和 1 kHz 带宽下，1 kΩ 电阻器的均方根（RMS）噪声幅值为 129 nV 或者等效的 129 pA。将具有 20 千电子容量的像素在 1/30s 内饱和，需要的电流为 0.1 pA。显然，噪声抑制对于测量质量至关重要，自拍图片可以容忍更多的噪声，而在科学测量中则不能。

⑥ 热噪声（机械结构）　随着温度的变化，固体物体表现出的刚度就像明胶一样。考虑常见光学和仪器材料的线性热膨胀系数（表9.2）。显然，实验室仪器常用材料受温度诱导的尺寸变化比用于手机、注塑配件和塑料光学的材料更少。许多廉价透射光栅是用 Mylar® 制成的，例如在 25℃下具有 600 行/mm，0℃下具有 600.9 行/mm，45℃下具有 599.3 行/mm。在 0℃下平放并支撑 2 cm 的 Mylar 会在 25℃下膨胀到 2.003 cm 的长度，导致从安装点开始的机械平面偏移约 5°，假设支撑框架保持平整（在光轴处的最大位移）。对于分子吸收或分子荧光光谱，光栅 d 间距的变化很小，如果色散为 1 nm/像素，则任何像素的标定偏移不超过 2 nm，但光栅边缘处入射角度的变化可能很大。1 cm 的塑料比色皿在 0℃到 25℃之间的路径长度会变化 0.2%（或任何相似的温度变化）。折射率也随温度变化。使用具有不同热膨胀系数的材料组装光学元件可能会导致对准偏移。所有这些热驱动的扭曲都会降低精度。

表9.2　常见的线性热膨胀系数[105]（除非另有说明）

材　料	热膨胀系数 $[\Delta L/(L\Delta T)]/10^{-6}K^{-1}$
因瓦合金	1.5
聚苯乙烯	70
聚碳酸酯	65～70
聚烯烃	32～108
聚酯薄膜	59.4
铝	21～24
钛	8.5～9
派热克斯玻璃	4
熔融石英	0.55
BK-7	7.1[117]

⑦ 热噪声（波长校准）　如前所述，光栅或棱镜随温度变化改变色散。如果以 LED 的峰值发射作为校准参考，那么它也会随温度变化而改变。用于设置校准波长的原子发射线是可靠的，但是便携式、低功率的原子线源很少见。不幸的是，等离子面板（http://edenpark.com/products.

html）没有针对可见光的优化，氖灯在蓝色或绿色上只有少数发射波长，汞灯需要重量大的高压变压器，而火焰发射除了难以对准外还存在各种危险。

⑧热噪声（化学）　化学平衡的位置和化学反应速率都随温度变化。因此，即使使用有温控光学的仪器，分析工作曲线的斜率也随温度变化。此外，如果样品在测量过程中发生化学反应，则反应可能会使样品架/比色皿发热或降温，从而改变折射率、光路、界面处的反射损失以及（如果斜照光）光束位置。

⑨1/f噪声　光源老化：白色LED的色温随时间变化偏移，从而在吸光度测量的波长依赖性上生成逐渐漂移的效应。虽然LED的漂移速度比热丝白炽灯或弧灯慢且更单调，但它们并不完全稳定，因此也具有1/f噪声。相机响应的逐渐老化受湿度、探测器Bayer滤镜的衰变和半导体掺杂物的扩散等因素影响，也会产生1/f漂移。因此，相机量子效率也具有1/f分量。将一种相机型号替换为同一系列中的另一种型号，可以视为低频但高振幅的事件。

9.3.6　用户培训和方法有效性

即使是专家，在执行分析过程时的精度也有限，非专家用户也不太可能凭直觉察觉样品处理或制备操作中可能导致结果无效或不准确的因素。如果手机光谱学除了专业人士以外还要对其他人有用，那么必须使用计算机智能和实时反馈来协调光谱仪、方法和操作程序。要衡量仪器、环境和用户对测量误差的影响，至少需要进行量具重复性和再现性研究[109-111]，并且可能还需要进行误差传播建模。

很可能大多数用户都不想看到原始数据，也不希望进行校准活动，如果被告知操作有误，他们可能会感到畏惧[112,113]。因此，在样品处理和测量的每个步骤中，数据必须由软件进行严格检查，并根据用户实际操作的步骤进行调整，而不是假设他们按某种理想方式进行。Goedel定理[114,115]表明，没有计算机程序能够预测分析员可能出现的所有错误，但是，如果手机化学分析要成功，确保许多可预测的错误能够被捕获和处理与设计校准良好的硬件同样重要。这种可变路径编程的结构与编程学习系统单元及其互联有很多共同之处[116]。

9.4　结论和展望

如果手机光谱技术不想仅仅成为一种幻想，就必须克服技术、商业和心理上的障碍。生产者和消费者都必须明确定性测量和定量测量之间的区别，以及向智能手机报告的仪器和使用手机作为测量设备的仪器之间的差异。支持人类感知的应用（如颜色匹配）和旨在进行科学测量（如定量分析）的应用必须仔细区分，前者必须模仿用户的非线性特性和偏好/偏见，后者必须尽可能做到线性和客观。对于定量测量，如本章所强调的，系统使用环境的可变性意味着，要么仪器必须具有不切实际的稳定性，要么必须在使用时由非专业人员自主或快速校准。所需的技术复杂性必须以极低的成本实现，以便为潜在的大众市场提供服务，并建立能够保证合理利润率分销渠道。对于那些需要对少数分析物进行大量测定的小众市场来说，这可能是开拓市场的契机，例如饮用水中的铅检测、水中的大肠杆菌检测以及农业径流中的硝酸盐或磷酸盐检测等。用户心理也很重要。潜在用户不应被操作吓到，必须得到充分的引导以正确执行操作，并且无需付出过多努力或投入过多时间就能得到令人满意且可行的结果。虽然通过将拉曼、红外或近红外光谱仪与手机相结合可以对材料的主要成分进行测定，但为微量和痕量成分设计仪器、反应试剂盒和操作程序将更具挑战性。

参考文献

[1] Mork, B.J. and Scheeline, A. (1988). Wavelength-resolved single-spark emission images using a charge coupled device detector. *Appl. Spectrosc.* 42: 1332-1335.

[2] Mork, B.J. and Scheeline, A. (1989). Observations of high-voltage atmospheric-pressure spark discharges in argon using a charge-coupled device detector. *Spectrochim. Acta A* 44B: 1297-1323.

[3] Leiden University (2013). Measuring particulates with your smartphone. http://www.research.leiden.edu/news/measuring-particulates-with-your-smartphone.html (accessed 1 September 2019).

[4] Snik, F., Rietjens, J.H.H., Apituley, A. et al. (2014). Mapping atmospheric aerosols with a citizen science network of smartphone spectropolarimeters. *Geophys. Res. Lett.* 41: 7351-7358.

[5] Oswald, E. (2017). With a built-in molecular spectrometer, this phone can identify any material. *Digit. Trends*. http://www.research.leiden.edu/news/measuring-particulates-with-your-smartphone.html (accessed 6 September 2019).

[6] GoSpectro Spectrometer for Smart Phone (2019). https://www.alphanov.com/en/news/gospectro-power-spectroscopy-your-fingertips (accessed 16 September 2019).

[7] Wang, S.X. and Zhou, X.J. (2008). Spectroscopic sensor on mobile phone. U.S. Patent 7,420,663, issued 2008.

[8] Levenson, J. (2019). Samsung Galaxy S11 has a secret weapon to take on the iPhone 12. *T3 Smart Living*. https://www.t3.com/news/samsung-galaxy-s11-spectrometer (accessed 7 October 2019).

[9] NeoSpectra (2019). MEMS + FT-IR. https://www.neospectra.com/our-offerings/neospectra-micro (accessed 16 September 2020).

[10] Kang, S., Son, D., and Park, J. (2019). Electronic device comprising plurality of light sources. US Patent Application 16/359,189, published 2019.

[11] Consumer Physics (2019). SCIO by consumer physics. https://www.consumerphysics.com (accessed 1 September 2019).

[12] Martinez, A.W., Phillips, S.T., Carrilho, E. et al. (2008). Simple telemedicine for developing regions: camera phones and paper-based microfluidic devices for real-time, off-site diagnosis. *Anal. Chem.* 80 (10): 3699-3707.

[13] McGonigle, A.J.S., Wilkes, T.C., Pering, T.D. et al. (2018). Smartphone spectrometers. *Sensors* 18 (223): 1-15.

[14] Dutta, S. (2019). Point of care sensing and biosensing using ambient light sensor of smartphone: critical review. *TrAC* 110: 393-400.

[15] Rezazadeh, M., Seidi, S., Lid, M. et al. (2019). The modern role of smartphones in analytical chemistry. *TrAC* 118: 548-555.

[16] Saini, S.S., Sridhar, A., and Ahluwalia, K. (2019). Smartphone optical sensors. *OPN* 30 (2): 34-41.

[17] Crocombe, R.A. (2018). Portable spectroscopy. *Appl. Spectrosc.* 72 (12): 1701-1751.

[18] Ross, G.M.S., Bremer, M.G.E.G., and Nielsen, M.W. (2018). Consumer-friendly food allergen detection: moving towards smartphone-based immunoassays. *Anal. Bioanal. Chem.* 410: 5353-5371.

[19] Nelis, J., Elliott, C., and Campbell, K. (2018). "The smartphone's guide to the galaxy": in situ analysis in space. *Biosensors* 8 (4): 96-126.

[20] Alawsi, T. and Al-Bawi, Z. (2019). A review of smartphone point-of-care adapter design. *Eng. Rep.* 1(2): e12039.

[21] DetectaChem. MobileDetect Pouches. https://detectachem.com/products/mobiledetect-pouches (accessed 22 November 2019).

[22] USB Implementers Forum, Inc (2018). USB Power Delivery. https://www.usb.org/document-library/usb-power-delivery (accessed 16 September 2020).

[23] Jian, D., Wang, B., Huang, H. et al. (2019). Sunlight based handheld smartphone spectrometer. *Biosens. Bioelectron.* 143: 111632.

[24] Hossain, M.A., Canning, J., Cook, K., and Jamalipour, A. (2016). Optical fiber smartphone spectrometer. *Opt. Lett.* 41 (10):

2237-2240.

[25] Hong, J.I. and Chang, B.-Y. (2014). Development of the smartphone-based colorimetry for multi-analyte sensing arrays. *Lab Chip* 14 (10): 1725-1732.

[26] Yu, H., Tan, Y., and Cunningham, B.T. (2014). Smartphone fluorescence spectroscopy. *Anal. Chem.* 86 (17): 8805-8813.

[27] Long, K.D., Yu, H., and Cunningham, B.T. (2014). Smartphone instrument for portable enzyme-linked immunosorbent assays. *Biomed. Opt. Express* 5 (11): 3792-3806.

[28] Long, K.D., Yu, H., and Cunningham, B.T. (2015). Smartphone spectroscopy: three unique modalities for point-of-care testing. *Next-Gen. Spectrosc. Technol.* VIII: 94820J-1-94820J-8.

[29] Mudanyali, O., Dimitrov, S., Sikora, U. et al. (2012). Integrated rapid-diagnostic-test reader platform on a cellphone. *Lab Chip* 12 (15): 2678-2686.

[30] Scheeline, A. and Bui, T.A. (2014). Energy dispersion device. U.S. Patent 8,885,161, issued 2014.

[31] Bogucki, R., Greggila, M., Mallory, P. et al. (2019). A 3D-printable dual beam spectrophotometer with multi-platform smartphone adaptor. *J. Chem. Ed.* 96 (7): 1527-1531.

[32] Hamamatsu Corp (2019). Silicon photodiodes. https://www.hamamatsu.com/resources/pdf/ssd/e02_handbook_si_photodiode.pdf (accessed 22 November 2019).

[33] Burggraaff, O., Schmidt, N., Zamorano, J. et al. (2019). Standardized spectral and radiometric calibration of consumer cameras. *Opt. Express* 27 (14): 19075-19101.

[34] Rothman, L.D., Crouch, S.R., and Ingle, J.D. (1975). Theoretical and experimental investigation of factors affecting precision in molecular absorption spectrophotometry. *Anal. Chem.* 47: 1226-1233.

[35] Ingle, J.D. and Crouch, S.R. (1988). *Spectrochemical Analysis*. Englewood Cliffs, NJ: Prentice Hall.

[36] Holst, G.C. and Lomheim, T.S. (2007). *CMOS/CCD Sensors and Camera Systems*. Winter Park, FL: JCD Publishing.

[37] Hussain, I., Ahamad, K.U., and Nath, P. (2017). Low-cost, robust, and field portable smartphone platform photometric sensor for fluoride level detection in drinking water. *Anal. Chem.* 89 (1): 767-775.

[38] Das, A.J., Wahi, A., Kothari, I., and Raskar, R. (2016). Ultra-portable, wireless smartphone spectrometer for rapid, non-destructive testing of fruit ripeness. *Sci. Rep.* 6: 32504.

[39] Scheeline, A. (2018). Progress towards low resolution visible spectrometry with COTS components. *Next-Gen. Spectrosc. Technol.* X: 10657-06-1-10657-06-8.

[40] Scheeline, A. and Bui, T.A. (2016). Stacked, mutually-rotated diffraction gratings as enablers of portable visible spectrometry. *Appl. Spectrosc.* 70 (5): 766-777.

[41] Scheeline, A. (2015). Is "good enough" good enough for portable visible and near-visible spectrometry? *Next-Gen. Spectrosc. Technol.* VIII: 94820H-1-94820H-9.

[42] Zhu, W., Yi, S., Chen, A. et al. (2019). Single-shot on-chip spectral sensors based on photonic crystal slabs. *Nat. Commun.* 10 (1): 1020-1025.

[43] Sadler, D.A., Littlejohn, D., and Perkins, C.V. (1995). Automatic wavelength calibration procedure for use with an optical spectrometer and array detector. *J. Anal. Atomos. Spectrosc.* 10 (3): 253-257.

[44] Miller, D.L. and Scheeline, A. (1993). A computer program for the collection, reduction, and analysis of Echelle spectra. *Spectrochim. Acta A* 48B: E1053-E1062.

[45] Cao, X.A., LeBoeuf, S.F., and Stecher, T.E. (2006). Temperature-dependent electroluminescence of AlGaN-based UV LEDs. *IEEE Electron. Dev. Lett.* 27 (5): 329-331.

[46] OSRAM (2012). ChipLED 0603 datasheet version 1.0, 1-23.

[47] Xie, R.-J. and Hiosaki, N. (2007). Silcon-based oxynitride and nitride phosphors for white LEDs - a review. *Sci. Technol. Adv. Mater.* 8: 588-600.

[48] Wagner, M., Herzog, A., Ganev, H., and Khanh, T.Q. (2015). LED aging acceleration - an analysis from mea-suring and aging data of 14,000 hours LED degradation. *12th China International Forum Solid State Lighting*, Shenzhen, China (2-4 November 2015), pp. 75-78.

[49] Routledge, R. (2019). Central limit theorem. https://www.britannica.com/science/central-limit-theorem (accessed 19

September 2019).

[50] Taylor, K. and Silver, L. (2019). Smartphone ownership is growing rapidly around the world, but not always equally. https://www.pewresearch.org/global/2019/02/05/smartphone-ownership-is-growing-rapidly-around-the-world-but-not-always-equally (accessed 1 September 2019).

[51] Hernandez, T.C.M., Gonzalez-Valencia, E., Torres, P., and Ramirez, D.L.A. (2017). Low-cost spectrometer for educational applications using mobile devices. *Opt. Pura Apl.* 50 (3): 221-228.

[52] Bayer Filter (2019). https://en.wikipedia.org/wiki/Bayer_filter (accessed 3 October 2019).

[53] Scheeline, A. (2019). Energy dispersion cuvette. U.S. Patent 10,324,023, issued 2019.

[54] Plymouth Grating Laboratory (2019). Two-dimensional (2D) diffraction gratings. https://www.plymouthgrating.com/product/two-dimensional-2d-diffraction-gratings (accessed 22 November 2019).

[55] Snik, F., Karalidi, T., and Keller, C.U. (2009). Spectral modulation for full linear polarimetry. *Appl. Optics* 48 (7): 1337-1346.

[56] Raju, L. (2012). Development of a low cost infrared spectrophotometer and a Matlab program to detect terres-trial and extraterrestrial water vapor. *Cent. Alabama Reg. Sci. Eng. Fair* 2013.

[57] Coates, J. (2010). New miniaturized spectral measurement platforms covering the visible to the mid-IR. PDF of PowerPoint on linear variable filter spectra (7 October 2013). http://depts.washington.edu/cpac/Activities/Meetings/Fall/2010/documents/NeSSI_Workshop_November_2010_Coates.pdf (accessed 21 October 2019).

[58] Coates, J. (2011). Integrated sensing module for handheld spectral measurements. U.S. Patent 7,907,282, issued 2011.

[59] Macleod, H.A. (2017). *Thin Film Optical Filters*. Boca Raton, FL: CRC Press.

[60] PixelSensor™ Multispectral Sensors (2019). https://pixelteq.com/pixel-sensor (accessed 1 September 2019).

[61] 11 Channel Spectral Color Sensor (2019). https://ams.com/as7341 (accessed 1 September 2019).

[62] LightShift (2019). https://surfaceoptics.com/products/hyperspectral-imaging/lightshift (accessed 1 September 2019).

[63] Wang, S.-W., Xia, C., Chen, X. et al. (2007). Concept of a high-resolution miniature spectrometer using an integrated filter array. *Opt. Lett.* 32 (6): 632-634.

[64] Hercher, M. (1968). The spherical mirror Fabry-Perot interferometer. *Appl. Optics* 7: 951-966.

[65] Wikipedia (2019). The Fabry Pérot Interferometer. https://en.wikipedia.org/wiki/Fabry-Pérot_interferometer (accessed 21 November 2019).

[66] Vaughan, M. (1989). *The Fabry-Perot Interferometer: History, Theory, Practice and Applications*. Boca Raton, FL: CRC Press.

[67] Mannila, R., Hyypiö, R., Korkalainen, M. et al. (2015). Gas detection with microelectromechanical Fabry-Perot interferometer technology in cell phone. *Next-Gen. Spectrosc. Technol. VIII*: 94820P.

[68] Ding, H., Chen, C., Zhao, H. et al. (2019). Smartphone based multispectral imager and its potential for point-of-care testing. *Analyst* 144 (14): 4380-4385.

[69] Yang, Z., Albrow-Owen, T., Cui, H. et al. (2019). Single-nanowire spectrometers. *Science* 365 (6457): 1017 LP-1020.

[70] Learner, J. (2019). PARISS® imaging spectrograph. https://lightforminc.com/products/imaging-spectrograph (accessed 4 October 2019).

[71] Choi, S., Kim, Y., Lee, J.-Y. et al. (2019). Minimizing device-to-device variation in the spectral response of portable spectrometers. *J. Sensors* 2019 (8392583): 7.

[72] Zhang, J. (2013). Spectrometer miniaturized for working with cellular phones and other portable electronic devices. U.S. Patent 8,537,343, issued 2013.

[73] Hussain, I., Bora, A.J., Sarma, D. et al. (2018). Design of a smartphone platform compact optical system oper-ational both in visible and near infrared spectral regime. *IEEE Sensors* 18 (12): 4933-4939.

[74] Coleman, B., Coarsey, C., and Asghar, W. (2019). Cell phone based colorimetric analysis for point-of-care settings. *Analyst* 144 (6): 1935-1947.

[75] International Light Technologies, Inc.(2019). Neon Lamps: Application and Technical Notes. https://www.intl-lighttech.com/specialty-light-sources/neon-lamps (accessed 7 October 2019).

[76] Wikimedia Commons (2009). File:Fluorescent Lighting Spectrum Peaks Labelled.png. https://commons.wikimedia.org/wiki/

File:Fluorescent_lighting_spectrum_peaks_labelled.png (accessed 8 October 2019).

[77] Kelley, K.D. and Scheeline, A. (2009). Cell phone spectrophotometer. *J. Anal. Sci. Digit. Lib.*, entry 10059. https://www.asdlib.org/onlineArticles/elabware/Scheeline_Kelly_Spectrophotometer/index.html (accessed 16 September 2020).

[78] Scheeline, A. and Kelley, K. (2014). CellPhoneSpecIntEd. http://scheeline.scs.illinois.edu/~asweb/CPS/CellPhoneSpecIntEd.exe (accessed 8 October 2019).

[79] PhysicsOpenLab (2017). Spectral Lines Broadening. http://physicsopenlab.org/2017/09/07/spectral-lines-broadening (accessed 2 October 2019).

[80] Miokovic, Z., Balkovic, D., and Veza, D. (2010). Shift and broadening of sodium nS-3P and nD-3P transitions in high pressure NaCd and NaHg discharges. *Arxiv.* https://arxiv.org/ftp/physics/papers/0410/0410146.pdf (accessed 1 October 2019).

[81] Kramida, A., Ralchenko, Y., and Reader, J. (2018). NIST atomic spectra database (Ver 5.6.1) [Online]. https://physics.nist.gov/cgi-bin/ASD/lines1.pl?spectra=Na+I&limits_type=0&low_w=400&upp_w=600&unit=1& submit=Retrieve+Data&de=0&format=0&line_out=0&en_unit=0&output=0&bibrefs=1&page_size=15& show_obs_wl=1&show_calc_wl=1&unc_out=1&order_out=0&max_low_enrg=&s (accessed 7 October 2019).

[82] Scheeline, A. (2017). Focal point: how to design a spectrometer. *Appl. Spectrosc.* 71 (10): 2237-2252.

[83] Zhao, Y., Elliott, C., Zhou, H., and Rafferty, K. (2019). Spectral illumination correction: achieving relative color constancy under the spectral domain. *IEEE Int. Symp. Signal Process. Inf. Technol.* 2018: 690-695.

[84] Ding, H., Chen, C., Qi, S. et al. (2018). Smartphone-based spectrometer with high spectral accuracy for mHealth application. *Sens. Actuat. A Phys.* 274: 94-100.

[85] Bayram, A., Yalcin, E., Demic, S. et al. (2018). Development and application of a low-cost smartphone-based turbidimeter using scattered light. *Appl. Optics* 57 (21): 5935-5940.

[86] Fovean Corp (2010). X3 technology direct image sensors. http://www.foveon.com/article.php?a=67 (accessed 7 October 2019).

[87] Wang, Y., Liu, X., Chen, P. et al. (2016). Smartphone spectrometer for colorimetric biosensing. *Analyst* 141 (11): 3233-3238.

[88] Hosker, B.S. (2018). Demonstrating principles of spectrophotometry by constructing a simple, low-cost, func-tional spectrophotometer utilizing the light sensor on a smartphone. *J. Chem. Ed.* 95 (1): 178-181.

[89] Berg, B., Cortazar, B., Tseng, D. et al. (2015). Cellphone-based hand-held microplate reader for point-of-care testing of enzyme-linked immunosorbent assays. *ACSNano* 9 (8): 7857-7866.

[90] Pla-Tolós, J., Moliner-Martínez, Y., Molins-Legua, C., and Campíns-Falcó, P. (2018). Solid glucose biosensor integrated in a multi-well microplate coupled to a camera-based detector: application to the multiple analysis of human serum samples. *Sens. Actuat. B Chem.* 258: 331-341.

[91] Carrilho, E., Phillips, S.T., Vella, S.J. et al. (2009). Paper microzone plates. *Anal. Chem.* 81 (15): 5990-5998.

[92] Ellerbee, A.K., Phillips, S.T., Siegel, A.C. et al. (2009). Quantifying colorimetric assays in paper-based microfluidic devcies by measuring the transmission of light through paper. *Anal. Chem.* 81 (20): 8447-8452.

[93] Whitesides, G.M. (2009). Paper diagnostics - using first world science in developing economies. *Pittsburgh Conf. Anal. Chem. Appl. Spectrosc*: 12.

[94] Martinez, A.W., Phillips, S.T., Whitesides, G.M., and Carrilho, E. (2010). Diagnostics for the developing world: microfluidic paper-based analytical devices. *Anal. Chem.* 82 (1): 3-10.

[95] Christodouleas, D.C., Nemiroski, A., Kumar, A.A., and Whitesides, G.M. (2015). Broadly available imag-ing devices enable high-quality low-cost photometry. *Anal. Chem. (Washington, DC, United States)* 87 (18): 9170-9178.

[96] Ainla, A., Mousavi, M.P.S., Tsaloglou, M.-N. et al. (2018). Open-source potentiostat for wireless electrochemi-cal detection with smartphones. *Anal. Chem.* 90 (10): 6240-6246.

[97] Gotor, R., Ashokkumar, P., Hecht, M. et al. (2017). Optical pH sensor covering the range from pH 0-14 com-patible with mobile-device readout and based on a set of rationally designed Indicator dyes. *Anal. Chem.* 89 (16): 8437-8444.

[98] Rakow, N.A. and Suslick, K.S. (2000). A colorimetric sensor array for odor visualization. *Nature* 406 (6797): 710-713.

[99] Suslick, K.S. and Rakow, N.A. (2001). A colorimetric nose: "smell - seeing". *Proc. Electrochem. Soc.* 2001-15 (A): 8-13.

[100] Askim, J.R. and Suslick, K.S. (2015). Hand-held reader for colorimetric sensor arrays. *Anal. Chem.* 87 (15): 7810-7816.

[101] Ingle, J.D. and Crouch, S.R. (1972). Evaluation of precision of quantitative molecular absorption spectrometric measurements. *Anal. Chem.* 44: 1375-1386.

[102] Galbán, J., de Marcos, S., Sanz, I. et al. (2007). Uncertainty in modern spectrophotometers. *Anal. Chem.* 79: 4763-4767.

[103] Winefordner, J.D., Svoboda, V., Cline, L.J., and Fassel, V.F. (1970). A critical review of atomic emission, atomic absorption, and atomic fluorescence flame spectroscopy. *Crit. Rev. Anal. Chem.* 1 (1): 233-272.

[104] Tellinghuisen, J. (2000). Statistical error calibration in UV-visible spectrophotometry. *Appl. Spectrosc.* 54 (3): 431-437.

[105] Rieke, G. (2003). *Detection of Light: From the Ultraviolet to the Submillimeter*. Cambridge: Cambridge Univer-sity Press.

[106] Sweedler, J.V., Ratzlaff, K., and Denton, M.B. (1994). *Charge Transfer Devices in Spectroscopy.* New York: VCH.

[107] McCreery, R.L. (2000). *Raman Spectroscopy for Chemical Analysis*. New York: Wiley-Interscience.

[108] Tellinghuisen, J. (2019). Calibration: detection, quantification, and confidence limits are (almost) exact when the data variance function is known. *Anal. Chem.* 91 (14): 8715-8722.

[109] Quality-One International (2019). Gage repeatability & reproducibility (Gage R&R). https://quality-one.com/grr (accessed 22 November 2019).

[110] Peralta, M. (2012). *Measurement System Error Analysis: Analyzing and Reducing Measurement Errors in Test Systems*. CreateSpace Independent Publishing Platform.

[111] Gupta, S.V. (2012). *Measurement Uncertainties: Physical Parameters and Calibration of Instruments*. Springer GmbH.

[112] Scheeline, A. (2011). Democratization of Detection: Every Citizen a Sensor? *An Integr. Water Secur. Summit Dedic. to Defense-in-Depth*, University of the Pacific.

[113] Scheeline, A. and Bui, T.A. (2014). *Millions of Shallow CMOS Pixels and the Art of Spectroscopy*. Pittcon.

[114] Raatikainen, P. (2018). Gödel's incompleteness theorems. *Stanford Encycl. Philos.* (Fall 2018 Ed.) (accessed 21 October 2019). https://plato.stanford.edu/archives/fall2018/entries/goedel-incompleteness (accessed 16 September 2020).

[115] Hofstadter, D. (1979). *Gödel, Escher, Bach: An Eternal Golden Braid*. New York: Basic Books.

[116] Sherwood, B.A. (1977). *The Tutor Language*. Minneapolis, MN: The Control Data Education Co.

[117] Glass Dynamics LLC. (2015). BK-7 optical glass. http://www.glassdynamicsllc.com/bk7.html (accessed 5 October 2019).

10

用于安全与安保的便携式远距离光学光谱

Matthew P. Nelson, Nathaniel R. Gomer

ChemImage Corporation, Pittsburgh, PA, USA

10.1 概述

10.1.1 动机

当今世界，生物、爆炸、化学和麻醉品威胁一直令人担忧，且相关事件数量不断上升。军队、执法部门、急救人员、公共卫生官员和平民都面临着这个已经永远改变了我们生活方式的新现实。"9·11"之后，生物威胁以通过邮件发送的炭疽病毒的形式出现，而简易爆炸装置（IED）在"9·11"之后的伊拉克和阿富汗战争期间成为基地组织、伊拉克和叙利亚伊斯兰国（ISIS）恐怖组织的首选武器，甚至在今天仍然普遍存在。2018年，据报道叙利亚发生了化学武器袭击，造成40～50人死亡，100多人可能受伤（Anon, 2020a）。阿片类药物滥用已迅速成为流行病，2017年美国68%的药物过量死亡是由阿片类药物滥用造成的（Scholl et al., 2019）。而COVID-19大流行已导致全球数百万人患病，并夺去了数十万人的生命（Anon, 2020b）。

随着威胁流行程度的增加，应对这些社会危险的技术进步的需求也在增加，无论是通过情报收集、威胁检测和识别，还是消除危险。近年来，光谱学已经证明它在解决这一系列问题方面能发挥作用，因为它有潜力解决与实际操作概念（CONOPS）相关的许多未满足的需求。

一个理想的便携式、远距离、光学光谱传感器有几个明显的特点：大多数操作概念要求传感器能够实时或接近实时测量，以免中断既定程序的流程；传感器需要在自然界中放置，以增加操作人员/旁观者和设备的安全性；特定的性能要求通常是由CONOPS驱动的，但都要求高灵敏度和高特异性；除了检测之外，识别威胁通常是必要的；考虑到终端用户的广泛范围，传感器需要高度自动化，并具有易于使用的用户界面；由于威胁在感兴趣区域的位置通常是未知的，传感器还需要能够进行广域扫描；在采购和维护成本方面，传感器的可移植性（便于部署、操作和支持）以及可负担性通常都很重要。

10.1.2　定义

为了为本章奠定基础，我们首先需要定义用于安全和安保的便携式远距离光学光谱传感器中的几个关键术语。

我们将定义的第一个术语是"便携式"或"可移植性"。在本章的语境下，我们考虑可以由车辆或人力从一个位置移动到另一个位置的传感器是便携式的。便携有不同的程度。便携性，正如我们在这里定义的那样，将跨越车辆/机器人集成，到个人便携（1或2人携带），到手持（一两只手携带），到可穿戴（平视显示器，与手机集成等）。

我们将定义的另一个术语是"远距离检测"。虽然本章中的大多数传感技术的远距离检测范围在米到千米之间，但我们对远距离的最简单定义是非接触式检测。

在下面的内容中，我们将经常提到特定的光辐射区域。在文献中（Byrnes, 2009; Henderson, 2007; Ingle and Crouch 1988; IPAC, 2012）关于这些光谱区域的具体起点和终点几乎没有一致意见。因此，我们谨慎地定义光谱区域、相关波长范围和适用的探测器技术（见表10.1）。

表10.1　光辐射波长区域及适用的探测技术

光辐射区域	波长范围/μm	常用探测器技术
紫外（UV）	0.010～0.35	光电倍增管，真空光电管，紫外-CCD，硅光电二极管，紫外-CMOS
可见光（Vis）	0.35～0.77	光电倍增管，真空光电管，CCD，硅光电二极管，CMOS
近红外（NIR）	0.77～1	光电倍增管，真空光电管，CCD，硅光电二极管，CMOS
短波红外（SWIR）	1～3	InGaAs, HgCdTe, InSb
中波红外（MWIR）	3～8	HgCdTe, InSb, PbSe
长波红外（LWIR）	8～15	HgCdTe，微测辐射热计
远红外（FIR）	15～1000	掺杂硅

与光辐射区域定义相关的是相关的探测器术语。当使用术语"相机"时，我们指的是在光谱可见部分获得数字记录的设备。"电荷耦合器件（CCD）"和"互补金属氧化物半导体（CMOS）"探测器通常与紫外（UV）、可见光（Vis）和近红外（NIR）光谱区域相关联。术语"焦平面阵列（FPA）"探测器通常用于描述成像探测器技术如何与红外（IR）光谱区域相关联。

我们定义的最后一组术语是单点光谱和多点光谱（多光谱、高光谱）。单点光谱学是指从感兴趣的目标获得的单光谱测量。多点光谱（也称为光谱成像）描述从感兴趣的目标获得的多个光谱测量，通常会生成一张每个像素都有相关光谱的图像。多点光谱一般有两类，即多光谱和高光谱。我们将多光谱定义为包含2～10个波段的光谱信息以及在电磁波谱的离散波长和/或波长范围内捕获的图像。多光谱测量利用了这样一个事实，即许多材料表征应用只需要少量的光谱带就可以为感兴趣的分析物提供所需的分析信息。光谱频带数量的减少可以实现更快的速度（接近实时）和更少的数据，从而减少计算负担。最后，"高光谱"是指包含许多10 s到100 s甚至1000 s波段的光谱信息。在高光谱成像（HSI）中，在离散的波长和/或电磁波谱的波长范围捕获多个图像。另外，高光谱图像是通过采集全套光谱获得的。这些方法利用了全谱库搜索算法，但以牺牲采集和分析速度为代价。由于数据量很大，这些完整的超立方体方法也可能带来计算负担。

10.1.3　本章范围

本章的范围是用于安全和安保应用的便携式远距离光学光谱。我们将主要关注基于光学吸收的传感器［近红外（NIR）、短波红外（SWIR）和中波红外（MWIR）］和拉曼传感器。还有许多其他技术［紫外/可见吸收、毫米波、太赫兹、荧光、光声和激光诱导击穿光谱（LIBS）］也在远距离传感能力中发挥重要作用，但本章不会广泛讨论。

10.1.4　便携式远距离光学光谱学历史

10.1.4.1　远距离光学传感的起源

从最广泛的意义上讲，第一个光学光谱传感器起源于生物——眼睛。最早的原始眼睛是6亿年前在动物中进化出来的（Jones, 2014）。像大多数垂直光学光谱传感器一样，眼睛包含一个光收集子系统（即晶状体和虹膜）、一个波长选择装置（即区分颜色的锥状细胞以及提供弱光对比度的杆状细胞）和一个检测子系统（即视网膜，视网膜把收集到的光转换成视觉信号，再通过视神经传送到大脑进行处理）。

10.1.4.2　远距离光学光谱仪器起源

天文学是第一个利用和发展远距离传感仪器的领域，它增强了人眼能够感知的东西。最重要的发展是望远镜，它首先归功于1608年荷兰的眼镜制造商汉斯·利珀希（Hans Lippershey）。1年后，伽利略（Gelileo）改进了设计，并将其用于天文学，他用它发现了木星的4颗卫星和太阳黑子。从那时起，对设计的许多改进提高了它的使用和性能（Editors, 2008；King, 2011）。

望远镜的进步使得人们能够对天体（包括行星和恒星）进行首次远距离光谱测量，以确定化学成分、质量或温度等属性。在17世纪中后期，艾萨克·牛顿（Isaac Newton）使用棱镜观察光的折射特性。在19世纪早期，约瑟夫·冯·夫琅禾费（Joseph von Fraunhofer）利用牛顿的成果和波长色散理论用衍射光栅取代了棱镜，以提高光谱分辨率，并允许更准确地计算分散的波长。太阳发射光谱中独特的黑线被称为夫琅禾费（Fraunhofer）线，夫琅禾费使用这种方法从金星、月球和火星收集光谱信息（Hearnshaw, 1986）。今天，我们对太阳和行星大气层组成的了解是基于远距离光学光谱（Hanel et al., 1980）。

远程光学，包括当代望远镜以及光源、波长选择设备和探测器技术的进步，已经成为推进现代光学光谱仪器发展的关键因素。远距离拉曼和红外传感器是这类传感器技术的两类，都受益于这些发展。

10.1.4.3　远距离拉曼光谱仪器

拉曼光谱长期以来一直是一种有价值的技术，用于远距离和远程应用，因为它能够提供现场分析和目标的近乎明确的化学指纹。第一次远距离拉曼实验是由托马斯·赫希菲尔德（Tomas Hirschfeld）在20世纪70年代进行的，当时进行了远距离大气测量（Hirschfield，1974）。赫希菲尔德为20世纪末和21世纪初小型隔离系统的开发铺平了道路，广泛应用于爆炸物检测（Carter et al., 2005）、矿物和有机化合物分析（Sharma et al., 2006）以及行星探测（Angel et al., 2012）。

10.1.4.4　远距离红外光谱仪器

基于傅里叶变换（FT）的凝聚相样品红外光谱仪器的发展一直受到大气干扰和运动部件与样品接触的必要性的阻碍。最近发展的量子级联激光器（QCL）和超连续激光源（Dupont et al., 2012）已经推进了中波红外（MWIR）和长波红外（LWIR）传感器的使用，用于远距离感测能力。QCL已广泛应用于气体传感应用（Pecharromán-Gallego, 2017）。Thériault等（2004）所做的实验表明，被动式红外技术有探测表面化学战剂（CWA）的潜力。

与MWIR和LWIR相比，基于近红外（NIR）和短波红外（SWIR）的远距离传感器已经更快地实现了远距离配置，部分原因是它们在不同的大气条件下具有更强大的性能，并且具有成本效益的组件和系统设计。太阳能照明和/或廉价的宽带白炽灯可用于光源照明，探测器可以不冷却。

10.1.4.5　便携式远距离光谱仪器

历史上，光谱传感仪器体积大、成本高、在现场应用中难以实现。这些对可移植性的障碍主要是由于所需组件——通常是照明源（即激光）或光谱分析系统（即光谱仪和探测器）——的成熟度。最近的技术进步降低了系统组件的尺寸、重量和功耗要求，这使得便携式传感器的实现和生产有了巨大的发展。

更小、更耐用的红外和拉曼手持光谱仪的发展源于"9·11"事件后的努力，因为它们被用于伊拉克和阿富汗探测IED和其他危险威胁或材料。2005年，一家名为Polychromix（现为赛默飞世尔科技）的公司推出了第一台现代实用的近红外手持设备。第一个MWIR传感器是由SensIR（现为Smiths Detection）开发的，它是基于FT的，大小相当于一个手提箱。第一个全功能便携式拉曼系统是由Ahura Scientific（现为赛默飞世尔科技）开发的（Crocombe，2018）。

10.2　便携式远距离光学仪器类型

便携式远距离光学光谱传感器根据操作方法分为三大类。下一节将介绍每种方法和相关的传感器子类别。

10.2.1　点测量传感器

第一类传感器是点测量传感器。这些仪器将光源聚焦到目标表面上，然后使用光谱仪或干涉仪收集完整的光谱。这种方法是最简单的整体方法，并提供了一个可以根据光谱库进行搜索的完整光谱。这种方法的缺点是，因为它涉及便携式远距离传感器，需要了解在哪里扫描，通常需要一个补充的目标或提示传感器的帮助。

10.2.2　空间扫描（映射）传感器

　　传感器的第二类是空间扫描（也称为映射）传感器。两个主要空间扫描传感器的子类别包括逐点扫描传感器（Boogh et al., 1992）和线扫描（"推扫式"）传感器（Bowden et al., 1990; Jestel et al., 1998）。

　　逐点扫描传感器通过首先聚焦光源（当使用主动照明时）到表面上，然后使用光谱仪或干涉仪在每个所需的空间位置收集一个或多个光谱来生成化学"图谱"。通过在规则的x、y坐标下采集光谱，可以生成空间精确的化学（光谱）图像。这些传感器提供完整的图像和完整的光谱，但以漫长的采集时间为代价，其中点测量时间T_P与测量次数n成正比。

　　线扫描传感器是空间扫描传感器的第二个子类别。行扫描是逐点映射的扩展。样品表面的"图谱"是通过将拉长的照明光束（当使用主动照明时）聚焦在一维方向上（使用柱面透镜或移动反射镜），目标方向平行于配备二维FPA探测器的色散光谱仪的入口狭缝。探测器的每一行都提供了一种方法，沿照明源的长度上的每个空间位置生成一个完整的光谱。线扫描方法具有生成全图像和全光谱能力的优点。与逐点扫描相比，线扫描采集时间T_L减少，定义如下：

$$T_L = \frac{1}{\sqrt{n}} T_P$$

　　然而，x轴和y轴的空间分辨率不同，其中平行方向由收集光学的光学特性决定，垂直方向由采样机构的精度决定。

10.2.3　宽视场成像（凝视）传感器

　　第三类传感器是宽视场或全局成像传感器。当应用需要快速、准确和更全面地表征大面积的目标形态和成分时，通常寻求宽视场成像方法。过去25年的进步已经使广域、实时光谱成像成为现实。

　　宽视场成像传感器的工作原理是照亮整个视场，而图像是在离散波长捕获的，扫描部分光谱（离散波段成像仪）或同时捕获所有空间和光谱信息（快照成像仪）。离散波段成像仪使用成像光谱仪［即声光可调谐滤波器（AOTF）］（Goldstein et al., 1996；Schaeberle et al., 1995, 1996；Treado et al., 1992）、旋转介电滤波器（Batchelder et al., 1991）、Fabry-Perot干涉仪（Cristensen et al., 1995；Vaughn, 1989）和液晶可调谐滤波器（LCTF）（Morris et al., 1994, 1996; Turner and Treado, 1997）扫描每一步中与图像捕获交织的离散波长。另外，离散波段成像仪可以利用源调谐［即QCL（Faist et al., 1994; Schlossberg and Kelley, 1981）或发光二极管（LED）（Schubert, 2003）］一次照亮一个波段的视场，同时在每一步捕获图像。另一方面，快照成像仪使用为特定终端用途设计的波长/波形（即快照）（West et al., 2018）、多元光学元件（MOE）（Nelson et al., 1998b）或共形滤波器（CF）（Nelson et al., 2016, 2017, 2018, 2019），或者使用能够实现多点全光谱图像捕获的设备［即光纤阵列光谱转换器（FAST），也称为降维阵列和光纤图像压缩设备］（Nelson et al., 1996, 1998a；Nelson and Myrick 1999a，1999b；Ma and Ben-Amotz, 1997；

Wentworth et al., 2007）。

与宽视场成像方法相关的优点包括无与伦比的速度［近实时（<10 s）和实时（>10检测帧/s）］。与点测量或线扫描方法相比，宽视场成像的缺点是主动源结构需要高光源照明功率来实现类似的照明功率密度。

对于离散波长成像仪，实验时间 T_{DW} 与光谱通道数 m 而不是测量次数 n 成正比：

$$T_{DW} = \frac{m}{n} T_P \ \text{或} \ T_W = \frac{m}{\sqrt{n}} T_L$$

快照成像仪的实验时间 T_{SS} 与获取单点测量的时间成正比，因为没有扫描光谱通道（即 $m = 1$），并且同时获取所有空间测量（即 $n = 1$）：

$$T_{SS} = \frac{T_P}{n} \text{ROI} \ ; \ \ T_{SS} = \frac{T_L}{\sqrt{n}} \text{ROI} \ ; \ \ T_{SS} = \frac{T_{DW}}{m} \text{ROI}$$

10.3   便携式远距离光学仪器技术

本节并不打算对技术方法进行全面介绍。我们将讨论终端用户针对上一节中讨论的3种远距离便携式仪器所使用的最常见的架构。

10.3.1   点测量和空间扫描

点测量和空间扫描仪器通常使用基于色散的光学光谱仪（Ingle and Crouch, 1988）或干涉仪。基于色散的光谱仪是将光作为波长的函数进行测量的设备。今天，大多数此类设备是基于衍射光栅产生的衍射光，结合线性阵列或二维阵列探测器进行测量。点测量和空间扫描设备使用聚光光学器件来捕获从目标表面发射、散射或反射的部分光子，并将其引导通过光谱仪的入口狭缝。探测器捕获被光栅衍射的散射光，并将光子转换为电荷，由模/数转换器和计算机读出，最终生成目标的单光谱或多光谱。

两种常见的基于干涉仪的光谱仪是连续波迈克尔逊干涉仪或FT干涉仪（Ingle and Crouch, 1988）和空间外差光谱仪（SHS）（Gomer et al., 2011a, 2011b, 2019）。

迈克尔逊干涉仪或FT干涉仪的工作原理是通过半镀银镜将光源分成两束，分别照射到一个固定的反射镜和一个可移动的反射镜（引入时间延迟），分裂后的光束发生干涉，产生基于时间的干涉图，对干涉图进行FT变换，可得到基于频率的光谱。

空间外差光谱仪基本上是迈克尔逊干涉仪，其反射镜被以特定角度放置的固定衍射光栅取代。返回波前产生与波数相关的交叉角，导致包含空间频率的斐索（Fizeau）条纹的叠加，二维焦平面阵列记录条纹图案，再次应用FT产生基于频率的光谱。

10.3.2   宽视场成像

宽视场成像架构比点扫描和线扫描方法更加多样化。以下部分讨论宽场架构的四大类，即基于固定带通滤波器的架构、基于可调谐带通滤波器的架构、基于光纤的架构和基于光源调谐的架构。

10.3.2.1 基于固定带通滤波器的架构

基于固定带通滤波器的架构包括介质干涉滤波器轮、旋转介质滤波器、快照成像仪和MOE。光学滤光片技术及其应用在本卷第7章中有详细描述。

介质干涉滤波器（Baillard et al., 2006）传感器通常使用轮式或线性平移台，反射一个或多个光谱波段，并传输其他光谱波段。干涉滤光片由具有不同折射率的介质材料组成的多个薄层组成。将一系列滤光片放置在二维探测器阵列前面的电动滤光轮中，在滤光片机械移动到成像探测器前面时按顺序捕获图像，从而可以收集高光谱数据立方体。这种方法简单、成本低、具有良好的空间分辨率，并且光通量高。这种方法的缺点包括滤光片机械运动引起的图像偏移、所用滤光片数量（即波长）的限制、速度慢、光谱分辨率低.

旋转介质滤波器涉及电介质滤波器的机械旋转（Batchelder et al., 1991），从而能够调谐中心带通。与介质滤波器轮一样，旋转介质滤波器设计通常简单、成本低、空间分辨率高且光通量高。这种方法的缺点包括滤波器机械运动引起的图像偏移以及带通在整个视场上的不均匀性。

快照成像架构能够在相机的单一集成时间内捕获高光谱图像（图10.1）。最值得注意的是Bayer阵列模式（Bayer, 1976），其中滤波器使用常见的光刻技术将制作到探测器像素的网格上（Buchsbaum and Morris, 2000；Kutteruf et al., 2014）。该网格要么应用于晶圆级玻璃并与传感器结合，要么直接沉积在传感器的半导体基板上。滤波器设计有各种各样的模式，包括区域型（类似拜耳阵列）、行型（条纹型）、逐像素型（马赛克型）、楔形（线扫描型）或自定义型。快照设

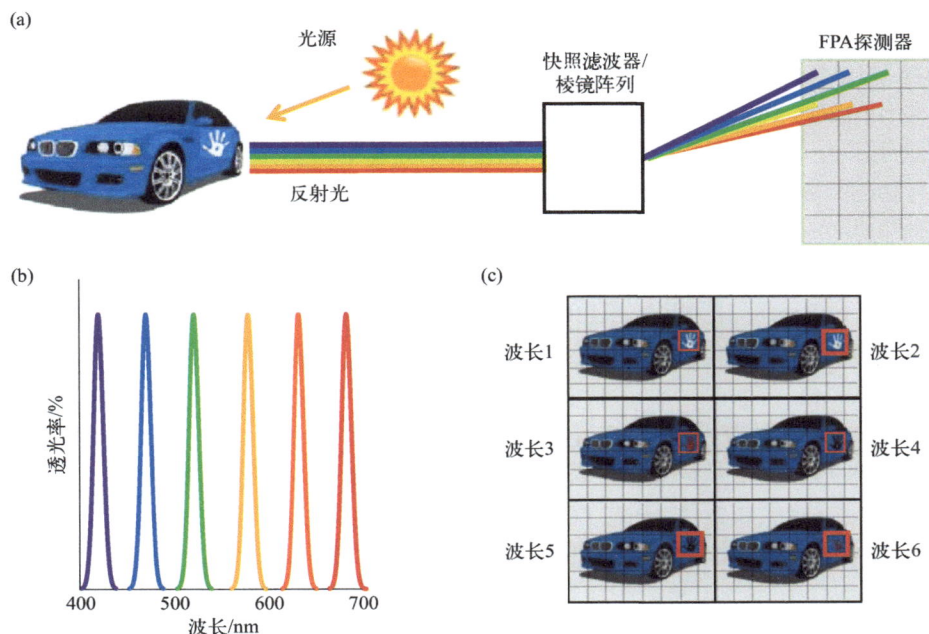

图10.1 快照传感器概念说明：（a）从目标场景捕获的光在焦平面阵列上进行像素级滤波；（b）与涂覆像素相关的透射光谱剖面示例；（c）重构波长分辨图像

计的优点包括高空间分辨率、实时兼容性、高光通量、无移动部件、有可能做得非常小以及环境适应性强。但是，快照成像仪缺乏可重构性。换句话说，快照技术不能进行现场升级以应对新的威胁，或者改善分类和虚假警报性能。由于滤波器阵列直接连接到焦平面阵列（FPA）上，升级系统不仅可能需要新的软件和新的算法，而且如果需要新的或不同的波长进行检测，还需要设计新的FPA。此外，快照像素级滤波器阵列的制造时间和成本在小批量生产时可能会过高。其他限制包括具有有限数量的波段、对图像伪影的敏感性（即由于空间偏移像素图案引起的边缘效应等）、降低空间分辨率和制造困难，具体取决于滤波器设计模式和透射率特性。对于快照成像仪，空间分辨率和光谱分辨率之间的权衡通常是最主要的考虑因素。

MOE（Nelson et al., 1998b）是多元光学计算机的关键元件。传统方法使用多元或化学计量学方法，如多元校准、分类等，通过从在跨越感兴趣的分析测量（即浓度）的许多波长处收集的数据中生成回归向量来提取分析信息。多元光学计算将回归向量以光学方式编码到光学元件的传输函数中，即MOE。来自样品的光包含样品的光谱信息。经过MOE后检测到的归一化光与回归向量与该光谱的点积成正比，由此可以获得感兴趣的分析测量。MOE的优点包括高空间分辨率、实时兼容性、高光通量、无移动部件、尺寸小和重量轻。MOE的缺点包括缺乏可重构性、前期开发工作量大、易受变化条件的影响，这些条件可能会损害测量的稳健性。

10.3.2.2　基于可调谐带通滤波器的架构

基于可调谐带通滤波器的架构包括LCTF、AOTF和法布里 - 珀罗（Fabry-Perot）干涉仪。

LCTF由一系列固定延迟双折射元件组成的级组成，键合到向列相液晶波板上，夹在线性偏振器之间（Morris et al., 1994, 1996；Turner and Treado, 1997）。窄带通光是通过控制施加在液晶波板上的电压实现的，从而产生建设性（相叠）干涉和破坏性（相消）干涉。调谐是通过用计算机以可控的方式改变施加的电压实现的。常见的LCTF类型包括Lyot、Solc、Evans分裂元件、多共轭滤波器（MCF）和共形滤波器（CF）设计（Lyot, 1944）。

Lyot设计的带通和自由光谱范围由最厚和最薄的双折射元件决定。整体透过率是一个sinc函数。由于使用了大量的高吸收偏振光器件，该设计的光通量较差。

Solc（1965）滤光片采用扇出和折叠滤光片设计，仅使用两个偏振器就提高了光通量，但代价是带外抑制效率较差。Evans的分裂元件设计（Evans, 1949; Evans and Solc, 1958）提供了更好的光通量和旁瓣特性的平衡，并将偏振器的数量减少到Lyot设计的大约一半。

MCF设计（Wang et al., 2006；图10.2）通过结合Solc的高透光率和Lyot的高带外抑制效率来满足提高光通量和热稳定性的需求。它的技术（一个光谱周期内的通频带宽度）是Evans的1.5倍、Lyot的2.0倍，允许更少的阶段制造。

CF是一个多元高光谱成像结构，它使用商业级MCF的部分元件（Lyot, 1944）。CF设计用于传输多波段波形，而不是传输单波段波形。通带的选择是由CONOPS特定的，并经过优化，以最大限度地区分目标和背景/干扰。CF成像利用了压缩感知和多元光学计算的概念，因为它允许仅通过两个而不是数百个离散测量（即滤波器调谐状态）收集接近传统高光谱成像检测响应的图像。实时（>10帧/s）检测图像是通过同时收集两个调谐状态的双偏振共形滤波器（DP-CF）成像实现的。DP-CF传感器使用偏振分束器将传感器的聚光光学元件捕获的光分成两条光路，这样每条光路分别保持光的平行偏振和垂直偏振。来自每条路径的光然后被调谐到目标/背景识别优化电压状态的两个离散CF光学滤波。过滤后的图像被捕捉到一个或两个相机上。

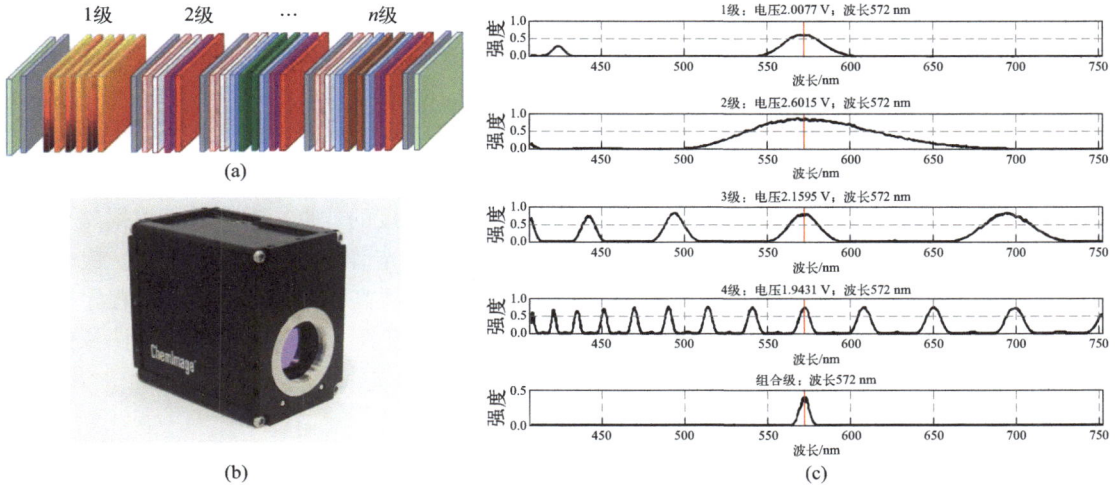

图10.2 多共轭滤波器（MCF）设计：（a）由偏振器、石英缓速器和液晶波板组成的一系列级；（b）组合滤镜照片；（c）单级（上4级）和组合级（底部）的透射谱剖面。来源：图片和数据由ChemImage Corporation提供

图像最终被裁剪、配准和数学处理以产生评分图像，该图像被进一步处理，以提供流式检测图像。

LCTF方法的优点包括实时兼容性（DP-CF）、可重构性/适应性、接近衍射限制的空间分辨率、高带外抑制效率和无运动部件。LCTF架构的主要弱点是低效的全光谱数据收集（CF除外）以及低到中等的光通量，这取决于设计和限制性的存储温度限制（即大约在−15～55℃）。

AOTF是固态的、无运动部件的可调谐滤波器件，基于光与各向异性晶体介质中传播声波的相互作用（Treado et al., 1992; Goldstein et al., 1996; Schaeberle et al., 1995, 1996）。该装置基于声波存在时介质折射率的变化，从而产生一个折射率光栅，通过该光栅的光可以"看到"它。通过向AOTF施加射频（RF）信号，可以产生窄带通光。调谐是通过改变应用射频信号的频率和功率实现的。

与LCTF相比，AOTF的优势包括相对较高的光通量（非偏光约为40%）、广泛的光谱覆盖（UV到MWIR）和快速的调谐速度（约100 μs）。缺点包括全光谱数据收集效率低、与实时成像不兼容、光谱带通宽、空间分辨率比衍射极限差5倍以及在视场上的光谱带通不均匀。

法布里-珀罗干涉仪（也称为标准具）（Cristensen et al., 1995; Vaughn, 1989）包含一个由两个具有气隙的平行反射表面制成的光学腔。腔体中出现多次光干扰。当光与光学腔共振时，光穿过光学腔，即$\lambda/2$的倍数正好适合腔内。调谐是通过改变两个表面之间的距离或折射率实现的。法布里-珀罗干涉仪具有高图像质量和高精细度。这些器件的局限性在于它们提供中等光谱分辨率、低带外抑制、有限的自由光谱范围、小接受角，并且需要广泛的热管理来降低通带漂移。

10.3.2.3　基于光纤的架构

基于光纤的架构利用光纤提供的灵活性，通过光纤阵列光谱转换器（FAST）从物理上降低数据的维度，从而能够同时捕获光谱和空间数据。FAST可以与传统的色散光谱仪或空间外差光谱仪（SHS）耦合。

FAST-色散设备（图10.3）通过对目标区域进行全局或宽视场照明进行工作（Nelson and Myric, 1999a, 1999b；Nelson et al., 1996, 1998a, 1998b; Wentworth et al., 2007）。部分光从目标区域聚集，并以图像的形式投射到光纤束的二维近端。光纤以特定的模式重新排序到一维端，该端平行插入到配备成像格式FPA探测器的色散光谱仪的入口狭缝中。空间信息保存在y轴上，光谱信息保存在x轴上。单个快照包含两个空间维度和一个光谱维度的数据。系统软件根据焦平面图像和光纤束2D端的已知配置重建超立方体，提供特定位置的光谱和特定波长的图像。快速色散装置的主要优点是应用速度不受光的限制。FAST为某些不需要高图像保真度的应用程序提供了图像保真度和光谱信息之间的良好平衡。FAST还提供全光谱覆盖。FAST的缺点包括图像保真度低（受光纤放大倍数和FPA行数的限制）。

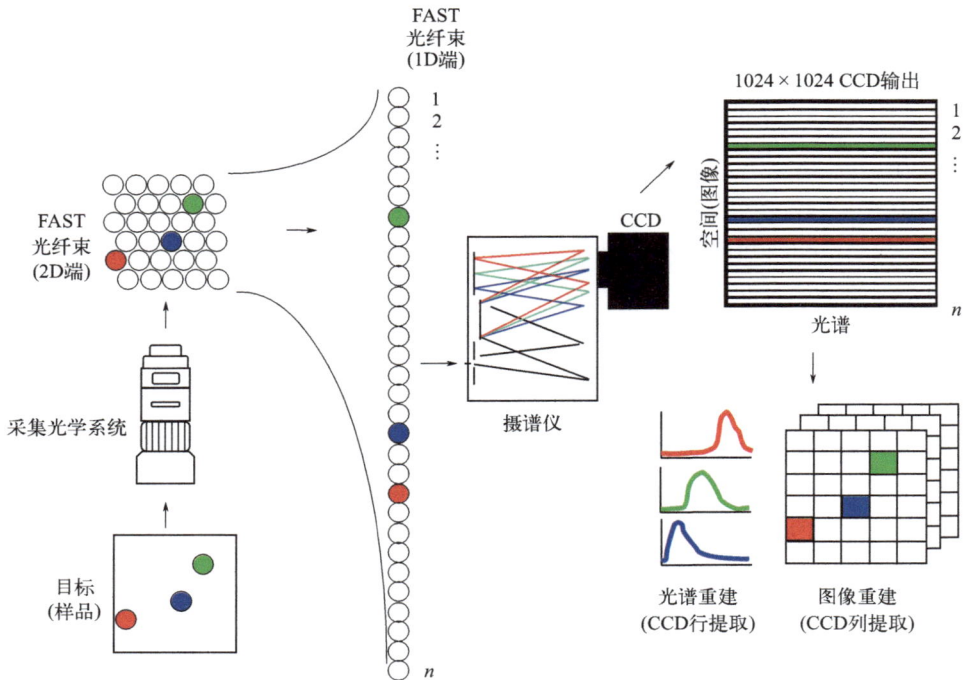

图10.3 光纤阵列光谱转换器（FAST）概念图。目标光被捕获并投射到光纤阵列的2D端，光纤阵列在配备二维FPA探测器的色散光谱仪的入口狭缝处远端重新排列成线性阵列。单个快照图像同时捕获两个空间维度和一个光谱维度的数据

FAST也可以与SHS耦合（图10.4），以实现宽视场HSI（Gomer et al., 2011a, 2011b, 2019）。与FAST-色散设备类似，目标区域以宽视场方式被照射，如在拉曼测量中使用激光。收集散射光，用适当的收集光学元件和瑞利散射抑制滤光片过滤，并聚焦到FAST的光纤束上。FAST的输出被准直并直接进入SHS，每根光纤的输出在空间上分散到二维CCD上。单个CCD图像包含空间分辨率干涉图，通过FT转换为相关的拉曼光谱。SHS不需要移动部件，并且可以做得非常小。与需要长焦距才能实现高光谱分辨率的传统色散光谱仪不同，SHS是无狭缝的，非常适合宽视场照明，并且具有像干涉仪一样的功能——能够实现非常高的分辨率。SHS相对便宜，并且具有较大的光学扩展量。FAST-SHS需要严格控制对准，并且容易受到振动和制造困难的影响。然而，整体式SHS设计的最新进展在很大程度上解决了这些局限性（Waldron et al., 2020）。

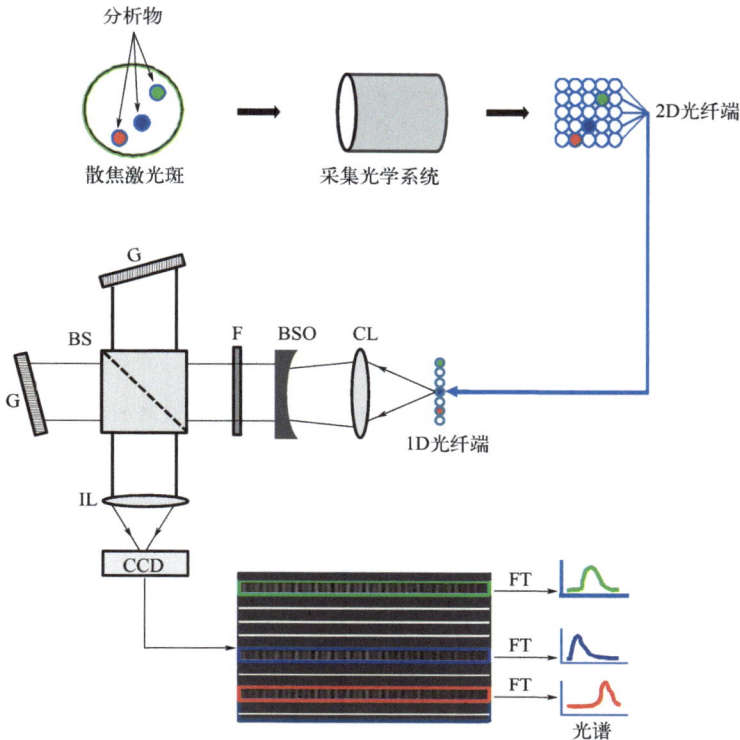

图10.4 光纤阵列光谱转换器－空间外差光谱仪（FAST-SHS）概念图。通过FAST束捕获和传播的光由SHS成像，在探测器行上产生干涉图，可以映射回目标上的特定空间位置。傅里叶变换和图像重建产生空间分辨光谱和光谱分辨图像

10.3.2.4 基于光源调谐的架构

到目前为止，宽视场HSI技术一直在检测方面运行。另外，光源调优提供了一种实现类似结果的方法。两种流行的光源调优体系结构是可调谐QCL和可调谐LED。

可调谐QCL由中红外到远红外或太赫兹区域发射的半导体激光器组成（Faist et al., 1994; Schlossberg and Kelley, 1981）。激光发射是通过在半导体多量子阱异质结构的重复堆栈中使用子带间跃迁实现的。QCL的工作模式与传统的激光二极管完全不同。它们由数十层交替的半导体材料组成，形成量子能量阱，将电子限制在特定的能量状态。当电子穿过激光介质时，它们在外加电压的驱动下从一个量子阱过渡到下一个量子阱。当电子将一个价带能量转换到一个较低的价带能量时，光子就被发射出来。输出波长由层的结构决定，而不是由激光材料决定。调谐可以通过改变温度或旋转外部光栅（外腔设计）实现。可调谐QCL的优点包括宽调谐范围、快速响应时间以及与基波IR波段相关的光谱范围内的操作兼容，其中特异性和灵敏度非常好。缺点包括输出功率限制导致的远距离范围限制以及某些情况下的频谱范围限制。

LED是半导体光源，当电流流过时发光（Schubert, 2003）。半导体介质中的电子与电子空穴结合，释放出光子。发射的颜色（即波长）由穿过半导体带隙所需的能量决定。可调性是通过使用具有不同光谱输出的LED实现的。LED的优点包括功耗低、寿命长、开关速度小而快。不幸的是，输出功率限制了最远距离只有几米。可见范围以外的LED可用性目前受到一定限制。此外，输出光谱剖面是相对广泛的，应用有依赖的方法，以消除环境光时在室外光照条件下使

用的实际限制。这种方法已用于文化遗产研究，这类样本的高强度、宽带、照明是不可取的（Christens-Barry et al., 2009）。

表10.2总结了本节涵盖的便携式远距离光学光谱技术。在下一节中，我们将介绍如何确定最适合满足应用程序需求的技术。

表10.2 便携式、远距离光学仪器技术综述

便携式仪器类别	便携式仪器类型	波长选择设备	原则操作数量	能 力	挑 战
点和空间扫描	基于分散	衍射光栅	衍射光栅在空间上将入射光分离成分量频率到一维或二维探测器上产生的光谱	·光谱分辨率高 ·全光谱覆盖	·图像采集效率低下 ·区域搜索率低 ·空间分辨率差
	基于干涉仪	傅里叶变换（FT）干涉仪	通过使用时域或空间域测量光源的相干性获得的光谱	·光谱分辨率高 ·全光谱覆盖	·图像采集效率低下 ·区域搜索率低 ·空间分辨率差
		空间外差光谱仪	类似于FT干涉仪，但没有移动部件。对于波前进入干涉仪的每个波数，两个波前以波数相关的交叉角退出，产生干涉图样，该干涉图样在光谱上去卷积	·光谱分辨率高 ·全光谱覆盖	·图像采集效率低下 ·区域搜索率低 ·空间分辨率差
宽场成像	基于固定带通滤波器	介电干涉滤光片转盘	高光谱图像是通过依次捕获由所用介质干涉滤光片定义的一系列离散波长的图像生成的	·设计简单 ·成本低 ·空间分辨率高 ·光通量高	·图像偏移伪影 ·波长数量有限 ·光谱分辨率差 ·速度慢
		旋转介质滤波器	高光谱图像作为介质滤波器机械旋转时依次获取	·设计简单 ·成本低 ·空间分辨率高 ·光通量高	·图像偏移伪影 ·波长数量有限 ·光谱分辨率差 ·速度慢
		快照成像器	滤光片使用常见的光刻技术制造到探测器像素网格上。单个图像同时捕获所有波长	·实时兼容 ·大批量成本适中 ·光通量高 ·无移动部件 ·实时兼容	·图像偏移伪影 ·波长数量有限 ·中等空间分辨率 ·缺乏可重配置性
		多元光学元件	固定滤波器，其回归向量与特定化学或物理测量相关联，光学编码到传输函数中	·大批量成本适中 ·光通量高 ·无移动部件 ·体积小，重量轻	·高前期开发成本和时间 ·缺乏可重构性 ·对不断变化的条件的敏感性
	基于可调谐滤波器	单通带液晶可调滤波器	结构由固定的双折射阻滞器、偏振片和液晶波片组成。通过顺序对LC波片施加规定的电压获得高光谱图像	·近乎实时兼容 ·可重构 ·空间分辨率高 ·无移动部件	·低效的全光谱采集 ·低至中等光通量 ·有限的存储/操作温度范围
		多通带液晶可调滤波器	多通带高光谱成像使用顺序LCTF元素子集的架构。可以使用两个滤光片，在两次测量中得到近似完整的高光谱图像	·实时兼容 ·可重构 ·空间分辨率高 ·无移动部件	·对运动引起的边缘伪影的敏感性 ·有限的存储/操作温度范围

续表

便携式仪器类别	便携式仪器类型	波长选择设备	原则操作数量	能 力	挑 战
宽场成像		声光可调滤波器	基于光与各向异性晶体介质中传播声波的相互作用实现高光谱图像。通过改变施加的RF信号频率和功率实现调谐	·光通量高 ·光谱覆盖范围宽 ·调谐速度快	·低效的全光谱采集 ·宽光谱带通 ·中等空间分辨率 ·视场上的非均匀光谱带通
		法布里-珀罗干涉仪	通过依次收集图像获得高光谱图像，因为两个平行反射面之间的距离或折射率发生变化导致波长相关的光学干涉	·图像质量高 ·精度高	·中等光谱分辨率 ·低带外抑制 ·有限的自由光谱范围 ·接受角度小
	基于光纤	光纤阵列光谱转换器	捕获的光被投射到光纤的2D阵列上，这些光纤重新排列成1D阵列，并平行插入配备成像格式FPA探测器的色散光谱仪或SHS的入口狭缝中。单个图像包含数据的两个空间维度和一个光谱维度，软件从中重建高光谱图像	·近乎实时兼容 ·全光谱覆盖	·图像保真度低
	基于源调优	量子级联激光器	使用可调激光源实现光源调制，该激光源由数十层交替的半导体材料组成，这些半导体材料通过改变温度或光栅旋转进行调谐	·宽调谐范围 ·快速响应时间 ·与基本红外兼容	·有限的支座范围 ·波长数量有限
		发光二极管（LED）	通过依次向发射独特波长光的半导体光源阵列施加电流实现光源调制	·低功耗 ·开关速度快	·有限的支座范围 ·有限的商用LED在可见范围之外 ·波长数量有限

10.4 便携式远距离光学光谱传感器的选择

有这么多的传感器和基础技术选项，选择最合适的便携式远距离光学光谱传感器可能是一项艰巨的任务。各个选项的答案通常存在于管理预期使用场景的需求中。必须考虑的主要因素包括基础现象学的适当性以及空间、光谱和时间测量的需要。其他重要因素包括环境需求、尺寸、重量、功率和成本问题以及是否需要可重构性。

10.4.1 现象学考虑

充分了解与您的应用相关的目标和背景的潜在光谱特性将有助于选择最合适的传感器。了解哪种光谱技术与相关量的目标分析物兼容，并将为检测相关量的目标分析物以及适用背景之间的分布提供最大的潜力，是非常有益的。并非所有传感技术都与每种光谱现象学兼容。例如，LCTF 与 MWIR 测量不兼容，因为偏振片在 SWIR 光谱范围之外具有高吸收性。对于任何现象学，都不可避免地会在敏感性和选择性之间进行权衡。请务必选择能够提供适当检测性能级别的技术。如果需要识别，应采用具有高度特异性的技术（即拉曼或中波红外）。

10.4.2　空间、光谱和时间方面的考虑

了解实际应用是否需要使用成像是很重要的。当样本异构性不是问题，并且操作员知道感兴趣的目标位于何处时，点传感策略可能就足够了。然而，现实世界的目标和表面在组成和分布上往往是有固有的异质的。此外，许多实际应用要求寻找众所周知的"大海捞针"。换句话说，传感器必须定位一个肉眼不易看到的感兴趣目标。在这些情况下，扫描或基于成像的方法可能是最合适的。

当需要成像时，了解空间分辨率、图像保真度和区域覆盖要求是重要的。使用高保真凝视 FPA 探测器的宽视场成像方法往往能提供最佳的空间度量性能。当该技术需要激光光源照明时，必须选择点照明、扫描照明或宽视场照明方法。这不可避免地带来了一些考虑因素，如测量时间、眼睛安全、整个视场的测量均匀性以及影响数据信噪比（SNR）的因素。

激光源包含的标准件会在输出光谱中产生与温度相关的条纹，从而降低数据信噪比。散斑是激光光源表现出的另一个特性，仪器平台必须与之抗衡。诸如将旋转粗糙二氧化硅用于直接光束仪器或将光纤搅拌器集成用于基于光纤传输的激光系统等方法已被用于减少斑点（Crocombe, 2018）。眼睛安全和皮肤安全是做出决定时必须考虑的其他问题。激光波长、激光能量或功率密度的选择以及照射持续时间都是计算关键安全指标的因素，例如最大允许照射值（MPE）（Anon, 2007; Schröder, 2000）。

如果测量速度和光谱的数量在决定中不是很大的驱动因素，那么点或空间扫描方法可能是最合适的，因为照明可能局限于一个小的局部区域，限制了二次散射的机会。然而，如果测量速度和区域搜索率是关键的驱动因素，那么宽场方法可能是首选。

了解进行测量所需的光谱范围和光谱通道数量在传感器选择中也很重要。现象学经常规定光谱范围。为了回答需要多少光谱通道，通常需要对高分辨率数据进行子集设置，并且如果在测量中使用较少的波长，则对结果进行建模。如果少量的光谱波段（即 <10）就足够了，那么固定带通、可调谐滤波器和基于光源调谐的仪器可能是可行的选择。如果威胁的性质可能会发生光谱变化，并且传感器的可重构性变得必要，那么可以考虑基于可调谐滤波器或基于光源调优的方法。

10.4.3　尺寸、重量、功耗和成本注意事项

在选择便携式传感器时，传感器的尺寸、重量、功耗和成本（SWaP-C）也是评估的重要因素。通常，为了满足最终用户的 SWaP-C 需求，性能会在一定程度上被交换。例如，士兵长时间随身携带 25 lb（约 11.3 kg）重的高分辨率光谱仪是不现实的。幸运的是，本章讨论的所有便携式仪器类型的趋势是朝向较低的 SWaP-C 选项。这些技术中有许多已经或正在进行小型化的努力，以便扩大市场前景，使便携性和日常使用更加实际。

10.4.4　环境因素

最后一个关键因素是环境因素。便携性意味着野外使用，通常需要在粗糙地使用和暴露在自然环境中生存。并不是所有的传感器在这方面都是平等的，熟悉环境规格（即温度、湿度、冲击和振动、跌落等）是明智地选择一个传感器所需要考虑的因素。所有基于光学的传感器都容易受到振动引起的失调和损坏，许多传感器也容易受到温度引起的光谱漂移的影响。一定要询问内置的温度补偿例程。此外，必须了解设备存储和操作的温度限制，并确保它们满足预期用途的需要。

10.5　便携式远距离光谱传感器及其应用

10.5.1　生物威胁检测与识别

长期以来，复杂背景下生物威胁的快速、无试剂检测和识别一直未满足需求。微生物学、免疫分析、遗传和分子为基础的方法鉴定生物有机体需要长时间的分析培养、脱氧核糖核酸（DNA）提取和试剂的使用。无试剂光学方法，如荧光或LIBS，缺乏可靠的识别能力。由于背景杂波和缺乏特征鲁棒性，质谱分析容易产生误报。拉曼光谱解决了许多这些缺陷，但拉曼光谱本身也容易受到基体效应影响。生物生长介质和自然环境污染将信号掩蔽荧光和非试剂拉曼带引入测量中，导致低信号背景数据。然而，拉曼成像提供了一种在单个生物体水平上存在杂波的情况下有效生成"纯像素"拉曼光谱的方法，从而在很大程度上解决了信号到背景的挑战。

"9·11"之后，ChemImage公司领导开发了一种全光学光谱检测方法以及生物威胁、近邻和混淆物的拉曼特征数据库（Kalasinsky et al., 2007）。这项工作是与前武装部队病理学研究所（AFIP）合作完成的，使用Falcon拉曼化学成像显微镜平台，配备红绿蓝（RGB）视频、荧光化学成像、拉曼化学成像和色散拉曼光谱。与AFIP合作的最初签署工作的扩展是开发了名为Eagle的便携式FAST Raman和宽带荧光显微镜平台［图10.5（a）］。

10.5.1.1　硬件

Eagle使用RGB视频和宽带荧光瞄准可疑的生物材料。荧光成像提供了一个相当好的生物和非生物材料的鉴别器。汞弧灯提供可见亮场反射率和紫外激发荧光成像模式的照明。在紫外荧光模式下，使用365 nm波长滤光汞弧灯与二色分光镜结合，在外照配置下诱导样品荧光，将紫外光直接照射到样品上。使用50/50分束器代替二向色器获得Brightfield反射率图像。在FAST拉曼模式下，水银灯的光被反射镜阻挡，使532 nm波长激光［频率加倍，二极管泵浦掺钕钇铝石榴石（Nd:YAG）激光］的光束与样品接触。由此产生的拉曼辐射在LCTF和色散拉曼通道之间分裂。Eagle提供13 mW（3000 W/cm²）的成像光学视场功率。快速拉曼色散通道配备色散光谱仪，配备热电冷却CCD FPA，提供全光谱特征，光谱分辨率为12 cm⁻¹。

10.5.1.2　软件和算法

ChemImage XPert™软件为Falcon和Eagle仪器平台提供采集控制和数据处理。FAST拉曼光

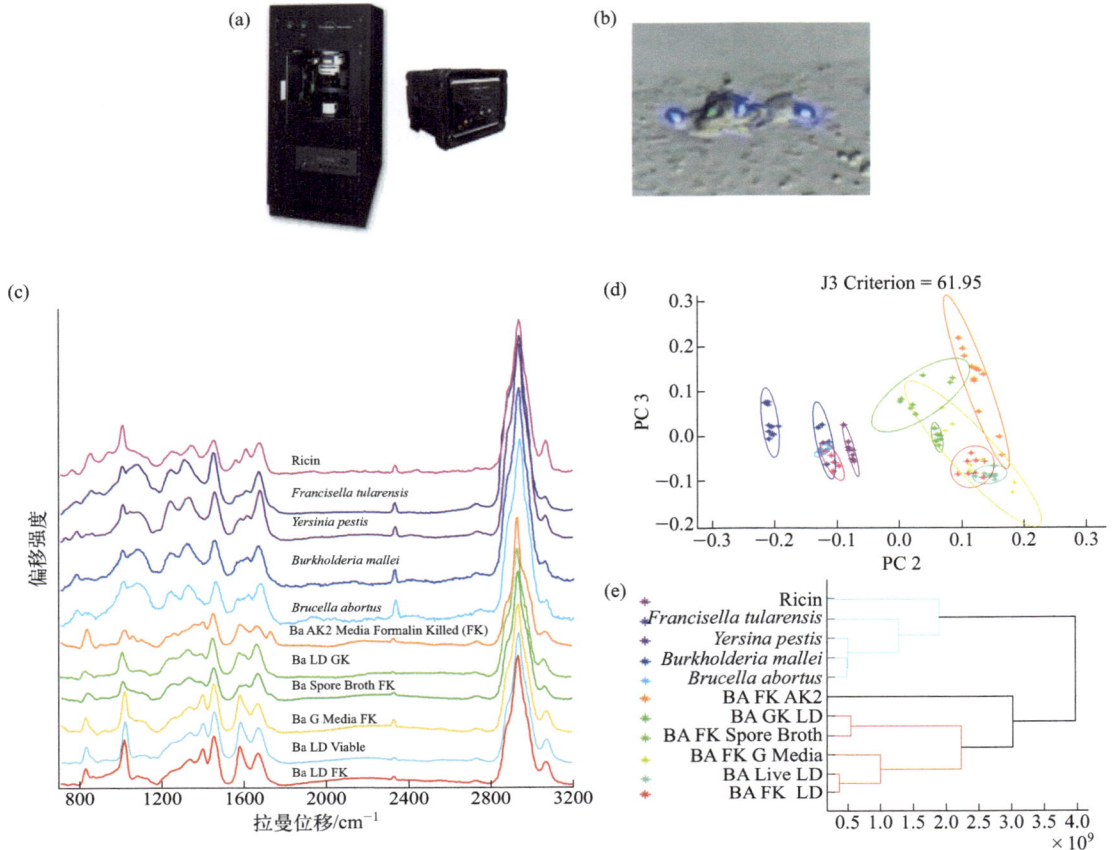

图10.5　基于拉曼的生物威胁检测和识别：（a）Falcon拉曼化学成像显微镜（左）和Eagle拉曼显微镜系统（右）；（b）拉曼（绿色）和荧光（蓝色）叠加在差分成像对比图像上，显示细菌孢子；（c）美国疾病控制与预防中心（CDC）A/B类病原体的代表性色散拉曼光谱；（d）揭示潜在病原体光谱分组的主成分分析（PCA）得分图；（e）显示病原体分类关系的树状图。来源：图片和数据由ChemImage Corporation提供

谱数据通常使用美国国家标准与技术研究院（NIST）标准参考物质和样品荧光校正仪器响应。然后将光谱截断到可用的拉曼光谱范围，再应用多项式基线校正。对预处理数据常用的数据分析工具包括用于聚类分析的主成分分析（PCA）、用于评估因子同一性的马氏距离（Mahalanobis distance）、用于可视化分析光谱与相关因子类别相似程度的树状图（dmap）和用于量化分析固有特异性程度的混淆矩阵（confusion matrix）。LCTF拉曼图像处理包括宇宙射线去除，仪器响应校正，高斯模糊（用于高频噪声去除），针对已知生物光谱响应训练的欧氏距离分类器的应用以及视频、荧光和/或拉曼图像数据的融合。

10.5.1.3　样例结果

图10.5显示了美国疾病控制与预防中心（CDC）A/B类病原体的代表性色散拉曼光谱［图10.5（c）］及其相关的PCA散点图［图10.5（d）］和树状图［图10.5（e）］。拉曼/荧光/明场差分干涉对比（DIC）融合图像［图10.5（b）］显示了在复杂背景中检测到球形芽孢杆菌（Bg）孢子。通过联合生物定点侦测系统（JBPDS）传感器将室外环境颗粒物收集到水收集液缓冲液中，

并有意添加Bg悬浮液。随后将样品以液滴形式沉积在显微镜载玻片上，并使用配备100倍放大镜的Falcon成像。Bg孢子在荧光和拉曼成像模式下都很明显。然而，由于激发波长的原因，拉曼图像显示孢子嵌入到背景杂波中更深的地方。

图10.6显示了混合纤维素的模拟病毒MS2噬菌体样品的FAST拉曼结果。彩色编码的拉曼光谱揭示了MS2噬菌体、纤维素和未知污染物的空间位置。

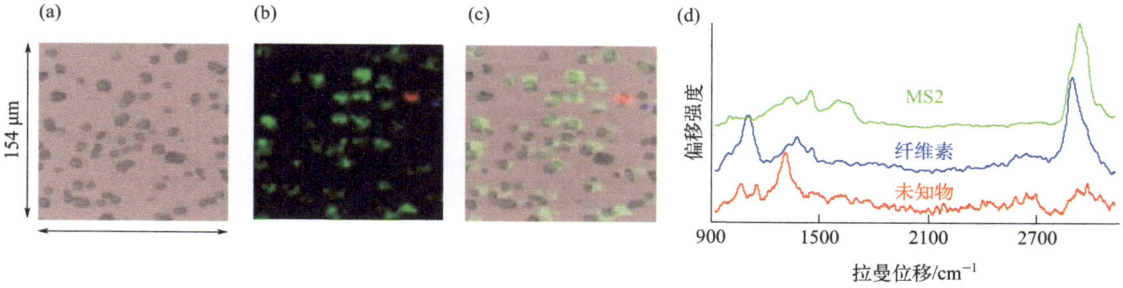

图10.6　用于生物威胁检测和识别的FAST拉曼化学成像示例：（a）MS2和纤维素混合物的亮场反射图像；（b）彩色编码的拉曼化学图像；（c）拉曼/亮场反射叠加图；（d）底层拉曼光谱。来源：图片和数据由ChemImage Corporation提供

10.5.2　冷凝相化学战剂污染检测/测量/成像

在CWA攻击的情况下，需要能够检测表面（地面、设备等）的污染，以避免暴露给军事人员和平民。解决这一需求的传感器必须接近实时运行，并能够检测CWA、有毒工业化学品（TIC）、非传统制剂（NTA）等以及在移动过程中以固体和液体形式存在的其他化学制剂。这种传感器将提供提前通知，向人员发出潜在威胁的警告，并确保军事设备不受污染，因为战场上用于净化污染的水通常是有限的。

10.5.2.1　传感器类型I：SWIR HSI LCTF

2014年，ChemImage开发了一种SWIR HSI传感器，称为VeroVision®化学探测器（VVCD）。SWIR HSI不需要激光，可以在真正的对峙模式下以安全的方式操作，使用阳光和/或机载卤素照明。

10.5.2.1.1　硬件

VVCD集成了耦合到InGaAs FPA探测器的LCTF。滤光片通过计算机控制进行调谐，操作员可以收集特定波长的一系列图像，也可以在预先编程的波长范围内获取连续图像。这些图像形成了数据的超立方体，它提供了每个图像像素处的SWIR反射光谱。

10.5.2.1.2　软件与算法

检测算法和软件对捕获的波长图像进行操作以产生检测图像，该检测图像显示覆盖在检测场景的单色图像上的伪彩色污染区域。

10.5.2.1.3　示例

图10.7显示了VVCD原型的照片，以及在距离1m的距离处，将模拟CWA的甲基膦酸二甲酯（DMMP）喷雾瓶喷洒到具有油漆罐和容器的场景中，对液滴的检测。

(a)　　　　　　　　　(b)　　　　　　　　　(c)

图10.7　基于液晶可调谐滤波器（LCTF）传感器的短波红外高光谱成像（SWIR-HSI）在1 m距离检测化学战剂（CWA）模拟物：（a）基于LCTF的对峙SWIR传感器［ChemImage的VeroVision®化学探测器（VVCD）］；（b）喷了CWA模拟剂的具有复杂3D结构的真实世界场景的数字照片；（c）CWA模拟物（红色）与SWIR直通图像叠加的SWIR探测图像。来源：图片和数据由ChemImage Corporation提供。经化学、生物、辐射和核防御联合项目执行办公室（JPEO-CBRND）的许可使用－批准公开发布，无限分发

10.5.2.2　传感器类型Ⅱ：SWIR HSI快照

为了降低基于LCTF的仪器的存储温度和运动灵敏度风险，还开发并评估了一种名为VVCD-S的SWIR快照成像仪。为了实现这一方法，ChemImage公司与微图纹带通滤波器阵列制造商Pixelteq开展了合作。

10.5.2.2.1　硬件

该快照成像仪采用3 × 2滤波像素镶嵌在640像素 × 512像素、25 μm像素间距的InGaAs FPA上，得到213像素 × 256像素的有效FPA格式。

10.5.2.2.2　软件与算法

采用Spectral Kitchen软件获取图像帧。工厂校正应用于校正坏像素和平场。从原始快照帧中提取每个波长对应的像素的强度信息，重建波长图像帧。数学运算应用于图像以生成得分图像，然后是类似LCTF变体的光谱、空间和时间滤波器。此外，VVCD使用ANN（人工神经网络）作为检测算法的基础。

10.5.2.2.3　示例

图10.8展示了在不同表面类型上沉积有CWA模拟物邻苯二甲酸二乙酯（DEP）的场景，具有代表性的SWIR快照检测图像，距离为1 m。图10.8（a）显示了VVCD-S传感器的数字照片。图10.8（b）显示了在油毡（左）、Formica®（中）和干墙（右）上检测到的1 μL DEP沉积。图10.8（c）显示了在干墙（左）、Formica®（中）和皂石（右）表面上DEP模拟剂的体积研究，体积在0.2～1.0 μL之间（即从左到右表面为1.0、0.8、0.6、0.4、0.2 μL）。虽然快照成像仪很容易检测到干墙和Formica®上的DEP液滴，但由于基材的高吸收性能，在皂石上没有检测到。

10.5.2.3　传感器类型Ⅲ：LWIR QCL

LWIR对峙探测系统也已出现，以响应探测和识别CWA危险的需求。被动和主动照明架构都存在。Pendar Technologies开发了一种探测器，该探测器解决了激光封装和光学设计、集成激光电子、统计稳健的决策算法以及基于QCL的LWIR探测CWA的深入化学知识的挑战。

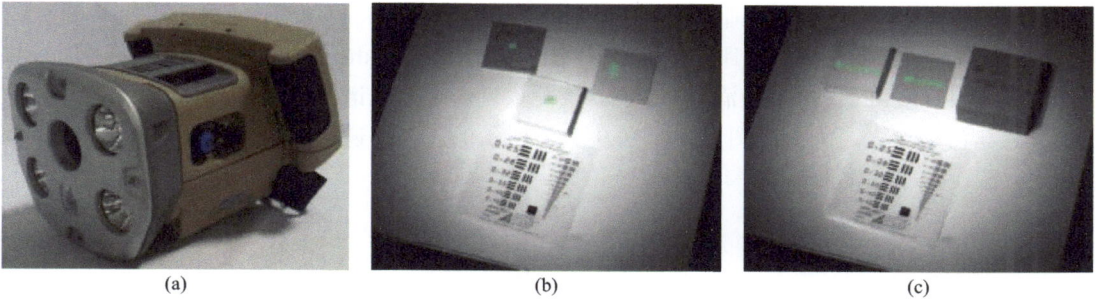

图10.8 基于快照成像仪的传感器在1 m距离处CWA模拟物的SWIR HSI检测:(a)基于快照成像仪的对峙SWIR传感器 [ChemImage的VeroVision®化学检测器–快照(VCD-S)];(b)1 μL邻苯二甲酸二乙酯(DEP)沉积在不同底物类型上的SWIR检测图像(绿色检测);(c)检测限研究显示不同表面类型上DEP的不同体积(即从左到右为1.0、0.8、0.6、0.4、0.2 μL)。来源:图片和数据由ChemImage Corporation提供。经JPEO-CBRND批准公开发布,无限分发的许可使用

10.5.2.3.1 硬件

该传感器采用了量子级联激光器阵列(QCLA)源,提供了一个近乎连续的全单片可调谐源,非常适合需要速度、坚固性和稳定性的现场和手持应用。目前的设计包括4个32元QCLA,每个阵列覆盖6.5～10.5 μm区域(1540～950 cm^{-1})的不同LWIR波段。这个光谱范围对于CWA的敏感和特异检测特别有用。然后用介电镜和偏振技术将这4个波段的发射光进行光谱光束组合。整个传感器为8 cm × 8 cm × 81.5 cm的封装。

10.5.2.3.2 软件和算法

软件以脉冲模式控制这些激光,将2 mm聚焦点投射到目标上。通过略微抖动组合光束的指向角度减轻散斑,从而在1.3 cm处产生2 cm × 2 cm的照明区域。综合考虑扫描时间、占空比、扫描重复次数和处理次数,总采集时间为3.3 s。

10.5.2.3.3 示例

图10.9(a)显示了集成的QCLA系统的照片。图10.9(b)显示了系统架构。

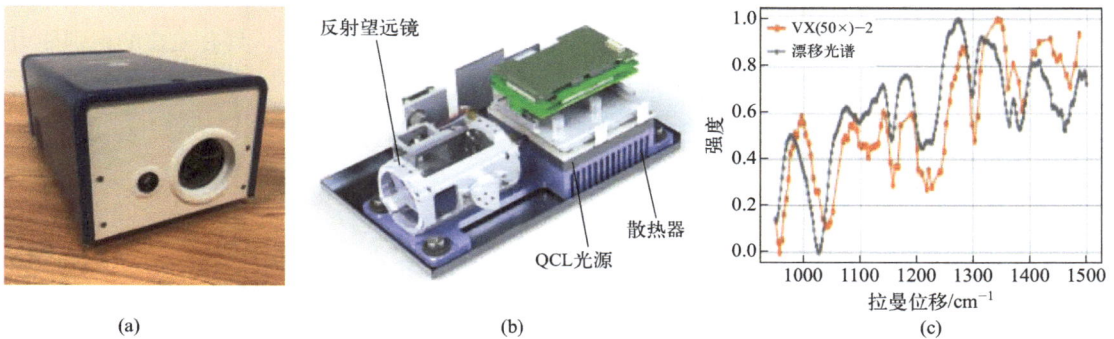

图10.9 基于量子级联激光器阵列(QCLA)的长波红外(LWIR)探测CWA:(a)集成Pendar Technologies QCLA传感器 [2.25 L体积,4.5 lb(约2.0 kg)];(b)仪器整体架构图,显示QCLA光源、用于发射和接收LWIR光的反射望远镜和系统电子设备;(c)英国国防科学和技术实验室(Dstl, UK)以500 μg/cm^{2}载荷在喷砂不锈钢上沉积的VX在1.3 m对峙距离上测量的光谱示例,该光谱与使用Bruker LUMOS FTIR显微镜获得的参考光谱进行了比较。来源:图片和数据由Pendar technologies提供。在英国国防科学和技术实验室(Dstl, UK)的许可下使用。根据OGL v3.0授权

图 10.9（c）显示了在英国国防科学和技术实验室（Dstl, UK）对喷砂不锈钢上沉积的 VX 在 500 μg/cm² 载荷下的测量，测量距离为 1.3 m（Blanchard and Vakhshoori, 2020）。这一测量是通过扫描红外光束穿过沉积的 VX 液滴（25 × 25 次测量）获得高光谱图像（约 5 min 采集时间），然后在背景与污染像素之间分割图像。图 10.9（c）所示的光谱是通过将假设污染像素点上的平均信号除以假设干净像素点上的平均信号得到的。

10.5.3　气相远程化学云、化学战剂、有毒工业化学品的检测

气相化学物质的释放可能会威胁生命，无论是工业事故的释放还是恐怖分子的故意释放。在这种情况下，从远距离检测和监测有机和无机气体和蒸气（即化学云）至关重要，以便提前通知警告人员。由于现有测量工具的高灵敏度和特异性，远距离红外传感器——主动或被动——非常适合这种应用。LWIR 是相关的，因为大多数冷凝相和气相材料在 LWIR 中表现出独特而强烈的光谱特征，这是由于这部分光谱中的基本振动带。LWIR 提供了近实时的检测和识别 CWA、TIC、NTA 和其他气体形式的化学试剂方法。

有许多供应商和传感器提供的功能范围包括特异性程度（特定化学品 vs 一般化学品家族）、灵敏度（从纳米级到数百微米级）、光谱区域（1.5～14.5 μm）、测量类型（基于滤波器 vs 基于干涉仪）、重量（2～65 kg）、数据输出（单像素光谱 vs 单/多/高光谱图像）、范围（2～10 km）和价格（100～600000 美元）（National Security Technologies, LLC, 2016）。我们在这里介绍 Block Engineering 的一款名为 PORTHOSTM 的手持设备。

10.5.3.1　硬件

Porthos 是一款基于 FTIR 的 LWIR 传感器，工作在 7.5～13 μm 光谱波段。单像素光谱的分辨率在 4～8 cm⁻¹ 之间可选。用于分析的图像是通过点扫描和叠加产生的。7.7 kg 的传感器在 0.1～5 km 的对峙范围内在 2 s 内检测和报警。该传感器有两种视场选择（即 1.5 和 5），并能在被动照明模式下由电池供电，最长可工作 4 h。

10.5.3.1.1　软件与算法

Porthos 可在外部主机上通过远程接口软件进行操作，分析光谱数据，具有完整的识别能力。Porthos 检测某些感兴趣的化学物质，显示化学物质的类型和强度，并将信息记录在内部硬盘上。所提供的检测处理程序可以读取数据、处理数据并创建结果。

Porthos 仪器的数据输出文件由专有软件读取，该软件在仪器显示器上显示检测级别。检测水平叠加在单色摄像机采集的图像的底部。由 Porthos 收集和解释的信息是实时执行的。

通过 PORTHOS™ 取景器看到的现场目标

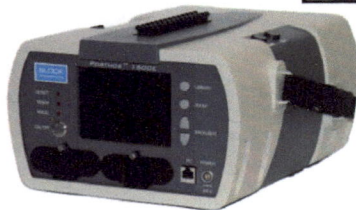

10.5.3.1.2　示例

图 10.10 为 Porthos 便携式对峙化学检测系统的运行情况。

图 10.10　基于傅里叶变换红外（FTIR）的 LWIR 传感器，运行中的 Porthos。来源：Block Engineering

10.5.4 爆炸物探测和识别

简易爆炸装置是对军事人员和平民的真正威胁，探测这种装置至关重要。爆炸品处理（EOD）技术人员受过侦测及清除简易爆炸装置的训练。需要具有高区域搜索率（接近实时）和高特异性/灵敏度的移动对峙传感器，以使技术人员与爆炸威胁保持安全距离。检测与放置或制造简易爆炸装置有关的爆炸残留物是对付简易爆炸装置的一种方法。

10.5.4.1 传感器类型Ⅰ：深紫外拉曼点传感器

为了解决与简易爆炸装置放置相关的对峙探测和爆炸物残留物识别的需求，Alakai防务系统公司开发了一种称为便携式拉曼简易爆炸物探测器（PRIED）的对峙深紫外拉曼传感器。

10.5.4.1.1 硬件

PRIED是一种深紫外（262 nm波长激发）便携式拉曼传感器，对于自制炸药（HME）能够达到50 m的距离，对于大多数其他化学品能够达到10 m。PRIED提供一个直径0.5 cm的激光光斑来激发样品。在1 m处可检测到低至10 $\mu g/cm^2$的物质含量，在10 m处可检测到更高含量的物质。它由一个操作板（5 in × 7 in × 15 in，约13 cm × 18 cm × 38 cm）和背包（17 in × 12 in × 7 in，约43 cm × 30 cm × 18 cm）组成，合起来重31 lb（约14 kg）（短期任务模式）或38 lb（约17 kg）（延长任务模式）。

眼睛安全操作可有两种操作模式："眼睛安全"和"最大检测"。系统在"眼睛安全"模式下启动。在这种模式下，整个系统被评为Ⅱ类激光系统。为了实现这一目标，PRIED系统使用了Alakai的专利（Pohl et al., 2012），即使传感器包含Ⅲ类UV激光器，也能产生Ⅱ类系统。在许多应用中，用户希望更快地获得结果或查询低浓度的样品。在这些情况下，假设他们接受了适当的激光训练并且能够控制周围的附近区域，他们可以通过进入"最大探测"模式提高激光功率。要进入这种模式，用户输入密码，激光功率增加，PRIED传感器的集成时间更快，探测距离更远或探测限更低。

10.5.4.1.2 操作

操作人员将操作板扣到一半，将可见瞄准光束对准预定目标，操作者将光束保持在目标上，直到装置产生红光（威胁）或绿光（无威胁）结果。

10.5.4.1.3 示例

图10.11展示了PRIED工作时的照片［图10.11（a）］、子系统组成［图10.11（b）］以及氯酸钾目标在不同采集时间的50 m范围拉曼数据［图10.11（c）］。

10.5.4.2 传感器类型Ⅱ：FTIR调制超连续介质激光器

为了利用红外基本模式的优点，Leidos开发了一种基于FTIR的超连续介质宽带红外傅里叶变换（SWIFT）传感器。

10.5.4.2.1 硬件

SWIFT采用FTIR光谱仪调制的超连续激光脉冲，由高速探测器捕获。在表面上和空气中的痕量材料鉴定中，距离可达15 m。SWIFT在2～11 μm波长光谱区域产生有源红外波束，并在目标上的约2°角视场内捕获数据。固体和液体的物质含量低至10 $\mu g/cm^3$，蒸气的物质含量低至1 $\mu L/L$。SWIFT由一个24 in × 18 in × 18 in（约61 cm × 46 cm × 46 cm）的传感器

(a)　　　　　　　　　　　(b)　　　　　　　　　　　(c)

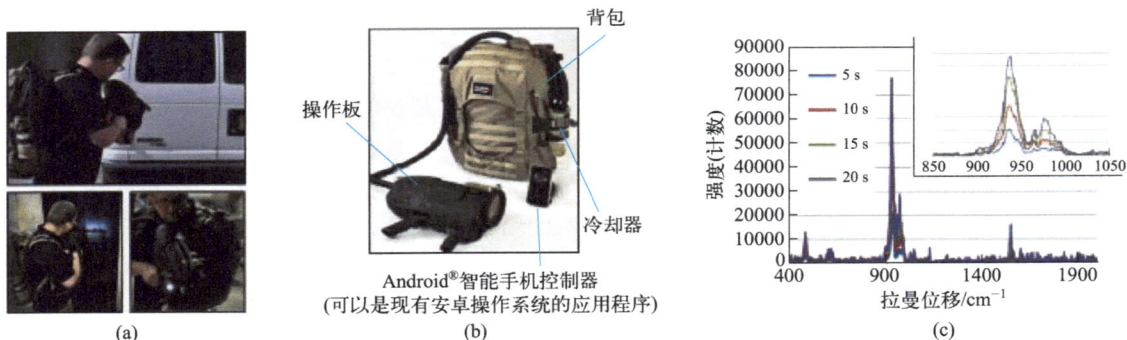

图10.11　基于拉曼的爆炸威胁对峙检测：（a）Alakai防御系统在作战用例场景中的便携式拉曼简易爆炸物探测器（PRIED）传感器；（b）PRIED子系统组件——带冷却器的背包（上）、操作板（下）和Android®智能手机控制器（中）；（c）氯酸钾在不同探测器积分时间下的拉曼光谱。来源：图片和数据由Alakai防务系统公司提供

头和一个组合重量165 lb（约75 kg）的三脚架组成。SWIFT目前的技术就绪水平（TRL）为室内应用的5级，室外应用的TRL为4级。SWIFT被认为是一种眼睛安全传感器，具有1类激光标志。

10.5.4.2.2　操作

SWIFT使用内置瞄准摄像机建立测量位置。随后进行按钮操作，生成来自目标的反射光的FTIR光谱，可根据光谱库对该目标进行搜索。

10.5.4.2.3　示例

图10.12显示了SWIFT传感器及其子系统组件（插图）的照片［图10.12（a）］以及咖啡因和季戊四醇四硝酸酯（PETN）在玻璃上的反射光FTIR特征［图10.12（b）］。

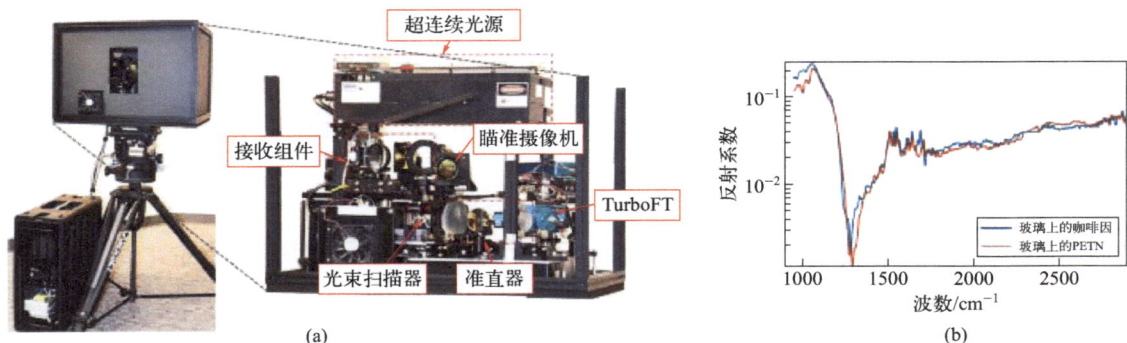

(a)　　　　　　　　　　　　　　　　　　(b)

图10.12　基于FTIR超连续光谱激光的爆炸威胁对峙检测。Leidos的SWIFT传感器（a）在15 m外的表面上执行直接反射测量（b），用于自动检测和识别痕量物质污染。4 cm⁻¹的光谱分辨率可以区分有害物质和无害物质。来源：图片和数据由Leidos提供

10.5.4.3　传感器类型Ⅲ：SWIR HSI LCTF

SWIR HSI传感器以接近实时的速度提供广域成像。他们克服了拉曼探测传感器中存在的两个障碍——缓慢的区域搜索速率（由于激光光斑尺寸小）和眼睛安全问题。SWIR HSI传感器可以集成到移动、机器人和手持变体中，用于检测化学、生物和爆炸物（CBE）以及麻醉剂。为了

解决当前系统的不足，ChemImage 开发了 VeroVision™ 威胁探测器（VVTD）。

10.5.4.3.1 硬件

VVTD 是一种便携式、三脚架式传感器，采用基于 LCTF 的 SWIR 技术。在操作中，太阳光或补充宽带辐射照亮感兴趣的表面。光子被材料吸收或反射取决于材料的组成。在关键波长处对目标进行多光谱采集，以便对威胁进行检测和分类。VVTD 配备了 8 个 35 W 卤素灯泡，提供近距离（<2.5 m）检测能力。通过使用目标照明和/或依赖太阳照明，可以实现更大的距离。具有连续 2 倍光学变焦和聚焦的聚光光学器件捕获部分反射光，这些反射光依次定向到耦合在 InGaAs FPA 探测器的 LCTF。还包括 RGB 视频，以提供增强的态势感知。电源控制模块为传感器提供功率分配，并为锂离子电池提供外壳。根据占空比，锂离子电池的寿命可达 2~4 h。

10.5.4.3.2 软件和算法

VVTD 的软件用于快速捕获一个简短的高光谱数据立方体，其中包含空间分辨率的 SWIR 光谱特征，可以使用模式匹配算法将其与 SWIR 光谱库进行比较，以定位和识别场景中的威胁。一旦检测到威胁，可以获得更高分辨率的高光谱数据，并自动处理，以推定识别威胁成分。

10.5.4.3.3 示例

图 10.13 显示了 VVTD 传感器［图 10.13（a）］、2019 年在加利福尼亚州卵石滩举办的美国网球公开赛上运行的 VVTD［图 10.13（b）］以及与入境控制点（ECP）筛选 CONOPS 相关的代表性威胁物质检测结果［图 10.13（c）（d）］。

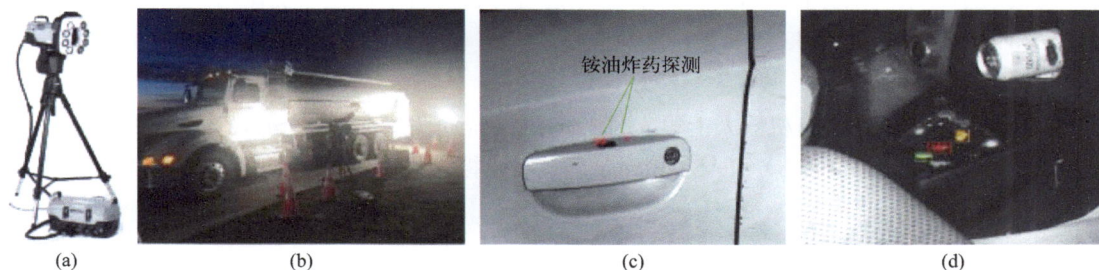

（a）　　　　　　（b）　　　　　　　（c）　　　　　　　（d）

图10.13　（a）基于 SWIR-HS 的爆炸威胁对峙检测；（b）在 2019 年美国网球公开赛（加州卵石滩）上使用 ChemImage VeroVision® 威胁探测器（VVTD）筛查爆炸物残留物的车辆；（c）汽车门把手上的硝酸铵燃料油（ANFO）颗粒检测；（d）在车辆控制台检测麻醉品。来源：图片和数据由 ChemImage Corporation 提供

10.5.4.4 传感器类型Ⅳ：SWIR HSI LCTF/Raman FAST HSI 色散的组合

为了对抗放置爆炸物（地雷等）的威胁，同时确保军事和平民路人的安全，ChemImage 开发了一种多传感器，是安装在机器人上的传感器，能够识别和确认潜在威胁。该系统被称为短波-红外瞄准敏捷拉曼机器人（STARR），利用 SWIR 光谱识别潜在威胁，结合可见近程对峙拉曼 FAST HSI 系统进行材料确认。整个系统安装在一辆"魔爪"（TALON）无人地面车辆（UGV）上，使传感器增大区域搜索率，并降低操作员受伤的风险。

10.5.4.4.1 硬件

STARR 结合了基于 LCTF 的 SWIR HSI，提供广域监视，用于自主近实时检测，FAST 拉曼提供快速多点拉曼光谱分析作为确认工具。该机器人可以在距离操作员 70 m 的距离进行无线遥控操作，STARR 能够在距离目标 1~3 m 的距离内进行传感器操作。STARR 集成在 Foster-Miller 公司（Qinetiq 北美分公司）的 TALON UGV 上，通过 802.11 n 链路实现高机动性和远程无线控制。TALON 具有 2 级抓手取臂、4 个用于区域监视的摄像头，并通过双向射频或光纤协议由操作员控制单元控制。

在操作中，视频 RGB 摄像机提供实时态势感知，指导操作人员控制可疑位置。SWIR 子系统由光收集光学系统组成，耦合到工作范围为 900~1700 nm 波长的 LCTF 和 InGaAs FPA。在 SWIR 库中以炸药的离散波长特征捕获图像。STARR 的拉曼子系统集成了 532 nm 波长脉冲激光器（5 mJ/脉冲，20 Hz 代表率），100 光纤（10 × 10）FAST 束耦合到配备 1024 × 1024 增强电荷耦合器件（ICCD）的色散光谱仪。ICCD 的时间门控允许在环境光存在的情况下与高能激光脉冲同步捕获合理的拉曼信号，同时保持中等的平均功率。

10.5.4.4.2　软件和算法

STARR 软件为 RGB 视频、SWIR 和 Raman 子系统提供采集控制。SWIR 子系统有两种工作模式——近实时（少量波长）模式和全光谱模式，以获得更大的光谱信息。对 SWIR 波长进行数学处理，生成得分图像，像素强度对应与库特征的匹配程度。附加的光谱、空间和时间滤波器应用于得分图像，叠加到透传 SWIR 图像上，以生成显示场景中潜在威胁位置的检测图像。

如果在 SWIR 模式下观察到检测，操作员可以"点击"潜在威胁，启用 FAST 拉曼瞄准。在拉曼模式下，同时采集 100 个空间分辨光谱，重构为一幅拉曼 FAST 图像，并使用已知拉曼威胁特征的偏最小二乘判别分析（PLSDA）数据库进行分析。对于任何已确认的威胁，操作员将通过视觉和听觉警报得到通知。

10.5.4.4.3　示例

图 10.14 显示了 TALON 机器人上集成的 STARR 系统的照片［图 10.14（a）］，SWIR 探测显示了疑似威胁位置［图 10.14（b）］，FAST-Raman 确认了模拟管状炸弹外部的硝酸铵燃料油（ANFO）残留［图 10.14（c）］。

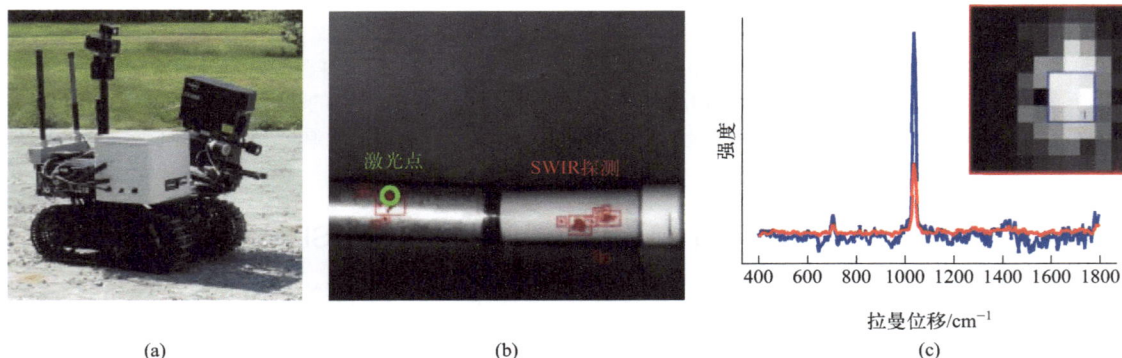

图10.14　爆炸威胁的混合拉曼和 SWIR 对峙检测：（a）机器人集成的 ChemImage 短波−红外目标敏捷拉曼机器人（STARR）传感器；（b）SWIR-HSI 探测图像显示管状炸弹上有疑似爆炸物残留物；（c）FAST 拉曼图像和光谱证实了（b）中"激光点"所示区域的爆炸成分。来源：图片和数据由 ChemImage Corporation 提供。经海军爆炸物处理技术部门（EODTECHDIV）许可使用——已批准公开发布，无限制分发

10.5.5 毒品侦查和鉴定

今天日益加剧的阿片类药物危机给执法和公共安全带来了挑战。考虑到芬太尼等合成阿片类药物的存在日益增加，导致死亡人数不断增加，具有远距离能力的传感器变得越来越重要。联邦、州和地方执法机构需要远距离传感器用于边境巡逻、危险物品、犯罪现场调查、秘密实验室清理和场地安全。

10.5.5.1 传感器类型Ⅰ: SWIR HSI LCTF

VVTD（前面描述过）为毒品检测应用提供了额外的功能。图10.15显示了一个装有非法麻醉品模拟毒品制造实验室的对峙探测结果。该图显示了VVTD从对峙远距离拍摄的两张图像，其中包括在塑料袋和玻璃容器中装有非法药物兴奋剂的场景。图10.15（a）为RGB摄像机采集的场景，图10.15（b）为SWIR HSI传感器和SWIR HSI软件生成的检测图像。检测图像使用彩色框突出显示潜在威胁检测，每种颜色对特定类别的化合物都是唯一的。图像中的检测结果由红色、绿色和黄色方框表示，表明存在3种不同类型的非法麻醉兴奋剂。由于RGB图像是同时收集的，它可以提供额外的信息，以确认哪些容器具有潜在的威胁，并通过在可见区域中显示场景来澄清SWIR区域图像中的任何特性。

(a)   (b)

图10.15　SWIR在模拟的秘密实验室现场对毒品进行基于HIS的远距离检测：（a）现场的数码照片，包括麻醉模拟物在内的各种材料；（b）SWIR化学图像，显示各种麻醉模拟剂类型（红色、绿色和黄色假色）的位置。来源：图片和数据由ChemImage Corporation提供

10.5.5.2 传感器类型Ⅱ: SWIR CF Imaging – ChemImage VeroVision® Moving Target（VVMT）

除少数例外情况外，所有入境国际航空邮件均须接受美国海关及边境保护局（CBP）在国际邮件设施（IMF）的检查，CBP隶属于美国国土安全部（DHS）。国际邮件已被确定为进入美国的非法阿片类药物的常用分发系统。美国疾病控制与预防中心（CDC）发布的报告显示，2017年，涉及任何阿片类药物——处方阿片类药物（包括美沙酮）、合成阿片类药物和海洛因——的过量死亡人数上升至近5万人（Scholl et al., 2019）。然而，这些致命过量中的许多是由传统阿片类药物与极少量极强效芬太尼和卡芬太尼的结合引起的。因此，在美国人口中这种严重的健康

流行病发生的同时，大规模的毒品贩运可以通过邮寄的非常小的包裹发生。正如国土安全部监察长办公室（OIG）在2018年对肯尼迪国际机场海关及边境保护局（CBP）的审计中所述："CBP采取行动，解决已发现的缺陷，更有效地检查国际邮件，对于赢得对阿片类药物的战争、打击其对全国人口的毁灭性影响至关重要。"为了解决当前传感器在高通量邮件筛选方面的局限性，ChemImage正在开发一种名为VeroVision®移动目标（VVMT）的传感器，该传感器基于实时、可重构的SWIR DP-CF技术。

10.5.5.2.1   硬件

VVMT原型是一个完整的便携式（手持，即两只手握）传感器。照明由4盏35 W灯提供，用于短距离照明。聚光光学装置提供12°的视场（即在10 m处约3.4 mm/像素）。还安装了RGB摄影机，用于态势感知。其他功能还包括带有按钮的集成显示屏、易于使用的操作界面、可充电电池和可选的三脚架安装功能。

10.5.5.2.2   软件和算法

Conformal Training软件（CFTS）用于基于目标与背景区分的电压选择优化，Spectral Kitchen软件提供实时自主检测图像。

10.5.5.2.3   示例

图10.16显示了VVMTS在CWA检测、高通量邮件筛选和人载简易爆炸装置（PBIED）检测应用中的使用照片（a）和代表性可行性结果（b）。

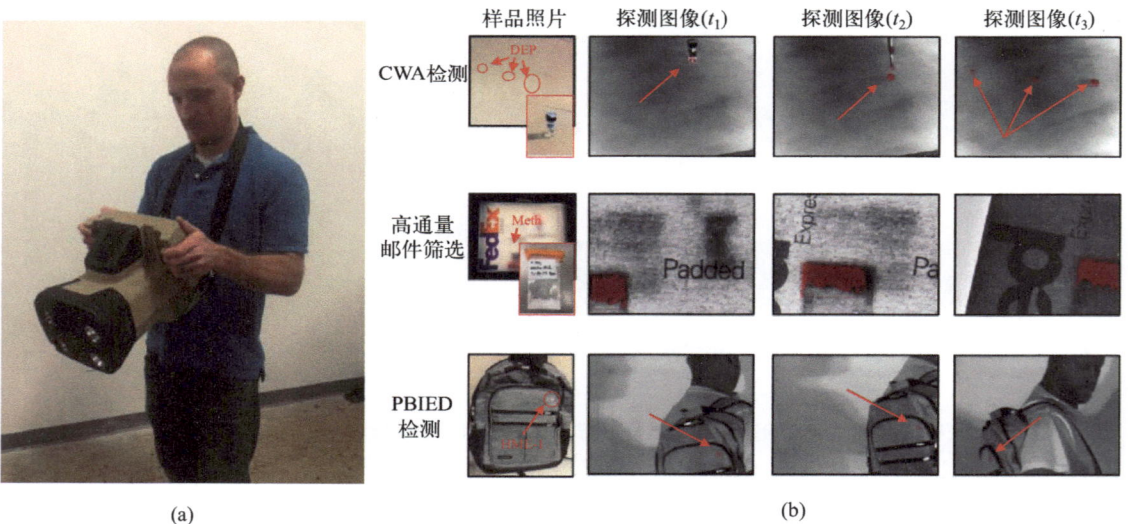

图10.16   基于SWIR-HIS的CWA、毒品、爆炸物威胁实时对峙检测：（a）手持、实时、可重构共形成像传感器（ChemImage VeroVision® Moving Target [VVMT]）传感器；（b）CWA威胁模拟物（上）、麻醉威胁（中）、爆炸威胁（下）的数字照片和代表性时间序列SWIR探测图像。来源：图片和数据由ChemImage Corporation提供。经国防高级研究计划局（DARPA）许可使用，已批准公开发布，无限分发

表10.3提供了用于安全和安保应用的几种便携式对峙光学光谱传感器的汇总比较。虽然远不是一个全面的清单，但该表提供了各种仪器类型的关键特征的相同视觉。

表10.3　便携式远距离光谱仪器比较

数量	参数	Alakai防务系统PRIDE	区块工程 LASERWARN™	区块工程PORTHOS™	化学图像 VeroVision	LeidosSWIFT	光子系统STANDOFF 200
1	产品名称或技术	PRIED（便携式拉曼简易爆炸物探测器）	LASERWARN™	PORTHOS™	• VeroVision®产品系列	超连续谱宽带红外傅里叶变换	STANDOFF 200
2	型号	不适用	室内/室外模型	不适用	• VeroVision®化学检测器（VVCD） • VeroVision®化学检测器快照（VVCD-S） • VeroVision®移动目标（VVMT） • VeroVision®威胁检测器（VVTD）	不适用	不适用
3	制造商	Alakai防务系统	区块工程	区块工程	化学影像公司	Leidos	光子系统公司
4	技术	深度紫外拉曼光谱	QCL和主动红外吸收光谱	被动傅里叶变换红外光谱	短波红外高光谱成像	傅里叶变换红外光谱仪（FTIR）和调制超连续激光器（modulated supercontinuum laser）的测量系统	深紫外（Deep UV）的拉曼光谱和荧光光谱
5	预期应用	威胁化学物质的远距离探测	围界线、环境和泄漏检测气体监测	军事化学武器（CWA）和毒剂（TIC）气体检测	• VVCD,VVTD: 接近实时的威胁远距离探测 • VVCD-S, VVMT: 实时威胁远距离探测	表面和空气中微量物质的识别	实时威胁远距离CBE（化学、生物和爆炸物）探测，用于急救人员
6	检测到的威胁物质	CRNE（相关物质、有毒工业化学品/有毒工业材料、毒品/前体物质	除了对称和二原子分子之外的大多数气体	军事化学武器（CWA）气体	• VVCD,VVCD-S: 优先级化学武器（CWA） • VVMT, VVTD: 优先爆炸物、毒品和化学武器（CWA）威胁	固体、液体和气体状态的威胁	广泛范围的CBE（化学、生物和爆炸物）检测和分类
7	识别能力	是	否	否	初步ID鉴定能力	是	是
8	检测（或鉴定）所需时间	取决于距离和浓度，时间为3~30 s	典型情况下2 s，用于快速检测和即时警告通知的亚秒级读数	秒	• VVCD: <30 s • VVCD-S, VVMT: 0.1 s • VVTD: <10 s	15 s	取决于检测模式、远距离探测和目标浓度，时间从不到1 s到最多约10s

续表

数量	参数	Alakai防务系统PRIDE	区块工程LASERWARN™	区块工程PORTHOS™	化学图像VeroVision	LeidosSWIFT	光子系统STANDOFF 200
9	远距离范围	对于自制炸药（HME），最远达到50 m；对于大多数其他化学物质，最远达到10 m	250 m	0.1~5 km	·VVCD,VVCD-S：1~15 m ·VVMT, VVTD：1~20+ m	15 m	0.6~5+ m
10	最佳对峙距离	1~10 m	不适用	不适用	·VVCD,VVCDS：液滴为1m ·VVMT,VVTD：残留物为1~3 m	5~10 m	2 m
11	光学对峙距离下的检测限	在1 m处的痕量浓度为10 µg/cm²，在10 m处的残留物浓度为100 µg/cm²	随气体和对峙距离变化（例如，在500 m处的沙林浓度为10×10⁻⁹）	不可用	·VVCD, VVCDS: 亚微升液滴 ·VVMT,VVTD: 在短距离处为µg/cm²，在长距离处为堆积	固体/液体为10 µg/cm²，蒸气为1×10⁻⁶	C&E物质为小于1 µg/cm²，细菌孢子为小于60个
12	视场角	从直径为0.5 cm的点开始，视场角为0.06°	低成本的反射镜和镜面反射器，用于大范围的覆盖	0.5°和1.5°	·VVCD: 17° ·VVCD-S: 17° ·VVMT: 12° ·VVTD:10~20°(连续变焦)	约2°	点探测器
13	尺寸（外部尺寸）	操作器：5 in×7 in×15 in 背包：17 in×2 in×7in	18 in×14 in×6 in（室内）；37 in×14 in×10 in（室外）	13.4 in×10.7 in × 6.6 in	·VVCD: 14.3 in × 9.9 in×10.2 in ·VVCD-S: 10.5 in ×9.4 in×8.2 in ·VVNT: 14.0 in × 9.8 in×11.0 in ·VVTD: 18.5 in × 7.9 in×9.4 in（传感器头部）	24 in×18 in×18 in	7 in × 12 in × 17 in
14	重量	短期任务模式：31 lb；扩展模式：38 lb	32 lb（室内）；55 lb（室外）	17 lb	·VVCD: 15 lb ·VVMT: 15 lb ·VVCD-S: 9.9 lb ·VVID: 94 lb（传感器，三脚架，电源箱，计算机）	165 lb	10 lb

续表

数量	参数	Alakai防务系统PRIDE	区块工程LASERWARN™	区块工程PORTHOS™	化学图像VeroVision	LeidosSWIFT	光子系统STANDOFF 200
15	电池供电还是电源线供电	两者都可以（电池或线路供电）	线路供电	电池供电	两者都可以（电池或线路供电）	线路供电	内置电池供电
16	该系统是否对眼睛安全	是。有两种工作模式：眼安全模式和最大检测模式	是	是	是	是	是
17	自主程度（目标）	完全自动化运行	完全自动化运行	完全自动化运行	可以完全自主	任定位后按钮	可以完全自主
18	是否可重新配置以适用于新材料	目前没有，但如果需要可以添加能力 是 否	是	是	是	是	是
19	外形因素	固定或便携式 手持杆与便携式背包	手持，无人机（UAV），三脚架	·VVCD,VVCD-S: 手持或三脚架安装 ·VVMT: 手持、三脚架安装、车辆安装	固定，三脚架安装	手持且适用于机器人安装

注：1 in = 2.54 cm；1 lb = 0.45 kg。

10.6　结论与未来方向

　　便携式远距离光谱技术已经取得了重大进展，第一个便携式远距离光学光谱传感器已经在21世纪初商业化。该技术在点扫描、空间扫描和宽视场成像平台设计方面取得了长足的进步。仪器仪表已经从光学台上的线路板组件扩展到坚固的、可现场使用的单元，使该技术远远超出了研究实验室的设置。随着这些发展，技术和相关应用也得到了扩展，从生物孢子的近距离无接触、亚微米拉曼成像到CWA云的多公里远距离红外成像。基础仪器技术的重大进步现在已经使实时、自主、广域、远距离光谱成像成为现实。从结构、元素组成和分子组成材料表征的角度来看，将多种光谱成像模式相结合大大增加了可能性。

　　未来的趋势将不可避免地继续推动仪器仪表在某些领域的能力，例如减少SWaP-C、增加自主性以及增加人工智能和机器学习方法的利用。应用和市场需求将推动拉曼仪器的发展，以实现更大的区域覆盖、更高的数据采集速率、更强的通过屏障能力、更好的数据信噪比以及更高的仪器稳定性和易用性。传感器和数据融合方法将更广泛地用于提高传感器的整体性能。算法的进步，包括混合分析方法和荧光缓解或避免，将是必要的。随着便携式、远距离光谱仪器的不断改进，这些技术的新发展和应用必将造福人类。

缩略语

AFIP	Armed Forces Institute of Pathology	武装部队病理学研究所
ANFO	ammonium nitrate fuel oil	硝酸铵燃料油
ANN	artificial neural network	人工神经网络
AOTF	acousto-optic tunable filter	声光可调谐滤波器
CBE	chemical, biological, and explosive	化学、生物和爆炸物
CCD	charge-coupled device	电荷耦合器件
CDC	Centers for Disease Control and Prevention	（美国）疾病控制与预防中心
CF	conformal filter	共形滤波器
CMOS	complementary metal-oxide-semiconductor	互补金属氧化物半导体
CONOPS	concept of operations	操作概念
CWA	chemical warfare agent	化学战剂
DEP	diethyl phthalate	邻苯二甲酸二乙酯
DHS	Department of Homeland Security	（美国）国土安全部
DIC	differential interference contrast	差分干涉对比
DMMP	dimethyl methylphosphonate	甲基膦酸二甲酯
DP-CF	dual polarization conformal filter	双极化适形滤波器
DRS	diffuse reflectance spectroscopy	漫反射光谱学
EOD	explosive ordnance disposal	爆炸品处理
FAST	fiber array spectral translator	光纤阵列光谱转换器
FPA	focal plane array	焦平面阵列
fps	frames per second	每秒帧数
FT	fourier transform	傅里叶变换

FTIR	Fourier transform infrared spectroscopy	傅里叶变换红外光谱
HME	homemade explosives	自制炸药
HIS	hospital information system	医院信息系统
HSI	hyperspectral imaging	高光谱成像
ICCD	intensified charge-coupled device	增强电荷耦合器件
IED	improvised explosive device	简易爆炸装置
IMF	international mail facality	国际邮件设施
JBPDS	Joint Biological Point Detection System	联合生物定点侦测系统
LCTF	liquid crystal tunable filter	液晶可调谐滤波器
LOD	limit of detection	检出限
LWIR	long-wave infrared	长波红外
MCF	multiconjugate filter	多共轭滤波器
MOE	multivariate optical element	多元光学元件
MWIR	mid-wave infrared	中波红外
NGCD	next generation chemical detector	下一代化学检测器
NIR	near infrared	近红外
NIST	National Institute of Standards and Technology	（美国）国家标准与技术研究院
NTA	nontraditional agent	非传统制剂
OIG	Office of the Inspector General	监察长办公室
PCA	principal component analysis	主成分分析
PETN	pentaerythritol tetranitrate	季戊四醇四硝酸酯
PLSDA	partial least squares discriminant analysis	偏最小二乘判别分析
PRIED	portable raman improvised explosive detector	便携式拉曼简易爆炸物探测器
RGB	red green blue	红绿蓝
QCL	quantum cascade laser	量子级联激光器
QCLA	quantum cascade laser array	量子级联激光器阵列
SHS	spatial heterodyne spectrometer	空间外差光谱仪
SNR	signal-to-noise ratio	信噪比
SWaP-C	size, weight, power, and cost	尺寸、重量、功耗和成本
SWIR	short-wave infrared	短波红外
TIC	toxic industral chemical	有毒工业化学品
TRL	technology readiness level	技术就绪水平
UAV	unmanned aerial vehicle	无人飞行器
UGV	unmanned ground vehicle	无人地面车辆
UV	ultraviolet	紫外线
Vis	visible	可见光
VVCD	verovision® chemical detector	VeroVision®化学检测器
VVMT	verovision® moving target	VeroVision®移动目标
VVTD	verovision® threat detector	VeroVision®威胁检测器

参考文献

Angel, S.M., Kulp, T.J., and Vess, T.M. (1992). Remote-Raman spectroscopy at intermediate ranges using low-power CW lasers. *Appl. Spectros.* 46: 1085.

Angel, S.M., Gomer, N.R., Sharma, S.K., and McKay, A.C. (2012). Remote Raman spectroscopy for planetary exploration: a review. *Appl. Spectrosc.* 66: 137-150.

Anon (2007). *Safety of Laser Products - Part 1: Equipment Classification and Requirements*, 2ee. International Electrotechnical Commission.

Anon (2020a). *Wikipedia* [Online]. en.wikipedia.org/wiki/Douma_chemical_attack (accessed 6 April 2020).

Anon (2020b). *Worldometer* [Online]. www.worldometers.info/coronavirus (accessed 6 April 2020).

Baillard, X., Gauguet, A., Bize, S. et al. (2006). Interference-filter-stabilized external-cavity diode lasers. *Opt. Commun.* 266 (2): 609-613.

Batchelder, D., Cheng, C., Muller, W., and Smith, B. (1991). A compact Raman microprobe/microscope: Analysis of polydiacetylene Langmuir and Langmuir-Blodgett films. *Makromol. Chem. Macromol. Symp.* 46: 171.

Bayer, B.E. (1976). Color imaging array. US Patent No. 3,971,065A.

Blanchard, R. and Vakhshoori, D. (2020). Standoff detection of chemicals using infrared hyperspectral imaging and Raman spectroscopy. *Proc. SPIE Def. Sec. CBRNE Sensing XXI* 114160C: 114160C-1-114160C-10.

Boogh, L., Meier, R., and Kausch, H. (1992). A Raman microscopy study of stress transfer in high-performance epoxy composites reinforced with polyethylene fibers. *J. Polym. Sci. B* 30: 325-333.

Bowden, M., Gardiner, D.J., Rice, G., and Gerrard, D.L. (1990). Line-scanned micro Raman spectroscopy using a cooled CCD imaging detector. *Raman Spectros.* (21): 37-41.

Buchsbaum, P.E. and Morris, M.J. (2000). Method for making monolithic patterned dichroic filter arrays for spectroscopic imaging. US Patent No. US6638668B2.

Byrnes, J. (2009). *Unexploded Ordnance Detection and Mitigation*. Dordrecht: Springer.

Carter, J.C., Angel, S.M., Lawrence-Snyder, M. et al. (2005). Standoff detection of high explosive materials at 50 meters in ambient light conditions using a small Raman instrument. *Appl. Spectrosc* 59: 769-775.

Christens-Barry, W.A., Boydston, K., France, F.G. et al. (2009). Camera system for multispectral imaging of documents. *Electronic Imaging* 7249: 8-18.

Cristensen, K., Bradley, N., Morris, M., and Morrison, R. (1995). Raman imaging using a tunable dual-stage liquid crystal Fabry-Perot interferometer. *Appl. Spectrosc.* 49: 1120-1125.

Crocombe, R.A. (2018). Portable spectroscopy. *Appl. Spectrosc.* 72 (12): 1701-1751.

Dupont, S., Petersen, C., Thøgersen, J. et al. (2012). IR microscopy utilizing intense supercontinuum light source. *Opt. Express* 20 (5): 4887-4892.

Editors, E.B. (2008). *Cassegrain reflector astronomical instrument* [Online]. https://www.britannica.com/science/Cassegrain-reflector (accessed 6 April 2020).

Evans, J. (1949). The birefringent filter. *J. Opt. Soc. Am.* 39: 229-237.

Evans, J. and Solc, I. (1958). Birefringent filter. *J. Opt. Soc. Am.* 48: 142-143.

Faist, J., Capasso, F., Sivco, D. et al. (1994). Quantum cascade laser. *Science* 264 (5158): 553-556.

Goldstein, S.K., Kidder, L., Herne, T. et al. (1996). The design and implementation of a high-fidelity Raman imaging microscope. *J. Microsc.* 184: 35-45.

Gomer, N.R., Gordon, C.M., Lucey, P. et al. (2011a). Raman spectroscopy using a fixed-grating spatial heterodyne interferometer. *Spectroscopy* 26: 29.

Gomer, N.R., Gordon, C.M., Lucey, P. et al. (2011b). Raman spectroscopy using a spatial heterodyne spectrometer: proof of concept. *Appl. Spectrosc.* 65 (8): 849.

Gomer, N.R., Lamsal, N., Sun, H. et al. (2019). Explosive detection and identification using a wide-area hyperspectral raman imaging sensor. *Proc. SPIE Def. Sec. CBRNE Sensing XX* 110100H: 110100H-1-110100H-9.

Hanel, R., Crosby, D., Herath, L. et al. (1980). Infrared spectrometer for Voyager. *Appl. Opt.* 19: 1391-1400.

Hearnshaw, J. (1986). *The Analysis of Starlight*. Cambridge: Cambridge Univeristy Press.

Henderson, R. (2007). *Wavelength considerations* [Online].web.archive.org/web/20071028072110/info.tuwien.ac.at/iflt/safety/section1/1_1_1.htm (accessed 6 April 2020).

Hirschfield (1974). Range independence of signal in variable focus remote Raman spectrometry. *Appl. Opt.* 13: 1435-1437.

Ingle, J. and Crouch, S. (1988). *Spectrochemical Analysis*. Prentice Hall.

IPAC, N. (2012). *Near, mid and far-infrared* [Online]. archive.is/20120529003352/http://www.ipac.caltech.edu/Outreach/Edu/Regions/irregions.html (accessed 6 April 2020).

Jestel, N.L., Shaver, J.M., and Morris, M.D. (1998). Hyperspectral Raman line imaging of an aluminosilicate glass. *Appl. Spectros.* 52: 64-69.

Jones, B.W. (2014). *Evolution of site in the animal kingdom* [Online]. https://webvision.med.utah.edu/2014/07/evolution-of-sight-in-the-animal-kingdom (accessed 6 April 2020).

Kalasinsky, K., Hadfield, T., Shea, A. et al. (2007). Raman chemical imaging spectroscopy reagentless detection and identification of pathogens: signature development and evaluation. *Anal. Chem.* 79: 2658-2673.

King, H.C. (2011). *The History of the Telescope*. New York: Courier Dover Publications.

Kutteruf, M.R., Yetzbacher, M.K., Deprenger, M.J. et al. (2014). 9-band swir multispectral sensor providing full-motion video. *Proc. SPIE Airborne Intelligence, Surveillance, Reconnaissance (ISR) Systems and Applications XI* 9076.

Lyot, B. (1944). The birefringent filter and its application in solar physics. *Astrophysics* 39: 229-242.

Ma, J. and Ben-Amotz, D. (1997). Rapid micro-Raman imaging using fiber-bundle image compression. *Appl. Spectrosc.* 51: 1845-1848.

Morris, H., Hoyt, C., and Treado, P. (1994). Imaging spectrometers for fluorescence and Raman microscopy: acousto-optic and liquid crystal tunable filters. *Appl. Spectrosc.* 48: 857-866.

Morris, H., Hoyt, C., Miller, P., and Treado, P. (1996). Liquid crystal tunable filter Raman chemical imaging. *Appl. Spectrosc.* 50: 805-811.

National Security Technologies, LLC (2016). *Passive Infrared Systems for Remote Chemical Detection Market Survey Report*. https://www.dhs.gov/sites/default/files/publications/PIS-RCD-MSR_0716-508.pdf.

Nelson, M. and Myrick, M. (1999a). Fabrication and evaluation of a dimension-reduction fiberoptic system for chemical imaging applications. *Rev. Sci. Instrum.* 70: 2836-2844.

Nelson, M. and Myrick, M. (1999b). Single-frame chemical imaging: dimension reduction fiber-optic array improvements and application to laser-induced breakdown spectroscopy. *Appl. Spectrosc.* 53: 751-759.

Nelson, M., McLestar, M., Aust, J., and Myrick, M., 1996. Distributed sensing of fiber optic arrays. The Pittsburgh Conference and Exposition on Analytical Chemistry and Applied Spectroscopy, Chicago, IL, March 1996.

Nelson, M., Bell, W., McLester, M., and Myrick, M. (1998a). Single-shot multiwavelength imaging of laser plumes. *Appl. Spectrosc.* 52: 179-186.

Nelson, M.P., Aust, J.F., Dobrowolski, D.J.A. et al. (1998b). Multivariate optical computation for predictive spectroscopy. *Anal. Chem.* 70: 73-82.

Nelson, M.P., Shi, L., Zbur, L. et al. (2016). Real-time short-wave infrared hyperspectral conformal imaging sensor for the detection of threat materials. *Proc. SPIE Def. Sec.* 9824 (42): 982416-1-982416-9.

Nelson, M.P., Tazik, S.K., Bangalore, A.S. et al. (2017). Performance evaluation and modeling of a Conformal Filter (CF) based real-time standoff hazardous material detection sensor. *Proc. SPIE Def. Sec. Next Gen. Spectros. Technol. X* 10210: 102100L-1-102100L-10.

Nelson, M.P., Tazik, S.K., Treado, P.J. et al. (2018). Real-time short-wave infrared hyperspectral conformal imaging sensor for the detection of threat materials. *Proc. SPIE Def. Comm. Sens. Next Gen. Spectros. Technol. XI* 106570U: 106570U-1-106570U-10.

Nelson, M.P., Tazik, S.K., and Treado, P.J. (2019). Real-time, reconfigurable, handheld molecular chemical imaging sensing for standoff detection of threats. *Proc. SPIE Def. Sec. CBRNE Sensing XX* 1101005: 1101005-1-1101005-10.

Pecharromán-Gallego (2017). An overview on quantum cascade lasers: origins and development, quantum cascade lasers. *IntechOpen* https://doi.org/10.5772/6500.

Pohl, K.R., Ford, A.R., Waterbury, R.D., Vunck, D., and Dottery, E.L. (2012). Optical hazard avoidance and method. US Patent No. US8724097B2.

Schaeberle, M., Karakatsanic, C., Lau, C., and Treado, P. (1995). Raman chemical imaging: noninvasive visualization of polymer blend architecture. *Anal. Chem.* 67: 4316-4321.

Schaeberle, M., Kalasinsky, V., Luke, J. et al. (1996). Raman chemical imaging: histopathology of inclusions in human breast tissue. *Anal. Chem.* 68: 1829-1833.

Schlossberg, H. and Kelley, P. (1981). Infrared spectroscopy using tunable lasers. In: *Spectrometric Techniques* (ed. G. Vanesse), 161-238. New York: Academic Press.

Scholl, L., Seth, P., Kariisa, M. et al. (2019). *Drug and opioid-involved overdose deaths - United States, 2013-2017. MMWR Morb. Mortal. Wkly Rep. 2019* 67: 1419-1427.

Schröder, K. (2000). *Handbook on Industrial Laser Safety*. Technical University of Vienna.

Schubert, E.F. (2003). *Light Emitting Diodes*. Cambridge, UK: Cambridge University Press.

Sharma, S.K., Misra, A.K., Lucey, P.G. et al. (2006). Remote pulsed raman spectroscopy of inorganic and organic materials to a radial distance of 100 meters. *Appl. Spectrosc.* 60: 871-876.

Solc, I. (1965). Birefringent chain filters. *J. Opt. Soc. Am.* 55: 621-625.

Thériault, J.-M., Puckrin, E., Hancock, J. et al. (2004). Passive standoff detection of chemical warfare agents on surfaces. *Appl. Opt.* 43: 5870-5885.

Treado, P., Levin, I., and Lewis, E. (1992). High-fidelity Raman imaging spectrometry: a rapid method using an acousto-optic tunable filter. *Appl. Spectrosc.* 46: 1211-1216.

Turner, J.I. and Treado, P. (1997). LCTF Raman chemical imaging in the near infrared. *Proc. SPIE - Infrared Technol. Appl.* XXIII (3061): 280-283.

Vaughn, J.M. (1989). *The Fabry-Perot Interferometer: History, Theory Practice and Applications*. Bristol,UK: Adam Hilger.

Waldron, A., Allen, A., Colón, A., Carter, J.C., and Angel, S.M. (2020). Monolithic spatial heterodyne raman spectrometer: prelizminary characterization results. *Appl. Spectrosc.*

Wang, X., Voigt, T., Bos, P. et al. (2006). *Evaluation of a High-Throughput Liquid Crystal Tunable Filter for Raman Chemical Imaging of Threat Materials*, 637808. Boston: SPIE - The International Society of Optical Engineering.

Wentworth, R., Neiss, J., Nelson, M., and Treado, P. (2007). Standoff Raman Hyperspectral Imaging Detection of Explosives. *2007 IEEE Antennas and Propagation Society International Symposium*, 4925-4928.

West, M., Grossman, J., and Galvan, C. (2018). *Commercial Snapshot Spectral Imaging: The Art of the Possible. Mitre Technical Report*. McLean, VA: Mitre Corporation.

11

基于微等离子体的便携式光发射光谱仪

Vassili Karanassios

Department of Chemistry and Waterloo Institute for Nanotechnology, University of Waterloo, Waterloo, ON, Canada

11.1 概述

根据Merriam Webster词典，便携式物品的定义是"能够被携带或移动"的物品，通常是因为这类物品更小或更轻，或者因为它需要更少的消耗品来运行。就小型等离子体（以微等离子体的形式）而言，无数示例已在文献[1-12]中进行了描述。为了提供比较的基础，原始等离子体仪器与这项工作相关的对象是电感耦合等离子体仪器（简称ICP）。ICP一般形成在等离子体炬管顶部，典型尺寸为长约25 cm、直径约2 cm。广泛使用的常压等离子体炬是由相对笨重的（显然不可能是个人便携式的）射频（RF）发生器产生的，发生器通常类似于办公室激光打印机的大小。为了实现化学分析的应用，常压操作是首选的，因为不需要使用耗电和重量级的真空泵，可以大大提高便携性。此外，在操作过程中，ICP火焰变得很热，以至于需要水冷。冷却或其他热管理系统会大大增加重量和复杂性，因此也无法实现便携性。在操作所需的耗材方面，上述类型的ICP使用总共约20 L/min的昂贵的氩气，并需要约1.5 kW的电力。这除了增加使用成本外，还需要携带大量的消耗品，显然无法实现可移动性和便携性。解决等离子体便携性的一种方法是使用体积小、重量轻的等离子体，并同时做到对微等离子体形式的耗材要求低[2-12]。

微等离子体一般被人为定义为在一个临界尺寸（例如高度、宽度、半径为1000 μm或更小）上的准中性放电（即离子和电子）[2,3]。但是，随着尺寸维度减小并接近微米范围，除了变得尺寸小和重量轻（因此实现便携性）外，微等离子体也变得非平衡和非热。由于是非热驱动的，它们确实不需要冷却或其他热管理，从而实现便携性。此外，由于体积小，每单位体积的功率密度等于（或大于）通过ICP获得的功率密度，因而可以使用较低的输入功率（例如低至几瓦）。

同时由于体积小，只需要小流量的惰性气体，其中一些甚至可以利用自由空气实现运行。

为了在便携式化学分析应用中使用（即在实验室环境外使用），微等离子体必须成为仪器的一部分，该仪器还应包括便携式光谱仪[13,14]。这种系统的框图如图11.1所示。对于此类应用，便携式样品处理器（通常包括样品制备、样品分离和样品导入）是必需的[15]。同时，低功耗运行（例如要求低于100 W连续运行）也是必不可少的[16-18]。目前的电池技术的瓶颈一般限制设定了最大100 W的功率上限，例如最先进的笔记本电脑使用的功率在50～100 W之间。实际用电量取决于同时运行的软件应用程序的数量。另一方面，便携式信号处理器也是必不可少的，它涉及一个光谱仪及其相关的读出电子设备。大多数尝试实施图11.1所示类型的微型仪器包含一个便携式光谱仪[13,14]。本章也会简要回顾主要涉及的光谱仪，因为有许多此类商业化光谱仪可在市场上买到，而目前便携式质谱仪并未广泛使用和销售（参见本卷中Snyder编写的第14章，Blakemen和Miller编写的第16章以及Leary等编写的第15、17章，了解便携式质谱法、高压质谱法和气相色谱-质谱法）。然而，在文献中，许多非便携式的、基于实验室的质谱仪有使用微等离子体作为离子源进行评估测试的案例。在此提及微等离子体-质谱组合不是因为它们便于携带，而是因为它们证明微等离子体可以成为有用的离子源用于质谱分析。要将数据转化为有用的信息，还需要信息处理器。为了降低复杂性和重量，前端处理器（图11.1）可以被智能手机取代[19-21]。并且，为了满足相关设备的电力需求，电能管理和电能收集的一些方法也有完整的研究和论述[16-18]。

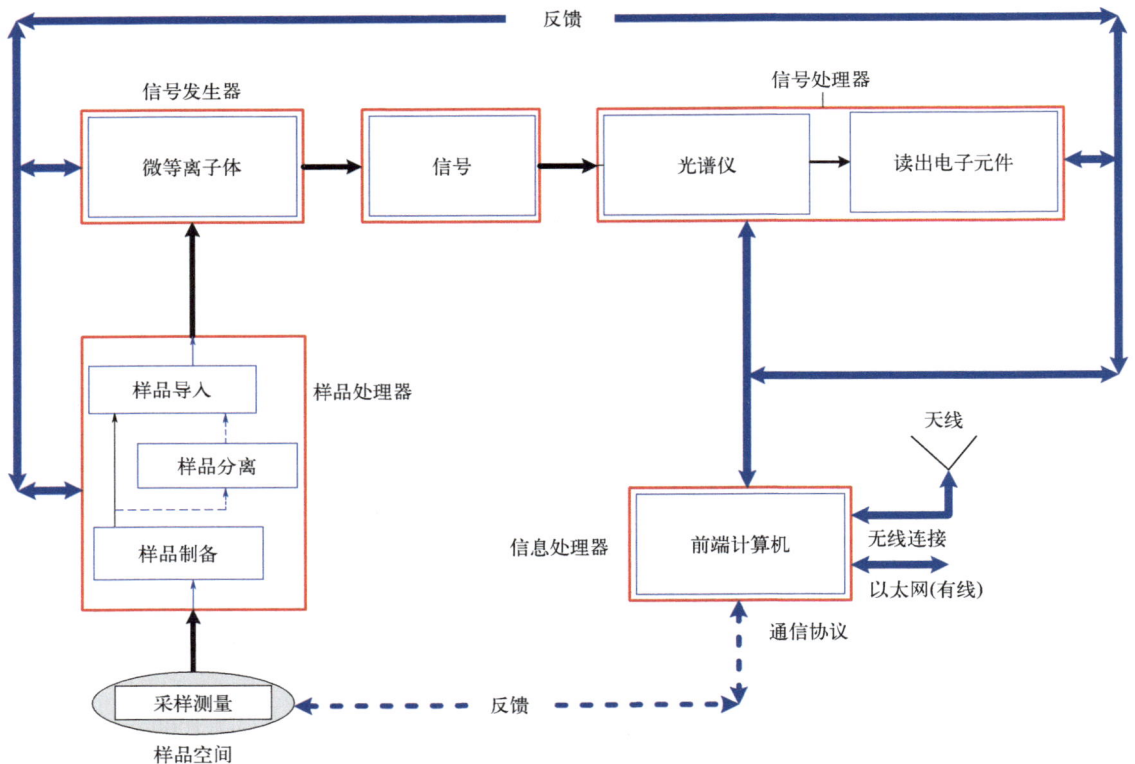

图11.1 框图阐释了一种便携式微型仪器，包括微等离子体作为"信号发生器"和其他相关处理器（如样本处理器、信号处理器和信息处理器）的设计蓝图，与用于微等离子体的定义类似，微型仪器至少有一个或多个关键组件（或子系统或处理器）需要实现微型化集成。来源：文献[2]

11.2　便携式微等离子体文献综述

11.2.1　微型电感耦合等离子体

Hopwood 及其团队同事最早开发了他们命名为 mICP（Micro Inductively Coupled Plasma，微型电感耦合等离子体）的微型 ICP[22-26]。这套设备主要是为在真空中运行开发的。最早的第一个原型使用直径为 5 mm、10 mm 和 15 mm 的感应线圈。在这个初步实验实施之后，他们描述了使用微波频率运行的各种"片上等离子体"设计。使用这样的频率，可以直接使用重量轻、价格低且商业化的各种放大器。示例设计总结在图 11.2 中。从指数数量级上来说，广泛使用的传统实验室 ICP 在常压下运行时，它们的典型工作频率为 27 MHz（有时为 40 MHz 甚至 100 MHz），这需要 1~2 kW 的电力，并且需要消耗大约 20 L/min 的氩气。与此相比，上面提到的 mICP 可在低压（0.1~10 Torr）下运行，频率范围在 100~500 MHz 之间（有些更高），并且只需要小于 4 W 的电功率。这套微型 ICP 的一个很好的分析应用例子便是基于分子使用 5 mm（直径）mICP 和光学多通道分析仪（OMA）发射测定 SO_2 的含量。尽管它们重量轻且使用低电力，但对低压亚真空环境的要求限制了它们的便携性和在现场的使用。然而，由于该设备在低压下运行，它们非常适合作为半导体行业的诊断分析工具，事实上它们在商业上可用于此目的。这里介绍和讨论 mICP 的主要原因是其在真空环境中的检测应用已经被半导体工业大量采用，是一个较为成功的商业化案例[25, 26]。

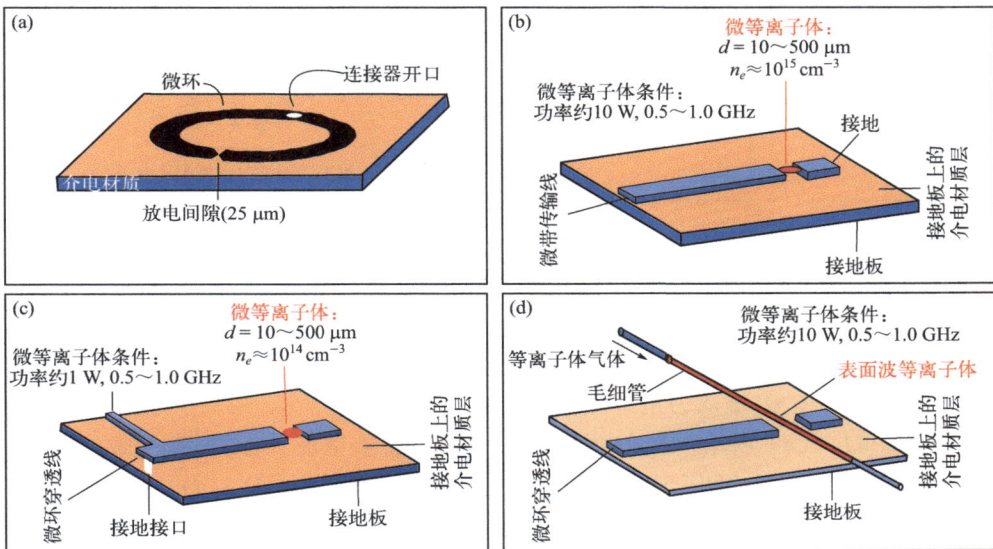

图 11.2　（a）微波电感耦合微等离子体（内带 25 μm 弛豫井）；（b）单点线状微等离子体；（c）利用微波共振管产生的微等离子体；（d）亚表面微波等离子体[22, 23]。来源：文献[22]

11.2.2　电极阴极放电

在电极阴极放电（Electrolyte Cathode Discharge, ELCAD）中，顾名思义，其中一个电

极（阴极）包含一种特殊的液体电解质，通过将pH值调节到1～2之间的任意值而获得有效放电[27-35]。通过阴极的直流电（DC）产生的辉光放电可以解决将液体样品引入辉光放电弛豫的问题。无论等离子体大小如何，将最初环境温度的液体样品引入转化为气相等离子体的问题至今仍然是一个高度活跃的研究领域。在ELCAD中，不需要使用雾化器（在常规火焰和等离子体中通常是必要的），因为在阴极中使用了与液体电解质混合的样品，样品引入变得更加容易（图11.3）。

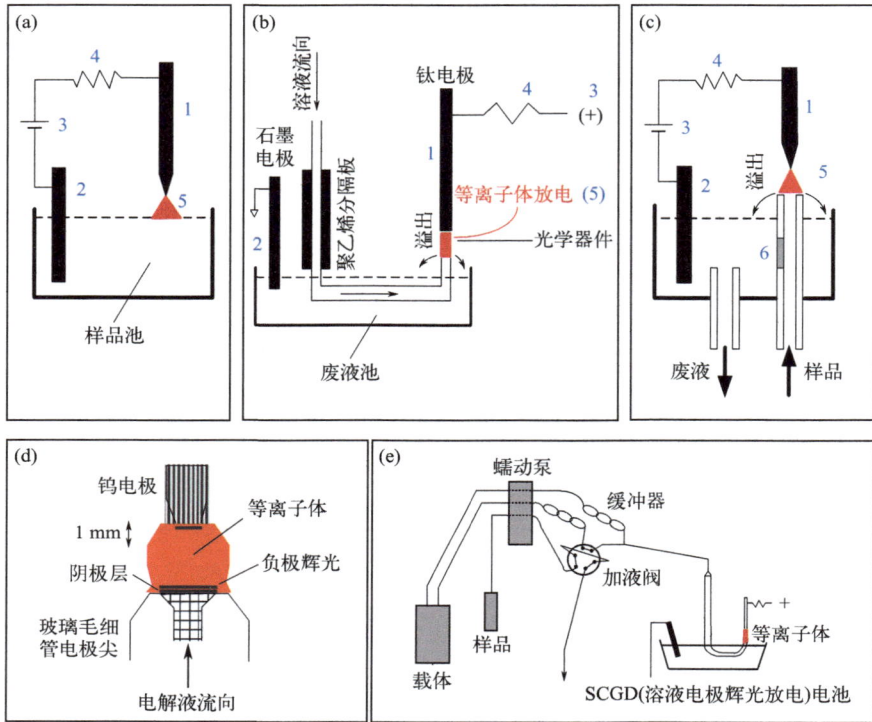

图11.3 （a）辉光放电电解（GDE）电池的简化图示；（b）电解液阴极放电（ELCAD）系统，水平液面使用虚线标记；（c）样品连续流动；（d）（e）样品管的内径可以小于1 mm。来源：文献[30]

1—金属电极；2—固体对电极；3—高压直流电源；4—限流电阻；5—等离子体；6—玻璃料或棉纤维（通常是隔膜，但并不总是存在）

　　从历史上看，ELCAD被认为是辉光放电电解（GDE）的产物，最初描述于1887年GDE单元的示例，如图11.3（a）所示。在这种情况下，等离子体在电极（通常由钛制成）和样品表面（使用适当的电解质缓冲）之间形成。距离电极尖端和液体表面［图11.3（a）中标记为样品池］之间的距离会有所不同，但通常在几毫米的数量级上，这个距离的数量级适用于图11.3（a）～（e）中所示的所有配置。设置中通常会配备一个电阻器抑制放电［图11.3（a）中4］。典型工作参数包括：开放电路输出电压约1200 V（通常可以更低），可调节至30～100 mA之间的电流，可变的压载电阻可在1.5～6.0 kΩ之间调节，放电间隙在1～4 mm之间变化。最大功率是120 W，典型的运行工作功率约为70 W。该电路通过将石墨电极［图11.3（a）中2］浸入样品容器完成整个电路的闭合。

　　在ELCAD中通常使用连续的样品流［图11.3（b）（c）］。内径样品管只有几毫米，流速范围在8～10 mL/min之间。在一些最新的小型化ELCAD设计中也有样品管的内径［图11.3（d）（e）］

小于1 mm的（例如380 μm），并且流速介于2.5～3.5 mL/min之间。除了连续流外，多端口阀［图11.3（d）］也可用于瞬态样品引入（25 μL注射）。在这样的配置中［图11.3（d）］，ELCAD可用于色谱联用。25 μL体积样品的检测限可以提供非常优秀的检测精度，从锂测试的5 pg（0.2 μg/L）到汞测试的6 ng（270 μg/L）不等。

在测试过程中表面必须覆盖溶液才能稳定运行，因此需要使用大量样品，从而产生了大量废物。例如，大多数早期报道的ELCAD设计都有着典型高达8～10 mL/min的流速范围。然而，最近的设计在更低的流量下运行，例如2.5～3.5 mL/min之间。尽管ELCAD设计简单，但放电表现良好。正如文献中所报告的那样，大多数测试金属的检测限通常在十几到几十微克每升，据报道短期精度约为1%，因此可以获得1 mg/L的测量精度。

11.2.3　液体采样-大气压力辉光放电

液体采样-大气压力辉光放电（liquid sampling-atmospheric pressure glow discharge, LS-APGD）是一种大气压放电，类似ELCAD，顾名思义，它还包含液体样品的引入（图11.4）[36-41]。具体来说，一根导管负责将样品（通常为5 μL）输送到放电池。少量样品使这种放电成为液相色谱检测器的理想选择。此外，与ELCAD不同的是，这种测试不需要废物贮存器，因为排放总是被消耗掉了。典型的0.1～0.3 mL/min溶液样品流速是该技术可用于液相色谱联用的最核心参数。由于流速低，需要使用氦气护套（图11.4），以减少（或消除）信号波动。据报道，注射到注射或样品到样品的浓度在数百mg/L范围内精度可达<10% RSD。相对单位浓度检测限在1～2 mg/L范围内。许多元素的绝对单位（质量）检测为5～10 ng。值得留意的是，各种元素检测限的变化差异非常小。

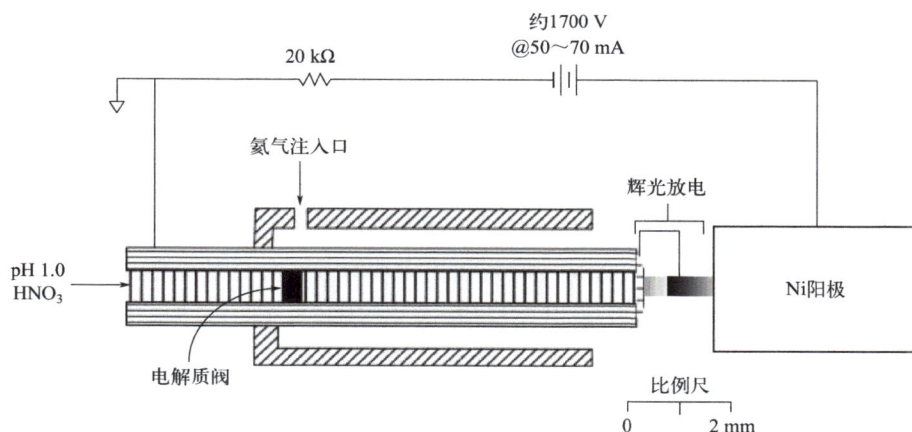

图11.4　液体采样-大气压力辉光放电（LS-APGD）示意图。在导电毛细管和镍阳极之间施加高电压，典型的电压和电流如图所示。辉光放电在从毛细管流出的溶液和阳极之间形成。与溶液同心流动的He气流用于稳定溶液输送，尤其是在使用低溶液流速时。来源：文献[36]

11.2.4　液体电极等离子体

近期的一系列论文中描述了液体电极等离子体（liquid electrode plasma, LEP）-光发射光谱系统（图11.5）[42-46]。该系统包括石英芯片和样品流系统的组合。在这个系统中，导电溶液样品被泵入中心窄带约为100 μm宽的微流控管道中。在通道的相对较宽的两端施加脉冲高压（约1500 V），等离子体便可在通道的狭窄部分形成。位于通道狭窄部分内的样品被蒸发，其与微等离子体的相互作用产生原子发射。产生的谱线可用于构建校准曲线。据报道，镉的检测限为0.52 μg/L，铅的检测限为19.0 μg/L。已经有一套基于这种设计的系统实现了商业化[46]。

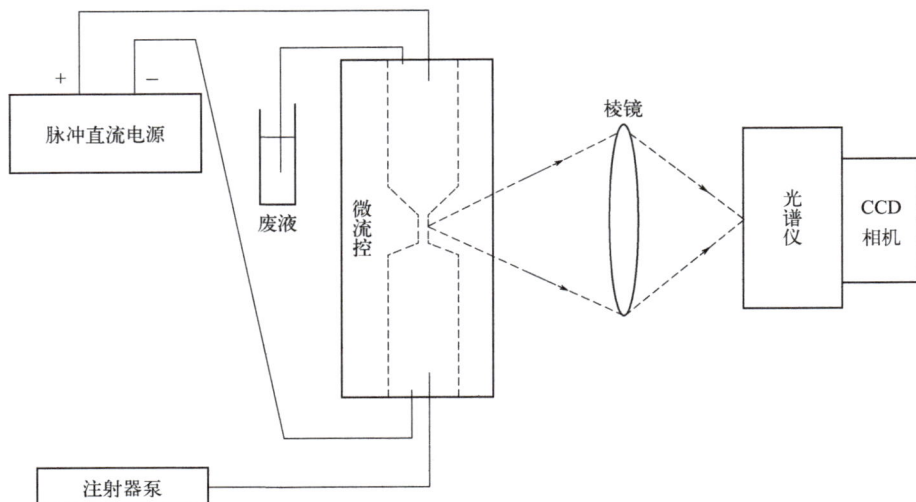

图11.5 用于液体电极等离子体（LEP）测量的仪器设置。来源：文献[42]。版权（2015）归英国皇家化学学会所有

11.2.5 聚合物基底上的印刷微等离子体

为了降低成本（例如与技术所有权、运营和制造相关的成本），我们开发并表征了许多微等离子体在聚合物基板上的设计，图11.6中显示了一些实际示例。尽管图11.6所示类型的微等离子体的临界等离子体尺寸在微米范围内，它们是在微流控通道内形成的（一般约2 mm宽或更小）。这样是为了方便快速制作原型[47]并避免微等离子体意外接触通道壁导致短路或信号干扰，这在测试过程中很重要。一旦原型制作完成，就再也无需重新考虑通道宽度的影响。虽然聚合物基材具有高介电强度，但为了解决聚合物在紫外线（UV）中传输不良的问题，通道还配备了石英板（图11.6）。

11.2.6 3D打印微等离子体

为了降低制造成本，我们也可以使用廉价的3D打印机在几个小时或更少的时间内构造原型设备[47-49]。这种方法消除了对洁净室和光刻技术的需要。聚合物上的3D芯片基板上装有石英板以获得紫外线的透明度。3D打印微等离子体的示例如图11.7所示。

为了提供一些操作细节，我们使用图11.8所示的样品引入系统，将含有分析物（即感兴趣的物种）的微样品（如3 μL）引入到微等离子体中。这个微量样本引入系统是由一个铼（Re）制成的线圈灯丝组成的。简而言之，携带反冲灯丝的组件从连接到外部电源的蒸发室收

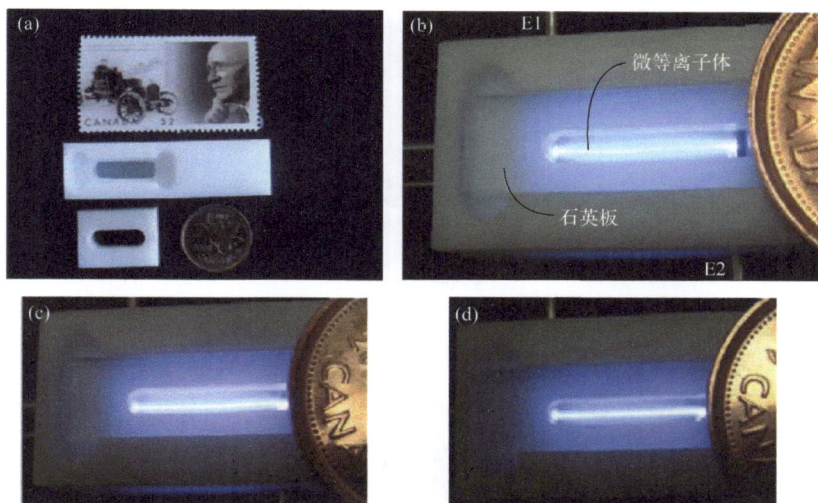

图11.6 用于形成微等离子体的邮票大小的聚合物3D芯片（a）和在电极E1与E2之间形成的微等离子体（b）。临界微等离子体尺寸取决于操作条件，例如直径约750 μm（b）、约400 μm（c）、约200 μm（d）的微等离子体。在这些照片中还包括1美分硬币，以方便理解尺寸。值得注意的是，微等离子体体积比硬币上的字母A还要小

图11.7 在混合3D芯片上制造的3D打印微等离子体。微等离子体形成于电极E1和E2之间。照片中还包括1美分硬币，以方便理解尺寸。值得注意的是，微等离子体体积比硬币上的字母A还要小

回（图11.8）。

经典测试情况下，将3 μL样品或稀释的标准溶液（例如500 μg/L的Zn）沉积在灯丝上，并且盘绕灯丝组件被重新插入汽化室。使用外接电源，向线圈施加低电功率（例如0.85 W）以蒸发沉积在线圈上的微量样品的溶剂。当样品干燥时，大约2 min后，留在线圈上的干燥溶液残留物可以通过向线圈施加更高的电功率（例如25 W）从线圈中蒸发。如图11.8所示，该样品引入系统的汽化室出口连接到微等离子体的入口。从线圈蒸发的样品被送到微等离子体，在那里它与微等离子体相互作用，从而产生样品中存在的分析物的特征光发射。使用光纤电缆，光发射被引导到可以通过智能手机控制的便携式光谱仪。一个通过这套设备获得的信号示例如图11.9所示。所需的信号处理，由于瞬态反冲微量样品引入系统产生的信号的性质，在图11.9的描述中进行了简要介绍。

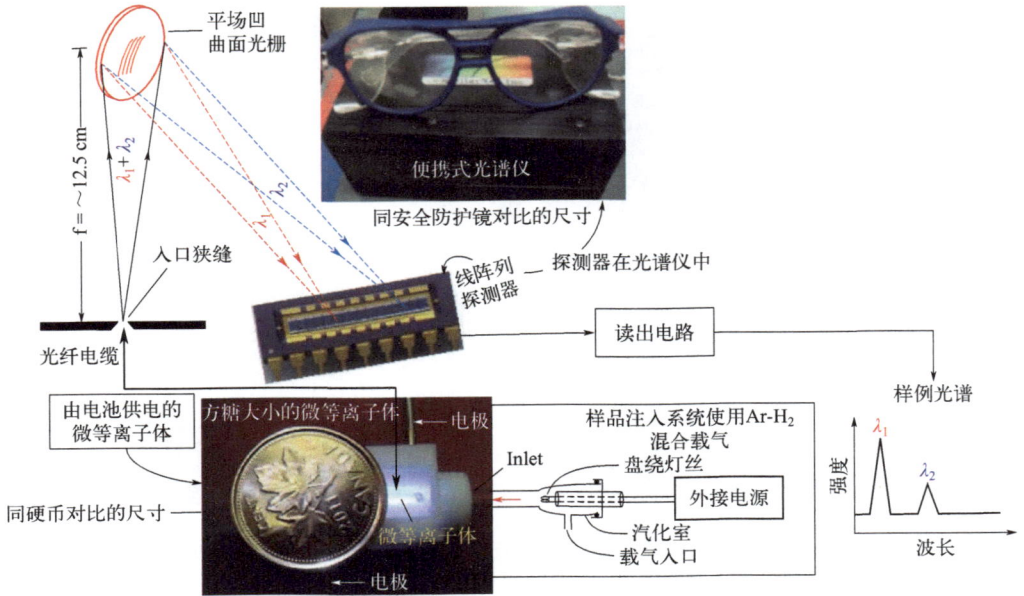

图11.8　实验装置示例显示了样品引入系统和我们设计、制作并测试评估的一种微等离子体装置（MPD）。我们使用的微量样品引入系统显示在该图的中心框架中

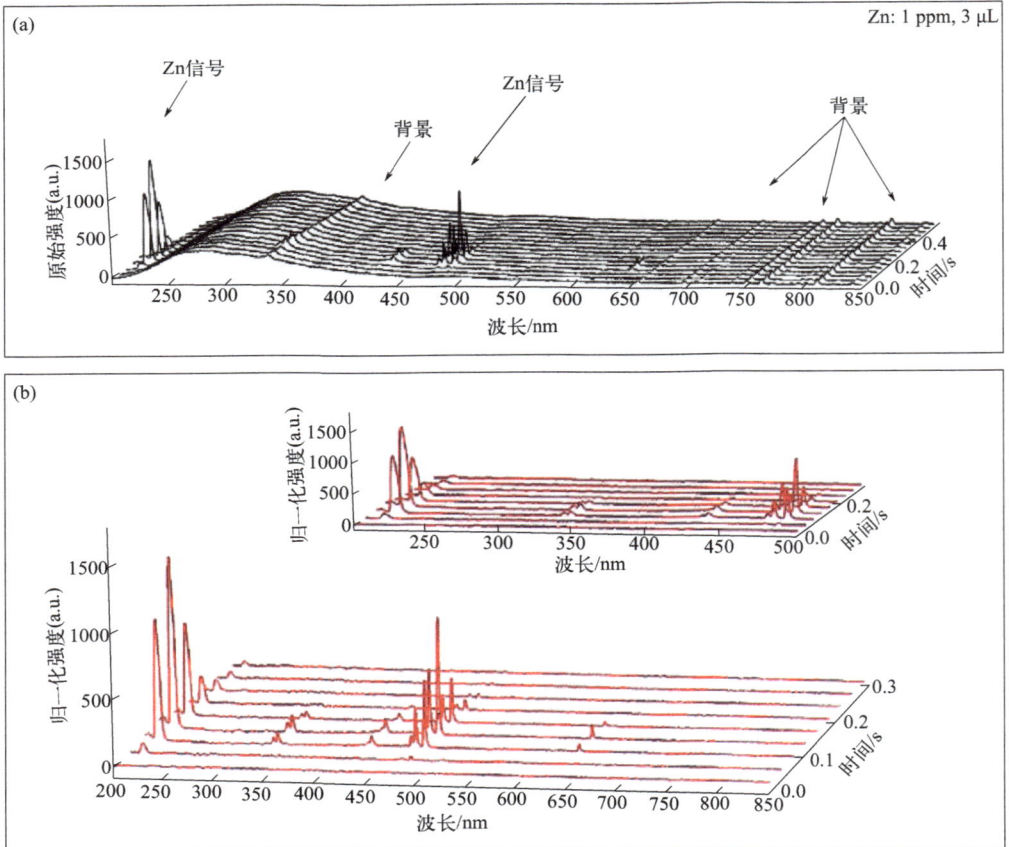

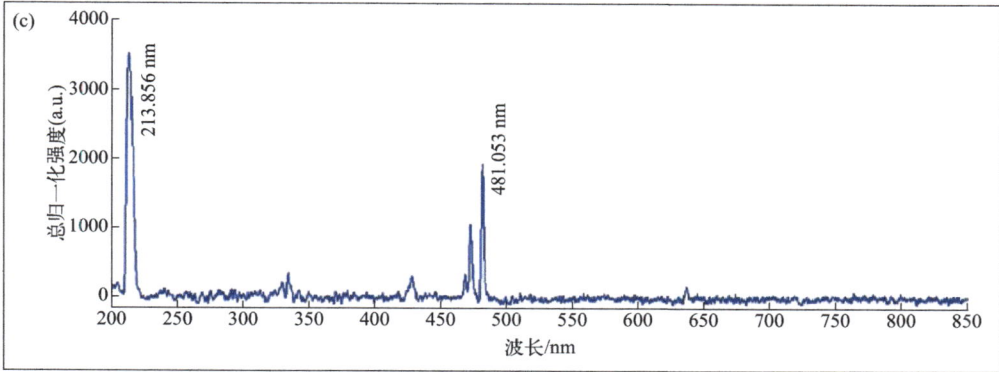

图11.9 （a）原始信号；（b）减去背景后的信号；（c）通过对（b）中出现的信号光谱求和获得的二维信号

11.3　结论

在过去几年中，文献中描述了多种微等离子体的应用。户外使用相较于实验室而言，微等离子体的低功耗是其关键特性之一。许多文献中描述的微等离子体也可以与便携式光学发射光谱仪一起使用，因此整个便携式微等离子体光谱仪系统可以开发用于现场化学分析的应用（即现场便携式设备应用）。在未来，便携式微等离子体的进一步发展将会是一个很有趣、很有价值的方向，而设计、开发其基本的微等离子体特性并将其应用于各种预期的分析应用将带来无限的潜力。

缩略语

3D	three-dimensional	三维
DC	direct current	直流电
ELCAD	electrolyte cathode discharges	电极阴极放电
GDE	glow discharge electrolysis	辉光放电电解
ICP	inductively coupled plasma	电感耦合等离子体
LS-APGD	liquid sampling-atmospheric pressure glow discharge	液体样品-大气压力辉光放电
mICP	micro inductively coupled plasma	微型电感耦合等离子体
MPD	microplasma device	微等离子体设备
OMA	optical multichannel analyzer	光学多通道分析仪
RF	radiofrequency	射频
RSD	relative standard deviation	相对标准偏差

致谢

本章作者感谢来自 Natural Sciences and Engineering Research Council of Canada (NSERC) 和

Waterloo's Institute for Quantum Computing via a CFREF (Canada First Research Excellence Fund) 的
资金支持。

参考文献

[1] Crocombe, R.A. (2018). Portable spectroscopy. *Applied Spectroscopy* 72 (12): 1701-1751. https://doi.org/10.1177/0003702818809719.

[2] Karanassios, V. (2004). Microplasmas for chemical analysis: analytical tools or research toys? *Spectrochimica Acta Part B* 59 (7): 909-928. https://doi.org/10.1016/j.sab.2004.04.005.

[3] Karanassios, V. (2018). Microfluidics and nanofluidics: science, fabrication technology (from cleanrooms to 3D printing) and their application to chemical analysis by battery-operated microplasmas-on-chips", Chapter 1. In: *Microfluidics and Nanofluidics* (ed. M.S. Kandelousi), 1-34. InTech Publishing https://doi.org/10.5772/intechopen.74426.

[4] Becker, K.H., Schoenbach, K.H., and Eden, J.G. (2006). Microplasmas and applications. *Journal of Physics D*: *Applied Physics* 39 (3): R55. https://doi.org/10.1088/0022-3727/39/3/R01.

[5] Franzke, J., Kunze, K., Miclea, M., and Niemax, K. (2003). Microplasmas for analytical spectrometry. *Journal of Analytical Atomic Spectrometry* 18: 802-807. https://doi.org/10.1039/B300193H.

[6] Janasek, D., Franzke, J., and Manz, A. (2006). Scaling and the design of miniaturized chemical-analysis systems. *Nature* 442: 374-380. https://doi.org/10.1038/nature05059.

[7] Bruggeman, P. and Brandenburg, R. (2013). Atmospheric pressure discharge filaments and microplasmas: physics, chemistry and diagnostics. *Journal of Physics D*: *Applied Physics* 46: 464001. https://doi.org/10.1088/ 0022-3727/46/46/464001.

[8] Yuan, X., Tang, J., and Duan, Y. (2011). Microplasma technology and its applications in analytical chemistry. *Applied Spectroscopy Reviews* 46: 581-605. https://doi.org/10.1080/05704928.2011.604814.

[9] Luo, D. and Duan, Y. (2012). Microplasmas for analytical applications of lab-on-a-chip. *Trends in Analytical Chemistry* 39: 254-266. https://doi.org/10.1016/j.trac.2012.07.004.

[10] Tachibana, K. (2006). Current status of microplasma research. *IEEJ Transactions* 1: 145-155. https://doi.org/10.1002/tee.20031.

[11] Becker, K., Kersten, H., Hopwood, J., and Lopez, J.L. (2010). Microplasmas: scientific challenges and technological opportunities. *European Physical Journal D*: *Atomic, Molecular, Optical and Plasma Physics* 60 (3): 437-439. https://doi.org/10.1140/epjd/e2010-00231-4.

[12] Chiang, W.-H., Mariotti, D., Sankaran, R.M. et al. (2020). Microplasmas for advanced materials and devices. *Advanced Materials* 32: 1905508. https://doi.org/10.1002/adma.201905508.

[13] Weagant, S. and Karanassios, V. (2009). Helium-hydrogen microplasma device (MPD) on postage-stamp-size plastic-quartz chips. *Analytical and Bioanalytical Chemistry* 395: 577-589. https://doi.org/10.1007/s00216-009-2942-2.

[14] Weagant, S., Dulai, G., Li, L., and Karanassios, V. (2015). Characterization of rapidly-prototyped, battery-operated, argon-hydrogen microplasma on a chip for elemental analysis of microsamples by portable optical emission spectrometry. *Spectrochimica Acta Part B* 106: 75-80. https://doi.org/10.1016/j.sab.2015.01.009.

[15] Badiei, H.R., Stubley, G., Fitzgerald, R. et al. (2018). Computational fluid dynamics (CFD) applied to a glass vaporization chamber for introduction of micro- or nano-size samples into lab-based ICPs and to a CFD-derived (and rapidly prototyped via 3D printing) smaller-size chamber for portable microplasmas, Chapter 8. In: *Computational Fluid Dynamics*: *Basic Instruments and Applications in Science* (ed. A. Ionescu), 187-215. InTech Publishing https://doi.org/10.5772/intechopen.72650.

[16] Trizcinski, P., Nathan, A., and Karanassios, V. (2017). Approaches to energy harvesting and energy scavenging for energy autonomous sensors and micro-instruments. *Proceedings of SPIE 10194*: 1019431-1. https://doi.org/10 .1117/12.2262949.

[17] Illar, J.A., Gao, Z., Sivoththaman, S., and Karanassios, V. (2019). From nanoenergy harvesting to self-powering of micro- or nano-sensors for measurements on-site or for IoT applications. *Proceedings of SPIE* 109831BA https://doi.org/10.1117/12.2519939.

[18] Lim, N., Millar, J.A., and Karanassios, V. (2020). Triboeletric nanogenerators for powering fieldable sensors and systems. *Proceedings of SPIE 11390, Next-Generation Spectroscopic Technologies XIII* 113900T https://doi.org/10 .1117/12.2559159.

[19] Fitzgerald, R., Wang, E., and Karanassios, V. (2019). Smartphone-enabled data acquisition and digital signal processing: from current-output or voltage-output sensors for use on-site, to their use in IoT, in Industry 4.0 and (potentially) in Society 5.0. *Proceedings of SPIE* 1098304 https://doi.org/10.1117/12.2519941.

[20] Fitzgerald, R. and Karanassios, V. (2018). The internet of things (IoT) for a smartphone-enabled optical spectrometer and their use on-site and (potentially) for industry 4.0. *Proceedings of SPIE* 10657: 1065705. https://doi .org/10.1117/12.2305466.

[21] Fitzgerald, R., Wang, E., and Karanassios, V. (2018). Fast fourier transform of non-periodic signals generated from a microplasma: migrating from a desktop computer to an IoT-connected Smartphone. *Proceedings of SPIE 10657, Next-Generation Spectroscopic Technologies XI* 1065703: 7pp. doi: https://doi.org/10.1117/12.2305462.

[22] Hopwood, J., Hoskinson, A.R., and Gregorio, J. (2014). Microplasmas ignited and sustained by microwaves. *Plasma Sources Science and Technology* 23: 064002. https://doi.org/10.1088/0963-0252/23/6/064002.

[23] Minayeva, O.B. and Hopwood, J.A. (2003). Microfabricated inductively coupled plasma-on-a-chip for molecular SO2 detection: a comparison between global model and optical emission spectrometry. *Journal of Analytical Atomic Spectrometry* 18: 856-863. https://doi.org/10.1039/b303821a.

[24] Hopwood, J. and Iza, F. (2004). Ultrahigh frequency microplasmas from 1 pascal to 1 atmosphere. *Journal of Analytical Atomic Spectrometry* 19: 1145-1150. https://doi.org/10.1039/B403425B.

[25] Verionix commercialized microplasma optical emission technology as a process or residual gas analyzer. http://verionix.com (accessed 1 June 2020).

[26] Inficon. https://jusmundi.com/en/document/decision/en-verionix-inc-n-k-a-k1tech-ventures-inc-v-inficon-inc-opinion-of-the-united-states-district-court-of-the-southern-district-of-new-york-thursday-21st-april-2016 (accessed 22 October 2020).

[27] Webb, M.R., Andrade, F.J., Gamez, G. et al. (2005). Spectroscopic and electrical studies of a solution-cathode glow discharge. *Journal of Analytical Atomic Spectrometry* 20: 1218-1225. https://doi.org/10.1039/B503961D.

[28] Webb, M.R., Andrade, F.J., and Hieftje, G.M. (2007). Use of electrolyte cathode glow discharge (ELCAD) for the analysis of complex mixtures. *Journal of Analytical Atomic Spectrometry* 22: 766-774. https://doi.org/10.1039/B616989A.

[29] Cserfalvi, T. and Mezei, P. (2003). Sub-nanogram sensitive multi-metal detector with atmospheric electrolyte cathode glow discharge. *Journal of Analytical Atomic Spectrometry* 18: 596-602. https://doi.org/10.1039/b300544p.

[30] Webb, M.R. and Hieftje, G.M. (2009). Spectrochemical analysis by using discharge devices with solution electrodes. *Analytical Chemistry* 81: 862-867. https://doi.org/10.1021/ac801561t.

[31] Webb, M.R., Andrade, F.J., and Hieftje, G.M. (2007). High-throughput elemental analysis of small aqueous samples by emission spectrometry with a compact, atmospheric-pressure solution-cathode glow discharge. *Analytical Chemistry* 79: 7807-7812. https://doi.org/10.1021/ac0707885.

[32] He, Q., Zhu, Z., and Hu, S. (2014). Flowing and non-flowing liquid electrode discharge microplasma for metal ion detection by optical emission spectrometry. *Applied Spectroscopy Reviews* 49: 249-269. https://doi.org/10 .1080/05704928.2013.820195.

[33] Wu, J., Yu, J., Li, J. et al. (2007). Detection of metal ions by atomic emission spectroscopy from liquid-electrode discharge plasma. *Spectrochimica Acta Part B* 62 (11): 1269-1272. https://doi.org/10.1016/j.sab.2007.10.026.

[34] Manjusha, R., Shekhar, R., and Kumar, S. (2019). Direct determination of impurities in high purity chemicals by electrolyte cathode discharge atomic emission spectrometry (ELCAD-AES). *Microchemical Journal* 145: 301-307. https://doi.org/10.1016/j.microc.2018.10.052.

[35] Zhao, M., Peng, X., Yang, B., and Wang, Z. (2020). Ultra-sensitive determination of antimony valence by solution cathode glow discharge optical emission spectrometry coupled with hydride generation. *Journal of Analytical Atomic Spectrometry* https://doi.org/10.1039/D0JA00009D.

[36] Marcus, R.K., Paing, H.W., and Zhang, L.X. (2016). Conceptual demonstration of ambient desorption-optical emission spectroscopy using a liquid sampling-atmospheric pressure glow discharge microplasma source. *Analytical Chemistry* 88 (11): 5579-5584. https://doi.org/10.1021/acs.analchem.6b00751.

[37] Venzie, J.L. and Marcus, R.K. (2006). Effects of easily ionizable elements on the liquid sampling atmospheric pressure glow discharge. *Spectrochimica Acta Part B* 61 (6): 715-721. https://doi.org/10.1016/j.sab.2006.02.005.

[38] Marcus, R.K., Manard, B.T., and Quarles, C.D. Jr., (2017). Liquid sampling-atmospheric pressure glow discharge (LS-APGD) microplasmas for diverse spectrochemical analysis applications. *Journal of Analytical Atomic Spectrometry* 32: 704-716. https://doi.org/10.1039/C7JA00008A.

[39] Quarles, C.D. Jr.,, Manard, B.T., Burdette, C.Q., and Marcus, R.K. (2012). Roles of electrode material and geometry in liquid sampling-atmospheric pressure glow discharge (LS-APGD) microplasma emission spectroscopy. *Microchemical Journal* 105: 48-55. https://doi.org/10.1016/j.microc.2012.01.012.

[40] Paing, H.W. and Marcus, R.K. (2017). Parametric evaluation of ambient desorption optical emission spectroscopy utilizing a liquid sampling-atmospheric pressure glow discharge microplasma. *Journal of Analytical Atomic Spectrometry* 32: 931-941. https://doi.org/10.1039/C7JA00035A.

[41] Lu, Q., Feng, F., Yu, J. et al. (2020). Determination of trace cadmium in zinc concentrate by liquid cathode glow discharge with a modified sampling system and addition of chemical modifiers for improved sensitivity. *Microchemical Journal* 152: 104308. https://doi.org/10.1016/j.microc.2019.1043082020.

[42] Kohara, Y., Terui, Y., Ichikawa, M. et al. (2015). Atomic emission spectrometry in liquid electrode plasma using an hour glass microchannel. *Journal of Analytical Atomic Spectrometry* 30: 2125-2128. https://doi.org/10.1039/C5JA00059A.

[43] Khoai, D.V., Kitano, A., Yamamoto, T. et al. (2013). Development of high sensitive liquid electrode plasmaatomic emission spectrometry (LEP-AES) integrated with solid phase pre-concentration. *Microelectronic Engineering* 111: 343-347. https://doi.org/10.1016/j.mee.2013.02.086.

[44] Khoai, D.V., Yamamoto, T., Ukita, Y., and Takamura, Y. (2014). On-chip solid phase extraction-liquid electrode plasma atomic emission spectrometry for detection of trace lead. *Japanese Journal of Applied Physics* 53: 05FS01. https://doi.org/10.7567/JJAP.53.05FS01.

[45] Kitano, A., Liduka, A., Yamamoto, T. et al. (2011). Highly sensitive elemental analysis for cd and Pb by liquid electrode plasma atomic emission spectrometry with quartz glass chip and sample flow. *Analytical Chemistry* 83: 9424-9430. https://doi.org/10.1021/ac2020646.

[46] Commercialized by MICRO EMISSION (Japan). http://www.micro-emission.com/products/papers.html. (accessed 10 October 2020).

[47] Weagent, S., Li, L., and Karanassios, V. (2011). *Rapid prototyping of hybrid, plastic-quartz 3D-chips for battery-operated microplasmas*, 209-226. InTech Publishing, Chapter 10. https://doi.org/10.5772/24994.

[48] Shatford, R. and Karanassios, V. (2016). 3D printing in chemistry: past, present and future. *Proceedings of SPIE* 9855: 98550B-98560B. https://doi.org/10.1117/12.2224404.

[49] Rue, W., Afzal, D., and Karanassios, V. (2020). An overview of 3D printing in chemistry. *Proceedings of SPIE* 11390: 1139016. https://doi.org/10.1117/12.2559157.

12

用于远距离化学品泄漏和威胁检测的便携式光电红外光谱传感器

Hugo Lavoie[1], Jean-Marc Thériault[1], Eldon Puckrin[1], Richard L. Lachance[2], Alexandre Thibeault[2], Yotam Ariel[2], Jean Albert[2]

[1]Defence R&D Canada – Valcartier Research Center, Quebec, QC, Canada
[2]Bluefield Technologies Inc., San Francisco, CA, USA

12.1 概述

近几十年来，光谱技术的进步主要围绕在如何使仪器系统变得更为微小和更为可靠。这一进步可以使该技术逐步脱离传统的实验室环境，成为可在现场使用的监控技术方案。红外（IR）光谱及其相应技术，包括电动制冷机、稳定的光谱仪或调制器、光学涂层，有助于更广泛地在现场环境下使用该技术。检测、识别和监控传感器的发展最早为军事和环境机构所采用，以提高他们的即时威胁检测能力。许多需要进行监控的各种形态的化学成分（气体、液体或固体），例如温室气体、空气污染物或地面污染物等，在IR区域都具有良好且有辨别力的特征。

本章将概述4个为远距离检测和监测各种目标化学物质开发的红外光谱技术。3个基于傅里叶变换光谱仪（FTS）的系统和1个气体过滤器相关辐射传感器将着重进行讨论。随着技术条件的不断进步和发展，这些技术的广泛使用即将到来。

12.2 远距离气体检测的差分FTIR方法

12.2.1 背景

傅里叶变换红外（FTIR）光谱是一种对气体化学物质行之有效的被动远程监测技术。这种技术特别适用于空气污染物和温室气体的远程监测以及对有毒工业化合物（TIC）和化学战剂（CWA）的定点监控鉴定。在此背景下，DRDC（Defence R & D Canada，加拿大国防研发中心）Valcartier 一直在开发和优化用于差速器的传感器检测技术。这种优化的配置利用双光束迈克尔逊光学差分干涉仪，为光谱背景的实时抑制提供了一种有效的手段，从而覆盖所需的光谱特征，并抑制由光谱仪内部红外发射引起的干扰。这些差分处理技术可为便携式光谱学提供一个明显的优势。基于双光束迈克尔逊FTIR光谱仪的差分检测概念及其验证步骤将在下述内容展开。

12.2.2 FTS背景

FTS的基本原理是通过迈克尔逊干涉仪根据辐射的波长调制入射光的强度。如图12.1（a）所示，来自光源的光束被分束器（beamsplitter, BS）分开成两个独立的部分，在行进不同的光程长度后重新组合。在FTS中，迈克尔逊干涉仪的设计使得它的一面或两面镜子可以周期性地围绕一个平均位置左右移动，在两个干涉光束之间产生周期性光程差。在这种情况下，当单位振幅的单色光源入射到干涉仪上，可通过下式给出出射振幅$A(x)$：

$$A(x) = (rt) + (tr)e^{i2\pi\nu x} \tag{12.1}$$

式中，ν是波数（波长的倒数，$1/\lambda$），x是两个干涉光束之间的光程差，r和t分别表示分束器的振幅反射系数和透射系数。

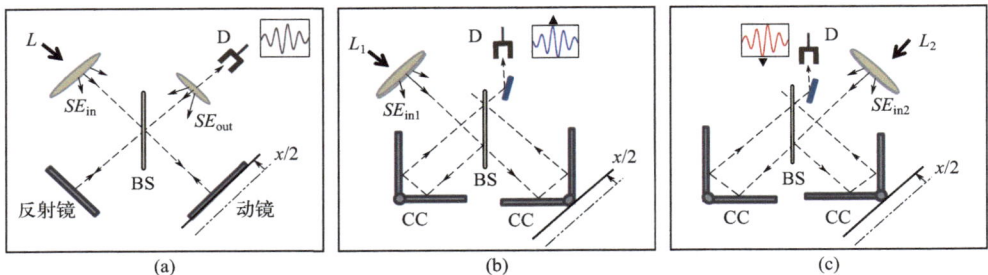

图12.1 单输入端口FTIR迈克尔逊干涉仪（a）、双输入端口FTIR迈克尔逊干涉仪（b）（c）及其相关的自发射贡献示意图。其中CC、SE、BS分别代表角立方体反射器、自发射、分束器

根据定义，新出现的光波强度$F(x)$是通过振幅$A(x)$与其复共轭$A(x)^*$产生的：

$$F(x) = A(x)A(x)^* = 2RT + RT(e^{i2\pi\nu x} + e^{-i2\pi\nu x}) \tag{12.2}$$

其中分束器反射强度R和透射强度T分别由$r \times r^*$和$t \times t^*$给出。干涉图$I(x)$定义为上述强度的调制分量：

$$I(x) = RT(e^{i2\pi\nu x} + e^{-i2\pi\nu x}) \tag{12.3}$$

RT充当此简化设计的光学响应度。公式（12.3）表示干涉图从通过理想干涉仪的单色源获得。当多色光束光谱强度$S(\nu)$（原始光谱）在傅里叶变换（FT）干涉仪内部传播，它会生成一个干涉图，可以用与相关联的各个调制的连续求和表示每个光谱元素，即

$$I(x) = \int_0^\infty S(\nu)(e^{i2\pi\nu x} + e^{-i2\pi\nu x})d\nu \tag{12.4}$$

使用包括扩展的数学解决方法（它不影响物理表示），积分域包括ν的负值，并假设一个对称谱使得$S(-\nu) = S(\nu)$，经过重排，我们发现干涉图表达式更适合处理。在这种情况下，通过应用

基本的傅里叶变换属性得到：

$$I(x) = \int_{-\infty}^{\infty} S(\nu) e^{i2\pi\nu x} d\nu \tag{12.5}$$

$$S(\nu) = \int_{-\infty}^{\infty} I(x) e^{-i2\pi\nu x} d\nu \tag{12.6}$$

由公式（12.5）可见迈克尔逊干涉仪生成的干涉图由原始光谱 $S(\nu)$ 的逆傅里叶变换给出。相反，原始光谱 $S(\nu)$ 由干涉图的傅里叶变换给出［公式（12.6）］，它代表了傅里叶光谱法的基础输出逻辑。

12.2.3 标准 FTIR 光谱仪

图 12.1（a）所示的仪器示意图对应于标准的单输入光束迈克尔逊干涉傅里叶变换红外仪。对于这种类型的真实仪器，输出信号实际上来自不同的起源。这种辐射的一个重要部分来自在研究过程中的外部源 L，其余来源是由仪器本身产生的。这种寄生型辐射是由于灰体发射和来自干涉仪组件（透镜、反射镜、内壁等）的杂散光反射，它也被称为仪器自发射。图 12.1（a）标识了单次测量中干扰辐射的各种来源：L 为外源（目标源）的光谱辐射亮度，SE_{in} 和 SE_{out} 表示分别由输入和输出光学器件产生的自发射（原始光谱），SE_{BS} 代表分束器自发射（原始光谱）。在 IR 中，自发射项的干扰部分主要取决于温度。这对于在室温或接近室温下操作的仪器尤其重要。单独来看，这些辐射源中的每一个都会产生特定的干涉图，因此都会反映在原始光谱数据中。这些单独的原始光谱的总和由下式给出：

$$S = KL + SE_{in} + SE_{out} + SE_{BS} \tag{12.7}$$

从公式（12.7）可以看出，将复数原始频谱 S 链接到目标频谱 L（需要评估测量的量）必须考虑仪器的各种特性，包括复光谱响应度 K 和复杂的光谱偏移。仪器的复谱偏移是一个相当复杂的表达式，涉及理论上难以评估的 3 种不同的自发射（SE）项，特别是对于这种单光束类型仪器来说尤其复杂。通常，由于热变化，仪器组件的自发射项在时间上并不稳定。出于这个原因，获取辐射准确的目标光谱的最佳方法是频繁的校准测量。理想情况下，此校准与每个源测量同时执行。目前用于精确校准（辐射）干涉光谱的方法主要是用已知参照物进行双温度校准方法。在这种方法中，可以通过已知辐射的两个参考黑体解答两个未知量，即仪器的光谱响应度和光谱偏移。对于长波红外（LWIR）中的 FTIR 来说，参考黑体一般设置为接近环境温度条件，例如热参黑体保持在接近 60℃的恒定温度，并且第二个是在接近 20℃的环境温度下。

上面的讨论说明了大多数标准 FTIR 仪器遇到的常见属性，即存在可变和不受控的自发射，这需要连续进行 3 个测量（目标和 2 个参考）以获得单个校准光谱 L。这是一个严重的缺点，尤其是对于实时应用来说。为了使仪器在辐射测量上更稳定、更易于校准，我们建议利用和优化双输入光束干涉仪的某些设计属性。如下所述，这种类型的干涉仪也适用于开发适用于差分检测的 FTIR 光谱仪。

12.2.4 双输入光束干涉仪

在为数不多的双光束干涉仪中，可以采用带有立方角（corner-cube, CC）后向反射器的迈克尔逊干涉仪从其自发射抑制优化的角度优化仪器设计。图12.1（b）（c）给出了双光束迈克尔逊干涉仪的示意图。请注意，这两个光源 L_1 和 L_2 实际上安装在同一个双输入端口干涉仪中。两个原理图的使用［图12.1（b）（c）］旨在简化与每个光源相关的光线追踪。使用CC反光板而不是标准的平板反射镜对我们的应用来说有两个主要优势。首先，反射光束来自角反射器的光从入射光束横向偏移。这具有去除输入和输出通道之间耦合的巨大优势，因为入射和反射的标准单光束干涉仪相反光束可以相消叠加。此属性使得可以独立调整每个自发射输入端口而不会以任何方式影响输出光学器件，这在单光束配置中是不可能做到的。其次，使用这种类型的干涉仪，来自两个输入的两束光被光学组合，使得两个来自每个输入端口的自发射项通过光学减法完全抵消，即当两个自发射项在强度上相等且相位相差180°，导致理论上完美的抵消。

以下公式可用于计算优化仪器的预期属性。更完整的理论依据和分析讨论可以在文献[1]中找到。对于基于双输入端口干涉仪的FTIR光谱仪，总信号 $\mathbf{S}$ 表示与每个输入相关联的两个单独的复杂原始光谱 $\mathbf{E}_1$ 和 $\mathbf{E}_2$ 的总和。如果输入 -1 和输入 -2 分别提供目标辐射源 L_1 和 L_2［图12.1（b）（c）］，以下公式可以用于计算原始谱图数据：

$$\mathbf{S} = \mathbf{E}_1 + \mathbf{E}_2 + \mathbf{SE}_{BS} \tag{12.8}$$

其中

$$\mathbf{E}_1 = \mathbf{K}_1 \, (L_1 + \mathbf{SE}_{in1}) \tag{12.9}$$

$$\mathbf{E}_2 = \mathbf{K}_2 \, (L_2 + \mathbf{SE}_{in2}) \tag{12.10}$$

式中，$\mathbf{K}_1$、$\mathbf{K}_2$ 和 $\mathbf{SE}_{in1}$、$\mathbf{SE}_{in2}$ 分别定义为与输入端1和输入端2相关的响应和自发射；$\mathbf{SE}_{BS}$ 代表分束器的自发射。总的自发射贡献满足以下3个条件可以最小化为零。

平衡响应率：

$$\mathbf{K}_1 = \mathbf{K}_2 \, e^{i\pi} = -\mathbf{K}_2 \tag{12.11}$$

平衡自发射：

$$\mathbf{SE}_{in1} = \mathbf{SE}_{in2} \tag{12.12}$$

分光器透光率：

$$\mathbf{SE}_{BS} = 0 \tag{12.13}$$

利用上述3个式子，通过公式（12.8）～公式（12.10）相减可以得到：

$$\mathbf{S} = \mathbf{K}_1(L_1 - L_2) \tag{12.14}$$

同时，我们所需测量的差分的光波辐射 $L_1 - L_2$ 可以由下式得出：

$$\delta L = L_1 - L_2 = \mathbf{S}/\mathbf{K}_1 \tag{12.15}$$

公式（12.11）～公式（12.13）在数学意义上定义了优化FTIR光谱仪的3个条件，但是其中不包含仪器本身的任何自发射项。在这个前提假设下，得到的原始频谱 $\mathbf{S}$ 直接与两个源辐射率之间的差值 $L_1 - L_2$ 成正比。

12.2.5　CATSI原型机

DRDC Valcartier开发了一种被动式FTIR传感器，用于化学物质的差异检测和鉴定远距离的蒸气云[2]。该传感器基于经过优化的双输入光束FTIR干涉仪用于自发射抵消。这种在1995~2008年间开发的概念验证传感器被称为紧凑型大气探测干涉仪（compact atmospheric sounding interferometer, CATSI）。通过这种配置，两个探测场景被光学组合到一个探测器上，从而实现实时光学减法。这会使云蒸气光谱受背景辐射的干扰最小。更准确地说，CATSI传感器由两个相同的4 in（约10 cm）直径的牛顿望远镜光学耦合到双光束干涉仪。每个望远镜都可以独立旋转到所选场景。图12.2（a）（b）总结了光学设计并显示了安装在三脚架上的仪器实例图。

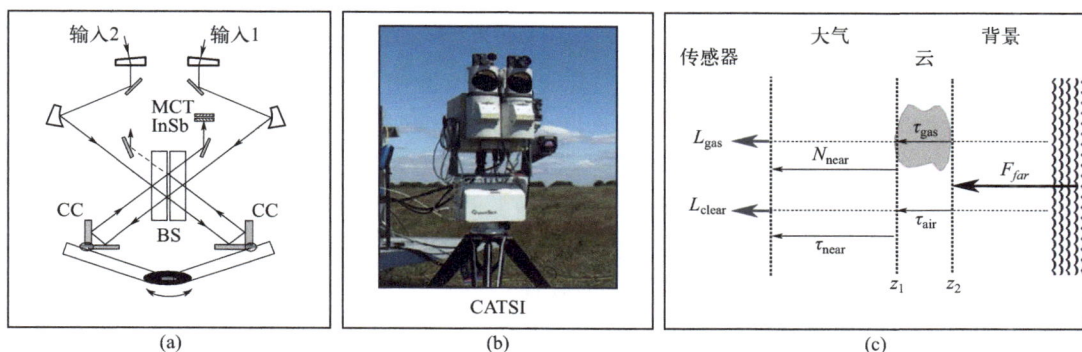

图12.2 （a）CATSI光学设计示意图；（b）仪器安装在三脚架上的图片；（c）差分检测的三层几何结构示意图及相关组件定义

这套系统进行了重要的设计改进，包括光学平衡两个输入端口以实现优化条件［公式（12.11）和公式（12.12）］。CATSI系统拥有以下技术参数：场景视野（field of view, FOV）为4~11 mrad，光谱覆盖范围为3~18 μm，光谱分辨率为1 cm⁻¹或更高。双摆扫描机构控制周期位移生成干涉图的两个CC反射器。满足第三个优化的分束器条件［公式（12.13）］，由挤压在两个相同的硒化锌（ZnSe）之间的薄气隙（λ/4，7 μm）组成，在其外表面具有相同抗反射涂层的基板[1]。在实践中，分束器组件由两个ZnSe板制成，被由硬质材料制成的薄圆环隔开，厚度为约2 μm。对于远距离化学检测中完成的大部分工作，CATSI干涉仪针对长波红外（LWIR）进行了优化，调制效率（4 RT）在10 μm时为0.7，并且使用碲化汞镉（mercury cadmium telluride, MCT）检测器，在10 μm处具有约4 × 10¹⁰琼斯的峰值D^*。有了这个仪器，两个场景来自相邻FOV的光在探测器级别进行光学组合，产生光谱残差δL。在其通常的操作配置中，CATSI的FOV设置为10 mrad，两个FOV的角度倾斜为2°（34.9 mrad）。例如，在1 km的对比范围内，两个被探测的距离区域为35 m，区域直径为10 m。通常，这种角距（2°）足以确保气体云仅部分占据一个FOV，另一个无气体。但是，在一些现场测试中，我们观察到角度分离太小而无法避免交叉污染，但由湍流引起的浓度变化的浓度差总是很容易被CATSI差分检测探测到。

12.2.6 目标气体检测

化学蒸气的被动远程监测主要基于微分辐射方程［公式（12.15）］。远程气体检测是通过对每个不同端口接收到的辐射光谱进行光学差减得到的［图12.2（c）］。微分辐射亮度定义为包含气体的场景的辐射亮度（L_{gas}）减去没有气体的相邻相同场景的辐射度（L_{clear}）。有了这个条件，可以验证对于水平路径场景[3]、对于充满接收器整个FOV的蒸气云，微分辐射亮度简单地由下式计算得出：

$$\delta L_{calc} = L_{gas} - L_{clear} = \Delta L_{clear} + (1-\tau_{gas})(B_{air} - F_{far})\tau_{near} \quad (12.16)$$

公式（12.16）给出了蒸气云的计算微分辐射率（δL_{calc}），并提供了处理两个相邻场景之间可能的背景变化（ΔL_{clear}）。τ_{near} 为在气体和传感器之间的大气透过率。辐射源项 $B_{air} - F_{far}$ 表示假定与空气（B_{air}）温度相同的气体的普朗克辐射率和背景（F_{far}）之间的辐射对比。术语 $1-\tau_{gas}$ 表示蒸气云光谱发射率，其中 τ_{gas} 定义为：

$$\tau_{gas} = \exp[-\alpha(\nu)CL] \quad (12.17)$$

式中，$\alpha(\nu)$ 是从光谱数据库中得到的化合物的光谱相关吸收系数（1/ppm-m）。柱密度（column density, CL）是要估计的参数，此处以ppm-m为单位给出。一般适用于双输入光束FTIR干涉仪差分检测的辐射监测的开发和测试。为了评估这种差异检测方法的效果，开发了一种称为GASEM（gaseous emission monitoring，气体排放监测）的处理算法。GASEM用于控制干涉仪采集并执行在线拟合，实时产生探测的化学目标蒸气的CL[3]。这种差异检测方法的最大优点是在现场提供相对干净的光谱，从而有助于实时处理。

图12.3给出了典型的使用CATSI-GASEM功能进行远距离检测和监控的示例。图12.3（a）显示了DMMP-SF6（甲基膦酸二甲酯-六氟化硫）气体混合物的测量和GASEM最佳拟合光谱。气体从距传感器1.5 km处的控制良好的烟囱中释放。对于这种情况，最佳拟合光谱是使用DMMP的92 ppm-m和56 ppm-m的CL参考估计值获得的。SF6作为GASEM模型的输入，以 T_{FIT} 作为拟合参数。在这种情况下，拟合的背景辐射温度确定为337.7 K（文献[3]中有更多详细信息）。

图12.3（b）显示了对SF$_6$蒸气在距离CATSI传感器5.7 km处释放检测的结果。实际情况下，SF$_6$从罐中释放到一根3 m的铝管里，铝管上有一系列沿管线分布的5 mm孔。排放管道垂直安装在源站建筑物的屋顶上。图12.3（b）展示了使用CATSI测量的微分辐射亮度（蓝色曲线）与GASEM最佳拟合计算（红色曲线）的结果。在这种情况下，测量光谱和最佳拟合光谱之间的确定系数（r^2）大于0.9，表明测量值和模拟的SF$_6$吸收带之间非常吻合。更多结果可参考文献[4, 5]。

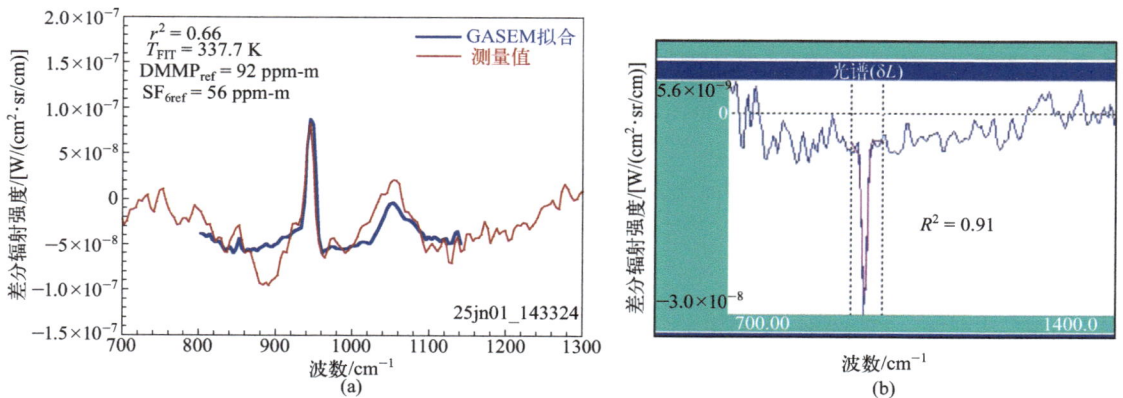

图12.3　监测结果示例：（a）GASEM输出显示最适合DMMP-SF6光谱的结果（蓝色曲线）与在1.5 km的对峙距离处测得的差分辐射光谱（红色曲线）；（b）GASEM结果最适合SF6频谱（红色曲线），距离为5.7 km

　　2004～2010年，DRDC Valcartier还完成了用于检测和鉴定气态CWA和TIC的加固传感器的开发和验证，它被称为CATSI EDM（Compact Atmospheric sounding interferometer engineering model，探空干涉仪工程模型）。CATSI EDM传感器使用均衡的具有两个相邻FOV的双光束FTS被动IR，以光学方式抑制仪器自发射和背景谱[6]。与最初的CATSI不同，EDM仅使用一个望远镜［图12.4（a）］执行差分传感。

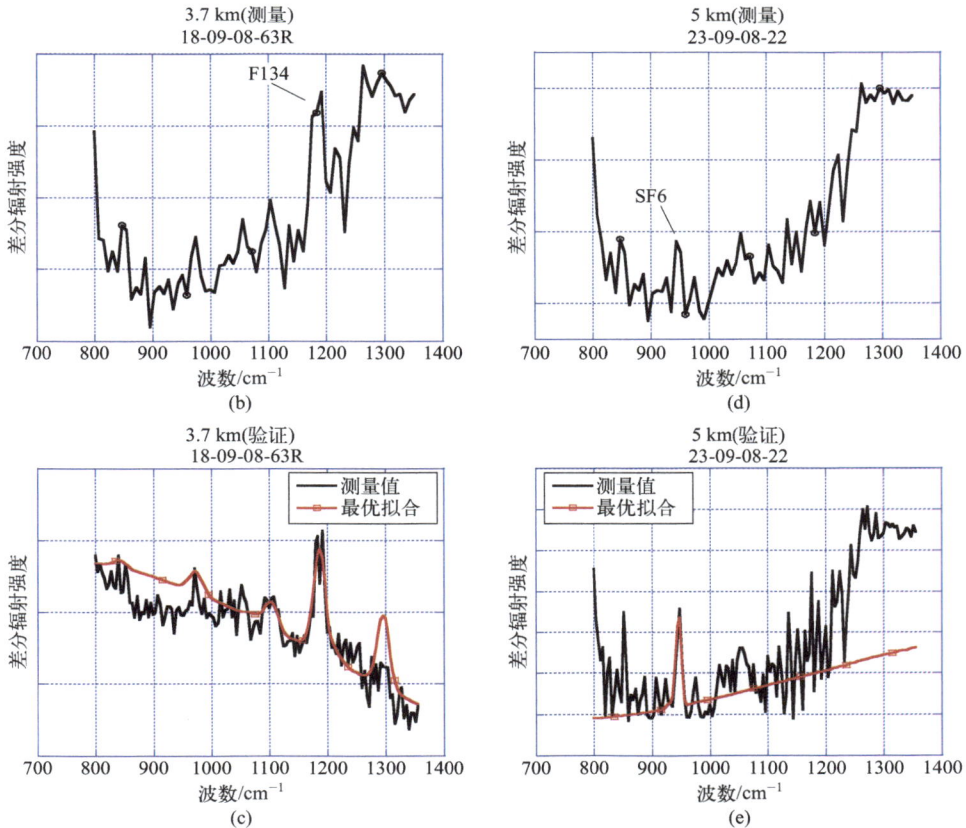

图12.4　（a）CATSI EDM及其硬件图片；（b）（c）3.7 km光谱辐射测量示例，用于在检测模式和验证模式下记录的F134释放；（d）在检测模式下记录的5 km处SF6释放的光谱辐射亮度；（e）在验证模式下的精细数据

在这种情况下，两个相邻的FOV由位于焦平面上的两个固定圆形瞳孔定义产生角度分离为2°，并且每个场景（光束）均通过双光束干涉仪的专用输入端口。与化学药剂合用时，Spectral SIgnature Detection and Identification（CASSIDI[6]）算法，CATSI EDM提供自主在最远5 km的距离内实时检测和识别CWA和TIC。CASSIDI执行3个不同的功能：检测、验证和报警。图12.4显示了记录的两个典型案例在3.7 km［图12.4（b）（c）］和5 km［图12.4（d）（e）］的远距离检测性能现场测试期间的结果。在这两种情况下，CATSI EDM可实现对实际目标气体的自主检测、识别和报警。图12.4（b）显示了差分系统检测光谱时在搜索模式下记录的光谱辐射率（分辨率为16 cm^{-1}），体现了目标气体F134（1,1′,2,2′-四氟乙烷）的特征。此时，气体位置被记录，传感器当前搜索模式自动变为验证模式。在验证模式下，传感器的光谱分辨率更改为8 cm^{-1}，传感器集中其扫描和采集紧邻检测点的区域。这种模式允许收集具有足够信噪比（SNR）和光谱分辨率的辐射光谱，以执行产生对检测到的气体的CL估计的光谱最佳拟合。这个估计随后被用来做一个快速评估，如果CL高于参考阈值，则决定发出警报。图12.4（c）显示了差分在F134气体的验证模式中获得的相应最佳拟合的辐射测量。

图12.4（d）（e）呈现相同类型的结果，在性能现场测试的5 km部分记录用于SF$_6$的检测、验证和报警。总之，在执行为期2周的203次现场测试评估中，CATSI EDM传感器在两项距离测试中都取得了成功。在这两种情况下，它都表现出超过了80%检测概率的测试性能要求和高达95%的置信水平。

12.3 iCATSI传感器

12.3.1 背景

iCATSI［图12.5（a）］是ABB MRi成像光谱仪的改进版，包括一个对称的双输入-双输出光学系统和MCT光电二极管线性阵列（16像素×1像素）[7-9]。对于原始CATSI，iCATSI的配置优化同样包括一套双光束迈克尔逊干涉仪，但有一些重大的设计改进。iCATSI是一个完全模块化的可配置仪器，其中输入光学器件（反射或折射望远镜）和两个探测器模块（每个输出一个）可以很容易地改变。iCATSI是在2008～2010年期间开发的，至今仍用作较为主流的研发传感器。

(a)

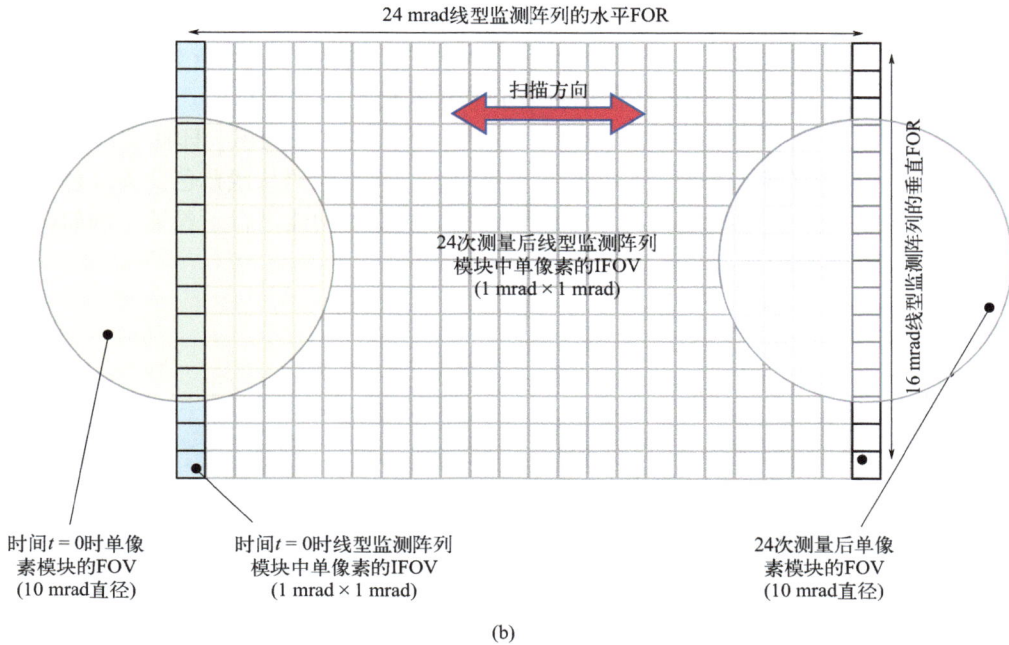

24 mrad线型监测阵列的水平FOR

扫描方向

24次测量后线型监测阵列
模块中单像素的IFOV
(1 mrad × 1 mrad)

16 mrad线型监测阵列的垂直FOR

时间 t = 0时单像
素模块的FOV
(10 mrad直径)

时间 t = 0时线型监测阵列
模块中单像素的IFOV
(1 mrad × 1 mrad)

24次测量后单像
素模块的FOV
(10 mrad直径)

(b)

图12.5 （a）带有单像素和多像素探测器以及扫描望远镜的iCATSI传感器图片；（b）iCATSI的测试视野
（FOR）、可视视野（FOV）以及扫描策略

12.3.2 系统配置与设计

iCATSI干涉仪输出端口均配置为将光束聚焦到各自的探测器上。斯特林循环冷却器同时冷却两个探测器。来自检测器的信号被靠近探测器安装的电子设备放大和数字化，然后数字信号通过控制电子设备发送到控制电脑。两个输入端口共用一个望远镜。在望远镜的输出端，反射棱镜将场景的FOV分成两部分，每个部分馈入干涉仪的一个输入端口。两个输入端口之间的分离角度设置为2°。iCATSI的光谱仪是围绕一个带CC反射器的双摆迈克尔逊干涉仪[7-9]建立的。两个CC都安装在围绕ZnSe分束器来回旋转的V形扫描臂上，通过测量进入扫描臂的氦氖（He-Ne）激光的干涉图案实时监控扫描臂的运动干涉形状。干涉仪的光程差（OPD）约为1 cm。有了这个OPD，使用Boxcar截断光谱分辨率实现的最高光谱分辨率（FWHM，半峰全宽）在8 μm时约为0.8 cm⁻¹，在3 μm时约为1.0 cm⁻¹。

该仪器可现场部署，并可以抵御一定程度的风雨环境影响，同时对热负荷、散热、太阳直射和小雨的影响都有较好的抵抗能力。主要的iCATSI配置使用两个MCT光电探测器，即具有10 mrad FOV的单像素探测器和具有1 mrad/像素的16像素线性阵列。系统使用扫描机制生成场景的16 × 24 mrad在望远镜中的视场（FOR）图像[7-9]。图12.5（b）总结了iCATSI的扫描策略。

12.3.3 iCATSI的输出结果

在500 m范围内使用iCATSI执行检测测试。最初的测试是用从实验室通风橱中释放的氟利昂型制冷剂（F-152a）。图12.6显示了一系列使用iCATSI实时检测和识别气体羽流释放记录的屏幕截图。彩色像素代表使用iCATSI的气体检测算法实时处理的检测分数。6个图像显示在1 min内释放了50 L气体。每个屏幕截图显示可见iCATSI的差模FOR产生的两个红外图像（马赛克）叠加在其上的图像。系统为两个FOR提供相同的算法输出。即使空间分辨率较低（1 mrad/像素），羽流的演变和释放源也很容易被识别。颜色代码从浅蓝色变为红色，其中红色表示较高的检测率。iCATSI还对其他几种威胁气体的检测功能进行了验证，例如丙酮、甲醇和其他TIC。

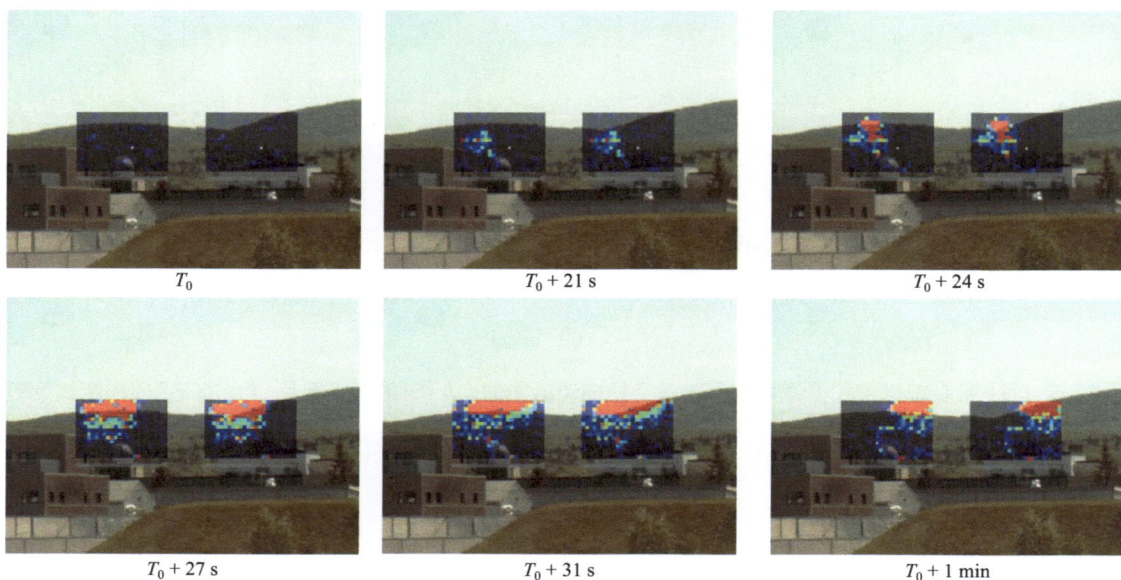

T_0

$T_0 + 21\ s$

$T_0 + 24\ s$

$T_0 + 27\ s$

$T_0 + 31\ s$

$T_0 + 1\ min$

图12.6   使用iCATSI测量的氟利昂气体羽流在1 min内的演变

12.4   用于地面污染检测的主动FTIR

12.4.1   主动iCATSI

本章讨论的第二个应用是对地面污染物的远距离检测、识别和监控。急救人员和环境保护机构需要检测系统快速找到隔离泄漏点和受污染的区域，以避免和消除污染。在这方面，检测系统是围绕一个有源紧凑型FT干涉仪提出并构建的。该系统使用石墨碳化硅热棒（Globar）加热到大约1000℃作为IR源照射需要检测分析的表面。系统重点优化了LWIR波段（8～12 μm），因为许多感兴趣的地面污染物在此波长区间具有显著的和区分性的指纹波峰吸收。

12.4.2   系统配置与设计

该系统（图12.7）采用两种可选配置构建，一种用于主动传感，另一种用于被动传感。通过将Globar源与探测器互换，这两种配置可以互换。系统的光学设计基于迈克尔逊双摆单输入和单输出端口提供光学调制为 1 cm/s 的配置。调制器在 8～13 μm 的优化光谱范围内提供 1～32 cm^{-1}（FWHM）区间的光谱分辨率。光源照明经过优化，可在 5 m（20 mrad）处产生 10 cm 的均匀照明光斑。该采集端口光斑尺寸比 5 m 处的光照略小，以避免从背景采集到的寄生虫（parasite）辐射干扰。为了最大化照明和收集点之间的重叠，两个 650 nm Picotronic 激光二极管安装在望远镜支架的顶部，以帮助手动对齐两个光束。最后，当与现成的商业产

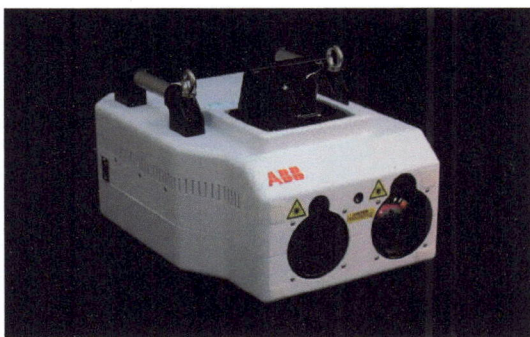

图12.7　主动式iCATSI仪器的正面图片

品一起使用时，该系统可以由 COTS（commercial-off-the-shelf，商用货架产品）电池带供电并自主运行几个小时。

这套系统背后的创新是使用调制源减少和过滤背景的影响。在这个系统中，FTS 本身会在照射表面之前调制光源。通过这个策略，收集到的背景辐射未经过调制，在探测器处产生直流（DC）电平，所以可以被快速傅里叶变换（fast Fourier transform，FFT）简单过滤掉。这导致自然/环境的背景发射可以实时减去，以达到更好的信噪比。

12.4.3　主动型iCATSI的检测结果

两个最重要的属性，即表面类型和表面反射角，会显著影响从干净表面反射的信号。例如，图 12.8 和图 12.9 显示了各种表面类型下不同入射角的结果和效果。比较朗伯表面（Infragold 漫反射板）、铝镜、拉丝铝板、木头和砂纸的反射信号，结果表明反射信号的强度有很大的变异性。正如预期的那样，拉丝铝板和铝镜拥有最高的反射率信号强度，其特点是在 800～1400 cm^{-1} 之间具有相当平坦的响应。朗伯表面显示具有相同光谱特性的反射强度，但比平面镜结果更弱。木头和砂纸的信号反射率比 Infragold 漫反射板具有一些光谱特征。这些结果证明了表面类型对于检测和识别地面污染物带来了困难和条件限制。

此外，反射信号会受到入射角和双向反射分布函数（bidirectional reflectance distribution function，BRDF）的影响。图 12.9 显示了从两个干净表面 Infragold 漫反射板和铝镜反射的信号，作为相对于表面法线的入射角的函数。这些测量表明 Infragold 漫反射板表面上的入射角没有纯反射表面那么重要：Infragold 漫反射板上的反射相对于表面法线从 0°～15°减少了 1 个数量级，同时仅从平面镜倾斜 1°，平面镜上的反射就会相对于法线急剧减少 4 个数量级。

上面的结果显示了传感器对未对准的敏感程度以及检测灵敏度如何受表面类型和入射角的影响。图 12.10 显示了距离表面 2 m 处的传感器（主动配置）对覆盖有 SF96（一种充当液体污染物的替代物）的检测结果。选择的测试表面是木头，因为它拥有较低的反射率，代表了一个较为困难的检测场景。图 12.10 为 SF96 在木头上以不同浓度［1 mL（0.0025 mL/cm²），5 mL（0.0125 mL/cm²），10 mL（0.025 mL/cm²）］和入射角（相对于表面法线为 0°～15°）的检测结果。图 12.10（a）的结果可以根据与粗糙表面相关的反射现象理解，例如干净的胶合板或覆盖的胶合板。来自粗糙表面的反射可以分为两个主要成分：平行的镜面反射分量到表面法线和漫反射分量偏离法线。大部分反射光束通过散射发生丢失，因为传感器的收集角度太小，只能检测到镜面反射分量。

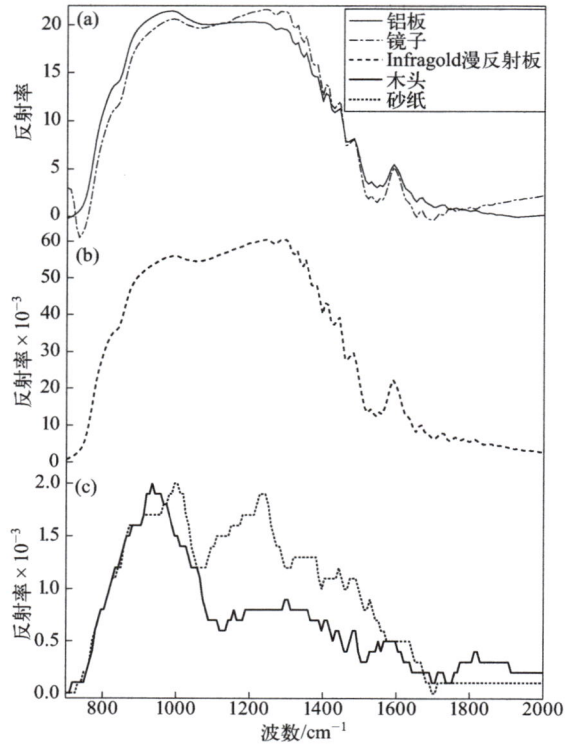

图12.8　不同表面类型［（a）铝板和镜子；（b）Infragold漫反射板；（c）木头和砂纸］的反射信号

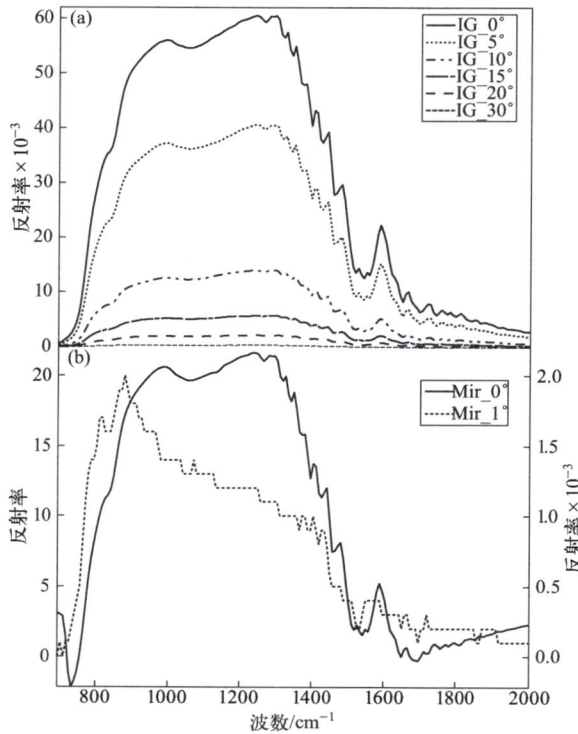

图12.9　在两个不同表面上以不同角度收集的反射信号：（a）Infragold漫反射板；（b）铝镜

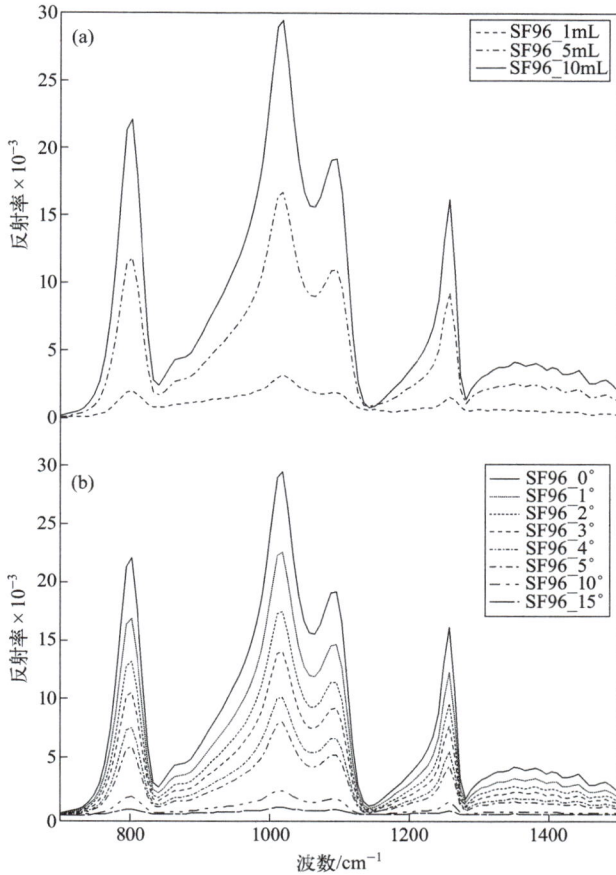

图12.10　不同浓度（a）和不同角度的SF96在木材上的反射信号发生率（b）

　　总体而言，镜面反射分量的强度随着SF96覆盖率的增加而增加，因为有效表面（SF96和胶合板的混合物）看起来更光滑，产生更大的镜面反射分量。

　　该系统在20 cm × 20 cm的木材表面上显示低至1 mL的检测灵敏度。此外，对于图12.10（b），系统显示在高达15°的入射角下检测到0.025 mL/cm²的SF96。在这种情况下，SNR开始变得太低而无法检测到15°左右或更高入射角条件下的信息。

　　此外，DRDC Valcartier还开发了一种使用高光谱的地面污染被动传感旋光法技术。有关此功能的更多信息请参见文献[10,11]。系统展示了检测和识别地面和多种表面类型（例如金属、木头和砂纸）污染物的能力，距离最远可达2 m。这种技术可以提供急救人员识别并保护自己免受地面污染的新能力。

12.5　指纹信号抓取：宽带便携式现场反射光谱仪

12.5.1　背景

　　野外漫光谱反射测量是矿物领域和地质分析[12]、作物和农业特征[13]以及光谱的地面实况遥感应用[14]中一项常见且重要的工作，其中包括用于遥感的光谱库的开发和算法的建立应用。为了进行这些测量，可现场部署的反射光谱仪已被用于太阳光波长反射区域［可见光（Vis）、近红外（NIR）和短波红外（SWIR）］超过20年。然而，用于测量长波红外（LWIR）和中波红外（MWIR）区域（3~14 μm波长）反射率的现场便携式传感器相对较少，能够测量从NIR到LWIR（0.7~14 μm波长）的整个红外光谱的反射率的传感器更为稀少。ABB最近开发了这样一种全光谱反射光谱仪（full spectrum reflectometer, FSR）技术满足这一要求，该技术提供了0.7~13.5 μm波长的漫反射的高灵敏度测量与轻便的便携式仪器。光谱仪是由电池供电的，从而提供了在现场操作的便利性。

12.5.2　设计概述

FSR基于FTIR光谱仪设计，其中IR源经过准直并通过迈克尔逊干涉仪。干涉仪臂之间的光程差随时间变化，因此干涉仪输出端的光束具有随时间调制的振幅，详见12.2.2小节。调制后的输出辐射 $I(x)$ 聚焦在由样品或合适的样品组成的目标上进行测量。目标反射的辐射 $\rho I(x)$ 被收集并聚焦到探测器上，探测器将其测量为目标反射的光谱辐射的干涉图，如公式（12.5）所示。干涉图随后通过FFT转换为频谱 $S(v)$，如公式（12.6）所示。样品自发的红外辐射 L_{sample} 不会影响干涉图，因为它没有被干涉仪调制。该流程如图12.11所示。

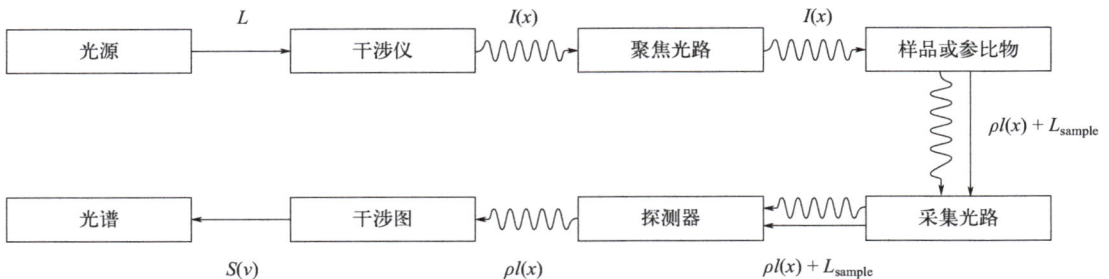

图12.11　宽带光谱反射仪中的光电辐射流示意图

漫反射光谱 $\rho(v)$ 可以简单地由样品测量的光谱与参比样品得出：

$$\rho(v) = R_{ref} S(v)_{sample}/S(v)_{reference} \tag{12.18}$$

式中，R_{ref} 是考虑其光谱特征的参考目标的绝对反射率。如果需要的话，参考材料的绝对反射率原则上可以使用独立技术［例如美国国家标准与技术研究院（NIST）提供的技术］或NIST可溯源校准确定。

在实际操作中，Infragold和Spectralon参考目标分别用于2~13.5 μm和0.7~3.3 μm波段。同样，需要两个红外光源来覆盖大波段：用于2~13.5 μm区域的碳化硅热棒（Globar）和用于0.7~3.3 μm区域的石英-钨-卤素灯。此外，还需要两个探测器：用于2~13.5 μm区域的斯特林冷却MCT探测器和用于0.7~3.3 μm区域的热电冷却砷化铟探测器。值得留意的是其中2~3.3 μm区域的响应度存在着重叠。

迈克尔逊干涉仪模块坚固紧凑，尺寸为6 cm×12 cm×14 cm，重量小于900 g，并且在干涉仪的每个臂中都包含CC反射器。调制光束可以是聚焦在反射计的输入端口以测量样品目标，或通过动镜切换测量内部参考目标。一般以最小化镜面反射分量的角度收集样本和参考目标反射的辐射。

该款反射光谱仪是便携式的，重量不到13 kg，可以使用标准交流电（AC）（110 V或220 V）或低压（9～36 V）电池。在由电池操作时可持续使用长达3 h。

12.5.3 主要运行及性能参数

表12.1列出了反射仪的主要操作和性能参数。图12.12显示了两个频段的SNR测量值。测量值是通过对参考目标（Infragold或Spectralon）的几个单独光谱进行平均，并将均值除以测量的均方根（RMS）噪声得到的。积分时间为1 min，选用的光谱分辨率为16 cm^{-1}。

表12.1 FSR操作参数

性能参数	参数数值
仪器种类	基于迈克尔逊干涉仪的主动反射光谱仪
光谱分辨率	4 cm^{-1}，8 cm^{-1}，16 cm^{-1}，32 cm^{-1}
光谱范围	波段1：740～5000 cm^{-1}（2～13.5 μm）； 波段2：3000～14000 cm^{-1}（0.7～3.3 μm）
光谱漂移率	小于1%（15 min内）
检测点尺寸	距干涉仪30 cm处为4 mm
信噪比（观察内置参考，16 cm^{-1}分辨率设置，1 min观察时间）	波段1：>10000（见图12.12） 波段2：>500（见图12.12）
重量	12.25 kg（不含电池）
尺寸	30 cm × 35 cm × 43 cm
运行温度	0～35℃

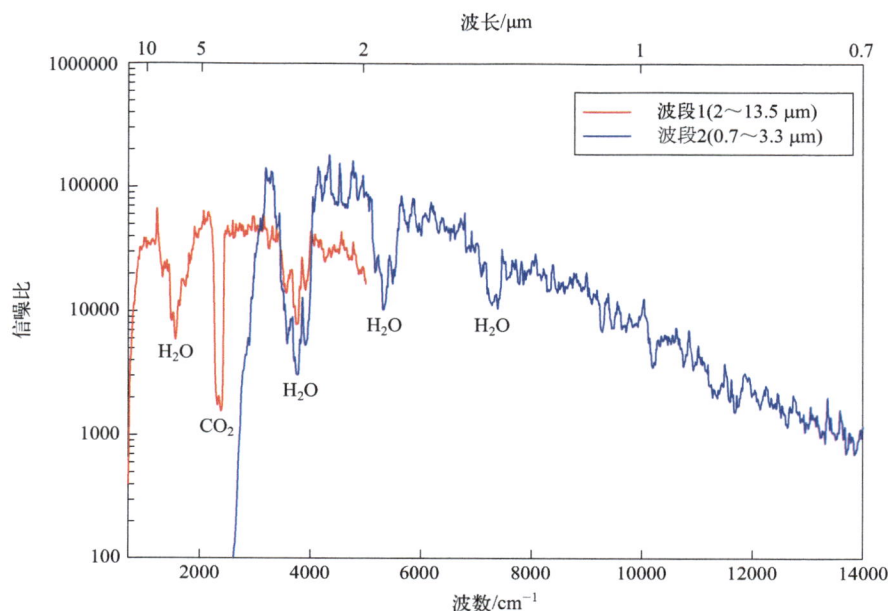

图12.12 FSR在2～13.5 μm和0.7～3.3 μm波段的SNR。与大气水相关的吸收特征，值得注意的是仪器内存在水蒸气和二氧化碳，如图所示（由ABB提供的SNR测量值）

12.5.4　使用宽带便携式现场反射光谱仪获得的测量示例

　　自2010年开发以来，FSR已多次在现场部署。示例包括在努纳武特代尔角（Cape Dyer, Nunavut）雷达站部署的对土壤样本前远程预警（distant-early-warning, DEW）的反射率测量。DEW线雷达站点是20世纪50年代在加拿大北极地区创建的，以提供冷战时期的第一条保护线[15]。1990年起，21个站点停止了使用，随之而来的废旧场地清扫任务成为一个重要的环境问题。这些站点上可能存在的污染类型包括金属、油漆、燃料、电池和电气设备。由于这些站点都位于非常偏远的地点，监测污染的一种有效方法可能是使用机载遥感平台。为了验证是否可以通过测量光谱反射率表征污染，FSR被部署到位于美国东海岸代尔角的前雷达站点（Dye-Main）之一巴芬（Baffin）岛。

　　一些来自受燃料和重金属污染区域的反射率测量示例显示在图12.13～图12.15中。图12.13（a）显示了一块暴露在外进行修复的地面，柴油燃料气味很重。图12.13（b）所示是FSR被放置在不同位置的地面上，以获得0.7～13.5 μm的高质量光谱反射测量，如图12.13（c）所示。发送至渥太华皇家军事学院进行化学分析的土壤样本也用FSR进行了测量。图12.14显示了一个包含74000 μg/g碳氢化合物的样品的反射率结果示例，在1.7 μm、2.4 μm、3.3 μm和7 μm的光谱中观察到与碳氢化合物相关的光谱特征。其他土壤样品的分析表明这些特征对于含有低至1000 μg/g碳氢化合物的样品仍然存在。很遗憾，没有任何样品的碳氢化合物含量在安全的100 μg/g范围内。

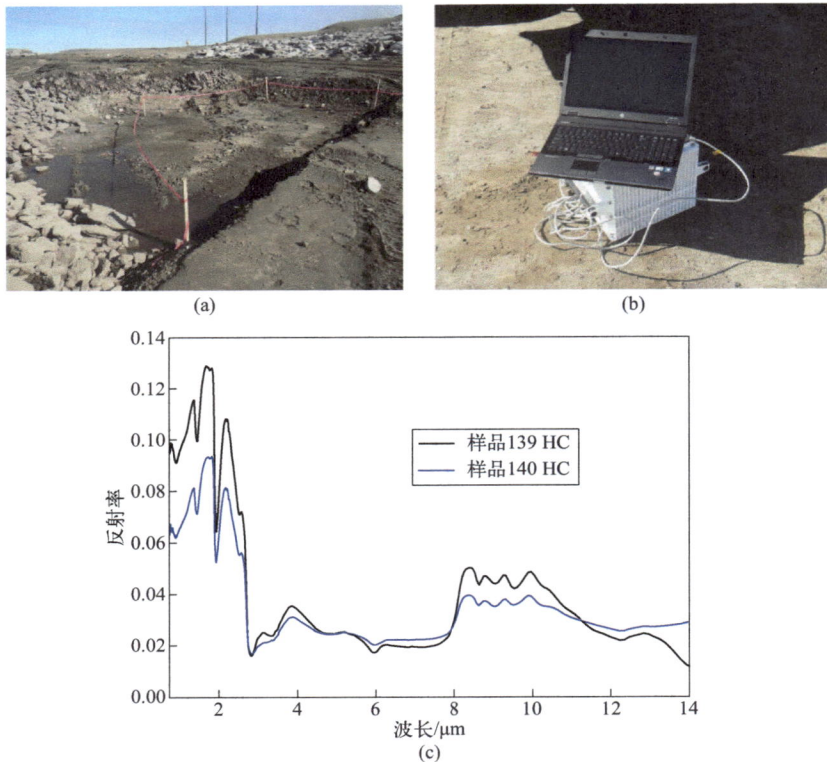

图12.13　（a）被燃料（碳氢化合物）污染的Dye-Main区域；（b）FSR用于测量土壤反射率，连接电脑使用完整的软件功能；（c）使用FSR进行的光谱反射率测量

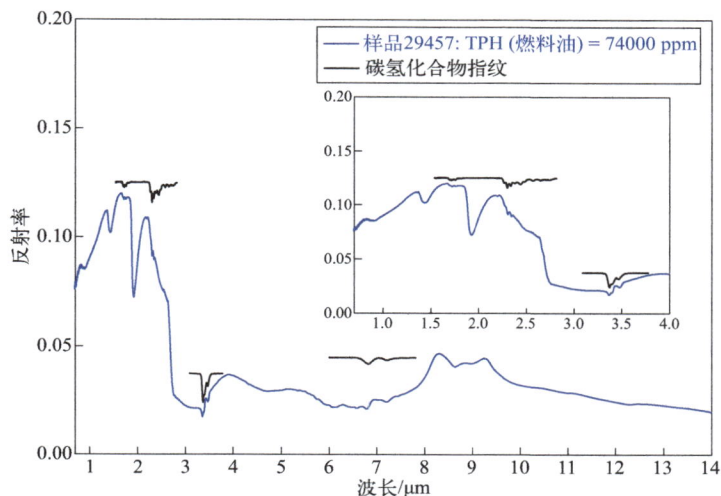

图12.14　来自Dye-Main的含有高浓度碳氢化合物的土壤样本的反射率。在扩展到0.7～4 μm的插图视图中显示的光谱中观察到与碳氢化合物相关的特征。参考来自柴油燃料碳氢化合物反射光谱的吸收特征（黑线）

　　图12.15（a）显示了被重污染的池塘径流现场遗留的旧设备金属形成的污渍。由风化过程形成的这些金属的氧化物可能被检测到，从而识别金属的存在。这些相应的光谱测量污渍如图12.15（b）所示，这可能有助于识别此类污染物。

(a)

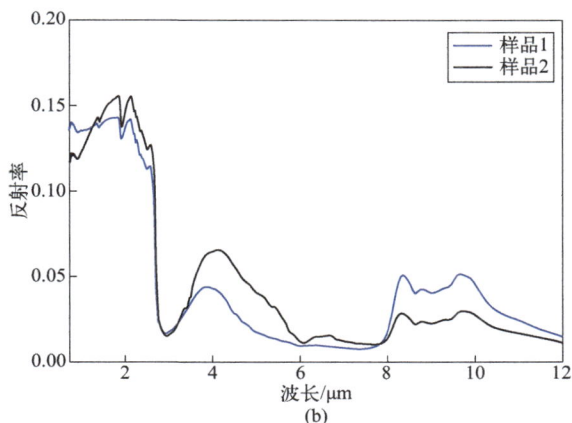

(b)

图12.15　（a）被重金属污染的Dye-Main区域（圈出污渍）；（b）用FSR进行的污渍光谱反射率测量可能有助于识别相关的金属氧化物

12.6　气体滤波成像相关辐射测量

12.6.1　背景

　　气体滤波相关辐射测定法（gas filter correlation radiometry, GFCR）是一种非色散红外光谱法，早已被确立为一种在灵敏度和选择性水平方面兼容检测痕量气体排放的简单但有效的方法。利用气相红外光谱的带状特性，该方法非常适合用于测量在聚焦于给定光的仪器的视线内的大气部分目标体浓度[16-18]。

GFCR是一种有吸引力的传感应用技术。它简单结合了光学和机械部件，允许使用没有移动部件的小型、坚固、低功率和轻型仪器，以提高耐用性和抗振性。GFCR通过使用带通滤波器隔离检测目标气体独特的共振带，并将其与所有吸收相关的气室比较这条带内特定分子的谱线（图12.16）。测量的SNR通过高光谱分辨率（分辨能力 $\lambda/\Delta\lambda > 20000$）和由于大光通量增加的灵敏度相结合，得到大大增强。目标气体选择性的提高、污染气体的高排斥率和干扰物与传统辐射计相比毫不逊色。而且，由于记录、重建和光谱信息的分析是通过光学过程完成的，大大提高了信噪比，简化了数据分析的难度；在焦平面阵列（focal plane array, FPA）级别记录的电信号与FOV中的目标气体CL直接成正比关系。

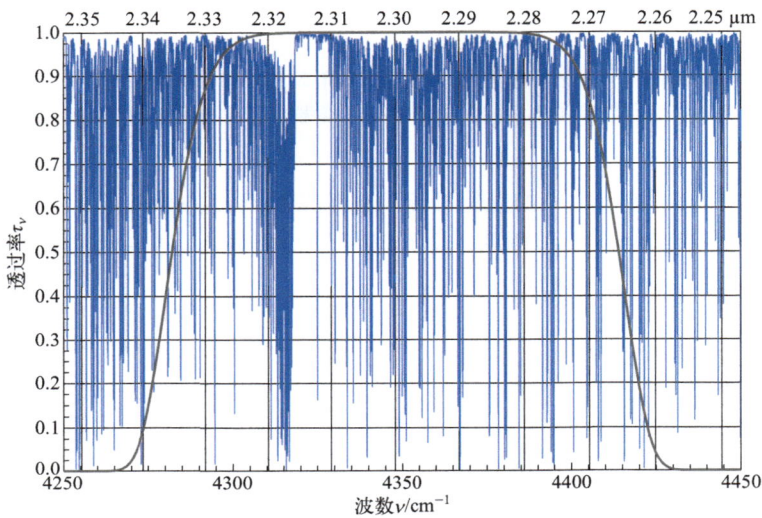

图12.16　2.3 μm带通内的甲烷谱线（约20000）

图12.17说明了气体相关性测量原理，其非常适用于在便携式平台上检测微量气体泄漏。

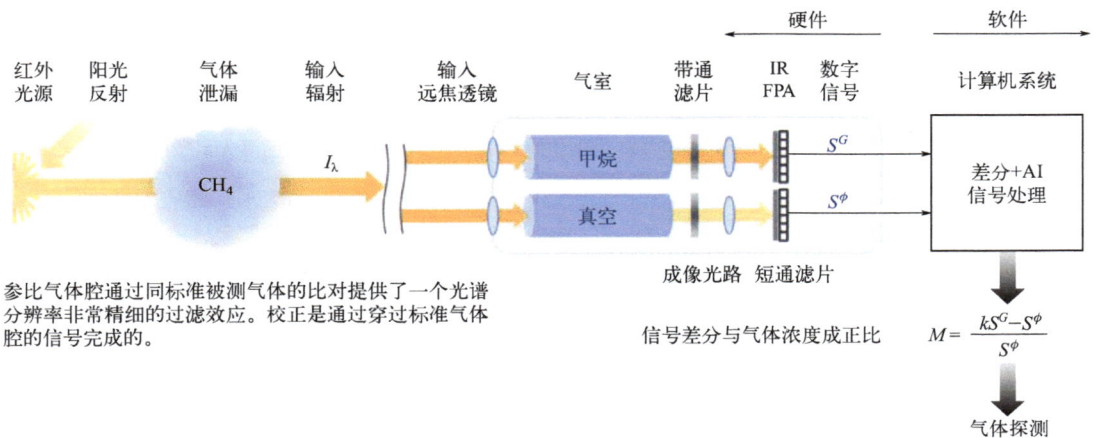

图12.17　气体滤波相关辐射测定法（GFCR）一般操作概念（成像视图同步执行）

使用先进的GFCR成像版本，Bluefield的传感器可以在识别气体的同时实现在地形图上估计二维图像中的浓度可视化数量分布。它的同步视图成像系统可以定位和量化特定发射器，达到前所未有的灵敏度水平和空间分辨率。

同步视图实现（同时触发两个FPA图像采集）允许读数在时间和空间上相互关联，其中每个快照每个场景位置的内容都包含完整的光谱，使GFCR差分图像与目标气体的吸收成正比，消除两个图像中的相关噪声（一阶）。这消除了扫描或调制技术引起的问题，最大限度地减少背景表面反照率或任何地理空间变化带来的散射特性的其他变化影响。

12.6.2 高级图像分析和人工智能技术

为了充分利用GFCR方法并达到前所未有的灵敏度水平，Bluefield创建并实施了创新人工智能技术。原始GFCR系统使用电子放大器的模拟电差单像素探测器上的水平。直到最近，该系统才用简单的计算机图像数字化分析用少量像素捕获的记录的2D帧。

Bluefield将此提升到了一个新的水平。其尖端技术采用大量过采样和全范围先进的图像处理和信号分析工具，辅以机器学习（machine learning, ML）和基于情报的数据挖掘技术。这种方法充分利用每个记录的光子实现前所未有的检测水平。这使得自动高帧率处理大量来自平台的记录数据变为可能（类似12.6.5小节中介绍的空间传感器）。

12.6.3 实验原型（地面、直升机和气球）

Bluefield的原型传感器是第一代先进的GFCR仪器，可现场携带，使用宽带中波红外探测器。此配置也被选择用于检测SWIR（CH_4 @ 2.3 μm）中的气体，例如在MWIR区域（CH_4 @ 3.4 μm 和 SO_2 @ 4.0 μm），已在现场实验成功。

然而，这种宽带配置增加了有害的自发射效应。此外，如果使用单一气体配置在杜瓦级别的固定冷过滤器优化性能，它也将操作限制为单个气体（如12.6.5小节所示的特定任务检测所选择的气体样品）。

图12.18显示了在户外野外活动中配置了甲烷和氮气（作为空通道）封闭单元的紧凑原型传

图12.18 Bluefield在直升机上运行的原型传感器。来源：Bluefield Technologies Inc.

感器。这是由Bluefield通过集成NovaSyst/AIWorx（现为Bentley Systems）和Opto-Mécanique de Précision（OMP）技术完成的。

正如GFCR所讨论的，检测气体相关性是直接在光学层面完成的。即使后续不同的标定和要应用的高级气体检测算法很复杂，与经典FTIR光谱仪相关的FFT分析相比它们的计算量并不大。目前，原型传感器可以以每帧30～50 ms计算时间的帧速率运行，并提供实时处理和气体羽流显示。表12.2中列出了其他传感器的详细信息。

表12.2　Bluefield 原型传感器的性能参数

参　数	数　值	注　释
波长范围（@ 50%）	约2.5～5.5 μm	宽带集成杜瓦瓶和冷却器组件覆盖SWIR和MWIR
探测器阵列尺寸和间距	640 × 512，15 μm	MCT（HgCdTe），低温冷却至90 K
暗电流密度	1.5 nA/cm²	在短曝光时间下不是主要噪声源
气室长度和压力	10 cm，760 Torr	CH_4短波红外；可再填充其他气体
孔径和FOV	35 mm，11°×8.8°	Stingray SR0955 宽带，50 mm 焦距
瞬时视场（IFOV）	0.3 mrad	<光学分辨率
光谱分辨率	N/A（"无限"）	GFCR 仪器使用光通带中的所有光谱线
原始分辨率（非数字化模拟模式）每个时间测量采集和帧率	10～20 ms，≤100 fps	取决于场景照明条件（背景反射率、云量、太阳角度等）
数字数据接口	Camera link，14 位	通过单个USB-3连接到笔记本电脑
运行模式	太阳能反射和热	（吸收和传输）
操作距离	15～1000+ m	视场 = 1.9 m×1.5 m @ 10 m；视场 = 193 m×154 m @ 1000 m

12.6.4　实验室论证和现场测试

在DRDC实验室和室外测试地点进行了广泛的实验测试活动以研究和演示原型在背景为黑体的太阳反射和热模式下检测甲烷和SO_2的能力，如图12.19所示。

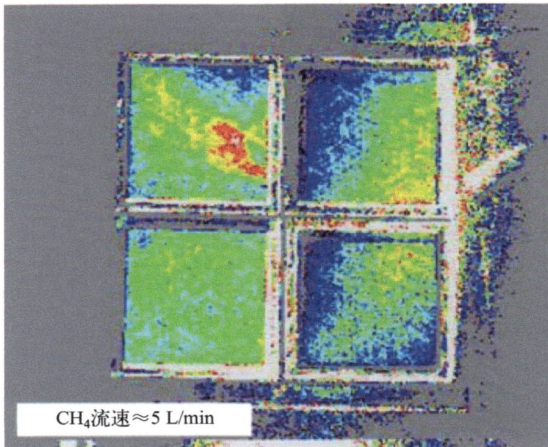

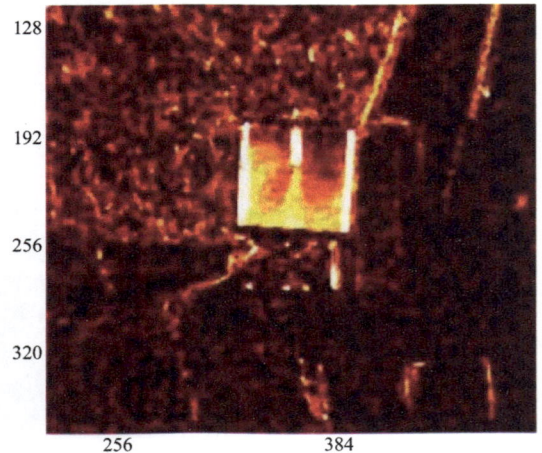

CH₄流速≈5 L/min

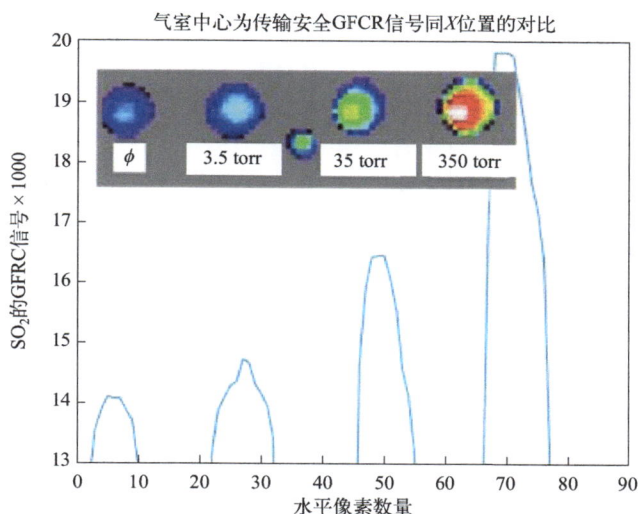

图12.19　热模式 CH_4 羽流检测（顶部，L =12 m）和 SO_2 羽流可视化（中部和底部，L =10 m）（来自10 cm 0.5 Torr电池的 SO_2 灵敏度为110 ppm-m）。来源：Bluefield Technologies Inc.

　　2019年4月还在Stoneham消防站进行了控释实验，这是一个位于加拿大魁北克市北部的安全设施。Bluefield与独立团体Flux Lab[19]合作来验证结果。盲测场景用于评估Bluefield技术的检测能力，以监控真实天气条件下的瞬态甲烷羽流，并确定暴露时系统对不同的甲烷流量的灵敏度。原型传感器阈值在距离地面15 m处水平测量时检测限评估为0.1 kg/h（2 L/min），如图12.20所示。直升机盲测在0.6 kg/h（14 L/min）的释放流量下显示出检测甲烷气体存在的能力。值得留意的是这次测量是在海拔100 m、风速约为16 km/h（10 mile/h）、日照量不同、云量不理想的状况下得出的。传感器检测到甲烷从1.1 km以上的高度以12 kg/h的流速释放（3000 ft，约914m），风速水平相似。为太空飞行做准备并评估仪器的关键部件（例如相机配准以及气室低压和低温环境下的行为），两次高空气球试验由Bluefield在2019年夏季评估仪器的关键组件（例如相机配准、气体低压和低温环境下的电池行为）。实验的"自拍"展示在图12.21的底部图像中。

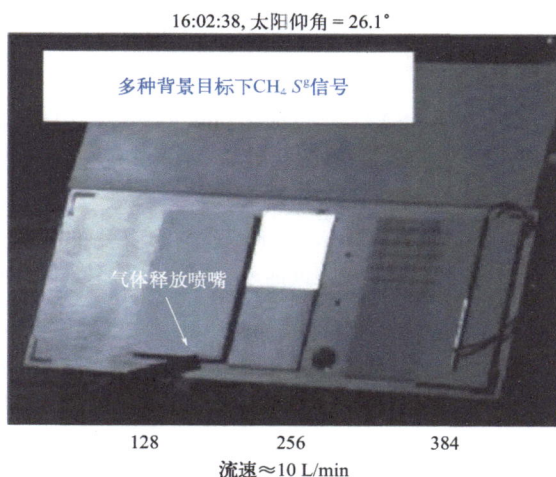

图12.20

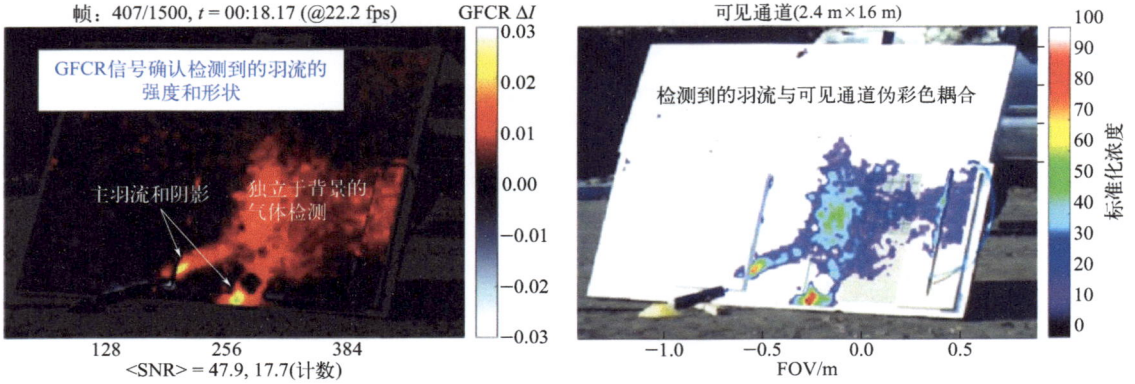

图12.20 多反照率背景上的检测CH₄羽流的太阳反射模式示例（$L = 15$ m）。来源：Bluefield Technologies Inc.

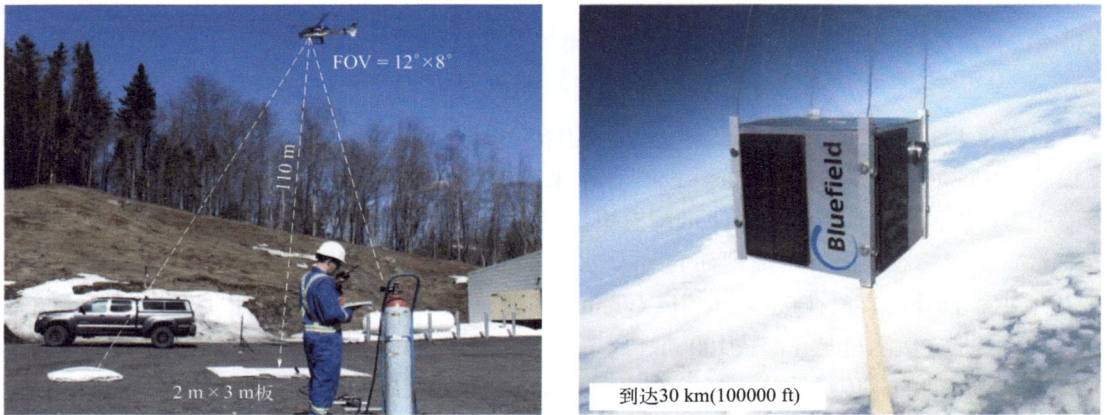

图12.21 Bluefield的原型传感器直升机飞行测试活动（顶部）和Bluefield期间的测试仪器随着高空气球上升（底部）。来源：Bluefield Technologies Inc.

12.6.5 太空任务

从20世纪70年代开始的先前NASA任务验证了GFCR方法，包括卤素掩星上层大气研究卫星（UARS）和在Terra航天器上MOPITT仪器的实验（HALOE）[20,21]。微型卫星的发展使得从太空监测CH₄变得成本更容易负担。

Bluefield正在开发其传感器的太空级版本，以装入紧凑型20 kg微型卫星中监测来自530 km高度低地球轨道的CH₄（图12.22）。轨道将与当地节点太阳中午的穿越时间 ±90 min同步（针对太阳光照和冷散热器方向进行了优化）。每颗卫星将携带和控制传感器能够以20 m×20 m的精细空间分辨率检测甲烷地面泄漏（有关更多信息请参见文献[22]）。卫星将用13 km×11 km FOV测量轨道上的最低点。一个具有500 km FOR 的 ±25°角的最大视角指向能力允许额外的覆盖范围和增加的容量，以减少云朵遮盖的影响。

地表甲烷羽流图（通过CH₄的列平均干空气混合比）将由测量全球SWIR中的太阳反向散射辐射中得出。此外，还选择了2.3 μm波长处的CH₄通带，因为它对大气甲烷具有出色

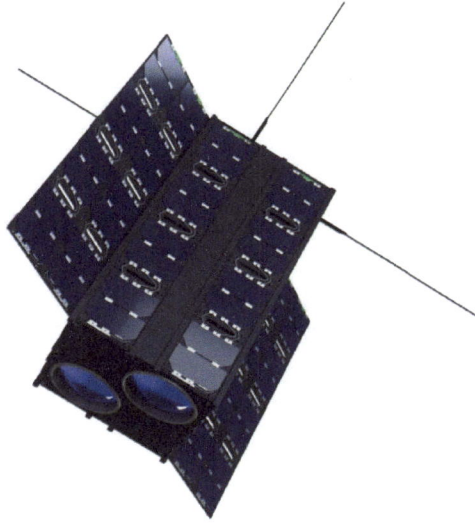

图12.22　Bluefield微型卫星早期设计

的灵敏度（与1.6 μm波长相比，吸收强3～5倍），因此可以使用更短的测试腔。该波长几乎不受水和N_2O污染以及地球变化干扰，这是使用GFCR反向反射阳光进行羽流特征识别的基本条件。此外，在2.3 μm波长，热发射分量至少比反射的太阳能信号小3个数量级，并且散射的下行辐射相对可以忽略不计，可以在低太阳角度和适中的云量下提供高质量的照明效果。

另外，虽然成像光谱仪传统上使用"扫帚式"（带有点探测器）或"推扫式"（带有线性检测器阵列）观察方法，但可在图像逐渐移动时生成图像并同时限制光子吞吐量。Bluefield使用FPA方法的传感器使得实现光谱成像变得简单，通过在"推框"观察模式下操作，如图12.23 [23,24]所示。这种凝视成像模式，光谱创建中没有FPA维度被牺牲（不像标准衍射或干涉测量法）。

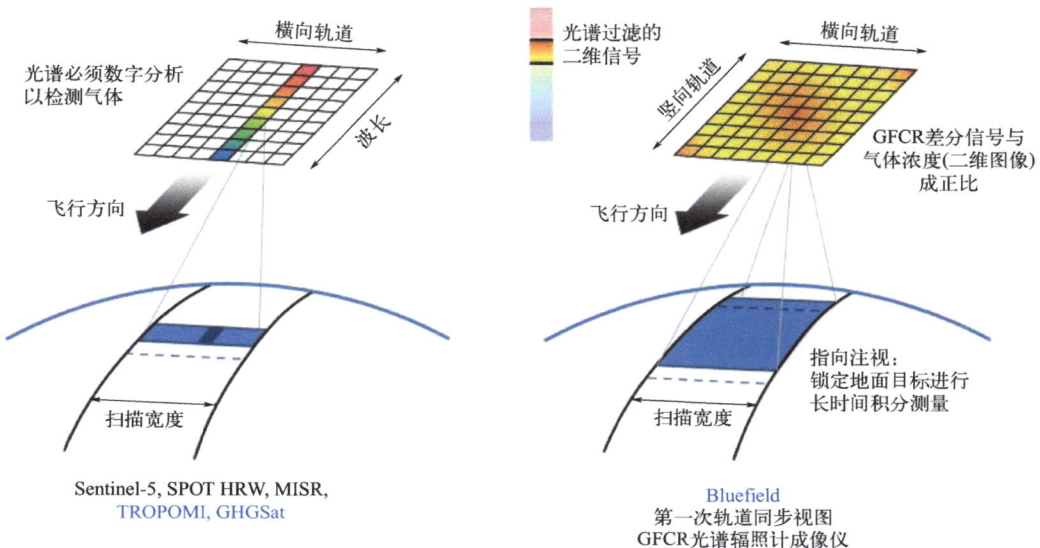

图12.23　推扫（左）和推架（右）观察方法

最后，为了达到前所未有的稳定性和准确性水平，并通过添加指向镜机制，姿态确定和控制子系统（ADCS）用于执行锁定。当每个地面目标在它们的FOV内通过时，对每个地面目标可以进行5～10 s的注视机动。

根据实验室测试和数据建模，Bluefield卫星将检测浓度小于0.5%的甲烷自然丰度（100 ppm-m 综合浓度阈值，或65 kg/m²），对应于泄漏流量低于75 kg/h（3σ）。这样的检测水平达到了2016 EPA下的温室气体报告计划中主要点排放源检测占美国点源排放总量的92%以上的要求。

该卫星部署的目标是确保解决温室气体排放问题所需的准确度和精确度水平。这是通过足够的空间和时间分辨率以及跟踪所需的覆盖范围实现的。浓度较弱的一般为个体点源，往往相对较小且在空间上聚集（例如石油和天然气作业、畜牧业、垃圾填埋场、煤矿通风口等）。

12.7　结论

在过去的20年中，DRDC Valcartier开发了一种远距离差分检测方法，该方法利用背景和仪器自发射抑制的双输入光束干涉仪系统的属性。这种方法的最大优点是在该领域提供了远程化学羽流的光谱纯净特征，便于其实时处理。最初的CATSI及其后续的军事化版本（CATSI EDM）已经清楚地证明了差分辐射检测方法识别位于远距离的化学蒸气云的能力。最近，CATSI家族技术已经扩展到包括气体测绘成像功能（iCATSI）和用于主动传感的（AC-iCATSI）紧凑型便携式版本。

最近还开发了一种宽带便携式场光谱反射仪，用于使用固有源对目标接触面进行测量。该仪器在0.7～13.5 μm波长范围内非常灵敏，并允许在现场采集特征以正确识别表面的化学混合和形态分析。

GFCR是另一种遥感技术，非常适合在紧凑型和便携式设备上测量痕量气体，优于无法缩小到实际使用所需尺寸的经典光谱仪。在这种情况下，GFCR技术特别适合揭示选定目标的微量气体。

参考文献

[1] Thériault, J.-M. (1999). Modeling the responsivity and self-emission of a double-beam Fourier-transform infrared interferometer. *Applied Optics* 38: 505.

[2] Thériault, J.-M. (2001). Passive standoff detection of chemical vapors by differential FTIR radiometry. *DREV Technical Report, TR-2000-156.*

[3] Thériault, J.-M., Puckrin, E., Bouffard, F., and Déry, B. (2004). Passive remote monitoring of chemical vapours by differential FTIR radiometry: results at a range of 1.5 km. *Applied Optics* 43: 1425-1434.

[4] Lavoie, H., Puckrin, E., Thériault, J.-M., and Bouffard, F. (2005). Passive standoff detection of SF6 at a distance of 5.7 km by differential FTIR radiometry. *Applied Spectroscopy* 59 (10): 1189-1193.

[5] Thériault, J.-M. and Puckrin, E. (2005). Remote sensing of chemical vapours by differential FTIR radiometry. *International Journal of Remote Sensing* 26: 981-995.

[6] Thériault, J.-M., Lacasse, P., Lavoie, H. et al. (2010). CATSI EDM: a new sensor for the real-time passive stand-off detection and identification of chemicals. *Proceedings SPIE 7665, Chemical, Biological, Radiological, Nuclear, and Explosives (CBRNE)*

Sensing XI, 766513 (5 May 2010).

[7] Moreau, L., Prel, F., Lavoie, H. et al. (2010). A novel multi-pixel imaging differential standoff chemical detection sensor. *Proceedings of SPIE* 7660: 76602C.

[8] Moreau, L.M., Prel, F., Lavoie, H. et al. (2011). iCATSI: a multi-pixel imaging differential standoff chemical detection sensor. In: *SPIE Defense Security and Sensing* (27 April 2011). Orlando, USA: SPIE Defense.

[9] Prel, F., Moreau, L., Lavoie, H. et al. (2011). iCATSI, Multi-pixel imaging differential spectroradiometer for standoff detection and quantification of chemical threats. In: *SPIE Defense, Security & Sensing* (20 September 2011). Prague: SPIE Defense. (12 pages, 28 Slides).

[10] Thériault J.-M., Fortin, G., Bouffard, F. et al. (2013). Hyperspectral gas and polarization sensing in the lwir: recent results with moddifs. *Proceeding of 2013 5th Workshop on Hyperspectral Image and Signal Processing: Evolution in Remote Sensing (WHISPERS)*, Gainesville, FL, USA (26-28 June 2018). https://ieeexplore.ieee.org/document/8080742 (accessed September 2020).

[11] Thériault, J.-M., Fortin, G., Lavoie, H. et al. (2011). A new imaging FTS for LWIR polarization sensing: principle and application. In: *Imaging and Applied Optics, OSA Technical Digest*. Optical Society of America, paper FTuD2.

[12] Bonifazi, G., Picone, N., and Serranti, S. (2013). Ore minerals textural characterization by hyperspectral imaging. *Proceedings of SPIE 8655, Image Processing: Algorithms and Systems XI, 865510* (19 February 2013). doi: https://doi.org/10.1117/12.2003054.

[13] Thenkabail, P.S., Smith, R.B., and De Pauw, E. (June 2002). Evaluation of narrowband and broadband vegetation Indices for determining optimal hyperspectral wavebands for agricultural crop characterization. *Photogrammetric Engineering & Remote Sensing* 68 (6): 607-621.

[14] Kumar, A., Lee, W.S., Ehsani, R.J. et al. (2012). Citrus greening disease detection using aerial hyperspectral and multispectral imaging techniques. *Journal of Applied Remote Sensing* 6 (1) https://doi.org/10.1117/1.JRS.6 .063542.

[15] Lackenbauer, P.W., Farish, M.J., and Arthur-Lackenbauer, J. (2005). The distant early warning (DEW) line: a bibliography and documentary resource list. *The Arctic Institute of North America*, ISBN 1-894788-01-X.

[16] Sandsten, J., Edner, H., and Svanberg, S. (1996). Gas imaging by infrared gas-correlation spectrometry. *Optics Letters* 21 (23): 1945-1947.

[17] Chambers P. (2005). A study of a correlation spectroscopy gas detection method. Ph.D. Thesis. Faculty of Engineering, Science and Mathematics Optoelectronics Research Centre, University of Southampton, October 2005.

[18] Mercier J.A., Smith M.W., Hunt J.P., and Ison A.M. (2012). *Modeling, sensor design, and performance predictions for gas filter correlation radiometers*. Sandia National Labs Report, SAND2012-7985, September 2012.

[19] http://fluxlab.ca.

[20] Russell, J.M. et al. (1993). The halogen occultation experiment. *Journal of Geophysical Research-Atmospheres* 98: 10 777-10 797.

[21] Drummond, J.R. and Mand, G. (1996). The measurements of pollution in the troposphere (MOPITT) instrument: overall performance and calibration requirements. *Journal of Atmospheric and Oceanic Technology* 13:314.

[22] http://Bluefield.co.

[23] L3Harris. Different types of scanning sensors. http://www.harrisgeospatial.com/Support/Self-Help-Tools/Help-Articles/Help-Articles-Detail/ArtMID/10220/ArticleID/16262/Push-Broom-and-Whisk-Broom-Sensors (accessed September 2020).

[24] Fialka (2018). Meet the Satellites That Can Pinpoint Methane and Carbon Dioxide Leaks: European and Canadian orbiters can work together to catch wayward emissions. *Scientific American*. http://www.scientificamerican .com/article/meet-the-satellites-that-can-pinpoint-methane-and-carbon-dioxide-leaks (accessed September 2020).

13

手持式激光诱导击穿光谱

David Day

Sciaps Incorporated, Woburn, MA, USA

13.1　概述

　　激光诱导击穿光谱（laser induced breakdown spectroscopy, LIBS）测量技术与其他光发射光谱（optical emission spectroscopy, OES）方法有相似之处：它们都是激发样品中原子和小分子中的电子，然后监测这些电子衰变回低能态（Cremers and Radziemski, 2006；Miziolek et al., 2006；Musazzi and Perini, 2014）。通过分析衰变过程中发出的光，可以确定存在的元素及其浓度，元素由产生特定发射波长的独特电子跃迁能量确定，而浓度则由发射的强度确定。

　　然而，LIBS的独特之处在于，它使用的是能量从微焦耳到数百毫焦耳的短脉冲激光，用于加热样品表面，蒸发少量材料，并同时激发电子。与其他OES方法一样，使用一个或多个光谱仪收集和分析发射的光。因为发射事件的持续时间非常短，通常使用多通道光谱仪而不是扫描单色仪方法。图13.1显示了典型LIBS仪器的简化示意图。

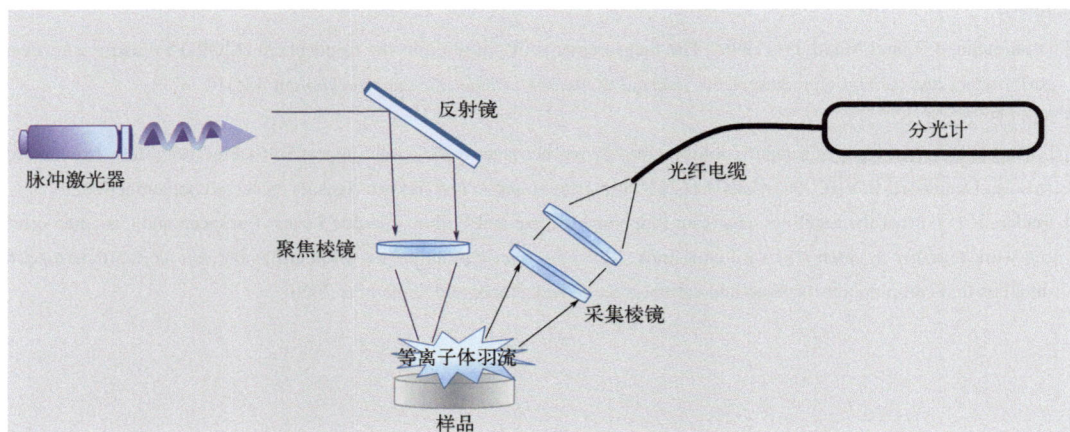

图13.1　激光诱导击穿光谱测量示意图

LIBS技术在20世纪80年代初期正式开始，相关研究的科研论文从那时起几乎呈指数增长（Noll, 2012，第4页）。2000年后，几个小组致力于制造"可运输"和"便携式"LIBS仪器，范围从基于背包的装置到小型手提箱大小的装置。这些装置通常使用包含光纤电缆的脐带电缆将信号传回光谱仪和激光器脉冲传输光学器件或电源线连接到测量头中的远程激光器。截至2013年，已有几个这类仪器研究单位和商业仪器生产商，包括Applied Photonics、Berlin Technologies、Ivea-Solution、StellarNet（Rakovsky et al., 2014）。

2013年春季，RMG科技推出第一台使用微焦耳（μJ）激光的独立的手持式LIBS（Handheld LIBS, HHLIBS）仪器。2014年初，TSI（美国明尼苏达州Shoreview）和SciAps（美国马萨诸塞州Woburn）两者都推出了带有毫焦耳（mJ）激光器的LIBS手持设备。在随后的几年里，更多的手持式LIBS仪器出现在多家公司，包括Rigaku（美国马萨诸塞州Wilmington）、B&W TEK（美国特拉华州Newark）、Hitachi（前身为Oxford、RMG）（美国马萨诸塞州Westford）、Thermo Fisher（美国马萨诸塞州Tewsbury）和Vela（美国马萨诸塞州Burlington）（图13.2）。

图13.2 从左上顺时针方向的市售HHLIBS示例：TSI-ChemLite（来源：TSI提供）、BWTEK-NanoLIBS（来源：由BWTEK提供）、Rigaku-Katana（来源：由Rigaku提供）、SciAps-Z（来源：由SciAps提供）和Vela-A1（来源：由Vela提供）

所有这些手持设备都是独立的，没有脐带电缆。但是，它们具有许多特性和功能差异。手持式LIBS所需的各种基本组件及其背后的技术将在本章展开讨论。

传统实验室OES和LIBS仪器必须在严格受控的温度环境中固定位置使用。然而，HHLIBS必须能够在可变的热条件下以任何方向运行，并且还必须能够承受各种环境条件，包括灰尘、雨水、轻微的震动和冲击。设计激光器和完全温度稳定的光谱仪非常困难，因此设计人员必须小心应用某种形式的热补偿或利用热电装置使仪器部件保持恒温。这种精确温度控制的缺点是它会消耗大量电能，降低电池使用寿命。此外，任何形式的温度控制都会产生热量，尤其是对于效率非常低的热电冷却而言。需要从仪器中排出的热量越多，冷却表面外层就必须越重、越大。成功的HHLIBS设计必须考虑性能，稳定性、功耗以及仪器尺寸和重量之间的微妙平衡。

13.2　手持式LIBS的技术路径

支持手持式LIBS的技术路径包括：
（1）紧凑型脉冲激光器；
（2）紧凑型光谱仪；
（3）激光传输光学器件、检测光学器件和等离子体容器；
（4）光束光栅（在某些仪器中）；
（5）气体吹扫（在某些仪器中）；
（6）检测器时间门控（在某些仪器中）；
（7）准（波长、强度和应用）；
（8）紧凑型电子设备和电源。

在过去的几十年里，上述所有技术都在不断发展。然而，在过去的10年中，小型化已经发展到能够将这些都包含在完全独立的手持式仪器中的程度。在以下部分中，将逐一讨论这些不同的技术路径和组件。

13.2.1　紧凑型脉冲激光器

在撰写本文时，有两种类型的脉冲激光器被用于市售的完全独立的HHLIBS仪器。这些是高度集成的微芯片激光器，其中一种脉冲能量小于1 mJ，另一种由脉冲能量为100 μJ～15 mJ的单个组件制成。两类激光器都是二极管泵浦固态（diode-pumped solid-state, DPSS）脉冲激光器，脉冲能量限制在15 mJ以下。"可移动型（非便携）"可以使用50 mJ范围内更强大的闪光灯驱动激光器的LIBS系统，例如Applied Photonics LIBSCAN 25［www.appliedphotonics.co. uk/products_services/libscan_25.htm（2019年11月1日访问）］，但是这些系统不是完全独立的手持设备，本章不涉及。

微芯片激光器于1989年首次报道（Zayhowski and Mooradian, 1989），脉冲能量高达数百微焦耳，脉冲率高达几千赫兹。这些激光器包含一个谐振腔，包括光学增益介质、可饱和吸收器（SA或Q开关）和两端的反射涂层（Aubert, 2001）。这些组件被制造成一个总体积只有几立方毫米的单一部件。一个泵浦二极管被添加到其中，通过后镜涂层将更高能量的光注入增益介质，该介质被设计为在激光输出波长处反射，但在泵浦二极管波长处透明。虽然存在各种结构变化，但图13.3（a）给出了比较典型的微芯片激光的示意图。此外，输出光学器件可以在内部或外部添加到激光器的封装中。

微芯片激光器通常与"微型LIBS"相关联，"微型LIBS"被粗略地定义为一种测量方式，该方式利用小于1 mJ的激光脉冲能量，通常为10～100 s微焦耳，脉冲频率高达数kHz。微焦耳激光器可以由微芯片或单独的光学元件构成。

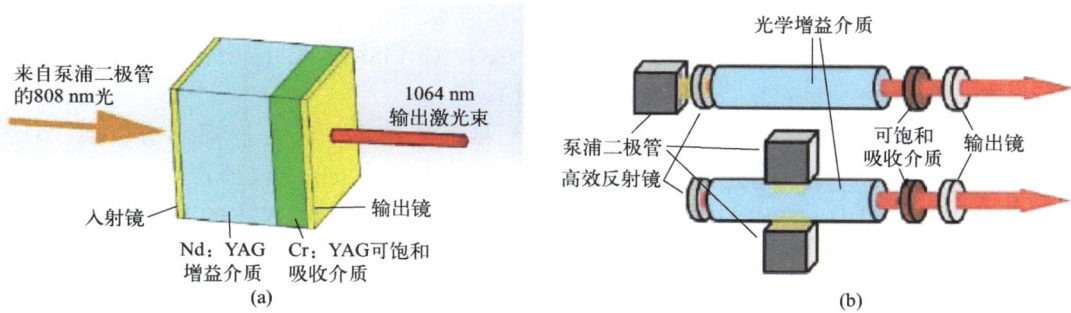

图13.3 （a）Nd:YAG微芯片激光器图，输入镜对808 nm波长的泵浦光是透明的，但对1064 nm波长激光反射率很高，输出镜可部分反射1064 nm波长激光，总体积0.03 cm³（不包括泵浦二极管）；（b）二极管泵浦固体激光器，顶部显示"端泵"配置，底部显示"侧泵"配置，总体积25～100 cm³，关键组件包括泵浦二极管、增益介质、反射镜和可饱和吸收器或"Q开关"。来源：Mukhopadhyay, 2011。版权（2011）归Lambert Academic Publishing所有

　　一些高能量密度（大于1 mJ）低频率（小于100 Hz）的HHLIBS仪器（SciAps, Thermo Fisher, TSI）由包括泵浦二极管、晶体增益介质、腔镜和可饱和吸收器（无源Q开关）或有源电子控制Q开关在内的独立组件构成。由于增益介质尺寸较大，可以存储更多能量，然后快速释放每个脉冲。由于内部消耗大量功率，脉冲频率必须保持在较低的速率。晶体增益介质的光泵浦（激发）可以通过其中一个腔镜"端泵浦"或"侧泵浦"[图13.3（b）]以类似的方式进行。

　　在HHLIBS中设计和使用小型紧凑型激光器必须考虑几个仪器设计相关问题。典型的工作转换效率大约为百分之几的数量级。激光器以20 Hz和10 mJ发射的平均光功率输出是200 mW。具有2%的输入到输出转换效率，此过程中的功耗在脉冲期间平均为10 W。如果仪器设计利用热电冷却稳定激光温度，功耗则会急剧增加。幸运的是，激光一般没有连续不断地发射。然而，在某些应用例如金属分析中，激光工作频率可能非常高。这使得非常难设计任何在没有外部风扇的情况下耗散平均功率热源为10 W的手持式仪器，因此热管理的主要选项是总外表面积和表面热导率，两者都必须最大化散热，同时合理地最小化整体尺寸和重量。因此，激光本身对最终产品的人体工程学有非常重要的影响，必须在设计中仔细考虑所有影响因素。

　　该技术仍在DPSS激光器上不断发展。可以在许多公司买到这一类激光器，例如Quantel（美国蒙大拿州Bozeman）、RPMC（美国密苏里州O'Fallon）、Coherent（美国新罕布什尔州Salem）、Kigre（美国南卡罗来纳州Hilton Head）和Thorlabs（美国新泽西州Newton）。然而，由于大多数商业化的激光器因为尺寸大、功耗大、输出差、功率/重复率或成本等缺点不太适合HHLIBS，大多数商业HHLIBS供应商目前在使用他们自己的专有技术组件针对LIBS应用进行了微调。对于HHLIBS应用，光学元件泵浦二极管、增益介质和光学镀膜经常被推到损坏阈值内的极限。

　　抗反射涂层和镜面涂层仍在发展中，因此有望通过该领域的不断发展成为未来更高功率DPSS激光器的重要技术[Lyngnes et al., 2006; https://www.photonics.com/Articles/ High-Energy_ Laser_Optics_Require_Coatings_in/p5/vo61/i482/a44258（2019年11月1日访问）]。

　　用于HHLIBS微焦耳和毫焦耳激光器的最常见激光增益介质是掺钕的钇铝石榴石（Nd:YAG）或掺钕的原钒酸钇（Nd:YVO$_4$），因为它们拥有相对较高的效率和良好的导热性（Mukhopadhyay,

2011，第70页）。可饱和吸收体铬YAG（Cr:YAG）通常与1064 nm波长发射增益介质一起使用。其他类似的增益媒体材料（Nd:YLF，Yb:YAG，Cr:LiSAF）也已用于产生输出波长为800～1340 nm的DPSS激光器（Noll，2012，第49页）。

在HHLIBS 1064 nm波长激光器运行的功率和重复频率下，它们都具有Class 3B的评级，并且对眼睛有严重危害。TSI的HHLIBS和一些第一代SciAps仪器产生的激光波长在1500～1600 nm范围内。TSI HHLIBS专利描述了一种使用Nd:YAG DPSS的激光器：激光与光学参量振荡器（OPO）晶体耦合，将1064 nm波长光转换为两个较低能量（较长波长）的输出，其中一个输出为1574 nm波长（Quant et al.，2016）。第一代SciAps仪器使用带有掺铒磷酸盐激光增益介质的Kigre激光器，输出波长为1535 nm［https://www.kigre.com/products/ laser_glass.htm（2019年11月1日访问）］。通常认为输出长于1500 nm的波长更安全，因为进入人眼的光被眼内液高度吸收，从而减少或阻止聚焦光到达视网膜。这使此类长波长（>1500 nm）仪器的激光的安全分类下降为1 M类［https://www.tsi.com/products/metal-analyzers/chemlite-laser-aluminum-analyzer-4235（2019年11月1日访问）］，但具体类别还是需要取决于激光功率水平和光束发散条件。然而，由于无论激光波长如何所有HHLIBS都会产生等离子体，样本存在检测的安全功能通常都包含在仪器的基础操作功能中。样本存在检测方案的报告示例包括等离子体腔室压力和光/暗传感器（Thermofisher 2020）［https://www.thermofisher.com/order/catalog/product/NITONAPOLLO#/NITONAPOLLO（2020年3月2日访问）］，包括视频分析和发光二极管（LED）光谱样本反射（Day，2018）以及实时"每次拍摄"光谱分析（Day and Sackett，2017）。有了这样的安全功能和适当的培训，激光安全官可以允许3B类激光仪器在1 M类激光条件下使用。

13.2.2　紧凑型光谱仪

紧凑型光谱仪自20世纪90年代初就已问世，并首先由美国Ocean Optics推向商业化［https://oceanoptics.com/25-years-amazing-sensing-solutios（2019年11月1日访问）］。从那时起，其他几个公司，例如Avantes（荷兰Apeldoorn）和Stellar Net（美国佛罗里达州Tampa），也开始提供类似的和越来越小的产品。这些类型的光谱仪已经在众多手持技术中找到出路，包括拉曼（Raman）、近红外（NIR）、紫外-可见（UV-Vis）和LIBS（Crocombe，2018）。HHLIBS供应商通常不会透露有关他们设计或购买的光谱仪的具体细节。然而，本小节将介绍紧凑型光谱仪设计的一般基础知识。

13.2.2.1　线性探测器阵列

最初的海洋光学光谱仪操作的关键是前照式线性CCD（电荷耦合设备）检测器阵列，最初是为条形码扫描仪开发的，由索尼、滨松和东芝等公司生产。最近，背照式CCD（BT CCD）和互补金属氧化物半导体（CMOS）光电探测器阵列也已推出，它们都有各自的优缺点。BT CCD具有比标准CCD更高的灵敏度，但也具有更高的成本，因为加工更为困难。它们还可以具有周期性波长响应函数，称为"etaloning"，用于减少来自探测器减薄层的内表面层反射的干扰。BT CCD的另一个最大特点是它们对深紫外线（<200 nm波长）敏感，而传统CCD在低于400 nm波长时，因为在短波长下光子穿透硅的深度减少而变得不敏感（Darmont，2009）。传统的CCD和一些CMOS器件必须涂上适当的光子下转换磷光体，例如Lumogen［https://www.teledyne-e2v.

com/content/uploads/2017/08/ccdtn103.pdf（2019年11月1日访问）] 或 Metachrome [https://www.actonoptics.com/products/metachrome-coatings（2019年11月1日访问）]。

　　线性阵列探测器通常有1024～4096个独立的探测器元件（像素），跨越大约30 mm，所有这些像素同时收集光子，然后在固定数量后读出积分时间（图13.4）。这种类型的操作是LIBS测量的关键，因为信号仅存在10 μs或更短的时间。正是由于这个原因，扫描单色光谱仪并不适用于LIBS光谱测量。

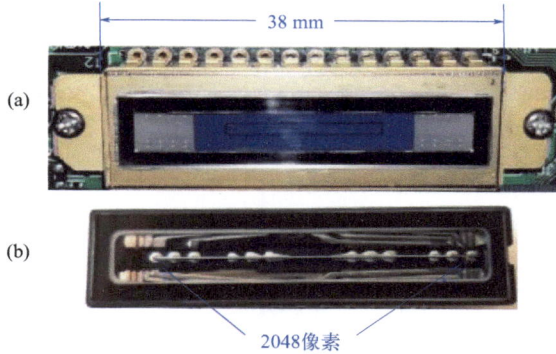

图13.4　两个线性探测器阵列的示例：（a）Hamamatsu（滨松）S11511-1006；（b）Sony（索尼）ILX511B电荷耦合器件。两个传感器以相同的比例显示

　　更大、更昂贵的台式LIBS系统通常使用增强型CCD（ICCD），包含安装在CCD前面的图像增强器。ICCD不仅增强了信号，而且允许非常精确的电子快门控制或"时间门控"，即能够以非常精确和非常短的微秒时间尺度开始和停止收集光子。对于HHLIBS，ICCD是不切实际的，因为它们的成本和驱动电子设备要求都极高。幸运的是，一些标准线性探测器阵列也具有不同程度的电子快门能力。采用更高功率激光器（>1 mJ）的HHLIBS仪器受益于电子快门控制（时间门控），以便可以拒绝初始等离子体连续谱辐射。对于基于微焦耳激光的HHLIBS，可以不使用或不需要电子快门，因为连续谱背景大大减少，并且激光重复率比任何可用探测器的组合快门速度和读出时间快得多。因此，必须仔细审查和选择检测器规格，具体取决于它的使用方式。一些可用的探测器和规格可以在Avantes光谱仪目录中查看 [参考 https://www.avantes.com/catalog/19/#zoom=z（2019年11月1日访问）]。使用毫焦耳激光器的时间门控的更多细节和示例可以参见13.2.6小节。

13.2.2.2　光谱仪中的光路设计

　　目前的几种商业HHLIBS使用称为Czerny-Turner (CT) 的光谱仪布局（Czerny and Turner, 1930）。基本的CT设计包含（沿光路遇到的顺序）：入口狭缝、准直镜、衍射光栅、重聚焦镜和出射狭缝。在最初的CT设计中，光栅缓慢旋转，以便在出射狭缝处选择合适的波长。对于HHLIBS，出射狭缝被线性探测器阵列取代，不同的波长沿着阵列长度照射不同的像素。在图13.5（a）所示的经典CT设计中，第一个离轴准直镜1引起的像差由第二个重聚焦镜2部分补偿。称为交叉Czerny-Turner的CT变体如图13.5（b）所示，这种设计失去了像差校正功能，但在减少整体尺寸方面获得了优势。这两种类型的光谱仪目前都已经用于商业HHLIBS。CT设计的替代形式包括使用透射光栅（Quant et al., 2016）以及用透镜代替反射镜。图13.6展示了一个一些大型商业LIBS仪器中使用的商业Avantes光谱仪。

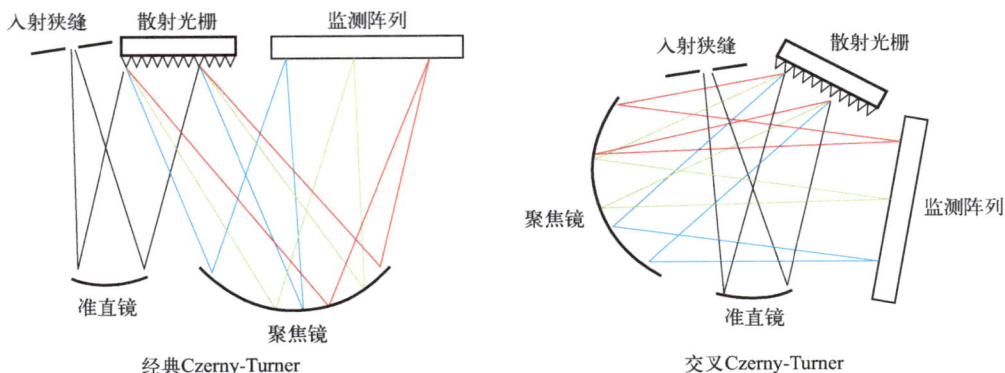

图13.5   经典Czerny-Turner（a）和交叉Czerny-Turner（b）光谱仪配置，均使用了线性检测器阵列取代出口狭缝。来源：Czerny and Turner，1930

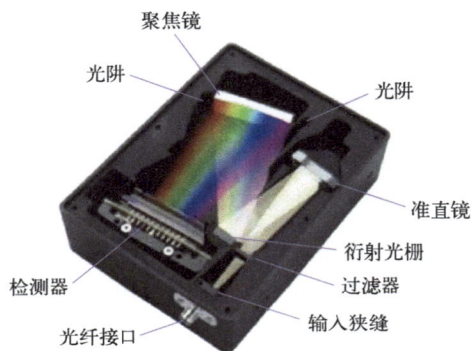

图13.6   小型Avantes光谱仪标准CT配置示例。来源：Avantes

对HHLIBS来说最重要的是区分元素发射所需的光谱分辨率和光谱带。影响光谱分辨率和光谱带的主要因素包括衍射光栅和反射镜焦距长度。更高的衍射光栅槽密度和更长的焦距都会导致更高的光谱分辨率。虽然详细的光谱仪设计（Scheeline，2017）超出了本章的范围，但简单说来手持式光谱仪应该合理选择适合仪器的尺寸和恰当运用当前成熟的衍射光栅技术，当前商业仪器获得的最佳光谱分辨率可以刚好低于0.1 nm。虽然大多数LIBS应用不需要这种高分辨率，但拥有高的最佳光谱分辨率对于某些应用来说至关重要，例如在193.1 nm波长处碳发射线的量化，以便更好地与相邻线分离（13.4.2小节）。

另一个必须考虑的因素是线性检测器捕获的光谱带或范围与所需分辨率和范围之间的权衡。HHLIBS设计人员仔细考虑所需的分辨率以及元素发射线在给定应用中的位置，并尝试设计同时满足这两个要求的光谱仪。用于金属合金测定和分选的几种商业HHLIBS使用的单个光谱仪通常在230~450 nm波长范围内，因为大多数标准合金基体和合金元素发射谱线都在该范围内。如果我们假设检测器有2048个像素，那么光谱仪的像素分辨率为（450~230 nm）/2048像素或0.108 nm/像素。然而，为了准确地检测位置和量化峰值，光学分辨率必须比像素分辨率低约2.5倍（更宽），以确保峰值分布在多个像素上。这似乎违反直觉，但通过将峰值分布在几个像素上，峰值中心可以定位到比1/10像素更好的位置，而如果发射线完全位于一个像素内，则只能知道一个像素的宽度。因此，这些单光谱仪HHLIBS单元的常见分辨率为0.2~0.3 nm。至少有4款商用HHLIBS仪器使用多个光谱仪来提高分辨率和范围（B&WTEK的"NanoLIBS"使用2个，

Thermo Fisher 的 "Apollo" 使用2个，TSI 的 "ChemLite" 使用2个，SciAps 的 "Z" 拥有2个、3个、4个光谱仪等多种型号），以开启更多应用的能力，例如检测钢中的碳，以及更广泛的元素组，包括钢中的氟、锂、钠、钾和地球化学分析中的硫。图13.7显示了SciAps Z300的光谱示例，它使用的3个光谱仪的总光谱波长范围为188～950 nm，分辨率范围为0.15～0.35 nm。

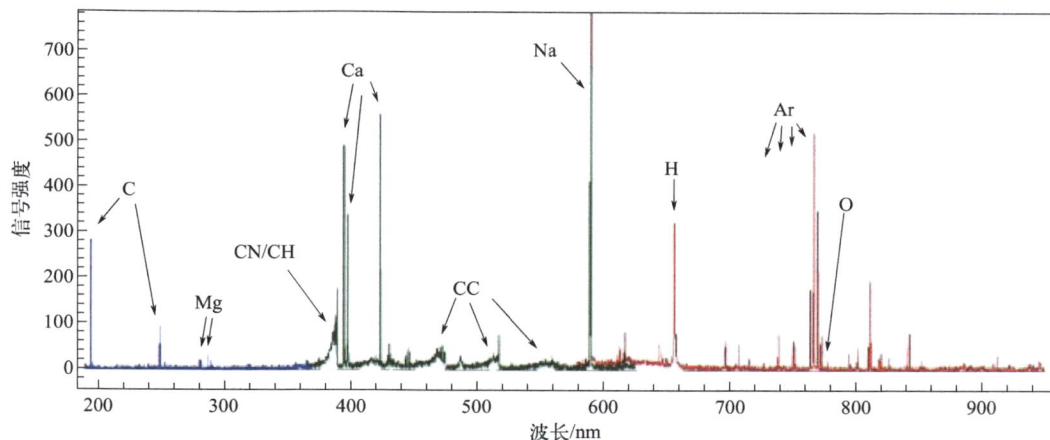

图13.7　从具有3个光谱仪的SciAps Z300宽光谱范围仪器导出的LIBS光谱。样品为氩气吹扫下的人指甲，使用5 mJ激光，650 ns门延迟

13.2.3　激光传输光学器件、检测光学器件和等离子体约束

各种HHLIBS制造商以不同的方式利用激光传输光学器件和等离子体检测光学器件。具体技术细节并没有完全披露。本小节将介绍几种实现的基本方法。

13.2.3.1　激光传输光学器件

大多数DPSS激光器设计用于发射准直或近准直光。这很方便，因为它使HHLIBS设计在激光出射窗和聚焦光学器件之间保留了一些距离。一个聚焦光学器件（透镜或凹面镜）用于将准直激光束带到样品表面上的一个小点。为了在铝上诱导等离子体，光束必须集中到功率密度（激光脉冲期间）为$10^7 \sim 10^8$ W/cm² 的能量（Noll，2012，第20页）。吸收系数较低的材料需要更大的功率，气体等离子体需要约1011 W/cm²（Cremers and Radziemski，2006，第40页）。以100 μJ和2 ns脉冲宽度的激光为例，脉冲存在期间可以产生50 kW的能量功率。如果聚焦在100 μm的点上，它产生约5×10^8 W/cm²，并会在铝和大多数其他金属上产生等离子体。然而，在低吸光度材料上产生等离子体这样的能量密度通常是不够的。相反，脉冲宽度为2 ns的10 mJ激光器每个脉冲的功率密度将高出2个数量级。并且，在某些情况下，使用稍微紧密一点的聚焦至50 μm，能量便可以强到在空气中产生等离子体。

因此，必须选择光学器件以充分聚焦到足够小的光点，以便在脉冲期间达到足够高的功率密度。最终光斑尺寸是聚焦光学元件之前的光束直径、光学器件的焦距和激光束质量的函数。这些属性之间的相互关系讨论超出了本章的范围。然而，一切的目标是使目前的HHLIBS仪器具有足够的脉冲能量，按照前面描述的利用焦距在5～20 mm数量级的聚焦光学器件并获得功率密度10^8 W/cm²或更高，以满足绝大多数的应用场景。

13.2.3.2   等离子体和颗粒物约束

从等离子体到聚焦光学器件的距离非常重要，它不仅对于获得足够的功率密度（越短越好）有益，而且可以保持光学器件清洁（时间越长越好）。LIBS 等离子体通常会发出小的被测材料熔融粒子（图13.8）。激光的功率越高，这些粒子可以传播的距离越远。如果熔化的颗粒到达聚焦光学器件，它会被焊接到聚焦光学器件上，只能通过抛光或更换去除。

图13.8   10 mJ产生的具有熔融燃烧物的等离子体在钢上的激光脉冲（1064 nm 波长）。红色物体是氩气输送管子

Thermo Fisher Apollo HHLIBS 设备有一个清洁/抛光套件和标准程序，建议每使用1000次测量就进行一次完整清洁抛光〔https://players.brightcove.net/665001591001/dae1816b-a958-4ec8-b102-253bcd5c7d2a_default/index.html?videoId=5997407365001（2019年11月1日访问）〕。SciAps Z设备都有一个放置在聚焦透镜和等离子之间的一次性落入式窗口，在使用时被擦掉或在必要时更换（Day et al, 2016）。同样，BWTek 的一项专利（Wang, 2017）描述了一种与气幕相结合的保护窗，以尽量减少积累。

13.2.3.3   等离子体光收集光学器件

从等离子体收集光并传送到光谱仪是通过多种方式完成的。最简单的情况是，光纤尖端可以放置在等离子体附近并远离入射激光的一侧，然后用光纤将光直接传送到光谱仪。在其他设计中，重新聚焦的镜头或反射镜可以用于从等离子体中收集更多的光并将其与光纤的数值孔径输入锥相匹配。在另一个HHLIBS设计中，单个透镜用于激光聚焦和等离子体光收集（图13.9）。这种配置的优点是激光光路与等离子体光收集路径的对准更容易维护，并且只需要移动一个光学器件来光栅化光束（参见13.2.4小节）。

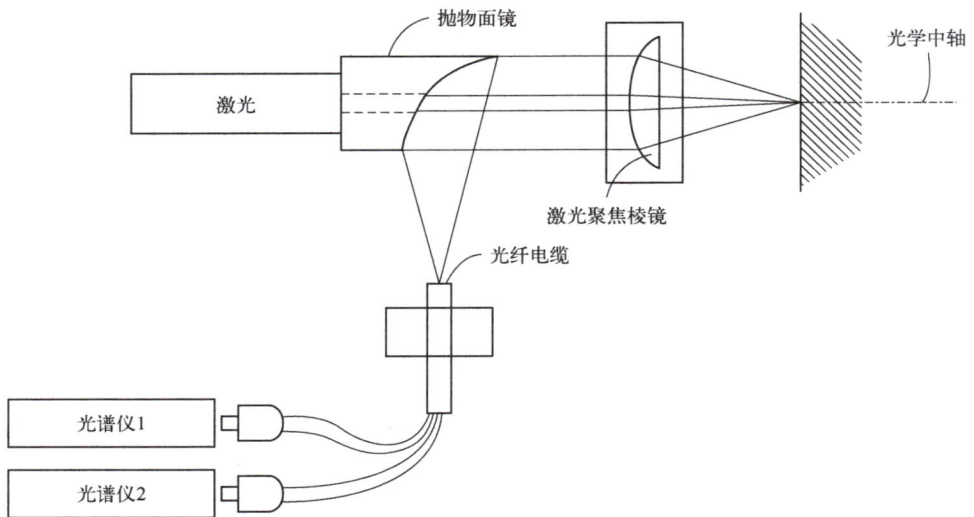

图13.9   多光谱仪HHLIBS光学配置，通过单个光栅的移动实现光束光栅化。收集到的等离子体光通过激光聚焦透镜，然后被抛物面镜反射，重新聚焦到光纤电缆上。来源：Day，2018年

13.2.4 光束光栅

多个HHLIBS产品（Bruker-EOS500，BWTEK-NanoLibs，Rigaku-Katana，Hitachi-Vulcan，SciAps-Z，Vela-A1）实施某种形式的光束光栅化。光束光栅已经典地用于台式系统，用于更好地平均样本的不均匀性，特别适用于元素成像。在这种情况下，对于HHLIBS微焦耳激光器，光栅化是必要的，因为固定光束在经过几次后停止产生等离子体，因此必须不断扫描。这种行为归因于表面反射率在第一个脉冲之后发生了变化（Tashuk et al.，2007，第187页），如果样本未移动，将无法获得有效的采出数据（Rakovsky et al.，2014，第280页）。无论如何，移动的激光点用于有效平均样品表面的不均匀浓度变化（图13.10）。在收集有效数据进行分析之前，一些微焦耳仪器会在同一测线进行多次扫描，以对目标位置进行预清洁（Noll et al.，2018，表3），并在Rigaku Katana文献［https://www.rigaku.com/en/kt100s（2019年11月1日访问）］中被描述为"向下钻取"（drill down）技术或Hitachi Literature中的"预烧"（preburn）［https://hha.hitachi-hightech.com/assets/uploads/downloads/handheld-analysers/vulcan/Vulcan-LIBS-Analyser-For-QA-QC.pdf（2019年11月访问）］。

图13.10   微焦耳激光一维表面扫描

当使用更高功率的激光器（>1 mJ）时，可以从同一位置始终如一地创建LIBS等离子体而无需移动激光器。这非常有用，因为最初的几次激光照射可以非常有效地用于"清洁"样品表面并烧掉污染物和氧化层。TSI和Thermo Fisher的设备就是以这种方式在同一位置进行测量。SciAps HHLIBS不仅使用清洁脉冲，还提供了用户可控制的二维扫描设置——X和Y方向上的扫描点数量各点之间的间距、每个点的清洁脉冲次数以及每个点的采焦脉冲数。在合金分析中，使用多个测量位置有助于更好地平均材料的不均匀性；而在某些地球化学应用中，则通过多个采样点来绘制元素分布图（图13.11）。

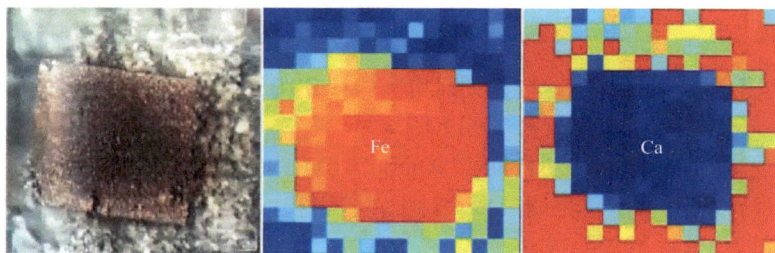

图13.11   左：岩样中黄铁矿包裹体照片；中和右：16 × 16栅格显示铁和来自同一样本的钙LIBS强度分布热图。网格间距120 μm，全图宽度1.8 mm。来源：Connors et al，2016

13.2.5　气体吹扫

传统的台式 LIBS 系统具有用惰性气体吹扫样品的能力，目的是增强来自等离子体的信号。具有较高密度和较低热导率的气体倾向于保持等离子体局部化，具有更高的等离子体密度和温度，这进一步导致更多的光发射（Noll，2012，第29页）。氩气是目前最常用的吹扫气体，已被证明在特定情况下可将光输出增强超过10倍。在某些情况下，吹扫气体的电离能也会影响能量向汽化样品元素的传递效率。氟的电离势为17.4 eV，是一种较差的 LIBS 发射体，但使用氦气作为吹扫气体可以显著增强其检测效果。这是因为氦的电离势高达24.6 eV，高于氩的15.8 eV，因此可以降低背景噪声并减少等离子体屏蔽效应（Asimellis et al, 2005; Cremers and Radziemski, 1983）。氦增强已用于 HHLIBS 中，以检测快餐包装中氟的相对含量（Connors and Day, 2018）。

虽然氩增强对激光脉冲能量大于1 mJ非常有利，但已经表明对于微焦耳激光器，吹扫气体的影响很小。图13.12显示了在空气和氩气环境中使用270 μJ脉冲能量从钢样品（SRM 1050）中提取 LIBS 信号的示例。虽然信号是氩气略高，但没有明显的信噪比增强。微焦激光等离子体对气体环境的不灵敏性尚不清楚，但可能与极短的等离子体寿命和衬底热导率有关。

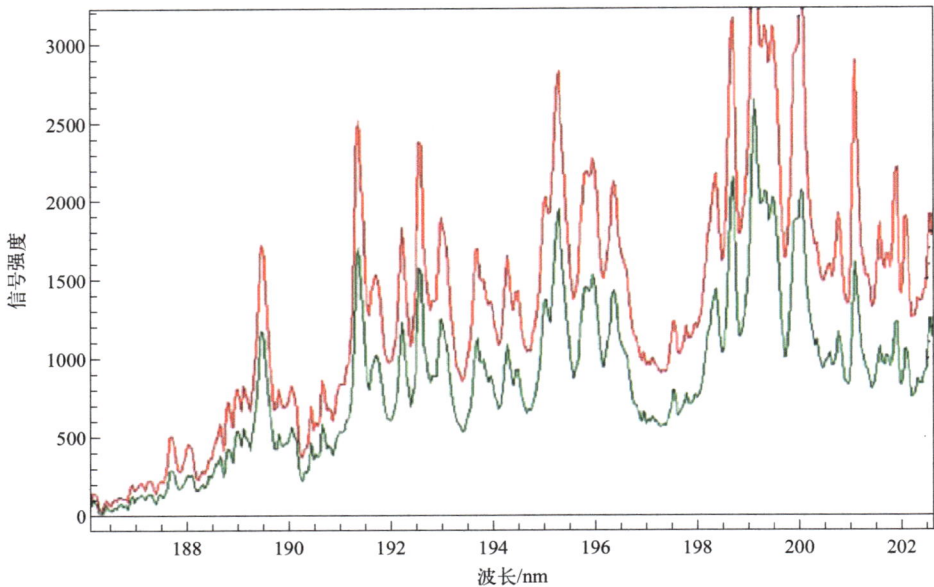

图13.12　来自270 μJ激光、1064 nm激光、140 Hz、300 mS数据收集窗口的LIBS光谱（1050碳钢），无门控（绿色为空气，红色为氩气吹扫）

与高激光功率台式 LIBS 系统一样，更高功率的 HHLIBS 激光等离子体（>1 mJ激光脉冲）在氩气存在下也表现出显著的信号增强（图13.13）。

SciAps的"Z"型和Thermo Fisher的"Apollo"型HHLIBS仪器（分别为5 mJ和10 mJ）均采用氩气吹扫以增强信号，并已证明该技术对于在碳钢和L级不锈钢中的低碳浓度测量是绝对必要的。这两种仪器均将氩气罐集成在设备内，并精确控制气体流量以持续数百次测量。虽然在>1 mJ激光功率的HHLIBS上，非碳合金分析可以在无氩气条件下进行，但使用氩气会对所有元素测量带来更高的信号水平和更好的精度。

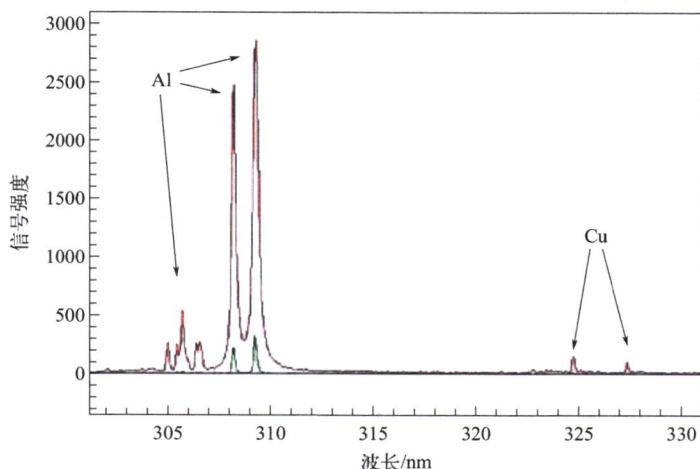

图13.13　空气环境（绿色）和氩气环境（红色）中铝箔的HHLIBS光谱，其他条件相同：5 mJ激光脉冲，650 ns门延迟

13.2.6　检测器时间门控

在典型的更高能量（>1 mJ）等离子体激发过程中，有足够的能量激发电离大部分原子（Noll, 2012，第146～149页）。激光脉冲后不久，通常在几纳秒的持续时间内，发射的光在具有连续宽带的大波长范围内被观察到。这种初始辐射被称为"连续辐射"或"轫致辐射"［或刹车灯（braking light）］，这是具有随机能量的自由电子返回到空原子能级的结果。由于自由电子具有能量分布，这种初始辐射没有特定的发射波长，结果体现为宽带白光发射。

初始连续谱辐射在100 ns到几微秒的时间尺度上衰减，具体取决于实验条件（激光功率、吹扫气体、能量密度）。在这一点之后，仍然存在受激发的中性原子和激发态离子。虽然一些激发态在初始连续辐射期间衰减，但许多激发态在这个时期之后仍然存在，并且可以在衰变过程中观察到窄发射线。图13.14（a）显示了受激发的氯化锂溶液在3种波长（氢656 nm、锂671 nm

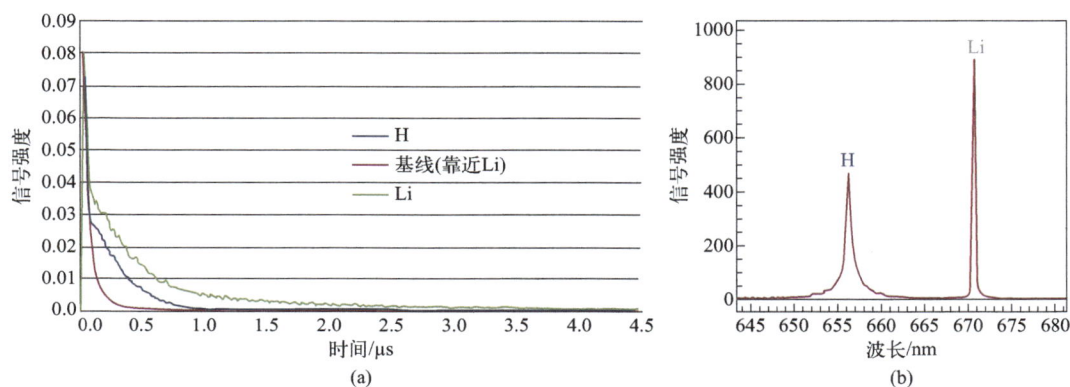

图13.14　（a）使用硅光电倍增管检测器，在3个特定波长H 656 nm、Li 671 nm、基线665 nm测得的氯化锂溶液的弛豫时间发射信号；（b）在相同条件（5 mJ、2 ns、1064 nm的激光脉冲照射溶液表面，空气环境）下，使用250 ns门延迟所获得的HHLIBS光谱

和基线 665 nm，其中没有特定元素发射线）的时序光谱变化。在所有 3 个波长下都观察到连续辐射，并且在 0.5 μs 后慢慢消失。此后不久，665 nm 发射降至零。656 nm 波长显示超过 0.5 μs 的额外发射，这是来自激发氢电子的 H-α 弛豫。在这些条件下（5 mJ 激光能量，80 μm 焦点，2 ns 脉冲持续时间，空气环境），氢发射大部分在 1 μs 左右消失了。671 nm 发射线，由于是锂的激发，比氢有更长的弛豫寿命，可以持续到 3 μs。

因此，对于脉冲能量大于 1mJ 的激光诱导击穿光谱（LIBS）而言，由于初始连续辐射的掩盖，短寿命态可能难以观测，而其他长寿命态则容易观测到。尽管并非绝对必要，但大多数台式和较高激光能量的 HHLIBS 仪器都配备了"时间门控"光谱仪探测器，这些探测器可以通过使用高速电子快门来阻挡初始连续光。这样做的优点是消除了不需要的连续背景，并且在许多情况下，由于较长的门延迟时间下等离子体温度和电子密度较低，会产生更窄的发射线。图 13.14b 展示了一个示例，该示例利用 250 ns 的门控延迟来消除连续背景；然而，短寿命物种可能会因时间门控而完全丢失。如果需要观测短寿命物种，这可能是一个缺点；但如果有干扰性的短寿命谱线叠加在其他长寿命物种上，这可能是一个优点。图 13.15 显示了门控延迟对所得光谱的影响。

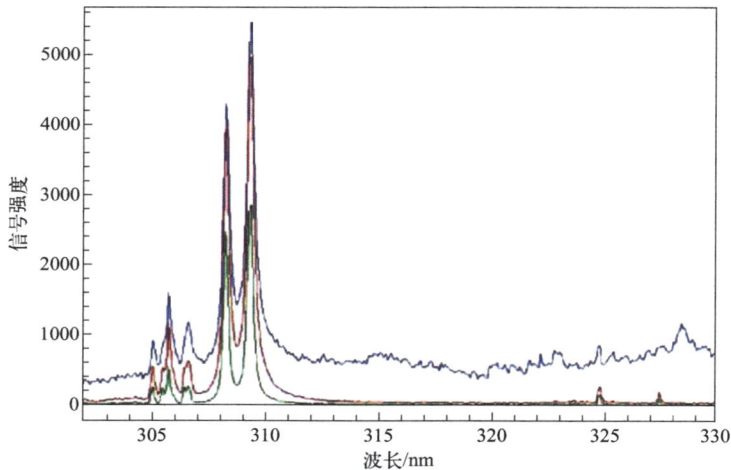

图 13.15　具有各种门延迟的铝箔的 HHLIBS 光谱（绿色 = 650 ns，红色 = 250 ns，蓝色 =0 ns）（5 mJ 脉冲，2 ns 脉冲，氩气环境）

在微焦耳激光的低能量脉冲范围内，等离子体行为有所不同。宽带连续辐射比高功率激光小得多，并且发射寿命极短（Tashuk et al., 2007，第 180 页）。在低于几十微焦耳的低脉冲能量下，等离子体发射持续时间与激光脉冲本身的长度相似（Gornushkin et al., 2004）。在几百微焦耳的范围内，等离子体光发射持续时间约为 10～100ns，仍比高能量脉冲激光短约两个数量级（Häkkänen and Korppi-Tommola, 1995）。在这些短寿命下，使用标准的 CCD 或 CMOS 探测器进行门控根本不可能。然而，如前所述，微焦耳激光的连续辐射非常低，无需门控即可获得良好的光谱。这些激光的脉冲重复率通常在数千赫兹范围内，因此通常在探测器快门打开的情况下收集数百个脉冲的数据。这使得在持续数百毫秒的一次探测器积分内可以积累大量的光，并产生良好的信噪比（SNR）。图 13.16 展示了使用非门控微焦耳激光和门控毫焦耳激光从同一样品（86L20 钢）和同一 HHLIBS 光谱仪收集的光谱示例。在 225 nm 波长附近的区域（主要由离子铁发射线主导），所得光谱非常相似，但非门控微焦耳激光观察到一些连续谱和谱线展宽。

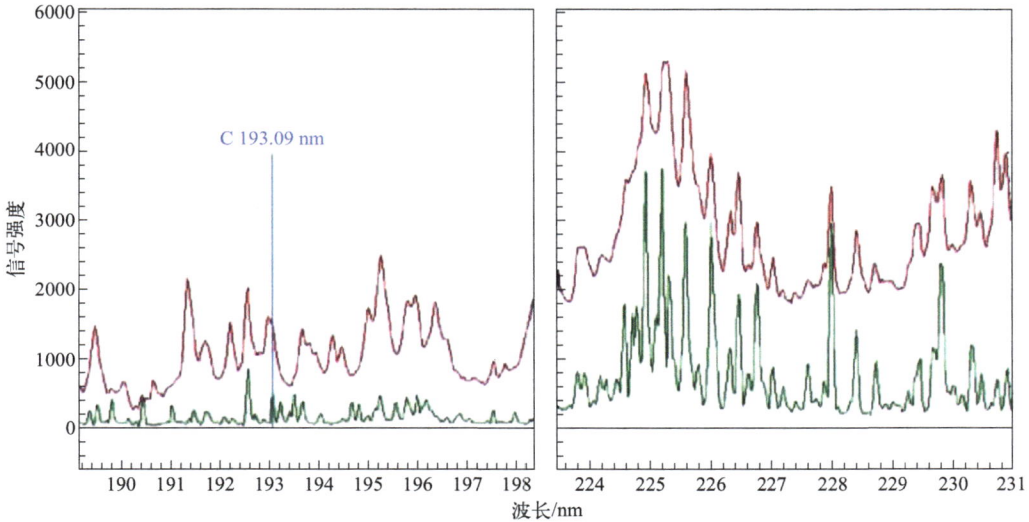

图13.16 86L20钢材的LIBS光谱，氩气环境，使用非门控激光（红色，270 μJ，140 Hz，300 ms集成）和门控激光（绿色，5 mJ，650 ns门延迟）

在193 nm附近的区域（钢材分析的关键碳发射线所在区域），两种技术之间存在较大差异。微焦耳激光表现出一些谱线展宽和在门控毫焦耳激光光谱中未出现的大发射峰。该钢中的碳浓度接近0.2%。毫焦耳激光光谱显示出一条与相邻峰合理分离的碳发射线，而微焦耳激光光谱则在碳发射线左侧出现一个肩峰。两种技术都能够测量钢中碳浓度的差异，但非门控微焦耳激光光谱中的肩峰使得分析较低浓度水平变得困难。图13.17中显示的非门控微焦耳激光的最低碳浓度是304H不锈钢，碳浓度接近0.05%。门控毫焦耳激光观察到的最小碳峰来自有证标准物质"CP-Iron/IARM 27E"，其碳浓度为0.002%（https://www.armi.com/hubfs/Certificates%20of%20Analysis/IARM-27E.pdf）。

13.2.7 校准

HHLIBS "校准"可以指针对光谱仪波长或强度的校正，也可以指针对特定应用、根据在LIBS光谱中观察到的发射线产生元素浓度的校正算法。

13.2.7.1 波长和强度校准

为了使HHLIBS正常运行，波长校准（波长

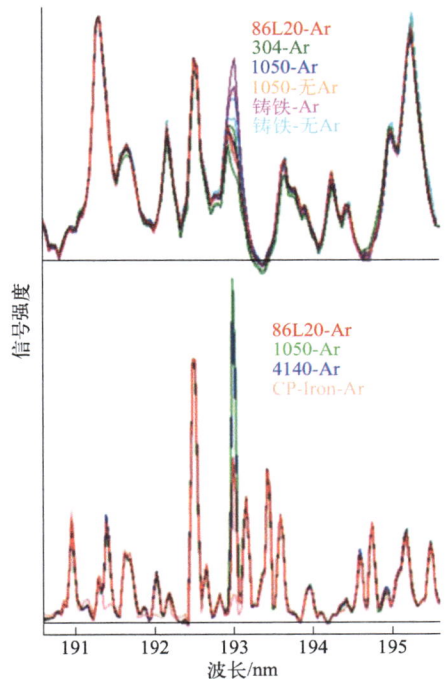

图13.17 各种钢中碳193.09 nm发射峰值对比。数据已经过基线去除处理，并以192.5 nm铁发射峰为标准进行了归一化处理。上图：270 μJ，非门控，140 Hz，300 ms积分，氩气和无氩气（标记）；下图：5 mJ，门控，650 ns门延迟，氩气

与像素数）和强度响应［数模转换器（DAC）计数/光子与像素数］必须随时间和温度变化保持稳定，或者仪器必须有一些方法补偿与温度相关的漂移。所有光谱仪都会由于热膨胀经历与温度相关的波长变化。这可以在出厂时进行校准并内置到软件中。然而，在实践中，制造商通常使用可以在现场测试的已知材料标准物。通过测量标准物的发射光谱线位置和强度值，校正可以应用于工厂存储的波长/强度校准。因此，每次检查参考标准时都会更新校正值。最新的商业HHLIBS可以根据所需的时间间隔从内部校准表面进行时间或温度的校正测量，这使用户无需外部校准标准。这些校准方法尽管大大增加了仪器的准确性和稳定性，但在温度差异较大时仍可产生约0.01 nm的波长再现性波动误差。

13.2.7.2　针对应用的校准

术语"校准"还指将LIBS光谱数据转换为元素浓度的校正算法。校准技术包括传统的单变量方法，例如OES（ASTM 1996）使用的方法，以及更现代的利用化学计量建模的多变量方法（Guang et al., 2015；Zhang et al., 2018）和人工神经网络（D'Andrea et al., 2014）。

当前HHLIBS中最常见的应用校准方法类似传统的OES，它创建一个线性或多项式函数，将元素的发射线强度与元素的浓度相关联。LIBS的一个最大的困难在于每次激光发射的等离子体强度可能会因被测材料不同而有很大差异。在这些情况下，为了补偿强度变化，组成材料的大部分基体元素通常用作内标。例如，在分析钢中的铜时，铜发射线强度将除以附近的铁（基体元素）发射线强度。以此得到的校准是一个多项式，它根据元素的"强度比"预测元素浓度。另一种强度补偿方法是在选定的范围内使用整个积分光谱区域而不是单个基体元素峰作为内标。

图13.18显示了铁中钼的典型校准曲线。在这个例子中，两个Mo峰（553.3 nm和550.7 nm）

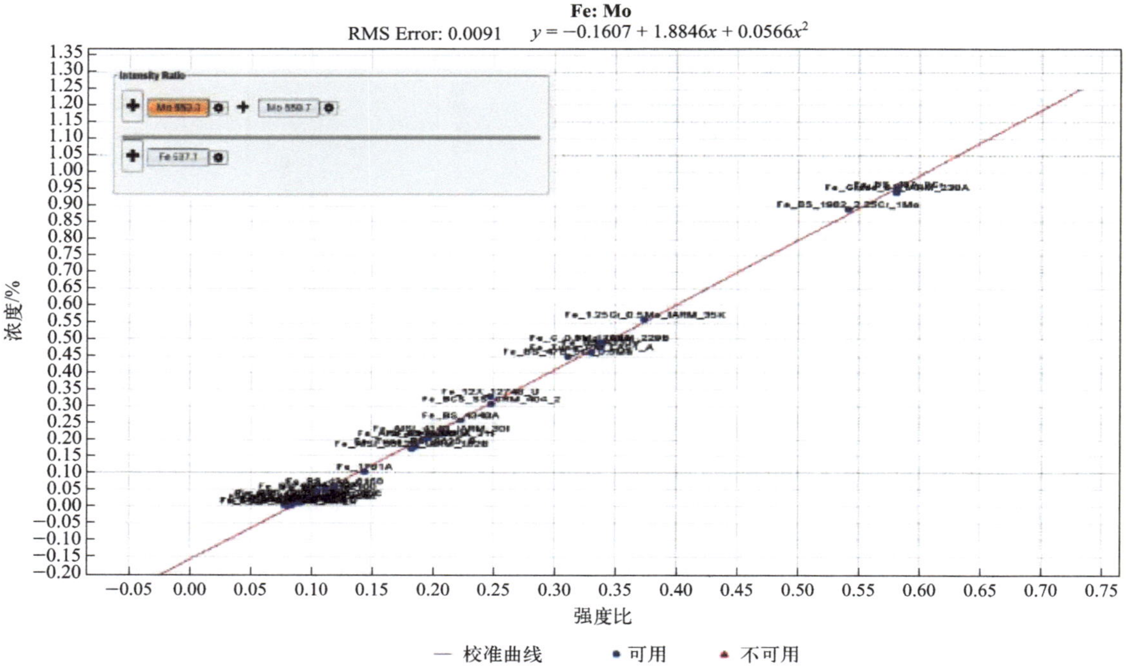

图13.18　基于测量预测铁中钼的二阶多项式校准曲线。水平轴上的强度比是根据左上角定义的峰值比计算得到的

相加并参考537.1 nm处的铁线。除了对多个峰直接求和外，还可以应用带符号的乘法因子补偿某些基质效应或重叠峰产生的干扰效应，所有这些技术在传统OES中都很常见。

化学计量学和机器学习算法（Kramer, 1998；Mark and Workman, 2018）已经大量应用于LIBS数据分析。近年来，一些已经发表的使用HHLIBS收集的数据的论文使用了PCA（主成分分析）、PLS（偏最小二乘）和PLS-DA（偏最小二乘判别分析）等经典算法。PCA和PLS-DA用于材料分类，并且已有研究展示了它们在地球化学材料的HHLIBS分析中的应用（Harmon et al., 2017, 2018）。PLS是定量预测技术，将其与HHLIBS数据一起用于确定钢中的元素浓度已成功试验（Afgan et al., 2017）。人工神经网络（ANN）算法也成功地从HHLIBS数据中提取了准确的钢元素浓度（X. Tan，个人通讯）。

化学计量学和机器学习校准方法可能有几个缺点。要达到准确分类或校准所需的数据集可能非常大，因此创建起来非常耗时。另一经典问题是模型仅与模型数据集中包含的数据吻合度好，对落在模型数据集之外的样本所做的预测可能会产生错误的结果。最后，对于任何测量技术来说，化学计量学模型在仪器之间的转移都是极其困难的，对于LIBS来说尤其如此，这是由于与LIBS技术相关的变量范围很大（绝对激光功率、光学和光谱仪传递函数、检测器），很难在仪器之间准确重现。

因此，HHLIBS非常需要改进单变量和多变量校准方案的校准转移算法。沿着这些方向的未来发展会显著提升HHLIBS的性能，并降低市场驱动的商业应用的成本。

13.2.8 紧凑型电子器件和电源

手机技术的发展很大程度上推动了小型高性能处理器、高容量内存、高分辨率显示器、Wi-Fi–蓝牙–通用串行总线（USB）通信、全球定位系统（GPS）和微型摄像头的普及。所有这些元器件现在都包含在大多数HHLIBS以及其他手持式分析仪中，例如X射线荧光（XRF）、拉曼（Raman）、近红外（NIR）和中红外（MIR）仪器。这些现成的组件可以轻松与定制的光谱仪通信，激光驱动和电机驱动子模块集成。

锂离子电池广泛用于为HHLIBS仪器供电。以目前的电池技术，230 g电池可以提供50 W·h的能量。根据操作特性，5 mJ或10 mJ DPSS激光器在发射时将消耗10～15 W的能量。HHLIBS系统的其余部分可能会持续消耗几瓦的电能，取决于实施的选项。高强度使用的HHLIBS可能会以高达40%的运行时间比运行激光器。假设平均功耗为8 W，单节50 W·h 230 g电池可运行约6 h。这对于正常应用来说绰绰有余。不同的供应商列出了各种操作时间，取决于实际电池容量和内部电子设备，但是它们都遵循同样的计算评估思路。实际应用中如果需要更长的运行时间，当前的商用HHLIBS可以通过快速更换电池来延长使用时长。

13.3 商用HHLIBS的技术指标

当前可用的商用HHLIBS具有多种功能和特性，其中许多已在本章中描述。不同之处在于所使用的技术、包含的功能以及产品预期的应用场景。表13.1总结了HHLIBS的基本特性。

表13.1 商用HHLIBS仪器特性［由Noll等人编制（Noll et al, 2018），信息通常可在因特网和个人通信中获取］

项目	BRUKER	BWTEK	Hitachi	Rigaku	SCIAPS	THERMO	TSI	VELA
激光脉冲能量	<1 mJ	<1 mJ	<1 mJ	<1 mJ	5 mJ	10 mJ	>5 mJ	最大200 μJ
激光频率/Hz	5000	1000～5000	7500	—	50	20	—	最大4000
激光平均能量/mW	100	<200	<450	—	250	200	—	最大400
激光波长/nm	1064	1064	1064	1064	1064	1064	1574	1064
光栅	1D	1D	1D	1D	2D	无	无	1D
氩气吹扫	无	无	无	无	有	有	无	无
检测器门控	无	无	无	无	有	有	无	无
光谱范围/nm	170～720	200～800	240～510	220～480	188～950	186～420	—	—
重量（包含电池）/kg	2.4	1.8	1.5	1.5	2.2	2.9	—	1.2
扫描速度/s	—	0.3	1	约2	2～3，对碳分析约为10	对碳分析约为10	1～3	1

13.4 HHLIBS的应用场景

成熟的商用HHLIBS现在已经投入使用5年多了，并且已经进入了不同的应用领域（David and Omenetto, 2012）。HHLIBS的主要市场驱动应用是金属分析领域的材料可靠性鉴定（PMI）、无损检测（NDT）、废料分类和质量控制。最近，各种地球化学应用也形成了二级市场。

一些刚刚起步或仍在开发中、但尚未推动HHLIBS市场的应用场景涵盖了广泛的领域，包括锂卤水分析（https://www.sciaps.com/wp-content/uploads/2016/07/SciAps-ApNote_Lithium-Concentrations-in-Brines_Feb2017.pdf?x24702）、单原子盐PMI（https://www.clinicaltrialsarena. com/ products/nanolibs-handheld-libs-analyzer）、土壤中的有机碳（https://www.sciaps.com/wp-content/uploads/2018/12/SciAps_ApNote_Carbon-in-SoilsFinalRGB.pdf?x24702）、土壤污染（Kumar et al., 2019）、考古分析（Botto et al., 2019）和法医分析（Hark and East, 2014）等。

图13.19显示了当前HHLIBS市场的粗略细分，其中几个具体示例将在本节介绍。

13.4.1 废料分拣

在过去的20年里，手持式XRF（HHXRF）一直是废料分类的首选仪器。然而，HHLIBS已经在HHXRF有困难的某些废料分拣应用领域找到了出路——例如，需要测量较轻的元素，如硅、镁、锂、铍和硼。铝是LIBS最大的废料分拣应用，可以区分从1000到8000的不同铝系列。这方面的一个例子是使用5000系列和6000系列铝合金在镁和硅含量高的汽车行业测量以确定合金类型（https://www.recycling-magazine.com/2016/10/17/new-sorting-systemfor-separating-aluminium-alloys.TSI：https://www.tsi.com/getmedia/859f93cc-4296-46be-a81d-f048d7788a64/LIBS_Automated_Aluminum_Scrap_Sorting_LIBS-028-US?ext=.pdf）。

HHLIBS还可以区分系列中的等级，包括6061/6063合金、3003/3004合金和7050/7075合金（https://hha.hitachi-hightech.com/en/blogs-events/blogs/2019/05/30/identify-aluminium-lithium-alloysin-a-second-with-the-new-vulcan-optimum-handheld-libs-analyser）。这些非常相似的合金的区

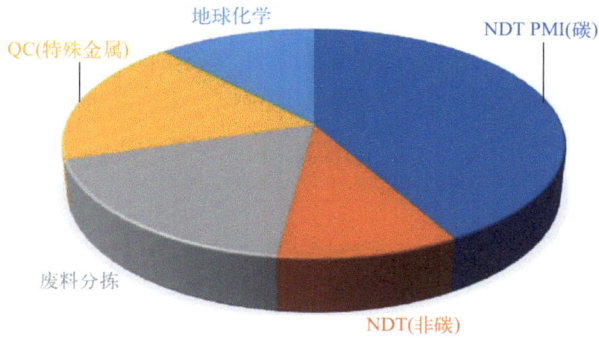

图13.19 估计的当前HHLIBS销售细分市场。来源：D. Sackett和K. Smith，个人通信

分依赖于HHLIBS对Cu、Mg、Si、Zn、Zr和Cr进行精确测量的能力，它们可能只存在于百分之几到百分之零点几之间（https://en.wikipedia.org/wiki/Aluminium_alloy）。然而，最近X射线检测技术的改进，特别是针对Mg和Si，正在推动HHXRF解决这些很难的区分工作（https://www.sciaps.com/aluminumsorting-with-x-ray-or-libs-sciaps-has-the-answers）。

航空航天工业利用含锂铝实现更综合的效果，如降低密度达10%，提高刚度15%（Prasad et al., 2014）。锂具有极强的LIBS发射峰，其检测限可轻松低于10 μg/g的水平，这使得该技术在这类合金分拣中非常有用。

各个制造商声称的其他HHLIBS分拣应用包括Co、Cu、Fe、Mg、Ni、Pb、Sn、Ti和Zn合金。大多数HHLIBS制造商将废料分拣列为其仪器商业应用的主要应用：

http://mhmp.bruker.com/acton/attachment/18602/f-0036/1/-/-/-/-/EOS%20500%20HH-LIBS%20brochure.pdf

https://hha.hitachi-hightech.com/en/product-range/products/handheld-xrf-libs-analysers/handheld-libsanalysers

https://www.rigaku.com/en/products/libs/kt100s/app-scrapmetal

https://tsi.com/solutions/solutions-by-application/scrap-metal-sorting-and-recycling.

https://www.sciaps.com/industries/scrap-metal-and-alloys

https://www.thermofisher.com/us/en/home/industrial/spectroscopy-elemental-isotope-analysis/portableanalysis-material-id/industrial-elemental-radiation-solutions/niton-apollo-handheld-libs-analyzer.html

http://velalibs.com/index.php?lang=en

13.4.2　碳分析

HHLIBS在无损检测和材料可靠性鉴定中最重要的应用之一是低合金和不锈钢中的碳分析，这一分析此前只能通过大型电弧/火花OES仪器完成。用于石化、食品加工、制药和医疗设备等关键领域的L级不锈钢，可能含有浓度低至100 μg/g的碳。仅在过去3年中，HHLIBS能力的改进就已经可以将检测限（LOD）降低至80 μg/g（SciAps, 2018），可区分L级（碳含量<300 μg/g）不锈钢和H级（碳含量>400 μg/g）不锈钢（https://www.astm.org/Standards/A240.htm），在这些需要高温或高强度的各种应用中正确确认材料至关重要。

由于样品可能受到污染，测量如此低的碳浓度非常困难。正如经典的OES碳测量方法一样，HHLIBS钢样品通常需要研磨以去除任何污垢和腐蚀堆积。图13.20显示了HHLIBS不锈钢校准的示例，它利用193 nm碳发射线与附近铁发射线的强度比来检测碳含量。

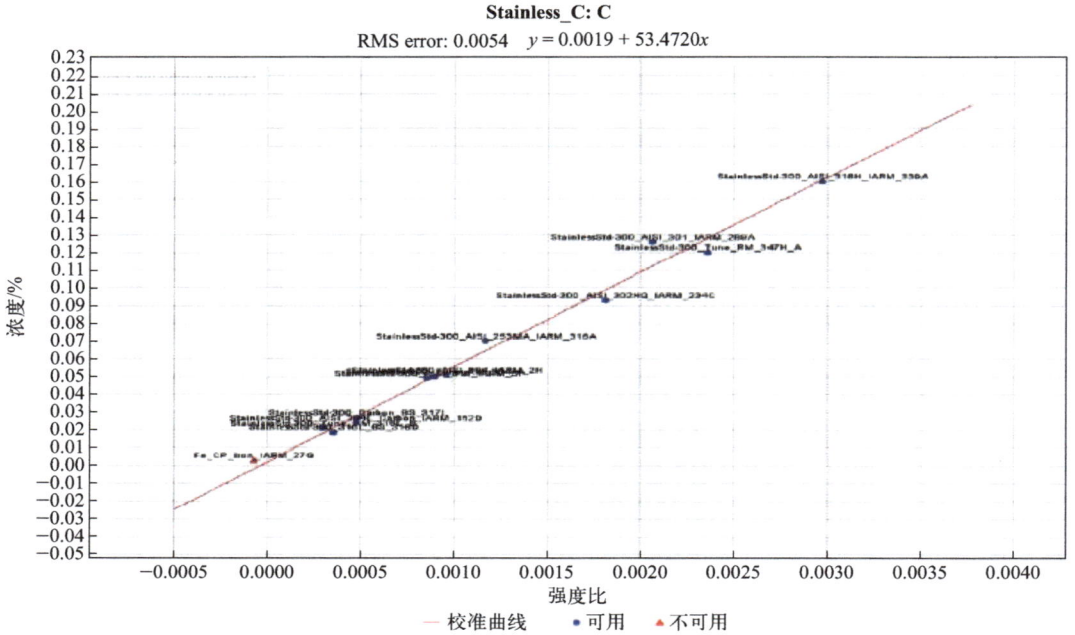

图13.20　不锈钢中的碳校准数据和拟合校准方程。测定浓度同HHLIBS碳193.1 nm峰强度与附近铁发射线的强度比。误差线代表5次测量的平均值 ± 1个标准偏差

13.4.3　可焊性碳当量

另一个重要的无损检测应用是碳当量（carbon equivalent, CE）的测量，它与材料的"可焊性"有关。在焊接或修理管道之前了解或确认材料这一点非常重要。有几个用于CE的公式，但国际焊接学会（IIW）指定的公式是：

$$CE = \%C + \frac{\%Mn + \%Si}{6} + \frac{\%Cr + \%Mo + \%V}{5} + \frac{\%Cu + \%Ni}{15}$$

所有这些元素都可以使用HHLIBS进行分析，从而能够确定和验证CE值是否低于IIW规定的0.40%阈值，进而降低焊缝附近未来开裂的风险。

13.4.4　腐蚀

在核电站中，水流引起的碳钢中的流动加速腐蚀（FAC）非常危险，这个过程高度依赖钢中的铬含量（Poulson, 2014）。如果铬含量降低到0.1%，碳钢流动系统的腐蚀速率会迅速增加。HHLIBS可以在3 s内完成所需测量，到Cr含量的置信水平可达0.015%，使其成为理想的HHXRF替代品，从而可以减少与之相关的辐射危害（SciAps, 2016）。图13.21（a）显示了HHLIBS的测量曲线与测定的铬含量。

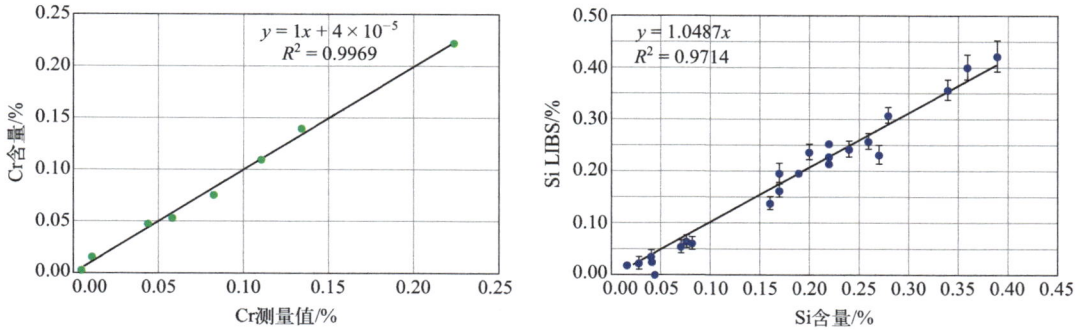

图13.21　（a）用于流动加速腐蚀阈值（0.1% Cr）评估的各种碳钢中铬含量测定值与HHLIBS测量值对比；
　　　　　（b）使用Si 212.4 nm发射线对各种炼油厂部件进行的硫化腐蚀阈值（0.1% Si）评估时的HHLIBS
　　　　　硅含量测量值与测定值对比

　　炼油厂的硫化腐蚀是由原油中天然存在的硫引起的，在温度高于260℃时尤为严重，管道和压力容器壁会随时间推移慢慢变薄。硫化物腐蚀速率与多个因素有关，包括碳钢中的硫含量、温度和硅含量［https://inspectioneering.com/airs/2017-02-13/6123/a-primer-on-sulfidation-corrosion（11月1日访问2019）］。美国石油协会（API）关于在炼油中避免硫化腐蚀的指南是确认管道和压力容器的硅含量高于0.1%（API RP 939-C, 2009）。

　　图13.21（b）显示了各种炼油厂组件的硅的HHLIBS测试，工作LOD为0.02%，精度为0.02%~0.03%，使用spark-OES作为参考。

13.4.5　其他材料可靠性鉴定应用

　　材料可靠性鉴定（PMI）对于航空航天、石化和发电行业至关重要（Rigaku Inc., 2018；SciAps, 2019）。虽然HHXRF传统上用于此应用，但HHLIBS在轻元素（如B、Be、Li、Si和Mg）含量高的情况下表现出色。HHLIBS特别适用于测量青铜、Si和Al中的Mg以及钛合金中的Al和Mg（Patterson, 2015）。航空航天合金中含B、Ni和不锈钢的测量也非常适合使用HHLIBS。铝合金中的Li、B和Be可通过HHLIBS测量低至10 μg/g的微小含量（SciAps, 2019）。

13.4.6　其他应用

　　HHLIBS还有其他应用，其中一些在13.4节中已提及，还有许多没有提及的，其数量众多，这里无法一一列举，其中一些在本书的其他地方还会有所介绍。虽然这些应用在目前商业销售中占比较小，但其中不乏具有巨大商业潜力的应用。随着技术和算法的进一步发展，这些待开拓的应用在未来几年意义重大。

13.5　总结和未来展望

　　在过去10年里，脉冲激光器、高功率驱动电子设备、光谱仪、数据处理及通信组件的技术进步和尺寸减小带来了当前HHLIBS仪器的革命。预计通过改进光学元件和光学镀膜技术，在激光器尺寸减小和脉冲功率提升方面仍有进步空间。随着光谱仪尺寸的持续减小，很多激动人心的新技术正在开发中，例如空间外差光谱（Allen and Angel, 2018）使非常小和非常高分辨率的仪器成为可能，应该可以很好地应用于激光烧蚀分子同位素光谱法（LAMIS）（Bol'shakov et al., 2016）。阶梯光栅光谱仪与微型HHLIBS尺寸兼容是可能的，也是一个很好的候选技术，可以让未来的HHLIBS实现非常宽的光谱范围和极高分辨率的测量（B. Beardsley，个人交流）。随着数据处理能力的不断提高，先进的化学计量算法、神经网络和机器学习算法也应会融入标准的商业产品行列。虽然目前市场驱动的应用主要集中在金属分析领域，但对于能够从这个令人兴奋的应用领域中受益的大量其他应用而言，未来前景光明。

参考文献

Afgan, M.S., Hou, Z., and Wang, Z. (2017). Quantitative analysis of common elements in steel using a handheld μ-LIBS instrument. *Journal of Analytical Atomic Spectrometry*. https://doi.org/10.1039/C7JA00219J.

Allen, A. and Angel, S. (2018). Miniature spatial heterodyne spectrometer for remote laser induced breakdown and Raman spectroscopy using Fresnel collection optics. *Spectrochimica Acta Part B*: *Atomic Spectroscopy.*. https://doi.org/10.1016/j.sab.2018.07.013.

API RP 939-C (2009). *Guidelines for Avoiding Sulfidation (Sulfidic) Corrosion Failures in Oil Refineries*, 1e. American Petroleum Institute.

Asimellis, G., Hamilton, S., Giannoudakos, A., and Kompitsas, M. (2005). Controlled inert gas environment for enhance chlorine and fluorine detection in the visible and near-infrared by laser-induced breakdown spectroscopy. *Spectrochimica Acta Part B*. http://doi.org/10.1016/j.sab.2005.05.035.

ASTM E158-86 (1996). *e1 Standard Practice for Fundamental Calculations to Convert Intensities into Concentrations in Optical Emission Spectrochemical Analysis*. West Conshohocken, PA: ASTM International www.astm.org.

Aubert, J.J. (2001). Microchip lasers. In: *Encyclopedia of Materials: Science and Technology*, 5594-5598. https://doi.org/10.1016/B0-08-043152-6/00978-5.

Bol'shakov, A., Mao, X., Gonzalez, J., and Russo, R. (2016). Laser ablation molecular isotopic spectrometry (LAMIS): current state of the art. *Journal of Analytical Atomic Spetroscopy* https://doi.org/10.1039/C5JA00310E.

Botto, A., Campanella, B., Legnaioli, S. et al. (2019). Applications of laser-induced breakdown spectroscopy in cultural heritage and archaeology: a critical review. *Journal of Analytical Atomic Spectrometry*. https://doi.org/10.1039/C8JA00319J.

Connors, B. and Day, D. (2018). Screening food packaging for fluorinated compounds using laser-induced breakdown spectroscopy. *International LIBS Conference* 2018, Atlanta, GA (21-26 October 2018).

Connors, B., Somers, A., and Day, D. (2016). Application of handheld laser induced breakdown spectroscopy (LIBS) to geochemical analysis. *Applied Spectroscopy*. https://doi.org/10.1177/0003702816638247.

Cremers, D.A. and Radziemski, L.J. (1983). Detection of chlorine and fluorine in air by laser-induced breakdown spectroscopy. *Analytical Chemistry* https://doi.org/10.1021/ac00259a017.

Cremers, D.A. and Radziemski, L.J. (2006). *Laser-Induced Breakdown Spectroscopy*. Chichester: Wiley.

Crocombe, R.A. (2018). Portable spectroscopy. *Applied Spectroscopy* https://doi.org/10.1177/0003702818809719.

Czerny, M. and Turner, A.F. (1930). Über den astigmatismus bei spiegelspektrometern. *Zeitschrift für Physik*. http://dx.doi.org/10.1007/BF01340206.

D'Andrea, E., Pagnotta, S., Grifoni, E. et al. (2014). An artificial neural network approach to laser-induced breakdown spectroscopy quantitative analysis. *Spectrochimica Acta Part B*: *Atomic Spectroscopy* https://doi.org/10.1016/j.sab.2014.06.012.

Darmont, A. (2009). Spectral response of silicon image sensors. White Paper. https://britastro.org/sites/default/files/attachments/SpectralResponse_WhitePaper_April09.pdf (accessed 1 November 2019).

David, H.W. and Omenetto, N. (2012). Laser-induced breakdown spectroscopy (LIBS), part II: review of instrumental and methodological approaches to material analysis and applications in different fields. *Applied Spectroscopy* 66 (4): 347-419.

Day, D.R. (2018). Analyzer alignment, sample detection, localization, and focusing method and system. US Patent 9,939,383 B2, filed 5 February 2016 and issued 10 April 2018.

Day, D.R., Sackett, D.W. (2017). Libs analyzer sample presence detection system and method. US Patent 9,664,565, filed 26 February 2015 and issued 30 May 2017.

Day, D.R., Derman, K., Egan, J.E., and Soucy, P.E. (2016). Handheld libs analyzer end plate purging structure. US Patent 9,395,243 B2, filed 29 January 2015 and issued 19 July 2016.

Gornushkin, I.B., Amponsah-Manager, K., Smith, B.W. et al. (2004). *Microchip Laser-Induced Breakdown Spectroscopy: A Preliminary Feasibility Investigation.* https://doi.org/10.1366/0003702041389427.

Guang, Y., Shujun, Q., Pengfei, C. et al. (2015). Rock and soil classification using PLS-DA and SVM combined with a laser-induced breakdown spectroscopy library. *Plasma Science and Technology.* https://doi.org/10.1088/1009-0630/17/8/08.

Häkkänen, H.J. and Korppi-Tommola, J.E. (1995). UV-laser plasma study of elemental distributions of paper coatings. *Applied Spectroscopy* 49 (12): 1721-1728.

Hark, R. and East, L.J. (2014). Forensic application of LIBS. In: *Springer Series in Optical Sciences.* https://doi.org/10.1007/978-3-642-45085-3-14.

Harmon, R.S., Hark, R.R., Throckmorton, C.S. et al. (2017). Geochemical fingerprinting by handheld laser-induced breakdown spectroscopy. *Geostandards and Geoanalytical Research.* https://doi.org/10.1111/ggr.12175.

Harmon, R.S., Throckmorton, C.S., Hark, R.R. et al. (2018). Discriminating volcanic centers with handheld laser-induced breakdown spectroscopy (LIBS). *Journal of Archaeological Science* https://doi.org/10.1016/j.jas.2018.07.009.

Kramer, R. (1998). *Chemometric Techniques for Quantitative Analysis.* Marcel Dekkter: Basel.

Kumar, R., Devanathan, A., Mishra, N.L., and Rai, A.K. (2019). Quantification of heavy metal contamination in soil and plants near a leather tanning industrial area using libs and TXRF. *Journal of Applied Spectroscopy* https://doi .org/10.1007/s10812-019-00919-w.

Lyngnes, O., Traggis, N., Dessau, K., and Myatt, C. (2006). Coating technologies for high-damage-threshold optics. *Optics & Photonics News* https://doi.org/10.1364/OPN.17.6.000028.

Mark, H. and Workman, J. (2018). *Chemometrics in Spectroscopy.* https://doi.org/10.1016/B978-0-12-805309-6.09994-3

Miziolek, A.W., Palleschi, V., and Schechter, I. (2006). *Laser Induced Breakdown Spectroscopy.* http://dx.doi.org/10.1017/CBO9780511541261.

Mukhopadhyay, P. (2011). *Development and Characterization of Diode Pumped Solid State Lasers.* Saarbrucken, Germany: LAP LAMBERT Academic Publishing GmbH & Co. KG.

Musazzi, S. and Perini, U. (2014). *Laser-Induced Breakdown Spectroscopy: Theory and Applications.* Berlin Heidelberg: Springer-Verlag.

Noll, R. (2012). *Laser-Induced Breakdown Spectroscopy: Fundamentals and Applications.* Berlin Heidelberg: Springer-Verlag.

Noll, R., Frick-Begemann, C., Connermann, S., and Sturm, V. (2018). LIBS analyses for industrial applications - an overview of developments from 2014 to 2018. *Journal of Analytical Atomic Spectroscopy* https://doi.org/10.1039/c8ja00076j.

Patterson, J.I. (2015). *HH-XRF and HH-LIBS for Alloy Analysis: Choosing the Right Tool for the Right Job.* Portable Analytical Technologies https://pdfs.semanticscholar.org/3346/41a9f180db4a11cb1ffbe6d59805e0be1923.pdf (accessed 1 November 2019).

Poulson, B. (2014). Predicting and preventing flow accelerated corrosion in nuclear power plant. *International Journal of Nuclear Energy.* http://dx.doi.org/10.1155/2014/423295.

Prasad, N.E., Gokhale, A.A. and Wanhill, R.J. (2014). *Aluminum-Lithium Alloys: Processing, Properties, and Applications.* https://doi.org/10.1016/C2012-0-00394-8.

Quant, F., Farmer, K.R., Tan, P.V. et al. (2016). Handheld laser induced breakdown spectroscopy device. US Patent 9,506,869 B2, filed 14 October 2014 and issued 29 November 2016.

Rakovsky, J., Cermak, P., Musset, O., and Veis, P. (2014). *A Review of the Development of Portable Laser Induced Breakdown Spectroscopy and its Applications.* http://dx.doi.org/10.1016/j.sab.2014.09.015.

Rigaku Inc. (2018). Positive Material Identification (PMI) of Metal Alloys. https://www.rigaku.com/en/products/libs/kt100s/app003 (accessed 1 November 2019).

Scheeline, A. (2017). How to design a spectrometer. *Applied Spectroscopy* 71 (10): 2237-2252.

SciAps (2016). *Fast, Laser-Based Cr Analysis for Flow Accelerated Corrosion (FAC) Applications*. Application Note. https://www.sciaps.com/fast-laser-based-cr-analysis-for-flow-accelerated-corrosion-fac-applications (accessed 1 November 2019).

SciAps (2018). *Carbon Analysis in Stainless and Carbon Steels with Handheld LIBS*. Application Note. https://www.sciaps.com/wp-content/uploads/2018/04/SciAps_ApNote_LIBSCarbonMARCH2018.pdf?x24702 (accessed 1 November 2019).

SciAps (2019). NDT and PMI. https://www.sciaps.com/industries/ndt-pmi (accessed 1 November 2019).

Tashuk, M.T., Cravetchi, I.V., Tsui, Y.Y., and Fedosejevs, R. (2007). Micro-LIBS. In: *Laser-Induced Breakdown Spectroscopy* (ed. T. Page), 173-196. Amsterdam: Elsevier.

Wang, S.X.. (2017). Laser induced breakdown spectroscopy (libs) apparatus based on high repetition rate pulsed laser. US Patent 9,797,776 B2, filed 27 May 2016 and issued 24 October 2017.

Zayhowski, J.J. and Mooradian, A. (1989). *Single-Frequency Microchip Nd Lasers*. https://doi.org/10.1364/OL.14.000024.

Zhang, T., Tang, H., and Hua, L. (2018). Chemometrics in laser-induced breakdown spectroscopy. *Journal of Chemometrics*. https://doi.org/10.1002/cem.298.

14

小型化质谱
——仪器、技术和应用

Dalton T. Snyder

Resource for Native Mass Spectrometry Guided Structural Biology, The Ohio State University, Columbus, OH, USA

14.1　概述

　　质谱（MS）是一种高灵敏度、高选择性和多功能的分析工具，适用于复杂混合物的分析。尽管其用途广泛，但质谱通常被限制在传统的分析实验室中。台式质谱仪体积笨重、耗电大且价格昂贵，类似20世纪中期的第一代电子计算机或20世纪末的手机，虽然被认为很有应用前景，但却未得到广泛使用。然而，正如研究人员和制造商在减小电子设备的尺寸和功耗的同时提高其易用性一样，质谱也正在向便携化、小型化发展，因此质谱研究的应用范围也在不断扩大。

　　从本质上讲，质谱是离子（即带电粒子）的科学和技术。大多数质谱实验的目标是在理想情况下以无偏的方式测量特定样品产生的离子质量电荷比（简称质荷比，m/z），并在此过程中推断出样品成分的化学组成。例如，质谱可以通过确定苹果上有无农药、除草剂和杀菌剂判断苹果是否为有机产品。也可以监测叶表面植物化学物质对某些外部刺激（例如食草动物或附近植物的挥发性信号）的反应。在交通检查或机场安检时，可以从可疑包裹或残留物中检测到微量爆炸物和麻醉品。质谱法还可以检测战场上的化学战剂（CWA），以保护战时的士兵或平民。

　　使用传统的台式质谱仪，样品都必须在实验室进行分析。虽然有许多分析问题支持台式系统，因为它们通常比便携式系统具有更高的灵敏度、分辨率和质量精度，但在某些情况下性能适中的便携式质谱仪将更合适。从机场的X射线机器中移除可疑的包裹并将其移动或运送到适当的分析实验室，这是不方便且不切实际的。如果要从植物叶片中测量内源代谢物或外源施用的化学物质（农药），样品的化学组成可能在到达实验室之前就发生了变化。在生命受到威胁的情况下（例如检测 CWA 或爆炸物时），通常需要把实验室设备带到样品所在地，而不是把样品送到实验室去。因此，对便携式分析仪器的需求和渴望越来越强烈，而质谱作为分析化学家武器库中最强大的工具之一，正处于这一需求的前沿地位。

质谱实验的第一步是从通常为中性分子的样本中产生离子。一旦离子由电离源产生并在真空中输送到质量分析器，就可以高精度和高准确度地测量它们的质荷比（m/z）（表明分析物的分子式）；如果与串联质谱结合，还可以确定样品中每种成分的原子排列。为了使分析仪成功测量离子的质荷比，可以直接通过毛细管入口或通过中间接口（例如用于输送溶解气体和挥发性有机物的膜进样接口）将离子从真空室外的环境空气中输送到远低于环境压力的质谱分析仪，这代表了超过 7 个数量级的压力变化。当离子处于真空中时，它的轨迹可以通过电场（例如离子阱或四极杆）或磁场（例如磁扇区）精确地控制，而不会因为与背景气体分子碰撞导致离子运动发生显著偏差。真空系统是迄今为止最难实现小型化的子系统，通常也是便携式 MS 系统在功耗和尺寸上的瓶颈。

14.2　仪器

14.2.1　离子引入和真空系统

通过使用质量分析器测量样品组分的质荷比（m/z）可以确定样品的化学组成。为了精确、可预测地操控离子的轨迹，离子必须在真空中进行分析，通常要求背景气体碰撞对离子运动的影响可忽略不计。一般来说，离子的平均自由程最好是质量分析器中离子行程的 5～10 倍。对于四极离子阱，它可以在所有分析仪的最高压力下工作，典型的工作压力为 10^{-5}～10^{-3} Torr。在特殊情况下，离子阱可以在 1～10 Torr 左右的压力下工作，但这不是典型的，而且质谱分辨率和灵敏度会严重降低。四极杆质量分析器在 10^{-6}～10^{-5} Torr 下工作，飞行时间（TOF）质量分析器最多需要 10^{-6} Torr，扇形磁场质量分析器也需要类似的严格压力条件。对于 TOF 和扇形磁场质量分析器，碰撞对分辨率的影响比对离子阱和四极杆更大。静电场轨道阱和傅里叶变换离子回旋共振质量分析器因为需要超高真空（对地面应用有问题，但在太空中可行）且结构复杂，不适合小型系统，故这里不讨论。

为了达到质量分析所需的真空条件，质量分析器需要放置在真空室中，真空室通常是一个中空的不锈钢或铝制块体。真空泵的各种接口和控制电压的各种馈线均加工在真空室内，其余部分则通过 "O" 形圈实现气密性密封。在真空室的设计中，一个关键的考虑因素是如何将离子引入系统。这一设计决策决定了选择何种真空泵来维持质量分析器所需的压力，而真空泵的尺寸和功耗则直接决定了整个质谱仪的便携性。

一般来说，有 3 种离子引入策略，如图 14.1 所示。

第一种策略［图 14.1（a）］与台式质谱仪采用的策略相匹配，即将差动泵与连续大气压接口（API）相耦合。离子源产生的离子通过一个 "入口" 引入，通常是真空室上的针孔或从室内伸出的毛细管，使离子从环境压力（760 Torr）传输到第一个真空区域，压力为 1～10 Torr。在便携式系统中，第一个差分抽气区域的适度压力通常由单个隔膜泵或涡旋泵实现。第一个差分抽气区域通常必须有一个离子光学元件，例如射频（RF）多极杆或离子漏斗以及一个喷嘴，以防

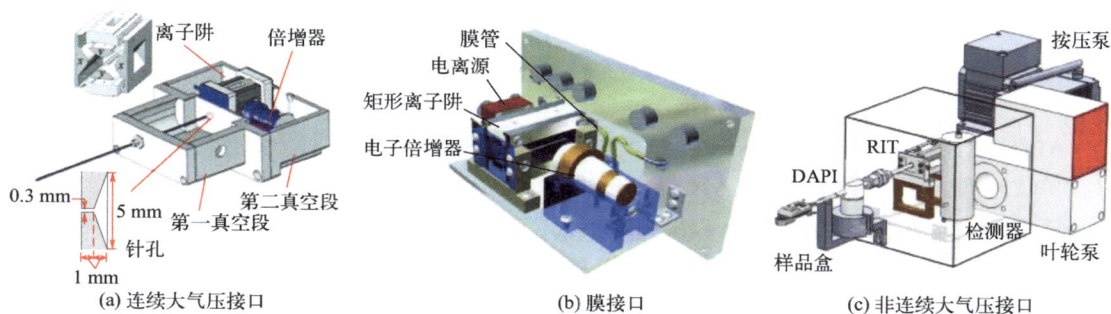

图14.1　便携式质谱仪大气压接口：（a）连续大气压接口；（b）膜进样接口；（c）非连续大气压力接口（DAPI）。来源：（a）Zhai Y, Feng Y, Wei Y, et al. Development of a miniature mass spectrometer with continuous atmospheric pressure interface. Analyst, 2015, 140: 3406-3414. 版权（2015）归 Royal Society of Chemistry 所有。（b）Gao L, Song Q, Patterson G E, Cooks R G, Ouyang Z. Handheld rectilinear ion trap mass spectrometer. Anal Chem, 2006, 78: 5994-6002. 版权（2006）归 American Chemical Society 所有。（c）Li L, Chen T C, Hendricks P I, Cooks R G, Ouyang Z. Anal Chem, 2014, 86: 2909-2916. 版权（2014）归 American Chemical Society 所有

止去溶剂化的离子在自由射流膨胀过程中失焦。在极少数情况下，例如图14.1（a），入口毛细管贯穿第一个压力区域的全长。这种方法很简单，但会因差分抽气阶段之间的离子损失而牺牲灵敏度。然后，将离子输送至保持高真空压力并容纳了质量分析器的第二个差分抽气区域。虽然差分抽气对于没有尺寸和功耗限制的台式系统来说是理想的，但由于抽气能力的限制，在具有连续离子源的便携式光谱仪上有效实现该策略具有挑战性。即便如此，由于离子源和质量分析器可以连续运行，并且任何外部电离源都可以与系统耦合，因此仍能保持较高的采集速率（扫描次数/秒）。

　　第二种策略，也是特别受欢迎的选择，是将离子源放在真空室内（"内部"电离），并通过膜进样接口引入样品［图14.1（b）］。该膜——通常是聚二甲基硅氧烷——可限制气体进入仪器，并易于实现。液体和气体样品都可以被引入和加热，从而使挥发物和半挥发物被解吸，通过膜进入电离区。通常，离子源是电子轰击（EI）电离的一种变体，它产生用于质谱分析的分子阳离子。与连续大气压接口一样，系统压力在整个分析过程中保持不变，因此质量分析器和离子源可以连续运行，从而实现高采集速率。膜的化学组成可以针对特定大小、极性或亲和力的分子量身定制。尽管如此，增加膜选择性的特性也限制了它的适用性（主要缺点）。膜进样谱法（MIMS）仍然是许多目标便携式质谱应用（例如监测环境中的挥发性物质）的可行选择，因为MIMS系统对泵的要求较低，有利于降低系统重量和功耗（SWaP）。

　　第三种API策略是通过将离子脉冲注入真空室实现非连续大气压接口（DAPI）。DAPI是连续接口和膜接口之间的一种折中方案，它允许使用更小和功耗更低的泵，并具有与外部电离源的兼容性。在DAPI中，离子通过真空室的针孔或毛细管入口引入，但其引入是脉冲的而非连续的。这通常通过用夹管阀收缩的软硅胶段替换金属入口毛细管的一部分来实现。为引入离子和中性粒子，夹缩阀开启10～20 ms，使真空室内的压力增加2～3个数量级，随后，离子被捕获在质量分析器或其他捕获装置中，而中性粒子被抽走，直到达到质量分析所需的压力，时间约为500 ms。然后质量分析可以像往常一样进行。使用非连续接口的代价是损失采集速率，因为质量分析器在引入离子和中性粒子后必须被抽真空到工作压力，因此DAPI系统的典型采集速率约为1 Hz。此外，真空室的可变压力也将DAPI系统限制为只能使用离子阱作为质

量分析器。尽管如此，DAPI仍然是一种有前途的离子引入技术，因为使用小型真空泵可以增加便携性，并简化质谱仪设计（仅需要一个真空段），且与外部常压离子源耦合的能力极具吸引力。

API的设计极大地影响了入口孔径的大小及背压泵和涡轮泵的选择。虽然更大直径的入口可以在单位时间内让更多的离子进入质量分析器，但也会引入更多的中性气体分子。因此，较大的入口也必须配备更高的抽气能力（即体积更大、功率更高的泵），反过来又限制了仪器的便携性。因此，尽管连续API看似是上面讨论的3种选择中最理想的选项，但在实践中，为限制气体的引入，压力级之间的孔径通常必须做得很小，这会限制了离子通量。对于使用非捕获型质量分析器（例如四极杆和磁扇形分析器）的系统，在没有差动泵输送的情况下将DAPI接口与分析器结合通常效率比较低，因此连续型API或膜式API（或其他气体传导率有限的API）是唯一的选择。

如果没有能力用足够小的泵维持高真空，质谱仪的小型化必然是不可能的。图14.2显示了微型和便携式质谱仪中使用的几种最常见的背压泵和高真空泵，表14.1列出了它们的一些规格。KNF Neuberger、Pfeiffer和Creare是小型真空泵的主要制造商。通常，微型质谱仪的抽气系统由一个抽速10～80 L/s的涡轮泵和一个抽速约5 L/min的隔膜泵或涡旋泵组成。Pfeiffer的高真空泵系列包括HiPace 10（10 L/s）、HiPace 30、HiPace 60 P和HiPace 80，更高的容量伴随着更高的功耗和更大的仪器体积。例如，虽然HiPace 80的规格表明它的抽气能力可达67 L/s（对于氮气），但它的最大功耗为110 W，质量为2.4 kg，明显高于HiPace 10的最大功耗28.8 W和质量1.8 kg。Creare也生产便携式质谱仪专门的微型真空泵，包括一个550 g的涡旋泵和一个130 g的牵引泵。两者都提供4 L/s以上的抽气能力和12 W的低功耗，同时保持了非常小的占

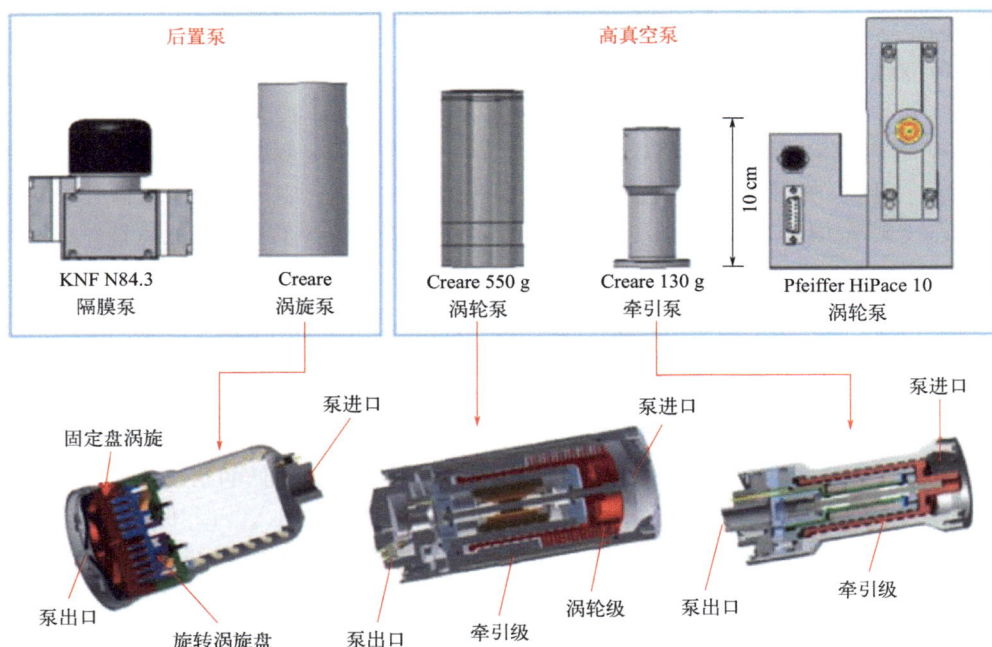

图14.2   便携式质谱仪中使用的代表性后置泵和高真空泵。来源: Chen C, Chen T, Zhou X, Kline-Schoder R, Sorenson P, Cooks R G, Ouyang Z. J Am Soc Mass Spectrom, 2014, 26: 240-247.©2014 American Chemical Society

地面积。无论选择哪种高真空泵，它都必须与一个背压泵耦合，背压泵通常是一个约5 L/min的隔膜泵（如KNF N84.3），它重900 g，消耗最多18 W的功率。KNF提供了抽气能力略有不同的类似的泵。Pfeiffer MVP系列隔膜泵（图中未显示）包括MVP 010，它的泵送能力高达10 L/min，重量仅为2 kg。同时，Creare制造了一款350 g的涡旋泵，抽气能力为1 L/min，最大功耗为6 W。这些背压泵的极限压力通常约为1 Torr，与涡轮泵连接时，最终压力低于10^{-5} Torr。这种压力对于构成大多数微型质量分析器的四极杆质量分析器和离子阱来说已足够低。

表14.1 图14.2中的真空泵的特性

泵	重量/g	泵速	压缩率	最大前线压力/Torr	最高功率/W	转子转速/（10^3r/min）	入口ID/mm
KNF N84.3 隔膜泵	900	5 L/min（1 atm）		760	18		
Creare 130 g 涡旋泵	350	1 L/min（1 Torr）		760	6		
Pfeiffer HiPace 10 涡轮泵	1800	10 L/s（0.1 mTorr）	3×10^6	18	28	90	24
Creare 550 g 涡轮泵	550	>4 L/s（0.1 mTorr）	1×10^9	10	12	100	53
Creare 130 g 牵引泵	130	>4 L/s（0.1 mTorr）	1×10^5	10	12	200	25

来源：Chen C, Chen T, Zhou X, Kline-Schoder R, Sorenson P, Cooks R G, Ouyang Z. Design of portable mass spectrometers with handheld probes: aspects of the sampling and miniature pumping systems. J Am Soc Mass Spectrom, 2014, 26: 240-247. 版权（2014）归American Chemical Society所有。

14.2.2 采样和电离

因为质谱仪使用电场和磁场控制气相中带电粒子的轨迹，所以分析过程的第一步通常是从组成样品的相应中性分子中产生离子，并将这些离子转移到真空室中。如果使用内部电离而不是外部电离，则需将中性分子移动到真空室中，再进行电离。因此，电离和采样是质谱分析流程中需要考虑的关键步骤，它们会影响整个仪器设计，并且会限制或增强便携式质谱仪的功能。

根据离子从相应的中性分子的生成位置，电离可以大致分为外部电离或内部电离。在前一种情况下，采样和电离在真空室外进行，通常情况下是同时进行的（例如使用常压离子源），但也可以分离开来。一个例子是电喷雾电离（ESI），其中样品溶解在ESI兼容的溶剂中以完成采样步骤。通过将溶液输送到金属针或玻璃毛细管的锐利端部，并在溶液和仪器进口毛细管之间施加高电势差产生带电的液滴雾，并最终以裸离子的方式进行电离。相比之下，内部电离是在真空室内完成的，因此中性样品（固体、液体或气体）必须首先挥发，并从大气压下输送到真空中。正如下一段所讨论的，内部电离的应用范围有限，但它与成熟的EI电离谱库相结合，仍然是一个强大的工具。

内部电离发生在真空室内。最常见的方法是EI电离，即由电阻加热丝放射出一个能量高达70 eV的电子束，并瞄准挥发的样品。图14.3（a）展示了一个EI电离源与3D离子阱的耦合排列。EI会产生分子阳离子（即中性分子失去一个电子），但它也足够"硬"，以引起裂解。因此，单个分析物通常产生一系列质谱峰，包括分子阳离子和来自单分子解离的碎片。幸运的是，EI在跨仪器平台上具有高度的可重现性，并且无处不在。便携式仪器上获得的EI质谱可以直接与公共数据库或内部数据库进行比较，例如美国国家标准与技术研究院（NIST）的EI数据库，并且只要样品成分事先经过气相色谱（GC）分离以限制光谱污染，就可以高精度地识别样品成分。EI

的缺点包括在高压下特别是在氧气存在的情况下，灯丝寿命有限以及功耗高。放电EI电离可以在不使用灯丝的情况下以很小的功耗产生类似EI的光谱。在真空室内的一个加压（约0.5 Torr）区域内，在相对的极板之间施加电势差，产生阳离子、阴离子和电子，然后通过其中一块极板上的孔提取电子，用于电离。

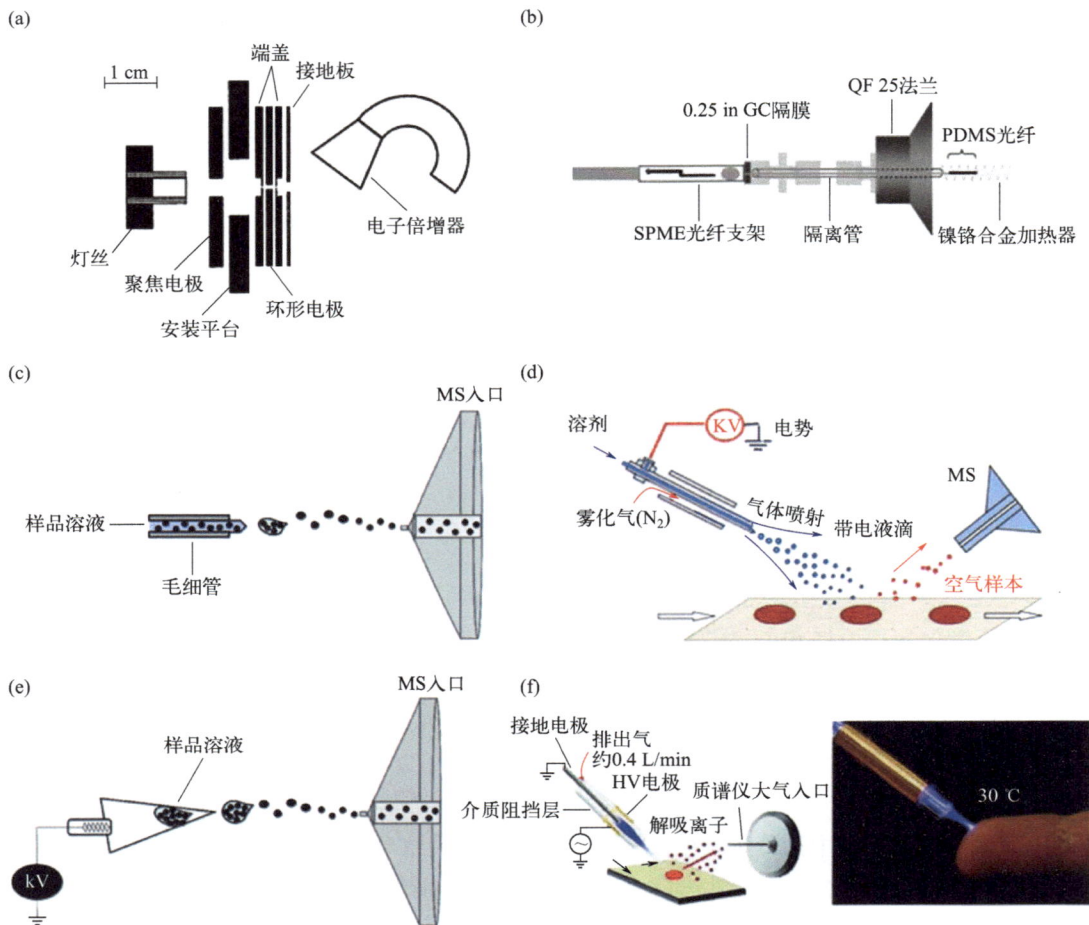

图14.3   便携式质谱仪的样品引入和电离技术。样品可以通过热解吸 [（b）热解吸固相微萃取] 和电子轰击（a）电离，或者直接使用喷雾电离 [（c）电喷雾电离；（d）解吸电喷雾电离；（e）纸喷雾电离] 或等离子体电离 [（f）低温等离子体] 进行分析。来源：（a）Kornienko O, Reilly P T A, Whitten W B, Ramsey J M. Electron impact ionization in a microion trap mass spectrometer. Rev Sci Instrum, 1999, 70: 3907-3909. 版权（1999）归AIP Publishing所有。（b）Riter L S, Meurer E C, Cotte-Rodriguez I, Eberlin M N, Cooks R G. Solid phase microextraction in a miniature ion trap mass spectrometer. Analyst, 2003, 128: 1119. 版权（2013）归Royal Society of Chemistry所有。（c）（e）da Silva L C, Pereira I, de Carvalho T C, Filho J F A, Romão W, Vaz B G. Paper spray ionization and portable mass spectrometers: a review. Anal Methods, 2019, 11: 999-1013. 版权（2019）归Royal Society of Chemistry所有。（d）Ifa D R, Wu C, Ouyang Z, Cooks R G. Miniaturized mass spectrometry- instrumentation, technology & applications. Analyst, 2010, 135: 669-681. 版权（2010）归Royal Society of Chemistry所有。（f）Harper J, Charipar N A, Mulligan C C, Zhang X, Cooks R G, Ouyang Z. Low-Temperature plasma probe or ambient desorption ionization. Anal Chem, 2008, 23: 9097-9104. 版权（2008）归American Chemical Society所有

如上所述，对于使用内部电离的系统，样品必须转化为气相（挥发），输送到真空室内，并最终电离。因此，样品必须是挥发性的，这严重限制了可以观察到的分子类型，主要是非极性小分子，如挥发性有机化合物（VOC）和爆炸物。即便如此，内部电离的主要好处之一（通常与膜接口或其他气体收缩管道相结合）是可以使用更少的抽气能力来维持真空。多种采样方法可以很好地与内部电离源配合使用。常见的包括顶空采样、拭子采样和固相微萃取（SPME）探针。顶空采样涉及注入与顶空达到平衡的气态样品，通常用于分析VOC。通常，内部电离与GC相结合以分析顶空气体。这种方法的一个缺点是其灵敏度有限，因为样品没有进行预浓缩，但其简单性很具有吸引力。同样，纸、尼龙或其他多孔材料制成的拭子也可用于样品采集，然后将拭子插入仪器上的槽中并加热以去除挥发性和半挥发性分析物，分析物被电离后进行检测。固相微萃取探针是常见的采样装置［图14.3（b）］。使用SPME，分析物可以在注入GC前被预先浓缩在疏水性吸附床上。SPME装置通常是涂有液体或固体聚合物膜的纤维。将纤维浸入感兴趣的样品中，样品吸附到纤维材料上，然后将SPME探头插入质谱仪中，将含有样品的纤维暴露并加热以解吸分析物。SPME装置小巧便捷，适合微量采样，可重复使用（如某些拭子），并由于注入仪器前的样品已经浓缩而具有更高的灵敏度。

外部电离源在真空室外产生离子。而对于内部电离，采样和离子生成是分离的，外部电离源可能仅包含电离或电离和采样。最常见的采样和电离分离的离子源是电喷雾电离（ESI）、纳升电喷雾电离（nESI）、大气压化学电离（APCI）。使用ESI或nESI生成离子时，样品溶解于溶剂中，将制得的溶液放置于带有锐利尖端的金属或玻璃毛细管中，在溶液和仪器入口之间施加高电压［图14.3（c），未显示电压］，会形成带电微滴，最终裂变并脱溶形成裸质子化或盐加成离子。基于喷雾的电离通常仅适用于极性分析物，但由于灵敏度高、易于在大气压下使用并且"软性"（即在源中几乎不会引发碎裂），它仍然是质谱学中最流行的离子源。APCI是另一种"软"电离源，它使用电晕放电，从加热和挥发的样品中产生离子。APCI适用于极性和一些非极性化合物，只要它们不是热敏的，所观察到的离子类似ESI的离子。总的来说，利用外部离子源的仪器在广泛适用性方面具有优势，但需要更高的抽气能力除去通过仪器进口引入的过量溶剂和气体。值得一提的是，传统质谱常用的基质辅助激光解吸/电离（MALDI）和激光解吸电离（LDI）等电离源利用激光实现电，由于激光会增加总体仪器体积和功耗，因此它们不适合便携式质谱仪，但它们可能对于定向应用和质谱成像非常有用。

常压电离技术用于从样品的原始环境中产生离子，而不需要任何样品预处理或准备。由于采样和电离步骤同时进行，常压离子化是便携式仪器首选的离子生成方法。常压电离一词源于解吸电喷雾电离（DESI）技术的出现，这是一种将带电微滴喷向样品的技术［图14.3（d）］。样品溶解在薄溶剂膜中，随后通过微滴的进一步撞击解吸，产生裂解/去溶剂微滴束，可以被收集到质谱仪进样口进行分析。文献报道的第二种常压电离技术是实时直接分析（DART），由暴露于高电位差中形成的激发态气态物种（氦、氮或氩）引起离子/分子反应的级联，最终产生伪分子离子（质子化离子）。虽然DESI最适用于极性分析物，但DART适用于极性和部分非极性分析物。DESI和DART均使用压缩气体，在DESI中用于生成微滴喷雾，在DART中用于创建激发态原子/分子，这增加了SWaP。此外，额外的气体负荷可能会增加系统压力，但采样和电离结合的多功能性可能会盖过这些缺点。纸喷雾电离是另一种常压电离源，可用一个简单的纸三角代替ESI的玻璃或钢毛细管，并将样品和高电压施加于纸片［图14.3（e）］。在这种情况下，纸基质可以方便地用作样品收集的拭子材料。纸张可以各种方式进行改性以增加其灵敏度和选择性（例如增加或减少其疏水性），或减少生成喷雾所需的电压（例如通过掺杂纳米线或碳纳米管）。其他材料也可以作为基质，如使用削成尖形的树叶等植物材料，并施加溶剂和高电压即可生成离子（"叶喷雾电离"）。因此，纸喷雾非常简单易用，且兼具多功能性。

基于等离子体的常压电离技术也非常丰富。例如，可以通过在介电阻挡层施加高交变电压在大气压下从惰性载气（He、N_2、Ar）中产生低温等离子体［LTP，图14.3（f）］，等离子体直接与样品相互作用以实现电离和解吸。此法仅限于分子量较小的分析物（特别是易挥发的分析物），但适用于极性和非极性分析物，并且功耗低（约为5 W）。还存在许多其他等离子体电离源，如解吸大气压化学电离（DAPCI）、流动余辉大气压辉光放电、等离子体辅助解吸电离和介电阻挡放电电离等。这些电离的结构配置（交流电 vs 直流电放电）、气体基质、等离子体特性（例如温度和"硬度"）、流速和功耗的差异超出了本文的范围。

14.2.3　质量分析器

质量分析器是所有质谱仪的核心。它的目的很简单，就是测量从样品中产生的离子的 m/z 值。有几个重要的质量分析器性能指标必须考虑：质量准确度、质量分辨率、质量范围、灵敏度、动态范围、采集速率以及压力和电子要求。质量准确度描述了测量质量与理论（单同位素）质量的接近程度；质量分辨率是质谱峰宽度的度量，通常定义为 $m/\Delta m$ ［其中 m 是测量的 m/z，Δm 是峰宽度，以半峰全宽（FWHM）强度测量］；灵敏度是校准曲线的斜率（测量离子强度与浓度绘制）；动态范围是最高浓度与最低浓度之比，这两者可以同时测量；采集速率是每秒扫描次数。便携式质谱仪应该达到 100×10^{-6} 的质量准确度和单位质量分辨率（即分辨连续整数 m/z 值）。约 10^3 的动态范围以及 1 Hz 以上的采集速率（保持与色谱方法的兼容性）。

由于真空系统的限制，轨道阱、傅里叶变换离子回旋共振和TOF等质量分析器［所有这些都在超高真空（$<10^{-7}$ Torr）下工作最佳］通常不会出现在便携式质谱仪中。而四极杆离子阱和四极杆质量分析器在更合适的压力下工作（离子阱：$10^{-5} \sim 10^{-3}$ Torr；四极杆质量分析器：$<10^{-5}$ Torr），因此是实际可行的选择。值得注意的是，离子阱的分辨率和灵敏度得益于高压下的额外碰撞冷却。图14.4展示了最典型的分析器结构示例。四极杆质量分析器和离子阱满足上述列出的优点。它们通常获得 <0.1 Da 的质量误差和单位质量分辨率以及良好的动态范围和灵敏度，同时具有 $1 \sim 10$ Hz 的采集速率。

四极杆质量分析器由4根具有双曲形横截面的钢杆组成，并排列成方形。向一对相对的杆施加射频（RF）电压并向另一对相对的杆施加相反相RF电压时，设备内部会产生四极势（或"四极场"，这是一个常见的误称）。本章不涉及四极势及控制四极杆质量分析器和四极离子阱的Mathieu参数的细节，这里只简要描述这些设备的工作原理。如果仅向四极杆施加RF电势，那么四极被称为处于"RF-only"或"透射"模式，此时质量分析器可以通过大范围 m/z 值的离子。然而，如果同时施加一个解析直流电压（即在一对杆上施加正直流电势，而在另一对杆上施加相反极性的电热），则四极杆质量分析器被称为处于"RF/DC"或"质量选择稳定"运行模式，也就是说它只允许很小范围 m/z 值的离子通过，从而实现 m/z 解析功能。如果保持RF和DC电势的比例接近恒定并同时扫描，则可获得按递增 m/z 顺序的质谱图。

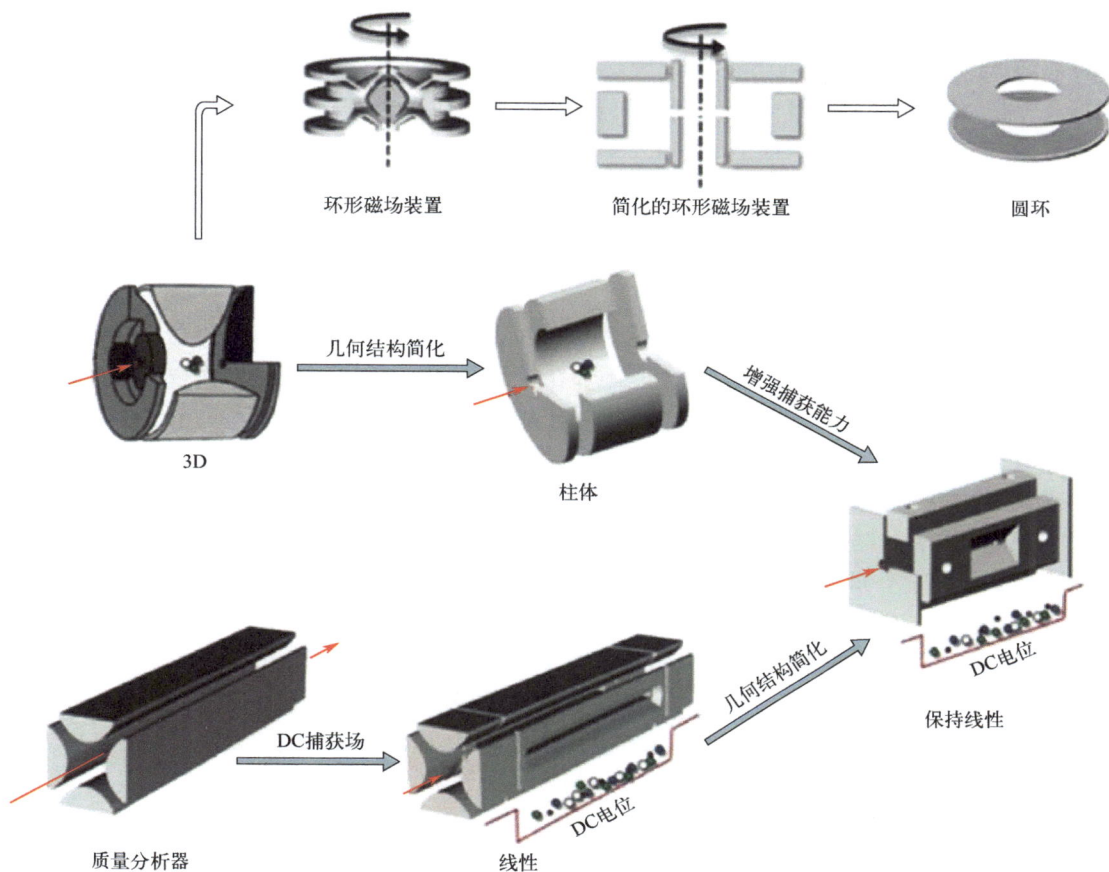

图14.4 便携式质谱仪中常用的质量分析器。除四极杆外，其余都是离子阱。来源：Snyder D T, Pulliam C J, Ouyang Z, Cooks R G. Miniature and fieldable mass spectrometers: recent advances. Anal Chem, 2015, 88(1): 2-29. 版权（2015）归American Chemical Society所有

线性四极离子阱可视为带有端盖电极的四极杆质量分析器，端盖电极施加的直流电势使离子无法沿其轴逃逸，从而捕获离子。与四极杆质量分析器运行在质量选择稳定模式相反，离子阱工作于"质量选择不稳定"模式下，其中离子按照m/z顺序不再稳定，并被引向离子检测器，生成质谱图谱。为了完成这个任务，只需将RF电压施加于阱电极，同时线性扫描RF电压幅度，使按m/z依次增大的离子轨迹逐渐不稳定，并射向一个带电粒子检测器。离子可以在Mathieu稳定性边界处（Mathieu $q = 0.908$）被引出，即：

$$q = 4V_{RF}m / zer_0^2\Omega^2 \qquad (14.1)$$

式中，V_{RF}为RF电压的零到峰值振幅，e为基本电荷，r_0为器件内接圆半径（相对电极之间的一半距离），$\Omega = 2\pi f$为RF角频率（f为RF频率，单位为赫兹）。离子可以通过向离子阱电极施加低电压的辅助偶极交流频率在任意的Mathieu q参数（频率）处被弹出，这种方法被称为"质量选择性不稳定共振弹出"。这种"工作点"的变化可改变分辨率、灵敏度和质量范围，但最优弹出点必须通过实验仔细确定。

与四极杆质量分析器不同，本质上离子阱的性能指标（动态范围除外）不取决于设备尺寸，TOF和扇形质量分析器也不具有这一特性。因此，离子阱是便携式质谱仪的理想选择，四极杆

质量分析器排名第二。微型离子阱的分辨率和质量精度应保持不变，并且任何动态范围的损失都可以通过制作离子阱阵列补偿，如下所述。随着离子阱尺寸的减小，离子的运动路径也随之缩短，因此分析器可以在保持分辨率的同时以更高的压力运行。可以增加驱动RF频率以补偿任何分辨率损失，因为

$$(m / \Delta m) \propto \Omega_{RF} / P = \Omega_{RF} \tau / 4\sqrt{3} \tag{14.2}$$

式中，$m / \Delta m$ 为质量分辨率；Ω_{RF} 为射频角频率，rad/s；P 为缓冲气体压力；τ 为离子-中性碎片碰撞引起的离子的弛豫时间。

线性离子阱是从3D四极电子阱发展而来的，后者由一个环形电极和两个端盖电极组成，所有电极都具有双曲形截面。RF电压通常只施加在环形电极上，辅助共振频率可以以偶极方式施加在端盖上，用于共振激发或弹出。3D离子阱具有许多与线性离子阱相同的特点，但是线性离子阱具有更高的离子注入效率和阱容量，因此3D离子阱的应用逐渐减少。通过使用共振激发可以生成产物离子的MS/MS光谱。共振激发通过施加低电压辅助交流波形，使其频率与离子的固有频率（与离子在阱中的m/z相关，即与q相关的运动频率）相匹配。所有类型的四极离子阱都能够执行单分析仪MS/MS实验（即串联质谱实验）：其中的离子被分离，通过与有意引入的背景气体分子碰撞而激活并产生碎片，随后将碎片进行质量分析。产物离子谱可以通过谱库匹配确认分子的身份，或者解析未知结构离子（其MS/MS谱未收录于谱库）的原子连接方式。前体离子扫描、中性丢失扫描、二维串联质谱扫描等新兴扫描方法是最近的创新，虽尚未被广泛应用，但前景广阔。即便如此，四极离子阱的多功能性是便携式光谱仪另一个吸引人的特点。

四极离子阱除了线性离子阱和3D阱外，还有许多不同尺寸和形状的选择。例如，圆柱形离子阱是一个简化的3D四极离子阱，其电极截面为矩形，边缘平直而非双曲线。同样，矩形离子阱是一个简化的线性离子阱，其电极截面为矩形。虽然这种电极几何形状会影响电场的四极性，但是仍然可以轻松获得良好的单位分辨率和质量精确度，而且制造难度比双曲线电极截面的离子阱要小得多。此外，所有几何形状的四极离子阱都对电场不完美和压力变化具有高度的容忍度，比其他仪器更具优势，这对于制造公差逐渐变得更加严格的小型分析仪尤为重要。圆柱形离子阱和矩形离子阱保留了3D阱和线性阱的所有特点和能力，可以制造成串联或并联的质量分析器阵列，从而增强分析器的性能、通过降低操作电压降低功耗或增加动态范围。然而，保持阵列中分析仪的大小和电场的一致性仍然是一个挑战，并阻碍了其在其他领域的广泛应用，不过阵列仍然是一个有前途的配置。

通过将三维离子阱绕着一条与端盖间连线平行但与圆环电极外部相切的轴旋转，可以产生环形离子阱。其结果是一个"甜甜圈"状或环形结构，并且如果施加RF电势，则器件内部的电场在很大程度上是四极的。与三维离子阱和线性离子阱相比，环形离子阱的主要优点是：在设备尺寸略微增加的情况下，就可以实现动态范围和灵敏度的显著提升。环形离子阱的捕获容量可能比同等内切半径的三维离子阱高出几个数量级。与圆柱形离子阱和线性离子阱类似，矩形截面的环形离子阱也得到了研究，还有一种"光晕离子阱"，它由两个陶瓷板组成，板上刻有环形电极。环形离子阱具有其他离子阱的所有功能，并且TORION（现属PerkinElmer）已推出了便携式版本。对质量分析器几何结构的改进仍在进行中，因为电极曲率扭曲了器件内部的电场，这可能会产生不利的副作用。

虽然本节的主要内容是四极杆质量分析器和四极杆离子阱，它们是便携式质谱仪中最常见

的分析器，但还有一些值得一提的分析器。随着质量分析器的缩小，扇形和TOF仪器的性能都会下降，因此缩小这些设备会以牺牲质量分辨率为代价。即便如此，TOF仪器（仅由施加高电压的极板组成）在理论上提供了无限的质量范围以及优异的质量精度和分辨率。然而，它们对超高真空的要求限制了它们在便携式系统中的应用。近年来，微型磁扇形仪器是一个有趣的研究课题，有报道称编码孔径系统在尺寸缩小时保持了质量分辨率而不牺牲离子通量。也就是说，编码孔径设计利用了回旋式质量分析器几何结构中的Felgett优势，在不牺牲分辨率的前提下提高了信噪比。

14.2.4 质谱分析前的分离

用便携式质谱仪分析样品时，最好不要使用任何多余的子系统，以最小化尺寸、重量和功耗。采样接口、离子源、真空系统、质量分析器、检测器和数据系统都是必不可少的。在质量分析之前的分离能力，如离子迁移谱（IM）、气相色谱（GC）、液相色谱（LC）和毛细管电泳（CE），这些虽然是辅助子系统，但对于目标应用或当样品的复杂度对于单位分辨率质量分析器来说太高时，它们也是有用的，有时甚至是必不可少的。

GC和LC均在分析样品离子化之前进行，涉及将样品注入流动相中、流动相将样品组分推送通过固定相（"色谱柱"），样品组分在固定相中按空间分离并通常按照极性顺序洗脱。对于GC，载体是惰性气体，如氦气或氮气，固定相为聚合物（例如二甲基硅氧烷）；对于LC，载体是极性和非极性溶剂（水、甲醇、乙腈等）的组合，固定相由具有极性或非极性涂层（例如C_{18}）的玻璃珠组成。因为固定相通常是非极性的，所以样品成分从极性最大的化合物开始从柱中洗脱。GC和LC均可与便携式质谱仪联用，并且对于分析特别复杂的混合物非常有用，但其中m/z空间中的物种重叠成为问题。GC在便携式系统中更为常见，通常与内部EI离子化联用。它最明显的缺点是只能观察挥发性和半挥发性分析物，因为在GC进样前必须加热汽化样品。此外，只有少数离子源（EI或辉光放电离子化）可以与GC联用。对于LC，通常与ESI联用，分析物必须可溶于流动相，并且溶剂储罐和液体处理系统会增加SWaP。

虽然CE还没有与商业化的便携式质谱仪联用，但其作为GC和LC的替代方案值得关注。CE是根据分析物在水性缓冲液中的电泳迁移率进行分离的，在一段石英毛细管两端施加电位差，当注入的样品段沿着毛细管移动时，分析物按尺寸和电荷分离。一般来说，较小且电荷较高的离子迁移速度较快，因此它们将比处于低电荷状态的较大离子更快地被电离（通过ESI）并被质量分析器检测到，从而生成类似GC-MS和LC-MS的"色谱图"。与GC相比，CE对极性、非挥发性分析物是一种有吸引力的分离技术。

GC、LC和CE均在分析物电离之前进行分离，而IM是在气相中进行电离后的分离方案。IM包括将电离的分析物注入漂移气体中，在加压IM室中建立电场，电场将离子推过漂移气体，离子与漂移气体之间的碰撞使分析物按照其气相迁移率的顺序离开迁移池。离子的质量、电荷、大小和形状都会影响观察到的"漂移时间"（即离子离开迁移池的时间）。IM在多肽和蛋白质等大分子分析中最有前景，同时对小分子分析也有用（如用来区分同质异构物，尽管大多数IM系统的分辨率尚不足够。与其他分离技术一样，添加IM作为子系统会增加SWaP，并且具有加压的IM腔需要更高的抽气能力和更多级差动抽气。与TOF和磁扇形分析仪一样，IM分离的分辨率取决于设备尺寸。因此，IM很少与便携式质谱仪联用（除后文讨论的Excellims MC3100外），但其应用可能会在不久的将来增加，特别是对于法医应用，这些应用通常需要两个正交维度的化合物鉴定（例如IM和MS、GC和MS或LC和MS）。

14.2.5　检测器

质量分析器将离子按m/z分类后，必须将其转换为可测量的信号（电流或电压），然后交由计算机进行数字化处理。由于每秒由质量分析器分选的离子数通常小于100000（约10^{-14} A），必须在数字化前放大信号。质谱中最常见的带电粒子检测器是电子倍增器、法拉第杯和微通道板。电子倍增器是最常见的质谱检测器，它利用入射离子的动能，即通过施加到检测器上的大吸引电压加速到高能量，与具有良好二次发射性能的材料（例如Cu-BeO）发生碰撞并导致二次电子释放。然后，电子被逐级加速和倍增，每级提供额外的放大。典型的增益是6～7个数量级。分立打拿极检测器有10～20个放大级。连续打拿极电子倍增器（或通道电子倍增器），使用连续的铅掺杂玻璃表面通过离子碰撞产生二次电子，先通过转换打拿极将入射的正离子或负离子转换为电子，再通过电子倍增器的级联效应进一步放大。总的来说，电子倍增器提供了高增益（灵敏度）和动态范围（10^4～10^6），响应时间快，但因氧化、表面污染和电子耗尽，它们的寿命往往有限。由于增益与速度有关，这些检测器存在质量歧视，低m/z离子由于其较高的速度而倾向于产生较强的信号，可以通过增加转换打拿极上电压可以在一定程度上减轻这种影响。微通道板是一种具有许多并行通道的电子倍增器，通过在板两侧施加电压，可以在分析物离子第一次碰撞后引发级联效应，每个通道产生10^2～10^4的放大，且因行程极短确保快速上升时间。电子倍增器和微通道板可以制造得足够小以适用于大多数便携式质谱仪，但需要高电压供电才能运行。

相对于电子倍增器的级联效应，法拉第杯本质上不提供放大作用，但它们具有更少的质量歧视。法拉第杯是一个简单的金属圆筒、杯子或板子，离子在其上被中和，产生的电流通过电阻器进行扩展并通过外部电路放大。由于检测器内没有电子的级联，法拉第杯的灵敏度比电子倍增器低得多，而且它们的信号更容易被背景噪声淹没，上升时间也较慢（可以通过牺牲灵敏度来改善），因此不常用于便携式质谱仪中。

14.2.6　数据采集、控制和解释

离子通过质谱分析器进行排序，然后被检测器及其相关电子器件转换为放大的模拟信号，接下来必须由计算机进行数字化、处理和解释。对于便携式系统，计算机最好是坚固的笔记本电脑或触摸屏平板。数据处理可以包括信号平均、背景扣除、峰标注、分子式确定、MS/MS解释、同位素分析、电荷态分配、定量分析（通过内标或外标）以及其他方式。计算机随后将数据显示给用户，用户需进一步解释数据，并采取行动或进行进一步处理或进行质谱分析。

用户通过图形用户界面（GUI）与质谱仪进行交互，该界面通常具有"专家"模式和"新手"模式。"专家"模式的操作可能允许用户重新定义仪器的扫描功能、手动校准m/z或强度轴等；对于大多数没有质谱背景的用户，"新手"界面提供了选择特定分析的选项，并通过调节仪器参数（时间、电压、压力等）优化信号强度。例如，质谱仪可以专注于检测

药物、爆炸物或VOC，其内部光谱库和外部光谱库是现成的。仪器可以指导这些用户完成特定任务，如校准、采样、电离和MS/MS分析。理想情况下，无需用户干预即可执行所有这些任务，识别混合物中的组分，并报告结果的置信度。对于大多数应用，计算机功能应完全内置，不应依赖外部连接（如互联网），因为在不可预知的现场环境中外部连接不太可靠。然而，云技术为未来的数据分析提供了一种很有前途的选择。在这种分析中，数据在本地获取，在云端处理，然后返回给用户显示，而不是在本地计算机解析。这种方法的潜在优势是可以使用更快、更复杂的处理技术（这些技术在本地机器上会占用大量资源），与大量内部光谱库或可通过互联网访问的光谱库比对，远程仪器控制以及监测仪器长期性能的能力。

14.2.7　商用系统

虽然在过去数十年的时间里，微型质谱分析器。新的采样和离子化策略、更小且功率更低的真空泵和电子设备一直在不断发展，但直到最近，这些技术才融合到一定程度，使得便携式质谱仪有可能商业化。表14.2列出了目前可从制造商获得规格的便携式或适用于现场的质谱仪。请注意，一些微型但非便携式的系统未列入此表，但在本节末尾简要讨论。

表14.2中描述的3个系统，包括FLIR的G510、Inficon的HAPSITE和Q Technologies的AQUA MMS（微型质谱仪），均使用了四极杆质量分析器。G510和HAPSITE都将GC与EI电离联用，配备了几种辅助采样策略，如SPME、顶空采样、预浓集器等。它们具有相对较小的质量范围，足以覆盖与这些采样方法兼容的挥发性和半挥发性分析物，并且可以使用电池供电工作2~4 h。这些设备的预期应用包括法医鉴定、CWA和爆炸物检测、VOC监测等。AQUA MMS同样使用四极杆质量分析器与EI电离，但具有更有限的质量范围，适合检测水中溶解的小分子有机物和气体。

大多数商品便携式质谱仪采用离子阱作为质量分析器，包括1st Detect的TRACER 1000、908 Devices的MX908、Bayspec的Continuity和Portability、ExcellIMS的MC3100、MassTech的MT Explorer 50、Torion（现属PerkinElmer）的TORION T-9和PURSPEC的Mini β等。这些系统大多数采用线性离子阱，而MX908采用未知的结构，MT Explorer 50采用3D四极离子阱，TORION T-9则是唯一采用独特的环形离子阱结构的系统。许多系统配有大气压接口，使它们可以与常压离子源（如ESI、APCI、DART、MALDI和/或纸喷雾）联用。与FLIR和Inficon仪器一样，T-9具有内部电离源，并利用SPME和GC等技术。大多数系统支持正负离子模式，*m/z*上限约为1000，并且可以使用电池供电至少2 h。常见应用包括爆炸物和CWA检测、毒品分析和环境监测。

其他微型但非严格便携的商用系统包括几款单四极杆质谱仪，如Microsaic Systems的4500 MiD，Waters的DART QDa、ACQUITY和SQ Detector 2以及Advion的expression CMS（紧凑型质谱仪）。它们通常作为紧凑且简单的台式检测器用于制药研究，并与LC联用，与各种外部电离源兼容。此外，也存在紧凑的三重四极系统，例如Agilent的Ultivo和Waters的Xevo TQ-S micro，尺寸与LC堆叠相当。最后，TOFWERK开发了定制可现场安装的TOF质谱仪，用于VOC检测和元素分析；ZeteoTech则开发了一种"数字"MALDI-TOF平台，用于检测细菌和蛋白质等高分子生物物种。

表14.2 商用微型和便携式质谱仪

仪器型号	公司	进样方式	电离源	极性	分析仪	质谱范围（m/z）	分辨率	MS/MS	功率	质量/kg	预期应用
TRACER 1000	1st Detect	聚四氟乙烯涂层玻璃纤维棉签；取样棒	CI	+/-	线性离子阱	未知	未知	未知	110 V AC/230 V AC，50 Hz/60 Hz	2.5	爆炸物；毒品
MX908	908Devices	固体/液体的热解吸棉签；直接气体/蒸气分析	外部	+/-	离子阱	50~460	未知	是	连续运行超过3 h	3.9	CWA；毒品；新出现的威胁；爆炸物；前体
Continuity	Bayspec	AI	TD-ESI; APCI;EI	+/-	线性离子阱	50~1200	0.49 amu FWHM	是	72 W	20	爆炸物；毒品；农药；真菌毒素
Portability	Bayspec	AI	TD-ESI; APCI; EI	+/-	线性离子阱	50~650	0.49 amu FWHM	是	72 W	10	爆炸物；毒品；农药；真菌毒素
MC3100	ExcelIIMS	AI, 热解吸；连续液体引入	TD-ESI; APCI; EI	+	线性离子阱+离子迁移率	20~2800	Unit	是	250 W	35	毒品；食品和药品安全；中西药品
G510	FLIR	气相色谱法；加热样品探针；蒸气的膜引入；内部双床预浓缩器，带分离/无分离注射器端口；通过注射器直接进行液体取样；SPM；PSI	EI	+	四极杆	15~515	0.7 amu FWHM	否	电池供电2~4h	16.3	毒品；爆炸物；环境污染物

续表

仪器型号	公司	进样方式	电离源	极性	分析仪	质谱范围 (m/z)	分辨率	MS/MS	功率	质量/kg	预期应用
HAPSITE	Inficon	气相色谱法；顶空取样；位置检测；SPME；热解吸	EI	+	四极杆	41~300	未知	否	电池供电2~3 h	19	VOC；SVOC；CWA；有毒工业品；
MT Explorer 50	MassTech	直接进样	ESI, API, MALDI；APCI；sESI；DART	+/-	3D离子阱	30~2500	2000 Da时达到6000	是	100~300 W	34	毒品；爆炸物；农药
TORION T-9	PerkinElmer（Torion）	SPME；针捕集阱；GC	EI	+	环形离子阱	41~500	Unit	未知	电池供电2.5 h	14.5	环境挥发性和半挥发性物质；爆炸物；CWA；有害物质；食品安全
Mini β	PURSPEC	AI（非连续API）	AI（ESI，纸毛细管喷雾）	+/-	线性离子阱	50~2000	<1 amu	是	100 W	20	毒品；食品和药品监管；
AQUA MMS	Q Technologies	膜进样	EI	+	四极杆	达到200	Unit	否	<50 W	未知	生物医学和临床水中的油/烃类；溶解气体

14.3　应用

便携式仪器已经将质谱的应用从分析实验室扩展到现场进行实时原位测量。尽管便携式质谱的潜在优势远未完全实现，但是文献中已详细描述了几个重要应用场景，并正在逐渐成为实际案例。

（1）非法或危险物质检测

收集非法或危险物质样本并将其带回实验室检测是一种在物流上无法或不便实现的场景。例如，检查人员虽有化学和电化学测试等多种工具检测非法物质（毒品或酒精），但随着类似药物和更强效的替代品（例如芬太尼及其衍生物）的出现，对检查人员来说，具有高灵敏度、高选择性且广泛适用的分析检测器越来越有价值。例如，图 14.5（a）显示了 3 种卡西酮［3,4- 亚甲基二氧吡咯戊酮（MDPV, m/z 276）、敏疫朗（methylone, m/z 208）和甲氧麻黄酮（mephedrone, m/z 178）各 10 ng］的质谱图，它们被沉积在 Teflon 载玻片上，并使用 Griffin AI-MS 1.2 圆柱形离子阱质谱仪通过 DESI 采样检测。这个实验展示了质谱分析在现场药物分析中的高灵敏度和宽检测范围，3 种卡西酮尽管结构不同，但都可以在一次扫描中实现痕量检测。便携式质谱仪可以用于检测一系列有害物质，不仅仅是毒品。图 14.5（b）显示通过 MS/MS 检测枪击残留物中的中位酸甲酯（methyl centralite, m/z 241）和中位酸乙酯（ethyl centralite, m/z 269），并使用人造丝棉签收集疑似枪手手上的材料，用作离子化基质［"拭子接触喷雾"（swab touch spray）电离］。该实验使用了一个带有 DAPI 的 Mini 12 直线离子阱质谱仪。这种法医应用可以提供现场测试，以确定嫌疑人最近是否使用过枪支。

（2）公共安全与军事应用

执法人员并非唯一可能从采用 MS 作为主要现场分析方法中获益的公务人员。对于长期暴露于未知、危险和外来物质的作战斗人员而言，便携式 MS 具有不可估量的价值。图 14.5（c）显示了采用 Griffin 450 GC-MS 进行 EI 电离结合四极质量分析器检测得到的化学战剂 VX {[2-(二异丙氨基) 乙基] 甲基硫代磷酸乙酯，m/z 267} 及其降解产物（m/z 175）的质谱图。图 14.5（d）显示了在 Mini 10 质谱仪上使用 DESI 收集的炸药 Tetryl（特屈儿）、TNT（三硝基甲苯）和 HMX（奥克托今）的检测结果。人们可以想象在无线控制的巡游车或无人机上安装一个微型质谱仪，驱动其到样本处检测。特别是如果样品被认为具有急性毒性、易爆或其他危险性时，这种策略可以减轻人员的风险。即便是操作人员而不是机器人直接参与质谱分析，与基于实验室的质谱仪相比，便携式质谱仪也可以在潜在威胁生命的情况下提供即时答案（例如"这种物质危险吗？"）。

目前，便携式质谱技术最常见的应用与紧急响应人员和军人相关，但在其他用途包括水质监测和 VOC 检测中也已引起了广泛关注。在这两种情况下，选择的技术都是膜进样器（气体和挥发性分析物可以自由扩散）与 EI 电离和四极杆质量检测相结合。单光子电离（用紫外激光照射样品）是应用于 VOC 的另一种有用的电离源，因为不会产生碎片，所以可以避免 EI 产生的光谱重叠。便携式质谱技术可以测量溶解气体（如氧气、二氧化碳和氮气）、挥发性有机物（如苯和甲苯）、多环芳烃、多氯联苯和二噁英等微量浓度成分。使用这种检测的一个例子是在工业灾难后检测水中的石油或药物污染。可以监测饮用水中挥发性有机物的浓度，以确保化学物质水平低于规定标准。更普遍地说，任何形式的环境污染监测都可以使用在线或离线质谱进行检测，而现场检测则需要便携式仪器。

　　尽管便携式质谱仪的应用范围目前还比较有限，但随着便携性开辟新的分析途径，其应用领域正在迅速扩大。图14.6展示了便携式质谱仪在食品质量检测、临床分析和疾病诊断方面的一些最新应用示例。人们可以想象，在未来，超市顾客可以使用口袋大小的便携式质谱仪检测其打算购买的农产品上有哪些化学物质（杀菌剂、杀虫剂和除草剂），回答类似"这个苹果真的是有机的吗？"等问题。图14.6（a）中的质谱图是利用线性离子阱脉冲电离（LTP）耦合Mini 12质谱仪在MS/MS模式下直接从苹果表面检测到杀菌剂二苯胺（*m/z* 170）的情况，该图展示了质子化二苯胺产物离子扫描的MS/MS谱图。就地即时诊断分析是一个特别有前途的方向，因为它可以在许多医疗问题上提供即时的答案，同时节省时间和资金。可以合理地推测，在未来，便携式质谱仪将被医生和护士用于药物和代谢物监测、早期疾病诊断或在医生办公室现场检测细菌。图14.6（b）展示了在Mini 12质谱仪上通过纸喷雾质谱法进行现场血药监测，一滴血液被滴在三角形的纸上，施加溶剂和高压以产生离子，通过一个直线离子阱进行检测。使用MS/MS技术，阿米替林（amitriptyline，一种抗抑郁处方药，*m/z* 278）浓度为50 ng/mL。该实验可用于确定患者是否服用了改变情绪的药物，并且由于可以获得定量结果，以确定可能对患者有益的剂量变化。该实验还可用于治疗药物监测。图14.6（c）展示了使用2 *m/z*宽的隔离窗口的*m/z* 146和*m/z* 147的负离子模式MS/MS谱图，它们分别对应于异柠檬酸脱氢酶（IDH）突变型胶质瘤和IDH野生型脑涂片中的去质子化形式的2-羟基戊二酸和谷氨酸。从MS/MS谱图明显可以看出，只有IDH突变型胶质瘤会产生*m/z* 129的丰富产物离子（2-羟基戊二酸的碎片，已被证明是胶质瘤指示物），而野生型则只产生谷氨酸片段，表明为健康组织。换句话说，便携式质谱仪上的MS/MS可以用于检测癌组织。

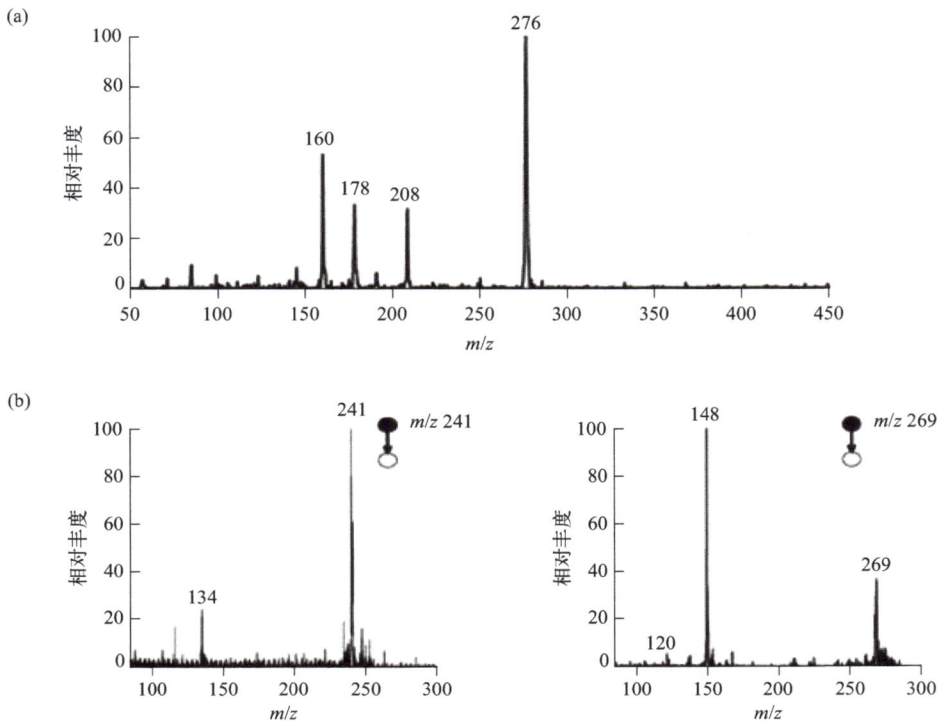

图14.5

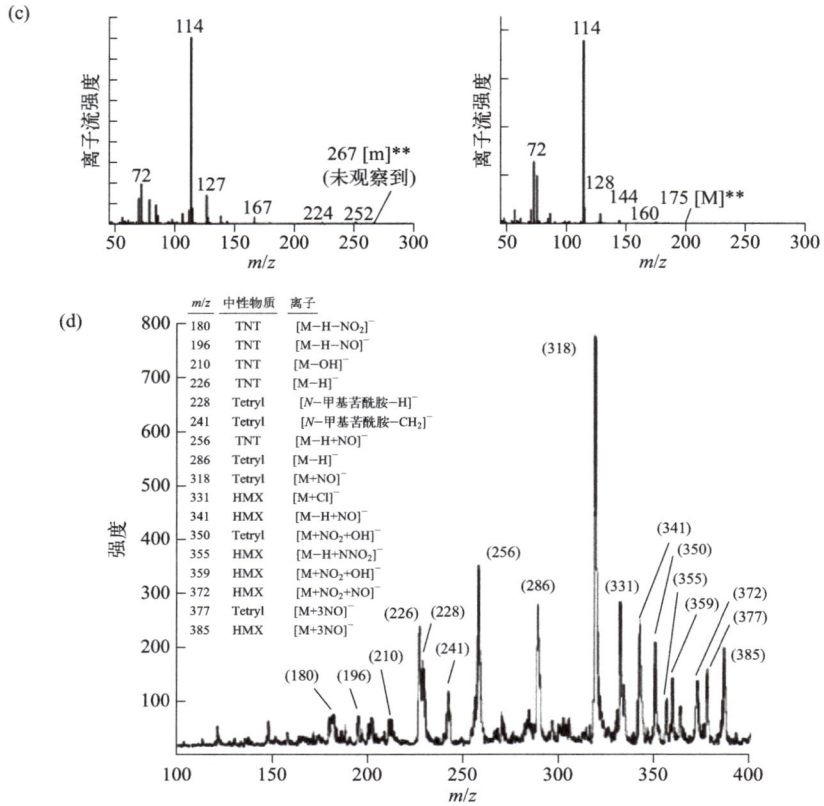

图14.5 使用微型质谱仪检测毒品、枪击残留物、化学战剂和爆炸物：（a）使用Griffin AI-MS 1.2圆柱形离子阱质谱仪在Teflon载玻片上对3,4-亚甲基二氧吡咯戊酮（m/z 276）、敏疫朗（m/z 208）和甲氧麻黄酮（m/z 178）各10 ng的解吸电喷雾电离质谱；（b）Mini 12检测到的中位酸甲酯（m/z 241）和中位酸乙酯（m/z 269）的拭子接触喷雾产物离子光谱；（c）使用Griffin 450 GC-MS记录化学战剂VX（m/z 267）及其降解产物（m/z 175）的电子碰撞电离后的四极质谱；（d）在Mini 10质谱仪上使用解吸电喷雾电离收集的炸药Tetryl、TNT和HMX的负离子质谱。来源：（a）Vircks K E, Mulligan C C. Rapid screening of synthetic cathinones as trace residues and in authentic seizures using a portable mass spectrometer equipped with desorption electrospray ionization. Rapid Commun Mass Spectrom, 2012, 26: 2665-2672. 版权（2012）归John Wiley & Sons所有。（b）Fedick P W, Bain R M. Swab touch spray massspectrometry for rapid analysis of organic gunshot residue from human hand and various surfaces using commercial andfieldable mass spectrometry systems. Forensic Chem, 2017, 5: 53-57. 版权（2017）归Elsevier所有。（c）Smith P A, Lepage C J, Lukacs M, Martin N, Shufutinsky A, Savage P B. Field-portable gas chromatography with transmission quadrupoleand cylindrical ion trap mass spectrometric detection: chromatographic retention index data and ion/molecule interactionsfor chemical warfare agent identification. Int J Mass Spectrom, 2010, 295: 113-118. 版权（2010）归Elsevier所有。（d）Sanders N L, Kothari S, Huang G, Salazar G, Cooks R G. Detection of explosives as negative ions directly from surfacesusing a miniature mass spectrometer. Anal Chem, 2010, 82: 5313-5316. 版权（2010）归American Chemical Society所有

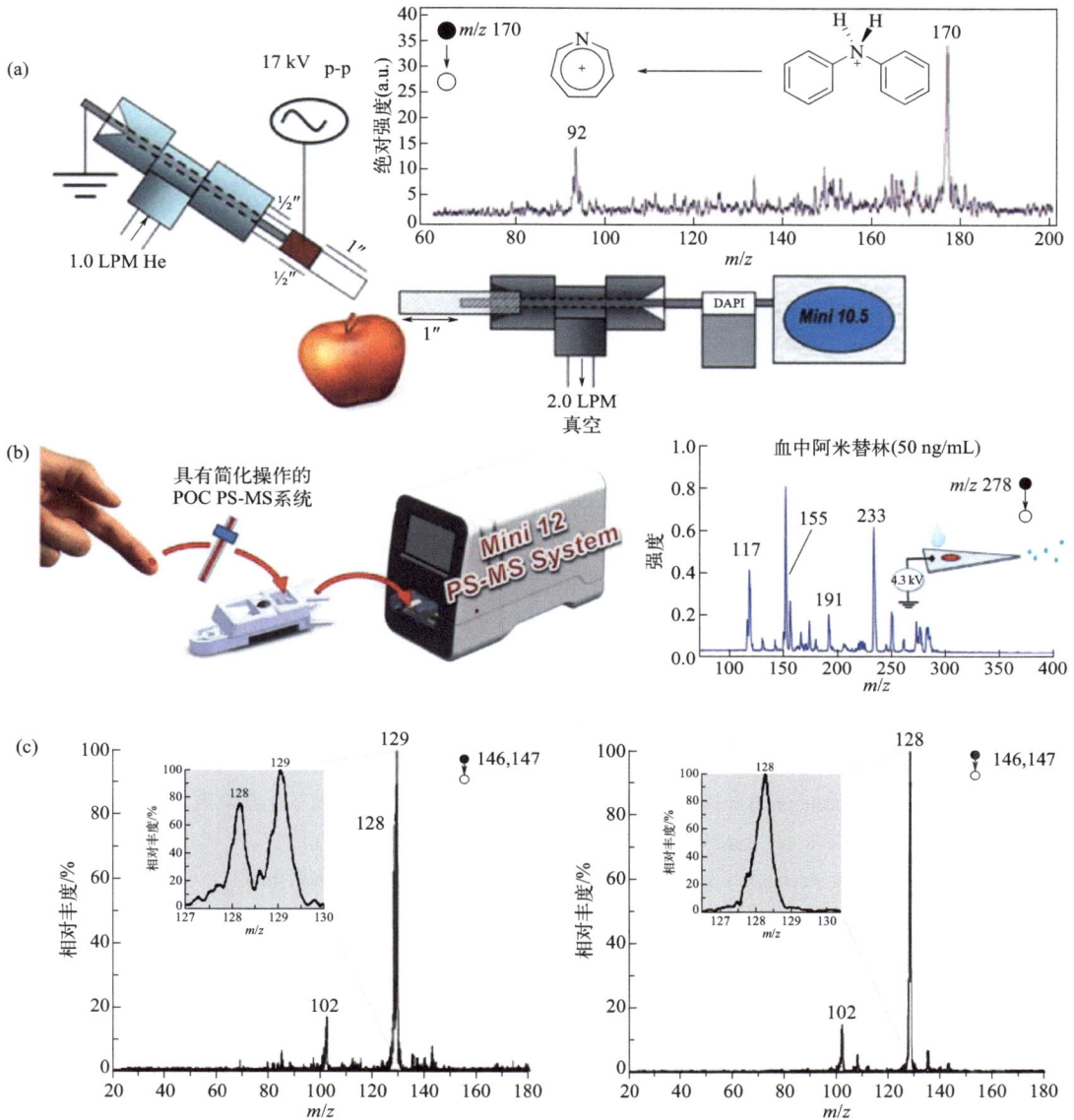

图14.6 用于检测农用化学品、护理点血液监测和组织分析的微型质谱仪：（a）在Mini 10.5上使用低温等离子体电离直接从苹果中检测杀菌剂二苯胺；（b）在Mini 12上使用纸喷雾的阿米替林在血液中的MS/MS光谱；（c）来自异柠檬酸脱氢酶（IDH）突变体神经胶质瘤（左）和IDH野生型（右）的2-羟基戊二酸（*m/z* 146）和谷氨酸（*m/z yy* 147）的去质子化形式的MS/MS光谱，*m/z* 129处的峰值仅出现在IDH突变体中。来源：（a）Soparawalla S, Tadjimukhamedov F K, Wiley J S, Ouyang Z, Cooks R G. In situ analysis of agrochemical residues onfruit using ambient ionization on a handheld mass spectrometer. The Analyst, 2011, 136(21): 4392. 版权（2011）归Royal Society of Chemistry所有。（b）Li L, Chen T C, Hendricks P I, Cooks R G, Ouyang Z. Miniature massspectrometer for clinical and other applications—introduction and characterization. Anal Chem, 2014, 86: 2909-2916. 版权（2014）归American Chemical Society所有。（c）Pu F, Alfaro C M, Pirro V, Xie Z, Ouyang Z, Cooks R G. Rapiddetermination of isocitrate dehydrogenase mutation status of human gliomas by extraction nanoelectrospray using aminiature mass spectrometer. Anal Bioanal Chem, 2019, 411: 1503-1508. 版权（2019）归Springer Nature所有

本章无法涵盖便携式质谱的每一个可想象的应用。该领域发展迅速，每天都有新的想法涌现。因此，本章包含的主题应被理解为最常见或者是最令人兴奋的新兴应用的一部分。尤其是空间科学，虽然本章未提及，但它一直是微型质谱仪的主要驱动力之一，同时也不断突破界限，并从新发明中受益。对于那些对该主题感兴趣的人，文献中已有不少地外质谱的综述可供参考。

14.4　总结与展望

尽管质谱作为一个研究领域在过去几十年中已经逐渐发展成熟，但是便携式质谱仪直到最近的约20年中才成为研究热点，并在过去10年中有了引人注目的微型和便携式质谱系统的商业化应用。真空系统、质量分析器、采样、电离和数据采集/处理技术的进步将继续推动质谱分析技术的发展，从而产生体积更小、效能更高、性能更优的系统。随着整个系统尺寸的减小，便携式质谱的应用范围将继续迅速扩大，特别是如果将多功能的采样和电离方法（常压离子化）纳入新型设计中。目前，内部电离与膜进样（通常和气相色谱联用）和四极杆质量分析器仍然是微型系统的流行选择，然而结合常压离子化技术和独特的真空系统配置（如DAPI）的微型离子阱正在成为最合理的选择。

缩略语

AI	ambient ionization	常压电离
APCI	atmospheric pressure chemical ionization	大气压化学电离
API	atmospheric pressure interface	大气压接口
CE	capillary electrophoresis	毛细管电泳
CI	chemical ionization	化学电离
CMS	compact mass spectrometer	紧凑型质谱仪
CWA	chemical warfare agent	化学战剂
DAPCI	desorption atmospheric pressure chemical ionization	解吸大气压化学电离
DAPI	discontinuous atmospheric pressure interface	非连续大气压接口
DART	direct analysis in real time	实时直接分析
DESI	desorption electrospray ionization	解吸电喷雾电离
EI	electron impact (ionization)	电子轰击（电离）
ESI	electrospray ionization	电喷雾电离
FWHM	full-width at half maximum	半峰全宽
GC	gas chromatography	气相色谱法
GUI	graphical user interface	图形用户界面
HMX	1,3,5,7-tetranitro-1,3,5,7-tetrazocine	1,3,5,7-四硝基-1,3,5,7-四氮杂环辛烷（奥克托今）
IDH	isocitrate dehydrogenase	异柠檬酸脱氢酶
IM	ion mobility	离子迁移率
LC	liquid chromatography	液相色谱法
LDI	laser desorption ionization	激光解吸电离

LTP	low-temperature plasma (ionization)	低温等离子体（电离）
MALDI	matrix-assisted laser desorption ionization	基质辅助激光解吸电离
MIMS	membrane introduction mass spectrometry	膜进样质谱法
MS	mass spectrometer	质谱仪
	mass spectrometry	质谱法
MS/MS	tandem mass spectrometry	串联质谱法
nESI	nanoelectrospray ionization	纳米电喷雾电离
POC	point-of-care	即时
PSI	paper spray ionization	纸喷雾电离
	prepless sample introduction	无预处理的样品引入
RF	radio-frequency	射频
sESI	secondary electrospray ionization	二次电喷雾电离
SPME	solid-phase microextraction	固相微萃取
SVOC	semi-volatile organic compound	半挥发性有机化合物
SWaP	system weight and power	系统重量和功耗
TD	thermal desorption	热解析
Tetryl	2,4,6-trinitrophenylmethylnitramine	2,4,6-三硝基苯基甲硝胺（特屈儿）
TNT	trinitrotoluene	三硝基甲苯
TOF	time-of-flight	飞行时间
VOC	volatile organic compound	挥发性有机化合物
VX	ethyl ({2-[bis(propan-2-yl)amino]ethyl}sulfanyl)(methyl)phosphinate	［2-(二异丙氨基)乙基］甲基硫代磷酸乙酯

进一步阅读

Blakeman, K.H., Wolfe, D.W., Cavanaugh, C.A., and Ramsey, J.M. (2016). *Anal. Chem.* 88: 5378-5384.

Chen, C., Chen, T., Zhou, X. et al. (2015). *Journal of the American Society for Mass Spectrometry.* 26: 240-247. de Hoffman, E. and Stroobant, V. (2007). *Mass Spectrometry: Principles and Applications*, 3e. Wiley.

Jiang, T., Zhang, H., Tang, Y. et al. (2017). *Anal. Chem.* 89: 5578-5584.

Liu, X., Wang, X., Bu, J. et al. (2019). *Anal. Chem.* 91: 1391-1398.

Snyder, D.T., Pulliam, C.J., Ouyang, Z.O., and Cooks, R.G. (2015). *Anal. Chem.* 88: 2-29.

Tian, Y., Higgs, J., Barney, B., and Austin, D.E.J. (2014). *Mass Spectrom.* 49: 233-240.

15

便携式气相色谱-质谱：
仪器和应用

Pauline E. Leary[1], Brooke W. Kammrath[2,3], John A. Reffner[4]

[1]Federal Resources, Stevensville, MD, USA

[2]Department of Forensic Science, Henry C. Lee College of Criminal Justice and Forensic Sciences, University of New Haven, West Haven, CT, USA

[3]Henry C. Lee Institute of Forensic Science, West Haven, CT, USA

[4]Department of Sciences, John Jay College of Criminal Justice, City University of New York, New York, NY, USA

15.1 概述

气相色谱-质谱法（GC-MS）是一种广泛使用的实验分析方法，被誉为鉴定众多化学物质的黄金标准（Fogerson et al., 1997；Schecter et al., 1999；Tilstone et al., 2006）。GC-MS集成了气相色谱（GC）和质谱（MS）两种独立的技术，通过GC将混合物分离成各个组成成分，再通过GC和MS对这些成分进行鉴定。每种技术都具有其独特的价值。GC作为一种分离挥发性化合物的主要分析技术，具有快速分析、高分辨率、准确的定量和适中的成本等优点，而MS则是目前检测可用分析物信息最丰富的检测器之一，只需提供微克甚至更少的样品就能提供定性和定量分析数据（McNair and Mille, 2009）。当两种技术结合使用时，集成系统的价值将显著增加，并超出任何单一技术的效果。例如，将MS检测添加到GC分析中，可以准确地识别GC中检测到和推测鉴定到的每一种化学物质。同时，GC的前端分离能力可以对复杂混合物中的各个组成成分进行浓缩和纯化，从而在低浓度下恢复这些纯化成分的光谱，即使在复杂的基质中也能实现。

尽管GC-MS在现场应用中具有许多优势，但与红外和拉曼等其他便携式光谱仪相比，便携式GC-MS的发展相对较慢。将GC-MS小型化并推广到现场操作时，面临的挑战是相当大的。在某些情况下，这些挑战是基于硬件限制；在其他情况下，这些挑战是基于有效地使用这些系统在样本采集点上获得结果。前者包括需要使用真空泵，而获得维持良好质谱性能所需真空泵的可用性一直是影响仪器设计和便携性的限制因素；后者则是现场数据的解释性挑战。GC-MS数据复杂且操作员通常缺乏科学或GC-MS背景等问题限制了在许多应用中便携式GC-MS具有的巨大潜力。因此，从GC-MS数据中提取有意义的结果可能很困难，从而限制了这些系统在某些领域的应用。可以说，随着技术的进步，这些系统的供应商一直努力在复杂的GC-MS数据与在现场将这些数据转化为有意义的结果之间架起桥梁。

本章探讨了商用便携式GC-MS仪器的现状。在简要回顾这些仪器的历史之后，将讨论对便携式仪器性能至关重要的关键组成部分，然后对这种技术的应用进行回顾。最后将讨论这些技术在不断演进以满足最终用户需求方面的未来前景。本章重点介绍集成式GC-MS系统。有关单独的便携式MS的详尽讨论，请参阅本卷中Snyder撰写的第14章；单独的高压MS的详尽讨论，请参阅本卷中Blakeman和Miller撰写的第16章。

15.2 便携式GC-MS的历史

在1976年维京号火星之旅中，首次引入了GC-MS技术，这被认为是最早证明在现场进行GC-MS分析的有价值的报告之一。在1969年的报告中，美国国家航空航天局（NASA）规划了这次航行（1970年），随后科学家们进行了实验，以提供参考数据，旨在帮助解释计划中的土壤有机物实验（Simmonds, 1970）。1976年，虽然在火星之旅中成功地部署了GC-MS技术，但这种技术在当时更多地被描述为可运输的而不是便携式，因为该系统是专门为这次任务设计的，基本上是固定的移动实验室中的一部分（Biemann et al., 1977）。

即使到了2000年，便携式GC-MS仪器仍然比较笨重，并被归属为车载式或人可携带式系统。车载便携式GC-MS系统被描述为可移动的固定实验室系统，而人可携带式系统被描述为可携带的（Meuzelaar et al., 2000）。然而，使GC-MS仪器便携的关键特征不一定是其尺寸和重量，而是其独立的电源和载气供应（Henry, 1997）。如今，人们可以合理期望便携式系统的重量足够轻，能够手持到样品采集的现场。

1996年，Inficon公司（East Syracuse, NY）推出了第一台真正的便携式GC-MS仪器——HAPSITE，该系统在具有独立的载气供应的电源下运行，并配备四极杆质谱仪，使用非蒸发型捕集器泵（NEG）以实现真空。随着时间的推移，这一产品经历了一系列的改进，最新的HAPSITE ER于2008年面向市场，旨在满足应急响应社区的需求（Crume, 2009）。该系统重量为42 lb（约19 kg）（Inficon, 2015）。在HAPSITE产品线的生命周期中，大多数竞争对手要么是车载式要么是人携式的GC-MS系统。然而，在近年来，许多厂商推出了在尺寸和重量上更具可比性的HAPSITE系列产品的替代品，例如PerkinElmer（Waltham, MA）的TORION T-9和FLIR（Wilsonville, OR）的Griffin G510。TORION T-9采用环形离子阱MS，重量为32 lb（约14.5 kg）（PerkinElmer Inc, 2020）；Griffin G510则采用四极杆MS，重量为36 lb（约16 kg）（FLIR Systems Inc., 2019）。这些系统的规格和预期应用的详细信息将在本章的不同部分中介绍。此外，还有一些供应商提供现场部署但较重的GC-MS系统，例如重量为72 lb（约33 kg）的Bruker（Billerica, MA）E²M（Bruker, 2020）。在进行现场GC-MS分析时，还可以将不一定是便携式的GC-MS系统作为固定移动实验室的一部分带到样品现场（Mississippi National Guard, 2015；United States Environmental Protection Agency, 2020）。图15.1展示了HAPSITE ER、TORION T-9和Griffin G510仪器的外形。

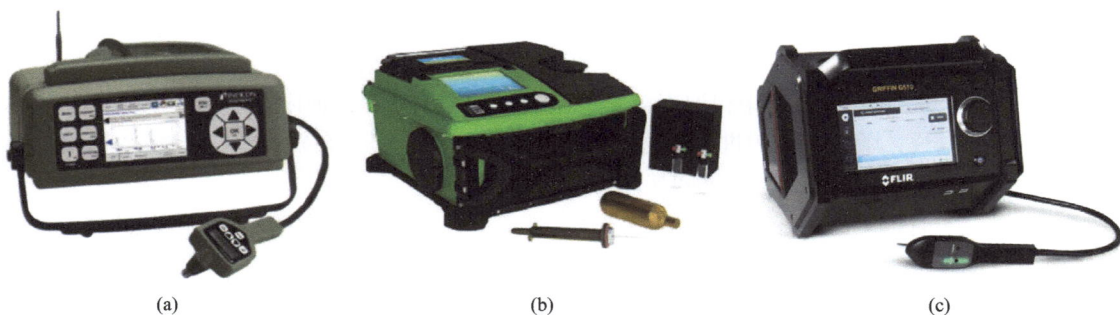

图15.1　（a）Inficon HAPSITE ER（来源：INFICON）；（b）PerkinElmer TORION T-9（来源：PerkinElmer Inc.）；（c）FLIR Griffin G510（来源：FLIR Systems, Inc.）

除了尺寸和重量的减小外，便携式GC-MS系统在其他方面也在不断发展和改进，以更好地适应现场使用的需求。例如，一些系统现在提供了直观且易于选择的软件界面，即使操作员穿戴个人防护设备也能轻松操作。操作模式和所需配件也得到了简化，这一点很重要，不仅出于后勤原因，还因为在实验室中使用GC-MS系统的操作员通常具有一定的科学经验和教育背景，对该技术的基本原理和工作方式有一定的了解。然而，在现场用户中，情况并不总是如此。虽然一些现场用户接受过正规的指导，但他们的背景可能不太典型，也不一定符合预期。因此，在将技术应用于现场分析时，必须考虑到易用性、库的检索能力、数据解释和培训要求（Leary et al., 2016）。此外，在许多军事和应急应用中，终端用户通常面临着重大的任务压力，可能没有太多时间在紧张、敌对和危险的环境中进行样品采集。因此，仪器和软件界面必须尽可能简单和直观，以便操作员在这些条件下能够较容易地采集数据。

便携式气相色谱-质谱（GC-MS）系统的部署方法不断演变，并对组织成功部署该技术产生影响。为了减轻部署便携式GC-MS系统的负担，组织可以选择将该技术应用于特定类型的应急响应措施，或者用于检测、鉴定或定量一组特定目标物质。尽管这种方法可能会限制该技术的潜在价值，但它可以显著减轻用户的教育和培训负担，并显著提高在现场检测和鉴定特定类型目标化学物质时的成功机会。

15.3　便携性的关键组件

在GC-MS分析过程中，使用多种不同的样品导入方法将样品导入系统中。样品被汽化，并在载气的作用下传输。在通过GC柱时，样品的各个组分基于其沸点进行分离。当每种纯化的化学物质从GC色谱柱洗脱时，它会进入MS，在MS中被电离、断裂，并根据质荷比（m/z）值进行分选和排序。通过结合使用GC和MS，可以鉴定样品中的每种化学物质。

在设计便携式GC-MS系统时，对实验室GC-MS系统性能而言重要的组成部分，如样品的收集和引入、色谱柱和载气，以及质谱分析器和真空要求，对于便携式系统的性能同样重要。然而，在设计便携式系统时，性能优化需要与尺寸、重量和功耗的最小化目标相平衡。样品收集和引入、GC（柱和载气）、MS（质谱分析器、电离源）以及真空组件将被分别进行考虑。

15.3.1 样本采集和引入

在便携式GC-MS分析中，采样方法的选择至关重要。若对于特定的分析物没有合适的采样方法，可能无法在现场对样品进行分析。采样设备的尺寸、重量和部署物流也是重要因素。固相微萃取（SPME）被广泛认为是最简便的现场分析采样方法（Pawliszyn, 1997）。SPME提供了一种无溶剂的样品收集方式，其采样装置小巧轻便，重量仅为几盎司（1盎司约为28 g），因此便于携带到样品现场（Leary et al., 2016）。SPME本质是一种涂有聚合物或吸附剂的纤维滤芯，分析物可以在其上选择性地吸附/吸收并进行聚集。市场上有多种纤维可供选择，选择纤维时需考虑目标分析物的分子量和极性。尽管SPME应用于许多场景，但仍存在一些限制，包括其对化学物质的选择性吸附可能导致结果偏移以及无法对固体样品进行采样的限制。其他常用的方法包括直接和动态空气采样、顶空分析、吹扫捕集选项和固体采样附件。不同的便携式GC-MS系统提供不同的采样选项，具体选择取决于应用需求，如样品类型、样品物态、检测限、定量能力和环境条件等。表15.1总结了一些商用便携式GC-MS系统的采样选项。

表15.1 便携式GC-MS系统的采样选项

设 备	采样选项
HAPSITE ER	空气探头
	顶空进样（选项）
	SituProbe（选项）
	SPME（选项）
	热脱附（选项）
TORION T-9	SPME
	螺旋微萃取（CME）
	带收集器的空气采样（选项）
Griffin G510	热空气探头
	通过注射器直接液体采样
	通过SPME纤维或Gerstel Twister™进行液体萃取（选项）
	通过TAG™进行固体PSI-probe™热分离（选项）

最近，PerkinElmer公司引入了螺旋微萃取（CME），它是样品采集和进样集成一体的采样方法。该装置在尺寸、重量和外观上与SPME采样设备类似，但内部的SPME纤维被CME插入件替代。该插入件是一根处理过的金属丝，细密地缠绕于针前段毛细管内，用于采集液体样品，包括含有悬浮固体的样品。溶剂挥发后，溶解的化合物留存在缠绕的金属丝上，可以引入TORION T-9的加热进样口进行热解吸。CME旨在成为一种快速、简便、可靠的现场样品采集和进样方法（PerkinElmer Inc., 2018）。图15.2展示了CME插入件和SPME纤维的采样区域的立体显微照片。CME和SPME设备的采样区域长度均约为1 cm。

Merlin仪器公司（Centennial, CO）推出的MicroShot（图15.3）是一种已经在实验室中用于改进样品采集和引入，并可扩展到现场使用的设备。MicroShot可以简化GC分析的样品采集过程，GC注射器被安装在MicroShot注射器中，由弹簧驱动的柱塞滑块固定并支撑注射器柱塞，使得冲洗和充填注射器变得容易，而不会损坏柱塞。样品体积由校准的体积杆控制。当注射器被充填并准备就绪时，将注射器针头推入注射口触发样品注射，从而简化注射过程。使用MicroShot的优点包括提高注射精度、方便操控GC注射器柱塞、快速注射（减少针头在注射口停留的时间）以及方便从各种样品容器中采样（Merlin Instrument Company, 2019）。

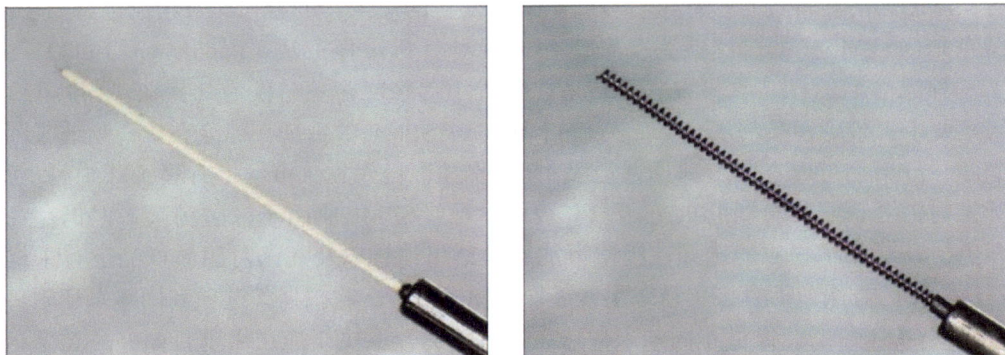

图15.2　CME 的采样区域（左）和SPME 纤维采样区域（右）

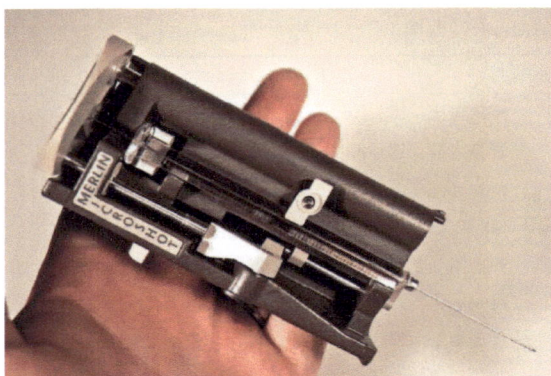

图15.3　MicroShot GC 取样装置

15.3.2　气相色谱

　　气相色谱（GC）是一种色谱方法，其中流动相为气体，并且可能涉及保留在固体吸附剂或柱壁上的固体或液体固定相。气体-固体色谱（GSC）包括所有以活性固体作为固定相的技术，而气体-液体色谱（GLC）则包括涉及液体固定相的技术。除了少数专业领域（如无机气体分析）外，GLC 系统更常用（Robards et al., 1994）。

　　化学物质在GC 中的传输速率取决于沸点和蒸气压力等特性。不同化学物质的分离是因为每种化学物质在固定相和流动相之间的分配方式不同。化学物质在指定流速下通过GC 所需的时间与其分配行为有关，称为其保留时间。保留时间可用于识别混合样品中的特定化学物质。当MS与GC 连接时，可以对从GC 洗脱的每种纯化的分析物进行进一步的分析评估。

　　除了使用GC 检测和鉴定基质中的单一分析物外，当样品中的所有化学物质从色谱柱洗脱时产生的色谱"图谱"也可用于整体样品而非单个分析物的鉴定。这种类型的色谱图谱分析经常用于识别可燃液体，如汽油、柴油和煤油（Stauffer et al., 2008）。

  影响气相色谱仪性能的两个主要部件是GC柱和载气。对于便携式的GC-MS系统来说，开放式（毛细管）柱是首选色谱柱。这些色谱柱非常适合现场便携式系统，因为在20世纪80年代用于提升色谱性能的开放式色谱柱的发展同时提高了色谱柱的坚固性与轻便性。当仅限于色谱柱本身加热时，开管式GC柱的低热质量允许使用相对较小的功率进行升温程序分析。使用这种GC柱时，即使在使用电池电源操作仪器时也可以实现迅速的升温速率，由此产生的快速分析速度提高了在现场迅速完成GC分析的能力（Smith, 2015）。对于大多数商业化便携式GC-MS系统来说，带有非极性固定相的开放式GLC柱是标准柱选项。虽然也有一些便携式系统提供了带有替代固定相的GC柱以适用于特定应用场景，例如大麻和石油化工行业（Restek n.d.），但这些替代GC柱在大多数便携式系统上并不常见（表15.2）。

表15.2 便携式GC-MS系统的GC组件类型汇总

设备	柱型	柱长/m	膜厚/μm	固定相	内径/mm	温度限制/℃	载气
HAPSITE ER	DB-1 MS	15	1	100%二甲基聚硅氧烷（GLC）	0.25	200	氮气
TORION T-9	MXT-5	5	0.4	交联二苯基二甲基聚硅氧烷（GLC）	0.1	300	氦气
Griffin G510	MXT-5	15	0.25	苯基亚芳基聚合物（GLC）	0.18	300	氦气

  其他影响开放式GC柱分析性能的特性包括柱长、固定相膜厚度和柱直径（Agilent Technologies Inc., 2012）。增加柱长会增加分离度、GC柱反压和分析时间。因此，柱长的选择是效率、操作压力和分析时间之间的折中，应该使用能够产生所需分离效率的最短的柱长（Robards et al., 1994）。固定膜厚度对保留、分离度、流失、惰性和容量有影响。柱直径对效率、保留时间、压力、载气流速和柱容量有影响（Agilent Technologies Inc., 2012）。

  GC柱的温度限制对于便携式GC-MS系统也是一个重要的因素。与基于实验室的系统类似，如果样品在柱温下热稳定并具有可观的蒸气压，则可以进行GC分析。这使得样品组成部分能够在气态流动相中蒸发并随其移动（Robards et al., 1994）。对于便携式GC-MS用户感兴趣的一些化学物质，如低挥发性化合物，可能需要提高柱温，以达到GC-MS分析所需的蒸气压。在这些情况下，GC柱的温度范围是一个重要的考虑因素。

  便携式GC-MS用户对一些低挥发性化学物质表现出浓厚的兴趣，例如在战争中使用的V系列毒剂和失能剂（Pitschmann, 2014）。V系列毒剂是持久性毒剂的一部分，由于具有低挥发性特性，可以长时间停留在皮肤、衣物和其他表面上（Keyes et al., 2015）。大多数V系列毒剂被列入《化学武器公约》（CWC）的附表1。暴露于这些毒剂的固体、液体或蒸汽，几分钟内就能导致死亡（Ellison, 2008）。军用失能剂是冷战时期流行的第三代和第四代化学战剂（CWAs）。除了军事专用药剂外，此类物质还包括各种干扰大脑高级功能（例如注意力、定向力、感知、记忆力、动机、概念性思维、规划和判断力）的市售药物（Ellison, 2008）。BZ（3-quinuclidinyl benzilate，二苯羟乙酸3-奎宁环酯）是一种失能剂的例子，被列入CWC的附表2（有毒化学品）。它的沸点为320℃（致残剂, 2007），像类似的低挥发性化合物一样，对某些GC-MS系统可能构成挑战。能够在更高温度下运行GC柱使得对这类物质进行分析成为可能。

  能够以较高的柱温运行对某些应用较为重要，同时系统还必须在样品通过GC-MS的整个分析路径中保持良好的温度控制。如果在连接处（例如GC和MS之间）和传输线（例如采样接口）之间没有实现良好的温度控制，那么气相中的分析物在系统传输过程中可能会丢失。对于便携式系统来说，能够将GC柱加热到高温并在最小化功耗的同时保持良好的热控制，以便系统可以在电池供电下运行，是非常重要的。

不同的便携式GC-MS系统使用不同的载气。用于分析的载气应该对分析物呈惰性并与仪器其他组件兼容。大多数GC应用选择的载气包括氢气、氦气和氮气。在这三者中选择合适的载气非常重要，主要因为它平衡了所需的GC柱分离度和分析时间。它通过影响GC柱效率来影响GC-MS系统的分离度（Robards et al., 1994）。在GC上，柱效率表现为狭窄且良好分离的峰。以塔板数（N）或每米塔板数衡量的开放式GC的柱效率随着柱内径的减小而增加（Sigma Aldrich, 2017）。载气对柱性能的影响体现在它的van Deemter曲线中，该曲线是柱效率与载气的平均线速度的函数图。

最高效的分离，即具有最低N值的分离，通常使用氮气作为载气实现。然而，在较高的流速下，氮气的效率迅速下降，而便携式GC-MS系统中使用的开放式GC柱通常需要较高的流速实现更快的分析。在较高的流速下，氦气和氢气的效率明显高于氮气。

当比较氢气和氦气时，从GC应用的性能角度而言，特别是在系统配置完全相同的情况下，氢气可能是分析速度最快的选择（de Zeeuw, 2011）。对于移动实验室，可以使用氢气发生器产生高纯度的氢气作为载气。然而，氦气可能用于90%的GC应用（Grob, 1997）。Leland Gas Technologies（South Plainfield, NJ）提供用于Griffin G510和TORION T-9系统的一次性氦气罐。对于这两个系统，单个罐可以执行100多次分析。由于这些罐中是压缩气体，存在物流方面的考虑，但这些罐具有极长的保质期，这在库存管理方面是一个显著的优势。

15.3.3　质谱

质谱法是所有分析方法中最具普适性的方法之一，可以提供关于无机和有机材料的原子和分子组成的定性和定量信息。质谱仪产生的带电粒子包括母离子和原始分子的离子碎片，根据其质荷比（m/z）值对这些离子进行分类。质谱记录了不同种类离子的相对数量，而且是每种化合物包括同分异构体的结构（Willard et al., 1988）。

MS的主要组成部分包括离子源、质量分析器和检测器。对于便携式GC-MS系统而言，使用泵达到所需的操作压力也是一个重要的考虑因素，因为该组件限制了手持式技术的尺寸和重量。它还推动了系统中使用的质量分析器类型和设计。表15.3总结了在本章中描述的商用便携式GC-MS系统的质量分析器的详细信息和规格。

表15.3　商用便携式GC-MS系统的质量分析器的详细信息和规格

设　备	离子源	GC-MS接口	质量分析器	质量范围	膜接口MS-only模式	工作压力/Torr	真空泵
HAPSITE ER	EI	膜	四极杆	41～300	是	约10^{-6}或更低	NEG
TORION T-9	动态EI	直接	环形离子阱	41～500	不可用	约10^{-4}	涡轮分子泵（10 L/s）
Griffin G510	EI	直接	四极杆	15～515	是	约10^{-6}	涡轮分子泵（80 L/s）

一旦分析物被汽化并成功传输通过GC色谱柱，它就会进入MS的离子源。离子源将分析物离子化形成离子，此过程是为了控制物质在磁场或振荡电场中的路径。在使用电子电离（EI）时，进入电离源的物质通常会发生碎裂，这种碎裂特征与起始化合物和电离条件

有关。

　　本章中描述的所有便携式GC-MS系统都使用EI。与电喷雾电离（ESI）等其他电离方法不同，EI不要求分析物具有极性。EI作为有机质谱中的标准离子源得以广泛采用，因为许多有机物质在MS源室的减压条件下具有足够的蒸气压，使得离子源只需充当电离器，即它不必使样品挥发。这种方法能够替代气体放电源的原因有很多：首先，气体放电源（如辉光放电源）在MS要求下操作时的压力较高，需要重型差动泵；其次，放电尤其是高电压型可能会产生离子束波动，导致不稳定性现象；第三，气体放电源的一个关键因素是产生的离子能量分布通常较大；第四，气体放电产生的电离电子的能量并不能得到充分控制（Coburn and Harrison, 1981）。

　　EI被称为硬电离方法，因为它会产生大量的高能电离分子，以至于它们在离开离子源之前会发生碎裂。这些碎片离子的质荷比提供了用于解释结构的基本信息（McLaffery and Turecek, 1993）。在EI中，气体分析物分子受到高能（通常为70 eV）电子的轰击，从而导致分子自由基离子（M^+）的产生，随后可以产生电离碎片。EI谱具有高度可重复性，因此可以与质谱库中的数据进行比对，从而实现对未知物质的鉴定（Santos and Galceran, 2003）。使用EI的GC-MS系统最受欢迎，因为它们经常提供这些分子离子和碎片离子。本章中描述的所有商用便携式GC-MS系统都使用EI作为电离源。

　　一旦产生了离子，就可以使用各种类型的质量分析器根据各自的m/z值分离离子束。磁偏转、四极过滤器、离子阱、轨道阱、飞行时间和回旋共振是商业MS系统中最常用的分离技术（McLaffery and Turecek, 1993）。商用便携式GC-MS系统中使用的MS类型较少，主要包括四极过滤器和离子阱系统。四极杆质量分析器在现场便携式GC-MS系统中使用时最大的实际优势似乎是它们能够生成的质谱更容易解释，以确定真正的未知物。通常，它们还可以直接与商用的美国国家标准与技术研究院（NIST）MS数据库中的谱图进行比较。至于便携式离子阱系统，其显著优势在于其分离率不取决于阱的大小。此外，它们在比四极杆系统更高的工作压力下运行，因此需要更少的泵送。泵送需要大量的电力，这对于需要使用电池供电且体积小、重量轻的便携式系统来说并不理想。对泵的需求对于现场使用的便携式GC-MS系统构成了严峻挑战。

　　四极杆质量分析器需要在高真空（低压）环境下才能获得良好的性能，通常在10^{-6} Torr数量级的真空水平下操作。它由4个彼此平行设置的圆柱形杆组成四极场。对角线上的一对电极相互连接，一对杆保持在正直流（DC）电位，另一对杆保持在该直流电位的负电势。射频（RF）振荡器向第一对杆提供特定的信号，并向第二对杆提供延迟180°的RF信号。四杆之间的等势面呈现出振荡双曲线电位。从离子源中注入的离子通过一个孔被注入四极阵列，随着离子沿纵向z轴向下前进，会在与纵轴垂直的x和y平面上进行横向运动。直流电场倾向于将正离子聚焦在正平面上，并在负平面中散焦。叠加的RF场在交变场的负半周期，正离子向电极加速，并获得较大的速度。随后的正半周期对离子的运动产生更大的影响，导致离子反向（远离电极）并加速更多。离子表现出振幅逐渐增大的振荡，直到它们最终与电极碰撞并变为中性粒子。质量越小的离子，被收集到电极之前经过的周期数越小。通过控制DC/RF的比值可以建立一个场，使小m/z值范围的离子沿着四极杆阵列的整个长度通过（Willard et al., 1988）。稳定的m/z值范围越小，分离率越高，但灵敏度会降低。通过同时提升DC和RF振幅，不同m/z值的离子被允许通过质谱仪到达探测器，即质量选择稳定性，并可以记录整个质谱图（Willard et al., 1988）。

在便携式GC-MS系统中使用质量分析器的一个优势是部分系统能够执行仅MS（MS-only）分析。在GC-MS分析过程中，样品通过GC进行分离，随后生成每个洗脱样品组分的质谱图谱。在MS-only模式下，收集的空气样品绕过GC，通过允许MS系统维持MS分析所需真空的膜进入质谱仪。仪器响应与GC分析所需的时间无关，因此几乎是实时的。当使用MS-only模式时，各个组分的质谱不会被分离和隔离以进行最终鉴定，因此数据可能非常复杂。但该模式存在一些潜在的好处：首先，MS-only信号的强度可以用于推断采样点处挥发性有机化合物（VOC）的近似浓度，从而确定GC-MS采样的最佳位置。一旦找到最佳位置，系统就可以切换到标准模式，并对GC-MS分析的空气进行采样（Inficon，2018）。在TORION T-9等不提供MS-only分析模式的系统中，可以通过光离子化检测器（PID）测量预期的采样位置的浓度确定空气样品的最佳采样位置。PID是一种手持式设备，常用于急救人员和军事人员现场测量VOC和其他气体的浓度，可以在百万分之一（ppm）和十亿分之一（ppb）范围内可靠地测量（Rae Systems n.d.）。MS-only分析的第二个潜在好处是可以用于检测与一种或两种特定目标分析物相关的离子（Beckley et al., 2013）。MS-only分析面临的挑战是某些感兴趣的化学物质的挥发性不适合在此模式下进行分析。此外，这些化学物质可能具有足够的挥发性，但由于无法穿透膜并进入MS而无法被检测到。

离子阱质量分析器也用于便携式GC-MS系统。离子阱质量分析器的工作压力高于其他形式的MS系统，如四极杆质量分析器，因此对泵送要求较低（Lammert et al., 2006）。此外，由于碰撞冷却效应，离子阱在较高压力下表现更好（Tolmachev et al., 2000），这对便携系统来说是有益的。商用离子阱质量分析器采用3个电极——2个端盖电极通常接地，以及在它们之间施加RF电压（通常在兆赫范围内）的环形电极——来产生四极电场。这种类型的四极离子阱被用于储存离子并表征其在孤立状态下的特性（Cooks et al., 1991）。除了对离子的约束外，还可以通过离子阱以质谱的方式测量储存离子种类的质荷比（m/z）值。测量受限离子的m/z值的主要方法是倾斜离子阱的势阱，使离子按m/z值升序离开离子阱，即质量选择不稳定性（March, 1997）。使用质谱选择性喷射技术，离子阱质量分析器对样品进行离子化，并同时在一个大的质荷比范围内捕获离子。离子一旦被捕获，可以通过调整固定离子的四极场强度按质量顺序依次射出，这通常通过调整施加在环电极上的RF电压呈斜坡变化实现。喷射出的离子由外部电子倍增器检测以产生质谱（Stafford, 2002）。

这些离子阱质谱系统的主要挑战是离子阱内的离子-离子排斥的操纵。由于空间电荷以及离子-离子反应和离子-分子反应，离子阱的排斥会影响质谱。空间电荷是库仑定律的结果，该定律将两个点电荷（q和q'）之间的力（F）量化为：

$$F = k\frac{qq'}{r^2}$$

当出现空间电荷时，质谱中可能会观察到m/z值的偏移，或者灵敏度可能会受到影响（Busch, 2004）。离子化学反应发生在离子阱内，当离子相互反应形成离子复合物（如二聚体）时，一旦观察到这种行为，就可能对系统的库搜索结果构成挑战。对于这些化学物质，产生的质谱可能不仅包含最初在离子化过程中形成的离子碎片，还包含离子复合物的特征碎片离子。在极端情况下，由于离子化学反应，离子阱内最初形成的所有离子可能都会被消耗殆尽，质谱可能仅包含具有离子复合物的特征碎片。

通常可以通过控制陷阱中的离子数量解决空间电荷问题，并最大限度地减少离子化学的发生。这可以通过多种不同的方式实现，包括：增加离子阱的体积；调整仪器设置，如灯丝电流，以减少产生的离子数量；使用动态电离优化实时产生的离子数量。虽然这些方法在受控环境下可以提供帮助，但在操作者面临重大任务和时间限制的情况下，它们并不总是有效的。

TORION T-9 使用环形离子阱 MS。与具有类似内切半径的传统离子阱相比，环形设计的主要优点是离子阱容积有所增加。该系统还使用动态离子化控制进入离子阱的离子数量，离子阱过载是获得可重复性光谱的主要障碍（Adams，1989）。另一方面，离子阱中离子数量过少会导致光谱质量较差，实时优化离子数量对于获得良好的性能至关重要并具有挑战性，这是因为从色谱柱中洗脱出来的分析物的数量在不断变化。因此，这种环形离子阱系统执行动态离子化控制，通过改变离子化时间控制离子阱中的离子数量。随着进入 MS 的浓度增大，离子化时间减少；随着进入 MS 的浓度降低，离子化时间增加。

TORION T-9 尝试使用内置的库匹配功能解决离子化学问题。在专有库的开发过程中，可以使该系统在各种条件下对感兴趣的化合物进行分析，包括在不同浓度下。然后，根据这些不同条件下的化学物质在该系统中的表现创建库条目。例如，在不同浓度下表现不同的样品可以存在多个库条目中，因此无论现场遇到的样品浓度如何均可以对其进行识别。这使得在现场部署时能够有效地进行库匹配。

TORION T-9 系统还解决了在库搜索过程中的空间电荷问题。如前所述，当发生空间电荷时，*m/z* 值可能会在质谱图中发生偏移。例如，当离子阱中产生过多的溴仿离子时，可能无法观察到预期的 171 碎片；它会偏移到 172，甚至在极端情况下偏移到 173，如果在库搜索过程中未考虑到空间电荷的影响，这种行为可能导致错过识别。图 15.4 展示了空间电荷对溴仿质谱图的影响。图 15.4（a）质谱图显示了在分析过程中未发生空间电荷时 171 碎片、173 碎片和 175 碎片及其相对丰度。图 15.4（b）质谱图显示了当空间电荷发生时这些碎片的质荷比和相对丰度可能会发生的变化，尽管该质谱图中存在明显的空间电荷现象，但这款环形离子阱系统仍然能够准确识别物质，尽管匹配因子（88.2）低于正常条件下采集的质谱（99.6）。即使在空间电荷发生的情况下，在现场识别目标化学物质的能力也非常重要，因为在现场分析时用户通常难以甚至无法控制引入系统的样品量。因此，对于这些便携式系统来说，离子阱质谱图库的可用性至关重要。

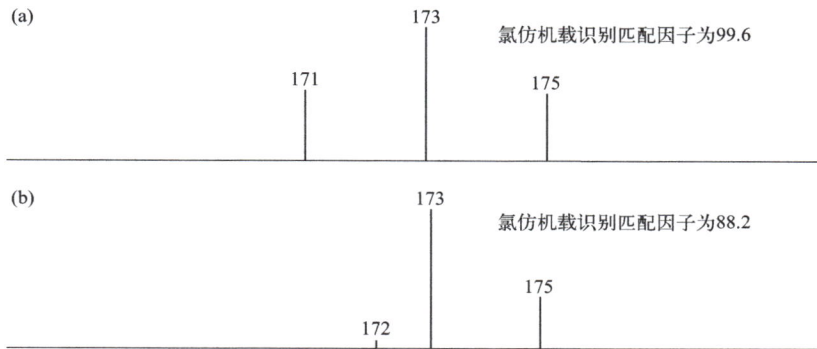

图15.4　溴仿不带空间电荷（a）和发生空间电荷（b）时的质谱图

15.3.4　载气和真空要求

如前所述，GC-MS 系统小型化的主要挑战是需要达到真空状态才能进行分析。用于实现真空的泵不仅体积庞大，而且很重。根据质谱分析仪的类型，所需的真空水平可能很高，因此实现此类真空所需的泵的性能要求可能较高。

许多便携式GC-MS系统需要高真空，因为离子到达检测器所需的距离可能相对较大。这些离子必须在沿途不与其他气体物质发生碰撞的情况下到达检测器，离子的平均自由程至少与其到达检测器所需的距离一样大。实际上，碰撞会使离子轨迹偏离，而且会在检测器检测之前对仪器壁失去电荷（de Hoffmann and Stroobant，2007）。

气体分子的平均自由程可以通过计算得到，该参数用于定义黏性流和分子流的条件。当气体分子的平均自由程超过真空容器的尺寸时，系统处于分子流条件，在这种条件下，残余的气体分子在真空室内移动时不会与其他气体分子发生碰撞，而是最终在真空室内发生碰撞（Busch，2001）。粒子的平均自由程 ℓ 与压力 p 有关，方程如下：

$$\ell = \kappa T / \left(\sqrt{2} \pi d^2 p \pi \right)$$

式中，κ 为玻尔兹曼常数，d 为粒子直径。

根据所用质量分析器的尺寸和几何形状，即离子到达检测器的距离，高真空可能是有效分析的要求。由于离子阱系统小型化，离子阱系统中产生的离子所需的平均自由程可能低于四极杆系统，即离子阱越小，其所能承受的真空越高，以保持单位质量分辨率。因此，这些系统对载气的要求较低。

当真空室中残余气体分子运动达到净（非随机）方向时，泵送完成（Busch，2001）。在便携式GC-MS系统中，有许多不同类型的抽气泵用于实现真空。历史上，四极杆便携式系统需要使用NEG泵达到所需的真空条件（Crume，2009）。尽管采用NEG泵的HAPSITE ER等四极杆便携式GC-MS系统仍可在市场上销售，并且具有比其他类型的泵重量更轻的优势，但泵送80 L/s的涡轮分子泵现在可作为选件用于四极杆系统。离子阱系统使用带隔膜的涡轮分子泵或更低耗能的泵实现所需的真空。接下来将详细描述NEG泵和涡轮分子泵在便携式系统中的重要性。

NEG泵通过用金属合金吸收（化学结合）气体去除或泵送活性气体（Physical Electronics Inc.，2001）。NEG泵的主要优点是重量轻（约5 lb，2.3 kg），尤其是它能够实现四极杆系统所需的高真空（Crume，2009）。此功能对于便携式GC-MS系统很重要，虽然使用NEG泵对于便携式GC-MS分析非常重要，尤其是考虑到它们早在1996年就已经使便携式四极GC-MS系统引入实地分析（Crume，2009），但NEG仍面临一些挑战，这些挑战既具有分析性又具有实践性。

从分析角度来看，使用NEG泵需要在GC和MS之间放置一个膜。该膜有助于保持真空，有选择性地允许有机化合物流向MS，同时阻止无机气体流向MS（Inficon，2008）。在某些情况下，这个膜可能会不经意地阻止某些化学物质进入MS，从而对系统分析这些物质的能力构成挑战（Bier and Cooks，1987）。从实际操作的角度来看，需要使用一个服务模块来激活NEG泵（Inficon，2008）。为了使NEG泵保持此功能，需要定期执行此激活过程，并且可能会给一些现场用户带来后勤方面的挑战（Inficon，2008）。此外，服务模块本身较重（Crume，2009），包括一个低真空泵和一个涡轮分子泵，以帮助实现激活过程（Inficon，2016）。虽然在采样点分析时不需要服务模块，但在现场使用便携式GC-MS时需要使用服务模块来维护设备的正常运行。激活是NEG所需的一个过程，因为当吸气剂（getter）材料暴露在空气中时，表面会与反应气体形成"膜"，这意味着NEG将完全被氧化物、氮化物和其他反应气体包围。此外，大部分材料将被溶解的氢气饱和，因为在这些条件下吸气剂材料基本上是惰性的，不会提供有效的吸气泵（getter-pumping）表面。因此，激活过程是为吸气剂表面准备泵送的过程。这是通过在真空下加热原位完成的（Danielson, n.d.）。

涡轮分子泵通过残余气体分子与涡轮马达的旋转叶片的反复碰撞实现真空，叶片的边缘速度接近残余分子本身的速度。当碰撞发生时，会向残留气体分子的运动方向施加作用力，使其朝着更高压力的区域和泵排气方向运动（Busch, 2001）。在便携式 GC-MS 系统中，涡轮分子泵通常是限制系统坚固性的关键组件。

通常认为使用涡轮分子泵是具有优势的，但与 NEG 泵相比，涡轮分子泵也存在一些缺点。首先，虽然这些泵本身并不大，但它们较重，这在便携式系统中是不理想的。此外，它们对颗粒和沉积物比较敏感，需要保护它们避免受到污染。在现代商用便携式 GC-MS 系统中，泵被包含在系统内，以最小化在正常磨损条件下接触到颗粒和沉积物的风险。

15.4 应用

便携式 GC-MS 被用于检测、识别和量化许多不同行业的不同类型的样品。对于不同的应用，能够在现场进行分析的价值是不同的。例如，在军事行动中对 CWA 和 TIC 进行验证性分析的能力非常有价值，因为它使部队能够独立地保持主动性和势头，同时实时调整行动和战略决策（Leary et al, 2019）。另一方面，在火灾调查现场进行可燃液体残留物（ILR）的分析是有价值的，因为它保留了样品的完整性。ILR 是一种由挥发性化学物质组成的混合物。当实验室收到样品时，ILR 中存在的大量化学品可能已经挥发了（Lentini, 2013）。因此，在现场进行分析，可以在回收样品时提供更准确的结果。

在许多既定的应用中，便携式 GC-MS 经常被使用，包括环境评估中对有害空气污染物和其他挥发性有机物的分析以及对 CWA 和 TIC 的分析。随着技术的不断发展，便携式 GC-MS 在这些领域中的价值将持续增长。此外，该技术还在一些新兴领域中体现了价值，包括火灾调查、非法药物分析、爆炸物法医调查、与医用大麻有关的大麻分析以及石化行业。在一些利基（niche）研究项目上的应用证明了该技术应用领域的多功能性。

15.4.1 环境方面的应用

至少在历史上，便携式 GC-MS 系统最广泛地应用于环境领域（Henry, 1997）。在许多不同类型的环境调查中，便携式 GC-MS 分析具有价值，包括分析地面污染物、工人安全评估和蒸气渗透研究的现场调查。现场调查通常是通过分析土壤、土壤气体或水中的地面污染物进行的。例如，如果工人在一个已知的污染区进行挖掘，需要对工人周围的空气进行监测以检测危险化学品的脱气情况，就可以进行工人安全评估。而蒸气渗透研究通常是为了验证地下的污染物没有渗透到建筑结构中而进行（D. Schenk, 2019 年 11 月 20 日，个人通信）。无论调查的类型如何，环境评估通常集中在对有害空气污染物和其他挥发性有机物的分析上。

便携式 GC-MS 的第一个重点应用是分析有害空气污染物。事实上，现场有害空气污染物的首字母缩写是 HAPSITE（Crume, 2009）。检测和识别有害空气污染物的能力非常重要，因为这些化学物质可能具有危险性，美国《清洁空气法》（42美国法典7401-7671q 1970）修正案要求美国环保署（EPA）监管这些污染物的排放，最初的清单包括189种污染物。自1990年以来，EPA通过制定规则修改了该清单，包括187种污染物。有害空气污染物的清单不仅包括许多挥发性有机物，还包括其他有害化合物，如氯、四氯化钛和磷（United States Environmental Protection Agency, 2016）。

便携式GC-MS亦可以被用于检测和识别挥发性有机物（VOC）（Beckley et al., 2013；Eckenrode, 2001；Fair et al., 2009；Gorder and Dettenmaier, 2011；Henry, 1997；Ho et al., 2001）。VOC是一大类有机化学物质的成员，包括大多数碳化合物（不包括一氧化碳、二氧化碳、碳酸、金属碳化物或碳酸盐以及碳酸铵）。认为它们的检测和识别很重要包括多重原因：它们参与大气中的光化学反应，促进了臭氧的形成；它们还在二次有机气溶胶的形成中发挥作用，而二次有机气溶胶存在于空气中的颗粒物中；最后，许多VOC被认为对人类健康有害（United States Environmental Protection Agency, 2017）。

15.4.2　CWA and TIC

如前所述，军方使用GC-MS等验证性方法检测和识别CWA的能力（Eckenrode, 2001；Parrish, 2005；Seto et al, 2005；Smith et al, 2004）非常重要，因为它使部队能够独立地保持其主动性和势头，同时实时调整作战和战略决策（Leary et al., 2019）。便携式GC-MS系统被用于检测和识别CWA［CWA为在军事行动中主要通过其生理效应杀死、严重伤害或使人丧失能力的化学物质（United States Department of Defense Joint Chiefs of Staff, 2016）］。当这些有毒化学品及其前体被《化学武器公约》（CWC）禁止时（Organisation for the Prohibition of Chemical Weapons, n.d.），它们被列为CWA。CWA包括窒息性、神经性、血液性、水泡性和失能性药剂（United States Army, Marine Corps, Navy, Air Force, 2005）。与常规武器相比，相对少量的现代化学制剂可能造成大量的伤亡。因此，CWA已被列为大规模杀伤性武器（WMD）（Szinica, 2005）。

便携式GC-MS系统也被用于检测和鉴定TIC（Bowerbank et al., 2009；Fair et al., 2009）。TIC是一类工业化学品，例如氨、氯、氯化氢、氰化氢和光气，一旦释放到大气中就会对人和环境产生严重的毒性影响。美国劳工部职业安全与健康管理局（OSHA）根据其构成的风险类型将其分为化学危害和物理危害两类（Occupational Safety and Health Administration, n.d.）。

军方已经花费了大量资源开发检测和鉴定这些危险化学物质的技术。离子迁移谱（IMS）仍然是军方用于检测和鉴定危险化学物质的重要筛选技术。（关于便携式IMS的详尽讨论，请参见本卷中DeBono和Leary编写的第17章以及应用卷中Leary和Joshi编写的第8章）。然而，IMS是用于假定鉴定而不是验证性鉴定的。在军事单位有能力在现场对气体和蒸气进行确认性鉴定前，他们必须在不理想的条件下进行操作。在大多数情况下，战术、技术和程序决定了要根据使用旨在分类或推定识别这些物质的方法和仪器收集的信息做出决定，这些方法包括湿化学方法、比色试验、电化学传感器、光离子化检测器和IMS（Detection and Measurement of Chemical Agents, 1999；Murray, 2013；Sun and Ong, 2005）。在其他情况下，如果可以进入远程实验室，则将样本送到远程实验室进行验证测试。检测结果可能需要几天、几周甚至几个月才能返回。在许多情况下，这些限制要求潜在的关键情报在战场上就好像根本不存在一般被放弃，而继续行动。在人员暴露于危险化学制剂的情况下，由于无法最终确定导致疾病的机制，往往要求治疗表现出的症状，而不是从根源进行治疗（Leary et al., 2019）。

便携式GC-MS在这一应用中的另一个好处是可以用这种方法对大多数化学品进行定性分析。即使从未遇到过或以前使用GC-MS进行分析的化学物质，解读在现场收集的GC-MS数据也可以帮助辨别化学物质，并提供其有关危害的关键信息。从本质上讲，使用GC-MS分析某种物质的能力取决于：该化学物质是否可以被取样并引入系统；在色谱柱温度下具有明显的蒸气压力，从而可以通过GC；质量分析器中使用的电离方法是否能够产生仪器的原子质量单位（amu）范围内的离子碎片。对于现代便携式GC-MS系统而言，这意味着便携式GC-MS系统可以用来帮助鉴定几乎所有的化学物质。在这种情况下，即使样品不会预警或不会在样品现场被识别，但产生的数据可以由科学支持团队进行解读，获取潜在的宝贵情报。随着CWA的不断发展，这一点尤为重要。像《化学武器公约》（CWC）这样的条约要求为化学战而合成和开发的新化学物质可以被设计规避现场的检测和鉴定技术（Mirzayanov, 2009），这些物质可以被定制以满足毒理学或药理学目标。此外，还可以考虑和优化制造、储存、运输、交付方法（Leary et al., 2019）。在此背景下，使用便携式GC-MS是非常重要的，因为数据可以被解读以识别新的危险化学物质，而用其他方法无法发现或识别。

如果样品不能被引入系统，就无法使用便携式GC-MS分析样品。因此，样品的物相可能是关键。目前，一种能够识别多物相的化学物质的便携式GC-MS系统正在开发中，直至2022年中期。2018年10月，FLIR系统公司宣布收到美国国防部（DOD）化学、生物、辐射和核防御联合项目执行办公室（JPEO-CBRND）的资金，以支持多相化学剂检测器（MPCAD）的开发，该技术将提供识别气溶胶、气体、液体和固体等物相的低含量化学物质的能力。该仪器被提议作为一种便携式GC-MS解决方案，为作战人员提供现场验证技术，使联合部队可以更好地打击和拦截大规模杀伤性武器（WMD）（FLIR Systems, Inc., 2018）。

15.4.3　火灾调查

包括火灾调查的一些新兴的工业领域，可能会从使用便携式GC-MS系统中受益。GC-MS在分析火灾碎片以确定可燃液体的存在和身份方面的应用和价值已得到证实（ASTM International 2014；Newman, 2004；Stauffer et al., 2008）。最近，这项技术已经被应用于现场，以便在火灾调查现场进行分析（Visotin and Lennard, 2016）。这种技术非常重要。可燃液体由不同的挥发性化学物质的混合物组成，含有这些液体残留物的火灾残骸样本可能会随着时间——例如现场采集样本和进行实验室分析之间的时间——的推移发生变化。因此，相比在一些成分可能在运输到实验室期间蒸发之后进行样品分析，现场分析能够更准确地表征现场采集的样品的化学成分。在需要在实验室进行分析的情况下，可以使用便携式GC-MS确定回收样品进行实验室提交的最佳地点。这有助于尽量减少将不含可燃液体残留物的样品送往实验室的可能性。阴性样品不仅要耗资进行分析测试，而且还会增加实验室积压的可能性。

最近使用便携式GC-MS对火灾现场的环境和对人类健康的影响进行了评估。采用便携式GC-MS对水样进行现场分析，以鉴定火灾现场的有害有机化合物。研究表明，便携式GC-MS能够检测和鉴定消防水径流中的一系列挥发性和半挥发性有机化合物，并且可以与传统的实验室分析方法相结合，以全面了解火灾现场释放的危险有机物。这种便携式仪器的部署为急救人员提供了快速的现场筛选工具，以适当管理消防活动产生的径流。这确保了环境和人类健康得到主动保护（Lam et al., 2019）。

15.4.4   非法药物

执法部门和其他急救人员对现场非法药物的分析是一项重要技能已经被广泛认可。这种检测的分析方案可能包括使用比色法进行筛选，然后使用红外或拉曼光谱进行鉴定。尽管便携式GC-MS比这两种方法都更难部署，但在现场使用便携式GC-MS进行鉴定的一个主要优势是：它可以确切地鉴定街头样品中的微量毒品，即使这些毒品中掺杂了大量的切割剂（cutting agent）。图15.5所示是执法部门回收的一个非法毒品样本的色谱图。便携式红外光谱和拉曼光谱仪均将该样品鉴定为奎宁。使用便携式GC-MS（FLIR Systems, Inc. Griffin G510, Wilsonville, OR）分析样本，结果表明样本中还含有非法药物氯胺酮、芬太尼以及左旋咪唑。

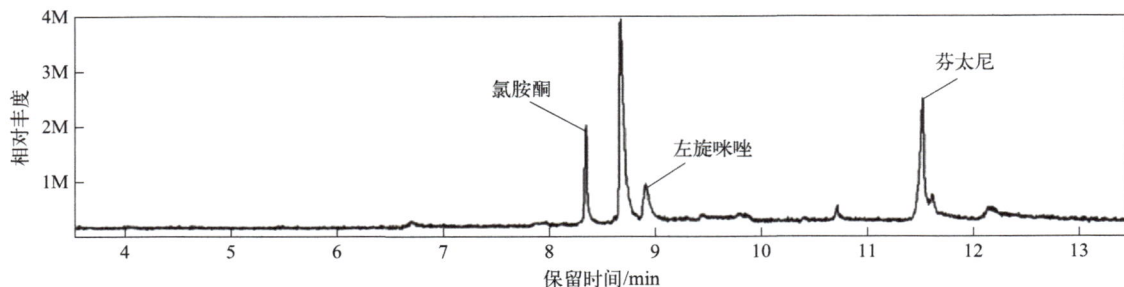

图15.5   非法药物物质的色谱图（使用便携式红外线和拉曼识别为奎宁）

这种类型的样品对其他光谱方法提出了挑战，因为这些方法难以检测到低浓度的药物样品，而这正是GC-MS的优势所在。在芬太尼及其类似物等高效阿片类药物以极低浓度存在的情况下，这种技术非常具有优势（Leary et al., 2017）。

15.4.5   爆炸物的法证调查

爆炸物分析领域也可以从使用现场便携式GC-MS中获益。在现场使用离子迁移谱（IMS）等方法检测爆炸物，可以在非常低的水平上检测这些物质的微粒残留物。虽然这种类型的分析很重要，但使用现场便携式GC-MS可以扩展现场的分析能力，不仅可以对最初的IMS和其他检测结果进行验证，而且在检测和鉴定爆炸物制造过程中使用的化学标志物时可以确定爆炸物的来源（Leary et al., 2016）。化学标志物可能以痕量水平留在样品中，并且可以作为样品之间的一个区分点（Leary, 2014）。这在分析六甲基三过氧化二胺（HMTD）和三丙酮三过氧化物（TATP）等自制爆炸物的情况下尤为重要。检测这些样品中的微量残留物可以让人了解爆炸物样品的历史，包括制造时使用的溶剂和工艺，实时提供有用的调查信息。图15.6所示为使用便携式GC-MS和SPME顶空分析法（Smiths Detection GUARDION, Edgewood, MD）分析的用DMNB（2,3-二甲基-2,3-二硝基丁烷）标记的C-4炸药样本的色谱图。据称样品中含有0.1%的DMNB，使用该系统可以自动检测和鉴定。在爆炸事件现场对爆炸物进行GC-MS分析的其他优点是：它能够开发基于实时威胁识别和评估的安全程序；支持进攻行动的情报周转时间得到改善，因此指挥官能够利用可靠、经验证的信息做出行动决策；实时结果有助于指导和优化现场处理；现场分析能够对现场进行最准确的评估，分析结果代表了分析时的现场情况，而不是在实验室收到样品并进行分析后的某个时间（Moquin et al., 2020）。

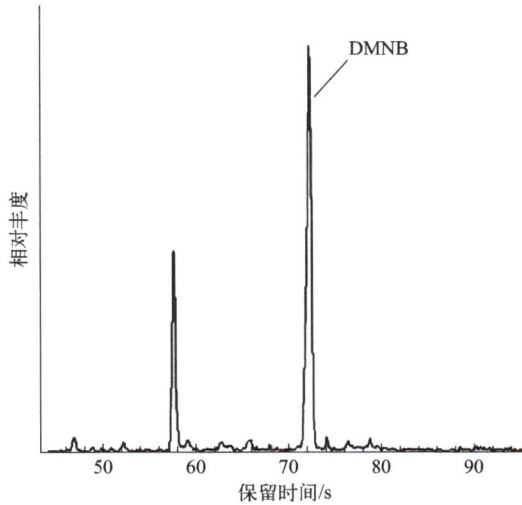

图15.6 用DMNB标记的C-4组合物的色谱图

15.4.6 大麻分析

1970年，美国国会将大麻（marijuana）列入《管制物质法》附表一，因为他们认为它"没有公认的医疗用途"。截至2020年12月，美国50个州中的33个州和华盛顿特区已将大麻的医疗用途合法化。医用大麻的支持者认为，它可以成为一种安全有效的治疗癌症、艾滋病、多发性硬化症、疼痛、青光眼、癫痫和其他疾病的症状的方法（ProCon.org, n.d.）。2007年，布伦尼森公司已经从大麻中分离并鉴定出60多种大麻素（Brenneisen, 2007）。检测和鉴定这些化学物质非常重要。例如，Δ-9四氢大麻酚（THC）和大麻二酚（CBD）可以用于确定产品的总效力。此外，THC和CBD的比例可以决定产品的最终用途以及定价和相关的国家税收（908 Devices Inc., 2017）。由于这些和其他原因，使用便携式GC-MS在现场检测、识别和量化这些物种的能力已经变得非常重要。

15.4.7 石化

便携式GC-MS系统可以通过多种不同的方式为石化行业提供价值，包括确定来自油井的原油质量以及利用它排除加工过程中的故障。原油的成分从来都是一致的，这就为操作问题的出现创造了机会，比如进口原油批次之间的原材料的变化。生产压力要求尽快确定问题的来源，实现这一目标的最佳方法通常是使用GC-MS确定存在的有问题的化学物质和类型，并确定其进入该流程的时间（Harrison, 2011）。

15.4.8 其他

还有其他行业和应用可能会从GC-MS的现场使用中受益。文献综述显示，研究人员已经尝试了各种不同类型的分析，包括使用便携式GC-MS检测屠宰加工线上的样品中的公猪腐烂病

（Verplanken et al., 2015）、区分受损和未受损的黄花菜花头（Beck et al., 2015年）、检测和量化地下水中的军火成分（Bednar et al., 2012）。便携式GC-MS还被用于评估储存的杏仁的挥发性概况，并将结果与从台式系统收集的数据进行比较。尽管便携式气GC-MS检测到的挥发性物质比台式系统少，但两个系统都能解决湿度处理问题，并在极低的水分活性水平上识别出潜在的真菌生物标志物。这种解决湿度水平的能力表明，来自发芽真菌孢子的挥发性概况可以用来创建一个早期预警、无损的、便携式的真菌生长检测系统（Beck et al., 2016）。虽然上述应用和目前正在探索的其他可行性应用可能不会像其他应用那样广泛部署，但在这些领域的现场分析能力证明了现代便携式GC-MS平台的耐用性和多功能性。

15.5   便携式GC-MS的未来

与其他现场技术相比，便携式GC-MS系统的主要价值在于：它能够确切地鉴定出在复杂的样品基质中低浓度存在的化学物质。根据不同的应用，一个系统的重要特征可能是不同的。例如，对于军事用户来说，"更小、更轻、更快"是一个标准的口号，特别适合现场便携式GC-MS系统。这些系统可以被部署到敌对区域中的偏远地区，在那里它们必须被谨慎地手提到现场。在这种情况下，即使增加几盎司的重量也可能是至关重要的。然而，在其他应用中，诸如环境分析、火灾调查和非法药物分析等应用，开发灵活的采样方法和增加系统的定量能力可能比尺寸和重量更加重要。

为了实现系统的小型化，在2017年Griffin G510进入市场前，质量分析器设计的创新一直是主要发展路径。由于这些系统的工作压力较高，使用离子阱设计对实现更小、更轻的系统非常重要。Smiths Detection 和 PerkinElmer 等供应商开发了便携式离子阱GC-MS系统，而908 Devices开发了各种高压MS产品，包括独立的离子阱MS系统。对于所有的离子阱系统，通过改进质谱设计或数据处理能力克服捕获离子带来的影响都将是有益的。虽然在本章中没有进行讨论（见本卷中Blakeman和Miller编写的第16章），但908 Devices的高压质谱系统即MX908已经成为一种重要的技术，继续扩展、应用到不同的市场。这种高压质谱系统能够提高谱学分辨率，并将其与GC等前端分离技术结合起来，将提供一种令人印象深刻的便携式技术，对现场分析非常友好。

缩略语

CBD	cannabidiol	大麻二酚
CME	coiled microextraction	螺纹式微萃取
CWA	chemical warfare agent	化学战剂
CWC	Chemical Weapons Convention	化学武器公约
DC	direct-current	正直流
DOD	department of defens	（美国）国防部
EI	electron ionization	电子电离
EPA	Environmental Protection Agency	（美国）环保署
ESI	electrospray ionization	电喷雾电离
GC-MS	gas chromatography - mass spectrometry	气相色谱-质谱法

GLC	gas-liquid chromatography	气体 - 液体色谱
GSC	gas-solid chromatography	气体 - 固体色谱
HMTD	hexamethylene triperoxide diamine	六甲基三过氧化二胺
ILR	ignitable liquid residue	可燃液体残留物
IMS	ion mobility spectrometer	离子迁移谱
JPEO-CBRND	Joint Program Executive Office for Chemical, Biological, Radiological and Nuclear Defens	（美国国防部）化学、生物、辐射和核防御联合项目执行办公室
MPCAD	multiphase chemical agent detector	多相化学剂检测器
NEG	non-evaporative getter	非蒸发型捕集器泵
NIST	National Institute of Standards and Technology	（美国）国家标准与技术研究院
PID	photoionization detector	光离子化检测器
RF	radio-frequency	射频
SPME	solid phase micro-extraction	固相微萃取
TATP	triacetone triperoxide	三丙酮三过氧化物
THC	tetrahydrocannabinol	Δ-9 四氢大麻酚
TIC	toxic industrial chemical	有毒工业化学品
VOC	volatile organic compound	挥发性有机化合物
WMD	weapons of mass destruction	大规模杀伤性武器

参考文献

42 US Code §§7401-7671q (1970). *United States Clean Air Act*. Office of the Law Revision Counsel of the U.S. House of Representatives.

908 Devices Inc. (2017). Application Note 1.0: Ultrafast Total Potency Analysis of Cannabindoids in Decarboxylated Oil Extracts Using G908. 908 Devices.com. http://908devices.com/wp-content/uploads/2017/09/TotalPotency_ AppNote_2017_v8.pdf (accessed 28 October 2017).

Adams, R.P. (1989). *Identification of Essential Oils by Ion Trap Mass Spectroscopy*. San Diego, CA: Academic Press, Inc.

Agilent Technologies Inc. (2012). *Agilent J&W GC Column Selection Guide*. Agilent. https://www.agilent.com/cs/library/catalogs/public/5990-9867EN_GC_CSG.pdf (accessed 4 October 2017).

ASTM International (2014). *ASTM E1618-14, Standard Test Method for Ignitable Liquid Residues in Extracts from Fire Debris Samples by Gas-Chromatography-Mass Spectrometry*. West Conshohocken: ASTM International https://doi.org/10.1520/E1618-14.

Beck, J.J., Porter, N., Cook, D. et al. (2015). In field volatile analysis employing a hand-held portable GC-MS: emission profiles differentiate damaged and undamaged yellow starthistle flowers. *Phytochem. Anal.* 26: 395–403. https://doi.org/10.1002/pca.2573.

Beck, J.J., Willett, D.S., Gee, W.S. et al. (2016). Differentiation of volatile profiles from stockpiled almonds at varying relative humidity levels using benchtop and portable GC-MS. *J. Agric. Food Chem.* https://doi.org/10.1021/acs.jafc .6b04220.

Beckley, L., McHugh, T., Gorder, K. et al. (2013). *Use of on-Site GC/MS Analysis to Distinguish between Vapor Intrusion and Indoor Sources of VOCs*. Environmental Security Technology Certification Program (ESTCP) https://clu-in.org/download/issues/vi/VI-ER-201119-FR.pdf.

Bednar, A., Russell, A., Hayes, C. et al. (2012). Analysis of munitions constituents in groundwater using field-portable GC-MS.

Chemosphere 87 (8): 894–901. https://doi.org/10.1016/j.chemosphere.2012.01.042.

Biemann, K., Oro, J., Toulminn, P. Ⅲ , et al. (1977). The search for organic substances and inorganic volatile compounds in the surface of Mars. *J. Geophys. Res.* 82 (28): 4641–4658. https://doi.org/10.1029/JS082i028p04641.

Bier, M. and Cooks, R. (1987). Membrane interface for selective introduction of volatile compounds directly into the ionization chamber of a mass spectrometer. *Anal. Chem.* 59: 597–601. https://doi.org/10.1021/ac00131a013.

Bowerbank, C.R., Lee, E.D., Sadowski, C.S. et al. (2009). Rapid field detection of chemical warfare agents and toxic industrial chemicals using a hand-portable GC-TMS system. *LCGC* 27 (4). http://www.chromatographyonline.com/rapid-field-detection-chemical-warfare-agents-and-toxic-industrial-chemicals-using-hand-portable-gc?id=&sk=& date=&pageID=5 (accessed 18 April 2020).

Brenneisen, R. (2007). Chemistry and analysis of phytocannabinoids and other cannabis constituents. In: *Marijuana and the Cannabinoids* (ed. M.A. ElSohly), 17. Totowa, NJ: Humana Press.

Bruker (2020). *Technical Details of the Bruker E2M Mobile Gas Chromatograph Mass Spectrometer*. Bruker. https://www.bruker. com/products/cbrne-detection/gc-ms/e2m/technical-details.html (accessed 14 April 2020).

Busch, K.L. (2001). High-vacuum pumps in mass spectrometers. *Spectroscopy* 16 (5): 14–18.

Busch, K.L. (2004, June). Space charge in mass spectrometry. *Spectroscopy* 19 (6): 35–38.

Coburn, J. and Harrison, W. (1981). Plasma sources in analytical mass spectrometry. *Appl. Spectros. Rev.* 17 (1): 95–164.https:// doi.org/10.1080/05704928108060402.

Cooks, R.G., Gilsh, G.L., McLuckey, S.A., and Kaiser, R.E. (1991). Ion trap mass spectrometry. *Chem. Eng. News (C&EN)* 69 (12): 25–41.

Crume, C. (2009). *History of Inficon HAPSITE: Maintenance Management, Support, and Repair*. KD Analytical. http://www. kdanalytical.com/instruments/inficon-hapsite-history.aspx (accessed 5 June 2016).

Danielson, P. (n.d.). How to use getters and getter pumps. R&D Magazine (February 2001). http://www.normandale.edu/ departments/stem-and-education/vacuum-and-thin-film-technology/vacuum-lab/articles/how-to-use-getters-and-getter-pumps (accessed 9 November 2017).

Detection and Measurement of Chemical Agents (1999). *In Chemical and Biological Terrorism: Research and Development to Improve Civilian Medical Response*. Washington, DC: National Academies Press.

Eckenrode, B. (2001). Environmental and forensic applications of field-potable GC-MS: an overview. *J.Am.Soc.Mass Spectrosc.* 12 (6): 683–693. https://doi.org/10.1016/S1044-0305(01)00251-3.

Ellison, D.H. (2008). *Handbook of Chemical and Biolgical Warfare Agents*, 2e. Boca Raton, FL: Taylor & Francis Group, LLC.

Fair, J.D., Bailey, W.F., Felty, R.A. et al. (2009). Method for rapid on-site identification of VOCs. *J. Environ. Sci.* 21 (7): 1005–1008. https://doi.org/10.1016/S1001-0742(08)62375-X.

FLIR Systems, Inc. (2019). *Person-Portable GC-MS Chemical Identifier FLIR Griffin™ G510*. FLIR Systems, Inc. https://www. flir.com/globalassets/imported-assets/document/griffin-g510-datasheet.pdf (accessed 14 April 2020).

FLIR Systems, Inc. (2018). *FLIR Systems Receives Award Totaling $28.7M for the Next Generation Chemical Detector (NGCD) from the United States Army*. FLIR Systems, Inc. https://investors.flir.com/news-releases/news-release-details/flir-systems-receives-award-totaling-287m-next-generation (accessed 16 April 2020).

Fogerson, R., Schoendorfer, D., Fay, J., and Spiehler, V. (1997). Qualitative detection of opiates in sweat by EIA and GC-MS. *J. Anal. Toxicol.* 21: 451–458.

Gorder, K.A. and Dettenmaier, E.M. (2011). Portable GC/MS methods to evaluate sources of cVOC contamination in indoor air. *Ground Water Monit. Remed.* 31 (4): 113–119. https://doi.org/10.1111/j.1745-6592.2011.01357.x.

Grob, K. (1997). *Carrier Gases for GC*. Restek http://www.restek.com/Technical-Resources/Technical-Library/Editorial/editorial_ A017.

Harrison, S. (2011). How gas chromatography-mass spectrometry can be utilised as a tool for forensic analysis. *Hydrocarbon Eng.* 16 (10): 33–36.

Henry, C. (1997). Product review: take the show on the road: portable GC and GC/MS. *Anal. Chem.* 69 (5): 195A–200A. https:// doi.org/10.1021/ac9715682.

Ho, C.K., Itamura, M.T., Kelley, M., and Hughes, R.C. (2001). *Review of Chemical Sensors for in-Situ Monitoring of Volatile Contaminants*. Albuquerque and Livermore: Sandia National Laboratories.

de Hoffmann, E. and Stroobant, V. (2007). *Mass Spectrometry: Principles and Applications*, 3e. West Sussex: John Wiley & Sons Ltd.

Incapacitating Agents (2007). *Compendium of Chemical Warfare Agents* (ed. S.L. Hoenig). New York: Springer https://doi.org/10.1007/978-0-387-69260-9_4.

Inficon (2015). *Specifications of the HAPSITE® ER Chemical Identification System*. Inficon.

Inficon (2016). *Operating Manual, HAPSITE Service Module*. Inficon. http://products.inficon.com/getattachment.axd/?attaname=service-module-operating-manual (accessed 9 November 2017)

Inficon (2008). *Hapsite Smart Plus Operators Manual*. Inficon. http://products.inficon.com/GetAttachment.axd?attaName=9243f3a0-981e-435b-aa6b-412124af0900 (accessed 11 March 2017).

Inficon (2018). *HAPSITE ER Chemical Identification System*. Inficon. http://products.inficon.com/GetAttachment.axd?attaName=b0ddf534-db3e-4920-b9c1-ec872bc28a4d (accessed 13 December 2020).

Keyes, D.C., Benitez, F.L., Velez-Daubon, L.I., and Talavera, F. (2015). *E-Medicine Drugs and Diseases, Emergency Medicine*. CBRNE – Nerve Agents, V-series - Ve, Vg, Vm, Vx. http://emedicine.medscape.com/article/831760-overview#showall (accessed 9 March 2017).

Lam, R.L., Kingsland, G., Johnstone, P. et al. (2019). Rapid on-site identification of hazardous organic compounds at fire scenes using person-portable gas chromatography-mass spectrometry (GC-MS) - part 2: water sampling and analysis. *Foren. Sci. Res.*: 1–15. https://doi.org/10.1080/20961790.2019.1662648.

Lammert, S.A., Rockwood, A.A., Wang, M. et al. (2006). Miniature Toroidal radio frequency ion trap mass analyzer. *J. Am. Soc. Mass Spectrom.* 17 (7): 916–922. https://doi.org/10.1016/j.jasms.2006.02.009.

Leary, P.E. (2014). Counterfeiting: a challenge to forensic science, the criminal justice system, and its impact on pharmaceutical innovation. Ph.D. thesis. Graduate Center of the City University of New York, New York.

Leary, P.E., Kammrath, B.W., Lattman, K.J., and Beals, G.L. (2019). Deploying portable gas chromatography-mass spectrometry (GC-MS) to military users for the Identificaiton of toxic chemical agents in theater. *Appl. Spectrosc.* 73 (8): 841–858. https://doi.org/10.1177/0003702819849499.

Leary, P.E., Dobson, G.S., and Reffner, J.A. (2016). Development and applications of portable gas chromatography-mass spectrometry for emergency responders, the military, and law-enforcement organizations. *Appl. Spectrosc.* 70: 888–896. https://doi.org/10.1177/0003702816638294.

Leary, P.E., Gayle, B.A., Gross, D.L., and Frunzi, M. (2017). The fentanyl epidemic. *Fire Eng.* 170 (10): 26–32.

Lentini, J.J. (2013). Analysis of ignitable liquid residues. In: *Scientific Protocols for Fire Investigation*, 2e (ed. J.J. Lentini). Boca Raton, FL: Taylor & Francis Group, LLC.

March, R.E. (1997). An introduction to quadrupole ion trap mass spectrometry. *J. Mass Spectrom.* 32: 351–369.

McLaffery, F.W. and Turecek, F. (1993). *Interpretation of Mass Spectra*, 4e. Sausalito, CA: University Science Books. McNair, H.M. and Miller, J.M. (2009). *Basic Gas Chromatography*, 2e. John Wiley & Sons, Inc.

Merlin Instrument Company (2019). *Merlin Microshot*. Merlin Instrument Company. https://merlinic.com/merlin-microshot (accessed 17 April 2020).

Meuzelaar, H.L., Dworanski, J.P., Arnold, N.S. et al. (2000). Advances in field-portable mobile GC/MS instrumentation. *Field Anal. Chem. Technol.* 4 (1): 3–13.

Mirzayanov, V.S. (2009). *State Secrets: An Insider's Chronicle of the Russian Chemical Weapons Program*. Denver: Outskirts Press, Inc.

Mississippi National Guard (2015). *Frequently Asked Question's*. Mississippi National Guard. https://ms.ng.mil/aboutus/units/66tc/47cst/Pages/FAQs.aspx (accessed 14 April 2020).

Moquin, K., Higgins, A.G., Leary, P.E., and Kammrath, B.W. (2020, May). Optimized explosives analysis using portable gas chromatography-mass spectrometry for battlefield forensics. *Curr. Trends Mass Spectr.* 18 (2): 1–8.

Murray, G.M. (2013). Detection and screening of chemicals related to the chemical weapons convention. *Encycl. Anal. Chem.*: 1–37.

https://doi.org/10.1002/9780470027318.a0403.pub2.

National Aeronautics and Space Administration (1970). *Astronautics and Aeronautics, 1969*. Washington, D.C.: Scientific and Technical Information Division, Office of Technology Utilization.

Newman, R. (2004). Interpretation of laboratory data. In: *Fire Investigation* (ed. N. Nic Daéid). Boca Raton: CRC Press, LLC.

Occupational Safety and Health Administration (n.d.). *Toxic Industrial Chemicals (TICs) Guide*. United States Department of Labor. https://www.osha.gov/SLTC/emergencypreparedness/guides/chemical.html (accessed 21 February 2020).

Organisation for the Prohibition of Chemical Weapons (n.d.). *Genesis and History of the Chemical Weapons Convention*. Organisation for the Prohibility of Chemical Weapons. https://www.opcw.org/chemical-weapons-convention/genesis-and-historical-development (accessed 1 November 2016).

Parrish, L.D. (2005). *Application of Solid Phase Microextraction with Gas Chromatography – Mass Spectrometry as a Rapid, Reliable, and Safe Method for Field Sampling and Analysis of Chemical Warfare Agent Precursors*. Bethesda: Disseration – Uniformed Services University of the Health Sciences.

Pawliszyn, J. (1997). *Solid Phase Microextraction*. Waterloo: Wiley-VCH, Inc.

PerkinElmer Inc. (2018). *Product Note*: *Custodion CME Syringes for Easy Liquid Sample Collection and Injection*. PerkinElmer. https://www.perkinelmer.com/lab-solutions/resources/docs/PRD_Custodion_CME_Syringe_014110_ 01.pdf (accessed 25 April 2020).

PerkinElmer Inc. (2020). *Torion T-9 Portable GC/MS*. PerkinElmer Inc. https://www.perkinelmer.com/product/torion-t-9-portable-gc-ms-instrument-ntsst090500 (accessed 14 April 2020).

Physical Electronics Inc (2001). *Technicians Non-Evaporative Getter Pump Component Manual*. Physical Electronics Inc. http://www.pascaltechnologies.com/files/Pumps/Ion%20Pumps/Other%20Ion%20Pumps/Physical%20Electronics%20NEG%20Technicians%20Manual.pdf (accessed 9 November 2017).

Pitschmann, V. (2014). Overall view of chemical and biochemical weapons. *Toxins* 6: 1761–1784. https://doi.org/10.3390/toxins6061761.

ProCon.org (n.d.). Should Marijuana Be a Medical Option? https://medicalmarijuana.procon.org (accessed 25 March 2018).

Rae Systems (n.d.). *Photoionization Detectors (PIDs)*. Rae Systems: http://www.raesystems.com/solutions/photoionization-detectors-pids (accessed 25 March 2018).

Restek (n.d.). *MXT-Msieve 5A Columns, Technical Description*. Restek. http://www.restek.com/catalog/view/8578 (accessed 26 October 2017).

Robards, K., Haddad, P.R., and Jackson, P.E. (1994). *Principles and Practice of Modern Chromatographic Methods*. London: Academic Press Limited.

Santos, F. and Galceran, M. (2003). Modern developments in gas chromatography-mass spectrometry-based environmental analysis. *J. Chromatogr. A* 1000: 125–151. https://doi.org/10.1016/S0021-9673(03)00305-4.

Schecter, A.J., Sheu, S.U., Birnbaum, L.S. et al. (1999). A comparison and discussion of two differing methods of measuring dioxin-like compounds: gas chromatography-mass spectrometry and the calux bioassay - implications for health studies. *Organohalogen Compd.* 40: 247–250.

Seto, Y., Kanamori-Kataoka, M., Tsuge, K. et al. (2005). Sensing technology for chemical-warfare agents and its evaluation using authentic agents. *Sens. Actuators B* 108: 1930197. https://doi.org/10.1016/j.snb.2004.12.084.

Sigma Aldrich (2017). *How to Choose a Capillary GC Column*. Sigma Aldrich. https://www.sigmaaldrich.com/analytical-chromatography/gas-chromatography/column-selection.html (accessed 8 November 2017).

Simmonds, P.G. (1970). Whole microorganisms studied by pyrolysis-gas chromatography-mass spectrometry: significance for extraterrestrial life detection experiments. *Appl. Microbiol.* 20 (4): 567–572.

Smith, P.A. (2015). Portable gas chromatography. In: *Analytical Separation Science*, vol. 3 (eds. J. Anderson, A. Berthod, V. Pino and A.M. Stalcup). Wiley https://doi.org/10.1002/9783527678129.assep031.

Smith, P.A., Jackson Lepage, C.R., Koch, D. et al. (2004). Detection of gas-phase chemical warfare agents using field-portable gas chromatography-mass spectrometer systems: instrument and sampling strategy considerations. *Trends Anal. Chem.* 23: 296–306. doi: 10.106/S0165-9936(04)00405-4.

Stafford, G. Jr., (2002). Ion trap mass spectrometry: a personal perspective. *J. Am. Soc. Mass Spectrosc.* 13: 589–596. Stauffer, E., Dolan, J.A., and Newman, R. (2008). *Fire Debris Analysis*. Elsevier, Inc.

Sun, Y. and Ong, K.Y. (2005). *Detection Technologies for Chemical Warfare Agents and Toxic Vapors*. Boca Raton, FL: CRC Press LLC.

Szinica, L. (2005, October 30). History of chemical and biological warfare agents. *Toxicology* 214 (3): 167–181. https://doi.org/10.1016/j.tox.2005.06.011.

Tilstone, W.J., Savage, K.A., and Clark, L.A. (2006). *Encyclopedia of Forensic Science: An Encyclopedia of History, Methods and Techniques*. Santa Barbara: ABC-CLIO, Inc.

Tolmachev, A.V., Udseth, H.R., and Smith, R.D. (2000). Radial stratification of ions as a function of mass to charge ratio in collisional cooling radio frequency multipoles used as ion guides or ion traps. *Rapid Commun. Mass Spectrom.* 14 (20): 1907–1913. https://doi.org/10.1002/1097-0231(20001030)14:20<1907::AID-RCM111>3.0.CO;2-M.

United States Army, Marine Corps, Navy, Air Force (2005). *Potential Military Chemical/Biological Agents and Compounds*. http://www.marines.mil/Portals/59/MCRP%203-37.1B%20z.pdf (accessed 23 April 2016).

United States Department of Defense Joint Chiefs of Staff (2016). Department of Defense Dictionary of Military and Associated Terms. http://www.dtic.mil/doctrine/new_pubs/jp1_02.pdf (accessed 23 April 2016).

United States Environmental Protection Agency (2016). *Initial List of Hazardous Air Pollutants with Modifications*. United States Environmental Protection Agency. https://www.epa.gov/haps/initial-list-hazardous-air-pollutants-modifications (accessed 25 March 2018).

United States Environmental Protection Agency (2017). Volatile Organic Compounds' Impact on Indoor Air Quality. https://www.epa.gov/indoor-air-quality-iaq/volatile-organic-compounds-impact-indoor-air-quality (accessed 11 December 2020).

United States Environmental Protection Agency (2020). *EPA Region 9 Laboratory Field Services Summary*. United States Environmental Protection Agency. https://www.epa.gov/regionallabs/epa-region-9-laboratory-field-services-summary#mobilelab (accessed 14 April 2020)

Verplanken, K., Wauters, J., Van Dirme, J. et al. (2015). Development and validation of a rapid detection method for boar taint by means of solid phase microextraction and a person-portable GC-MS. In: *Belgian Association for Meat Science and Technology (BAMST) Symposium*, 29–30. Belgium: Melle. http://hdl.handle.net/1854/LU-7067733(accessed 23 April 2016).

Visotin, A. and Lennard, C. (2016). Preliminary evaluation of a next-generation portable gas chromatograph mass spectrometer (GC-MS) for the on-site analysis of ignitable liquid residues. *Aust.J.Forensic Sci.* 48 (2) https://doi.org/10.1080/00450618.2015.1045554.

Willard, H.H., Merritt, L.L. Jr., Dean, J.A., and Settle, F.A. Jr., (1988). *Instrumental Methods of Analysis*, 7e. Belmont: Wadsworth Publishing Company.

de Zeeuw, J. (2011). *Fast(Er) GC: How to Decrease Analysis Time Using Existing Instrumentation? Part IV: Using Hydrogen as the Carrier Gas*. doi: https://blog.restek.com/?p=3520

16

手持式和台式分析仪器用高压质谱的发展

Kenion H. Blakeman, Scott E. Miller

908 Devices Inc., Boston, MA, USA

16.1 引言

质谱（MS）灵敏度高、选择性强、应用范围广，通常被称为化学分析的黄金标准[1]。质谱可用于检测单分子，并且其分辨率超过100万[2,3]。尽管质谱仪功能强大，但它们体积较大、结构复杂、价格昂贵、需要定期维护、鲁棒性有限，仅限于实验室环境，而且用户需经过培训才可使用[4-6]。几十年来，质谱仪小型化及现场分析已逐渐成为一种趋势。小型化和便携的关键参数包括其尺寸、重量和功耗（SWaP）[7,8]。微型质谱仪的设计必须足够稳健，能够经受运输到新位置并在有限的电源例如电池或发电机供应下运行。质谱仪通常针对某一特定部位的性能进行优化，而且只有在极少数情况下由专业人员移动，因此便携式质谱仪的设计存在一定的挑战性[9-11]。

1996年，Inficon HAPSITE系统首次实现从实验室工具到现场便携式质谱仪的转变[12]。表16.1中举例说明了部分1996年至今发布的几款现场便携式质谱仪。表中所示的质量分析器的类型包括四极杆质量分析器（QMF）和四极杆离子阱（QIT）。虽然气相色谱仪（GC）分析能力更强，但相应的系统尺寸、重量和复杂性也随之增加，此处应结合实际确认是否使用相应模块。尽管现场便携式质谱发展长达几十年，但系统的设计方式仍有一定差异。

表16.1 商用现场便携式质谱仪示例（重点说明主要规格）

公司名称	推出年份	质量分析器	GC	重量/kg	尺寸/cm	参考文献
Inficon HAPSITE	1996	QMF	有	19	$46 \times 43 \times 18$	[106]
Bruker E2M/MM2	2004	QMF	有	37.7	$39 \times 39 \times 28$	[107]
908 Devices M908	2014	QIT	无	2.0	$22 \times 18.5 \times 7.6$	[108]

续表

公司名称	推出年份	质量分析器	GC	重量/kg	尺寸/cm	参考文献
TORION T-9	2015	QIT	有	14.5	47×36×18	[109]
Griffin G510	2017	QMF	有	16.3	33.7×33.7×40	[110]
908 Devices MX908	2017	QIT	无	3.9	29.8×21.×12.2	[111]
Bayspec Continuity	2017	Dual QIT	无	20	33×33×43	[112]
1st Detect Tracer 1000 MS-ETDM	2019	QIT	无	24	36×45×53	[113]

　　质谱仪逐渐趋于微型化，商用仪器重量大都控制在15~35 kg范围内。微型化要求操作质谱分析为真空条件（常低于10^{-5} Torr），大型涡轮分子泵可达到此压力要求，但同时系统重量相应增加。离子阱质量分析器在更高压（例如10^{-3} Torr）条件下运行，但其仍为分子流状态[13,14]。微型分析仪器已实现商业化，离子迁移谱（IMS）、傅里叶变换红外光谱（FTIR）和拉曼（Raman）光谱等光谱学技术无需泵送技术[11,15,16]。例如，Smiths Detection公司在2009年开发了10.54 cm×17.3 cm×4.65 cm、0.65 kg的LCD 3.3手持离子迁移光谱仪[17]。FirstDefender是Ahura Scientific公司于2005年开发的拉曼光谱仪，其尺寸为19.3 cm×10.7 cm×4.4 cm，重量1.8 kg[18]。

　　质谱仪的重量一般在15 kg内，光学和IMS检测器重量多在0.5~2 kg内，补足其重量差距也是一大问题。自20世纪90年代末，提高离子阱质谱仪工作压力的相关研究正在有序开展。工作压力达到1 Torr的部分占比及以上时，则只需要一个微型粗加工泵而非涡轮分子泵，这与使用两个大型真空泵的传统方法有很大不同。

　　本章总结离子阱操作的背景及其发展过程，并介绍离子阱在更高压力下运行的关键进展及高压质谱仪（HPMS）相关实验结果，同时阐述基于HPMS的设备及其在不同学科中的应用。

16.2　高压质谱的离子阱开发

16.2.1　捕获离子运动表征

　　高压质谱分析仪的发展关键在于四极杆离子阱的发展及其分析性能。四极杆离子阱质量分析器最早由Paul和Steinwedel于1953年提出，它由一个中央环形电极和两个通过绝缘材料隔开的端盖电极组成[19]。阱的尺寸是环形电极的内部半径（r_0）和从阱的中心到端盖电极的距离（z_0）。离子通过端盖电极中的孔引入离子阱，从离子阱中射出。

　　Paul和Steinwedel工作之初，已经有很多研究解释了捕获离子运动。本文不提供完整数学推导过程，但此处引用了一些详细的分析[20-22]。理解捕获离子运动的核心是稳定性图（图16.1）。稳定性图由离子运动的Mathieu方程确定，并根据无量纲参数a和q描述离子在离子阱中的稳定条件。参数a和q被进一步定义为a_z和q_z，用于定义z维度的轨迹，a_r和q_r用于定义r维度的运动。这些无量纲参数的方程在公式（16.1）~公式（16.4）中定义：

$$a_z = -\frac{16eU}{m(r_0^2 + 2z_0^2)\Omega^2} \tag{16.1}$$

$$a_r = \frac{8eU}{m(r_0^2 + 2z_0^2)\Omega^2} \qquad (16.2)$$

$$q_z = \frac{8eV}{m(r_0^2 + 2z_0^2)\Omega^2} \qquad (16.3)$$

$$q_r = \frac{-4eV}{m(r_0^2 + 2z_0^2)\Omega^2} \qquad (16.4)$$

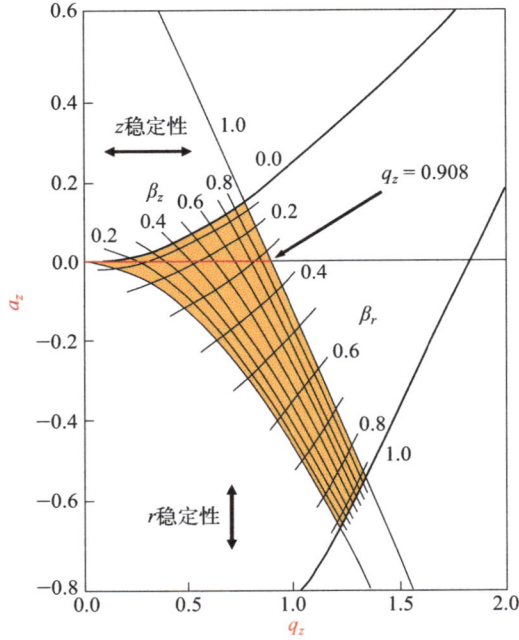

图16.1 四极杆离子阱（QIT）的稳定性图。在橙色阴影区域，离子以稳定的离子轨迹被捕获。在典型的质量选择不稳定性运行中没有施加直流电压（红线），当射频电压被破坏且 q_z 为 0.908 时喷射离子

　　式中，U 为加在环形电极上的直流（DC）电压，V 为加在环形电极上的零到峰值（$0{\sim}p$）射频电压（RF），Ω 是施加在环形电极上的射频信号的角频率，e 是基本电荷，m 是离子质量，r_0 是阱半径，z_0 是两个端帽电极之间的距离。这些系数描述了一个大致的 QIT 几何形状，对于不同的几何形状其预估值会有所不同[23,24]。理论预测离子稳定性区域存在于参数空间的径向和轴向维度中。在这两个区域重叠的地方，其条件与离子在离子阱中的稳定性是一致的[19,22]。

　　Dehmelt 对离子阱的操作原理见解较深，他将被捕获的离子的运动频率描述为 z 维度上的简谐振子。Dehmelt 假势阱深度（D_z）近似于一个离子保持稳定捕获的最大能量。公式（16.5）定义了在 Dehmelt 近似条件下的 D_z，其中 $q_z{<}0.4$。

$$D_z = \frac{eV^2}{4mZ_0\Omega^2} = \frac{q_zV}{8} \qquad (16.5)$$

　　在 D_z 计算的基础上，Dehmelt 还描述了离子阱电荷容量（$N_{\max}$）相对于 D_z 和 QIT 的 z_0 临界维度之间的关系［公式（16.6）］。

$$N_{\max} = 2.8 \times 10^7 D_z z_0 \qquad (16.6)$$

Dehmelt对D_z和N_{max}的计算证明了在未来几十年研究离子阱临界维度缩放是至关重要的[25,26]。

16.2.2 质量选择检测

虽然Paul、Steinwedel和March提出的离子运动理论特征已被证实可靠，但随着时间的推移，质量分析方法发生了显著变化。Paul和Steinwede以及Dawson和Whetten开发的方法效率低下，而且仅限于光谱类实验[19,27,28]。当代离子阱质量分析源自质量选择不稳定性操作，由Stafford及其同事在Finnigan MAT公司和肯特（Kent）大学于20世纪80年代初开发[29,30]。在这种操作模式下，离子在不确定的时间范围内被四极场吸入和捕获。离子按质荷比（m/z）递增的顺序喷射，方法是施加到具有固定Ω的环形电极的RF电压倾斜，直到$q_z>0.908$时喷射。使用这种操作模式，离子阱的质量范围（m/e）可以根据Dehmelt理论描述为m/z的函数，通过改变V、Ω和QIT的尺寸，直到达到一个不稳定的q_z值［公式（16.7）］[25]。

$$\frac{m}{z} = \frac{8V}{q_z(r_0^2 + 2z_0^2)\Omega^2} \tag{16.7}$$

虽然离子喷射（ion ejection）也可以通过以与RF电压类似的方式提升RF频率实现，但事实证明这种做法并不常见，因为需要谐振电路产生通常用于此应用的$1\sim10$ kV（p-p）RF电压[22]。

通过将共振喷射（resonance ejection）引入质量不稳定性扫描，质量选择性不稳定性扫描的性能（质量范围、灵敏度和质量分辨率）得到了改进。每个m/z离子在离子阱内都有一个独特的三维轨迹，该轨迹以特征频率出现，称为长期频率，在z维度中定义为ω_z[22]。运动频率通常由捕获参数β_z表示，当$q_z<0.4$时，它是上述a_z和q_z维度参数结合的无量纲函数［公式（16.8）］。

$$\beta_z^2 \cong a_z + \frac{q_z^2}{2} \tag{16.8}$$

然后可以通过等式将β_z参数与离子的实际长期运动相关联［公式（16.9）］。

$$\omega_z = \frac{\beta_z \Omega}{2} \tag{16.9}$$

捕获离子的β_z值介于0和1之间，离子的长期频率小于驱动RF频率的一半。在使用共振喷射的质量选择不稳定性扫描期间，以离子运动的轴向长期频率将具有数百毫伏电压的轴向射频信号施加在端盖电极上，离子在较低的q_z下从离子阱中喷射出来，离子阱的质量范围得以扩展。最常见的操作模式使用刚好低于驱动器射频频率的1/2的谐振射频频率[22]。

16.2.3 QIT的质量分辨率

此前所述的所有离子阱操作方法中，气体背景压力都低于10^{-5} Torr，从而最大限度地减少离子和中性分子之间的碰撞，但质量分辨率和灵敏度可能较低[31,32]。离子阱作为气相色谱检测器日趋商业化，氦逐渐作为真空室中的缓冲气体使用。Stafford及其同事将其$r_0=1$ cm离子阱中的氦气缓冲气体压力从约10^{-6} Torr增加到10^{-2} Torr，并确定在接近10^{-3} Torr的压力下可实现最佳性能[29]。将质量分辨率作为增加氦气压力的判值，而且重点关注全氟三丁胺的m/z 69和m/z 502峰。当氦气压力为10^{-3}Torr时，m/z 69峰的半峰全宽（FWHM）的质量分辨率（$m/\Delta m$）从70提高到

185，然而当使用缓冲气体以1700的质量分辨率则可以检测到m/z 502。氦气压力增加后，离子向四极杆离子阱中心运动的碰撞会衰减，离子在四极杆离子阱中心经历更均匀的捕获场，被捕获离子的长期运动轨迹明确，并在更短的时间内从离子阱中弹出跨度，提高质量分辨率。相对较高的工作压力（10^{-3} Torr）在质量分辨率和灵敏度上的表现进一步推动了离子阱作为气相色谱检测器的使用[33]。

虽然Stafford及其同事的研究明显提高了离子阱的操作压力范围，但限于真空要求，这些仪器仍只能在实验室使用。Goeringer和同事在1992年实现了离子阱缩放的理论突破，虽然他们成功地将压力从10^{-5} Torr增加到10^{-3} Torr，但离子与缓冲气体的中性碰撞仍然是一个问题，会影响其分辨率。Goeringer等创建了一个模型，假设离子的运动可以通过阻尼谐振子估算，其中离子的运动由RF频率确定，同时受到离子中性碰撞的阻尼。阻尼因子在离子运动的Mathieu方程中用以阐释其中性碰撞。他们建立了质量分辨率（$m/\Delta m$）与缓冲气体压力（p）、碰撞弛豫时间（τ）和RF频率（Ω）的函数的新关系式［公式（16.10）］[34]：

$$\frac{m}{\Delta m} \propto \frac{\Omega}{p} = \frac{\Omega \tau}{4\sqrt{3}} \qquad (16.10)$$

这种关系表明：峰值宽度（Δm）与压力成正比，与射频驱动频率成反比。对于工作在恒定射频下的离子阱，随着压力的增加，平均自由程成比例地减小，离子经历更频繁的离子中性碰撞，质量分辨率降低。但如果射频频率与操作压力成比例，每次离子中性碰撞的同时离子会经历更多的射频周期，并且可以保持质量分辨率。

在Goeringer等工作的基础上，犹他（Utah）大学的Arnold和同事开发了另一个离子阱运动模型[35]。Arnold等研究了离子阱喷射点的离子扩散，而不是在离子阱内受限的离子。他们为质量分辨率建立了关系式［公式（16.11）］，该关系式还包括其他变量，包括扫描速率（a_m）、长期频率（$\omega_0 = 0.5\Omega$）、热能（kT）、碰撞弛豫时间（τ）和中性质量（M）。

$$\frac{m}{\Delta m} \leqslant \frac{\Omega/2}{\sqrt{\dfrac{\pi a_m \Omega z_0}{m} + \dfrac{8}{\tau^2}\sqrt{\dfrac{kT}{m r_0^2 \omega_0^2 + \dfrac{1}{3}\dfrac{M}{m}}}}} \qquad (16.11)$$

值得一提的是，在这些模型之间存在着显著的差异。Arnold等的模型忽略操作压力，假定质量分辨率在高扫描速率条件下按照扫描速率的1/2次方进行缩放，由于灵敏度和质量分辨率相关，低浓度分析物检测时将其作为关键因素；Goeringer等的模型则没有考虑扫描速率对质量分辨率的影响。Arnold等的模型预测质量分辨率将取决于分析物和中性分子的相对质量；Goeringer等人的模型并未明确考虑这些质量因素。然而，考虑中性分子的质量很重要，因为有多种缓冲气体可供选择。

Whitten等讨论了将RF频率和阱的尺寸缩放1000倍以适应低压力范围内的离子阱操作的可能性[36]。他们在描述离子运动的方程式中添加了一个阻力系数，探讨了对离子阱稳定性图的影响，研究结果显示在较高压力下可以保持质量分辨率。他们还讨论了多路复用离子阱，以提高较高压力下的灵敏度和电荷容量。

16.2.4　离子阱维度缩放和几何结构简化

一旦认识到小型化离子阱的潜在优势，就需要解决小型离子阱的制造问题。双曲线QIT的研究目标是产生净四极场[19]。然而，通过引入和检测分析物所需的入口和出口孔，在离子阱中可产生更高阶的场。任何阱的不对称都会导致高阶场的产生，随着阱尺寸的减小，高阶场的产生则更难避免。四极场是最强的场，通过为距阱中心一定距离的被困离子提供线性恢复力控制阱的行为。六极、八极、十极和十二极场等高阶分量在阱边界附近最强，并随着与主要位于中心离子的距离呈非线性减小[37,38]。离子主要靠近离子阱的中心，因此它们主要经历四极场，尽管其他场强很重要且必须在离子阱开发过程中加以解决[24,39]。

虽然QIT的双曲线电极在1 cm范围内有效，但研究人员很快意识到，当阱尺寸减小时，其精确性不足。Bonner及其同事于1977年引入了圆柱形离子阱（CIT）设计[40]。3个双曲线阱电极被圆柱形平面电极取代，这些电极适用于传统的机械加工和具有小型化尺寸的微细加工技术。从20世纪90年代后期开始，多个研究小组研究了小型CIT在10^{-3} Torr压力体系下的性能[5,41-43]。简化CIT的几何结构会增强非四极场特性，但也会对其性能产生影响[2,44-46]。

在Finnigan公司的早期工作中，遇到了与非理想离子阱几何结构和更高阶场相关的挑战。他们注意到了质谱图中出现的质量漂移，即根据离子的化学结构，检测到的离子的m/z值是错误的。他们解决了将陷阱在z_0维度上扩展10.8%的问题，以校正由用于从阱中注入和喷射离子的盖端电极中的孔径引起的场扰动。他们认为，端盖电极在捕获场中增加了一个八极场分量，拉伸z_0维抵消了相关影响并纠正了质量漂移[47]。多个小组已经从理论和实验上研究了改变CIT临界尺寸对离子阱性能的影响[48-51]。虽然思考维度不同，但CIT的关键维度集并没有成为标准，因为不同的组根据特定的应用程序和系统设计需求优先考虑不同的性能权衡空间。

小型离子阱的另一个所要面临的问题是电荷容量。如上文公式（16.6）所示，离子阱的电荷容量与z_0维度呈线性比例，因为电荷排斥限制了可以存储在阱中的离子数量。一个潜在的解决方案是采用离子阱平面阵列维持电荷容量[25,26]。虽然电荷容量随z_0维度线性减小，但体积随z_0^3维度线性缩放。小型化的离子阱阵列有可能保持传统的1 cm离子阱的电荷容量，同时将电荷储存在较小的空间体积中。早期对离子阱阵列的实验主要集中在小于10个具有低毫米临界尺寸的独立离子阱阵列[52-54]。Pau和同事报告了已成功进行质量分析的最小阱阵列[51]。由r_0=20 μm CIT阵列（256个和2304个元件）组成的离子阱由具有二氧化硅绝缘层的p掺杂多晶硅制成。在10^{-4} Torr的氩气压力下检测到氙气，氙气浓度为1%。Blaine及其同事建立了多达10^6个r_0=1 μm CIT元素的阵列[48,49]。然而，将CIT作为质量分析器运行时，从离子阱阵列测量的带正电荷的电流不能完全归因于被捕获的离子，并且没有形成质谱。离子阱阵列的一个主要问题是阵列元件之间的均匀性，当同时检测到来自多个单独离子阱的信号时，质量分辨率可能下降。鉴于这种担忧，人们一直对开发不需要多个阱元素但仍具有从离子阱阵列预测的灵敏度优势和高电荷容量的离子阱设计感兴趣。

在微型离子阱中限制电荷容量的另一种方法是采用Hager和Schwartz为微型质谱操作开发的线性离子阱（LIT）设计[55,56]。LIT由4个类似四极杆质量分析器的双曲线杆组成，线杆被划分为3个部分，每个部分都具有独特的直流电位。离子通过施加特定射频电压于线杆后，其也顺着线杆慢慢附着于线杆上。当离子沿着线杆被捕获时，可以提高电荷容量，并在不降低质量分辨率的情况下最大限度地减少空间电荷效应。与四极杆离子阱相似，LIT的双曲特征不适合小型化。Ouyang及其同事在2004年开发了一种基于LIT的简化几何结构，其中4个中心双曲杆被4个平面电极取代，LIT的两个末端部分被两个平面电极取代，称为直线离子阱（RIT）[57]。直线离子阱通过在单毫米尺度的临界尺寸中采用不同的材料制造，其性能已经得到了全面的表征[58-60]。

Schultze和Ramsey在2014年开发的拉伸长度离子阱（SLIT）中展示了另一种使用LIT和CIT

元素的方法[61]。SLIT设计用沿着阱电极的y平面延伸的槽取代CIT中的圆柱形特征，与类似尺寸的CIT相比，SLIT的灵敏度提高了1个数量级。已经研究了相关设计，例如沿阱电极y平面的蛇形图案，证明了这种设计的多功能性。SLIT已被证明具有数百微米的临界尺寸，该尺寸尺度适合在高达1 Torr的压力下运行[61]。

文献中报道的其他简化几何结构包括多环堆叠（multi-ring stack）[62]、同轴（coaxial）离子阱[63]、环形（toroidal）离子阱[64-66]和晕轮（halo）离子阱[67,68]。不同阱设计的考虑因素包括制造技术、最佳临界尺寸、操作压力、质量分辨率优化和材料选择。

16.2.5　微型MS对真空泵的要求

对于功能性微型质谱仪，需要同时考虑多个与真空系统相关的参数：

（1）将泵系统的功耗降至最低以达到其预期的工作压力——这减少了有效运行时间所需的电池有效载荷（体积和重量）。

（2）在工作压力下最大限度地提高泵送速度——质谱仪的气体通量决定了它的响应时间以及大气电离源的离子传输效率。

（3）最大限度地减少将质谱仪从大气压抽真空所需的时间——手持工具通常被认为是"上架就绪"的，因此几秒钟的准备时间是理想的。

（4）最大限度地降低泵送系统的成本——尤为重要的是避免使用特殊材料并消除包括精密轴承在内的极端精密部件。

（5）最小化泵送系统的尺寸/重量。

（6）最大限度地延长泵送系统的使用寿命——消除高负荷轴承或磨损表面。

（7）确保泵送系统能够在野外工作所需的工作温度（通常为20～50℃）以及在不同海拔高度上提供所需的真空度和流量。

（8）泵送系统必须经受住物理冲击（例如跌落）和振动并发挥作用。

研究离子阱小型化的小组已采用不同的方法处理质谱仪的真空要求。典型的质谱仪至少由两级泵组成，包括低级泵和涡轮泵。根据进气流量的不同，前级泵可以达到10^{-2} Torr到个位数Torr值的压力，而涡轮分子泵有前级泵支持，工作压力可以低于10^{-2} Torr[69]。

样品引入有多种形式。最简单的方法是通过受限的大气入口或毛细管对周围环境进行持续采样。这种方法可以提供快速的响应时间，但有较高的泵送要求。这种采样方式的缺点是碎屑可能阻塞毛细管，导致大量停机。可使用半透膜提供所需的压降。这些膜也可以对专属性的分析物具有选择性，同时将其他成分隔在质谱仪之外[70-72]。然而，膜入口的材料通常被认为是一种耗材和后勤负担，在使用中会增加响应时间和清理时间。使用阀门在有限的时间内进行采样可以降低泵送要求，之后阀门关闭，真空泵达到所需的工作压力，并对样品进行质量分析。这种方法称为不连续大气压力接口（DAPI），此方法最大限度减少了泵送要求，但增加了分析时间，因为样品的分析时间仅占总操作时间的小部分，同时还增加了机械复杂性[73,74]。

16.2.6　高压扩展方法

如上所述，几乎所有的便携式质谱仪都在低于10^{-3} Torr的压力下使用涡轮分子泵工作。在如此低的压力下运行意味着，无论质量分析器体积多小，整个仪器的SWaP和耐用性仍由泵送机制决定[36]——涡轮分子泵送决定每一个质量分析仪器的品质。因此，我们增加缓冲气体压力，使其超出传统的分子流/10⁻³ Torr。在一种高压操作方法中，Xu等使用理论模式研究离子中性碰撞对空气缓冲气体中离子的影响，工作压力高达1 Torr，5 mm RIT仪器在1.1 MHz下运行，与传统QIT仪器使用的RF频率范围相匹配。他们的理论模型预测FWHM峰宽将从4.1×10^{-3} Torr时的约1 Da增加到0.25 Torr时的9.5 Da[75]。Song等没有利用这种RIT配置研究高于5×10^{-2} Torr的压力，但证明在4.1×10^{-3} Torr空气缓冲气体下FWHM峰宽为0.98 Da，在5×10^{-2} Torr时增加到2.00 Da[76]。根据此FWHM与压力趋势，预计在1 Torr下FWHM将近40 Da，导致MS识别非常困难。

Jiang等开发了一种基于4 mm线性离子阱的微型质谱仪，并研究了几种离子喷射方法作为空气缓冲气体压力的函数。离子在1 MHz的RF频率下被捕获，然后通过两种不同的离子阱模式即偶极共振喷射法和QE-偶极共振喷射法进行质量分析。当使用偶极共振喷射法时，m/z 524处的甲硫氨酸-精氨酸-苯丙氨酸-丙氨酸肽（MRFA）峰宽从2.95×10^{-3} Torr的3.5 Da增加到6.44×10^{-3} Torr的4.23 Da。相比之下，使用QE-偶极共振喷射法，相同的峰宽从2.95×10^{-3} Torr的1.58 Da增加到6.44×10^{-3} Torr的2.19 Da。所研究的压力状态受限于电子倍增器检测器的工作压力范围[77]。

Jiang等使用了1 cm的CIT以及两种不同的RF频率和压力方案。首先，CIT在0.84 MHz的RF频率和5×10^{-6} Torr的工作压力下运行，以在高真空状态下对性能进行基准测试。之后将工作压力增加到约1.5×10^{-2} Torr，RF频率增加到2.4 MHz，随之得到水杨酸甲酯的质谱。所研究的压力范围受到所用电子倍增检测器工作范围的限制[78]。

为实现更高压操作，Decker及其同事在2019年的最新工作重点是微型平面离子阱（PLIT）的小型化。他们使用以2.71 MHz的RF频率操作的光刻方法制造了800 μm微型PLIT。从2.5×10^{-3}到4.2×10^{-2} Torr的氦气缓冲气体中得到甲苯的质谱，最高压力下的峰宽为2.3～2.7 Da之间。他们还与更大的2.5 mm临界尺寸阱比较相对性能，例如RF驱动器的功率要求、离子阱赝势阱深度和质量分辨率[79]。

与传统离子阱相比，目前高压操作策略只能将RF频率缩减到小于3倍的程度。生成适当的RF波形驱动离子阱是开发更高压力质谱仪的挑战。RF信号的振幅必须足够稳定，才能可靠地喷射离子而不会出现峰展宽。虽然增加RF频率应该抵消更高压力下增加的RF碰撞，但增加RF频率并非易事。要产生用于捕获和分析离子的RF波形，所需功率需与RF频率的平方成比例。此外，功率还与电容的平方成比例。较小的离子阱在电极之间具有较小的间隙，从而增加了阱电容。尽管存在电离源产生的离子和高频RF下产生的高压，但仍必须避免放电[80-82]。

Ramsey及其团队从20世纪90年代后期开始在更高的RF频率下操作离子阱。他们使用500 μm CIT记录氙原子和全氟三丁胺（PFTBA）的质谱。氙的RF频率为6.5 MHz，PFTBA的RF频率为5.0 MHz[42]。与传统离子阱相比，离子阱尺寸减小至1/20，RF频率增加了5倍以上，这种缩放方法会在更高的压力下产生高质量的质谱。在初步论证后，他们研究了几种离子阱几何形状，并用于测量标称10⁻³ Torr氦气下甲苯、氯苯和1-氯萘的质谱[41]。

若微型离子阱操作可行，就可以表征几种提高性能的方法。为了提高微型CIT的质量分辨率和灵敏度，通过质量选择不稳定性扫描和利用非线性共振的共振喷射来喷射离子。当捕获的离子、所在四极场及所选择的RF频率下施加到端盖电极的补充（轴向）RF电压共振以匹配非线性场共振时，称之为双共振喷射[83]。在RF斜坡期间施加轴向RF电压，以较低的q_z值喷射离子。像这样的多重共振喷射技术在离子阱仪器中普遍存在。然而，高阶场分量通常被最小化或控制良好[84]。微型 CIT 由于其几何简化和临界尺寸小，具有大量难以控制的高阶场成分[85,86]，这为使用高阶场组来提高性能等创造了条件。

微型 CIT 设计中高阶场的大型组件改进了非线性场性能。实验室绘制了 6 种不同共振的稳定性图，表明离子以较低的 q_z 值喷射。在不使用双共振喷射的情况下，氙原子的质量分辨率（$m/\Delta m$）为 44。将双共振喷射优化后，氙原子的质量分辨率高达 660[83]。

微型捕集阱的一个典型应用是分析空气中的挥发性有机成分（VOC），因此在 MS 仪器中增加了半透膜进样口。以氦气为载气，在 $1.5 \times 10^{-3} \sim 3.8 \times 10^{-3}$ Torr 的操作压力下对 6 种分析物的检测限（LOD）进行评估，其值从二甲苯的 0.26×10^{-6} 到丙酮的 13.8×10^{-6}。分析氯苯串联质谱（MS/MS）时，检测限提高了 2.1 倍[87]。在微型 CIT 中评估了样品压力对信号强度的影响。在不同的氦气压力下，氙峰值强度被表征为氙压力的函数。增加氦气压力将信号强度最大的氙浓度转移到更高的值，之后信号强度随压力衰减（所有压力低于 10^{-3} Torr）。据推测，这种效应是由阱内的氙中性物质散射氙离子引起的[88]。

16.2.7 高压阱操作（约 1 Torr）

在压力为 10^{-3} Torr 的低压区对 500 μm CIT 进行优化后，研究重点开始转向微尺度离子阱（压力高于 0.1 Torr），并用于运行 HPMS 仪器。虽然 Whitten 等提出需要对离子阱进行缩放以适应更高的压力操作，但更高压力操作的下一个障碍是离子检测器[36]。电子倍增器灵敏度高、采样带宽，因而广泛用于质谱仪中[89-91]。然而，其表面化学性质导致其耐压性较差，即使是最坚固的电子倍增器也只能承受 10^{-2} Torr 的压力。

最初的工作通过设计差分泵浦质谱仪（DPMS）将离子源和微尺度 CIT 的开发与探测器分开。电离源和微尺度离子阱位于一个腔室内，而电子倍增器检测器被安置在一个独立的真空腔内。CIT 和上述安装方案是两个腔室之间的气体流动的限制因素——CIT 作为小直径孔口。固有的压降设计使其能够在约 1 Torr 压力下分析离子源和阱性能，而在约 10^{-2} Torr 压力下使用电子倍增器。在分析高压探测器时，两个真空室通过带有开关阀的真空软管连接，以平衡两个腔之间的压力[92]。

2010 年初，Blakeman 等将氦气作为缓冲气体，使用 500 μm 的 CIT，在 DPMS 中以 $6.73 \sim 9.43$ MHz 的 RF 频率实现了约 1 Torr 的质谱。电离源为热电子灯丝（在额定压力范围之外运行），检测器为 10^{-2} Torr 工作条件的电子倍增器。灯丝参数优化后，在 1.2 Torr 压力下能检测到氙同位素峰。

在 $5 \times 10^{-2} \sim 1$ Torr 的压力范围内对氙、2-氯乙基乙硫醚（CEES）和辛烷 3 种分析物进行表征，当压力从 4.3×10^{-2} Torr 增加到 1.0 Torr 时，5 种最丰富氙同位素的平均 FWHM 从 0.49 Da 增加到 1.19 Da。研究者对比了 CEES 和辛烷的峰宽与理论模型[35]。CEES 的 m/z 75 峰的峰宽增加了 (0.52 ± 0.02) Da/Torr，而理论模型预测的峰宽增加了 0.60 Da/Torr。对于辛烷 m/z 41，与理论模式 0.55 Da/Torr 相比，峰宽增加了 (0.52 ± 0.05) Da/Torr[92]。

HPMS 先以氦气为缓冲气体运行，再以环境空气为缓冲气体运行。氦分子量为 4 Da 时有良好的碰撞性，故传统实验室中常将氦气作为载气系统，但真正便携式的仪器需要忽略载气需求以及随之而来的气瓶、调节器和用户的后勤负担。热电子灯丝的抗氧化性较差，将其作为电离源在环境空气中使用并不可行。由于辉光放电离子化（GDI）在 1 Torr 附近的压力范围内运行良好，而且功率低（<0.5 W），可以作为电子或离子源。作为电子源的辉光放电的发射电流在氦气

和空气的压力范围内从0.5~2 Torr进行了表征，以确保在这些工作压力下耦合到微型CIT时的电离稳定性。当目标缓冲气体为空气时，氮气也被表征，以确认额外的空气组分不会对系统性能产生不利影响[93]。

除了电离外，空气缓冲气体操作也是离子阱性能的新挑战，因为O_2和N_2的质量大约是氦的7倍，大大增加了离子中性碰撞能量。在RF频率为10 MHz时，500 μm CIT在1 Torr缓冲气体压力下氦气、氮气和空气缓冲气体中得到的二甲苯质谱结果不同。氮气和空气质谱的电离源源于辉光放电，而氦气质谱的电离源则源于钨丝。氮气和空气的信号强度更好，因为它们的电离源更适合高压操作。由于氮气和空气的电离源更适合高压操作，信号强度更好。表16.2比较了氦气和空气缓冲气体中对二甲苯m/z 91和m/z 106峰的峰宽随操作压力的变化，尽管在该质量范围内比传统的质谱仪观测到更宽的峰宽，但在1 Torr的空气中获得的质谱可以区分VOC四组分混合物的每个组分[93]。

表16.2 对二甲苯在氦气和空气缓冲气体中的峰展宽随压力的变化

对二甲苯峰	峰值展宽率/（Da/Torr）	压强1 Torr处峰宽/Da
氦气：m/z 91	0.51 ± 0.07	0.62
氦气：m/z 106	0.41 ± 0.06	0.62
空气：m/z 91	2.0 ± 0.1	4.78
空气：m/z 106	1.6 ± 0.2	5.04

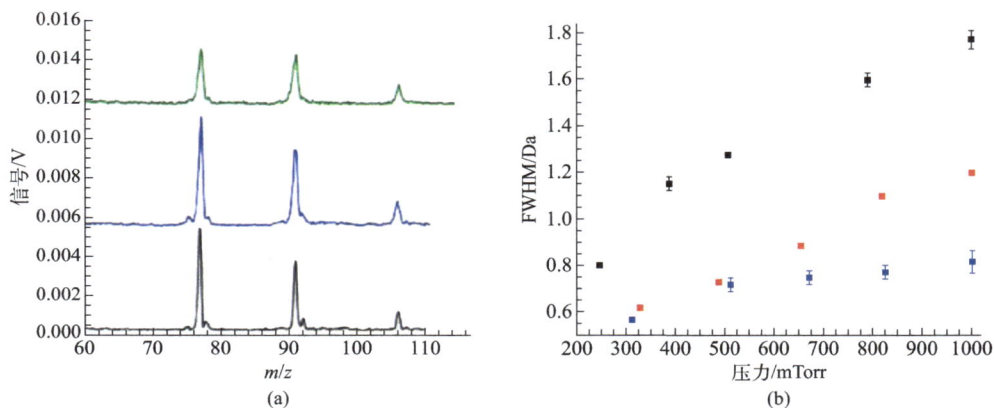

图16.2 （a）RF频率为59.44 MHz，环境气压为0.313 Torr（黑色）、0.672 Torr（蓝色）、1.020 Torr（绿色）时，r_o=100 μm的对二甲苯质谱图；（b）RF频率为30.34 MHz、r_o=165 μm（黑色），RF频率为47.24 MHz、r_o=100 μm（红色），RF频率为59.44 MHz、r_o=100 μm（蓝色）时对二甲苯106 Da的峰宽

Ramsey小组沿用Goeringer和Arnold预测的理论趋势，并致力于提高驱动器的RF频率，以提高质谱分辨率。分析临界尺寸在500~100 μm之间的CIT（图16.2）。阱尺寸减小，在保持操作质量范围约为140 m/z的情况下，最大RF电压约为1 kV（p-p），以评估更高的RF频率。每个CIT使用相同的分析物对二甲苯，并对m/z 106峰的峰宽进行定量。RF频率为59.44 MHz时，峰宽为0.8 Da，在较高的操作压力下仍能实现亚单位分辨率。他们在59.44 MHz处将环境空气压力从1.020 Torr降至0.313 Torr，峰值从0.8 Da进一步提升至0.56 Da。表征2个阱和3个RF频率的峰宽，以显示峰宽、RF频率和空气缓冲气体压力之间的关系[94]。

　　有研究者在 1 Torr 的空气中进行电离和质量分析，最后进行离子检测。之前的电离和质量分析使用电子倍增检测器，这些检测器不适用于高于 10^{-2} Torr 的运行条件。相比之下，法拉第杯（Faraday cup）检测器能够在不考虑气体压力的情况下工作，但达不到与电子倍增器相同的灵敏度水平。在 HPMS 平台上检测评估两个法拉第杯探测器，压力高达 1 Torr[95]。有研究者利用这些法拉第杯检测器通过一系列实验测得 4 种不同芳香苯衍生物的质谱图，展示了质谱仪（电离，质量分析，检测）在 1 Torr 氮气缓冲气体下工作的全过程[96]。

16.3　商业化和应用

　　2014 年，908 Devices 公司（Boston, MA）推出了第一个商用质谱仪 M908，该质谱仪的工作压力约为 1 Torr。M908 是一个手持式质谱仪，尺寸为 22 cm × 18.5 cm × 7.6 cm，重 2.0 kg（图 16.3）。它由 GDI 源、微型离子阱质量分析器、法拉第杯检测器组成[97]，泵送是通过一个小型定制机械涡旋泵实现在 10 s 内 1 Torr 范围内的操作压力。M908 的一个显著特点是未采用昂贵、易碎的涡轮分子泵。使用机械泵作为唯一真空源，设备整体坚固性得以增强。M908 符合美国军用（MIL-STD-810G）冲击/跌落/振动标准。

　　"MS 核心"包括微型离子阱、离子源和法拉第杯（图 16.4）。如果现场发生严重污染，用户可以替换核心组件，以便将停机时间减至几分钟（图 16.5）。事后清洁核心组件，以便再次使用。

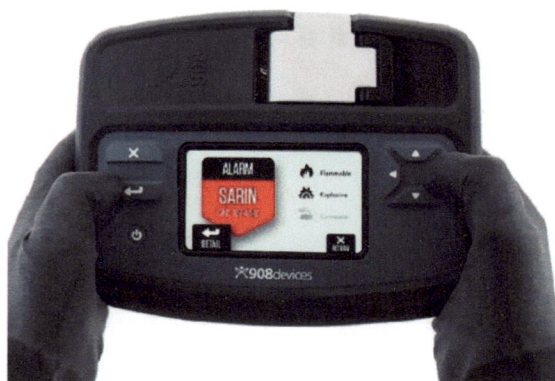

图16.3　M908 手持式质谱仪。来源：图片由 908 Devices 公司提供

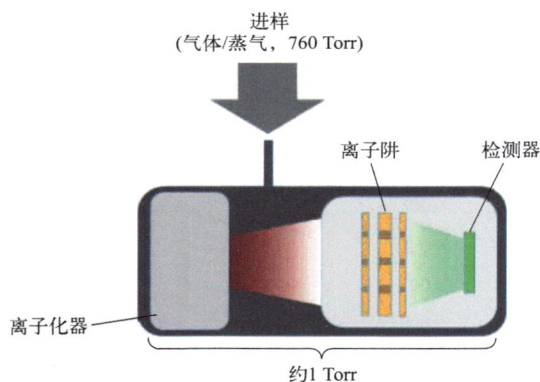

图16.4　显示 M908 MS 核心组件的图表。整个核心的压力约为 1 Torr

　　M908 设计用于即时检测和识别化学威胁，由电池供电，续航时间为 2～4 h。利用小的毛细管入口直接进样检测有毒气体。该装置无需额外载气供应即可直接测量环境空气。可检测各种有毒工业化学品（TIC）、溶剂和化学战剂（CWA）等。

　　M908 可以秒为单位对周围空气的质谱进行测定，检测 GDI 产生的正离子。如果测得的化学信号（总离子流）超过设定的阈值，则自动对照目标库进行光谱测试。如果光谱匹配库里的一个或更多目标，M908 会在显示屏幕上示警，并给出这个或这些化学品的信息（图 16.6）。所有的光谱分析均由软件完成。M908 仪器适合各行各业，如居民用户、急救人员以及军事团队，因为它并不需要用户对得到的质谱进行分析。

　　热脱附（TD）模式通过拭子采样分析固态和液态危险品以及痕量样品。采样拭子为涂布聚

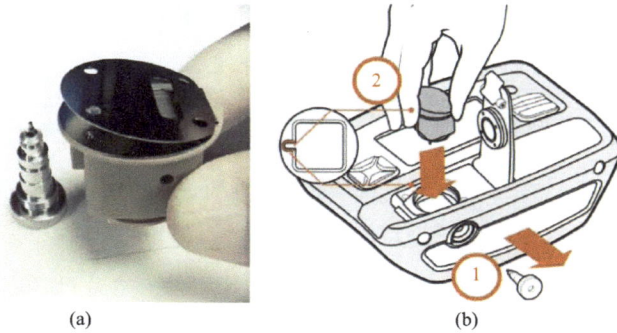

图16.5 （a）M908 MS核心和入口毛细管；（b）更换MS核心。来源：图片由908 Devices公司提供

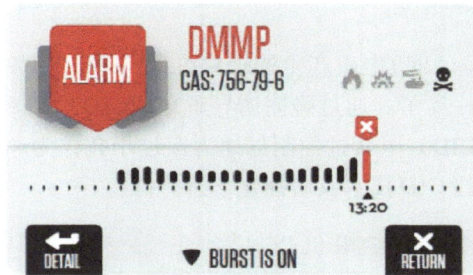

图16.6 蒸气模式下的M908示警屏幕。每个条代表一个质谱——黑色条表示检测到离子电流，红色条表示检测到离子电流并与目标库匹配。来源：908 Devices公司

四氟乙烯的玻璃纤维，用以向M908中输送微量的凝聚相物质。该装置将拭子和任何危险品迅速加热到200℃以上，产生的蒸气由HPMS测量。TD模式的目标物包括炸药和低挥发性化学战剂（如VX）。识别/探测限值因化学品而异：在气相中，CWA的检测限可达到亚微克/克级，某些TIC为数十微克/克级；在TD模式下，检测限从亚微克/克级到数十微克/克级不等。

2017年，908 Devices公司推出第二代手持式质谱仪MX908（图16.7）。MX908采用快速开关电子学驱动的双极性大气压化学电离（APCI）源，能够在约0.1 s内同时扫描正负模式极性。微尺度离子阱设计针对APCI源进行了优化，法拉第杯检测器电子器件针对快速切换双极性MS扫描进行了优化（图16.8）。虽然二代MX908比一代M908体积大（重3.9 kg，29.8 cm × 21.6 cm × 12.2 cm），但平台灵敏度提高了1000倍。MX908采用电池供电，续航时间为4 h，符合MIL-STD 810 G军用标准。

图16.7 MX908手持式质谱仪。来源：图片由908 Devices公司提供

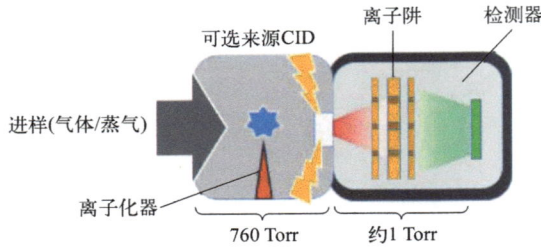

图16.8　MX908 MS 核心的组件。左侧的电离室在大气压下运行。包含离子阱和检测器的腔室在约 1 Torr 下运行。一个小孔将两个腔室隔开

　　MX908兼具气相脱附与热脱附功能，其目标物库覆盖正离子模式与负离子模式分析物，包含超过100种威胁物质，涵盖 TIC、CWA、爆炸物、麻醉品（包括芬太尼类物质）等。检测/识别限详见表16.3。

　　与更常见的EI电离相比，APCI电离产生的碎片更少[98-100]。MX908生成的质谱图显示大量质子化分子及更高质荷比的碎片离子。通过碰撞诱导解离（CID）[101,102]可进一步产生额外的碎片。电离腔中生成的离子（源内CID）可通过控制加速力穿过小孔，为离子提供特定动能，使其按预设程度碎裂。MX908采用多级CID技术以增强化学特异性。

表16.3　MX908中关键目标类的估计检测限（LOD）

目标类型	模　式	预计检测限
炸药：有机硝酸酯	热脱附	<100 ng/g
炸药：过氧化物	蒸气/热脱附	<10 μg/g / <3000 ng/g
麻醉剂	热脱附	<100～1000 ng/g
芬太尼类	热脱附	<100 ng/g
化学毒剂：神经毒剂（G）	蒸气	<100 ng/g
化学毒剂：神经毒剂（V）	蒸气/热脱附	<100 ng/g / <100 ng/g
化学毒剂：起泡剂（HD）	蒸气	<2000 ng/g

　　如图16.9所示，在低、中、高CID电压下分析了两种相同分子量的芬太尼类似物3-甲基芬

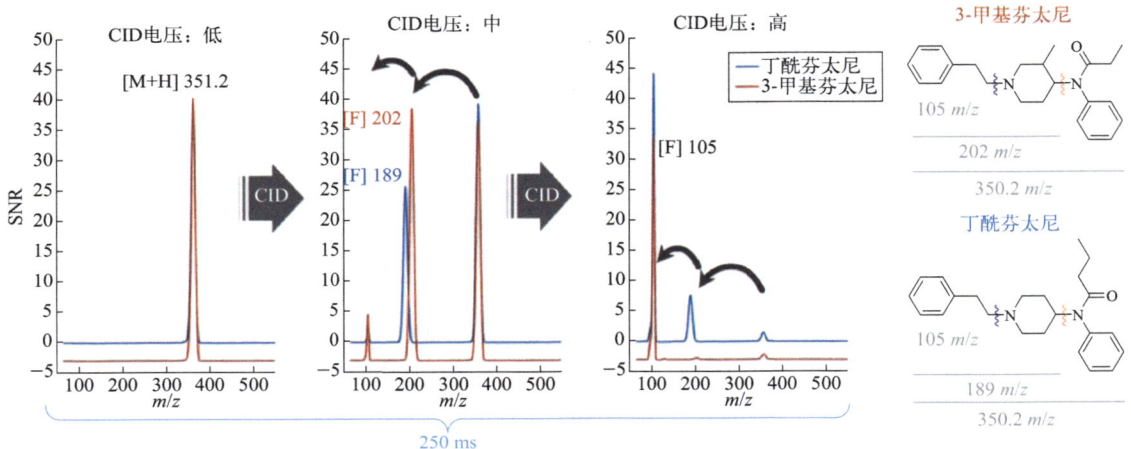

图16.9　使用CID区分同量异位芬太尼类似物

太尼和丁酰芬太尼（350.5 amu）。在低CID电压下，没有观察到裂解，两个芬太尼类无法区分。在中CID电压下，观察到3-甲基芬太尼（橙色）和丁酰芬太尼（蓝色）的两个片段。两个目标物的低质量碎片均为 *m/z* 105，但观察到的高质量碎片丁酰芬太尼为 *m/z* 189、3-甲基芬太尼为 *m/z* 202。MX908上的匹配算法利用所观察到的离子质量/电荷值和所观察到的CID能级识别目标，即使在存在大量切割剂或其他干扰物的情况下也能降低误报率[103]。

HPMS已被用作与化学分离技术相结合的检测器，以此提高复杂混合物的分析。最近发布的台式氨基酸分析仪Rebel就是一个例

图16.10　Rebel氨基酸分析仪使用CE-ESI-HPMS检测和量化细胞培养基样品中的33种代谢靶标。来源：图片由908 Devices公司提供

子（图16.10）。在2019年，908 Devices公司推出了Rebel，它结合了高压质谱检测和基于微芯片的毛细管电泳-电喷雾电离（CE-ESI）方法，用于分离和量化复杂生物样品（如细胞培养基）中的氨基酸[104,105]。

Rebel的Spent Media分析可自动检测和量化哺乳动物和发酵培养基中的33种代谢物，包括20种常见氨基酸和6种维生素。该仪器的自动采样器是内置的，开始批量处理后无需用户操作，并且可以运行超过200个样本。每个样品从自动进样器加载样品到分离、质谱分析和自动数据分析的整个分析过程不到10 min。分离和质谱分析本身只需不到3 min的时间。

Rebel是一款台式仪器，不可移动。然而，与更典型的液相色谱-质谱（LC-MS）系统相比，使用HPMS作为检测器优势显著。当压强为1 Torr左右时，可同时运行所有真空泵。Rebel不需要载气或帘气（curtain gas）。样品试剂盒提供所需试剂，不需要额外的溶剂。高压质谱检测器几乎是免维护的，故Rebel的使用对象不限于分析化学家，也可以是分析人员及生物制造人员。

Rebel使用的微流控芯片如图16.11所示。内置的自动进样器将样品和背景电解质（BGE）输送到各自的孔中。对阱内施加一序列气动压力，将精确量的样品送入分离通道。进样体积通常为4 nL左右。当样品通过通道时，一系列施加的高压会引起电泳分离，样品以电喷雾的形式从芯片的角落发射。芯片被精确定位，将样品输送到HMPS的入口。

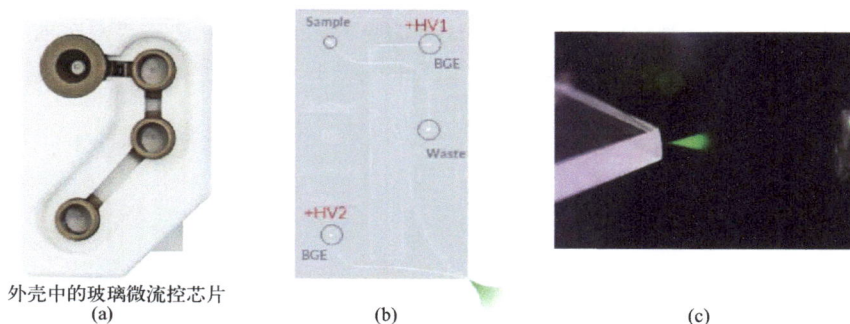

外壳中的玻璃微流控芯片
(a)

(b)

(c)

图16.11　（a）Rebel微流控芯片；（b）芯片的微加工玻璃层显示样品和电解质孔、分离通道以及绿色电喷雾位置；（c）芯片相对于HPMS入口的定位。来源：图片由908 Devices公司提供

Rebel数据示例如图16.12所示。研究者分析了氨基酸、生物胺和维生素的混合物，浓度均为25 μmol/L，进样体积为3.6 nL，在短短3 min的CE运行中鉴定了31种成分。每个成分的总离子流信号的观测水平对应于物质的分钟量：电喷雾包含9 fmol的组件。Rebel的估计定量限小于5 μmol/L，电喷雾离开芯片的（取决于具体的目标）质量低于1～4 pg，说明HPMS检测器具有高灵敏度。

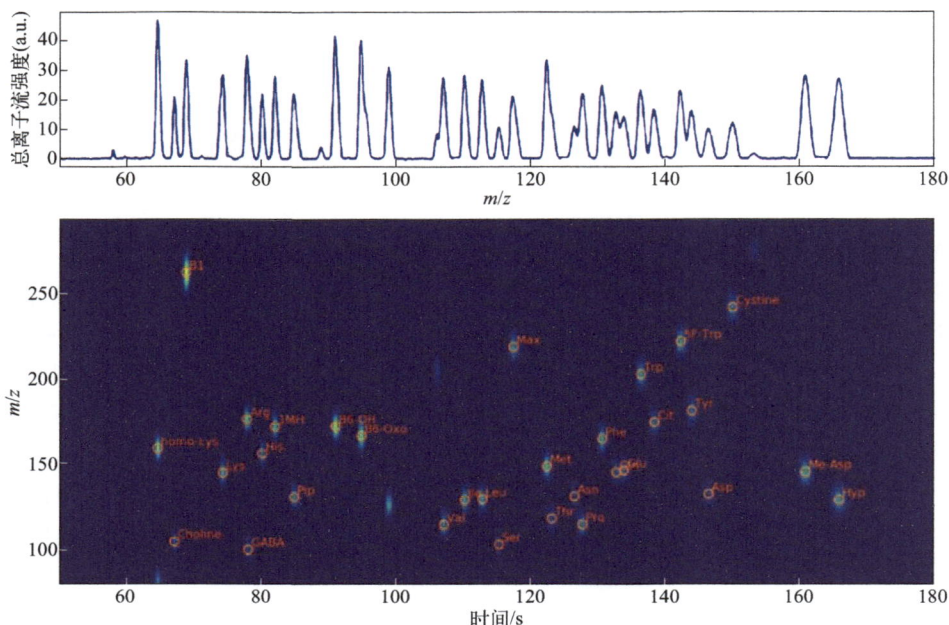

图16.12　浓度均为25 μmol/L的分析物标准溶液的电泳图和m/z图。3 min内可识别和量化31个组分。总离子流显示在顶部迹线中

CE–ESI–HPMS的应用包括筛选原材料和监测细胞培养生长期间不同时间点的代谢物浓度。该分离和检测方法对细胞培养基样品中的盐、糖、抗体和蛋白质等常见的LC-MS干扰物具有耐受性。图16.13为新鲜细胞培养基（DMEM/F12, P/N D8437, Sigma-Aldrich）的分析结果。在Rebel和HPLC上分析培养基，与工厂结果进行比较。HPLC分析时，将样品稀释10倍，衍生化后加入紫外吸收标签进行检测。Rebel分析时，将样品稀释10倍后直接分析。

Rebel测量一次样本且量化样本中的所有成分需要7 min。HPLC法需要两次独立运行，一次用于氨基酸分析，另一次用于维生素分析。Rebel（$n=5$）和HPLC（$n=1$）的数据相吻合。注：HPLC标准B族维生素方法不含胆碱，故未检出。

16.4　结论

20世纪80年代以来，离子阱质谱仪一直是实验室中的主力仪器。离子阱质谱仪的小型化发展旨在将这些专业质谱仪从需要专业人员维护和操作的实验室设备扩展至无需储备高级MS知识即可操作的便携式装置。学术界和商业团体已通过多种结构形式设计对离子阱进行了小型

化，并对其性能进行了系统分析。HPMS的引入是迈向真正的手持、便携式设备的关键一步。HPMS使得MS仪器不再需要涡轮分子泵，可以用单个小型化粗抽泵即可完成质量分析。M908、MX908和Rebel等商用仪器均采用HPMS技术，可在现场对TIC、CWA、毒品、爆炸物和代谢物等目标物进行即时检测分析。

缩略语

APCI	atmospheric pressure chemical ionization	大气压化学电离
BGE	background electrolyte	背景电解质
CE-ESI	capillary electrophoresis - electrospray ionization	毛细管电泳-电喷雾电离
CEES	2-chloroethyl ethyl sulfide	2-氯乙基乙硫醚
CID	collision-induced dissociation	碰撞诱导解离
CIT	cylindrical ion trap	圆柱形离子阱
CWA	chemical warfare agent	化学战剂
DAPI	discontinuous atmospheric pressure interface	不连续大气压力接口
DC	direct current	直流
DPMS	differentially pumped mass spectrometer	差分泵浦质谱仪
EI	electron impact	电子轰击
FTIR	Fourier transform infrared spectroscopy	傅里叶变换红外光谱
FWHM	full-width at half-maximum	半峰全宽
GC	gas chromatography	气相色谱
GDI	glow discharge ionization	辉光放电离子化
HPMS	high-pressure mass spectrometry	高压质谱仪
IMS	ion mobility spectrometry	离子迁移谱
LC-MS	liquid chromatography – ms	液相色谱-质谱
LIT	linear ion trap	线性离子阱
LOD	limit of detection	检测限
MRFA	methionine-arginine-phenylalanine-alanine peptide	甲硫氨酸-精氨酸-苯丙氨酸-丙氨酸肽
MS	mass spectrometry	质谱
PLIT	planar ion trap	平面离子阱
QIT	quadrupole ion trap	四极杆离子阱
QMF	quadrupole mass filter	四极杆质量分析器
RF	radio frequency	射频
RIT	rectilinear ion trap	直线离子阱
SLIT	stretched length ion trap	拉伸长度离子阱
SWaP	size, weight, and power	尺寸、重量和功耗
TD	thermal desorption	热脱附
TIC	toxic industrial chemical	有毒工业化学品
VOC	volatile organic component	挥发性有机成分

参考文献

[1] Ouyang, Z., Noll, R.J., and Cooks, R.G. (2009). Handheld miniature ion trap mass spectrometers. *Anal. Chem.* https://doi.org/10.1021/ac900292w.

[2] Denisov, E., Damoc, E., Lange, O., and Makarov, A. (2012). Orbitrap mass spectrometry with resolving powers above 1,000,000. *Int. J. Mass Spectrom.* https://doi.org/10.1016/j.ijms.2012.06.009.

[3] Pelander, A., Decker, P., Baessmann, C., and Ojanperä, I. (2011). Evaluation of a high resolving power time-of-flight mass spectrometer for drug analysis in terms of resolving power and acquisition rate. *J. Am. Soc. Mass Spectrom.* https://doi.org/10.1007/s13361-010-0046-z.

[4] Snyder, D.T., Pulliam, C.J., Ouyang, Z., and Cooks, R.G. (2016). Miniature and fieldable mass spectrometers: recent advances. *Anal. Chem.* https://doi.org/10.1021/acs.analchem.5b03070.

[5] Badman, E.R. and Cooks, R.G. (2000). Miniature mass analyzers. *J. Mass Spectrom.* https://doi.org/10.1002/1096-9888(200006)35:6<659::AID-JMS5>3.0.CO;2-V.

[6] Verbeck, G.F. and Bierbaum, V.M. (2015). Focus on harsh environment and field-portable mass spectrometry:editorial. *J. Am. Soc. Mass Spectrom.* https://doi.org/10.1007/s13361-014-1057-y.

[7] Palmer, P.T. and Limero, T.F. (2001). Mass spectrometry in the U.S. space program: past, present, and future.*J. Am. Soc. Mass Spectrom.* https://doi.org/10.1016/S1044-0305(01)00249-5.

[8] Ecelberger, S.A., Cornish, T.J., Collins, B.F. et al. (2004). Suitcase TOF: a man-portable time-of-flight mass spectrometer. *Johns Hopkins APL Tech. Dig. Appl. Phys. Lab.* 25: 14-19.

[9] Gnyba, M., Smulko, J., Kwiatkowski, A., and Wierzba, P. (2011). Portable Raman spectrometer - design rules and applications. *Bull. Polish Acad. Sci. Tech. Sci.* https://doi.org/10.2478/v10175-011-0040-z.

[10] Ho, C.K., Itamura, M.T., Kelley, M., and Hughes, R.C. (2001). Review of chemical sensors for in-situ monitoring of volatile contaminants. *Contract* https://doi.org/10.2172/780299.

[11] Cottingham, K. (2003). Product review: ion mobility spectrometry rediscovered. *Anal. Chem.* https://doi.org/10.1021/ac031304h.

[12] Harris, C.M. (2002). GC to go. *Anal. Chem.* 21: 585A-589A.

[13] Glish, G.L. and Vachet, R.W. (2003). The basics of mass spectrometry in the twenty-first century. *Nat. Rev. Drug Discov.* https://doi.org/10.1038/nrd1011.

[14] Haag, A.M. (2016). Mass analyzers and mass spectrometers. *Adv. Exp. Med. Biol.* https://doi.org/10.1007/978-3-319-41448-5_7.

[15] Crocombe, R.A. (2018). Portable spectroscopy. *Appl. Spectrosc.* https://doi.org/10.1177/0003702818809719.

[16] Sorak, D., Herberholz, L., Iwascek, S. et al. (2012). New developments and applications of handheld Raman,mid-infrared, and near-infrared spectrometers. *Appl. Spectrosc. Rev.* https://doi.org/10.1080/05704928.2011.625748.

[17] Smiths Detection. LCD 3.3 Person worn CWA and TIC detector. https://www.smithsdetection.com/products/lcd-3-3 (accessed 23 October 2019).

[18] ThermoFisher Scientific. FirstDefender™ RMX Handheld Chemical Identification. https://www.thermofisher.com/order/catalog/product/FIRSTDEFENDERRMX (accessed 23 October 2019).

[19] Paul, W. and Steinwedel, H. (1953). Ein Neues Massenspektrometer Ohne Magnetfeld. *Zeitschrift für Natur-forschung - Sec. A J. Phys. Sci.* https://doi.org/10.1515/zna-1953-0710.

[20] March, R. E.; Todd, J. F. J. *Practical Aspects of Trapped Ion Mass Spectrometry*; 2016. https://doi.org/10.1201/9781420083743.

[21] Bharti, A., Ma, P.C., and Salgia, R. (2007). *Mass Spectrom. Rev.* https://doi.org/10.1002/mas.20125.

[22] March, R.E. (1997). An introduction to quadrupole ion trap mass spectrometry. *J. Mass Spectrom.*https://doi.org/10.1002/(SICI)1096-9888(199704)32:4<351::AID-JMS512>3.0.CO;2-Y.

[23] Drewsen, M. and Brøner, A. (2000). Harmonic linear Paul trap: stability diagram and effective potentials. *Phys. Rev. A - At. Mol. Opt. Phys.* https://doi.org/10.1103/PhysRevA.62.045401.

[24] Alheit, R., Kleineidam, S., Vedel, F. et al. (1996). Higher order non-linear resonances in a Paul trap. *Int. J. Mass Spectrom. Ion Process.* https://doi.org/10.1016/0168-1176(96)04380-7.

[25] Dehmelt, H.G. (1968). Radiofrequency spectroscopy of stored ions I: storage. *Adv. At.Mol.Opt.Phys.* https://doi.org/10.1016/S0065-2199(08)60170-0.

[26] Major, F.G. and Dehmelt, H.G. (1968). Exchange-collision technique for the RF spectroscopy of stored ions. *Phys. Rev.* https://doi.org/10.1103/PhysRev.170.91.

[27] Dawson, P.H. and Whetten, N.R. (1968). Ion storage in three-dimensional, rotationally symmetric, quadrupole fields. II. A sensitive mass spectrometer. *J. Vac. Sci. Technol. A* https://doi.org/10.1116/1.1492570.

[28] Dawson, P.H. and Whetten, N.R. (1968). Ion storage in three-dimensional, rotationally symmetric, quadrupole fields. I. Theoretical treatment. *J. Vac. Sci. Technol. A* https://doi.org/10.1116/1.1492569.

[29] Stafford, G.C., Kelley, P.E., Syka, J.E.P. et al. (1984). Recent improvements in and analytical applications of advanced ion trap technology. *Int. J. Mass Spectrom. Ion Process.* https://doi.org/10.1016/0168-1176(84)80077-4.

[30] Stafford, G. (2002). Ion trap mass spectrometry: a personal perspective. *J. Am. Soc. Mass Spectrom.* https://doi.org/10.1016/S1044-0305(02)00385-9.

[31] Dawson, P.H. (1977). The effect of collisions on ion motion in quadrupole fields. *Int. J. Mass Spectrom. Ion Phys.* https://doi.org/10.1016/0020-7381(77)80082-X.

[32] Blatt, R., Schmeling, U., and Werth, G. (1979). On the sensitivity of ion traps for spectroscopic applications. *Appl. Phys.* https://doi.org/10.1007/BF00894999.

[33] Borman, S.A. (1983). New gas chromatographic detectors. *Anal. Chem.* https://doi.org/10.1021/ac00258a735.

[34] Goeringer, D.E., Whitten, W.B., Ramsey, J.M. et al. (1992). Theory of high-resolution mass spectrometry achieved via resonance ejection in the quadrupole ion trap. *Anal. Chem.* https://doi.org/10.1021/ac00037a023.

[35] Arnold, N.S., Hars, C., and Meuzelaar, H.L.C. (1994). Extended theoretical considerations for mass resolution in the resonance ejection mode of quadrupole ion trap mass spectrometry. *J. Am. Soc. Mass Spectrom.* https://doi.org/10.1016/1044-0305(94)85008-9.

[36] Whitten, W.B., Reilly, P.T.A., and Ramsey, J.M. (2004). High-pressure ion trap mass spectrometry. *Rapid Commun. Mass Spectrom.* https://doi.org/10.1002/rcm.1549.

[37] Wang, Y., Franzen, J., and Wanczek, K.P. (1993). The non-linear resonance ion trap. Part 2. A general theoretical analysis. *Int. J. Mass Spectrom. Ion Process.*

[38] Franzen, J., Gabling, R.H., Schubert, M., and Wang, Y. (1995). Nonlinear ion traps. *Pract. Asp. Ion Trap Mass Spectrom.*

[39] Eades, D.M., Johnson, J.V., and Yost, R.A. (1993). Nonlinear resonance effects during ion storage in a quadrupole ion trap. *J.Am. Soc. Mass Spectrom.* https://doi.org/10.1016/1044-0305(93)80017-S.

[40] Bonner, R.F., Fulford, J.E., March, R.E., and Hamilton, G.F. (1977). The cylindrical ion trap. Part I. general introduction. *Int. J. Mass Spectrom. Ion Phys.* https://doi.org/10.1016/0020-7381(77)80034-X.

[41] Kornienko, O., Reilly, P.T.A., Whitten, W.B., and Ramsey, J.M. (1999). Micro ion trap mass spectrometry. *Rapid Commun. Mass Spectrom.* https://doi.org/10.1002/(SICI)1097-0231(19990115)13:1<50::AID-RCM449>3.0.CO;2-K.

[42] Kornienko, O., Reilly, P.T.A., Whitten, W.B., and Ramsey, J.M. (1999). Electron impact ionization in a microion trap mass spectrometer. *Rev. Sci. Instrum.* https://doi.org/10.1063/1.1150010.

[43] Wells, J.M., Badman, E.R., and Cooks, R.G. (1998). A quadrupole ion trap with cylindrical geometry operated in the mass-selective instability mode. *Anal. Chem.* https://doi.org/10.1021/ac971198h.

[44] Xu, W., Chappell, W.J., Cooks, R.G., and Ouyang, Z. (2009). Characterization of electrode surface roughness and its impact on ion trap mass analysis. *J. Mass Spectrom.* https://doi.org/10.1002/jms.1512.

[45] Chaudhary, A., Van Amerom, F.H.W., and Short, R.T. (2014). Experimental evaluation of micro-ion trap mass spectrometer geometries. *Int. J. Mass Spectrom.* https://doi.org/10.1016/j.ijms.2014.06.032.

[46] Lee, W.W., Oh, C.H., Kim, P.S. et al. (2003). Characteristics of cylindrical ion trap. *Int. J. Mass Spectrom.* https://doi.org/10.1016/j.ijms.2003.08.001.

[47] Louris, J.N., Cooks, R.G., Syka, J.E. et al. (1987). Instrumentation, applications, and energy deposition in quadrupole ion-

trap tandem mass spectrometry. *Anal. Chem.* https://doi.org/10.1021/ac00140a021.

[48] Austin, D.E., Cruz, D., and Blain, M.G. (2006). Simulations of ion trapping in a micrometer-sized cylindrical ion trap. *J. Am. Soc. Mass Spectrom.* https://doi.org/10.1016/j.jasms.2005.11.020.

[49] Cruz, D., Chang, J.P., Fico, M. et al. (2007). Design, microfabrication, and analysis of micrometer-sized cylin-drical ion trap arrays. *Rev. Sci. Instrum.* https://doi.org/10.1063/1.2403840.

[50] 50 Tian, Y., Higgs, J., Li, A. et al. (2014). How far can ion trap miniaturization go? Parameter scaling and space-charge limits for very small cylindrical ion traps. *J. Mass Spectrom.* https://doi.org/10.1002/jms.3343.

[51] Pau, S., Pai, C.S., Low, Y.L. et al. (2006). Microfabricated quadrupole ion trap for mass spectrometer applications. *Phys. Rev. Lett.* https://doi.org/10.1159/000089267.

[52] Badman, E.R. and Cooks, R.G. (2000). A parallel miniature cylindrical ion trap array. *Anal. Chem.* https://doi.org/10.1021/ac000109p.

[53] Tabert, A.M., Griep-Raming, J., Guymon, A.J., and Cooks, R.G. (2003). High-throughput miniature cylindrical ion trap array mass spectrometer. *Anal. Chem.* https://doi.org/10.1021/ac0346858.

[54] Ouyang, Z., Badman, E.R., and Cooks, R.G. (1999). Characterization of a serial array of miniature cylindrical ion trap mass analyzers. *Rapid Commun. Mass Spectrom.* https://doi.org/10.1002/(SICI)1097-0231(19991230)13:24<2444::AID-RCM810>3.0.CO;2-F.

[55] Hager, J.W. (2002). A new linear ion trap mass spectrometer. *Rapid Commun. Mass Spectrom.* https://doi.org/10.1002/rcm.607.

[56] Schwartz, J.C., Senko, M.W., and Syka, J.E.P. (2002). A two-dimensional quadrupole ion trap mass spectrome-ter. *J. Am. Soc. Mass Spectrom.* https://doi.org/10.1016/S1044-0305(02)00384-7.

[57] Ouyang, Z., Wu, G., Song, Y. et al. (2004). Rectilinear ion trap: concepts, calculations, and analytical perfor-mance of a new mass analyzer. *Anal. Chem.* https://doi.org/10.1021/ac049420n.

[58] Erickson, B.E. (2004). Miniaturized rectilinear ion trap. *Anal. Chem.* 17: 305A.

[59] Hendricks, P., Duncan, J., Noll, R.J. et al. (2011). Performance of a low voltage ion trap. *Int. J. Mass Spectrom.* https://doi.org/10.1016/j.ijms.2011.05.009.

[60] Wu, G., Cooks, R.G., Ouyang, Z. et al. (2006). Ion trajectory simulation for electrode configurations with arbitrary geometries. *J. Am. Soc. Mass Spectrom.* https://doi.org/10.1016/j.jasms.2006.05.004.

[61] Ramsey, J.M. and Schultze, K.P. (2014). Miniature charged particle trap with elongated trapping region for mass spectrometry. US8878127B2.

[62] Pau, S., Whitten, W.B., and Ramsey, J.M. (2007). Planar geometry for trapping and separating ions and charged particles. *Anal. Chem.* https://doi.org/10.1021/ac0706269.

[63] Peng, Y., Hansen, B.J., Quist, H. et al. (2011). Coaxial ion trap mass spectrometer: concentric toroidal and quadrupolar trapping regions. *Anal. Chem.* https://doi.org/10.1021/ac200600u.

[64] Lammert, S.A., Plass, W.R., Thompson, C.V., and Wise, M.B. (2001). Design, optimization and initial performance of a toroidal RF ion trap mass spectrometer. *Int. J. Mass Spectrom.* https://doi.org/10.1016/S1387-3806(01)00507-3.

[65] Lammert, S.A., Rockwood, A.A., Wang, M. et al. (2006). Miniature toroidal radio frequency ion trap mass analyzer. *J.Am. Soc. Mass Spectrom.* https://doi.org/10.1016/j.jasms.2006.02.009.

[66] Higgs, J.M., Petersen, B.V., Lammert, S.A. et al. (2016). Radiofrequency trapping of ions in a pure toroidal potential distribution. *Int. J. Mass Spectrom.* https://doi.org/10.1016/j.ijms.2015.11.009.

[67] Austin, D.E., Wang, M., Tolley, S.E. et al. (2007). Halo ion trap mass spectrometer. *Anal. Chem.*

[68] Wang, M., Quist, H.E., Hansen, B.J. et al. (2011). Performance of a halo ion trap mass analyzer with exit slits for axial ejection. *J.Am.Soc.Mass Spectrom.* https://doi.org/10.1007/s13361-010-0027-2.

[69] Chen, C.H., Chen, T.C., Zhou, X. et al. (2015). Design of portable mass spectrometers with handheld probes: aspects of the sampling and miniature pumping systems. *J. Am. Soc. Mass Spectrom.* https://doi.org/10.1007/s13361-014-1026-5.

[70] Hoch, G. and Kok, B. (1963). A mass spectrometer inlet system for sampling gases dissolved in liquid phases. *Arch. Biochem. Biophys.* https://doi.org/10.1016/0003-9861(63)90546-0.

[71] Davey, N.G., Krogh, E.T., and Gill, C.G. (2011). Membrane-introduction mass spectrometry (MIMS). *TrAC* https://doi. org/10.1016/j.trac.2011.05.003.

[72] Giannoukos, S., Brkić, B., Taylor, S., and France, N. (2015). Membrane inlet mass spectrometry for homeland security and forensic applications. *J. Am. Soc. Mass Spectrom.* https://doi.org/10.1007/s13361-014-1032-7.

[73] Gao, L., Cooks, R.G., and Ouyang, Z. (2008). Breaking the pumping speed barrier in mass spectrometry: discontinuous atmospheric pressure Interface. *Anal. Chem.* https://doi.org/10.1021/ac800014v.

[74] Gao, L., Sugiarto, A., Harper, J.D. et al. (2008). Design and characterization of a multisource hand-held tandem mass spectrometer. *Anal. Chem.* https://doi.org/10.1021/ac801275x.

[75] Xu, W., Song, Q., Smith, S.A. et al. (2009). Ion trap mass analysis at high pressure: a theoretical view. *J. Am. Soc. Mass Spectrom.* https://doi.org/10.1016/j.jasms.2009.06.019.

[76] Song, Q., Xu, W., Smith, S.A. et al. (2010). Ion trap mass analysis at high pressure: an experimental characterization. *J. Mass Spectrom.* https://doi.org/10.1002/jms.1684.

[77] Jiang, T., Xu, Q., Zhang, H. et al. (2018). Improving the performances of a "brick mass spectrometer" by quadrupole enhanced dipolar resonance ejection from the linear ion trap. *Anal. Chem.* https://doi.org/10.1021/acs.analchem.8b03332.

[78] Jiang, P., Zhou, Z., Wu, Z., and Zhao, Z. (2018). Low-vacuum cylindrical ion trap mass spectrometry. *Instrum. Sci. Technol.* 46 (6): 614-627.

[79] Decker, T.K., Zheng, Y., Ruben, A.J. et al. (2019). A microscale planar linear ion trap mass spectrometer. *J. Am. Soc. Mass Spectrom.* https://doi.org/10.1007/s13361-018-2104-x.

[80] Jones, R.M., Gerlich, D., and Anderson, S.L. (1997). Simple radio-frequency power source for ion guides and ion traps. *Rev. Sci. Instrum.* https://doi.org/10.1063/1.1148297.

[81] Schaefer, R.T., MacAskill, J.A., Mojarradi, M. et al. (2008). Digitally synthesized high purity, high-voltage radio frequency drive electronics for mass spectrometry. *Rev. Sci. Instrum.* https://doi.org/10.1063/1.2981691.

[82] O'Connor, P.B., Costello, C.E., and Earle, W.E. (2002). A high voltage RF oscillator for driving multipole ion guides. *J. Am. Soc. Mass Spectrom.* https://doi.org/10.1016/S1044-0305(02)00700-6.

[83] Moxom, J., Reilly, P.T.A., Whitten, W.B., and Ramsey, J.M. (2002). Double resonance ejection in a micro ion trap mass spectrometer. *Rapid Commun. Mass Spectrom.* https://doi.org/10.1002/rcm.635.

[84] Snyder, D.T. and Cooks, R.G. (2016). Successive resonances for ion ejection at arbitrary frequencies in an ion trap. *J.Am.Soc. Mass Spectrom.* https://doi.org/10.1007/s13361-016-1473-2.

[85] Decker, T.K., Zheng, Y., McClellan, J.S. et al. (2018). Double resonance ejection using novel radiofrequency phase tracking circuitry in a miniaturized planar linear ion trap mass spectrometer. *Rapid Commun. Mass Spectrom.* https://doi.org/10.1002/rcm.8267.

[86] Zhou, X., Liu, X., Chiang, S. et al. (2018). Stimulated motion suppression (STMS): a new approach to break the resolution barrier for ion trap mass spectrometry. *J. Am. Soc. Mass Spectrom.* https://doi.org/10.1007/s13361-018-1995-x.

[87] Moxom, J., Reilly, P.T.A., Whitten, W.B., and Ramsey, J.M. (2003). Analysis of volatile organic compounds in air with a micro ion trap mass analyzer. *Anal. Chem.* https://doi.org/10.1021/ac034043k.

[88] Moxom, J., Reilly, P.T.A., Whitten, W.B., and Ramsey, J.M. (2004). Sample pressure effects in a micro ion trap mass spectrometer. *Rapid Commun. Mass Spectrom.* https://doi.org/10.1002/rcm.1389.

[89] Collins, R.D. (1969). The use of electron multipliers in mass spectrometry. *Vacuum* https://doi.org/10.1016/s0042-207x(69)90023-2.

[90] Dietz, L.A. (1965). Basic properties of electron multiplier ion detection and pulse counting methods in mass spectrometry. *Rev. Sci. Instrum.* https://doi.org/10.1063/1.1719460.

[91] Tuithof, H.H., Boerboom, A.J.H., and Meuzelaar, H.L.C. (1975). Simultaneous detection of a mass Spectrum using a Channeltron electron multiplier array. *Int. J. Mass Spectrom. Ion Phys.* https://doi.org/10.1016/0020-7381(75)87040-9.

[92] Blakeman, K.H., Wolfe, D.W., Cavanaugh, C.A., and Ramsey, J.M. (2016). High pressure mass spectrometry: the generation of mass spectra at operating pressures exceeding 1 Torr in a microscale cylindrical ion trap. *Anal. Chem.* https://doi.org/10.1021/acs.analchem.6b00706.

[93] Blakeman, K.H., Cavanaugh, C.A., Gilliland, W.M., and Ramsey, J.M. (2017). High pressure mass spectrometry of volatile organic compounds with ambient air buffer gas. *Rapid Commun. Mass Spectrom.* https://doi .org/10.1002/rcm.7766.

[94] Blakeman, K.H. (2015). *Development of high pressure mass spectrometry for handheld instruments.*The Univer- sity of North Carolina at Chapel Hill.

[95] Amptek. A250CF CoolFET® Charge Sensitive Preamplifier. https://www.amptek.com/products/charge-sensitive-preamplifiers/a250cf-coolfet-charge-sensitive-preamplifier#Documentation (accessed 31 October 2019).

[96] Schultze, K.P. (2014). *Advanced System Components for the Development of a Handheld Ion Trap Mass Spectrometer.* The University of North Carolina at Chapel Hill.

[97] Brown, C.D., Knopp, K.J., Krylov, E., and Miller, S. (2014). Compact Mass Spectrometer. US9099286B2.

[98] Chen, H., Gamez, G., and Zenobi, R. (2009). What can we learn from ambient ionization techniques? *J. Am. Soc. Mass Spectrom.* https://doi.org/10.1016/j.jasms.2009.07.025.

[99] Holčapek, M., Jirásko, R., and Lísa, M. (2010). Basic rules for the interpretation of atmospheric pressure ionization mass spectra of small molecules. *J. Chromatogr. A* https://doi.org/10.1016/j.chroma.2010.02.049.

[100] Herrera, L.C., Grossert, J.S., and Ramaley, L. (2008). Quantitative aspects of and ionization mechanisms in positive-ion atmospheric pressure chemical ionization mass spectrometry. *J. Am. Soc. Mass Spectrom.* https://doi.org/10.1016/j.jasms.2008.07.016.

[101] Marquet, P., Venisse, N., Lacassie, E., and Lachâtre, G. (2000). In-source CID mass spectral libraries for the "general unknown" screening of drugs and toxicants. *Analusis* https://doi.org/10.1051/analusis:2000280925.

[102] Rodgers, M.T. and Armentrout, P.B. (1998). Statistical modeling of competitive threshold collision-induced dissociation. *J. Chem. Phys.* https://doi.org/10.1063/1.476754.

[103] Falconer, T., Kern, S., and Voelker, S. (2018). Rapid, in situ detection of synthetic opioids. *66th ASMS Conference on Mass Spectrometry and Allied Topics*, San Diego, CA.

[104] Gilliland, W.M., Mellors, J.S., and Ramsey, J.M. (2017). Coupling microchip electrospray ionization devices with high pressure mass spectrometry. *Anal. Chem.* https://doi.org/10.1021/acs.analchem.7b03484.

[105] Gilliland, W.M. and Ramsey, J.M. (2018). Development of a microchip CE-HPMS platform for cell growth monitoring. *Anal. Chem.* https://doi.org/10.1021/acs.analchem.8b03708.

[106] Inficon. HAPSITE® ER Chemical Identification System. https://products.inficon.com/en-us/nav-products/product/detail/hapsite-er-identification-system (accessed 23 October 2019).

[107] Bruker. E²M the Mobile Enhanced Environmental Mass Spectrometer. https://www.bruker.com/products/cbrne-detection/gc-ms/e2m/overview.html (accessed 23 October 2019).

[108] 908devices. M908 Spec Sheet. http://908devices.com/wp-content/uploads/2017/04/SpecSheet-908_2016_v3.pdf (accessed 31 October 2019).

[109] PerkinElmer. Torion T-9 Portable GC/MS. https://www.perkinelmer.com/product/torion-t-9-portable-gc-ms-instrument-ntsst090500 (accessed 23 October 2019).

[110] FLIR. Person-Portable GC-MS Griffin G510. https://www.flir.com/products/griffin-g510 (accessed 23 October 2019).

[111] 908devices. MX908 Spec Sheet. https://908devices.com/wp-content/uploads/2017/09/MX908_SpecSheet_EOD_.pdf (accessed 31 October 2019).

[112] Continuity™ Transportable High-Sensitivity Mass Spectrometer. https://www.bayspec.com/spectroscopy/continuity-transportable-high-sensitivity-mass-spectrometer (accessed 23 October 2019).

[113] TRACER 1000. https://www.1stdetect.com/products/tracer-1000-ms-etd (accessed 23 October 2019).

17

便携式离子迁移谱仪系统的关键仪器发展

Reno F. DeBono[1,3], Pauline E. Leary[2]

[1]Trace Detection Scientist, Formerly of Barringer Instruments, Warren, NJ, USA

[2]Federal Resources, Stevensville, MD, USA

[3]Smiths Detection, Edgewood, MD, USA

17.1 背景与历史

离子迁移谱（IMS）是一种气相分离技术，其原理是中性分子在缓冲气体存在的情况下通过电场作用产生离子，根据离子的大小和结构对这些离子进行分离。IMS可能是现场测试危险物质时使用最广泛的痕量检测方法。它具有选择性高、检测限低、鉴定结果可靠、分析速度快等优点。IMS系统在尺寸、重量和功耗（SWaP）方面都很理想，并可在常压下运行。随着便携式和手持系统的广泛使用，其便携性和微型化需求与日俱增。该系统已被军方以及航空安全、边境检查和急救人员广泛使用。

在本卷的第1章中，Leary、Crocombe和Kammrath根据SWaP预期提出便携式光谱仪的一般分类方案。此方案适用于便携式IMS系统，并将重量在3～20 kg之间的光谱仪归为人员便携式光谱仪，将重量在0.5～3 kg之间的光谱仪归为手持式系统，将重量小于0.5 kg的光谱仪归为可穿戴系统。本章重点讨论上述三类IMS系统。大型便携式IMS系统归为便携式仪器；而最小型系统则归为可穿戴设备。对于便携式IMS系统，尤其是航空安全等市场，用户可以接受不依赖电池供电的人员便携式设备，因为此类场景（如安检点）需在集中区域实现高通量检测。这些IMS系统有时又叫作台式系统，因为常用于现场分析，所以属于便携式系统。另一方面，最小型IMS探测器的用户对电池的操作要求非常严格。因此，设计和开发手持式和可穿戴IMS系统［例如军方用于检测化学战剂（CWA）和有毒工业化学品（TIC）的IMS系统］时，需投入大量资源以确保系统尽可能轻量化，并能依靠商用AA电池长时间运行。

IMS在筛查是否存在危险化学品——例如炸药、麻醉剂、TIC、CWA和阿片类药物（包括芬太尼类似物）——方面具有显著优势。IMS系统既可以作为主要筛选工具，也与X射线等结合，用于警报排除或正交检测。目标物初筛后使用IMS进一步筛查，这种双层筛选对高通量样本更为适用。IMS适用于现场筛查很大程度上是因为它在部署方面的多功能性以及它在组织的优化运营概念中的易用性。IMS系统受众广泛，但主要用于军事和航空业。

便携式IMS系统最初的发展源于军事上对连续波CWA的检测需求。最早的IMS探测器之一是Intelitec[1]制造的M8A1，美国陆军在1981年对该产品进行标准化规范。M8A1配置了一个与标准M42警报器相连的M43A1离子探测器。图17.1显示了配置的M8A1系统。M43A1使用了^{241}Am α放射性电离源。待测化合物经加热器和过滤器汽化过滤后，随载气进入探测器单元，在电离源的电离作用下发生一系列电离反应并使目标物离子群聚集。离子到达法拉第盘后，离子群所持有的化学信号转换成电信号，并通过监视器监视其电压变化。M43A1探测器距离M42警报器400 m，起到云端预警化学危险品的作用。M8A1警报器已成为美国陆军最重要的化学探测工具，到1987年，已有超过32000个警报器投入使用。在1990～1991年的"沙漠盾牌/沙漠风暴"行动中，美国陆军使用了12000多个M8A1系统作为化学防御的主要探测工具[2-5]。军方持续开发和部署用于CWA、TIC和爆炸物探测的IMS系统。截至2019年，在过去的14年中，Smiths Detection公司提供了约91000台联合化学试剂检测器（JCAD）[6]。

图17.1　美国陆军于1981年标准化的M8A1探测器。来源：图片由美国陆军提供

开发用于探测爆炸物的IMS检测器在航空领域也至关重要。2004年，全世界机场安检站点使用了10000多个IMS爆炸物探测器[7]。如今，此数值持续攀升，因为在过去的25年里，IMS技术已经足够成熟，并符合监管机构中定义明确且不断演变的爆炸物检测标准，这些监管机构包括美国运输安全管理局（TSA）、英国运输部（DFT）、加拿大交通部、欧洲民用航空会议（ECAC）和中国民用航空局（CAAC）。海关、边境管制、惩教设施和执法部门的要求对于开发用于微量毒品检测的IMS检测器以及最近用于检测芬太尼及其类似物的IMS检测器至关重要。关于IMS应用的详细讨论，参见本书应用卷中由Leary和Joshi撰写的第8章。

17.2　离子迁移谱原理

在过去50年，IMS衍生出两种系统：传统IMS系统基于离子本身的迁移率，为物质本身属性，不受电场变化影响；第二种是离子迁移率随电场变化而变化（文献[8]，第1页）。前者系统主要包括漂移管离子迁移谱（DTIMS）和吸入离子迁移谱（AIMS），后者主要以差分迁移谱（DMS）为代表。DMS通常被称为场不对称波形离子迁移谱（FAIMS），也被称作非线性漂移光谱、差分离子迁移谱（DIMS）、场离子光谱和射频离子迁移谱（RF IMS）。在简要讨论AIMS和FAIMS系统后，本章将重点介绍DTIMS。

17.2.1 吸入离子迁移谱

吸入离子迁移谱（AIMS）是应用于大气压条件下样品离子的分离检测技术，平行板上的电场与气流方向垂直，进而离子被推向检测器[9]。含水较高的环境条件下易发生离子化，这会影响电离反应的动力学[10]。水蒸气浓度足够高时，灵敏度可能会受到影响。离子随环境空气进入漂移管。AIMS无需离子门，其分辨率取决于入口孔径尺寸。与DTIMS系统相比，离子实际测量的占空比可以达到100%，信噪比（SNR）显著提高（文献[11]，第128页）。如果切换电场的极性，则可同时检测到正负离子。沿着偏转离子的路径放置法拉第盘离子检测器，以得到信号。利用IMS探测器进行离子检测时，撞击探测器的离子通过法拉第盘转化为电流（文献[11]，155～156页）。当离子群被中和时，对于正离子，电流流向金属法拉第极板；对于负离子，电流反向流动。电场不变的条件下，离子迁移长度与其迁移率成正比。电场固定时，高速离子最先碰撞探测器。由于空间电荷效应和扩散，空间离子分离能力差，导致分辨能力差。这两种影响都可以通过增加流速减小，从而减少离子浓度和缩短迁移时间。但是，由于存在层流，流速有限。

可变离子迁移率相关的峰可能较宽且重叠严重，因此使用模式识别作为检测算法。电离效率与流速有关，因此其灵敏度是可控的[10]。AIMS原理比DTIMS灵敏度较高，但选择性会降低。AIMS系统简单、灵敏度高、成本低且体积小。AIMS仪器的电离源为放射性[241]Am，其工作原理如图17.2所示，并对输出信号进行模式识别。Environics Oy（芬兰）一直是AIMS系统的主要制造商。

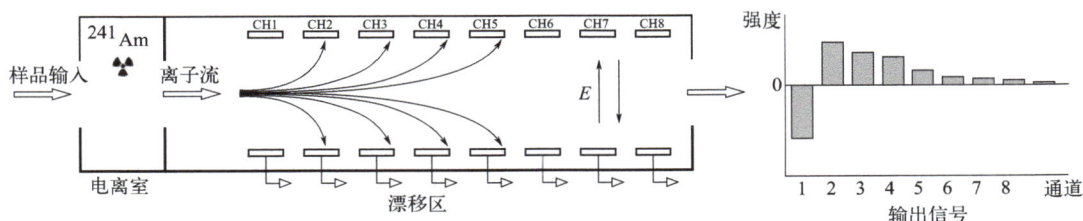

图17.2　AIMS仪器工作原理示意图。来源：Mäkinen et al[10]。版权（2010）归美国化学会所有

17.2.2 非对称场离子迁移谱

非对称场离子迁移谱（FAIMS）利用离子在低场和高场中迁移率的差异达到离子分离的效果。基于离子迁移率进行的分离通常分为低场或高场，具体取决于离子是在碰撞之间获得平移能量（高场）还是达到稳态漂移速度（低场）[12]。Zrodnikov和Davis曾表明，在FAIMS测量过程中，通过在两个电极之间施加非对称波形的射频电场——一个电极接地，另一个电极施加高频交流电（AC）方波——一个周期的波形会产生初始强度较高然后方向相反的低强度的电场。离子在高、低强度区域迁移率不同，因此在波形的每个循环中离子将向其中一个电极产生净位

移，通过施加直流（DC）补偿电压（CV）抵消该净位移。每个CV值允许具有特定差分迁移率的离子通过漂移区到达离子探测器。也可以将CV设置为某一离子特征值以实现离子分离，或者可以将其扫过一定范围以记录样品中存在的所有离子种类的丰度。色散图是用于显示在不同不对称波形振幅下CV扫描的离子丰度的图谱，通常用于显示采样数据[13]。波形的峰值电压称为色散电压（DV）。图17.3为FAIMS操作原理图。

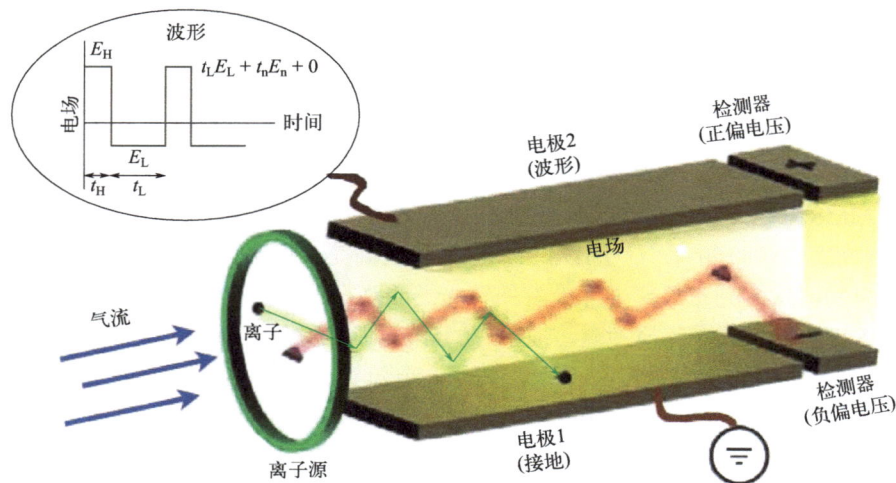

图17.3　FAIMS仪器工作原理示意图。来源：Zrodnikov和Davis[13]。经CC BY 4.0许可

　　FAIMS系统有良好的分离能力，但它们与电场相关的功耗问题一直存在。对于连接到岸上电源的实验室系统来说，高功耗要求不值一提，但不太适合打算使用电池供电的现场仪器。随着小型化、轻量化、手持式DMS系统的发展，功率问题得以解决[14]。过去15年左右，FAIMS一直应用于安全领域的研究，但目前尚未被广泛采用。

17.2.3　漂移管离子迁移谱分析

17.2.3.1　理论

　　IMS可预测和可重复地从中性分析物分子或原子中产生离子，并根据其大小和形状分离这些离子。第一个DTIMS是约50年前即1970年建造的，它为目前在大多数现场使用的系统提供设计基础（文献[15]，96页）。在这种配置中，中性分析物通过载气引入系统并汽化（如果还没有在气相中）。随后将气相分析物引入电离室，通常在存在掺杂剂的情况下使用大气压化学电离（APCI）将其电离。电离是选择性地产生正离子或负离子，这些离子通过离子快门注入漂移管，在大多数商业IMS仪器中离子快门是门控栅格。离子快门开启50~200 μs，然后关闭，根据漂移管极性允许正离子脉冲或负离子脉冲进入漂移管。离子通过缓冲气体沿漂移管行进，漂移管保持恒定的电压和温度。在漂移管中，离子根据其大小、形状和碰撞截面分离，然后使用法拉第板进行检测，测量离子从离子快门移动到检测器所需的时间并用于识别（在特定操作条件下）。图17.4显示了典型DTIMS系统的操作示意图。图17.5显示了IMS频谱。表17.1汇总了目前市场上许多用于威胁分析的商用IMS系统。由于DTIMS的选择性，大多数部署的平台基于DTIMS，它可以实现良好的材料识别和低误报率。

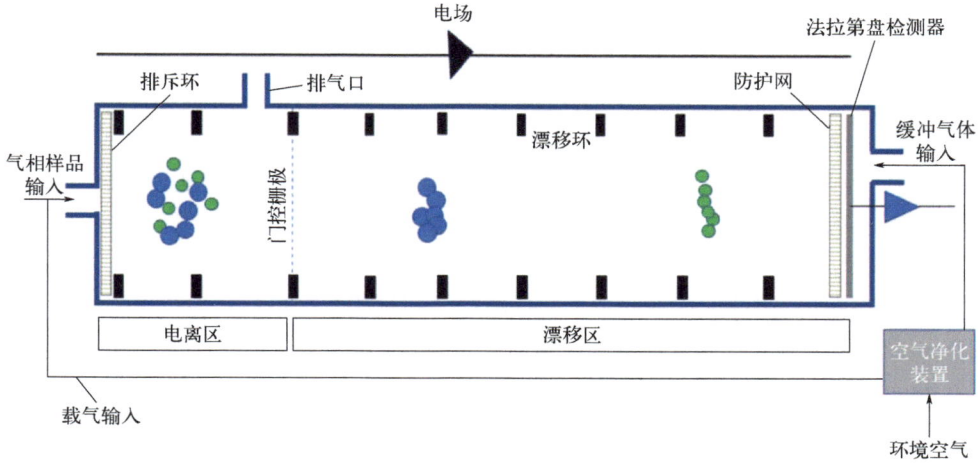

图17.4 漂移管IMS示意图，其中样品通过干净的载流引入

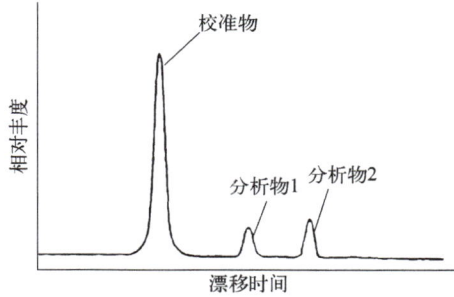

图17.5 IMS双组分样品的光谱

表17.1 按IMS类型和系统权重分类的现场部署IMS系统

IMS类型	供应商	≤1.2 kg	≤3.5 kg	≤6 kg	≤13 kg	≤23 kg
DTIMS	Smiths Detection	LCD3.3[16]	SABRE 5000[17]	GID-3[18]	IONSCAN 600[19]	IONSCAN 500DT [20]
	Rapiscan			Hardened Mobile Trace [21]	Itemiser DX and Itemiser 4DX[22]	
	Leidos				H150 [23]	B220[24]
	Bruker[25]	uRAIDplus	RAID M100 RoadRunner		DE-tector flex	DE-tector
	Nuctech			TR1000DB-A[26]	TR2000DB-A[27]	
AIMS	RAE Systems	ChemRAE①[28]				
	Environics Oy	ChemPro100i[29], ChemProX[30]				
FAIMS	Owlstone Inc.			OwlSens-C[31]	OwlSens-T[32]	
	Chemring Sensors and Electronic Systems	Juno [14]				

① 本产品是Environics ChemPro 100的原始设备制造商版本。
来源：MRIGlobal[33]。

IMS系统影响离子形成和迁移因素众多。电离过程中添加掺杂剂形成稳定的离子络合物或与离子产生弱相互作用，形成的离子大小和形状与离子的分子量（M_W）成正比。然而，IMS信号也从样品平均横截面积中捕获三维结构信息。平均横截面积是离子旋转和振动时扫描体积的函数，它能够分离结构异构体和相同质量的离子（等压离子）。许多小于600原子质量单位（amu）的低分子量化合物质量非常接近，IMS因具有分离等压离子的能力可区分低分子质量相近的化合物。分离的基础是离子与缓冲气体相互作用的结果。因此，缓冲气体的特性会影响离子的有效横截面积，从而能够分离质量相同但横截面积不同的两种离子也就不足为奇了。通常，对于便携式仪器，缓冲气体是通过干燥环境空气和过滤有机材料就地产生的清洁干燥空气。空气的水分含量至关重要，必须通过控制或补偿变化考虑。通常，缓冲气体中的水蒸气含量范围在$1\sim10~\mu g/g$。

现场部署的IMS平台的离子通常是带有正电荷或负电荷的分子离子。向漂移管施加电场，使离子群从电离室通过缓冲气体沿漂移管长度方向移动。缓冲气体通常为大气压下的空气。缓冲气体在足够高的压力（>约1 Torr，对于可现场部署的平台通常处于大气压）下，离子平均自由程很小，因此离子经历多次碰撞并迅速达到恒定速度。离子通过缓冲气体的速度（v）等于漂移管的长度（L）除以离子从栅极移动到检测器所需的时间，为迁移时间（t_d）[公式（17.1）]。

$$v = \frac{L}{t_d} \tag{17.1}$$

离子的迁移速度取决于外加电场强度E及其迁移率常数K。在<约500 V/cm的低场区，即大多数商用DTIMS系统运行的范围，K基本上与E无关，可视为一个常数[34]。迁移率常数K是离子和发生运动的缓冲气体的联合属性。用v除以E定义了离子的迁移率，即单位电场离子的速度[$cm^2/(V\cdot s)$]，离子的迁移速度与电场强度E成正比。

$$K = \frac{v}{E} = \frac{L}{t_d E} \tag{17.2}$$

随着气压的增加，离子与中性空气分子（78% N_2，21% O_2）的碰撞次数增加，离子的迁移率降低。若将空气加热，空气密度降低，流动性增加。因此，约化迁移率K_0用于表征273 K和760 Torr条件下的温度（T）和压力（p）的变化，如公式（17.3）所示。对于一阶反应来说，K_0与温度和压力无关。

$$K_0 = \frac{L}{t_d E} \frac{p}{760} \frac{273}{T} \tag{17.3}$$

当离子穿过漂移管时，它们根据其大小和形状的不同分离。在给定的电场强度下，离子与缓冲气体的碰撞和相互作用的次数越多，其移动速度就越慢。较大的离子移动速度比较小的离子慢。IMS不是测量单个离子的性质，而是测量一组气体离子的性质，这些离子被称为离子群（文献[11]，1页）。离子群是一群迁移率相似的离子，它们以平均迁移率穿过漂移管。有效横截面积与分子量近似成正比，一般情况下，$1/K_0$与分子量相关性很好。图17.6是根据Karpas[35]和Metternich等[36]发表的数据整理而成的，表示$1/K_0$和MW之间的关系。将组合数据集作为序列并对其进行线性回归，得其R^2值为0.9656。由于具有相同分子量的分子可以根据结构具有不同的平均横截面积，这种关系并不完全是一对一的。表17.2表示迁移率与MW成比例，详细说明了不同物质的迁移时间及其K_0、$1/K_0$和M_W。关于离子的大小和形状，在同源系列内存在线性关系的情况下，折合的迁移率常数受离子质量影响。质量相同但官能团不同的离子或官能团相同但不同几何排列（同分异构体）的离子通常表现出不同的 K_0 值，这也反映了离子大小和形状对迁移率的影响[15]。

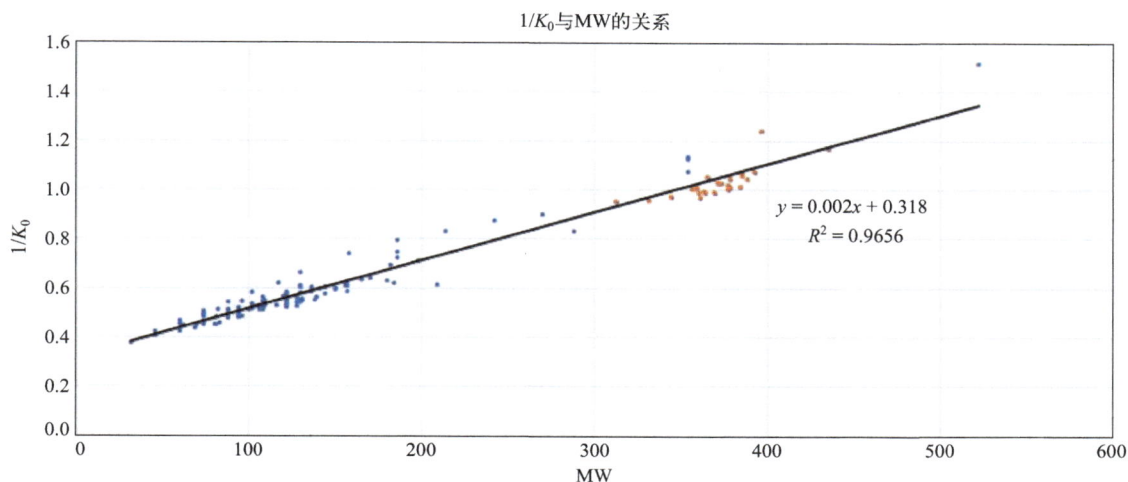

图17.6　此前发布的空气或氮气中脂肪/芳香胺（蓝色）和合成大麻素（橙色）在150～250℃之间的数据，表示 $1/K_0$ 与 M_W 之间的关系，该数据来自先前发布的脂肪/芳香胺（蓝色）和合成大麻素（橙色）在150～250℃之间的空气或氮气中的数据。来源：Karpas[35]；Metternich et al[36]

表17.2　迁移时间与8 cm漂移管的 K_0 值相关，该漂移管的工作环境为200℃常压条件

K_0	$1/K_0$	t_d/ms	MW
2.400	0.4167	7.696	50 ± 8
2.200	0.4545	8.395	69 ± 8
2.000	0.5000	9.235	92 ± 9
1.800	0.5556	10.261	121 ± 10
1.600	0.6250	11.543	156 ± 11
1.400	0.7143	13.192	201 ± 13
1.200	0.8333	15.391	262 ± 15
1.000	1.0000	18.469	346 ± 18
0.800	1.2500	23.087	473 ± 22

在150 µs门通脉冲时，离子群峰的半峰全宽（FWHM）在150～300 µs之间。图17.7显示了3个峰，其 K_0 值分别为1.8000、1.2000、1.000，对应于amu值分别约为121、262、346。峰的FWHM分别为200 µs、250 µs、280 µs。

IMS中迁移率、K 和化学特性之间的确切关系尚不明晰，因此无法根据第一性原理确定离子的预期迁移率。IMS中离子的迁移率与电场强度、压力、温度、缓冲液成分条件有关，而质谱法的质荷比（m/z）与测量条件无关。历史上试图应用流动性的理论，以表明对这些理论进行修改是必要的。流动性理论的历史尝试表明有必要对这些理论进行修改。Langevin最早于1903年提出理论并推导出公式（17.4），在Karasek 1974年的论文《等离子体色谱学》中进行了总结，它是从研究低于常压条件下纯气体中的单原子或双原子离子演变而来的[15,37]。

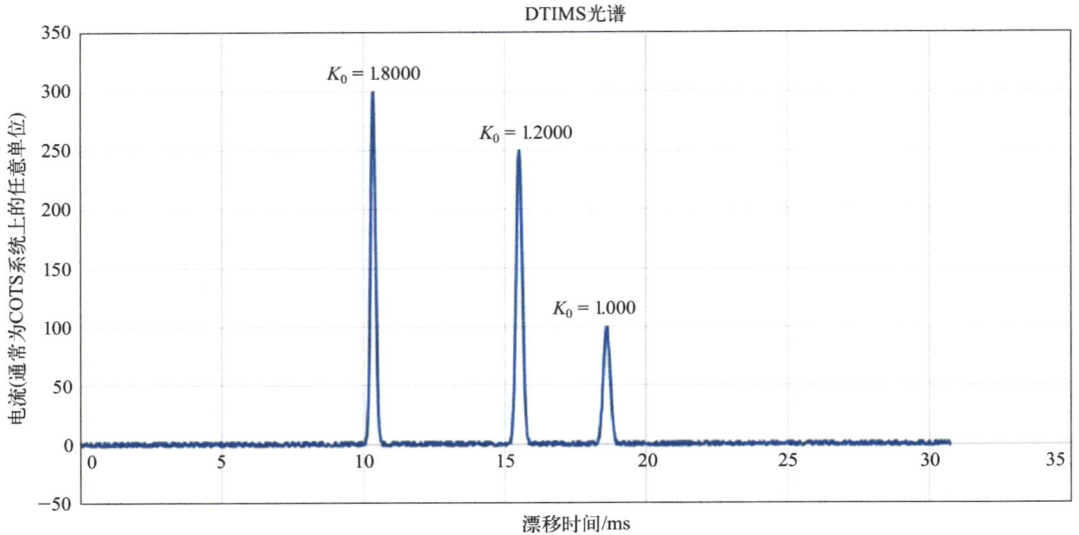

图17.7 K_0值为1.8000、1.2000和1.000的离子的IMS光谱示例

$$K = \frac{3e(2\Pi)^{\frac{1}{2}}(1+\alpha)}{16N(\mu kT_{\text{eff}})^{\frac{1}{2}}\Omega_D(T_{\text{eff}})} \tag{17.4}$$

式中，e为电子电荷；α为校正因子；N为中性气体分子的数密度；μ为折合质量，$1/\mu=1/m+1/M$），其中m是离子的质量、M是中性气体分子的质量；k为玻尔兹曼常数；T_{eff}为基于热能和电场获得的能量的离子有效温度；$\Omega_D(T_{\text{eff}})$为离子的有效横截面，它是T_{eff}的函数。

由于漂移速度对离子群的准确识别很敏感，而这受气体大气组成和温度变化影响，公式（17.4）有其局限性。因此，对于大分子量的有机离子而言，K和Ω_D之间的关系是不准确或不完整的，其中Ω_D受漂移区中的极性分子或水分影响。

目前还没有一个模型可全面阐释可极化气体大气中的离子中性缔合以及温度对Ω_D和K值的影响。大的有机离子中的电荷分布也同样通过形成团簇影响迁移率值。目前的流动性公式将其忽略。因此，公式（17.4）和其他迁移率公式是对大气压下空气中迁移率测量的不完整描述，离子结构、碰撞截面和迁移率在一系列实验条件下的相关性还有待研究完善。

电场强度对迁移率也有影响，迁移率是电场强度E/N的函数（其中N是气体数密度）。IMS系统在常压下运行。因此，对于标准温度和压力下的理想气体，1 atm 和0℃条件下$N\approx2.69\times10^{-19}$ cm^{-3}。E/N的单位为Townsends（Td），1 Td$=10^{-17}$ V·cm^2。这意味着在STP状况下$E=250$ V/cm，$E/N=0.93$ Td。K_0和E/N之间的关系如公式（17.5）（文献[8]，57页）所示。

$$K_0\left(\frac{E}{N}\right) = K_0\left[1+a\left(\frac{E}{N}\right)^2+b\left(\frac{E}{N}\right)^4+c\left(\frac{E}{N}\right)^6+\cdots\right] \tag{17.5}$$

为什么E/N会影响K_0？在临界归一化场强$(E/N)_c$以上，由于离子与中性缓冲气体碰撞产生的能量与缓冲气体的热能相比是不可忽略的，并且不会迅速消散，结果离子的有效温度升高。$(E/N)_c$取决于离子、缓冲气体和缓冲气体的温度。在低场条件下[大多数传统的DTIMS和AIMS系统在此条件下工作（$E<500$ V/cm，$E/N<3$ Td）]，K_0与E和E/N无关。表17.3显示了$E=250$ V/cm时E/N随温度和压力的变化。760 Torr相当于标准大气压，525 Torr相当于10000英尺（3048

m）对应的压强。对于在50℃下运行的IMS，当从海平面上升到10000英尺时，E/N场可以在1.10～1.59 Td之间变化。由于受低场限制，K_0不受影响。

表17.3 E/N（Td）随温度和压力的变化（$E=-250$ V/cm）

温度/℃	760 Torr	525 Torr
0	0.93	1.35
50	1.10	1.59
100	1.27	1.84

在 $(E/N)_c$ 和约100 Td（标准温度和压力下约20000 V/cm）之间，只有 $(E/N)^4$ 以下的项才有意义[38]。在文献中称之为A型、B型、C型。A型表示K_0增加，即离子的有效横截面积减小，这种行为是最常见的，也就是缓冲气体中组分（即水或添加了离子的改性剂）的聚集随着电场强度的增加而减少。B型表示K_0先减小后增加。C型表示K_0降低，即离子的有效横截面积增加。FAIMS系统使用高电场强度和低电场强度下的迁移率差异区分不同类型的离子。现场可部署仪器的设计需要了解K_0如何随漂移管条件变化。表17.4总结了不同操作条件对流动性的影响。

表17.4 条件对DTIMS和FAIMS系统的IMS响应的影响

条 件	DTIMS：低场（<500 V/cm，@1 atm，<3 Td）	FAIMS：分析过程中电场在高场值和低场值之间切换
离子迁移率（K_0）	与E无关	E的函数，可以增加。减少或增加/减少
来自电场的能量	可以忽略不计	不可忽略，导致离子在高场下的有效温度高，可以降低高场下的K_0
中性气体分子（水）的溶剂化作用	增加离子的有效横截面积，从而降低K_0	有助于增加高低电场之间的K_0差异
温度	由于随着漂移管温度的升高空气密度降低，离子的迁移时间减少。如果对集群没有影响，减少的流动性可能会保持不变，在<150℃的较低温度下聚类更为显著	可以影响在高场和低场之间观察到的K_0差异
压力	随着压力降低，离子的迁移时间减少	
离子大小	随着离子尺寸的增加，K_0减小	对于较大的离子，电荷可能离域更多，高场和低场之间的K_0差异可能不会那么大
聚类掺杂剂的影响	离子尺寸增加，由于团簇和加合物形成迁移率下降	离子电荷高度离域以最小化溶剂化效应；发生去簇现象，离子尺寸增加，迁移率增大
与离子形成加合物（如氯化物或硝酸盐加合物的形成）	导致形成新离子，例如RDXCl、RDXNO$_3$，离子尺寸增加，迁移率下降	如果电场强度高到足以从中性分析物中解离加合物，则流动性大大增加。否则，仅观察到流动性的微小变化

17.2.3.2 IMS组件

17.2.3.2.1 示例介绍

IMS分析的样品以蒸气或微观颗粒的形式收集。样品基质可能很复杂，而且大多数商用便携式IMS系统不提供前端分离机制，这样就无法在样品引入IMS系统之前分离目标分析物。因此，在分析过程中，分析物和样品基质都会被引入系统。样品基质有可能影响离子形成和检测结果，并可能对分析物的信号起到增强或抑制作用。为防止这种情况发生，使用掺杂剂控制电离反应，以便形成可重现的、稳定的分析物离子，而不考虑样品基质。在不使用掺杂剂的情况下，缓冲气体中的样品基质或痕量污染物将影响电离反应。幸运的是，与分析过程中遇到的常见情况相比，IMS检测到的大多数常见化学物质都被选择性地优先电离。

样品基质还会对系统造成不必要的污染。热解吸样品的IMS颗粒检测系统通常具有高温进样口和反应区，可防尘并保持装置灵敏度。从系统维护的角度来看，IMS前端的理想设计是将污垢的积累降至最低，并轻松清洗进气口和反应区。这对于航空安全行业中的高通量应用例如检查站和托运行李检查尤其重要。许多用于高通量拭子分析的系统都有内置的自动烘焙程序，这些程序在低使用率期间执行。IMS系统中的预热除气是一个适用于蒸气和粒子检测系统的术语，指的是漂移管和其他系统组件的温度在指定的时间段内升高以允许污染物和其他碎屑挥发并通过系统的过程。预热除气使这些系统在最佳灵敏度下有效工作。

当目标分析物蒸气压适中时，使用蒸气采样进样，使得在采样周期期间将10^{-9}（十亿分之一）级的样品引入系统。为防止过载，某些IMS系统提供了过载时自动关闭采样系统的功能。IMS系统是灵敏度在低10^{-9}范围（低ng～pg范围）的痕量检测器。在样品基质和浓度经常未知的情况下，系统可分析高浓度样品，但可能会使系统过载。精心设计的IMS系统在开发过程中已考虑到这一点。出现此类问题时，在预设周期内会自动停止采样，但IMS分析继续进行。蒸气采样效果较好，通常用于IMS检测及识别CWA和TIC。

对于半挥发性化合物，如毒品和爆炸物，通过擦拭表面收集微量的微观颗粒。拭子基底可以由多种不同的材料制成，这些材料包括纸、棉、NOMEX®、Teflon®涂层玻璃纤维或其他材料。拭子在IMS入口处加热，以驱动样品进入气相进行分析。一些为痕量颗粒采样设计的现代IMS系统使用入口设计复杂的低热质量进气口，这种进气口设计可避免样品拭子接触进样口，以减少污染，防止系统过载甚至降低功率要求。一些系统还提供变温脱附，这有助于优化选择性。

在大多数情况下，对于商用便携式IMS系统，样品流入系统是在环境空气存在的情况下进行的，或者是作为清洁载气中的稀释剂进行的。表17.4揭示了使用清洁载气的单管DTIMS的原理。在这种配置中，环境空气经过干燥和净化，同时用作载气和缓冲气体。如果不控制样品流中的水含量，某些化合物的灵敏度可能会发生变化。

17.2.3.2.2 电离和电离源

（1）电离

所有商用IMS系统都使用基于APCI的软电离过程。当进行APCI时，样品进入电离区，在载气和化学掺杂剂的存在下电离源产生的初级反应物离子选择性地电离样品组分。载气为典型的洁净干燥的空气（H_2O含量$<10 \times 10^{-6}$），由氮气、氧气、CO_2、水蒸气等痕量气体组成。空气中分析物离子的选择性和可重现性对于IMS的成功至关重要[39]。其成功的关键还在于能够在常压下对目标分析物进行分析，而不是优先分析采样环境中的一般干扰物。进入电离室的化学掺杂剂可以通过创造可重复和稳定的分析离子物种和抑制干扰物种的电离控制反应化学。它们也可能用于创建校准峰。

仪器提供可控的电离环境以产生可重现和稳定的离子。在电离过程中，形成的初级反应物离子取决于电离源和载气的组成。随后，产生的分析物离子的类型取决于形成的主要反应物离子的性质和存在的掺杂剂。当然，样本矩阵组件也是该过程的一部分。掺杂化学是仪器设计和方法开发的一个复杂但非常重要的方面[39,40]。通过添加更高质子亲和力的掺杂剂，例如氨[41]、烟酰胺[42]或异丁酰胺[43]，抑制低质子亲和力物质的电离，从而提高选择性，并最大限度地减少误报。添加高电子亲和力的氯化掺杂剂，例如六氯乙烷和二氯甲烷[41]，以产生氯离子，从而创造最有效的离子化学环境。如果不向系统中添加掺杂剂，则产生的反应物离子将不受控制，并且存在于样品的环境背景或气流中。表17.5和表17.6分别展示了正、负离子模式形成的典型离子及其复合物的相关示例。RDX、PETN、TNT、EGDN和DNT都是爆炸性物质。

表17.5 在负离子模式下形成的典型离子

形成基础	简 写	举 例	内 容
游离电荷转移	X^-	Cl^-	
具有反应离子的加合物（通常为Cl^-）	$(M+Cl)^-$	$(RDX+Cl)^-$	添加源掺杂剂
与NO_3^-的加合物	$(M+NO_3)^-$	$(PETN+NO_3)^-$，$(HNO_3+NO_3)^-$	来源通常是环境硝酸盐
与NO_2^-的加合物	$(M+NO_2)^-$	$(RDX+NO_2)^-$	
与O_2^-的加合物	$(M+O_2)^-$	$(RDX+O_2)^-$	通常在硝酸盐和氯化物存在下被抑制
质子抽提	$(M-H)^-$	$(TNT-H)^-$，$(DNT-H)^-$	
二聚体	$(M_2+X)^-$	$(2RDX+Cl)^-$	在较高的漂移管温度下不稳定
分解	NO_3^-	EGDN，NG	

来源：Kozole et al [43]。

表17.6 在正离子模式下形成的典型离子

形成基础	简 写	举 例	内 容
质子化分子	$(M+H)^+$	（可卡因+H）$^+$	质子亲和力
形成加合物	$(M+A)^+$	（塔崩+NH_4）$^+$	
质子结合二聚体	$(2M+H)^+$	（2塔崩+H）$^+$	高温会使二聚体不稳定

来源：Puton and Namieśnik[44]。

掺杂剂除了控制化学反应外，也可以改变电离室中缓冲气体的成分。例如，水蒸气通常不被视为掺杂剂，但它是一种用于改变缓冲气体组成以优化IMS分析的化学物质。

（2）电离源

实际上，2000年之前生产的所有IMS系统都使用放射源，这些放射源在IMS的基础研究中发挥了重要作用（文献[15]，第22～23、38～39页）。常用的^{63}Ni源，在美国由核管理委员会（NRC）监管，在其他国家/地区由类似的国家组织监管。从监管和维护的角度来看，基于等离子体放电、光电离和高能光电离（HEPI）的非放射源已成为更有利的选择。由于在执行IMS时可脱离放射源，无需考虑配置放射性组件。

① 放射源　IMS系统中使用的放射性电离源（例如^{63}Ni和^{241}Am）优势明显。通常，它们是插入反应室的涂层金属箔，简单、稳定、使用寿命长且不需要电源。它们发射高能粒子，例如来自^{63}Ni的β粒子和来自^{241}Am的α粒子。这些发射粒子的动能超过了大多数目标分析物和背景空气成分的电离阈值[45-47]。这些电离源电离效率高，但电离选择性低[39,40,48,49]。

最受青睐的放射性电离源是10 mCi的^{63}Ni作为薄层涂覆在金属（一般为镍或金）条上[50]。^{63}Ni的半衰期约为100年。^{63}Ni发射电子的最大能量为67 keV，平均能量接近17 keV。在离金属表面10～15 mm的常压条件下，^{63}Ni源的能量几乎在空气中耗散。^{63}Ni源在IMS系统中的常见几何形状是圆柱形（文献[15,51]，第137页）。^{241}Am被用作M43A1探测器的电离源，这是最早的便携式IMS系统之一，用于军事行动的CWA检测[4]。它的半衰期约为432年。^{241}Am发射的α粒子能量很高，能量超过5.4 MeV。它们在空气中的有效射程较短，因此适用于小体积源的电离[52]。

在电离过程中，从^{63}Ni源发射的β粒子与空气中的O_2和N_2中性分子发生碰撞，引起电子喷射，并形成由O_2^+、N_2^+和热化电子组成的等离子体（文献[15]，第22～23、38～39页）。^{241}Am源发射粒子时也产生了类似的物质，不同之处在于高能α粒子从大量的O_2和N_2分子中剥离电子，形成沿其行进路径的热化电子等离子体以及N_2^+和O_2^+。

这些主要反应物离子与空气相互作用，产生反应物离子，如下所示：

（a）热化电子与O_2反应生成O_2^-，O_2^-水合为$O_2^-(H_2O)_n$，水合程度取决于温度和水蒸气含量；

（b）产生正离子N_2^+、N_4^+、O_2^+、O_4^+并与水蒸气反应生成H^+和$H^+(H_2O)_n$的水簇（其中$n=1～10$），团簇程度取决于温度和水蒸气水平。

尽管放射源优势明显，但与放射源相关的监管负担较重，这使得人们开始关注非放射性电离源用于IMS系统的发展。

② 非放射源　商用IMS系统中使用的非放射源包括电晕放电（CD）电离源和介质阻挡放电（DBD）电离源以及光电离源。表17.7详细说明了一些可用的便携式系统以及每个系统中使用的不同放射源和非放射源。除了专利文献中提供的信息外，供应商通常不会披露这些非放射源的具体操作细节。下面描述了其中几个例子，重要的是要认识到，在仪器平台之间，根据所使用的初级电离源，性能可能存在或大或小的差异。

表17.7　商用便携式IMS系统中使用的常见电离源

制造商	仪器型号	电离源
全部	多数为2000年之前的仪器	放射性^{63}Ni
Bruker[53]	RAID-M	放射性^{63}Ni
Bruker[54,55]	DE-tector, DE-tector-flex Raid-MNR, RoadRunner	高能光电离（HEPI）
Environics Oy	AIMS platforms	放射性^{241}Am
Leidos	B220	光电离（脉冲紫外离子源、光子电离）[56]
Rapiscan	Itemiser DX	放射性^{63}Ni[57]
Rapiscan	Itemiser 4DX	光电离（氪灯）[56,58]
Smiths Detection	Ionscan 600	介质阻挡放电[56]
Smiths Detection	LCD	脉冲电晕
Smiths Detection	Ionscan 500DT	放射性^{63}Ni

（a）电晕放电　根据定义，电晕放电（CD）是一种气体放电，其将气体电离过程限制在有源电极周围的高场电离区域。要形成电晕放电IMS源，可将尖针或细导线放置在距金属板或放电电极2～8 mm处，尖针和金属板之间的电压差为1～3 kV。在尖针或细导线与相对导体之间的缝隙中放电（文献[15]，第138页）。

CD电离源利用强电场将电子加速到相反的电极。电子与中性气体分子碰撞，沿途射出更多电子，产生O_2^+、N_2^+和热化电子的等离子体。在正离子模式下，这些初级反应物种随后形成与使用放射源（N_2^+、N_4^+、O_2^+、O_4^+）时形成的类似离子的反应物离子以及类似的$H^+(H_2O)_n$水簇[59]。在负离子模式下，由于NO_3^-的形成，电离行为不同于放射源的电离行为（文献[15,60]，第137页）[61]。为了获得与在放射源中观察到的更相似的电离分布，在两个电极之间施加脉冲电压，这会导致离子雪崩（ion avalanche），其能量足以产生分析用量的 $[(H_2O)NO_2]^-$，而不会产生过多NO_2。此外，通过给电晕施加脉冲，电极的寿命以及系统的长期稳定性均得以提升[61]。在商业上，Graseby

Dynamics（现为Smiths Detection）首先提出将CD电离源作为现场部署IMS中的电离源[62]。第一个使用CD电离源的商用IMS系统可能是2002年英国政府的Smiths Detection LCD，随后是2002年美国政府的JCAD（文献[11]，第28页）。CD电离源的缺点包括需要外部电源、会产生组件腐蚀、需要放电维护以及容易形成腐蚀性化学蒸气（例如NO_x和臭氧）。尖针的腐蚀可能会降低稳定性[62]。

（b）介质阻挡放电　介质阻挡放电（DBD）电离源是一种放电电离源，金属电极之间有绝缘（介质）材料，通常由玻璃、石英、陶瓷、珐琅、云母、塑料、硅橡胶或特氟龙制成，间隙$0.1 \sim 10$ mm[63,64]。DBD电离源具有功耗低、寿命长和在常压下工作的特点。基于以上特点，可将DBD电离源插入到IMS的电离区，使之与IMS仪器结合使用。

DBD电离源放电结构中有绝缘介质层，介电势垒可进行自脉冲等离子体操作，从而在常压下形成低温等离子体[64]。DBD电离源放电产生具有高平均动能（$1 \sim 10$ eV）的电子、亚稳态物质和高能光子。DBD电离源的电离分布类似CB电离源，两者进行脉冲等离子体操作后都能减少NO_3^-的产生。DBD电离源的主要分析优势是具有更大且更可控的电离区域。

DBD电离装置可能为平面型或圆柱形配置。对于圆柱形配置，电极之间或电介质表面可产生等离子体。对于平面型配置，电介质表面产生微放电，从而产生比前者更均匀的等离子体源。最近提出了一种基于表面的DBD电离源[65]，图17.8为此DBD电离源示意图，它由涂布介电层的金属线电极和缠绕在涂层金属线电极周围的第二根丝电极组成。电离始于一个短暂高电压脉冲，该脉冲引发等离子体放电。

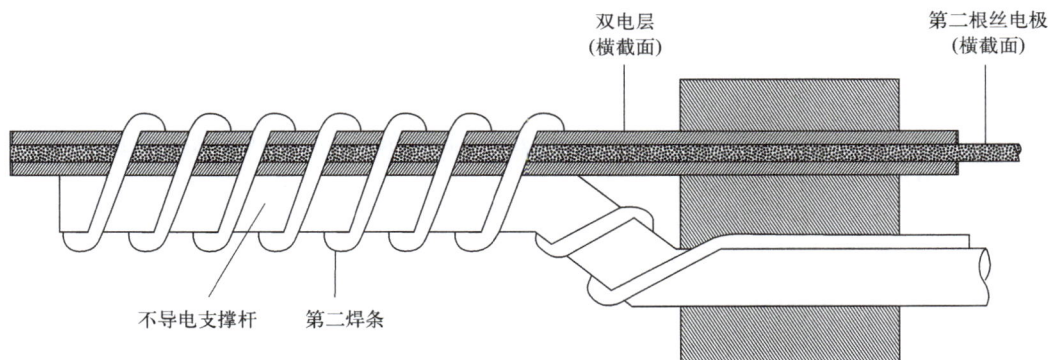

图17.8　DBD电离源原理图。来源：Kubelik et al[65]

（c）光电离　大多数有机分子在$8 \sim 12$ eV（$155 \sim 103$ nm波长）[49]光子范围内的紫外光（UV）下会发生电离。在低压下对有惰性气体存在的灯施加放电会发射光子。气体分子与光子直接作用形成正离子，原理如公式（17.6）所示，其中$h\nu$是光子能量，M是中性分子。

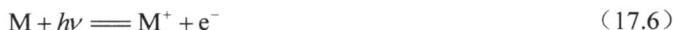

$$M + h\nu = M^+ + e^-　　　　　　　（17.6）$$

填充惰性气体（Ar、Kr、He、Kr或Xe）和窗口材料（LiF、MgF_2、CaF_2或Al_2O_3）决定UV灯的发射波长。含MgF_2窗口的Kr填充紫外灯（10.6 eV，116 nm波长）是最常见的输出最强、寿命最长的灯。Kr灯可电离大多数碳氢化合物、醇、醛、酮和酯（不含氯、氟或溴）。它还可以电离所有的胺和硫化物[66]。对于与载气的其他成分相比比例较小的分析物，直接电离的可能性非常低。因此，为了提高分子的电离效率，可以使用光致电离掺杂剂，如甲苯或丙酮。Rapiscan Itemiser 4DX使用苯甲醚作为光电离掺杂剂，在正离子模式下产生M^+或MH^+反应离子，在负离子模式下产生低能电子。UV灯照射金属表面，光电效应使其释放低能电子。UV灯的主要优点是体积小、操作简单和可商业化。其缺点是使用寿命短，例如 Itemizer 4DX 中 Kr 紫外灯的使用寿命为 3 个月[67]。这些灯每穿过 1.5 mm 的洁净空气会损失 50% 的强度[68]。

17.2.3.2.3　离子注入

在商用 DTIMS 系统中，研究人员利用栅格离子快门进行离子注入。目前离子门控为两个间隔很近的线栅，这两个线栅横跨电离区和漂移管之间的横截面。如果线栅位于同一平面，则这种类型的离子快门称为 Bradbury-Nielson（BN）门；如果线栅位于不同平面，则称为 Tyndall-Powel（TP）门。用于制造 BN 栅极和 TP 栅极的导线直径通常小于 100 μm，导线间距约为 1 mm。对于 TP 门，这个距离指的是相邻平面中距离最近的导线距离。TP 门通常用于商业设备，因为它们坚固耐用且易于制造、价格低廉。

栅极脉冲会影响系统性能。在栅极上施加电场梯度，在穿过门控栅格的离子上产生正交力，通过控制电场打开或关闭栅极。在关闭状态下，场梯度强到可使离子撞击门控栅格；在打开状态下，离子穿过栅极进入漂移区。选通脉冲是影响离子峰 FWHM 的主要因素，这将在本章后面的 17.2.3.3.2 "分辨力、分辨率、占空比和叠加扫描" 部分进行讨论。除了对 FWHM 的影响外，随着离子迁移率的降低，栅极打开和关闭的时间也尤为重要，因为移动最慢的离子需要在栅极关闭前通过。栅极脉冲宽度低于 100 μs 时，可能出现问题。对于峰值迁移率为 0.5～2.5 cm²/(V·s) 之间的常规栅极，栅极脉冲应为 100 μs 或更大。否则，迁移率较低的离子将被滤除，导致离子信号变弱[69]。通常情况下，在 100～300 ms 之间，栅极开关频率为 15～30 ms 一次，最终只有约 1% 的离子被注入漂移管。对于连续注入离子的 AIMS 和 FAIMS 系统，理论上可以 100% 注入离子，这取决于入口孔的设计。

17.2.3.2.4　漂移管

漂移管是 IMS 最重要的部分，离子在此发生分离。IMS 系统的漂移管内电场分布均匀[70]。离子在载气存在的情况下进入漂移管，商业仪器中载气通常为清洁干燥的空气。此外，在设计合理的 DTIMS 系统中，清洁干燥的空气逆流进入靠近检测器的漂移区末端，以提供逆流漂移气体，确保电离中的中性分子不会进入漂移管。在将空气引入 IMS 前，先对其进行清洁，以去除挥发性有机物，并使水蒸气含量降至约 1～10 μg/g。控制空气质量对于确保可靠的离子形成和流动性非常重要。空气净化是便携式系统的关键发展领域之一，我们将在后文讨论。漂移管内也可以使用其他载气，例如氮气、氦气或氩气，但要配备加压罐，这对于现场便携式系统来说是不可取的。漂移管由一系列环形电极构成，产生 200～300 V/cm 之间的均匀磁场。环形电极的位置决定电场均匀性。环形电极距离越近、数量越多，电场越均匀。电场的均匀性很重要，因为不均匀的电场就像散焦透镜，会降低分辨率。根据公式（17.7）[71]，离子的迁移率取决于电场电压。公式（17.7）给出了离子迁移率 K、漂移管长度 L、电场梯度 E 和测量迁移时间 t_d 之间的关系。这种关系也可以用漂移管两端的外加电压（V）表示。

$$K = \frac{L}{Et_d} = \frac{L^2}{Vt_d} \tag{17.7}$$

一般漂移管长度为 10 cm 或更短。漂移管越短，则需要越快的离子快门和放大器才能保证合理的分离能力。通常，大多数商用仪器的漂移管长度在 4～10 cm 之间，迁移时间在 2～20 ms 之间。现场便携式设备测得的离子质量为 30～500 amu，迁移率为 2.5～0.8 cm²/(V·s)。表 17.2 显示了在 200℃、门控脉冲约 150 μs 时，8 cm 漂移管的 K_0 值在 2.4～0.8 cm²/(V·s) 之间的预期迁移时间。

17.2.3.2.5　防护栅

防护栅靠近法拉第盘探测器，其施加电势使得防护栅和探测器之间的场梯度远高于漂移管场梯度。防护栅需要将接近的离子群与法拉第盘电容解耦。如果没有防护栅，在离子群与法拉第盘探测器接触前法拉第盘上会感应出电流，从而导致在短迁移时间侧出现拖尾的非高斯峰。防护栅使得离子迅速加速游动，最大限度减少拖尾影响，从而形成高斯峰形。

17.2.3.2.6　离子探测器——法拉第盘

漂移管末端的离子探测器是决定IMS整体灵敏度的关键部件，它在便携式IMS系统中称为法拉第盘。因为系统在常压下运行，所以使用法拉第盘，而非法拉第杯。探测器将气相离子群转换成电信号，提供时间和振幅信息。为了确保尖峰和正确形成的峰，在法拉第极盘之前放置一个保护栅格，施加电势以快速加速离子到极板，防止电容充电导致的峰展宽。

离子迁移谱是电流与时间的函数图。典型的IMS峰的FWHM值在100～500 μs之间。法拉第盘具有快速的上升时间（通常小于10 μs）和快速的恢复频率，可使峰展宽最小化。法拉第盘检测到的离子电流大约为几纳安。约翰逊噪声（约1×10^{-12} A，25℃）会限制200 μs宽的典型IMS峰的检测。对于单次扫描，100个离子到达检测器才能生成信号（文献[15]，155～158页）。如果在漂移管外径附近的电场不均匀，法拉第盘的直径会影响峰宽。使用直径小于漂移管的法拉第盘探测器可解决这一问题。在以上情况下，需要设置合适的信号和分辨率，以使其性能达到最佳[70]。

法拉第盘设计精巧，使用寿命长，而且无维护问题。一些IMS系统会加热法拉第盘，以保证中和离子得到去除。否则，样品会逐渐热解吸并释放半挥发性物质，从而凝结在探测器上，降低灵敏度。设计人员会着重优化法拉第盘相关的前置放大器电子器件，以降低电子噪声，并消除高频噪声。此外，电子或数据处理引入的任何时间延迟可能会人为地增加测量的迁移时间。

17.2.3.2.7　气流和空气净化系统

IMS内的关键气流是漂移流、样品流和排气流。漂移流方向应与漂移管中的离子流方向相反，以防止电离区的中性粒子进入漂移管。中性粒子进入漂移管，会发生离子聚集，导致迁移时间变化。样品流动介质必须清洁和干燥，以防止离子聚集，并产生稳定的迁移时间。排气流的作用是从反应区中去除未电离的样品。

排气流主要为清洁干燥的空气，系统吸入环境空气并在内部清洁干燥。使用环境空气不需要气体附件，这种现场部署功能较受欢迎。然而，保持系统气流清洁和干燥也是一项挑战。中高性能的IMS系统通常要求含水量<10×10^{-6}。环境空气中的水蒸气含量可在（1000～40000）×10^{-6}之间变化（在-20～50℃时，水蒸气含量为0.02～36 g/m³）。

研究人员使用多种方法清洁和干燥空气。小型手持系统采用一次性分子筛包，这种分子筛包需要定期更换，由于功率限制，目前不能用再生式空气净化装置。由于在采样期间水蒸气会进入系统，可以通过减少采样期间进入系统的外部空气量或使用循环气体延长一次性筛网的使用寿命。研究人员在进气口装配薄渗透膜使样品通过，以最大限度地减少水蒸气进入。然而，膜的存在会延长样品进入时间，并阻止某些物质进入系统。Smiths Detection开发了一种替代方法限制样品含水量。在他们的LCD手持式IMS系统中，小体积的样品蒸气脉冲通过针孔被拉入IMS系统（文献[11]，第48～49页）。

大型系统最初使用木炭和Drierite干燥剂清洁和干燥环境空气。热电冷却器或Nafion™干燥系统对空气进行预干燥可延长干燥材料的寿命。小型再生式空气净化系统应运而生。典型的可再生系统有两个筛塔，它们可以交替运行，以提供清洁空气和实现筛塔再生。这适用于全天候使用的检查站系统，例如航空安全系统。可再生空气净化系统还可以减少水蒸气水平波动以减小检测窗口宽度，从而提高系统性能。

17.2.3.2.8　脱气

IMS 系统是痕量检测系统，必须确保用于构建这些系统的所有组件的洁净程度为痕量级。否则，挥发性干扰物会从这些组件中脱气，从而影响漂移管中的电离过程和离子相互作用，引入痕量污染，影响性能。痕量检测系统需要清洁各组件，包括洗涤、烘烤和测试，以防发生污染物脱气而降低检测性能。仪器制造商开发的清洁工艺是大规模生产便携式系统所需的关键核心能力。

17.2.3.3　灵敏值

17.2.3.3.1　IMS 峰值、峰值窗口、校准和信息参量

IMS 峰值通常呈高斯形状，迁移时间与其最大振幅相关。一个峰的 FWHM、基宽（ΔW）和标准偏差（σ）如图 17.9 所示。在数据采集过程中，根据仪器的数字化速率对模拟信号进行数字化处理。图 17.9 中以跨峰的离散点表示其数字化。仪器可以通过以下两种方式估计峰位：①使用最大振幅处的数字化点或基于此最大值周围的点插值最大值；②拟合峰值。拟合峰值通常会生成更准确的峰值位置。每个仪器制造商都使用专有方法确定峰值位置。

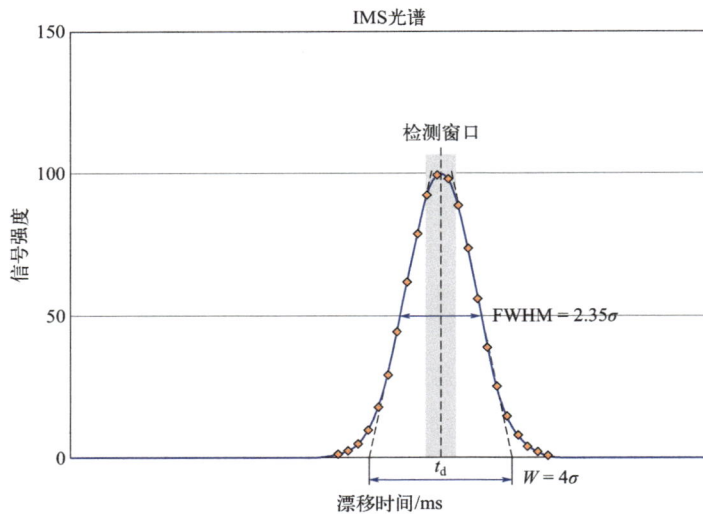

图17.9　IMS 峰特征，包括迁移时间（t_d）、FWHM、σ、峰宽（W）检测窗口和数字化点

分析物峰的预期峰位由 K_0 值确定。对于 DTIMS 系统，可以使用两种方法将其转换为漂移时空。在方法 1 中，系统实时测量 E、p 和 T，并使用公式计算预期迁移时间［公式（17.8）］。L 表示漂移长度（cm），p 表示压力（Torr），T 表示温度（K），$t_d(\text{analyte})$ 表示分析物的迁移时间，$K_0(\text{analyte})$ 表示分析物的迁移率，E 表示电场强度。

方法 1：

$$t_d\left(\text{analyte}\right) = \frac{L}{K_0\left(\text{analyte}\right)E}\frac{p}{760}\frac{273}{T} \qquad (17.8)$$

峰迁移时间的不确定性源于传感器的精度和准确度以及与漂移管相关的微小变化。请注意，此等式适用于 p 值发生较大改变、低场极限中的 E 变化以及较小温度变化范围的条件。如果漂移温度不固定且依赖周围环境（$-20\sim50$ ℃），则检测库会将其计入上式所使用的 K_0 值以预测预期的离子峰迁移时间。这种方法已被一些对精度要求较低的小型手持平台广泛使用。

使用定义的 K_0 和测量迁移时间的内校准物这一方法更为精确，此方法不需要测量 T、p 和 E。公式（17.9）可用于预测分析物峰的预期位置。t_d(calibrant) 表示校准物的测量迁移时间，K_0(calibrant) 表示校准物已知的约化迁移率，K_0(analyte) 是分析物峰的已知约化迁移率，t_d(analyte) 表示分析物的预期位置。

方法2：

$$t_d(\text{analyte}) = \frac{K_0(\text{calibrant})}{K_0(\text{analyte})} t_d(\text{calibrant})\tag{17.9}$$

使用外部或内部校准物质产生校准峰可补偿制造仪器（漂移管长度、电场、温度）和常压影响之间的微小差异。有关使用的一些内部校准器的列表请参见 Kaur-Atwal 等[72]，这些校准物的特定使用人群为相关制造商。使用此方法时必须考虑校准频率。运行模式包括两种：实时运行与非实时运行。其中非实时运行可能每5～15 min 或更长时间校准一次。选择的间隔取决于 p、T 和 E 中的漂移量，并保证检测窗口可检测到相关变化。

检测平台测得的 K_0 值与实验室测得的 K_0 值可能存在差异。如果应用检测平台中校准物的 K_0 值与学术文献不同，则差异更明显。现场测定仪器的 K_0 值无需校正，并可通过文献值将仪器的 K_0 标度转换为文献校正的 K_0 标度，见公式（17.10）。

$$K_0(\text{corrected}) = K_0(\text{vender}) \times K_0(\text{TNT} - \text{literature}) / K_0(\text{TNT} - \text{vender})\tag{17.10}$$

峰位一旦确定，将测量到的漂移时间与检测库中峰值的预期漂移时间进行比较。所有仪器都可能出现时间的漂移，这种可变性是在测量峰位时产生的。这种不确定性通常是通过在一系列条件下的峰值特征实验确定的，例如该仪器将在现场操作的不同负载水平和环境条件下。这种可变性通常是通过在一系列条件下（例如在不同的负载水平和野外条件）的峰特征实验确定的。除了单个仪器的可变性外，在校准和检测算法中还必须考虑单位间的可变性。这可以通过两种方式实现：第一种方法是在制造校准阶段或后续服务期间优化校准；其二，通过略微扩大检测窗口考虑仪器之间的可变性。我们首选方法二，因为这意味着可以将通用检测算法加载到每台仪器中，并且不需要额外的单元校准。它还使该领域的库扩展变得更加容易。

然后使用确定的可变性定义检测窗口宽度，如图17.9所示。可变性还取决于仪器设计。虽然人们试图减少开发过程中的可变性以确保影响迁移时间的关键参数的变化最小，但可变性是不可避免的。IMS 峰的迁移时间是漂移管温度、压力、电场和水蒸气含量的函数。如果测得的峰值位置在检测窗口内，则满足第一个峰值警报标准。检测窗口宽度影响仪器的错误率性能，误码率性能与检测窗口大小成一阶比。它还会影响唯一识别具有相似 K_0 值的化合物的能力。对于典型的恒温商用系统，预期检测窗口宽度在 $\pm(25\sim75)$ μs 或大约 $\pm0.001K_0$ 范围内。如果漂移管温度不稳定，则检测窗口可能明显变大。警报标准还与其他峰值特性包括幅度和宽度有关。

另一种有助于建立系统性能的衡量标准是信息参量[73]。IMS 的信息参量与系统误报率和识别特定分析物的能力相关。扫描周期的信息参量可以通过扫描周期除以与分析物峰位置相关的平均检测窗口宽度测量。若 IMS 系统具有 20 ms 的扫描周期和 0.100 ms 的典型峰值窗口宽度，则信息参量为 20/0.1=200。如果系统同时在正负离子模式下进行监测，则整体信息参量为 400。信息参量与误报率呈负相关，即信息参量越高，误报率越低。信息参量也是衡量系统专属性识别的重要指标。

17.2.3.3.2　分辨力、分辨率、占空比和叠加扫描

DTIMS 的分辨率 R_p 为单峰迁移时间（t_d）与 FWHM 的比率[74]。

$$R_{\mathrm{p}} = \frac{t_{\mathrm{d}}}{\mathrm{FWHM}} \tag{17.11}$$

如何测量迁移时间已在上文中做出叙述，现对 FWHM 测量进行阐述。公式（17.12）表示离子群的 FWHM，其中 t_g 是门控脉冲宽度，t_{diff} 是扩散增宽[74]。扩散增宽是温度的函数，见公式（17.13）[74]，其中 q 是离子电荷，方程假设离子群峰呈高斯形状。

$$\mathrm{FWHM} = \sqrt{t_{\mathrm{g}}^2 + t_{\mathrm{diff}}^2} \tag{17.12}$$

$$t_{\mathrm{diff}} = \left(\frac{16kT\ln 2}{Vq}\right)^{\frac{1}{2}} \qquad t_{\mathrm{d}} = \left(\frac{16kT\ln 2}{Vq}\right)^{\frac{1}{2}} \frac{L^2}{KV} \tag{17.13}$$

由公式可得：FWHM 由选通脉冲宽度决定，扩散增宽由温度、电场强度和漂移管长度决定。强峰的库伦排斥（空间电荷）和电场不均匀性可能影响迁移时间或扩散增宽，从而影响离子的 FWHM。对于漂移管长度 3～10 cm、电场强度 200～300 V/cm 范围内的大多数现场便携式离子监测仪器，脉冲宽度为 100～300 μs，分辨率为 20～60[75]。减小选通脉冲宽度可以提高分辨能力，但会降低信号。因此，高灵敏度和高空间分辨率不可兼得。通常，选通脉冲为 200 μs。比较仪器的分辨能力时，应保证 K_0 值相似。分辨力越高，仪器分辨两个紧密相邻的峰的能力就越高。当扫描复杂光谱时，仪器检测结果存在假阴性。（注：在文献中，往往会混淆分辨力和分辨率这两个术语，有时分辨力也被称为分辨率。）

IMS 的分辨率（R）表示迁移时间为 t_1 和 t_2、峰宽为 w_1 和 w_2 的两个峰的分离能力，见公式（17.14）。当检测有迁移时间的其他峰时，分辨率可最大限度地减少假阴性。有一些数学工具可用于对紧密重叠的峰进行反卷积，其可能会产生伪影。

$$R = \frac{2(t_2 - t_1)}{w_1 + w_2} \tag{17.14}$$

DTIMS 系统的扫描周期是栅极两次开启监测信号的间隔时间。扫描周期包括检测库中的迁移率范围，这是检测物质在预期操作环境条件下迁移率的特征。若离子的 MW 小于 500 amu（$K_0 \approx 0.80$），则表 17.1 中列出的 DTIMS 系统扫描周期为约 23 ms。为提高 SNR，可以合并扫描。合并扫描时，信号随着合并扫描次数 n 的增加而增加，另一方面噪声作为 n 的平方根的函数而增加。表 17.8 表示预期的 SNR 改善是叠加扫描次数的函数。通常在方法开发期间确定获得最佳结果所需的叠加扫描次数。因此，收集光谱所需的时间等于扫描周期乘以叠加扫描次数。总分析时间等于此值乘以测量期间收集的光谱数。例如，扫描周期为 23 ms、叠加扫描次数为 20 次时，测得 IMS 频谱为 460 ms。此外，如果总分析时间为 10 s，可测得约 22 个平均光谱，而且每个光谱持续 0.46 s。为了加快处理速度，通常将检测算法应用于 IMS 光谱，而不是单个扫描。

表17.8 通过叠加扫描提高预期的信噪比

叠加扫描次数	1	2	4	16	32	100	256
信噪比（S/N）提升值	1.0	1.4	2.0	4.0	5.7	10.0	16.0

DTIMS 系统的占空比是选通脉冲与扫描周期的比值。典型的选通脉冲宽度为 0.200 ms。如果扫描周期为 23 ms，则占空比为约 1%。栅极打开时，离子被注入漂移管；栅极关闭时，反应中产生的离子在撞击关闭的栅极时被中和。从 DTIMS 系统的实用角度来看，98%～99%的离子被弃去。对于 AIMS 和 DIMS，100%的离子被注入分析仪，因此 SNR 可以提高多达 50（文献[11]，128页）。

17.2.3.3.3　验证和灵敏度测试

现场 IMS 系统通常会提供一个测试样本，称为验证样本或置信度测试样本。系统配置不同则测试样本不同，通常用于确定以下条件：①将样本送入系统电离室所需的组件是否正常运行；②系统是否已校准；③检测算法应用正确，系统按预期发出警报。验证样本应不同于校准样本，以确保正确校准系统。

17.2.3.3.4　灵敏度、检测限和报警限

IMS 灵敏度由许多因素决定，包括样品引入效率、样品电离效率、选通效率、离子通过漂移管的传输效率以及离子转换为电子信号的到达时间的函数。样品基质也会影响灵敏度。IMS 平台评估灵敏度的品质因数通常有两个：①检测限（LOD），即基线加 3 倍仪器噪声；②报警限（LOA），即基线加 10 倍仪器噪声。如果化学噪声背景值较高，则 LOA 可能会设置得更高。为了最大限度地减少误报，IMS 平台通常在 LOA 而不是 LOD 设置的检测库中进行操作。

17.2.3.3.5　电池装配

便携式系统的电池寿命由其尺寸和重量决定，小而轻的系统寿命长于大而重的系统。通常通过工程设计减少耗电元件。可佩戴的小型手持探测器预期电池寿命为约 75 h。对于手持系统，预期寿命为 4 h，虽然便携式光谱仪经常需要热插拔电池，但这不是 IMS 系统的关键问题。一些现代台式系统可通过电池供电持续运行 1 h。由于 IMS 系统运行环境为大气压，与其他痕量检测器（例如质谱仪）相比，前者电池寿命长，后者耗电且真空泵维护困难。

17.3　当前的创新和未来的方向

IMS 的现状和未来发展集中在几个领域内。发展应着眼于增加单次分析样本量，并且使用可快速切换极性的现代系统。正负离子检测水平尤为重要，在许多情况下需要筛选同时产生正离子和负离子的物质，例如标准军用和商用爆炸物通常在负模式下检测。然而，近年来许多自制炸药，如 HMTD、TATP、CWA 和 TIC 等，都是在正模式下检测到的。许多神经毒剂产生正离子，而芥子气等起泡剂会产生负离子。此时具备同时筛选不同类型离子的能力就显得尤为重要。

同时检测正负离子方法有以下两种：①极性转换。极性转换一直以来速度较慢（约10 s）[76]。反应区和漂移区的电场快速稳定也是一项挑战，目前已解决了大多数稳定问题。2001 年，Rapiscan（原 GE Ion Track）开发了一种快速切换极性的 IMS，它以 20 Hz 频率切换漂移管，以检

测正负离子[77]。最近，IMS 系统可达到1～2 ms的稳定时段[78]。② 使用两个漂移管，其可针对不同操作模式优化漂移管温度或其他操作条件。单个样本进入系统并分正负模式运行。如 Smiths Detection 500DT（DT是双管的首字母缩写）。该产品约从2005年起投放市场，虽然它仍然是一种可行的痕量检测系统且性能良好，价格低廉、小型轻便的低功耗系统似乎更胜一筹。

IMS 系统的发展离不开检测算法的改进。检测库大小随着威胁范围的不断扩大而不断扩大，这些系统需要保持或降低误警率，并将联合警报（coalarm）降至最低。当检测库存在两个不同的威胁时，会发生联合警报，但其中一个威胁的存在也可能会导致联合警报。迄今为止，已经基于峰值发现和/或逻辑的使用开发了非常稳健的检测算法，这些算法可以与使用可变温度解吸曲线的样品的解吸时间相结合。通常，系统的检测算法会查看峰的位置、宽度、振幅和解吸曲线，以生成警报。某些分析物可能会产生多个离子峰，这有助于减少假阳性。但是，峰形、解吸曲线和模式等与常见干扰相关的信息无法轻易使用。使用人工智能（AI）或许有所助益，但目前商用较少。

其他创新着眼于提高分辨率和减小漂移管尺寸。2013年，Kirk 等[79]发表了一篇论文，他们在具有短门控脉冲的漂移管中增加电场强度以减少扩散增宽。本文从其他角度认识IMS基本方程，提出了一种操作IMS的非常规方法，表明可以开发能够比大型实验室系统获得更好分辨率的短漂移管系统。

本章作者采用与IMS相关的经典方程研究3种不同方案，以确定IMS性能可以进一步改进。表17.9 显示了对传统IMS配置、更高分辨率的IMS配置和具有正常分辨率的较短漂移管配置的预测结果。考察了K_0值1.54对TNT峰值的影响。

表17.9 改变电场和选通脉冲对DTIMS性能的影响 ●

项　目	变　量	方案一[①]［常规（正常）分辨率］	方案二[①]（更高分辨率）	方案三[①]具有正常分辨率的较短漂移管
IMS 条件(t=40℃，p = 760 Torr)	E/(V/cm)	250	2000	825
	(E/N)/Td	1.06	8.5	3.5
	漂移管长度/cm	5	5	2
	门控脉冲/μs	200	5	20
K_0 为1.54 ms时的 IMS 峰值	迁移时间/ms	11.328	1.416	1.133
	扩散展宽/μs	175	7.75	13.8
	FWHM/μs	266	9.22	24.0
	分辨力	43	153	46
	分辨率(在 R=1.0时完全分辨紧密空间峰所需的K_0差异)	0.064	0.017	0.059
对联合扫描次数的影响	K_0=0.6 ms时的最大扫描周期	21.81	2.726	2.181
	信号：最大联合扫描次数为0.50 s	18	147	183
	噪声：扫描次数的平方根	4.3	12.1	13.5
	SNR 增长值[②]	1	2.83	3.16

① 计算基于t = 40℃，p=760 Torr。
② 归一化为1。

在方案一中，漂移管长度为5 cm、门控脉冲为200 μs、K_0为1.54时的TNT峰迁移时间为11.328 ms，FWHM为266 μs。根据公式（17.12），FWHM是门控脉冲和扩散增宽的函数，两者具有可比性。系统分辨力为43、差异大于$0.064K_0$的峰可以完全分离，其扫描周期为22 ms。可在0.5 s内合并18次扫描，以提高SNR。

在方案二中，电场从250 V/cm增至2000 V/cm，门控脉冲从200 μs降至5 μs，系统分辨率随之增大。由于电场更强，TNT峰位从11.328 ms移至1.416 ms，E/N从1.06增至8.5 Td，超过低场限值。总FWHM为9.22 ms，分辨力随之增长4倍，从43升至153。分辨率也提高至4左右。此时，ΔK_0值大于0.017的峰可以完全分离。这将有助于提高识别能力，并减少假阴性。凭借2.7 ms的更短扫描周期，可以在0.5 s内叠加147次扫描，这将传统系统的SNR提高了2.83倍。

在方案三中，漂移管长度减少60%时仍能保持与传统系统相同的性能。漂移管由5 cm到2 cm，电场强度从250 V/cm到825 V/cm，门控脉冲从200 μs到20 μs。由于较高的电场和较短的漂移管长度，TNT峰值位置从11.328 ms移至1.133 ms。E/N从1.05 Td增至3.5 Td。TNT峰的整体FWHM为24 μs，分辨率为46。分辨率与传统方案相似，但系统性能更佳。在2.1 ms的较短扫描周期下，可合并183次扫描，与传统系统相比SNR提高了3.16倍。

创新源泉的另一个重要方向是离子修饰。质谱裂解离子以获得有关分析物的额外维度信息，从而改善识别并减少误报。IMS很难在大气压下裂解离子。DMS在金属栅间施加高场，可以将高场插入到IMS的反应区域或漂移管的一部分。离子修饰和场诱导碎裂（FIF）等术语已用于描述此方法的结果。常压下的离子在>100 Td（约14000 V/cm）的高频电场中可发生碎裂[80]。Smiths Detection描述了将离子修饰与IMS漂移管相结合的方法[81]。Gary Eiceman团队[80]已经证明了醇的键断裂和乙酸酯的六元环重排的能力。现如今，使用电喷雾电离或衍生化等方法电离无法以其他方式解吸并引入系统的高熔点化合物，这一研究也成为新兴领域。

17.4　结论

IMS作为一种强大的分析技术，几十年来一直应用于CWA、TIC、毒品和爆炸物威胁的分析。这些系统具有分析时间短、用户界面简洁及对特征警报敏感等特点。系统装配简单，可在常压下运行，使用环境空气作为载气和缓冲气。IMS系统在军方和航空安全领域应用广泛，并且在其他领域也有应用。近来，气相JCAD IMS系统已成功用于分析固体和液体[82]，其能更好地解决军事和其他安全专家面临的威胁清单。目前，可以使用轻型电池供电系统进行双离子模式分析。对该技术的当前创新和未来方向的回顾表明，它们将继续发展，以满足不断变化的威胁检测需求。

缩略语

AC	alternating current	交流电
AI	artificial intelligence	人工智能
AIMS	aspiration ion mobility spectrometry	吸入离子迁移谱
amu	atomic mass units	原子质量单位
APCI	atmospheric pressure chemical ionization	大气压化学电离
CAAC	Civil Aviation Administration of China	中国民用航空局
CD	corona discharge	电晕放电
CV	compensation voltage	补偿电压

CWA	chemical warfare agent	化学战剂
DBD	dielectric barrier discharge	介质阻挡放电
DC	direct current	直流电
DFT	Department for Transport in the United Kingdom	英国运输部
DIMS	differential ion mobility spectrometry	差分离子迁移谱
DMS	differential mobility spectrometry	差分迁移谱
DNT	dinitrotoluene	二硝基甲苯
DTIMS	drift-tube ion mobility Spectrometry	漂移管离子迁移谱
DV	dispersion voltage	色散电压
ECAC	European Civil Aviation Conference	欧洲民用航空会议
EGDN	ethylene glycol dinitrate	乙二醇二硝酸酯
FAIMS	field asymmetric ion mobility spectrometry	非对称场离子迁移谱
FIF	field-induced fragmentation	场诱导碎裂
FWHM	full width at half maximum	半峰全宽
HEPI	high-energy photoionization	高能光电离
HMTD	hexamethylene triperoxide diamine	六亚甲基三过氧化二胺
IMS	ion mobility spectrometry	离子迁移率光谱
JCAD	joint chemical agent detector	联合化学试剂检测器
LOA	limit of alarm	报警限
LOD	limit of detection	检测限
MW	molecular weight	分子量
NG	nitroglycerin	硝化甘油
NRC	Nuclear Regulatory Commission	（美国）核管理委员会
PETN	pentaerythritol tetranitrate	季戊四醇四硝酸酯
RDX	hexogen	黑索今
RF IMS	radio frequency ion mobility spectrometry	射频离子迁移谱
SNR	signal to noise ratio	信噪比
STP	standard temperature and pressure	标准温度和压力
SWaP	size, weight, and power	尺寸、重量和功耗
TATP	triacetone triperoxide	三过氧化三丙酮
TIC	toxic industrial chemical	有毒工业化学品
TNT	trinitrotoluene	三硝基甲苯
TSA	Transportation Security Administration	（美国）运输安全管理局
UV	ultraviolet	紫外光

符号

α	校正系数
^{241}Am	镅-241 放射性电离源
E	电场
$(E/N)_c$	临界归一化场强
e	电子电荷

Hz	赫兹
hv	光子能量
K	迁移率常数
K_0	迁移率降低值
k	玻尔兹曼常数
L	漂移管长度
mCi	毫居里
N	中性气体分子的数密度
^{63}Ni	镍-63放射性电离源
p	压力
q	离子电荷
R	分辨率
R^2	决定系数
R_p	分辨力
T	温度
Td	CGS单位
T_{eff}	基于热能和电场获得的能量的离子的有效温度
t_d	迁移时间
t_{diff}	扩散增宽
t_g	门控脉冲宽度
t_1	分析物1迁移时间［公式（17.14）］
t_2	分析物2迁移时间［公式（17.14）］
v	速度
ΔW	基区宽度
w_1	分析物1峰宽［公式（17.14）］
w_2	分析物2峰宽［公式（17.14）］
μ	折合质量（$1/\mu=1/m+1/M$），其中 m 是离子的质量，M 是中性气体分子的质量
σ	标准偏差
$\Omega_D(T_{eff})$	离子的有效横截面积是 T_{eff} 的函数

参考文献

[1] Fatah, A.A., Barrett, J.A., Arcilesi, R.D. Jr., et al. (2000). *Guide for the Selection of Chemical Agent and Toxic Industry Material Detection Equipment for Emergency First Responders*, B1. Rockville: National Law Enforcement and Corrections Technology Center.

[2] Smart, J. (2009). *History of U.S. Army Research & Development, Chemical and Biological Detectors, Alarms, and Warning Systems*. Aberdeen Proving Ground: U.S. Army Research, Development and Engineering Command.

[3] Preparedness Directorate Office of Grants and Training (2007). *Guide for the Selection of Chemical Detection Equipment for Emergency First Responders*, 3rde. United States Department of Homeland Security.

[4] Headquarters Department of the Army (1982. Change 2). *Technical Manual 43-0001-26-1, Change 2, 30 Deember 1985. Army Equipment Data Sheets: Chemical Defense Equipment*, 1-3. Headquarters, Department of the Army.

[5] Office of the Special Assistant for Chemical Biological Defense & Chemical Demilitarization Programs (2006). *Department of Defense Chemical and Biological Defense Program Annual Report to Congress*, A3-A4. United States Department of Defense.

[6] Galford, C. (2019). Smiths Detection Named Developer of DOD's Next Chemical Agent Detector. *Homeland Preparedness News* (16 January 2019).

[7] Eiceman, G.A. and Stone, J.A. (2004). Ion mobility spectrometers in national defense. *Analytical Chemistry* 76: 390A–397A.

[8] Shvartsburg, A.A. (2008). *Differential Ion Mobility Spectrometry: Nonlinear Ion Transport and Fundamentals of FAIMS*. CRC Press, Taylor & Francis Group 9781420051063, 1420051067.

[9] Utriainen, M., Kärpänolga, E., and Paakkanen, H. (2003). Combining miniaturized ion mobility spectrometer and metal oxide gas sensor for the fast detection of toxic chemical vapors. *Sensors and Actuators B: Chemical* 93 (1–3): 17–24.

[10] Mäkinen, M.A., Anttalainen, O.A., and Sillanpää, M.E.T. (2010). Ion mobility spectrometry and its applications in detection of chemical warfare agents. *Analytical Chemistry* 82 (23): 9594–9600.

[11] Eiceman, G.A., Zarpas, Z., and Hill, H.H. Jr., (2014). *Ion Mobility Spectrometry*, 3ee. Boca Raton: CRC Press, Taylor & Francis Group. ISBN: 978-1-4398-5997-1.

[12] McDaniel, E.W. and Mason, E.A. (1973). *Mobility and Diffusion of Ions in Gases*, 372. John Wiley & Sons, Inc.

[13] Zrodnikov, Y. and Davis, C.E. (2012). The highs and lows of FAIMS: predictions and future trends for high field asymmetric waveform ion mobility spectrometry. *Journal of Nancomedicine & Nanotechnology* 3: e109.

[14] Chemring Sensors & Electronic Systems (2018). Juno point trace vapor detection of CWA and TICs. *Chemrimg Sensors & Electronic Systems* [Online]. www.chemring.co.uk/~/media/Files/C/Chemring-V3/documents/ sensors/datasheet-junomar-2018.pdf.

[15] Eiceman, G.A. and Karpas, Z. (2005). *Ion Mobility Spectrometry*, 2e. Boca Raton: CRC Press, Taylor & Francis Group. ISBN: 978-0-8493-2247-1.

[16] Smiths Detection (2017). Technical Information, LCD 3.3, Compact Wearable CWA Identifier and TIC Detector. *LCD 3.3 Person Worn CWA and TIC Detector* [Online]. https://www.smithsdetection.com/products/lcd-3-3 (accessed 26 December 2018).

[17] Smiths Detection (2012). Technical Information SABRE 5000 Handheld Trace Detector for Explosives, Chemical Agents and Toxic Industrial Chemicals or Narcotics. *Smith Detection* (28 November) [Online]. https://www .smithsdetection.com/ products/sabre-5000 (accessed 26 September 2019).

[18] Smiths Detection (2011). GID-3 Chemical Warfare Agent Detector. *Smith Detection* (15 August) [Online]. https://www. smithsdetection.com/products/gid-3 (accessed 30 April 2020).

[19] Smiths Detection (2017). *Technical Information – IONSCAN 600 Explosives and Narcotics Trace Detector*. Hemel Hempstead: Smiths Detection.

[20] Smiths Detection (2011). *IONSCAN 500DT Explosives and Narcotics Trace Detection*. *Smith Detection* (15 February) [Online]. https://www.smithsdetection.com/products/ionscan-500dt-2 (accessed 8 August 2013).

[21] MRIGlobal (2018). CBRNE Tech Index Hardened Mobile Trace. *CBRNE Tech Index* [Online]. https://www. cbrnetechindex. com/p/3330/Morpho-Detection-Inc/Hardened-MobileTrace-HMT (accessed 30 April 2020).

[22] MRIGlobal. CBRNE Tech Index Itemiser DX Series. *CBRNE Tech Index* [Online]. https://www.cbrnetechindex.com/ Print/3332/rapiscan-systems/itemiser-dx-series (accessed 30 April 2020).

[23] MRIGlobal (2018). CBRNE Tech Index H150 and H150E Handheld Trace Detectors. *CBRNE Tech Index*[Online]. https:// www.cbrnetechindex.com/p/6177/L3Harris/H150-and-H150E-Handheld-Trace-Detectors(accessed 30 April 2020).

[24] MRIGlobal (2018). CBRNE Tech Index B220 Series. *CBRNE Tech Index* [Online]. https://www.cbrnetechindex.com/P/6179/ L3Harris/B220-Series (accessed 30 April 2020).

[25] MRIGlobal (2018). CBRNE Tech Index Bruker IMS Compare. *CBRNE Tech Index* [Online]. https://www. cbrnetechindex. com/Compare (accessed 30 April 2020).

[26] Nuctech Company Limited (2011). TR1000DB-A Handheld Explosives and Narcotics Trace Detector. *Nuctech*[Online]. http://www.nuctech.com/en/SitePages/ThDetailPage.aspx?nk=PAS&k=BHFCEF&pk=FGAFHB(accessed 30 April 2020).

[27] Nuctech Company Limited (2017). Nuctech TR2000DB-A Desktop Explosives and Narcotics Trace Detector. *PT. Ekacitra Bumikarya* [Online]. http://ekacitra.com/brosur/NUCTECH%20TR2000DB-A.pdf (accessed 3 May2020).

[28] RAE Systems. ChemRAE Chemical Warfare Agent Detection. *RAE Systems* [Online]. https://www.raesystems. com/sites/

default/files/content/resource/FeedsEnclosure-ChemRAE_US_DS.pdf (accessed 29 April 2020).

[29] Environics Oy (2019). ChemPro100i Handheld Chemical Detector. *Environics Oy* [Online]. https://www. environics.fi/wp-content/uploads/2020/01/US_ChemPro100i-Handheld-Chemical-Detector.pdf (accessed 29 April 2020).

[30] Environics Oy (2019). ChemProX New Generation Handheld Chemical Detector. *Environics Oy* [Online]. https://www. environics.fi/wp-content/uploads/2020/01/ChemProX_new_generation_handheld_chemical_detector-2.pdf (accessed 29 April 2020).

[31] Owlstone Inc (2017). OwlSens-C - Advanced Chemical Detector. *Owlstone Inc* [Online]. https://www.owlstoneinc.com/ media/uploads/files/OwlsensC_Slick_2017_FINAL.pdf (accessed 29 April 2020).

[32] Owlstone Inc (2017). OwlSens-T - Advanced Chemical Sensing. *Owlstone Inc* [Online]. https://www.owlstoneinc.com/ media/uploads/files/OwlSensT_TIC_Slick_2017_FINAL.pdf (accessed 29 April 2020).

[33] MRIGlobal. CBRNE Tech Index: ChemRAE. CBRNE Tech Index [Online]. https://www.cbrnetechindex.com/Print/3422/rae-systems-inc/chemrae (accessed 3 May 2020).

[34] Prox, T., Prieto, M., Bryant, J. and Yost, R.A. (2012). Partial Ovoidal FAIMS Electrode. 8,237,118 B2. USA.

[35] Karpas, Z. (1989). Ion mobility of aliphatic and aromatic amines. *Analytical Chemistry* 61: 684–689.

[36] Metternich, S., Zörntlein, S., Schönberger, T., and Huhn, C. (2019). Ion mobility spectrometry as a fast screening tool for synthetic cannabinoids to uncover drug trafficking in jail via herbal mixtures, paper, food, and cosmetics. *Drug Test Analyst* 11 (6): 833–846.

[37] Karasek, F.W. (1974). Plasma chromatography. *Analytical Chemistry* 46: 710A–720A.

[38] Shvartsburg, A.A., Li, F., Tang, K., and Smith, R.D. (2006). High-resolution field asymmetric waveform ion mobility spectrometry using new planar geometry analyzers. *Analytical Chemistry* 78 (11): 3706–3714.

[39] Puton, J., Nousiainen, M., and Sillanpää, M. (2008). Ion mobility spectrometers with doped gases. *Talanta* 76(5): 978–987.

[40] Waraksa, E., Perycz, U., Namieśnik, J. et al. (2016). Dopants and gas modifiers in ion mobility spectrometry. *TrAC Trends in Analytical Chemistry* 82: 237–249.

[41] Kozole, J. et al. (2012). Characterizing the gas phase ion chemistry of an ion trap mobility spectrometry based explosive trace detector using a tandem mass spectrometer. *Talanta* 99: 799–810.

[42] Keller, T. et al. (2006). Application of ion mobility spectrometry in cases of forensic interest. *Forensic Science International* 161 (2–3): 130–140.

[43] Kozole, J. et al. (2015). Gas phase ion chemistry of an ion mobility spectrometry based explosive trace detecor elucidated by tandem mass spectrometry. *Talanta* 140: 10–19.

[44] Puton, J. and Namieśnik, J. (2016). Ion mobility spectrometry: current status and application for chemical warfare agents detection. *TrAC Trends in Analytical Chemistry* 85 (Part B): 10–20.

[45] Karasek, F.W. and Denney, D.W. (1974). Role of nitric oxide in positive reactant ions in plasma chromatography. *Analytical Chemistry* 46 (6): 633–637.

[46] Spangler, G.E. and Lawless, P.A. (1978). Ionization of nitrotoluene compounds in negative ion plasma chromatography. *Analytical Chemistry* 50 (7): 884–892.

[47] Spangler, G.E. and Collins, C.I. (1975). Reactant ions in negative ion plasma chromatography. *Analytical Chemistry* 47 (3): 393–402.

[48] Kim, S.H., Karasek, F.W., and Rokushika, S. (1978). Plasma chromatography with ammonium reactant ions. *Analytical Chemistry* 50 (1): 152–155.

[49] Chuang, C., Dandan, J., and Haiyang, L. (2019). UV photoionization ion mobility spectrometry: fundamentals and applications. *Analytica Chimica Acta* 1077: 1–13.

[50] Simmonds, P.G., Fenimore, D.C., Pettitt, B.C. et al. (1967). Design of a nickel-63 electron absorption detector and analytical significance of high-temperature operation. *Analytical Chemistry* 39 (12): 1428–1433.

[51] Siegel, M.W. (1983). Rate equations for prediction and optimization of chemical ionizer sensitivity. *International Journal of Mass Spectrometry and Ion Physics* 46: 325–328.

[52] Paakanen, H. (2001). About the applications of IMCELLTM MGD-1 detectors. *International Journal of Ion Mobility*

Spectrometry 4: 136–139.

[53] Bruker Daltronics (2016). Chemical Threat Mitigation, Compact of CWA/TIC Detector: Bruker μRAIDplus. *Bruker* [Online]. https://www.bruker.com/fileadmin/user_upload/8-PDF-Docs/CBRNE_Detection/Literature/1815859_uRAIDplus.pdf (accessed 3 May 2020).

[54] Bruker Daltronics (2015). Explosives Trace Detection, Explosives Threat Mitigation: Bruker RoadRunner. *Bruker*[Online]. https://www.opecsystems.com/persistent/catalogue_files/products/brukerroadrunnerbrochure.pdf(accessed 3 May 2020).

[55] Bruker Daltronics (2017). Explosives Trace Detection, Explosives Threat Mitigation: Bruker DE-tector flex. *Bruker* [Online]. https://www.bruker.com/fileadmin/user_upload/8-PDF-Docs/CBRNE_Detection/Literature/1854797_DE-tector_flex_ brochure.pdf (accessed 3 May 2020).

[56] Verkouteren, M. and Lawrence, J. (2017). IMS Measurements and Preliminary Peak Assignments for Trace Explosives in non-RAD ETDs. *Trace Explosives Detection* (*TED*) *Workshop*. Santa Fe, NM.

[57] United States Regulatory Commission (2014). License Number 20-023904-01E. *Nuclear Materials License, NRC Form 274*.

[58] Smiths, N., McLain, D., and Steeb, J. (2017). *Ion Mobility Spectrometer Field Test, Results from the Former New Brunswick Facility*. Argonne National Laboratory.

[59] Dzidic, I., Carroll, D.I., Stillwell, R.N., and Horning, E.C. (1976). Comparison of positive ions formed in nickel-63 and corona discharge ion sources using nitrogen, argon, isobutane, ammonia and nitric oxide as reagents in atmospheric pressure ionization mass spectrometry. *Analytical Chemistry* 48 (12): 1763–1768.

[60] Tabrizi, M., Khayamian, T., and Taj, N. (2000). Design and optimization of a corona discharge ionization source for ion mobility spectrometry. *Review of Scientific Instruments* 71 (6): 2321–2328.

[61] Hill, C.A. and Thomas, C.L.P. (2003). A pulsed corona discharge switchable high resolution ion mobility spectrometer-mass spectrometer. Analyst 128: 55–60.

[62] Turner, R.B., Taylor, S.J., Clark, A. and Arnold, P.D. (2001). Corona Discharge Ion Source for Analytical Instruments. 6,225,623, USA.

[63] Hu, J., Li, W., Zheng, C., and Hou, X. (2011). Dielectric barrier discharge in analytical spectrometry. *Applied Spectroscopy Reviews* 46 (5): 368–387.

[64] Brandenburg, R. (2018). Dielectric barrier discharges: progress on plasma sources and on the understanding of regimes and single filaments. *Plasma Sources Science and Technology* 26 (5): 1–29.

[65] Kubelik, I., Feldberg, S., Atamanchuk, B., et al. (2017). Dielectric Barrier Discharge Ionization Source for Spectrometry. 9,778,224 B2 USA.

[66] TSI Incorporated (2013). Photoionization Detection (PID) Technology, Application Note TSI-147 Rev B. *TSI Incorporated* [Online]. https://www.tsi.com/getmedia/e6812861-60a7-4dee-82a7-09b1ea9f734c/TSI-147_Photo_Ionization_Detection_ Technology?ext=.pdf (accessed 1 May 2020).

[67] TSA Trace (2020). Product Accessory Kit, with Lamps and Dopants, Itemiser 4DX. *TSA Trace* [Online]. https://www. tsatrace.com/Product-Accessory-Kit-with-Lamps-and-Dopants-Itemiser-4DX_p_87.html (accessed 3 May 2020).

[68] Nazarov, E.G., Miller, R.A., Eiceman, G.A., and Stone, J.A. (2006). Miniature differential mobility spectrometry using atmospheric pressure photoionization. *Analytical Chemistry* 78 (13): 4553–4563.

[69] Kirk, A.T. and Zimmermann, S. (2014). Bradbury-Nielsen vs. field switching shutters for high resolution drift tube ion mobility spectrometers. *International Journal of Ion Mobility Spectrometry* 17: 131–137.

[70] Soppart, O. and Baumbach, J.I. (2000). Comparison of electric fields within drift tubes for ion mobility spectrometry. *Measurement Science and Technology* 11 (10): 1473–1479.

[71] Davis, E.J., Grows, K.F., Siems, W.F., and Hill, H.H. Jr., (2012). Improved ion mobility resolving power with increased buffer gas pressure. *Analytical Chemistry* 84 (11): 4858–4865.

[72] Kaur-Atwal, G., O'Connor, G., Aksenov, A.A. et al. (2009). Chemical standards for ion mobility spectrometry: a review. *International Journal of Ion Mobility Spectrometry* 12: 1–14.

[73] Committee on Assessment of Security Technologies for Transportation (2004). *Opportunities to Improve Airport Passenger Screening with Mass Spectrometry*. Washington, DC: National Research Council of The National Academies.

[74] Siems, W.F., Wu, C., Tarver, E.E. et al. (1994). Measuring the resolving power of ion mobility spectrometers. *Analytical Chemistry* 66 (23): 4195–4201.

[75] Cottingham, K. (2003). Product review: ion mobility spectrometry rediscovered. *Analytical Chemistry* 75 (19): 435A–439A.

[76] Jenkins, A. and McGann, W.J. (2004). Enhancements to Ion Mobility Spectrometers. 6,765,198 B2 USA.

[77] McGann, W.J., Geodecke, K., Neves, J., and Jenkins, A. (2001). Simultaneous, dual mode IMS system for contraband detection and identification. *International Journal of Ion Mobility Spectrometry*: 144–147.

[78] Zaleski, H., et al. (2017). Fast-Switching Dual-Polarity Ion Mobility Spectrometry. 9,709,530 B2 USA.

[79] Kirk, A.T., Allers, M. et al. (2013). A compact high resolution ion mobility spectrometer for fast trace gas analysis. *Analyst* 138 (18): 5159–5504.

[80] Shokri, H. et al. (2020). Field induced fragmentation (Fif) spectra of oxygen containing volatile organic compounds with reactive stage tandem ion mobility spectrometry and functional group classification by neural network analysis. *Analytical Chemistry* 92 (8): 5862–5870.

[81] Atkinson, J.R., Clark, A., Taylor, S.J., and Munro, W.A. (2011). Detection Apparatus. 7,932,489 B2 USA.

[82] Smiths Detection Inc. (2018). *Smiths Detection Inc. to Develop Enhanced Chemical Explosives Detection Capability for United States Department of Defense*. Edgewood, MD: Smiths Detection.

18

手持X射线荧光仪器的 X射线源

Sterling Cornaby

Moxtek Inc., Orem, UT, USA

18.1　背景

　　X射线荧光（X-ray fluorescence, XRF）可识别样品中的元素，并对每种元素的含量进行定量分析，其浓度检测范围可从百分比到百万分比。便携式或手持式X射线荧光仪（handheld X-ray fluorescence, HHXRF）的主要优点是可将仪器运送到样品处，而不是将样品运送到仪器处[1]。便携性已被证明是一个非常大的优势，2004~2020年HHXRF市场的快速增长印证了这一点。下面仅举几个例子，如HHXRF可被运送到矿山进行现场采矿调查，可直接用于废旧金属分拣场，也可带到家庭中测试油漆中的铅含量。微型、轻量级X射线源的开发是推动XRF光谱技术从实验室转移到现场应用的关键环节。HHXRF仪器中的X射线源很小，长度约为15 cm，重量约为300 g，而且功耗低，耗电量为5~10 W[2]。此外，所有HHXRF仪器都有单元件能量色散（energy-dispersive, ED）探测器，如硅漂移探测器（silicon drift detector, SDD）或PIN（p-type-intrinsic-n-type, p型本征n型）二极管。这些小型部件的特性共同决定了HHXRF仪器的便携性——可由电池供电，尺寸与手持式无线电钻相近。其中，X射线管不仅需体积小巧、功耗低，还需具备足够的耐用性，以承受现场使用中可能出现的跌落冲击与极端温度环境（见图18.1）。正是这些约束条件，造就了如今的微型X射线源；此处所定义的"X射线源"，由微型X射线

图18.1　透射窗（右）和侧窗（左）管。管体为陶瓷材质；阴极和阳极组件是金属合金。来源：Moxtek, Inc.

管与微型高压电源（high voltage power supply，HVPS）组合构成。小型 X 射线源的技术进步，是 HHXRF 得以实现的主要推力。

在 2004 年之前，由于放射性同位素体积小、重量轻，并且其单色辐射的能量能够激发大多数感兴趣的材料的 K 线，因此在 HHXRF 仪器中使用放射性同位素[3,4]。然而，由于各国对放射性物质的操作与运输存在严格法规限制，基于放射性同位素的 HHXRF 技术的应用受到了极大制约。

1999 年，Moxtek 公司在美国国家航空航天局（NASA）小企业创新研究计划（SBIR）的资助下，研发出首批基于微型 X 射线管的 X 射线源；该研发项目旨在为火星探测任务中的 CHEMIN XRD/XRF 仪器提供技术支持[5]。此后数年，这项技术逐步发展为适用于 HHXRF 仪器的 X 射线源。与放射性同位素相比，基于微型 X 射线管的射线源具有显著优势：由于这类源的辐射可主动开启与关闭，相关法律限制大幅减少；此外，其通量输出水平可调节（以最大化探测器接收的信号），且高压（high voltage，HV）参数可调整（有助于改变元素检测范围）。

2004 ~ 2020 年，HHXRF 市场的快速增长，对 X 射线源的量产提出了需求。在 21 世纪的第二个十年，全球对微型 X 射线源的需求量已达到每年 10000 台以上，远超台式及实验室用分析型 XRF 仪器的市场规模。在市场需求的驱动下，HHXRF 仪器被应用于废料场、矿山、沙漠、高山及极地等场景，且操作人员多为非 XRF 技术专业人士。

从研发初期开始，业界就一直存在减小 X 射线管与高压电源（HVPS）体积和重量的需求。图 18.2 展示了 2001 年至 2013 年间，微型 X 射线源在体积和重量上的减小趋势，同时也展现了其高压（HV）与功率的提升过程。约从 2015 年至今，微型 X 射线源的体积基本保持稳定，当前技术发展的重心已转向性能优化。

年份	重量	电压和电流	射线管功率
2001	763 g	35 kV 100 μA	3.5 W
2004	320 g	40 kV 100 μA	4 W
2006	533 g	50 kV 200 μA	10 W
2009	335 g	50 kV 200 μA	4 W
2012	250 g	50 kV 200 μA	4 W
2013	750 g	70 kV 1000 μA	12 W

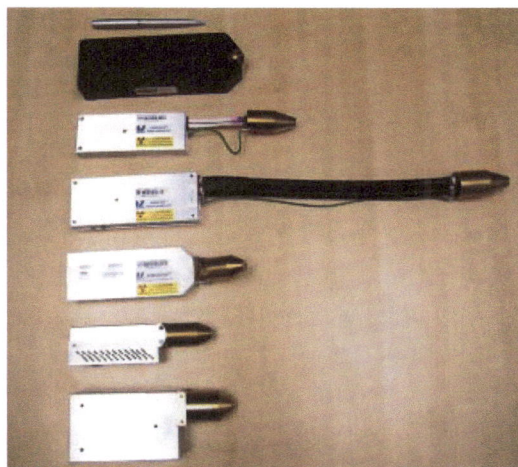

图18.2　2001~2013年 X 射线源重量和尺寸的减少以及从有线设计到单片设计的转变。图像顶部的笔作为尺寸参考。来源：Moxtek, Inc.

在过去五年中，HHXRF 仪器制造商追求的一项关键优化目标，是实现光谱一致性的 X 射线源。具备光谱一致性的 X 射线源，意味着在仪器中更换射线源时，无需对仪器进行其他调整。例如，MOXI™ 系列射线源在不同手持仪器间产生的 XRF 光谱完全一致，仪器只需要最少的校准，甚至无需重新校准。这使得仪器中的 X 射线源可直接替换，省去了仪器校准步骤。HHXRF 仪器制造商对这一优势需求迫切，因为它能降低生产复杂度（减少校准所需时间），同时缩短仪器的维修时长。这一点将在 18.4.5 节中详细探讨。

18.2 微型X射线源

X射线源由微型X射线管和微型HVPS组成。有时HVPS也被称为发电机。图18.3给出了X射线管和HVPS的主要部件示意图。接下来的两个部分将介绍X射线管和HVPS。在最后一节，将介绍一些关于微型X射线源的具体例子。

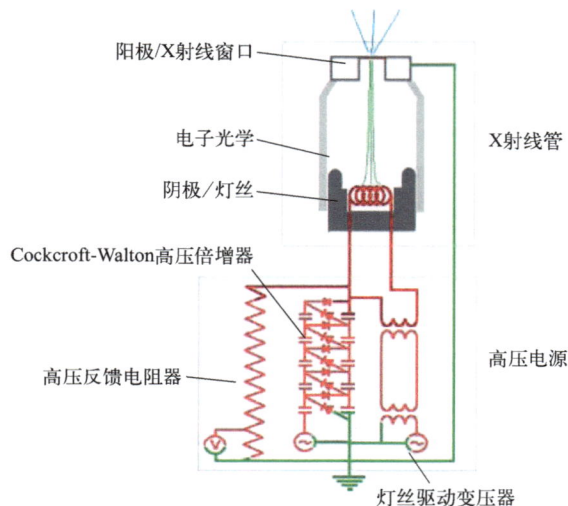

图中标注：
- 阳极/X射线窗口
- 电子光学
- 阴极/灯丝
- Cockcroft-Walton高压倍增器
- 高压反馈电阻器
- X射线管
- 高压电源
- 灯丝驱动变压器

图18.3 标记了所有主要部件的X射线源示意图

18.2.1 X射线管

HHXRF中使用的微型X射线管大致沿用了William Coolidge发明的经典热阴极管设计[6]，其主要区别在于通过使用先进的材料和加工方法实现了极小的尺寸（图18.1）。该X射线管包含三个关键部分：提供电子源的钨丝阴极、用于电子减速并产生X射线的阳极靶、以及将电子束引导到阳极的无源电子光学器件。

微型管的一些重要方面包括：

- 一种非常小的灯丝，只需少量的输入功率便可将灯丝加热到1800℃左右。在便携式仪器中，需要低功率灯丝延长电池的工作时间。

- 陶瓷/金属真空外壳，比玻璃真空外壳更坚固。当仪器在现场使用且遇到机械和热冲击时，该外壳有助于防止仪器出现射线管破裂现象。

- 设计"简单二极管"或单极X射线管时，允许使用单个可变高压运行X射线管。没有其他组件，如用于打开和关闭射线管或操纵电子束的"门"，这在许多X射线管上相当常见[6]。被动电子光学设计具有挑战性，并且仅通过对管的金属部件进行塑造即可实现。被动电子光学器件需要在4～70 kV的大范围电压内工作，并且要在没有主动反馈的情况下将电子束束缚到阳极几乎相同的位置和尺寸处。所有这些努力都简化了X射线管和HVPS，使得整个X射线源可以更小。

- 最流行的"透射窗"设计将管的阳极和管的X射线窗组合在同一部分。铍窗口（通常厚度为 100～250 μm）涂有一层薄薄的、约 1　μm 的所需阳极材料。阳极层厚度的细节在很大程度上取决于应用的需要。这便允许了更近的源到样本的距离，是 HHXRF 中微型 X 射线源的关键参数。

所有的这些努力促使了一个非常小且耐用的微型 X 射线管的产生，其非常适合 HHXRF。

从功能上讲，X 射线管发射 X 射线，电子束撞击阳极，会产生两种常见的相互作用：轫致辐射和电子束诱导的特征 X 射线辐射[7-11]。轫致辐射也称为"制动"辐射，是由撞击电子与原子核的相互作用引起的。当电子接近原子时，它会受到原子周围的强电场的影响发生偏转且有可能停止运动，这种电子的减速产生了轫致辐射。这种宽带辐射在较高的 X 射线能量下会产生较少的光子，在管的高压设置（以 kV 为单位）下，轫致辐射 X 射线的强度接近零（以 keV 为单位）。

特征辐射是基于撞击电子与原子周围的电子相互作用。Kossel[8-11]、Moseley[12,13] 和 Barkla[14] 为产生特征 X 射线的量子理论奠定了理论和实验基础。对于诱导的特征辐射，高能电子可通过将电子从内原子壳层中移出来电离原子。来自外壳的电子可能会落入壳层空位，之后从原子中发射另一个电子或光子，而光子是 X 射线管所需的反应。X 射线的能量取决于参与这一过程的壳层的能级，因此是目标材料的"特征"。

在没有 X 射线过滤器和真空飞行路径的情况下，来自两种不同材料的 X 射线光谱显示了轫致辐射和电子诱导的特征辐射，如图 18.4 所示。而为了针对特定的 XRF 应用定制光谱，可改变管上的高压设置，或者在阳极前放置各种过滤器，用于过滤射线源中的低能量 X 射线，这将在下文中进行更详细的描述。

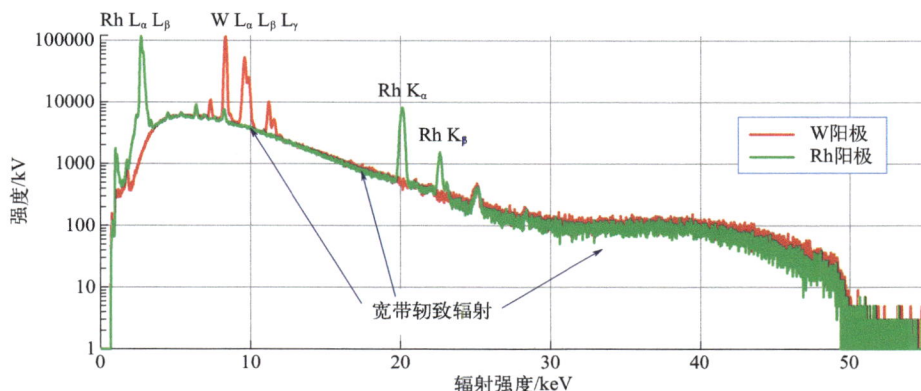

图18.4　钨阳极和铑阳极 X 射线管的 X 射线光谱，显示了轫致辐射和特征 X 射线辐射

18.2.2　高压电源

所使用的 HVPS 基于 Cockcroft-Walton 高压发电机[15]。它能够产生高压，并提供驱动电子电流通过 X 射线管所需的发射电流。如图 18.3 所示，其使用半波整流器设计，基于振荡器，与电容器和二极管阶梯（高压倍增器）耦合，产生这种直流高压。为了实现所需的 4～70 kV 的高压，输入振荡变压器的高压振荡幅值为几百到几千伏，频率为几千赫兹。电容器 - 二极管阶梯由 8～15 级组成。

下一个关键部件是高压反馈电阻器，用于监测高压，并控制 Cockcroft-Walton 高压发电机上的高压。XRF需要非常稳定的高电压，这反过来又需要一个非常稳定且可预测的高压反馈电阻器。图18.5概述了一个简单的电路，显示了如何通过整个电阻器的电阻与电阻器一小部分的电阻的简单比率测量电压。

HVPS的最后一个部件是灯丝驱动变压器。微型X射线源的阳极接地，阴极高压。灯丝由一系列变压器提供的交流电流驱动。由于灯丝处于高压状态，交流驱动通过两个或多个变压器实现，来隔离高压。

另一个关键的设计问题是在小尺寸下实现高电压而不产生电弧。为预防这种情况发生，射线管和HVPS都被封装在高度绝缘的材料中。高压部件的布局也进行了优化，以减少场梯度，而且在HHXRF所需的非常小的封装中提供足够的高压间隔。

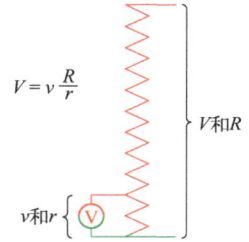

$$V = v\,\frac{R}{r}$$

图18.5 高压反馈电阻器示意图。"V"是HVPS的电压，通过知道"R"是整个电阻器的电阻计算，"r"是电阻器分段的电阻，"v"是该电阻器分段的测量电压

18.2.3 微型X射线源的物理示例

表18.1和图18.6给出了目前正在生产的一些商业X射线源的示例[10,11]。MOXI源是最新的设计，专门用于手持应用，体积非常小，重量非常轻，功率更低。而MAGPRO® X射线源适用于需要更多功率的应用，通常放置在小型台式XRF仪器中。

表18.1 MOXI™和MAGPRO X射线源的基本参数

参　　数	MOXI™	MAGPRO
HVPS输出电压范围/kV	5～50	5～70
HVPS发射电流范围/μA	5～200	10～1000
阳极材料	钨、铑和其他	钨、铑和其他
X射线管HVPS功率限制/W	4	12
HVPS输入电压（直流电压）/kV	9	24
总重量/g	310	700

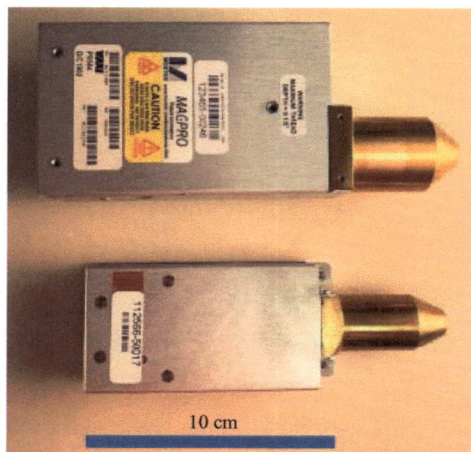

图18.6 MAGPRO（顶部）和MOXI（底部）X射线源。来源：Moxtek，Inc.

X射线源有几个重要的特性。如前所述，对于HHXRF来说，X射线源的规格必须是轻而小且能耗低。下面描述的其他关键特性包括通量稳定性、目标材料选择和源 - 源的光谱差异。

18.2.4　X射线通量和光谱

来自基于管的X射线源的通量通常通过最高工作电压（光谱信息）、发射电流（通量信息）和阳极材料（光谱信息，例如50 kV、0.2 mA的钨阳极X射线源）进行描述。这对于许多X射线应用来说是合理的，但对于微型X射线源与较大的X射线管的比较来说就没有那么有用了[16]。

一种用于确定X射线源发射的X射线辐射的合理且直接的方法为使用ED探测器，如PIN二极管或SDD。直接来自X射线源的辐射强度太大，无法测量光谱，但可以通过在探测器前面放置一个10～200 μm的小针孔减少撞击探测器的通量来克服这一问题。图18.7所示的通量测量装置给出了与图18.4所示光谱相似的结果。

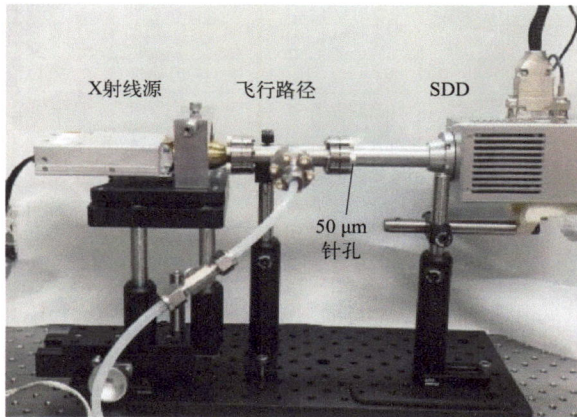

图18.7　用于测量通量的装置。特别需要真空飞行路径来消除空气吸收，以便更好地检测5 keV以下的X射线。飞行路径上的窗口厚度为8 μm，飞行路径长度为9.5 cm。针孔直接放置在SDD窗口上，直径为50 μm，位于0.5 mm厚的钨箔中。来源：Moxtek，Inc.

对X射线进行聚焦或校准是非常困难的，尤其是在手持设备中。因此，HHXRF仪器的设计将X射线管、样品和探测器尽可能靠近，用于优化光谱的信噪比（signal-to-noise ratio, SNR）。图18.6所示的微型源可以到达距离样品2～3 cm的范围内。在这种紧凑的几何结构中，只需几瓦的管功率，在大多数情况下，发射的荧光X射线辐射的强度将达到大多数现有SDD的最大计数率[16]。这种阳极到样品的紧密距离是由于两个主要的设计特征，即小的X射线管尺寸和X射线管上的X射线透射阳极。

18.2.5　微型X射线源的辐射剂量

在封闭式XRF系统中，为保障辐射安全，样品室采用"防辐射泄漏"设计（即辐射密封性设计）。此外，这类仪器还配备了联锁装置：若样品室被打开，该装置会立即关闭X射线源，以避免人员遭受X射线照射。对于HHXRF仪器，由于其没有辐射防护外壳，属于"开放式光束设备"，操作人员遭受X射线照射的风险更高。商用手持式X射线荧光仪器虽包含多项安全规程，但这里不对此展开讨论。

若仅聚焦于X射线源本身，其"辐射安全"的判定标准为：辐射需严格从窗口开口处射出，不得通过X射线源的其他结构向其他方向泄漏。换一种表述方式：当X射线源的窗口开口被遮挡、无法向外辐射时，即使在最高电压和最大功率下运行，该X射线源在任意方向上的辐射剂量率也应低于0.2 mRem/h，即2 μGray/h。作为参考，自然环境中的本底辐射剂量率约为0.01 mRem/h。

另一个常见问题是："若X射线源的窗口开口未被遮挡，辐射剂量会是多少？"表18.2列出了用于MOXI源和MAGPRO源的Magnum®管的辐射剂量数据。这些数据由Black Piranha辐射剂量仪测得，该仪器是医疗领域常用的辐射剂量测量设备。在30 cm的测量距离下，剂量率的覆盖范围是直径约25 cm的圆形区域。通常，X射线源会搭配滤光片使用，因此表中同时包含了"使用1 mm铝滤光片"和"不使用滤光片"两种情况下的辐射剂量数据。

表18.2 两个钨阳极微型X射线源在2 cm和30 cm的两个不同距离处的辐射剂量表

卡套管类型	辐射剂量/（mRem/s）							
	不使用X射线滤光片				使用1 mm铝滤光片			
	在30 cm处		在2 cm处		在30 cm处		在2 cm处	
	40 kV	60 kV	40 kV	60 kV	40 kV	60 kV	40 kV	60 kV
Magnum 钨阳极，4 W	18	—	3000	—	4	—	600	—
	100 μA	—	100 μA	—	100 μA	—	100 μA	—
MAGPRO 钨阳极，12 W	55	78	9100	12500	15	20	1800	3100
	300 μA	200 μA	300 μA	200 μA	300 μA	200 μA	300 μA	200 μA

注：这是没有额外过滤的剂量，只有天然铍窗口。

对于辐射作业人员，每年全身可接受的辐射剂量限值低于5000 mRem（即50 mGray）。在30 cm的距离下，一个未加滤光片的微型X射线源，仅需1 ～ 2 h就能在局部区域达到这一限值。而在2 cm的近距离下（覆盖面积仅几平方厘米的极小区域），若将X射线管直接贴近皮肤，并以最大功率运行数秒，可能会导致皮肤局部出现辐射灼伤。因此，在辐射安全方面，这些小型低功率X射线源仍需得到重视，尤其是在极近距离使用时。

18.3　XRF 靶阳极材料的选择

XRF技术的基本原理是：将高能X射线照射到样品上，样品中的原子可能会吸收X射线光子——这一过程会使原子内层的电子被击出，从而导致原子电离。随后，外层电子会跃迁到内层的空位上，跃迁过程中释放的多余能量将以"特征X射线辐射"的形式发出。该X射线的能量由参与跃迁的电子层能级决定，因此具有"样品材料特异性"（即不同元素对应特定能量的特征X射线）。关于如何利用X射线荧光技术进行材料识别的更多细节，可参考 Van Grieken[3]、Jenkins[17,18]的相关研究。

对于X射线荧光技术所用的X射线源，有一个关键细节需注意：为使原子电离，射线源产生的X射线能量必须高于待检测元素的吸收边能量。正如每种元素都有独特的特征X射线谱线一样，它们也具有不同的吸收边能量。因此，需通过多种方式调整X射线源，以实现对不同元素的有效检测。

调整X射线源光谱形态的基本方法有三种：

- 设置 X 射线管上的高压参数。
- 在 X 射线源和样品之间放置 X 射线滤光片。
- X 射线管阳极材料的选择。

接下来的几节将详细介绍这些方法，特别是阳极材料的选择，这是微型 X 射线源的一个核心内容。

18.3.1　X 射线管的高压设定

从 XRF 仪器的角度来看，通过更改 X 射线源 HVPS 上的高压设置可以很容易地更改 X 射线源上的高压。因此，对于任何特定的应用，都可以很容易地通过调整高压优化 XRF 应用。但仪器的高压存在限制。HHXRF 中的 X 射线源被限制在 40 kV 或 50 kV。产生这一限制的部分原因是 PIN 探测器和 SDD 的效率，它们在 20 keV 以上变得非常低。而在较高的能量下，X 射线将渐渐地不被探测器吸收，从而不被检测到。在 20 keV 下，0.50 mm 厚的硅在该能量下能吸收大约 30% 的 X 射线，在更高的 X 射线能量下其吸收率会变低。此外，X 射线源的高压极限也受到辐射安全性影响，高能量 X 射线的屏蔽难度越来越大。因此，HHXRF 的 X 射线源不能激发原子序数大于镧（$Z=57$）的元素的 K 发射线，所以在 HHXRF 中 L 发射线（较低能量）用于检测比镧重的元素。

在实践中，像 50 kV 这样的高压被用于更昂贵和通用的 HHXRF 仪器。这些高端 HHXRF 仪器中的高压用于检测镉等有害元素或采矿应用等，而 35 kV 或 40 kV 是废金属分拣中合金识别的典型最大电压设置。而在价格较低的单应用 HHXRF 仪器中，X 射线源通常固定在单一电压上。

较低的电压设置有利于轻元素 XRF 检测。通常，为了检测 X 射线荧光发射低于 3 keV 的轻元素，高压的设置范围为 8～15 kV。这一高压设置使射线管的银或铑阳极的 L 线 X 射线强度最大化，两种阳极的 L 线能量都接近 3 keV，这激发了吸收边能量低于 3 keV 的元素。此外，保持射线管上较低的电压还能产生两个额外效果：一是可屏蔽特征 X 射线能量高于 10～15 keV 的元素的检测信号，二是可降低低 keV 区间的背景噪声。

18.3.2　X 射线滤光片

在 X 射线源前方使用 X 射线滤光片的方式具有极强的"应用针对性"：具体选用何种滤光片，需根据待检测的一种或多种元素确定，其使用细节差异较大。滤光片最主要的功能通常是"剔除光谱中的低能 X 射线"，从而提升信噪比。

例如，在金属废料分拣的金属检测场景中，常使用厚度为 0.5 mm 的铝滤光片。该滤光片可剔除 X 射线源中能量约 10 keV 以下的大部分 X 射线，进而降低 4～15 keV 区间的背景噪声——这一区间恰好是 Fe、Ni、Cu、Zn 等常见金属的荧光 X 射线所在的能量范围。

另一个更复杂的滤光片应用案例是"有害物质限制（RoHS）检测"。RoHS 检测需重点识别 Cr、Br、Hg、Pb、Cd 五种元素，这些元素的荧光 X 射线能量跨度极大（从铬的 5.4 keV 到镉的 23 keV）。针对该应用，X 射线源选用钨阳极更为理想，同时搭配厚度为 270 μm 的铜滤光片，该滤光片可阻挡能量略高于 9.0 keV 的所有 X 射线，从而降低 9～15 keV 区间的背景噪声，而这一区间正是 Br、Hg、Pb 的 X 射线发射线所在的区域。

此外，X射线管中钨阳极的L_α线能量为8.3 keV，略低于铜箔的9.0 keV吸收边能量，因此样品仍能接收到8.3 keV的X射线。这一能量的钨L_α线可有效激发铬的K_α线（能量5.4 keV），从而增强样品中铬元素的检测信号。图18.8展示了在RoHS XRF检测中使用铜滤光片的实例。

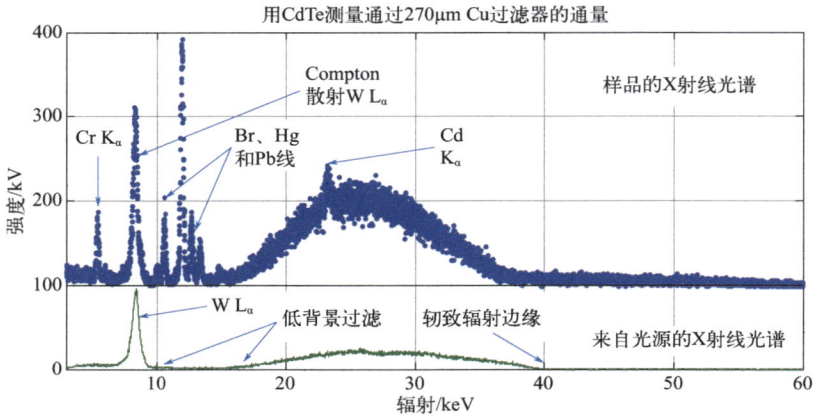

用CdTe测量通过270μm Cu过滤器的通量

图18.8　使用40 kV钨阳极源、270 μm厚的铜滤光片以及Cd-Te检测器产生的两个光谱。下图显示了X射线源通过270 μm滤光片组合得到的光谱。上图显示了含有750 μg/g Cr、400 μg/g Br、75 μg/g Hg、250 μg/g Pb和100 μg/g Cd的聚乙烯样品的光谱。这些图表明，铜滤光片既让W L_α线从源穿过，激发Cr，又抑制了Br、Hg和Pd线的背景噪声

从X射线荧光仪器的结构角度来看，滤光片的更换与X射线源相互独立，因此更换操作难度不大。实际仪器设计中，通常会将多个滤光片安装在"滤光片轮"上，该滤光片轮位于X射线管之后、仪器前端的位置。根据具体的X射线荧光应用需求，只需转动滤光片轮，即可将适用于该场景的滤光片切换至工作位置。此外，针对某一特定应用，选择滤光片的同时，往往还会同步调整X射线源的高压参数。

18.3.3　X射线阳极的选择

与高压或过滤器不同，X射线管的阳极是固定的。你无法更换阳极材料，因为这种材料位于X射线管的真空腔内。而正确的阳极材料对于单一XRF应用仪器或多种XRF应用仪器来说都是至关重要的，因为在许多方面上它定义了仪器的应用能力。因此，阳极材料的选择在很大程度上取决于特定的XRF应用。

对于HHXRF，有两种主要的X射线管阳极类型：一种是"轻元素阳极"，专门用于激发吸收边能量低于3 keV的轻元素；另一种是"通用阳极"，用于激发吸收边能量高于3 keV的元素。

18.3.3.1　用于轻元素XRF检测的阳极

在HHXRF中，轻元素在元素周期表中被定义为从镁（$Z=12$）到氯（$Z=17$）。轻元素XRF检测是一项技术要求很高的应用，尤其是对于HHXRF，它决定了HHXRF的X射线源以及X射线探测器的大部分设计限制。

在HHXRF中，用于轻元素检测的X射线管阳极通常由铑或银制成。这些元素对于样品中的轻元素激发来说是理想的，因为它们都具有接近3 keV的L线：银的L线在2.9~3.4 keV之间，

铑的 L 线在 2.7～3.0 keV 之间。L 线可强烈激发略低于 3 keV 的荧光线，例如来自 S、P、Si、Al 和 Mg 的荧光，它们是轻元素 XRF 感兴趣的特定元素。用于轻元素分析的 HHXRF 的 X 射线源在 X 射线管上使用非常薄（约 125 μm 或更薄）的铍窗口，这种较薄的窗口是为了最小化 X 射线窗中的 Rh 或 Ag 的 L 线对 X 射线的吸收。在这些轻元素应用中没有 X 射线过滤器。空气通常是一个不必要的过滤器，在大约 1 cm 的空气中大约能吸收 25% 的 2.5～3 kV 之间的 X 射线（作为参考，3 kV 的 X 射线波长约为 0.4 nm）。对于随后从样品发射的低能量 X 射线，空气吸收会变得更强，并且在 HHXRF 仪器中特别难以消除空气路径。一些用于轻元素 XRF 的台式仪器包含氦气吹扫或真空室，用于消除空气的吸收。HHXRF 技术对轻元素的这些基本限制导致了手持式激光诱导击穿光谱仪器的发展——详情请参阅本卷 Day 撰写的第 13 章。

通常，用于轻元素检测的 X 射线源也可用于其他 XRF 应用，这些应用需要在 40～50 kV 的高压下运行 X 射线源。这在 X 射线源中提出了一个设计约束：适合 10～20 kV 运行的源不能适合 40～50 kV。对于 HHXRF，几乎所有的射线管都是透射阳极设计，由直接沉积在厚度约为 1 μm 的 X 射线窗上的目标材料组成。阳极的厚度最佳设置为足够厚，以停止 X 射线管的电子束；然后又需要足够薄，才能不引起对生成的 X 射线的任何额外过滤。在阳极厚度的设计中，这个最优值是针对单个 HV 的（图 18.9）。

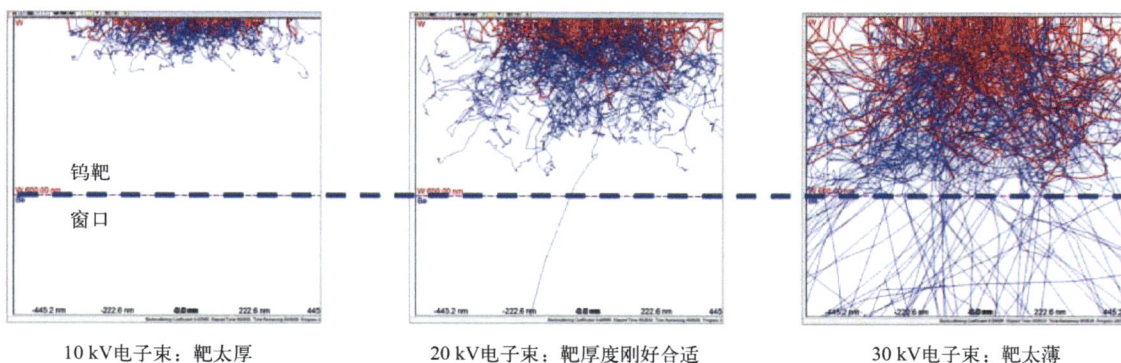

10 kV 电子束：靶太厚　　　　　20 kV 电子束：靶厚度刚好合适　　　　　30 kV 电子束：靶太薄

图 18.9　该图显示了 1 μm 的钨箔与 10 kV、20 kV 和 30 kV 电子束的电子相互作用的结果。这种厚度在 20 kV 时性能最佳。在 20 kV 以下，箔的额外厚度起到 X 射线滤波器的作用。在 20 kV 以上，电子穿过钨靶，进入铍窗，不会产生所需的 X 射线。在 CASINO [19] 中进行了电子相互作用模拟。来源：基于 CASINO，CASINO 简介见 https://www.gel.usherbrooke.ca/casino

对于轻元素检测，从 X 射线源获得强的 L 线照射到样品上以激发轻元素是至关重要的。然而，该 X 射线源还需满足更高电压下的 XRF 应用需求。这导致了两种应用在 X 射线源的设计上需做出折中权衡。

铑阳极层或银阳极层针对 20～40 kV 的工作电压，提供了多种靶材厚度选项。这一系列靶材厚度需兼顾两类应用需求：一类是轻元素 X 射线荧光检测，另一类是其他 X 射线荧光应用。X 射线管制造商通常会针对 HHXRF，在上述电压范围内设计多款专有厚度的阳极靶材，且这些厚度均经过优化；最终具体选用哪种靶材厚度，由仪器制造商决定（见表 18.3 和表 18.4）。

图 18.10 展示了三种不同厚度的铑阳极在不同电压设置下，其 X 射线通量的优势与劣势。由于轻元素的 X 射线荧光检测难度远高于其他应用，因此所有专门用于轻元素检测的高能 X 射线荧光仪器，几乎都会选用更薄的铑靶材 RH3。RH3 靶材的厚度能够增强 20 kV 以下电压下的 L 线 X 射线信号，这正是该厚度被广泛选用的核心原因。尽管在 30～50 kV 的电压设置下，使用 RH3

会导致X射线通量下降，这一现象并非期望是结果，但即便X射线强度大幅降低，采用较高电压的应用仍能正常运行。

表18.3 Moxtek生产的3种厚度的铑阳极在20 kV（RH3）、25 kV（RH2）和30 kV（RH7）条件下优化后的X射线通量输出计算值和测量值

目标ID	目标材料	优化电压/kV	对比方案	10 kV	20 kV	30 kV	40 kV	50 kV
RH3	铑	20.0	电子阳极模拟	0.95	1.00	0.87	0.62	0.38
			X射线L线	0.58	1.00	0.81	0.53	0.36
RH2	铑	25.0	电子阳极模拟	0.90	0.99	0.99	0.90	0.70
			X射线L线	0.45	0.84	1.00	0.82	0.60
RH7	铑	30.0	电子阳极模拟	0.87	0.99	1.00	0.96	0.82
			X射线L线	0.43	0.77	1.00	0.85	0.63

注：对于每种阳极厚度，标注为"电子阳极模拟"的方案给出了阳极X射线L线发射强度的计算值；而标注为"X射线L线"的方案则给出了X射线L线发射强度的实验测量值，该测量值已按X射线管功率进行归一化处理。电子模拟得出的趋势与实验测量的X射线强度吻合度良好。二者之间存在差异的原因在于：模拟过程并未考虑所有影响因素，例如阳极自吸收和X射线窗吸收等。

表18.4 Moxtek生产的2种厚度的银阳极在20 kV（AG2）和40 kV（AG1）条件下优化后的X射线通量输出计算值和测量值

目标ID	目标材料	优化电压/kV	对比方案	10 kV	20 kV	30 kV	40 kV	50 kV
AG2	银	20.0	电子阳极模拟	0.94	1.00	0.91	0.70	0.45
			X射线L线	0.56	1.00	0.82	0.53	0.36
AG1	银	40.0	电子阳极模拟	0.83	0.98	0.97	1.00	0.93
			X射线L线	0.36	0.70	0.95	1.00	0.83

注：对于每种阳极厚度，标注为"电子阳极模拟"的方案给出了阳极X射线L线发射强度的计算值；而标注为"X射线L线"的方案则给出了X射线L线发射强度的实验测量值，该测量值已按X射线管功率进行归一化处理。电子模拟得出的趋势与实验测量的X射线强度吻合度良好。二者之间存在差异的原因在于：模拟过程并未考虑所有影响因素，例如阳极自吸收和X射线窗吸收等。

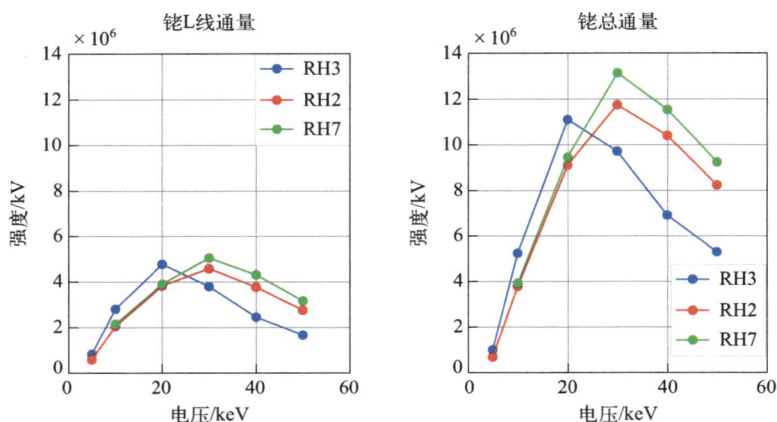

图18.10 左图显示了铑阳极L线的通量强度作为X射线源上电压的函数，该通量强度已按X射线管1W的功率进行了归一化处理。对于轻元素检测，首选靶材为RH3（一种更薄的阳极），它在5～20 keV的电压设置下使L线强度增加了约20%。RH3阳极厚度的缺点是在30～50 kV的高电压设置下总X射线强度会损失约40%，大多数HHXRF制造商认为这是可以接受的

　　上述关于铑阳极的所有分析，同样适用于银阳极。至于选择铑靶材还是银靶材，通常由特定仪器制造商决定。铑靶材的缺点是：其2.70 keV的特征谱线与氯元素2.62 keV的K线极为接

近。此外，铑的多条 L 线能量无法激发氯元素，且这些谱线峰位与氯的 K 线峰位重叠，会对氯的检测造成干扰。因此，在检测氯元素这一特定场景中，银阳极是更优选择。

18.3.3.2　用于其他 XRF 应用的阳极

HHXRF 的通用阳极通常由钨制成，可用于许多 XRF 应用，但轻元素 XRF 检测是一个明显的例外。钨阳极每单位电流可产生更多的通量，原因是轫致辐射的生产规模与靶的原子序数 Z 成比例[7]。此外，钨是一种性能非常稳定的材料，是一种具有高熔点的难熔金属，这通常使其优于其他材料。具有钨阳极的射线源具有 250 μm 或更大的铍窗厚度。钨阳极几乎从未用于轻元素 XRF 检测，因此更薄的铍窗没有价值。钨阳极的厚度针对电源通常产生的最高电压进行了优化。例如，用于废金属分拣的 HHXRF 仪器具有固定在 35 kV 的 X 射线源，透射阳极源上的钨阳极厚度也针对 35 kV 进行了优化（图 18.11）。表 18.5 列出了典型钨阳极厚度以及对应的优化电压。

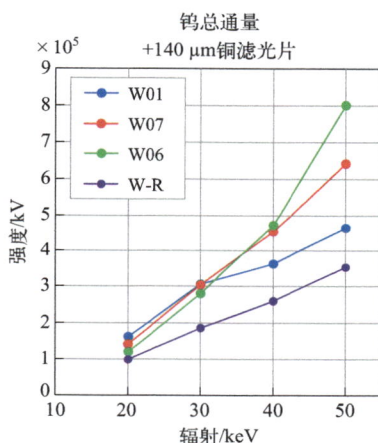

图 18.11　针对不同高压优化的几种钨阳极类型的 X 射线强度，所有强度均按 X 射线管 1 W 的功率进行了归一化处理。图中所示的 X 射线通量是通过铜滤光片的通量，钨阳极 + 钢滤光片是该类源的常见使用方式

表 18.5　Moxtek 公司生产的 3 种不同厚度的钨阳极在 25 kV（W01）、40 kV（W07）和 60 kV（W06）条件下优化后的 X 射线通量输出计算值和测量值。

目标 ID	目标材料	优化电压/kV	对比方案	10 kV	20 kV	30 kV	40 kV	50 kV	60 kV	70 kV
W01	钨	25.0	电子阳极模拟	0.88	0.97	0.96	0.82	0.58	0.39	0.26
			X 射线 3.5～10 keV	0.25	0.75	1.00	0.92	0.72	—	—
W07	钨	40.0	电子阳极模拟	0.77	0.87	0.98	0.99	0.95	0.78	0.58
			X 射线 3.5～10 keV	0.15	0.54	0.84	1.00	0.96	—	—
W06	钨	60.0	电子阳极模拟	0.37	0.69	0.90	0.96	0.98	1.00	0.94
			X 射线 3.5～10 keV	0.01	0.32	0.52	0.68	0.81	0.94	1.00
W-R	钨	—	电子阳极模拟	—	—	—	—	—	—	—
			X 射线 3.5～10 keV	0.37	0.79	0.95	1.00	0.83	—	—

注：W-R 是一种厚的反射阳极，其设计与传统 X 射线管更为接近。对于每种阳极厚度，标注为"电子阳极模拟"的方案给出了阳极 X 射线 L 发射强度的计算值；而标注为"X 射线 3.5～10 kV"的方案则给出了 3.5～10 kV 能量区间内 X 射线发射强度的实验测量值，该测量值已按 X 射线管功率进行归一化处理。电子模拟得出的趋势与实验测量的 X 射线强度吻合度良好。二者之间存在差异的原因在于：模拟过程并未考虑所有影响因素，例如阳极自吸收和 X 射线窗吸收等。

使用钨阳极的 XRF 应用通常与射线管外部的滤光片结合使用。而两个值得注意的滤光片分别是用于废金属分拣的厚度约为 0.5 mm 的铝滤光片以及用于有害元素检测的铜滤光片（见 18.3.2 小节）。

在XRF技术以外的应用领域，钨凭借优异的机械稳定性和更高的X射线输出效率，成为X射线成像的首选阳极材料。而在X射线衍射（XRD）应用中，需要能量高度集中的单一能量X射线。该领域常用的阳极材料为铬（其K_α线能量为5.4 keV）、铜（其K_α线能量为8.0 keV）和钼（其K_α线能量为17.5 keV）。XRD应用仅需单一特征谱线，无需宽能段的韧致辐射，因为韧致辐射会增加背景噪声，干扰衍射信号分析。通常，XRD用X射线源的工作电压（kV）会设置为目标特征发射线能量（keV）的3～4倍：例如，若铜阳极的目标特征谱线能量为8 keV，那么其X射线管的工作电压会设定在30～40 kV之间。

18.4　HHXRF X射线源的功能

XRF的X射线源必须是非常稳定和可重复的。更具体地说，XRF仪器中的光谱形状（图18.4中的示例）不应因特定的高压设置或任何其他变量（如温度）改变。XRF制造商和XRF仪器用户都希望他们的仪器是可重复的，他们希望XRF仪器每次使用时都能给出相同的化学计量结果。如果X射线源的光谱形状出现了微小的漂移，很有可能影响XRF化学计量的结果。

对于许多基于实验室的仪器，可使用重新校准程序保持结果随时间的一致性，处理仪器内的任何漂移，包括X射线源随时间的变化。重新校准也可以在HHXRF仪器内进行，但在实践中，许多仪器在生产中只校准一次，便再也不会进行完全重新校准。大多数HHXRF装置都有一个单独的参考样本检查校准，但针对HHXRF设备，有着或多或少的期望，期望在设备的使用寿命中给出相同的化学计量学结果，而不需要完全重新校准。

从X射线源的角度来看，这意味着HHXRF制造商希望X射线源在特定的高压设置下，其光谱形状在X射线源寿命内是可重复且非常稳定的。对于HHXRF的微型X射线源，在许多不同的条件下保持这种光谱形状的稳定是本节其余部分的主要主题。它也是HHXRF光源设计的核心。

从X射线源的角度来看，改变X射线源光谱形状的主要方式如下：

- 更改高压。根据设计，这是非常容易改变的。高压的稳定性和可重复性是本节的核心。
- 改变发射电流。这确实会改变X射线强度，但不应改变光谱形状。
- 改变阳极目标材料或阳极厚度。在正常操作中，单个X射线源的阳极材料和厚度是稳定的。
- 更换X射线滤光片。在HHXRF设备中，滤光片轮上的滤光片不太可能更换。

X射线源的高压稳定性对于XRF来说至关重要。改变X射线源上的高压会改变光谱形状，从而改变样品中每个元素的X射线之间的X射线计数比率。不同特征线之间的比率给出了这些元素的化学计量，因此，如果该比率发生变化，XRF校准就会受到影响（图18.12）。高压稳定性对射线源的光谱形状稳定性至关重要，而光谱形状稳定性对XRF结果也至关重要，因此我们可通过测量韧致辐射边缘直接从射线源的频谱中观察高压稳定性（见18.4.1小节），以确保X射线源具有稳定的高压（见18.4.1小节）。

发射电流改变了来自射线源的X射线的强度，但它不会改变光谱形状，因此改变发射电流不会改变样品的XRF中X射线之间的比率。发射电流很重要，对它进行正确设置可以最大化XRF上的计数，并且HHXRF制造商需要通量与发射电流呈线性（18.4.4小节）。但与影响光谱形状的稳定高压相比，发射电流不是一个关键问题。

X射线管中阳极的厚度也影响光谱形状，因为阳极会阻止电子产生X射线，并且还充当产

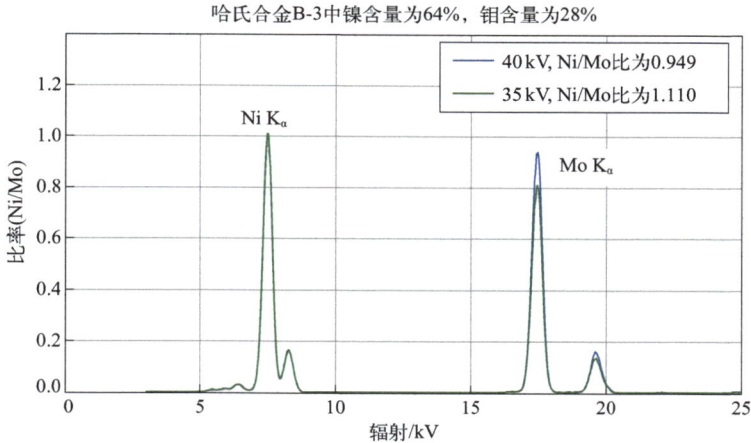

图18.12　该图显示了用带有70 μm铜滤光片的银阳极管激发的哈氏合金B-3样品得到的两个光谱。这两个光谱是在X射线管高压设置为40 kV和35 kV的情况下得到的。这种高压偏移使峰值之间的比率改变了16%。在这种设置中，仅将电压改为200 V，镍与钼的比率可以改变0.5%。这表明需要稳定的高电压维持元素X射线之间的一致比率，并维持HHXRF校准

生的X射线的滤光器。如18.3.3.1小节所述，调整阳极厚度对于技术要求较高的应用（如轻元素XRF）有多个好处。严格控制阳极材料的厚度对于在两个不同的射线源之间保持类似的光谱形状来说是十分重要的。如何使两个不同的射线源具有相同的光谱形状将在下文18.4.4小节中进行讨论。

更换X射线滤光片也会显著改变源的光谱形状。在实际应用中，操作人员会根据具体检测需求，通过探测器前端的滤光片轮完成滤光片的更换（详见18.3.2节）。若某台HHXRF仪器已使用特定X射线源和一套X射线滤光片完成校准，则该仪器的阳极和滤光片不应再进行更换，如此才能保证校准状态的稳定性。仪器设计配备的滤光片虽不会发生变化，但"非预期滤光因素"（例如X射线管窗口或光束路径上其他位置附着的碎屑）可能会改变光谱形状，影响检测结果。

在后续各小节中，我们将逐一探讨上述各类影响因素，其中重点将放在"确保高压随时间推移及其他变量变化时，仍能保持可重复性与稳定性"上。为全面表征微型X射线源的性能，研究人员已开展了大量工作，并设计了多类测试，包括环境应力测试、X射线通量与光斑稳定性及可重复性测试，以及多参数设置测试。这些测试的目的，是为那些在手持式X射线荧光仪器中使用该类X射线源的用户提供可靠性保障。

18.4.1　环境压力测试

相较于实验室用XRF仪器，HHXRF仪器需额外考虑环境适应性这一关键因素[20]。手持式仪器旨在适用于各类现场环境，且在不同环境中均需获得一致的化学计量分析结果。这一要求意味着，其X射线源需能在较宽的温度范围内正常工作。不仅源的各组件需保持运行能力，还需通过大量设计优化，确保X射线输出在宽温度范围内保持稳定。

微型X射线源的典型温度规格为：储存温度 $-40 \sim 80℃$，工作温度 $-10 \sim 60℃$。在微型X射线源的研发过程中，若某款设计能通过一项120 h的环境测试（测试中温度在上述极端温度区间内循环变化，且循环次数达20次），则认为该设计具备足够的耐用性。每一轮测试的目的都是排查设计中可能存在的薄弱环节，若发现故障点，则需针对性改进。

在最新的X射线源设计中，工程师还会在上述温度范围测试的同时，同步测量源的光谱输出——此举旨在最大限度减少宽温度范围内光谱形状的变化。最新设计的X射线源可在−10 ～ 60℃的工作温度范围内，高压的波动幅度控制在100 V以内。这一优化能使HHXRF系统尽可能保持稳定，确保仪器在不同环境温度下均能输出近乎一致的检测结果。

18.4.2　X射线高压稳定性

在改变光谱形状的所有方法中，X射线源的高压稳定性和可重复性是最关键的。本节的重点是验证和监测X射线源，以确保高压随时间稳定。

X射线源的稳定光谱形状要求该X射线源上的高压必须在一段时间（如数小时、数天、数月）或开关周期内保持恒定。在图18.7所示的设置中，通过直接评估X射线光谱，特别是轫致辐射边缘，一次又一次地测量高压稳定性。光谱的轫致辐射边缘用专有算法拟合，给出以keV为单位的轫致辐射边缘值。这种测量提供了以keV为单位的"光谱"电压。而以keV为单位的轫致辐射边缘与以kV为单位的X射线源的实际高压一致（图18.13）。

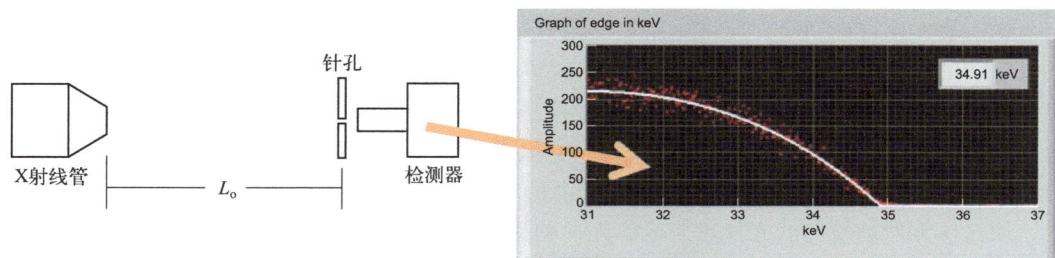

图18.13　左侧的简单示意图显示了用于测量X射线源的轫致辐射边缘的设置。右侧的图表显示了光谱测量，在轫致辐射边缘放大。在这种情况下，将高压校准电源设置为35 kV，并测量到轫致辐射边缘为34.9 keV，在这两个值之间给出0.10 kV的小偏移

如果轫致辐射边缘随着时间的推移而移动，这意味着高压已经在HVPS上移动。X射线源中高压随时间的任何变化都是非常不可取的。轫致辐射边缘技术是非常敏感的，可以看到高压在50～100 V的数量级上的变化。从X射线源的角度来看，这种测量技术是非常有价值的，因为它以keV为单位间接地检测电压变化。可将这一关键问题与通量漂移的其他原因（如发射电流变化或阳极上的X射线斑点移动）解耦。

图18.14显示了8 h内每分钟测量一次的一系列光谱的轫致辐射边缘检测结果。图18.12所示的高压稳定性结果正是XRF仪器的X射线源所需的结果：HHXRF的高压稳定在 ± 100 V以内，并将时间范围延长至射线源的使用寿命。

18.4.3　X射线通量稳定性和可重复性

高压稳定性只是保持稳定通量的关键因素之一，XRF还需要来自X射线源的稳定且可重复的X射线通量。影响通量稳定性的因素类型包括高压的变化、X射线管上的光斑移动和发射电流的变化。当X射线源在使用时变热，X射线管和HVPS都不可避免地会发生微小变化，这将使X射线通量发生变化。设计这些X射线源的目的是使射线源在任何变化过程中尽可能稳定。

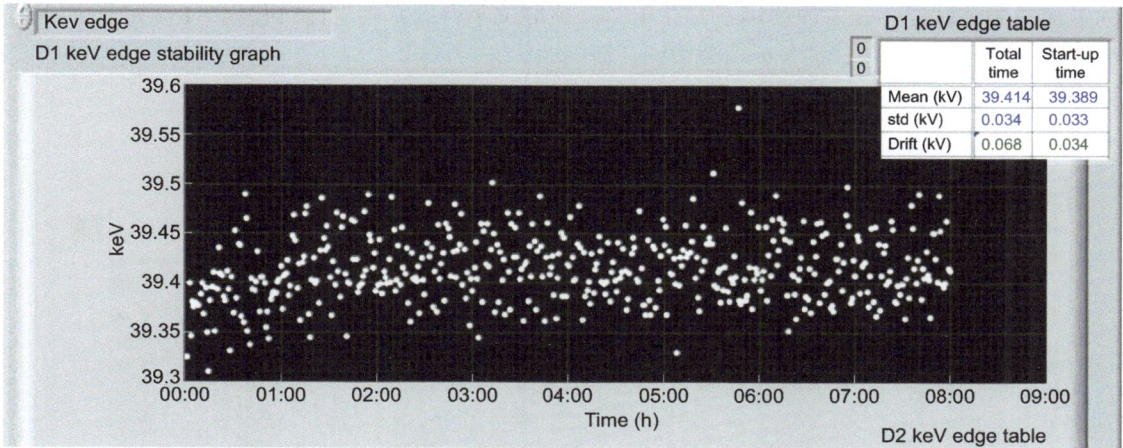

图18.14 HHXRF 微型 X 射线源的高压可重复性试验。利用一种算法在光谱中找到轫致辐射边缘，并记录 8 h 内的每个光谱。该电源的电压为 39.4 kV（设定为 40 kV），标准偏差为 34 V。这种高电压稳定性水平有利于获得稳定的 HHXRF 仪器

使用稳定性和可重复性测试评估 X 射线源如何随时间运行。对于稳定性测试，X 射线源在整个测试过程中保持打开状态。对于可重复性测试，X 射线源周期性地循环开启和关闭：典型的关闭周期为 2～10 s，典型的开启周期为 30～120 s。测试持续时间可以从几分钟到几天不等。测试稳定性和可重复性射线源，涉及多个探测器和仪器同时测量和评估 X 射线源。图 18.15 显示了一个 X 射线源测试装置，该装置包含多个探测器。让所有这些仪器同时评估 X 射线源，如果 X 射线源不稳定，就可以有效地确定 X 射线源上的任何问题。

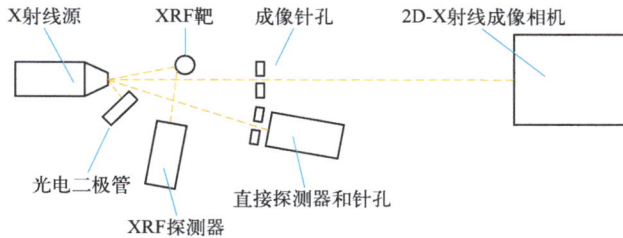

图18.15 稳定性和可重复性测试的简单示意图，显示了所有主要仪器、3 个通量探测器和 1 个成像探测器，同时测量和评估 X 射线源。来源：基于文献[10]

对于稳定性和可重复性测试，通量是直接从射线源测量的，这确定了通量稳定性（图18.16）、光谱形状稳定性以及高压稳定性（18.4.2小节）。XRF 通量可通过第二种方式测量，通过使用次级 XRF 靶模拟 XRF 仪器的稳定性。通量输出是用光电二极管以第三种方式测量的，这对于监测 0.1 s 内的快速通量变化非常友好。还测量了 X 射线管阳极的针孔 X 射线图像的时间序列，这给出了 X 射线点位置的稳定性（图18.17）。这些方法中的每一种都提供了通量稳定性信息，而每次测量之间的差异提供了重要的线索，说明是什么导致了通量不稳定性（如果有的话）。除了用于评估射线源通量的 4 种方法外，在射线源管和 HVPS 的不同位置放置了几个热电偶，并对进出 HVPS 的每条信号和电源线进行监测。同时收集所有这些信息可以发现数据中的相关性，这对于发现问题时进行故障排除至关重要。这种稳定性和可重复性测试验证了 X 射线源具有稳定的高压、稳定的 X 射线通量和 HHXRF 所需的稳定 X 射线点。在 Moxtek 公司，这种级别

的射线源测试已经在开发中使用了好几年[10]。该测试平台的基础也已转移到生产层面，因为它能有效地检测和诊断生产的X射线源中的任何问题。

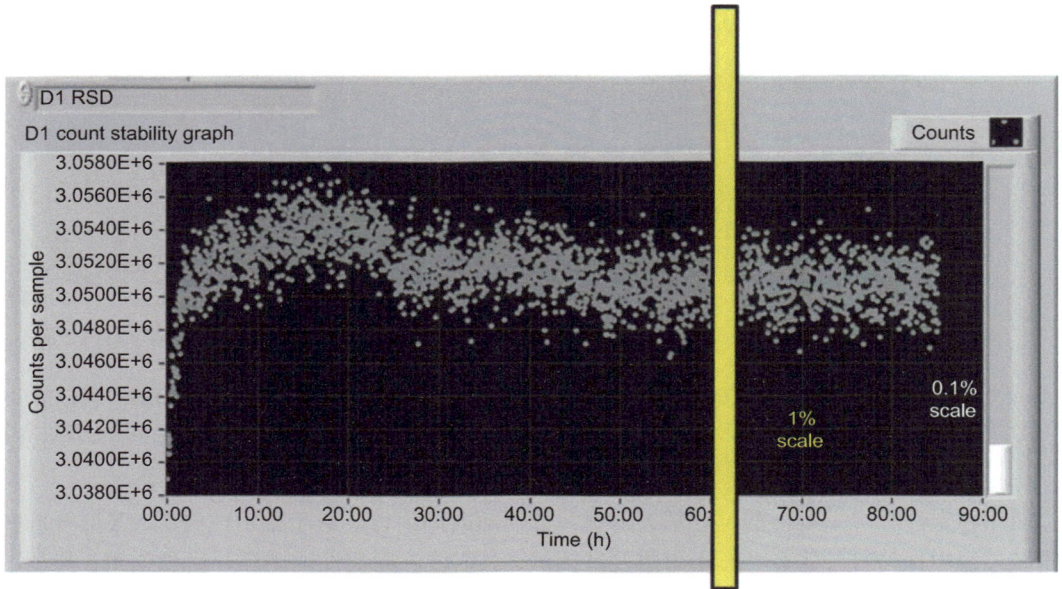

图18.16   在可重复性测试期间从ULTRA-LITE射线源直接测量的X射线通量，设置为50 kV和80 μA（全4 W），循环120 s，关闭5 s，循环2400次。该测试在85 h内测量到0.10% RSD的X射线通量重复性。在光源30～45 min的预热时间内，X射线通量漂移了0.45%[10]

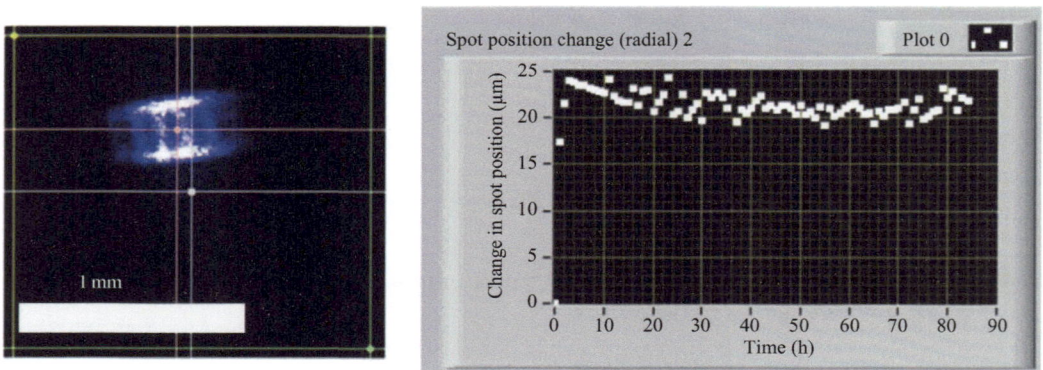

图18.17   ULTRA-LITE射线源的X射线斑点可重复性测试，与图18.16中的信息同时拍摄。左侧是X射线斑点的单个针孔相机图像，斑点大小为390 μm×340 μm FWHM。图像中心的小白点表示阳极的物理中心。右侧的图表显示了斑点随时间的漂移，在最初的30～60 min内，随着射线源的升温，它会漂移约20 μm，之后在85 h内保持恒定的位置[21, 22]

18.4.4   多设置测试和通量线性

稳定性和可重复性测试验证了X射线源在一个设置下随时间的推移是稳定的，而多设置测试确定了X射线源在整个电压和发射电流的设置范围内的性能。在多设置测试中，X射线源在几百到数千种不同的高压和发射电流设置中打开和关闭几秒。用光电二极管记录通量值，并监控进出HVPS的每条信号和电力线。所有这些信息都提供了几种评估X射线源的方法。在这里，我们给出了仅使用光电二极管收集的数据，该光电二极管提供了以下信息：

- 通量开启时间。
- 每个设置下几秒的通量稳定性。
- 许多设置下的通量线性。

对于HHXRF来说，需要不到1 s的快速开启时间。图18.18显示了当X射线源开启时光电二极管测量的信号通量。开启时间可以在所有评估的设置中测量。

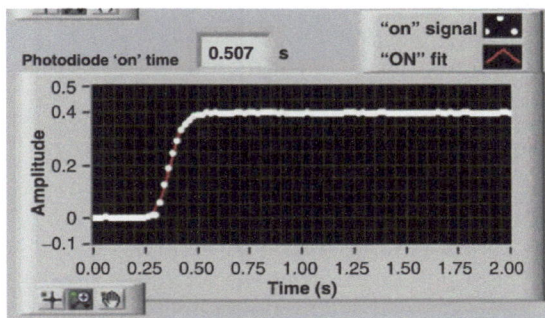

图18.18 光源开启时光电二极管随时间测量的X射线通量信号。对于50 kV和80 μA的设置，通量在0.51 s后完全开启[10]

在每个设置下，几秒的通量稳定性也是非常有价值的，这表明是否有任何设置具有不稳定的通量。图18.19给出了早期原型X射线源在每个设置下几秒内的光电二极管通量稳定性。这是一个非常广泛的测试，射线源以1 μA步长（0～200 μA）和0.5 keV步长（4～50 keV）进行测试，获得了超过13000个单独设置的数据，整个测试大约需要24 h。通量信号中的低标准偏差表示所需的稳定通量输出，并在图18.19的图中用蓝点表示；通量信号中的高标准偏差表示不期望的不稳定通量输出，并在图18.19的图中用红点或黄点表示。通量稳定性的不稳定设置在红色圆圈区域中清晰可见。该绘图程序确保X射线源在给定XRF应用可能需要的所有可用高压和发射电流设置上具有稳定的通量输出。

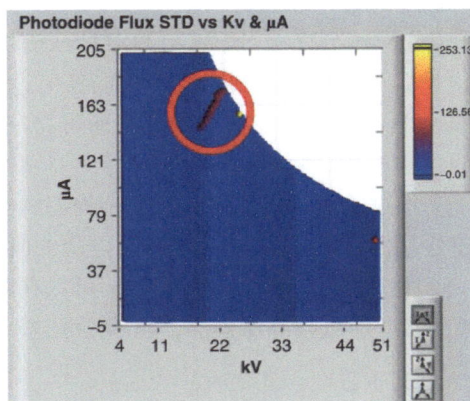

图18.19 从多设置测试中收集的数据示例，其中设置电压和设置电流相对于使用光电二极管测量的X射线通量的标准偏差进行了绘制。在红色圆圈内可以清楚地看到不稳定的通量输出区域[10]

最后，测量了X射线源在若干高压上的通量线性。当电源保持在恒定高压时，通量输出应与电源上的发射电流呈线性（图18.20）。在几个发射电流设置下，测量的X射线通量验证了这种关系。对于HHXRF，需要通量线性作为电流的函数，以确保仪器的校准。

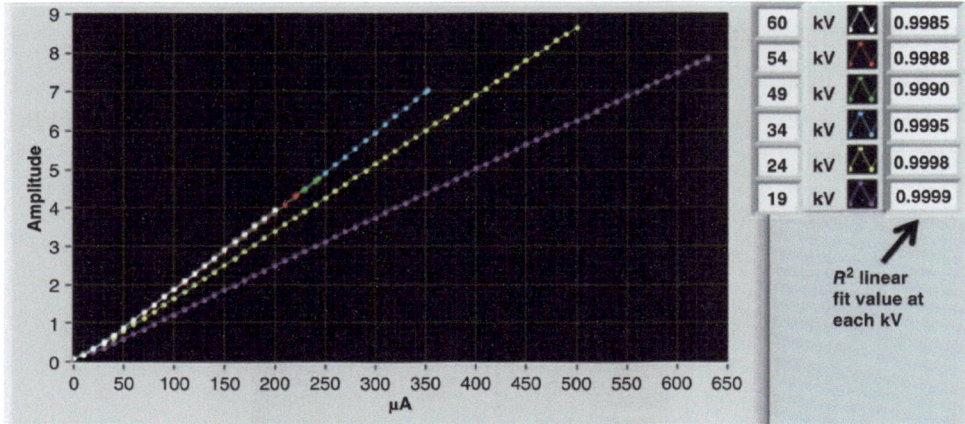

图18.20　钨X射线源在几个选定的高电压下的通量线性。对于从60 kV至19 kV的设置，射线源通量是非常线性的，R^2值均达到0.998以上。光电二极管没有检测到更高能量的X射线，所以几个更高电压的线性曲线相互叠加

18.4.5　不同X射线源之间的X射线光谱稳定性

前几小节重点讨论了如何确保单个X射线源的光谱形状随着时间和其他变量的推移是稳定和一致的。光谱形状稳定性对于HHXRF仪器内的X射线源至关重要，因此HHXRF设备可以保持数月至数年的校准。在本小节中，重点从单个源上随时间推移的相同光谱形状转移到在几个不同的X射线源上获得相同的光谱形状。

HHXRF仪器制造商希望的一个特征是X射线源的光谱相同。光谱相同的X射线源可以在没有其他更改的情况下切换仪器中的射线源：新射线源将产生与旧射线源相同的XRF光谱，只需对仪器进行很小的校准或无需进行重新校准。这允许在仪器中交换X射线源而无需重新校准仪器，这对仪器制造商的制造和服务领域来说都是一大优势。

制造光谱接近相同的光源的主要障碍之一是对X射线源HVPS的电压进行严格和可重复的控制，这在本节中进行了详细讨论。阳极厚度材料以及使用的任何过滤器也需要严格控制。控制这些特性将使XRF等效X射线源具有相同的光谱形状，从而可将一个X射线源替换为另一个X射线源，并保证XRF仪器上的校准不受影响。

对于光谱相同的光源，一个经过验证的解决方案是数字控制的Moxi X射线源。这些手持式X射线源在光谱上与多种XRF应用完全相同。在4~50 kV之间的所有设置下，每个数字X射线源都被校准到±250 V以内，而且这种电压精度足够严格，可以在几个XRF应用中实现XRF等效效果。我们将概述如何对新的数字源进行高压校准，然后展示这种校准如何产生相同光谱的X射线源。

18.4.5.1　X射线源的高压校准

为了校准X射线源上的高压，需要两个基本要求：

- 测量高压的一种有效且准确的方法。
- 每个 X 射线源存储 HV 校准信息的方式可抵消组成射线源电气组件的变化导致的射线源与射线源之间的差异。

如 18.4.2 小节所述，通过收集管阳极的光谱可测量 X 射线源的高压。韧致辐射边缘测量提供以 keV 为单位的"光谱电压"，而射线源 HVPS 上的电子监视器提供以 kV 为单位的电子测量电压（图 18.13）。两者之间的差异给出了一个校正因子，可以用来提高这两个值之间的精度。

X 射线源工作范围为 5～50 kV，因此可以在若干高压下进行光谱采集。韧致辐射边缘记录在多个射线管电压设置下，为每个电压设置产生 keV 到 kV 的偏移。在图 18.21 中，红色曲线显示了以 keV 为单位的光谱测量的韧致辐射边缘和以 kV 为单位的预校准管的设定电压之间的偏移。一个关键点是预校准的偏移在大约 40 kV 之后是非线性的。电子元件与高压不具有严格的线性关系。这种非线性是由于 HVPS 板组件的变化，特别是高压反馈电阻器（图 18.5）。

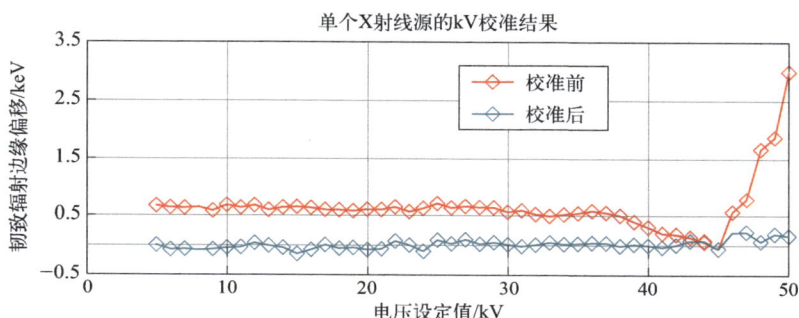

图 18.21　以 1 kV 为增量的射线管的设定电压和韧致辐射边缘测量之间的偏移。红色曲线为 X 射线源高电压校准前的偏移量，蓝色曲线为数字 X 射线源高电压校准后的偏移量。校准前，偏移接近 600 V，在 50 kV 时高达 3 kV。校准后，与韧致辐射边缘测量相比，偏移在 ±250 V 范围内

对于没有任何内置存储器的模拟 X 射线源，电子组件的总体变化是任何特定 X 射线源的高压偏移的主要驱动因素。这表示模拟电源的高压精度极限。在带有内置存储器的数字源中，与韧致辐射边缘相比，每个 kV 设置都存储一个数字校正因子。通过测量几个韧致辐射边缘光谱并在源存储器中存储校正因子，可以消除大部分由于模拟板组件变化引起的高压变化。

制造商期望生产的每个 X 射线源都能输出相同的射线管光谱形状，以获得他们想要的效果。图 18.22 和图 18.23 显示了在 100 个不同 X 射线源上韧致辐射边缘测量和电子高压设置之间的高压偏移。图 18.22 和图 18.23 故意设置相同的刻度，显示了高压校准程序大大提高了 X 射线源之间高压的准确性和精度。很容易看出，在数字管上进行的校准大大减少了多个 X 射线源之间的电压偏移变化。

在数字 X 射线源中实现的电压准确度和精度得到了更严格的控制。这种提高电压精度的好处是降低了校准的制造复杂性，并缩短了 XRF 手持式仪器制造商的服务时间。下一小节将根据 XRF 仪器产生的化学计量来量化这种电压精度允许的范围。

18.4.5.2　X 射线源高压对 XRF 化学计量的依赖性

本节通过几个实验，探索 X 射线源上的电压变化如何影响两种不同应用（非铝合金分选和铝合金分选）的 XRF 计算化学计量。实验的基本大纲如下：

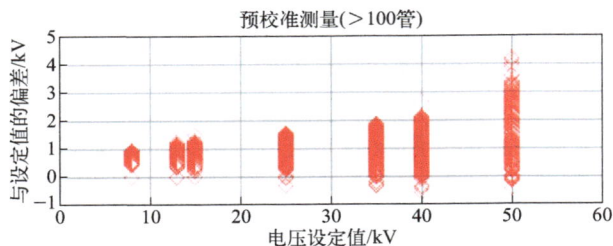

图18.22　100多个单独的X射线源完成预校准后，在7个高压设置下，射线管的设置电压和韧致辐射边缘之间的偏移。这是在严格模拟的X射线源上预期的偏移量。预校准时，高压通常偏移800 V，并且可变化高达 ± 1000 V（35 kV时）

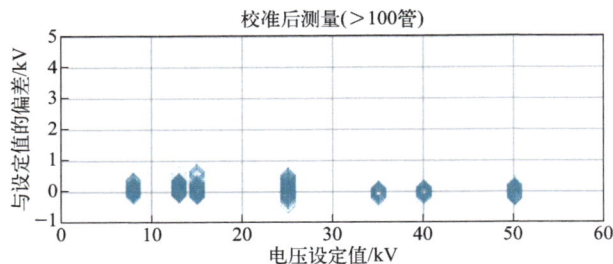

图18.23　100多个单独的X射线源完成校准后，在7个高压设置下，射线管的设置电压和韧致辐射边缘之间的偏移。校准后，高压通常偏移100 V，并且可变化高达 ± 250 V（35 kV时）

- 在单个高压设置下，从计数超过800 k的样品中收集了5个光谱。
- 使用SinerX基本参数软件将光谱转换为元素化学计量百分比。所得的化学计量百分比从5个光谱中取平均值，给出基本的测量方差。
- 根据样品的不同，通过200～500 V的步长调节管的高压，并收集另外5个光谱。
- 这是在500～2000 V的电压范围内进行的，具体取决于样品。

研究了两个样本：

- 哈氏合金，射线管标称设置为35 kV，代表非铝合金分选的"较硬"情况（图18.12）。之所以选择哈氏合金，是因为Ni和Mo的荧光峰在能量上相距很远。当射线管的电压改变时，特征X射线能量的这种大差异（Ni为7.4 keV K_α，Mo为17.4 keV K_α）使计算的化学计量的变化最大化。
- Al 7075，射线管标称设置为12 kV，代表铝合金分选的"更难"情况。选择Al 7075是因为Al和Zn的峰在能量上相距很远。当管的电压改变时，特征X射线能量的这种大差异（Al为1.5 keV K_α，Zn为8.6 keV K_α）使计算的化学计量的变化最大化。

通过收集到的数据，可量化X射线源高压变化对化学计量比产生的影响。正如预期的那样：当电压发生变化时，最接近韧致辐射边缘的特征峰计数变化最为显著——具体而言，在哈氏合金样品中是Mo的特征峰，在Al7075铝合金样品中是Zn的特征峰。在哈氏合金样品中，计算得出的Mo元素化学计量比百分比，对X射线管电压变化的敏感度远高于Ni元素；类似地，在Al7075样品中，Zn元素化学计量比百分比对电压变化的敏感度，也远高于铝（Al）元素。

如果通过XRF光谱计算得出的Mo与Ni（或Al与Zn）的化学计量比在特定XRF测量中保持恒定，则可认为该测量满足"XRF等效"。核心问题转化为：当元素的化学计量比波动控制在0.25%

（或0.5%）以内时，测量结果可视为"XRF等效"，则对应的X射线源高压允许存在多大偏差？这一量化标准已在实际应用中得到验证——目前市面上销售的下一代手持式X射线源，其设计均能实现这一目标。图18.24展示了在35 kV电压下，哈氏合金样品中Mo的化学计量比随X射线管高压变化的结果；类似地，图18.25展示了在12 kV电压下，Al7075铝合金样品中锌的特征谱线对应的化学计量比随高压变化的结果。通过这两张图可清晰看出：要使计算得出的化学计量比波动控制在0.25%或以下，X射线源所需的电压范围应如何设定（见图18.24和图18.25）。

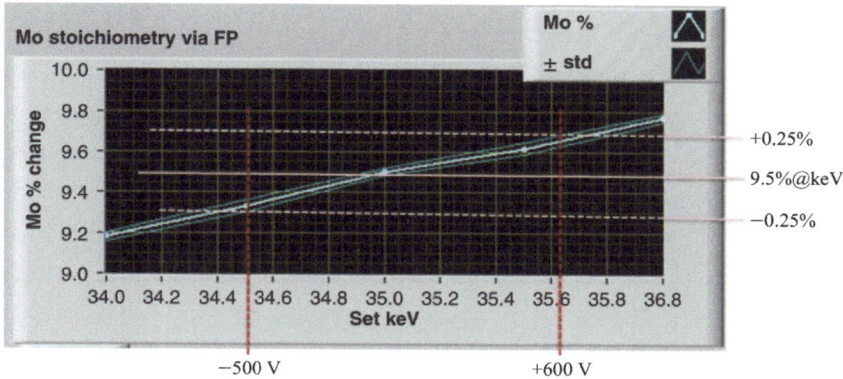

图18.24 Mo的化学计量随X射线管的高电压变化而变化。测量的标准偏差由主中心线正上方和正下方的细线表示。将Mo峰值化学计量保持在 ±0.25% 误差以下，需要 ±500 V量级的高压精度。目前的高压校准在35 kV下低于 ±250 V

非铝金属分拣用X射线源的高压允许偏差为 ±500 V，在此偏差范围内的源可视为"等效源"——这意味着不同X射线管之间的化学计量比波动应不超过0.25%。在该应用场景中，哈氏合金样品的测试案例要求更为严苛：因为Zn和Mo的特征X射线能量差异极大，对高压变化更为敏感。因此，对于大多数其他典型样品（其元素特征X射线能量更接近），电压变化对化学计量比的影响会更小。这一测试案例还可扩展到其他XRF应用，例如针对《关于限制在电子电气设备中使用某些有害成分的指令》（RoHS）/《废弃电子电气设备指令》（WEEE）的百万分比浓度检测（此类应用中X射线源的电压通常不低于35 kV）。对于这些XRF技术，若将X射线源的电压偏差控制在 ±250 V以内，即可使不同测量结果保持高度等效。

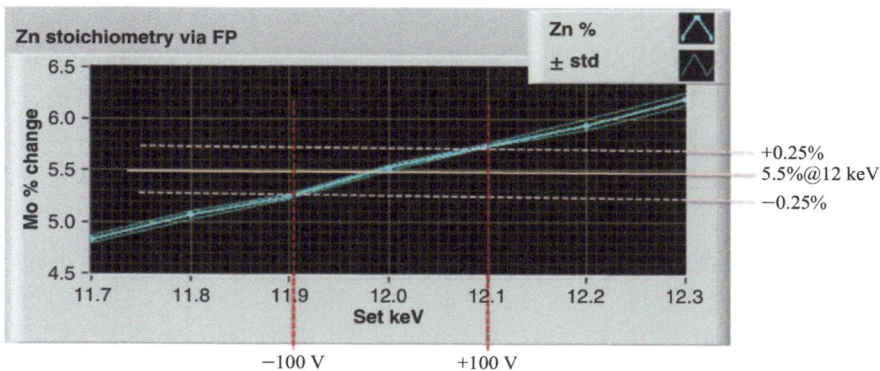

图18.25 改变射线管的高压时Zn的化学计量随高电压的变化。将Mo峰值化学计量保持在 ±0.25% 误差以下，需要 ±100 V量级的高压精度。目前的高压校准在12 kV下低于 ±250 V

铝金属分拣用X射线源的高压允许偏差为 ±100 V，在此范围内的源可视为"等效源"，即不同X射线管之间的化学计量比波动不超过0.25%。同样，Al7075铝合金样品的测试案例要求更为严苛：因为铝和锌的特征X射线能量差异极大。因此，对于大多数其他元素特征X射线能量更接近的典型样品，电压变化对化学计量比的影响会更小。对于低压XRF技术（如轻元素检测），仅将源的电压偏差控制在 ±250 V 以内，不足以使化学计量比波动限制在0.25%，但几乎可将其控制在0.5%以内。即便如此，该电压偏差控制水平仍远优于模拟式X射线源的偏差水平。

图18.26重新绘制了100余个经数字校准的X射线源的电压偏差分布，同时用红色柱形标注了实现"XRF等效"所需的电压范围（即化学计量比波动控制在0.25%以下的电压区间）。从图中可看出：对于较高电压的XRF应用，其实际电压偏差完全处于实现"XRF等效"所需的电压容差范围内；而对于要求更严苛的低压XRF应用，尽管经数字校准的源尚未完全达到"XRF等效"水平，但相较于未经校准的源，其性能已更接近这一理想目标。

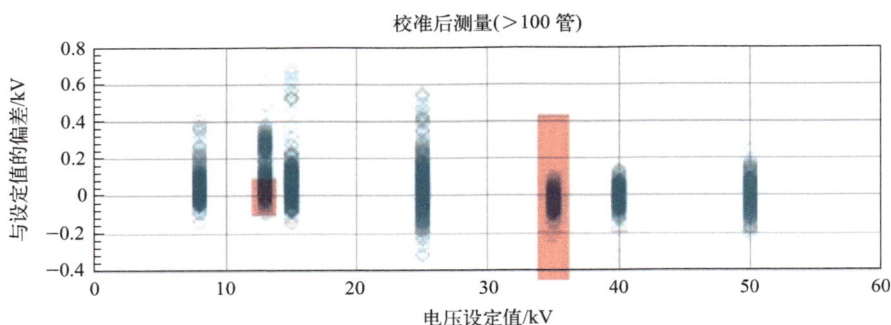

图18.26 在校准后的7个设置中，在100多个单独的X射线源上，射线管的设置电压和轫致辐射边缘之间的偏移。这与图18.23完全相同，放大y轴也显示了更多细节。红条显示了在两种不同的实验装置（12 keV的铝合金测试和35 keV的非铝合金分选）下将XRF光谱计算的化学计量保持在0.25%以下所需射线源的高压精度

18.5 结论

便携式或HHXRF的主要优点是可以将仪器运送到样本处，而不是将样本送到仪器处。例如，这些仪器可直接带到矿山，在现场进行采矿调查，可直接用于废金属分拣场，也可被带到家中进行含铅涂料检测。微型、轻型X射线源的开发是将XRF光谱从实验室转移到现场所需的关键部件。这种可移动性已被证明是一个非常大的优势，2004～2020年HHXRF市场的快速增长证明了这一点。

对于HHXRF，保持较小的X射线源是非常重要的，同时必须保证高压在不同时间和其他变量（如环境温度）下具有高度的稳定性和可重复性。通过对这些微型X射线源进行全面表征，可确保HHXRF仪器内X射线源的稳定性，从而保证仪器生成的定性和定量结果的可靠性。

HHXRF"XRF等效"的X射线源可以通过对数字X射线源进行仔细的高压校准生产。这种高压校准是通过轫致辐射边缘测量和存储每个源的高压偏移信息实现的。存储的偏移校正了HVPS的电子部件的差异引起的高压偏差。

参考文献

[1] Potts, P.J. and West, M. (eds.) (2008). *Portable X-Ray Fluorescence Spectrometry, Capabilities for in Situ Analysis*. Cambridge, UK: RSC Publishing.

[2] Cornaby, S. and Kozaczek, K. (2016). Sources for handheld X-ray fluorescence instruments. In: *Encyclopedia of Analytical Chemistry* (ed. R. Meyers). John Wiley & Sons.

[3] Van Griken, R.E. and Markiwicz, A.A. (2002). *Handbook of X-Ray Spectroscopy*, 433. New York: Marcel Dekker.

[4] Bosco, G. (2013). Development and application of portable, hand-held X-ray fluorescence spectrometers. *TrAC Trends Anal. Chem*. 45: 121–134.

[5] Reyes-Mena, A., Knight, L.V., and Cornaby, S. (2000). *An XRD/XRF Instrument for the Microanalysis of Rocks and Minerals*. SBIR contract number NAS2–00010.

[6] Coolidge, W.D. (1913). A powerful Röntgen ray tube with a pure electron discharge. *Phys. Rev*. 2: 409.

[7] Lee, S.M. and McDonald, C. (2009). *Handbook of Optics*, 3e, vol. V (ed. M. Bass). New York: McGraw-Hill Companies, Inc., Chapter 54.

[8] Kossel, W. (1916). Bemerkungen zum Seriencharakter derRongtgenspektren. *Verh. Deut. Phys. Ges*. 18 (339): 396.

[9] Kossel, W. (1917). Zum Ursprung der Y-Strahlenspektren und Rontgespektren. *Phys. Z*. 18: 240.

[10] Kossel, W. (1920). Zum Bau der Rontgespektren. *Z. Phys*. 1: 119.

[11] Kossel, W. (1920). Über die Ausbildung der Röntgenserien mit wachsender Ordnungszahl. *Z. Phys*. 2: 470.

[12] Moseley, H.J.G. (1913). The high frequency spectra of the elements part I . *Philos. Mag*. 26 (6): 1024.

[13] Moseley, H.J.G. (1914). The high frequency spectra of the elements part II . *Philos. Mag*. 27 (6): 703.

[14] Barkla, C.J. (1915). X-ray fluorescence and the quantum theory. *Nature* 95: 7.

[15] Cockcroft, J.D. and Walton, E.T.S. (1932). Experiments with high velocity positive ions. (I) Further developments in the method of obtaining high velocity positive ions. *Proc. Roy. Soc. London Ser*. A136: 619.

[16] Cornaby, S. and Kozaczek, K. (2012). Flux comparisons of miniature X-ray source: XRF wattage-maps by application. *58th Denver X-Ray Conf. Adv. X-Ray Anal*. 56: 202–208.

[17] Jenkins, R., Gould, R.W., and Gedcke, D. (1995). *Quantitative X-Ray Spectrometry*. New York: Marcel Dekker.

[18] Jenkins, R. (1999). *X-Ray Fluorescence Spectrometry*, 2e. Chichester, UK: Wiley-Interscience.

[19] CASINO. https://www.gel.usherbrooke.ca/casino (accessed 10 October 2020).

[20] Cornaby, S., Morris, S., Smith, J. et al. (2012). Moxtek' s new ultra-lite X-ray sources: performance characterizations. *58th Denver X-ray Conf. Adv. X-ray Anal*. 56: 202–208.

[21] Caruso, D., Dinsmore, M., and Cornaby, S. (2009). Miniature X-ray sources and the effects of spot size on system performance. *58th Denver X-Ray Conf. Adv. X-Ray Anal*. 53: 228–233.

[22] Uchida, H., Hasuike, K., Torii, K., and Tsunemi, H. (2006). Quantitative method of measuring spot size of microfocus X-ray generator. *Jpn. J. Appl. Phys*. 45 (6A): 5277–5279.

19

用于便携式能量色散XRF光谱分析的半导体探测器

Andrei Stratilatov

Moxtek，Inc.，Orem，UT，USA

19.1　概述

在过去，能量色散X射线荧光（EDXRF）光谱仪中使用的主要传感器是低温冷却Si(Li)探测器[1]，利用[55]Fe同位素源发射的5.895 keV的Mn-Kα谱线具有135 eV的半峰全宽（FWHM）的良好能量分辨率[2]。然而，由于它们的尺寸、成本和复杂性，一般只在分析实验室中使用。半导体技术的快速进步使得具有极低浓度结构缺陷（位错）和杂质的硅片得以制造，这与Kemmer[3]引入的平面技术一起制造了无需深度冷却即可达到可接受能量分辨率的Si探测器。半导体探测器的制备是一项复杂的技术，使用了掺杂、沉积、图案化和表面钝化等多种技术。1991年Amptek公司研制出第一台分辨率为850 eV[1]的热电冷却Si-PIN探测器。在随后的30年中，随着平面技术的不断发展和低噪声前端电子学的进步，Si-PIN二极管的分辨率得到了显著的提高。目前，尺寸为10 mm²的Si-PIN探测器在温度为−55℃时的分辨率约为150 eV，在合理的功耗≤0.5 W的情况下，该温度能够通过两级Peltier热电制冷器（TEC）的冷却系统轻松实现。不过，随着敏感区面积的增加，检测器电容增加，Si-PIN探测器的分辨率迅速下降。

1982年Gatti和Rehak的硅漂移探测器（SDD）的革命性发明[4]，为X射线光谱半导体探测器的发展带来了新的推动，提供了明显优于Si-PIN的探测器性能参数。SDD的电容很小，几乎与探测器敏感区无关，在不要求高分辨率的情况下可获得约125 eV的出色能量分辨率和高计数率，峰背比≥10000，工作温度高达−10℃甚至更高。

为了充分利用SDD的固有参数并满足便携式XRF仪器的紧凑性要求，必须设计出合适的低噪声读出电子器件。这些电子器件在定制应用专用集成电路（ASIC）中的集成是成功的，目前用于半导体探测器的读出ASIC已经商业化[5]。

快速数字脉冲处理器（DPP）的发展对半导体探测器系统性能的提升起到了重要作用。如今，DPP已经实际取代模拟系统用于输出信号的滤波和整形。DPP应用适当的算法对脉冲进行滤波并提取脉冲幅度。与传统的模拟系统相比，DPP具有一些优势：非常高的分辨率（低信噪比）；减少弹道缺陷；更高的吞吐量和更好的稳定性。

所有这些部件，PIN探测器或SDD探测器，用Peltier冷却器冷却，以及读出电子学，都足够小，可以方便地安装在小型手持式XRF仪器上。让我们简单回顾一下半导体探测器的基本物理原理。

19.2   半导体探测器基本原理：信号形成

有几本基础教材详细介绍了半导体探测器物理和信号处理[2,6,7]的相关内容。此外，在半导体探测器、制造技术和相关电子学的几十年发展中已经发表了许多研究文章。此处简要回顾一下半导体探测器和读出电子学背后的原理。

半导体探测器基本上是固态电离室，与气体电离室相比有几个优点：

- 在Si中产生电子-空穴对的平均能量比气体（约30 eV）小1个数量级（3.65 eV）。
- Si的高密度（2.33 g/cm³）使得能够构建厚度较低、具有足够量子效率（高停止功率）的探测器。
- 在Si中，电子和空穴具有高迁移率 [μ_n=1450 cm²/(V·s) , μ_h=450 cm²/(V·s)]，导致采集时间短，即高计数率。
- 优异的机械刚性，简化了器件设计。
- 前端电子元件和探测器可集成在单个器件中。

在最简单的构型中，吸收介质由一对施加电压的电极覆盖，如图19.1所示。吸收的辐射以电子-空穴对的形式释放电荷。

$$Q_s = \frac{E}{E_i} e \tag{19.1}$$

式中，E为吸收能，E_i为形成电荷对所需的能量，e为电子电荷[6]。

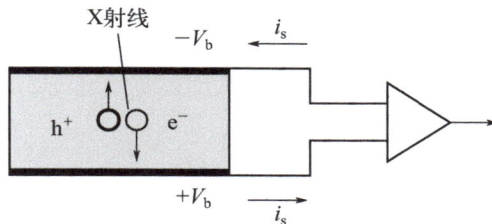

图19.1 探测器和放大器

在电场存在的情况下，载流子平行于电场运动（漂移）。由于与晶格相互作用，速度不依赖载流子加速的时间。这是因为声子激发的特征时间远小于输运时间，载流子始终与晶格处于平衡状态。因此，载流子速度只是电场的函数。

$$\vec{v}(x) = \mu \vec{E}(x) \tag{19.2}$$

运动电荷在外电路中感应出电流。重要的是要理解，信号电流瞬间开始，并在电子到达阳极时达到最大值。移动电荷引起的瞬间电流由 Ramo（或 Ramo-Schokley）定理[6]给出。

$$i_k = -q\vec{v}\vec{E}_Q \tag{19.3}$$

或者，在标量形式下，电荷的运动在给定电极上感应的电流 i 由下式给出：

$$i = E_v qv \tag{19.4}$$

式中，q 为运动电荷，v 为其瞬时速度；E_v 为电荷瞬时位置处电场（加权场）在 v 方向上的电场分量（加权场），条件为：去除电荷，给定电极上升至单位电位，其他导体均接地。

19.2.1　均匀场平行板几何结构

过偏压非常大的半导体探测器可以用均匀场近似表示。偏置电压 V_b 施加在电极间距 d 上，电场为：

$$E = \frac{V_b}{d} \tag{19.5}$$

确定电荷载流子在探测器中的运动时，载体的速度为：

$$v = \mu E = \mu \frac{V_b}{d} \tag{19.6}$$

加权场是通过对采集电极施加单位电位并接地另一个电极得到的：

$$E_v = \frac{1}{d} \tag{19.7}$$

因此感应电流为：

$$i = qvE_v = q\mu \frac{V_b}{d}\frac{1}{d} = q\mu \frac{V_b}{d^2} \tag{19.8}$$

电场和权重场在整个探测器内是均匀的，因此电流是恒定的，直到电荷到达其终端电极。

假设电荷在相反电极处产生并横截探测器厚度 d，所需的采集时间即遍历距离 d 所需的时间为：

$$t_c = \frac{d}{v} = \frac{d}{\mu \frac{V_b}{d}} = \frac{d^2}{\mu V_b} \tag{19.9}$$

感应电荷为：

$$Q = it_c = q\mu \frac{V_b}{d^2}\frac{d^2}{\mu V_b} = q \tag{19.10}$$

接下来假设从正极在坐标 x 处形成一个电子-空穴对。电子的收集时间：

$$t_{ce} = \frac{x}{V_c} = \frac{xd}{\mu_e V_b} \tag{19.11}$$

以及收集空穴的时间：

$$t_{ch} = \frac{d-x}{V_c} = \frac{(d-x)d}{\mu_h V_b} \tag{19.12}$$

由于电子和空穴以相反的方向运动，尽管它们的电荷相反，但它们在给定的电极上感应出相同符号的电流。电子运动引起的感应电荷：

$$Q_e = e\mu_e \frac{V_b}{d^2} \frac{xd}{\mu_e V_b} = e\frac{x}{d} \tag{19.13}$$

相应地，空穴贡献了：

$$Q_h = e\mu_e \frac{V_b}{d^2} \frac{(d-x)d}{\mu_e V_b} = e\left(1 - \frac{x}{d}\right) \tag{19.14}$$

假设 $x=d/2$。在电子收集时间之后：

$$t_{ce} = \frac{d^2}{2\mu_e V_b} \tag{19.15}$$

感应电荷为 $e/2$。此时，由于其较低的迁移率 $\mu_h \approx \mu_e/3$，空穴已经诱导了 $e/6$，产生了 $2\,e/3$ 的累积诱导电荷。在空穴收集的额外时间之后，剩余电荷 $e/3$ 被感应，产生总电荷 e。测量的电荷取决于积分时间。如果积分时间大于所有电荷载流子的采集时间，则产生完全电荷。较短的积分时间产生分数电荷。

19.2.2　探测器分辨率：物理极限和电子噪声影响

19.2.2.1　信号电荷波动：Fano 因子

信号传感器的一个关键特性不仅是信号的大小，还包括给定吸收能量时信号的波动。两者共同决定了最小信号阈值和相对分辨率 $\Delta E/E$。半导体探测器信号波动的一个显著特点是小于简单统计方差：

$$\sigma_Q = \sqrt{N_Q} \tag{19.16}$$

这种现象的详细计算相当复杂，因此下面的推导引入了一些简化，以说明基本机制。

两种机制对平均电离能有贡献。首先，动量守恒需要激发晶格振动。其次，激发能量小于带隙时，有许多模式可用于动量和能量传递。能量既可以通过晶格振动吸收，即由无电离（电子-空穴对的产生）的声子产生，也可以通过电离吸收，即形成可移动的电荷对。假设吸收的能量产生 N_x 激发（声子）和 N_{ion} 电离电荷对。进入激发和电离的能量之和等于入射辐射沉积的能量：

$$E_0 = E_{ion} N_{ion} + E_x N_x \tag{19.17}$$

式中，E_{ion} 和 E_x 是单次电离或激发所需的能量。在半导体中，E_{ion} 为带隙能量，E_x 为平均声子能量。假设符合高斯统计，则激发次数方差 $\sigma_x = \sqrt{N_x}$，电离次数方差 $\sigma_{ion} = \sqrt{N_{ion}}$。对于单个事件，探测器中沉积的能量是固定的（尽管可能会因一个事件而异）。如果激发所需的能量远小于电离所需的能量，那么电离过程和激发过程的某些组合将存在足够的自由度来精确耗散沉积的能量。因此，对于给定的沉积在样品中的能量，激发的波动必须通过电离的等效波动平衡：

$$E_x \Delta N_x + E_{ion} \Delta N_{ion} = 0 \tag{19.18}$$

对于一个给定的事件，如果有更多的能量进入电离，就会有更少的能量用于激发。对许多事件进行平均，这意味着分配给两类过程的能量的方差必须相等：$E_{ion}\sigma_{ion} = E_x\sigma_x$。所以

$$\sigma_x = \frac{E_x}{E_{ion}}\sqrt{N_x} \tag{19.19}$$

从总能量方程［公式（19.18）］可以提取

$$N_x = \frac{E_0 - E_{ion} N_{ion}}{E_x} \tag{19.20}$$

并将此代入公式（19.19），得到

$$\sigma_i = \frac{E_x}{E_{ion}} \sqrt{\frac{E_0}{E_x} - \frac{E_{ion}}{E_x} N_{ion}} \tag{19.21}$$

总体而言，形成电荷对的数量 N_Q 是总沉积能量 E_0 除以产生电荷对所需的能量沉积。由于每次电离都形成了对信号有贡献的电荷对：

$$N_{ion} = N_Q = \frac{E_0}{E_i} \tag{19.22}$$

因此，电离过程中的方差：

$$\sigma_{ion} = \frac{E_x}{E_{ion}} \sqrt{\frac{E_0}{E_x} - \frac{E_{ion}}{E_x} \frac{E_0}{E_i}} \tag{19.23}$$

可以改写为：

$$\sigma_{ion} = \sqrt{\frac{E_0}{E_i}} \sqrt{\frac{E_x}{E_{ion}} \left(\frac{E_i}{E_{ion}} - 1 \right)} \tag{19.24}$$

上式右边的第二个因子称为 Fano 因子 (F)。由于 σ_{ion} 正比于信号电荷 Q 的方差，且电荷对的数量 $N_Q = E_0/E_i$，因此可得：

$$\sigma_Q = \sqrt{F N_Q} \tag{19.25}$$

在硅探测器中，$E_x = 0.037$ eV，$E_{ion} = E_g = 1.1$ eV，$E_i = 3.6$ eV。将这些数值代入上述表达式，可计算得 $F = 0.08$，与测量值 $F = 0.1$ 合理一致。因此，信号电荷的方差小于最初的预期，$\sigma_Q \approx 0.3 \sqrt{N_Q}$。

如果自由度非常有限，并且泊松统计是必要的，则可以应用类似的处理。然而，当将泊松统计应用于固定能量沉积的情况时，它对方差施加了一个上限，人们不能使用方差的通常表达式 var $N = N$。相反，方差是 $(N - \bar{N})^2 = F\bar{N}$，如 Fano 在原始论文中所示。Fano 因子的精确计算需要详细计算声子模式的能量相关截面和状态密度。可以使用该结果计算半导体探测器的本征分辨率。

$$\Delta E_{FWHM} = 2.35 E_i \sqrt{F N_Q} = 2.35 E_i \sqrt{F \frac{E}{E_i}} = 2.35 \sqrt{F E E_i} \tag{19.26}$$

其中对 Si 探测器，$E_i = 3.62$ E_v；对探测器 Ge，$E_i = 2.9$ E_v。两者的 Fano 因子 $F \approx 0.11$。因此，在设计良好的探测器系统中，探测器具有足够小的电容，加上低噪声读出电子学，允许电子噪声 ≤ 80 eV FWHM。所以探测器信号的方差是一个显著的贡献。例如，Si 探测器在 5895 eV（^{55}Fe 同位素源发射的 Mn K_α 谱线）处的本征噪声为 $\Delta E = 114$ eV，这是该 X 射线光子能量下探测器系统能量分辨率的理论极限。

19.2.2.2　重组与诱捕

人们可能期望被吸收的 X 射线光子产生的电子和空穴会迅速复合。然而，由于种种原因，Si（和 Ge）并非如此。首先，电子和空穴通过扩散进行分散。其次，电子和空穴通过外加电场进行分离。此外，Si 是间接半导体，直接跃迁会抑制导带底电子和价带顶空穴的湮灭。这是因为导带底和价带顶在动量空间发生偏移，电子-空穴湮灭发生（图19.2）需要向晶格中的大动量偏移。

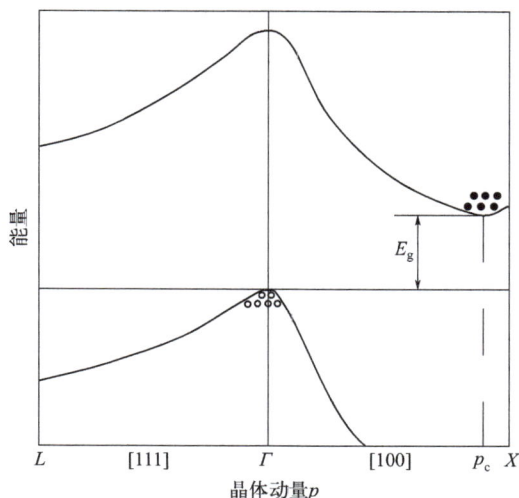

图19.2 间接半导体（Si，Ge）中键结构与晶体动量关系示意图。在Si中最小带隙与非零晶体动量（波矢）有关

这种动量偏移需要从另一个来源找到，例如从晶格振动——声子。因此，在间接半导体中湮灭是一个两步过程，这导致载流子的寿命（ms）明显大于采集时间（ns）。杂质和晶体缺陷（空位、位错）可以在带隙中引入额外的能级（态），从而捕获电荷。这大大降低了载流子的寿命，并由于"垫脚石（stepping stone）效应"增加了热产生的电流。这导致采集到的电荷波动增大，在低能量下背景也增大。

杂质和晶体结构缺陷可以作为电荷载流子的陷阱。陷阱可以捕获和移除可用于信号形成的移动载流子。另外，热激发和外加电场可以将载流子从陷阱中释放出来，导致电荷采集延迟。在 X 射线或伽马能谱测量中，这些效应会导致信号分布向低能方向偏移。即使是少量的诱捕也会导致明显的低能拖尾，对区分相邻特征谱线的能力产生不利影响。

19.2.2.3　热噪声

在任何非零温度下，晶体中的电子都会分享一部分热能。价电子有可能获得足够的热能跨越带隙被提升到导带，并在价带留下空位，从而产生电子-空穴对。这两种电荷的运动都有助于观察到材料的导电性。单位时间内电子-空穴对热产生的概率：

$$p(T) = CT^{\frac{3}{2}} \exp\left(-\frac{E_g}{2kT}\right) \tag{19.27}$$

式中，T是绝对温度，C是材料的比例常数，E_g是带隙能，k是玻尔兹曼常数。

正如指数项所反映的，热激发的概率与带隙能量和绝对温度的比值密切相关，如果材料被冷却，热激发的概率会急剧下降。热激发不仅会引起电子-空穴对数目的波动，还会引起电荷载流子速度的波动。热涨落引起的噪声功率谱密度可以直接推导为普朗克黑体辐射理论的长波长极限。

19.2.2.4　泄漏电流

PIN 二极管和 SDD 是反向偏置器件。理想情况下，反向偏压将所有可移动的载流子从结体积中移除，因此没有电流可以流动。然而，热激发可以促进电子穿过带隙，即使在没有辐射的情况下也会有电流流动，因此称为"暗电流"或"泄漏电流"。由于晶格中杂质的存在，电子跨越禁带的概率大大增加，因为它们在禁带中引入了中间能态作为"垫脚石"以及复合跃迁。反向偏置电流与温度呈指数关系：

$$I_1 \propto T^2 \exp\left(\frac{E_g}{2kT}\right) \tag{19.28}$$

式中，E_g 为带隙能量，k 为玻尔兹曼常数。因此对探测器进行冷却可以大幅降低泄漏。温度下的泄漏电流之比为：

$$\frac{I_1(T_2)}{I_1(T_1)} = \left(\frac{T_2}{T_1}\right)^2 \exp\left(-\frac{E_g}{2k}\frac{T_1-T_2}{T_1T_2}\right) \tag{19.29}$$

在 Si 探测器（E_g=1.12 eV）中，当温度从室温降低 14℃ 时，漏电流降低至 1/10。在某些情况下，表面泄漏电流可高达体泄漏电流，甚至更大。这可以通过使用护环防止。泄漏电流是影响探测器分辨率的重要因素之一。因此，探测器的制造只能使用高纯度的 Si（杂质和缺陷浓度低）。一般而言，在高质量的探测器中，泄漏电流不应高于 1 nA/cm²。

19.2.2.5　信号形成与能量分辨

一旦传感器检测到 X 射线光子并形成电流脉冲，就需要对其进行放大。为此可以采用多种类型的放大器。然而，在实验室和便携式光谱仪中与半导体探测器配合使用的最流行的前置放大器是 1956 年 Emilio Gatti 发明的电荷敏感前置放大器，如图 19.3 所示。

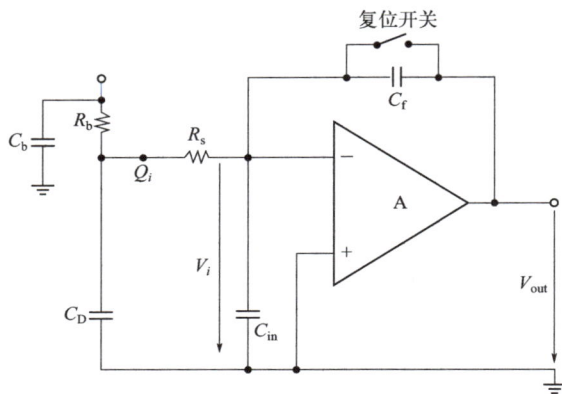

图19.3　电荷敏感放大器的原理。C_D 为探测器电容，R_s 为串联电阻，C_{in} 为总输入电容（包括放大器输入电容和杂散电容），C_f 为反馈电容。复位开关用于使系统进入其工作状态

基本构建模块是一个具有高输入电阻的反相电压放大器。典型地，在第一放大级中，使用结栅场效应晶体管（JFET）或金属氧化物半导体场效应晶体管（MOSFET）。对于反相放大器，电压增益为：

$$\frac{\mathrm{d}V_{out}}{\mathrm{d}V_i} = -A \quad V_{out} = -AV_i \tag{19.30}$$

因此，沉积在 C_f 上的电荷是：

$$Q_f = C_f V_i = C_f(A+1)V_i \tag{19.31}$$

我们可以假设输入电阻为无穷大，即输入电流不能流入放大器，所有输入电流必须充电 C_f 和 $Q_f = Q_i$。在这种情况下，放大器的"动态"输入电容为：

$$C_i = \frac{Q_i}{V_i} = C_f(A+1) \tag{19.32}$$

单位输入电荷输出电压为：

$$A_q = \frac{V_{out}}{Q_i} = \frac{AV_i}{C_iV_i} = \frac{A}{C_i} = \frac{A}{A+1}\frac{1}{C_f} \approx \frac{1}{C_f}(A \gg 1) \tag{19.33}$$

或输出电压为：

$$V_{out} \approx \frac{Q_i}{C_f} \tag{19.34}$$

因此，到达的 X 射线光子将形成"阶梯状"输出信号，直到复位开关将系统带回其初始工作条件（此时将达到最大输出电压），如图 19.4 所示。

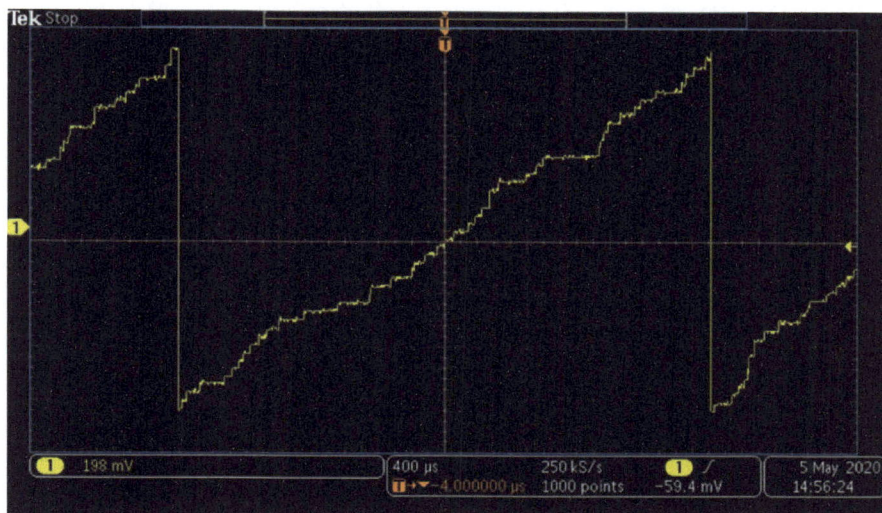

图19.4　电荷敏感放大器在两次复位之间的输出信号。小阶跃对应于 X 射线光子探测事件

如前所述，电离过程导致统计信号峰加宽，由下式给出：

$$\sigma_Q = \sqrt{FN_Q} \tag{19.35}$$

信号电荷的重复测量产生高斯分布，其中标准偏差等于均方根（RMS）噪声水平。这允许计算等效能量展宽（当电子噪声为零时），其被称为探测器色散或"Fano 噪声"，即探测器分辨率极限：

$$\frac{\sigma(E)}{E} = \frac{\sigma(N_Q)}{N_Q} = \sqrt{\frac{F}{N_Q}} = \sqrt{\frac{FE_i}{E}} \tag{19.36}$$

$$\sigma(E) = \sqrt{FE_iE} \tag{19.37}$$

尽管能量分辨率的正确定义是 $\Delta E/E$，但通常的做法是用半峰全宽（FWHM）表示能量峰值展宽（探测器分辨率），如图 19.5 所示：

$$R = \Delta E = 2.355\sigma(E) = 2.35\sqrt{FE_iE} \tag{19.38}$$

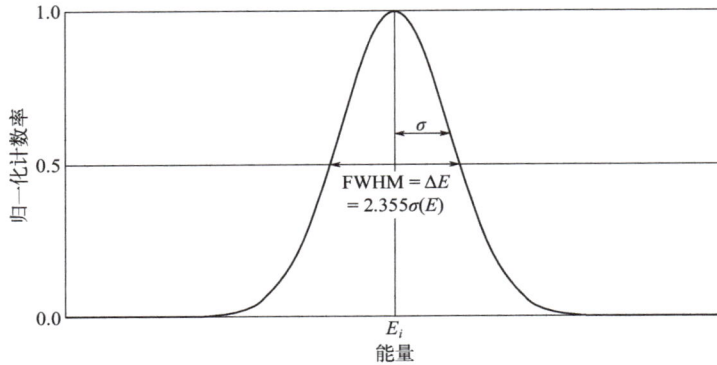

图19.5 分辨率的定义

除了源自传感器的信号波动外，探测器分辨率（和检测限）还受电子设备引入的波动影响。电子噪声会引入基线波动，这些波动会叠加在信号上并改变峰值幅度。电子噪声和"Fano噪声"不相关，它们以正交求和：

$$R^2 = \Delta E^2 + N_{el}^2 \tag{19.39}$$

用于噪声分析的典型探测器前端等效方案如图19.6所示。探测器由电容C_D表示，电流噪声发生器I_{nd}模拟由检测器泄漏电流引起的"散粒噪声"（shot noise）。由于电荷载流子的热速度波动，电阻器表现出噪声。这种噪声可以建模为电压发生器或电流发生器。分流探测器输入端的电阻充当噪声电流发生器，而与输入端串联的电阻充当电压噪声源。C_b（图19.3）将电流波动传递到地，偏置电阻有效地分流输入，因此它充当电流发生器I_{nb}，其噪声与检测器的散粒噪声电流具有相同的效果。串联电阻器R_s用作电压发生器。对检波器和前置放大器噪声的深入分析包含在几本基础教科书中，例如文献[1,4,5]。这里我们简要总结不同的噪声贡献，这对于理解探测器的性能特征及其局限性非常重要。

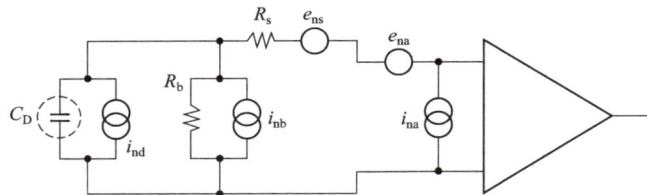

图19.6 用于噪声计算的等效探测器前端电子电路

19.2.2.6 约翰逊（热）噪声或电压噪声

当电流在电阻器和半导体中流动时，电子在声子上经历散射（原子振动），这导致电子速度的波动[8]。散射的程度取决于振动原子的能量kT：

$$e_n^2 = \frac{dV^2}{df} = 4kTR \tag{19.40}$$

同样，对于当前：

$$i_n^2 = \frac{di^2}{df} = \frac{4kT}{R} \tag{19.41}$$

电压噪声的最大成分通常是 JFET 沟道电阻，因为栅极 - 沟道电容耦合到栅极。此电阻与 JFET 跨导 g_m 的倒数成正比，而且均方根电压噪声密度可写成：

$$e_n^2 = \frac{K \cdot 4kT}{g_m} \tag{19.42}$$

热噪声的另一个因素是传感器背层的电阻以及传感器和 JFET 栅极之间的物理接触，它们与 JFET 沟道电阻串联。因此，R_s 对电压噪声的贡献为：

$$e_n^2 = 4kTR_s \tag{19.43}$$

19.2.2.7 电流或散粒噪声

在传感器中流动的电流是许多单个电荷移动的结果，并且由于导致噪声的不同物理因素而经历波动。电流或散粒噪声的频谱密度可给出如下：

$$i_n^2 = 2eI \tag{19.44}$$

式中，e 是电荷，I 是平均电流。

电阻器、电介质和半导体中的陷波和去陷波过程会引入额外的波动，其噪声功率经常呈现 $1/f$ 频谱，其电压的频谱密度为：

$$e_{nf}^2 = \frac{A_f}{f} \tag{19.45}$$

放大器的噪声完全由输入端的电压源和电流源组合描述，图 19.6 所示为 e_{na} 和 i_{na}。因此，对于图 19.6 中的电路，可以将 4 个噪声分量写成：

$$i_{nd}^2 = 2eI_d \tag{19.46}$$

$$i_{nb}^2 = \frac{di^2}{df} = \frac{4kT}{R_b} \tag{19.47}$$

$$e_{ns}^2 = 4kTR_s \tag{19.48}$$

$$e_{nf}^2 = \frac{A_f}{f} \tag{19.49}$$

因为单个噪声贡献是随机且不相关的，所以它们在正交中相加。

19.2.2.8 等效噪声电荷

上面，噪声贡献以电压和电流表示。用要测量的量表示它们通常更有用。噪声电平被指定为信噪比（SNR）等于 1 的信号电平。因此，测量信号电荷的探测器系统可以用等效噪声电荷（ENC）表征。这是产生信噪比（SNR）为 1 的信号电荷。

$$\text{ENC} = Q_n = \frac{Q_s}{\text{SNR}} \tag{19.50}$$

式中，Q_s 是信号电荷。

对于给定的探测器材料，信号电荷由吸收的能量决定，那么噪声也可以用能量 eV、keV 或电子表示。例如，在 Si 探测器中，$Q_n = 1e$ 对应于 3.64 eV。那么，电离能 E_i 的能量分辨率为：

$$\Delta E_n = E_i \cdot \text{ENC} \tag{19.51}$$

当设计或表征探测器系统时，ENC 是最方便的系统噪声测量方法。然而，在分析单个噪声贡献时，基本噪声参数（电压和电流）更有用。

探测器产生的信号通常不直接使用。它被进一步放大和塑造。这些程序的目的是优化信噪比，减少后续信号之间的干扰，最小化弹道缺陷效应，并形成用于更精确振幅测量的信号形状。在数学上，脉冲整形器可以以加权函数的形式呈现（详见文献[6,9]）。在这种情况下，ENC给出为：

$$Q_n^2 = \frac{1}{2}i_n^2\int_{-\infty}^{\infty}\left[W(t)\right]^2\mathrm{d}t + \frac{1}{2}C^2 e_n^2\int_{-\infty}^{\infty}\left[W'(t)\right]^2\mathrm{d}t \tag{19.52}$$

加权函数可以用特征时间表示，通常为"成形时间"或"峰值时间"。这导致ENC的一般公式：

$$Q_n^2 = i_n^2 F_i T_s + e_n^2 F_v \frac{C^2}{T_s} + F_{vf} A_f C^2 \tag{19.53}$$

式中，F_i、F_v 和 F_{vf} 取决于以整形器为步进单位确定的脉冲的形状；T_s 是特征时间，其选择通常取决于整形器的类型。

对于图19.6所示的电路：

$$Q_n^2 = \left(2eI_d + \frac{4kT}{R_b} + i_{na}^2\right)F_i\tau_s + (4kTR_s + e_{na}^2)F_v\frac{C_d^2}{\tau_s} + F_{vf}A_f C_d^2 \tag{19.54}$$

式中，e 是电荷，I_d 是检测器泄漏电流，k 是玻尔兹曼常数，R_b 是偏置电阻，i_{na} 是JFET漏电流（通常可以忽略不计），τ_s 是成形时间，R_s 是总串联电阻，e_{na} 是放大器噪声参数，A_f 是决定$1/f$噪声贡献的器件特定噪声参数，C_d 是探测器电容，F_i、F_v 和 F_{vf} 是整形器参数。

ENC作为整形时间和基本噪声参数函数的典型依赖性如图19.7所示。

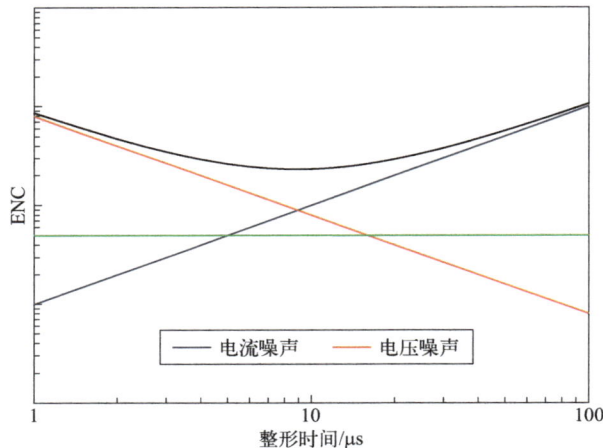

图19.7　作为整形时间的函数的ENC。绿线是$1/f$噪声贡献，黑线是产生的ENC

在实际的探测器系统分析中，探测器电容需要用所有分流输入的电容之和代替，这些电容即传感器电容、前置放大器输入电容和杂散电容（电线等）。

总结：
- ENC在很大程度上取决于温度的泄漏电流。
- ENC在很大程度上取决于前置放大器输入的电容。
- ENC在很大程度上取决于前置放大器的电压噪声参数。

- SNR可以通过最佳整形器设计提高。
- 对ENC的电流和电压贡献取决于整形时间：电流噪声随整形时间增加，但电压噪声随着τ_s的增加而减少，最佳整形时间对应于这些贡献的相等值。
- $1/f$噪声的贡献可以通过优化整形器的频带来最小化。

一般来说，为了提高探测器系统的能量分辨率，开发者应努力做到以下几点：

- 提高起始材料和制造工艺的质量，以减少泄漏电流。
- 将传感器和前置放大器设计成尽可能低的电容。
- 设计具有低电压噪声的前置放大器，主要是第一放大级。
- 设计一个最佳的整形器。

19.3　便携式光谱探测器：设计和性能

19.3.1　Si-PIN二极管探测器

采用简单的平面几何结构的Si-PIN二极管是半导体X射线探测器的基本样式。从20世纪80年代初到今天，大多是使用轻微n-掺杂、400~5000 μm厚、<111>电阻为5 kΩ的硅片生产的。图19.8显示了一个典型的PIN二极管探测器的横截面，该探测器是使用J. Kemmer在1980年推出的平面技术制造的。典型的晶圆厚度为400~625 μm，电阻为5~10 kΩ。

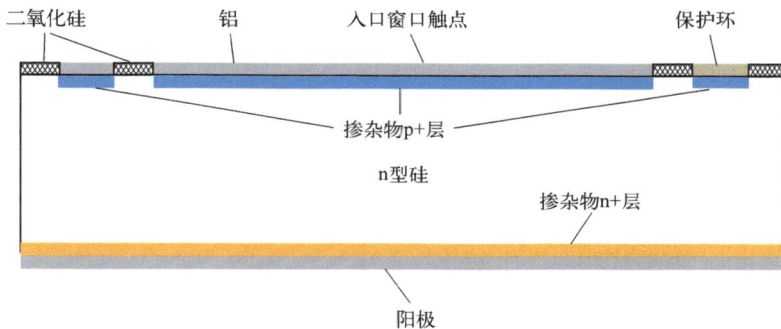

图19.8　PIN二极管探测器的横截面。通常情况下，入口窗口与JFET的栅极电极相连

通过引入掺杂物形成p+层和n+层。在入口窗口触点（阴极）的左右两侧显示的类似掺杂的区域形成了一个保护环，将探测器二极管与芯片的边缘隔离。保护环是必要的，因为边缘的机械损坏会导致不可接受的高泄漏电流。保护环可以是接地的或浮动的。电接触是由沉积的金属层——通常是铝——形成的。电极之间的中间表面由二氧化硅的电介质层保护。

当施加足够的反向电压V_b时，探测器得到完全耗尽。耗尽的宽度是：

$$w_d = \sqrt{\frac{2\varepsilon(V_b + V_{bi})}{Ne}} \tag{19.55}$$

式中，ε是介电常数（对Si来说是$11.9\varepsilon_0$），V_{bi}是内置的结点电位（对Si来说约为0.5 V），N是掺杂物浓度。

当探测器完全耗尽时，在给定温度下的泄漏电流和探测器电容：

$$C = \varepsilon \frac{A}{w_\mathrm{d}}$$

(19.56)

是最小的。例如，Moxtek公司的XPIN-6探测器的电容，敏感面积为6 mm²，约为1.8 pF。

图19.9介绍了PIN二极管探测器的典型设计，该探测器封装在TO-8罐中，这是便携式X射线光谱仪最常见的设计。传感器芯片与JFET和热敏电阻（或二极管）一起安装在陶瓷基板上，然后放置在两级Peltier TEC上。探测器的敏感表面由一个内部准直器开孔，以消除由不完全电荷采集引起的边缘效应。这些影响会导致XRF光谱中的峰-背比差和形成"鬼"峰。金属化触点和外壳引脚之间的所有必要连接都是通过电线连接完成的。探测器组件用一个带有薄的X射线透明窗口的镍帽保护。探测器的体积被抽空和密封。在大多数情况下，制造商在密封的外壳内安装获取器使内部的压力保持在足够低的水平，可以使用数年。

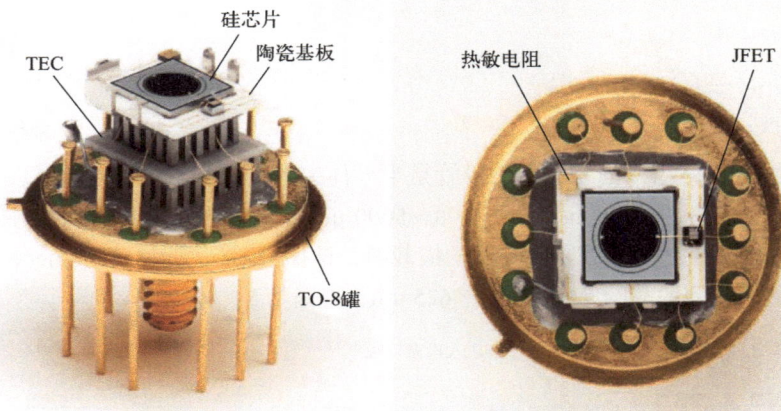

图19.9　TO-8外壳的SI-PIN探测器的典型设计：Moxtek, Inc.，XPIN-6探测器。来源：Moxtek, Inc.

第一放大级通常是一个分立的JFET，集成了约50 fF的反馈电容，尽管有几个小组报告说制造了集成有"片上"场效应晶体管（FET）的PIN二极管探测器[10]。图19.9和图19.10显示了TO-8封装的典型PIN二极管探测器设计实例。

图19.10　手持式EDXRF光谱仪的PIN二极管探测器模块的典型设计。XPIN-6和XPIN-13来自Moxtek公司。来源：Moxtek, Inc.

入口处的真空密闭和光密闭窗口是探测器封装的一个非常重要的部分。窗口必须提供良好的密封性，并在广泛的能量范围内对X射线进行低吸收。最常用的窗口由厚度为8 μm和25 μm的真空密闭铍（Be）箔制成。

为了更好地抵抗恶劣的环境，一些制造商用一层薄薄的涂层保护铍窗。例如 Moxtek 的 DuraBerillium 窗是用 DuraCoat® 涂层保护的。DuraCoat® 是一种专有的耐火材料，由比钠轻的元素组成，确保铍窗在恶劣环境中保持真空密封。该产品具有高度的抗湿性、抗化学性和抗磨损性，使其成为 XRF 应用的理想选择。铍窗在低能量时限制了探测器的灵敏度，灵敏度低于 1.5 keV。当增强 X 射线在低能量下的传输很重要时可以使用铍窗以外的材料，这将在下面讨论。

用于便携式和手持式光谱仪的探测器由单个模块和一个小的低噪声前置放大器组成。前置放大器被放置在提供电磁干扰（EMI）屏蔽的铝制外壳中，并作为 TEC 热侧的散热器。图 19.10 展示了手持式 EDXRF 光谱仪探测器的典型设计。两级 TEC 足以有效，在约为 0.5 W 的合理功耗下，在探测器芯片和探测器外壳之间提供高达 80℃ 的 ΔT。因此，探测器可以在 -35℃ 下工作，甚至在需要更高的分辨率时温度可以更低。

如图 19.11 所示，PIN 二极管探测器的典型分辨率在 5895 eV（从 ^{55}Fe 同位素源获得的 Mn Kα 谱线）的 150～200 eV 范围内，对探测器的敏感区域（即探测器电容）有很强的依赖性。然而，PIN 二极管探测器能产生快速的信号，并随着计数率的变化表现出良好的稳定性。计数率主要受制于脉冲处理器的整形时间。

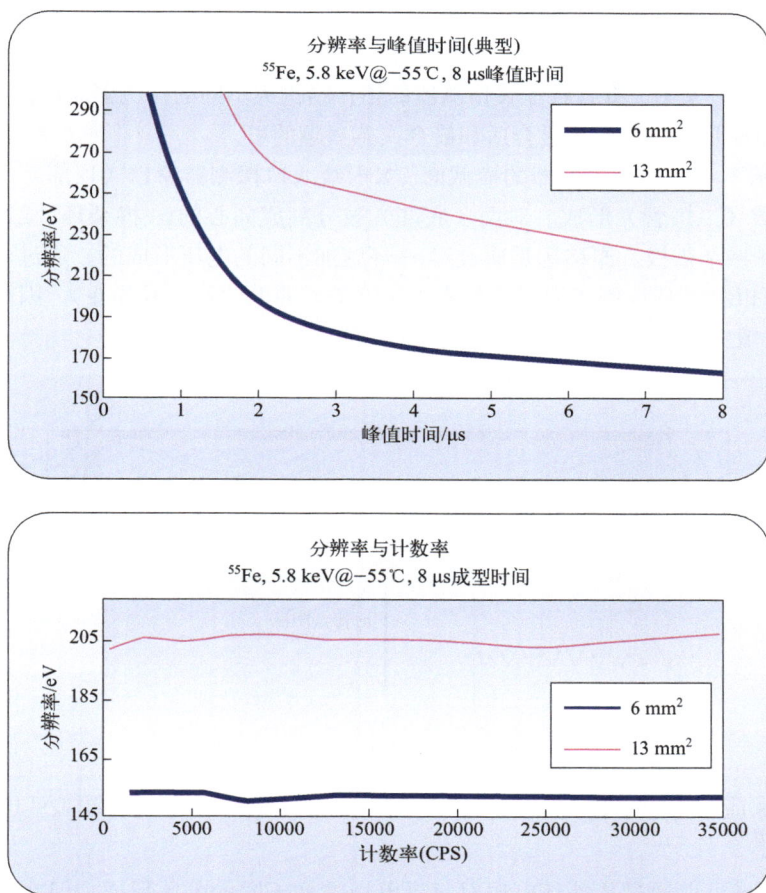

图19.11　Si-PIN 检测器的分辨率是峰值时间的函数，用不同敏感区的探测器拍摄（上部），以及在恒定峰值时间下对计数率的分辨率稳定性。XPIN-6 和 XPIN-13 Si-PIN 探测器来自 Moxtek, Inc.

尽管现在的 SDD 有更好的性能参数，但当价格是首要考虑因素时，Si-PIN 探测器还是被用于便携式 XRF 光谱仪，例如布鲁克纳米分析公司和奥林巴斯无损检测公司的一些手持式光谱仪。目前主要的 Si-PIN 二极管探测器制造商是 Moxtek 公司和 Amptek 公司。

19.4　硅漂移探测器

1984 年，E. Gatti 和 P. Rehak 提出了一项杰出的发明——半导体漂移室。最初，这个装置被设计并用作粒子跟踪位置敏感的检测器。后来，硅漂移室或 SDD 被优化用于 X 射线光谱分析。

SDD 原理的主要思想是在完全耗尽的大块硅片中产生一个电场，驱动电子到同一个 n+ 掺杂的小电极（阳极），而不管电子是在哪个位置通过热激发产生的还是通过 X 射线电离产生的。在这种情况下，阳极可以非常小。换句话说，在这种结构中，大面积产生的电荷被收集在小的采集电极上。采集电极的电容可以非常小（1～50 fF），而且几乎与探测器的敏感区无关。有各种漂移检测器的拓扑结构为不同的探测器应用而优化[7]。径向装置（图 19.12）对能量测量来说是最合适和最令人感兴趣的[11]。

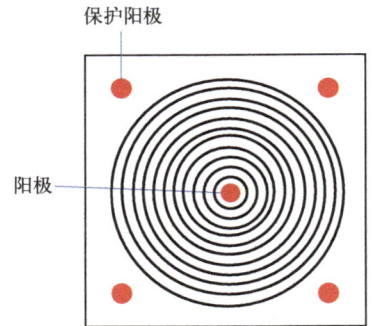

图 19.12　径向 SDD，中心是点式阳极

图 19.13 显示了一个漂移探测器的横截面。X 射线入口探测器窗口（顶部）由一个大的、均匀掺杂的 p+ 区域（二极管）形成。对面（底部）被分割成同心的 p+ 掺杂环（二极管），在装置的中心有小的 n+ 掺杂阳极。漂移场是通过对 n+ 环施加不同的电压形成的。通过对环形电极施加适当的电压，可以将漂移场创建为多数载流子（电子）的电位谷（或漏斗）。因此，该场连续地从顶部的探测器敏感区的外缘向下倾斜到底部的采集电极。

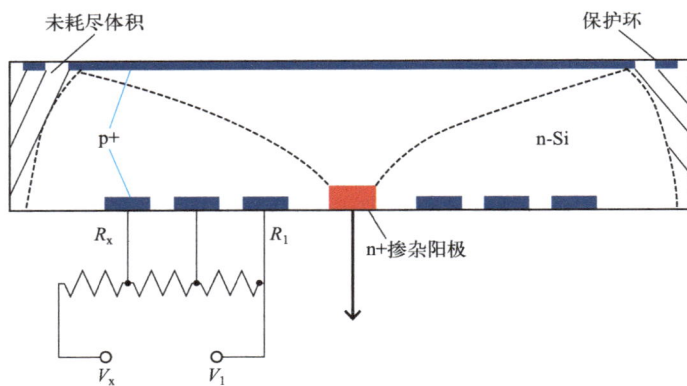

图 19.13　漂移探测器的横截面。R_1 是内弦，R_x 是最外层的环。漂移环 V_1、V_x 和 X 射线入口窗口的电压由外部来源提供

这样的漂移场可以通过从外部电源对每个电极施加不同的电压形成，但在大多数情况下使用集成分压器提供这些电压，这更实用。也可以使用其他环形偏压方法，例如"自偏压"（self-biasing）[2]。

这种类型的 SDD 中的耗尽是通过向入口窗口电极施加电压实现的，该电极开始从顶部到底部耗尽散装物，并向同心环施加电压，从环向阳极耗尽散装物。对可达到的漂移场有一个限制，这来自两个晶圆表面上相对形成的二极管之间的电压必须低于晶圆的全耗尽电压的条件。因此，当 R_1 和 R_x 之间的电压略低于双倍耗尽电压，而 X 射线入口窗口的电位大约在两者之间时，就能获得最大的漂移场。另一种设计是用一个连续的电阻螺旋代替同心环[12]。

阳极可以通过与 PIN 二极管相同的方式，用键合垫（bond pad）连接到分立 JFET 晶体管。这种方法的负面作用是增加了键合垫和飞线的杂散电容。为了克服这个问题，开发了带有片上电子器件的检测器[13]。圆柱形几何的 JFET 被植入到阳极的中心。然而，晶体管在敏感区中心的存在导致了一些电荷采集不完全的问题，从而降低了峰值-背景比率。为了克服这个问题，通过将阳极和 JFET 移到器件的边缘而牺牲了完美的对称性。在这种设计中，漂移场形成电极有一个水滴的形状，阳极和 JFET 被内部准直器保护，不受 X 射线照射[14]。

今天，最先进的探测器读出电子设备是集成在 ASIC 中的放大器。ASIC 具有非常低的 ENC（1～3 个电子 RMS）和非常低的输入电容。这使得在低温下有非常好的分辨率，在 5895 eV 的 X 射线光子能量下可以达到 122 eV，或者在适度冷却甚至室温下有 <140 eV 的良好分辨率[5]。改进的半导体技术导致制造出质量非常高的晶圆。据报道，在室温下阳极的电流密度为 25 pA/cm^2，这使得分辨率从 30℃时的 148 eV 下降到 −30℃时的 124 eV[15]。使用 ASIC 还可以实现低死区时间和高计数率，因为在亚微秒级的峰值时间内可以实现出色的分辨率[5, 16]。

今天的市场上有不同类型的用于便携式光谱学的商用 SDD，这些制造商包括 KETEK GmbH（德国）、PNDetector GmbH（德国）、XGLab-Bruker（意大利）和 Amptek, Inc.（美国）。他们提供的 SDD 具有不同类型的前端电子器件，不同的敏感区域从 7 mm^2 到 150 mm^2，以及不同的形状——圆形、液滴形、六角形和椭圆形。典型的性能参数是在 −60～−25℃ 的温度范围内分辨率优于 130 eV。有些探测器可以在更高的温度下使用，但要折中一下，即分辨率较差。最大可实现的计数率为 2 Mcps，取决于峰值时间。

传统上，8～25 μm 厚度的铍窗被用于 X 射线探测器的封装，限制了探测器对低能量 X 射线（<1.5 keV）的敏感性。现在，几乎所有的探测器制造商都推出了具有良好 X 射线透明度窗口的 SDD，低至亚千伏能量。配备这种窗口的低噪声探测器系统可以探测到轻元素。

19.5　硅探测器的量子效率：X 射线入口窗口

硅探测器的量子效率 I_{reg}/I_0 是由探测器容积内的 X 射线吸收决定的，其公式为：

$$I = I_0 \exp(-\mu_a \rho x) \tag{19.57}$$

式中，I_0 是表面的 X 射线强度；μ_a 是质量吸收系数，一般随能量下降；ρ 是硅的密度；x 是穿透深度。因此，硅探测器的量子效率在高能量方面受到 μ_a 下降的限制，只能通过增加探测器的厚度进行补偿，如图 19.14 所示。

影响探测器效率的半导体探测器设计的第二个重要部分（或者可以称之为灵敏度，因为这个参数包括探测器的量子效率和窗口透明度）是 X 射线入口窗口。便携式或手持式 EDXRF 光谱仪的探测器 X 射线入口窗口必须满足以下要求：

硅探测器量子效率与X射线能量的关系，
对不同厚度的探测器进行计算

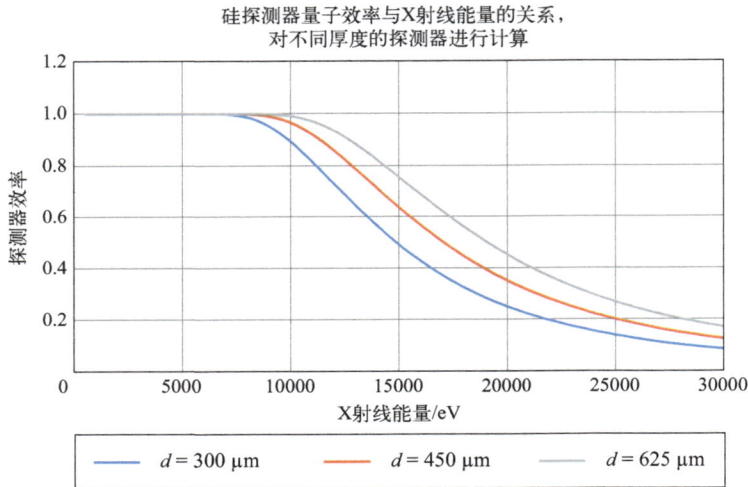

图19.14　硅探测器的量子效率是X射线能量的函数，对不同厚度的探测器进行计算

- 在感兴趣的X射线能量范围内具有高的X射线透明度。
- 光密性。
- 真空密封性。
- 必须承受至少略高于1 bar的压差和多次压力循环。
- 必须能承受多种温度循环，通常在−20～80℃之间。
- 应该有一个用于探测器EMI屏蔽的导电层。

在许多情况下，这些要求是相互矛盾的。例如，为了获得高的X射线透明度，窗户必须由只由光元素组成的材料制成，具有尽可能低的密度，并且非常薄。显然，只有以机械强度为代价才能满足这些要求，即更容易被压力差损坏。

光密性通常需要沉积一个额外的吸光层，这也将削弱低能量的X射线。因此，最佳的入口窗设计可以通过不同参数之间的一系列合理折中实现。今天，所有主要的半导体探测器制造商都提供带有入口窗口的探测器，这些窗口对低原子序数（Z）元素（低至锂）提供了更高的灵敏度。通常情况下，低能量窗口设计包括支持结构。在机械上，该结构在高达1.5 atm（约0.15 MPa）的压力变化中支持薄膜，并在成千上万的压力循环中保持薄膜的完整性。在光学上，支撑结构需要一个大的开放面积百分比，从而使窗口的X射线传输最大化。例如，Moxtek公司传统上制造硅肋支撑结构，该结构由硅片制成。硅肋结构有各种各样的尺寸，从10 mm²到500 mm²不等。

PNdetector GmbH宣传在其SDDGL-Genius Line探测器中使用的"pnWindow"，该探测器允许检测低至锂的光元素，并具有出色的峰-背信息。"pnWindow"的设计作为公司的专有信息被保留。Amptek公司获得专利的"C系列"X射线窗口利用氮化硅（Si_3N_4）与铝涂层，这种窗口将SDD的灵敏度范围扩大到硼。C1窗的透明度在1000 eV的X射线能量时约为65%，在500 eV时约为25%。在他们的VITUS产品系列中，KETEK GmbH使用了Moxtek公司的超薄AP3.3聚合物窗口。另外，在2015年，KETEK GmbH报告成功开发了一种基于石墨烯碳的新窗口[17]。

Moxtek公司的AP3 X射线窗口专门用于传输低能量（约50 eV及以上）的X射线。这种超薄的聚合物膜可以检测轻元素如硼、碳、氮和氧以及较重元素的X射线荧光。窗口是真空密封的（低于5×10^{-10} mbar·L/s的He），并且可以承受高达1.5 atm（约0.15 MPa）而不破裂。这些窗口存在于世界各地的各种 X 射线探测器中，包括安装在扫描电子显微镜（SEM）中的 XRF 探测器。AP3 产品线窗口由 300 nm 厚的超薄聚合物膜、约 20 nm 厚的专有硼水合物和 30 nm 厚的铝层组成。计算窗口的 X 射线透射，并在先进光源下测试，能量范围为 108～1300 eV。计算和实验得到的 AP3 窗口的 X 射线透射如图 19.15 所示。Moxtek 公司还开发了用于 AP3 超薄膜的六边形支撑结构，两种支撑结构的实例如图 19.16 所示。计算得到硅肋支撑结构的光透过率为 76.4%，六边形金刚石支撑结构的光透过率为 72.2%。不幸的是，支撑结构的存在使得入射光窗的光学传输依赖于入射 X 射线光子相对于窗口平面的入射角度。

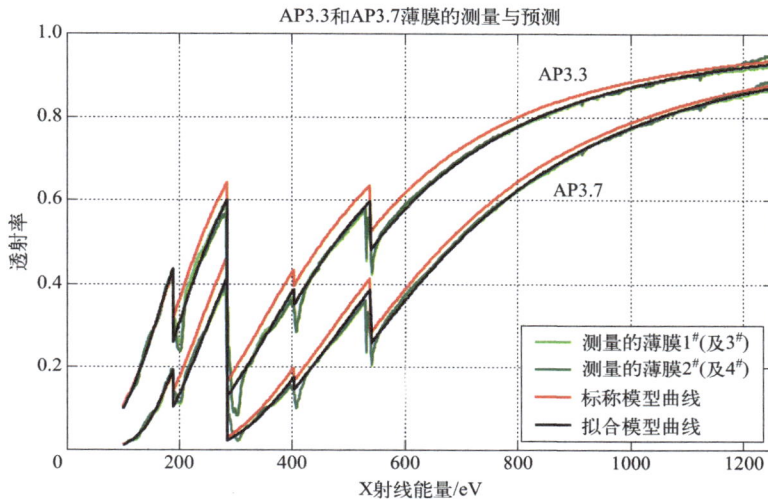

图19.15　该图显示了 AP3.3 和 AP3.7 薄膜在没有任何支撑结构的情况下测量和模拟 X 射线透射率。浅绿色曲线和深绿色曲线显示了两个 AP3.3 薄膜和两个 AP3.7 薄膜的测量透射率；红色曲线是使用 AP3.3 和 AP3.7 薄膜的标称膜厚度的模型曲线；黑色曲线也被建模，但是使用根据测量的透射曲线拟合产生的厚度。这些曲线中的不连续性对应于窗户材料成分的 K 边

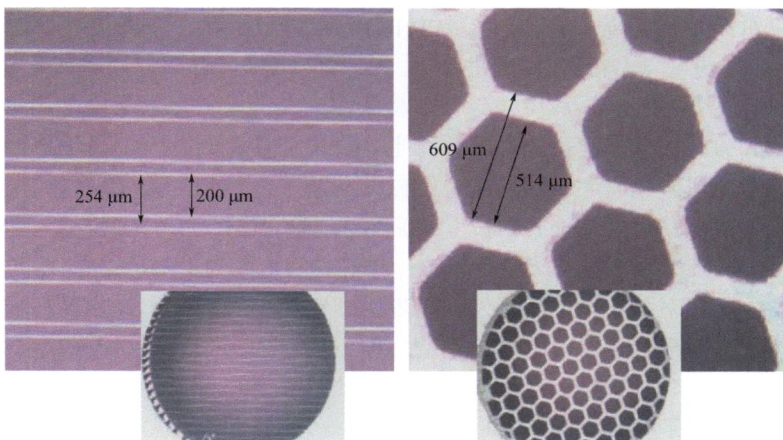

图19.16　两种不同支撑结构的图像。左边的图像显示了传统的硅肋结构，硅结构的厚度为 381 μm，肋宽为 54 μm，肋间距为 254 μm，间隙宽度为 200 μm；右边是六边形结构，厚度为 90 μm，肋宽为 95 μm，六边形间距为 609 μm，间隙宽度为 514 μm。总的来说，这两种支撑结构的内径都是 6.4 mm（32 mm² 的有效面积）。来源：Moxtek 公司提供

从样品表面上的小辐照点发射到宽立体角的荧光辐射降低了窗口在低能量下的X射线透射。与最薄的铍窗口（8 μm）相比，AP3窗口在正常光束入射下的X射线透射率如图19.17所示。

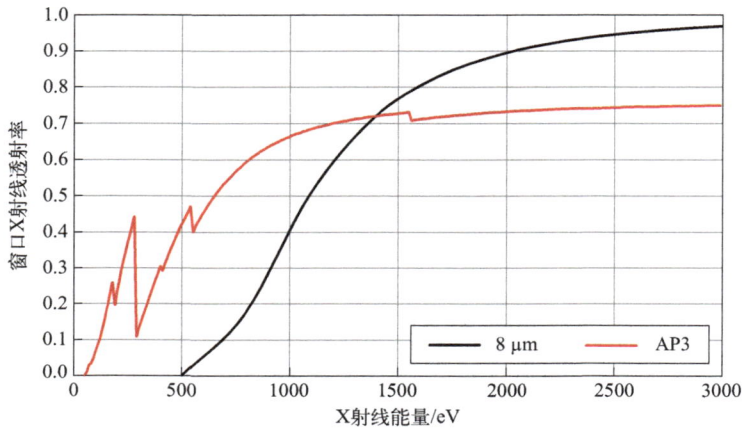

图19.17　在50~3000 eV能量范围内8 μm厚度的AP 3窗口和铍窗口的X射线透射率

19.5.1　环境噪声对半导体探测器性能的影响

非常灵敏的探测器电子设备的一个负面特性是，它们很容易受到外部干扰的影响，例如电磁干扰（EMI）、环境电磁场引起的麦克风效应、接地回路和机械振动。当X射线管和探测器安装得非常近时，这些干扰源经常在这些半导体探测器附近遇到，特别是在便携式能量色散光谱仪中。此外，手持光谱仪总是存在从振动设备、手机等获得环境干扰的风险。

在一些出版物中已经提出并分析了不同的麦克风噪声过滤方法[18,19]。Moxtek研究组研究了这些外部干扰对探测器能量分辨率的影响，研究工作集中于与机械振动（微音噪声）相关的周期性外部干扰以及影响检测器-前置放大器组件的电噪声。因此，我们更喜欢使用术语周期性"干扰"，而不是"噪声"，后者意味着随机干扰。

所有测量都是使用标准Moxtek PIN二极管检测器以及标准数据采集电子设备电荷敏感前置放大器和DPP完成的：外部电干扰通过函数发生器输出和检测器外壳的简单连接进入检测器组件，检测器外壳连接到前置放大器的接地。机械振动通过连接到函数发生器的压电换能器施加到检测器上，换能器压在检测器外壳上以获得良好的声学接触。所有实验都是通过测量探测器能量分辨率作为探测器峰值时间的函数完成的，峰值时间范围为4~100 μs，在1~100 kHz范围内的不同恒定发生器频率下。通过实验发现了发生器输出信号的振幅，并且将干扰的振幅设置在足够高的水平，以观察检测器中的外部干扰，但不会导致不合理的高分辨率退化。探测器分辨率测量是用5895 eV X射线光子，使用^{55}Fe同位素源完成的。当机械或电周期性外部干扰引入探测器时，它会急剧改变分辨率峰值时间相关形状。

图19.18给出了探测器受到100 kHz机械振动影响时的分辨率曲线示例。可以看出，当探测器受到周期性干扰影响时，分辨率峰值时间依赖性有几个最小值和最大值，即由图19.18中的振荡曲线表示。正如预期的那样，电干扰和麦克风干扰对分辨率峰值时间依赖性具有相同的影响。这意味着，无论外部干扰是影响探测器本身还是影响探测器的前置放大器，都会在前置放大器

输出信号中增加一个周期性波（图19.19）。因此，在建立周期性干扰对探测器分辨率影响的数学模型时，我们不需要考虑干扰的性质，但干扰的周期性将在该模型中起关键作用。

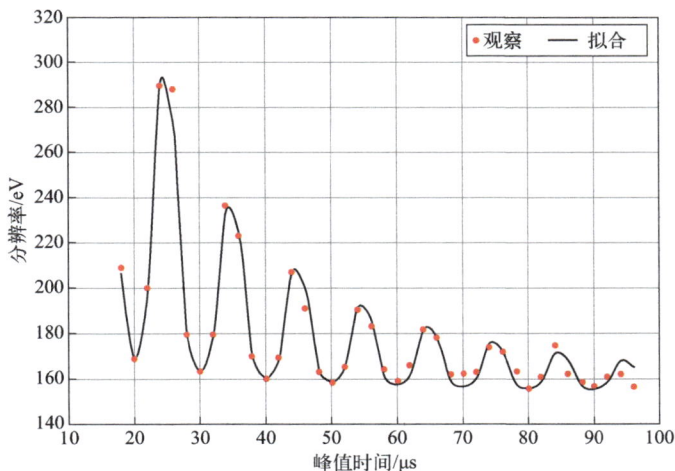

图19.18 受100 kHz声学干扰影响的PIN二极管检测器获得的探测器能量分辨率与峰值时间的函数关系。实验观察结果以点表示。实线代表使用（66）获得的最佳LMS拟合

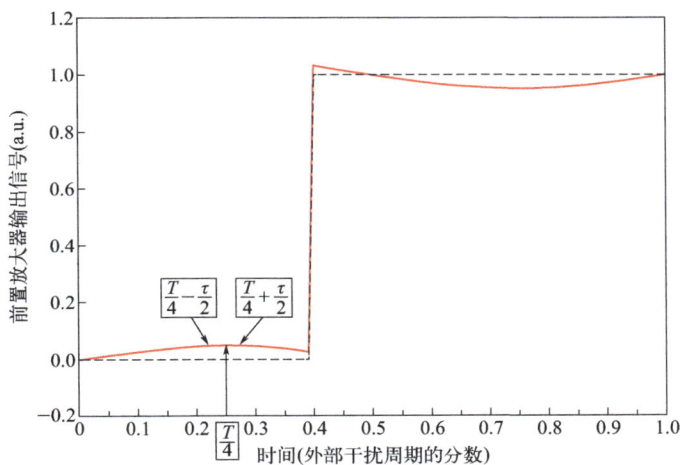

图19.19 探测器信号与外部周期性干扰叠加示意图。虚线表示检测器信号为阶跃函数，红色实线表示模拟外部干扰的正弦波

半最大值处的全实验峰宽由众所周知的公式给出：

$$\text{FWHM} = \sqrt{\Gamma_{\text{Fano}}^2 + \Gamma_{\text{ENC}}^2 + \Gamma_{\text{others}}^2} \tag{19.58}$$

式中，$\Gamma_{\text{Fano}} = 2.35\sqrt{\varepsilon FE}$ 是 Fano 噪声；Γ_{ENC} 是等效噪声电荷（ENC）；Γ_{others} 是任何其他可能影响分辨率的因素，如不完全电荷采集、陷阱浓度等。

第二项给出了 ENC（随机噪声）与峰值时间［公式（19.53）］的相关性。我们可以重写公式（19.53），以更方便LMS拟合的形式：

$$Q_{\text{n}}^2 = A_1 \tau + A_3 \frac{1}{\tau} + A_3 \tag{19.59}$$

式中，$A_1 \sim A_3$ 是将在最小平方中值（LMS）过程中细化的参数。

让我们假设探测器在某种外部周期性扰动的影响下工作。这意味着我们必须在公式（19.58）中再加一项：

$$\text{FWHM} = \sqrt{\Gamma_{\text{Fano}}^2 + \Gamma_{\text{ENC}}^2 + \Gamma_{\text{Ext}}^2 + \Gamma_{\text{others}}^2} \qquad (19.60)$$

假设其他噪声源和外部干扰明显大于 Γ_{others}^2，则我们不考虑这一项。为了找出 Γ_{Ext}^2 的显式形式，让我们将前置放大器输出信号视为阶跃函数对应检测到的 X 射线光子，叠加频率为 ω 的正弦信号对应外部干扰信号，如图 19.4 所示。因此，对于外部干扰电压，如下：

$$\langle U_t \rangle^2 = \frac{1}{T} \int_0^T D_m^2 \sin(\omega t)^2 \mathrm{d}t \qquad (19.61)$$

式中，T 是外部干扰信号的周期，D_m 是外部干扰信号的峰值幅度。

DPP 从移动平均计算形成输出梯形脉冲，如[6]：

$$S_0(n) = \sum_{k=0}^{N-1} W(k) \cdot S_i(n-k) \qquad (19.62)$$

式中，S_0 和 S_i 是输出和输入信号，W 是产生所需脉冲形状的加权函数。

因此，两个 X 射线事件之间与平均基线值的偏差，或由外部干扰引起的输出信号与真实值的偏差，等于在峰值时间间隔内根据公式（19.61）计算的外部干扰平均电压。当平均间隔以干扰信号的最大值（或最小值）为中心时，将达到该偏差的最大幅度，如图 19.20 所示。因此，可以将偏差峰值振幅记为：

$$D_m = \frac{1}{\tau} \int_{\frac{T}{4} - \frac{\tau}{2}}^{\frac{T}{4} + \frac{\tau}{2}} A_m \sin(\omega t) \mathrm{d}t = A_m \frac{2\sin\left(\frac{2\pi T}{4T}\right) \sin\left(\pi \frac{\tau}{T}\right)}{2\pi \frac{\tau}{T}} = A_m \frac{\sin(\pi p)}{\pi p} \qquad (19.63)$$

$$p = \frac{\tau}{T}$$

式中，T 为外部干扰周期，τ 为峰化时间，A_m 为外部干扰信号幅度。

可以注意到，当 $p = n$ 时（n 是整数），外部干扰将对探测器分辨率没有影响，而且其对分辨率的影响将随着峰化时间的增加而降低。这正是在实验中观察到的情况（图 19.20）。现在，对于外部干扰，组合公式（19.61）和公式（19.63）并忽略相位积分，因为外部干扰与光子检测事件不相关，如下：

$$\Gamma_{\text{Ext}}^2 = \langle U_t \rangle = \sum_{k=0}^{N-1} [W(k)]^2 \left[\frac{A_m}{\sqrt{2}} \frac{\sin(\pi p)}{\pi p} \right]^2 \qquad (19.64)$$

并且如果加权函数是显式已知的，则以便于 LMS 拟合的形式重写公式（19.58）。因为在此工作中使用了来自不同制造商的 DPP，所以不知道 $W(k)$ 的显式形式。然而，发现当 Γ_{Ext}^2 给出如下时，作为峰化时间函数的 FWHM 的计算依赖性与实验观测值之间可以达到最佳一致：

$$\Gamma_{\text{Ext}}^2 = K \frac{[\sin(\pi p)]^4}{(\pi p)^2} \qquad (19.65)$$

这可以用加权函数的形式解释，加权函数的形式可能因 DPP 制造商而异，但发现公式（19.65）对来自不同制造商的至少两个 DPP 有效。

$$\text{FWHM} = \sqrt{\left(2.35\sqrt{\varepsilon FE}\right)^2 + \left(A_1\tau + A_2\frac{1}{\tau} + A_3\right) + A_4\frac{[\sin(\pi p)]^4}{(\pi p)^2}} \tag{19.66}$$

采用LMS数据拟合，其中系数 $A_1 \sim A_5$ 是细化参数。分辨率与峰值时间相关性的最佳拟合结果如图19.20所示。可以看出，公式（19.66）充分描述了外部干扰对探测器分辨率的影响，而不管这种干扰的性质如何，我们相信这些考虑不仅适用于PIN二极管探测器，也适用于其他类型的探测器。

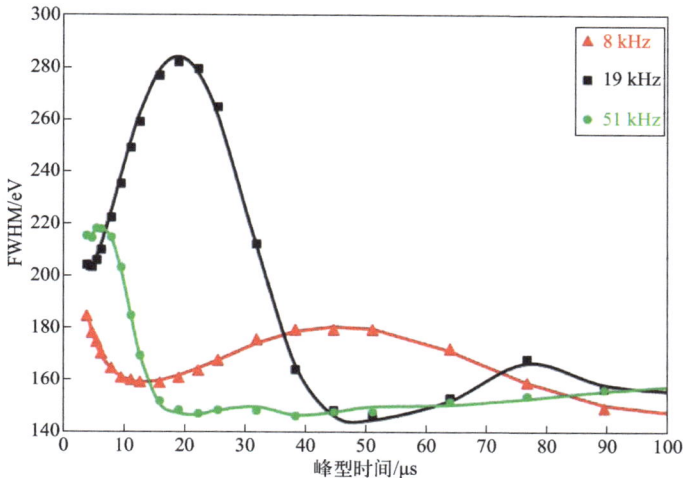

图19.20　探测器受不同频率外部干扰影响时获得的探测器能量分辨率-峰值时间依赖性。实线对应最佳LMS拟合

研究表明，在实际中可能影响探测器的周期性干扰和白噪声以不同的方式影响探测器能量分辨率-峰值时间相关性，白噪声在很宽的峰值时间范围内导致能量分辨率下降，但周期性干扰显著改变分辨率-峰值时间相关性形状。因此，当检测器受到周期性干扰影响时，在宽范围内测量分辨率-峰值时间相关性对于正确的检测系统诊断总是有用的，因为当检测器受到周期性干扰影响时，仅在一个峰值时间进行单点测量就可能导致错误的结论。探测器分辨率的下降不仅与外界干扰幅度有关，还与峰值时间-干扰周期比有关，即与干扰频率有关。因此，使用所提出的模型，可以从分辨率峰值时间相关性测量中找到外部干扰的频率。例如，当处理固定频率干扰和不可避免的外部干扰时，这可能有助于开发适当的数字滤波器。

19.6　结论

近10年来，半导体探测器技术取得了重大进展。目前，采用Peltier元件冷却的SDD具有典型的能量分辨率，其分辨率在125～140 eV之间，探测器温度范围为-35～15℃，最大计数率为每秒百万计数，探测器灵敏面积可达150 mm²。现代探测器结构紧凑、功耗低、机械坚固可靠，可以在较宽范围的环境温度和恶劣条件下工作。例如，它们在最近的NASA火星任务中得到了成功的应用。ASIC前置放大器在提高探测器计数率和低能（1 keV以下）下的灵敏度等探测器性能参数方面发挥了重要作用。因此，SDD和PIN二极管探测器（当成本是主要关注的问题时）是最适合手持式 XRF 光谱仪的探测器，其性能与实验室用探测器相当。

　　然而，Si探测器也存在局限性，其在高X射线光子能量（大于15 keV）下的量子效率较低，需要冷却，工作温度也必须稳定。在高能量下具有更高的量子效率和更高的工作温度的探测器（更低的功耗）的需求将继续增加，如基础研究、空间探索、安全和医疗行业等。几个大学和公司联合的研究小组正致力于满足这一需求，不仅改进现有的硅探测器技术，而且致力于寻找硅材料的替代品。基于碲化镉的探测器CdTe（Amptek公司）以及在入射光子能量高达130 keV（见文献[20]示例）时具有高量子效率和良好能量分辨率的碲锌镉CZT（Kromek团队）的研制取得了重大进展。CdTe探测器和CZT探测器目前已实现商业化。另一种用于X射线探测器的潜在候选材料是碳化硅（SiC）。Bertuccio和他的团队证明了SiC探测器可以在高达100℃的高温和不稳定温度下工作[21]。然而，这些类型的探测器仍然没有得到充分的开发，需要更多的努力使其适合用于便携式EDXRF光谱仪。

缩略语

ASIC	application-specific integrated circuit	应用专用集成电路
CZT	cadmium zinc telluride	碲化锌镉
DPP	digital pulse processor	数字脉冲处理器
EDXRF	energy-dispersive x-ray fluorescence	能量色散X射线荧光
EMI	electromagnetic interference	电磁干扰
ENC	equivalent noise charge	等效噪声电荷
FET	field-effect transistor	场效应晶体管
FWHM	full width at half maximum	半峰全宽
JFET	junction gate field-effect transistor	结栅场效应晶体管
LMS	least median of squares	最小平方中值
MOSFET	metal-oxide–semiconductor field-effect transistor	金属-氧化物-半导体场效应晶体管
NASA	National Aeronautics and Space Administration	（美国）国家航空航天局
PIN	p-type–intrinsic–n-type	p型本征n型
RMS	root mean square	均方根
SDD	silicon drift detector Si(Li) lithium-doped silicon detector	硅漂移探测器 Si(Li)含锂硅探测器
SEM	scanning electron microscope	扫描电子显微镜
SNR	signal-to-noise ratio	信噪比
TEC	shermoelectric cooler	热电制冷器
XRF	X-ray fluorescence	X射线荧光

参考文献

[1] Pantazis, T., Pantazis, J., Huber, A., and Redus, R. (2010). The historical development of the thermoelectrically cooled X-ray detector and its impact on the portable and hand-held XRF industries. *X-Ray Spectr.* 39: 90–97.

[2] Lowe, B.G. and Saren, R.A. (2014). Semiconductor *X-Ray Detectors*. Taylor & Francis Group, Ltd.

[3] Kemmer, J. (1984). Improvement of detector fabrication by the planar process. *Nucl. Instr. Methods Phys. Res.* A 226 (1): 89–93.

[4] Gatti, E. and Rehak, P. (1985). Semiconductor drift chambers for position and energy measurements. *Nucl. Instr. Methods* A

235: 224–234.

[5] Bombelli, L., Fiorini, C., Frizzi, T., Alberti, R., and Longoni, A. (2011). "CUBE", a low noise CMOS preamplifier as alternative to JFET-nd for high-count rate spectroscopy. *Proceedings, 2011 IEEE Nuclear Science Symposium and Medical Imaging Conference (NSS/MIC 2011)*, Valencia, Spain (23–29 October 2011).

[6] Spieler, H. (2005). *Semiconductor Detector Systems*, Series on Semiconductor Science and Technology (Book 12). Oxford University Press.

[7] Lutz, G. (1999). *Semiconductor Radiation Detectors*. Springer.

[8] Sze, S. and Kwok, K. (2007). *Physics of Semiconductor Devices*. John Willey & Sons, Inc.

[9] Radeka, V. (1972). Trapezoidal filtering of signals from large germanium detectors at high rates. *Nucl. Instr. Methods* 99 (3): 525–539.

[10] Betta, G. and Dalla, F. (2000). Silicon PIN radiation detectors with on-chip front-end junction field effect transistors. *IEEE Trans. Nucl. Sci.* 47 (3): 829-833.

[11] Rawlings, K. (1986). Radial semiconductor drift chambers. *Nucl. Instr. Methods* A256: 297–304.

[12] Rehak, P., Gatti, E., Longoni, A. et al. (1989). Spiral silicon drift detector. *IEEE Trans. Nucl. Sci.* 36 (1): 203–209.

[13] Hartmann, R., Hauff, D., Krisch, S. et al. (1994). Design and test at room temperature of the first silicon drift detector with in-chip electronics. *Proceedings of 1994 IEEE International Electron Device Meeting*, San Francisco, CA, USA, pp. 535–538. doi: https://doi.org/10.1109/IEDM.1994.383476.

[14] Fiorini, C. and Longoni, A. (2008). Semiconductor drift detectors for X-ray and gamma-ray spectroscopy and imaging. *Nucl. Instr. Methods B* B266: 2173–2181.

[15] Bertuccio, G., Ahangarianabhari, M., Graziani, C. et al. (2015). A silicon drift detector-CMOS front-end system for high resolution X-ray spectroscopy up to room temperature. *J. Instr.* 10: O01002.

[16] Bombelli, L., Fiorni, C., Frizzi, T., et al. (2010). Low-noise CMOS charge preamplifier for X-ray spectroscopy detector. *IEEE Nuclear Science Symposuim & Medical Imaging Conference*, Knoxville, TN, pp. 135–138. doi: https://doi.org/10.1109/NSSMIC.2010.5873732.

[17] Huebner, S., Miyakawa, N., Kapser, S. et al. (2015). High performance X-ray transmission window based on graphenic carbon. *IEEE Trans. Nucl. Sci.* 62 (2): 588–593.

[18] Fontanelli, F., Gatti, F., and Nostro, A. (1996). An adaptive system for the reduction of the microphonic noise in cryogenic detectors signal. *Nucl. Instr. Methods A* 370: 218–219.

[19] Morales, J. and Garda, E. (1992). Filtering microphonics in dark matter germanium experiments. *Nucl. Instr. Methods Phys. Res. A* 321: 410–414.

[20] Wilson, M.D., Cernik, R., Chen, H. et al. (2011). Small pixel CZT detector for hard X-ray spectroscopy. *Nucl. Instr. Methods Phys. Res. A* 652 (1): 158–161.

[21] Bertuccio, G., Caccia, S., Puglisi, D., and Macera, D. (2011). Advances in silicon carbide X-ray detectors. *Nucl. Instr. Methods Phys. Res. A* 652 (1): 193–196.

20
台式核磁共振波谱仪的现场部署应用

Koby L. Kizzire, Griffin Cassata

Department of Forensic Science, Henry C. Lee College of Criminal Justice and Forensic Sciences, University of New Haven, West Haven, CT, USA

20.1　概述

　　第二次世界大战结束后不久，Felix Bloch 和 Edward Purcell 分别独立发现并证实了原子核在磁场中对射频光的吸收现象[1,2]。到20世纪50年代初，Varian 公司基于这一原理生产出首台商用仪器[3]，1952年，两位研究者共同荣获诺贝尔物理学奖[4]。这些突破性进展的迅速落地印证了现代化学家的普遍共识——核磁共振（NMR）波谱法是用于解析无机和有机化合物结构最强大的分析技术之一。

　　NMR测量的物理特性倾向于更高的磁场强度，因此仪器开发呈现出"体积越大、性能越优"的趋势。随着用户友好界面的改进，仪器体积迅速增大[5]。为提升分辨率和灵敏度（进而增强仪器的解析能力），更强磁场的大型磁体被引入。然而，许多仪器的固定磁体受限于现有材料，很快达到了可实现的最高均匀磁场强度。不过，在超导技术的突破和混合仪器的兴起后，这一趋势延续至今[6]。早期仪器通常使用低至0.5 T的磁体[6]，而如今公司公告显示已推出28.2 T的仪器[7]，甚至有NMR实验在高达35.2 T的磁场中完成[8]。

　　尽管现代仪器的性能毋庸置疑地卓越，但其成本高昂。NMR波谱仪的价格因整体配置而异，高场NMR波谱仪（磁场强度≥7.05 T）的成本从10万美元到超过1000万美元不等[9]。为容纳新的高场NMR波谱仪，需专门建造或改造房间甚至小型建筑，且超导材料在仪器使用寿命内需要持续补充液氦和液氮。不可避免的维修或维护需要技术人员到安装现场，费用通常高达数千美元。对于有能力负担的用户而言，从这些仪器中获得的信息价值显然物有所值。

　　面对这些经济障碍，不难理解为何早期的NMR仪器重新受到关注。在NMR发展的早期几十年，科学家们成功利用无低温冷却、磁场强度1-2 T的仪器生成数据[10]，且并非所有实验都需要高分辨率测量。Anasazi Instruments是填补这一市场空白的知名公司，其开始生产1.4 T和2.1

T的固定磁体系统，主要面向学术界。这些仪器相比现代高场仪器具有更高的性价比和耐用性，减轻了允许缺乏经验的学生使用仪器的顾虑。然而，它们仍采用传统磁体，质量较大，2.1 T磁体重达918 kg[11]。

NMR波谱仪几个关键部件的改进使得这些仪器的现代版本实现了一定程度的小型化，目前这类系统的商用版本通常被称为台式仪器。尽管低场NMR波谱仪可实现简单分子的结构解析，但其主要用途通常与已知结构的确认或定量分析相关。不同消费者的关注点因需求而异，除学术界外，市场关注尤其集中在质量保证与控制、研究以及现场工作的可能性[12]。其中一些设备的质量和外部需求大幅降低，单人即可轻松将其移动到对用户更有利的地点。

NMR波谱仪开发趋势——向低场强仪器的转变——导致了一些可以理解的术语混乱。快速浏览综述文献和制造商网站即可发现，对于可能作为现场部署结构鉴定仪器的NMR波谱仪，尚无统一的命名惯例。常见的描述术语包括更广泛接受的"台式"[12-15]、"桌面式"[10,16]、"便携式"[17-20]、"紧凑型"[21-23]，以及这些术语与其他术语的组合。制造商直接或间接宣称的"便携式"这一术语的使用必须谨慎。尽管拉曼光谱和红外光谱（IR）等技术已被缩小到手持尺寸，但便携式NMR光谱仪更类似于台式计算机的发展，而不是20世纪中叶不可移动的占用整个房间的仪器。各种NMR波谱仪的比较如图20.1所示。

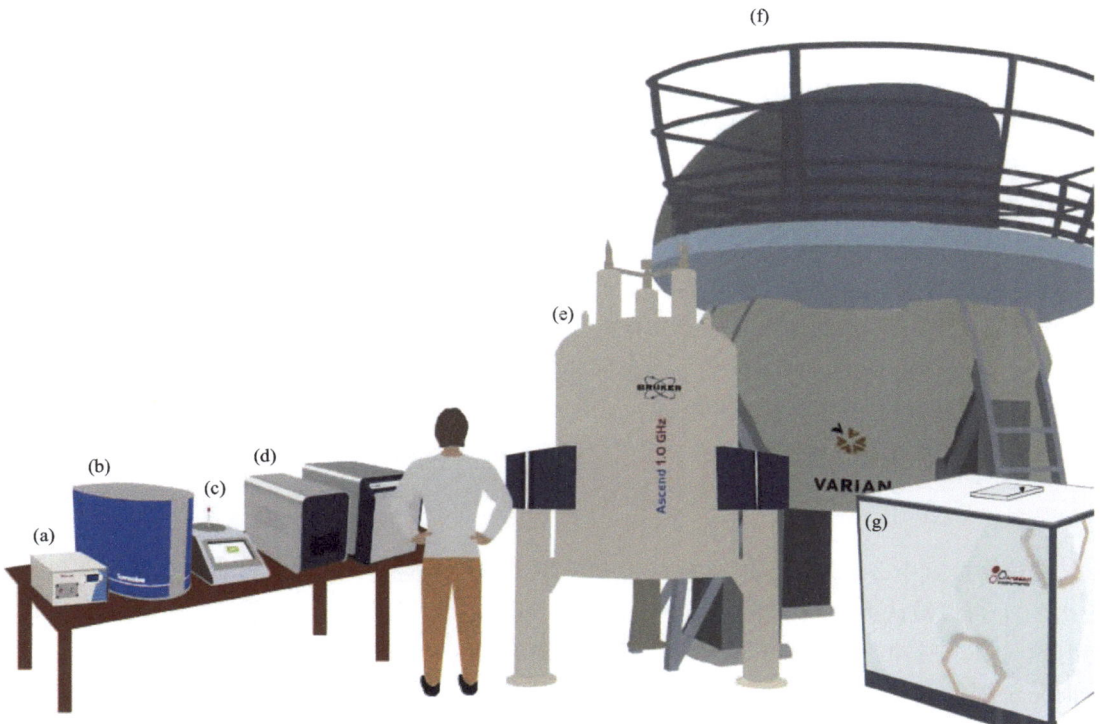

图20.1 各种NMR波谱仪的尺寸比较。这些仪器分别是：（a）Thermo Scientific的picoSpin 40；（b）Magritek的Spinsolve 60 Carbon；（c）Nanalysis的NMReady-60PRO；（d）Oxford Instruments的X-Pulse；（e）Bruker的Ascend 1.0 GHz波谱仪；（f）Varian的Unity Inova 900 MHz波谱仪；（g）Anasazi的Eft-90 NMR波谱仪。仪器（a）～（d）是bNMR波谱仪；仪器（g）是一种低场NMR，其能力与仪器（a）～（d）相似，而仪器（e）和（f）是超高场波谱仪

为清晰起见，本章讨论的仪器使用1.0～2.3 T的永磁体，提供有助于物质鉴定的结构数据，

且占地面积小，对外部电源和/或资源需求有限，具备潜在的现场使用能力。这些仪器将被称为台式NMR（bNMR）波谱仪。除了这些仪器实现的现场部署能力水平外，还将介绍NMR理论的简要背景以及使商用bNMR波谱仪达到现有水平的关键进展。

20.2　NMR理论

NMR是通过光谱法测量的，与其他光谱仪器一样，NMR仪器使用电磁波激发分析物产生响应。更具体地说，无线电波迫使被测量的部分原子核跃迁到高能态，当原子核返回低能态时，会释放能量，该能量被仪器检测到。检测到的能量显示在NMR光谱上，并分析分析物中的关键结构元素。然而，NMR波谱法要求被分析的原子具有NMR活性。某些原子的这种固有活性直接与其各自原子核的量子自旋态相关。

核自旋是原子核唯一导致NMR分析可能性的性质。自旋基于电磁原理，该原理假定运动的电荷会产生磁场。从整个原子来看，电子围绕原子核循环，在原子上产生磁场。然而，在原子核内部，质子和中子也有自己的自旋，产生各自独立的磁场。这些核粒子产生的磁场与任何磁场一样，可以被外部磁场操纵。描述亚原子粒子运动的"自旋"一词通常用于量子物理学的经典描述中。亚原子粒子的自旋并不像人们想象的陀螺或硬币那样旋转。核自旋更像是一种能量转移，以及该能量在粒子中的集中。

核自旋量子数I是衡量原子核中粒子磁性质的量。原子所具有的I值是对该原子中能量如何集中以及原子核可占据的各种能量状态的解释[24]。当$I=1/2$时，能量集中在粒子周围呈对称球形。因此，能量只能占据两种构型中的一种，即经典核自旋模型中描述的自旋向左或自旋向右。由于这种限制，对$I=1/2$的原子核的NMR分析得以简化，这也解释了为什么大多数常用该技术研究的原子核都属于这种情况（例如${}^1H$、${}^{13}C$和${}^{19}F$）。

当原子暴露于外部磁场时，如果其$I=1/2$，原子核的自旋（具有磁性）将与磁场方向平行或反平行排列。无论自旋方向与磁场方向相同还是相反，原子核的自旋轴都不会完全平行，而是始终与磁场方向存在一定夹角，并围绕外加磁场的轴进动。这种进动以拉莫尔频率衡量，不同原子在各自磁场中的拉莫尔频率不同[25]。公式（20.1）显示了拉莫尔（Larmor）频率与磁场的关系：

$$\nu = \frac{\gamma}{2\pi}B_0 \tag{20.1}$$

在这个公式中，ν是拉莫尔频率，γ是给定原子核的旋磁比，B_0是仪器提供的磁场强度。旋磁比（γ）可以被认为是原子被外加磁场操纵的亲和力。为了影响核进动方向，拉莫尔频率需要与射频（RF）脉冲匹配。由于${}^1H$核相对于其他同位素的天然丰度、理想的自旋态、由于键合有限而易于解释以及在许多有机和无机化合物中的普遍性，历史上它是NMR波谱法研究最多的核，并且可以说至今仍是最具分析价值的核。对给定NMR波谱仪性能进行分类的一种常见做法是基于${}^1H$的拉莫尔频率。bNMR波谱仪中最常见的频率为43 MHz、60 MHz、80 MHz和100 MHz，分别对应约1 T、1.4 T、2 T和2.3 T的磁场强度。

如前所述，$I=1/2$的原子核自旋态之间的能量差是量子化的。公式（20.2）显示了这些原子核自旋态之间能量间隔的关系[24]：

$$\Delta E = \gamma \hbar B_0 \tag{20.2}$$

普朗克常数 h 除以 2π 即为 $\hbar$。在标准操作条件下，旋磁比是每个原子核固有的表观常数，因此，很明显，仪器的磁场是一个可操控的特征，可以影响该能量差的大小。

要在 NMR 波谱法中获得信号，原子核的自旋必须在自旋态之间跃迁时吸收和释放能量。大多数常见的 NMR 活性原子核具有正自旋量子数。在这些原子核中，低能级是使原子核自旋与磁场方向一致的能级，高能级则与磁场方向相反。为了使射频脉冲产生净能量吸收，低能级的原子核数量必须多于高能级的原子核数量。这种热平衡时高能自旋与低能自旋的比率称为玻尔兹曼分布[26]，由式（20.3）定义：

$$\frac{N_{\text{high}}}{N_{\text{low}}} = e^{-\frac{\Delta E}{kT}} = e^{-\frac{\gamma \hbar B_0}{kT}} \tag{20.3}$$

式中，k 是玻尔兹曼常数，T 是温度。增加仪器的磁场强度会导致自旋态之间的能量差增大，正如预期的那样，此处表示的玻尔兹曼分布（$N_{\text{high}}/N_{\text{low}}$）将减小，表明低能态的原子核数量更多。

带电亚原子粒子的运动产生局部自旋诱导磁场。这些亚原子磁场远弱于仪器磁体产生的磁场，但它们与分子中其他亚原子磁场足够接近，可显示可测量的效应，这种效应称为屏蔽。当感兴趣的原子核被其他产生磁场的原子核和电子包围时（有时称为磁环境），该原子核所经历的总磁场与仪器磁体产生的磁场不同，如式（20.4）所示[27]：

$$\nu = \frac{\gamma}{2\pi} B_0 (1 - \sigma) \tag{20.4}$$

屏蔽常数 σ 可以是正的也可以是负的。每个原子核所经历的磁场差异以微环境依赖的方式发生，这极大地有助于化合物结构特征的识别。如公式（20.1）所示，拉莫尔频率将根据原子核所经历的磁场而变化。拉莫尔频率的微小变化会导致信号输出的微小变化，这些变化以相对于标准信号（如四甲基硅烷）的百万分比位移（ppm 位移）表示。通常，在 NMR 光谱上，这些位移表示为 δ。屏蔽程度更高的原子核将向上场位移，其 δ 值低于去屏蔽并向下场位移的原子核。位移值反映了式（20.5）所示的拉莫尔频率差异：

$$\Delta \nu = \frac{(\Delta \delta) \gamma B_0}{2\pi} \tag{20.5}$$

尽管任何两个给定信号的位移在不同磁场强度的仪器上以相同的 ppm 值报告，但在磁场更强的仪器上，信号的拉莫尔频率差异要大得多。因此，更强的磁体不仅意味着由于式（20.3）中提到的粒子数差异而产生更强的信号，还意味着更高的分辨率。

仪器的磁场灵敏度效应也可以通过考虑信噪比（SNR）的近似值来探讨，如式（20.6）所示[6]：

$$SNR = \frac{\text{信号}}{\sqrt{\text{噪声}}} \propto \frac{B_0^2}{\sqrt{\alpha B_0^{\frac{1}{2}} + \beta B_0^2}} \tag{20.6}$$

在这个公式中，α 和 β 与样品效率的辅因子有关。如果射频线圈是无损耗的（即所有输入能量都转换为输出能量）且样品是导电的，那么 α 趋近于零。如果射频线圈是有损耗的（即部分输入能量因其他过程而损失）且样品是非导电的，那么 β 趋近于零。如果 $\alpha=0$，SNR 与 B_0 直接相关；如果 $\beta=0$，SNR 与 $B_0^{\frac{7}{4}}$ 相关。在任何情况下，B_0 越大，SNR 越高[6]。

即使是这里介绍的 NMR 理论的最基本方面，也为 NMR 技术的现状提供了见解，尤其是在磁场强度的提升方面。上述许多公式也间接暗示了任何NMR波谱仪的另一个关键需求。由于仪器磁场在样品体积内的不均匀性导致的B_0变化，至少会导致信号的带宽展宽。磁场的均匀性极大地提高了SNR和分辨率，而在永磁体中实现强度和均匀性的双重目标，正是当今bNMR波谱仪发展的特点。

20.3　磁体小型化

在搜索便携式或移动式NMR波谱仪的文献时，可能会惊讶地发现几十年前的例子。其中许多基于地磁场NMR，包括具有非常专业用途（如测井）的低分辨率技术[28]。这些磁体通常很大，而电子元件和计算机的发展水平严重限制了紧凑系统的创建。直到20世纪90年代中期，才开发出真正紧凑的便携式NMR波谱仪——NMR移动通用表面探测器[29]。该仪器用于进行扩散和弛豫测量，以及生成提供材料表面特性信息的图像[10]。该仪器和类似仪器的低分辨率使其不适合用于识别物质所需的光谱测量，因此本章不再进一步讨论。

21世纪初，密集的研究努力最终在2009年推出了首台商用bNMR波谱仪。许多技术障碍通过非NMR技术的进步得以克服。计算机制造业在减小处理器和存储硬件占地面积的同时提高数据容量的能力不断进步，为减小NMR波谱仪的尺寸提供了无可争议的优势。另一个显著的改进是射频线圈尺寸的减小，这在一定程度上要归功于手机行业[26]。然而，毫无疑问，任何NMR波谱仪的尺寸主要由磁体决定。为了在给定的磁场强度下实现可接受的均匀磁场体积，20世纪60年代和70年代的永磁体系统不得不使用大量（约1 m³）的重金属材料[5]，所用材料的磁场强度和一般性质对NMR数据的状态和效用施加了严重限制[19]。

在寻找更高场强的磁性材料时，通常会研究两个关键特性——矫顽力和剩磁。矫顽力是材料在受到外部磁力作用时抵抗其永久磁场变化的能力。剩磁是材料在没有外加磁场时的磁场强度大小。1966年，人们发现稀土钴合金与前几代合金相比具有更高的矫顽力和剩磁[30]。从那以后，对稀土合金的持续研究产生了钕铁硼基材料，这些材料现在广泛应用于许多技术领域[31]。尽管钕铁硼基磁体极大地提高了实现强且高度稳定磁场的能力，但使用传统磁体设计制造有效NMR波谱仪所需的材料量将太重，无法实现任何形式的便携性[5]。

1980年报道的一项关键发现最终导致了现代bNMR波谱仪更小磁体系统的出现。在稀土钴磁体开发之后，Halbach报道称，当适当排列给定形状和磁化方向的多个磁体时，永磁体能够产生强而均匀的磁场[32]。由于当时对远高于该技术应用的场强的关注，这一发现在NMR界十多年来几乎没有引起兴趣。然而，高分辨率仪器的成本飙升，加上Blümich和Blümler团队的进展，使得Halbach型阵列成为现代NMR波谱仪小型化努力的主要手段。生产这些仪器所需材料的低成本甚至导致研究人员自行建造仪器的情况增多，这些仪器有时被称为"自制"仪器[17,19,33]。

目前Halbach型阵列的应用，加上现代磁性合金的改进，已实现高达5.16 T的实验场强[34]，目前商用bNMR波谱仪中使用的最高场强约为2.3 T（约100 MHz）。阵列中组件的确切排列、形状和合金成分因供应商而异，但在现代bNMR波谱仪中，它们通常由同心排列的磁性单元组成，使得强磁场指向圆柱形中心的间隙，且外部几乎没有杂散场[35]。这不仅显著减小了磁体系统的占地面积，还允许将完成的设备放置在靠近其他磁敏实验室设备的地方。

20.4　灵敏度和分辨率的改进

NMR 波谱仪的尺寸已大幅减小，进一步小型化的努力仍在进行中，但正如 NMR 理论所明确的，任何基于永磁体的 NMR 仪器在灵敏度和分辨率方面都无法超越高场仪器。许多研究人员和制造商目前更专注于提高数据的实用性，以扩展低场仪器的能力和应用范围。此外，（^{1}H）的位移范围是常用分析核中最窄的之一。对于 bNMR 波谱仪的相对低场，其他核在频率方面具有更理想的分辨率[26]，这解释了制造商对提供异核能力的兴趣。目前这些核包括 ^{7}Li、^{11}B、^{13}C、^{15}N、^{19}F、^{23}Na、^{29}Si 和 ^{31}P[36]。

环境温度下运行的固定磁性材料的一个显著技术障碍是热漂移，这会影响分辨率和灵敏度。尽管新合金的开发在一定程度上缓解了这一问题，但磁性材料的温度波动会导致与固态膨胀相关的变化，这些材料的系数直接将温度变化与磁场强度相关联[35]。如公式（20.1）所示，磁场强度的变化会导致拉莫尔频率成比例变化，当平均多次采集的数据以提高 SNR 时，这将导致信号展宽。对于长时间获得的光谱来说尤其如此。热漂移效应在超导仪器中问题较少，因为磁体温度由沸腾的氦气维持，但在氦气填充后立即或在数周内收集数据时已观察到热漂移效应[37]。

对于低分辨率仪器，热漂移对低浓度样品和许多二维（2D）耦合实验构成严重问题，因为这些实验需要较长的采集时间。高分辨率实验中使用的许多技术可在这些仪器上使用。场锁定使用与样品内部或外部标准相关的信号，最常用氘代溶剂来实现这一目的[38]。通过测量该信号的波动，可以在信号平均之前对样品输出中观察到的值进行漂移调整。

许多现代 bNMR 波谱仪制造商已安装温度控制单元，以更直接地解决环境问题。bNMR 波谱仪设计为在磁环境温度约为 30～40℃下运行，而不是调节大多数实验室预期的接近环境温度。内部温度必须保持相对稳定，因此操作规范建议外部环境温度为 18～26℃，每小时波动不超过1.5℃[39,40]。正如预期的那样，任何这些仪器的操作都需要至少 30 min 才能达到热平衡的就绪状态。仅使用环境措施获得可接受信号所需的热稳定性水平远远超过任何温度控制单元的能力[41]，因此在使用这种方法时，需要进行锁定。

与其他光谱形式相比，NMR 光谱法是一种低灵敏度的测量方法。大多数测量在热平衡下进行，此时自旋能级中感应的能量差称为极化[42]。这导致公式（20.3）中提到的确定的核粒子数差异。bNMR 波谱仪中这些采集的灵敏度表现为需要高浓度样品（例如 ^{1}H 实验浓度 ≥ 100 mmol/L）或长采集时间，而长时间采集可能会担心场漂移。

超极化技术已研究了数十年，现在在低场测量中越来越受欢迎。顾名思义，这些方法旨在引起比仅在热平衡下观察到的核自旋排列差异更大的差异[42]，并已显示出比热平衡采集高几个数量级的信号增加。一些最流行的技术是动态核极化（dynamic nuclear polarization, DNP）和可逆交换信号放大（signal amplification by reversible exchange, SABER）等变体，但这些技术的广泛应用需要克服成本和复杂设备的整合等障碍[15]。

20.5　当前的 bNMR 波谱仪

当今 bNMR 波谱仪的实用性在现场环境中可能受到限制。最初的设计侧重于在学术、制药和质量控制实验室环境中使用这些仪器[12]，这些环境预期有稳定的环境条件且设备移动有限。

所有bNMR波谱仪制造商都宣称仪器具有便携性[43-46]。在审视这些宣称之前，需要注意的是，"便携性"一词即使应用于仪器，也没有严格的应用或含义，在现场仪器的背景下，该术语的使用没有明确的法规或限制。部分原因在于每个最终用户都有独特的需求，这些需求可以通过不同级别的仪器移动性来满足。

所有现代bNMR仪器都可以仅使用标准便携式电源或发电机运行，无需额外配件。过去，永磁体NMR波谱仪需要使用气流使样品旋转，以提供足够的磁环境均匀性。这些气流还将用于将样品保持或转移到分析的适当位置。空气必须由便携式储罐或安装现场的压风管线提供。由于自动匀场功能和其他场均匀性补偿与改进的现状，bNMR波谱仪不再有这一要求。

根据Gałuszka等的研究，仪器已按现场使用分为可运输型、便携型或手持型，其中重量是划分这些类别的主要考虑因素之一。可运输仪器建议重量在10~20 kg之间，便携仪器在0.5~10 kg之间[47]。美国国家职业安全与健康研究所（NIOSH）也将现场仪器分为个人式（即可穿戴）、便携式和可运输式[48]，但未公布与这些术语相关的重量范围。NIOSH确实提供了人体工程学建议，规定单手双手提举或携带的最大重量为23 kg，并且额外的动作和提举持续时间预计会降低该最大值[49]。尽管bNMR的尺寸已大幅减小，但根据这些指导方针，大多数bNMR仍然太重，无法由单个人携带。

当前bNMR波谱仪市场主要由四家制造商主导——Magritek、Nanalysis、Oxford Instruments和Thermo Scientific。每家提供的波谱仪差异反映了略有不同的功能和最终用户重点。表20.1列出了一些规格。Magritek和Nanalysis提供的这些仪器的独立教学型设备功能有限，可用核有限（即仅 ^{1}H 和/或 ^{19}F）。本章不具体讨论这些仪器。此处讨论的大多数设备的质量超过了大多数人认为便携式仪器可接受的重量，但可能适合移动实验室。许多bNMR波谱仪都是如此，但本文的重点将放在前面提到的制造商上。读者应注意，也有其他制造商提供与这些最大型仪器尺寸和场强相似的仪器（例如Bruker的Fourier 60和80型号）。

表20.1 bNMR光谱仪的仪器规格

制造商及型号	磁场强度	质量/kg	大小/cm	最大峰高％时的线宽	可用的原子核[1]
Magritek [36, 50]					^{1}H, ^{7}Li, ^{11}B, ^{13}C, ^{15}N, ^{19}F, ^{23}Na, ^{29}Si, ^{31}P
Spinsolve 43	1 T	55	58 × 43 × 40	0.5 Hz 50%, 20 Hz 0.55%	
Spinsolve 60	1.4 T	60	58 × 43 × 40	0.5 Hz 50%, 20 Hz 0.55%	
Spinsolve 80	2 T	72.5	58 × 43 × 40	0.5 Hz 50%, 20 Hz 0.55%	
Spinsolve ULTR	1 / 1.4 T	55 /60	58 × 43 × 40	0.2 Hz 50%, 6 Hz 0.55%, 12 Hz 0.11%	
Nanalysis [40, 51]					^{1}H, ^{7}Li, ^{11}B, ^{13}C, ^{19}F, ^{31}P
NMReady-60PRO	1 T	25	30 × 28 × 49	1.0 Hz 50%	
100PRO	2.3 T	97	37 × 41 × 65	1.0 Hz 50%	
Oxford Instruments [39]					^{1}H, ^{7}Li, ^{11}B, ^{13}C, ^{19}F, ^{23}Na, ^{29}Si, ^{31}P
X-Pulse[2]					
Magnetic Unit	1.4 T	150	39 × 54 × 43	0.35 Hz 50%, 10 Hz 0.55%	
Electronics Unit		22	30 × 61 × 42		
Thermo Scientific [46, 52]					^{1}H and ^{19}F
picoSpin 45	1.1 T	4.8	18 × 15 × 29	1.8 Hz 50%	
picoSpin 80	2 T	19	43 × 26 × 25	1.8 Hz 50%	

① 列出的核可用于给定制造商的所有型号。Magritek、Nanalysis和Oxford Instruments建议对未列出的核进行咨询。
② X脉冲由两个独立的单元组成。这些单元被分开以显示每个单元的重量和尺寸。

在所有 bNMR 制造商中，Magritek 提供了最多样化的可选配件和仪器功能，包括基础教学型设备。得益于匀场技术的最新进展，Magritek 推出了 Spinsolve ULTRA 系列 bNMR 仪器，该系列在 50%、0.55% 和 0.11% 峰高处的线宽分别小于 0.2 Hz、6 Hz 和 12 Hz[50]。这是目前商用 bNMR 仪器中最窄的线宽，无需 Magritek 在 Spinsolve 系列仪器上提供的分辨率增强功能即可实现。

Nanalysis 在美国因其 NMReady-60 专业型和教学型波谱仪而闻名，该波谱仪提供与 Magritek 类似的核和配件功能，但信号线宽更宽。该公司即将推出的 100PRO 有望成为场强最高的 bNMR 波谱仪[51]，它也有相应的教学型号 100e。因此，100 系列仪器凭借 2.3 T（100 MHz）的场强将具有最高的信号分辨率。

Oxford Instruments 的 X-Pulse 是 2019 年发布的，取代了以前的 Pulsar 波谱仪[39]。Nanalysis 和 Magritek 的波谱仪除了标准可用核外，还允许选择单个核的探头，而 X-Pulse 的优势在于可选的宽带调谐器，无需多个探头即可分析 ^7Li、^{11}B、^{13}C、^{23}Na、^{29}Si 和 ^{31}P。独立的磁体和电子单元的体积使该仪器成为 bNMR 中重量和体积最大的，这在现场使用中是一个缺点，因为它们占用了移动实验室中本已有限的空间，并可能造成与重量相关的限制。然而，磁体的体积在 20～70℃ 温度下的流动反应监测中成为优势，并提供了相对于其他波谱仪的中等水平的热漂移抗性。

Thermo Scientific 生产具有 1.1 T 和 2 T 场强的 picoSpin 系列 II 波谱仪，该波谱仪基于首台商用 bNMR 波谱仪开发。最初为学术用途开发，这些仪器在多核能力方面有限，并且与竞争对手相比，没有 2D 实验选项。picoSpin 仪器还使用了一种不太传统的毛细管样品池，通过注射器进样，样品黏度和空气引入可能会引起一些关注。这种设计允许约 40 μL 的小体积样品足以进行分析[52]。它还具有软锁定功能，使这些仪器在相对恶劣的环境中也能表现良好。制造商声称 picoSpin 45 可以"在山上和 NASA 的失重奇迹零重力飞机上"运行[53]。特别值得注意的是，picoSpin 45 的消耗品需求和占地面积有限、耐用性强且质量为 5 kg，使其可被归类为便携式仪器，而不仅仅是现场可部署的仪器。

总体而言，bNMR 波谱仪提供了标准低场仪器和任何高场仪器都无法想象的便携性水平。如果在现场环境中使用，所有这些仪器都最适合在时间限制有限的情况下，在环境受控的移动实验室中使用，且在操作现场开启后。它们在不频繁移动或关闭的情况下表现最佳。在一般便携性方面，picoSpin 45 最明显地符合限制条件。

20.6　应用

bNMR 波谱仪可提供的数据在性质上与从 IR 光谱获得的数据相似。这些信号可以与库标准光谱进行比较，以识别感兴趣的化合物，并且与所分析化合物的结构特征相关。然而，如果没有用于比较的标准，从光谱中可以收集到的信息就会有些有限。基于傅里叶变换的实验在高场仪器上的一些应用也适用于 bNMR 波谱仪。在一定程度上，这些仪器可以实现中等水平的结构解析。结构解析是一个过程，通过该过程，NMR 数据（单独或与其他形式的光谱和/或质谱结合）使分析人员能够确定化合物的化学结构。

解析能力通常可以通过估计的最大分子量来定义。然而，即使是较低分子量化合物中的适度信号重叠，也会大大降低 bNMR 单元识别未知化合物的能力，因为没有标准或库可以进行比较。一些制造商提供 2D 功能，将两个 1D 异核或同核光谱位移模式相关联，以扩展解决结构的能力。例如，已有在 1.0 T（43 MHz）仪器上对士的宁进行解析的报道，该研究利用了多个 1D 和 2D 实验[54]。这项研究是使用购买的标准品对峰进行分析和归属，并与在 9.4 T（400 MHz）仪器上生成的数据进行比较。尽管声称使用 1.0 T 仪器进行了掺假物鉴定，但利用远低于可接受 SNR 的信号进行的一些峰归属显然得益于对相关化合物结构的预先了解。

bNMR 仪器最有前景的定性和定量应用涉及已知全部或部分结构的分析。在监测反应进程或进行目标分析的情况下，可以合理地进行化合物鉴定。合成过程通过检查试剂和产物中预期信号的消失和/或出现来进行分析。这些方法的最新发展集中在连续流动技术的开发上，尤其是在通风橱内监测危险试剂的变化[38]。这些技术在反应混合物中成分较少的专门应用中取得了一些成功，但受到前面讨论的灵敏度问题的阻碍[15]。目标分析在现场可部署仪器的常规使用中更为重要，它依赖于有限数量的结构预期和光谱库比较来实现分析物的鉴定。

与红外等其他非分离技术类似，鉴定的成功或定量的准确性在很大程度上得益于目标分析物是主要成分或近乎纯净的样品。尽管使用 bNMR 波谱仪的目标分析可以在材料[55]、制药[56,57]、法医[58-60]、食品[61] 和化石燃料[62] 等领域有广泛应用，但与高场仪器一样，混合物的分析可能会限制其使用。对于在现场情况中具有快速分析最大潜力的 1D-(1H) NMR 来说尤其如此。

解决混合物问题的一种直接方法是使用联用技术。几十年来，人们一直在构思这些技术，尤其是关于液相色谱（LC）-NMR 的技术，但最初受限于与灵敏度和干扰溶剂信号相关的固有困难。NMR 仪器在溶剂抑制能力方面的普遍进步吸引了人们对液体分离的新关注[63]，但大多数报道的应用仍使用高场仪器。已有使用尺寸排阻色谱和 62 MHz bNMR 波谱仪成功分离和分析聚合物的报道[64]，但联用仪器的总体成本和仪器占地面积的扩大目前限制了它们在现场环境中的实用性。

分析混合物的更常规方法是在 1D 和 2D 光谱中使用光谱去卷积。除了使用参考光谱的视觉和手动方法[60]外，高场应用中已有多种算法和方法适用于 bNMR 数据。许多第三方 NMR 数据处理程序，如 Mestrelab 的 Mnova、ACDLabs 的 ACDL/NMR Workbook Suite 和 Nucleomatica 的 iNMR，目前都有去卷积算法。在 bNMR 中，去卷积技术最近在果汁成分分析[65] 和尿液和血清样品中代谢物的区分[66] 方面取得了成功，并且也研究了诸如纯位移分析等较新技术[21]。作为采集数据去卷积的替代方法，测量过程也可以改变以提高去卷积能力。这种方法的一个例子是分辨率增强，其中自由感应衰减信号被人为增强，使光谱线看起来更窄[26]。

20.7　结论

尽管 bNMR 波谱仪无法提供高场仪器的灵敏度和分辨率，但它们在性价比、便利性和相对移动性方面表现出色。这些仪器已经在学术界、工业界和政府实验室环境中填补了重要的空白，使 NMR 波谱法成为一种更易获得的技术。大多数使用高场 NMR 波谱法的机构只能负担得起一台仪器，这通常意味着检测需求积压且结果延迟。bNMR 仪器经常被宣传为缓解这一负担的一种方式，并使它们的高场对应仪器能够腾出时间用于实际需要分辨率的实验。

近年来，进一步小型化的努力在为弛豫测量设计的仪器中取得了最大成功，但目前 bNMR 波谱学的研究主要集中在探索当前能力以及数据采集和处理的改进上。随着磁体体积的减小，必然需要减少样品体积，这加剧了灵敏度问题[67]，预计这一趋势将持续下去。如果超极化技术的广泛适用版本变得可用，下一代 bNMR 波谱仪有可能成为便携式应用的可行候选者。迄今为止，只有一款仪器实现该特性。无论如何，当前 bNMR 波谱仪的小占地面积和有限的基础设施需求使其目前适合在移动实验室的现场使用。

参考文献

[1] Purcell, E.M., Torrey, H.C., and Pound, R.V. (1946). Resonance absorption by nuclear magnetic moments in asolid. *Physical Review* 69: 37–38.

[2] Bloch, F. (1946). Nuclear induction. *Physical Review* 70: 460–474.

[3] Rabenstein, D.L. (2001). NMR spectroscopy: past and present. *Analytical Chemistry* 73: 214A–223A.

[4] NobelPrize.org (2019). The Nobel Prize in Physics 1952. *Nobel Media AB*. https://www. nobelprize.org/prizes/physics/1952/summary (accessed 14 September 2019).

[5] Danieli, E., Perlo, J., Blümich, B., and Casanova, F. (2010). Small magnets for portable NMR spectrometers. *Angewandte Chemie International Edition* 49: 4133–4135.

[6] Moser, E., Laistler, E., Schmitt, F., and Kontaxis, G. (2017). Ultra-high field NMR and MRI – the role of mag-net technology to increase sensitivity and specificity. *Frontiers in Physics* 5: 33–47.

[7] Wishart, D.S. (2019). NMR metabolomics: a look ahead. *Journal of Magnetic Resonance* 306: 155–161.

[8] Gan, Z., Hung, I., Wang, X. et al. (2017). NMR spectroscopy up to 35.2T using a series-connected hybridmagnet. *Journal of Magnetic Resonance* 284: 125–136.

[9] Schwalbe, H. (2017). New 1.2GHz NMR spectrometers – new horizons? *Angewandte Chemie International Edition* 56: 10252–10253.

[10] Blümich, B. and Singh, K. (2018). Desktop NMR and its applications from materials science to organic chem-istry. *Angewandte Chemie International Edition* 57: 6996–7010.

[11] Anasazi Instruments.The *Eft-60 & Eft-90* Spectrometers. Anasazi Instruments. https://aiin-mr.com/high-quality-durable-nmr-spectrometers-pmnmr-instruments (accessed 14 January 2020).

[12] Frost & Sullivan (2018). *Benchtop NMR Spectroscopy Market Analysis: Ease of Use and Low Cost Boosts Growth*. https://static1.squarespace.com/static/5707ede0d210b8708e037a1e/t/5b733ac14ae237dd6d8ede6e/1534278340205/FS_Benchtop-NMR-Nanalysis.pdf (accessed 11 July 2019).

[13] Blümich, B. (2019). Low-field and Benchtop NMR. *Journal of Magnetic Resonance* 306: 27–35.

[14] Gouilleux, B., Charrier, B., Akoka, S. et al. (2016). Ultrafast 2D NMR on a Benchtop spectrometer: applicationsand perspectives. *Trends in Analytical Chemistry* 83: 65–75.

[15] Grootveld, M., Percival, B., Gibson, M. et al. (2019). Progress in low-field Benchtop NMR spectroscopy in chemical and biochemical analysis. *Analytica Chimica Acta* 1067: 11–30.

[16] Zhong, Y., Huang, K., Luo, Q. et al. (2018). The application of a desktop NMR spectrometer in drug analysis. *International Journal of Analytical Chemistry* 2018: 3104569.

[17] Louis-Joseph, A. and Lesot, P. (2019). Designing and building a low-cost portable FT-NMR spectrometer in2019: a modern challenge. *Comptes Rendus Chimie* 22: 695–711.

[18] Lei, K.M., Ha, D., Song, Y.Q. et al. (2020). Portable NMR with parallelism. *Analytical Chemistry* https://doi.org/10.1021/acs.analchem.9b04633.

[19] Hugon, C., Aguiar, P.M., Aubert, G., and Sakellariou, D. (2010). Design, fabrication, and evaluation of a low-cost homogeneous portable permanent magnet for NMR and MRI. *Comptes Rendus Chimie* 13: 388–393.

[20] Doğan, N., Topkaya, R., Suba şı, H. et al. (2009). Development of Halbach magnet for portable NMR device. *Journal of Physics: Conference Series* 153: 012047.

[21] Cataing-Cordier, T., Bouillaud, D., Bowyer, P. et al. (2019). Highly resolved pure-shift spectra on a compact NMR

spectrometer. *ChemPhysChem* 20: 736–744.

[22] Halse, M.E. (2016). Perspectives for hyperpolarisation in compact NMR. *Trends in Analytical Chemistry* 83:76–83.

[23] Blümich, B. (2018). Beyond compact NMR. *Microporous and Mesoporous Materials* 269: 3–6.

[24] Macomber, R.S. (1998). Chapter 2: Magnetic properties of nuclei. In: *A Complete Introduction to Modern NMR Spectroscopy*. New York: Wiley.

[25] Warwick, A. (1993). Frequency, theorem and formula: remebering Joseph Larmor in electromagnetic theory. *Notes and Records of the Royal Society of London* 47: 49–60.

[26] Blümich, B. (2016). Introduction to compact NMR: a review of methods. *Trends in Analytical Chemistry* 83:2–11.

[27] Harris, R.K., Becker, E.D., Cabral de Menezes, S. et al. (2001). NMR nomenclature: nuclear spin properties andconventions for chemical shifts (IUPAC recommendations 2001). *Pure and Applied Chemistry* 73: 1795–1818.

[28] Blümich, B., Perlo, J., and Casanova, F. (2008). Mobile single-sided NMR.*Progress in Nuclear Magnetic Reso-nance Spectroscopy* 52: 197–269.

[29] Eidmann, G., Savelsberg, R., Blümler, P., and Blümich, B. (1996). The NMR MOUSE, a Mobile universal sur-face explorer. *Journal of Magnetic Resonance, Series A* 122: 104–109.

[30] Halbach, K. (1981). Physical and optical properties of rare earth cobalt magnets. *Nuclear Instruments and Meth-ods in Physics Research* 187: 109–117.

[31] Fischbacher, J., Kovacs, A., Gusenbauer, M. et al. (2018). Micromagnetics of rare-earth efficient permanentmagnets. *Journal of Physics D: Applied Physics* 51: 193002.

[32] Halbach, K. (1980). Design of permanent multipole magnets with oriented rare earth cobalt material. *Nuclear Instruments and Methods* 169: 1–10.

[33] Yu, P., Xu, Y., Wu, Z. et al. (2018). A low-cost home-built NMR using Halbach magnet. *Journal of Magnetic Resonance* 294: 162–168.

[34] Kumada, M., Iwashita, Y., Aoki, M., and Sugiyama, E. (2003). The strongest permanent dipole magnet. *Proceed-ings of the 2003 Particle Accelerator Conference*,vol. 3, 1993–1995. IEEE.

[35] Blümler, P. and Casanova, F. (2016). Chapter 5: Hardware developments: Halbach magnet arrays. In: *Mobile NMR and MRI: Developments and Applications* (eds. M.L. Johns, E.O. Fidjonsson, S.J. Vogt and A. Haber).Cambridge: The Royal Society of Chemistry.

[36] Magritek Ltd. Spinsolve Benchtop NMR. Magritek Ltd. http://www.magritek.com/products/spinsolve (accessed 15 January 2020).

[37] Najbauer, E.E. and Andreas, L.B. (2019). Correcting for magnetic field drift in magic-angle spinning NMR datasets. *Journal of Magnetic Resonance* 305: 1–4.

[38] Singh, K. and Blümich, B. (2016). NMR spectroscopy with compact instruments. *Trends in Analytical Chemistry* 83: 12–26.

[39] Oxford Instruments PLC (2019). X-Pulse: Benchtop NMR Spectrometer Technical Data Sheet. *Oxford Instruments PLC*, xp-spec-09-19.

[40] Nanalysis Corp (2019). *NMReady-60 User Manual*. Nanalysis Corp.

[41] Manz, B. (2014). *The Lock and the Importance of Field Stability*. Magritek Ltd. http://www.magritek.com/2014/08/12/the-lock-and-the-importance-of-field-stability (accessed 27 December 2019).

[42] Nikolaou, P., Goodson, B.M., and Chekmenev, E.Y. (2015). NMR hyperpolarization techniques for biomedicine. *Chemistry* 21: 3156–3166.

[43] Magritek Ltd. *Magritek Home Page*. Magritek Ltd. http://www.magritek.com (accessed 15 September 2019).

[44] Oxford Instruments PLC. *Pulsar*. Oxford Instruments PLC. https://nmr.oxinst.com/produc-ts/nmr-spectrometers/pulsar (accessed 15 September 2019).

[45] Nanalysis Corp. *Nanalysis Home Page*. Nanalysis Corp. https://www.nanalysis.com (accessed 15 September 2019).

[46] Thermo Fisher Scientific. *picoSpin 80 Series II NMR Spectrometer*. Thermo Fisher Scientific. https://www.thermofisher.com/order/catalog/product/912A0832 (accessed 15 September 2019).

[47] Gałuszka, A., Migaszewski, Z.M., and Namieśnik, J. (2015). Moving your laboratories to the field – advantages and limitations of the use of field portable instruments in environmental sample analysis. *Environmental Research* 140: 593–603.

[48] DHHS (NIOSH) Publication (2012). *Components for Evaluation of Direct-Reading Monitors for Gases and Vapors*. DHHS (NIOSH) Publication, No. 2012–162. pp. 1–99.

[49] Waters, T.R., Putz-Anderson, V., Garg, A., and Fine, L.J. (1993). Revised NIOSH equation for the design and evaluation of manual lifting tasks. *Ergonomics* 36: 749–776.

[50] Magritek Ltd (2019). *Spinsolve Ultra* [Brochure]. Magritek Ltd.

[51] Nanalysis Corp (2019). *100PRO* [Brochure]. Nanalysis Corp.

[52] Thermo Scientific (2014). *picoSpin User Guide*. Thermo Scientific, No. 269–298002, Revision A.

[53] Thermo Scientific (2016). *Thermo Scientific picoSpin Benchtop NMR Spectrometers* [Brochure]. Thermo Scien-tific, No. BR52832_E 04/16M.

[54] Singh, K. and Blümich, B. (2017). Desktop NMR for structure elucidation and identification of strychnine adul-teration. *Analyst* 142: 1459–1470.

[55] Pulst, M., Golitsyn, Y., Reichert, D., and Kressler, J. (2018). Ion transport properties and ionicity of 1,3-dimethyl-1,2,3-triazolium salts with fluorinated anions. *Materials* 11: 1723–1731.

[56] Kern, S., Wander, L., Meyer, K. et al. (2019). Flexible automation with compact NMR spectroscopy for continuous production of pharmaceuticals. *Analytical and Bioanalytical Chemistry* 411: 3037–3046.

[57] Assemat, G., Gouilleaux, B., Bouillaud, D. et al. (2018). Diffusion-ordered spectroscopy on a Benchtop spec-trometer for drug analysis. *Journal of Pharmaceutical and Biomedical Analysis* 160: 268–275.

[58] Duffy, J., Urbas, A., Niemitz, M. et al. (2019). Differentiation of fentanyl analogues by low-field NMR spec-troscopy. *Analytica Chimica Acta* 1049: 161–169.

[59] Antonides, L.H., Brignall, R.M., Costello, A. et al. (2019). Rapid identification of novel psychoactive and othercontrolled substances using low-field 1H NMR spectroscopy. *ACS Omega* 4: 7103–7112.

[60] Pagès, G., Gerdova, A., Williamson, D. et al. (2014). Evaluation of a Benchtop cryogen-free low-field ^{1}H NMR spectrometer for the analysis of sexual enhancement and weight loss dietary supplements adulterated withpharmaceutical substances. *Analytical Chemistry* 86: 11897–11904.

[61] Chen, Y.F., Singh, J., Midgley, J., and Archer, R. (2020). Influence of time-temperature cycles on potato starch retrogradation *In Tuber* and starch digestion *In Vitro*. *Food Hydrocolloids* 98: 105240.

[62] Voigt, M., Legner, R., Haefner, S. et al. (2019). Using fieldable spectrometers and chemometric methods to determine RON of gasoline from petrol stations: a comparison of low-field 1H NMR @ 80MHz, handheldRaman and Benchtop NIR. *Fuel* 236: 829–835.

[63] Bhavyasri, K., Sindhu, K., and Rambabu, D. (2019). A review: liquid chromatography-nuclear magnetic reso-nance spectroscopy (LC-NMR) and its applications. *IOSR Journal of Pharmacy* 9: 54–62.

[64] Botha, C., Höpfner, J., Mayerhöfer, B., and Wilhelm, M. (2019). On-line SEC-MR-NMR hyphenation: optimization of sensitivity and selectivity on a 62 MHz Benchtop NMR spectrometer. *Polymer Chemistry* 10: 2205–2346.

[65] Matviychuk, Y., Yeo, J., and Holland, D.J. (2019). A field-invariant method for quantitative analysis with Bench-top NMR. *Journal of Magnetic Resonance* 298: 35–47.

[66] Percival, B.C., Grootveld, M., Gibson, M. et al. (2019). Low-field, Benchtop NMR spectroscopy as a potential tool for point-of-care diagnostics of metabolic conditions: validation, protocols and computational models. *High-Throughput* 8: 2.

[67] Schwarz, I., Rosskopf, J., Schmitt, S. et al. (2019). Blueprint for nanoscale NMR. *Scientific Reports* 9: 6938–6948.

21

快速DNA分析——
需求、技术和应用

Claire L. Glynn，**Angie Ambers**

Department of Forensic Science, Henry C. Lee College of Criminal Justice and Forensic Sciences, University of New Haven, CT, USA

21.1 对分析速度的需求

21.1.1 满足行业需求

　　传统的法医脱氧核糖核酸（DNA）分型/分析过程有多个步骤，包括DNA提取、DNA定量、通过聚合酶链式反应（PCR）进行短串联重复序列（STR）扩增、毛细管电泳（CE）分离、检测以及分析解释（图21.1）。从技术上讲，这些过程都可以在10～12 h内完成，但由于目前的实

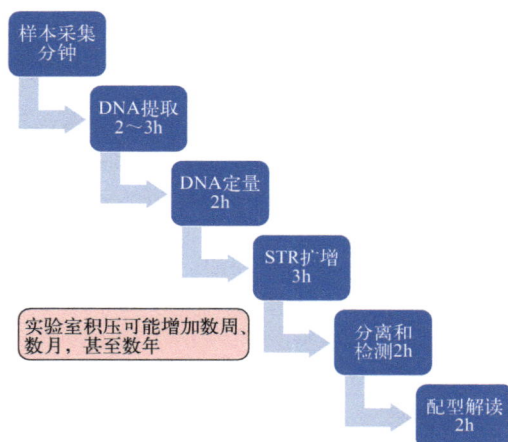

图21.1　传统的法医DNA分析工作流程

验室积压情况，实际上需要几周或几个月才能完成。

为了加快这一过程，我们设想将所有传统的STR DNA分析步骤集成到一个单一的仪器中，于是出现了快速DNA分析技术的发展。虽然目前正在努力加快传统的实验室流程，例如快速PCR协议，但需要便携式、基于现场的快速DNA分析技术，所有过程都在一个仪器内进行，减少了对技术专家和科学人员的需求。快速DNA分析技术不仅可以成为消除认证DNA实验室内DNA积压的有效工具，还可以在实验室以外的现场环境中提供应用潜力，包括售票站、边境控制、灾难地点等。

快速DNA分析由联邦调查局（FBI）定义如下："快速DNA，或快速DNA分析，是一个术语，用来描述在不需要人类干预的情况下从口腔参考样本拭子中开发DNA图谱的全自动（无需人工干预）过程。"[1]

2010年，在FBI指导下成立了"快速DNA项目办公室"，以应对日益增长的需求和监督快速DNA分析技术的发展。该办公室的指示是制定战略和促进快速DNA分析技术的研究与发展，并最终进行整合，供执法机构使用。快速DNA项目办公室汇集了来自各种机构的专家和意见，其中一些机构包括国防部（DOD）、国家标准与技术研究所（NIST）、国家司法研究所（NIJ）和其他联邦机构。

快速DNA分析技术的发展始于以下几个目标：

- 建立一种与现有犯罪实验室使用的传统DNA图谱方法相比能够在更短的时间内产生DNA图谱的工具。
- 使该仪器走出实验室，并可应用于现场应用，如警察登记站、战场、边境控制和灾难地点。
- 开发一种技术，容纳在一个单元内，可以由非技术用户操作。

目前的快速DNA分析平台将传统STR DNA分析中涉及的多步骤过程结合到一个仪器中，在设计中有一个"样本输入，轮廓输出"的方法（图21.2）。

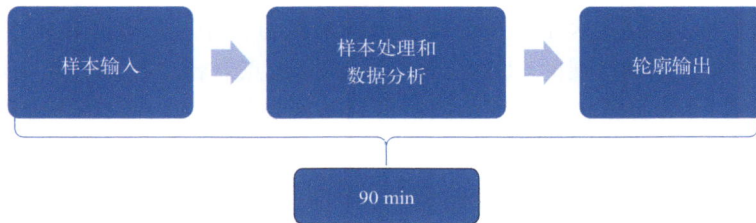

图21.2 快速DNA分析技术工作流程

这些平台通常将微流控和分子生物学技术结合在一起，从生物样本中生成DNA图谱。首先是DNA纯化、快速热循环、高多路扩增、聚焦DNA测序、DNA序列的光学检测和自动数据分析。最终的结果（解释的DNA图谱/数据）被简化。该系统首先生成是否获得了完整、部分或没有轮廓的指示，随后的内置软件分析可以比较问题样本和已知样本，并进行亲缘关系匹配（如果适用）。国家DNA索引系统（NDIS）和DNA分析方法科学工作组（SWGDAM）制定了快速DNA分析政策，发展验证研究皆在确保快速DNA分析技术产生与认证DNA实验室相同的结果。

在过去的10年中，有两家公司成为快速DNA分析技术市场的主要参与者。这些公司包括ANDE®公司（马萨诸塞州Waltham）和Thermo Fisher Scientific（马萨诸塞州Waltham）的应用生物系统部门，后者收购了IntegenX（加利福尼亚州Pleasanton）。

21.1.1.1   ANDE（加速核DNA设备）公司

ANDE公司的创始董事Richard Selden博士于2004年在大波士顿地区成立了ANDE公司。麻省理工学院（MIT）与Selden博士一起，在怀特黑德研究所（Whitehead Institute）进行了开创性的研究，开发了第一个快速DNA分析平台。经过几年成功的试点研究，2009年，ANDE获得了一笔竞争性的研究和开发拨款，该基金由多个联邦机构赞助，包括国防部、联邦调查局和国土安全部（DHS）。ANDE的快速DNA™识别系统是第一个获得FBI NDIS批准的系统。在快速DNA分析技术的集成上，这个批准代表了一个重要的里程碑，因为它允许认可NDIS实验室档案DNA样本与ANDE快速DNA识别系统，并将具有结果的概要文件上传到FBI的联合DNA索引系统（CODIS），不需要手动解释或技术审查。目前的ANDE平台，ANDE 6C系统利用了定制的FlexPlex™ PCR化学方法，在94 min内从27个STR位点生成DNA图谱。

21.1.1.2   应用生物系统

2011年，诺斯罗普·格鲁曼（Northrop Grumman）公司与IntegenX合作，并获得一份合同，为陆军的生物识别身份管理机构提供一个快速的人类DNA识别系统。2018年，IntegenX被Thermo Fisher收购，现在作为应用生物系统品牌的一部分运营。Applied Biosystems公司生产的RapidHIT™系统包括RapidHIT 200和RapidHIT ID平台，它们利用Global Filer® Express PCR化学方法，从20个STR位点在2 h内为RapidHIT 200平台以及在90 min内为RapidHIT ID平台生成DNA图谱。到目前为止，RapidHIT 200系统已经被用于上传1000多个STR配置文件到美国和英国的国家DNA数据库。

当然，快速DNA分析技术的发展和最终整合得到NIST等组织的密切监测和监督是至关重要的。NIST自2012年以来一直参与各种平台的测试。

为了使快速DNA分析技术完全整合到当前的法医过程中，所产生的图谱必须与原始的CODIS 13核心STR位点和扩展的CODIS 20核心STR位点兼容（自2017年1月1日起生效）。这确保了使用快速DNA分析仪器生成的图谱可以与通过传统的内部DNA分析方法生成的图谱进行比较。NIST自2013年以来一直在进行期限评估，以评估这些平台的性能（见21.2.3小节）。

21.1.2   2017年的《快速DNA法案》

2017年8月18日，《快速DNA法案》（公法115-50）签署成为美国联邦法律。该法案由美国参众两院一致通过。《快速DNA法案》修订了1994年最初的《DNA鉴定法案》，从而允许使用快速DNA分析技术平台在现场拘留站环境中对被逮捕者进行DNA分析。该法案的目的是："建立一个整合快速DNA分析工具的系统，供执法部门使用，以减少暴力犯罪和减少目前的DNA分析积压。"[2]随着这项法律的颁布，美国执法机构被FBI局长"批准"，以处理单一来源的口腔参考样本。快速DNA分析行为有两个重要的特征：第一，生成和分析必须是完全自动化的，无需人工干预或人工数据审查；第二，FBI批准使用快速DNA分析系统，同时FBI建立了使用的标准和程序。自2017年以来，FBI一直在准备政策、必要的信息技术（IT）基础设施以及对CODIS的修改，以实施这项新立法。需要认识到，2017年的《快速DNA法案》、1994

年的《DNA鉴定法案》以及FBI的质量保证标准只适用于那些在NDIS和CODIS协议下运营的机构和实验室。

21.1.3　快速DNA分析

2014年12月，FBI的质量保证标准（QAS）发布了一份附录，允许在认可的犯罪实验室使用单源口腔参考样本实施快速DNA分析技术。在附录的快速DNA分析和改良的快速DNA分析中定义了两种分析方式：术语"快速DNA分析（RDA）"，被定义为全自动过程的DNA档案没有人类干预；术语"改良快速DNA分析（mRDA）"，被定义为开发DNA图谱的完全自动化过程，但需要对由此产生的谱进行人工解释和技术审查（表21.1）。

表21.1　快速DNA分析与改良快速DNA分析的比较

项　目	快速DNA分析	改良快速DNA分析
定义	自动提取、扩增、分离、检测和解释，无需人工解释	自动提取、扩增、分离、检测与人工解释和技术审查
仪器	快速DNA分析系统（包括解释软件）	快速DNA分析仪器
批准人	FBI（称为NDIS批准）	如果符合FBI的质量保证标准（QAS）进行验证，则不需要正式批准
符合NDIS条件的DNA图谱	是的，对于使用NDIS批准的快速DNA分析系统的经过认证的法医DNA实验室	是的，对于使用快速DNA分析仪器的经认可的法医DNA实验室

21.2　技术

21.2.1　ANDE快速DNA分析系统

第一个原型快速DNA分析仪器于2012年发布，被称为DNAscan™快速DNA分析系统，由GE医疗保健生命科学和NetBio提供。NetBio后来（2017年）更名为ANDE公司。DNAscan快速DNA分析系统逐渐发展成为ANDE 4C系统，该系统在2016年获得了FBI的NDIS批准。该系统已经经历了额外的发展，现在与ANDE 6C系统是最新一代的平台。

21.2.1.1　DNAscan™/ANDE® 4C快速DNA分析系统

为了满足FBI对快速DNA分析的定义，DNAscan™/ANDE® 4C系统采用了一个完全自动化的配置文件解释和专家系统软件包（图21.3）。

DNAscan™/ANDE® 4C系统由3个主要组件组成：生物芯片组交换子、生物

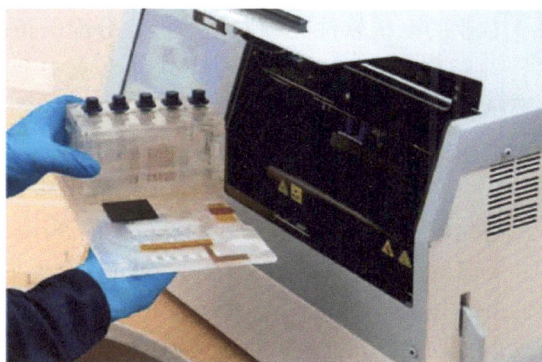

图21.3　DNAscan™/ANDE® 4C快速DNA分析系统。来源：French et al[3]

芯片组盒式磁带和DNAscan™/ANDE® 4C仪器。在生物芯片盒内（图21.4）纯化DNA，扩增PowerPlex® 16 STR位点，PCR产物通过毛细管系统电泳分离。所有必要的试剂都预装到盒中，如提取试剂、STR扩增试剂、缓冲液、分离聚合物。在盒内有电泳通道。气动压力驱动试剂通过盒子，与一个复杂的热子系统用于多路STR放大[3]。

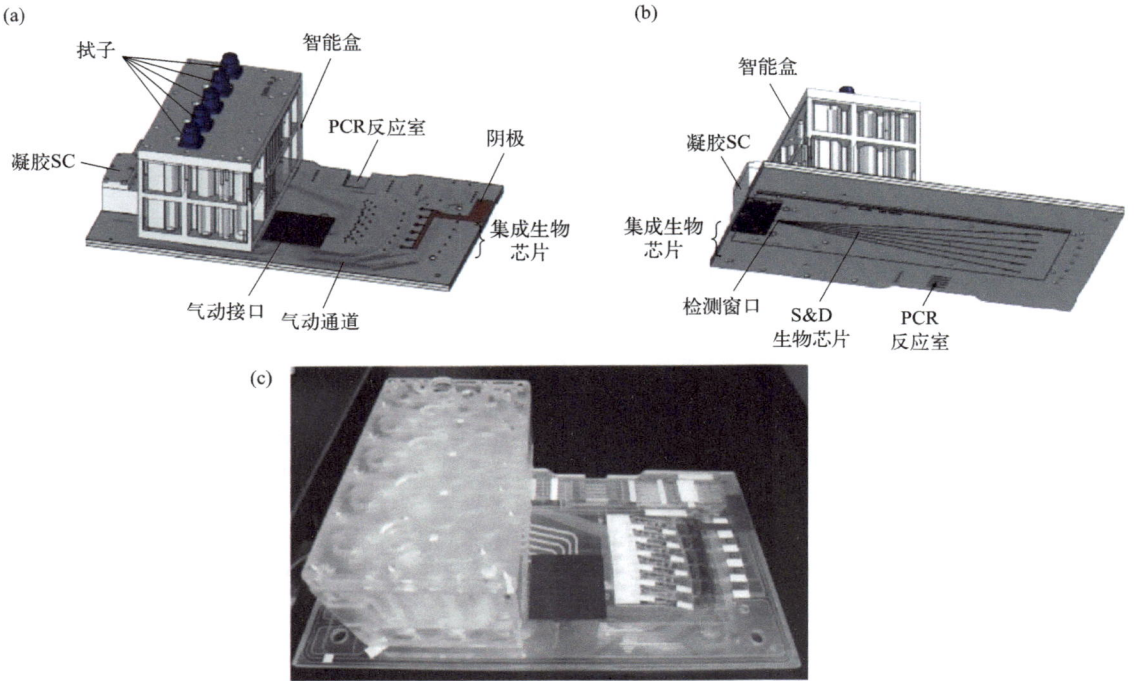

图21.4　DNAScan™/ANDE® 4C生物芯片盒示意图（a）俯视图；（b）底视图；（c）照片。来源：Tan et al[4]，版权（2020）归Springer Nature所有. 经CC BY 4.0许可

虽然PowerPlex® 16系统之前已经被NDIS批准用于传统的实验室环境，但在快速DNA分析仪器中使用该系统需要完整的验证[3]。

集成的专家系统软件分析数据，并通过复选标记系统为用户提供结果（取决于用户的账户类型和每个用户的安全设置）。一个绿色的复选标记表示已经获得了一个完整的配置文件，并且适合数据库搜索。一个红色的"X"表示没有获得任何轮廓。

专业的系统软件处理原始数据，分配等位基因（allele）命名，并解释DNA图谱。在专家软件系统中会自动遵循一系列步骤（图21.5）。

如果需要，可以由法医科学家审查数据，并可以导出所有原始数据文件。基因型被导出为CODIS通用格式 (.cmf) 文件，其中的等位基因表列出所有传递的等位基因调用；电泳图被视为位图；.xml或.cmf文件可以上传到CODIS；.fsa文件被导出，可以在GeneMapper®/GeneMarker® STR分析软件中进行分析。

DNAscan™/ANDE® 4C快速DNA分析系统与许多外部实验室合作，进行了广泛的开发验证。该系统为口腔参考样本提供了高质量、一致的结果。自动数据分析和2016年NDIS的批准为其

图21.5　DNAscan™/ANDE®4C专家系统的步骤

在经认可的 DNA 犯罪实验室的实施铺平了道路。FBI 快速 DNA 项目办公室表示："该系统可以自信地用于一个被认可的实验室，用于快速对已知样本进行分析，非科学家可以在非实验室环境中使用，有适当的协议、质量保证和质量控制措施。"[5] 然而，2017 年 CODIS 基因位点从 13 个增加到 20 个，导致 NDIS 对 4C 系统的批准被 FBI 撤销。

21.2.1.2　ANDE 6C 快速 DNA 分析系统

2017 年 1 月 1 日，原 CODIS 13 核心位点被更新并扩展到新的 CODIS 20 核心位点，以促进全球数据共享工作。虽然 ANDE 4C 快速 DNA 分析系统已被证明能够成功地处理已知的口腔参考样本，但人们希望其他法医样本也可以使用快速 DNA 分析技术进行处理。因此，ANDE 4C 系统进行了重大的升级，扩展了能力，并导致了 ANDE 6C 快速 DNA 分析系统的生成（图 21.6）。

图 21.6　ANDE 6C 快速 DNA 分析系统。来源：www.ande.com

2018 年 6 月 1 日，ANDE 6C 系统获得了 NDIS 批准，可用于经认可的 DNA 实验室。在经过广泛的多实验室发展验证研究后，获得了批准[6]。这个过程仍然基于"样本输入，轮廓输出"的原则。

ANDE 6C 快速 DNA 分析系统基于与前几代系统相同的原理，采用一次性微流控芯片、快速热循环、荧光标记 PCR 产物的电泳检测以及自动数据分析，但在整个系统中进行了一些改进。该仪器是专门为现场部署和现场测试操作设计的。除了相对较小的尺寸（75 cm × 45 cm × 60 cm）和重量（117 lb，约 53kg）外，它可以在海拔 3048 m（10000 ft）的高度运行，并加强了对运输过程中振动和冲击的防护，满足美国军事标准 810 G（MIL-STD-810G）的严格要求[7]。

ANDE 6C 快速 DNA 分析系统由 3 个组件组成：ANDE 拭子、A- 芯片或 I- 芯片和 ANDE 6C 仪器（图 21.7）。自动化的专业系统软件可以被认为是第四个组件。

ANDE 拭子　　　　A- 芯片　　　　ANDE 6C 仪器

图 21.7　ANDE 6C 系统组件；拭子、A- 芯片、仪器。来源：Carney et al[6]

ANDE 拭子是一种独立的无菌拭子，上面装有干燥剂，便于样品干燥，并防止样品在储存过程中降解。在拭子手柄的上表面有一个嵌入的 RFID 标签，用于仪器内的样品跟踪。

ANDE 6C 系统可用于两种不同的一次性微流控 FlexPlex 芯片——A- 芯片（A = Arrestee 被捕者）

和I-芯片（I = Investigative，调查）。A-芯片用于已知的口腔参考样本；I-芯片用于更具挑战性、较低浓度的DNA样本，如血液、其他口腔相关体液、触摸DNA、组织、骨骼样本等（表21.2）。

表21.2 A-芯片和I-芯片的特点

项　目	A-芯片	I-芯片
样本类型	口腔参考样本	法医样本（血液、精液、组织等）
每次运行的样本数	5	4
分析时间	94 min	106 min
芯片存储器	室温（5~25℃）6个月	
运行条件	10~40℃，20%~80%湿度	

这两种芯片之间的主要区别是：I-芯片运行4个样本，A-芯片运行5个样本。在I-芯片中（图21.8），于DNA纯化后进行一个浓缩步骤，以最大限度地增加STR扩增的DNA数量。

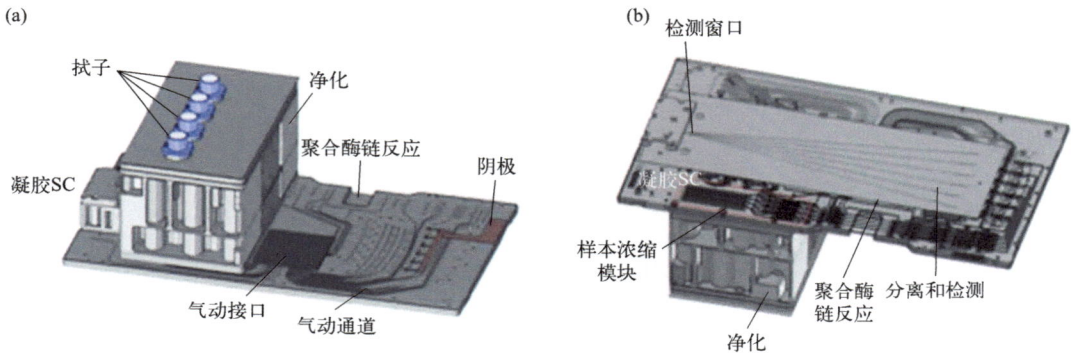

图21.8　ANDE I-芯片示意图。来源：Turingan et al[8]，版权（2020）归John Wiley & Sons所有

芯片不需要冷藏，芯片上的所有试剂都可以稳定长达6个月。每个芯片都有专用的通道，因此消除了样品交叉污染的可能性。

在每个芯片中，使用硅基胍盐提取法提取和纯化DNA，27个STR位点（包括CODIS 20核心位点）使用定制的FlexPlex分析进行PCR扩增。扩增的PCR产物用荧光标记，电泳分离，然后用激光诱导荧光检测。样品在气动压力下通过芯片。

定制的FlexPlex检测方法（基于Promega Fusion 6C系统）利用了27个STR位点和一个六荧光染料系统（图21.9）。该方法包括：

- CODIS核心20个位点，加上釉原蛋白（性别决定标记）。
- Y染色体STR（Y-STR）。
- 其他常染色体STR（PENTA E, D6S1043, SE33）。

创建自定义检测方法是为了允许在全球范围内使用这种检测方法。所选择的位点是从全球使用的"核心"或"集合"中选择的（图21.10）。

因此，该方法可以与CODIS 20核心位点（美国）、英国核心集、欧洲标准集（ESS）、德国核心位点和澳大利亚核心位点以及中国常用的D6位点进行比较。在几项研究中，等位基因调用的准确性和精度采用ANDE 6C快速DNA分析系统中的等位基因阶梯（allelic ladder）和集成专业系统软件进行，通过计算阶梯中每个等位基因的碱基对的标准偏差确定其低于0.5个碱基对的可接受目标值，从而确定精度。等位基因调用的准确性和精度已被证实[6,9]。

60　100　200　300　400　500

A｜D3S1358｜D1S1656｜D2S441｜D10S1248｜D13S317｜Penta E

D16S539｜D18S51｜D2S1338｜CSF1PO｜D6S1043

TH01｜vWA｜D21S11｜D7S820｜D5S818｜TPOX｜DYS391

D8S1179｜D12S391｜D19S433｜SE33

D22S1045｜FGA｜DYS576｜DYS570

60　100　200　300　400　500

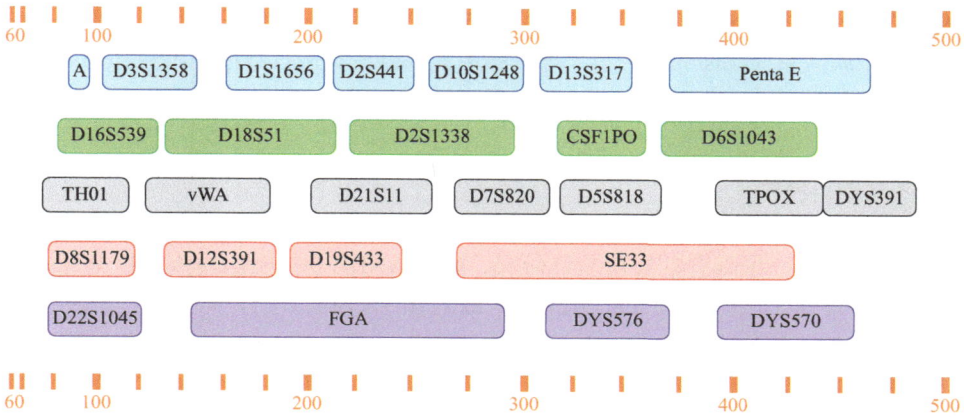

图21.9　ANDE的FlexPlex检测中包含的位点。来源：Turingan et al[8]。版权（2020）归John Wiley & Sons所有

STR 基因位点	FBI的20个核心 CODIS位点	欧洲标准集	英国核心标准集	德国核心标准集	国际刑警组织标准	PowerPlex® 16HS分析套装	FlexPlex 分析测试	GlobalFiler® 快速检测套装集
CSF1PO	绿	红	绿	绿	绿	绿	绿	绿
FGA	绿	绿	绿	绿	绿	绿	绿	绿
THO1	绿	绿	绿	绿	绿	绿	绿	绿
TPOX	绿	红	绿	绿	绿	绿	绿	绿
VWA	绿	绿	绿	绿	绿	绿	绿	绿
D3S1358	绿	绿	绿	绿	绿	绿	绿	绿
D5S818	绿	红	红	红	绿	绿	绿	绿
D7S820	绿	红	红	红	绿	绿	绿	绿
D8S1179	绿	绿	绿	绿	绿	绿	绿	绿
D13S317	绿	红	绿	红	绿	绿	绿	绿
D16S317	绿	红	绿	红	绿	绿	绿	绿
D16S539	绿	红	绿	绿	绿	绿	绿	绿
D18S51	绿	绿	绿	绿	绿	绿	绿	绿
D21S11	绿	绿	绿	绿	绿	绿	绿	绿
D1S1656	绿	绿	红	绿	绿	绿	绿	绿
D2S441	绿	绿	红	绿	绿	绿	绿	绿
D2S1338	绿	绿	绿	绿	绿	绿	绿	绿
D10S1248	绿	绿	红	绿	绿	绿	绿	绿
D12S391	绿	红	绿	绿	绿	绿	绿	绿
D19S433	绿	绿	绿	绿	绿	绿	绿	绿
D22S1045	绿	红	红	绿	绿	绿	绿	绿
Amelogenin	绿	绿	绿	绿	绿	绿	绿	绿
Penta E	红	红	红	红	红	绿	红	绿
Penta D	红	红	红	红	红	绿	红	绿
D6S1043	红	红	红	红	红	红	绿	红
SE33	红	红	红	红	绿	红	绿	红
DYS391	红	红	红	红	红	红	绿	绿
DYS570	红	红	红	红	红	红	绿	红
DYS576	红	红	红	红	红	红	绿	

图21.10　STR位点的全局比较（绿色＝包括，红色＝不包括）

　　在芯片运行结束时，由于用户不需要是技术专家，集成的触摸屏将通过一个简化的符号系统报告每个样本的成功情况。绿色复选标记表示获得的DNA图谱满足NDIS要求。黄色的复选标记表示所获得的DNA图谱满足NDIS对数据库搜索的要求，但应该由DNA分析人员进行审查或重复样本运行。红色的"X"表示所获得的DNA图谱不符合NDIS对数据库搜索的要求，需要重复样本运行。

　　每个样本的电泳图（EPG）可以导出，并由DNA分析师审查。所有加密的输出文件都可以使用FAIRS™专业软件包（ANDE公司）导出和解密。Fair允许用户从使用ANDE快速DNA分析

系统处理的样本和常规生成的DNA图谱中创建和管理数据库。用户可以搜索和匹配数据库中的样本，并进行亲属关系（kinship）分析。导出服务允许将所有运行数据导出到外部源。可以导出以下数据：

- .xml和.cmf文件。
- .png文件的电泳图。
- .fsa文件的原始数据，以导入到基因型软件，例如GeneMapper®/GeneMarker®。

2019年，发表了一项综合性发展验证研究，研究ANDE 6C快速DNA分析系统用于被捕者和口腔参考拭子处理。该研究报告成功解释了2000多个口腔参考样本，其中有99.99%的一致性等位基因。此外，该研究还评估了该系统的其他几个重要的操作方面。通过测试10种不同的物种研究物种的特异性，其中一些包括在口腔中普遍存在的微生物、其他常见的微生物、灵长类动物和家畜。对于测试的10个物种，没有生成被认为"通过"或适合数据库搜索的DNA图谱。在小鼠和灵长类动物样本中检测到一些峰，但也被专业系统认定为失败了。通过检测1次、3次、6次收集的30个参考拭子确定检测限。所有样本都生成了完整的谱图，平均峰值高度比分别为82%、81%、78%。此外，研究人员进一步研究了已经纯化的DNA作为起始样本的使用，并对其进行了完整的快速DNA分析。评估了一个数量范围，包括0.1 μg、0.25 μg、0.5 μg、1.0 μg、2.0 μg。只有2.0 μg的样品得到了完整的图谱。其他所有样品都只生成部分图谱，并被系统标记"失败"。

对稳定性进行了研究，证明新鲜收集的湿拭子在4℃或室温下保存7天仍然能产生完整的DNA图谱。在收集口腔参考样本的过程中，也可能在拭子上收集口腔中存在的其他物质，可以作为PCR抑制剂。我们研究了10种潜在的PCR抑制剂，包括薄荷、啤酒、香烟、咖啡、口香糖和漱口水。所有检测的样本都产生了完整的图谱，这些抑制剂似乎对PCR扩增没有负面影响。

这项综合验证研究的结果说明ANDE 6C快速DNA分析系统可以提供可靠、可重复和稳健的结果，因此揭示了其对行业实施的适用性。

21.2.2　应用生物系统公司的快速DNA分析系统

21.2.2.1　RapidHIT系统/RapidHIT200系统

2013年，第一代RapidHIT人类识别系统被开发验证[10]。研究表明该系统具有较高的精度和准确性。据报道，该系统在成功率、敏感性和对PCR抑制剂的稳健性方面均是适合的。在报道后很快就进行了进一步的验证研究[11,12]。RapidHIT系统被描述为一个完全集成的样品到剖面的系统，它加上3个控件，能够同时处理5个样品（图21.11）。

RapidHIT系统使用PowerPlex 16HS试剂盒，也与GlobalFiler Express试剂盒兼容。在该系统中，传统的DNA实验室工作流程安装在一个仪器中，DNA纯化、PCR扩增

图21.11　RapidHIT人类DNA鉴定系统。来源：Jovanovich et al[11]

和片段分离/检测自动进行，使用PowerPlex 16试剂盒约90 min，使用GlobalFiler Express试剂盒约120 min。所得到的DNA图谱由DNA分析人员审查，并导出为CODIS可搜索文件。由于所得到的图谱需要DNA分析人员手工审查，该方法属于改良快速DNA分析方法。

RapidHIT系统采用了一个一次性工具包，其中包含一系列单独的墨盒：一个样品盒（图21.12）、一个控制盒、一个包含线性聚丙烯酰胺分离凝胶的阳极盒和一个用于CE分离的缓冲盒。该系统使用气动压力驱动样品和试剂通过墨盒。在样品盒中最多处理4个样品拭子。1个样品拭子和3个对照在对照盒中处理。3个对照分别为阳性扩增对照、阴性扩增对照和等位基因阶梯。

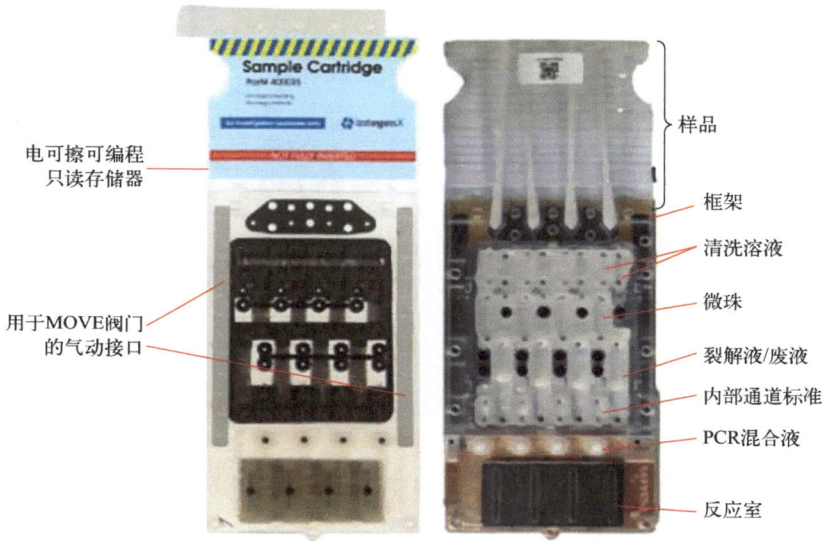

图21.12　RapidHIT系统样品墨盒。来源：Jovanovich et al[11]

RapidHIT仪器由4个主要子系统组成，它们可以执行所需的过程：

（1）样品制备子系统

- 样品插入墨盒中。
- 使用DNA IQ系统对样品进行裂解、提取和纯化。
- PCR扩增采用PowerPlex 16 HS试剂盒。
- 添加分子量内标（ILS60，Promega）。

（2）分离子系统

- 获得STR扩增的PCR产物和等位基因阶梯。
- 8个分离毛细管被注入分离聚合物。
- PCR产物用分离缓冲液注射到毛细管中。
- DNA片段通过毛细管阵列凝胶电泳按大小分离。
- 清洗毛细管。

（3）检测子系统

- 荧光标记的STR产物在通过检测窗口时被捕获。
- 采用20 mW、488 nm波长的固态激光器激发碎片。
- 用CCD检测器检测激发态片段。

（4）控制与分析子系统

- 利用嵌入式计算机系统以及所需的处理器和软件。
- 从CCD检测器中捕获图像数据。
- 对这些数据进行处理和分析。

RapidHIT系统可生成高重复性的结果，**88%**的口腔参考样本首次生成了所有的16个位点[11]。实验室间的系统研究是在FBI实验室、NIST和美国陆军刑事调查实验室（USACIL）进行的，这些实验室产生了完全一致的结果[13]，其他内部验证研究也产生了类似的结果[14,15]。这些研究产生的积极结果鼓励了该系统的进一步发展，并显示了其在经认可的DNA实验室和口腔参考样本处理中具有巨大潜力。2014年，IntegenX获得了FBI批准，可以直接上传到NDIS的样本库，上传的样本使用RapidHIT系统和GlobalFiler Express工具包进行处理。

21.2.2.2　RapidHIT ID 系统

2016年，下一代RapidHIT系统被开发出来，即RapidHIT ID系统（图21.13）。这个新系统是专门满足基于实地、分散的环境的需要而产生的。对系统进行了重大修改，以提高效率、增加容量、减少占用空间并具有更少的用户操作程序。

先前的墨盒有4个子系统配置。新的墨盒被重新设计，替代为每个样品的低成本一次性墨盒、控制盒、一个包含散装试剂的主墨盒以及适合运行150个样品的毛细管电泳模块（图21.14）。

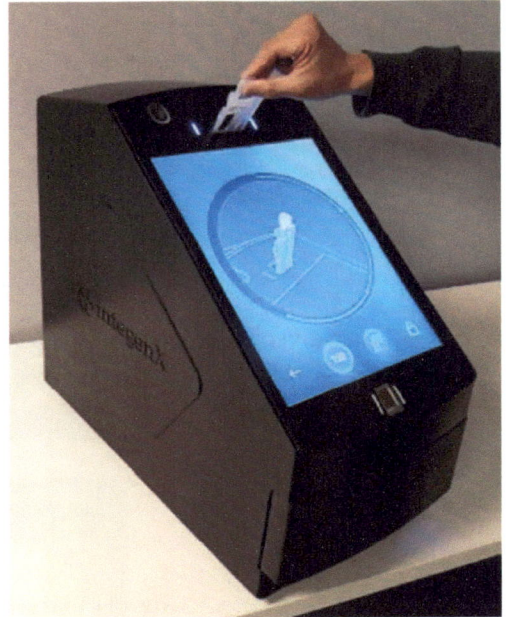

图21.13　RapidHIT ID系统。来源：Salceda et al[16]

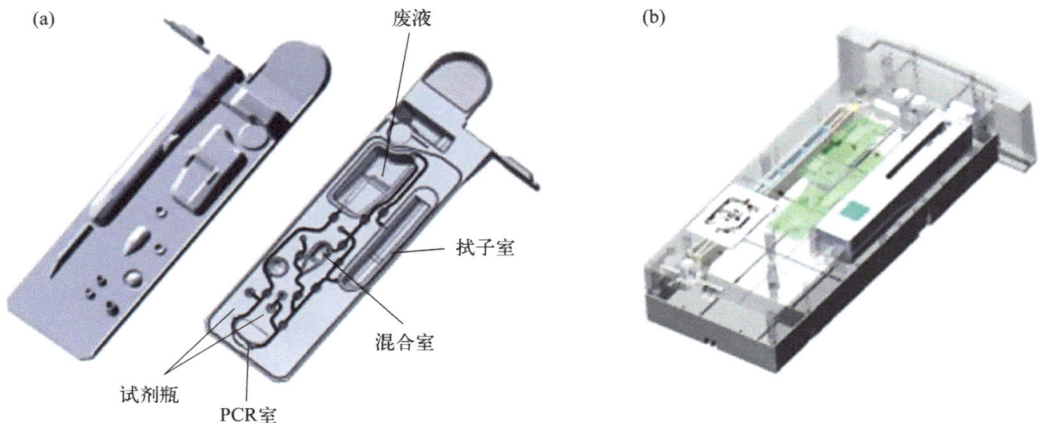

图21.14　RapidHIT ID：（a）样品墨盒；（b）主墨盒。来源：Salceda et al[16]。版权（2017）归Elsevier所有

据报道，样品和最初的墨盒具有合理的保质期，可在高达25℃的温度下保存6个月。样品墨盒包含GlobalFiler Express试剂盒、预混物和放在单独的小瓶中的分子量内标。主墨盒包含150

个样品的裂解缓冲液和电泳试剂。从样本中提取 DNA 后，裂解液从拭子室移动到 PCR 室，之后裂解液被捕获到纸盘上。然后，引物和预混物进入 PCR 室，按照制造商的协议进行热循环，共 28 个循环。接着，分子量内标进入包含 PCR 产物的 PCR 室，使分子量内标流入 PCR 产物结合的混合室。混合物变性后，到主墨盒进行毛细管电泳，分离 DNA 片段，然后进行光学检测。原始的 DNA 数据由系统处理，所得到的 STR 轮廓/电泳图显示在屏幕上。.fsa 文件可以导出到 GeneMarker HID 中，以进一步分析。在样本处理中不包括等位基因阶梯，而是用从等位基因阶梯库导入的"数字"等位基因阶梯进行数据分析。

对 RapidHIT ID 系统的另一个重大升级和补充是新的 RapidLINK 软件（IntegenX）的开发，用于数据分析和 DNA 图谱解释。RapidHIT ID 仪器将输出数据传输给操作 RapidLINK 软件的计算机。RapidHIT ID 系统具有复杂的安全流程，配有用于认证访问的指纹识别器和摄像头。此外，预测分析被用于监控和管理跨地理分布的 RapidHIT ID 系统消耗品的库存。

21.2.3　成熟度评估

自 2012 年发布第一个快速 DNA 分析仪器原型以来（DNAscan 快速 DNA 识别系统；ANDE 公司 /NetBio 和 RapidHIT™ 200 人类识别系统；应用生物系统 /IntegenX），NIST 的应用遗传学小组一直在调查和评估其性能。

2013 年 8 月，在 3 个联邦实验室[13]进行了首次成熟度评估。该评估调查了 DNAscan (ANDE/NetBio) 和 RapidHIT 200 (Applied Biosystems /IntegenX) 仪器，使用口腔参考样本。在这些实验室间研究中，通过利用 CODIS 13 核心位点计算完整和正确/一致谱的百分比测量成功率。使用 ANDE Rapid DNA 分析仪器，该研究报告了 84% 的成功率，200 个样本中有 168 个样本提供了完全一致的图谱。使用 RapidHIT Rapid DNA 分析仪器，该研究报告了 94% 的成功率，150 个样本中有 141 个样本提供了完全一致的图谱。两种仪器的综合结果显示了 88% 的成功率，总共 350 个样本中的 309 个样本提供了完全一致的图谱。本实验也为下一步验证研究提供了必要的成功率。

2014 年 10 月，第二次成熟度评估在 7 个独立实验室进行，范围包括美国联邦、州和私人实验室[17]。本研究的目的是评估 CODIS 13 核心位点的软件和硬件更新后的技术现状，对数据集进行了自动（快速 DNA 分析）和手动（改良快速 DNA 分析）的审查。此外，还采用了两种 STR PCR 化学方法：PowerPlex 16（Promega 公司，威斯康星州 Madison）和 GlobalFiler Express（Applied Biosystems 公司）。该研究报告的 CODIS 13 核心位点的成功率在自动数据审查的 76% 到手动数据审查的 80% 之间，峰值高度比也在验证范围内。

2017 年 1 月，原来的 CODIS 13 核心位点扩展到 20 个位点。因此，进行了第三次成熟度评估，以评估具有扩展的 CODIS 20 核心位点的快速 DNA 分析仪器的性能。此外，对现有平台进行了重大更新，并开发了新的平台。2018 年，进行了第三项成熟度评估，以评估实验室环境外快速 DNA 分析的实施情况，仅用于口腔参考样本[18]。该成熟度评估使用 ANDE 6C 系统、RapidHIT 200 系统和 RapidHIT ID 系统进行。该研究的参与者使用了美国联邦、州和地方实验室、警察机构和商业供应商的仪器。每个参与者都处理了未知的颊部上皮参考样本，并将结果数据发送给 NIST 进行评估。成功率是通过计算各种快速 DNA 分析技术生成的完整和正确谱的百分比衡量的，并与在实验室环境中使用传统 STR DNA 图谱方法生成的百分比进行比较。ANDE 6C 系统是当时唯一一个被完全批准用于 NDIS 上传的平台，因此它是唯一一个符合快速 DNA 分析条件的仪器。其他的都进行了改良快速DNA分析，其中数据被人为解释。快速DNA分析的研究结果显示，CODIS 20核心STR位点分析的平均成功率为85%，ANDE 6C仪器的平均成功率为60%～100%。使用改良快速DNA分析的研究结果显示，在CODIS 20核心STR位点分析时，平均成功率为90%，所有仪器的成功率为60%～100%。值得注意的是，在99.98%的STR等位基因调用中，观察到不同化学仪器（定制的FlexPlex和GlobalFiler Express）之间的一致性。表21.3总结了3次成熟度评估的结果。

表21.3 快速DNA分析成熟度评估结果汇总

年 份	仪 器	试剂盒	每个实验室测试的样品数	样本总数	平均成功百分率
2013 [13]	ANDE 4C	PowerPlex® 16	200	350	88.3%
	RapidHIT 200		150		
2014 [17]	ANDE 4C	PowerPlex® 16	100	280	75.25%
	RapidHIT 200	PowerPlex® 16	60		
		GlobalFiler Express	120		
2018 [18]	ANDE 6C	FlexPlex™	100	240	87.5%
	RapidHIT 200	GlobalFiler® Express	60		
	RapidHIT™ ID	GlobalFiler® Express	80		

NIST在过去8年里继续努力支持快速DNA分析技术的开发、验证和实施，这些符合所需标准和性能的仪器为执法机构提供了支持。

21.3 应用案例

快速DNA分析技术的潜在应用相当广泛，虽然最初是用于实验室之外的（即便携式现场使用），但它也为在实验室环境中实施提供了许多优势。

21.3.1 办案登记站使用

发展快速DNA分析技术的一个主要目标是使系统在分散的环境中使用（例如办案登记站、边境控制等）。在登记站实施快速DNA分析技术为加快被捕者的识别提供了巨大的潜力，甚至将被逮捕者与以前的犯罪联系起来（图21.15）。

当被捕者在登记站登记时，人们会收集/搜索许多级别的信息，包括指纹、犯罪历史信息等。然而，随着快速DNA分析技术的出现，现在可以通过从被捕者身上获取已知的口腔参考样本，现场生成CODIS可搜索的DNA档案，并上传结果档案以搜索与以前犯罪的联系，立即收集更多的信息。这使得执法机构可以在被捕者仍被拘留期间和被未起诉州释放之前搜查特别关注的未解决罪行。

这种高速的处理和解释可以显著提高以前和当前犯罪的解决率。通过查明与其他罪行（如谋杀、强奸、入室盗窃等）有关的被捕者，有可能识别惯犯，防止他们再次犯罪。此外，通过24 h不间断运行快速DNA分析仪器可以持续生成数百万的被捕者的DNA图谱。这也将对全国范围内所认可犯罪的实验室积压参考样本产生积极影响。

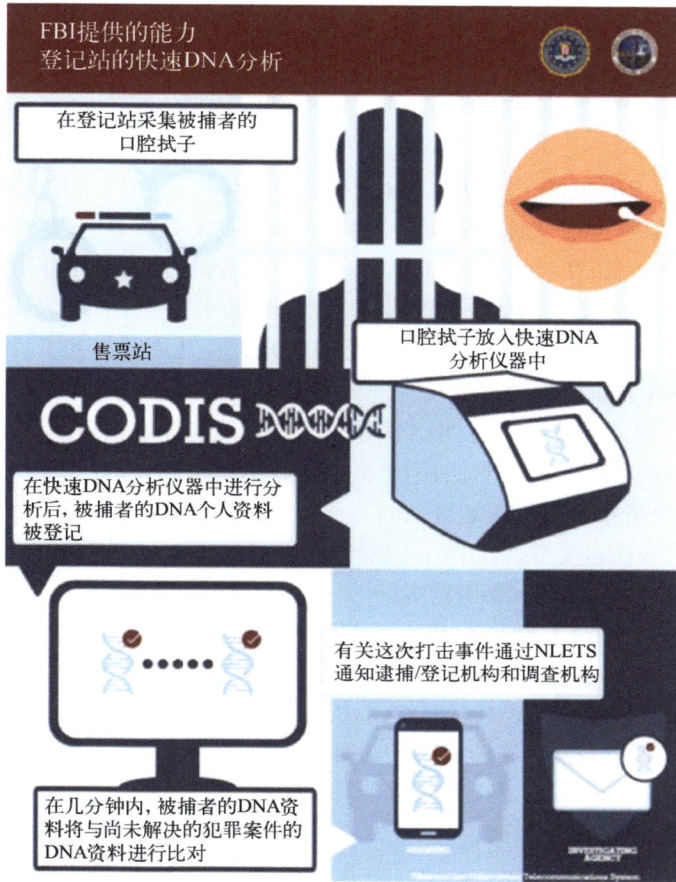

图21.15　登记站快速DNA分析工作流程。来源：www.fbi.gov

随着2017年《快速DNA法案》的通过，美国执法部门的办案登记站现在能够实施快速DNA分析技术来输入单一来源的口腔参考样本。这提供了一个快速的周转时间，并且可以通过快速消除潜在的嫌疑人或通过识别以前仍然未知的犯罪者来加强调查。

2020年3月，在美国境内有5个在登记站环境中使用快速DNA分析技术的试点。其实，并不像将快速DNA分析仪器放到登记站那么简单。在过去的两年里，FBI一直在更新他们的IT基础设施，其中包括新的CODIS软件和其他必要的CODIS接口，以便允许在登记站环境中使用快速DNA分析技术生成的数据与CODIS通信。这包括对犯罪历史信息的整合。

此外，在登记站环境中还有许多先决条件。为了让联邦、州或地方的登记机构获许在其登记站内引入快速DNA分析技术，它们必须满足以下标准[19]：

- 州必须实施一项被捕者DNA收集法，授权在逮捕时进行DNA分析。联邦登记机构已经满足了这一先决条件。
- 他们在登记过程中必须集成电子指纹（实时扫描），以便接近实时地从州识别局（联邦FBI）获取州识别号码（SID）［联邦预订机构的通用控制号码（UCN）］。
- 登记机构必须与州身份识别局（SIB）/刑事司法信息服务（CJIS）系统局（CSA）有网络连接。

对于登记机构来说，必须与其州CODIS管理员合作，以确保满足其机构实施快速DNA分析技术的所有要求。

21.3.2　认证DNA实验室应用

2018年6月4日，FBI批准了ANDE Rapid DNA Systems公司使用ANDE 6C系统。这使得NDIS认证的犯罪实验室能够实施ANDE快速DNA分析技术处理DNA样本，并将由此产生的DNA图谱上传到CODIS。在经认证的DNA实验室中进行的传统DNA分析过程是一个多步骤的过程，需要多种形式的仪器，每个步骤都有多个单独的实验室空间以及高技能的人员。在一个被认证的实验室中进行DNA分析的过程可能需要几天、几周甚至几个月才能获得结果。在过去的30年里，DNA分析的出现和成功，连同积极的结果，鼓励调查人员提交越来越多的样本进行实验室测试，因此导致更高的DNA测试需求，这可能导致相当大的样品积压。

虽然使用快速DNA分析系统对法医样本的分析不符合FBI局长法医DNA检测实验室的QAS，但快速DNA分析技术可以缓解目前的一些积压。在认证的DNA实验室，快速DNA分析技术可用于处理广泛的样本类型，其中一些包括：

- 已提交给实验室的已知口腔参考样本。
- 血液、其他与法医相关的体液以及从实验室检查的证据项目中取样的触摸DNA。
- 积压的仍未进行测试的性侵犯物品（SAK）。

在经认证的犯罪实验室中实施快速DNA分析技术，不仅会减少产生结果所需的时间，从而更快地提供调查线索，也会减少实验室工作人员所需的"动手工作"的数量，从而让他们有时间处理其他犯罪行为。

21.3.2.1　已知口腔参考样本

快速DNA分析技术已经报道了各种平台用于单源口腔参考样本。从已知的个体收集口腔参考样本，包括受害者和嫌疑人，从中获得STR DNA图谱，并可上传到一个可搜索的数据库进行匹配。口腔参考样本的STR DNA图谱也可以用于与从证据项目中恢复的生物证据得到的DNA图谱进行比较，即质疑与已知DNA图谱的比较。

许多快速DNA分析技术的早期研究只集中在口腔参考样本的使用，因为目标是实施这项技术在登记站识别被捕者以及在认可的DNA实验室减轻参考样本处理的积压。口腔参考样本通常含有大量的DNA，在STR扩增之前不需要进行定量，这也是FBI的DNA咨询委员会QAS（标准9.3）对所有其他法医样本所需要的。推荐的最佳做法是双拭子方法：一个拭子用于快速DNA图谱分析，另一个拭子保存用于传统DNA图谱分析。

目前，一些研究已经彻底验证了使用已知口腔参考样本的快速DNA分析系统，以评估检测极限、物种特异性、混合含义和对PCR抑制[6,16]的敏感性。特别的是，物种特异性包括对口腔特异性细菌的询问，这显示出有限的交叉反应性。

21.3.2.2　法医证据样本

21.3.2.2.1　血迹和其他与食物相关的体液

见证RapidHIT系统成功用于口腔参考样本后，IntegenX创建了一个新的协议，称为"运行其他样本"，以调查除了口腔参考样本外，如血液和唾液（从香烟和饮料容器），同时使用口腔参考样本相同的墨盒处理。血液和唾液样本的成功率均为88%，均可以产生足够质量的DNA图谱上传到数据库。此外，研究人员指出，在全面处理运行后，可以从实验室中检索血液和唾液样本，这适合使用标准/传统的法医STR分析方法进行重新检测[20]。

ANDE 6C快速DNA分析系统也被用于法医证据样本。其中，1705个病例样本的分析可与传统实验室方法相媲美[8]。研究中包括了真实法医调查中常遇到的相关样本，以验证ANDE 6C快速DNA分析系统的有效性，以符合FBI的QAS和NDIS操作程序的完整一致的DNA图谱（QAS标准要求对法医样本进行DNA定量，但快速DNA分析系统无法执行）。样本类型包括瓷砖上的干血液、FTA纸上的血液、饮水容器中的口腔上皮样本、非FTA纸上的唾液、FTA纸上的唾液、纯精液、织物上的精液、从刀上回收的血液、织物上的血液、口香糖、骨骼和其他灾难受害者识别（DVI）样本类型。研究结果表明，ANDE 6C快速DNA分析系统和伴随的专业系统生成了可靠、可重复和稳健的结果，证明了该系统自动处理和解释法医相关病例样本的能力。

虽然ANDE快速DNA分析系统目前已获得NDIS批准用于口腔参考样本处理，但法医相关的犯罪现场样本没有被批准在CODIS上上传和搜索。然而，在获得批准之前，个人认证的法医科学实验室可以验证个人快速DNA分析技术，用于在地方和州数据库的比较和搜索（如肯塔基州对性侵犯使用快速DNA分析）。

21.3.2.2.2 触摸DNA/低DNA含量（LDC）样本

触摸DNA是指一个人接触表面或物体留下脱落的上皮细胞时的DNA。这种类型的"痕迹"证据的DNA丰度通常较低，并取决于供体的表面特征和脱落状态。触摸DNA的确切来源并不总是确定的，但可能是：从外层脱落的角化菌或其组成部分、来自其他体液或身体部位的有核上皮细胞、手内源性的无细胞DNA（如汗液）或者从体液转移的无细胞DNA（如唾液）。从触摸DNA样本中回收的DNA数量变化很大，从< 6 ng到100 ng不等。6 pg大约是单个人类细胞中基因组DNA的数量。关于触摸DNA样本和传统的STR分析方法，在样本收集方法、DNA提取方法和STR扩增方法方面的研究已经提高了证明信息的DNA量。

2016年，ANDE平台被修改，用于低DNA含量（LDC）样本[21]。生产了一个改进的生物芯片集（BCS），同时维护了平台的其余部分和分析（图21.16）。

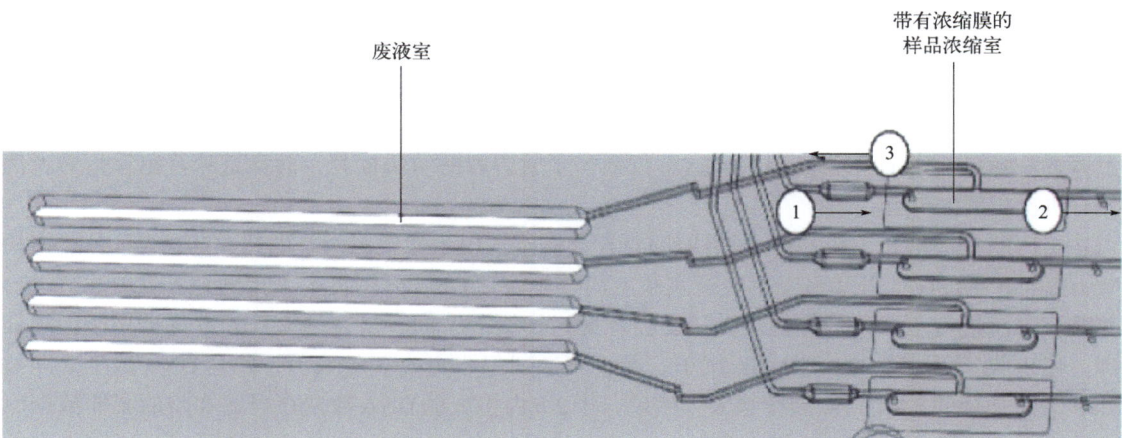

图21.16 生物芯片组浓度通道。来源：Turingan et al[21]。版权（2020）归Springer Nature所有。经CC BY 4.0许可

修饰包括在纯化阳离子的下游加入微流体超滤（UF）模块，该模块在纯化后基本上浓缩提取的DNA，以最大限度地提高产量。智能试剂盒可接受4个LDC样品，并包含样品处理所需的液体试剂。流体通过气动压力在整个生物芯片中传输，没有活动部件。本质上，使用气压，纯化的DNA向UF半透膜移动，这阻止了DNA片段的通过，但允许洗脱溶液流到废物室，从而在膜上浓缩DNA。

图21.16为4个浓度通道，每个独立样本各有一个。纯化后的DNA溶液从纯化模块流入浓缩室（箭头1），浓缩的DNA溶液从浓缩室（箭头2）流入PCR室，渗透物被收集在废物室中（箭头3）。这种修改方法测试了大量的样本类型，包括从饮水容器中提取的口腔上皮细胞、FTA纸上的血液、未经处理的纸张上的血液、FTA纸上的口腔细胞、未经处理的纸上的口腔细胞、瓷砖上的干血、衣服上的干血、衣服上的干精液、口香糖、烟头、手机拭子和骨头碎片。这个用于LDC分析的改进BCS运行时间为102 min。BCS采用了PowerPlex 16 HS分析法。

21.3.2.2.3　组织样本

在暴露的恶劣环境破坏中，可能会导致人类遗骸的严重退化。对于腐烂的人类遗骸，有时软组织样本仍然可以用于DNA检测。在其他情况下，DNA恢复的最佳样本类型是骨骼和牙齿。2019年，一项研究调查了ANDE 6C快速DNA分析系统用于口腔样本、牙齿、骨骼样本、肌肉组织、肝组织和脑组织[22]的使用。这些样本被暴露在田纳西（Tennessee）大学人类学研究设施机构（"身体农场"）的地上环境中分解。一些人类捐赠者在收集后立即被放置在地面上，另一组则被放置在停尸房的冷藏器中冷藏长达3个月。这项研究的结果报告说，暴露和冷藏的样品在持续1年的分解期间始终产生部分或完全一致的DNA图谱。结果显示，从遗骸中暴露了11天，直到蛆虫感染干扰，口腔样本是"选择的样本"。骨骼和牙齿样本是该研究持续1年期间的选择样本。肌肉组织在暴露第6天产生完整或部分谱图，正如预期的那样，产生的谱图随着时间的增加而恶化。我们观察到股二头肌样本和股四头肌样本产生了相似的结果。在3个月的测试期间，从停尸房冷藏的遗体中回收的各种组织样本中均产生了完全一致的图谱。这项研究提供了丰富的信息数据，以帮助犯罪现场人员和法医选择样本，如果使用快速DNA分析技术，这些样本可能会产生身份信息。

21.3.2.3　性侵犯物品

即使是在装备最精良的犯罪实验室，对性侵犯犯罪的法医调查也可能具有挑战性。对性侵犯证据或性侵犯物品（SAK）的分析是耗时和劳动密集型的。现实情况是，在全球各地有成千上万的积压的SAK尚未得到研究。这不仅损害了受害者的司法权利，而且意味着犯罪行为者仍然有再次犯罪的机会。

美国的肯塔基州是第一个采用快速DNA分析技术用于性侵犯调查的州。2019年4月，州长Matt Bevin宣布在肯塔基州警察法医实验室内实施快速DNA分析技术，特别是ANDE 6C系统，并对该系统进行了严格的评估。在从受害者身上收集SAK时，所有的常规样本都被用于传统处理，但也收集了额外的快速DNA拭子。在收到送到犯罪实验室SAK后，快速DNA拭子立即被处理，而其余的SAK则被储存起来。然后，于2 h内生成的DNA数据在当地和州的犯罪数据库中搜索。如果数据库识别出潜在嫌疑人，并在短时间内被执法部门逮捕，还可以从嫌疑人身上收集微量证据/生物液/DNA，如果需要数周/数月/数年才能识别嫌疑人，这些证据可能会丢失。这将进一步加强案件的调查和最终结果。

通过消除积压并测试提交给犯罪实验室的所有SAK，将有可能识别连环强奸犯，包括熟人强奸案和陌生人强奸案。此外，SAK 的测试可能会将不同的犯罪联系起来。性侵罪犯通常会从事其他犯罪行为，如入室盗窃和杀人。除此之外，如果嫌疑人/犯罪者被出示了将他们与犯罪联系起来的 DNA 证据，犯罪者通常会认罪，从而使案件提前解决，节省了审判费用，并为受害者伸张正义，这有助于他们的康复。在美国，1/5 的女性在一生中的某个时刻会经历强奸或强奸未遂。目前，1000 个性侵证据中只有 6 个会被起诉。快速 DNA 分析技术的实施有能力改变这一统计数据。

用快速 DNA 测试所有 SAK 的好处：

- 快速逮捕消除了再次犯罪的机会。
- 快速逮捕增加了从罪犯身上找到法医证据的可能性。
- 向罪犯出示与犯罪有关的 DNA 证据往往会导致他们认罪或忏悔。
- 识别连环强奸犯。
- 确定与其他犯罪——例如入室盗窃、凶杀等——的联系。
- 快速 DNA 分析可能会阻止罪犯犯罪。
- 如果知道所有的 SAK 都将被检测，这将鼓励受害者报告这些罪行。

21.3.3　现场使用

除了在售票站和在经认可的犯罪实验室内使用外，快速 DNA 分析技术发展的主要目标之一是创造出适用于各种环境（例如大规模灾难/大规模伤亡现场、战场和边境管制站等）使用的坚固仪器，这就要求仪器的占地面积较小，在传输后不需要进行维护或光学校准，并且能够使用标准电源进行操作。虽然传统法医 DNA 方法被用于分析样本以恢复大规模灾难/伤亡事件（包括"9·11"恐怖袭击[23-25]、其他恐怖袭击[26]、自然灾害[27-29]和飞机失事[30-32]），它可能需要很多年（甚至几十年）在一个认可的犯罪实验室被处理。近 20 年后，位于纽约的首席法医办公室（OCME）仍在对 2001 年"9·11"恐怖袭击的受害者遗体进行分析。因此，快速 DNA 分析技术的广泛应用需求和应用范围广阔。

21.3.3.1　边境控制、移民和人口贩卖调查

2019 年 5 月，DHS 宣布开始一项试点项目，测试来自墨西哥抵达美国边境的涉嫌欺诈或亲属关系的移民的 DNA。据称，该计划的目的是利用快速 DNA 分析技术作为边境调查工具，以查明移民声称与他们同行的儿童有父母关系或亲属关系的欺诈案件。有人认为，一些移民可能试图利用美国移民系统的漏洞，根据这些漏洞，带着孩子抵达边境的个人将避免被拘留，并可以更快地进入庇护程序[33]。通过识别这种类型的欺诈案件，可以将弱势儿童从潜在的危险情况中移除。传统上，这类欺诈案件的识别是使用文件筛选和其他调查方法。然而，快速 DNA 分析技术提供了一种更快、更准确地确定亲子关系和亲属关系的方法。ANDE 公司已签约在边境口岸进行测试，并在 2 h 内获得测试结果。来自美国移民与海关执法局（ICE）的 DHS 调查人员如果怀疑亲子关系不合法，可以要求从个人那里收集口腔参考样本。由此产生的 DNA 图谱不需要上传到联邦数据库，这减少了对隐私和数据存储的担忧。相反，在 FAIRS 软件包中，可以执行父母关系和亲属关系验证。

这种方法有一些明显的局限性，例如父母是通过收养的，或者父母可能没有意识到他们不是孩子的亲生父母。其他情况可能包括家庭成员，如表兄、叔叔或阿姨，一起随孩子旅行。然

而，如果正确地使用并结合其他调查方法评估全部情况，在过境点使用快速DNA分析技术阻止欺诈案件可以证明是非常有效的，并减少脆弱儿童的风险。

虽然快速DNA分析技术的使用目前只在美国试行，但其他国家，特别是东欧和亚洲国家，对在其过境点使用快速DNA分析技术确定人口贩运案件有重大兴趣。传统的DNA分析已经被应用于识别受害者、家庭统一和起诉人口贩子[34,35]来打击人口贩运。2004年，建立了DNA-生育计划，目的是通过对受害者及其家属特别是儿童的基因鉴定打击人口贩运。该项目已经成功地使非法收养和/或失踪的孩子与家人团聚，并将继续这样做。该项目旨在建立一个全球受害者数据库。

2014年，进行了一项独特的研究，秘密调查人员使用ANDE/NetBio样本拭子从尼泊尔和哥斯达黎加疑似人口贩运[36]的受害者中收集DNA样本。训练有素的调查人员在卧底调查工作中获得了样本。在口腔参考样本不能实际获得的情况下，取已知与疑似人口贩运受害者有接触的对象，如烟头、饮料容器等。还对位于环境（例如妓院、疑似收容或运送受害者的地点）中的物体（例如避孕套和组织）也进行了取样。还对记录为贩运者聚集或参与的公共环境中的物体（例如烟头和饮料容器）进行了采样。所有样品均采用DNAscan™/ANDE 4C快速DNA鉴定系统进行处理，并采用改良的LDC生物芯片试剂盒。调查期间共采集了50个样本。其中19个样本是从可疑的人口贩运受害者的已知口腔参考样本中收集的，获得完整的DNA图谱的成功率为95%。其余31个样本从环境中或公共场所的物体中收集，获得信息DNA图谱的成功率为71%，其中23%为完整、42%为部分、混合谱为6%。这项研究的结果为研究小组的成立提供了巨大的支持，对疑似受害者的DNA图谱进行数据库化，以努力抗击贩运人口的肇事者。

查明人口贩运问题仍然是一项相当大的挑战。建立一个全球人口贩运受害者数据库将为支持查明人口贩运受害者、家庭团聚、起诉人贩子提供有效证据。在人口贩运调查中使用的传统方法包括监视、使用举报人以及对受害者和犯罪者进行面谈和审讯。这些方法与DNA分析方法结合使用已被证明是有用的。在这个技术时代，人口贩运犯罪的复杂程度已经演变，用来打击这些犯罪的调查模式也必须如此。

21.3.3.2 灾难受害者识别

在法医案件工作中遇到了许多可能导致大规模死亡的情况，包括爆炸、自然灾害、火灾、恐怖袭击、战争冲突、航空事故和其他公共交通事故（例如高速客运列车、地铁）。在这些情况下发现的人类遗骸往往会被严重破坏、肢解、碎片化、混合在一起，处于不同的分解状态，甚至是骨架化。虽然全国各地有许多国家、州和区域犯罪实验室在法医DNA鉴定方面具有广泛的专业知识和培训，但这些固定的"实体"实验室不适合实地操作和检测。因此，尽管这些实验室愿意成为灾难受害者识别（DVI）工作的合作伙伴，但协调分包合同和远距离运输生物样本进行基因检测的后勤工作是很乏味的。此外，传统的DNA样本处理方法既费力又耗时，增加了死者家庭必须等待阳性鉴定的时间。

快速DNA分析技术为满足大规模死亡事件的高通量和现场检测需求提供了一个潜在的解决方案。ANDE 6C快速DNA分析系统是专门为现场部署和现场测试操作设计的。除了相对较小的尺寸和重量（如前所述）外，它可在海拔3048 m（10000英尺）工作，并可在运输过程中应对振动和冲击，满足美国军事标准810 G (MIL-STD-810G)[7]的严格要求。此外，试剂在室温下可稳定使用长达6个月[8]。ANDE 6C快速DNA分析仪器的较小尺寸、快速的运行时间和温度稳定的试剂是亲缘关系分析软件的依靠。这个软件被称为FAIRS，它有已声明的关系模块和家庭搜索模块两个安全模块，将从身份不明受害者获得的 DNA 图谱与直接参考样本或家庭成员样本进行比较。当软件中嵌入的算法确定匹配时，会自动生成包含死者遗传信息和相关匹配统计计算的正式报告。因此，这种综合的人类识别系统特别适合于在事故地点、灾区和/或在灾害停尸房等行动反应小组（DMORT）临时建立的建筑或帐篷中进行测试。

美国国土安全部科学和技术理事会（DHSS & T）目前正在探索在大规模死亡反应中实施快速 DNA 分析技术的可能性，特别是因为它已经被用于支持移民调查和打击跨国人口贩运[2,6,33]。DHS 科技公司已经开发了大量的演习和模拟灾民识别演习，以便评估仪器是否可以快速和有效的方式运送到救灾行动中以及识别和减少在复杂部署期间可能遇到的潜在后勤挑战。此外，在 2019 年，美国犯罪实验室主任协会（ASCLD）成立了一个快速 DNA DVI 小组委员会，其目标是确定最佳实践，并制定大规模死亡应用的政策（www.ascld.org）。虽然 SWGDAM 还没有为 DVI 病例工作样本的快速 DNA 分析制定正式的指导方针，但 FBI 已经成立了一个工作组，以促进对这个问题的讨论。

最近公布的 DVI 案例中成功使用快速 DNA 分析技术，可能会加快 DHS 科技公司、ASCLD、SWGDAM 和 FBI 工作组之间的讨论，并可能促进该技术在大规模死亡反应工作中的正式实施。上述一个引人注目的案件涉及 2018 年加州天堂发生的"火灾"，造成 85 人死亡，是加州历史上最致命的火灾。通过与巴特县治安官办公室和加州司法部（DOJ）的合作，ANDE 公司部署了一个团队协助进行身份识别工作。找到了 69 名受害者的遗体。然而，由于火灾的强度和持续时间，传统的鉴定方法（如指纹、牙科、外科器械）只对 22 名死者可行。使用 1 辆移动车辆和 3 种 ANDE 6C 快速 DNA 分析仪器，对受害者遗骸的各种样本类型（如骨骼、肌肉、脑组织、肝脏）和大约 300 个家庭参考样本进行了测试。从 69 名受害者中的 62 名（89.9% 的检测样本）中获得了 DNA 图谱。在 62 名成功生成 DNA 图谱的受害者中，有 58 名受害者（93.5%）通过与来自生物亲属[37-45]的样本进行比较，能够被阳性识别。2019 年，在火灾发生后不到 1 年，另一场悲剧发生在加州，"Concept"号船上的 33 名乘客和 1 名船员在圣克鲁斯岛海岸起火时遇难。所有 34 名受害者都在 10 天内使用 ANDE 快速 DNA 分析技术被鉴定出来，比使用传统的实验室检测[22,46]进行的鉴定工作要快得多。

除了来自加州火灾和"Concept"号船火灾成功处理的 DNA 外，ANDE 快速 DNA 分析平台已经对生物样本进行了广泛的研究。在验证过程中，共处理了来自 7 个不同 DVI 相关组织类型的 101 个样本，以确保准确性和一致性。研究包括 18 块骨骼（股骨、肱骨、肋骨）、3 块牙齿、24 个肝脏样本、34 个骨骼肌、2 个脑皮质、11 个肺组织和 9 个肾脏样本[8]。在另一项研究中，10 名死亡的（捐赠的）人类受试者在一个经批准的户外研究设施暴露的环境中（表面沉积），并在为期 1 年的研究期间定期收集各种组织样本。一般来说，软组织（大脑、肌肉、肝脏）的成功 DNA 分型仅限于相对较短的死后时间间隔（1～11 天），这是由于与硬组织相比在环境暴露期间加速分解。从收集的第 1 天到为期 1 年的实验期[22]结束，大多数被测试的骨/牙齿样本获得了有用的 DNA 图谱。这两项研究以及在加州火灾和"Concept"号船火灾期间进行的案例都证明了 DVI 应用的价值，并支持使用这项技术作为加快人类识别和家庭团聚的一种方式。

ANDE 公司的快速 DNA 分析平台已经证明了可以在死后相对较短时间（即最近的死亡时间从 1 天到 1 年不等）内对人类遗骸进行可靠的法医基因检测。然而，大规模死亡事件造成的人类遗骸并不总是在如此短的时间内找到和恢复。例如，杀人、压迫政权、种族灭绝和战争冲突的受害者往往被埋在秘密坟墓中，可能很多年（有时几十年）后才被发现。这些类型的样本——由于环境的侵蚀，并随着时间的推移自然骨骼化——将给快速 DNA 分析平台带来额外的挑战。

与在死亡事件发生后立即或不久就被发现的"新鲜"骨头相比，被埋葬的遗骸是一系列完全不同的挑战。随着骨的结构成分（即羟基磷灰石钙、胶原蛋白）在一个被称为成岩作用的过程中分解，内源性DNA分子变得更容易受到损伤。因此，埋藏的骨骼通常产生更低的DNA数量，并呈现出大量有问题的模板，这可能会阻止成功的分析。也许未来的研究工作可以扩大到被埋葬的人类遗骸。快速DNA分析技术成功地应用于自然骨骼化的遗骸，这些遗骸已经暴露在广泛的气候和环境中的长期埋藏条件或表面沉积下，可以极大地加快和改变法医鉴定案例工作的进展。

21.3.3.3　加强欠发达国家的法医鉴定能力

快速DNA分析技术或可为欠发达国家法医科学实验室的建设提供另一种操作模式。有些欠发达国家没有DNA分析能力，因此可以受益于快速DNA分析技术等系统，从而可以采用更具成本效益但又能产出有效信息的方法。在美国，具备运营能力的刑事法医实验室需要巨额投入，需要大量的投资建立一个完整的DNA实验室。

刑事DNA实验室通常需要以下几方面的投入：

- 大型设备和基础设施投资。
- 高技能的技术和科学人员。
- 仪器维护和校准。
- 冷冻柜和冷藏室。

例如，美国华盛顿特区刑事DNA实验室的DNA检测部门，初期建设成本约2200万美元。DNA实验室的年度运营预算约为400万美元。其他欠发达国家没有这种水平的资金或预算能力。然而，快速DNA分析技术可以将DNA分型技术应用于他们的调查中，在欠发达国家大大降低了他们的初期建设成本和运营支出。

21.4　局限性与重要注意事项

快速DNA分析存在一些已知的缺点和局限性，在使用和推广技术前，需充分考虑这些因素。

21.4.1　微量/珍贵样本问题

由于有多种不同的快速DNA分析技术可供使用，执法机构渴望实施这些技术。使用参考口腔样本和犯罪现场样本（如血液和其他体液等），推荐的最佳做法是双拭子方法，其中一个拭子使用快速DNA分析技术进行处理，另一个拭子保存用于实验室进行传统DNA分析。这确保了如果快速DNA分析因某种原因失败，则有另一个可用的样本进行测试。然而，从犯罪现场或证据项目中提取的生物样本的样本量通常很小（即痕量生物证据）。因此，研究人员必须决定是使用快速DNA分析法消耗可用样本以快速获取结果，还是保存样本并提交给实验室进行传统的DNA分析。此外，在DNA实验室内处理非常微小的样本时，除了增加PCR产物扩增的方法外，还需执行标准操作程序来提高样本DNA回收率和产量。虽然带有I-芯片的ANDE 6C快速DNA分析系统已经在其生物芯片组中增加了浓缩步骤以增加产量，但这可能不如实验室过程有效。最终，在使用快速DNA分析技术处理痕量样本时，可能会丢失潜在有用的信息，但如果直接提交给实验室处理则可能会避免。因此，建议留存微量或痕量的生物样本，用于传统的DNA处理。

21.4.2 混合样本问题

对于当前最新的快速DNA分析技术（包括ANDE 6C快速DNA系统与RapidHIT ID系统），其自身无法实现混合样本的解析与结果判读。不过，这两款系统均能在样本检测过程中标记出"该样本可能包含多种DNA分型的混合"。

DNA混合样本分型是指样本中包含两个或两个以上个体的DNA贡献时所产生的分型结果。当出现以下一种或多种情况时，系统会判定混合DNA分型检测失败：

- 存在两个或两个以上杂合位点，且每个位点出现3个等位基因；
- 存在一个或多个杂合位点，且每个位点出现4个等位基因；
- 存在一个或多个半合位点，且每个位点出现2个等位基因。

2019年，卡尼（Carney）等的研究表明[6]：ANDE 6C快速DNA系统能够正确识别参照性口腔拭子制备的混合DNA样本，这些样本是由两人的DNA按5种不同比例（19∶1、5∶1、1∶1、1∶5、1∶19）混合而成。然而，对于比例为19∶1和1∶19的样本，ANDE专家系统软件会忽略其中的微量贡献者；而若由DNA分析师进行人工复核，在部分情况下，这些微量贡献者的信息仍可能提供具有证明力的线索。

在另一项独立研究中，RapidHIT ID系统成功标记出了混合样本分型，这些样本是由两人DNA按4种不同比例（1∶1、1∶2.5、1∶4、1∶9）混合处理而成。与ANDE系统类似，RapidHIT系统虽具备标记DNA混合样本的功能，但需将检测数据导出至GeneMapper™或GeneMarker™两款专业DNA分型分析软件后，才能完成混合样本的标记。

利用快速DNA技术快速识别混合样本的能力，可为案件调查提供助力：系统可向犯罪现场调查人员反馈样本混合情况，调查人员据此可选择其他区域或痕迹进行取样，从而优化或聚焦证据收集工作。这种"策略性信息反馈"的价值，在传统检测方法中往往会丢失，因为采用传统方法进行样本分型需耗时数周甚至数月，难以快速指导现场调查决策。

21.5 未来展望与结论

（1）小型化与快速化

与所有现场应用型仪器一样，快速DNA技术持续朝着"体积更小、结果产出更快"方向推进。目前的快速DNA仪器体积与一台大型打印机相当，单次运行可在约90 min内得出结果；不过需要注意的是，这一耗时对应的是单次运行最多处理5个样本的情况。对于未来的技术平台，单次运行的耗时可能难以进一步缩短，但有望实现"单次处理更多样本"的突破。

（2）成本下降趋势

随着技术不断进步、市场需求持续增长，快速DNA技术的成本将逐步降低。这种成本下降不仅体现在仪器本身的购置费用上，单样本检测成本也将同步减少。

（3）标准化与市场格局

目前，快速DNA技术的主要生产商仅有两家竞争企业。基于这两家现有平台的成功经验，未来可能会有更多小型企业进入该领域，推出自主研发的仪器；反之，这两大主流竞争企业亦可能合并成一家行业领先的超级供应商。

（4）最佳操作规范的完善

快速DNA技术最初设计用于办案登记站被捕人员建档场景，无需专业技术操作。如今其应用已扩展至犯罪现场和灾难受害者识别等更复杂领域，这些样本可能存在DNA含量低、降解程度高等问题。因此需制定针对不同证据类型的处理规范，并为这些复杂样本的处理提供专业技术培训。

（5）政策与法规的适配

虽然2017年《快速DNA法案》为快速DNA分析技术应用于实际案件处理提供了重要跳板，但随着技术不断进步、应用范围日益广泛，持续制定和修订新的政策与法规至关重要，以确保制度与技术发展保持同步。此外，还需获得所有相关方的认可与支持，并维持清晰的沟通与共识。这些相关方包括：仪器制造商、承担证据处理责任的执法机构，以及在法庭上处理案件并需为"快速DNA技术的使用合法性"辩护的公诉人。

（6）结论

随着技术的不断发展，现有快速DNA分析平台必将迎来进一步改进。未来，行业内可能会出现更多技术供应商，也可能是现有供应商合并。随着研究人员不断优化相关方法，快速DNA分析技术在现场应用与实验室应用中的场景范围将持续扩大。随着更多成功案例的报道，行业对该技术的需求无疑将进一步增长。持续的研发投入将推动技术不断向前发展，并最终可能使快速DNA分析技术成为全球刑事法医实验室的标配。

缩略语

A-Chip	arrestee chip	被捕者芯片，A-芯片
ANDE	accelerated nuclear DNA equipment	加速核DNA设备
ASCLD	American Society of Crime Lab Directors	美国犯罪实验室主任协会
BCS	BioChipSet	生物芯片组
CCD	charge coupled device	电荷耦合器
CE	capillary electrophoresis	毛细管电泳
CJIS	Criminal Justice Information Services	刑事司法信息服务
CODIS	Combined DNA Index System	联合DNA索引系统
CSA	CJIS Systems Agency	CJIS系统局
DAB	DNA Advisory Board	DNA咨询委员会
DHS	Department of Homeland Security	国土安全部
DHSS&T	Department of Homeland Security Science & Technology Directorate	（美国）国土安全部科学和技术理事会
DNA	deoxyribonucleic acid	脱氧核糖核酸
DOD	Department of Defense	国防部
DOJ	department of justice	司法部
DMORT	Disaster Mortuary Operational Response Team	灾难殡仪馆行动响应小组
DVI	disaster victim identification	灾难受害者识别
EPG	electropherogram	电泳图

ESS	european standard set	欧洲标准集
FBI	Federal Bureau of Identification	联邦调查局
FTA	Flinders Technology Associates	弗林德斯技术协会
HID	human identification	人体识别
ICE	Immigration and Customs Enforcement	移民与海关执法局
ID	identification	身份证明
I-Chip	investigative chip	调查芯片，I-芯片
ILS	internal lane standard	分子量内标
IT	information technology	信息技术
LDC	low DNA content	低DNA含量
mRDA	modified rapid DNA analysis	改良快速DNA分析
NDIS	National DNA index System	国家DNA索引系统
NIJ	National Institute of Justice	国家司法研究所
NIST	National Institute of Standards and Technology	美国国家标准与技术研究所
NLETS	national law enforcement telecommunications system	国家执法电信系统
OCME	Office of the Chief Medical Examiner	首席法医办公室
PCR	polymerase chain reaction	聚合酶链式反应
QAS	quality assurance standards	质量保证标准
RDA	rapid DNA analysis	快速DNA分析
RFID	radio frequency identification	射频识别
SAK	sexual assault kit	性侵犯物品
SIB	State Identification Bureau	州身份识别局
SID	state identification (number)	州识别（号码）
STR	short tandem repeat	短串联重复序列
SWGDAM	Scientific Working Group on DNA Analysis Methods	DNA分析方法科学工作组
UCN	universal control number	通用控制号码
UF	ultra-filtration	超滤
USACIL	United States Army Criminal Investigation Laboratory	美国陆军刑事调查实验室

参考文献

[1] FBI.gov (2020). *FBI Webpage* [Internet]. https://www.fbi.gov/services/laboratory/biometric-analysis/codis/rapiddna(accessed 1 April 2020).

[2] Congress.gov (2017). *H. Rept. 115-117 – Rapid DNA Act of 2017* [Internet]. https://www.congress.gov/congressional-report/115th-congress/house-report/117/1 (accessed 30 March 2020).

[3] French, J.L., Turingan, R.S., Hogan, C., and Selden, R.F. (2016). Developmental validation of the DNAscan™ Rapid DNA analysis™ instrument and expert system for reference sample processing. *Forensic Science International Genetics* 25: 145–156.

[4] Tan, E., Turingan, R.S., Hogan, C. et al. (2013). Fully integrated, fully automated generation of short tandem repeat profiles. *Investigative Genetics* 4 (1): 16.

[5] Moreno, L.I., Brown, A.L., and Callaghan, T.F. (2017). Internal validation of the DNAscan/ANDE™ Rapid DNA analysis™ platform and its associated PowerPlex® 16 high content DNA biochip cassette for use as an expert system with reference buccal swabs. *Forensic Science International. Genetics* 29: 100–108.

[6] Carney, C., Whitney, S., Vaidyanathan, J. et al. (2019). Developmental validation of the ANDE™ rapid DNA system with

FlexPlex™ assay for arrestee and reference buccal swab processing and database searching. *Forensic Science International*. *Genetics* 40: 120–130.

[7] U.S. Department of Defense (2008). *Department Of Defense Test Method Standard*: *Environmental Engineering Considerations And Laboratory Tests Title* [Internet]. https://www.atec.army.mil/publications/Mil-Std-810G/Mil-Std-810G.pdf (accessed 12 April 2020).

[8] Turingan, R.S., Tan, E., Jiang, H. et al. (2020). Developmental validation of the ANDE 6C system for rapid DNA analysis of forensic casework and DVI samples. *Journal of Forensic Sciences* 65 (4): 1056.

[9] Grover, R., Jiang, H., Turingan, R.S. et al. (2017). FlexPlex27 – highly multiplexed rapid DNA identification for law enforcement, kinship, and military applications. *International Journal of Legal Medicine* 131 (6): 1489–1501.

[10] Hennessy, L.K., Franklin, H., Li, Y. et al. (2013). Developmental validation studies on the RapidHIT™ human DNA identification system. *Forensic Science International*: *Genetics Supplement Series* 4: e7–e8.

[11] Jovanovich, S., Bogdan, G., Belcinski, R. et al. (2015). Developmental validation of a fully integrated sample-to-profile rapid human identification system for processing single-source reference buccal samples. *Forensic Science International*: *Genetics* 16: 181–194.

[12] Hennessy, L.K., Mehendale, N., Chear, K. et al. (2014). Developmental validation of the GlobalFiler® express kit, a 24-marker STR assay, on the RapidHIT® system. *Forensic Science International*: *Genetics* 13: 247–258.

[13] Vallone, P.M. (2013). *Biometric Consortium Meeting, BCC, Tampa, FL, Sepember* 2013. NIST Rapid-DNA Interlaboratory Study [Internet]. https://strbase.nist.gov//pub_pres/Vallone_BCC_Talk_Sept2013.pdf (accessed 27March 2020).

[14] Larue, B.L., Moore, A., King, J.L. et al. (2014). An evaluation of the RapidHIT®system for reliably genotyping reference samples. *Forensic Science International*: *Genetics* 13: 104–111.

[15] Holland, M. and Wendt, F. (2015). Evaluation of the RapidHIT™ 200, an automated human identification system for STR analysis of single source samples. *Forensic Science International*: *Genetics* 14: 76–85.

[16] Salceda, S., Barican, A., Buscaino, J. et al. (2017). Validation of a rapid DNA process with the RapidHIT® ID system using GlobalFiler® express chemistry, a platform optimized for decentralized testing environments. *Forensic Science International*: *Genetics* 28: 21–34.

[17] Romsos, E.L., Lembirick, S., and Vallone, P.M. (2015). Rapid DNA maturity assessment. *Forensic Science International*: *Genetics Supplement Series* 5: e1–e2.

[18] Romsos, E.L., French, J.L., Smith, M. et al. (2020). Results of the 2018 rapid DNA maturity assessment. *Journal of Forensic Sciences* 65 (3): 953–959.

[19] FBI.gov. *Rapid DNA* [Internet]. https://www.fbi.gov/services/laboratory/biometric-analysis/codis/rapid-dna (accessed 3 April 2020).

[20] Gangano, S., Elliott, K., Anoruo, K. et al. (2013). DNA investigative lead development from blood and saliva samples in less than two hours using the RapidHIT™ human DNA identification system. *Forensic Science International*: *Genetics Supplement Series* 4: e43–e44.

[21] Turingan, R.S., Vasantgadkar, S., Palombo, L. et al. (2016). Rapid DNA analysis for automated processing and interpretation of low DNA content samples. *Investigative Genetics* 7: 2.

[22] Turingan, R.S., Brown, J., Kaplun, L. et al. (2019). Identification of human remains using Rapid DNA analysis. *International Journal of Legal Medicine* 134: 863–874.

[23] Biesecker, L.G., Bailey-Wilson, J.E., Ballantyne, J. et al. (2005). DNA identifications after the 9/11 world trade Center attack. *Science* 310 (5751): 1122–1123.

[24] Mundorff, A.Z., Bartelink, E.J., and Mar-Cash, E. (2009). DNA preservation in skeletal elements from the world trade center disaster: recommendations for mass fatality management. *Journal of Forensic Sciences* 54 (4): 739–745.

[25] Holland, M.M., Cave, C.A., Holland, C.A., and Bille, T.W. (2003). Development of a quality, high throughput DNA analysis procedure for skeletal samples to assist with the identification of victims from the world trade Center attacks. *Croatian Medical Journal* 44 (3): 264–272.

[26] Sudoyo, H., Widodo, P.T., Suryadi, H. et al. (2008). DNA analysis in perpetrator identification of terrorism-related disaster: suicide bombing of the Australian embassy in Jakarta 2004. *Forensic Science International*: *Genetics* 2: 231–237.

[27] Prinz, M., Carracedo, A., Mayr, W.R. et al. (2007). DNA Commission of the International Society for forensic genetics (ISFG): recommendations regarding the role of forensic genetics for disaster victim identification (DVI). *Forensic Science International: Genetics* 1 (1): 3–12.

[28] Deng, Y.J., Li, Y.Z., Yu, X.G. et al. (2005). Preliminary DNA identification for the tsunami victims in Thailand. *Genomics, Proteomics & Bioinformatics* 3 (3): 143–157.

[29] Schou, M.P. and Knudsen, P.J.T. (2012). The Danish disaster victim identification effort in the Thai Tsunami: organisation and results. *Forensic Science, Medicine, and Pathology* 8 (2): 125–130.

[30] Hsu, C.M., Huang, N.E., Tsai, L.C. et al. (1999). Identification of victims of the 1998 Taoyuan airbus crash accident using DNA analysis. *International Journal of Legal Medicine* 113 (1): 43–46.

[31] Leclair, B., Frégeau, C.J., Bowen, K.L., and Fourney, R.M. (2004). Enhanced kinship analysis and STR-based DNA typing for human identification in mass fatality incidents: the Swissair flight 111 disaster. *Journal of Forensic Sciences* 49 (5): 939–953.

[32] Piccinini, A., Betti, F., Capra, M., and Cattaneo, C. (2004). The identification of the victims of the Linate air crash by DNA analysis. *International Congress Series* 1261: 39.

[33] Miroff, N. (2019). Homeland Security to test DNA of families at border in cases of suspected fraud. *Washington Post* [Internet]. https://www.washingtonpost.com/immigration/homeland-security-to-test-dna-of-families-atborder-in-cases-of-suspected-fraud/2019/05/01/8e8c042a-6c46-11e9-a66d-a82d3f3d96d5_story.html (accessed 3 April 2020).

[34] Katsanis, S. and Kim, J. (2014). DNA in immigration and human trafficking. In: *Forensic DNA Applications: An interdisciplinary perspective*, Section 4, Chapter 22. Boca Raton: CRC Press, Taylor and Francis Group https://www.routledge.com/Forensic-DNA-Applications-An-Interdisciplinary-Perspective/Primorac-Schanfield/p/book/9781466580220.

[35] Katsanis, S.H., Kim, J., Minear, M.A. et al. (2014). Preliminary perspectives on dna collection in anti-human trafficking efforts. *Recent Advances in DNA Gene Sequences* 8: 78–90.

[36] Palmbach, T., Blom, J., Hoynes, E. et al. (2014). Utilizing DNA analysis to combat the world wide plague of present day slavery – trafficking in persons. *Croatian Medical Journal* 55 (1): 3–8.

[37] Gin, K., Tovar, J., Bartelink, E.J. et al. (2020). The 2018 California wildfires: integration of Rapid DNA to dramatically accelerate victim identification. *Journal of Forensic Sciences* 65 (3): 791–799.

[38] Department of Homeland Security (2019). Snapshot: S&T's Rapid DNA technology identified victims of California Wildfire. *DHS Science and Technology News* [Internet]. https://www.dhs.gov/science-and-technology/news/2019/04/23/snapshot-st-rapid-dna-technology-identified-victims (accessed 4 May 2020).

[39] Border, G. (2018). California Taps War-Zone DNA Specialists After Wildfire. *Reuters* [Internet]. https://www.reuters.com/article/us-california-wildfires-remains/california-taps-war-zone-dna-specialists-after-wildfire-idUSKCN1NK1EI(accessed 3 April 2020).

[40] Brown, K. (2018). California Turns to War-Zone DNA Test to ID Fire Remains. *Bloomberg* [Internet]. https://www.bloomberg.com/news/articles/2018-11-19/dna-testing-company-gets-call-to-help-id-california-fire-victims(accessed 3 April 2020).

[41] Druga, M. (2019). No Rapid DNA Technology Identified Victims of California Wildfires. *Homeland Preparedness News* [Internet]. https://homelandprepnews.com/stories/33583-rapid-dna-technology-identified-victims-of-california-wildfires (accessed 3 April 2020).

[42] Gin, K. (2019). California Wildfires: Rapid DNA and the Future of Mass Fatality Identification. *Forensic Science Executive* [Internet]. www.forensicscienceexecutive.org (accessed 3 April 2020).

[43] Evan Sernoffsky (2018). DNA Technology Helps Identify Camp Fire Victims; Challenge is Finding Family. *San Francisco Chronicle* [Internet]. https://www.sfchronicle.com/california-wildfires/article/DNA-technology-helps-identify-Camp-Fire-victims-13406853.php (accessed 3 April 2020).

[44] Waitt, T. (2019). Rapid DNA. ID's deadly 'Camp Fire' Disaster Victims. *American Security Today* [Internet].https://americansecuritytoday.com/rapid-dna-ids-deadly-camp-fire-disaster-victims-see-how-video (accessed 3 April 2020).

[45] Zimmer, K. (2019). Rapid DNA Analysis Steps in to Identify Remains of Wildfire Victims. *The Scientist* [Internet].https://www.the-scientist.com/news-opinion/rapid-dna-analysis-steps-in-to-identify-remains-of-wildfire-victims-65156 (accessed 3 April 2020).

[46] Woods, A. (2019). Officials Used "Rapid DNA" Tech to Identify California Boat Fire Victims. *The New York* Post [Internet]. https://nypost.com/2019/09/05/officials-used-rapid-dna-tech-to-identify-california-boat-fire-victims(accessed 3 April 2020).

22

便携式生物光谱学：现场应用

Brian Damit, Miquel Antoine

Johns Hopkins Applied Physics Laboratory, Laurel, MA, USA

22.1 概述

便携式生物光谱系统的现场应用非常多样化，涉及生物防御、医疗诊断甚至法医学等多个领域。对于其中的一些学科，应用便携式光谱学已经成为分析样本的主要或辅助工具。在现场环境中，电力、耗材和分析时间等资源可能会受到限制，而光谱学相对于分子检测等其他方法具有明显的优势，包括近即时反馈、简单的操作和数据解释以及最小或无需耗材的特点。因此，将便携式光谱更多地纳入现有用户工作流程的需求是理所当然的，尤其是在具有挑战性的现场环境中。在过去的几十年里，基础光谱学研究的进步、智能手机的普及和世界事件（如"9·11"事件）扩大了便携式光谱技术的现场应用，从根本上改变了该学科的格局。商用现成（COTS）便携式光谱技术是指系统用户可以直接应用于现场的光谱系统，已经从需要用户具备丰富的技术背景演变为现在在具备了触摸屏、自动化数据解释以及需要最少的用户培训等特点。同时，学术界和工业界都报告了在开发智能手机方面取得的进展，重新利用其内置的相机光学和软件执行光谱分析（参见本卷第9章和应用卷第10章）。"口袋里的光谱仪"可能确实代表了便携式系统的理想体现，未来进一步扩大了光谱分析的现场应用范围。

表22.1概述了本章的内容，总结了便携式生物光谱学的各种现场应用。应用光谱学的主要领域包括生物防御、医疗保健、食品和农业安全、环境污染监测以及法医学。光谱学在这些学科中的作用差别很大，但都保持了将光（通常是紫外、可见和/或红外光）应用于探测分子结构或化学组成的共同话题，从而为用户提供有关生物样本特征的数据。图22.1展示了专为现场使用设计的商业系统的照片。在生物防御领域中，便携式光谱系统在对空气传播生物攻击的早期预警监测以及检测固态或液态样品中生物威胁物质方面发挥着关键作用[1,2]。便携式光谱技术在医疗保健领域的应用非常广泛，涵盖从人体组织分析到疾病诊断的范围[3,4]。便携式光谱系统在食品和农业领域中的使用也是多种多样的，包括使用原位光谱技术快速识别生物污染物和分析作物的健康状况。近年来不断增长的环境问题促使对水、土壤和空气中的生物污染物进行现场

监测[5,6]。最后，便携式光谱测量系统在法医学领域已经非常成熟，可以辅助犯罪现场侦查人员对犯罪现场的血液、其他体液、指纹等生物样本进行定位和分类[7,8]。本章回顾了这些学科，从现场应用的角度描述了便携式生物光谱学的使用，并提供了实际考虑因素。为了使本章易于理解，讨论的范围仅限于无试剂的光谱检测方法。本章还强调了更成熟的技术和概念，特别是那些已经被转化为实践、在现场已经得到使用并被整合到从业者的工作流程中的技术，以及不太成熟但具有潜在转型能力的研究进展。本章在最后的总结部分中讨论了未来几年便携式生物光谱学面临的挑战和前景。

表22.1　便携式生物光谱技术的现场应用概述

应用领域	描　述	光谱类型	用法示例
生物防御	生物威胁的检测（固相、液相、气相）	荧光光谱、拉曼光谱、激光诱导击穿光谱（LIBS）	在区域内分布便携式检测器，以监测空气中的生物威胁
医疗保健	组织健康和疾病生物标志物的评估	红外吸收光谱、荧光光谱、拉曼光谱	将红外光谱仪附在人体受试者身上测量组织氧合
食品和农业	监测食品污染和农作物及牲畜安全性	荧光光谱、可见光谱、红外光谱、拉曼光谱	测量肉表面的荧光光谱来推断细菌的负荷量
环境污染	水、土壤、空气中生物污染物的测量	荧光光谱、红外吸收和反射光谱	通过使用智能手机测量大肠菌群的荧光来评估水的可饮用性
法医学	鉴定是否存在体液、瘀伤和伤口	荧光光谱、可见光吸收光谱	使用便携式光源在犯罪现场定位血迹，以辅助侦查人员采集样本

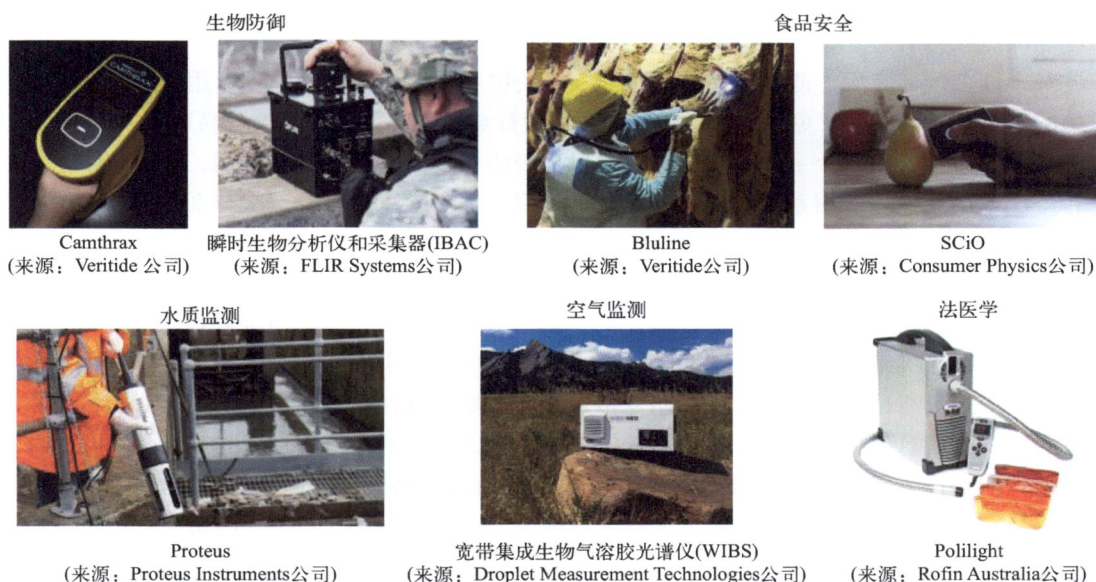

生物防御

Camthrax
（来源：Veritide 公司）

瞬时生物分析仪和采集器(IBAC)
（来源：FLIR Systems公司）

食品安全

Bluline
（来源：Veritide公司）

SCiO
（来源：Consumer Physics公司）

水质监测

Proteus
（来源：Proteus Instruments公司）

空气监测

宽带集成生物气溶胶光谱仪(WIBS)
（来源：Droplet Measurement Technologies公司）

法医学

Polilight
（来源：Rofin Australia公司）

图22.1　为现场使用开发的商用便携式生物光谱系统

22.2　本章内容概要

本章首先描述了现场便携式系统的基本考虑因素，即区分现场便携式系统和台式系统的特征。接下来的讨论总结了便携式光谱的具体领域应用——生物防御、医疗和临床、食品和农业、环境科学和法医学。这些部分提供了该领域的概述，并讨论了便携式光谱技术在各自领域应用中的具体应用、优势和局限性。这些部分还介绍和描述了几种现有的光谱系统以及过去的系统，为读者提供历史背景。除了对传统技术进行讨论外，本章还包括对其他类型便携式光谱技术（如智能手机）的讨论以及它们在未来场地应用中的潜力。

22.3　现场便携式光谱系统的属性

无论具体的现场应用如何，便携式光谱系统都表现出几个重要的属性，使其与台式光谱系统区别开来。其中最重要的是便携式系统必须能够被单个用户携带到其相应的现场环境中，这既限制了系统的重量和外形尺寸，也往往导致系统在功能、可靠性和信噪比方面做出牺牲。虽然对于"人力可携带性"没有严格的定义，但便携式系统通常限制在14 kg的重量和背包大小（65000 cm³）的尺寸，以便用户可以舒适地携带。对于本章描述的许多场景，便携式系统必须具备电池供电的能力，因为用户可能无法获得电网或发电机供电。理想情况下，现场便携式光谱系统不消耗试剂或其他耗材，因为这需要用户将额外的耗材运输到现场。根据具体的现场使用情况，便携式系统的其他属性包括现场数据分析、可靠的无线通信、最小的维护和校准要求以及在各种环境条件（如降水、风、温度、相对湿度等）下的可靠运行。例如，用于环境监测目的的便携式光谱系统可能需要在室外长时间运行并将数据远程传输给用户。因此，便携式光谱系统的性能取决于其在现场环境中的预期用途。

对于许多现场应用，便携式光谱系统的一个关键考虑因素是用户体验。用户体验是用户对系统的感知或整体态度，更确切地说是指其硬件设计或软件界面的可用性（易用性）、便利性甚至美观性。虽然这是一个主观的度量标准，但积极的用户体验是必不可少的，它决定了从业者是否广泛采用或拒绝使用系统。在具有挑战性的现场环境中，用户更喜欢与系统进行简单直观的交互，尤其是当用户不具备相应学科的专业知识时。总的来说，这些系统最好被各种具有技术和非技术背景的用户使用。这一特性使技术人员、军事人员、执法人员、志愿者、公民科学家等非专家能够自信地采集和分析样本。不管用户的背景如何，他们通常喜欢简单的格式，如集成触摸屏、连接到平板电脑或智能手机，以便在现场环境中操作光谱仪。单键操作也是理想的选择，用户只需按下按钮就可以开始分析、获取数据、解释数据和显示结果。对于希望查看光谱图等详细信息的技术用户，有些系统包括一个可以访问的高级用户模式。对于这些高级用户来说，即兴自定义光谱库或调整其他数据采集参数也是非常理想的。用户体验的另一个显著要素是分析时间或检测时间，实质上是系统分析样品所需的时间。最理想的情况是分析瞬间完成，而不是以小时为时间尺度，这样用户可以高效地获得结果。

在现场数据采集方面，一些光谱系统需要进行初始设置，然后自主采样，而另一些系统则需要用户主动采集和操作样品。在后一种情况下，样品引入工作流程是用户体验的重要方面，复杂的、多步骤的过程会影响可用性。在理想操作中，用户只需将系统指向一个样本，启动测量，然后得到结果。类似但更复杂的过程需要用户实际收集固体、液体或组织样品，并将样品运送到系统进行后续分析。通常情况下，用户进行的样品准备步骤和操作越少，用户错误和偏差就越少。一些现场场景要求用户在执行分析时穿戴个人防护设备（PPE），因此对于一些系统操作必须精简，以适应手指灵活性和活动范围有限的用户。在采样完成后，系统的污染（也称为携带污染）最好是最小的或者可以自动或由用户轻松地去除。

22.4　现场应用

22.4.1　生物防御

便携式光谱系统在生物防御领域的应用已经很成熟，特别是与其他领域相比，具有一系列技术用于分析固相、液相和气相样品中的生物威胁物质。商业光谱系统被世界各国军队和生物防御机构广泛采用。此外，对生物恐怖主义和新的生物威胁的担忧促进了新技术的发展。下面的部分将总结过去和现有的便携式生物防御光谱学系统，重点介绍较为成熟的技术。

22.4.1.1　生物固相和液相检测

2001年的炭疽信件事件（Amerithrax）推动了人们开发可以快速检测可疑粉末中的生物物质、无需进行湿化学处理的便携式系统[9]。这些手持系统面向急救人员、危险品紧急处理小组和军事人员，用户只需将粉末样品装入系统中，按下按钮就能获取结果。这类系统的例子包括Camthrax和Ceeker（Veritide公司）。Ceeker通过测量吡啶二羧酸（DPA）的荧光信号运作，DPA是芽孢杆菌属和梭状芽孢杆菌细菌孢子中特有的化合物，也是这些微生物耐受性的原因。由于DPA的弱荧光性质，Ceeker采用两步分析方案：①在250 nm波长光激发下促进DPA光解并转化为荧光更强的吡啶甲酸；②在350 nm波长光激发下对吡啶甲酸进行荧光测量。经过10 min的测量和分析后，系统通过仪器的屏幕显示"是"或"否"答案向用户报告结果。由于该系统不支持物种级别的鉴定，检测被视为推断性的，因为分子生物学技术［例如聚合酶链式反应（PCR）］必须确认孢子是一种生物制剂。虽然Ceeker的目标是细菌孢子，但开发工作已经研究将这些原理扩展到检测蓖麻毒素和肉毒毒素这两种通常被认为是生物武器的蛋白质的检测。手持式拉曼成像仪（ChemImage）是一种现已停用的便携式系统，它利用拉曼化学成像检测生物和化学威胁。该系统将分子光谱技术与数字成像技术相结合，用于分析粉末或液体样品并识别生物材料，特别是存在于复杂样品中的生物材料。总的来说，分析技术的进步，特别是横向流动分析法（LFA），在对可疑粉末或液体样品进行现场分析方面很大程度上取代了便携式光谱学。这些LFA是一种类似于妊娠测试的简单硝化纤维素试纸条。除了提供物种级别的推测性鉴定外，LFA方法比便携式光谱学系统更便宜、更小，而且提供更快的结果。

22.4.1.2　生物气溶胶检测

便携式光谱系统广泛应用于生物气溶胶的检测。生物气溶胶被定义为生物来源的空气颗粒，可能来源于自然界，也可能来源于生物战的目的故意释放。自20世纪90年代末以来，生物防御计划将便携式光谱仪纳入到其生物检测策略中，以支持对空气传播的生物威胁物质的早期预警报警[1]。在操作上，用户会在高风险区域内分布这些便携式系统，并且系统持续监测空气中的异常气溶胶，这些位置可以包括地铁站、体育场馆、旅游景点、军事基地或其他人口密集地区。大多数系统使用激光诱导荧光光谱（LIF）的某种变体作为检测机制，尽管一些系统使用其他光谱学模式（例如拉曼散射）补充或取代LIF。LIF系统对环境气溶胶进行采样，通过空气动力学将这些气溶胶排列成一行，然后用激光光束对每个气溶胶进行检测，以测量其荧光特征。生物气溶胶本身含有荧光分子，会产生自发荧光，而非生物粒子（如道路灰尘）几乎不产生荧光信号。因此，大量荧光气溶胶的测量可以表明已经发生了空气传播的生物攻击。由于空气中的颗粒可以实时分析，这些系统可以自动提供警报信号，促使附近的人员立即采取保护措施。LIF系统的一个关键限制是这些技术无法区分生物威胁和更为良性的生物颗粒（例如花粉），因此需要分子检测确认生物气溶胶是否确实含有威胁性的生物体。LIF系统的尺寸范围从加固的手持装置（18 cm×15 cm×32 cm）到需要车辆将其运输到现场的大型设备（90 cm×50 cm×75 cm）。对于生物防御应用，这些系统通常包含无线通信，以实现网络连接，并将和数据和警报状态传输到驻扎在指挥中心的用户。一些系统具有集成的气溶胶采集模块，可以自主启动，以采集生物气溶胶样品。在生物防御领域中，便携式实时光谱系统通常被称为"触发器"，因为它们在操作中被用来触发气溶胶采集系统，以获取气溶胶样品并进行后续的分子生物学检测处理。

便携式LIF检测器是针对微生物及其生长介质中天然存在的分子设计的。体系的激发波长（λ_{ex}）和发射波长（λ_{em}）与原核生物中高强度内源性荧光团的荧光光谱重叠。Pöhlker等人对多种生物体的荧光物质和相关光谱进行了详细的综述[10]。LIF系统特异性靶向的分子包括几种氨基酸（色氨酸、酪氨、酸和苯丙氨酸），它们的最大激发波长和最大发射波长分别为260～280 nm和280～350 nm；以及酶和辅酶，如烟酰胺腺嘌呤二核苷酸（NADH），其最大激发波长和最大发射波长分别为290～450 nm和440～535 nm[11]。细胞壁组分、各种色素和维生素也能产生微弱或中等强度的荧光信号。细胞培养基的非挥发性成分随微生物气溶胶化后存在于气溶胶残留物上，产生外源性自发荧光。例如，溶菌肉汤培养基由胰蛋白胨和酵母提取物组成，其中含有增强微生物生长的多肽和维生素等荧光分子。实际上，这些非挥发性成分可以贡献显著的荧光信号，可被LIF系统检测到。

对便携式LIF生物气溶胶光谱仪用于生物防御应用的兴趣始于荧光气溶胶粒子传感器（FLAPS, TSI公司），该设计最初由加拿大国防部构思。最终被美国军方和加拿大生物防御计划采用，FLAPS后来被称为紫外空气动力学粒度仪（UV-APS），采用340～360 nm波长的激光激发[1]。美国陆军研究实验室、白沙靶场和耶鲁（Yale）大学几乎同时进行的调查同样具有影响力，确立了显著的技术进步，并表征了生物气溶胶的光谱特性。主要贡献包括生物气溶胶荧光的各向同性和产率、生物气溶胶荧光降解的实验测量以及低于300 nm波长激发激光配置的引入。便携式LIF系统的尺寸的减少得益于国防高级研究计划局（DARPA）资助的半导体和发光二极管（LED）研究[1]。

截至2020年，存在着众多便携式LIF生物气溶胶系统，每个系统具有不同的特性、光学配置和成熟度水平。表22.2总结了商业检测系统及其显著特性。虽然这些系统来自不同的供应商，但它们的设计基本相同——所有系统都包含一些用于气溶胶聚焦、激发激光器、光电检测器、信号处理电路、算法和用户界面的元素。目前新型LIF系统开发的当前趋势是增加多个激发波长或多通道光电检测器，以获得光谱分辨的气溶胶荧光信号。这些光学配置可以实时测量单个气溶胶的激发-发射矩阵。将这些测量结果与机器学习和模式识别技术结合起来解释数据，可以实现更高保真度的气溶胶分类，从而更好地识别背景气溶胶的威胁[2]。这种多通道系统的例子包括由液滴测量技术（DMT）开发的两种仪器——宽带集成生物气溶胶光谱仪（WIBS）和光谱强度生物气溶胶光谱仪（SIBS）。WIBS是第一个具有双激发波长（280 nm和370 nm）的商用气溶胶LIF系统，由WIBS中两个单独的氙灯闪光灯产生。单个气溶胶的荧光被采集、滤波，然后被两个检测通道［通道1（310～400 nm）和通道2（420～650 nm）］检测。与WIBS类似，SIBS应用285 nm和370 nm两个激发波长，但它具有更高的光谱分辨率，在302～721 nm范围内记录了16个荧光发射通道的信号[12]。这两种DMT系统都是面向学术和环境采样市场，但未来几年可能会吸引越来越多的生物防御客户的关注。

表22.2 便携式生物光谱学主要用于气溶胶生物防御应用的概述

名　　称	开发商/供应商	形　　态	检测性能	现状（截至2020年）
紫外气动粒度仪（UV-APS）	TSI公司	气动尺寸荧光	激发波长：355 nm 发射波长：420～577 nm	停产
宽带集成生物气溶胶光谱仪（WIBS）	Droplet Measurement Technologies公司	光学定标荧光	激发波长：280 nm和370 nm 发射波长：310～400 nm和420～650 nm	可购买
光谱强度生物气溶胶光谱仪（SIBS）	—	光学定标荧光	激发波长：285～370 nm 发射波长：302～721 nm	可购买
瞬时生物分析仪和采集器（IBAC）	FLIR公司	光学定标荧光	激发波长：405 nm	可购买
TACBIO® Gen Ⅱ	Chemical Biological Center	光学定标荧光	激发波长：270 nm 发射波长：317～700 nm	可购买
BioScout	Environics公司	光学定标荧光	激发波长：405 nm	可购买
气溶胶快速检测仪（RAAD）	MIT Lincoln Laboratory	光学定标荧光击穿光谱	散射波长：808 nm 激发波长：355～266 nm	改进中
瞬时微生物监测仪（IMD-A）	BioVigilant公司	荧光	激发波长：405 nm	可购买
生物试剂预警传感（BAWS）	MIT Lincoln Laboratory	荧光	激发波长：260 nm	停产
资源有效生物识别系统（REBS）	Battelle公司	拉曼	激发波长：643 nm	可购买
VeroTect	Biral公司	光学上浆粒子不对称荧光	激发波长：280 nm 发射波长：330～350 nm和420～650 nm	停产

除LIF外，拉曼光谱、LIBS和弹性光偏振等其他光谱技术也展示了识别威胁性生物气溶胶方面的潜力。由Battelle公司推出的资源有效生物识别系统（REBS）是一种便携式拉曼光谱仪，可在15 min或更短时间内自主识别细菌、芽孢、毒素和病毒。REBS将气溶胶沉积到移动的金属收集带上，然后使用一条线状的643 nm波长光束激发气溶胶样品。电荷耦合器件（CCD）以大约1 μm的增量从线上的位置测量拉曼光谱，然后将线移过收集带以捕获收集带上所有沉积粒子的光谱，这一过程称为线扫描。然后，REBS软件算法将测量的光谱与已知的威胁特征进行比较，以确定威胁。另一个便携式系统——气溶胶快速检测器（RAAD），将LIF测量与LIBS相结合，以提高气溶胶威胁的分类性能。RAAD采用3个激光器——一个808 nm波长的引导激光器。一个355 nm波长的激光器用于弹性散射和荧光测量以及一个266 nm波长的激发激光器用于荧光测量[2]。该系统按需触发LIBS，获取单个气溶胶的元素组成。由于在分析过程中测量到的特征数量较多，包括两个弹性散射、两个荧光和一个LIBS光谱，RAAD的数据非常适合进行统计分析，以增强对威胁气溶胶的识别。一种完全不依赖LIF技术的生物气溶胶探测器Polaron (ATI)，依靠

气溶胶的光偏振特征进行测量。Polaron测量气溶胶与光相互作用时的光偏振，散射后通过检测光学元件测量光的偏振度，并将数据与威胁特征库进行分析比较。Polaron检测器能够对气溶胶进行分类，因为不同类型的气溶胶具有不同的化学组成，所以会独特地改变散射光的偏振状态。一般来说，便携式非LIF系统不如它们的LIF系统成熟，但这些方法提供了关于气溶胶的额外信息，并能帮助更好地分类威胁。总的来说，更广泛地采用这些替代光谱技术，结合更具光谱分辨率的LIF测量，有望改善生物防御领域实时检测能力。

22.4.2　医疗和保健

便携式光谱技术可以潜在地改变医疗和保健领域的诊断方法。对于用户而言，这些技术可以及时获得定量、可靠和客观的数据，支持对患者健康和福祉的快速评估。在医疗保健领域，便携式光谱系统，尤其是用于现场病人诊断和监测的系统，通常被称为及时诊断技术（POC）[13]。然而，整体而言，当代便携式光谱技术由于其相对不成熟、需要满足严格的医疗设备审批以及在医疗专业人员教育方面的挑战，并没有广泛商业化或在临床环境中采用。下面的小节详细介绍了便携式光谱技术可以为医疗和保健领域做出的贡献，为研究人员和保健工作者提供了可以补充其现有方法的独特的工具。

22.4.2.1　人体组织

便携式光谱技术在人体组织分析中具有几个优点——快速输出，对患者无创伤，无需试剂，并提供丰富的诊断信息。由于光谱学在分子水平上产生信息，这些数据在阐明人类组织的基本性质和组成、氧合以及分化和成熟方面是非常宝贵的[14]。近红外（NIR）区域（650～1100 nm波长），通常被称为"光学窗口"，因为与其他波长相比，NIR对水和血红蛋白吸收最少，被应用于在皮肤表面以及深入组织的穿透深度处进行光谱测量[15]。NIR光谱技术在人体组织分析中的具体应用包括在活体情况下测量肌肉中的氧气含量、骨骼肌代谢研究和疾病诊断等。用户可以使用NIR测量吸收光谱并解释峰值来推断组织样本的组成细节[14]。将测量的NIR光谱与正常样品的光谱进行比较，可以提供有关组织健康状态的信息，并指导进一步的诊断决策。

在临床环境中，使用便携式NIR光谱测量氧合和脱氧的血红蛋白（Hb）与肌红蛋白（Mb）是很常见的。当代便携式NIR设备是智能手机大小的模块，连接到人体，收集光谱数据，并以无线方式存储或传输数据[16]。这些设备由LED、光电二极管、电池、微处理器和无线网络模块组成。在人体活动（如运动）过程中活体测量是可以实现的，这使得NIR技术在体育和运动科学的研究中特别有吸引力。为了计算有用的度量指标（如氧合的Hb / Mb），采用朗伯-比尔（Lambert-Beer）定律[16]对原始数据进行处理。除了NIR光谱技术外，人体组织的拉曼光谱和荧光光谱技术也得到了探索，但这些技术尚未转化为临床使用的便携式系统。尽管它们的前景是有希望的，但在采用这些技术补充传统的人体组织分析之前还需要进行更多的研究。

22.4.2.2　疾病诊断

光谱法通过检测致病因子（即病原生物）或疾病的生物标志物，提供了一种在POC方式下诊断疾病的手段。就其本身而言，光谱学在很大程度上无法精确识别目标病原体、蛋白质或其他生物分子。为了获得特异性，可以将光谱学技术与分子生物学分析相结合，将光谱学用作报告检测感兴趣目标的手段。在本章讨论的所有领域应用中，智能手机生物传感具有最大的潜力，这主要是由于智能手机在普通大众中的普遍性和对简单快速疾病诊断的广泛需求。事实上，学术文献中包含了大量描述智能手机POC分析的文章，但这些方法仍然不成熟，没有从基础研究转化为实践[13]。通常，这些工作涉及几个关键的活动：①设计一个定制的智能手机支架来容纳样本；②重新利用智能手机的光学部件；③开发软件应用程序处理数据和输出结果（参见本书应用卷第10章）。然后，进行准备并将样品添加到支架中，记录智能手机中的结果并进行产品的概念验证[3,4]。

　　智能手机光谱应用于POC的例子包括红细胞、白细胞、胆固醇、乙肝、人类免疫缺陷病毒标志物和梅毒抗原等的检测[3,4,17,18]。在这些工作中，许多检测都是基于免疫分析，并使用某种形式的比色变化或荧光光谱检测抗体与抗原靶标的结合。在几乎所有的研究中，研究人员使用苹果（iPhone）或三星（Samsung Galaxy）等流行智能手机的光学系统。此外，一些微流控技术概念可以减少试剂消耗，并进一步缩小智能手机的大小，以提高便携性。总体上，未来参考技术的趋于成熟，加上临床试验中的验证，将促进智能手机光谱技术在疾病诊断中的应用。由于本章的范围仅与无试剂的光谱检测有关，读者可以参考引用来源，以便更全面地了解便携式光谱技术与生物分析的结合，因为这本身就值得进行深入的探讨[19]。

22.4.3　食品和农业

　　便携式光谱系统在食品和农业中发挥着多种作用——产品质量评估、食品安全测定、植物安全评估等。22.4.3.1节重点介绍了便携式光谱技术在食品微生物污染监测中的应用。22.4.3.2节简要总结了在农作物和畜牧光谱表征中的应用。便携式光谱技术能够直接应用于现场（如食品加工线和农场的环境），具有便携性和快速性的独特优势，包括结果的快速反馈和与传统测定技术相比的易用性，从而提高了用户的满意度。

22.4.3.1　食品安全和卫生

　　在食品加工厂，对包括肉类、禽类、水果和蔬菜在内的食品进行卫生监测是必不可少的。传统的食品微生物污染分析技术包括粗略的肉眼和气味检查，或者对产品进行拭子取样，然后用平板计数或三磷酸腺苷（ATP）等生物发光法测定拭子样品[20]。平板计数或总活菌计数（TVC）以每毫升、克或平方厘米的菌落形成单位（CFU）表示，表明食品中的细菌负荷。而ATP反映了生物量的数量，从而反映了清洁度——尽管ATP也可以作为非微生物来源来自食品。然而，进行常规分析费时费力，并且需要熟练的工人获得拭子样品。因此，便携式光谱已成为在食品加工过程中通过光学技术检测食品腐败程度的代替方法。文献中包含了丰富的研究，记录了荧光光谱、拉曼光谱、NIR光谱和可见光谱方法在食品腐败监测中的发展和应用[21-28]。调查研究包括了多种食品——牛肉、鱼肉、鸡肉、猪肉、牛奶、苹果汁、火腿、菠菜、卷心菜等。研究人员在这些研究中构建了便携式系统，确定了测量的光谱特征与细菌载量之间的相关性（例如：CFU/g）。不同的光谱方法会产生不同的光谱特征，例如荧光系统通常检测微生物色氨酸或其他标记物的存在，而拉曼系统则扫描测量拉曼光谱中的特征。然而，需要适当的数据处理方法（如偏最小二乘回归法）对原始数据进行处理。由于许多事物中存在干扰辨别的异质性成分，而拉曼光谱本身就具有丰富的信息，所以需要更加先进的多元技术如主成分分析（PCA）、神经网络或其他办法进行数据处理。研究表明，光谱系统确实能够合理、准确地预测食品的污染，例如荧光技术可以实现荧光信号与细菌载量的 R^2 值超过 0.80。拉曼光谱在微生物污染监测方面比荧光光谱具有更高的准确性[27]。为了进一步提高特异性，许多作者进行了生物分析与便携式光谱（如智能手机）的结合，这些研究在其他地方也有描述[29]。

目前在实际中已有多个商业系统可用于检测食品加工供应链中的微生物污染。Bluline粪便检测仪（Veritide公司）是一种用于测量牛肉污染的手持式系统，应用荧光技术检测肉表面的叶绿素分子和相关代谢物。因为反刍动物如牛和羊的粪便中含有丰富的叶绿素，所以叶绿素可以作为污染的间接标志[30]。Bluline粪便检测仪使用户只需对准肉类目标进行拍摄就可以获得结果，便于样品的快速分析。另一种手持式拍摄系统BFD-100（FreshDetect GmbH公司）同样基于荧光光谱技术，能够在5 s内从肉表面测量光谱进行数据分析并报告结果。基于NIR光谱的设备SCiO（Consumer Physical公司）记录了样品在760～1150 nm波长范围内的NIR反射率。通过比较新鲜食品和老化食品的NIR光谱，用户可以推断产品中潜在的微生物数量[31]。虽然这些设备在短期内不太可能超过TVC的"金标准"，但这些方法的便利性是不可否认的，值得食品行业继续关注。

22.4.3.2　农业应用

对于农民和牧场主来说，便携式光谱在产品生命周期的农作物和牲畜的检测中具有实用性。在农业生产中，便携式系统可以部署到田间，以确定植物生长、物种和杂草含量等属性。由此产生的数据可以指导特定地点的肥料、水甚至除草剂的施用，以抑制不良物种的生长。一些研究描述了使用便携式可见光和NIR系统通过测量吸光度或反射光谱，并使用PCA或其他技术分析数据来区分作物和杂草[32,33]。在这些工作中，使用定制的系统或商业便携式光谱仪获得来自叶绿体衍生的色素、细胞间隙、水和纤维素等特征的光谱。这些技术分类的准确性在很大程度上取决于数据的解释，但成功分类的概率超过70%[33]。此类技术的另一个应用是快速提取有关农作物安全性的信息。例如，便携式可见光光谱系统可以检测叶片中的叶绿素含量[34]。由于叶绿素是营养状态和光合能力的标记物，其检测有助于品质评估和作物管理。便携式系统的使用还扩展到玉米、小麦和花生等作物上霉菌和真菌毒素等生物污染物的现场定量检测[35,36]。

在家畜科学中，便携式光谱在分析家畜粪便以预测散养动物饲料质量方面具有独特的作用。对动物粪便的检测使用户能够以快速和无创的方式获得饮食和营养数据[37]。最初由Lyons和Stuth[38]提出，后来在许多研究中被采用。这个过程包括：收集粪便样本，进行NIR反射测量，并解释诸如粗蛋白、可消化有机物和纤维等膳食营养质量参数的数据[38]。预先通过给动物喂食已知的饮食、记录粪便光谱和创建校准方程来开发预测模型，只有8～10个NIR波长可以解释饮食中85%～95%的变异[37]。NIR光谱可以揭示多种家养甚至野生动物中低质量饮食和高质量饮食的动物之间粪便组成的显著差异。该领域的持续进展，特别是预测模型的开发，将进一步提高这些技术的成熟度，使用户能够更好地监测牲畜的健康状况。

22.4.4　环境污染监测

便携式光谱系统可以在多种环境监测领域应用中检测生物污染水平。水、土壤和空气中的微生物污染会对人类健康、动物和农业产生不利影响，因此通过光谱工具快速监测生物污染物的方法是费时耗力培养和分子检测方法的一种有吸引力的替代方法。便携式光谱技术在微生物污染物检测中的一个关键优势是用户可以很容易地将这些系统带到现场分析样品，甚至在现场安装系统进行原位和自主监测。这些工具可以显示结果，并促使立即采取补救措施以减少环境影响。下面介绍便携式光谱技术在水、土壤、空气等生物污染物监测中的各种应用。

22.4.4.1　水

便携式光谱系统可以进行快速的现场分析，评估废水的微生物质量和水源的可饮用性。尽管已经研究了拉曼光谱和其他技术，但文献中主要强调荧光光谱用于测量水的微生物特性[39]。来自280 nm波长激发的荧光被水质界称为类色氨酸荧光（TLF），是病原微生物和人为有机物的标志物。用户通过TLF推断水体是否受到生物污染。许多研究叙述了用于测量TLF发射的紧凑型手持式荧光仪的开发和评估，使其作为预筛选水的实用工具补充验证性培养和PCR技术[40]。总之，这些便携式荧光仪在组成上很简单，由水样引入端口、LED等紫外可见光光源、光采集光学器件、光电检测器和相关软件组成。系统的操作也很简单，包括采集水样、将样品插入系统和解释荧光结果。这种操作的便利性特别有价值，因为这些系统可以在资源有限的环境中分配给非专家进行水质分析。商业化TLF检测仪的一个例子是Proteus多参数水质检测仪（Proteus Instruments公司）。该仪器重4.5 kg，在285 nm波长激发下测量荧光，并检测出大肠菌群数量、生化需氧量和总有机碳等其他水质属性的实时读数。

文献中已经建立了TLF强度与大肠菌群浓度（CFU/mL）之间的相关性，得到了两种测量值之间的对数线性相关关系[41,42]。这一关系在多个地点（英国、美国、非洲、中国）的环境水样中得到证实。尽管相关性在水体内存在变异，并且与培养测量相比TLF预测值可能高于大肠菌群浓度，但荧光测量在预测微生物污染风险方面具有潜在的应用价值，同时可以改进应进行额外分析的水样的优先排序[5]。目前，荧光法并不是大肠菌群分析的既定方法，但根据世界卫生组织（WHO）或其他法规，正努力将其纳入正式化法规中[43]。

22.4.4.2　土壤

与水质应用相比，便携式光谱系统在土壤科学中的开发和使用仍然较少。微生物生物量影响土壤的生物地球化学平衡，通过有机质分解和养分循环导致80%~90%的生物转化，从而影响植物生产力和生态可持续性[44]。因此，评估土壤中的微生物种群及其活性至关重要。鉴于土壤微生物量仅占总有机碳的5%或更少，光谱学无法直接解释其对土壤光谱的贡献。因此，研究人员对微生物的生物量进行间接标记，利用可见-近红外光谱分析土壤有机质（SOM）和土壤有机碳（SOC）的矿化，因为这些成分在这些波长上有很强的吸收。

传统的分析包括土壤核心样品的提取和实验室分析，而近端土壤传感（PSS）是一种快速获取土壤生物光谱数据的新概念[45]。PSS将便携式光谱系统或其他传感器贴在车辆（例如拖拉机、全地形车等）上，使系统处于土壤表面附近。当车辆穿越场地时，这些系统会实时记录车辆下方土壤的测量值，称为"on-the-go"分析。当这种类型的仪器与全球定位系统结合时，可以提供光谱吸收区域土壤属性的空间分辨率地图。已有文献报道了利用基于可见-近红外漫反射的"on-the-go"技术测量SOM和SOC。此类系统在田间的安装和运行需要考虑传感器窗口到土壤表面的距离以及砾石等异常物质的存在[45]。值得注意的是，这些方法在显示实测反射率与土壤中SOM/SOC之间的相关性方面取得了一定的成功。现场演示、硬件和数据处理的进步将有助于土壤科学界更广泛地采用这些方法。

22.4.4.3　空气

便携式荧光光谱系统最初是为军事和生物防御目的开发的，在学术空气质量领域中，这些系统在民用环境空气微生物质量监测中发现了部分应用，通常被称为环境气溶胶中的初级生物气溶胶粒子（PBAP）。如22.4.1.2小节所述，这些系统利用激发诱导荧光激发存在于微生物中的生物荧光团来区分生物气溶胶和非生物气溶胶。文献中包含了大量的现场测试研究，描述了使用这些便携式系统测量不同地点（中欧、亚马逊雨林、中国和其他地区）的污染物生物气溶胶的存在[6,46,47]。在这些研究中，研究人员在现场安装系统，在几天到几周的时间范围内对环境气溶胶进行采样，并解释了采样生物气溶胶的空间、时间和光谱荧光模式。早期的激发诱导荧光研究，特别是在WIBS开发之前的研究，主要集中在具有生物代谢分子荧光（355 nm波长激发）发射的PBAP，但激发诱导荧光生物气溶胶技术的进步使人们能够研究PBAP的多通道荧光信号。荧光发射中更高的光谱分辨率使得研究人员能够使用统计方法和机器学习方法为PBAP开发分类算法。这些研究成功地将多通道激发诱导荧光数据与机器学习相结合，将PBAP分类为细菌、真菌或其他生物物质，从而能够实时地对生物多样性的空气样本进行适度的检测[48]。即将推出的LIF系统支持更大的光谱分辨率（参见本章22.4.1.2小节），或许还可以提高分类精度，可以进一步建立使用便携式光谱系统监测环境生物气溶胶的应用。

22.4.5　法医学

便携式生物光谱学系统已拓展到法医学取证领域，为侦查人员提供了更全面地检查犯罪现场和收集重要生理证据的便携式工具[7]。光谱方法具有法医界所需的几个本质属性——技术是无损的、快速的、不需要试剂或样品制备，仅涉及一个简单的工作流程，可以由非科学家进行现场操作（参见本书应用卷第1章和第6章）。在现场环境中（如犯罪现场），便携式光谱系统可用于发现肉眼可能看不到的分泌体液和污渍的存在，协助调查人员收集样本，以便后续从样本中提取遗传信息。光谱分析是推测性的，无法识别样本或将体液样本与特定个体联系起来。以下部分描述了便携式系统在法医学中的几种用途。

22.4.5.1　体液检测

一般来说，在犯罪现场进行光谱分析的工作流程包括对现场的初步评估和正确的文件记录。之后，调查人员调查该地区的生物证据，包括血液、唾液、汗液、精液、阴道液和尿液等体液。这些生物物质是由荧光氨基酸组成的，因此一些人和动物的体液中天然存在荧光。例如，精液在300～500 nm波长紫外光激发下，在460～520 nm波长范围内会发出可见光荧光[49,50]。在法医学中，基于荧光的光谱搜索通常被称为"替代光源"（ALS），俗称"黑光灯"或"法医光源"。ALS涉及用强光源照射疑似含有生物液体的区域，然后肉眼观察是否有荧光产生[51]。调查者配备护目镜滤除散射光和环境光，提高其对荧光信号的辨别力。ALS系统具有高度的便携性，通常重量小于2 kg，可以单手携带。ALS系统是一种简单的仪器，仅包含4个主要组件——宽带光源（例如氙灯）、滤波器、整形光学器件和一根柔性光纤电缆，允许用户扫描有特征吸收区域的光。对于某些系统，激发波长可由用户选择，例如Polilight系统（Rofin Forensic公司）在从紫外光到红外光的12个窄波长波段产生光，其中415 nm波段被称为"血液过滤器"。

便携式ALS系统在体液检测中已被证明是有用的，但在生物液体类型之间存在粗略的选择性。研究人员适当选择ALS波长和护目镜可以提高体液和污渍的对比度，尽管包含样品的基底也会影响成像效果。在一项研究中，450 nm波长的激发光源结合长通（long-pass）护目镜使用户能够明显区分尿、血液和其他液体[51]。与酸性磷酸酶和Phadebas纸等基于化学的参考筛选试验相比，ALS系统对这些试验具有相似的敏感性，显示出低的假阴性结果发生率[51]。另一方面，由于许多非生物材料的荧光特性，假阳性结果很常见，被定义为ALS检测和相应的阴性化学测试。除了使用荧光发射定位犯罪现场的体液外，还提出了其他方法提高体液识别的特异性。这主要涉及拉曼光谱，因为它具有识别化学官能团的潜力，但目前这些方法都没有转化为便携式系统供犯罪现场调查人员现场使用[52]。

22.4.5.2　潜在指纹的检测

潜在指纹即肉眼无法检测到的指纹，也可以通过使用光谱方法定位。潜在指纹是由个体用手指触摸固体表面沉积的油或汗液残留物形成的。已经提出了几种便携式技术用于检测和分析潜在指纹：ALS、高光谱成像、LIBS和拉曼光谱[53,54]。这些光谱学方法与传统的提取指纹图谱（即对指纹进行除尘处理）的方法相比具有相当大的优势，因为它们可以快速进行，并且不会污染指纹图谱。研究人员可以使用ALS系统扫描表面，应用不同的光过滤器或选择合适的粉末和染料来增强成像，然后对指纹证据进行拍照和记录。

22.4.5.3　瘀伤、咬痕和其他伤口的分析

ALS方法可以增强瘀伤和其他伤口的可视化，向法医调查员揭示在自然光下无法观察到的特征。瘀伤和其他类似的损伤是由钝力创伤引起的皮肤血液渗入组织，它们会强烈吸收紫光和蓝光，当用这些光照射伤口时会产生高对比度。尽管不太可识别，但可以观察到瘀伤发出的荧光[8]。新鲜血液在可见光区呈现两个吸收峰：位于415 nm处的Hb Soret峰，以及归属于氧合血红蛋白的520～590 nm之间的较弱的吸收峰。受控实验研究相对较少，但一些实验室研究报告了ALS在法医损伤分析中的有效性，将其描述为要么大幅改善要么与自然光下的可视化效果无异[55-57]。临床研究描述了便携式ALS在揭露故意伤害和儿童受虐待方面具有优势[58,59]。ALS有助于识别瘀伤的细微特征、更深的损伤和增强肤色较深的对象的对比度，尽管它似乎并不能帮助确定瘀伤的年龄[60,61]。

22.5　总结、挑战与展望

本章仅对便携式生物光谱技术的现场应用进行简要概述。随着未来基础光谱学研究、智能手机以及小型化技术的发展，现场应用和便携式光谱学的用户会不断扩大。在过去的几十年中，意外发生的世界性事件以及人们对环境、医疗保健、疾病传播或其他领域的日益关注，可以促使新的分析工具的研究和发展。与分子生物学方法相比，生物光谱技术的主要局限性仍然是其特异性差。在现场应用的背景下，这种局限性也依然存在。在现场环境中，光谱技术仅限于对生物材料的推测性检测，通常缺乏物种水平的特异性来明确地识别或表征目标对象。而更可靠的或验证性的技术（如PCR、免疫分析或基因组测序等）和光谱分析技术相结合，就要求用户将额外的设备、用品或消耗品带入现场。基础光谱学方法的发展和机器学习模式识别以及检测方法的优化可以提高特异性，从而加快便携式光谱学在生物学中的应用。便携式光谱技术的另

一个机遇是追求光学元件、控制电路和其他硬件的微型化，以降低这些系统的形状大小，同时保持信噪比和用户体验。当前光学、材料科学及相关学科的发展有助于实现这一目标。

　　本章虽然重点介绍了几个应用便携式生物光谱学的学科领域，但这些技术在其他非常规领域（包括天体生物学、人类学、艺术学等）也有独特的用途。在这些学科中，便携式生物光谱可以通过无损的过程提供新的手段来检测和分类样品中的生物材料，而不需要湿化学。例如，由于拉曼散射能够区分包含生物和地质成分的样品的光谱特征，一些天体生物学研究提出了一种微型拉曼光谱仪来无创地探测生命的存在[62]。这种类型的系统也可以安装在机器人着陆器上为宇航员进行样品分析（参见应用卷第17章）。在人类学领域，考古学家使用便携式系统在历史埋葬遗址上进行现场生物材料鉴定，有研究报道了在距今4000年前埃及的一个埋葬遗址中发现的人类和动物的毛发及皮肤细胞的拉曼光谱[63]。毫无疑问，随着技术的进步，便携式生物光谱学将在其他应用领域展现出广阔的前景。

　　正如本章所述，智能手机已经包含了光谱分析所必需的许多组件，而且由于其普及性，甚至可以被大众所应用，所以智能手机在改变便携式光谱学方面具有很好的潜力（参见第9章）。随着智能手机技术对相机光学的改进，它们在各种生物光谱分析中的潜力也在增长。在不久的将来，智能手机通过安装相关的应用程序来增加特定的功能，作为一个通用的光谱仪应用于多个领域。此外，智能手机现有的上传实时多元数据的能力使其非常适合支持具有时空信息的光谱数据库的开发。这种能力可以应用于环境污染物监测等领域，任何拥有智能手机的个人都可以在其特定位置提供准确度良好的环境数据。随着这些技术发展的同时，一些新的可能和机会将会促进现有生物检测技术的改善和发展。由此，现场的便携式光谱学将具有更加广阔的发展前景。

致谢

　　作者感谢约翰·霍普金斯大学应用物理实验室Janney项目的资助。作者对Leah Carol博士和Jody Proescher博士分别汇编参考文献和审阅本章表示感谢。

缩略语

ALS	alternative light source	替代光源
ARL	Army Research Laboratory	陆军研究实验室
ATP	adenosine triphosphate	三磷酸腺苷
BAWS	biological agent warning sensor	生物试剂预警传感
CCD	charged coupled device	电感耦合器件
CFU	colony-forming unit	菌落形成单位
COTS	commercial off-the-shelf	商业现货
DARPA	Defense Advanced Research Projects Agency	国防高级研究计划局
DMT	droplet measurement technologies	液滴测量技术
DPA	dipicolinic acid	吡啶二羧酸
FLAPS	fluorescence aerodynamic particle sizer	荧光空气动力学粒度仪
Hb	hemoglobin	血红蛋白

IBAC	instantaneous bioanalyzer and collector	瞬时生物分析仪和采集器
LED	light-emitting diode	发光二极管
LFA	lateral flow assay	横向流动分析
LIBS	laser-induced breakdown spectroscopy	激光诱导击穿光谱
LIF	laser- (or light)-induced fluorescence	激光诱导光谱
Mb	myoglobin	肌红蛋白
NADH	nicotinamide adenine dinucleotide	烟酰胺腺嘌呤二核苷酸
NIR	near-infrared	近红外
PBAB	primary biological aerosol particles	初级生物气溶胶粒子
PCA	principal component analysis	主成分分析
PCR	polymerase chain reaction	聚合酶链式反应
PLS	partial least squares	偏最小二乘
POC	point of care	即时
PPE	personal protective equipment	个人防护设备
PSS	proximal soil sensing	近端土壤传感
RAAD	rapid agent aerosol detector	气溶胶快速检测仪
REBS	resource effective bioidentification system	资源有效生物识别系统
SIBS	spectral intensity bioaerosol spectrometer	光谱强度生物气溶胶光谱仪
SOC	soil organic carbon	土壤有机碳
SOM	soil organic matter	土壤有机质
TLF	tryptophan-like fluorescence	类色氨酸荧光
TVC	total viable counts	总活菌计数
UV	ultraviolet	紫外光
UV-APS	ultraviolet aerodynamic particle size	紫外空气动力学粒度仪
WHO	World Health Organization	世界卫生组织
WIBS	wideband integrated bioaerosol spectrometer	宽带集成生物气溶胶光谱仪

参考文献

[1] DeFreez, R. (2009). LIF bio-aerosol threat triggers: then and now. *Opt. Biol. Chem. Detect Def. V.* 7484 (September):74840H. https://doi.org/10.1117/12.835088.

[2] Huffman, J.A., Perring, A.E., Savage, N.J. et al. (2019). Real-time sensing of bioaerosols: review and current perspectives. *Aerosol Sci. Tech.* 54 (5): 1–31. https://doi.org/10.1080/02786826.2019.1664724.

[3] Laksanasopin, T., Guo, T.W., Nayak, S. et al. (2015). A smartphone dongle for diagnosis of infectious diseases at the point of care. *Sci. Transl. Med.* 7 (273): 273re1. https://doi.org/10.1126/scitranslmed.aaa0056.

[4] Giavazzi, F., Salina, M., Ceccarello, E. et al. (2014). A fast and simple label-free immunoassay based on a smartphone. *Biosens. Bioelectron.* 58: 395–402. https://doi.org/10.1016/j.bios.2014.02.077.

[5] Sorensen, J.P.R., Lapworth, D.J., Marchant, B.P. et al. (2015). In-situ tryptophan-like fluorescence: a real-time indicator of faecal contamination in drinking water supplies. *Water Res.* 81: 38–46. https://doi.org/10.1016/j. watres.2015.05.035.

[6] Yue, S., Ren, H., Fan, S. et al. (2017). High abundance of fluorescent biological aerosol particles in winter in Beijing, China. *ACS Earth Sp Chem.* 1 (8): 493–502. https://doi.org/10.1021/acsearthspacechem.7b00062.

[7] Wee-chuen, L. and Bee-Ee, K. (2010). Forensic light sources for detection of biological evidences in crime scene investigation:

a review. *Malaysian J. Forensic. Sci.* 1 (1): 20–30.

[8] Lombardi, M., Canter, J., Patrick, P.A., and Altman, R. (2015). Is fluorescence under an alternate light source sufficient to accurately diagnose subclinical bruising? *J. Forensic. Sci.* 60 (2): 444–449. https://doi.org/10.1111/1556-4029.12698.

[9] National Research Council (2011). *Review of the Scientific Approaches Used during the FBI's Investigation of the 2001 Anthrax Letters.* Washington, DC: The National Academies Press https://doi.org/10.17226/13098.

[10] Pöhlker, C., Huffman, J.A., and Pöschl, U. (2012). Autofluorescence of atmospheric bioaerosols – fluorescent biomolecules and potential interferences. *Atmos. Meas. Tech.* 5: 37–71. https://doi.org/10.5194/amt-5-37-2012.

[11] Ammor, M.S. (2007). Recent advances in the use of intrinsic fluorescence for bacterial identification and characterization. *J. Fluoresc.* 17 (5): 455–459. https://doi.org/10.1007/s10895-007-0180-6.

[12] Könemann, T., Savage, N., Klimach, T. et al. (2019). Spectral intensity bioaerosol sensor (SIBS): an instrument for spectrally resolved fluorescence detection of single particles in real time. *Atmos. Meas. Tech.* 12 (2): 1337–1363. https://doi.org/10.5194/amt-12-1337-2019.

[13] McCracken, K.E. and Yoon, J.Y. (2016). Recent approaches for optical smartphone sensing in resource-limited settings: a brief review. *Anal. Methods* 8 (36): 6591–6601. https://doi.org/10.1039/c6ay01575a.

[14] Chiriboga, L., Xie, P., Yee, H. et al. (1998). Infrared spectroscopy of human tissue. Ⅰ. Differentiation and maturation of epithelial cells in the human cervix. *Biospectroscopy* 4 (1): 47–53. https://doi.org/10.1002/(sici)1520-6343(1998)4:1<47::aid-bspy5>3.3.co;2-1.

[15] Sakudo, A. (2016). Near-infrared spectroscopy for medical applications: current status and future perspectives. *Clin. Chim. Acta* 455: 181–188. https://doi.org/10.1016/j.cca.2016.02.009.

[16] Hamaoka, T., McCully, K.K., Niwayama, M., and Chance, B. (2011). The use of muscle near-infrared spectroscopy in sport, health and medical sciences: recent developments. *Philos. Trans. R. Soc. A Math. Phys. Eng. Sci.* 369 (1955): 4591–4604. https://doi.org/10.1098/rsta.2011.0298.

[17] Zhu, H., Sencan, I., Wong, J. et al. (2013). Cost-effective and rapid blood analysis on a cell-phone. *Lab Chip* 13(7): 1282–1288. https://doi.org/10.1039/c3lc41408f.

[18] Oncescu, V., Mancuso, M., and Erickson, D. (2014). Cholesterol testing on a smartphone. *Lab Chip* 14 (4):759–763. https://doi.org/10.1039/c3lc51194d.

[19] Kanchi, S., Sabela, M.I., Mdluli, P.S., and Inamuddin, B.K. (2018). Smartphone based bioanalytical and diagnosis applications: a review. *Biosens. Bioelectron.* 102 (August): 136–149. https://doi.org/10.1016/j.bios.2017.11.021.

[20] Oto, N., Oshita, S., Makino, Y. et al. (2013). Non-destructive evaluation of ATP content and plate count on pork meat surface by fluorescence spectroscopy. *Meat Sci.* 93 (3): 579–585. https://doi.org/10.1016/j.meatsci.2012.11.010.

[21] Schmidt, H., Sowoidnich, K., and Kronfeldt, H.D. (2010). A prototype hand-held Raman sensor for the in situ characterization of meat quality. *Appl. Spectrosc.* 64 (8): 888–894. https://doi.org/10.1366/000370210792081028.

[22] Ye, X., Iino, K., and Zhang, S. (2016). Monitoring of bacterial contamination on chicken meat surface using a novel narrowband spectral index derived from hyperspectral imagery data. *Meat Sci.* 122: 25–31. https://doi.org/10.1016/j.meatsci.2016.07.015.

[23] Saranwong, S. and Kawano, S. (2008). System design for non-destructive near infrared analyses of chemical components and total aerobic bacteria count of raw milk. *J. Near Infrared Spectrosc.* 16 (4): 389–398. https://doi.org/10.1255/jnirs.807.

[24] Luo, B.S. and Lin, M. (2008). A portable Raman system for the identification of foodborne pathogenic bacteria. *J. Rapid. Methods Autom. Microbiol.* 16 (3): 238–255. https://doi.org/10.1111/j.1745-4581.2008.00131.x.

[25] Sowoidnich, K., Schmidt, H., Kronfeldt, H.D., and Schwägele, F. (2012). A portable 671nm Raman sensor system for rapid meat spoilage identification. *Vib. Spectrosc.* 62: 70–76. https://doi.org/10.1016/j.vibspec.2012.04.002.

[26] Aït-Kaddour, A., Boubellouta, T., and Chevallier, I. (2011). Development of a portable spectrofluorimeter for measuring the microbial spoilage of minced beef. *Meat Sci.* 88 (4): 675–681. https://doi.org/10.1016/j.meatsci.2011.02.027.

[27] He, H.J. and Sun, D.W. (2015). Microbial evaluation of raw and processed food products by visible/infrared, Raman and fluorescence spectroscopy. *Trends Food Sci. Technol.* 46 (2): 199–210. https://doi.org/10.1016/j.tifs.2015.10.004.

[28] Liang, P.S., Park, T.S., and Yoon, J.Y. (2014). Rapid and reagentless detection of microbial contamination within meat

utilizing a smartphone-based biosensor. *Sci. Rep.* 4: 4–11. https://doi.org/10.1038/srep05953.

[29] Rateni, G., Dario, P., and Cavallo, F. (2017). Smartphone-based food diagnostic technologies: a review. *Sensors*(*Switzerland*) 17 (6) https://doi.org/10.3390/s17061453.

[30] Oh, M., Lee, H., Cho, H. et al. (2016). Detection of fecal contamination on beef meat surfaces using handheld fluorescence imaging device (HFID). *Sens. Agric. Food Qual Saf. VIII.* 9864 (May): 986411. https://doi.org/10.1117/12.2227184.

[31] Lee, S., Noh, T.G., Choi, J.H. et al. (2017). NIR spectroscopic sensing for point-of-need freshness assessment of meat, fish, vegetables and fruits. *Sens. Agric. Food Qual Saf. IX.* 10217 (May): 1021708. https://doi.org/10.1117/12.2261803.

[32] Zhang, Y. and He, Y. (2006). Crop/weed discrimination using near-infrared reflectance spectroscopy (NIRS).*Fourth Int. Conf. Photon. Imaging Biol. Med.* 6047 (October): 60472G. https://doi.org/10.1117/12.710957.

[33] Borregaard, T., Nielsen, H., Nørgaard, L., and Have, H. (2000). Crop-weed discrimination by line imaging spectroscopy. *J. Agric. Eng. Res.* 75 (4): 389–400. https://doi.org/10.1006/jaer.1999.0519.

[34] Liu, B., Yue, Y.M., Li, R. et al. (2014). Plant leaf chlorophyll content retrieval based on a field imaging spectroscopy system. *Sensors* (*Switzerland*) 14 (10): 19910–19925. https://doi.org/10.3390/s141019910.

[35] Sieger, M., Kos, G., Sulyok, M. et al. (2017). Portable infrared laser spectroscopy for on-site mycotoxin analysis. *Sci. Rep.* 7: 1–6. https://doi.org/10.1038/srep44028.

[36] Levasseur-Garcia, C. (2012). *Infrared spectroscopy applied to identification and detection of microorganisms and their metabolites on cereals (corn, wheat, and barley)*. Agricultural Science, Godwin Aflakpui, IntechOpen. doi: 10.5772/34762. https://www.intechopen.com/books/agricultural-science/infrared-spectroscopy-applied-toidentification-and-detection-of-microorganisms-and-their-metabolite.

[37] Stuth, J., Jama, A., and Tolleson, D. (2003). Direct and indirect means of predicting forage quality through near infrared reflectance spectroscopy. *F Crop Res.* 84 (1–2): 45–56. https://doi.org/10.1016/S0378-4290(03)00140-0.

[38] Lyons, R.K. and Stuth, J.W. (1992). Fecal NIRS equations for predicting diet quality of free-ranging cattle. *J. Range Manage.* 45 (3): 238. https://doi.org/10.2307/4002970.

[39] Carstea, E.M., Bridgeman, J., Baker, A., and Reynolds, D.M. (2016). Fluorescence spectroscopy for wastewater monitoring: a review. *Water Res.* 95: 205–219. https://doi.org/10.1016/j.watres.2016.03.021.

[40] Cumberland, S., Bridgeman, J., Baker, A. et al. (2012). Fluorescence spectroscopy as a tool for determining microbial quality in potable water applications. *Environ. Technol.* 33 (6): 687–693. https://doi.org/10.1080/09593330.2011.588401.

[41] Baker, A., Cumberland, S.A., Bradley, C. et al. (2015). To what extent can portable fluorescence spectroscopy be used in the real-time assessment of microbial water quality? *Sci. Total Environ.* 532: 14–19. https://doi.org/10.1016/j.scitotenv.2015.05.114.

[42] Baker, A., Ward, D., Lieten, S.H. et al. (2004). Measurement of protein-like fluorescence in river and waste water using a handheld spectrophotometer. *Water Res.* 38 (12): 2934–2938. https://doi.org/10.1016/j.watres.2004.04.023.

[43] Nowicki, S., Lapworth, D.J., Ward, J.S.T. et al. (2019). Tryptophan-like fluorescence as a measure of microbial contamination risk in groundwater. *Sci. Total Environ.* 646: 782–791. https://doi.org/10.1016/j.scitotenv.2018.07.274.

[44] Nannipieri, P., Ascher, J., Ceccherini, M.T. et al. (2003). Microbial diversity and soil functions. *Eur. J. Soil Sci.*54: 655–670. https://doi.org/10.1046/j.1365-2389.2003.00556.x.

[45] Dhawale, N.M., Adamchuk, V.I., Prasher, S.O. et al. (2015). Proximal soil sensing of soil texture and organic matter with a prototype portable mid-infrared spectrometer. *Eur. J. Soil Sci.* 66 (4): 661–669. https://doi.org/10.1111/ejss.12265.

[46] Huffman, J.A., Sinha, B., Garland, R.M. et al. (2012). Size distributions and temporal variations of biological aerosol particles in the Amazon rainforest characterized by microscopy and real-time UV-APS fluorescence techniques during AMAZE-08. *Atmos Chem. Phys.* 12 (24): 11997–12019. https://doi.org/10.5194/acp-12-11997-2012.

[47] Toprak, E. and Schnaiter, M. (2013). Fluorescent biological aerosol particles measured with the waveband integrated bioaerosol sensor WIBS-4: laboratory tests combined with a one year field study. *Atmos Chem. Phys.* 13(1): 225–243. https://doi.org/10.5194/acp-13-225-2013.

[48] Ruske, S., Topping, D.O., Foot, V.E. et al. (2018). Machine learning for improved data analysis of biological aerosol using the WIBS. *Atmos. Meas. Tech.* 11 (11): 6203–6230. https://doi.org/10.5194/amt-11-6203-2018.

[49] Stoilovic, M. (1991). Detection of semen and blood stains using polilight as a light source. *Forensic Sci. Int.* 51(2): 289–296. https://doi.org/10.1016/0379-0738(91)90194-N.

[50] Nanda, K.D.S., Ranganathan, K., Umadevi, K.M., and Joshua, E. (2011). A rapid and noninvasive method to detect dried saliva stains from human skin using fluorescent spectroscopy. *J. Oral Maxillofac Pathol.* 15 (1): 22–25. https://doi.org/10.4103/0973-029X.80033.

[51] Vandenberg, N. and Van Oorschot, R.A.H. (2006). The use of Polilights® in the detection of seminal fluid, saliva, and bloodstains and comparison with conventional chemical-based screening tests. *J. Forensic Sci.* 51 (2): 361–370. https://doi.org/10.1111/j.1556-4029.2006.00065.x.

[52] Virkler, K. and Lednev, I.K. (2010). Raman spectroscopic signature of blood and its potential application to forensic body fluid identification. *Anal. Bioanal. Chem.* 396 (1): 525–534. https://doi.org/10.1007/s00216-009-3207-9.

[53] Godwal, Y., Taschuk, M.T., Lui, S.L. et al. (2008). Development of laser-induced breakdown spectroscopy for microanalysis applications. *Laser Part Beams.* 26 (1): 95–103. https://doi.org/10.1017/S0263034608000128.

[54] Nakamura, A., Okuda, H., Nagaoka, T. et al. (2015). Portable hyperspectral imager with continuous wave green laser for identification and detection of untreated latent fingerprints on walls. *Forensic Sci. Int.* 254: 100–105.https://doi.org/10.1016/j.forsciint.2015.06.031.

[55] Trefan, L., Harris, C., Evans, S. et al. (2018). A comparison of four different imaging modalities – conventional, cross polarized, infra-red and ultra-violet in the assessment of childhood bruising. *J. Forensic Leg. Med.* 59(April): 30–35. https://doi.org/10.1016/j.jflm.2018.07.015.

[56] Nijs, H.G.T., De Groot, R., Van Velthoven, M.F.A.M., and Stoel, R.D. (2019). Is the visibility of standardized inflicted bruises improved by using an alternate ('forensic') light source? *Forensic Sci. Int.* 294: 34–38. https://doi.org/10.1016/j.forsciint.2018.10.029.

[57] Olds, K., Byard, R.W., Winskog, C., and Langlois, N.E.I. (2016). Validation of ultraviolet, infrared, and narrow band light alternate light sources for detection of bruises in a pigskin model. *Forensic Sci. Med. Pathol.* 12 (4): 435–443. https://doi.org/10.1007/s12024-016-9813-x.

[58] Holbrook, D.S. and Jackson, M.C. (2013). Use of an alternative light source to assess strangulation victims. *J. Forensic Nurs.* 9 (3): 140–145. https://doi.org/10.1097/JFN.0b013e31829beb1e.

[59] Mimasaka, S., Ohtani, M., Kuroda, N., and Tsunenari, S. (2010). Spectrophotometric evaluation of the age of bruises in children: measuring changes in bruise color as an indicator of child physical abuse. *Tohoku J. Exp. Med.* 220 (2): 171–175. https://doi.org/10.1620/tjem.220.171.

[60] Hughes, V.K., Ellis, P.S., and Langlois, N.E.I. (2006). Alternative light source (polilight®) illumination with digital image analysis does not assist in determining the age of bruises. *Forensic Sci. Int.* 158 (2–3): 104–107. https://doi.org/10.1016/j.forsciint.2005.04.042.

[61] Owens, L., Warfield, T., Macdonald, R., and Krenzischek, E. (2018). Using alternative light source technology to enhance visual inspection of the skin. *J. Wound Ostomy Cont. Nurs.* 45 (4): 356–358. https://doi.org/10.1097/WON.0000000000000448.

[62] Villar, S.E.J. and Edwards, H.G.M. (2006). Raman spectroscopy in astrobiology. *Anal. Bioanal. Chem.* 384 (1): 100–113. https://doi.org/10.1007/s00216-005-0029-2.

[63] Edwards, H.G.M. and Munshi, T. (2005). Diagnostic Raman spectroscopy for the forensic detection of biomaterials and the preservation of cultural heritage. *Anal. Bioanal. Chem.* 382 (6): 1398–1406. https://doi.org/10.1007/s00216-005-3271-8.